油气藏地质及开发工程国家重点实验室资助

塔里木盆地构造演化与沉积格架

刘家铎　漆立新　田景春　李宗杰　张小兵　等 编著

科 学 出 版 社
北　京

内 容 简 介

本书系统介绍塔里木盆地区域地质特征，详细论述了盆地构造演化特征，重点进行剥蚀量恢复和古隆起演化研究，深入分析盆地内不整合发育特征及断裂发育、分布特征，系统开展盆地内震旦系—新近系层序地层学研究，建立层序地层格架；全面分析层序地层格架内沉积体系类型、特征及演化，系统研究了不同构造演化阶段构造-层序岩相古地理特征。

本书可作为广大油气地质工作者、基础地质工作者参考用书，也可供高等院校有关专业硕士、博士研究生学习参考。

图书在版编目（CIP）数据

塔里木盆地构造演化与沉积格架/刘家铎等编著. —北京：科学出版社，2014.5

（油气藏地质及开发工程丛书）

ISBN 978-7-03-040566-1

Ⅰ.①塔…　Ⅱ.①刘…　Ⅲ.①塔里木盆地—构造演化—研究　②塔里木盆地—沉积构造—构造格架—研究　Ⅳ.①P618.130.2

中国版本图书馆CIP数据核字（2014）第094947号

责任编辑：杨　岭　黄　桥/责任校对：焦慧丛

责任印制：余少力/封面设计：墨创文化

科学出版社 出版

北京东黄城根北街16号

邮政编码：100717

http://www.sciencep.com

成都创新包装印刷厂印刷

科学出版社发行　各地新华书店经销

*

2014年5月第　一　版　开本：889×1194　1/16

2014年5月第一次印刷　印张：22 3/4

字数：680 000

定价：198.00元

（如有印装质量问题，我社负责调换）

本书作者

刘家铎　漆立新　田景春　李宗杰　张小兵

何建军　张　翔　孟万斌　赵锡奎　李　坤

祝　贺　杨永剑　吴永良

序

塔里木盆地作为我国第一大沉积盆地，油气资源丰富，勘探领域众多。盆地内的油气勘探始于1952年的中苏石油公司，至今已有六十余年的历史，期间经历了“六上五下”的曲折历程。目前，全盆地探明油气田39个、探明石油13.8亿吨、探明天然气1.02万亿立方米，塔里木盆地已经成为我国最大的天然气产区和中国石油第三大油田。

该书针对塔里木盆地目前的研究现状和存在问题，以已有的研究成果为基础，以综合、集成、总装为过程；以总结、提高、升华为目标；首次对全盆地、全层位开展了系统性、整体性、有序性、综合性研究，形成了全盆地统一的相关方案。

在系统总结盆地区域构造演化、地层分区和建立地层划分、对比方案基础上，运用趋势厚度法恢复了O_3、$S\text{-}D_2$、C、P、T、K地层的剥蚀量。采用标志层-厚度分析法对全盆地六个关键期（加里东中期Ⅲ幕、海西早期、海西中期Ⅱ幕、海西晚期、印支期和燕山晚期）的古构造形态进行了恢复。完成了加里东中期、海西早期、海西晚期和印支期的不整合面展布图。

对盆地断裂进行了系统识别和解释，依据断裂的规模及在盆地中的作用将盆地内的断裂分为四级，分别按层位和时期完成了全盆地断裂展布图，并对不同层位和不同时期的断裂展布特征进行了描述分析。并首次完成了加里东中期、海西早期、海西晚期、喜马拉雅期和现今构造单元的划分。

首次系统研究了塔里木盆地沉积演化过程中沉积体系类型及特征，形成了全盆地统一的沉积体系划分方案，进而系统总结和建立了塔里木盆地寒武纪—新近纪沉积演化过程中不同沉积体系发育的沉积模式。

系统开展了层序地层学研究，首次识别出6种层序界面的识别标志。提出了塔里木盆地统一的层序划分方案。寒武系—新近系划分出8个一级层序和23个二级层序，分别建立了塔里木盆地各时代层序地层格架。进而以超层序体系域为编图单元，首次系统编制了塔里木盆地寒武纪—新近纪构造-层序岩相古地理图，详细描述了不同体系域的构造、沉积盆地和岩相古地理特征及其演化。

总之，该书在多方面取得了重要创新进展，研究成果具有基础性、系统性和实用性。其出版不仅为塔里木盆地进一步的油气勘探提供了最新的基础资料，也为从事基础地质、油气地质研究的科研人员提供了重要的参考资料。在该书出版之际，特为之作序以示祝贺，并希望此研究成果能在油气生产实践中发挥指导作用。

中国科学院院士：

2014年1月8日

前　　言

塔里木盆地位于新疆维吾尔自治区南部，地理坐标为东经 74°00′～91°00′，北纬36°00′～42°00′，面积 $56\times10^4km^2$。盆地介于天山、昆仑山两大山系之间，周边被库鲁克塔格、柯坪、铁克里克、阿尔金等次一级山系所环绕。

塔里木盆地是一个由前震旦的基底、古生代克拉通原型盆地与中、新生代前陆盆地叠置而成的大型叠合盆地。就全盆地而言，从震旦纪到第四纪，沉积地层齐全，最大沉积厚度超过 15000m，沉积体积超过 $4.0\times10^6km^3$，沉积岩层可分为海相和陆相两大体系。塔里木盆地在全球板块运动机制下，为一长期发展演化形成的复合、叠加盆地，具有太古宙古陆核，经古元古代拼接、中新元古代固结，形成具陆壳基底的克拉通盆地（何登发，1996）。

在塔里木盆地油气勘探、开发过程中，针对盆地的基础地质、油气地质等研究工作，相关单位和学者进行了大量研究，在盆地形成构造背景、盆地的构造演化、盆地内的沉积体系、层序地层特征、岩相古地理演化、储层特征、油气成藏条件、油气富集规律等方面取得了一系列重要成果。为进一步深化研究奠定了重要基础。

本书针对塔里木盆地目前的研究现状和存在问题，以已有的研究成果为基础，以综合、集成、总装为过程，以总结、提高、升华为目标，形成全盆地统一的相关方案。在研究过程中以该区油气勘探研究为核心，以野外剖面资料为基础，充分利用盆地内的钻井、测井和地震剖面等资料，在沉积学、层序地层学、石油地质学、板块构造学等多学科理论指导下，对塔里木盆地构造演化和沉积格架进行系统、深入研究。在研究中注重于：①整体性研究，即把盆地作为一个整体，研究盆地构造演化过程与盆内沉积充填特征；②时代性研究，研究不同时代盆地构造演化及盆内的沉积充填、层序发育特征；③有序性研究，即研究在盆地演化不同阶段所形成的不同类型的沉积体系特征、层序特征及其在时代演化上的有序性，在空间分布上的有序性；④综合性研究，运用多学科理论、多种技术方法对盆地内不同时代层序岩相古地理进行综合研究，深刻认识层序充填演化、岩相古地理演化规律。

总之，本书以构造演化-不同构造演化阶段盆地内的沉积演化-层序演化-层序岩相古地理演化为主线，以构造与沉积关系研究为切入点，在盆地整体构造和形成演化研究的基础上，深入分析盆地的构造发育和变形特征，分析各主要构造期原型盆地特征；重要构造变革期形成的不整合面的展布及与油气的关系；以层序地层学理论为指导，在等时对比格架的基础上，建立塔里木盆地各二级构造单元地层层序格架，深入分析沉积相、沉积体系特征，建立沉积格架及沉积模式；解释盆地构造演化与周边区域构造作用的响应过程及构造应力背景，进而阐明盆地构造发育演化对盆地沉积格架等油气聚集因素的控制作用。

通过研究取得的主要成果和认识如下：

（1）在前人研究成果的基础上，总结了塔里木盆地周边三大造山带（天山构造域、昆仑山构造域和阿尔金山构造域）的演化过程与盆地形成和演化之间的关系。研究认为，三大构造域的发展演化与塔里木盆地的构造演化关系密切，对盆地的控制作用明显。

（2）在总结前人研究成果的基础上，根据塔里木盆地的地质构造发展史、沉积史、油气成藏规律等，对塔里木盆地及其周边进行了地层分区，共划分为 10 个地层分区，分别为南天山地层分区、柯坪地层分区、库车-塔北地层分区、库鲁克塔格地层分区、阿瓦提-满加尔地层分区、塔克拉玛干地层分区、塔西南地层分区、铁克里克地层分区、塔东南地层分区及阿尔金地层分区。在此基础上进一步划分为 29 个地层小区。详细讨论各地层分区地层发育特征，并建立相应的地层划分、对比方案。

（3）与塔里木盆地经历的6次构造旋回相对应，将盆地的构造演化分为6个阶段，即震旦纪—早古生代稳定克拉通与被动大陆边缘盆地原型发育阶段、早古生代晚期塔西南前陆盆地-中部克拉通边缘坳陷盆地原型发育阶段、古特提斯旋回开合交替背景下的克拉通周缘裂陷（坳陷）-内部坳陷、三叠纪前陆盆地原型发育阶段、新特提斯开合交替背景下断陷-坳陷盆地原型发育阶段、新近纪以来复合前陆盆地原型发育阶段。系统论述每个阶段的盆地原型及其分布、主要构造事件和构造变形特征以及构造对沉积的控制作用。

（4）通过对比分析各种剥蚀量恢复方法，认为趋势厚度法最适合塔里木盆地剥蚀地层的恢复。用此方法恢复了O_3、S-D_2、C、P、T、K地层的剥蚀量。采用标志层-厚度分析法对盆地O底、O_2顶、O_3顶、S-D_2顶、C底、P底、T底六个层位加里东中期、海西早期、海西晚期、印支期的古构造形态进行了恢复。在各地质时期中存在着多个古隆起、古高点和古鼻突。其中较为重要的古隆起有四个：塔北古隆起、塔中（卡塔克）古隆起、塔西南（和田）古隆起和巴楚古隆起。其古构造演化总体特征为：塔北、塔中古隆起早期（加里东期）形成并继承性发展；塔西南（和田）古隆起加里东期形成，后期规模逐渐减小至消失；而巴楚古隆起在海西早期有雏形，海西晚期发育成形，后期发育扩大。

（5）依据盆地伸展-聚敛旋回演化过程，在塔里木盆地内识别出10个重要不整合面，并依据不整合的叠合过程，重新对不整合面的命名、含义进行描述，完成了加里东中期、海西早期、海西晚期和印支期的不整合面展布图。首次认为不整合面采用“时期＋残余不整合面”的命名比较科学合理。

（6）结合塔里木盆地构造演化过程，对盆地内四大古隆起区沙雅隆起、塔中隆起、巴楚隆起和塔东残余古隆起构造演化特征进行了研究。通过对隆起典型断裂的演化分析，总结了塔里木盆地主干断裂的成因和形成时期以及主干断裂构造特征。研究认为，断裂的形成有三种型式，可将塔里木盆地断裂划分为三大系统，即逆冲断层系统、走滑断层系统和正断层系统。

（7）在系统整理塔里木盆地资料的基础上，对盆地断裂进行系统识别和解释，依据断裂的规模及在盆地中的作用将盆地内的断裂分为四级，分别按层位和时期完成了12张断裂展布图，并对不同层位和不同时期的断裂展布特征进行了描述分析。

（8）依据“尊重历史、体现进步、反映演化、服务选区”的原则思路，综合参照断裂、地层、古构造等资料的基础上，首次完成了加里东中期、海西早期、海西晚期、喜马拉雅期和现今构造单元的划分。

（9）在众多野外露头剖面和钻井剖面的详细观测与分析的基础上，对塔里木盆地沉积演化过程中沉积体系类型及特征进行了详细研究。在塔里木盆地寒武纪—新近纪沉积演化过程中识别出3个沉积体系组，进一步划分并识别出12个沉积体系。以上述沉积体系类型及特征研究成果为基础，系统总结出塔里木盆地寒武纪—新近纪主要发育有三种演化特征的沉积模式。

（10）对寒武系—新近系层序地层进行系统、深入的研究，首次识别出6种层序界面的识别标志。依据层序界面特征、体系域结构、区域板块构造和沉积盆地演化特点，提出切实可行的层序划分方案，将塔里木盆地寒武系—新近系划分出8个一级层序和23个二级层序，分别建立了塔里木盆地各时代层序地层格架。首次深入讨论了层序发育的主要控制因素和层序的发育过程。

（11）以超层序体系域为编图单元，首次系统编制了塔里木盆地寒武纪—新近纪构造—层序岩相古地理图，详细描述了不同体系域的构造、沉积盆地和岩相古地理特征及其演化。较好地揭示了板块构造格局、沉积盆地类型及分布，有利于更客观地认识塔里木盆地的沉积作用、构造作用及成烃、成藏作用，揭示出诸如古陆相湖盆大小及演化、海陆分布及其演化过程等，更好地揭示了烃源岩、储层和盖层的平面分布及时空演化规律。

本书是在众多前人几十年艰苦奋斗、勇于实践、不断创新、油气勘探开发不断取得突破的基础上，进一步综合、集成、总结、升华的研究成果。

本书共分为7章：第1章，由赵锡奎、张小兵、李宗杰等执笔；第2章，由何建军、漆立新、赵锡奎、张小兵等执笔；第3章，由张小兵、李宗杰、李坤等执笔；第4章，由张小兵、漆立新、何建军等执笔；第5章，由张翔、田景春、孟万斌执笔；第6章，由田景春、张翔、刘家铎、孟万斌执笔；第7章，由孟万斌、田景春、张翔、刘家铎执笔。全书由刘家铎、田景春统稿。

本书是成都理工大学与中国石油化工股份有限公司西北油田分公司精诚合作的结晶。在本书完成过程中，得到了中国石油化工股份有限公司西北油田分公司有关领导和专家的全力支持和帮助，在此表示衷心的感谢。同时得到了中国石油天然气集团公司塔里木油田分公司、新疆维吾尔自治区地质矿产勘查开发局同仁们的支持与关心，在此一并表示衷心的感谢。

同时，在本书完成过程中，参考和引用了大量相关学者、专家的研究成果，对所引用参考文献的作者表示诚挚的谢意。

最后，还要特别感谢刘宝珺院士在百忙之中审阅本书并为之作序。

作者

2014年2月18日

于成都

目　录

第1章　塔里木盆地区域地质特征 …… 1
1.1　塔里木盆地区域构造演化 …… 1
1.1.1　塔里木盆地大地构造位置 …… 1
1.1.2　塔里木盆地周缘构造演化 …… 1
1.2　塔里木盆地区域地层划分与对比 …… 19
1.2.1　塔里木盆地及周边综合地层分区 …… 19
1.2.2　露头区各分区地层发育特征 …… 24
1.2.3　塔里木盆地各地层分区地层对比特征 …… 36
1.3　本章小结 …… 39
第2章　盆地构造演化特征 …… 41
2.1　演化阶段划分 …… 41
2.2　盆地原型演化过程分析 …… 44
2.2.1　震旦纪—早古生代稳定克拉通与被动大陆边缘盆地原型发育阶段 …… 44
2.2.2　早古生代晚期塔西南前陆盆地-中部克拉通边缘坳陷盆地原型发育阶段 …… 51
2.2.3　古特提斯旋回开合交替背景下的克拉通周缘裂陷（坳陷）-内部坳陷 …… 53
2.2.4　三叠纪前陆盆地原型发育阶段 …… 58
2.2.5　新特提斯开合交替背景下断陷-坳陷盆地原型发育阶段 …… 60
2.2.6　新近纪以来复合前陆盆地原型发育阶段 …… 65
2.3　剥蚀量恢复及古构造研究 …… 68
2.3.1　剥蚀量恢复方法简介及研究区适用性分析 …… 68
2.3.2　趋势厚度法剥蚀恢复原理及剥蚀量计算 …… 70
2.3.3　盆地主要层位的剥蚀特征 …… 73
2.3.4　塔里木盆地主要层位原始古地貌特征 …… 77
2.3.5　塔里木盆地主要层位古构造演化特征 …… 81
2.4　古隆起区构造演化特征 …… 95
2.4.1　沙雅隆起构造演化 …… 95
2.4.2　塔中隆起构造演化 …… 102
2.4.3　巴楚隆起构造演化 …… 106
2.4.4　塔东残余古隆起构造演化 …… 113
2.5　本章小结 …… 115

第 3 章　盆地内不整合及断裂特征 …… 117
3.1　“0”字号地震反射波名称、含义描述及不整合识别分析 …… 117
3.1.1　巨层序顶底界面和“0”字号地震反射波名称、含义描述 …… 117
3.1.2　不整合面的分类及特点 …… 118
3.1.3　塔里木盆地不整合面识别及分类 …… 120
3.2　断裂发育及演化特征 …… 128
3.2.1　盆地断裂系统 …… 128
3.2.2　塔里木盆地主要层位断裂发育特征 …… 134
3.2.3　塔里木盆地关键构造期断裂发育特征 …… 140
3.2.4　塔里木盆地古隆起区主要断裂及演化特征 …… 147
3.2.5　主干断裂成因及形成时期分析 …… 171
3.2.6　主干断裂（带）构造特征 …… 173
3.3　本章小结 …… 185
第 4 章　塔里木盆地构造单元划分 …… 187
4.1　塔里木盆地构造单元划分存在的问题及划分的必要性 …… 187
4.2　塔里木盆地构造单元划分沿革 …… 188
4.2.1　盆地构造单元划分沿革 …… 188
4.2.2　塔东南构造单元划分沿革 …… 189
4.2.3　塔北构造单元划分沿革 …… 192
4.3　盆地构造单元划分依据、原则及盆地边界 …… 193
4.3.1　构造单元划分依据 …… 193
4.3.2　盆地构造单元划分原则 …… 194
4.3.3　盆地边界 …… 195
4.4　塔里木盆地构造单元划分 …… 195
4.4.1　加里东中期构造单元划分及主要构造带特征 …… 195
4.4.2　海西早期构造单元划分及主要构造带特征 …… 197
4.4.3　海西晚期构造单元划分及主要构造带特征 …… 199
4.4.4　喜山早期构造单元划分及主要构造带特征 …… 201
4.4.5　现今构造单元划分及主要构造带特征 …… 205
4.5　本章小结 …… 210
第 5 章　不同构造演化阶段沉积体系特征及沉积模式 …… 211
5.1　不同构造演化阶段发育的沉积体系类型及特征 …… 211
5.1.1　克拉通与被动大陆边缘沉积阶段（Z-O）沉积体系类型及特征 …… 211
5.1.2　克拉通内坳陷阶段（S-D_{1+2}）沉积体系类型及特征 …… 222
5.1.3　克拉通周缘坳陷，克拉通内裂陷沉积阶段（D_3-P）沉积体系类型及特征 …… 226
5.1.4　前陆盆地沉积阶段（T）沉积体系类型及特征 …… 235

5.1.5 断陷-坳陷沉积阶段（J-E）沉积体系类型及特征 …… 244
5.1.6 复合前陆沉积阶段（N）沉积体系类型及特征 …… 253
5.2 不同构造演化阶段沉积体系对比研究 …… 257
5.2.1 L200 地震剖面上沉积体系对比 …… 257
5.2.2 L300 地震剖面上沉积体系对比 …… 258
5.2.3 L350 地震剖面上沉积体系对比 …… 259
5.2.4 Z10 地震剖面上沉积体系对比 …… 259
5.2.5 Z60 地震剖面上沉积体系对比 …… 259
5.2.6 Z80 地震剖面上沉积体系对比 …… 261
5.3 不同构造演化阶段发育的沉积模式 …… 262
5.3.1 克拉通与被动大陆边缘沉积阶段（Z-O）沉积模式 …… 262
5.3.2 克拉通内坳陷阶段（S-D_{1+2}）发育的沉积模式 …… 263
5.3.3 克拉通周缘坳陷，克拉通内裂陷阶段（D_3-P）发育的沉积模式 …… 263
5.3.4 前陆盆地沉积阶段（T）发育的沉积模式 …… 264
5.3.5 断陷-坳陷沉积阶段（J-E）发育的沉积模式 …… 265
5.3.6 复合前陆沉积阶段（N）发育的沉积模式 …… 266
5.4 本章小结 …… 267
第 6 章 不同构造演化阶段层序地层特征研究 …… 268
6.1 关键层序界面的四位一体响应特征 …… 268
6.1.1 震旦系/前震旦系层序界面（T_d）的四位一体响应特征 …… 268
6.1.2 寒武系/震旦系层序界面（T_9^0）的四位一体响应特征 …… 268
6.1.3 中上寒武统层序界面（T_8^1）的四位一体响应特征 …… 269
6.1.4 寒武系/奥陶系层序界面（T_8^0）的四位一体响应特征 …… 270
6.1.5 中奥陶统/上奥陶统层序界面（T_7^4）的四位一体响应特征 …… 270
6.1.6 奥陶系/志留系层序界面（T_7^0）的四位一体响应特征 …… 272
6.1.7 上志留统/中志留统层序界面（T_6^1）的四位一体响应特征 …… 272
6.1.8 上泥盆统/中泥盆统层序界面（T_6^0）的四位一体响应特征 …… 273
6.1.9 三叠系/二叠系层序界面（T_5^0）的四位一体响应特征 …… 273
6.1.10 侏罗系/三叠系层序界面（T_4^6）的四位一体响应特征 …… 275
6.1.11 白垩系/侏罗系层序界面（T_4^0）的四位一体响应特征 …… 275
6.1.12 古近系/白垩系层序界面（T_3^0）的四位一体响应特征 …… 276
6.1.13 新近系/古近系层序界面（T_2^2）的四位一体响应特征 …… 276
6.2 层序界面的物质表现形式 …… 277
6.2.1 古风化壳 …… 278
6.2.2 古喀斯特作用面 …… 278
6.2.3 渣状层 …… 278

6.2.4 冲刷侵蚀作用面 …… 278
6.2.5 火山事件作用面 …… 279
6.2.6 岩性、岩相转换面 …… 279
6.2.7 超覆面 …… 279
6.3 塔里木盆地震旦系—新近系层序地层划分 …… 280
6.4 不同构造演化阶段层序地层发育特征 …… 282
6.4.1 克拉通与被动大陆边缘沉积阶段（Z-O）层序地层特征 …… 282
6.4.2 克拉通内坳陷沉积阶段（$S\text{-}D_{1+2}$）层序地层特征 …… 293
6.4.3 克拉通周缘坳陷，克拉通内裂陷沉积阶段（D_3-P）层序地层特征 …… 295
6.4.4 前陆盆地沉积阶段（T）层序地层特征 …… 296
6.4.5 断陷-坳陷沉积阶段（J-E）层序地层特征 …… 299
6.4.6 复合前陆沉积阶段（N）层序地层特征 …… 302
6.5 不同构造演化阶段盆地内充填的层序地层格架 …… 303
6.5.1 克拉通与被动大陆边缘沉积阶段（Z-O）层序地层格架 …… 303
6.5.2 克拉通内坳陷沉积阶段（$S\text{-}D_{1+2}$）层序地层格架 …… 304
6.5.3 克拉通周缘坳陷，克拉通内裂陷沉积阶段（D_3-P）层序地层格架 …… 304
6.5.4 前陆盆地沉积阶段（T）层序地层格架 …… 304
6.5.5 断陷-坳陷沉积阶段（J-E）层序地层格架 …… 307
6.5.6 复合前陆沉积阶段（N）层序地层格架 …… 307
6.6 不同构造演化阶段层序格架内沉积体系充填特征 …… 307
6.6.1 L200剖面东西向层序格架内沉积体系充填特征 …… 307
6.6.2 L300剖面东西向层序格架内沉积体系充填特征 …… 308
6.6.3 L350剖面东西向层序格架内沉积体系充填特征 …… 309
6.6.4 Z10剖面东西向层序格架内沉积体系充填特征 …… 311
6.6.5 Z60剖面东西向层序格架内沉积体系充填特征 …… 312
6.6.6 Z80剖面东西向层序格架内沉积体系充填特征 …… 313
6.7 本章小结 …… 314
第7章 不同构造演化阶段构造-层序岩相古地理特征 …… 315
7.1 克拉通与被动大陆边缘沉积阶段（Z-O）构造-层序岩相古地理特征 …… 315
7.1.1 SSQ1构造-层序（早震旦世）岩相古地理特征 …… 315
7.1.2 SSQ2构造-层序（晚震旦世）岩相古地理特征 …… 316
7.1.3 SSQ3构造-层序（早寒武世）岩相古地理特征 …… 316
7.1.4 SSQ4构造-层序（中寒武世）岩相古地理特征 …… 317
7.1.5 SSQ5构造-层序（晚寒武世）岩相古地理特征 …… 318
7.1.6 SSQ6构造-层序（早奥陶世）岩相古地理特征 …… 319
7.1.7 SSQ7构造-层序（中晚奥陶世）岩相古地理特征 …… 319

7.2 克拉通内坳陷沉积阶段（S-D_{1+2}）构造—层序岩相古地理特征 …… 321
7.2.1 SSQ8 构造-层序（早中志留世）岩相古地理特征 …… 321
7.2.2 SSQ9 构造-层序（晚志留世-早中泥盆世）岩相古地理特征 …… 321
7.3 克拉通周缘坳陷，内裂陷阶段（D_3-P）构造层序岩相古地理特征 …… 322
7.3.1 SSQ10 构造-层序（晚泥盆世）岩相古地理特征 …… 322
7.3.2 SSQ11 构造-层序（早石炭世）岩相古地理特征 …… 323
7.3.3 SSQ12 构造-层序（晚石炭世）岩相古地理特征 …… 324
7.3.4 SSQ13 构造-层序（早中二叠世）岩相古地理特征 …… 325
7.4 前陆盆地沉积阶段（T）构造-层序岩相古地理特征 …… 326
7.4.1 SSQ14 构造-层序（早三叠世）岩相古地理特征 …… 326
7.4.2 SSQ15 构造-层序（中三叠世）岩相古地理特征 …… 327
7.4.3 SSQ16 构造-层序（晚三叠世）岩相古地理特征 …… 328
7.5 断陷-坳陷沉积阶段（J-E）构造-层序岩相古地理特征 …… 329
7.5.1 SSQ17 构造-层序（早中侏罗世）岩相古地理特征 …… 329
7.5.2 SSQ18 构造-层序（晚侏罗世）岩相古地理特征 …… 330
7.5.3 SSQ19 构造-层序（早白垩世早期）岩相古地理特征 …… 331
7.5.4 SSQ20 构造-层序（早白垩统晚期）岩相古地理特征 …… 331
7.5.5 SSQ21 构造-层序（晚白垩世）岩相古地理特征 …… 333
7.5.6 SSQ22 构造-层序（古近纪）岩相古地理特征 …… 333
7.6 复合前陆沉积阶段（N）构造-层序岩相古地理特征 …… 334
7.7 本章小结 …… 335
参考文献 …… 336
索引 …… 345

第 1 章　塔里木盆地区域地质特征

1.1　塔里木盆地区域构造演化

1.1.1　塔里木盆地大地构造位置

塔里木盆地位于我国新疆维吾尔自治区南部，夹持于天山、西昆仑山和阿尔金山三大褶皱山系之间，盆地范围为东经 74°00′～91°00′，北纬 36°00′～42°00′，盆地面积 56×10^4 km^2。

塔里木盆地是塔里木板块的核心稳定区，而塔里木板块是一个具有前震旦系克拉通结晶基底的、自元古代超大陆裂解出来的古生代独立古陆块，中新生代塔里木板块北邻哈萨克斯坦板块和西伯利亚板块，南接特提斯羌塘板块和柴达木板块，处于几个板块的交汇处，是构造最活跃和地貌最壮观的地带。在晚古生代末期到中生代塔里木板块主要受特提斯构造域控制，新生代则主要受喜马拉雅构造带控制，现今为欧亚大陆板块南缘蒙古弧与帕米尔弧之间的广阔增生边缘的中间地块（图 1-1）。所以塔里木盆地是一个经历了加里东期、海西期、印支期、燕山期和喜马拉雅期等多旋回构造演化，由多期、多类盆地组成的我国西部典型的大型叠加复合含油气盆地，震旦系—第四系沉积地层发育齐全，最大厚度达 16000m。

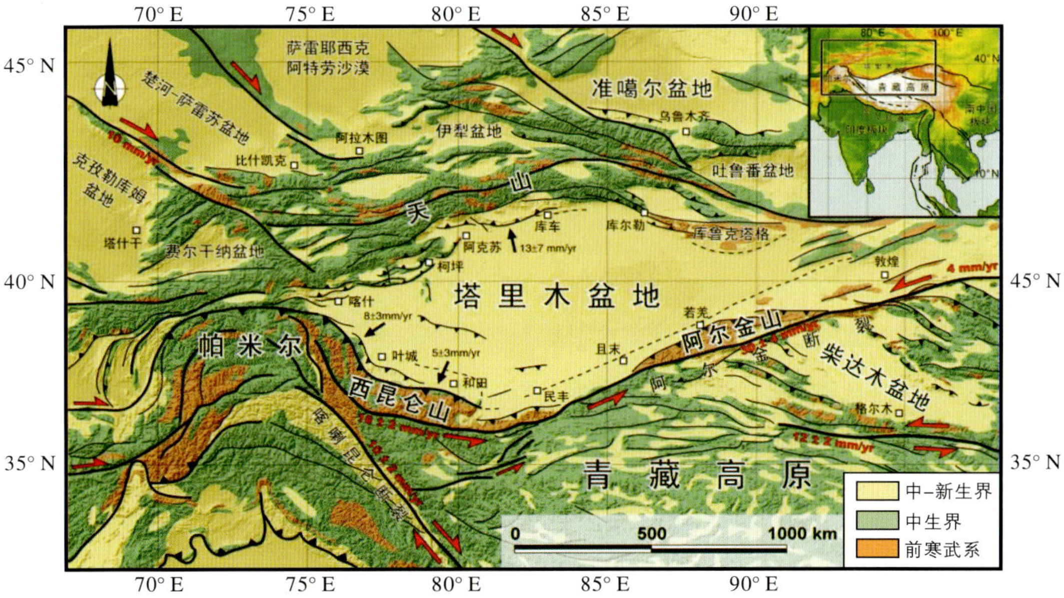

图 1-1　塔里木盆地及其周缘盆山体系图（许志琴，2011）

1.1.2　塔里木盆地周缘构造演化

目前，关于塔里木盆地显生宙以来盆地原型的认识，主要依据盆地周缘大地构造单元属性和演化的认识以及盆地内部构造-沉积作用的性质和演化的认识来加以确定的。但是，由于周边构造单元的属性和演化受到资料的限制，在认识上不统一，而盆地内部深层资料虽然在逐渐增多，但资料品质较差，另外由于古生界尤其是深层资料的多解性，给准确判定早期盆地原型带来了困难。现阶段仍然存在以下问题：

(1) 加里东早期构造背景认识不统一;

(2) 塔里木克拉通边缘盆地原型划分存在差异性;

(3) 周缘构造单元的演化与盆地内部原型的划分尺度不一致,导致盆地原型划分的不准确性。

目前对塔里木盆地周边构造域的演化归纳总结结果如下。

1. 天山构造域构造演化

1) 天山构造域早古生代的构造演化

A. 中天山性质的厘定

目前对中天山构造带的基底性质仍然有较大争议,如李春昱等(1983)把天山作为一个统一的块体,并归于哈萨克斯坦板块;罗发祚(1989)认为中天山是前寒武纪隆起带;而徐新等(2007)认为中天山东、西段构造归属不同,西段是古生代褶皱带,而东段是塔里木克拉通的组成部分;郭召杰(1993)等认为中天山基底由若干个不连续的块体组成,这些块体是从塔里木大陆离散出来的地体。本书在对近年来发表的成果与早期认识进行了系统分析的基础上,得出中天山是由一系列元古代晚期与古塔里木大陆离散的地体形成的微陆块所组成。

首先,胡霭琴等(2007)认为中天山不是前寒武纪隆起。郭召杰等(1993)据东经87°~90°范围内中天山主要由含笔石的志留系砂页岩及不整合其下的火山岩系组成,中天山东西段的前寒武系结晶基底在该处尖灭,排除了中天山作为统一地体。徐兴旺等(2006)研究证明该区元古宙变质岩为基底的古大陆在早寒武世出现雏形裂谷构造。郭召杰等则认为它们在奥陶纪才裂开但依据并不充分。中天山微地块与塔里木地块普遍发育震旦纪冰积层、磷块岩以及早寒武世的含磷沉积,这些可以是它们相互连接的依据但非充分依据,相互临近也可产生这个效果。夏林圻等认为天山及邻区震旦纪—早寒武世大陆拉伸-大陆裂谷火山活动应是天山古生代洋盆开启的前兆,早寒武世为天山古生代洋盆开启时限的下限有一定道理,还不是确切证据。

中天山北缘构造混杂岩的西段唐巴勒地区,据混杂岩中的放射虫及斜长花岗岩中矿物的Pb-Pb同位素测龄得出混杂岩形成于寒武纪—奥陶纪(肖序常,1992),董云鹏(2006)的研究证实中寒武世—早奥陶世中天山北缘存在以干沟蛇绿岩为代表的古洋盆和混杂堆积。而混杂岩的时代要晚于大洋存在相当长时间,晚寒武世发育混杂岩,肯定大洋发育早于晚寒武世。据徐新研究认为震旦纪晚期已有初始的洋壳,而寒武纪—早奥陶世则仍普遍发育。朱志新等(2004)认为在青白口纪末开始裂解,在震旦纪中—晚期裂解鼎盛时期形成却勒塔格蛇绿岩,其闭合时代为中—晚奥陶世。

何国琦等(2001)认为南天山突厥斯坦山北坡和努拉套山,在被认为是志留系的巨厚砂页岩之下的碎屑岩中,发育了奥陶纪所有的笔石化石带,其下灰岩中还发现早寒武世三叶虫和古杯海绵类化石,至少从寒武纪早期或更早一些南天山已有海洋环境。据以上资料,吉尔吉斯-帖尔斯克伊古洋和南天山古洋具有共同的背景——罗丁尼亚超大陆裂解。

舒良树等(2003)认为在前寒武纪,包括塔里木、吐鲁番-哈密(简称吐哈)、准噶尔等陆块单元在内的巨型大陆已出现在中亚地区,其中最老的变质基底达到18亿年。早寒武世,天山-蒙古大洋通过裂解而出现在塔里木和准噶尔-吐鲁番-哈密两个微大陆之间,其中,准噶尔-吐鲁番-哈密陆壳地体具有和塔里木大陆相似的前寒武纪基底构造。在寒武纪—早奥陶世,被动陆缘沉积作用出现在塔里木板块北缘,以碳酸盐岩、硅质岩和陆源粗碎屑岩为标志。

综上所述,说明古塔里木大陆早震旦纪开始形成大陆裂谷,天山构造域晚震旦纪在东天山西段已经裂开。其中,中天山的古老地块是古塔里木大陆上裂解的离散地体,其裂解时间起始于震旦纪晚期,并形成窄大洋;当时中天山构造域是由离散地体形成的微陆块和窄大洋构成的多岛有限洋盆。

B. 南天山洋形成时期与性质

郝杰等(1993)、龙灵利等(2006)、马中平等(2007)研究认为至迟中志留世在中天山地块与塔里木大陆板块之间就存在有一个古大洋。胡霭琴（2007）根据花岗岩的锆石 U-Pb 年龄分析认为天山存在两个早古生代岩浆活动时期，即奥陶纪和志留纪的两期侵入活动，它们具有岛弧钙碱性岩浆岩的地球化学特征。王润三等（1998）、王超等（2007）研究表明奥陶纪晚期发育洋壳已经有确切证据。

何国琦等（2001）认为从晚里菲纪到早奥陶世早期，是该古洋从裂谷发育到成熟大洋的时期，吉尔吉斯-帖尔斯克伊古洋和南天山古洋很可能是大体同时张开的，其共同背景是罗丁尼亚超大陆裂解。杨瑞东等（2006）对兴地大坂穷木库杜克剖面硅质岩的系统地球化学研究认为在早寒武世早期库鲁克塔格地区地壳发生强烈的拉张裂解作用，这种拉张裂解作用形成火山岩和硅质岩、硅质岩和黑色页岩组合，它们为早寒武世早期罗丁尼亚大陆发生快速裂解作用提供了岩石学和地球化学证据。

如上所述，学者们对南天山洋的洋壳发育时间争议很大，认为最晚是志留纪中晚期，最早为寒武纪早期甚至更早。前者受布尔特曼的影响，并且是实证主义的结论，而后者通过与邻区（吉尔吉斯早古洋）的对比得出认识。诚然没有确切证据，很难证明其时代，但我们目前看到的洋壳残片是古洋壳的一部分，它们是在俯冲阶段形成的。那么是否最古老的岩片冲到地表？显然是不一定的。持晚期观点的作者依据的资料显示的是最年轻的，但已经测出的古老岩片的资料才是古洋发育时间的实证。因此南天山洋是与亚洲洋连通的多岛有限洋的一个分支，至少在寒武纪早期甚至震旦纪就开始发育。中国科学院科考队对南天山汗腾格里北坡蓝闪片岩进行 Rb-Sr 全岩等时线法测试年龄为 723Ma；肖序常等对长阿吾子蓝闪片岩进行 $^{40}Ar/^{39}Ar$测试结果为 350Ma；王宝瑜等对长阿吾子蓝闪石钠长片岩用 Sm-Nd 全岩等时线法测试结果为 1570Ma。因各家所采岩石不同，结果差别很大。梁云海（2004）研究认为在木孜别里蛇绿杂岩 Rb-Sr 等时线年龄为 404±41Ma，这一年龄值代表最后一次热事件年龄，可认为萨瓦亚尔顿地区蛇绿杂岩是在晚志留世呈底劈侵位的。阿克苏蓝闪片岩与南天山相距不远，蓝闪片岩 Pb-Pb 全岩等时线年龄值为 663±63Ma，用变质复理石中多硅云母测得 K-Ar 年龄值为 720Ma，该两组年龄数据与南天山长阿吾子变质蛇绿岩及蓝闪片岩的年龄值十分接近。这就更加肯定了南天山元古代洋盆的存在及其消亡过程。上述结果可以说明南天山有元古代蛇绿岩及蓝片岩存在。

因此本次研究认为，南天山洋的形成应该与北天山洋基本同步，至少在晚震旦纪晚期，已经开始了伸展过程。

C. 天山构造域早古生代北天山洋的双向俯冲和南天山洋向北俯冲

1986 年西北大学和新疆维吾尔自治区地质矿产局（简称新疆地矿局）11 大队研究组报道了托克逊以南中天山发现早志留世笔石动物群后，中天山存在早古生代火山活动，初步得到古生物地层的证据，但对天山早古生代板块活动性质的争议从未间断。Wiudley 和 Allcn 等认为南天山洋壳向中天山的俯冲是形成中天山岩浆岩带的根本原因。朱宝清等（2002）则提出托克逊县干沟一带早古生代蛇绿混杂岩和志留纪前陆盆地沉积，其时空配置表明中天山北缘早古生代大洋在奥陶纪曾发生大规模的向北消减，志留纪因前陆和岛弧的碰撞而形成前陆盆地，俯冲开始于奥陶纪结束于泥盆纪（386.1±4.1Ma）之前。那么，天山构造域俯冲事件形成和俯冲方向如何呢？

a. 北天山洋的双向俯冲及其俯冲时间

关于中天山北缘洋壳俯冲方向存在较大争议，李锦轶等（2006）认为古生代的俯冲-碰撞均为向北的，钱清等据寒武纪玄武岩的元素地球化学研究认为那拉提北缘断裂为一条早古生代的缝合带，晚奥陶世向北俯冲在伊犁古陆块之下。李文明等据东天山中酸性侵入岩的研究认为东天山地区志留纪晚期—早泥盆世大洋演化是向北俯冲，其后向南俯冲。冯益民等（2002）认为洪古勒楞蛇绿岩、札河坝蛇绿岩、阿尔曼特蛇绿岩及北塔山蛇绿混杂岩的同位素年龄及相关的沉积岩中所含古生物化石，表明它是一条早古生代早中期的蛇绿岩带，中晚志留统不整合于其上及所含的图瓦贝化石在卡拉麦里带南北的分布说明该蛇绿岩所代表的洋盆在晚奥陶世之前已经关闭。他们判定干沟蛇绿混杂岩属岛弧型蛇绿岩，其形成与弧-陆碰撞及后期的构造改造有关。因此他们认为，早古生代至泥盆纪，中天山古陆块北缘为被动陆缘，米什沟-干沟洋向北俯冲在吐哈陆块之下。

舒良树等（2003，1998）坚持向南俯冲的观点。崔可锐等（1996）据中天山北缘早古生代构造混杂岩带中青铝闪石、多硅白云母等高压矿物的研究认为该带是一条高压低温变质带，其形成与古准噶尔大洋中的洋岛或海山的俯冲碰撞有关，西段形成于奥陶纪，东段形成于晚志留世至泥盆纪，中天山北缘早古生代洋壳向南俯冲。董云鹏等（2006）据干沟蛇绿混杂岩带发育弧前火山沉积岩系的混杂基质及其裹挟的构造岩块，确定其形成于板块俯冲型活动陆缘火山弧环境，发育 MORB 型蛇绿岩和 SSZ 型火山岩，形成于中寒武世—早奥陶世，代表了中天山北缘古洋盆时限，并于晚寒武世开始发生大洋岩石圈板块的俯冲消减作用；到中—晚奥陶世，该洋盆关闭。早志留世转换为对接后的陆表沉积环境。从其阐述和图件分析可知，他们也认为古洋盆向南俯冲，而俯冲时间为早至晚寒武世。

车自成等（1994）测定干沟蛇绿混杂岩的基质中火山岩$^{87}Sr/^{86}Sr$初始比值为 0.7098，反映了过渡地壳的特性；总的为轻稀土富集，稀土总量低，Eu 异常不明显，在蛇绿混杂岩的混杂基质中含硅质岩夹层，其中含放射虫（*Spumellaria*，硅骼虫、泡沫虫类）和单轴、三轴海绵骨针及瓶状几丁虫等微体化石；杂砂岩中产牙形刺 *Proneotodus* sp.（原沃尼昂塔牙形石未定种，在中国江南地区相当于$Є_3$-O），*Baltoniodus* cf. *approximatus*（近似波罗的牙形刺相似种，多见于华北地区 O，亮甲山组和扬子地区 O，红花园组）、*Hindeodella* sp.（欣德刺），灰岩夹层中产叠层石 *Drepanodus* sp.，*Colonnella* sp.。从而限定中天山北缘古洋盆俯冲作用应发生于晚寒武世—早奥陶世。

477Ma 的安山岩和 469±3Ma 的尾亚面理化花岗岩，470～420Ma 的高压变质带等证据表明，中天山与洋壳俯冲有关的火山弧形成于早奥陶世晚期，说明北天山洋在早奥陶世向中天山俯冲，志留纪中天山北缘乌斯特沟-米什沟高压变质带说明志留纪开始发生碰撞。

吴世敏等（1995）认为奥陶纪或更早，古天山-准噶尔大洋向塔里木板块俯冲，但并未形成现代西太平洋边缘那样的沟-弧-盆体系，只在塔里木板块北缘形成陆缘火山弧——中天山火山弧；此时中天山火山弧并未脱离塔里木板块，类似于现代东太平洋安第斯山弧，与此同时，古天山-准噶尔大洋也向西伯利亚板块俯冲形成汗呼赫、扎布汗等蛇绿岩带（马瑞士，1993）。他们认为早古生代，古天山-准噶尔大洋分别向南、向北俯冲。

综上所述，古天山-准噶尔大洋具有双向俯冲的特点，但向南俯冲于塔里木地块之下的观点有待考证。其一，从蛇绿混杂岩分布来看，中天山北部、伊犁、准噶尔-吐哈地块南缘都有早古生代蛇绿岩，如四顶黑山镁铁质-超铁镁质岩体、洪古勒楞蛇绿岩、札河坝蛇绿岩、阿尔曼特蛇绿岩及北塔山蛇绿混杂岩均位于准噶尔-吐哈地块南缘，而干沟、巴音沟等蛇绿混杂岩位于中天山北缘；其二，根据变质岩的分布，中天山北缘乌斯特沟-米什沟高压变质带是志留纪开始形成的，说明志留纪开始发生碰撞，支持古天山-准噶尔洋向南俯冲的观点；西北后峡高压变质带位于北天山南缘，即准噶尔-吐哈地块南缘，是晚古生代碰撞的，支持古天山-准噶尔洋向北俯冲的观点；其三，根据花岗岩的形成时代与成因研究，四顶黑山地区发育志留纪板块碰撞前的花岗岩，支持向北俯冲的观点；天湖东-红柳井中奥陶世花岗岩体的发育，支持向南俯冲的观点。因此可以断言，中天山之北的古北天山-准噶尔洋在早古生代就具有了双向俯冲的格局，向南俯冲早在晚寒武世，最晚早奥陶世就已经开始，向北俯冲开始于晚奥陶世。

b. 南天山洋盆向北俯冲及其时间

郭召杰反对南天山洋向北俯冲的观点，理由是“与我们野外所见南天山洋壳向北仰冲的事实不符，而且也与下列事实矛盾：中天山岛弧火山作用开始于奥陶纪，而南天山洋壳的形成是在志留纪时期。”郭继春等（1992）认为早加里东期中天山北侧的大洋板块由北向塔里木板块之下俯冲，持向南俯冲的观点。他们的认识存在两个问题，如果南天山洋在奥陶纪之前就已经存在，那就没有奥陶纪岛弧和志留纪洋壳的矛盾，野外所见洋壳向北仰冲确实给天山洋向北俯冲的解释带来复杂性，但地表露头是经多期改造的结果，且郭召杰只对部分地区进行了观察。深部地球物理资料说明现今天山构造带是南北夹持、挤压，分别向南、北仰冲的现实，虽不能代表古生代的格局，但说明刚性的塔里木地块基底确实插入到中、南天山之下。

李锦轶等认为至少阿尔泰山、吐哈盆地南缘及其东延地区的活动陆缘残片面临的古生代洋盆，在奥陶纪至石炭纪期间，是逐渐收缩乃至最后关闭的。他们勾画的各类简图都显示奥陶纪至石炭纪火山沉积岩系和晚古生代侵入岩的空间分布以及古俯冲带、碰撞带都说明吐哈、准噶尔、伊宁古陆块之南的俯冲-碰撞带指向均是向北的。刘斌等（2003）划分的三个高压变质带之南带在中天山南缘，显然是南天山向北俯冲的产物。张立飞等（2005）指出西南天山木扎尔特一带低压麻粒岩相变质岩石可能与其南部的西天山高压-超高压变质带组成了双变质带。这些双变质带高压低温变质带在南，高温低压变质带在北，说明南天山古洋盆古生代由塔里木板块向伊犁-中天山板块俯冲发生高压变质作用。李文铅等（2006）据吐哈盆地南缘卡拉塔格岩体研究认为吐哈盆地南缘早古生代晚期卡拉塔格岩体的形成与康古尔古大洋板块向北的俯冲有直接的成因联系。杨天南等（2006）据来自中天山早泥盆世陆弧花岗质糜棱岩地球化学及 U-Pb 定年的证据提出早在晚志留世晚期南天山洋向北俯冲。

综上所述，早期的研究认为南天山向南俯冲在塔里木古陆块之下，并分裂出南天山洋和中天山岛弧的认识有自身矛盾，而近年来的研究则支持南天山洋形成于晚震旦纪，晚志留世晚期向北俯冲在中天山微陆块之下。

c. 早古天山构造域属于多岛有限洋，以发育微陆块边缘弧为主

郭继春（1992）、马瑞士等（1993）认为中天山早古生代岛弧构造带是在寒武纪后古准噶尔-天山大洋向塔里木板块北缘的俯冲、弧后扩张而形成的，南天山洋是弧后盆地。舒良树等（1998）指出，吐哈陆块和塔里木大陆之间的洋壳从晚寒武世或早奥陶世开始沿现在的中天山北缘带向南俯冲，在古塔里木大陆北缘变质基底上形成奥陶—志留纪岩浆-火山弧；志留纪发生弧后微型扩张形成库米什-红柳河边缘海，构成早古生代活动陆缘。本书认为中天山地区的微地块群之归属存在争议很大，但不管将其归属于塔里木地块还是哈萨克斯坦地块母体，实际都不影响南天山洋的性质确定，这些微地块在震旦纪开始从其母体地块分离后，已经漂散在古亚洲洋之中，后期洋壳的断裂、俯冲作用在这些微地块边缘或者与之无关，都不能说这些微地块群之南的南天山洋为弧后盆地（图 1-2，图 1-3），而应该是不同程度离散的大洋。

近年来众多学者研究了天山构造域火成岩、变质岩的成因、性质和大地构造属性，公认属于岛弧性质，个别认为有洋岛性质的火成岩，古生代天山构造域发育岛弧是无可争辩的。而这些岛弧是洋壳上发育的岛弧还是与微陆块有关，洋壳俯冲的方向到底是向北还是向南，就决定了如何描述天山构造域古生代基本格局和如何确定塔里木克拉通北缘性质与北部盆地原型的问题。研究者在天山构造域取得的最老火成岩发育两个阶段，即奥陶纪和志留纪的两期侵入活动，分布于天山的东、中、西段，有的甚至在南天山发育，如库尔勒-野云沟以北的艾西买依根附近的糜棱质花岗岩为 475.2±2.6Ma（韩宝福等，2004；徐学义等，2006）。基于元素和 Nd-Sr 同位素组成的研究结果，它们具有岛弧钙碱性岩浆岩的地球化学特征。因此，早奥陶纪晚期，东西天山已经发育岛弧构造。但有两个问题往往引起著者的忽视，一是洋内岛弧还是陆缘岛弧，二是有岛弧是否一定发育弧后盆地，继之是弧后盆地的术语使用。事实上，迄今发现的多个天山构造域的岛弧，大多为陆内弧。中天山多个侵入岩体都是在前寒武系变质岩中发现的。这种弧的后面发育的盆地不是西太平洋型的边缘海，而是陆块内部的低洼地区的海相甚至陆相沉积。南天山洋本来就是古亚洲洋的南支，没有必要非把它划作弧后盆地，更没有理由认为它是由于北天山洋向塔里木地块之下俯冲引起的。典型的洋内岛弧发育在准噶尔-吐哈地块之北的钦齐兹-塔尔巴哈台-北塔山岛弧，早古生代早期到晚古生代发育。但因其南部发育钦齐兹微陆块和准噶尔微陆块，说明它的南部也不可能发育弧后盆地。

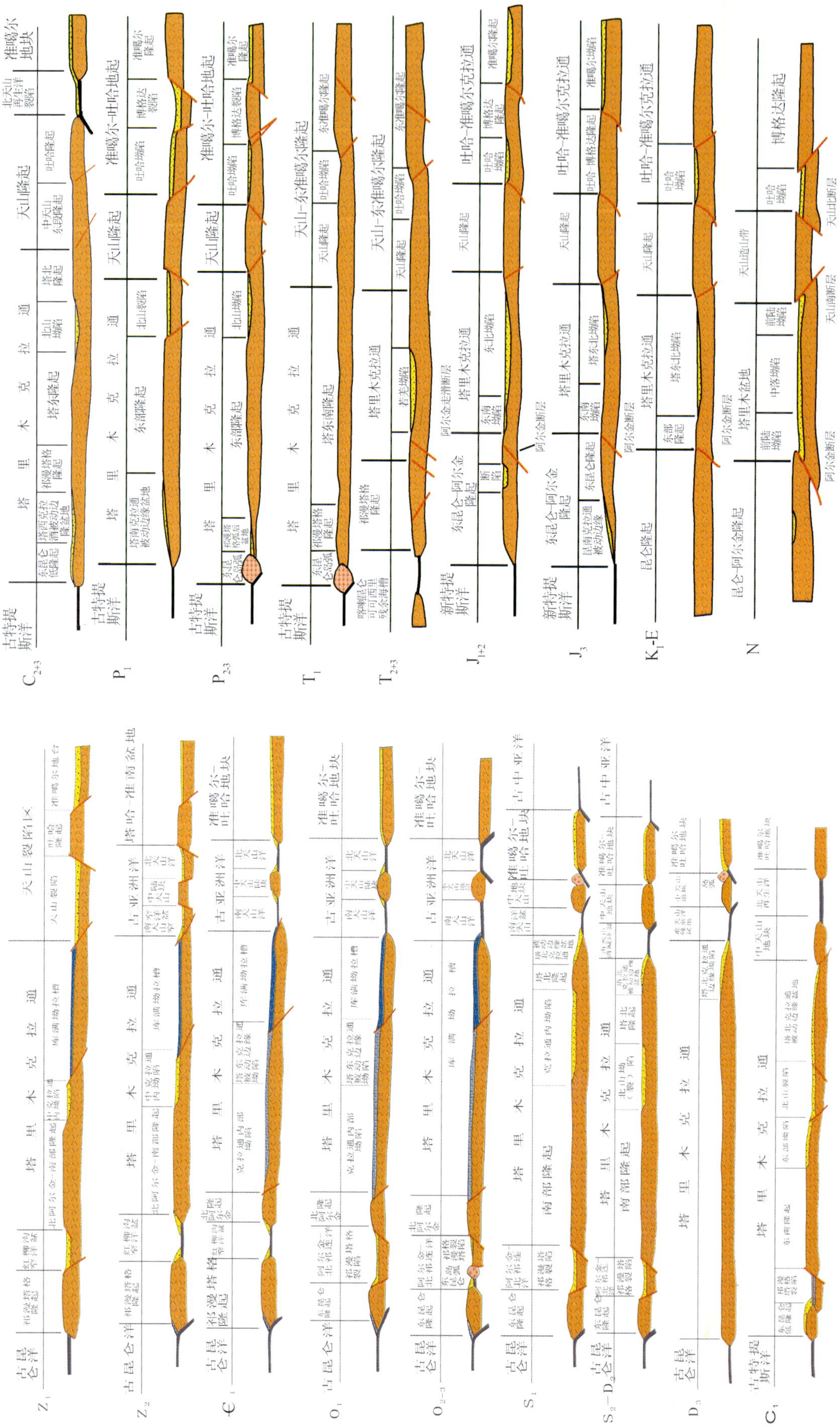

图1-2　塔里木盆地东部原型盆地剖面演化示意图

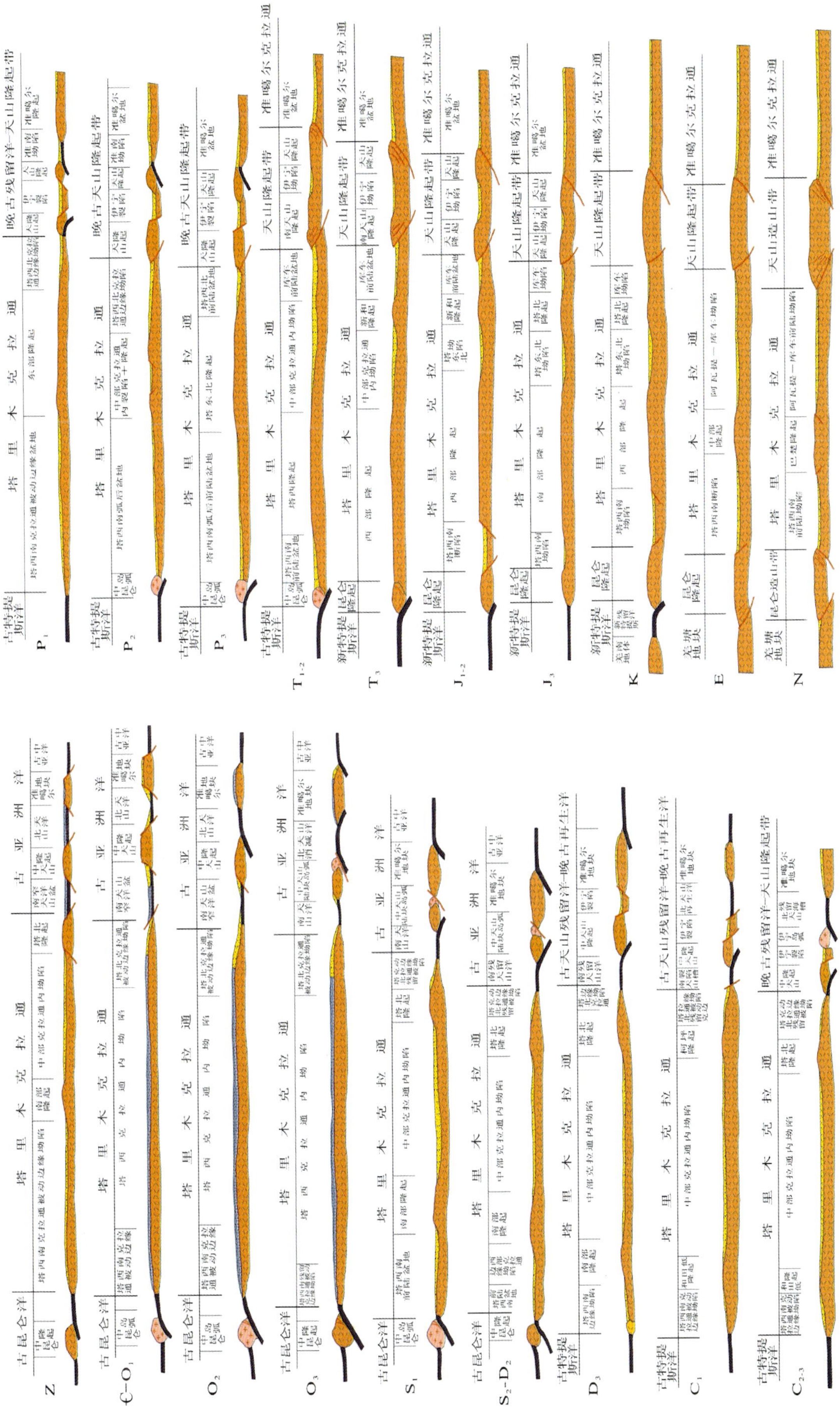

图1-3　塔里木盆地西部原型盆地剖面演化示意图

韩宝福等（2004）认为天山早古生代花岗岩浆活动的时间跨度范围在490～380Ma，早古生代花岗岩不具活动大陆边缘花岗岩类的岩石地球化学特征，而是属于铝质A型花岗岩，它们的形成可能与南天山洋南支的扩张过程有关，或者与早古生代一次造山过程的晚期伸展有关。值得注意的是，"早古生代花岗岩均出现在具有元古代变质基底的构造带中"，这些信息说明当时花岗岩侵入在当时的微陆块上，而大部分不是洋内岛弧。

因此，可以概括地说，天山构造域发育洋内岛弧，但受制于微陆块的存在，早古生代的俯冲作用主要形成微陆块边缘岛弧，有些可以延展为洋内岛弧，这些陆块边缘岛弧的背后是微陆块，再向后是先存的有限大洋，其扩张性本身就具备，俯冲产生的"弧后"扩张机制可以起加剧作用而不是根本动因。因此，天山洋是多岛（陆块）有限洋，其演化旋回遵从威尔逊模式，但不拘泥于该模式。

d. 天山构造域早古生代的构造演化程式

概括起来，天山构造域早古生代的构造演化的基本程式是：

震旦纪开始，天山构造域与罗迪尼亚大陆解体相呼应，塔里木古陆块、哈萨克斯坦-北天山古陆块也开始在拉张背景下裂解、漂移，震旦纪晚期—早寒武世古亚洲洋已经具备相当规模，中天山一带发育了大小不等、相互分离，但具有前寒武纪基底的微陆块，形成多岛有限洋，北支在中天山以北为北天山洋，南支在中天山-吐哈-准噶尔之南，为南天山洋。洋内漂浮的陆块后期作为洋壳俯冲的触发带和俯冲产物的依附体以及酸性、中酸性岩浆活动带，导致天山构造域开合构造的复杂性、多变性。

寒武纪—早中奥陶世古亚洲洋为鼎盛时期，其性质类似于大西洋，但呈多岛洋的状态。中天山北缘520～480Ma蛇绿岩形成于中寒武世—早奥陶世，北天山古洋盆向南俯冲作用起始于早奥陶世（甚至晚寒武世），向北俯冲发生在晚奥陶世，志留纪开始发生碰撞（图1-2，图1-3）。

南天山洋可能与北天山洋同期或稍微滞后于晚震旦纪拉开，在寒武纪成大洋，早奥陶世晚期（478～440Ma）发育侵入岩体代表扩张背景，志留纪晚期（440～420Ma）的侵入岩和变质岩的年代测定说明此时开始向中天山微地块群之下俯冲。

2）天山构造域晚古生代构造演化

A. 蛇绿岩的发育说明天山构造域晚古生代发生2次开合旋回

何国琦等（2001）综合我国西南天山与邻区吉尔吉斯南天山最新研究成果后认为，南天山古洋经历了两个开合演化阶段。第一阶段是早古生代，早古生代末期开始俯冲消减，其边缘陆壳增生事件和古洋萎缩。第二阶段始于晚志留世到早泥盆世，南天山古洋得到新发展，扩张中心向南迁移。徐学义等（2003，2006）认为北天山巴音沟蛇绿岩侵入辉长岩中的斜长花岗岩亏损LREE和不相容元素表明该岩体为亏损幔源花岗岩，锆石U-Pb年龄为324.8±7.1Ma，形成于早石炭世晚期。蛇绿岩中辉长岩、辉绿岩、基性熔岩REE球粒陨石标准化呈平坦型，微量元素分配型式近于ORB，形成于大陆裂谷向大洋裂谷转化环境。中天山南缘蛇绿混杂岩带基性熔岩Sm-Nd等时线年龄为392±15Ma，代表南天古洋早古生代晚期消减闭合带，而晚古生代蛇绿岩带是塔里木盆地与南天山的分界线。

梁云海等（2004）认为新疆准噶尔造山带晚古生代发生2次开合，泥盆纪—早石炭世开合旋回以准噶尔北缘达拉布特-克拉麦里-塔克扎勒蛇绿岩带为代表。西准噶尔蛇绿岩在推覆带的前锋重复出现，由北向南发育三个带。东准噶尔克拉麦里、塔克扎勒地区蛇绿岩呈岩片或岩块混杂于中泥盆统复理石及早石炭世早期火山复理石中。据放射虫时代定为中泥盆世，克拉麦里11号岩体附近硅质岩中放射虫时代为早石炭世，清水附近蛇绿岩中的辉长岩K-Ar全岩同位素年龄值为392Ma、388Ma、305Ma，代表扩张时期洋壳的时代；辉长岩中长石Ar-Ar年龄为414Ma、440Ma和434Ma，代表长石的结晶年龄。可认为该蛇绿岩带代表志留纪—泥盆纪大洋扩张的时代，于早石炭世晚期闭合。中—晚石炭世开合旋回以伊连哈比尔尕蛇绿岩为代表。放射虫时代为早—中石炭世，牙形刺时代为晚泥盆世晚期，可见洋盆于晚泥盆世晚期发育，早石炭世为极盛期，晚石炭世早期闭合。

综上所述，不管南天山还是准噶尔，晚古生代都经历了2次开合旋回，它们的形成时代有差异，但旋回是清楚的，既有扩张又有闭合，此开彼合。第一次开合旋回时间可以延续到早古生代晚期，主要是泥盆纪到早石炭世；第二次开合则发生在中晚石炭世。

B. 花岗岩发育对俯冲与碰撞时间的厘定

王式洸等（1994）认为阿尔泰古生代造山带乌伦古河碱性花岗岩为海西期深成岩浆活动的最后产物，形成于晚石炭世末期（309～292Ma），为典型的后造山A型花岗岩类，是阿尔泰海西期造山运动结束开始拉张构造环境的标志。从而认为阿尔泰造山带海西期伴随造山旋回从挤压碰撞到造山结束松弛拉张，从老到新，从北向南（向缝合线方向）顺序生成同碰撞S型-碰撞后抬升I型-造山A型花岗岩类。

李文明等（2002）认为东天山海西早期中酸性侵入岩时代为370～359.8Ma，为碰撞前的产物，而海西中期和晚期发育康古尔塔格-哈尔里克岛弧带（北带）和阿齐山-雅满苏岛弧带（南带）的时代具有前后差异，北带为345～301Ma和289.9～255Ma，南带为329.1～293Ma和286.2～254Ma。郭召杰等给出中天山东段古生代淡色花岗岩形成时代不晚于354±16Ma。王博等（2007）测定伊犁北部博罗霍努岩体辉石闪长岩的年龄为301±7Ma，黑云母花岗岩的年龄为（294±7）～（285±7）Ma，黑云母钾长花岗岩则形成于（280±5）～（266±6）Ma。黑云母花岗岩和钾长花岗岩以准铝或弱过铝I型花岗岩为主，个别属于弱过铝S型花岗岩。这些花岗岩均富集轻稀土亏损重稀土，博罗霍努岩体的花岗岩明显富集K，Rb，Ba和Th，显著亏损Nb，Ta，Y和Yb，表明它们形成于与俯冲有关的火山岛弧。结合伊犁及邻区岩浆岩的特征及其时代可认为博罗霍努岩体的形成与天山北部洋壳向南的俯冲造山有关。西天山北部俯冲造山最终在中二叠世结束，并在中—晚二叠世进入陆内造山和伸展拉张阶段。

赵振华等（2003）认为西天山火山岩属玄武安山流纹岩建造，钙碱性（中钾、高钾）和橄榄玄粗岩系列。$^{40}Ar/^{39}Ar$年龄为306～250Ma，以290～260Ma为高峰值。浅侵位岩浆岩属偏碱性、碱性岩石或高钾钙碱性系列岩石，$^{40}Ar/^{39}Ar$年龄范围为290～260Ma。综合$^{40}Ar/^{39}Ar$和Rb-Sr、U-Pb年龄资料，火山-浅侵位岩浆活动高峰期发生在晚石炭世—早二叠世。表明本区构造格架的重大转折，由俯冲、碰撞造山的挤压，转向后碰撞的伸展、拉张，发生在石炭纪末—早二叠世（300～250Ma）期间。

姜常义等（2006）认为南天山花岗岩类精确的锆石U-Pb法研究证明它们形成于石炭纪末期至早二叠世末期。闪长岩、似斑状花岗岩的岩相学和岩石化学具有I型花岗岩特征，而二云母花岗岩为S型花岗岩，碱长花岗岩显示了A2型花岗岩的特征，表明形成于后造山垮塌阶段，源于陆壳物质的深熔作用。

徐学义等（2006）通过对天山中西段古生代花岗岩的锆石U-Pb同位素定年表明，中天山托克逊南—库米什北侵入奥陶纪可可乃克群中的碱长花岗岩形成于395.1±0.9Ma，花岗闪长岩体形成于393.5±2.7Ma，石英闪长岩体形成于327.3±0.9Ma，斜长花岗岩体形成于424.1±1.1Ma，揭示中天山中段库米什地区3期构造岩浆事件分别于晚志留世、中泥盆世和早石炭世。中天山哈希勒根达坂黑云母花岗岩形成于286.8±0.8Ma。对伊犁石炭—二叠纪裂谷带花岗侵入岩类的锆石U-Pb法定年，霍城果子沟角闪花岗岩形成于351.9±1.6Ma，昭苏花岗闪长岩体形成于348.4±0.8Ma，新源则克台角闪辉长岩体形成于308.2±1.2Ma。南天山巴音布鲁克群中的石英闪长岩体形成于446.8±1.2Ma，独-库公路库尔干道班的角闪斜长花岗岩体与黑云母花岗岩体形成于426.3±1.9Ma和425.1±1.8Ma。库米什北晚奥陶世、志留纪—早泥盆世花岗岩为钙碱系列，轻稀土富集，微量元素富集的洋脊花岗岩体。

综上所述，泥盆纪南天山南侧塔里木板块仍处于被动大陆边缘，北侧准噶尔板块已成为活动大陆边缘，洋壳向北消减，陆壳向南增生，形成大南湖-哈尔里克泥盆纪岛弧带。中—晚泥盆世在俯冲持续作用下，该岛弧抬升隆起使地壳增厚导致下地壳大面积部分熔融，中酸性岩浆沿断裂或褶皱核部以被动机制上侵，克孜尔卡拉萨依-大南湖及马蹄南等地形成了面状展布的CM型花岗岩。

早石炭世洋壳继续向北消减，准噶尔板块继续向南增生。中石炭世大洋开始封闭，在阿齐山-雅满苏岛弧带上形成舌状岩体和CM型花岗岩。康古尔塔格-哈尔里克岛弧已发展为成熟岛弧，CM型花岗岩类侵入。中—晚石炭世，准噶尔板块与塔里木板块开始碰撞，在康古尔塔格-哈尔里克岛弧形成了同碰撞期的CM型花岗岩类。晚石炭世，天山山脉最重大的地质事件是北天山古洋盆的闭合（姜常义等，2006），该洋盆的闭合结束了天山山脉板块构造的历史，并将天山与准噶尔、塔里木联结成统一的大陆（图 1-2，图 1-3）。在北天山同样表现为二叠系大面积缺失沉积及二叠系与石炭系之间的角度不整合。所以南天山于石炭纪末期发生的碰撞造山作用起因于北天山石炭纪古洋盆闭合所产生的强大挤压力。

石炭纪末—二叠纪初，康古尔塔格-哈尔里克岛弧、克孜勒塔什塔格、亚勒帕克、沟权山、恰西等地仍处于碰撞环境，形成同碰撞期的 CM 型花岗岩类和 M 型花岗岩，其 WB 地段板块运动已转入板内演化阶段，基底断裂进一步发展形成拉伸盆地并发生火山喷发，沿康古尔塔格-黄山深大断裂及大草滩断裂侵入了具有结晶岩特点的基性-超基性杂岩。与此同时，南、北岩带大部分区段则进入板内叠覆造山阶段，形成了舌状钾长花岗岩、C 型花岗岩和 CM 型花岗岩类。北带奥莫尔塔格一带在石炭纪末进入非造山期，侵入少量 A 型碱性花岗岩。

早二叠世地壳进一步缩减，由 B 型转为 A 型俯冲，塔里木陆壳向北俯冲到阿齐山-雅满苏岛弧带之下，在秋格明塔什一带侵入了印支期 A 型花岗岩基。二叠纪后东天山地区主要以差异升降、断块造山和夷平剥蚀为主，侵入岩浆活动微弱。

C. 变质岩年代测定提供的俯冲与碰撞时间

新疆北部及中亚地区的活动陆缘杂岩体始自奥陶纪持续到石炭纪（李锦轶，2006），揭示洋盆收缩开始和可能闭合的时限。博宁岩在新疆北部及邻区的广泛发育，揭示导致该区洋盆收缩的古板块俯冲带中，至少一部分可能是从洋内俯冲开始的。杨天南等（2006）研究了中天山巴伦台以北糜棱岩化的中-酸性侵入岩，锆石 U-Pb 法测试揭示其侵位年龄为 416～405Ma，属早泥盆世；元素地球化学特点表明其属于火山弧环境，显示早在晚志留世晚期，南天山洋已开始向北俯冲，并在中天山地块南缘形成火山弧环境，至早泥盆世晚期，塔里木陆块与中天山火山弧发生碰撞。郭召杰等（2007）在吐鲁番地区底坎尔南的中天山构造带，新发现含电气石和石榴子石的淡色花岗岩侵入富铝泥质片岩系中。U-Pb 法定年，淡色花岗岩的形成在 354±16Ma，表明中天山在 354Ma 前具有与陆缘弧背景相似的构造环境，并在 354Ma 前完成碰撞过程。高俊等（1994）认为晚志留世，早期阶段南天山弧后洋盆向北侧伊犁中天山板块下俯冲消亡，洋盆闭合末期（约 415Ma），由于南侧南天山洋盆扩张，部分陆壳板块继续向伊犁中天山板块下俯冲，俯冲杂岩体继续沿俯冲带下插，发生硬桂石-蓝闪片岩相变质作用（408Ma）。泥盆纪末—早石炭世晚期南天山洋俯冲、闭合作用，促使中天山南缘早古生代缝合带内应变集中，发生大规模韧性推覆运动，促使发生绿片岩相退变质作用（345～314Ma）的蓝闪绿片岩相岩石快速抬升，保存蓝闪绿片岩相矿物组合。

张立飞等（2005）系统地总结了近年来有关新疆西南天山超高压变质带在野外地质产状、岩石学、矿物学、地球化学和年代学等方面的研究进展，地化研究显示三类榴辉岩原岩相当于源于富集地幔的具有 OIB 特点的变碱性玄武岩，源于亏损地幔的具有 N-MORB 特点的洋中脊玄武岩和源于较富集地幔的具有 E-MORB 特点的洋中脊玄武岩，它们形成于海山环境下的洋壳。榴辉岩中锆石定年表明榴辉岩的原岩形成于石炭纪（>310Ma）之前，洋壳开始俯冲发生在二叠纪末（290～280Ma），高压-超高压变质发生在三叠纪（230～220Ma）。与其北侧低压麻粒岩带组成超高压变质带双变质带构造演化模式。

舒良树等（2003）认为天山造山带早期碰撞事件发生在晚志留世—泥盆纪（400～350Ma），产生了韧性推覆变形、高压变质和花岗岩浆作用。韧性推覆剪切的方向为从南向北；右旋走滑韧性剪切作用可能发生在晚石炭世—早二叠世（280～270Ma），由塔里木与西伯利亚两大板块活动陆缘的碰撞作用而引起，伴随有一次区域规模的花岗岩浆活动。高俊等（1994）认为伊犁-哈萨克斯坦板块和塔里木-卡拉库姆板块之间的南天山造山带是“中亚型造山带”的典型代表之一，在综述南天山造山带的蛇绿岩、高压变质岩、花岗岩类等研究成果的基础上，认为南天山西段碰撞造山可能开始于早石炭世（345Ma），结束于晚石炭世末（300Ma 左右）。二叠纪时期，南天山至整个中亚地区进入后碰撞演化阶段。

D. 天山构造域晚古生代构造演化

概括起来，天山构造域晚古生代的构造演化的基本程式是，晚志留世到早泥盆世，北天山在志留纪持续发育蛇绿岩说明碰撞作用尚未结束，在碰撞造山带-残余海槽的背景下又发生新一轮的拉张解体作用。

晚泥盆世—早石炭世，出现以巴音沟蛇绿岩为代表的晚古北天山裂陷槽，宽度不大，延伸也不长，并以洋内剪切方式闭合消减。北天山现今表现出的由南向北的大规模推覆作用可能是洋内剪切作用的进一步发展，使蛇绿混杂岩呈推覆岩片飞来峰上覆于早、中石炭世火山岩、浊积岩之上，伊犁中天山板块内部发育早石炭世裂谷带，并基本上起一定屏障作用，分隔北天山和南天山两个生物地理区。

南天山古洋得到新的发展，扩张中心向南有所迁移。早古南天山洋向北的俯冲作用促使原塔里木北部被动大陆边缘发生地壳拉张作用，其中陆缘的一部分被解体出去，构成继续向伊犁中天山板块下俯冲的南天山微板块，中泥盆世—早石炭世，塔里木板块和南天山微板块之间存在以南天山晚古生代蛇绿混杂岩为代表的晚古南天山洋盆。

早石炭世末，晚古北天山有限洋关闭，伊犁地块南北部于晚石炭世隆起，北天山局部发育上石炭统磨拉石建造。塔里木陆块中北缘、哈尔克山南坡及库米什北一带发生裂谷型引张作用的同时，西天山造山带发生大规模的推覆作用，晚古南天山小洋盆洋壳开始俯冲发生在二叠纪（290～280Ma），早二叠世（280～270Ma）中天山与塔里木陆块碰撞，结束海侵历史，山脉雏形形成，形成右旋走滑韧性剪切作用，发育了高压-超高压变质岩。塔里木板块、伊犁中天山板块和准噶尔板块又重新拼合为统一的整体（图1-2，图1-3）。晚二叠世，进一步的挤压应力加速了古天山山脉的进一步隆升，西天山及邻区广泛接受陆表海稳定型碎屑岩、碳酸盐岩沉积。塔里木北部、南天山、北天山、准噶尔地区均遭海侵。

2. 昆仑山构造域构造演化

由于地质结构复杂、地表条件恶劣，昆仑山构造域的研究相对于天山构造域较少，但近十几年来的新成果丰富了该构造域的地质认识，尽管著者仍有很大分歧，但认真分析对正确认识其构造演化还是具备基础的。

1）蛇绿岩与火山岩的发育对古洋壳存在时限的依据

迄今对库地蛇绿岩形成的构造背景的认识仍很不一致，归纳起来有以下几种观点：汪玉珍（1983）对库地玄武岩分析推断其形成环境为类似于日本海型的边缘海。这一观点受到王元龙（1997）的支持，后者在综合分析前人资料的基础上，进一步提出库地蛇绿岩原始构造环境为弧后盆地-岛弧-弧间盆地。姜春发等（1992）认为库地蛇绿岩系中的库地熔岩形成于岛弧环境。王志洪（2001）认为库地蛇绿岩形成于消减带之上的弧间或弧后盆地。姚永耘和许靖华（1994）从整个西昆仑区域构造格架的角度出发，认为库地蛇绿岩发育于中昆仑弧和北昆仑弧间的弧后盆地。袁超等（2002）在库地蛇绿岩中发现玻安岩的存在，从而认为其形成于弧前盆地环境。库地北阿卡孜达坂绿片岩的原岩-中基性岩石的成因，排除了来自大洋中脊、洋岛、板内海山和大洋台地玄武岩的可能性和破坏性的板块边缘环境（如岛弧或活动大陆边缘）的可能性，认为是晚元古代—早寒武世的陆内裂谷产物，与库地蛇绿岩为等时的。邓万明（1989，1995）认为它们是发育于一个比较成熟的大洋盆地环境，其物质来源于大洋上地幔的部分熔融，这一观点基本代表了1987～1991年中国科学院和国家自然科学基金委员会资助下展开的昆仑-喀喇昆仑科学考察对库地蛇绿岩的主要认识（潘裕生，1992），并为姜春发等（1992）和杨树锋等（1999）所接受。丁道桂等（1996）认为库地基性火山岩形成于洋中脊与不成熟岛弧之间的过渡环境。

产生分歧的原因主要是各家所测样品分析数据和方法的差异，目前很难判定数据的可靠性。但换一个角度思考问题，可以理出一条线索。首先，库地蛇绿岩的时代一般认为是新元古代到早古生代，数据从1023～689Ma到510±4Ma，跨距达513Ma（肖序常等，2003），而袁超等（2000）认为库地超镁铁岩的形成时代应早于525Ma，库地玄武岩形成时代为430～420Ma，因此库地超镁铁岩与玄武岩在形成时代上相差至少100Ma，二者是不同时代的产物，不宜将超镁铁岩和玄武岩组合在一起构成蛇绿岩套。也就是说，把超镁铁岩作为早期产物，玄武岩作为晚期产物来分析其构造环境就可以避免样品落入构造环境投影判别的交织性的矛盾。从各家资料来看，超镁铁岩构造环境多数在洋脊-裂谷带范围（杨树锋，1999），方爱民等（2003）对玄武岩进行的构造环境判别，实际上多数落入洋底或洋脊，少数落入岛弧背景，如果接受李曙光（1993）的观点，只要一组玄武岩同时落入洋中脊玄武岩和火山弧玄武岩两区内，就可以认为该玄武岩具有弧后盆地玄武岩的特征，也只有年龄430～420Ma的玄武岩属于弧后盆地。

计文化等（2004）认为西昆仑苏巴什一带与基性侵入岩、玄武岩紧密共生的“超镁铁质岩石”为蛇绿岩组合，高稀土和微量元素丰度，表明其来源于富集地幔。基性杂岩和基性火山岩低Ti、高K，大离子亲石元素富集，以及伴有大量陆缘碎屑沉积等特征说明，蛇绿岩形成于弧后盆地环境，属于SSZ型蛇绿岩。与之伴生的硅质岩中的放射虫化石显示其形成时代早于中二叠世。赵宇等（2001）认为西昆仑山东段北缘即塔里木南缘铁克里克构造带以南地区呈东西向带状出露一套石炭纪火山-沉积岩系，以玄武岩为主，夹有少量的晶屑凝灰岩及层状、条带状灰岩，这表明该套火山岩的产出背景为海相环境，且沉积盆地基底为“陆壳”性质，化学成分与大陆裂谷碱性玄武岩十分相近，由于本区内部广泛分布碳酸盐岩，缺少边缘相碎屑岩，存在深水-半深水盆地沉积环境，同时在该区南部大面积出露华力西期公格尔岩浆弧，两者时代相近，空间相连，表明本区火山岩的原始构造环境为弧后盆地。

肖序常（2005）提出库地蛇绿岩的时限是利用SHRIMPⅡ锆石U-Pb法对蛇绿岩内堆晶岩中下部岩石的测年，分别给出510±4Ma和502±13Ma。根据地球化学测年数据，结合地质构造演化，提出库地蛇绿岩很可能形成于“多岛洋盆”，不是广阔的大洋，即所谓的“原特提斯”大洋，古生代早期该洋盆已消减聚合。

归纳起来，蛇绿岩的证据表明昆仑洋的存在时间是老于510Ma，甚至在525Ma前就发育的多岛洋盆，430～420Ma的玄武岩代表弧后盆地的产物。

2）俯冲、碰撞时间与方向判断的中酸性、酸性侵入岩依据

许荣华等（1994）认为在昆仑山北部分布一系列大小不等的钙碱性岩浆岩岩体，多数岩体已经变形，它们的年龄从480～384Ma，集中在480～400Ma，主元素及微量元素分布特征表明它们形成于活动大陆边缘或者碰撞后构造环境，且常与属于蛇绿岩套的组分相伴生。计文化等（2005）认为西昆仑西段新藏公路沿线出露有煌斑岩脉、辉绿岩脉、闪长岩脉、花岗岩脉，全岩K-Ar同位素测年，辉绿岩脉280～273Ma的侵位年龄对应着弧后扩张的时间，闪长岩脉和花岗岩脉244～230Ma的侵位年龄对应着碰撞造山的时间。郭坤一研究的克里阳一带的钾镁煌斑岩脉体群，其217.27Ma的侵位年龄代表着造山后的调整。

王元龙等（1995）认为西昆仑地区加里东期花岗岩获同位素年龄主要为480～400Ma，岩石化学表明该区花岗岩主要为钙碱性系列，构造环境判别岩石为同造山和造山期前岩浆活动产物，结合区域地质资料及与之相伴生蛇绿岩带的特征，该区洋壳的消减是由北向南进行的。姜耀辉等（2000）认为昆仑花岗岩形成于洋中脊（晚元古晚期）、活动陆缘（加里东早期、海西晚期、燕山早期及燕山晚期早白垩世）、同碰撞（燕山晚期晚白垩世）、碰撞后隆起（加里东中期）以及造山晚期（加里东晚期、印支晚期和喜马拉雅期）。前三种环境形成的花岗岩记录了洋盆形成-洋壳俯冲-陆陆碰撞过程，而后两者则历史地反映了碰撞期后岩石圈构造演化的深部机制。崔建堂等（2006）认为库地-其曼于特洋在东部主要表现为向南俯冲，在其曼于特一带形成早—中奥陶世俯冲型花岗岩，主要为细粒石英闪长岩（481.8±3.6Ma）、中细粒角闪石英二长岩（460.8±5.2Ma）、中细粒石英闪长岩（452.6±5.9Ma）等；晚奥陶世碰撞型花岗岩类主要有中粒含斑黑云母二长花岗岩、中粒似斑状黑云母二长花岗岩、中细粒黑云母二长花岗岩等。库尔良一带形成奥陶纪俯冲型细粒黑云角闪闪长岩、中细粒黑云石英二长岩（467.8±3.2Ma）和碰撞型的中细粒黑云母二长花岗岩（466.1±1.0Ma）。而在库地一带表现为向北俯冲，形成库地北128岩体他龙、达里亚等俯冲型花岗岩。其中东部赛图拉微陆块上形成含基性火山岩岛弧建造，同时发育俯冲型石英闪长岩、英云闪长岩、二长花岗岩。被石英闪长岩所肢解的辉长岩和闪长岩时代为晚寒武世，即洋壳的俯冲、消减作用可能始于晚寒武世。至晚奥陶世，库地-其曼于特洋盆已消失，大规模碰撞型二长花岗岩、花岗闪长岩侵入并侵吞蛇绿混杂岩。志留纪进一步发生逆冲叠覆造山，形成后碰撞性质的偏碱性的钾长花岗岩（壳源）、英云闪长岩（幔源）。该岩组岩石组成复杂，是典型的裂解与俯冲碰撞的拼合体。沿库地-其曼于特一线发生碰撞造山的标志还有库地两侧发育有代表去山根作用的皇斑岩脉（405Ma）以及晚三叠世赛力亚达坂群红

色磨拉石建造。蒙古包-普守小洋盆俯冲时代与库地-其曼于特小洋盆相当，表现主体以向北俯冲为主，局部存在向南俯冲。主要表现在桑株塔格微陆块上形成俯冲-碰撞型中细粒暗色角闪闪长岩（440.5±4.6Ma）、中细粒角闪黑云英云闪长岩、中粗粒斑状角闪黑云二长花岗岩（443.1±2.3Ma）、中粒黑云母钾长花岗岩等大规模侵入。而在赛图拉微陆块仅形成碰撞型中粒少斑黑云母二长花岗（430.7±2.6Ma）和中粗粒斑状角闪黑云二长花岗岩（443.1±2.3Ma）等大规模侵入。同时，该时期发育的早古生代地层碎屑岩夹大量的中-基性火山岩，代表俯冲碰撞过程的活动产物。康西瓦-苏巴什洋盆该时期主要表现为向北俯冲，而未发生碰撞作用，主要表现在赛图拉微陆块具岛弧性质的早古生代火山沉积体系以及晚奥陶世俯冲型中粒角闪黑云石英闪长岩（447±7Ma）、中细粒黑云角闪英云闪长岩等大规模侵入，直到中二叠世晚期发生大规模俯冲-碰撞造山作用。与洋盆相关的建造有东部柳什塔格洋岛玄武岩，与洋盆消减相关的是侵入该玄武岩中的早奥陶世俯冲型英云闪长岩，说明早奥陶世柳什塔格玄武岩已拼接于中昆仑微陆块，同时也反映康西瓦-苏巴什洋盆向北俯冲于中昆仑（相当于东昆仑中带）微陆块之下。此外，东部发育于苏巴什蛇绿混杂岩带中陆壳碎块上的硫磺达坂-双雁山石英闪长岩、英云闪长岩时代为志留纪（429Ma），具俯冲性质，说明该洋盆至志留纪仍在俯冲。西昆仑发生汇聚变质热事件是500～400Ma。在康西瓦-苏巴什一线发育规模较小的线状排列的片麻状花岗岩，锆石年龄值为503±0.7Ma，代表寒武纪早期裂解的产物。

肖文交等（2003）据野外观察，不孜完超基性岩块是仰冲在其南面库地片麻岩一片岩组合之上的一套杂岩组合，为花岗岩所侵入，该花岗岩锆石U-Pb年龄为214Ma。李博秦等（2006）认为麻扎构造混杂岩带之中的弧火成岩主要由中酸性侵入岩和火山岩组成石英闪长岩锆石U-Pb测年结果为338±10Ma，为早石炭世，不但证明晚古生代出现过麻扎-康西瓦洋（古特提斯），而且说明该洋石炭纪已开始俯冲-消减。周辉等（2003）认为库地北花岗岩岩基是一次岩浆侵位，使不同封闭温度的同位素年代学方法测得的成岩年龄一致，库地北岩体的锆石U-Pb与黑云母Ar-Ar法测定年龄均为384Ma，煌斑岩脉侵位表明西昆仑在早古生代末的构造环境从原特提斯俯冲-消减-剪切环境转为俯冲-消减停止后的隆升拉张环境。

柏道远等（2006）指出昆仑山中段耸石山地区发育晚古生代花岗岩，由石英闪长岩、英云闪长岩、花岗闪长岩和二长花岗岩等组成，全岩K-Ar法和全岩Ar-Ar法测定分别获270±7.8Ma和279.60±2.34Ma的年龄值，属早—中二叠世。花岗岩源岩和岩浆具多源性，岩浆形成过程中具岩浆混合作用。微量元素蛛网图特征，氧化物与微量元素构造环境判别图解以及区域构造格局等，表明花岗岩形成于岛弧环境。

上述侵入岩的证据表明，西昆仑洋最早于寒武纪就开始消减，奥陶纪末开始碰撞，最终关闭在早泥盆世。古特提斯洋在石炭纪已经开始俯冲-消减，早—中二叠世为岛弧发育期，关闭时间在二叠纪以后。

3）俯冲、碰撞时限的依据

任留东等（2003）认为西昆仑中巴公路剖面产出石榴黑云角闪片岩、帘石石榴角闪岩和石榴角闪岩，均可与较低级变质的黑云母-绿帘石-绿泥片岩呈条带状相间排列。郭坤一等（2003）在西昆仑康西瓦北侧首次发现石榴二辉麻粒岩团块（包体），围岩锆石年龄为460～420Ma、280～230Ma。许志琴等（2004）认为青藏高原西昆仑地体南部元古宙片麻岩穹窿南侧的近EW向规模巨大的康西瓦韧性走滑剪切带，由7km宽的糜棱岩化的孔兹岩系组成，锆石年代测试表明孔兹岩的碎屑锆石来源于873～644Ma或更老的周缘古老变质基底，孔兹岩形成于加里东期的晚奥陶世（445～428Ma），并遭受印支期（250～210Ma）强烈的剪切应变。罗金海等（2007）把塔里木盆地西南缘原归属于元古界、志留系—中泥盆统、上寒武统—中奥陶统的一套浅变质岩的原岩时代重新确定为晚泥盆世。浅变质岩的物质组成、空间分布和区域地质特征表明，其原岩在沉积之后不久就受到低温动力变质作用改造，动力变质作用与北昆仑造山带在志留纪—泥盆纪期间的碰撞造山作用相关。

变质岩反映的第一期碰撞时间是起于晚奥陶世，大规模发育在志留纪晚期。第二期碰撞时间起于中二叠世，止于中三叠世。

4）昆仑造山带构造演化程式

据上述资料，通过库地蛇绿岩形成于525Ma以前的资料，说明晚元古代—早寒武世洋盆发育并为拉张环境是没有争议的。而俯冲年龄还没有确切依据，根据个别资料看，花岗质侵入岩最老为480Ma，属于早奥陶世，“阿卡孜洋盆”向南开始消减，形成不孜完超俯冲蛇绿岩和上叠的一些火山弧；最老的消减杂岩变质年龄为460Ma，属于中奥陶世。因此洋盆向南消减最早开始于早奥陶世，形成变质岩最早在中晚奥陶世，晚奥陶世可能伴随有右行剪切（445Ma孔兹岩的发育，许志琴等，2004）。根据碰撞型侵入岩和变质岩的发育，最早的碰撞时间为晚奥陶世442.3±2.8Ma，志留纪持续造山并仍发育430～420Ma的弧后盆地，碰撞作用完全结束至少在晚志留世。早古生代总体上是包含微陆块的原特提斯洋盆格局，俯冲消减是向南的，塔里木南缘一直处于被动大陆边缘状态，昆仑山才是微陆块演化形成的早奥陶世—晚奥陶世的活动陆块边缘，晚奥陶世进入碰撞造山阶段（图1-2，图1-3）。

晚古生代进入古特提斯洋演化阶段，泥盆纪—早二叠世为伸展扩张阶段，康西瓦-苏巴什早古生代残留盆地，北部为塔里木陆块南部，即现在的昆仑山位置为早古生代碰撞造山带。在此基础上泥盆纪格局发生改变，由北向南先后裂解了昆盖山裂谷带、库尔良裂谷带及阿羌裂谷带。早石炭世—早二叠世伸展裂解作用加剧，逐步形成了三个不同性质的盆（洋）地夹两个陆块的构造格局。中二叠世—三叠纪为消减挤压阶段，这一阶段康西瓦-苏巴什洋盆向北侧俯冲消减，形成麻扎构造岩浆弧。

早中生代为中特提斯演化，晚二叠世后，特提斯系统构造体制再次发生重大转变。西昆仑微陆块上基本未见沉积，大部地区缺失三叠纪至早侏罗世的沉积地层，仅发育构造-岩浆岩带。但在赛力亚克达坂一带沉积了三叠系赛力亚克达坂群一套紫红色砾岩、砂砾岩夹砂岩磨拉石建造。同时康西瓦以南至大红柳滩一带残留的巴颜喀拉中生代边缘裂陷海（洋）盆。早三叠世出现了显著的拉张作用，这一拉张作用持续的时间很短。残留盆地在接受两个陆源（中昆仑、甜水海微陆块）碎屑岩逐步充填的同时，受冈瓦纳大陆向北漂移的板块挤压作用再次发生俯冲和右旋斜冲性质的褶冲变形，三叠纪末盆地完全消失。这种陆内俯冲作用主要发生在康西瓦-苏巴什以南一带，最突出的产物为中酸性侵入岩。

晚三叠世以来属于板内演化阶段，侏罗纪—古近纪地质演化，开始了陆相沉积，仅发育在北部局限陆相盆地内，沉积了早—中侏罗世叶尔羌群一套紫红色砾岩、砂砾岩夹含煤的细碎屑岩建造。该区局部残留有少量白垩纪地层。古近系以后整个研究区结束了沉积的历史，昆仑山、喀喇昆仑山开始差异隆起。

3. 阿尔金山构造域构造演化

黄汲青等（1980）将阿尔金山划归东昆仑褶皱系，属华力西优地槽褶皱带。张文佑等（1985）将其划归昆祁秦断块区之昆仑褶皱带，主要属于海西构造域，认为加里东构造旋回时西昆仑山和北祁连山均遭受拉张而发育为地槽，阿尔金山表现为右旋剪切，加里东运动时西昆仑山和北祁连山遭受挤压，地槽封闭而隆起，阿尔金山表现为左旋剪切。焦淑沛（1984）认为阿尔金山和柴达木不是华力西褶皱带，也不是加里东褶皱带，它和塔里木有共同的结晶基底，元古代末结束了地槽发展阶段，自震旦纪进入地台发展阶段，到侏罗纪时又共同进入地洼发展阶段。杨巍然等（1984）认为塔里木、柴达木、阿尔金和阿拉善最终固结于晋宁期，属于华力西构造区。胡军（1987）认为元古代末阿尔金古海洋曾向北俯冲和拼贴，致使塔里木地块形成；古生代末昆仑古海洋向塔里木俯冲和拼贴，海洋封闭，昆仑山升起，阿尔金形成缝合线。郑剑东（1991）认为阿尔金山既不是加里东褶皱带，也不是华力西褶皱带，而是一前寒武纪的地块，长期处于隆起状态，它和毗邻的塔里木、柴达木、阿拉善的基底经历了相似的构造演化，因此属于同一个基本大地构造单元。

1）蛇绿岩与火山岩的发育对古洋壳存在时限的依据

吴峻等（2002）认为红柳沟蛇绿混杂岩中变质基性岩有T-MORB和OIB两种类型，前者是蛇绿岩的基性组分，说明红柳沟蛇绿岩产出于洋脊环境，LREE比N-MORB略富集，可能显示源曾经有过少量富集地幔物质的混合作用；后者不属于蛇绿岩，是喷发于大洋板块之上的洋岛火山岩，一般认为与地幔柱（热点）岩浆活动有关。证明该区在早古生代时存在大洋，且具一定规模。

杨经绥等（2002）认为米兰红柳沟一带的蛇绿岩属于北阿尔金蛇绿岩带的西段，由变质橄榄岩、辉长岩、辉绿岩和基性熔岩组成，野外调查发现约50m厚的均由岩墙组成的岩墙群，岩墙和与其相伴的熔岩同属拉斑玄武岩系列，可与典型的洋底玄武岩对比。LREE轻微富集到平坦型；Cr、Ni、Co和V等过渡金属元素含量高。郭召杰等取得的阿尔金半鄂博辉长岩Sm-Nd等时线年龄为829Ma，认为代表北阿尔金蛇绿岩的时代。张旗认为郭召杰所测并非蛇绿岩，而认为刘良（1999）取得米兰红柳沟火山岩Sm-Nd等时线年龄（508～481Ma）应代表蛇绿岩的年龄。校培喜（2003）在阿尔金山南缘，也发现清水泉-茫崖蛇绿构造混杂岩带其主要由蛇绿岩、蛇绿岩上覆岩系和元古代外来岩片或岩块组成，蛇绿岩上覆岩系具远洋深海沉积特征；岩石地化资料证明，蛇绿岩中的玄武岩与洋内岛弧拉斑玄武岩相似；同位素测年结果显示蛇绿岩形成于早古生代，源自亏损的软流圈地幔，同时有富集地幔物质加入，暗示早古生代研究区曾出现过小洋盆构造环境。关于清水泉-茫崖蛇绿构造混杂岩的形成时代，刘良等测定Sm-Nd等时线年龄为481.3±53Ma。

修群业等（2007）认为阿尔金山北缘恰什坎萨依玄武岩具枕状岩石化学成分特点及REE等微迹元素显示洋岛玄武岩特征；其锆石U-Pb年龄为448.6±3.3Ma。玄武岩与相伴产出的蛇纹石化橄榄岩、辉长岩及硅质岩、粉砂岩等呈断层接触，共同组成了较标准的蛇绿岩，表明原划的阿尔金山群中保存有古元古代及中—新元古代的物质记录，在新元古代末成为统一的超大陆，前寒武纪最终的汇聚时间大约为545Ma；之后便进入裂解阶段，蛇绿岩的存在标志它应为一古克拉通边缘的小洋盆环境，因大部分蛇绿岩具弧岩浆地球化学特征、海底高原边部的蛇绿岩更易结合到大陆上，这时可能与祁连洋槽相连，裂解的时间可能持续到晚奥陶世早期。

陆松年（2006）总结了中央造山带主要缝合线的蛇绿岩形成时间，认为库地-喀拉塔什蛇绿岩保留典型洋壳组合，时间为（525.7±2.9）～（510±4）Ma，还有428±19Ma的玄武岩，可能不是同一岩浆热事件；红柳沟-肃北-北祁连蛇绿混杂岩已被肢解，局部保留辉长岩、枕状玄武岩、席状岩墙群和大洋斜长花岗岩。史仁灯等（2004）从北祁连缝合带中玉石沟堆晶辉长岩中获得的$^{206}Pb/^{238}U$加权平均年龄为550±17Ma，认为该年龄值代表了堆晶辉长岩的结晶时代和蛇绿岩的形成时间。陆松年等（2006）在前人所定的“中元古代熬油沟蛇绿岩”中对辉长岩再次进行SHRIMP U-Pb定年，获得503.7±6.4Ma的数据，认为该数值应代表辉长岩的侵位时代，熬油沟辉长岩侵入体应属于北祁连造山带的组成部分，而不会是中元古代蛇绿岩中的基性侵入体。

兰朝利等（2007）认为东昆仑地区在石炭纪早期曾沿多条破裂带开裂，新疆木孜塔格蛇绿岩中发现早石炭世放射虫组合，是在该蛇绿岩中首次发现放射虫化石，从而可将该蛇绿岩的上限年龄确定为早石炭世，同时它表明至少在早石炭世晚期，研究区已处于海洋环境，大洋已具相当规模形成了没有统一洋壳的大洋，洋盆中保留了许多陆壳地块或岛链，属古特提斯多岛洋的一部分，更可能是形成在古特提斯多岛洋中。

总之，目前的资料表明属于原特提斯多岛洋系列的阿尔金洋在寒武纪已经存在，中志留世仍然发育；属于古特提斯洋的阿尔金洋盆主要发育在早石炭世。

2）俯冲、碰撞时间与方向判断的中酸性、酸性侵入岩依据

陈宣华等（2001）认为该区早古生代火山岩类为双峰式岩石组合，属于亚碱性系列火山岩系，其中玄武岩主要为岛弧拉斑玄武岩。据各种图解的判别，火山岩类形成于包括岛弧、洋中脊和板内等各种构造环境在内的大洋环境，据花岗岩类和火山岩类的构造环境判别，阿尔金山北缘地区在早古生代时存在一具有一个完整的沟弧盆体系的“阿尔金洋”，它与祁连山地区早、中奥陶世形成的完整的沟弧盆体系和成熟大洋，在时间上相当，因此可能是相通的，并测得阿尔金山北缘阔什布拉克斑状花岗岩的结晶年龄为443±5Ma。

陆松年等（2006）提出中央造山带范围内赋存6条早古生代缝合带，它们围限了中阿尔金-祁连-全吉、柴达木、北秦岭3个前寒武纪地块，并成为西昆仑、东昆仑变质地体及南秦岭地块的北部边界，其南界则为古生代末至中生代初期康西瓦、阿尼玛卿等缝合带，从而导致后面3个构造单元与柴达木等3个地

块之间的显差异。中央造山带内的早古生代造山作用不仅造成洋盆的消失，而且导致塔里木、华北克拉通及其间规模不等的地块之间的汇聚。

马铁球等（2002）认为阿尔金山西端发现的一套中性-中酸性侵入岩，主要岩石类型为石英闪长岩、英云闪长岩和花岗闪长岩，为钙碱性系列，其岩石地球化学特征与经典的埃达克岩十分相似，其成因与板块的消减作用或玄武岩底侵作用有关。花岗闪长岩全岩 Rb-Sr 等时线年龄为 575Ma，应为晚震旦世的产物。其形成的构造背景与洋壳俯冲作用有关。他们认为东昆仑地块在晚震旦纪向北俯冲。

杨屹等（2004）通过同位素稀释热电离质谱（ID-TIMS）锆石 U-Pb 法、Rb-Sr 等时线法和钾长石 $^{40}Ar/^{39}Ar$测年与 MDD 模拟得到的数据，分析了阿尔金山北缘地区花岗岩浆活动的主要时期、Rb-Sr 等时线法给出大平沟金矿石英流体包裹体等时线年龄为 487±21Ma，与阿尔金山早古生代岩浆活动的时代一致。

郝杰等（2006）认为阿尔金山北部红柳沟-拉配泉蛇绿混杂岩带南侧的金雁山花岗闪长岩体形成于安第斯型陆缘弧构造背景，测得岩体的单颗粒锆石 U-Pb 年龄为 467.1±6Ma。红柳沟-拉配泉蛇绿混杂岩基质绢云母石英片岩中的绢云母进行的$^{40}Ar/^{39}Ar$ 定年，获得坪年龄 455±2Ma，等时年龄 450±11Ma。在包裹蛇绿岩残片的基质变质岩系中获得的绢云母变质年龄 455±2Ma 和弧花岗闪长岩中获得锆石结晶年龄 467.1±6Ma，支持蛇绿岩形成在寒武纪的认识，并进一步确定出古大洋的俯冲、消减作用发生在早—中奥陶世（495～455Ma），大洋的闭合和陆-陆碰撞作用可能发生在中奥陶世末（450Ma 左右），认为在新元古代晚期至寒武纪，随着罗迪尼亚超大陆的解体，在塔里木、华北陆块与柴达木、扬子陆块之间形成了“秦-祁-昆古大洋”，红柳沟-拉配泉大洋属于其中的一部分。至早—中奥陶世，红柳沟-拉配泉古大洋向南俯冲到阿尔金之下（图 1-2，图 1-3），形成金雁山安第斯型陆缘弧，可能在中奥陶世末期，古大洋消减尽，敦煌陆块与阿尔金碰撞，形成金雁山碰撞造山带。

王中刚等（2002）指出昆仑山-阿尔金山地区分布有三条富碱侵入岩带，分别是拉配泉-依吞布拉克富碱侵入岩带、别里赛-阿布拉斯富碱侵入岩带及盖孜-塔什库尔干富碱侵入岩带。前两条岩带的形成时代为燕山期，后一条岩带为喜马拉雅期，是我国最年轻的一条富碱侵入岩带。

陈宣华（2002）测定阿克塞一带云母$^{40}Ar/^{39}Ar$ 同位素年龄为 461～445.2Ma、阔什布拉克附近似斑状花岗岩体年龄 443±5Ma，代表俯冲消减事件。沉积学和热年代学研究说明拉配泉断裂的活动时代，下盘岩石中钾长石$^{40}Ar/^{39}Ar$ 测年和 MDD 模拟给出 2 个阶段的冷却事件，早期事件出现在约220～187Ma，晚期事件出现在早白垩世晚期（约 100Ma）。

郑建康等（2005）认为阿尔金造山带曾是早古生代坳拉槽，构造演化可概括为：晚太古代—早元古代处于底侵造壳阶段，经吕梁旋回发展为克拉通化。加里东旋回中叶经过短暂的拗拉、裂陷，分裂的塔柴板块重新聚合。华力西旋回以剥蚀隆起作用为主，仅在断陷或山前凹陷的局部地段沉积。石炭纪短暂小规模海侵，侏罗纪进入陆相发育阶段，岩浆活动频繁，燕山旋回为最高潮。在喜山旋回，印度与欧亚板块的碰撞，该区被卷入青藏高原总体的巨大演变中。

肖爱芳（2005）认为东昆仑祁漫塔格山鸭子泉构造混杂岩带中大量以蚀变的中基性火成岩，形成于与俯冲作用有关的岛弧环境；据同位素测年资料和地质构造演化确定其就位于志留纪。辉长岩锆石 U-Pb 年龄为 405.3±1.1Ma；俯冲作用形成的俯冲型花岗岩锆石 U-Pb 年龄为 413Ma；碰撞作用形成的碰撞型花岗岩锆石 U-Pb 年龄为 388Ma；表明祁漫塔格洋盆是由志留纪末开始俯冲的。

侵入岩的证据表明，早—晚奥陶世（495～443Ma）早古阿尔金洋开始俯冲消减，大洋的闭合和陆-陆碰撞作用可能发生在晚奥陶世。晚古阿尔金洋则于三叠纪晚期开始消减。

3）俯冲、碰撞时限的确定依据

张建新等（2000）测定阿尔金榴辉岩的全岩及 Sm-Nd 矿物等时线获得 500±10Ma 的年龄，其变质锆石的 U-Pb 年龄为 503.9±5.3Ma，两者基本一致的年龄数据反映了榴辉岩的峰期变质时代；榴辉岩围岩（角闪质糜棱岩）的 Sm-Nd 等时线年龄为 519.9±37.3Ma，表明了阿尔金西段加里东期与深俯冲和陆-陆碰撞作用有关的山根的存在。

刘良等（1999）指出北带高压变泥质岩石中多硅白云母的$^{40}Ar/^{39}Ar$ 574.88±2.5Ma与572.58±5.52Ma的等时线年龄值非常接近，这一年龄值的记录应滞后于高压变质热事件，但可代表高压变质岩的上限年龄，说明板块俯冲、碰撞作用发生在显生宙初。多硅白云母的年龄谱图上还显示了527.39±5.34Ma和479.81±4.89Ma两个低温年龄坪，可能与后期热事件有关，可能代表该岩石降压退变质作用的时间。说明实际上超高压变质岩主要是晚元古代的产物，而后期退变质年龄是寒武纪—早奥陶世发生的。

陈能松等（2002）认为都兰县南部东昆仑中断裂带北侧的岛弧型变质火山岩系，变质顶峰与逆冲构造同步，变火山岩石U-Pb年龄为448±4Ma。高角度逆冲变形带变质角闪石和白云母的$^{40}Ar/^{39}Ar$年龄分别为427±4Ma和408Ma。较为精确地限定了东昆仑山造山带东段早古生代火山盆地关闭的构造年代。

修群业等（2007）指出南阿尔金变质片岩中白云母$^{40}Ar/^{39}Ar$的年龄为453.4±8.7Ma、红柳沟变基性火山岩的年龄为457Ma，及南阿尔金的年龄448.6±3.3Ma代表俯冲消减事件，可能到早古生代末这个小洋盆才闭合。

覃小锋等（2007）认为晋宁运动已经使塔里木和阿尔金地块通过向南的俯冲-碰撞拼贴在一起，南边有一个向北俯冲的南阿尔金洋，早古生代双向俯冲，奥陶纪发生碰撞。

宋述光等（2004）认为古祁连洋大约从480Ma（早奥陶世）开始俯冲，消亡和闭合时间为晚奥陶纪末（440Ma），440Ma开始向北俯冲碰撞，在423Ma俯冲深度100km，部分达200km，并发生超高压变质，至420～400Ma（泥盆纪）由于大洋与大陆岩石圈断离发生折返。

杨经绥等（2003）认为北祁连洋盆张开的时代在寒武—奥陶纪（522～495Ma），洋盆的开启时间可能早到568～533Ma，高压变质带形成于480～460Ma，北祁连火山岛弧形成于486～438Ma，及弧后盆地扩张作用产生于460～440Ma，闭合时代为445～428Ma。认为北祁连加里东造山带的形成经历了“弧-陆”碰撞到“陆-陆”碰撞的演化阶段，曾往北（北东）俯冲于阿拉善板块之下。

总之，变质岩的证据表明，阿尔金断裂带发生多期变质，500Ma前的变质作用应该是前寒武纪的洋盆消减碰撞的产物。早古生代的消减最早在早奥陶世晚期，形成活动陆缘，碰撞发生在晚奥陶世以后。

4）阿尔金造山带构造演化程式

A. 关于是否存在大洋的争议

葛肖虹等（1999）针对阿尔金造山带、昆仑造山带、祁连造山带，总结了前人的认识，认为塔里木、柴达木、阿拉善地块古生代期间并非被多岛小洋盆分隔的微陆块，而是具有统一发展共性的克拉通-西域板块。震旦纪—早古生代期间它和扬子-华南、澳大利亚板块同属于东冈瓦纳超级大陆的一部分，具非稳定克拉通的多裂解特征，北祁连-满加尔坳陷就是它寒武纪—中奥陶世最大的坳拉槽，此后晚奥陶世、晚泥盆世和早二叠世末又在多处出现裂陷槽，而其他部位在整个古生代期间则为稳定的克拉通，古特提斯洋的封闭完成了西域板块的构造就位。羌塘、拉萨板块的拼贴引起它在印支、燕山期的板内变形，而对西域板块最大的肢解作用发生在喜马拉雅期，印度与亚洲大陆板块的碰撞所引起的走滑、推覆构造使它发生了大位移的错位。张旗（2000）等反对他们的观点，认为被夹持于华北地块和柴达木地块之间的北祁连早古生代造山带属于板块增生杂岩带，是由海洋岩石圈残片、消减杂岩、岛弧增生楔等组成的，指出北祁连蛇绿岩属于科迪勒拉型，暗示北祁连在早古生代时可能曾经是一规模较大的洋盆，而非裂陷槽。许志琴等（2006）认为组成青藏高原的诸地体的古地理位置、性质和归属以及在各个重大历史阶段中的拼合和增生是与特提斯洋盆包括始（原）特提斯洋（新元古代—早—中泥盆世）、古特提斯洋（中石炭世—早三叠世）和新特提斯洋（晚三叠世—晚白垩世）的不断开启与闭合以及印度洋的最后打开（早中新世—现在）有着密切的关系。青藏高原北部的“阿尔金-祁连-昆仑”早古生代造山带是由诸多的地体/岛弧组成，北祁连-北阿尔金带中代表初始洋壳的蛇绿岩年龄早于550Ma，柴北缘和库地蛇绿岩年龄早于510Ma，表明地体边界蛇绿岩中保留始特提斯洋盆（新元古代—早古生代）的记录。位于青藏北部的阿尔金-祁连地体、柴达木地体、东昆仑地体、阿尔金地体和西昆仑地体以及北秦岭地体中发育诸多早古生代火山岛弧——北祁连-北阿尔金火山岛弧、柴北缘-南阿尔金火山岛弧、祁曼塔格火山岛弧、中昆仑火山岛弧、库地火山岛弧及北秦岭二郎坪火山岛弧等，说明青藏高原北缘在早古生代曾处在始特提斯洋一侧的多地体/多岛弧环境。代表洋（海）盆俯冲的北祁连高级蓝片岩形成的时代为 480～460Ma，与蓝片岩伴随的高压榴辉岩的锆石 U-Pb 定年的 463±6Ma 和 468±13Ma，代表大洋板块俯冲至上地幔深度形成榴辉岩相的时限。北祁连火山岛弧时代 486～438Ma、柴北缘火山岛弧时代 514～486Ma 及中昆仑火山岛弧时代 530～518Ma，表明冈瓦纳大陆澳大利亚西侧边缘海盆俯冲（即火山岛弧带形成的时代）自外向里有渐新的趋势，这是早古生代多地体/岛弧的加积作用的反映。

上述争论表明，葛肖虹等否定大洋存在，依据是蛇绿岩不一定代表大洋地壳，但他们没有认识到蛇绿岩肯定更不能代表坳拉槽。尽管张旗等认为寻找古大洋残片还有困难，但他们认为祁连山存在规模不小的多岛大洋的认识是有依据的。目前另一种倾向是将早古生代洋盆全部归属于太平洋型即俯冲型大洋，也是有问题的，因为既然有太平洋型大洋，就必然有前期的大西洋型大洋、红海-亚丁湾型和克拉通裂谷。因此，530Ma 前北祁连-阿尔金应该是大西洋型大洋，530～480Ma 应该属于多岛洋盆，而俯冲主要发生在 480Ma 以后。

B. 阿尔金造山带构造演化

通过上述分析，阿尔金造山带构造演化目前还没有确定的公认系统认识。但是基本可以勾画出其演化程式：

中元古代以前，阿尔金地块可能是一个古岛弧，位于多岛洋盆之中，此时塔里木、柴达木、东昆仑等地块同属于亲塔里木古大陆性质。中元古代末大陆拼贴后，新元古代晚期又发生裂解，在目前的北祁连、阿尔金山北缘、阿尔金山南缘出现一系列裂谷，并演化为小洋盆。其中阿尔金小洋盆与新元古代晚期的昆仑洋盆应该是相连的。

震旦纪—早古生代是多岛洋盆的持续发育，由大西洋型向太平洋型转化的过程。北祁连山和阿尔金山北缘的蛇绿岩年代从 568～481Ma，说明震旦纪晚期—早奥陶世晚期北祁连洋-阿尔金北缘小洋盆则处在持续拉张阶段；高压变质带形成于 480～440Ma，说明向南俯冲作用开始于早奥陶世末到晚奥陶世；北祁连火山岛弧形成于 486～438Ma，及弧后盆地扩张作用产生于 460～440Ma，闭合时代为晚奥陶世（445～428Ma）；阿尔金山南缘和南祁连山最老的俯冲-碰撞型岩体为 575Ma 和 440Ma，为晚震旦纪到奥陶纪晚期，说明晚震旦纪阿尔金洋的南支开始俯冲；而发生陆内俯冲（500～440Ma）是在北祁连洋盆闭合之前，阿尔金洋的南支闭合在 440Ma（奥陶纪末）开始，志留纪—泥盆纪北祁连洋和阿尔金洋逐步消失，成为塔里木、阿拉善、东昆仑、柴达木地块之间的加里东造山带（缝合带）。

晚古生代阿尔金地区构造演化，呈现挤压与拉张转换和交替的基本程式。木孜塔格蛇绿岩年龄上限确定为早石炭世，代表的消失洋盆与可可西里和祁漫塔格等地区的古洋盆共同构成了青藏高原北部早石炭世古特提斯多岛洋的一部分，同时说明早石炭世青藏高原北部陆壳的裂解是沿多处进行的。阿尔金北带继承原特提斯洋到晚古生代古特提斯洋继续向北俯冲消减，但构造体制发生了显著的变化，形成沟-弧-盆构造格局（图1-2，图 1-3）。

阿尔金-昆仑地区晚泥盆世开始沉降，石炭纪有强烈基性、酸性火山活动，形成石炭纪弧后陆内裂谷盆地。在大陆板块与大洋板块之间发育中基性火山岩为主的岛弧火山岩，弧间（或外弧槽 ）沉积了火山碎屑沉积岩夹中酸性火山岩 416.2±1.3Ma，并发育弧前盆地。晚古生代早期发生了普遍的伸展运动。二叠纪岛弧带之南于俯冲带堆积了强剪切变形的二叠系深色泥质粉砂岩、泥岩夹硅质岩等。小洋盆开始向弧、陆南北两侧双向俯冲消减，中二叠世末发生弧-陆碰撞，实现大陆增生的造山期后的磨拉石建造。

南部晚二叠世—三叠纪沉积及巴颜喀拉山群奠基于古特提斯洋盆之上，接受大量陆缘碎屑沉积。同时向北侧的古生代增生造山带之下俯冲，形成了东昆仑山最南侧、规模最大的晚三叠世—侏罗纪二长花岗岩带，由巴颜喀拉山群构成的三叠纪褶冲带，巴颜喀拉山群是在晚古生代残留海（洋 ）盆中堆积的复理石建造，堆积过程随残留洋壳发生了向北的俯冲，在深部发生熔融，形成了晚三叠世—侏罗纪侵入就位于区内的规模最大的昆仑山花岗岩带 208.1±0.5Ma；并在 240～220Ma 前形成的南祁连南缘韧性左行走滑剪切带、东昆仑韧性左行走滑剪切带、阿尔金韧性左行走滑剪切带，并最终实现洋-陆转化。

侏罗纪开始，阿尔金造山带从剥蚀的高地状态转变为接受沉积的状态，形成了以侏罗纪大煤沟组为代表的一套含煤和含油页岩的碎屑岩系。侏罗纪到早第三纪由于伸展作用，北祁连山成为河西走廊陆相原型盆地的一部分。

阿尔金断裂在始新世已经开始明显地控制地层的沉积，之后的盆地发展都受到阿尔金断裂的控制。喜马拉雅旋回早期，随着青藏高原不断隆升，断裂活动逐渐加强。长期受断裂控制的边缘断陷，转变为以整体断陷为主的巨型断陷盆地。从渐新世—中新世，沉积范围不断扩展；上新世达到高潮，湖水淹没了研究区大部地区，仅阿尔金山呈孤岛状展布。喜马拉雅旋回晚期，随着阿尔金山迅速崛起，塔里木-柴达木板块再度分裂，南盘抬升，北盘下降。阿尔金造山带南缘推覆带前震旦系、古生界及部分中生界（侏罗系）地层推掩叠覆于中新生界地层之上。

1.2　塔里木盆地区域地层划分与对比

塔里木盆地是我国最大的中新生代内陆盆地，又是一个叠加于古生代地台之上的含油气复合盆地。它夹持在天山、昆仑山和阿尔金山之间，经历了长期的地质历史发展，展现出错综复杂的地层特征：地层发育全、层系多、厚度大；地层类型繁多，不同类型的地层发育不同的岩性、岩相和生物群；同类地层的展布因复杂的构造形变和断裂位移而屡遭破坏。地层研究是石油地质研究和油气勘探开发生产的基础，也是沉积体系和层序地层研究的基础。本书根据地层在区域上发育的差异性，对塔里木盆地进行了地层分区研究，在此基础上，重点对盆地露头区震旦系—新近系不同地层分区中发育特征进行了详细研究。

1.2.1　塔里木盆地及周边综合地层分区

1. 综合地层区划

根据塔里木盆地的地质构造发展史、沉积史、油气成藏规律，并结合前人的众多研究成果，将塔里木盆地及其周边地层划分为 1 个地层区——塔里木盆地地层区；10 个地层分区（图 1-4），分别为南天山地层分区、柯坪地层分区、库车-塔北地层分区、库鲁克塔格地层分区、阿瓦提-满加尔地层分区、塔克拉玛干地层分区、塔西南地层分区、铁克里克地层分区、塔东南地层分区及阿尔金地层分区。在此基础上进一步划分为 29 个地层小区。

2. 综合地层区划简述

1）南天山地层分区（Ⅰ）

南天山地层分区北界为塔里木板块与准噶尔板块缝合线、南界为南天山山前深大断裂。西至新疆与前苏联国界，东到鄯善县南卡瓦布拉克以南附近南天山深大断裂与塔里木板块南界交汇处。

该分区古生代为槽盆期。下古生界零星分布，上古生界分布广泛，出露齐全，厚度大，局部有火山岩。中—新生界主要为河湖相沉积或山麓堆积，第四系中常有冰川堆积。

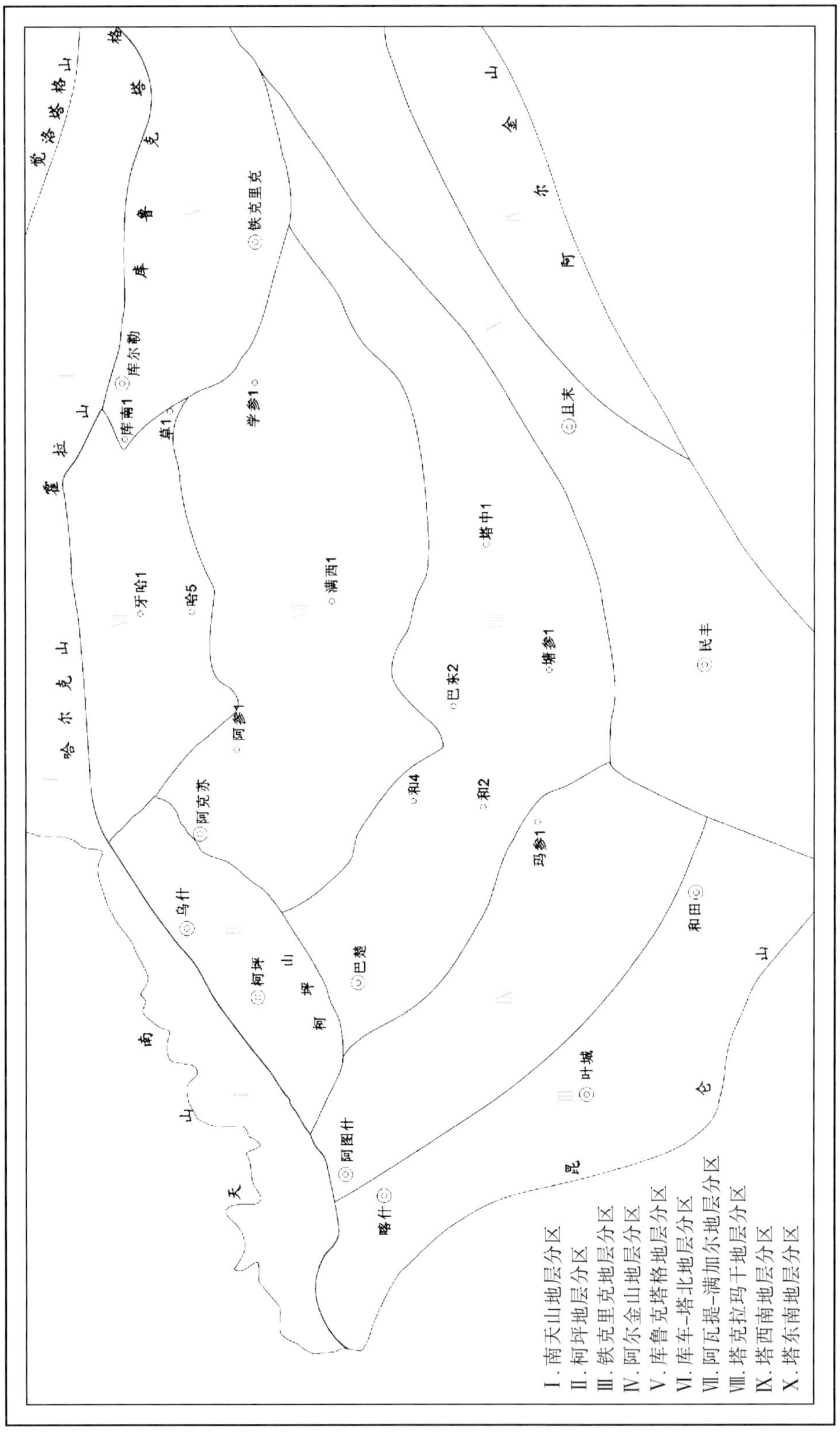

图1-4 塔里木盆地及周缘地层分区区划图

2）柯坪地层分区（Ⅱ）

柯坪地层分区西北界为南天山大断裂，东、南至柯坪-沙井子断裂，东界为阿合奇-乌什洼地东端、台兰河以西。包括阿合奇地层小区、柯坪塔格地层小区。

A. 阿合奇地层小区

西北界及东界同柯坪地层分区，南界沿黑尔塔格南坡断裂向西与喀拉铁克山前断裂交汇。包括黑尔塔格大部分地区和阿合奇-乌什洼地。

区内寒武系分布零星，奥陶—志留系较齐全。古生界碳酸盐岩发育，志留系为碎屑岩，下二叠统有礁灰岩。缺失中生界和古近系。新近系和第四系分布在山间盆地和阿合奇-乌什洼地。

B. 柯坪塔格地层小区

位于阿合奇地层小区以南，南界、东界和西界同为柯坪地层分区。包括柯坪塔格、依木干他乌、奥兹格尔他乌等。

区内以下古生界出露齐全为特征，震旦系分布广泛，寒武系、奥陶系、志留系分布广泛，缺失下泥盆统、下石炭统和中生界，下二叠统有海相、陆相两种沉积类型并夹火山岩，古近系出露不全，新近系发育完整。

3）铁克里克地层分区（Ⅲ）

位于叶城县柯克亚至和田以南，北界为铁克里克北侧大断裂，南界为昆仑山前断裂，东达民丰以南至安迪尔河西岸，包括博查特塔格、铁克里克及柳什塔克等主要山脉。

区内前寒武系分布较广，尤以元古宇发育比较齐全，零星分布有上古生界。

4）阿尔金地层分区（Ⅳ）

位于塔东南地层分区以南，南界为阿尔金大断裂，于吐兰湖加河附近与分区北界的且末南Ⅱ号断裂相交。

区内元古宇和太古宇广泛出露，下古生界以奥陶系和志留系为主，寒武系分布零星，上古生界主要为石炭系—下二叠统。中生界见侏罗系和白垩系零星分布，新生界主要为新近系。

5）库鲁克塔格地层分区（Ⅴ）

分区西北以群克断裂与塔北地层分区为界。西南至学参1井以北与塔北地层分区和阿瓦提-满加尔地层分区相邻，东南接塔东地层小区，东至罗布泊，北以南天山大断裂（辛格尔断裂）为界，大致相当于库鲁克塔格山地、孔雀河两岸。包括辛格尔地层小区、孔雀河地层小区。

该区上元古界、寒武—奥陶系，地层连续，厚度大，分布广泛；志留系和石炭系局部。地震追踪该区西部有泥盆系。中—新生界，只限于覆盖区。

A. 辛格尔地层小区

西临塔北地层分区，南为兴地断裂和库尔勒南断裂，北界辛格尔断裂。

该小区震旦系有两期冰碛岩，寒武系为斜坡相，厚达678m，奥陶系为斜坡相-台地相碳酸盐岩，厚达3560m；覆盖区下三叠统超覆在下奥陶统之上，露头区第四系超覆奥陶系之上。

B. 孔雀河地层小区

西-西南邻满加尔地层小区和塔东地层小区，东至罗布泊，北界为兴地大断裂。该区地层出露在元宝山、雅尔当山、却尔却克山，其余为覆盖区。

该区上元古界较全，寒武系为浅海盆地相，厚约300m。奥陶系广泛分布于该区，为浅海盆地-斜坡相，厚达3371m（露头区），井下钻揭1876～2395.5m（奥陶系未钻穿）。下志留统局限于露头区的东南区，石炭系保存不全，分布局限，侏罗—白垩系和新生界分布于盆地覆盖区（维马1井、群克1井）。

6）库车-塔北地层分区（Ⅵ）

A. 库车地层分区

位于哈尔克山地层小区之南，西至温宿县古木别孜背斜西部倾没端，南至二八台大断裂，东到库尔楚。

该区仅出露二叠系和中新生界，依奇克里克依南 2 井钻遇石炭系。中生界岩性稳定，新生代岩性、岩相变化大，西部地区受海侵影响，古近系下部存在海相沉积。

B. 塔北地层分区

西至阿克苏东北部喀拉玉尔滚一带，与阿瓦提地层小区相接，南邻满加尔地层小区，东界为群克断裂，北以二八台大断裂为界。该区出露新近系及第四系，钻井已钻揭前寒武系—第四系。但各地层小区各层系发育程度不同。

a. 英买力地层小区

西界、南界同塔北地层分区，东南与轮南地层小区相邻，东至英买 7～9 井区，北为库车地层分区，相当于南喀-英买力及羊塔克地区。

新生界与库车地层分区西部沉积特征相似，假整合在中生界之上。全区缺失石炭系，二叠系和东河塘组局部分布。三叠系或侏罗系超覆在古生界之上。羊塔克等地为白垩系或三叠系超覆在古生界之上，由南向北超覆。英买 1、2 井区缺失上古生界，保存有下志留统、奥陶系及寒武系。中奥陶统中、下部为台地相白云岩和灰岩，寒武系为白云岩。下奥陶统及中奥陶统上部至上奥陶统下部为斜坡相砾屑灰岩。上奥陶统中上部及下志留统以笔石页岩为主，夹灰岩。

b. 轮台地层小区

西至新和西南的英买 7～9 井区，南为轮台大断裂，东邻库鲁克塔格地层分区，北为二八台大断裂。

该区白垩系—新生界沉积厚度大，大多数地区为白垩系超覆在下奥陶统或寒武系之上，仅在提 1、牙哈 2、牙哈 6、策参 1 等少数井为白垩系超覆在前寒武系变质岩之上。中新生代地层为陆相碎屑岩沉积，上寒武统—下奥陶统为台地相白云岩、云质灰岩。

c. 轮南地层小区

北为轮台大断裂，南至塔里木河一带与满加尔地层小区相接，东以群克断裂为界，包括哈拉哈塘、轮南和草湖地区。

区内新生界发育，厚 3000～3500m 不等；中生界缺失中、上侏罗统和上白垩统；草湖和轮南地区缺失二叠系及上石炭统上部，哈拉哈塘地区二叠系只有火山岩段及下碎屑岩段，可能缺失上二叠统；志留—泥盆系在哈拉哈塘地区保存有志留系下统及东河塘组；奥陶系由北向南保留层位增多，吉拉克、草湖等地柯坪塔格组较发育；东河塘和轮南地区北部中上奥陶统未保存，泥盆系东河塘组直接超覆在下奥陶统白云岩、灰岩之上。

7）阿瓦提-满加尔地层分区（Ⅶ）

西北部以柯坪塔格断裂及沙井子断裂与柯坪地层分区为界，西南邻巴楚地层小区，东南和南面与塔东地层小区、塔中地层小区接壤，东至群克断裂与孔雀河地层小区为邻，北和东北为塔北地层分区。包括阿瓦提地层小区和满加尔地层小区。

地震资料证实该地层分区自震旦纪开始长期沉降，古生界发育，满参 1 井缺失二叠系上碎屑岩段，觉马 1 井缺失二叠系上碎屑岩段和火山岩段，学参 1 井缺失二叠系，满东 1 井区缺失石炭—二叠系；三叠系发育，但上三叠统发育不全，大部分地区缺失侏罗系，下白垩统沉积厚度巨大，多超过 1000m，上白垩统存在与否尚未肯定；新生界发育且厚度巨大。志留—泥盆系、石炭系东厚西薄，二叠系东薄西厚，侏罗系只在满加尔凹陷，白垩系东厚西薄，第三系东薄西厚。

A. 阿瓦提地层小区

西-南边界为阿恰断裂和吐木休克断裂，东接满加尔地层小区，东北临塔北地层分区，北界为沙井子断裂，东南接塔中地层小区。

地震资料表明，该区下古生界较全，上古生界地层缺失较多。满西 2 井钻揭依木干他乌组、克孜尔塔格组，缺失南闸组。石炭系缺失顶部。东河塘组较全。二叠系火山岩发育，满西 2 井二叠系有两套火山岩，厚达 253m；侏罗系、白垩系很薄，发育不全；新生界达 4000～8000m。

B. 满加尔地层小区

南邻塔中地层小区及塔东地层小区，东至群克断裂，北界塔里木河附近，与塔北地层分区相接。

钻井揭示上古生界和中新生界层序较全（除西部侏罗系不全外）。二叠系在不同地区缺失地层层位不同。地震资料表明，小区东部是盆地残余沉积地层厚度最大地区，达 12000～16000m。

8）塔克拉玛干地层分区（Ⅷ）

位于塔里木盆地腹地，西北以柯坪塔格断裂为界，北界吐木休克断裂，向东沿塔中Ⅱ号断裂达孔雀河地层小区边界，北接阿瓦提-满加尔地层分区，西南界为色力布亚-玛扎塔格断裂，南界为民丰北-且末断裂，分别与塔西南地层分区和塔东南地层分区相邻。

该地层分区前寒武系、寒武系—下奥陶统连续沉积（塔中和巴楚地层小区局部地区可能缺失奥陶系中统—上统下部地层），志留系缺失部分层位，上泥盆统—二叠系较发育，中生界除三叠系俄霍布拉克组和克拉玛依组及上白垩统外基本缺失，中新生界沉积厚度小，1000～2300m。

A. 巴楚地层小区

北界、西-南界和东界同塔克拉玛干地层分区，东南以塘北断裂接塘古孜巴斯地层小区。

小区内震旦系出露不全，钻井揭示震旦系为白云岩和火成岩（和 4、方 1 井），下古生界（除奥陶系）和泥盆系地层较全；石炭系缺失顶部层位；二叠系发育全，包括海相南闸组和陆相阿恰群；除下三叠统之外，中生界基本缺失；古近系有海相地层。

B. 塔中地层小区

位于克里雅河下游塔中腹地，西为巴楚地层小区，南以塘北断裂与塘古孜巴斯地层小区相接，东以塔中Ⅰ号断裂与塔东地层小区分界，北为阿瓦提-满加尔地层分区。

小区寒武系之下为花岗岩。寒武系白云岩夹膏、盐岩，下奥陶统灰岩、白云岩，缺失中奥陶统和上奥陶统下部，上奥陶统为灰岩和碎屑岩，志留系只有下统，东河塘组发育，石炭系顶部缺失，二叠系只有阿恰群，中、新生界缺失中—上三叠统和侏罗系。

C. 塘古孜巴斯地层小区

位于民丰北-且末断裂与塘北断裂之间，西邻塔西南地层分区。

钻井揭示奥陶系较塔中小区保存较全，缺失上奥陶统上部（柯坪塔格组下段），保存有下志留统塔塔埃尔塔格组；泥盆系仅钻遇东河塘组；石炭系发育，小区东部缺失含砾砂岩段；二叠系阿恰群发育，缺失下二叠统南闸组；三叠系缺失中上三叠统；侏罗系缺失；西部缺失白垩系，东部缺失上白垩统；新生界沉积厚度小，仅 2600m 左右。

D. 塔东地层小区

西为塔中Ⅰ号断裂，北为塔中Ⅱ号断裂，东达罗布泊附近，南界同塔克拉玛干地层分区。

上古生界相似于塔中地层小区，奥陶系发育完整，中—上奥陶统为盆地相碎屑岩。区内二叠纪、中生代地层向东渐薄，塔东 1 井区缺失上古生界。

9）塔西南地层分区（Ⅸ）

北以南天山山前大断裂、柯坪塔格断裂与南天山地层分区、柯坪地层分区相邻，东北以色力布亚-玛扎塔格断裂与塔克拉玛干地层分区相接，东至于田西断裂，西-西南缘与铁克里克北缘断裂相接，最西北边至塔吉克共和国的国界。

该地层分区地层较全。寒武系—下奥陶统碳酸盐岩；志留—泥盆系滨海碎屑岩；石炭系—下三叠统浅海-潟湖沉积，陆相河流，三角洲、湖相沉积；侏罗系河流、沼泽含煤地层；下白垩统陆相红色碎屑岩沉积，上白垩统—古新统海相沉积；渐新统—第四系陆相红色地层。

10）塔东南地层分区（Ⅹ）

位于塔里木盆地东南部，北界为民丰北-且末断裂（即车尔臣大断裂），西至克里雅河，南界为且末南

Ⅱ号断裂、阿尔金断裂和普鲁断层，东至罗布泊，经于田、民丰、若羌至工区边界（东经 90°）呈北东-南西向长条状展布，包括民丰地层小区、若羌地层小区。

区内大部分地区被第四系覆盖。前寒武系出露于尼雅河下游，为下元古宇片岩，被新近系超覆。罗北 1 井古近系之下为蓟县系大理岩，上古生界和中生界部分层位散布于民丰-且末一带。新生界发育，均为红层。区内基本缺失古生界，侏罗系仅在山前或山间小盆地见到，新生界发育，但古近系不发育。

1.2.2　露头区各分区地层发育特征

在前述地层分区研究基础上，以本项目所观测的野外露头剖面以及盆内覆盖区钻井岩心所建立的地层特征进行研究。盆地周缘以实测野外剖面为主要研究对象，对各地层分区（包括南天山地层分区、柯坪地层分区、铁克里克地层分区、阿尔金地层分区、库鲁克塔格地层分区以及塔东南地层分区）地层发育特征，以时代为单位进行详细研究。

1）震旦系

塔里木盆地周缘震旦系以库鲁克塔格、柯坪、铁克里克出露最为完整，其次在哈尔克山南坡亦有分布。盆地腹部由于埋深太大，仅有塔东 1 井、塔参 1 井、方 1 井、同 1 井及和 4 井等少数钻井钻遇震旦系。

A. 塔中-塔北地区

震旦系发育下统苏盖特布拉克组（Z_1s），上统奇格布拉克组（Z_1q）。

苏盖特布拉克组（Z_1s）岩性单一，为紫红、紫灰色中层-块状细粒石英砂岩和紫红色泥岩，斜层理和波痕极为发育，厚 300～350m 。底部见不稳定砾岩，以角度不整合覆于下伏不同层位上，风化壳上常见 5～20cm 赤铁矿、鲕状赤铁矿透镜体。和 4 井下寒武统之下钻遇棕红色基性喷发岩（未穿），两者为角度不整合接触。塔参 1 井下寒武统之下钻遇褐红色花岗闪长岩，可能缺失震旦纪。方 1 井下寒武统之下钻遇紫、褐、黑、灰色玄武岩，中部夹紫色凝灰岩，底部为灰色辉绿岩。

奇格布拉克组（Z_1q）岩性为富含镁质、含泥砂的碳酸盐岩建造，以厚层块状白云岩、白云质灰岩及薄层灰岩为主，夹石英砂岩及薄层钙质砂岩、粉砂岩，白云岩中常见硅质及燧石条带，含藻类，厚 350m。沙 4 井 5423～5482m 上部为浅灰色砾屑白云岩、绿灰色白云质泥岩夹微晶白云岩条带，下部为浅灰色藻白云岩、浅灰色薄层状微-粉晶白云岩夹灰白色微-粉晶球粒状白云岩夹薄层。生物组合为 *Trachysphaeridium hyalinum*、*T. rude*、*T. simplex*、*M. asperum*、*Quadratimorpha simplisis*、*T. cultum*。

B. 塔东地区

震旦系发育下统扎摩克提组、育肯沟组，上统水泉组、汉格尔乔克组。

扎摩克提组主要分布于兴地断裂以北的辛格尔小区，在照壁山一带为海底扇相沉积，岩性主要为灰绿、褐色砂岩与紫红、灰绿色粉砂岩不均互层夹有粗砂岩或砾岩透镜体，顶部为灰绿色块状辉绿岩，在兴地塔格南坡普遍夹有杏仁状玄武岩，厚 240～769m。与下伏前震旦系特瑞爱肯组之间普遍存在假整合，局部为角度不整合。生物组合以 *Trachysphaeridium* 和 *Pseudozonospaera* 为主，属种丰富多样，主要有 *T. rude*、*T. hyalinum*、*P. asperella*、*Fuchunshania* sp. 、*M. asperum*、*Hubeisphaera* sp. 。

育肯沟组在辛格尔小区该组为深水陆架相沉积，岩性为灰绿、黄绿色粉砂岩与粉砂质泥岩不均匀互层，其中常夹有细砂岩，顶为深灰色泥岩，厚 200～587m，与下伏扎摩克提组为整合接触，含丰富的微古植物化石 *Trachysphaeridium rude*、*Pseudozonospaera aspwerella*、*P. verrucosa*、*Asperatopsophaera umishanensis* 等。孔雀河小区该组为浅水陆架相沉积，下部岩性为紫色砾岩夹海绿石灰岩薄层，中上部为灰绿、黄绿色长石石英岩屑砂岩，厚 186～293m，与下伏前震旦系特瑞爱肯组为不整合。

水泉组在照壁山一带下部以深灰、浅灰色薄层状砂质灰岩为主，上部为浅灰、灰褐色薄层状粉砂岩及粉砂质泥岩，夹泥灰岩，顶部为砂质灰岩，与下伏地层为整合接触，厚 13～307m。在孔雀河小区下部岩性为黄褐色砾状灰岩，中上部为泥质细砂岩、粉砂岩，厚 55m。

汉格尔乔克组在库鲁克塔格分布广泛，以重力碎屑流相混积岩为特征，厚 24～467m，与下伏水泉组之间普遍存在有假整合或局部不整合。照壁山剖面下部含有大量微古植物化石 *Trachysphaeridium rude*、*T. simplex*、*Pseudozonospaera verrucosa*、*Asperatopsophaera bvalensis*、*Hubeisphaera radiata* 等。孔雀河小区该组岩性为灰、杂色巨砾冰成砾岩及泥砾岩，厚 29m。

2）寒武系

塔里木盆地周缘的寒武系主要分布在西北缘的柯坪地区、东北缘的库鲁克塔格地区，北缘哈尔克山南坡的小铁列一带也有出露。

该区寒武系自下向上分为下统玉尔吐斯组、肖尔布拉克组、吾松格尔组；中统沙依里克组、阿瓦塔格组；上统下丘里塔格组。柯坪地区寒武系的划分与邻区、曲南地区对比见表 1-1。

A. 下寒武统

玉尔吐斯组$Є_1y$　分布于奇格布拉克、尤尔美那克、苏盖特布拉克及肖尔布拉克一带，以苏盖特布拉克之南玉尔吐斯山出露较好。以阿克苏肖尔布拉克剖面为代表，该组下部为浅紫红色中薄层状泥岩与灰黑色中薄层状磷质硅质岩互层，中、上部为深灰、灰色中厚层状粉晶灰岩、白云岩夹黑色、黄绿色、紫红色页岩，产丰富的小壳化石，厚度 26.4m。与下伏上震旦统奇格布拉克组呈平行不整合接触关系。

肖尔布拉克组$Є_1x$　分布范围与玉尔吐斯组一致，岩性特征表现为：底部为深灰色夹灰褐色薄层状灰岩及含硅质条带灰岩，含三叶虫、金臂虫及软舌螺等；下部为深灰色中厚层状含硅质结核白云岩，具臭味；中部为黑灰色、灰色薄层状或瘤状灰岩、白云岩夹生物灰岩，含三叶虫、腕足类、小壳化石；上部为灰白色、深灰色厚层状白云岩。厚度 142～214m，与下伏玉尔吐斯组呈整合接触关系。

吾松格尔组$Є_1w$　以柯坪县东北约 50km 剖面为代表，其岩性特征：底部为深灰色角砾状灰岩、薄层状灰岩，含三叶虫化石；下部为浅灰、深灰色薄层状粉晶白云岩、薄-中厚层状灰岩；中部为浅灰色瘤状粉晶白云岩夹深灰色竹叶状灰岩，上部为灰色、浅灰色薄层灰岩、白云岩，厚 100～150m。

表 1-1　柯坪地区寒武纪地层划分及与邻区对比表

<table>
<tr><th>统</th><th>阶</th><th>柯坪</th><th colspan="2">库鲁克塔格</th><th>霍城</th></tr>
<tr><td rowspan="6">上寒武统</td><td rowspan="2">凤山阶</td><td rowspan="6">下丘里塔格组</td><td colspan="2" rowspan="6">突尔沙克塔格群</td><td rowspan="3">果子沟组</td></tr>
<tr></tr>
<tr><td rowspan="2">长山阶</td></tr>
<tr><td rowspan="3">将军沟组</td></tr>
<tr><td rowspan="2">崮山阶</td></tr>
<tr></tr>
<tr><td rowspan="6">中寒武统</td><td rowspan="2">张夏阶</td><td rowspan="2">阿瓦塔格组</td><td colspan="2" rowspan="6">莫合尔山组</td><td rowspan="2">阿合恰特组</td></tr>
<tr></tr>
<tr><td rowspan="2">徐庄阶</td><td rowspan="4">沙依里克组</td><td rowspan="4">肯萨依组</td></tr>
<tr></tr>
<tr><td rowspan="2">毛庄阶</td></tr>
<tr></tr>
<tr><td rowspan="10">下寒武统</td><td rowspan="2">龙王庙阶</td><td rowspan="3">吾松格尔组</td><td rowspan="3">西大山组</td><td rowspan="8">雅尔当山组</td><td>霍城组</td></tr>
<tr><td>磷矿沟组</td></tr>
<tr><td rowspan="2">沧浪铺阶</td><td rowspan="6"></td></tr>
<tr><td rowspan="3">肖尔布拉克组</td><td rowspan="5">西山布拉克组</td></tr>
<tr><td rowspan="2">筇竹寺阶</td></tr>
<tr></tr>
<tr><td rowspan="2">梅树村阶</td><td rowspan="2">玉尔吐丝组</td></tr>
<tr></tr>
<tr><td rowspan="2">灯影峡阶</td><td rowspan="2">奇格布拉克组</td><td colspan="2" rowspan="2">汉格尔乔克组</td><td rowspan="2">塔里萨依组</td></tr>
<tr></tr>
</table>

B. 中寒武统

沙依里克组ϵ_2s　以阿克苏市肖尔布拉克剖面为代表，主要为浅灰色、深灰色中薄层-厚层粉晶白云岩及角砾状白云岩夹泥质白云岩，厚114.6m。

阿瓦塔格组ϵ_2a　该组为紫红色、浅紫灰色、浅灰色中-厚层状泥质白云岩、白云质泥岩与浅灰色、紫红色泥质白云岩、粉晶白云岩互层，常夹透镜状硅质体，含微古植物化石，上部常见藻叠层石，厚度261m。

下丘里塔格组ϵ_3x　其岩性为白色至深灰色层纹状微-细晶白云岩，常见隧石条带及团块，夹叠层石藻白云岩和残余鲕粒及竹叶状砾屑白云岩。厚29～610m。

3）奥陶系

塔里木盆地周缘的奥陶纪地层主要出露于西部的巴楚地区和西北部的柯坪地区以及东北部的库鲁克塔格地区。这些地区奥陶纪地层发育较完整，化石丰富。根据前人研究成果及课题组野外剖面详细观测，建立了塔里木盆地各地层区的对比关系（表1-2）。下面以柯坪地区和巴楚地区奥陶系发育特征为例进行研究。

表1-2　塔里木盆地周缘地区及邻区奥陶纪地层划分与地层对比表

<table>
<tr><th>统</th><th>阶</th><th>柯坪</th><th>巴楚</th><th>却尔却克</th><th>乌里格孜塔格</th><th>草湖</th></tr>
<tr><td rowspan="5">上奥陶统</td><td>钱塘江阶</td><td>柯坪塔格组</td><td></td><td rowspan="6">却尔却克组</td><td rowspan="3">乌里格孜塔格</td><td>柯坪塔格组</td></tr>
<tr><td rowspan="4">艾家山阶</td><td>印干组</td><td rowspan="2">良里塔格组</td><td rowspan="2">达西库木组</td></tr>
<tr><td>其浪组</td></tr>
<tr><td>坎岭组</td><td rowspan="2">吐木休克组</td><td rowspan="2">赛力克达坂群</td><td rowspan="2">吐木休克组</td></tr>
<tr><td>萨尔干组</td></tr>
<tr><td rowspan="2">中奥陶统</td><td>达瑞威尔阶</td><td>大湾沟组</td><td>一间房组</td><td rowspan="4">突尔沙克塔格群</td><td rowspan="4">上丘里塔格组</td></tr>
<tr><td>大湾阶</td><td rowspan="3">上丘里塔格组</td><td rowspan="3">上丘里塔格组</td><td rowspan="2">黑土凹组</td></tr>
<tr><td rowspan="2">下奥陶统</td><td>道保湾阶</td></tr>
<tr><td>新厂阶</td><td>突尔沙克塔格群</td></tr>
</table>

A. 柯坪地区

上丘里塔格组$O_{1-2}s$　此群分布于柯坪和阿克苏一带。上部主要为灰色砂屑灰岩和泥晶灰岩，下部为浅灰-灰白色中-厚层细-粗晶白云岩、亮晶砾砂屑灰岩，含硅质条带，厚180～445m，富含牙形类化石，偶见三叶虫、小型头足类。

大湾淘组O_2d　此组与上覆萨尔干组呈整合或假整合接触。主要岩性为灰色中-薄层瘤状生物砂屑及泥屑灰岩，含燧石团块和硅质条带，厚19.6～25.1m，富含头足类、三叶虫、牙形类、海绵。

萨尔干组$O_{2-3}s$　分布于柯坪至阿克苏一带。主要为黑色页岩夹灰黑色薄层或透镜状泥质灰岩，局部层段有少量硅质条带。它与上覆坎岭组为整合接触，厚7～14m，含丰富的笔石，其次为三叶虫、牙形类等。

坎岭组O_3k　分布于柯坪地区，下部为中薄层泥质灰岩，上部主要为紫红色薄层瘤状泥质灰岩，与上覆其浪组连续过渡。在柯坪印干村附近，厚度为18～19.8m，化石以牙形类、头足类和三叶虫为主，还有少量疑源类、腹足和笔石。

其浪组O_3q　分布在柯坪附近及以东地区，与上覆印干组为连续沉积。主要为薄层灰色泥屑灰岩、瘤状泥屑灰岩及灰绿色钙质、粉砂质页岩韵律性互层，大湾沟剖面厚 167.3m，产笔石、三叶虫、几丁石、腕足类、双壳类等。

印干组 O_3y　主要分布在柯坪印干村一带，与上覆柯坪塔格组有短暂的沉积间断。主要为黑色及深灰色碳质、钙质和粉砂质页岩、泥岩和泥屑灰岩，含丰富的笔石和几丁石。并伴有少量三叶虫和无铰纲腕足类，厚度为 35.3～97.9m。

柯坪塔格组（O_3-S_1）k^1（部分，包括下段大部分）　分布于柯坪印干村、铁热克阿瓦提一带。下段主要为灰绿色、深灰色细砂岩、泥质粉砂岩夹粉砂质页岩，底部常有 10～15cm 厚的褐灰色细砾岩，厚约 177～257m。含几丁石、疑源类。

B. 巴楚地区

上丘里塔格组 $O_{1-2}s$　主要出露于巴楚以东穹塔格、达坂塔格和三岔口一带。上部岩性为泥晶灰岩和砂屑灰岩互层，间夹细晶白云岩。下部以浅灰、灰色中厚层细晶白云岩为主，夹细晶碎屑灰岩，厚 931.1m。主要化石门类为牙形类。

一间房组 O_2y　本组分布于三岔口以东一间房一带，以灰、深灰色厚层泥晶生物屑灰岩，紫红色砾屑、砂屑灰岩及浅灰、灰白色厚层弱硅化石灰岩为特征，厚 54m，富含头足类、三叶虫。

吐木休克组 O_3t　分布在唐王城至一间房一带，与上覆良里塔格组整合，与下伏一间房组为整合或不整合接触，下部以深灰色砂屑灰岩，中部以紫红色瘤状砂屑灰岩，上部以灰色、深灰色、紫色砾屑灰岩和生物砂屑灰岩为特征，厚 1304～1564m，产牙形类、珊瑚、头足类、三叶虫、腕足类、苔藓虫和腹足类等化石。

良里塔格组 O_3l　分布于巴楚唐王城至良里塔格一带，呈南北向伸展，主要岩性为灰白色厚层状砾屑、砂屑灰岩及藻建造灰岩，连续沉积于下伏地层吐木休克组之上，厚 61m，产腕足类、头足类、牙形类、腹足类及三叶虫等化石。

4）志留系

志留系在塔里木盆地周缘主要分布于西北缘柯坪-巴楚地区和东北缘的库鲁克塔格地区。志留纪地层发育较为完整，研究程度高。柯坪-巴楚地区志留系广泛出露于阿克苏西、乌什、阿合奇、柯坪和巴楚等地，呈北东-南西向条带状分布。岩性以泥页岩、泥质粉砂岩等细碎屑岩为主，夹少量细-中粒砂岩及含砾砂岩（表 1-3）。

表 1-3　塔里木盆地周缘地区及邻区志留纪地层划分与对比表

<table>
<tr><th>地区
地层系统</th><th>柯坪-巴楚</th><th>却尔却克</th><th>南天山</th><th>西准噶尔</th></tr>
<tr><td>普里道利统</td><td rowspan="2">克兹尔塔格组</td><td rowspan="3">树沟子组</td><td>阿尔腾柯斯组</td><td>乌吐布拉克组</td></tr>
<tr><td>罗德洛统</td><td>乌帕塔尔坎组</td><td>克克雄库都克组</td></tr>
<tr><td>温洛克统</td><td>依木干他乌组</td><td>伊契克马巴什组</td><td>沙尔布尔组</td></tr>
<tr><td rowspan="2">兰多维列统</td><td>塔塔埃尔塔格组</td><td rowspan="2">土什布拉克组</td><td rowspan="2">依南里克组</td><td rowspan="2">布龙组</td></tr>
<tr><td>柯坪塔格组</td></tr>
</table>

柯坪塔格组（O_3-S_1）k（部分，包括下段顶部至上段）　广泛分布于柯坪塔格、塔塔埃尔塔格、印

干山和依木干他乌等地，以柯坪铁热克阿瓦提和印干村大湾沟剖面出露最全。柯坪塔格组为灰绿色、紫红色粉-细砂岩、泥岩、页岩。含笔石、几丁石、腕足类、三叶虫、疑源类、双壳类等化石，厚度为 100～700m。

塔塔埃尔塔格组 S_1t　广泛分布于柯坪-巴楚地区、以柯坪县铁热克阿瓦提和印干村大湾沟剖面出露最全。本组为一套潮坪相红色碎屑岩沉积，由紫红色、浅灰色薄-中层状细砂岩、粉砂岩、泥岩、泥质粉砂岩夹页岩组成，中夹沥青砂岩。厚 95～600m，与下伏柯坪塔格组为连续沉积。

依木干他乌组 S_2y　分布范围与塔塔埃尔塔格组类同，柯坪铁热克阿瓦提剖面出露最为完整，厚度达 619m。由紫红色泥岩、中-厚层状泥质粉砂岩夹灰绿色薄层粉砂岩、细砂岩和极少量褐灰色薄层砂质灰岩、鲕状灰岩或泥晶灰岩透镜体组成，含有少量双壳类、牙形类、腹足类、棘鱼类和腕足类，厚度 150～619m。

克兹尔塔格组（S_3-D）k（下段）　广泛分布在柯坪-巴楚地区，以柯坪铁热克阿瓦提和巴楚小海子出露较完整。岩性为紫红色、棕红色厚层-块状粉-粗砂岩夹含砾砂岩，化石稀少，偶见疑源类、孢子、几丁石和鱼类，厚度变化大，为 200～600m。

5）泥盆系

泥盆系主要出露于南天山、铁克里克、巴楚和柯坪等地区，塔里木盆地北缘的轮台-库车-阿克苏一线以北和库鲁克塔格地区缺失泥盆纪地层。各区地层对比特征见表 1-4。

A. 塔克拉玛干地区

本区泥盆纪地层仅出露于西缘巴楚一带，自下而上可以划分为克兹尔塔格组（上段）和东河塘组。

表 1-4　塔里木盆地周缘地区及邻区泥盆纪地层划分与对比表

<table>
<tr><th>地区
地层</th><th>塔克拉玛干地区</th><th>柯坪地区</th><th>铁克里克地区</th></tr>
<tr><td rowspan="3">上泥盆统</td><td>巴楚组(底部)</td><td rowspan="2"></td><td>克里塔格组</td></tr>
<tr><td>东河塘组</td><td>奇自拉夫组</td></tr>
<tr><td colspan="2" rowspan="3">克兹尔塔格组上段</td><td>考库亚组</td></tr>
<tr><td>中泥盆统</td><td>阿尔他西组</td></tr>
<tr><td>下泥盆统</td><td>塔木群</td></tr>
</table>

克兹尔塔格组（S_3-D）k（上段）　为紫红色、棕红色粉砂岩、细砂岩、粗砂岩和粉砂质泥岩夹含砾砂岩或砾岩，厚度 683～1170m，其下和其上分别与志留系克兹尔塔格组下段和上泥盆统上部东河塘组呈整合接触。

东河塘组 D_3d　指库车县东河塘乡东河 1 井 5726～5983m 井段的浅灰、灰白色厚层细砂岩。在巴楚一带，原克兹尔塔格组顶部的灰白色、灰绿色厚层石英砂岩暂时作为本组的代表，出露良好，但未见化石，与下伏的克兹尔塔格组上段和上覆的巴楚组分别呈整合接触，厚 39m。

B. 柯坪地区

本区的泥盆系仅有克兹尔塔格组上段。

克兹尔塔格组（S_3-D_2）k（上段）　以柯坪县克兹尔塔格剖面为例，岩性与巴楚一带的类似。

C. 铁克里克地区

区内泥盆系多为断块状出露，自下向上划分为下泥盆统塔木群、中泥盆统阿尔他西组、上泥盆统考库亚组、奇自拉夫组和克里塔格组底部。

塔木群 D_1t 岩性为砂岩和含砾砂岩夹薄层泥灰岩，厚度较大，如在汉铁列克河厚逾 6000m，在阿克巴西麻扎尔西大沟厚 612m，在考库亚厚 854m。

阿尔他西组 D_2a 以昆仑山北坡阿尔他西村之西剖面为例，一般厚度为 260～1180m，岩性通常分为上、下两部分。下部为轻微变质的石英质砾岩、含砾中粗粒石英砂岩、杂色千枚岩等；上部为灰岩和泥灰岩夹钙质千枚岩，产四射珊瑚、腕足类、以及床板珊瑚、层孔虫等。

考库亚组 D_3k 命名地点在阿克陶县考库亚附近，为浅灰绿色页岩、粉砂岩和砂岩，下部夹多层薄层灰岩，灰岩中含丰富的腕足类、牙形类、双壳类化石。

奇自拉夫组 D_3q 命名地点在新藏公路阿尕子达坂附近，岩性主要为一套紫红、灰紫、灰绿色砾岩，含砾砂岩、砂岩、粉砂岩和砂质泥岩，一般厚 100～300m。

克里塔格组 D_3kl（底部） 以莎车县达木斯乡艾特沟剖面为例，克里塔格组底部的浅黄色白云质泥岩中采得腕足类，迄今为止仅产于世界各地上泥盆统。显然克里塔格组底部的这段地层应归于上泥盆统。

库山河组 D_3ks 岩性主要为灰黑色泥质灰岩、生物碎屑灰岩和钙泥质粉砂岩，与下伏的奇自拉夫组和上覆的下石炭统罕热铁克组均为整合接触，厚度约 300～1500m，含有丰富的海相化石，包括腕足类、四射珊瑚以及层孔虫、床板珊瑚等。

6）*石炭系*

石炭纪地层除塔里木盆地的东部和东南部及北缘缺失外，周缘其他地区分布广泛，大致可以划分为塔克拉玛干、柯坪和铁克里克等地层分区（表 1-5）。

A. 柯坪地区

柯坪地区的石炭系可划分为木兹杜克相区和柯坪相区。本项目以研究程度更高的柯坪相区进行详细的地层研究。

康克林组（C_2-P_1）k（中下部）柯坪相区康克林组通常由下部碎屑岩、上部灰岩组成，厚约 80～170m，与下伏克兹尔塔格组或依木干他乌组为假整合或不整合接触。

表 1-5 塔里木盆地周缘地区及邻区石炭纪地层划分与地层对比表

地层＼地区	塔克拉玛干地区	柯坪地区 木兹杜克区		柯坪地区 柯坪相区	南天山地区	铁克里克地区		阿尔金山地区
上石炭统	小海子组	扎尔加克组（下部）		康克林组（底部）	卡拉达坂组	塔哈奇组（下部）		因格布拉克群（下部）
上石炭统	卡拉沙依组	索格当他乌组	比京他乌组		阿衣里河组	阿孜干组		苦水河组
						卡拉乌依组		
下石炭统	卡拉沙依组	库鲁组	巴什索贡组		野云沟组	和什拉甫组		
		乌什组						
		蒙达勒克组			干草湖组	克里塔格组	上段	
	巴楚组					克里塔格组	下段	

B. 塔克拉玛干地区

该区石炭系仅出露于西缘地带，以巴楚县小海子水库东侧剖面为典型，盆地覆盖区分布广泛，自下而上划分为巴楚组、卡拉沙依组和小海子组。

巴楚组（D_3-C_1）b 在巴楚县小海子水库东侧剖面可分为两段：下段为紫红色、灰绿色薄-中层泥质和钙质粉砂岩和细砂岩夹薄石膏层，中部夹有厚约2～4m的泥晶灰岩，底部有一层不稳定的砾岩，上段为灰色薄-中层泥晶灰岩和生屑灰岩；灰岩中主要含牙形类、腕足类和遗迹化石。

卡拉沙依组 $C_{1-2}k$　在巴楚小海子水库东侧剖面厚约300m，下部是泥灰岩与含膏泥岩和膏泥岩互层夹薄层粉砂质泥岩，上部以薄层泥岩和膏泥岩为主与泥晶灰岩互层，夹粉砂岩和砂质泥岩。在露头区未见化石。

小海子组 C_2x 在巴楚小海子水库东侧剖面厚约20m，主要为薄-中层灰岩夹细砂岩和粉砂质泥岩，下部夹薄层石膏，上部还夹薄层石英砂岩。下部化石稀少，中、上部含蜓类、有孔虫类、腕足类、四射珊瑚、双壳类和腹足类等化石。

C. 铁克里克地区

该地层区石炭系分布广泛，中段地带以碳酸盐岩为主，间夹陆源细碎屑岩类，含丰富的近岸底栖生物化石。自下而上依次划分克里塔格组、和什拉甫组、卡拉乌依组、阿孜干组和塔哈奇组。

克里塔格组（D_3-C_1）k　以莎车县达木斯乡艾特沟剖面为典型，厚340.7m，划分为两段。下段为薄-中层白云岩和白云质灰岩，底部有一层浅黄色白云质泥灰岩与上泥盆统奇自拉夫组整合接触，含晚泥盆世腕足类。

和什拉甫组 C_1h　在莎车县达木斯乡艾待沟剖面厚471.7m，划分为三段。下段为厚层石英砂岩、细砂岩和含砾砂岩呈不等厚互层，化石少见；中段为石英砂岩、碳质页岩与砂屑灰岩互层，产腕足类、有孔虫类、蜓和牙形类等化石；上段是石英砂岩、碳质粉砂岩与粉砂质页岩呈不等厚互层，顶部为灰岩。

卡拉乌依组 C_2k　厚度横向变化较大，岩性较稳定，为灰色、深灰色灰岩、介壳灰岩、杂色泥岩和黄绿色、紫红色砂岩和粉砂岩呈不等厚互层。下部化石稀少，中、上部产蜓类、有孔虫类、四射珊瑚、牙形类、腕足类等化石。

阿孜干组 C_2a　分布范围基本与卡拉乌依组相同。厚度为118～306m，以灰岩为主，上部常夹白云岩、白云岩化灰岩及含鲕粒灰岩，含有丰富的蜓类、有孔虫类、牙形类、腕足类、四射珊瑚和介形类等底栖生物化石。

塔哈奇组（C_2-P_1）t（下部）　该组的岩性为灰岩夹介壳灰岩和团块灰岩，下部以深灰色、灰色薄层灰岩为主，上部以浅灰色、灰白色厚层灰岩为主，产丰富的蜓类、有孔虫类和牙形类等化石。

罕热铁克组 C_1ht　根据实测的阿克陶库山河剖面，其岩性为灰黑色薄至厚层灰岩夹白云岩和泥岩，含腕足类和四射珊瑚。

7）二叠系

二叠系主要分布于西北缘柯坪地区、塔克拉玛干地区西缘巴楚一带、西南缘铁克里克地区以及北缘南天山地区和东南缘阿尔金山地区，东北缘的库鲁克塔格地区也有零星分布（表1-6）。

A. 塔克拉玛干地区

根据野外剖面观察，该区二叠系只出露于西缘巴楚小海子-卡拉沙依一带和西南麻扎塔格一带，划分为南闸组和阿恰群。

南闸组 P_1n　以巴楚小海子水库东侧剖面为例，厚83m，岩性为薄至厚层生物碎屑灰岩夹钙质粉砂岩、泥灰岩和泥岩，与其下伏的小海子组呈平行不整合接触，含丰富的有孔虫类、牙形类、腕足类、双壳类等化石。其中蜓类可归于 *Sphaeroschwagerina* 带和 *Eoparafusulina* 带；有孔虫类归于 *Nodosaria neitchajaewi*-*Pachyphloia lancellata* 组合。

阿恰群 Paq　见于该区西缘巴楚小海子水库东侧、卡拉沙依和西南缘麻扎塔格西端黑山包一带。阿恰群具有明显的三分性：下碎屑岩组、火山岩组和上屑碎岩组。下碎屑岩组和上碎屑岩组由以紫红色为主的杂色砂质泥岩夹泥质粉砂岩、砂岩和少量灰岩组成；火山岩组由基性辉绿岩或玄武岩及其火山碎屑岩夹砂岩、砂质泥岩和泥岩等陆源细碎屑岩类组成。

表1-6 塔里木盆地周缘地区及邻区二叠纪地层划分与地层对比表

地层		塔克拉玛干地区		柯坪地区			南天山地区	铁克里克地区	
				木兹杜克小区	中部小区	东部小区		叶城小区	和田小区
上二叠统	长兴阶	阿恰群	上碎屑岩组				比成尤勒包古孜组		杜瓦组
	吴家坪阶					沙井子组			普司格组
中二叠统	冷坞阶		火山岩组			上亚组			
	茅口阶								
	祥播阶			萨热哲依组	卡轮达尔组	下亚组	库尔干组	达里约尔组	
	栖霞阶		下碎屑岩组	昆克拉契组	巴立克力克组	上亚组	小提坎力克组	棋盘组	
下二叠统	隆林阶	南闸组		卡克组		下亚组		克孜里奇曼组	
	紫松阶			扎尔加克组（中上部）	康克林组			塔哈奇组（上部）	

B. 柯坪地区

该区二叠系变化较复杂，可划分为三个小区：西缘木兹杜克小区、中部小区和东部小区。本项目以东部小区进行详细研究。该小区的二叠系发育较完全，自下而上依次划分为康克林组、库普库兹满组、开派兹雷克组和沙井子组。

康克林组（C_2-P_1）k（上部） 该组上部为生屑灰岩，含蜓类、牙形类、双壳类及珊瑚等化石，下部为紫松阶 *Sphaeroschwagerina* 带。

库普库兹满组 $P_{1\text{-}2}$k 以印干山、库普库兹满、开派兹雷克一带出露较好。划分为两个亚组。下亚组以紫红色为主的杂色砂岩、粉砂质泥岩、粉砂岩夹薄层灰岩，厚约130～270m，化石稀少。上亚组是玄武岩及凝灰岩夹砂岩、粉砂岩、泥灰岩和薄煤层，厚约120～195m，除了含孢粉 *Potonieisporites-Vestigisporites* 组合外，还含 *Palaeonodonta sophiae-Microdontella tarimensis* 组合双壳类动物群和 *Pecopteris-Autunia conferia* 组合植物群。

开派兹雷克组 P_2kp 分为两个亚组，下亚组由杂色岩屑砂岩、砂岩和粉砂质泥岩夹薄煤层组成，厚900余米，富产 *Pecopteris-Autunia conferta* 组合的植物。介形类仅见 *Darwinula* 一属；此外尚有少量 *Palaeonodonta sophiae-Microdontella tarimensis* 组合的双壳类。

沙井子组 P_3s 主要为杂色粉砂质泥岩夹砂岩、钙质泥岩和砾岩，下部夹数层石膏岩，其上为古近系超覆，在印干村一带可见厚度为476m。孢粉化石称之为 *Apiculatisporites-Verrucosisporites* 组。

8）三叠系

根据塔里木盆地的周缘野外剖面实测和详细观察，三叠系主要出露于北部的库车坳陷拜城至库车一带，地层出露良好，为一套陆相碎屑沉积。不整合于晚二叠世沉积地层或中二叠世喷发岩之上，与上覆侏罗系整合接触。厚度为165～1500m。各地层分区地层发育及对比特征见表1-7。下面以库车坳陷露头区三叠系发育情况进行详细研究，自下而上可划分为俄霍布拉克组、克拉玛依组、黄山街组和塔里奇克组4个组。

A. 下三叠统

俄霍布拉克组 T_1e 出露于库车县比尤勒包谷孜干沟以西至温宿县塔拉克沟之间的北部单斜带。主要岩性为棕灰色块状砂岩、砂砾岩、砾岩与红棕、灰绿色粉砂质泥岩、泥岩互层。中部克拉苏河剖面岩性最粗，厚度最大（545m），向东、西岩性变细、厚度变小。含轮藻 *Auerbachichara xinjiangensis-Vladimi-*

riella。孢粉为 *Punctatisporites-Limatulasporites-Protohaploxypinus* 组合。

B. 中、上三叠统

克拉玛依组 $T_{2-3}k$　分布同俄霍布拉克组。主要为一套灰绿色粗碎屑沉积，其顶部有一层具有叠锥构造的黑色碳质泥岩，厚度可达 40～90m，是区域对比的标志层。纵向上一般具下粗上细、下红上绿的特征。其顶、底分别与黄山街组和俄霍布拉克组整合接触。岩性以克拉苏河剖面最粗，向西岩性变细、厚度减薄，向东厚度变化不大，但岩性也变细。本组厚度 412～535m。

C. 上三叠统

黄山街组 T_3h　该组较前述两个组分布广，主要见于库车坳陷中及西部的单斜带。岩性为两套由粗变细的沉积旋回组成，每个旋回底部为块状砂岩、砾岩，中及上部为灰绿、灰黑色泥岩、碳质泥岩夹薄层灰岩，以灰绿及灰黑色细粒湖相沉积岩为主。厚度 78～838m。

表 1-7　塔里木盆地周缘地区及邻区三叠纪地层划分与对比表

<table>
<tr><th colspan="2">地区
地层</th><th>库车坳陷</th><th>塔中地区</th><th>塔西南坳陷</th><th>塔东南坳陷</th><th>准噶尔盆地</th></tr>
<tr><td rowspan="5">三叠系</td><td rowspan="2">上三叠统</td><td>塔里奇克组</td><td rowspan="2"></td><td>乔洛克萨依组</td><td>乔洛克萨依组</td><td>郝家沟组</td></tr>
<tr><td>黄山街组</td><td rowspan="2"></td><td rowspan="3"></td><td>黄山街组</td></tr>
<tr><td>中三叠统</td><td>克拉玛依组</td><td>克拉玛依组</td><td>克拉玛依组</td></tr>
<tr><td rowspan="2">下三叠统</td><td rowspan="2">俄霍布拉克组</td><td rowspan="2">俄霍布拉克组</td><td>乌尊萨依组</td><td>烧房沟组</td></tr>
<tr><td>下三叠统</td><td>韭菜园组</td></tr>
</table>

塔里奇克组 T_3t　主要分布于库车坳陷中及西部北单斜带。该组有三个从粗到细的沉积旋回，主要由灰白色砾岩、中至粗粒岩屑砂岩、灰色砂质泥岩、泥质砂岩及黑色碳质页岩夹煤层（线）组成。底与黄山街组假整合接触，顶与阿合组整合或假整合接触。一般厚 150～300m。

9）侏罗系

侏罗系在塔里木盆地分布相当广泛，除巴楚-柯坪断隆外，其他地区均可见及。塔西南坳陷沉积厚度巨大，最大厚度超过 4000m；库车坳陷一般厚度为 1500～2000m，塔东南坳陷厚度近 2000m。在塔里木盆地覆盖区，塔北隆起和北部坳陷不同程度地发育侏罗系，中央隆起可能缺失（表 1-8）。侏罗系为一套陆相含煤沉积，可分两部分：中、下部为煤系地层，上部为杂色和红色碎屑沉积。下面以库车坳陷侏罗系发育特征进行详细研究。

库车坳陷侏罗系发育良好、层序清楚、化石丰富，为一套陆相含煤沉积，底与三叠系整合接触，顶与白垩系卡普沙良群假整合接触。

A. 下侏罗统

阿合组 J_1a　该组主要分布于库车坳陷中及西部的北单斜带。库车河阿合村剖面为典型剖面，岩性以浅灰色细-中砾岩、含砾粗砂岩及粗砂岩为主，夹灰-绿灰色中-细粒砂岩、灰黑色泥岩及煤线。底与塔里奇克组整合或假整合接触。中部克拉苏河剖面岩性最粗，厚度最大，向两侧变细变薄，厚 97～359m。该组产植物化石 *Cladophlebis* sp.。孢粉 *Osmundacidites-Cycadopites-Quadraeculina* 组合。

表 1-8　塔里木盆地周缘地区及邻区侏罗纪地层划分与对比表

地区 地层	塔里木盆地			准噶尔盆地	
	库车坳陷	塔西南坳陷	塔东南坳陷	南缘、西北缘	东北缘
上侏罗统	喀拉扎组	库孜贡苏组	库孜贡苏组	喀拉扎组	石树沟组
	齐古组			齐古组	
中侏罗统	恰克马克组	塔尔尕组	塔尔尕组	头屯河组	五彩湾组
	克孜勒努尔组	杨叶组	杨叶组	西山窑组	西山窑组
下侏罗统	阳霞组	康苏组	康苏组	三工河组	二工河组
	阿合组	莎里塔什组	莎里塔什组	八道湾组	八道湾组

阳霞组 J_1y　该组分布同阿合组，主要为灰、灰白色砂岩、砾岩，灰色泥质粉砂岩，深灰、灰黑色粉砂质泥岩、泥（页）岩及煤线（层）组成多个正向韵律层。底与阿合组整合接触，厚 461～570m。该组下段含双壳类 *Yananoconcha hengshanensis*、*Y. zaoyuanensis*、*Sibireconcha* sp. 等。底部产植物 *Coniopteris hymenophylloides*、*Equisetites* sp. 等。

B. 中侏罗统

克孜勒努尔组 J_2k　该组分布同阳霞组，岩性为灰白、绿灰色细砾岩、含砾砂岩、砂岩与绿灰、灰黑色粉砂岩、泥质粉砂岩、泥（页）岩及煤层（线）组成多个正向韵律层，下部一般发育含煤层。厚 450～774m。该组产较丰富的植物、孢粉以及介形类、叶肢介、双壳类化石。双壳类以多种 *Pseudocardinia* 为主，在该组中上部产介形类 *Darwinula sarytimenesis Sharapova*. *D. impudica*. *Bisulcocypris xinjiangensis Jiang* 等。

恰克马克组 J_2q　分布于库车坳陷中、西部的北单斜带及吐格尔明单斜北翼，岩性为灰绿及灰紫色泥岩、砂质泥岩、粉砂岩夹砂岩，局部有深灰、灰黑色油页岩，底部为灰色中薄层或透镜状泥灰岩。顶、底分别与齐古组和克孜勒努尔组整合接触，厚 66～160m。叶肢介为 *Euestheria-Qaidamestheria* 组合和 *Trigzypta-Sinokontikia-Qaidamestheria* 组合。介形类为 *Darwinula sarytirmenensis Sharapova*、*D. impudica Sharapova*、*Timiriasevia mackerrowi Bata* 等。

C. 上侏罗统

齐古组 J_3q　分布于库车坳陷阿瓦特河至克孜勒努尔沟之间的北单斜带和直线褶皱带的吐格尔明背斜、巴什基奇克背斜，依奇克里克背斜的阿依库木沟一带。主要为一套红色的泥岩沉积，下部夹灰绿、灰白色泥灰岩、钙质粉砂岩条带，厚 106～349m。该组轮藻为 *Aclistochara major-A. brevis-Porochara tarimensis* 组合。

喀拉扎组 J_3k　主要分布于卡普沙良河至克孜勒努尔沟之间的北单斜带及吐格尔明背斜带，岩性为褐红色薄至厚层状含钙质岩屑长石石英砂岩与黄红、紫红色中、厚层状泥质粉砂岩、粉砂质泥岩互层，其上部夹同色细砾岩及含砾粗砂岩。底与齐古组整合接触，顶与卡普沙良群亚格列木组假整合（或不整合）接触。未获化石。

10）白垩系

塔里木盆地白垩系主要出露于库车坳陷和塔西南坳陷，一般沉积厚度都在 1000m 以上。塔东南坳陷偶见白垩纪地层。库车坳陷白垩系为陆相碎屑岩系，在拜城、库车一带呈东西条带延伸，底部大多为中、粗粒碎屑岩，与下伏侏罗系喀拉扎组呈假整合接触，与上覆古近系之间有明显缺失（表 1-9）。下面以白垩纪地层分布较好的库车坳陷进行研究。

表 1-9　塔里木盆地周缘地区及邻区白垩纪地层划分与对比表

<table>
<tr><th rowspan="2">地区
地层</th><th colspan="2" rowspan="2">库车坳陷</th><th rowspan="2">塔中地区</th><th colspan="4">塔西南坳陷</th><th rowspan="2">塔东南坳陷</th></tr>
<tr><th colspan="2">南天山山前带</th><th colspan="2">昆化山山前带</th></tr>
<tr><td rowspan="4">上白垩统</td><td colspan="2" rowspan="4">?</td><td rowspan="2">上白垩统</td><td rowspan="4">英吉莎群</td><td rowspan="3">东巴组</td><td rowspan="4">英吉莎群</td><td>吐依洛克组</td><td rowspan="4"></td></tr>
<tr><td>依格孜牙组</td></tr>
<tr><td rowspan="6"></td><td>乌依塔克组</td></tr>
<tr><td>库克拜组</td><td>库克拜组</td></tr>
<tr><td rowspan="4">下白垩统</td><td colspan="2">巴什基奇克组</td><td colspan="2" rowspan="4">克孜勒苏组</td><td colspan="2" rowspan="4">克孜勒苏组</td><td rowspan="4">克孜勒苏组</td></tr>
<tr><td rowspan="3">卡普沙良群</td><td>巴西盖组</td></tr>
<tr><td>舒善河组</td></tr>
<tr><td>亚格列木组</td></tr>
</table>

库车坳陷出露下白垩统卡普沙良群和巴什基奇克组，层序清楚，化石较为丰富。

卡普沙良群 K_1k　主要分布在坳陷中及西部的北单斜带以及直线褶皱带的库姆格列木、巴什基奇克、依奇克里克及吐格尔明背斜，主要为一套紫红色陆相碎屑沉积。卡普沙良群自下而上包括亚格列木组、舒善河组和巴西盖组。

亚格列木组 K_1y　在拜城西的卡普沙良河北单斜带，岩性较稳定，其下部为紫灰色厚层、块状砾岩，上部为灰紫、灰绿或灰色细砂岩、砾状砂岩、粉砂岩、泥岩，岩石均含钙质，厚 10～243m。该组一般与下伏喀拉扎组为假整合或不整合接触，与上覆舒善河组整合接触。库车河剖面亚格列木组顶部产少量孢粉，可建 *Deltoidospora-Schizaeoisporites-Classopollis* 组合。

舒善河组 K_1sh　分布同亚格列木组，典型剖面亦在卡普沙良河北单斜带，岩性为紫红、灰紫色粉砂质泥岩、泥岩、粉砂岩夹灰、灰绿、黄绿色粉砂岩、细砂岩、粉砂质泥岩、泥岩，底部为灰色泥岩、页岩。岩组颜色下红上杂，横向变化不大，在卡普沙良河一带最为发育，厚 1101m，向西至阿瓦特河一带，颜色变暗，灰绿色条带变少。孢粉可建立 *Classopollis-Cicatricosisporites-Piceaepolletnites* 组合。

巴西盖组 K_1b　分布基本同舒善河组，主要岩性为黄灰、黄红色厚层块状粉至细砂岩、粗砂岩夹同色含泥质粉砂岩、泥岩。在库车河以砂岩为主，向西泥岩增多，卡普沙良河变为泥岩夹砂岩。厚 94～490m，与上覆巴什基奇克组为整合接触。该组介形类、轮藻较少，组合面貌接近舒善河组。介形类有 *Damonella priva*、*D. suabelliptica*、*Minheella minheensis*、*Rhinocypris echinata*，轮藻 *Aclistochara* sp.、*Mesochara kapushaliangensis* 等。

巴什基奇克组 K_1bsh　分布较局限，代表剖面位于库车河巴什基奇克背斜北翼，主要见于卡普沙良河至克孜勒努尔沟之间，岩性上部为紫灰、紫红色厚层状中-细粒含膏质砂岩夹同色含砾砂岩、泥质粉砂岩、含钙质泥岩，下部为紫灰色厚层块状砾岩。厚 60～200m，与上覆古近系假整合或不整合接触。产介形类

Latonia-Cypridea-Damonella 组合、轮藻 *Aclistochara huihuibaoensis-Mesochara voluta-Spherochara* 组合。

11）古近系与新近系

古近系和新近系在塔里木盆地的周缘地区均有出露，库车坳陷和塔西南坳陷是最主要的沉积区（表 1-10）。

A. 古新统—始新统

库姆格列木群 $K_{1-2}km$　分布在直线褶皱带大部分地段，典型剖面在巴什基奇克背斜南翼。底部为灰白、浅灰色泥灰岩，下部为紫红色砂砾岩与同色泥岩、粉砂岩、石膏互层，上部为紫红色泥岩。厚度一般为 130～500m，与下伏巴什基奇克组假整合接触。库姆格列木群可分为 3 个岩性段。

B. 上始新统—渐新统

苏维依组 $E_{2-3}s$　分布于直线褶皱带的大部分地段，典型剖面在巴什基奇克背斜南翼克孜勒努尔沟附近苏维依村，主要为褐红色砂岩与泥岩互层，夹砾岩。一般厚 200～400m，与吉迪克组和库姆格列木群均为渐变关系。该组产轮藻 *Gyrogna xindianensis*、*Lamprothamnium jianglingensis*、*L. nanoconica*、*Tolypella rugulosa*、*Hornichara lagenalis*、*Turbochara zhanjuheensis* 等，*Gyrogna xindianensis* 和 *Lamprothamnium jianglingensis*。

表 1-10　塔里木盆地周缘地区及邻区古近系—新近系划分与对比表

<table>
<tr><th colspan="2" rowspan="2">地区 / 地层</th><th colspan="2">库车坳陷</th><th rowspan="2">北部覆盖区</th><th rowspan="2">塔西南坳陷</th><th colspan="2">准噶尔盆地</th></tr>
<tr><th>库车河地区</th><th>阿瓦特河地区</th><th>南缘</th><th>北缘</th></tr>
<tr><td>第四系</td><td>更新统</td><td rowspan="2">库车组</td><td>西域组</td><td rowspan="3">库车组</td><td>西域组</td><td>西域组</td><td>乌苏组</td></tr>
<tr><td rowspan="5">新近系</td><td>上新统</td><td>库车组</td><td>阿图什组</td><td>独山子组</td><td>独山子组</td></tr>
<tr><td rowspan="4">中新统</td><td rowspan="2">康村组</td><td rowspan="2">康村组</td><td rowspan="2">帕卡布拉克组</td><td rowspan="4">塔西河组</td><td rowspan="4">可可买登组</td></tr>
<tr><td>康村组</td></tr>
<tr><td rowspan="2">吉迪克组</td><td rowspan="2">吉迪克组</td><td rowspan="2">吉迪克组</td><td>安居安组</td></tr>
<tr><td>克孜洛依组</td></tr>
<tr><td rowspan="8">古近系</td><td rowspan="2">渐新统</td><td rowspan="3">苏维依组</td><td rowspan="3">阿瓦特组</td><td rowspan="3">苏维依组</td><td></td><td>沙湾组</td><td rowspan="2">索索泉组</td></tr>
<tr><td rowspan="2">巴什布拉克组</td><td rowspan="2">安集海河组</td></tr>
<tr><td rowspan="4">始新统</td><td rowspan="4">化石沟组</td></tr>
<tr><td rowspan="5">库姆格列木群</td><td rowspan="3">小库孜拜组</td><td rowspan="5">库姆格列木群</td><td>乌拉根组</td><td rowspan="5">紫泥泉子组</td></tr>
<tr><td>卡拉塔尔组</td></tr>
<tr><td rowspan="2">齐姆根组</td></tr>
<tr><td rowspan="2">古新统</td><td rowspan="2">塔拉克组</td><td rowspan="2">依希伯拉组</td></tr>
<tr><td>阿尔塔什组</td></tr>
</table>

C. 下中新统

吉迪克组 N_1j　分布于直线褶皱带和秋立塔克带，通过对库车县吉迪克剖面的详细观测表明，该组岩性为灰绿、紫红色薄至厚层状泥质粉砂岩、粉砂岩、细-中粒砂岩、细砾岩与紫红色夹灰绿、灰色泥岩、膏岩、含钙粉砂质、砂质泥岩频繁韵律互层。一般厚 600～800m。其顶与康村组整合接触，底与苏维依组整合接触。该组上部产 *Cyprinotus baturini* 介形类亚组合；轮藻以大型的 *Nitellopsis* 大量出现为特征。

D. 中、上中新统

康村组 N_1k　广泛分布于库车坳陷直线褶皱带和秋立塔克带，以库车县吉迪克剖面观测表明，该组岩性为灰色砂岩和褐色泥岩互层夹灰绿色条带，一般厚 300～800m。顶与库车组整合接触。该组产丰富的介形类及轮藻化石。

E. 上新统—更新统

库车组（N_2-Q_2）q　分布于吉迪克背斜和东秋立塔克背斜翼部，通过对吉迪克剖面的详细观察表明，岩性为灰、灰棕色砂岩、粉砂岩夹砾岩。一般厚 300～700m。顶部与西域组整合或不整合接触。该组介形类以 *Lineocypris*、*Subulacypris*、*baturinella* 等属的兴起为特征。轮藻化石以 *Chara* 为主。

1.2.3　塔里木盆地各地层分区地层对比特征

1. 震旦系

盆地覆盖区钻遇震旦系的钻井有沙雅地层分区的沙 4 井、哈 5 井和塔东-库鲁克塔格地层分区的塔东 1 井、塔东 2 井。前者以砾屑白云岩和藻白云岩为特征，与柯坪地层分区露头剖面震旦系上统奇格布拉克组对比，后者以细晶-微晶白云岩与库鲁克塔格露头剖面水泉组对比。

塔中地层分区的塔参 1 井、和 4 井和方 1 井在寒武系之下钻遇了一套火山岩，前者为岩浆岩、花岗闪长岩和角闪花岗岩，后两者分别以酸性喷发岩和基性喷发岩玄武岩为主。

2. 寒武系

目前全盆地钻遇寒武系的钻井有 30 余口，但钻穿寒武系或钻至中下统的仅有塔东-库鲁克塔格地层分区的库南 1 井、塔东 1 井、塔东 2 井，沙雅地层分区雅克拉小区的牙哈 5 井，塔中地层分区巴楚小区的康 2 井、方 1 井、和 4 井、巴东 4 井，卡塔克小区的塔参 1 井和中 4 井等 10 口井（图 1-5）。

塔中地层分区的康 2 井、方 1 井、和 4 井、塔参 1 井和中 4 井的寒武系与柯坪地层分区肖尔布拉克-苏盖特布拉克一带露头剖面的寒武系均属台地相沉积，岩性特征相似，采用同一套岩石地层单位，彼此可以对比。通过对比，也发现在钻井剖面中，尤其是巴楚地层小区的康 2 井、方 1 井及和 4 井的阿瓦塔格组和吾松格尔组较露头剖面有较多的膏盐沉积，这主要是因为这些井处于蒸发台地范围之内。

塔东-库鲁克塔格地层分区，本区塔东 1 井、塔东 2 井和英东 2 井的寒武系与库鲁克塔格露头剖面的寒武系同属广海陆棚-半深海相沉积，岩性特征相似，采用同一套岩石地层系统，并可作较好的对比。

3. 奥陶系

奥陶系是塔里木盆地油气勘探的主要目的层，钻遇的井有 200 余口，分布于塔东-库鲁克塔格、沙雅、阿瓦提-顺托果勒、塔中地层分区和塔西南地层分区麦盖提小区（图 1-3）。

沙雅地层分区、塔中地层分区巴楚、卡塔克小区和塔西南地层分区麦盖提小区的奥陶系除沙雅地层分区沙西小区上统中上部为混积深水陆棚相沉积外，均为台地相沉积，岩性特征与巴楚一间房-唐王城露头剖面十分相似，采用同一套岩石地层单位，彼此可以作较好的对比。但巴楚露头剖面缺失上奥陶统上部地层，采用沙雅地层分区的桑塔木组和柯坪露头剖面的柯坪塔格组下段。

塔东-库鲁克塔格地层分区、阿瓦提-顺托果勒地层分区、塔中地层分区塘古孜巴斯小区的奥陶系以半深海-深海盆地相沉积为主，局部地区少数层段为台地-斜坡相沉积，钻井地层多数采用塔东-库鲁克塔格地层分区塔东-孔雀河小区却尔却克地区露头剖面的岩石地层划分。

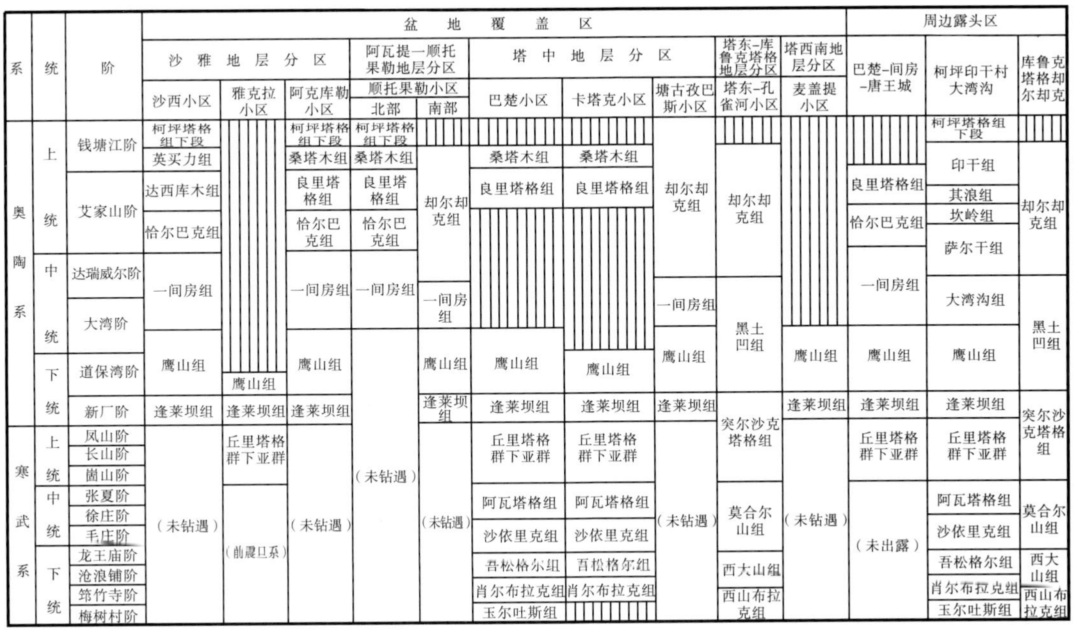

图 1-5　寒武系—奥陶系地层对比图

4. 志留系

盆地覆盖区志留系分布十分广泛，共有 100 余口井钻遇。除塔东-库鲁克塔格地层分区外，盆地西部至中部的广大覆盖区的钻井地层与柯坪地层分区和巴楚地层小区露头剖面的沉积层序及岩性特征十分相似，采用同一套岩石地层系统，对比关系清楚；塔东-库鲁克塔格地层分区的钻井地层无法采用柯坪、巴楚露头区的岩石地层系统，但也可作粗略的对比。盆地覆盖区重要地层分区和小区之间及其与周边露头区志留系对比如图 1-6 所示。

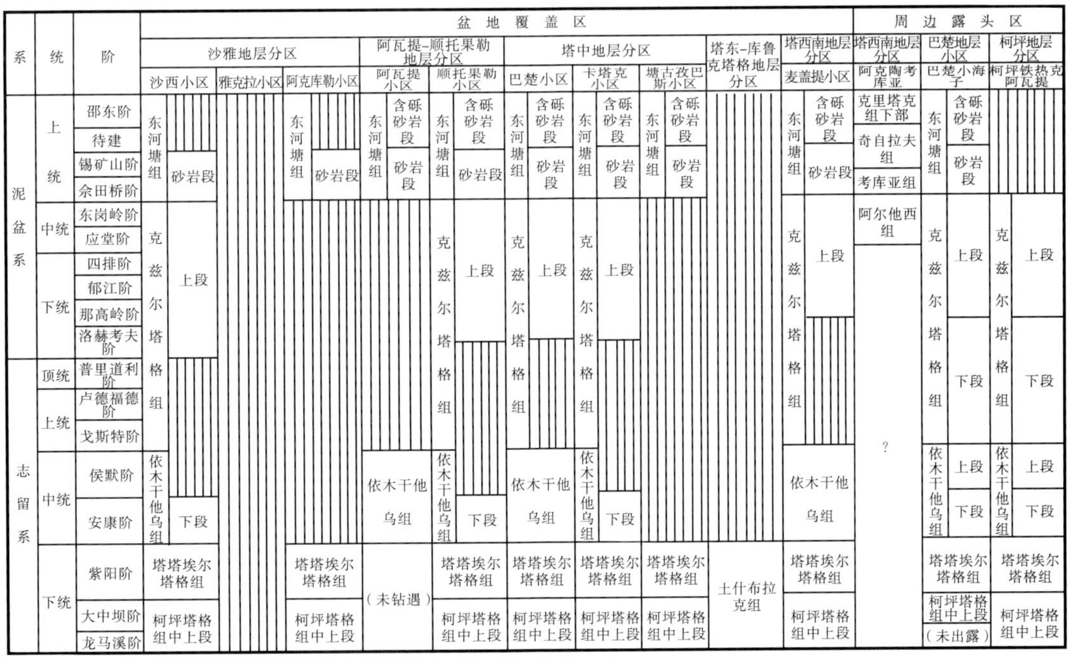

图 1-6　志留系—泥盆系地层对比图

5. 泥盆系

盆地覆盖区泥盆系除沙雅、塔东-库鲁克塔格地层分区部分地区缺失外，大部分地区钻井都有揭露，与柯坪地层分区和巴楚地层小区露头区采用同一套岩石地层系统，对比关系清楚。与塔西南地层分区阿克陶考库亚一带露头剖面岩石地层系统不同，也可通过所含化石带（组合）进行对比。

6. 石炭系

石炭系是塔里木盆地油气勘探中又一重要目的层系，覆盖区钻遇的井多达 200 余口。除沙雅地层分区的雅克拉小区全部缺失和沙西小区只钻遇早石炭世早期地层外，各地层分区、小区都发育较全的石炭系。覆盖区石炭系采用同一套岩石地层系统，并能与巴楚露头剖面作组一级的对比。与柯坪和塔西南地层分区露头剖面的岩石地层系统尽管不同，但通过其所含化合带（组合），也可作较好的对比（图 1-7）。

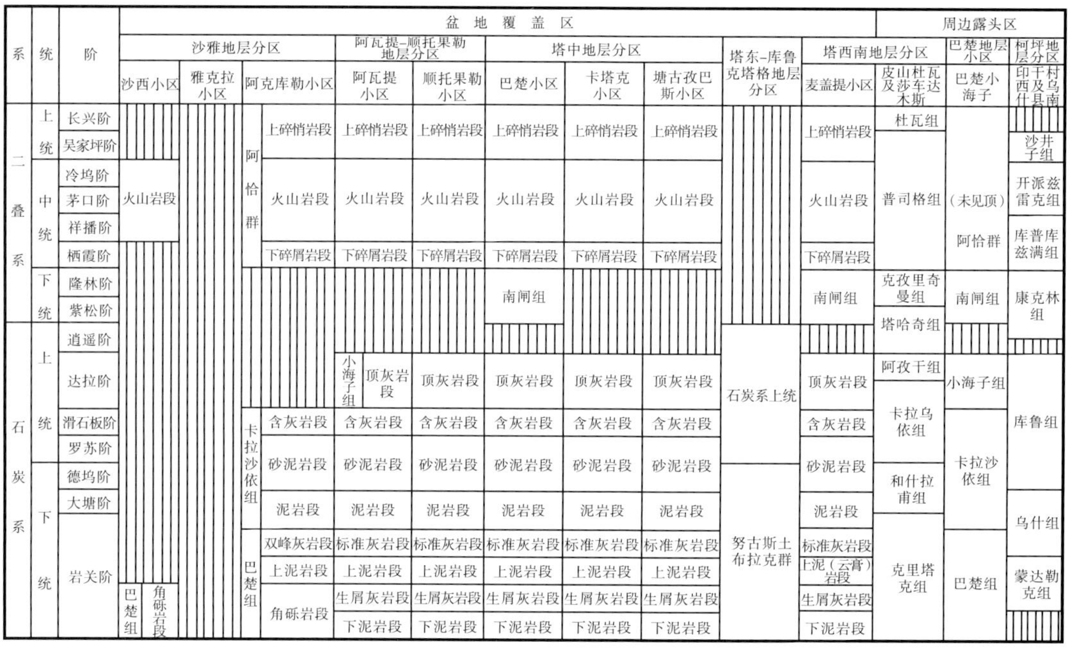

图 1-7　石炭系—二叠系地层对比图

7. 二叠系

盆地覆盖区二叠系岩石地层划分统一，下统南闸组仅分布在巴楚地层小区和田河以西和塔西南地层分区麦盖提小区；中—上统阿恰群分布广泛，钻井普遍钻遇，对比关系清楚，与柯坪地层分区柯坪塔格小区东部印干村至沙井子一带露头剖面也能进行对比。与塔西南地层分区莎车达木斯及皮山杜瓦一带露头剖面的岩石地层系统尽管不同，但通过其所含化石带（组合），也可作较好的对比。

8. 中生界

盆地覆盖区的中生界以三叠系、白垩系分布相对较广，侏罗系的分布范围较小（图 1-8）。

三叠系已有百余口井钻遇，库车地层分区，沙西、阿克库勒和顺托果勒小区钻揭最全；其次为卡塔克、塔东-孔雀河小区，钻遇下统至上统下部（阿克库勒组至柯吐尔组）；巴楚和塘古孜巴斯小区只钻遇下统。

侏罗系已有近百口井钻遇，以库车地层分区钻揭最全，沙西、阿克库勒、顺托果勒和塔东-孔雀河小区只钻遇下统至中统下部（克拉苏群）。

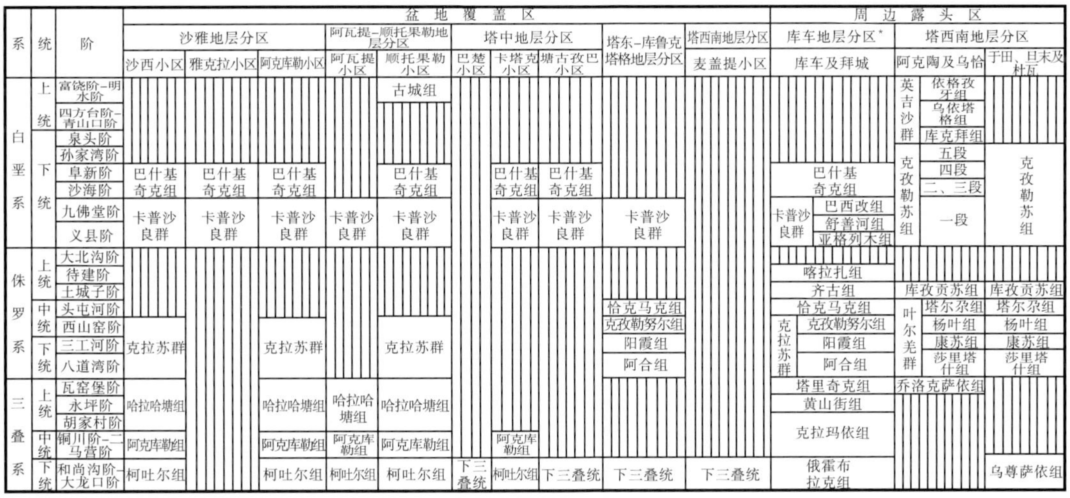

图1-8 三叠系—白垩系地层对比图

白垩系是塔里木盆地油气勘探重点目的层系之一，特别是天然气勘探的最重要目的层系，近几年钻遇白垩系的井较多。下白垩统分布广泛，库车、沙雅、阿瓦提-顺托果勒、塔中及塔西南地层分区几乎都有分布，只有巴楚和麦盖提小区至今尚未钻遇。上白垩统分布极为有限，塔西南地层分区的喀什、叶城-和田小区为海相沉积（英吉沙群），顺托果勒小区为陆相沉积（古城组）。

9. 新生界

盆地覆盖区的新生界分布极其广泛，几乎各地层分区所有钻井都能钻遇。库车、沙雅和塔西南地层分区厚度大、层位全、划分细。全盆地新生界主要为陆相红色碎屑岩沉积，塔西南地层分区的古近系为海相沉积，库车地层分区西部的古新统夹有海相地层（图1-9）。

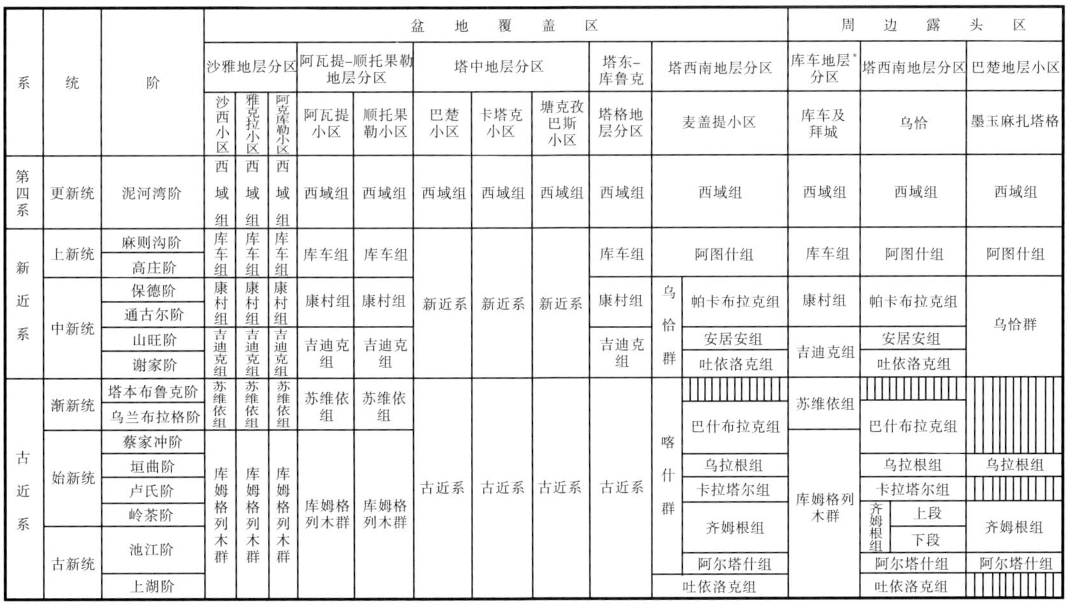

图1-9 古近系—新近系地层对比图

1.3 本章小结

1. 在前人研究成果的基础上，总结了塔里木盆地周边三大造山带（天山构造域、昆仑山构造域和阿尔金山构造域）的演化过程与盆地形成和演化之间的关系。研究认为，三大构造域的发展演化与塔里木盆地的构造演化关系密切，对盆地的控制作用明显。

（1）天山构造域从震旦纪开始，在拉张背景下裂解、漂移，震旦纪晚期—早寒武世，形成多岛有限洋，北天山洋和南天山洋；寒武纪—早、中奥陶世，呈多岛洋的状态。北天山古洋盆向南俯冲作用起始于早奥陶世，向北俯冲发生在晚奥陶世，志留纪开始发生碰撞；早石炭世末，晚古北天山有限洋关闭，伊犁地块南北部于晚石炭世隆起。晚古南天山小洋盆洋壳在二叠纪开始发生俯冲；早二叠世，中天山与塔里木陆块碰撞，结束海侵历史，塔里木板块、伊犁中天山板块和准噶尔板块又重新拼合为统一的整体；晚二叠世，挤压应力加速了古天山山脉的进一步隆升，西天山及邻区广泛接受陆表海稳定型碎屑岩、碳酸盐岩沉积。塔里木北部、南天山、北天山、准噶尔地区均遭海侵。

（2）昆仑山构造域开始于早奥陶世—晚奥陶世的活动陆块边缘，晚奥陶世进入碰撞造山阶段，志留纪持续造山并发育弧后盆地，晚志留世碰撞作用完全结束；晚古生代进入古特提斯洋演化阶段，泥盆纪—早二叠世为伸展扩张阶段，早石炭世—早二叠世伸展裂解作用加剧，中二叠世—三叠纪为消减挤压阶段；早中生代为中特提斯演化，晚二叠世后，大部地区缺失三叠纪至早侏罗世的沉积；晚三叠世以来属于板内演化阶段，侏罗纪—古近纪地质演化，开始了陆相沉积；古近系以后整个研究区结束了沉积的历史，开始差异隆起。

（3）阿尔金构造域发展演化为：中元古代以前，阿尔金地块可能是一个古岛弧；震旦纪—早古生代是多岛洋盆的持续发育；晚古生代阿尔金地区，呈现挤压与拉张交替转换；晚泥盆世开始沉降，石炭纪有强烈基性、酸性火山活动，形成石炭纪弧后陆内裂谷盆地；南部晚二叠世—三叠纪沉积大量陆缘碎屑沉积；侏罗纪开始，从剥蚀状态转变为接受沉积状态；阿尔金断裂在始新世已经开始明显地控制地层的沉积。

2. 在总结前人研究成果的基础上，根据塔里木盆地的地质构造发展史、沉积史、油气成藏规律等，对塔里木盆地及其周边进行了地层分区，共划分为 10 个地层分区，分别为南天山地层分区、柯坪地层分区、库车-塔北地层分区、库鲁克塔格地层分区、阿瓦提-满加尔地层分区、塔克拉玛干地层分区、塔西南地层分区、铁克里克地层分区、塔东南地层分区及阿尔金地层分区。在此基础上进一步划分为 29 个地层小区。详细讨论了各地层分区的地层发育特征，并建立了相应的地层划分、对比方案。

第 2 章　盆地构造演化特征

塔里木板块经历了长期复杂的漂移和旋转演化，在晚古生代拼贴于欧亚大陆南缘而成为大陆边缘增生活动带的一部分，塔里木原型盆地即是在此背景下演化而来。根据古地磁资料（孟自芳，1993），塔里木板块从震旦纪至奥陶纪期间一直位于南半球，志留纪时才漂移到北半球低纬度地带。泥盆纪—石炭纪期间，塔里木板块向北漂移了 18°，而其方位发生了 46°顺时针旋转，至今共发生了 90°的顺时针旋转，因此现在的塔里木盆地长轴方向与泥盆纪的长轴呈正交（李德生等，2002）（图 2-1）。

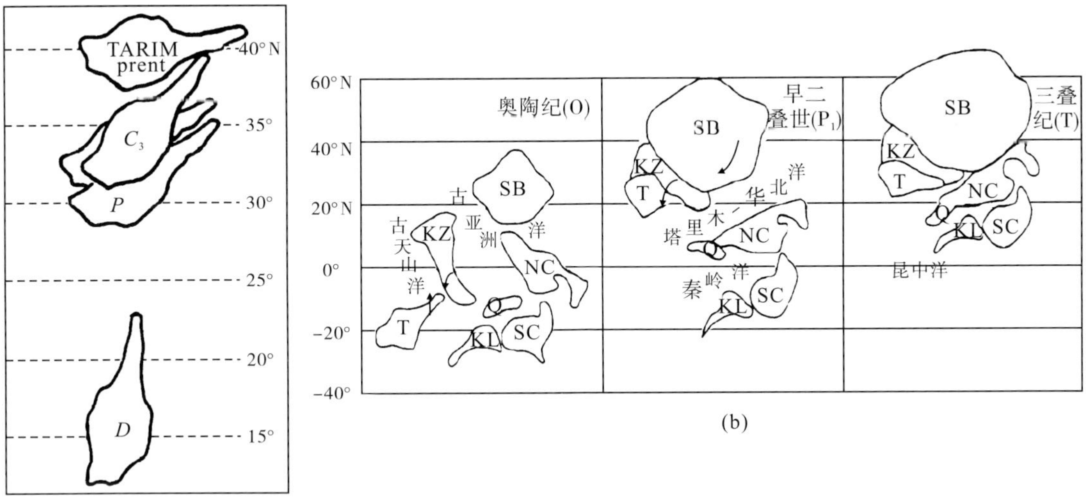

(a)　　(b)

图 2-1　塔里木板块在不同时期所处位置图

（a）李燕平等，1999；（b）李德生等，2002

SB. 西伯利亚板块；KZ. 哈萨克斯坦板块；T. 塔里木板块；

Q. 柴达木板块；KL. 中昆仑板块；SC. 扬子板块；NC. 华北板块

2.1　构造演化阶段划分

现今塔里木盆地是在地质历史中受天山、昆仑山、阿尔金山构造域长期演化所控制、不断转换、不断遭受改造而在中新生代定型的盆地。自震旦纪以来经过多次的裂解、闭合，至喜马拉雅期最终碰撞关闭形成的夹持在天山和昆仑山之间的大型复合型盆地，它是在不同板块构造运动体制和多阶段作用下形成的。地质历史中，现今塔里木盆地曾经是多个盆地组成的盆地群发育区，主体上是克拉通，周缘依周边大洋性质和造山特点发育各种类型盆地。塔里木盆地的形成演化经历了 5 大构造旋回（表 2-1），即加里东构造旋回、海西构造旋回、印支构造旋回、燕山构造旋回、喜山构造旋回；其中经历了 10 次重要的区域拉伸、挤压、剪切构造变革期，盆地构造古地理和隆坳格局发生了多次重要改变，导致了原型盆地在纵、横向上的叠加改造和并列复合，形成了独特的复杂地质结构，并在原型盆地构造格架的控制下形成了对应的沉积地层，发育了不同的充填结构和沉积体系域。不同演化阶段盆地构造性质和变形强度在时空上的差异和原型盆地复杂的叠合结构，与地球动力学背景演化、周边构造作用以及基底分块差异有关，并决定着盆地成藏组合和油气聚集的基本特征。

表2-1　塔里木盆地构造演化一览表

时代：代	时代：纪	板块构造环境	构造旋回：旋回	构造旋回：阶段	构造层	主要构造运动	主要构造反转	周缘活动特征	构造变形特征	盆地演化阶段	盆地原型
Kz	Q	汇聚后挤压	新特提斯洋开合旋回	新特提斯洋关闭阶段	新生界构造层	喜山晚期运动	正反转时刻	印度板块与欧亚板块碰撞；天山、昆仑山大规模造山，陆内俯冲、逆冲活动强烈，阿尔金山左旋走滑强烈	受南北向强烈挤压影响，天山、昆仑山、阿尔金山急剧隆升、形成前陆逆冲推覆构造，大规模走滑，在塔里木盆地边缘形成雁裂式断裂、褶皱、花状构造，造山带周围和盆地边缘有小型拉分盆地发育	复合前陆盆地阶段	阿瓦提-库车前陆坳陷 塔西南前陆坳陷 塔中前缘隆起 塔东南隆起　巴楚断隆 民丰-若羌拉分盆地
	N	板块会聚后松弛		新特提斯洋消减阶段		喜山早期运动		会聚后松弛，周缘断陷	周缘山系快速隆升，盆地东北、西南坳陷快速沉降，中部前缘隆起发育，统一盆地形成		库车前陆坳陷　塔中前缘隆起 塔西南前陆坳陷 塔东南断隆　巴楚断隆
	E						负反转时刻	会聚后松弛，西南缘断陷，中国和东南亚西南新特提斯板块活动	晚白垩世断陷导致海水在西部侵入，盆地西南缘断陷盆地发育，东、北部坳陷发育，巴楚隆起特征明显	断陷盆地发育阶段	塔里木断陷—坳陷
Mz	K	板块聚合南部碰撞		新特提斯洋消减阶段	中生界上部构造层	燕山晚期运动	塔北负反转时刻	拉萨碰撞、科希斯坦碰撞，昆仑山、天山强烈隆升，阿尔金山左旋走滑	受羌塘俯冲碰撞、阿尔金走滑影响，盆地内部坳陷发育，以西部隆起剥蚀为特征，发育前缘隆起、局部断块		塔西南坳陷，西部隆起 塔北-塔东陆内坳陷 塔北隆起　库车坳陷
	J_{2+3}					燕山中期运动	正反转时刻		新特提斯扩张、阿尔金走滑影响，在相对松弛和南北向弱挤压作用下，东北部发育坳陷，盆地北部、西南部和东南部小型断陷广泛发育，西部隆起大面积隆升剥蚀		塔西南断陷，西部隆起 塔东北坳陷　塔北隆起 塔东南断陷　库车坳陷
	J_1	板块离散南部引张		新特提斯洋拉张阶段		燕山早期运动	负反转时刻	新特提斯洋扩张，阿尔金山右旋走滑扭张、天山、阿尔金山、东昆仑断陷			
	T_3	板块聚合，南部羌塘碰撞	古特提斯洋开合旋回	古特提斯洋关闭阶段	古生界上部-中生界下部构造层	印支运动		羌塘碰撞、东西昆仑弧-陆碰撞或陆-陆碰撞，阿尔金南面的祁漫塔格一带发育南东向的火山盆地，天山隆起持续发育，中天山坳陷型湖盆发育	古特提斯洋向北的俯冲作用加剧，强烈冲断隆升，盆地西部、祁漫塔格地区整体隆起剥蚀，内部前陆隆起、前陆坳陷和克拉通内坳陷发育	弧后前陆盆地、前陆盆地阶段	库车前陆盆地 新和前缘隆起 中部克拉通内坳陷 塔西隆起　塔东南隆起
	T_{1+2}			古特提斯消减阶段				天山构造域持续隆升、遭受挤压，昆仑陆缘岛弧继续发育，阿尔金构造域受南部陆缘岛弧构造的挤压			
Pz_2	P_{2+3}					海西末期运动	正反转时刻	北天山、中天山、南天山均发生碰撞、造山，而且发育中天山对塔里木克拉通的“A”型俯冲，周边断裂走滑	强烈的南北向区域挤压作用导致博格达山、天山、塔北—塔东—阿尔金一带大面积隆起剥蚀，库车—南天山地区冲断作用强烈，内部发育坳陷、逆断裂、挤压褶皱，北山裂陷消亡		塔西南弧后盆地 塔西北前陆盆地 中部克拉通内裂陷 塔东北隆起
	P_1	南部古特提斯洋板块离散被动边缘发育北部残余古亚洲洋张、消交替，再生洋拉开关闭		古特提斯拉张、残余古亚洲洋手风琴式张、消交替-关闭阶段	上古生界上部构造层	海西晚期运动	负反转时刻	古特提斯构造域、天山构造域拉张	周缘强烈南北向拉张断陷、克拉通周边和内部裂而未陷，东部为隆起剥蚀区塔西北—南天山一带形成边缘坳陷，北山裂陷强烈发育，塔西南受中昆仑陆缘岩浆岛弧冲断带影响，祁漫塔格一带受洋内岛弧冲断带影响，均发育弧后盆地，晚期发育酸性—中基性火山岩	边缘裂陷、内部坳陷或火山喷发阶段	塔西克拉通被动陆缘坳陷 中部克拉通内裂陷 东部隆起
	C_2						正反转时刻	中天山隆起南北遭受南天山残留裂陷和北天山再生洋盆的俯冲，处于北部挤压环境	受北西-南东向挤压应力影响，内部克拉通内坳陷发育，西南部与西北部形成克拉通被动边缘坳陷，北部隆起发育，柯坪与和田隆起成为水下低隆起，东侧形成近弧形隆起，局部褶皱、逆断裂发育，		塔西南克拉通被动边缘坳陷 塔北克拉通边缘坳陷 塔北隆起　塔东隆起 中部克拉通内坳陷
	C_1							北天山再度裂解形成再生洋盆，塔里木地块南北再度处于拉张背景	内部发育坳陷，和田、塔东、柯坪等低缓隆起发育，轮南—古城一带的低隆起成为水下低隆起，北山裂陷活动加强，塔西成为克拉通被动边缘坳陷，塔北发育残留克拉通被动边缘盆地		塔西南克拉通被动边缘坳陷 中部克拉通内坳陷 和田隆起　东南隆起 柯坪隆起　塔北隆起 乌恰-麦盖提坳陷

（续表）

时代		板块构造环境	构造旋回		构造层	主要构造运动	主要构造反转	周缘活动特征	构造变形特征	盆地演化阶段	盆地原型
代	纪		旋回	阶段							
Pz₂	D_3				古生界中构造层		负反转时刻	南天山洋东段关闭，形成南天山残余洋，北部古特提斯洋形成，处于拉张背景	古特提斯洋形成，中天山岛弧群发育，塔东、塔北隆升，东河塘组自西而东超覆，在南北向拉张背景下，以塔西南克拉通边缘坳陷的发育为特征，局部坳陷发育		塔西南克拉通边缘坳陷 塔北克拉通边缘坳陷 中部克拉通内坳陷 塔北隆起　南部隆起
	D_{1+2}	南天山残余洋发育板块碰撞、	古亚洲洋、原特提斯洋开合旋回（大洋打开，地块漂移）	原特提斯洋关闭、古亚洲洋消减阶段		海西早期运动 加里东晚期运动		北天山洋向南俯冲、南天山洋向北俯冲消减，塔里木地块北部发育残留克拉通边缘；古昆仑洋向中昆仑隆起俯冲消减	盆地北部、西南部持续遭受北东-南西向挤压，导致近东西向的中央隆起、塔北隆起进一步发育，中央发育雁列式断裂，盆地南部以逆冲褶皱变形为特征，发育塔西南前陆盆地，塔北发育克拉通被动边缘盆地，东部北山坳陷开始形成	周缘前陆盆地阶段	西部克拉通边缘坳陷 中部克拉通内坳陷 塔北隆起　南部隆起
	$S_{2\text{-}3}$										
Pz₁	S_1	南天山克拉通被动边缘发育阿尔金克拉通主动边缘发育，板块聚合，北天山、昆仑、		原特提斯洋消减阶段			正反转时刻	北天山洋向南北消减，南天山洋拉张；中昆仑岛弧带与塔里木地块碰撞，形成前陆盆地			塔北前陆隆起 塔西南前陆盆地 中部克拉通内坳陷 南部隆起
	O_3				古生界下—震旦系构造层			北天山洋向中天山俯冲消减，中天山北缘发育岛弧；南天山洋持续拉张；古昆仑洋向南俯冲消减形成中昆仑、东昆仑岛弧，祁漫塔格裂陷槽发育，塔西南发育残留克拉通被动边缘	盆地构造应力反转，在北东南西向挤压应力作用下，库满坳拉槽快速充填至消亡，大面积遭受隆升剥蚀　以克拉通内坳陷的近东西向塔北隆起和中央隆起形成为特征，内部发育塔北、塔东克拉通被动边缘盆地、塔西南残留克拉通被动边缘盆地和塘古孜巴斯坳陷，北部中天山岛弧群发育，断裂反转或新生逆断层，局部褶皱	克拉通边缘坳拉槽、被动边缘、内部坳陷发育阶段	库满坳拉槽 塔西克拉通内坳陷 塘古孜巴斯边缘坳陷 塔北克拉通被动边缘坳陷 塔西南残留克拉通边缘坳陷
	O_2										
	O_1	板块离散，克拉通被动边缘发育		古亚洲洋、原特提斯洋拉张阶段		加里东中期运动		各个地块漂移，古亚洲洋主要为拉张背景，塔里木地块周缘形成克拉通被动边缘；北昆仑洋向南俯冲消减形成中昆仑、东昆仑岛弧	盆地受北东南西向拉张应力，库满坳拉槽表现为受张性正断层控制的北东东向堑垒组成的隆坳相间构造格架，内部发育克拉通内坳陷，边缘发育塔西南、塔东一塔北克拉通被动边缘坳陷，早奥陶世塔北、塔中古隆起开始形成，并且早期正断裂控制塔中、巴楚地区的沉积相带		库满坳拉槽 塔西克拉通内坳陷 塔西南残留克拉通被动边缘塔北-塔东克拉通被动边缘坳陷
	C										
An C	Z_2					加里东早期运动		塔里木、哈萨克斯坦板块分离、中天山、准噶尔、吐哈、北祁连等地块漂移，古昆仑洋，古亚洲洋主要为拉张背景	张性正断层在周缘活跃，克拉通内部形成库满坳拉槽，大部地区为克拉通内坳陷，塔北和塔东南发为隆起区，受北昆仑多岛洋影响，塔西发育裂陷盆地		中部克拉通内坳陷 塔西裂陷　库满坳拉槽 塔北隆起　塔东南隆起
	Z_1	板块裂解		原中国古陆裂解阶段		塔里木运动	负反转时刻	塔里木、哈萨克斯坦板块分离、中天山、准噶尔、吐哈、北祁连等地块开始裂解，古昆仑洋主要为拉张背景，古亚洲洋在北天山开始发育	早期裂谷发育，张性正断层在周缘活跃，克拉通内部形成库满坳拉槽，北部、南部为隆起区，西南部稳定沉降沉积	克拉通边缘坳拉槽、内部坳陷发育阶段	库满坳拉槽 中部克拉通内坳陷 塔北隆起　南部隆起 塔西南克拉通被动边缘坳陷
	Anz	板块汇聚	原中国古陆形成旋回		基底构造层			原中国古陆形成（900～1000Ma Rodinia超大陆形成）	大洋消减、古陆块会聚、隆升、剥蚀夷平		

由于受板块运动性质的影响，塔里木盆地在不同时期具有不同的盆地类型。本书在前人研究基础上，分以下六个演化阶段进行分析：震旦纪—早古生代稳定克拉通与被动大陆边缘盆地原型发育阶段；早古生代晚期塔西南前陆盆地-中部克拉通边缘坳陷盆地原型发育阶段；古特提斯旋回开合交替背景下的克拉通周缘裂陷（坳陷）-内部坳陷阶段；三叠纪前陆盆地原型发育阶段；新特提斯开合交替背景下断陷-坳陷盆地原型发育阶段和新近纪以来复合前陆盆地原型发育阶段。

2.2 盆地原型演化过程分析

本书在前人研究成果和认识基础上（贾润胥，1991；贾承造等，1997；何登发，1996），基于全盆地20条主要测线演化（图2-2～图2-4），将塔里木盆地构造演化过程分析如下。

2.2.1 震旦纪—早古生代稳定克拉通与被动大陆边缘盆地原型发育阶段

震旦纪—早古生代，塔里木古地块处于稳定克拉通性质，周缘的古亚洲洋、昆仑洋、阿尔金洋属于前特提斯洋阶段，至少在早奥陶世前，这几个洋盆均处于拉张背景下的形成到成熟阶段，即使局部有俯冲消减也没有对塔里木地块构成挤压构造动力，因此，该时期的盆地类型基本属于克拉通内部稳定的坳陷、断陷和周缘受拉张作用形成的裂陷-被动大陆（克拉通）边缘盆地。在前述三大构造域，盆地类型较为复杂，震旦纪—寒武纪以张性盆地为基本格局，晚期则随大洋消减有所变化。

1. 盆地原型及其分布

1）震旦纪

早震旦世前特提斯洋的格局是：天山构造域在中天山之北是古亚洲洋的一部分，可称为北天山洋，中天山之南西段为南天山裂陷，东段为多岛南天山洋，以其分隔了塔里木古陆块与吐哈-准噶尔古陆块。中天山为古陆块形成的隆起。昆仑构造域北为昆仑洋，在中昆仑可能发育由古陆块演变的洋岛，昆仑洋向东延伸应该与北祁连-阿尔金洋相连，昆仑洋和阿尔金洋都是多岛窄洋盆，但岛的资料有限，难以准确圈定。在三个大洋或正裂解的陆间窄洋盆的包围之中，塔里木古陆块形成的克拉通上，发育了塔南、塔北两个古隆起，而中部克拉通内部发育坳陷原型盆地；西南部发育克拉通边缘坳陷、被动克拉通边缘原型盆地，向西南为古昆仑洋盆；受北东-南西向拉张应力作用，东部发育了受张性断裂限制的库满坳拉槽原型盆地。总体地形西高东低，自中西部的浅海或潮坪沉积环境以台缘斜坡向陆架及大陆斜坡过渡。

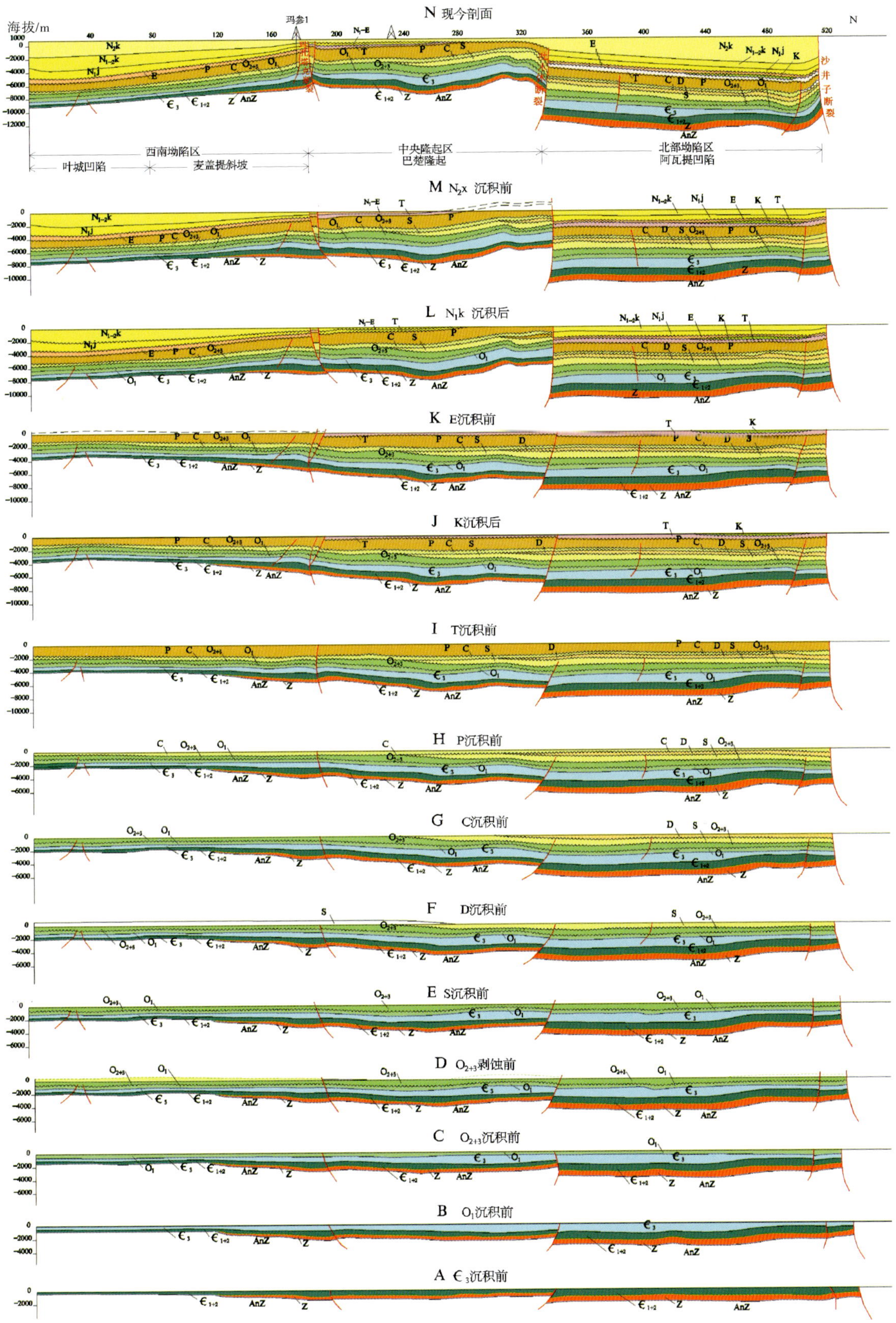

图 2-2　塔里木盆地 TLM-Z20 测线构造演化图

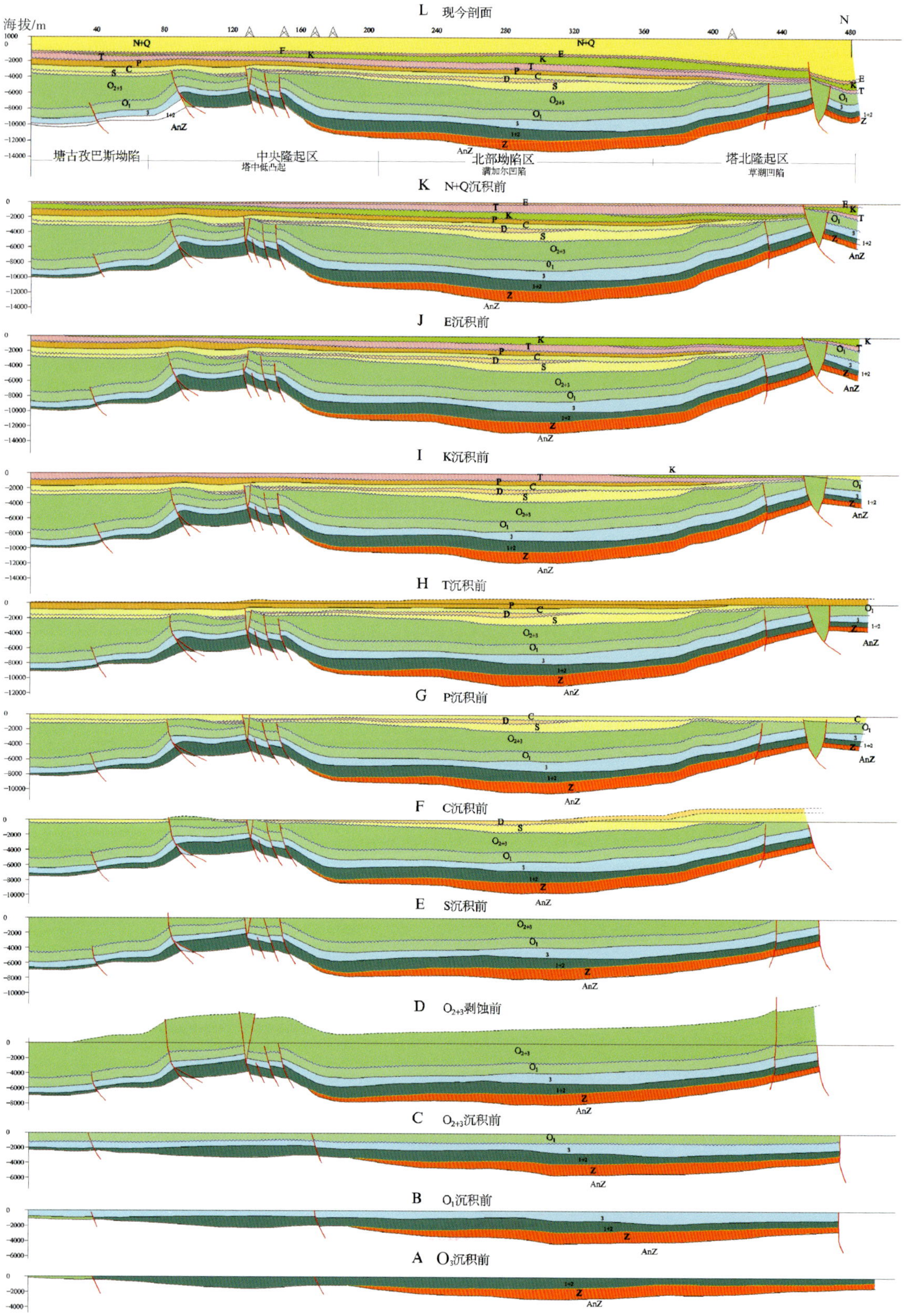

图 2-3　塔里木盆地 TLM-Z55 测线构造演化图

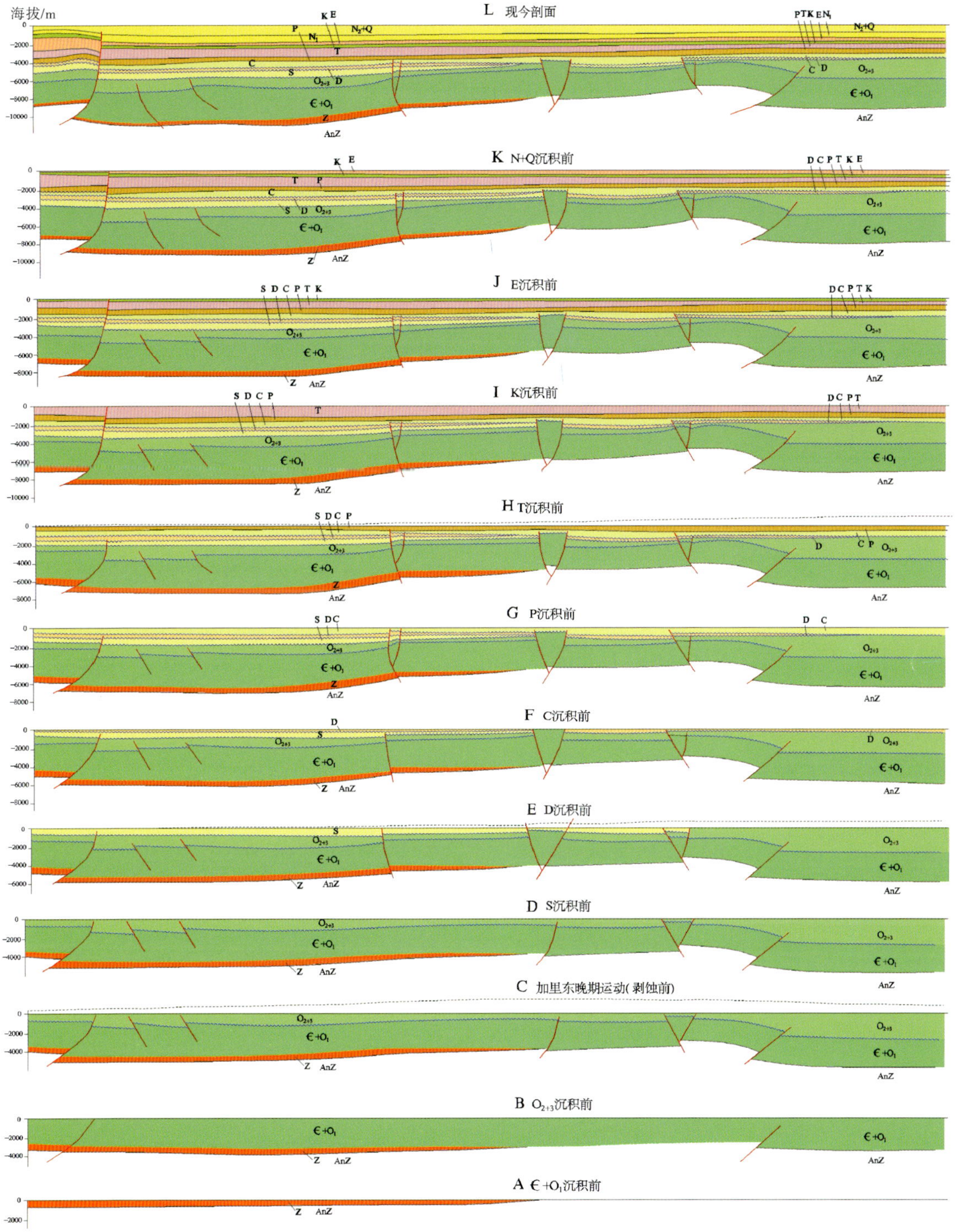

图 2-4　塔里木盆地 TLM-L250 测线构造演化图

晚震旦世继承早震旦世的基本格局，南天山洋东西贯通，中天山原微陆块形成古陆块群。塔里木古克拉通塔南古隆起向南收缩，西南部克拉通边缘坳陷被充填，与早震旦世的西南被动边缘坳陷合为一体，仍为被动克拉通边缘原型盆地（图 2-5）；东部库满坳拉槽原型盆地持续发育，而沉积物质以碳酸盐岩为主。

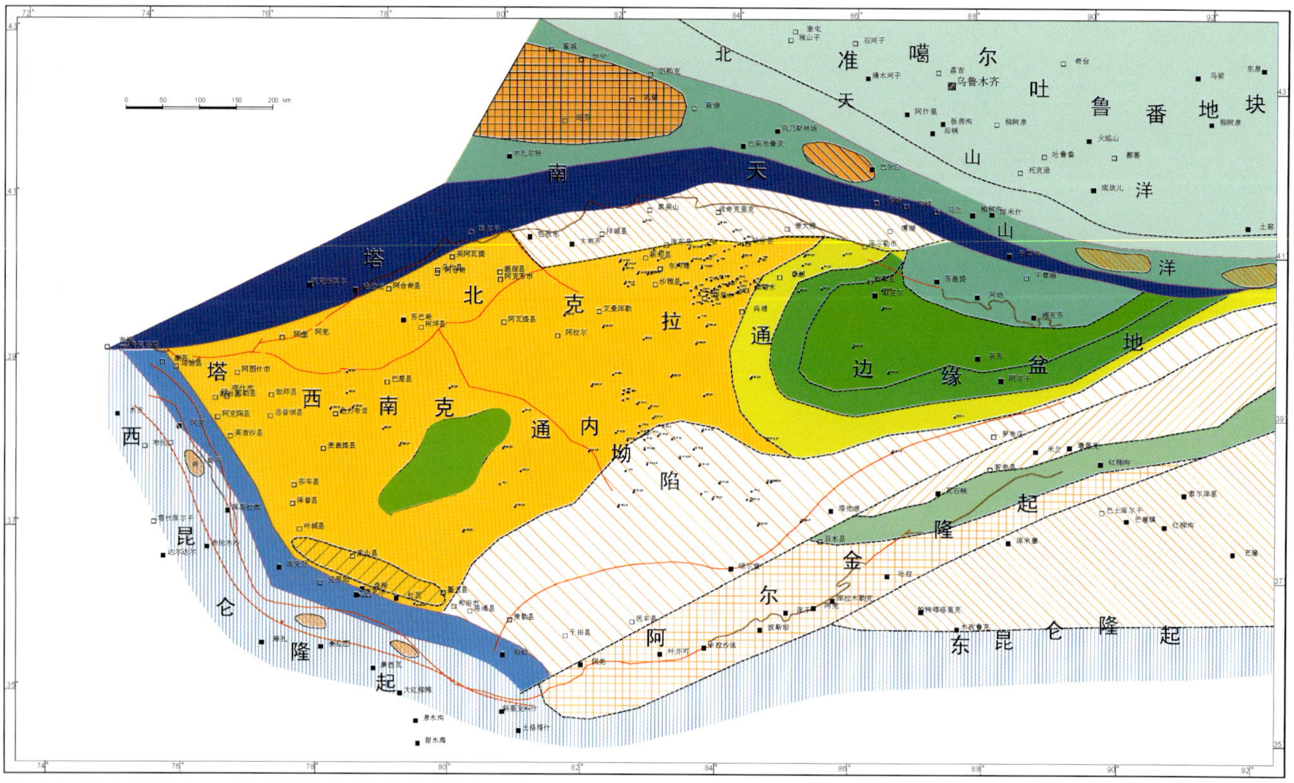

图 2-5　塔里木盆地晚震旦世原型盆地展布图

2）寒武纪

早寒武世由于北天山洋、南天山洋持续稳定拉张，塔里木古克拉通东部库满坳拉槽处于稳定的以碳酸盐岩为主要沉积物的原型盆地；向西发育大范围的克拉通内部坳陷原型盆地；北部发育近东西向展布的克拉通边缘盆地，向东沿着库满坳拉槽南转至坳拉槽南缘折向东的被动克拉通边缘原型盆地；西南部自早古生代初期，既有沿着中昆仑向南俯冲的昆仑洋的消减，但未对塔里木克拉通构成动力机制的改变，塔里木克拉通西南部依次发育克拉通被动边缘原型盆地、北昆仑窄洋盆向东与北祁连-阿尔金窄洋盆相连，阿尔金断裂在寒武纪—早奥陶世均为左旋张扭性质（伍跃中，2008），中晚寒武世与早寒武世盆地原型基本一致，由于库满坳拉槽的逐步充填，其斜坡相带的位置有所改变。其他部位基本继承了早寒武世的原型盆地格局（图 2-6）。

3）奥陶纪

早奥陶世与寒武纪的周缘大洋演化状态有所改观，天山构造域典型的是北天山洋开始向南俯冲在中天山-吐哈微陆块群之下，产生了向南的挤压动力，同时发育岛弧、酸性岩为主的侵入和代表俯冲消减的变质岩带；但是这种挤压力未传导到塔里木盆地，而是使得南天山洋进一步扩张，故有人认为是弧后盆地，其实是陆块群后缘的被动拉张。南部北昆仑洋俯冲作用加强，在中昆仑发育一系列岛弧，而阿尔金山构造域最早的向北俯冲发生在北祁连（480Ma）与塔里木盆地相连的地区，目前证据不足，反而奥陶系深-半深海相发育的祁曼塔格裂陷槽出现，因此早奥陶世末也没有南部遭受挤压的动力来源。塔里木古克拉通的盆地原型主要有：塔西克拉通内部坳陷、塔北-塔东克拉通被动边缘坳陷、库满坳拉槽（在早期断陷盆地奠定的基底斜坡基础上，发育台缘斜坡-深海-半深海相碳酸盐岩、碎屑岩）、塔西南克拉通被动边缘，在库满坳拉槽和塔北-塔东克拉通被动边缘坳陷的东部，则发育了局部隆起（图 2-7）。

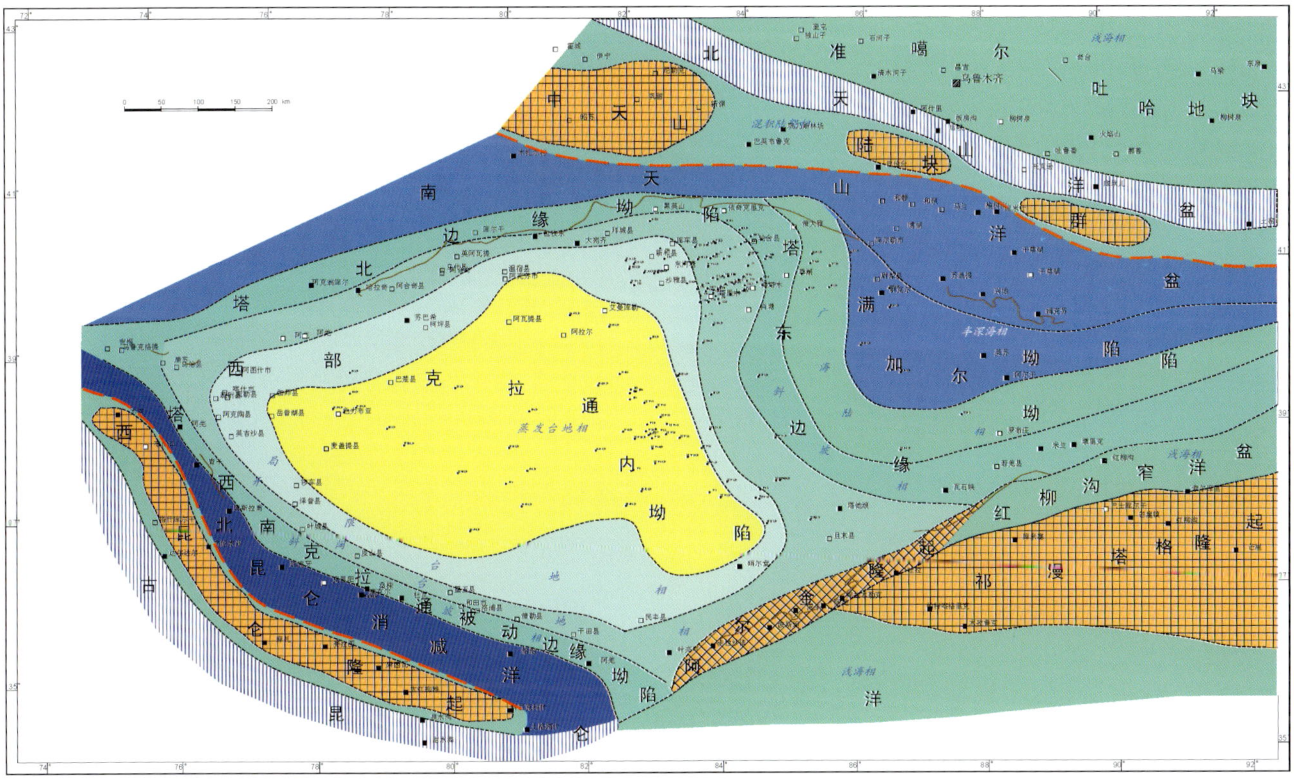

图 2-6　塔里木盆地寒武纪原型盆地展布图

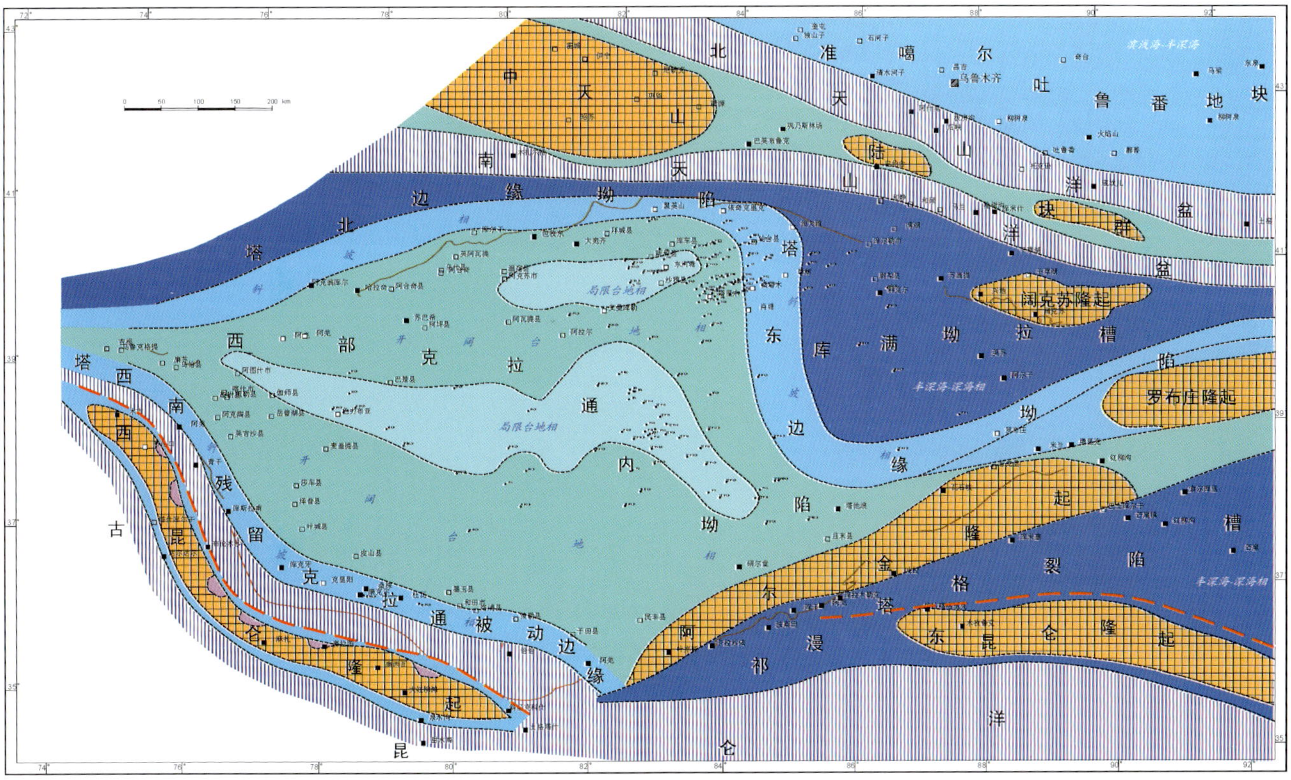

图 2-7　塔里木盆地早奥陶世原型盆地展布图

中奥陶世塔里木古克拉通周缘大洋演化与早奥陶世是基本一致的，没有俯冲、消减的动力作用在塔里木古克拉通之上，西南缘的消减洋盆洋中脊可能已俯冲到中昆仑之下，形成塔西南残留克拉通被动边缘。但是，由于沉积背景奠定了局部震旦纪—早奥陶世间断发育的张性正断层，为沉积基准面的差异提供基础。而南部由于祁曼塔格裂陷槽的发育，塔东南阿尔金隆起活动，影响到库满坳拉槽和塔里木西部克拉通内部坳陷的挠曲，在库满坳拉槽西部和塘古孜巴斯、阿克苏低隆起西部形成海底扇，但没有对克拉通内部产生明显的挤压。该时期的原型盆地主要有：塔西克拉通内部坳陷、塘古孜巴斯边缘坳陷、塔北克拉通被动边缘坳陷、塔东克拉通被动边缘坳陷、库满坳拉槽、塔西南残留克拉通被动边缘（图 2-8）。局部隆起进一步发育，在塔西克拉通内部坳陷有和田低隆起、玛参 1 井低隆起、塔中低隆起和轮台低隆起，在库满坳拉槽有阿克苏低隆起和罗布庄低隆起。东边的库满坳拉槽与西边连通，展示了当时南北挤压、东西展布的原型盆地特征。

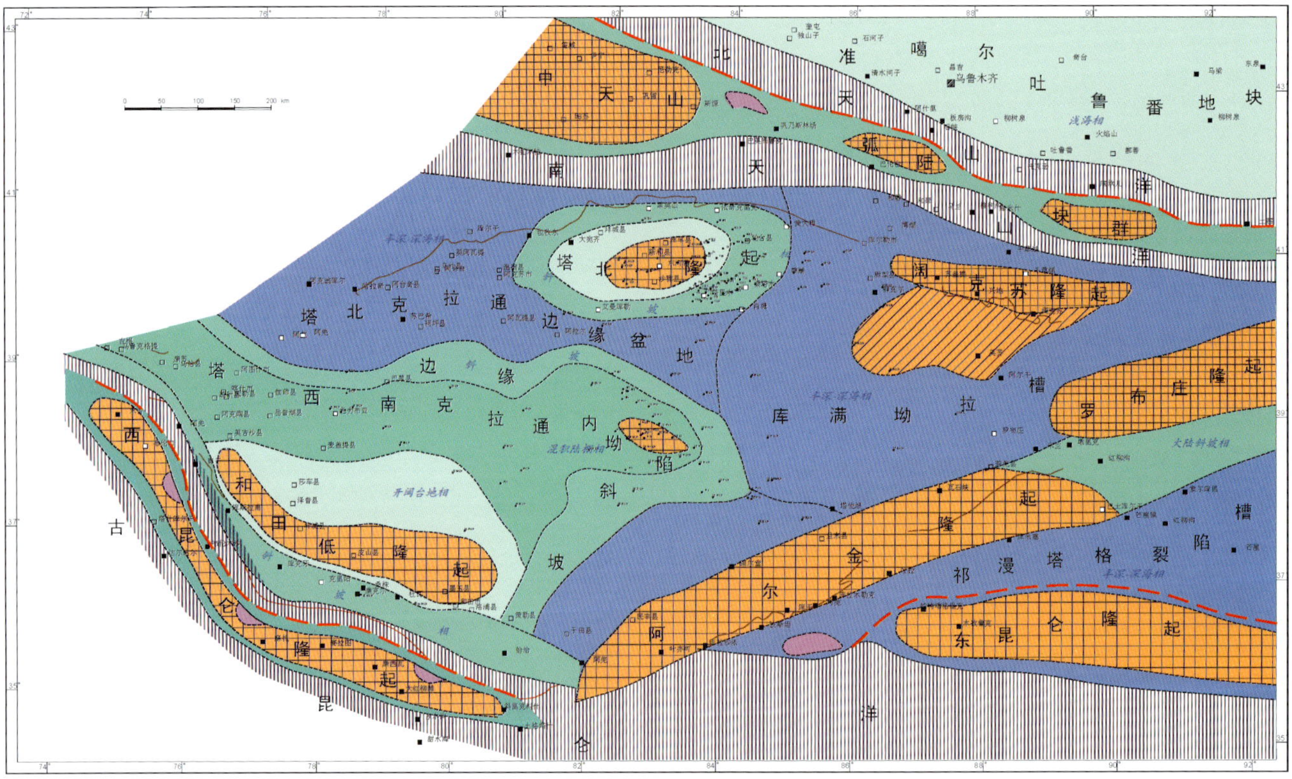

图 2-8　塔里木盆地中晚奥陶世原型盆地展布图

晚奥陶世塔里木古克拉通周缘大洋演化与中奥陶世是基本一致的，北天山洋开始向北俯冲，但仍未将挤压动力传导到塔里木克拉通，南部北昆仑洋持续消减、阿尔金隆起之南仍然发育祁曼塔格裂陷槽，因此该时期原型盆地仍然与中奥陶世基本相同，差异在于库满坳拉槽西部和塘古孜巴斯坳陷的海底扇不再发育，罗布庄低隆起及其南部的海底扇有所扩大。库满坳拉槽与西部克拉通内部坳陷及塔北克拉通内坳陷之间低洼部位相连（图 2-8），总体继承了中奥陶统的原型盆地特征。

2. 构造事件及变形特征

震旦纪—早奥陶世塔里木盆地及周缘构造与沉积演化过程中，发生了多期重要的构造事件，它们对该期盆地构造发展起了重要的控制作用，在盆地内及周缘均有明显的反映，具有重要的构造地质意义。

1）青白口纪末构造事件

塔里木盆地发生的青白口纪末构造事件，标志着盆地前震旦系基底构造演化的结束和盆地基底的最终形成，并进入盆地发展演化阶段，是盆地演化过程中发生的最重要的构造事件之一。该期构造事件不仅使前震旦系发生不同程度的区域变质，而且形成了震旦系与前震旦系间的广泛角度不整合。

2）早奥陶世末构造事件

塔里木盆地及周缘发生的早奥陶世末构造事件，是盆地克拉通边缘坳拉槽演化过程中一期重要的构造事件，与塔里木板块南缘昆仑洋、北缘北部古大洋分别向其南部的中昆仑地块、中天山地块开始俯冲活动有关，代表了板块南北缘震旦纪—早奥陶世被动大陆边缘和中晚奥陶世活动大陆边缘的转换时期，盆地内部没有明显遭受挤压，但盆地边缘使一些地区开始隆起，成为剥蚀区；库满坳拉槽快速沉积充填；在盆地内形成了中奥陶统与下奥陶统间广泛分布的沉积不整合（T_7^4）。

3）晚震旦世—早奥陶世末的拉张构造事件

在全球构造格局中，塔里木盆地在晚震旦世、寒武纪和早奥陶世期间，一直处于拉张作用阶段，对盆地的影响主要表现在盆地周缘的古昆仑洋，南、北天山洋及阿尔金山早期的祁漫塔格裂陷槽的发育。在盆地内部主要表现为在多个地方出现正断裂，这些正断裂部分在后期构造演化过程中发生反转形成逆断层，有的断裂现在仍然表现为正断层。在拉张作用的影响下，此时发育的正断裂大多控制了早期地层的发育。

4）中—晚奥陶世构造事件

①中奥陶世北部古大洋板块开始向其南部的中天山地块俯冲；昆仑洋向其南部的中昆仑地块俯冲。②晚奥陶世末塔里木南北缘俯冲活动剧烈，中天山出现微陆块边缘为主的岛弧火山活动，岛弧系隆起发展；塔里木南缘发育祁曼塔格增生俯冲杂岩，晚奥陶世塔里木南北缘上述构造活动，为坳拉槽提供了充足的物源，坳拉槽消亡。

5）奥陶纪末主要构造变形特征

奥陶纪末，塔里木盆地内海水大面积退出，成为陆地剥蚀区，仅南天山、阿瓦提-满加尔部分地区仍为水系覆盖，接受沉积。盆地的剥蚀厚度图显示奥陶纪末构造变形主要以大面积隆起剥蚀和东西向台背斜、台向斜发展为特征，塔北隆起和东西向中央隆起基本形成，且以中央隆起剥蚀最为严重，并使震旦—奥陶纪沉积时形成的古隆起（塔北的英买力-轮南隆起，塔中隆起）隆起幅度进一步加大。

2.2.2　早古生代晚期塔西南前陆盆地-中部克拉通边缘坳陷盆地原型发育阶段

晚奥陶世晚期随着周缘前特提斯大洋的消减和分阶段、分部位的碰撞，塔里木古克拉通不再是稳定的拉张动力背景，但是大洋的消减不是直接产生对塔里木克拉通的整体挤压，而是以其边界条件派生拉张、挠曲、挤压。从塔里木克拉通晚奥陶世后的隆起发育和剥蚀状态看北东-南西向的挤压产生了作用，而晚志留世到早泥盆世，又一次拉张高峰期到来，北天山在志留纪持续发育蛇绿岩，说明碰撞作用尚未结束，在碰撞造山带-残余海槽的背景下又发生新一轮的拉张解体作用。昆仑、阿尔金地区构造演化，呈现挤压与拉张转换和交替的基本程式。早泥盆世处于挤压造山状态，并发育 400Ma 左右形成的北祁连南缘-阿尔金韧性右行走滑剪切带和西昆仑康西瓦韧性右行走滑剪切带。塔里木克拉通在志留纪—泥盆纪早中期伴随着前特提斯各洋盆的开合，渐进地转化为挤压动力背景下的盆地格局，晚泥盆世普遍遭受抬升剥蚀。

1. 盆地原型及其分布

1）早志留世

晚奥陶世晚期及其以后，北天山洋、北昆仑洋分别向南俯冲，消减作用加强，虽然南天山洋盆和北昆仑洋盆的近塔里木克拉通一侧仍然处于被动状态，但是南侧俯冲的力产生的下拉和侧向作用，以及阿尔金洋（祁连曼塔格裂陷槽）的外推力使得塔里木克拉通南部阿尔金隆起与和田低隆起相连，形成大范围的南部隆起，与中昆仑之间发育了早期的前陆盆地；北部原阔克苏低隆起向西扩展形成塔北隆起。此时塔里木古克拉通已经是一个陆缘碎屑沉积为主的大陆，原型盆地有塔北残留克拉通被动陆缘盆地、中部克拉通内部坳陷和塔西南前陆盆地。早志留世的柯坪期、塔塔埃尔塔格期到依木干他乌期变化不大，只是塔北、塔南两个隆起范围扩大，到依木干他乌期东部已经连为一体；原与南天山洋相连的内部坳陷西部沉降明显，发育为独立的乌恰克拉通边缘坳陷（图 2-9）。

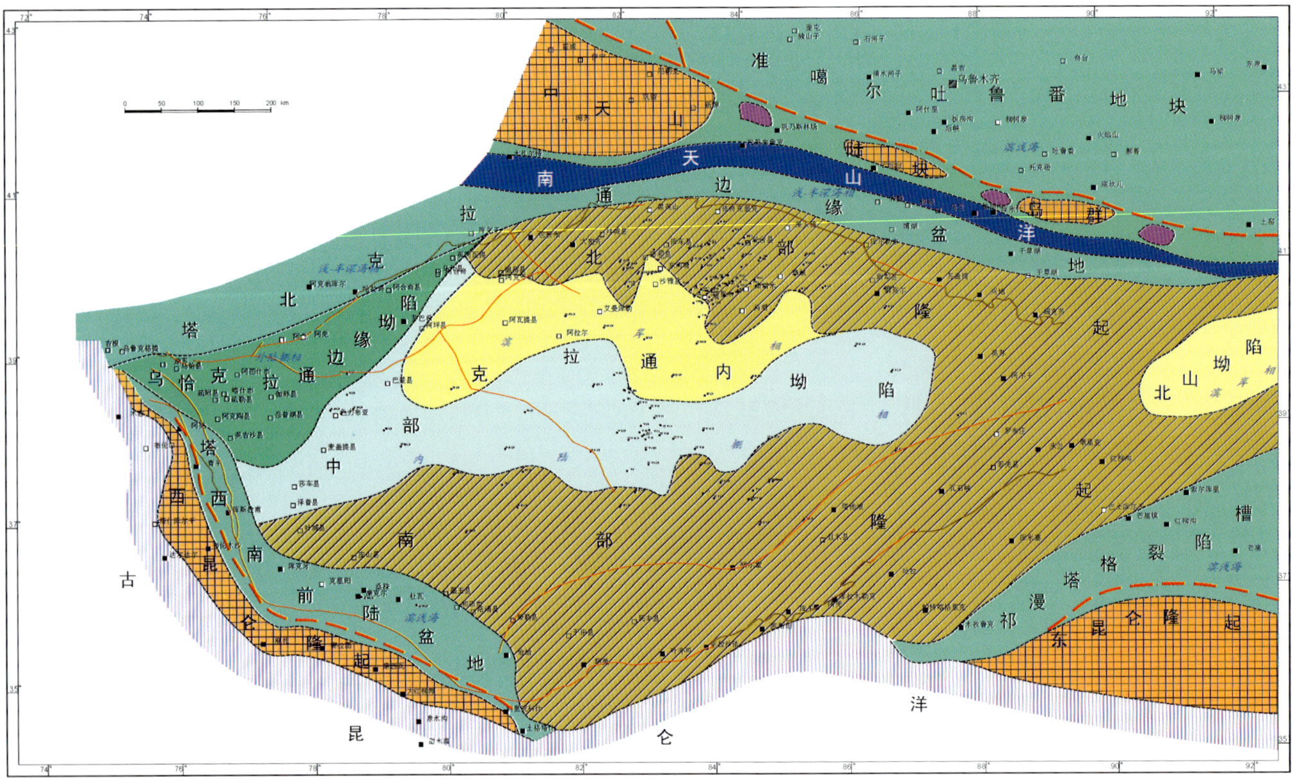

图 2-9　塔里木盆地依木干他乌组沉积期原型盆地展布图

2）中志留世—中泥盆世

中志留世—中泥盆世由于北天山西段再次拉张，而东段发生碰撞，南天山西段仍保留洋盆性质，而东段开始碰撞，因此产生了北天山伊宁北裂陷槽、南天山残留洋盆地。晚志留世昆仑山造山作用加强，塔里木古陆块与中昆仑岛弧带发生碰撞，挤压作用形成的挠曲使塔西南前陆盆地继续发育，并使得乌恰克拉通边缘坳陷向南延伸，形成西部克拉通边缘坳陷，沉积范围持续缩小，塔里木东部则产生了北山坳陷。

2. 主要构造事件

志留纪—中泥盆世是塔里木盆地及周缘演化过程中构造最为活跃的地质时期之一。主要发生了两期重要的构造事件，即志留纪末构造事件和中泥盆世末构造事件。其中后者强度大、影响范围广，对该期构造发展和构造变形等均具有重要意义。

1）志留纪末主要构造事件

塔里木盆地及南缘发生的志留纪末构造事件，主要与塔里木板块南缘中晚志留世中昆仑岛弧与塔里木大陆发生的弧陆碰撞事件有关，该期构造事件不仅使古昆仑洋消亡，中昆仑岛弧与塔里木大陆板块拼贴在一起，而且引起塔里木盆地南部（中央隆起及其以南地区）强烈逆冲褶皱变形和泥盆系与志留系、奥陶系间的广泛不整合。铁克里克断隆的图甫鲁克、克孜苏胡木等地区可见上泥盆统不整合在上震旦统库尔卡克组之上；在西昆仑山的楚隆斯帕塔地区可见中泥盆统落石沟组角度不整合在中上志留统达板沟群之上；东昆仑山上泥盆统不整合在含中下志留统的奥陶系祁曼塔格群之上。影响和波及范围仅限于中央隆起及其以南的广大地区，盆地北部地区志留系与泥盆系间可能主要为整合接触关系。

2）中泥盆世末构造形变特征

中泥盆世末，塔里木盆地发生大规模的海西早期运动，该运动使得此前的沉积盆地开始了大规模的海退，东部较西部上升要剧烈，海水自东向西退出，盆地大部分地区抬升，致使盆地内广大的前晚泥盆世地层被剥蚀。

东河砂岩与下伏地层间的不整合界面是塔里木盆地发育的最广泛的不整合之一，代表海西早期运动，对盆地构造产生了强烈的影响，使塔里木志留纪—泥盆纪盆地发生了构造反转，结束了挤压挠曲盆地演化阶段，又进入了以拉张作用为主阶段，造成盆地内大面积隆起，使前上泥盆统及下伏地层遭受了强烈的剥蚀。在盆地内部地震剖面上，对应的地震反射波为 T_6^0，在全盆地范围内表现出上超下削性质，即东河砂岩及石炭系反射波组明显削蚀下伏地层，广泛分布在中央隆起中东部及以南地区、满加尔凹陷东部、塔北隆起等地区。从钻井结果看，卡塔克隆起、塔东地区及塔北隆起等地区明显为地层不整合分布区，表现为东河砂岩或石炭系分别覆盖于下、中泥盆统及以下地层之上；在塔北隆起，中下泥盆统、志留系、中上奥陶统自南而北遭受剥蚀，上泥盆统—石炭系由南而北超覆在下、中泥盆统—下奥陶统不同时代地层之上，为角度不整合接触；在中央隆起中、东部（卡塔克隆起和塔东凸起），中下泥盆统、志留系和中上奥陶统自北而南遭受剥蚀，隆起顶部中下泥盆统—中上奥陶统均被剥蚀，上泥盆统—石炭系自北而南分别超覆在不同时代地层之上，隆起顶部表现为石炭系直接覆盖在下奥陶统之上。说明当时的塔北隆起和卡塔克隆起已基本形成，构成了古生代隆坳相间的基本构造格局。晚泥盆世地壳抬升剥蚀厚度图表明此期在塔中和塔北隆起区都表现出较强的抬升剥蚀，最大剥蚀厚度均在 650m 以上，是塔北、塔中两大隆起的主要形成期，卡塔克隆起完全定型。

因此 T_6^0 界面代表着一个持续时间长、分布范围广的区域性的大型侵蚀-上超型不整合面。从不整合的分布特征和地层剥蚀情况看，这次构造运动表现出南北强、中部（北部坳陷）弱的特点，在时间上表现出构造抬升自南向北和自西向东的迁移特点。

2. 构造对沉积的控制

1）志留系地层分布与沉积充填特征

受志留纪原型盆地的控制，志留系地层的分布面积明显较奥陶系小。柯坪塔格组沉积期，盆地东南部大面积隆起，北部的塔北隆起也已形成，受此影响，在近东西向展布的中部克拉通内坳陷内主要发育滨岸相的陆缘沉积物，在较深水部位发育内陆棚沉积环境；塔塔埃尔塔格组沉积期，盆地东南部隆起区相对变小，北部的塔北隆起逐渐变大，并向东有延伸趋势，受此影响，在近东西向展布的、东西分别与外界连通的中部克拉通内坳陷内表现为东高西低特征，从而在东部主要发育浅滩相沉积环境，而在西北部和西部主要发育滨岸相和陆棚相沉积环境；依木干他乌组组沉积期，盆地东南部隆起区和北部的塔北隆起连成一片，此时盆地内的水体在东部处于封闭状态，而西部处于较深水的内陆棚环境，靠塔北的北部发育滨岸相，而在南部主要发育内陆棚环境。

2）中志留统—中泥盆统地层分布与沉积充填特征

地层划分中，克孜尔塔格组归属于中志留统—中泥盆统地层，据塔里木盆地西南缘地面露头资料，西北昆仑（包括铁克里克）地区，以巨厚的中下泥盆统和上泥盆统复理石、磨拉石沉积为特征。中下泥盆统主要为一套巨厚的海相复理石夹薄层灰岩沉积，岩性主要为一套巨厚紫红色砂岩，含砾砂岩夹少量的石灰岩、泥灰岩。

2.2.3　古特提斯旋回开合交替背景下的克拉通周缘裂陷（坳陷）-内部坳陷

中泥盆世末，塔里木克拉通遭受了抬升剥蚀。进入石炭纪，古特提斯洋开始发育，南天山洋的闭合与中天山-塔里木地块的弧陆碰撞、北山裂陷槽的形成与消亡、北天山再生洋盆的形成与关闭，导致周缘晚泥盆—早石炭世，出现以巴音沟蛇绿岩为代表的晚古北天山裂陷槽，可能以洋内剪切方式闭合消减。伊犁中天山板块内部发育早石炭世裂谷带，分隔北天山和南天山两个生物地理区。昆仑构造域晚古生代进入古特提斯洋演化阶段，泥盆纪—早二叠世为伸展扩张阶段，康西瓦-苏巴什早古生代残留盆地，北部为塔里木陆块南部，即现在的昆仑山位置为早古生代碰撞造山带。在此基础上泥盆纪格局发生改变，早石炭世—早二叠世伸展裂解作用加剧，逐步形成了三个不同性质的盆（洋）地夹两个陆块的构造格局。中二叠世—

三叠纪为消减挤压阶段，这一阶段康西瓦-苏巴什洋盆向北侧俯冲消减，形成麻扎构造岩浆弧。

1. 晚泥盆世—石炭纪盆地原型及演化

1）盆地原型及其分布

A. 晚泥盆世

晚泥盆世北天山拉张作用加强，伊宁北裂陷槽继续发育，而南天山已经缩合为残留洋盆地。塔里木克拉通内部遭受挤压，而北山坳陷则不再发育。东南部祁曼塔格裂陷槽封闭，阿尔金隆起与东昆仑隆起发生拼贴，古昆仑洋关闭后，在中昆仑及其以南，已经由前特提斯转化为古特提斯的大格局。塔里木克拉通原型盆地发育有：塔北克拉通边缘坳陷、塔西南克拉通边缘坳陷、西部克拉通边缘坳陷和中部克拉通内部坳陷（图 2-10）。

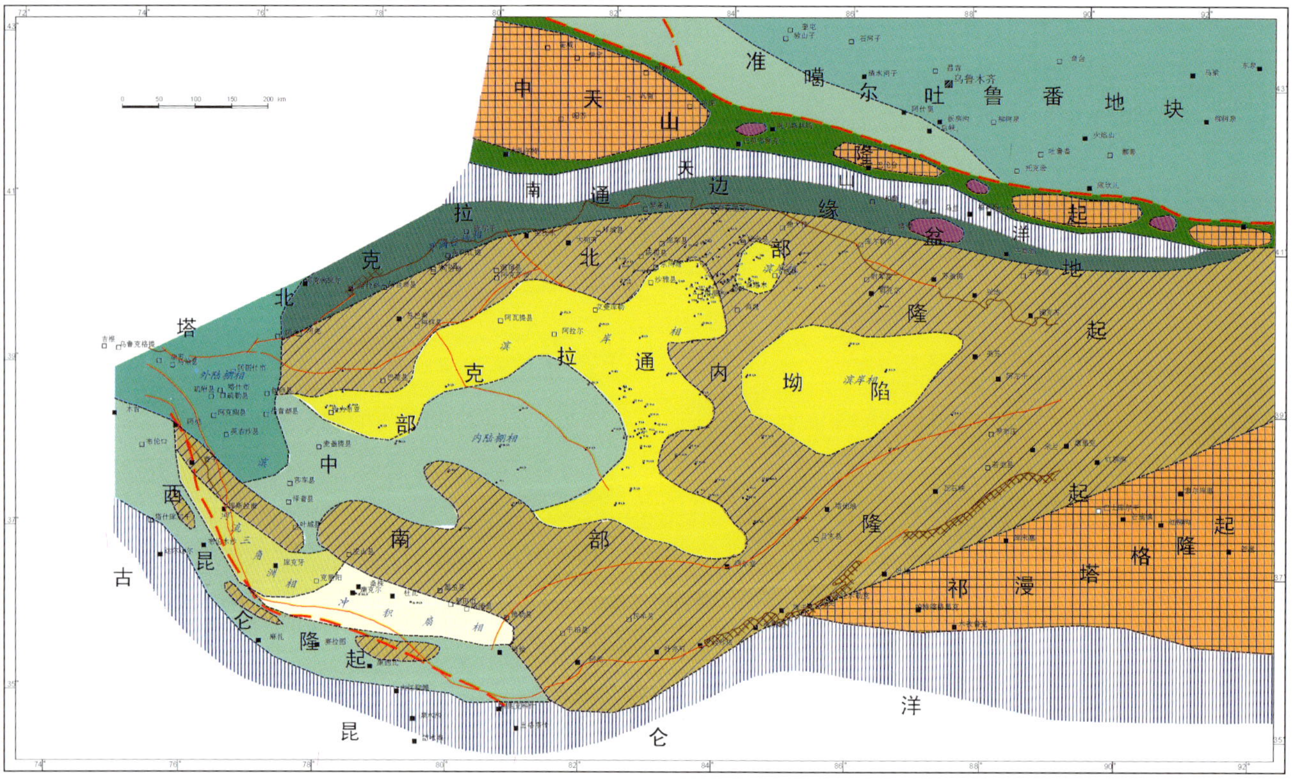

图 2-10　塔里木盆地东河塘组沉积期原型盆地展布图

B. 早石炭世

早石炭世拉张作用进入鼎盛时期，北天山洋盆再度拉开形成北天山再生洋盆，伊宁陆块则沉降为伊宁裂陷槽；南天山残留洋由于与北天山间隔着中天山岛弧、陆块组成的隆起，尽管受拉张影响，但未形成规模较大的洋盆，称其为南天山裂陷槽；南部昆仑构造域进入古特提斯洋阶段，阿尔金山构造域祁曼塔格裂陷槽再度发育。塔里木克拉通发育的原型盆地有：塔北残留克拉通边缘坳陷、中部克拉通内部坳陷、乌恰-麦盖提坳陷、塔西南克拉通被动边缘坳陷，在塔里木克拉通东部北山裂陷已经深入到阔科苏以东。西部柯坪隆起、西南部和田隆起、东南部阿尔金隆起发育，还有皮山、塔中 1 井、塘古 1 井等局部隆起；在内部坳陷中还发育山 1 井、和 4 井、牙哈、苏盖提等低隆起，而桑塔木经顺 1 井、塔中 32 井一线的低隆起则基本承袭了加里东期寒武纪—奥陶纪被动边缘坳陷的位置（图 2-11）。

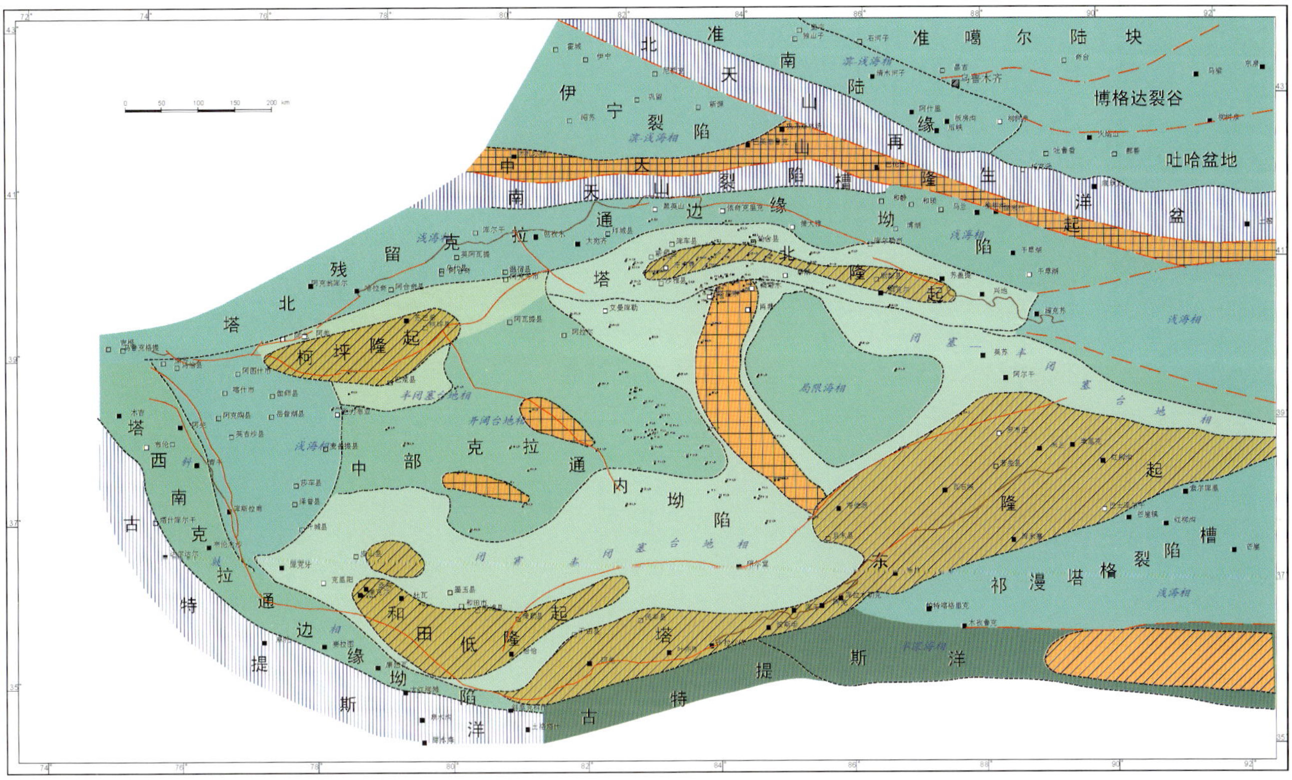

图 2-11　塔里木盆地石炭纪原型盆地展布图

C. 中石炭世

中石炭世北天山持续拉张，博格达山、吐哈、准噶尔等陆块已经相继为洋或被海洋占据，伊宁裂陷继续发育。而南天山则在早石炭世晚期开始消减，到中石炭世基本关闭。昆仑-阿尔金构造域处于古特提斯洋演化期，主体是拉张背景，但是祁曼塔格裂陷关闭；北山裂陷也向东收缩。塔里木克拉通发育的原型盆地有：塔北克拉通边缘坳陷、中部克拉通内部坳陷、塔西-塔南克拉通被动边缘坳陷。柯坪隆起、和田低隆起继续发育，而塔北低隆起则与塔东连成一片（图 2-11）。

D. 晚石炭世

晚石炭世北天山晚古洋盆消减，仍残留北天山-博格达残留海槽，塔里木克拉通与觉罗塔格岛弧隆起发生碰撞，昆仑-阿尔金构造域则仍处于拉张阶段，此时期的原型盆地整体与中石炭世相同，在库尔勒一带挤压隆升作用明显（图 2-11）。

2）构造事件及变形特征

这一阶段最为重要的构造事件包括：① 南天山洋盆的闭合，塔里木地块与中天山岛弧及中天山地体发生碰撞，南天山及塔北地区形成前陆冲断带；② 古特提斯洋盆的形成与发育（塔西南康西瓦洋盆相当于其北支），塔西南缘再次伸展，成为被动大陆边缘盆地；③ 北山地区发生强烈的裂陷活动；④ 北天山地区形成短暂的再生洋盆，并在晚石炭世早期闭合。盆地内部受周缘构造事件的影响在早石炭世地层顶部、晚石炭世早期地层顶部都可见到不整合面。

塔里木盆地及周缘发生的泥盆纪末构造事件，是盆地演化过程中发生的最重要的构造事件之一，可能主要与晚泥盆世塔里木板块南缘周缘前陆盆地晚期强烈前陆冲断褶皱作用的发生和北缘南天山洋向其北的中天山地块的俯冲消减活动及其造成的岛弧和弧后盆地系统有关。该期构造事件对盆地构造发展产生了深刻的影响；结束了盆地周缘前陆盆地演化阶段，进入另一新的构造发展阶段；造成盆地内大面积隆起剥蚀和南部强烈冲断褶皱变形；形成盆地内石炭系与泥盆系及下伏地层间广泛的不整合。需要指出，泥盆纪末构造事件对盆地圈闭、储层的形成、油气藏的形成与保存有着重要的意义。

泥盆纪末，塔里木盆地北缘为南天山-萨阿尔明克拉通边缘坳陷、南天山残余洋盆，其北为南伊犁岛弧、中天山陆缘火山弧和伊犁陆缘隆起；南缘为古中昆仑岛弧、阿尔金-北山陆缘隆起；盆地内包括塔里木南部逆冲带、中央走滑隆起带、塔北前陆隆起带以及西南-满加尔沉积区。上述除西南-满加尔沉积区（包括中央走滑隆起带西部）外均为隆起剥蚀区。

石炭纪末，塔里木盆地北缘天山隆起形成，此前位于中天山的伊宁裂陷槽逐渐形成，盆地南缘的塔西南克拉通被动陆缘盆地和塔北克拉通边缘坳陷逐渐向西收缩。此前的塔北隆起、塔东隆起连成一片，形成东部隆起，占据盆地中东部大部分位置，主要为隆起剥蚀区。

3）构造对沉积的控制

A. 上泥盆统东河塘组地层分布与沉积充填特征

晚泥盆世—早石炭世初，主要发育了东河塘组海相砂岩。东河塘组海相石英砂岩储层，是塔里木盆地油气勘探主要目的层之一。最初东河1井5726～5983m井段揭示一套巨厚层石英砂岩。其后的多口探井表明这是一套岩性为浅灰、灰白、浅褐色厚层状细砂岩夹浅灰色粉砂岩及灰绿、紫红色泥质粉砂岩、粉砂质泥岩的组合。在盆地内部分布广泛，厚度约21～257m。它与上覆石炭系的褐色泥岩与灰质白云岩、泥灰岩及粉砂岩互层段呈整合或假整合接触，与下伏中下泥盆统、志留系或奥陶系则呈假整合或超覆不整合接触，与上覆巴楚组呈整合或假整合接触。

东河塘组岩性比较稳定，可分为上下两个亚段，上为砂岩亚段，下为底砾岩亚段，但不同地区有所变化。塔北东河塘地区表现为分选良好的均质细粒石英砂岩亚段特别发育，草湖凹陷砂岩亚段发育，底部为一层细砾岩（底砾岩亚段），而塔中地区砂岩亚段和底砾岩亚段均较发育，在其他地区的岩性特征也有变化。

根据现有的古生物资料及其沉积分布特征，东河砂岩段实际上是一个穿时的地质体，由塔西南坳陷向东北方向，是一个海水不断进积的过程。相当于晚泥盆世至早石炭世的沉积。在草湖地区、东河塘向南至跃南1井区、塔中4井区附近及西部的群苦恰克构造带厚度较大，东河砂岩厚度大于80m，沿阿满1井北-满西1井北连线一带，可能有一低梁将塔里木盆地东河砂岩分为两部分，大致沿山1井-玛5井-塔中2井-塔中5井-哈得1井-觉马1井-草1井一线的南部及东部大部分地区缺失。在塔中、东河塘、满加尔西部为前滨-临滨沉积。在群苦恰克一带为潮间砂泥坪沉积，草湖地区也为潮间砂泥沉积。西南缘为浅海陆棚区，沿山1-玛5井一线可能存在一个较窄的滨岸带沉积区。

B. 石炭系地层分布与沉积充填特征

整个石炭纪期间，塔里木盆地现今的三个古隆起，即塔北古隆起高部位、柯坪隆起和和田古隆起及盆地东南部都处于隆起剥蚀状态，从原型盆地图推测当时在这些部位是没有石炭系地层的沉积，而在盆地的其他部位，受当时的盆地构造控制，在盆地西南边缘沉积了水较深的浅海相沉积物，在盆地内部水体较浅处，主要以台地相沉积为主，受不同时期构造作用的控制，沉积环境也有一定的变化，如在晚石炭世早期，在靠近东南隆起带的沉积区，从外到内，依次发育三角洲-河流相沉积物和复合三角洲相沉积物。总体而言，在石炭纪，塔里木盆地的主体沉积区以发育台地相沉积物为主。

2. 早、中二叠世盆地原型及演化

1）盆地原型及其展布

A. 早二叠世

早二叠世北天山构造域以拉张为主，发育了一系列基性火山岩，该时期仍残留北天山-博格达残留海槽、伊宁裂陷，南天山主要是消减作用；而昆仑构造域、阿尔金构造域则发育了早期的岛弧和弧后盆地，祁曼塔格裂陷仍存在。因此总体上塔里木克拉通受南部拉张背景的控制，北部则受挤压应力作用，原型盆地只在西部发育有塔西北边缘坳陷和塔西南边缘坳陷。东部北山裂陷仍然存在。

B. 中二叠世

早二叠世开始，天山构造域拉张作用加强，南部昆仑、阿尔金构造域特提斯洋壳断裂，在中昆仑北部、阿尔金南部发育岛弧，其后发育弧后盆地（塔西南弧后盆地、祁曼塔格弧后盆地）。在克拉通周缘的洋盆普遍发育基性、超基性火山岩，而且在塔里木克拉通边缘和内部，火山岩也不同程度地发育，根据地球化学资料判定它们多属于拉张背景。根据多年来的研究，晚古生代洋盆强烈断陷，火山岩发育程度及充填规模大；克拉通边缘和内部原加里东断裂发育区则为裂而不陷，张性断裂活动，但断距不大，或在石炭系有断距而二叠系断距不大，火山岩沿着断裂通道外溢；克拉通内部稳定区则没有断裂活动，部分火山岩以熔透方式溢出，与断裂无关。在这种背景下，塔里木克拉通发育的原型盆地主要有：西北边缘裂陷、西南弧后盆地、中部克拉通内部裂陷、北山裂陷和东部隆起。几个裂陷中也发育小规模的隆起（图 2-12）。

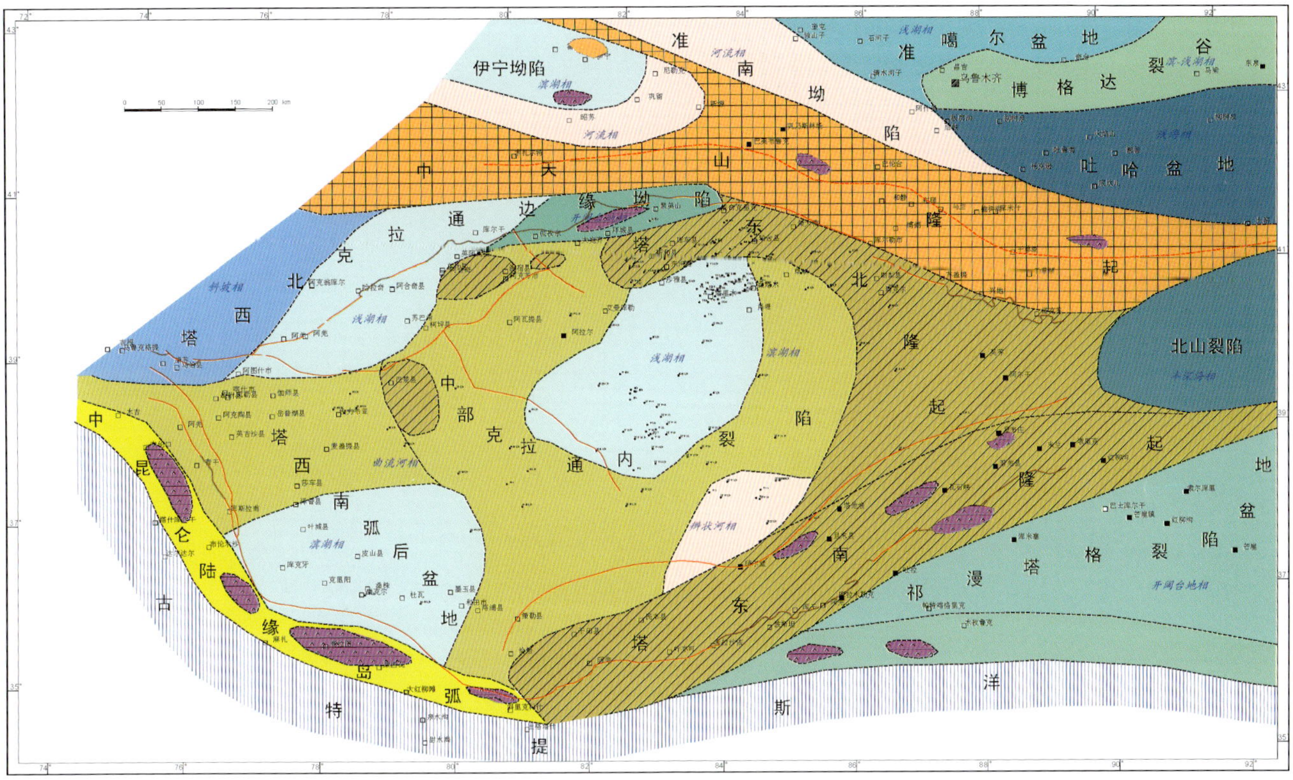

图 2-12　塔里木盆地中二叠世原型盆地展布图

2）构造事件及变形特征

A. 早二叠世末构造事件

塔里木盆地及周缘发生的早二叠世末构造事件，是盆地演化过程中发生的最重要的构造事件之一，早二叠世末塔里木盆地北部地区逆冲-走滑构造变形特征的研究，对建立该期盆地与造山带关系具有重要意义，对塔里木盆地北部地区构造变形起了重要的控制作用。

B. 早二叠世末主要构造形变特征

早二叠世末主要构造事件对盆地构造发展产生了深刻的影响：海水自东向西退出塔里木盆地，进入陆相盆地发展阶段；使早二叠世晚期形成的塔里木克拉通内裂谷夭折；古天山造山带形成，造成盆地东北部大面积隆升剥蚀，使南天山造山带南部和盆地北部发生强烈逆冲-走滑构造变形；形成盆地东北部较广泛的三叠系—上二叠统与下伏地层的不整合。

3）构造对沉积的控制

早二叠世早期，由于古特提斯洋向北俯冲，塔里木克拉通盆地周边的天山海槽和昆仑海槽褶皱成山，塔里木处于强烈的挤压环境，海水迅速向西撤退，早二叠世仅在西部保留残留海盆。塔里木克拉通内坳陷盆地在原隆坳格局的背景下，继续接受陆相和海相交互相的砂泥岩夹炭质泥岩和煤线沉积。海相沉积仅在和田河以西到铁克里克山前，而和田河以东为洪泛平原。昆仑山前北缘附近早二叠世早期沉积浅海陆棚相灰岩、泥岩夹陆源碎屑岩；中期为典型的台地边缘生物礁相，礁灰岩出露厚达 800m，晚期为湖相-潮坪相砂岩、粉砂岩与粉砂质泥岩互层夹灰岩。

中二叠世末，整个塔里木盆地抬升，并出现陆内裂谷的基性火山岩喷发，此后塔里木克拉通基本上结束了海相沉积的历史，转而成为以陆相沉积为主的内陆盆地。

3. 晚二叠世盆地原型及演化

古特提斯洋自早—中二叠世开始向北向中昆仑地体（这时为塔里木板块的西南缘）下的俯冲在晚二叠世—三叠纪达到高潮，最终导致南侧的甜水海地体（羌塘板块）与塔里木板块发生碰撞。在塔西南地区的表现是晚二叠世杜瓦组上千米厚的陆相磨拉石建造的出现，这标志着自晚泥盆世—石炭纪—早二叠世发育起来的宽阔被动大陆边缘及中二叠世的弧后伸展盆地遭受改造，晚二叠世形成了弧后前陆盆地。

1）盆地原型及其展布

晚二叠世北天山、中天山、南天山均发生碰撞、造山，使得塔里木克拉通北缘断裂产生大规模的逆冲、走滑，南部昆仑岛弧、阿尔金造山带形成，导致塔里木克拉通整体遭受挤压，东部抬升遭受剥蚀，海水西退，只在西部发育塔西北前陆盆地、塔西南弧后前陆盆地等原型盆地。

2）构造事件及变形特征

海西晚期构造运动，是盆地演化过程中发生的最重要的构造事件之一，盆地北缘的挤压应力加速了古天山山脉的进一步隆升，西天山及邻区广泛接受陆表海稳定型碎屑岩、碳酸盐岩沉积。塔里木北部、南天山、北天山、准噶尔地区均遭海侵。盆地西南缘，特提斯系统构造体制再次发生重大转变。盆地西北缘早期发生弧-陆碰撞，实现大陆增生的造山期后的磨拉石建造。南部晚二叠世—三叠纪沉积及巴颜喀拉山群奠基于古特提斯洋盆之上，接受大量陆缘碎屑沉积。

晚二叠世末，海水自东向西退出塔里木盆地，进入陆相盆地发展阶段，使晚二叠世晚期在塔西南形成的前陆盆地逐渐向盆地中部迁移，在今巴楚地区形成古隆起，形成盆地广泛的三叠系与上二叠统地层的不整合。

3）构造对沉积的控制

随着南、北天山等一系列洋盆的关闭，到早二叠世末期，塔里木和其北侧的哈萨克斯坦-准噶尔，华北-柴达木以及西伯利亚等板块已拼合成一个完整的古欧亚大陆。

晚二叠世在挤压、走滑作用下，南天山山前发育范围较小的前陆盆地，上二叠统比尤勒包谷孜群即为这些前陆盆地内的洪积-冲积扇磨拉石沉积，该前陆盆地的形成显然与天山因碰撞而在晚二叠世开始的隆升有着直接的关系。主要发育洪积-河流及滨浅湖相沉积。而在昆仑山前，晚二叠世的弧后前陆盆地发育，仅有一些零星分布的粗碎屑岩，总体为湖相细碎屑岩沉积，塔西南发育了二叠纪甚至是显生宙以来最大的湖相，半深湖-深湖相沉积有较大范围，从古董山剖面和钻井均显示较厚的暗色泥岩发育，说明南侧昆仑山虽然阻隔了特提斯的海水并成为剥蚀物源区，但并没有急剧地隆升和形成强烈的地形反差。

2.2.4　三叠纪前陆盆地原型发育阶段

三叠纪是古板块（陆块）汇聚最活跃的时期，古特提斯由于各个板块汇聚（陆块）而逐渐缩合，只残余了部分小型洋盆，也有人称为中特提斯，由于持续时间较短，与古特提斯又有交叉，本身又不具有主要的开合程式，因此暂归于古特提斯阶段。

1. 盆地原型及其展布

1）早三叠世

二叠纪末，挤压作用达到高潮，天山、昆仑和阿尔金构造域均发生不同程度的B-型俯冲、隆升、造山和陆内A-型俯冲，克拉通内部普遍遭受剥蚀，边缘和内部都不同程度地发生压性逆断层和压扭断层。

在这种背景下，准噶尔、吐哈等原裂陷型盆地均转化为压性坳陷，中天山以伊宁裂陷为代表的盆地也发生压性转换。盆地西部地区、祁漫塔格地区隆起，这样盆地为其周缘隆起围限，沉积局限于坳陷内，即现今盆地的中部和北部边缘。该时期的原型盆地以前陆盆地为特征，发育有塔西南前陆盆地、库车前陆盆地、中部克拉通坳陷盆地。西部和东及东南部发育大型隆起，在中部坳陷和库车前陆盆地之间发育小的隆起，可以看成库车前陆盆地的前缘隆起。

2）中三叠世

中三叠世基本承袭了早三叠世的构造动力背景，天山构造域持续隆升并遭受挤压，准噶尔、吐哈盆地和伊宁等中天山构造带上的坳陷、山间盆地发育。昆仑陆缘岛弧继续发育，阿尔金构造域受南部陆缘岛弧构造的挤压，形成若羌坳陷。塔里木古克拉通发育的原型盆地，在北部为库车前陆盆地、西南部为塔西南前陆盆地、中部为克拉通内部坳陷。西部隆起与中天山连片，东部和南部发育东部隆起，库车前陆盆地之南发育新和前缘隆起。

3）晚三叠世

晚三叠世西昆仑、东昆仑均发生弧陆碰撞或陆-陆碰撞，向南喀喇昆仑-可可西里一带形成俯冲海沟，在阿尔金南面的祁漫塔格一带发育南东向的火山盆地。北部天山隆起持续发育，准噶尔、吐哈盆地几近相连，中天山坳陷型湖盆发育。塔里木克拉通则仍发育北部为库车前陆盆地，库车前陆盆地由于挠曲沉降充分，沉降幅度大，形成了较为宽广的河流-湖盆沉积体系。西南部为塔西南前陆盆地、中部克拉通内部坳陷。新和隆起向西延伸，东部隆起和西部隆起分别向西、向东扩大，使得中部克拉通内部坳陷呈不规则的南北向盆地。三叠纪末，塔里木盆地经历了大面积的隆升剥蚀，尤其塔东隆起最甚，早中三叠世的新和前缘隆起被沉积覆盖。演化至晚三叠世晚期，湖盆逐渐被充填，发育了塔里奇克组（T_3^1）三个由粗至细的沉积旋回，顶部出现了灰黑色碳质泥岩夹煤线（层）的沉积。表明该前陆盆地已演化至晚期（图 2-13）。

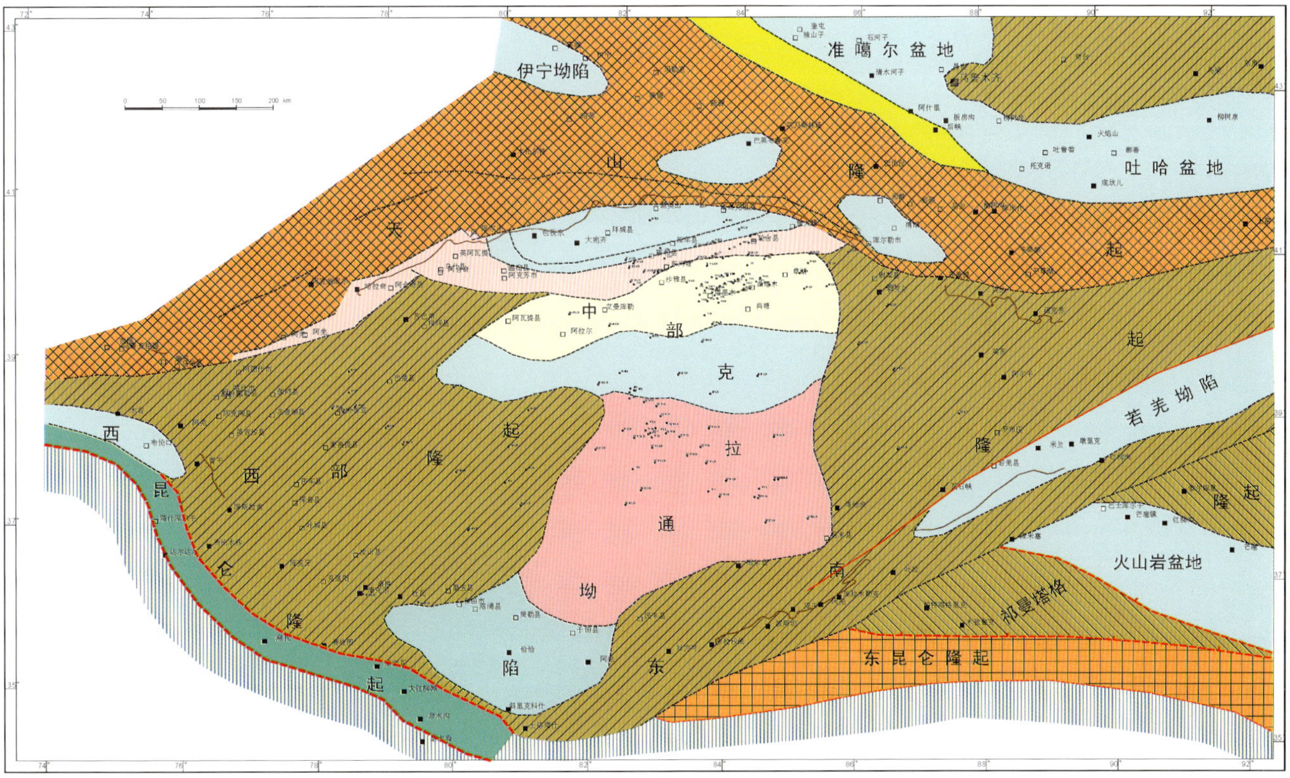

图 2-13　塔里木盆地晚三叠世原型盆地展布图

2. 构造事件及变形特征

塔里木盆地及周边发生的三叠纪末构造事件，是盆地演化过程中发生的最重要的构造事件之一，受羌塘地块与塔里木陆块的陆陆碰撞拼贴事件控制。该事件结束了塔里木盆地前陆盆地的演化阶段；造成盆地内部，特别是东部地区大面积强烈隆起剥蚀和局部块断活动，形成侏罗系与三叠系及下伏地层广泛的区域不整合。

三叠纪末，塔里木盆地南缘为塔南碰撞边缘隆起，北缘为古天山隆起，盆地内遭受大面积隆起剥蚀。在盆地北缘，由于南天山的强烈冲断作用（可能受甜水海地体与欧亚大陆碰撞以及中特提斯洋俯冲作用的影响），初步形成了拜城前陆盆地，据统计，三叠纪末剥蚀面积达 $35.85\times10^4km^2$，沉积岩剥蚀体积为 $17.41\times10^4km^3$。其中以塔东隆起剥蚀量为最大。另外，三叠纪末也引起塔北等地区的局部块断活动。

3. 构造对沉积的控制

海西晚期运动使库车前陆盆地开始发育，晚二叠世—早三叠世呈现北陡南缓的箕状结构，在坳陷北部沉降幅度最大，而远离天山褶皱带为平缓逐渐变浅地带。库车坳陷范围相对较小，西起塔克拉克，东至库车河以东，北起南天山南缘，南至拜城以北，呈北东向的条带状。此时山前的湖水较深，北部边缘发育扇三角洲、辫状河三角洲，南部平缓斜坡发育曲流河三角洲以及湖泊沉积等。中三叠世，库车坳陷湖盆范围逐渐扩大，东部越过库车河以东的依奇克里克和轮台地区，地形差异也在缩小，自北而南发育扇三角洲和滨湖沉积，其相带的位置明显向南迁移，与下伏的早三叠世相带形成叠置和超覆沉积。晚三叠世，坳陷范围进一步扩大，南部接近拜城，东至库尔勒地区，是三叠纪时坳陷发展的鼎盛时期，地形进一步趋于平缓，三角洲发育于坳陷北部，南部的大片地区为滨浅湖间有半深湖沉积，直到晚三叠世晚期，坳陷范围才有所缩小，湖盆变浅，三角洲开始萎缩，滨浅湖相发育。

早三叠世，在塔西南的叶城-皮山一带沿着近东西向的断裂带，继承晚二叠世的冲积扇-扇三角洲的发育，残留早中三叠世的断陷小盆地，形成扇三角洲-滨浅湖沉积。据皮山杜瓦剖面，下三叠统下部黄灰色中层状长石石英砂岩夹灰黑色泥岩，以洪泛平原的河流、河漫湖相沉积为主。中部灰、灰绿色、浅紫色薄层中-粗粒砂岩夹泥岩构成韵律层，以河口、三角洲及滨湖相沉积为主。上部以灰、灰绿色，局部深灰色泥岩夹黄灰色粉砂质泥岩，以浅湖-半深湖相为主。晚三叠世这些小型的断陷盆地，开始萎缩和消亡。

另外在乌恰走滑盆地和塔东南前陆盆地，晚三叠世才开始发育，接受以河湖相碎屑岩为主的陆相沉积。

2.2.5　新特提斯开合交替背景下断陷-坳陷盆地原型发育阶段

塔里木克拉通经历了印支期的挤压构造环境后，伴随着周缘造山带和残余特提斯洋（中特提斯洋）的演化，进入到燕山构造旋回断陷盆地原型发育阶段。此时，北部准噶尔-吐哈地块向北天山-中天山的陆内俯冲挤压持续力的作用松弛，南部受喀喇昆仑地区俯冲挤压作用产生的弧后扩张作用，共同形成塔里木克拉通受力为北东-南西向的拉张，造成侏罗纪—古近纪伸展构造环境。

新特提斯洋的形成与演化可以概括为：自从三叠纪晚期羌塘地体与塔里木板块碰撞（230～200Ma）拼合之后，欧亚大陆的南部边缘向南移至西藏的班公湖-怒江一线。新特提斯洋于二叠纪晚期—三叠纪初就开始破裂扩张，早、中侏罗世已出现了具有大洋地壳的深水远洋沉积（孙鸿烈等，1998）。

侏罗纪末期拉萨地体和羌塘地体的碰撞在时间 140～125Ma，羌塘盆地和塔里木盆地几乎同时出现红色碎屑岩建造，塔里木盆地仅仅表现为侏罗系与白垩系之间存在区域平行不整合。该时期新特提斯的大洋岩石圈快速向冈底斯之下俯冲消减，形成了冈底斯岛弧的大规模岩浆火山活动（孙鸿烈等，1998）与 Kohistan-Dras 岛弧和拉萨地体发生碰撞（80～70Ma）。塔里木盆地早白垩世沉积分布基本上继承了侏罗纪时期的特点，沉积以红色碎屑岩建造为主，上白垩统却普遍缺失。

自晚白垩世到古近纪时期，中亚大陆的南部大陆边缘已向南移至雅鲁藏布江一线，新特提斯洋向北俯冲于拉萨地体之下，造成大量岩浆侵入活动。塔里木盆地北部古近纪沉积以红色碎屑岩为主，底部夹有海相碳酸盐岩，并与下伏下白垩统呈假整合接触关系，局部可以见到角度不整合。在塔里木盆地西部边缘和甜水海、阿富汗-塔吉克地区上白垩统和古近系发育海相沉积，反映该地区可能毗邻新特提斯洋。

由上所述，自从三叠纪晚期羌塘地体与塔里木板块碰撞拼合之后，塔里木盆地作为欧亚大陆（劳亚大陆）内部的板内沉积盆地，接受了广泛的侏罗纪—渐新世河流湖泊相碎屑岩沉积。它的形成与发展，与中亚大陆南缘三次主要的地体拼贴事件以及大陆边缘不断向南迁移的过程有着密切的关系。

1. 侏罗纪盆地原型及演化

1）盆地原型及其展布

A. 早侏罗世

早侏罗世的拉张作用相当强烈，表现在昆仑构造域在喀喇昆仑一带发生的俯冲作用，引起弧后拉张导致海相侏罗系的发育，阿尔金山南北发育右旋走滑作用下扭张断裂、其南发育了博斯坦坳陷、柴西断陷、库米塞断陷；晚三叠世的塔西南前陆盆地转换为塔西南断陷盆地，若羌坳陷转换为塔东南断陷盆地和敦煌坳陷盆地，库车前陆盆地转换为库车断陷盆地；塔里木主体发育了塔东北陆内坳陷、西部隆起和塔北隆起；天山构造域伊宁坳陷转换为伊宁断陷盆地，向东三叠纪的几个小湖盆消失，只保留了焉耆坳陷（图 2-14）。

B. 中侏罗世

中侏罗世在早侏罗世的基础上，断陷作用进一步加强，阿尔金南缘断裂向东延伸，发育了新的索尔库里断陷。其他地区继承早期格局，塔里木克拉通由北向南依次发育库车断陷、塔东北坳陷、塔西南断陷、塔东南断陷等原型盆地、新和隆起、西部隆起和东部隆起。塔东北坳陷明显东延，塔东南断陷由原塔西南坳陷演化而来，其东的敦煌坳陷不复存在，已发展演化成东部隆起（图 2-14）。

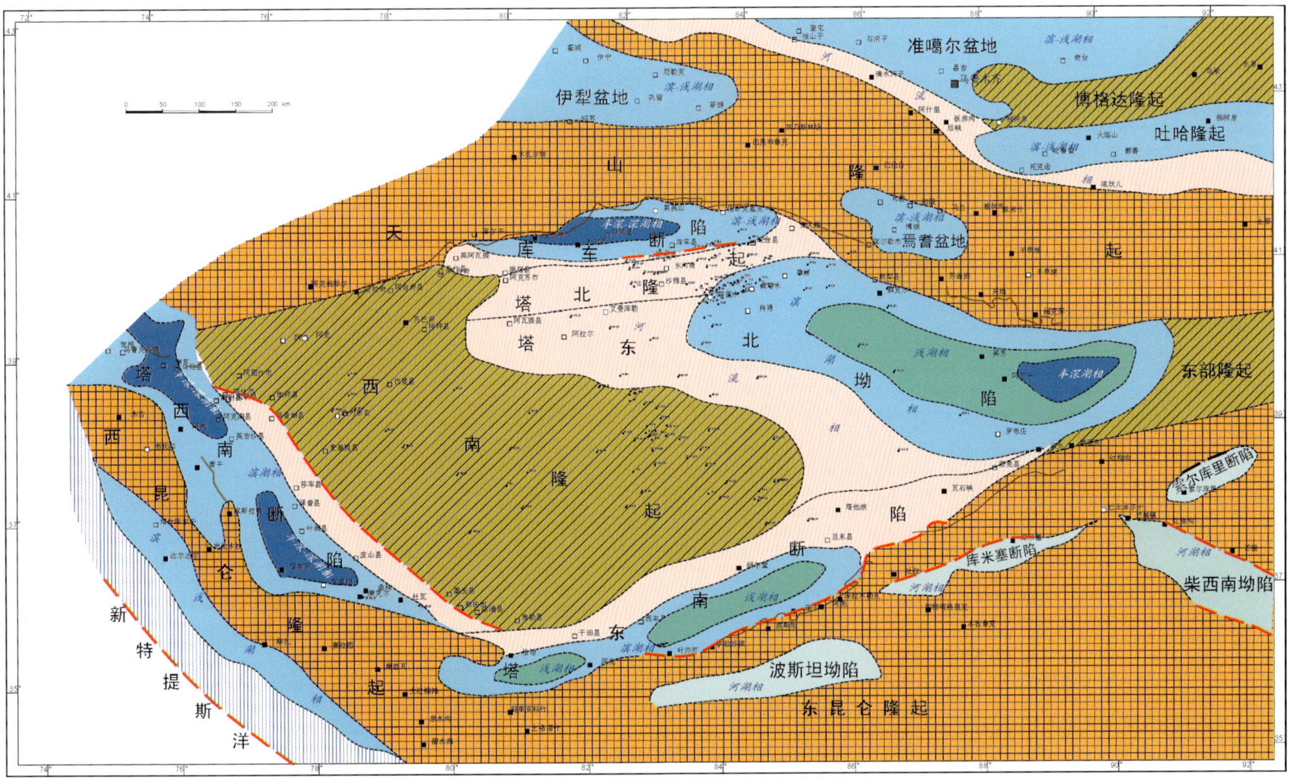

图 2-14　塔里木盆地侏罗纪原型盆地展布图

C. 晚侏罗世

晚侏罗世羌塘地体已经靠近喀喇昆仑，新特提斯洋的北支已经转化为残留洋，挤压作用加强，断陷作用停止；阿尔金断裂发生左旋走滑，产生压扭作用。但塔里木克拉通的盆地基本格局没有大的改变，主要是由断陷转化为坳陷，发育有：库车坳陷、塔东北坳陷、塔西南坳陷、塔东南坳陷等原型盆地；西部隆起、东部隆起连片为南部隆起，新和隆起与天山隆起也相互连接（图 2-14）。

2）构造事件及变形特征

该阶段发生的主要构造事件是三叠纪末的挤压隆升剥蚀作用（T_4^6），它的形成主要与三叠纪末甜水海-羌塘地体与塔里木板块的碰撞拼贴有关。该期构造事件是印支运动的表现。

羌塘板块同塔里木板块的碰撞作用，几乎波及整个塔里木盆地及相邻地区。由于印度板块向北的继续俯冲，使天山地区再度活跃，南天山褶皱带不断向南逆冲，库车前陆盆地继续被动下沉，坳陷沉积范围不断向南扩大，三叠系与侏罗系之间的角度不整合以及晚海西期形成的断裂和褶皱继承性复活发育。满加尔坳陷东部和孔雀河斜坡，三叠系及古生界遭受强烈剥蚀，侏罗系角度不整合于下伏三叠系、石炭系、泥盆系、志留系和奥陶系之上。强烈的构造运动使盆地内的水域退缩到满加尔坳陷和库车、塔西南山前地带。地震剖面上表现为满加尔坳陷的侏罗系由北东向南西逐渐减薄，沙雅隆起南部侏罗系自轮台断裂下盘向南超覆在三叠系地层之上。塔中和塔东北地区的大部分地区都在这次构造运动之后被抬升为陆地，遭受不同程度的剥蚀，麦盖提斜坡以及巴楚隆起几乎剥蚀了全部三叠系，同时也使塔里木盆地内近东西向发育的构造格局转化为一系列北西向为主的大型构造带。叶城坳陷侏罗系地层由西向东在麦盖提斜坡附近超覆在三叠系地层之上。

3）构造对沉积的控制

由于侏罗纪整个时期内盆地受力状态是从拉张到挤压的过程，所以在早侏罗世，盆地的沉积范围相对最大，即便如此，盆地还是在现今的巴楚隆起一带处于隆起剥蚀状态，而在盆地的西南部主要发育河流相的沉积环境，在盆地的东南部主要以滨浅湖的形式出现，盆地的东北部，较深水部位发育滨浅湖相，较浅水部位以河流相为主，而在现今的库车坳陷位置，发育较深的半深湖环境；中侏罗世继承了早侏罗世的沉积格局，仍然表现为周缘较深处发育半深湖-深湖环境，稍浅处发育半深湖环境，而最浅部位主要以河流相为主，整体上中西部较高，而东北部和周缘较低；晚侏罗世，盆地的隆起状态表现得更为突出，盆地中间从东到西总体都处于隆起剥蚀状态，对应的沉积区也被分为三个，分别是塔西南坳陷和塔东南坳陷的滨浅湖沉积环境、塔东北坳陷的河流-滨浅湖-半深湖环境和库车坳陷的滨浅湖-半深湖沉积环境。

2　白垩纪盆地原型及演化

1）原型盆地及特征

侏罗纪末，发生藏北地体向北拼贴的拉萨碰撞事件，这一拼贴事件沿班公湖-怒江缝合带完成。这一事件也是导致白垩纪区域挤压作用的主要原因。其远距离效应使塔里木盆地北缘为古天山隆起，南缘为西昆仑隆起和东昆仑-阿尔金山隆起，内部仍然表现为分割性断陷-坳陷盆地。

早白垩世盆地原型基本承袭了晚侏罗世的盆地格局，由于西南部的残留洋应力松弛，塔西南坳陷盆地再次呈现断陷盆地性质；库车坳陷、新和隆起、东北坳陷几近连片，新和隆起已经发育为水下隆起。坳陷和隆起的展布则与塔西南断陷一致，呈北西-南东向。晚白垩世除了塔西南断陷仍发育外，塔里木克拉通大部分地区都处于抬升状态并遭受剥蚀（图 2-15）。

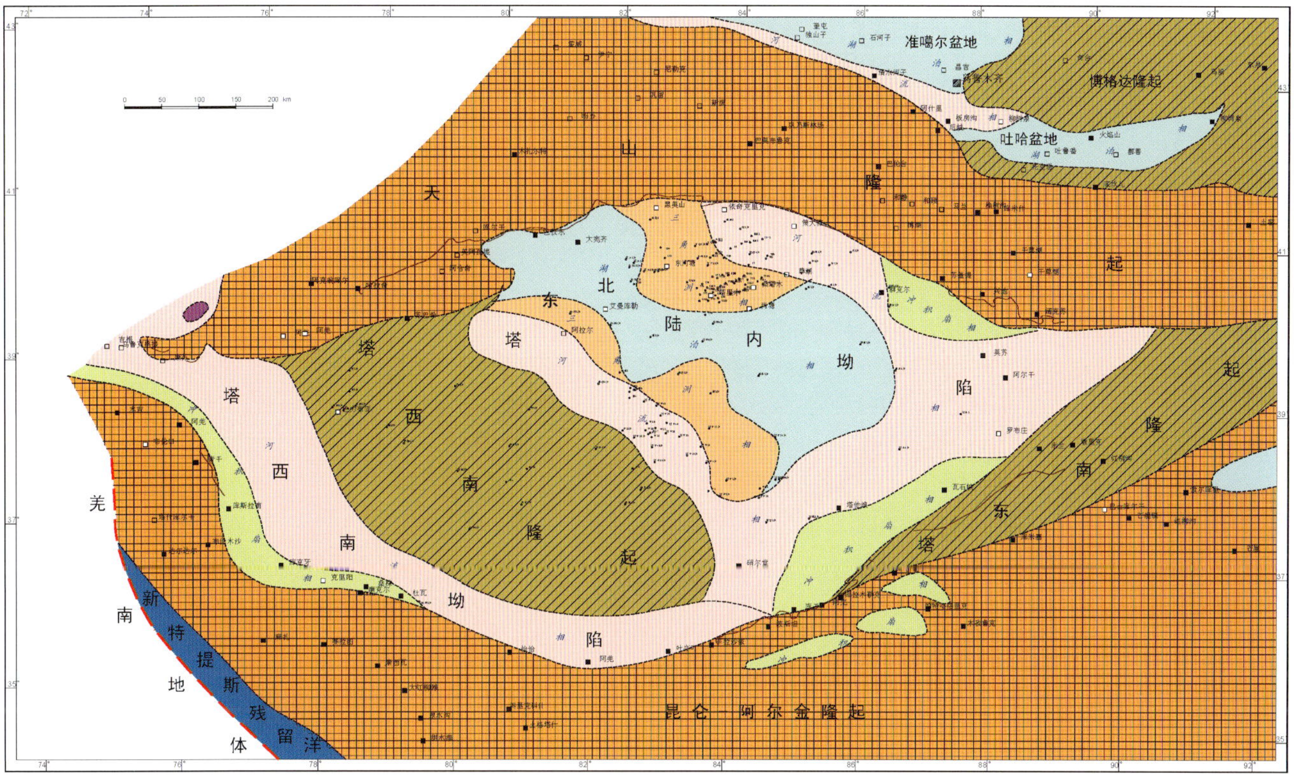

图 2-15　塔里木盆地白垩纪原型盆地展布图

2）构造事件及变形特征

塔里木盆地及周缘发生的白垩纪末构造事件，是断陷盆地演化过程中发生的重要构造事件，可能主要与盆地南缘三叠纪残余特提斯海的闭合有关。该期构造事件，不但使盆地侏罗纪以来的张性构造环境一度转为挤压构造环境，而且造成盆地内西南部地区的平缓抬升和隆起剥蚀，形成古近系与白垩系及下伏地层的广泛不整合。

白垩纪末塔里木盆地北缘为古天山隆起，南缘为西昆仑隆起和东昆仑-阿尔金山隆起。该时期盆地的构造形变主要以塔西隆起剥蚀为特征。塔西隆起位于阿瓦提-满西 1-且末一线以西、喀什-和田一线以北地区，包括现今的巴楚断隆、塔中低凸起、麦盖提斜坡、塘古孜巴斯坳陷、塔南隆起和东南坳陷西部，是三叠纪以来长期发展的隆起剥蚀区。据统计，白垩纪末剥蚀面积为 $25.16\times10^4\ km^2$，地层剥蚀体积 $5.9\times10^4 km^3$。地层剥蚀厚度 0～700m。其中以巴楚-民丰一线地层剥蚀厚度（隆起幅度）较大，为 300～700m。巴楚地区最大为 700m。其他地区则相对平缓，剥蚀厚度较小。

3）构造对沉积的控制

白垩系沉积厚度的变化应受当时张性断裂的控制，并且塔西南裂陷盆地应与北部费尔干纳盆地和西边塔吉克盆地相通，形成一个统一的塔吉克-塔西南裂谷盆地。盆地由于进一步坳陷和海平面上升而不断扩大，海水由西边进入，同时西昆仑作为一个屏障把塔西海盆与南边海域相隔开。

早白垩世时，塔里木盆地已基本表现为现今盆地形态，周缘全部为隆起剥蚀状态，盆地主体区存在西部隆起和东部隆起两个古隆起，发育河流相和冲积扇环境的塔西南坳陷盆地沿东西分布，并沟通了盆地中部和北部相对水体较深的塔中-塔东陆内坳陷，在该坳陷内不仅发育河流相、三角洲相、冲积扇相，还发育水体较深的滨浅湖相。对应该沉积环境，下白垩统发育红色粗粒沉积物（冲积扇和辫状河流产物），它代表了另一次断陷作用的开始，并伴随有玄武岩浆的活动，在成因上属典型的裂谷型盆地。上、下白垩统之间的不整合面是白垩纪裂谷发育过程中的产物，而不是挤压作用的结果。

晚白垩世，盆地除塔西南坳陷外，大面积抬升剥蚀，而在近东西向展布的塔西南坳陷内，也是表现为东高西低的背景特征，从东到西，对应发育冲积扇相、河流-三角洲相和滨浅湖相的沉积产物。所以上白垩统主体发育在塔西南的西北部，多为细粒沉积物，同时出现碳酸盐岩和蒸发岩层，碳酸盐岩中含有广海生物化石，说明沉积环境已开始由陆地逐渐转为浅海。海侵由西向东发生，在早白垩世末期海水已侵至喀什地区。与塔里木地块相邻的西边卡拉库姆地块上，同期地层都由浅海沉积物构成，这反映塔西南地区在当时位于一个大型海盆的东端，因此总体沉积环境应为河口湾。

3. 古近纪盆地原型及演化

1）盆地原型及其展布

自晚白垩世到古近纪时期，中亚大陆的南部大陆边缘已向南移至雅鲁藏布江一线，新特提斯洋向北俯冲于拉萨地体之下，造成大量岩浆侵入活动。塔里木盆地北部古近纪沉积了红色碎屑岩，底部夹有海相碳酸盐岩，并与下伏下白垩统呈假整合到角度不整合接触关系。在塔里木盆地西部边缘和甜水海、阿富汗-塔吉克地区上白垩统和古近系发育海相沉积，反映该地区可能毗邻新特提斯洋（图 2-15）。

古近纪喀喇昆仑地区仍有新特提斯洋拉张作用的影响和挤压应力松弛，塔里木克拉通内部已经由原来分隔的盆地原型统一为全盆范围的原型盆地的组合。古近纪早中期发育有（图 2-16）：阿瓦提-库车断陷、塔西南断陷、塔东断陷、民丰断陷等坳陷以及塔北隆起、塔南西部隆起等水下隆起，古近纪晚期，孔雀河斜坡已见雏形，此时巴楚隆起已经出露水面，成为剥蚀性隆起，且整个盆地范围有东延趋势。从原型盆地的几何走向看，多呈北东东向，显然与阿尔金右旋走滑断裂的活动有关。

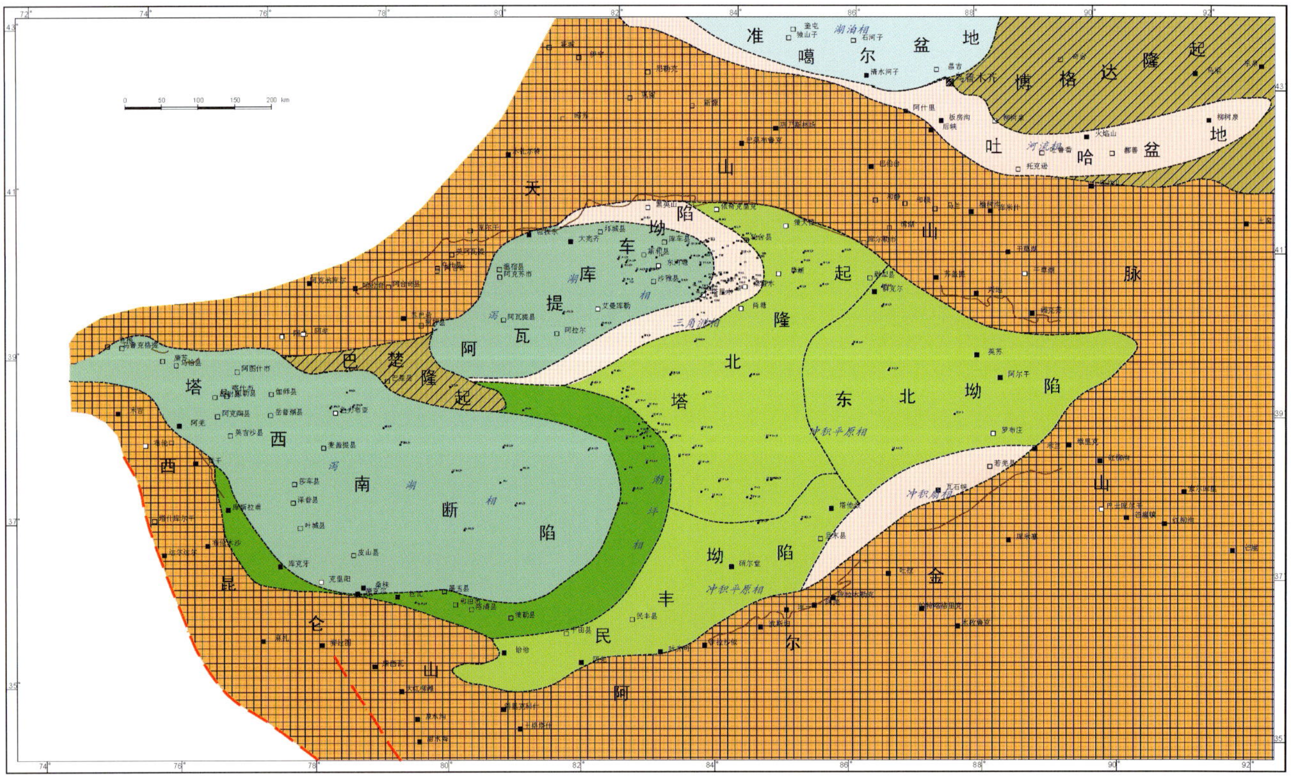

图 2-16　塔里木盆地古新世原型盆地展布图

2）构造事件及变形特征

塔里木盆地及周缘发生的古近纪末构造事件，是盆地演化过程中发生的最重要的构造事件之一，主要与盆地南缘始新世末印度板块与欧亚大陆板块开始碰撞拼贴事件有关。该期构造事件结束了盆地海相沉积的历史；使盆地处于强烈挤压构造环境，周边山系开始褶皱隆起，差异性升降运动显著加强，盆地进入复合前陆盆地演化阶段；造成盆地内新近系与古近系及下伏地层间的削蚀不整合和假整合接触关系。盆地内地震资料表明，巴楚断隆、麦盖提斜坡地区新近系与古近系及下伏地层间不整合关系十分明显，可见新近系吉迪克组（N_1j）分别削蚀海相古近系及二叠系和下伏地层；盆地内其他地区则主要为平行不整合或假整合接触关系。

3）构造对沉积的控制

总体上，古近纪在新特提斯洋拉张作用的影响和挤压应力松弛作用下，继承了白垩纪沉积格局，新特提斯洋不断侵入西部，亦波及到库车地区。塔里木盆地持续下沉，古近系分布范围不断扩大，向统一的坳陷盆地转化。除塔西南为滨海-潟湖相沉积外，其他地区为河流-浅湖相红色碎屑岩，库车坳陷内夹有海相层。康志宏（1996）研究认为古近系厚度 500～1000m。从古新世、始新世到渐新世，盆地主要表现为水体由西向东的扩大，但总体环境基本保持不变，即向西开口的塔西南断陷、阿瓦提-库车坳陷主要发育潟湖相和盐湖相，向东水体逐渐变浅，对应的沉积环境也主要是冲积平原和冲积扇环境。

2.2.6　新近纪以来复合前陆盆地原型发育阶段

1. 盆地原型及其展布

中新世开始，南部远端强烈的碰撞挤压作用明显影响到塔里木周缘造山带。天山隆升并向盆地冲断；西昆仑发生强烈的褶皱和断裂，铁克里克推覆体开始向北逆冲和抬升；阿尔金断裂带和阿合奇断裂带构成塔里木盆地的东南与西北边界，都发生冲断-走滑作用，从而使塔里木盆地处于强转换挤压环境。

1）新近纪早期盆地原型及其分布

新近纪由于源自喜山-拉萨地块向北碰撞，昆仑造山带、阿尔金造山带的崛起，导致塔里木盆地遭受最显著的碰撞后汇聚、形成西南的挤压和东南的左旋走滑压扭作用，北部天山构造域承受南部挤压，周缘隆起带普遍隆升、逆冲，因此塔里木克拉通新近纪早期（中新世）发育了阿瓦提-库车前陆坳陷盆地、塔西南前陆坳陷盆地、塔东南前陆坳陷盆地和若羌前陆坳陷盆地；由于盆地边界断裂的作用及盆地边界的不规则性，阿瓦提-库车前陆盆地与塔东南前陆盆地呈 NEE 或 NE 向，二者共拥的塔中隆起呈一弧形带展布，西接巴楚隆起（为剥蚀型隆起）。向东则为被沉积物覆盖的库车坳陷和若羌坳陷共同的复合前陆隆起（图 2-17，图 2-18）。

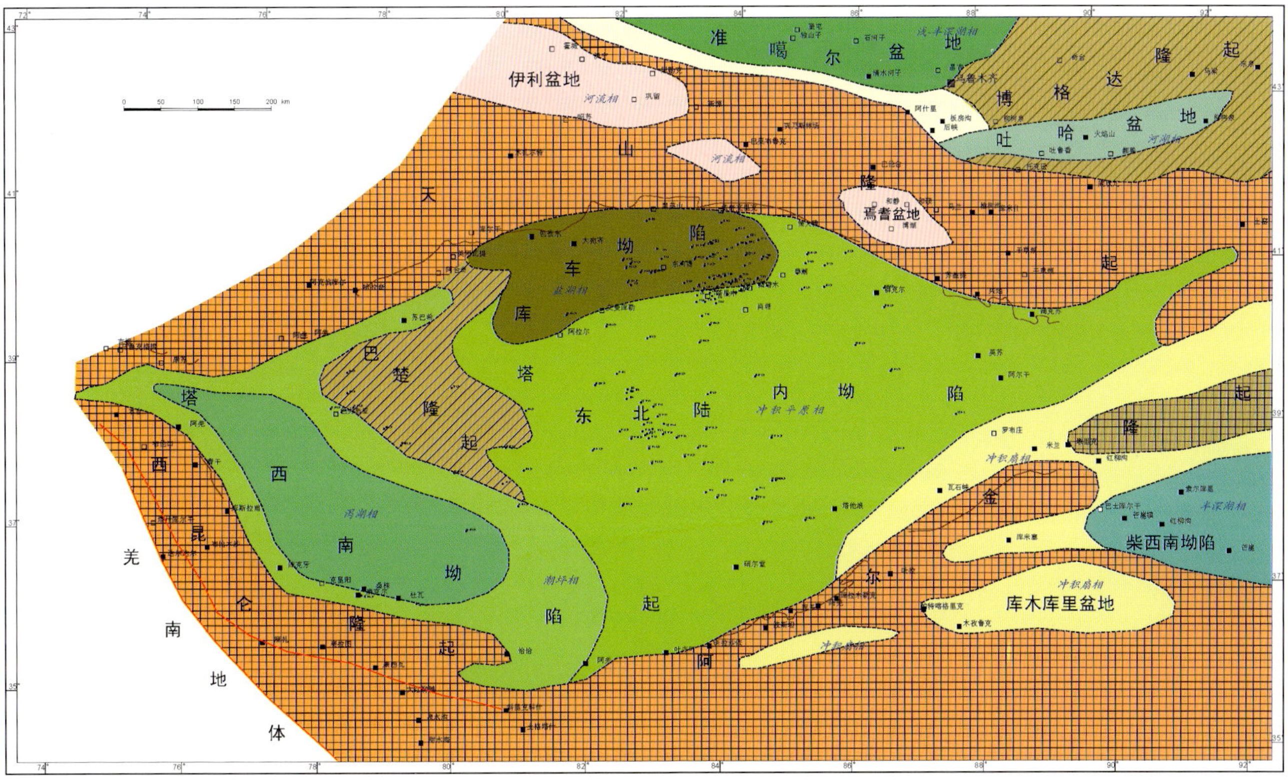

图 2-17　塔里木盆地渐新世原型盆地展布图

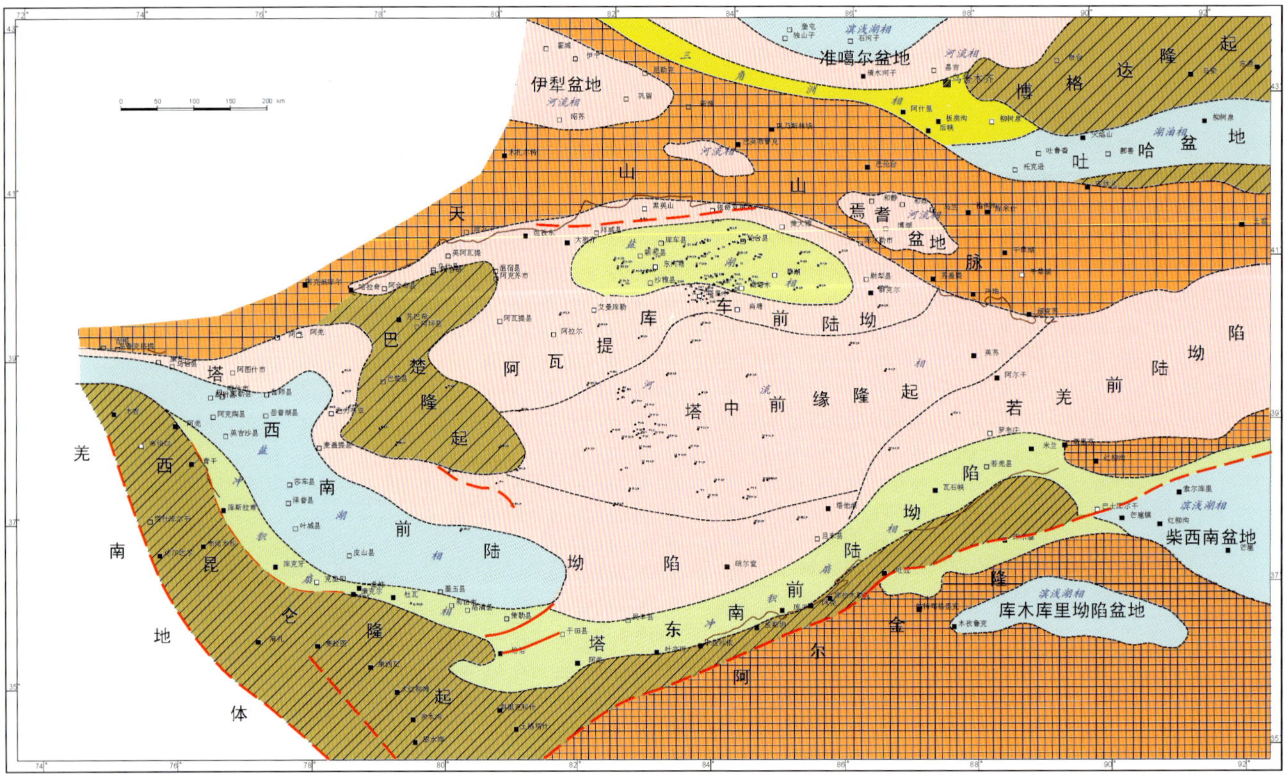

图 2-18　塔里木盆地中新世原型盆地展布图

2）新近纪晚期盆地原型及其分布

新近纪晚期（上新世）由于喜山运动的加强，印度板块向欧亚板块的碰撞导致塔里木克拉通遭受汇聚后挤压的远程效应明显，天山、昆仑山、阿尔金山造山带强烈造山，塔里木克拉通周缘隆升、逆冲、走滑、推覆强烈，使得塔里木克拉通内部强烈变形。塔里木克拉通内部毗邻的三个造山带与盆地耦合，天山山前发育了阿瓦提-库车前陆坳陷盆地，在昆仑山前发育了塔西南前陆坳陷盆地，在阿尔金山前发育了塔东南前陆坳陷盆地（图 2-19）。巴楚断隆作为塔西南前陆盆地的前缘隆起强烈隆升，塔东南前陆坳陷之北由于走滑断裂作用形成塔东南走滑断隆；阿瓦提-库车前陆坳陷盆地和塔西南前陆盆地之间发育中部前缘隆起（作为阿瓦提-库车前陆坳陷的前缘隆起）；东部发育了孔雀河斜坡和若羌前陆坳陷。由于阿尔金断裂带走滑作用强烈，塔东南前陆坳陷、若羌前陆坳陷又具有拉分盆地的性质。吐木休克断裂、色力布亚-玛扎塔格断裂活动逐渐加强，二者构成的背冲断块——巴楚断隆开始大规模形成。由前所述，巴楚断隆也具有前缘隆起性质，并与塔中隆起相连构成大型隆起带；周缘山体隆升加强，冲积扇体系大规模发育；盆地内部基底断裂带复活。

3）第四纪以来盆地原型及其分布

第四纪以来的盆地发展基本继承了上新世的盆地格局（图 2-20）。盆地边缘造山带的运动学过程基本一致，但强度不断增加，前第四系地层被不断卷入到褶断带中，并且被抬起成为相邻盆地的物源。阿瓦提-库车前陆盆地与塔东南前陆盆地呈 NE 向展布，由于柯坪地区隆起并向盆地内冲断，阿瓦提-库车前陆坳陷盆地的面积缩小。塔西南地区在第四纪总体上仍属于压扭性前陆型盆地。其结果形成了南部冲断推覆构造带、叶城-和田前陆坳陷、麦盖提前陆斜坡与巴楚前缘断隆（何登发等，1996）。

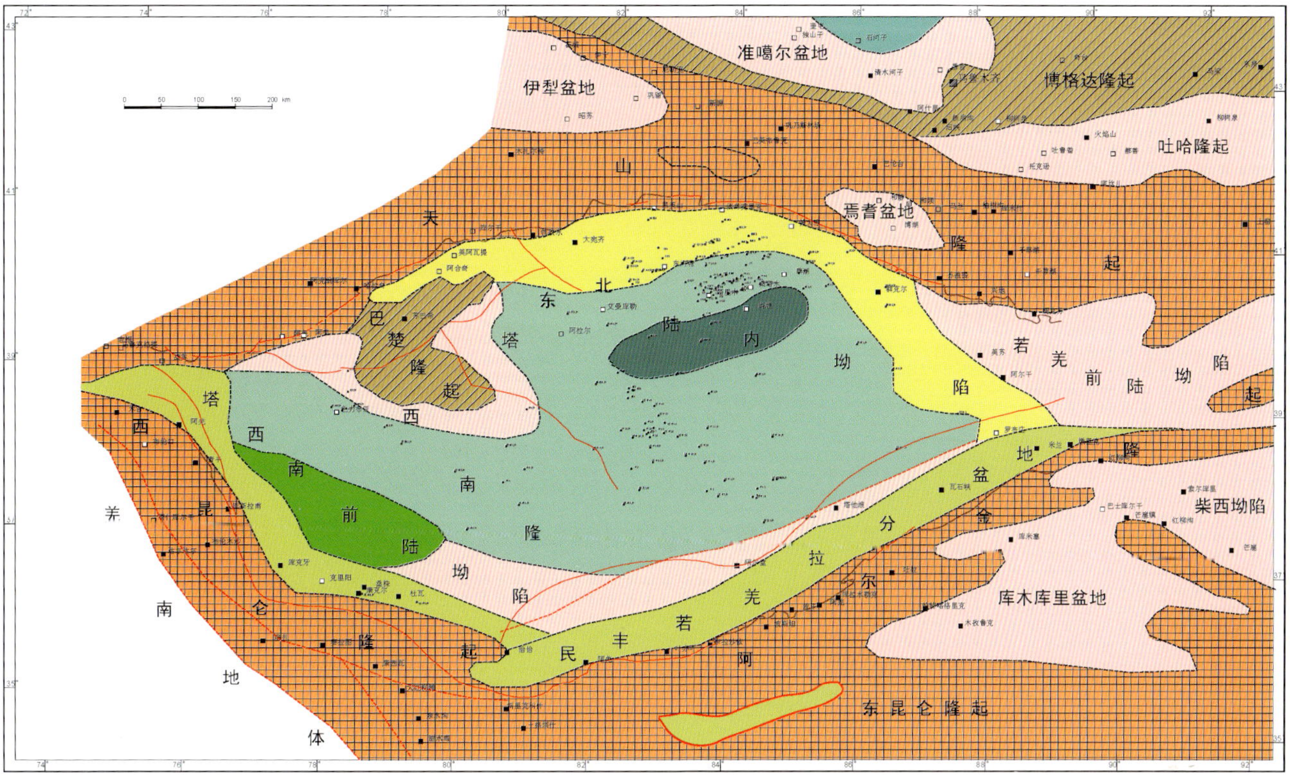

图 2-19 塔里木盆地上新世原型盆地展布图

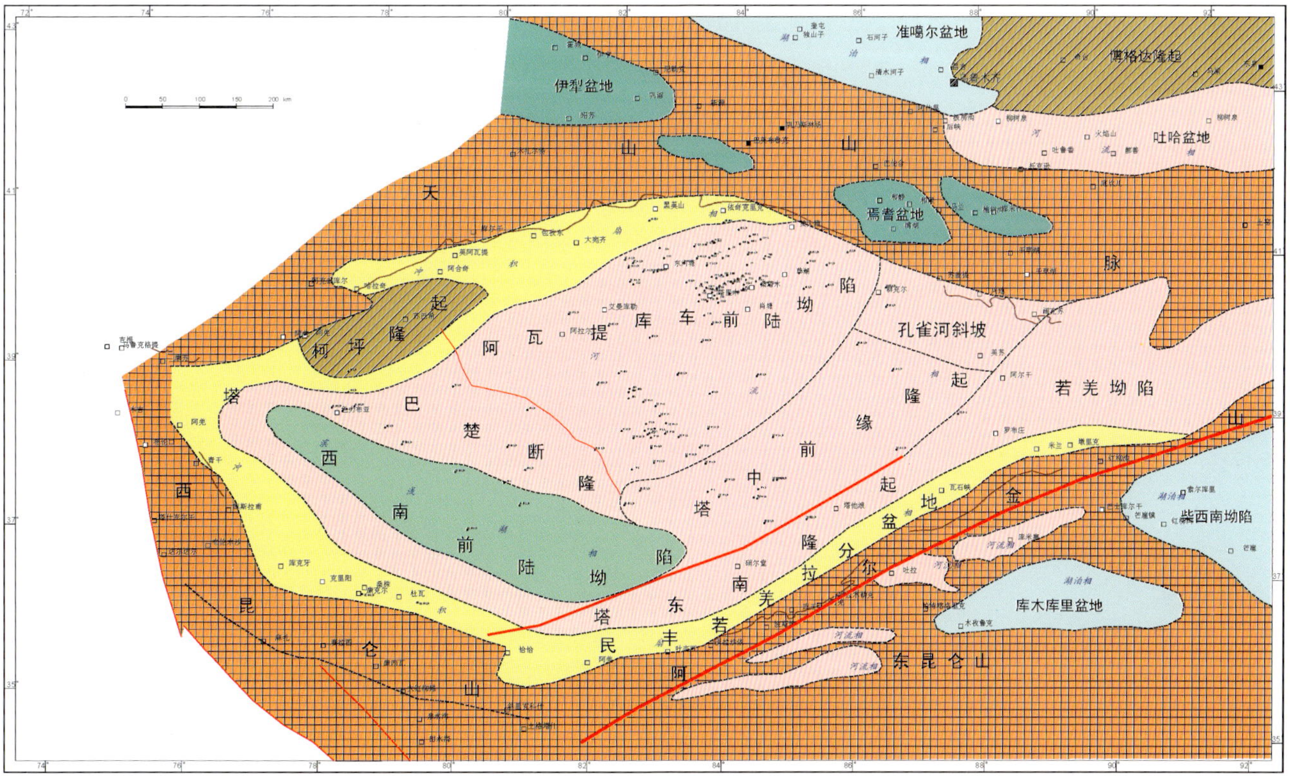

图 2-20 塔里木盆地第四纪原型盆地展布图

2. 构造事件及变形特征

这一发展阶段有两次重要的构造运动发生。中新世末的喜马拉雅中期构造运动比较强烈，在该区西部柯坪、巴楚隆起和阿瓦提坳陷的交界地带具明显的上超下削关系（相当于 T_2^2 波），上新世末发生的喜马拉雅晚期运动一直持续到更新世末。盆地在强烈的周缘造山作用背景下，发育了多个前陆盆地。

3. 构造对沉积的控制

上新世开始，由于喜马拉雅山强烈上升，青藏高原崛起，天山、昆仑山、阿尔金山造山带强烈造山，塔里木克拉通周缘隆升、逆冲、走滑、推覆强烈，塔里木盆地在四周褶皱山系不断上升中，逐渐下沉，结束其断陷-坳陷分隔局面，形成一个统一的大型陆内坳陷。周缘山系大量陆缘物质堆积到盆地中来，产生巨厚的内陆沉积盆地，沉积一套滨湖、浅湖、河流三角洲相红色碎屑岩夹泥膏岩。

上新世—更新世时盆地开始萎缩，在盆地周缘沉积了巨厚的磨拉石——西域砾岩及戈壁砾岩，向盆地内部逐渐变为河流三角洲平原相沉积。由于周围褶皱山系的不断隆升，逐渐造成盆地的强烈封闭，并随着气候干燥而逐渐沙漠化，最终形成塔克拉玛干大沙漠及现今地貌景观。

2.3　剥蚀量恢复及古构造研究

2.3.1　剥蚀量恢复方法简介及研究区适用性分析

地层剥蚀是多期沉积盆地中普遍存在的现象，强烈的剥蚀对整个盆地的沉积史、构造演化史、热史产生重要的影响，并且剥蚀量的大小、范围、剥蚀年代和时间间隔与油气的运移、聚集和保存条件存在密切的联系（刘景彦等，2000），因此地层剥蚀量的恢复和确定对于构造演化史研究和油气勘探至关重要。国内外用于估算地层剥蚀厚度的方法很多，概括起来有：①砂岩孔隙度法（马立祥，1991）；②泥岩声波时差法（Magara K，1976；真柄钦次，1998）；③古地温法，包括古地温梯度法、包体测温法、磷灰石裂变径迹法等；④镜质体反射率法，包括 Ro-H 深度法（Dow，1977）和同层多点 Ro 排比法（马立祥，1994）以及 Ro-TTI 法；⑤沉积速率法，包括沉积速率比值法、沉积速率趋势法；⑥物质平衡法；⑦未被剥蚀地层厚度趋势延伸法，包括内插和外插法；⑧地质年龄差比与残留厚度乘积法（Guidish，1985）；⑨最优化方法（郝石生等，1988）；⑩天然气平衡浓度法（李明诚，1996）。曹强等 2007 年对此按五类进行了划分，本书以此为基础，对剥蚀恢复方法进行一些补充和调整，如图 2-21 所示。

以上各类方法的应用都有适用条件。由于地层埋藏以后，孔隙度、压实、古地温、Ro 均是不可逆的，因而方法①～④仅适合于不整合面以上的新地层对不整合面以下的未剥蚀地层施加的压力小于不整合面以上的被剥蚀地层这一情况，并且由于钻井和测试资料往往非常有限，这些方法无法大面积使用。第⑤种方法的使用受限制是由于很难获得地层的年龄值。第⑥种方法仅适合有密度资料应用的探讨性研究。第⑦种方法有一定的适用性，但当地层厚度横向变化较大和完整地层不存在时无法使用。第⑧种方法是假设遭受剥蚀地层的沉积速率和残留地层的沉积速率相等时，剥蚀厚度可用。第⑨种方法当缺乏准确的 Ro 实测数据和古地温资料时，其精度较差。第⑩种方法的关键是先要得到地层体积并计算出源岩的生气量，在此基础上计算平衡浓度等中间结果，最后得到剥蚀厚度。因此，地层体积和生气量的计算结果直接影响到剥蚀厚度的计算结果。由此本书针对塔里木盆地的实际地质结构和构造运动演化史，以整个塔里木盆地为研究目标，对各种剥蚀量计算方法的影响因素及在塔里木盆地的适用性进行了总结，如表 2-2 所示。

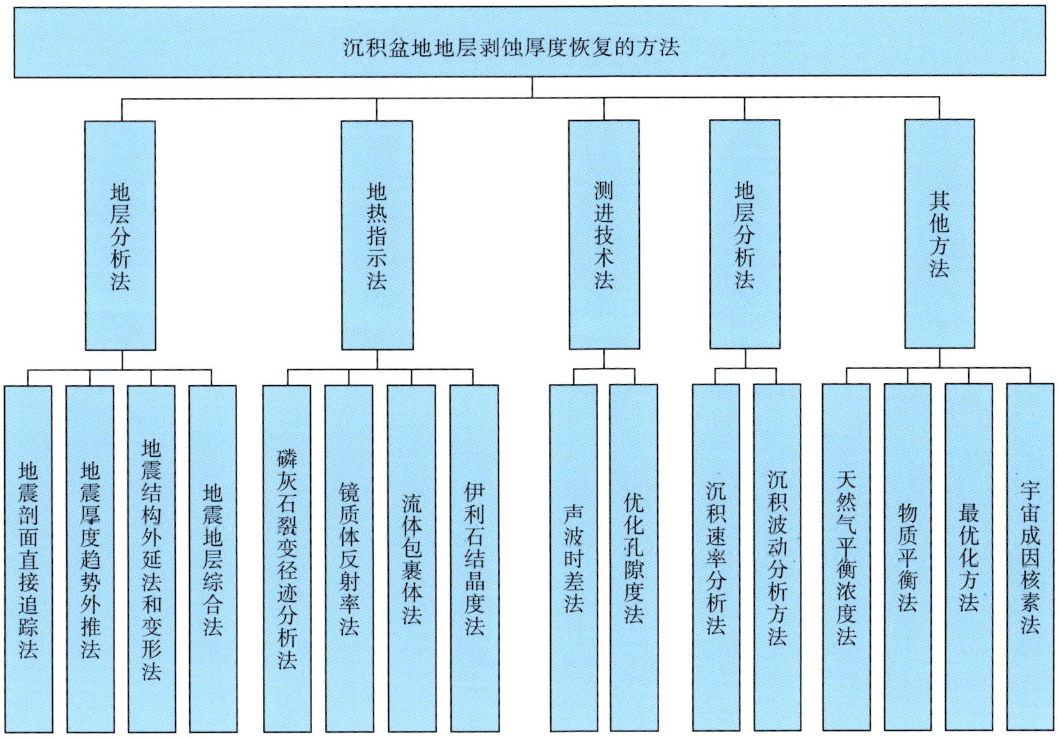

图 2-21　沉积盆地剥蚀厚度恢复方法分类图（曹强等，2007，有修改）

表 2-2　影响地层剥蚀量计算结果的主要因素及在塔里木盆地的适用性

分类	方法名称	优点	准确性影响因素	塔里木盆地适用性
地层分析法	地层趋势厚度法	在钻井资料缺乏，以地震资料为主的勘探新区可以发挥优势，从全区域的角度预测剥蚀量	①地层横向变化不能太大；②趋势厚度无法估算平行不整合面的地层剥蚀量	区域性剥蚀面清楚可靠，在地震剖面上极易辨认。各时代地层厚度变化比较均匀，地层倾角较小有一定的适用性
	地层厚度比值法			
	地震结构外延和相关变形法			
	地震地层综合法			
地热指标法	磷灰石裂变径迹分析法	①能够很好地反映盆地的演化历史；②适用范围广	①磷灰石钻井和测试资料往往非常有限；②必须有足够的 Ro 实测数据；③保证剥蚀掉的地层厚度大于现在上覆地层的厚度；④断层错动、岩浆侵入等因素影响计算结果	在塔里木这样大型叠合、复合、后期复杂演化的盆地内，准确获取这些定量指标较困难，应用这些定量指标进行沉降史、埋藏史、剥蚀史的恢复将是特别困难的工作，适用性不大
	镜质体反射率法	资料比较容易获取，操作较为简单，是常用的方法之一		
	流体包裹体法	①无论资料多少，得到的结果都可信；②存在多期剥蚀时，可以方便地计算每个不整合面的剥蚀量	（古）地表温度参数难以精确，实际操作中存在很大困难	
	伊利石结晶度法	适用于勘探程度较低，地层剥蚀量恢复的资料极少的地区	①仅适用于已发生成岩变质和低级变质的地层；②已剥蚀的地层是否是一套单一的地层	
测井技术法	声波时差法	获取资料迅速、简单易行，特别适用于剥蚀量较大而埋藏较浅的地层	①剥蚀前的压实效应是否被后沉积的地层所改造；②是否存在异常压力带；③是否次生孔隙发育或矿物成岩作用明显；④孔隙度资料是否校正	地层埋藏深度大、频繁发生多期剥蚀、后期改造明显。此方法并不适用
	优化孔隙度法			

（续表）

分类	方法名称	优点	准确性影响因素	塔里木盆地适用性
沉积分析法	沉积速率分析法	能求出研究区的平均剥蚀速率	①沉积速率的准确性； ②不整合面的时间跨度及上下地层年龄	对于塔里木盆地多期剥蚀且钻井资料不均的复杂地质背景，很难获得全区适用的波动方程。
	沉积波动分析法	①给出量化的概念； ②能研究不整合的形成过程； ③可以回答在长时间的地层缺失过程中是否有过沉积	①地层划分是否足够准确、细致； ②各地层单位地质年代界线是否准确； ③沉积速率的计算是否准确	

2.3.2 趋势厚度法剥蚀恢复原理及剥蚀量计算

1. 趋势厚度法剥蚀恢复的可行性分析

塔里木盆地幅员辽阔，隆坳格局分布明显，隆起常常与断褶、挤压变形作用有关，隆起区与洼陷区之间的地震反射特征明显，因此采用趋势厚度法恢复不整合的剥蚀厚度较为有效。趋势厚度法是通过地震剖面、连井剖面恢复被剥蚀前的地层几何形态，进而估算地层的剥蚀厚度。这种剥蚀量的估算方法是在精细解释地震剖面的基础上，识别主要不整合界面，根据靠近不整合界面的未被剥蚀的地层界面的发育特征、延伸趋势、断裂切割关系、褶皱变形特征等地层要素的特点，按照相关变形特征和延伸趋势，恢复被剥蚀前地层的形态、发育特征和分布趋势，计算恢复后的地层界面与不整合界面（剥蚀面）之间的距离，作为被剥蚀掉的地层厚度，即为剥蚀量。该方法是目前公认的对塔里木盆地剥蚀恢复最简单最有效的方法。

2. 趋势厚度法原理简介

趋势厚度法主要是考虑到地层在原始发育状态下是不可能等厚的，一般而言，由盆地原型中心向边缘逐渐变薄直至尖灭。特殊情况下，在盆地的一侧发育沉降带，但是总会向盆地边缘变薄（除了某些盆地的断裂边缘有时陡然截断）。其方法原理如图 2-22 所示。

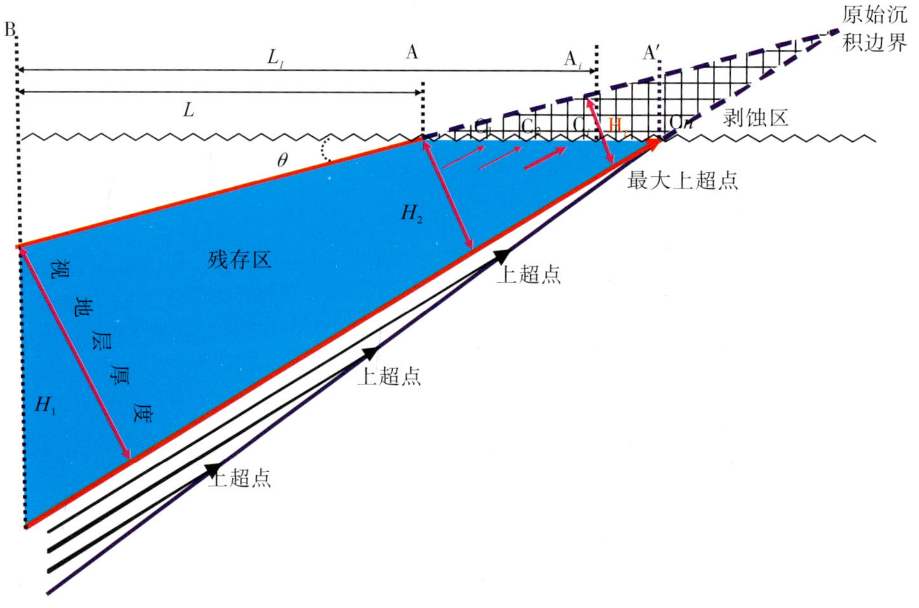

图 2-22 趋势厚度法基本原理图解

（1）找出地层剥蚀原点 A（内剥点）最大剥蚀点（A′）。实际上，由于地震剖面长度限制，不一定能找到未剥蚀地层和剥蚀地层的准确界面，一般找到的是地震剖面上最接近盆地中心的那个视剥蚀点 A 为剥蚀原点。目标层底界一般上延到剥蚀线的交点为最大剥蚀点，但考虑到沉积相的变化导致地层在底界面的上超，引起地层厚度的变化，这个厚度变化应该去除，因此选取最大上超点（靠近剥蚀线的上超点）为最大剥蚀点（A′）。

（2）确定地层变薄率。由 A 向盆地方向找出地层厚度相对稳定变化的视层段，即可以可靠识别的层段，并确定地层厚度变化起点 B 点。设 AB 的距离为 L、A 点和 B 点下视层段厚度分别为 H_2 和 H_1，利用以下公式求出变薄率 K

$$K=(H_1-H_2)/L*\cos\theta\times 100\%$$

式中，θ 为视层段顶界与上覆地层之间的夹角。

H_1 和 H_2 均是视原始层段厚度，即认为它是未被剥蚀的。但是，当受剖面长度范围限制时，实际上 H_2 也可能曾遭受剥蚀，而在剖面上不可识别。此时，一是利用区域资料进行落实，二是选取其下方准确的未剥蚀层段。

视原始厚度 H_1 在剖面上显示未被剥蚀，但实际上可能曾被剥蚀。如区域资料可定出更可靠的原始厚度，应用区域资料校正，若无其他办法，可将其暂时看成未被剥蚀的视原始厚度，而不能作为准确的地质含义上的地层原始厚度。

（3）计算剥蚀地段原始厚度（H_i）。由视剥蚀原点 A 向被剥蚀地段确定求算点 C_1，C_2，C_3，…，C_n 和各点到 B 的距离 L_1，L_2，L_3，…，L_n。利用公式

$$H_i=H_1-K\times L_i\cos\theta\ (i=1, 2, 3, \cdots, n)$$

求出各点地层原始厚度。

（4）求算剥蚀厚度。利用各点的原始厚度（H_i）减去各点的残留厚度（h_i），即得出各点的剥蚀厚度（HB_i）

$$HB_i=H_i-h_i\ (i=1, 2, 3, \cdots, n)$$

（5）剥蚀量的闭合校正。由于测线长度和质量不同，所以剥蚀量的取点过程中，选取的第一个剥蚀点会相对受到影响，出现偏差。为了校正由于剥蚀点选取误差引起的区域剥蚀厚度不闭合的现象，可以采取剥蚀量的闭合校正。该方法的基本思路是在消除沉积速率的影响后，从不同方向求取的剥蚀量在理论上是一致的。假定剥蚀地层在一定区域内厚度变化不大，校正的结果应该是剥蚀量的闭合。为了更趋近于真实量，首先对各条测线求取的剥蚀量进行对比，结合构造条件、沉积特征，选择反射品质好，削截点清晰可靠，第一个削蚀点离非剥蚀点最近并且与区域构造走向大致垂直和平行的剖面连接起来构成的基准线，由两条基准线组成一个“十”字架，其上的剥蚀量基本上可以代表真正的剥蚀量。确立了基准线后，首先应该逐个检查削截点是否合理，剥蚀量计算是否正确等。确定正确后，对比两条剖面相交点的剥蚀量，如果相同则剥蚀量可靠，否则，继续查找原因。一般而言，基线应该以第一个削截点离非剥蚀区最近且剥蚀量求取精度高的剖面的剥蚀量为准。这条基线在交点处的剥蚀量大于另一条基准线在该处的剥蚀量，剥蚀量小的基准线各点处的剥蚀量加上两条基准线在交点处的差值后，建立起来剥蚀量闭合后的基准格架，用来校正其他与格架靠近的测线的剥蚀量，以达到剥蚀量的全区闭合。

3. 趋势厚度法地震剖面计算剥蚀量一般步骤

在地震剖面上利用趋势厚度法求取剥蚀量的具体实现步骤如下：

（1）精细解释地震剖面，识别和追踪不整合界面，解释断裂、褶皱的发育特征等，分析不整合界面的削蚀特征。依据地震剖面、结合钻井资料进行综合的构造-地层解释，追踪不整合面分布，进行不整合面的纵、横向闭合检查。

（2）从区域上分析隆起带的地层分布特征，确定地层由于隆起、地层上超和沉降速率变小造成的沉积变薄和原始地层厚度的变化趋势。根据精细的地震剖面解释，建立不整合面下残存地层的结构和几何形

态。准确确定原始地层上超点、剥蚀点，并进行区域对比追踪。

(3) 依据上述计算原理，计算出基干剖面目标层位的原始厚度，减去现今厚度获取目的层的剥蚀厚度。

(4) 对基干剖面的剥蚀数据进行闭合分析，依据残存地层中的构造样式外推被剥蚀地层中的构造（断裂）组合样式和相关褶皱的变形关系，根据恢复的被剥蚀地层的构造样式，检查不合理的剥蚀异常，精确恢复上覆被剥蚀地层的分布。

4. 趋势厚度法平面计算剥蚀量方法步骤

通过地震剖面直接计算剥蚀量，对于研究区面积小，地震测井较少且分布均匀时效果较好。但对于本项目针对的是整个塔里木盆地，地震测线众多且长度大，地质复杂多变，不仅剥蚀解释工作量大，计算量也巨大。因此本次研究选择在地震骨干剖面上确定原始沉积边界的基础上，再结合研究区各时代的残余厚度图进行沉积厚度趋势外推，从而进行剥蚀厚度恢复。具体步骤为：

(1) 首先对覆盖整个塔里木盆地的中国石油化工股份有限公司（简称中石化）7 条和中国石油天然气集团公司（简称中石油）20 条区域地震剖面（图 2-23）进行不整合追踪解释的基础上，识别和对比不整合界面和剥蚀特征，确定起剥点。依据上述原理，对 7 条中石化区域地质大剖面计算出各剖面目标层位的剥蚀厚度，并进行剥蚀闭合（图 2-24），从而确定出原始沉积边界，作为趋势厚度计算的控制边界。

(2) 去除起剥点到最大上超点间的厚度点。这些数据点不满足趋势原理（图 2-22）。

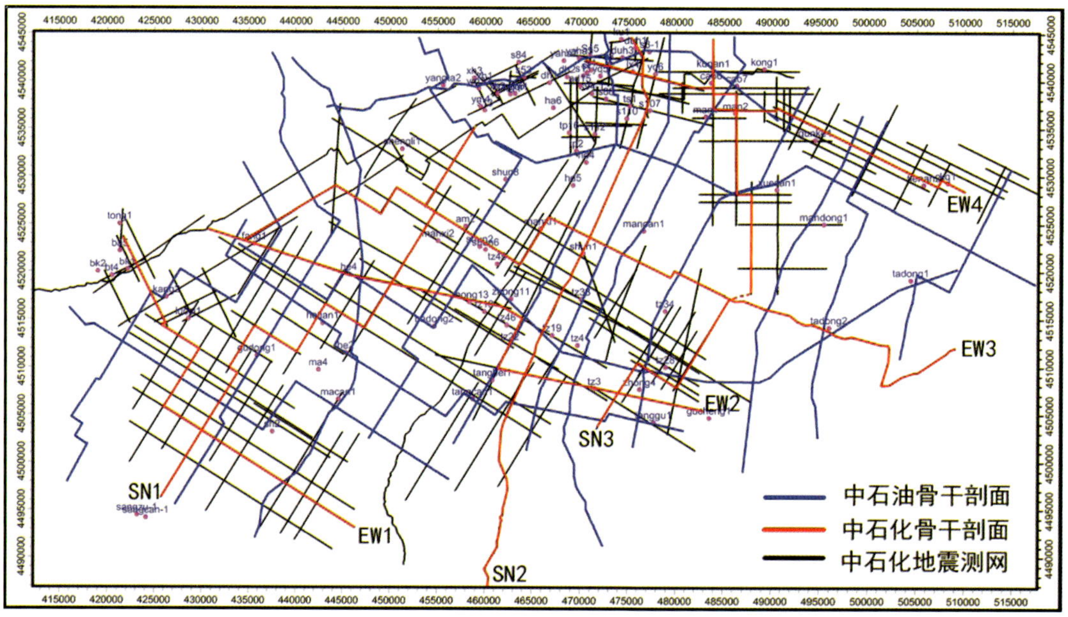

图 2-23　区域骨干剖面位置图

(3) 按多项式趋势面计算公式计算原始厚度和剥蚀厚度。其计算公式为

$$\hat{Z}_i=b_0+b_1x_i+b_2y_i+b_3x_i^2+b_4x_iy_i+b_5y_i^2+\cdots$$

一般取两次趋势面，则有

$$\hat{Z}_i=b_0+b_1x_i+b_2y_i+b_3x_i^2+b_4x_iy_i+b_5y_i^2+\cdots$$

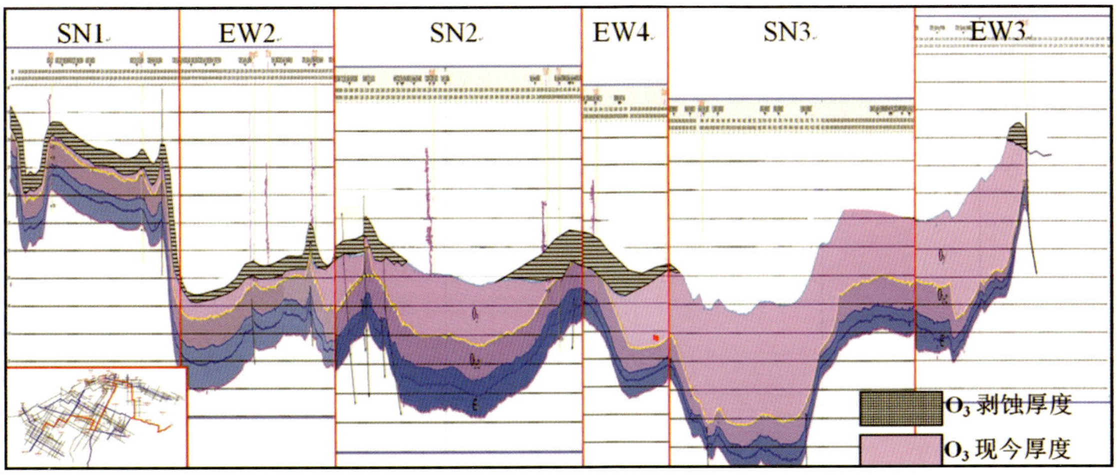

图 2-24　塔里木盆地区域骨干大剖面 O_3 剥蚀地质解释闭合图

式中，$\hat{Z}_i$ 为（x_i，y_i）处的趋势值；b_i 为待定系数。

利用现在残存厚度值按最小二乘法求出实际厚度与趋势厚度的误差，达到最小时，则可获取以下矩阵，求出 b_i。

$$\begin{bmatrix} \sum 1 & \sum x & \sum y & \sum x^2 & \sum xy & \sum y^2 \\ \sum x & \sum x^2 & \sum xy & \sum x^3 & \sum x^2 y & \sum xy^2 \\ \sum y & \sum xy & \sum y^2 & \sum x^2 y & \sum xy^2 & \sum y^3 \\ \sum x^2 & \sum x^3 & \sum x^2 y & \sum x^4 & \sum x^3 y & \sum x^2 y^2 \\ \sum xy & \sum x^2 y & \sum xy^2 & \sum x^3 y & \sum x^2 y^2 & \sum xy^3 \\ \sum y^2 & \sum xy^2 & \sum y^3 & \sum x^2 y^2 & \sum xy^3 & \sum y^4 \end{bmatrix} \begin{bmatrix} b_0 \\ b_1 \\ b_2 \\ b_3 \\ b_4 \\ b_5 \end{bmatrix} = \begin{bmatrix} \sum Z \\ \sum xZ \\ \sum yZ \\ \sum x^2 Z \\ \sum xyZ \\ \sum y^2 Z \end{bmatrix}$$

式中，Z 为现今残存厚度。代入上式则求出原始沉积厚度 $\hat{Z}_i$，此值减去现今厚度即可获得剥蚀厚度。

依据上述原理，计算出塔里木盆地内 O_3、S-D_2、C、P、T、K 六个重要地质时期的原始地层厚度和剥蚀量。

2.3.3　盆地主要层位的剥蚀特征

塔里木盆地中的 O_3、S-D_2、C、P、T、K 六个层系，分别代表着加里东中期、加里东晚期—海西早期、海西中期、海西末期、印支期、燕山晚期的构造运动，它们对油气成藏有着极大的影响和作用。本次研究根据趋势厚度法计算出这六大层系的剥蚀量，并经过网格化形成了剥蚀量平面分布图（图 2-25～图 2-30）。

需要注意，剥蚀量大小受原始沉积背景、沉积厚度和构造运动等多重因素的共同制约。

1. 上奥陶统（O_3）剥蚀特征

中、晚奥陶世的构造变革，导致盆地构造格局出现强烈的分异变化，原盆地的地球动力学背景发生了从张性向挤压背景的重大变化，周缘的挤压、逆冲造山导致的周边构造古地理背景的变化，结束了塔里木盆地碳酸盐岩台地和斜坡的发育历史。

在奥陶纪末期的加里东中期运动，使塔里木盆地遭受了强烈的挤压抬升，此时期塔里木盆地除满加尔坳陷未遭受剥蚀外，其余地区均遭受了不同程度的剥蚀，剥蚀厚度达 0～3500m（图 2-25）。此时期剥蚀主要集中在盆地北缘，如塔北地区剥蚀量普遍达到 2000～3500m，反映塔北地区曾经遭受强烈的构造运动抬升剥蚀。在塔西麦盖提斜坡地带和东南且末-民丰断裂一线，剥蚀量也达到 1500～2500m，反映出该地区构造运动强烈。值得注意的是卡塔克地区和塔西南局部地区剥蚀量较小，为 500～1000m，可能是此时期塔中与和田古隆起已经形成，因沉积较薄而使剥蚀量偏小。环满加尔坳陷上剥蚀量普遍较小，为 0～700m，反映出此时期构造运动由周缘向盆地内逐级减弱的特征。剥蚀量的大小与断裂活动关系也极为明显，如且末-民丰断裂带、铁克里克断裂带、轮台断裂带、塔中断裂带控制范围内，剥蚀量一般都较大。

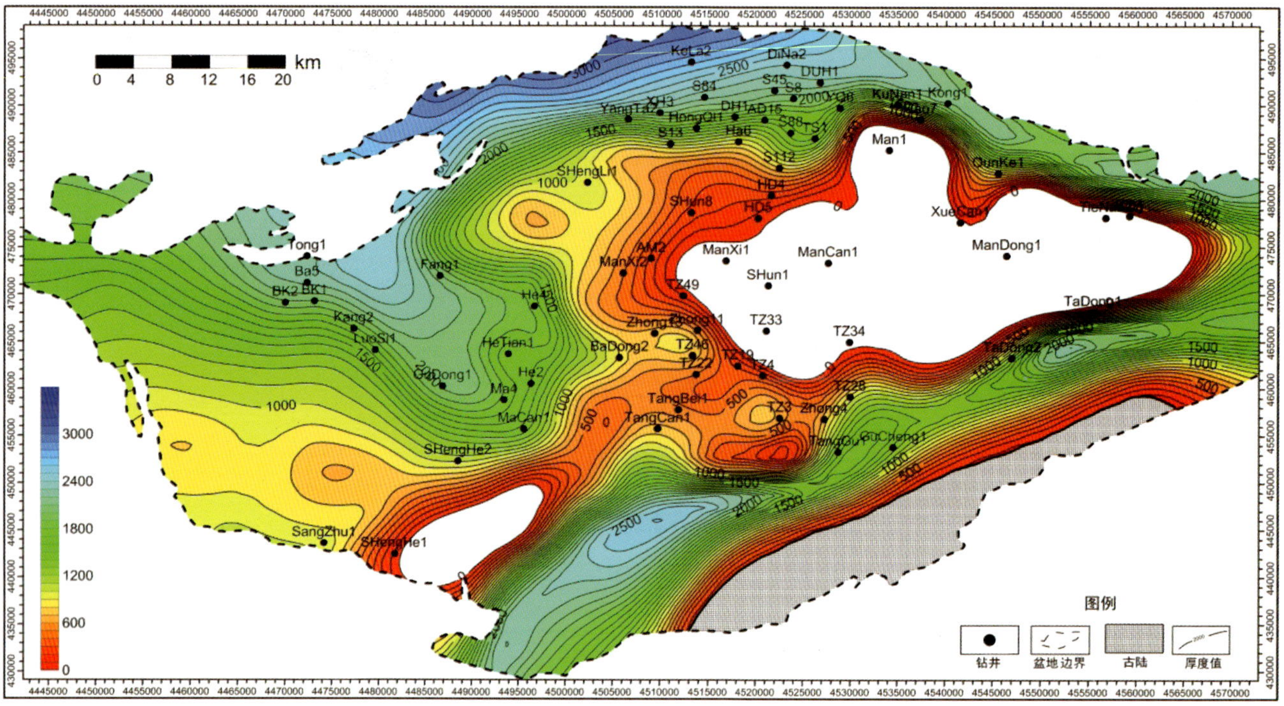

图 2-25　塔里木盆地上奥陶统剥蚀量平面分布图

2. 志留系—中下泥盆统（S-D_2）剥蚀特征

加里东运动晚期到海西运动早期，塔里木盆地再一次受到近南北向的挤压，使盆地受到了不同程度的剥蚀。剥蚀总体面貌呈东西向展布，剥蚀厚度从 0～700m 不等（图 2-26），除满加尔坳陷和阿瓦提坳陷没有剥蚀外，其他有几个剥蚀比较厚的地区，其中塔北、巴楚地区剥蚀量最大，为 500～700m，这主要是由构造抬升所致。塔西南与塘古孜巴斯地区可能沉积较厚，后期抬升后剥蚀量也比较大，为 300～500m。其余地区剥蚀量较小，为 0～200m。

3. 石炭系（C）剥蚀特征

在经历海西早期的剧烈抬升运动之后，盆地趋于平静，晚泥盆世从西往东超覆进入盆地并填平补充，石炭系地层沉积相对均匀。该时期构造运动较弱，剥蚀量总体较小，为 0～350m（图 2-27），且仅在局部地区有剥蚀现象，塘古孜巴斯坳陷剥蚀量最大，为 250～350m，可能与该地区沉积较厚有关。麦盖提斜坡-和田与阿克苏-古城墟两个地带有相对较厚的剥蚀长条，剥蚀量为 150～225m。满加尔坳陷、阿瓦提坳陷和塘古孜巴斯北部地区，基本没有剥蚀。

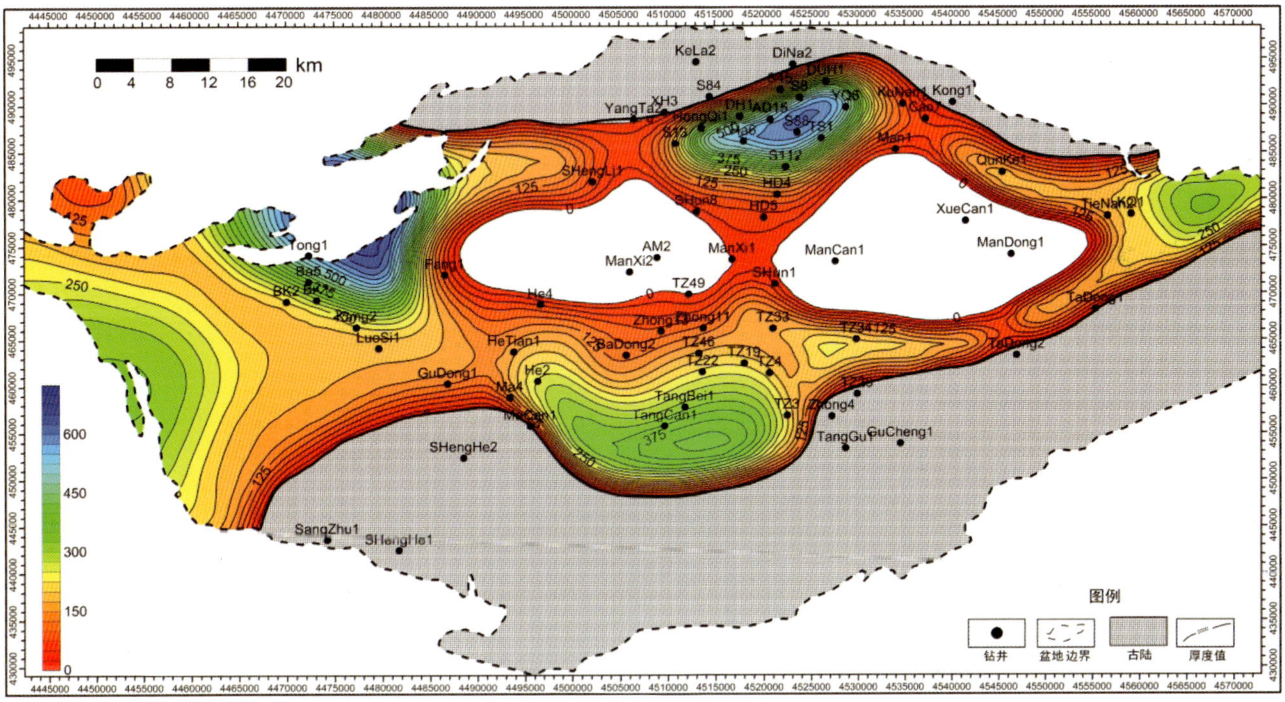

图 2-26　塔里木盆地志留系—中下泥盆统剥蚀量平面分布图

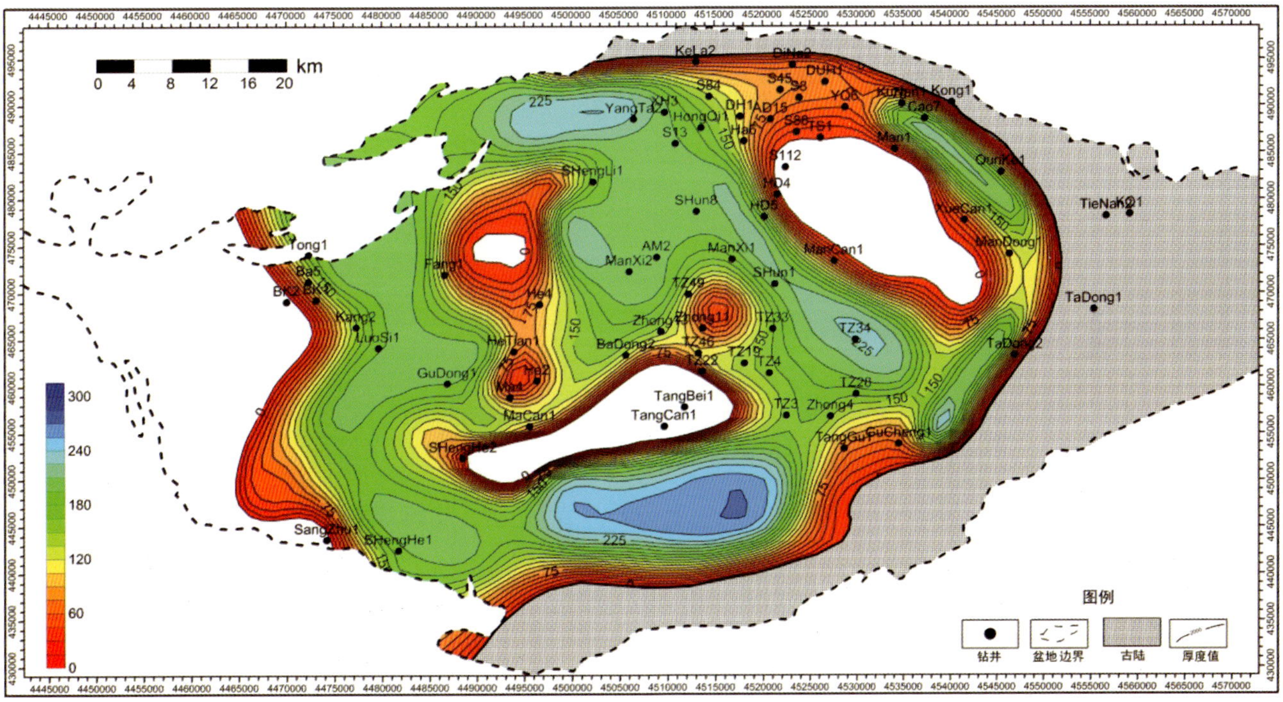

图 2-27　塔里木盆地石炭系剥蚀量平面分布图

4. 二叠系（P）剥蚀特征

海西晚期强烈的挤压作用，使塔里木盆地二叠系地层除东部地区为古陆外都遭受到剥蚀，剥蚀量为 0～950m。整体剥蚀面貌具中间小四周大的特点（图 2-28），中部地区剥蚀量较小，为 0～200m。在塔西地区与塔东地区，有两个剥蚀相对较大的条带：巴楚-普泽一线，剥蚀量为 400～900m，这些地区本来沉积较厚，地区抬升后剥蚀量较大。塔东地区由于构造运动相对较强，地区抬升更大，剥蚀量相对也较大，为 500～700m。

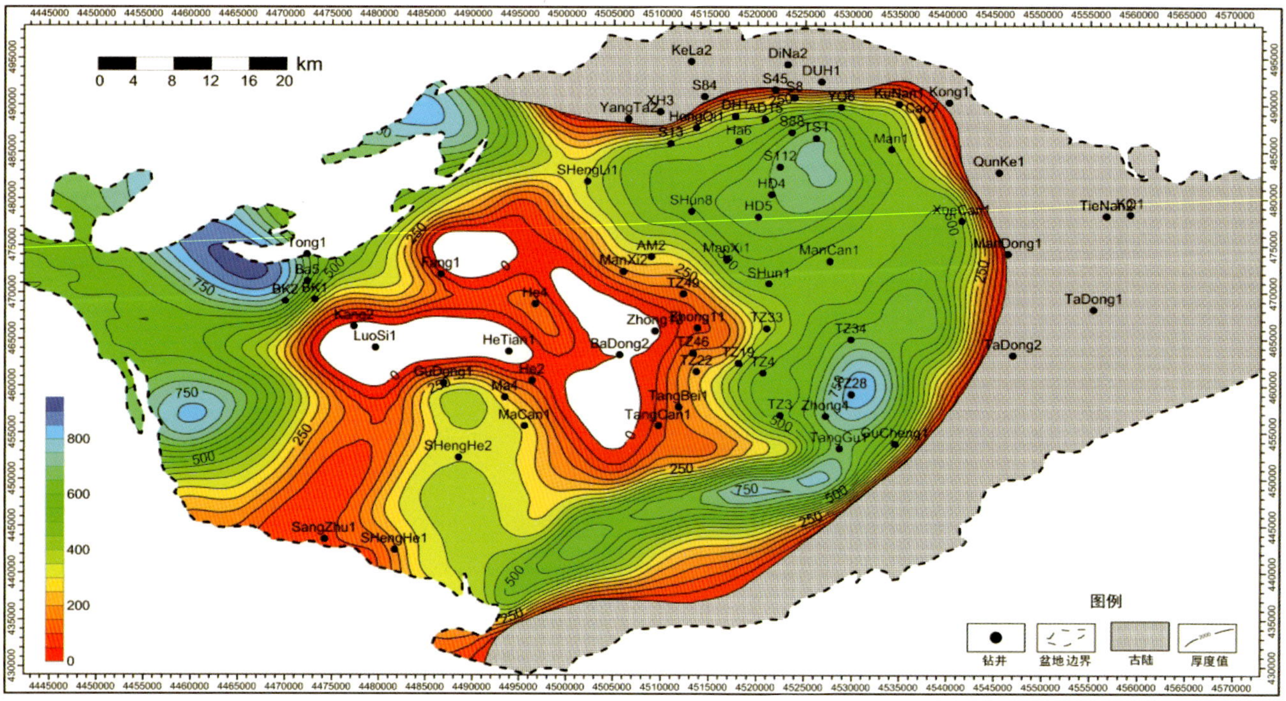

图 2-28　塔里木盆地二叠系剥蚀量平面分布图

5. 三叠系（T）剥蚀特征

塔里木板块自三叠纪以来处于欧亚大陆内部，欧亚大陆南缘的一系列构造事件对盆地的形成与演化产生了深刻的影响。早三叠世，古特提斯洋向北的俯冲作用加剧，盆地西部地区、祁漫塔格地区隆起，这样盆地为其周缘隆起围限，沉积局限于坳陷内，即现今盆地的中部和北部边缘。到晚三叠世，随着南侧碰撞事件的发生，挤压作用达到高潮，盆地表现出强烈的隆升与剥蚀。所以三叠系剥蚀主要发生在南北两侧（图 2-29）。其中南侧剥蚀量最大，为 300～550m；北侧剥蚀量相对较小，为 300～400m。中部基本没有剥蚀。

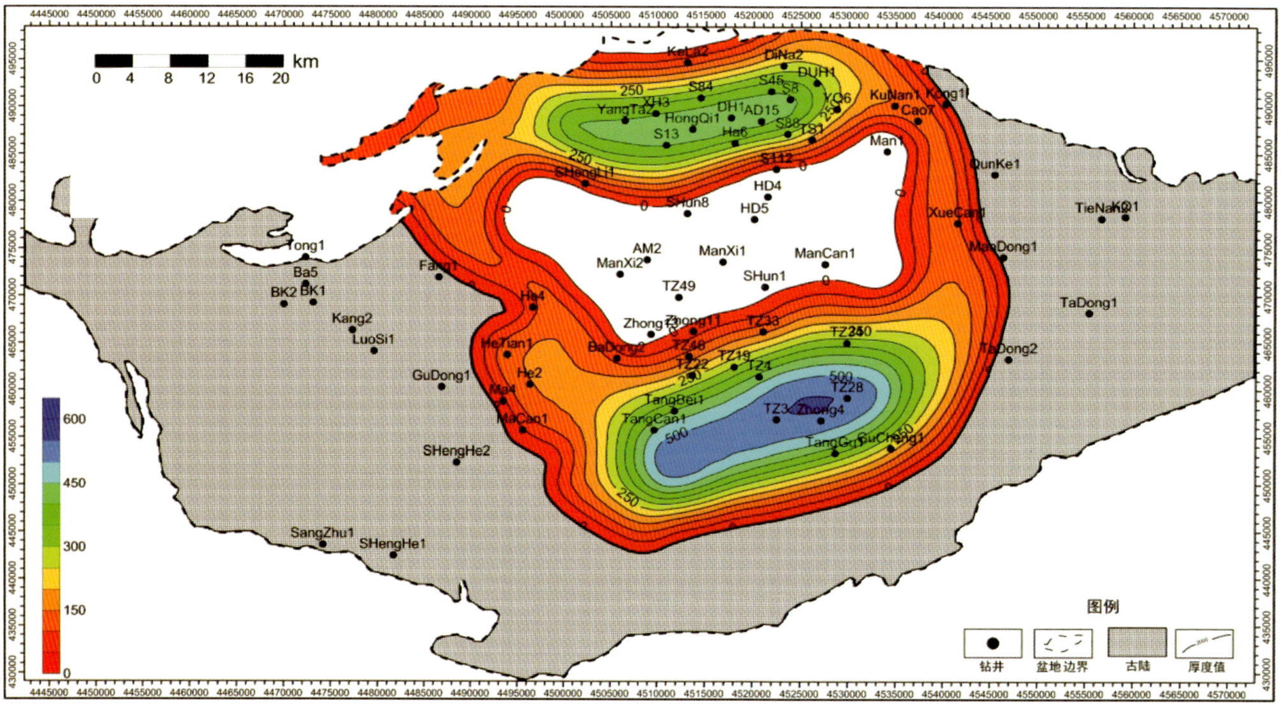

图 2-29　塔里木盆地三叠系剥蚀量平面分布图

6. 白垩系（K）剥蚀特征

白垩系晚期，为燕山运动末期到喜山运动早期阶段，此时期的剥蚀有两小两大相间特征（图 2-30）。塔西地区与阿克苏-且末一线剥蚀量较大，平面上呈 NW-SE 向，剥蚀厚度在 350～650m。满加尔地区构造影响小，基本没有剥蚀，巴楚-民丰一线由于为古陆没有接受沉积，因而不存在白垩系的剥蚀。在剥蚀零区往外围地区剥蚀量逐渐增大。

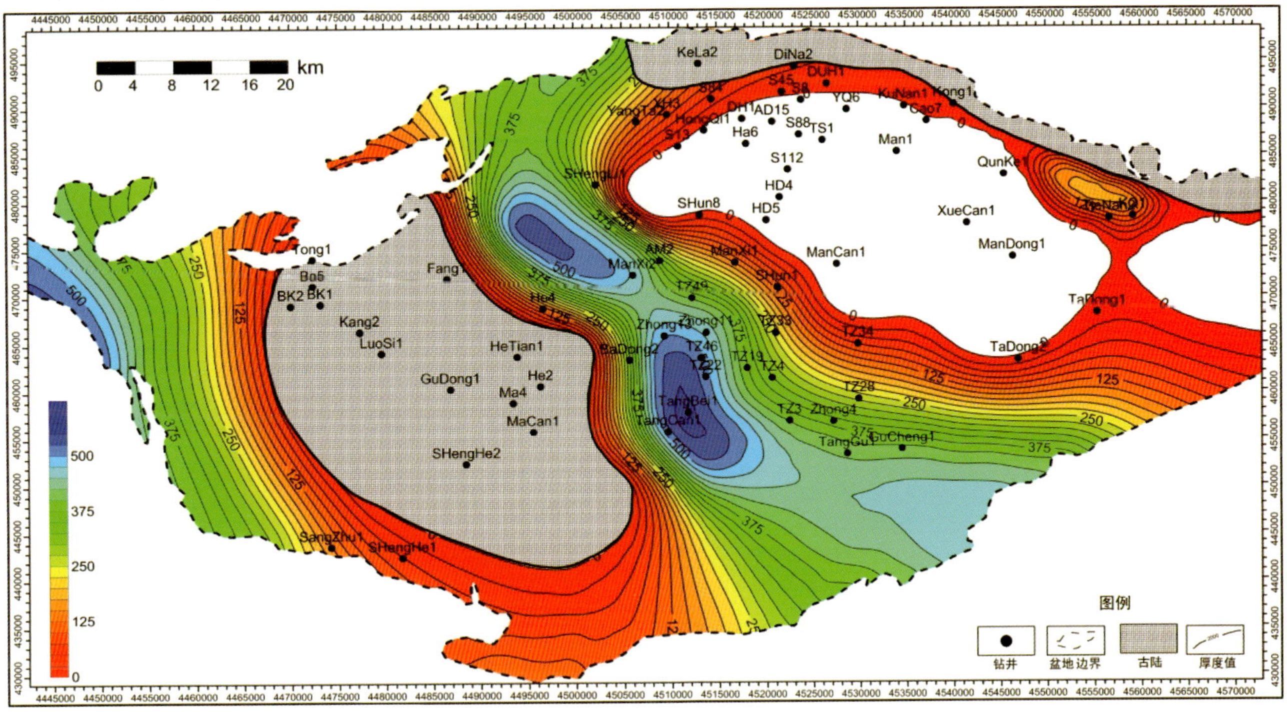

图 2-30　塔里木盆地白垩系剥蚀量平面分布图

2.3.4　塔里木盆地主要层位原始古地貌特征

通过厚度趋势法，可以计算出 O_3-K 层位的原始沉积厚度，该厚度基本可以反映出该时期底界面的原始古地貌特征。这些古地貌特征对了解构造运动、沉积发育特征和油气评价有积极意义。

1. 上奥陶统底界（O_3）古地貌特征

从上奥陶统原始沉积厚度图可以看出，其底界（实际上也是中下奥陶统顶界面）呈现出“三隆四洼”的古地貌特征（图 2-31）。隆起有塔西南的和田古隆起、塔中古隆起和塔北古隆起。其中和田古隆起规模最大，平面近 SE-NW 向展布，隆起幅度高可达 700m 左右（假定塔西南边缘能圈闭）。塔中古隆起主体平面呈 NW-SE 向，往北有一高点（顺南古隆），平面呈近 S-N 向。塔北古隆起平面呈 NE-SE 向，闭合高度可达 500m。这三个古隆起是目前中石化西北油气分公司油气勘探与开发的主体区域。围绕古隆起的分别为满加尔及塘古孜巴斯坳陷、巴楚和塔北库车四个古洼地。

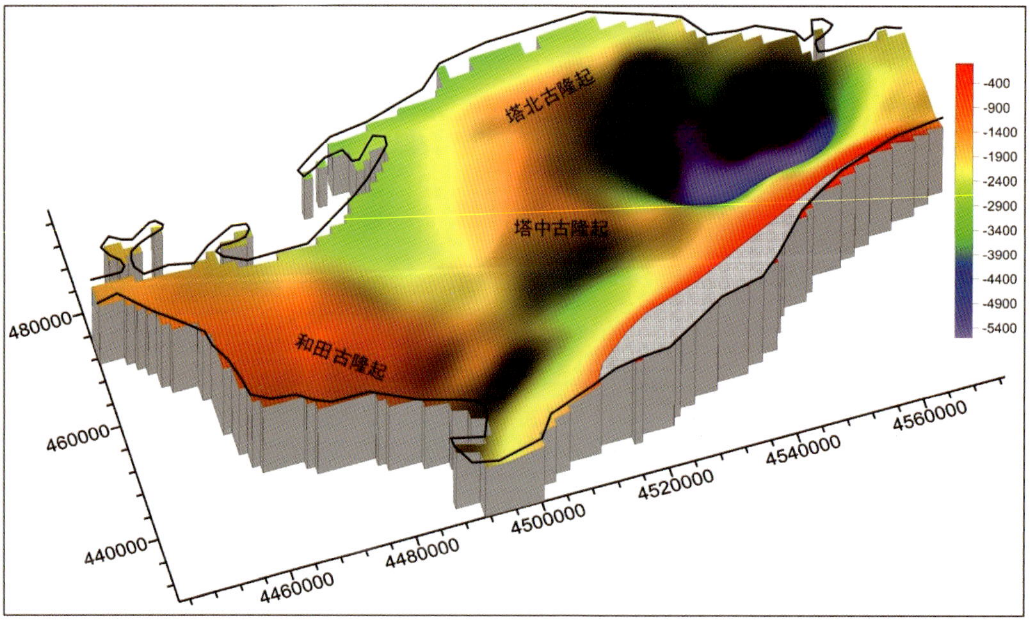

图 2-31　塔里木盆地下奥陶统底界古地貌图

2. 志留系—中下泥盆统底界（S-D_2）古地貌特征

志留系原始厚度显示出志留系总体表现为一个具有 E-W 向且南北高中间低的古地貌特征（图 2-32）。典型的古隆起有中部的塔中古隆起（古鼻突）、顺南古高点。前者 NW-SE 向延伸，后者呈南北向，隆起幅度 100m。另外和田古隆起分叉分别向和田和泽普方向呈鼻状延伸。其中部所具有的西高东低的古地貌为后期沉积从西向东演进提供了基础。

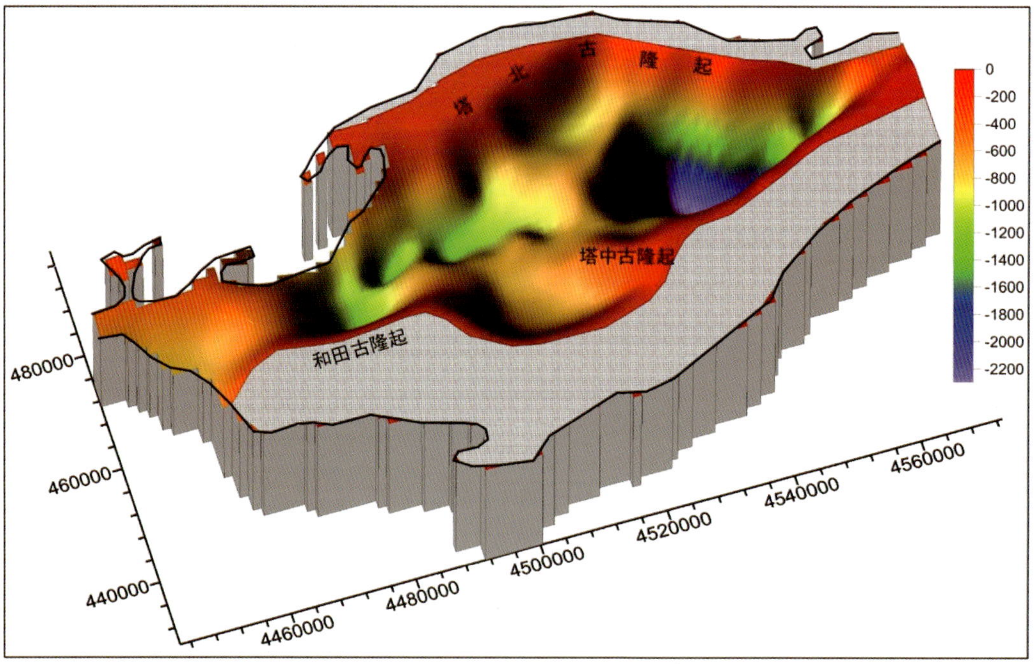

图 2-32　塔里木盆地志留系—中下泥盆统底界古地貌图

3. 石炭系底界（C）古地貌特征

泥盆纪后期海西早期运动使前期地层遭受强烈剥蚀后，整体地貌呈东高西低格局，虽然晚泥盆统东河塘组从西向东沉积有一定填平补齐，但石炭系原始厚度显示出其底仍具有东高西低、南北高中间低的古地貌特征（图 2-33）。地势相对平坦，典型的古隆起有和田鼻突往北的一古隆起，平面上 NE-SW 向延伸，隆起幅度 50m 左右。在塔中地区往顺南的 NW-SE 方向上有大小不一的多个小型古隆起，但平面范围较小。在巴楚地区已经有一个古鼻突，平面呈 NW-SE 向延伸，往东南有一幅度 100m 左右的古隆起，在其南侧还有一呈 NE-SE 向延伸的古高地，隆起幅度 100m 左右。

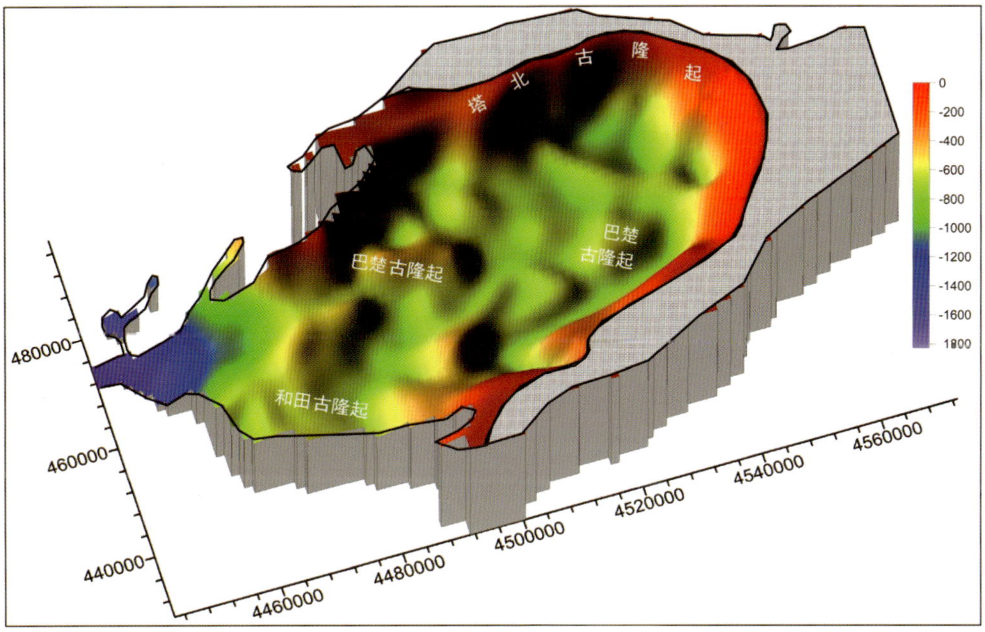

图 2-33　塔里木盆地石炭系底界古地貌图

4. 二叠系底界（P）古地貌特征

二叠系沉积后，其底部特征与前期石炭系底古地貌相似，总体表现为东高西低的特征，此时期和田古隆起仍然存在，平面为 NW-SE 向延伸，幅度明显减少。塔中古隆起平面为一孤立高点，隆起幅度相对前期地貌明显减少。但巴楚古隆起的隆起幅度明显变大（图 2-34）。塔中北侧的古城墟古隆起在石炭系底已有雏形，但在此时期幅度明显变大。

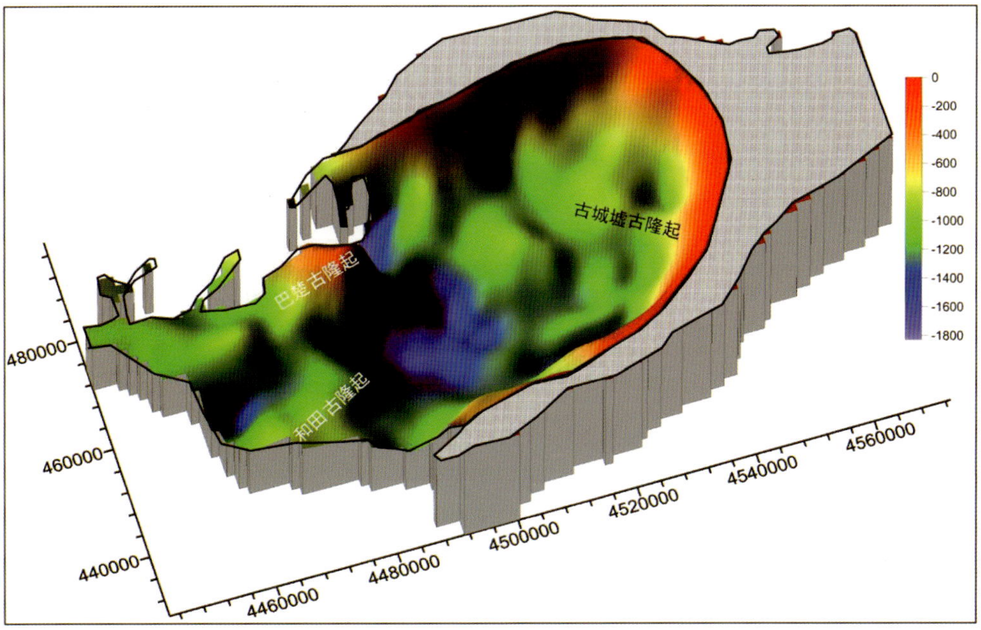

图 2-34　塔里木盆地二叠系底界古地貌图

5. 三叠系底界（T）古地貌特征

由于二叠纪末期发生的海西晚期运动的强大影响，前期沉积大多被抬升剥蚀，三叠系仅在盆地中部有所沉积，平面上三叠系底界总体有四周高中间低特点，同时有 E-W 向“两隆三洼”的古地貌特征（图 2-35）。塔北及塔中 E-W 向古隆起，洼地为北边界的库车、中部满加尔-阿互提、南部塘古孜巴斯古洼地。

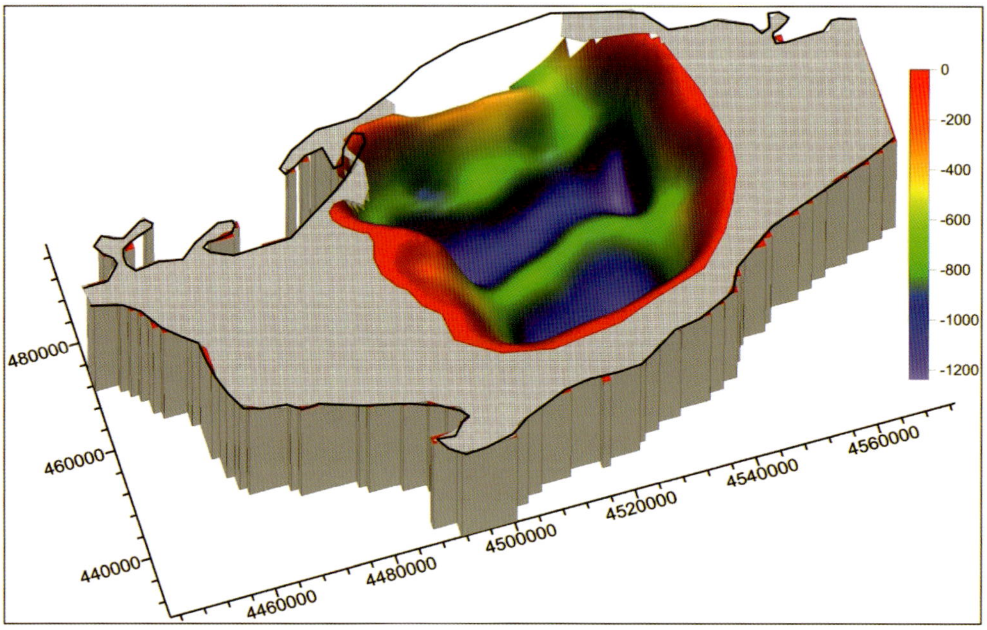

图 2-35　塔里木盆地三叠系底界古地貌图

6. 白垩系底界（K）古地貌特征

从白垩系原始厚度图上可以看出，白垩系底界具有明显的中西部高两边低的古地貌特征（图 2-36）。巴楚-麦盖提斜坡为出露区，以此分界往两边呈斜坡降低。往古斜坡陡，往东为缓慢降低，在塔中形成台阶，并在局部地区形成古高地。最后在轮台-孔雀河一线以南形成最低洼地。

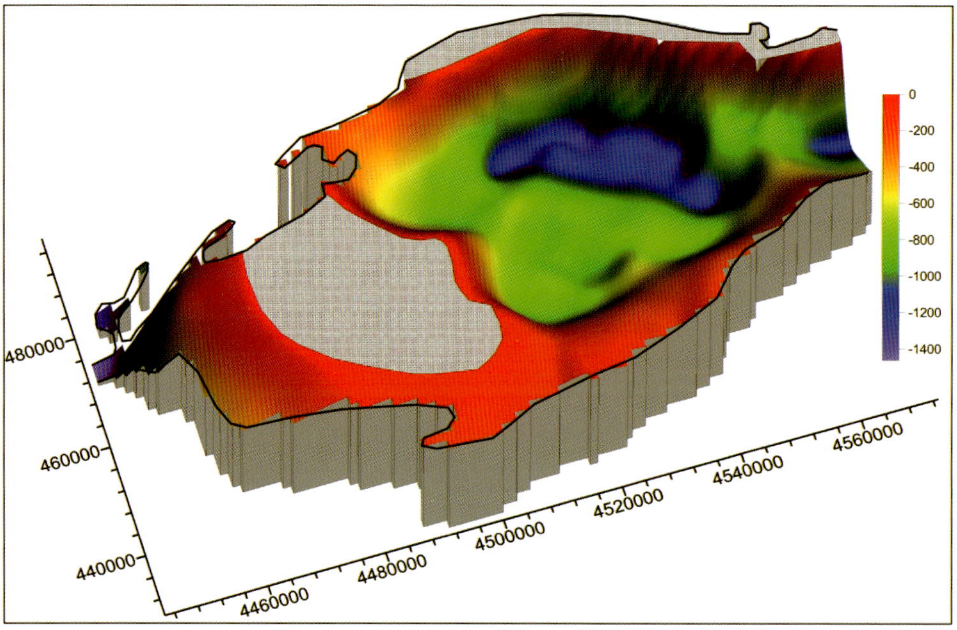

图 2-36　塔里木盆地白垩系底界古地貌图

早白垩世，主要发育了塔东（满加尔）坳陷与塔西南盆地。前者呈 NW-SE 向。中间则由于塔西南古陆的存在与塔西南盆地分隔。在塔西南地区，塔西南盆地与北部费尔干纳盆地和西边塔吉克盆地相通，形成一个统一的塔吉克-塔西南盆地。盆地由于进一步坳陷和海平面上升而不断扩大，海水由西边进入，同时西昆仑作为一个屏障把塔西海盆与南边海域相隔开。

2.3.5　塔里木盆地主要层位古构造演化特征

古构造是指在今构造形成之前的历次构造运动中所形成的或继承性发展起来的古隆起、古背斜、古断块、古潜山等构造。古构造，特别是与油气生成、运移高峰期适时匹配形成的古构造，不仅为古油气的运移指明方向，而且能为古油气的聚集成藏提供必要的条件和场所，控制了古油气藏的形成与分布，对现今油气藏形成与分布也有重要影响。

长期的油气勘探实践表明：油气藏的形成是一个漫长而复杂的过程，是受油气生成、运移、聚集、储层、圈闭和保存条件等多种因素控制的，是这些因素在时间上、空间上互相影响，适时配合，共同作用的结果。在影响和控制油气藏形成分布的诸多因素中，古构造的形成演化是其中重要的因素之一。

古构造研究由来已久，早在 20 世纪四五十年代，苏联石油地质学家奈曼、马什科维奇等发展了“宝塔图”古构造分析方法，并以此方法对高加索、西西伯利亚等单旋回地台盆地进行了系统的古构造分析，取得了一定的成功。Dahlstrom 等于 1969 年提出了平衡剖面的概念。Roeder 和 Witherspoon（1978）利用平衡剖面技术重塑了田纳西州东部的岩相古地理，并探讨了利用复原的剖面研究褶皱和逆掩构造区生、储、盖组合原始分布空间的可行性。而 Suppe（1983），Shaw 和 Suppe（1996），Rowan（2000）等进一步发展了平衡剖面古构造恢复的思想，不仅定量研究了古构造的变形过程，还探讨了古构造圈闭演化过程中局部变形带的空间分布特点。用这些方法恢复古构造，往往未能考虑古剥蚀作用后的古侵蚀面上是否存在侵蚀洼地和残丘，是否近于水平等因素，它有可能把一个侵蚀洼地或沉积减薄区恢复为一个古构造高。

目前古构造分析广泛采用的标志层厚度分析法将标志层与研究目的层之间的地层厚度，视为标志层沉积时期该目的层相对于标志层的古埋深值（即古构造形态）。其基本原理是：当盆地接受沉积时，各类沉积物在水体中的沉积深度基本保持一致（岩性稳定），当地壳持续下沉时，沉积物进行相应补偿，地层沉积厚度与地壳沉降幅度相一致，即沉积-沉降补偿一致。这种情况在沉积比较稳定的海盆或湖盆地区是存在的。但该方法不能真实地反映出古构造值，只是古构造形态的一种定量参考值，不能准确描述目的层在地史中真实的展布特征。恢复古剥蚀厚度是古构造恢复的核心问题，古剥蚀量恢复是多旋回盆地古构造研究定量化的关键。因此本次研究以前面介绍的剥蚀量计算为前提，以原始沉积面为基准面，研究某一时期在原始沉积状态下下伏地层的构造形态，此方法可以获得比标志层厚度分析法更为准确真实的古构造特征（图 2-37）。

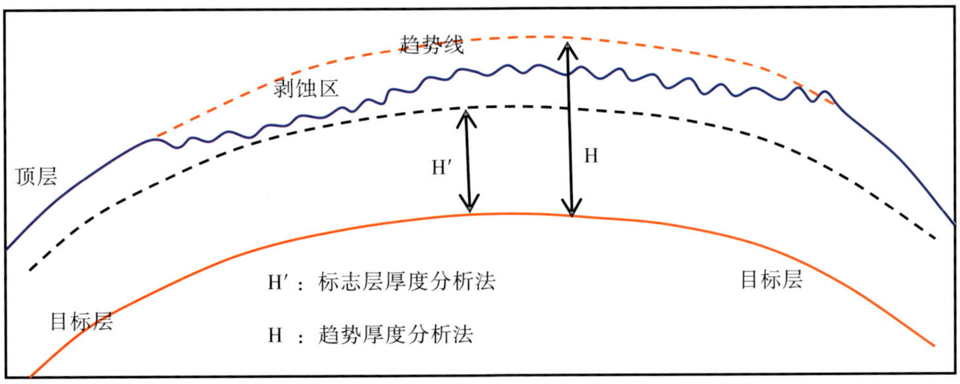

图 2-37　古构造分析的地层厚度求取方法对比

本次研究对 O_3、S-D_2、C、P、T、K 六个层系进行了剥蚀恢复，获得了这六个层位的原始沉积厚度图，以此为基准面，加上各期次的残存厚度，可分别代表加里东中期、加里东晚期、海西早期、海西晚期、海西末期、印支期的古构造演化特征。

1. 奥陶系底界（T_8^0）古构造演化特征

1）O_3沉积后奥陶系底界古构造演化特征

中下奥陶世末期发生的加里东中期运动结束了塔里木盆地的被动大陆边缘盆地的历史，从此进入主动大陆边缘沉降阶段。在经历了加里东中期运动的挤压抬升后，塔里木盆地周缘经历剧烈剥蚀。特别是西南缘剧烈抬升，奥陶系底界呈西高东低的构造格局（图 2-38）。此时期有三个重要的古隆起：塔西南（和田）古隆起、塔北古隆起和塔中古隆起。其中，塔西南（和田）古隆起平面呈 NW-SE 向延伸，有泽普和和田两个高点，该隆起面积大，幅度高（如西南边缘能够封闭，则闭合高度可达 500m）。塔北古隆起平面为 NE-SW 向，该古隆起幅度可高达 1000m。塔中古隆起平面呈 NW-SE 向，闭合高度可达 600m，与断层活动关系明显（图 2-38）。古隆起间为三个大型坳陷（满加尔、塘古孜巴斯和阿瓦提坳陷）分隔。可见此时期奥陶系底界为大隆大坳的构造局面。

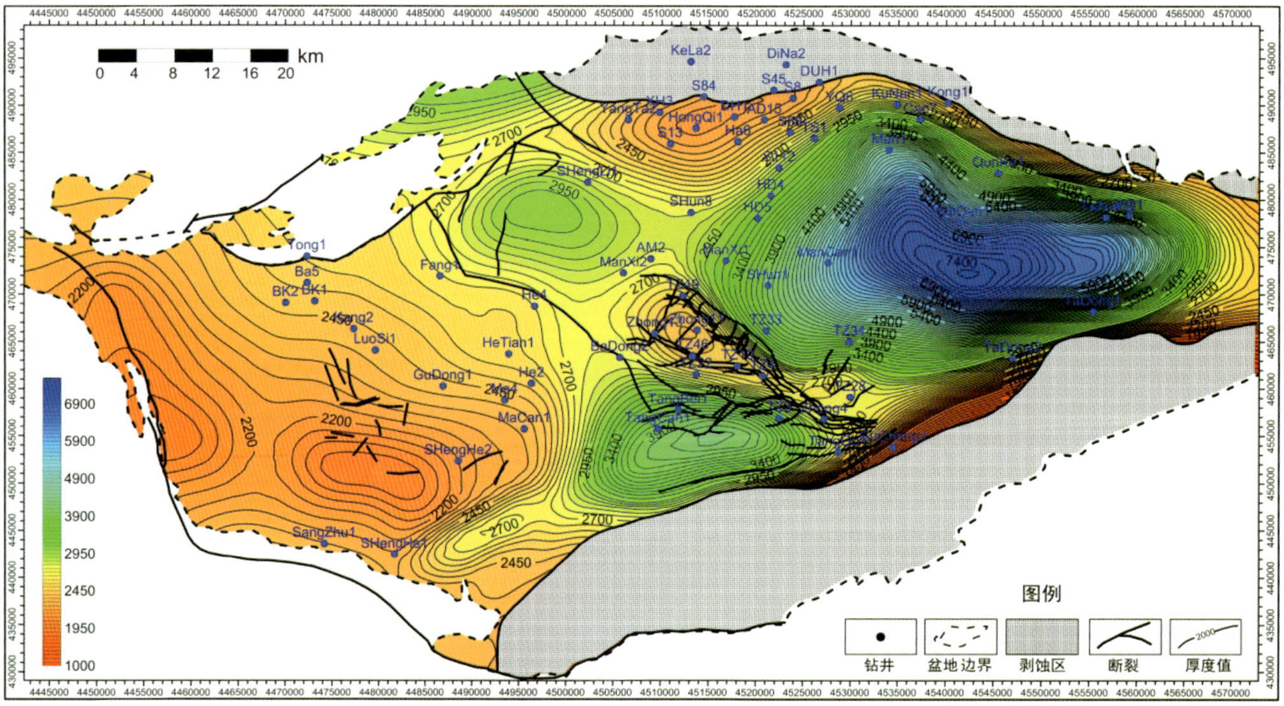

图 2-38　塔里木盆地上奥陶统沉积后奥陶系底古构造平面图

2）S—D_2沉积后奥陶系底界古构造演化特征

经历了加里东中期 II 幕、加里东晚期等一系列运动的挤压抬升剥蚀后，塔里木盆地接受了 S-D_2沉积。此时期奥陶系底界呈“西高东低、三隆三坳”的构造格局没有发生改变（图 2-39）。前述三个古隆起中，塔西南古隆起的形态、范围及幅度发生重大变化：首先隆起高部位往北偏移，和田隆起方向由早先的 NW-SE 转向 NE-SW 方向。西边泽普高点向北巴楚方向迁移，整体隆起幅度稍有升高。塔北隆起与塔中古隆起延伸方向、幅度变化不大，但相对前期塔北隆起范围有所扩大。塔中隆起与断层活动关系明显（图 2-40）。

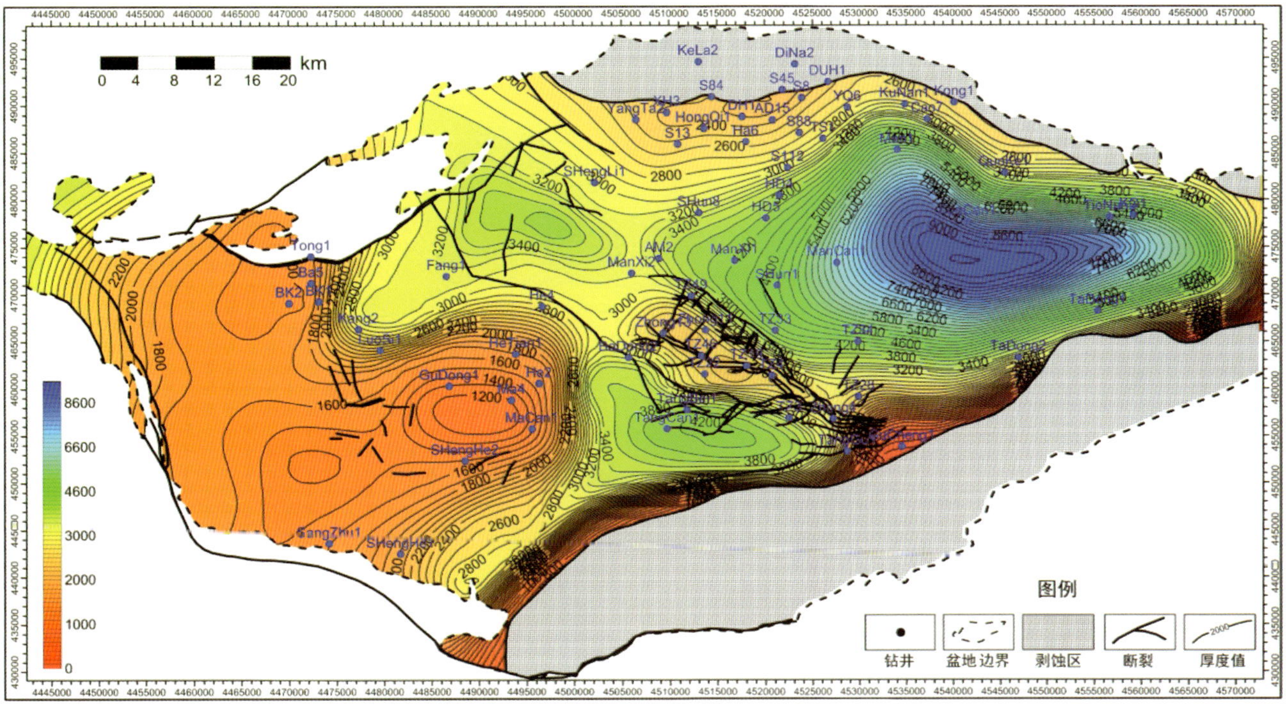

图 2-39　塔里木盆地志留系—中下泥盆统沉积后奥陶系底古构造平面图

3）C 沉积后奥陶系底界古构造演化特征

石炭系沉积后，奥陶系底界形态虽然总体上仍保持西高东低的面貌，由于西南缘断裂和吐木休克断裂的活动，西部构造格局却发生了重大变化（图 2-40）。主要体现在：

（1）此时由于满加尔与阿瓦提坳陷连成一体，塔北古隆起变得更为宽缓，塔中古隆起则往西延伸使其走向变成 NWW-SEE 向，且有两个高点出现，使高点分散；

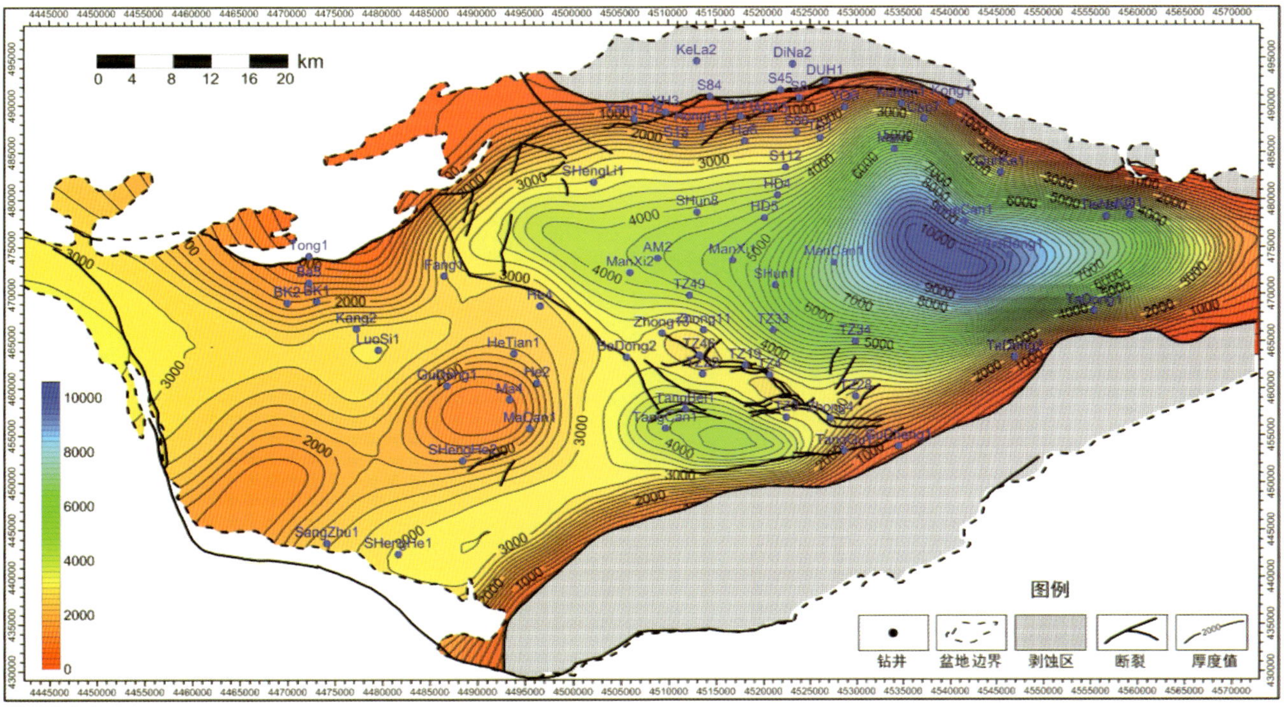

图 2-40　塔里木盆地石炭系沉积后奥陶系底古构造平面图

（2）塔西南古隆起西高点消失，保留了和田古高点，延伸方向仍然为 NE-SW 向，但构造范围明显减小、隆起幅度明显降低，反映出塔西南古隆起规模变小；

(3) 巴楚古隆起开始出现，并与和田、塔中隆起隔坳相望。说明巴楚古隆起可能在海西早期开始出现，这与大多数认为巴楚古隆起形成于海西晚期矛盾。但丁文龙等（2008）认为“巴楚隆起是一个从震旦纪开始发育演化的继承性活动型古隆起，其经历了从加里东旋回到喜山旋回的各个阶段”，并认为此时期为水下隆起。由于巴楚隆起上断裂众多，二维地震剖面管制少且品质极差，无法从地震资料上对其发育时间证实，有待以后进一步的勘探证实。

4) P 沉积后奥陶系底界古构造演化特征

二叠系沉积后，奥陶系底界形态与前期总体相似，呈现“四隆三坳”格局（图 2-41）。“三坳”是指满加尔-阿瓦提坳陷、塘古孜巴斯坳陷和喀什坳陷。“四隆”是指塔北、塔中、巴楚和和田隆起。与前期构造格局相比，塔北、塔中隆起变化不大，由于吐木休克断裂活动加剧，巴楚隆起构造范围明显变大，构造幅度明显增高，在向东南方向延伸时分别向塔中和和田发生分支。而和田隆起则萎缩至和田一带，延伸方向仍为 NE-SW 向。

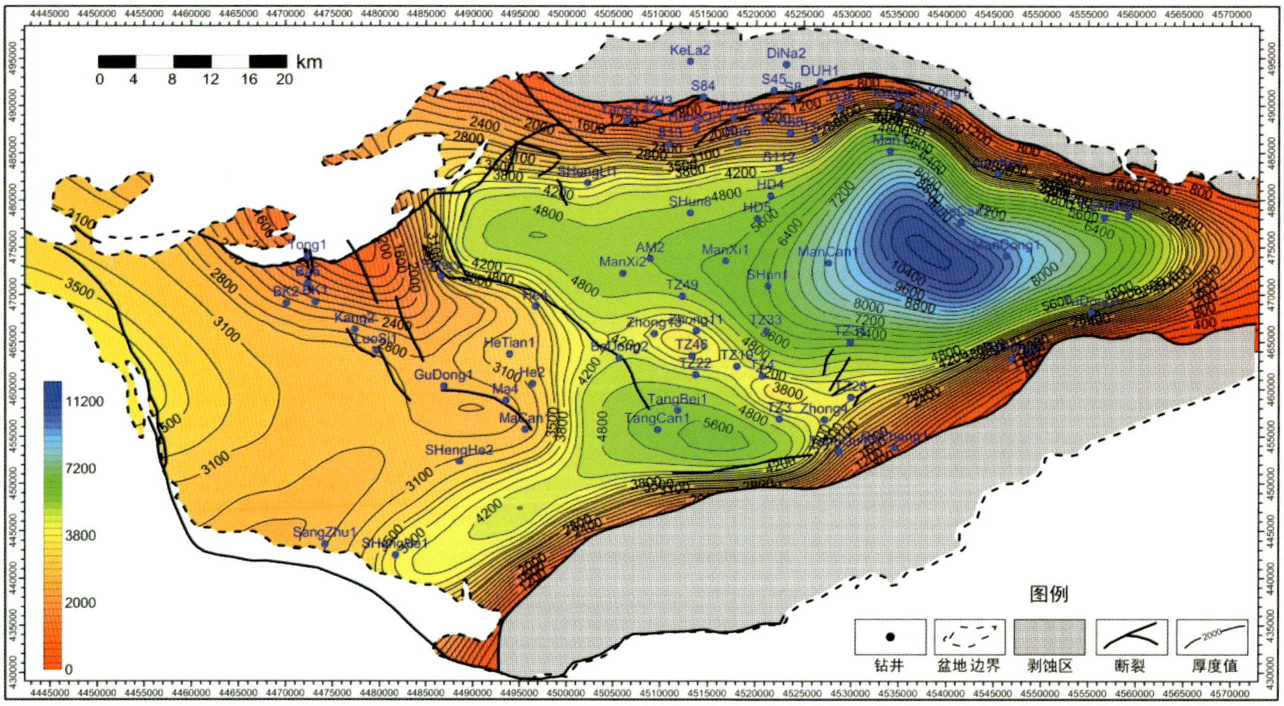

图 2-41　塔里木盆地二叠系沉积后奥陶系底古构造平面图

5) T 沉积后奥陶系底界古构造演化特征

二叠纪后期的海西晚期运动对塔里木盆地影响深远，它结束了塔里木盆地的海相沉积历史，从此走向陆内盆地的沉降。三叠纪沉积后，奥陶系底界形态东部变化小，仍为满加尔-阿瓦提坳陷、塘古孜巴斯坳陷分隔开的塔北隆起和塔中隆起，形态与范围变化也不大。但塔西南地区由于众多断裂的活动（图 2-42），变化巨大，首先其结束了西南高东北低的构造面貌，由于巴楚地区的强烈隆起，塔西南反转成北东高而南西低。此时期巴楚隆起幅度高（>2000m）且范围大。而和田古隆起规模大大变小，基本消失。

6) K 沉积后奥陶系底界古构造演化特征

三叠纪末期的印支运动，盆地处于近南北（SSE-NNW）向的挤压运动中，盆地东北部隆升明显剥蚀强烈，而塔西南、巴楚等地上升为陆，这种背景下沉积的白垩系地层，对奥陶系底界形态有着重要影响。由于满加尔-阿瓦提坳陷的南移和范围扩大，塔北隆起范围增大。加上塘古孜巴斯坳陷的北移使塔中隆起幅度与范围明显减小。巴楚隆起形态变化不大，但由于众多断裂的活动隆起幅度更高（图 2-43）。

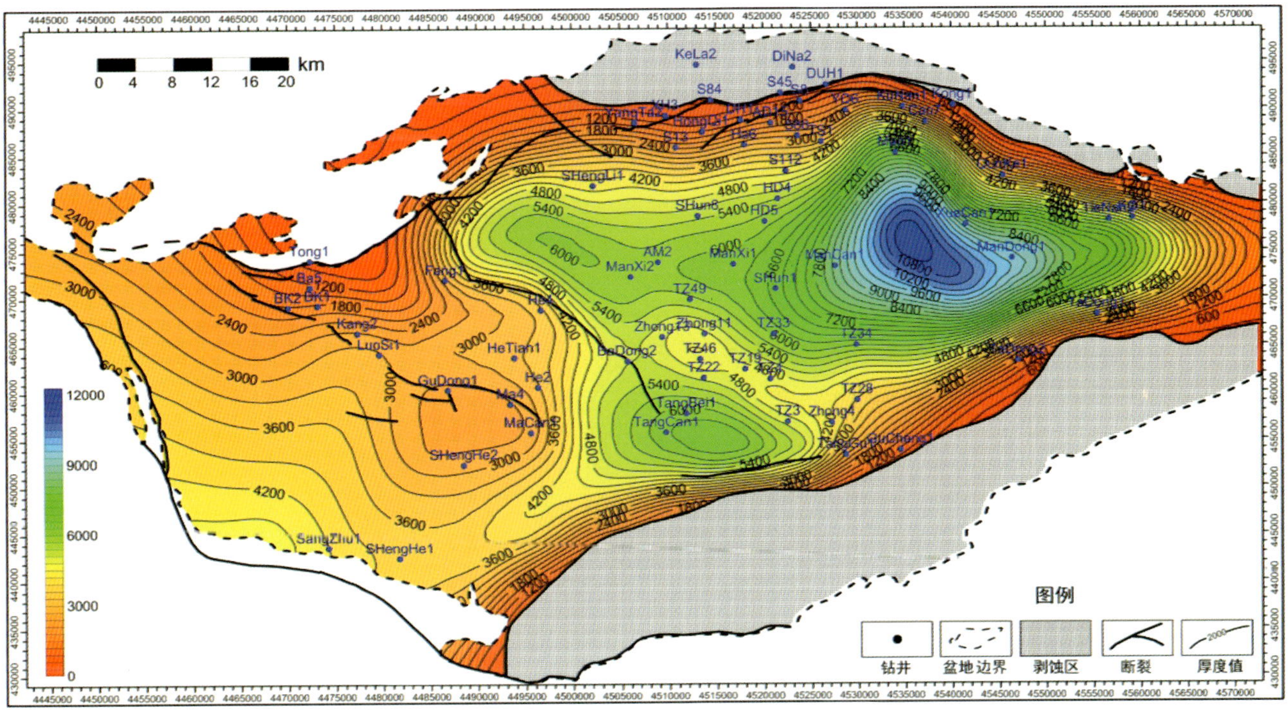

图 2-42　塔里木盆地三叠系沉积后奥陶系底古构造平面图

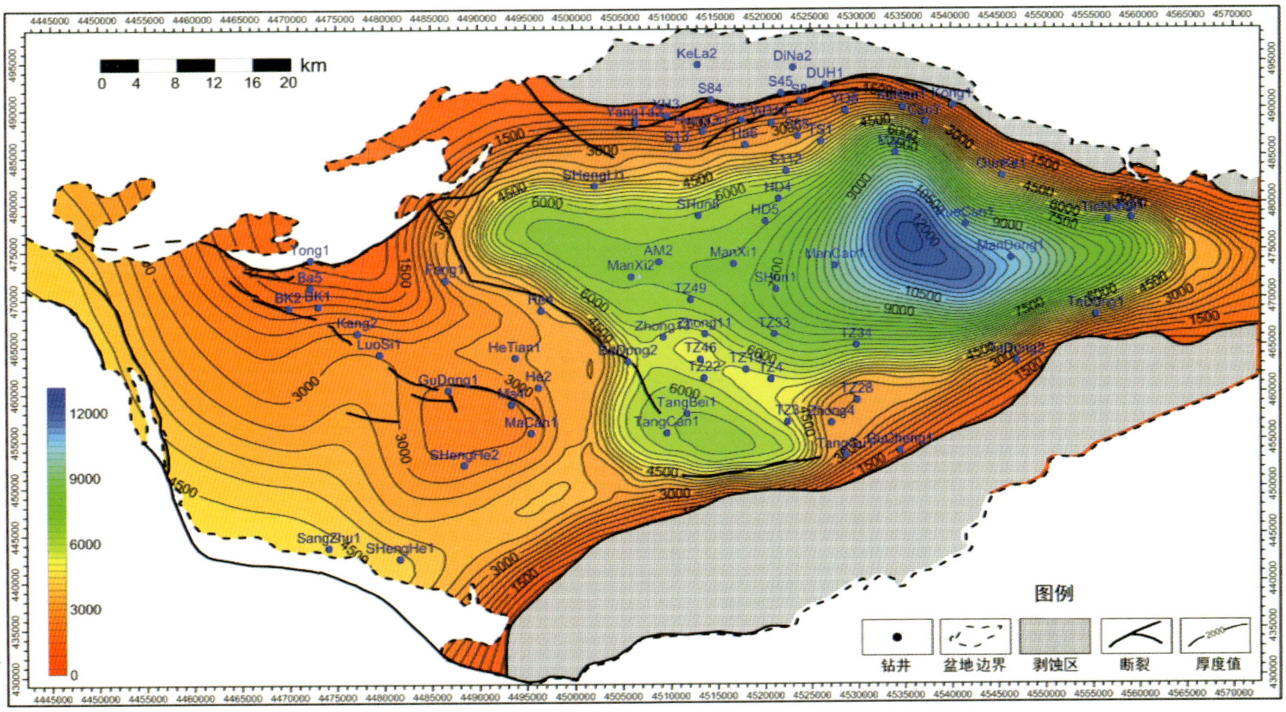

图 2-43　塔里木盆地白垩系沉积后奥陶系底古构造平面图

2. 中下奥陶统顶界（T_7^4）古构造演化特征

1）O_3 沉积后中下奥陶统顶界古构造演化特征

上奥陶统沉积后，中下奥陶统顶界的构造格局与奥陶系底界一样仍然保持“西高东低、三隆三坳”的构造格局（图 2-44）。此时期有三个重要的古隆起，即塔西南（和田）古隆起、塔北古隆起和塔中古隆起，被三个大型坳陷（满加尔、塘古孜巴斯和阿瓦提坳陷）分隔。其中塔西南（和田）古隆起平面呈

NW-SE 向延伸，该隆起面积大，幅度高。塔北古隆起平面为 NE-SW 向，塔中古隆起平面呈 NW-SE 向，众多 NW 向断层的活动使其与塔北古隆起通过顺南高点连成一体。

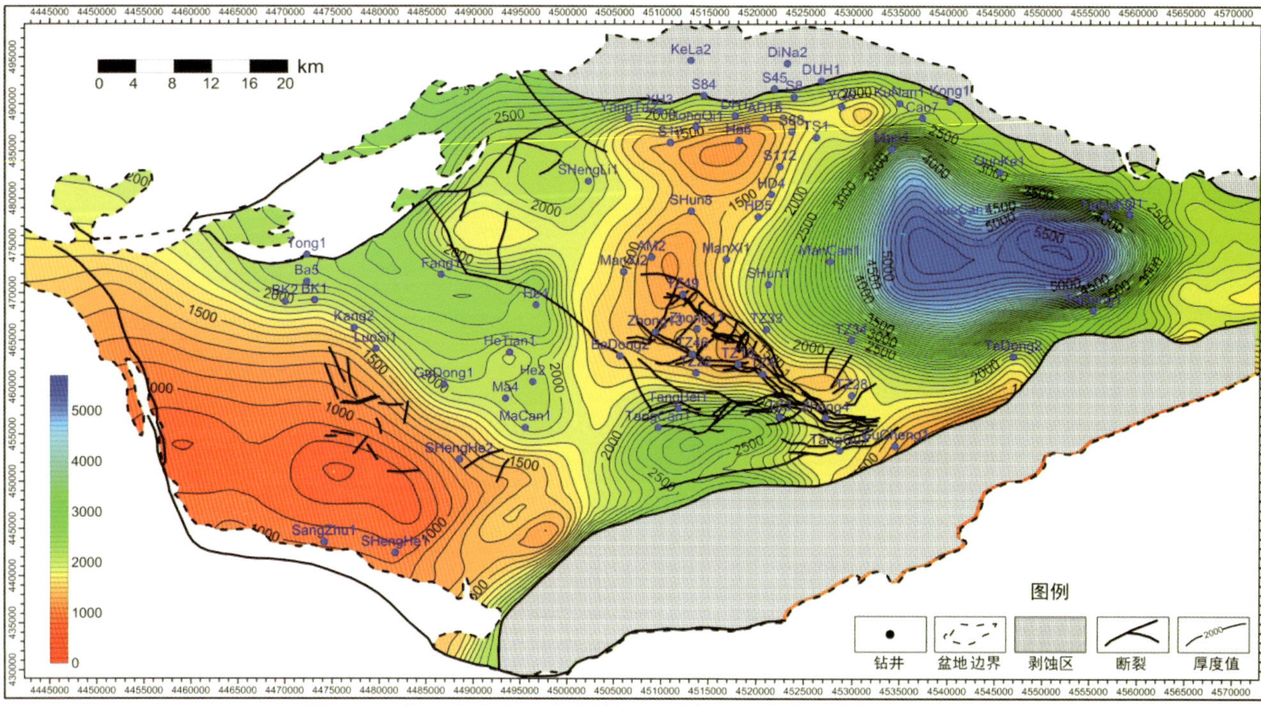

图 2-44　塔里木盆地上奥陶统沉积后中上奥陶统顶古构造平面图

2）S—D_2 沉积后中下奥陶统顶界古构造演化特征

经历了加里东中期Ⅱ幕的强烈抬升剥蚀之后，沉积了 S-D_2 地层。此时期中下奥陶统顶界“西高东低、三隆三坳”的构造格局没有发生根本改变（图 2-45）。但此时期塔西南古隆起的形态、范围及幅度发生了重大变化：首先隆起幅度增大，隆起高部位往北偏移，和田隆起东端方向由早先的 NW-SE 转向于 NE-SW 方。塔北古隆起与塔中古隆起延伸方向、幅度变化不大，但相对前期塔北古隆起范围有所减小。塔中古隆起受断裂影响较大（图 2-45）。

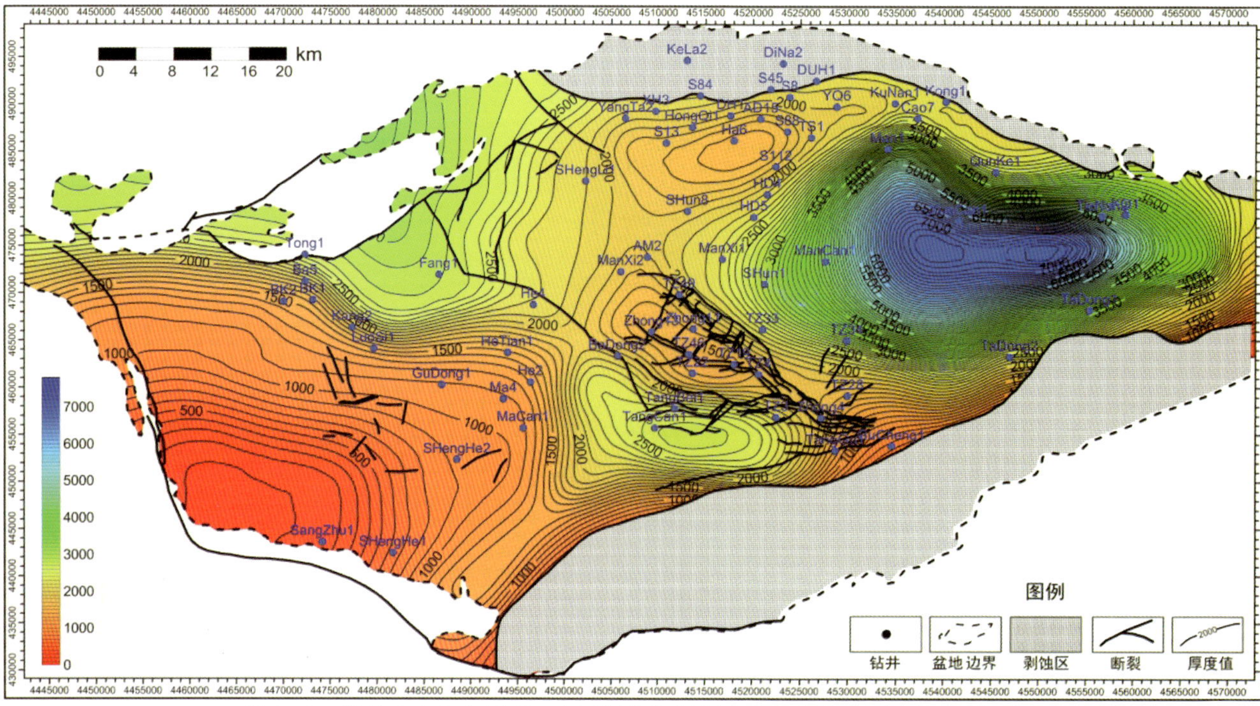

图 2-45　塔里木盆地志留系—中下泥盆统沉积后中上奥陶统顶古构造平面图

3）C 沉积后中下奥陶统顶界古构造演化特征

石炭纪沉积后，中下奥陶统顶界形态虽然总体上仍保持西高东低的面貌，但内部构造格局却发生了重大变化（图 2-46）。此时期由于满加尔与阿瓦提坳陷连成一体，塔北古隆起变得更为宽缓并与塔中古隆起完全分隔开；塔西南古隆起延伸方向仍然为 NE-SW 向，但构造范围明显减小、隆起幅度明显降低。塔中古隆起西端由北延转变为西南延伸并与塔西南古隆起北端相连。由于吐木休克断裂的活动巴楚古隆起开始出现，并与塔西南古隆起北端相连。

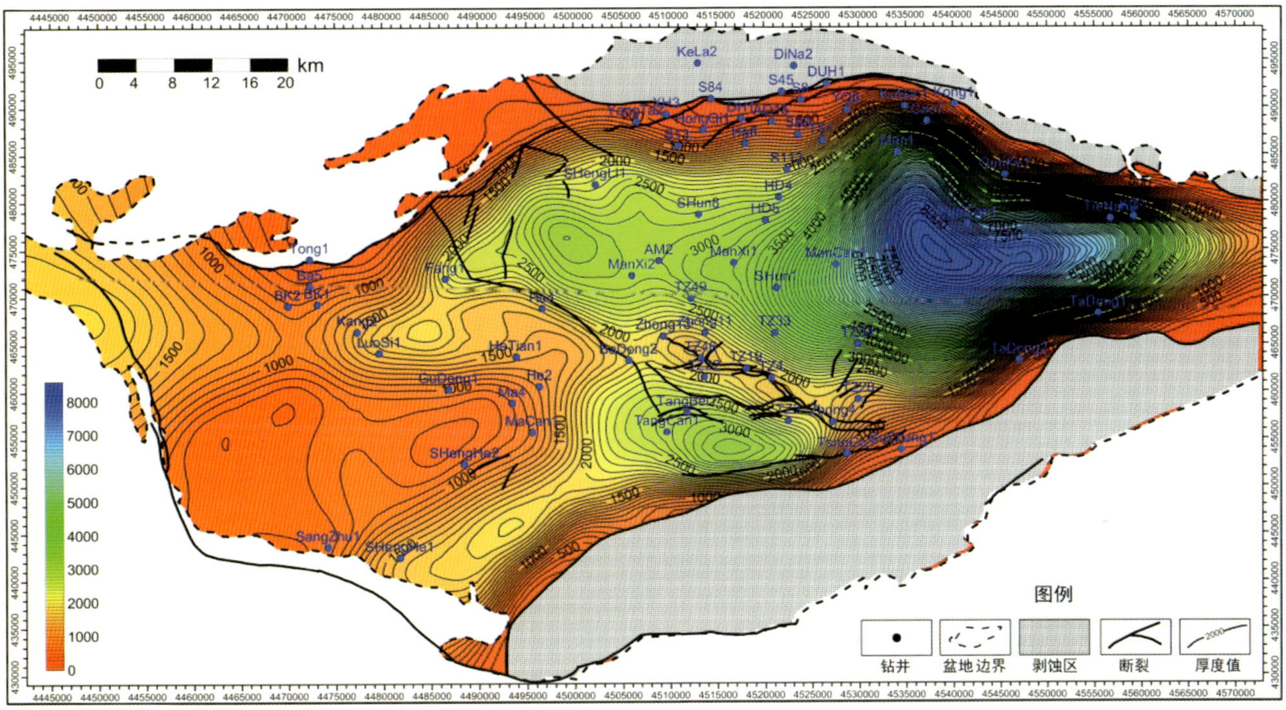

图 2-46　塔里木盆地石炭系沉积后中上奥陶统顶古构造平面图

4）P 沉积后中下奥陶统顶界古构造演化特征

下二叠统沉积后，中下奥陶统顶界形态与前期总体相似，呈现“四隆三坳”格局（图 2-47）。“三坳”是指满加尔—阿瓦提坳陷、塘古孜巴斯坳陷和喀什坳陷。“四隆”是指塔北、塔中、巴楚和和田隆起。与前期构造格局相比，塔北、塔中隆起变化不大，众多断裂的活动（图 2-47）使巴楚隆起构造范围明显变大，构造幅度明显增高。而塔西南古隆起则大大萎缩于和田一带。

5）T 沉积后中下奥陶统顶界古构造演化特征

三叠纪沉积后，中下奥陶统顶界形态东部变化小，仍为满加尔-阿瓦提坳陷、塘古孜巴斯坳陷分隔开的塔北隆起和塔中隆起，前者隆起规模有所增大，而塔中隆起规模则有所减小。但塔西南地区则变化较大，众多断裂的活动（图 2-48）使巴楚地区强烈隆起，塔西南的西南高东北低的构造面貌反转成北东高而南西低。此时期巴楚隆起幅度高、范围大，并向和田方向延伸。

6）K 沉积后中下奥陶统顶界古构造演化特征

三叠纪末期的印支运动，盆地处于近南北（SSE-NNW）向的挤压运动中，盆地东北部隆升明显，剥蚀强烈，而塔西南、巴楚等地上升为陆，这种背景下沉积的白垩系地层，同样对中下奥陶统顶界形态产生着重要影响。首先满加尔-阿瓦提坳陷的范围扩大，致使塔北隆起范围减小。满加尔-阿瓦提坳陷的范围扩大也使塔中隆起幅度与范围明显减小。巴楚隆起形态变化不大，但由于西南抬升而使其南翼变陡（图 2-49）。

总体说来，各地质时期 T_8^0 与 T_7^4 界面的古构造特征基本一致。其演化特征为：塔北、塔中古隆起继承性发展，规模逐渐减小；塔西南（和田）古隆起加里东期形成，往后期规模逐渐减小；而巴楚古隆起在海西早期有雏形，海西晚期发育成形，后期发育扩大。

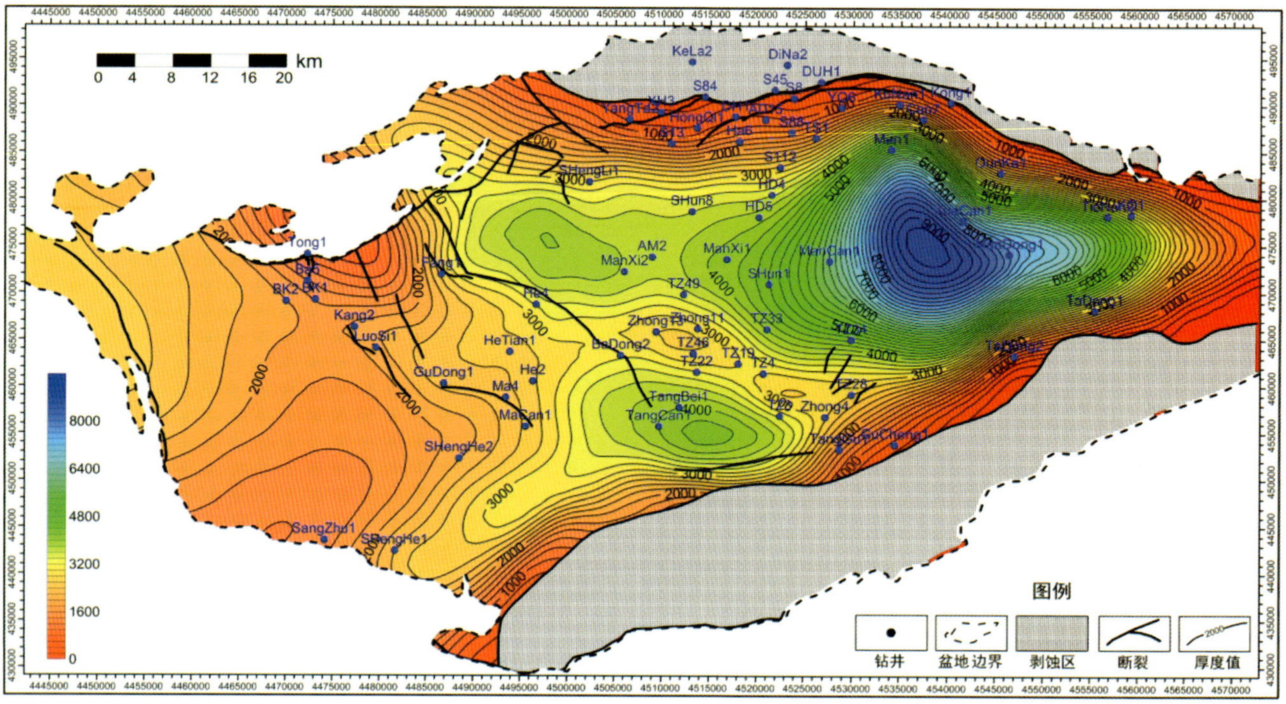

图 2-47　塔里木盆地二叠系沉积后中上奥陶统顶古构造平面图

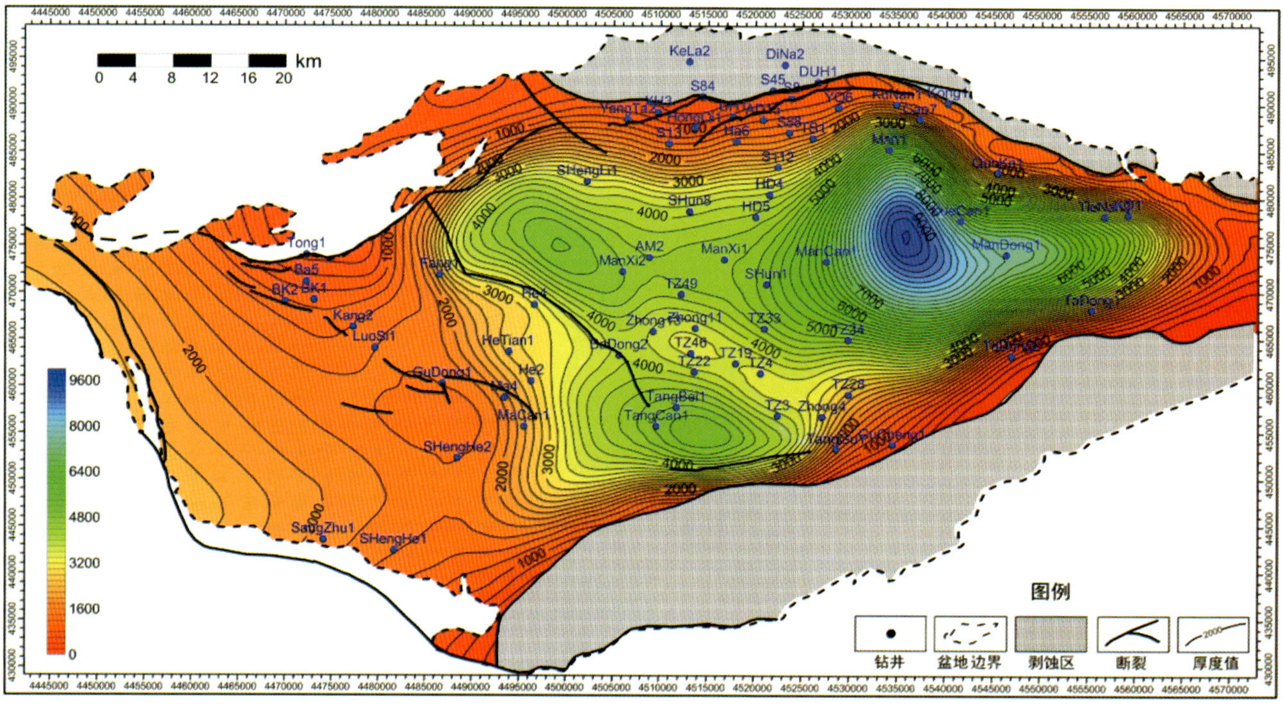

图 2-48　塔里木盆地三叠系沉积后中上奥陶统顶古构造平面图

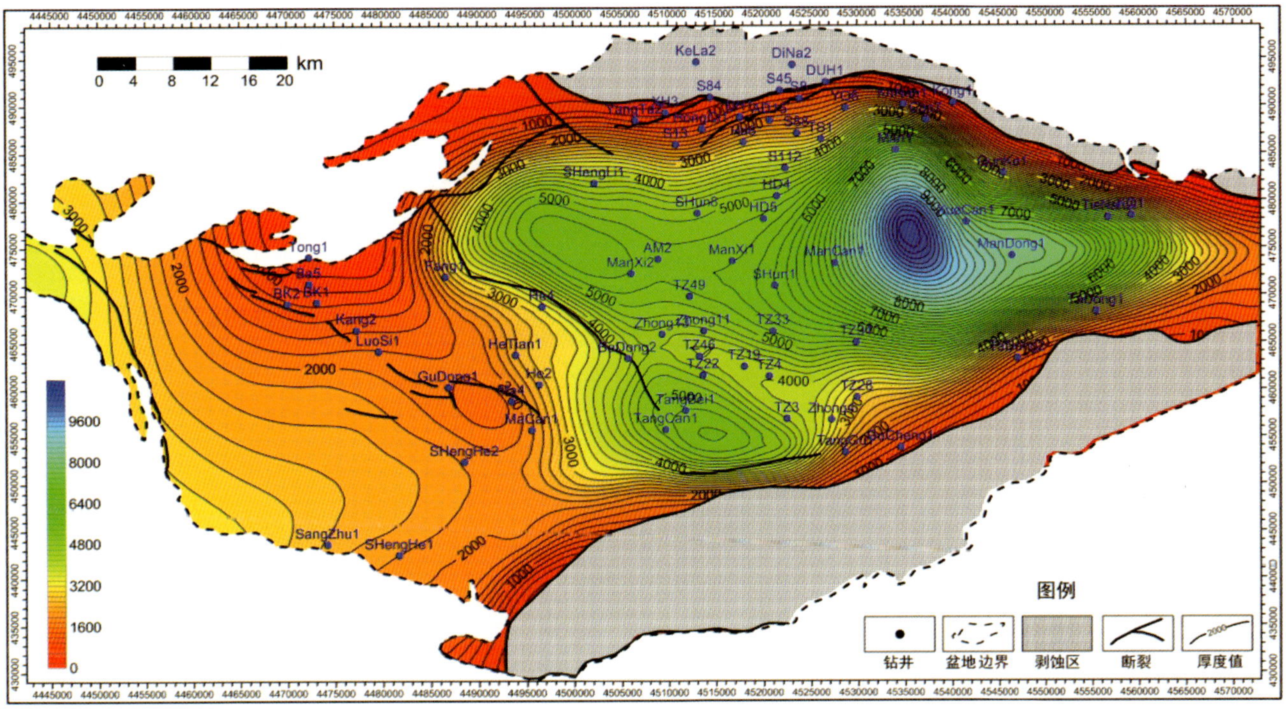

图 2-49　塔里木盆地白垩系沉积后中上奥陶统顶古构造平面图

3. 上奥陶统底界古构造演化特征

由于加里东中期Ⅱ幕的抬升剥蚀，上奥陶统沉积范围明显比中下奥陶统小。上奥陶统底界实际上只涉及两个完整的古隆起：塔北和塔中古隆起。而巴楚与和田古隆起只残存一小部分。由于上奥陶统底界实际上与中下奥陶统顶界完全重合，其古构造演化特征与前节完全相同，这里就不再重复描述了。

4. 志留系—中下泥盆统底界古构造演化特征

晚奥陶世末期，塔里木盆地受加里东中期运动的影响，塔里木盆地周缘地层大幅度抬升而剥蚀。志留系—中下泥盆统地层仅局限性于盆地中部沉积。志留系—中下泥盆统底界受上伏 C、P、T、K 地层的沉积而使其格局发生不同的变化。

C 沉积后，志留系—中下泥盆统底界总体表现为“南北高中间低”的 E-W 向展布的布局。喀什坳陷与阿瓦提西延坳陷之间、阿瓦提坳陷与满加尔坳陷之间存在 S-N 向的鼻梁相隔。南北均为构造斜坡，塔河顺南地区有南伸鼻突，而南缘有和田和塔中（卡塔克）两个北延的鼻突（图 2-50）。

P 沉积后，志留系—中下泥盆统底界总体仍呈现为“南北高中间低”的 E-W 向展布的布局。此时坳陷范围变大，且分化更多。阿瓦提坳陷南延与塘古孜巴斯坳陷相连，阿瓦提坳陷与满加尔坳陷之间 S-N 向的鼻梁变小。北缘顺南地区南伸鼻突、塔中两个北延的鼻突规模变小。但巴楚隆起此时期规模变大（图 2-51）。

T 沉积后，志留系—中下泥盆统底界面变化较大，其中东部几大坳陷（满加尔、阿瓦提、塘古孜巴斯）基本相连，西部喀什坳陷没变化。顺南鼻突与塔中鼻突仍然存在且基本相连。变化最大的是巴楚隆起，其幅度更高，范围更大（图 2-52）。

K 沉积后，志留系—中下泥盆统底界面形态基本上与 T 沉积后形态特征一致。东部坳陷连成一体，塔中鼻突幅度稍有变大。西部巴楚隆起由于 K 时期已抬升为陆，没有沉积，因而与前期相比巴楚隆起特征没有变化（图 2-53）。

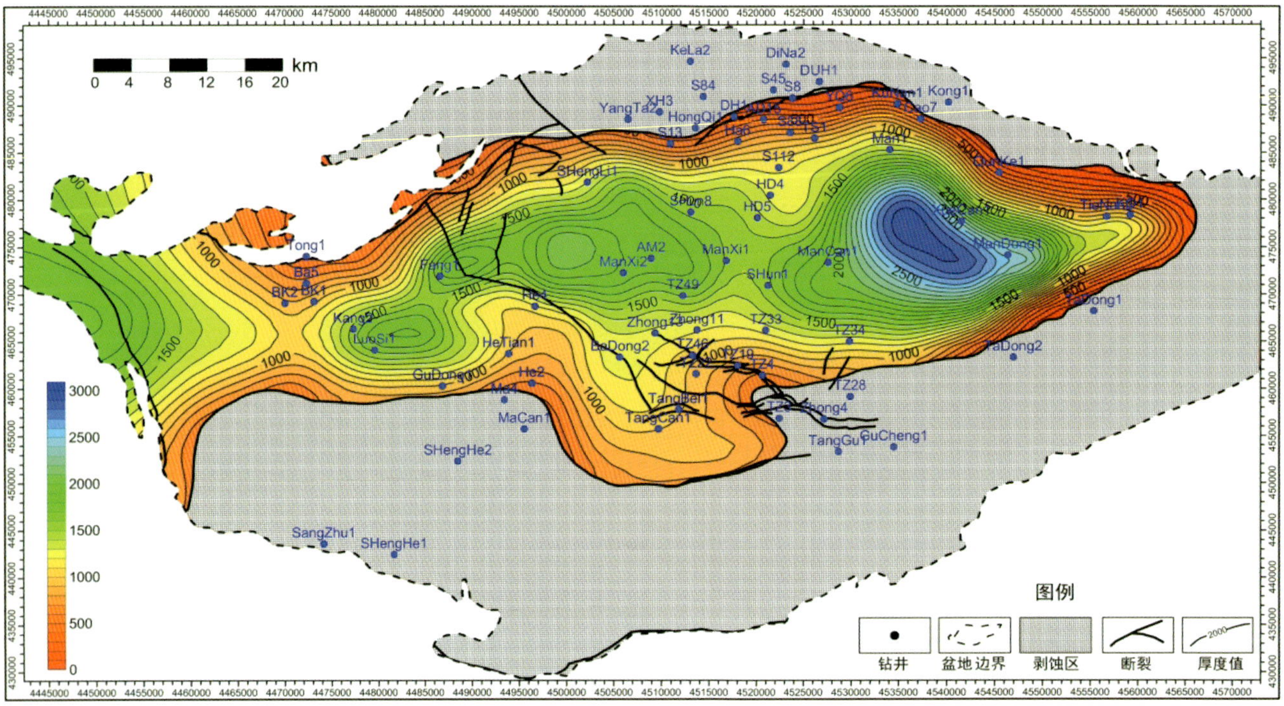

图 2-50　塔里木盆地石炭系沉积后志留系—中下泥盆统底古构造平面图

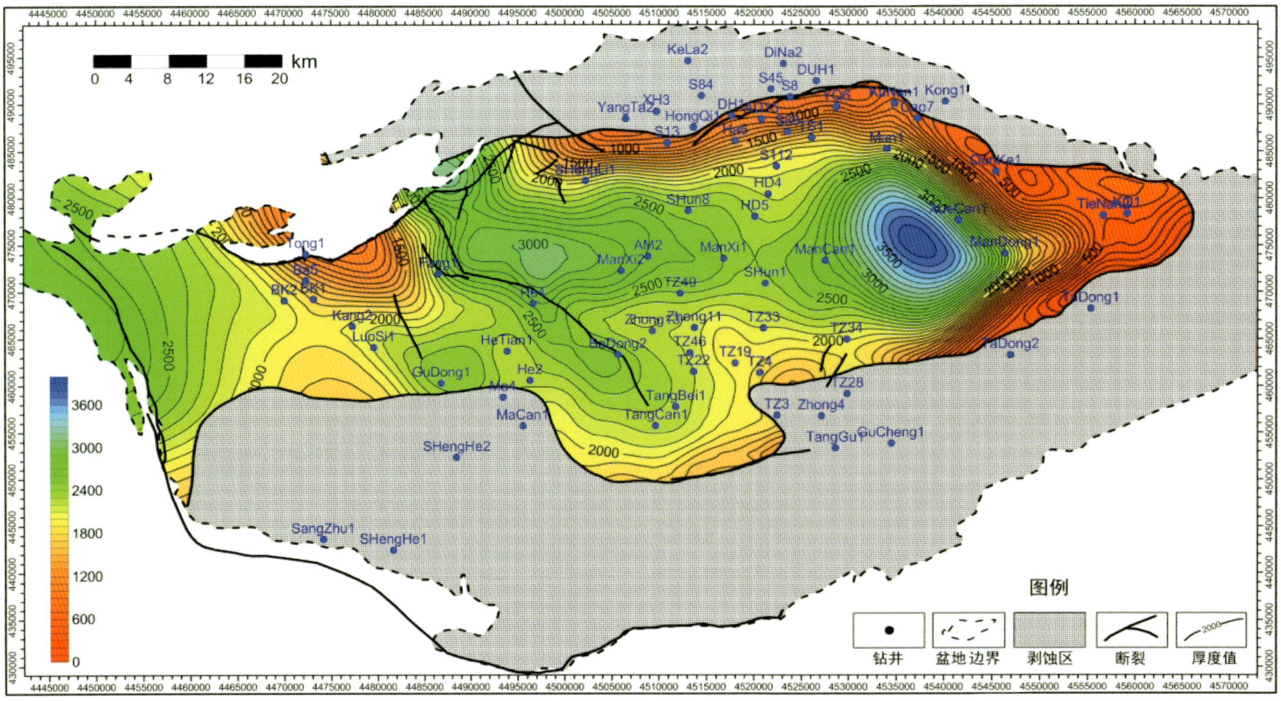

图 2-51　塔里木盆地二叠系沉积后志留系—中下泥盆统底古构造平面图

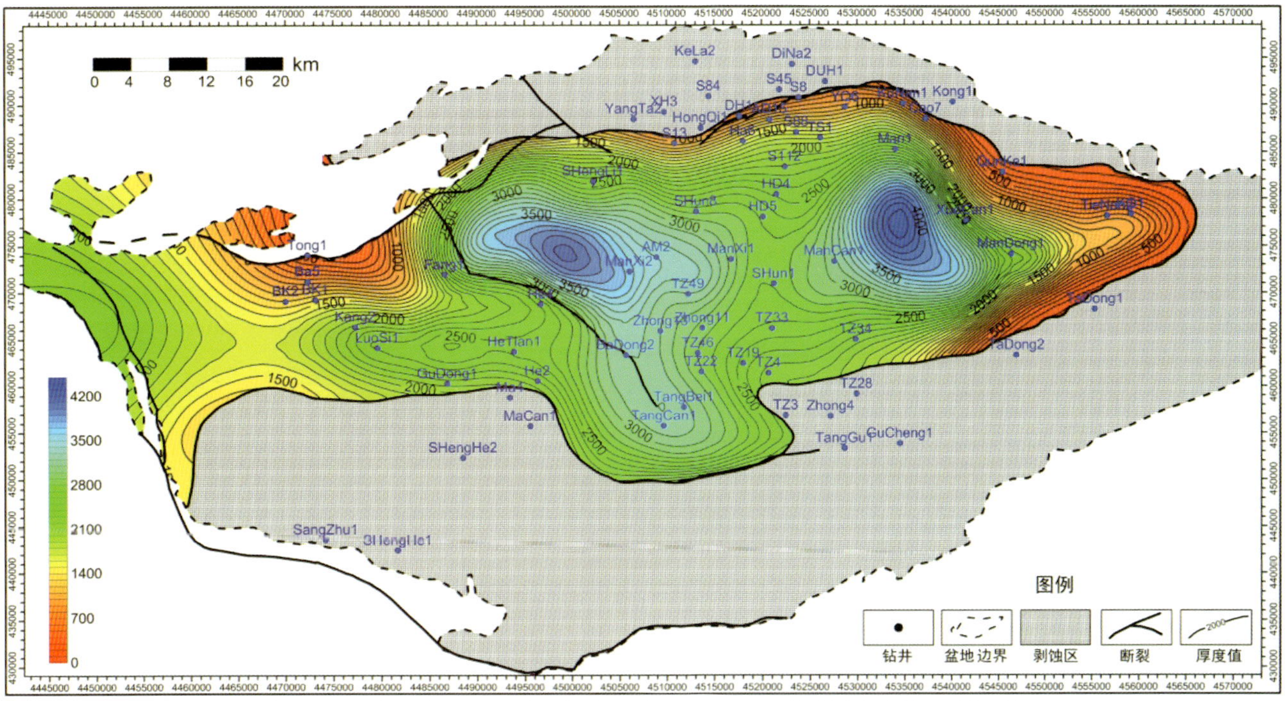

图 2-52　塔里木盆地三叠系沉积后志留系—中下泥盆统底古构造平面图

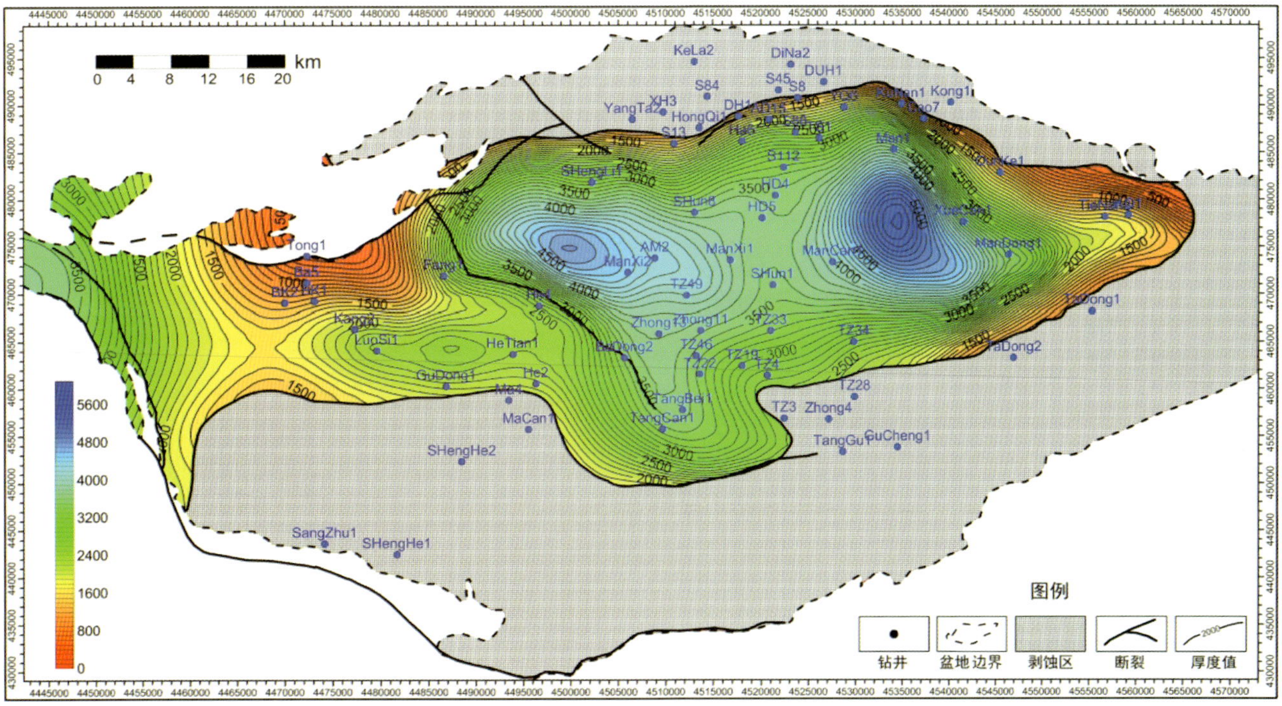

图 2-53　塔里木盆地白垩系沉积后志留系—中下泥盆统底古构造平面图

5. 石炭系底界古构造演化特征

泥盆纪后期海西早期运动使前期地层遭受强烈剥蚀后，东部大范围抬升剥蚀，致使整体地貌呈东高西低格局，晚泥盆统东河塘组、石炭系从西向东推进沉积。C 底界形态受上伏 P、T、K 地层的沉积而使其格局发生不同的变化特征。

P 沉积后，C 底面形态整体展现为“东高西低”的特征。此时期除东部靠近古陆存在较陡斜坡外，盆内的高点主要有巴楚隆起，其规模相对较大。其他如和田、塔中、满东都存在规模较小的一些高点，平面分布较为分散（图 2-54）。

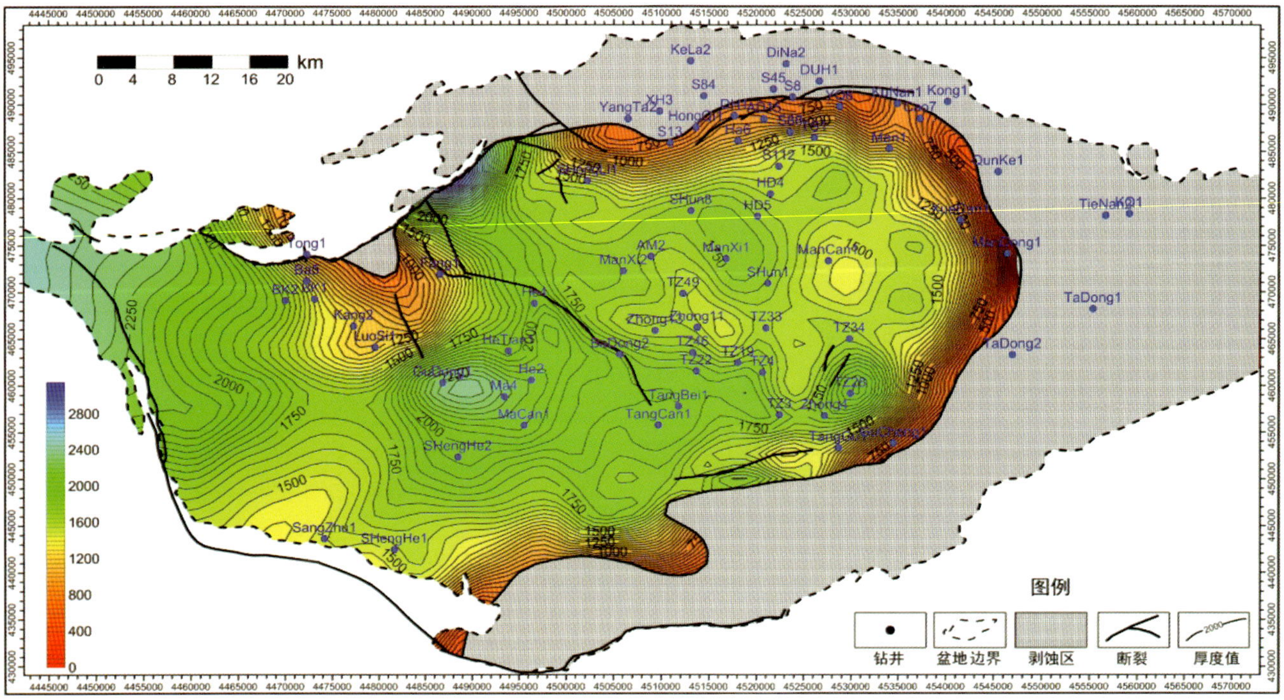

图 2-54　塔里木盆地二叠系沉积后石炭系底古构造平面图

T 沉积后，C 底面形态整体展现为“中低两边高”的特征。这与 T 主要沉积在塔盆中部有直接关系。此时期阿瓦提与塘古孜巴斯坳陷相连成一条 NW-SE 向深沟，把塔里木盆地分隔成东西两部分。东侧古城墟与塔北相连成一高台阶，西侧巴楚隆起幅度更高，并往西南呈一大斜坡（图 2-55）。

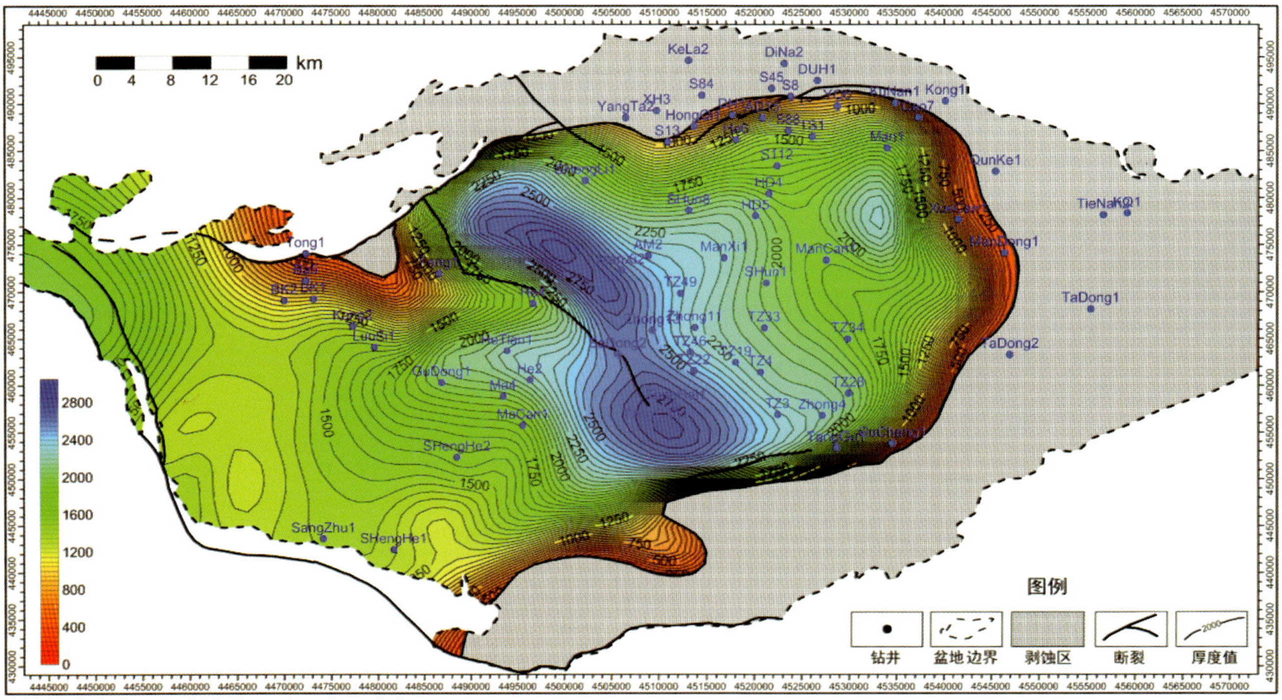

图 2-55　塔里木盆地三叠系沉积后石炭系底古构造平面图

K 沉积后，C 底面形态整体展现为“西高东低”的特征。此时期阿瓦提、塘古孜巴斯和满加尔三大坳陷基本相连。由于东部坳陷范围加大，前期形成的高台阶断开，保留古城墟鼻突。巴楚、麦盖提地区构造形态变化不大（图 2-56）。

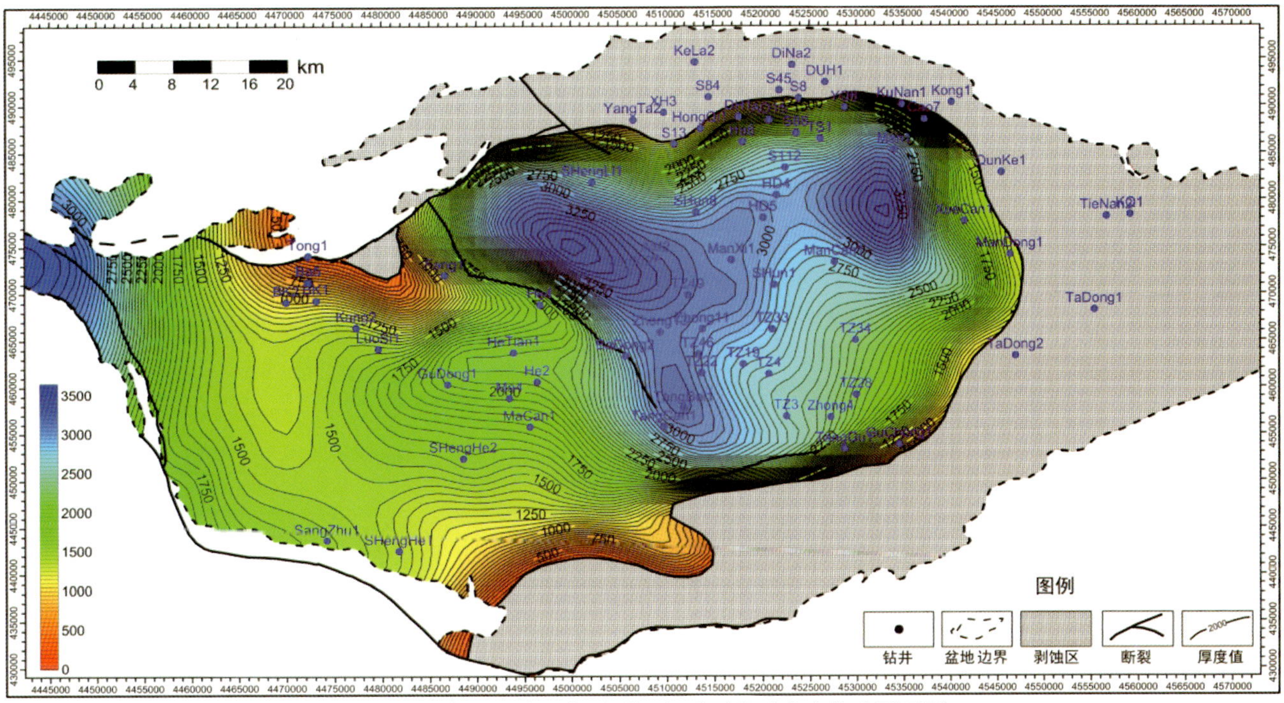

图 2-56　塔里木盆地白垩系沉积后石炭系底古构造平面图

6. 二叠系底界古构造演化特征

C 末期盆地整体为西高东低的构造格局，在此背景下沉积了二叠系地层。由于受二叠系末期海西晚期构造运动的强烈影响，盆地西南缘整体抬升，T 地层仅在盆地中部沉积。因此 T 沉积后二叠系底界表现为“西高东低”的古构造特征（图 2-57）。盆地西部整体较高，为由北向南的大型斜坡，盆地东部为一大型洼陷，最深处位于阿瓦堤-塘古孜巴斯一带，由此往东西两侧为斜坡，斜坡上局部发育鼻突（图 2-57）。K 沉积后二叠系底界古构造特征与 T 沉积后的古构造特征基本一致：在盆地西部巴楚-麦盖堤-和田一带为古隆起高带，阿瓦堤-塘古孜巴斯一线为大型洼陷，往东西两侧为斜坡，斜坡上局部发育鼻突构造（图 2-58）。

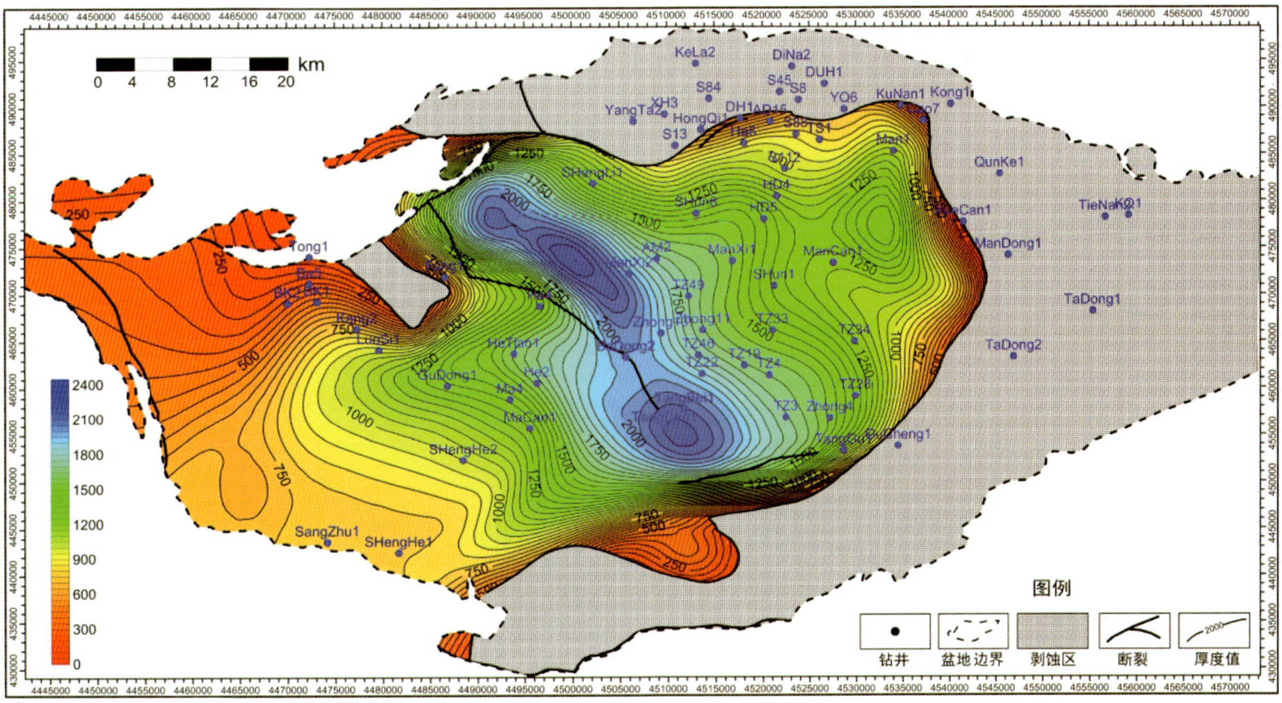

图 2-57　塔里木盆地三叠系沉积后二叠系底古构造平面图

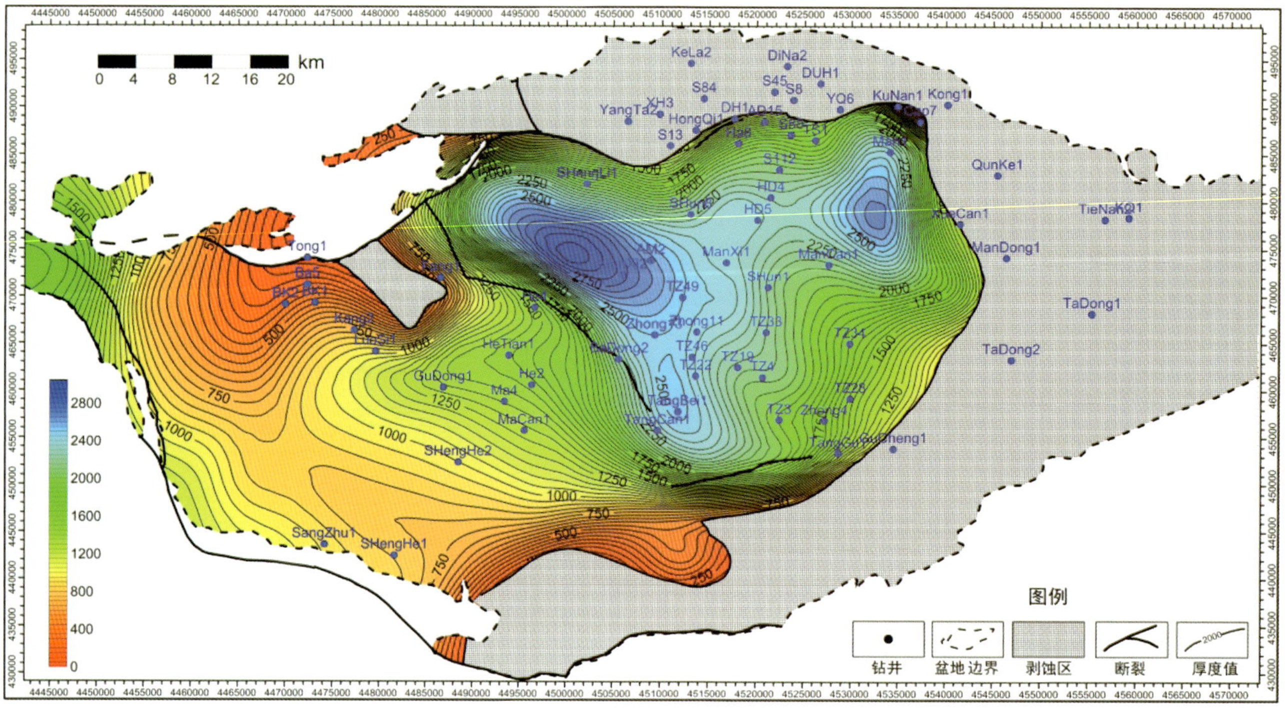

图 2-58　塔里木盆地白垩系沉积后二叠系底古构造平面图

7. 三叠系底界古构造演化特征

二叠纪末期发生了海西晚期运动，塔里木盆地的面貌发生了巨大变化，盆地四周剧烈抬升剥蚀，三叠系仅盆地中部沉积，因而其底界面范围非常有限。其底界在 K 沉积后表面为“四周高中部低”的构造整体格局，盆内表现为“南北高中间低”的 E-W 向展布特征。由南北古陆边缘向盆内形成大斜坡，斜坡上发育局部鼻突（图 2-59）。

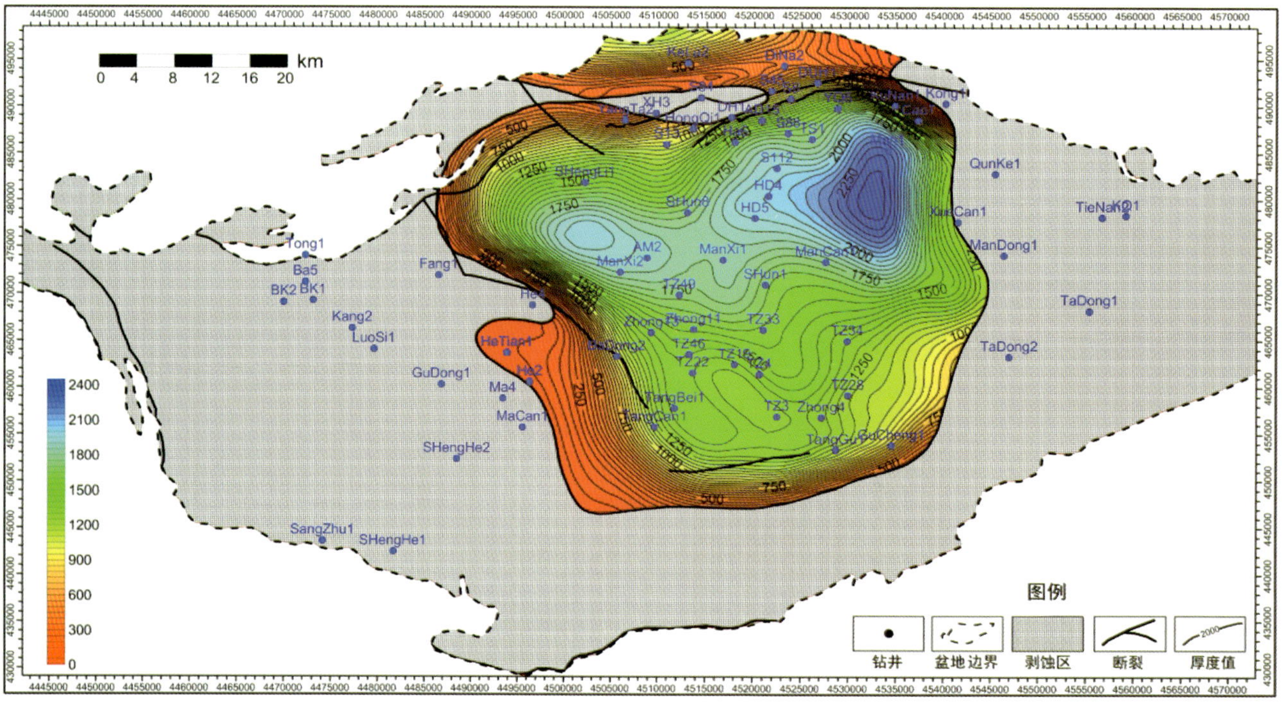

图 2-59　塔里木盆地白垩系沉积后三叠系底古构造平面图

2.4　古隆起区构造演化特征

2.4.1　沙雅隆起构造演化

沙雅隆起先后经历了五次主要构造运动：①奥陶纪至志留纪末的加里东中、晚期运动；②泥盆纪末的海西早期运动；③早二叠世末的海西晚期运动；④三叠纪至白垩纪末的印支-燕山运动；⑤中新世以来的喜马拉雅运动。其构造演化过程以阿克库勒凸起为例分析如下（图 2-60）。

1. 加里东早期稳定沉降背景下古隆起雏形的形成

早震旦世—早奥陶世，阿克库勒凸起处于伸展作用下的盆地演化背景，拉张作用强烈，发育正断层，与满加尔凹陷连成一体同处盆地-斜坡沉积区，古地形为西高东低。

晚寒武世—中奥陶世，加里东早期整个塔里木盆地处于相对稳定的碳酸盐台地沉积期。阿克库勒地区寒武—奥陶系地层残留厚度自南向北变薄（部分原因是上奥陶统变薄），已有水下隆起显示。

2. 加里东中期构造转换背景下的古隆起持续发育过程

加里东中期运动，塔里木克拉通周缘由大陆伸展环境转向聚敛构造环境。阿克库勒凸起最大主应力方向为南北向，区内主要形成了“X”形 NNE 和 NNW 剪切断裂和 NE 向三组断裂和多幕次性升降，在地震剖面上，也表现得非常明显，在 T_7^4、T_7^2和 T_7^0上都可以看到上超-削截现象。阿克库勒北部露出水面，中奥陶统一间房组顶部遭受剥蚀，缺失 2～3 个牙形刺带。晚奥陶世良里塔格组沉积末期，构造运动再度活跃，又一次地壳抬升（加里东中期第Ⅱ幕），致塔里木盆地广大地区良里塔格组与上覆桑塔木组之间为平行不整合接触，桑塔木组由鼻凸周缘向鼻凸高部位上超于平行不整合面上。地震剖面上 O_3^s、O_3^1间 T_7^2界面之上的上超清晰可见，阿克库勒鼻凸南缘上奥陶统桑塔木组（O_3^s）初始上超线呈近东西向展布。

另外，库鲁克塔格裂陷槽逐步封闭、上隆，受南北向挤压作用，塔北地区早先形成的隆起形态更加明显，前缘隆起向南迁移至沙雅一带，形成沙雅隆起雏形，库尔勒之南至阿克库勒、沙西南部一带，为南西倾斜坡，阿克库勒地区抬升速度极快，此期形成一个向北抬升、向南倾没的继承性鼻凸，即形成阿克库勒鼻凸雏型。由阿克库勒凸起上奥陶统趋势厚度图可以看出，阿克库勒凸起上奥陶统地层总体表现为南厚北薄特征，反映此时期北升南降的格局，在整体南倾的背景下，局部如 S80-S78-S9 井一线出现 NE-SW 向的水下隆起。在 YQ2 西存在一 NW-SE 的小型隆起，近等间距分布的南北向为主的压扭性古断裂，对Є-O_2 形成断错，终止于 T_7^4 界面，除南北走向外，与本区加里东中期北西-南东向主压应力配套为一对（近南北向、东西向）共轭剪切破裂面。同时，T_7^4 面以下 NE 向纵张断层、裂缝，近 SN 向（如可果东断裂、艾协克深部断裂）以及近 EW 向的共轭压扭性断层、裂缝组合，为加里东中期与其后（海西期）的岩溶发育创造了条件。地表淡水沿断裂下渗、溶蚀，形成加里东期古岩溶缝洞（图 2-61）。

3. 加里东晚期水下鼻隆形成阶段

志留纪至中泥盆世为持续时间较长的稳定沉积阶段，构造形变微弱，抬升幅度小，继续保持宽缓斜坡形态，志留纪海侵沉积的地层在鼻凸上超覆于奥陶系之上，地震剖面 T_7^0之上的地层和奥陶系地层在研究区呈角度不整合接触。志留—泥盆系地层总体上同样表现为南厚北薄特征，表明此时期北部持续隆起，两个沉积中心在南部，其中满加尔凹陷地区最厚（＞1500m），西部 TP10 井区沉积中心厚度稍薄，厚度大于 1000m。沉积厚度往北减薄。在两个沉积中心间的 S103-S112 一线，沉积厚度相对较薄，可能为 NNW-SSE 向的水下鼻状隆起（图 2-62）。

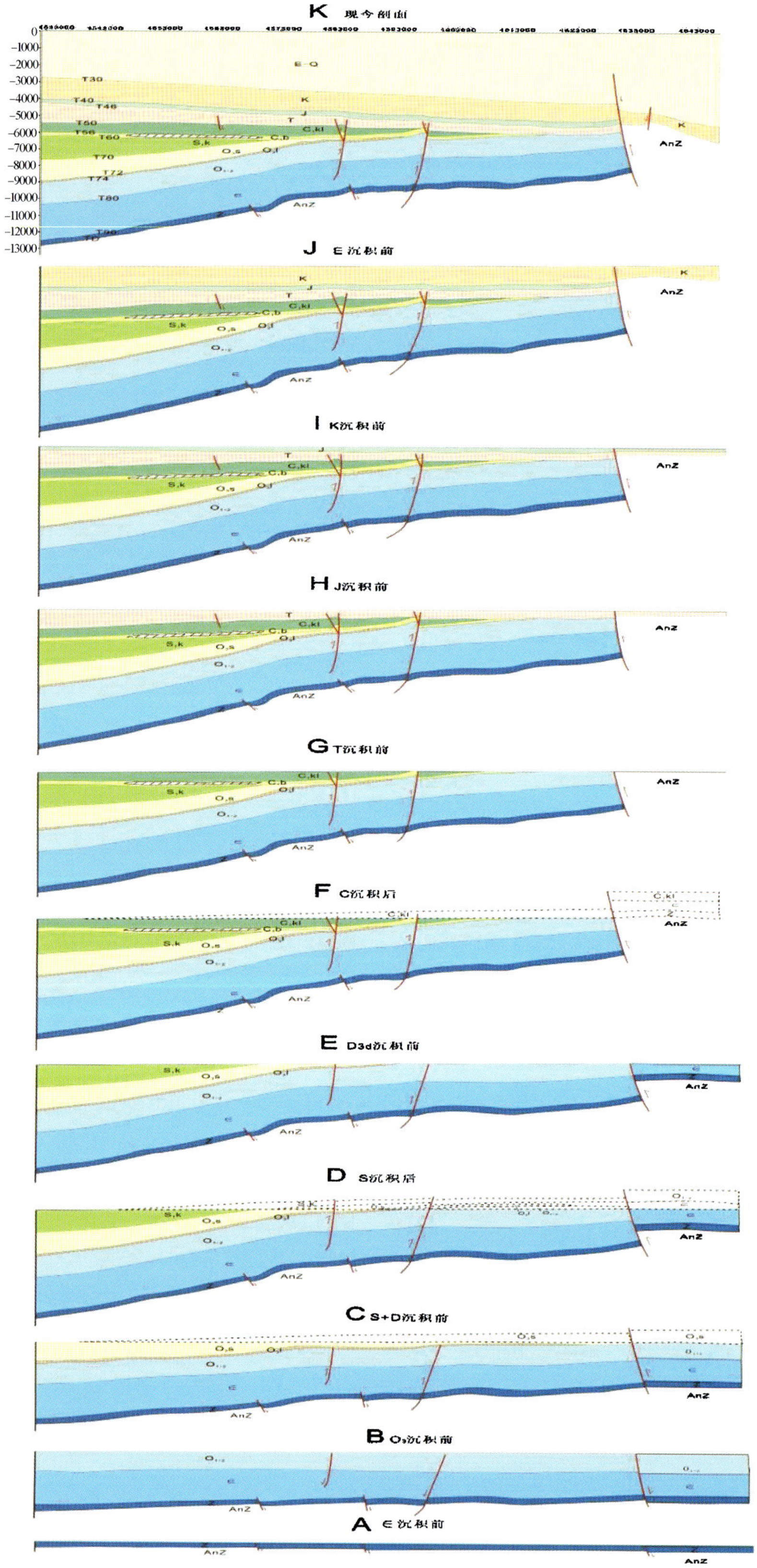

图 2-60　沙雅隆起构造演化剖面图

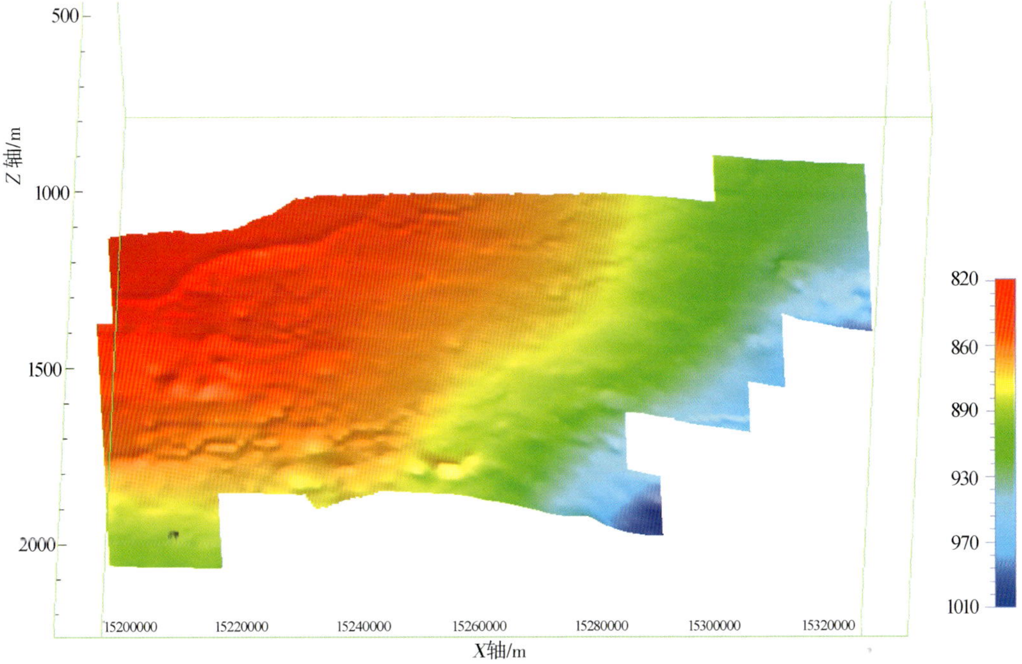

图 2-61　阿克库勒凸起 T_7^{4} 面加里东中期古构造图

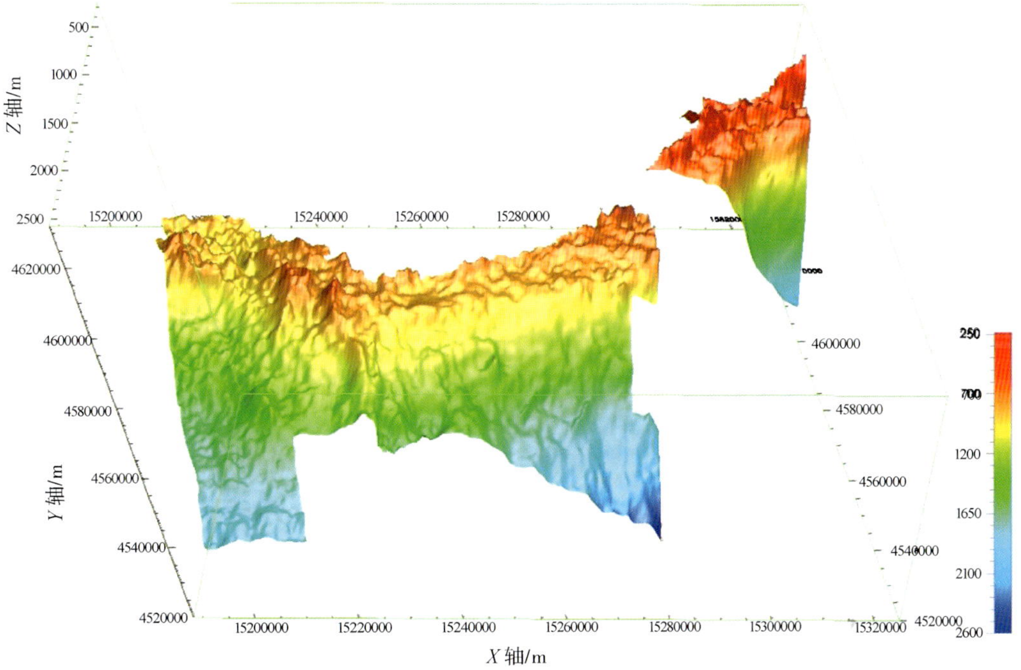

图 2-62　海西晚期 T_7^{0} 古侵蚀面构造图

4. 海西早期强烈隆升剥蚀夷平-断裂阶段

海西早期运动，在 NW-SE 方向区域压扭应力作用下，沙雅隆起在整体隆升背景上，形成“东西分块、凸凹相间”的格局（图 2-63），北高南低、东高西低，雅克拉-轮台一带持续高凸，库尔勒鼻凸、阿克库勒鼻凸以及沙西凸起进一步强化。志留—泥盆系构造变形层更清楚地反映海西早期运动的变形特征。海西早期为挤压背冲断裂的发育时期，除了加里东中期的一部分断裂继续活动外，NE 向断裂的发育成为这一时期断裂活动的主要特点。轮南断裂带的累计上冲幅度达 4000m，断裂下盘阿克库勒区域发育成一北东向展布、向南西方向倾伏的，具鞍部特征的大型鼻状凸起，其构造轴部大致位于塔里木乡 1 号构造（乡

1 井）-塔里木乡 4 号构造（S76 井）-牧场北残丘带（S67 井）及东侧艾协克 2 号残丘（S48 井）-阿克库木断裂构造带西端-阿克墩大型残丘带一线。

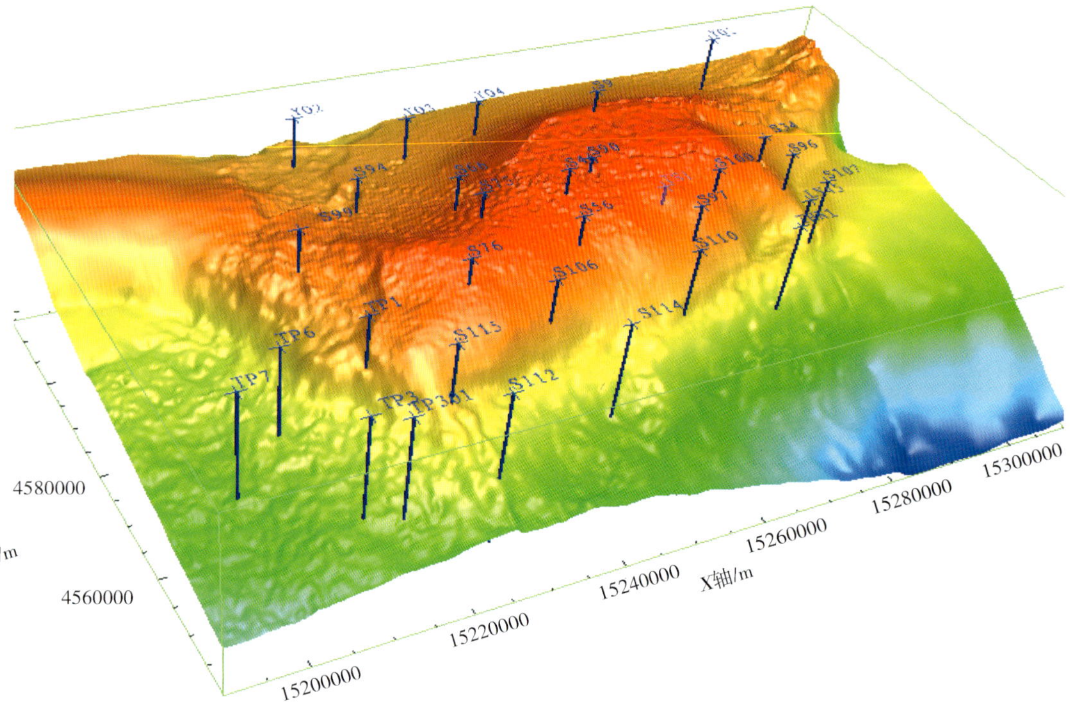

图 2-63　海西早期 T_7^0 古侵蚀面构造图

除此之外，在沙 99 井、于奇 3 井和于奇三维工区的西南角还发育了三个古构造高点。在长期的抬升暴露过程中，风化剥蚀强烈，鼻凸与北部高凸出现塔里木盆地内第一次准平原化过程，凸起大部分地区普遍缺失志留—泥盆系及上奥陶统，中奥陶统也遭受了不同程度的剥蚀，在鼻凸围斜部位 T_6^0 不整合面之下，奥陶—泥盆系向北削截尖灭的楔形体。此时期地层剥蚀最大厚度达 1400m，总体上具有中间大南北小的剥蚀特征，有两个剥蚀中心，一个在阿克库勒构造主体上，剥蚀量在 600～1000m，反映出阿克库勒构造在下古生代中继承性抬升，地层遭受了强烈的风化剥蚀，形成了有利于油气聚集的场所，为后期油气成藏奠定了坚实的基础。另一个是现今的托普台地区，剥蚀量在 500～700m，地层遭受了较大程度的风化剥蚀，同样也有利于油气的聚集。其中志留系剥蚀厚度在 0～900m。总体上靠近 T_6^0 尖灭线附近剥蚀量最大（>600m），在两个原来的沉积中心附近，存在两个剥蚀量最大的地区，西部在 TP4-TP7 井一线，为 NW-SE 向，剥蚀厚度为 500～700m，东部在 S105-S111-S35 井一线，为 NE-SW 向，剥蚀厚度为 600～900m。往北剥蚀量比较均匀，由 500m 减少至 0m，反映出研究区北部此时期具均匀抬升特征；奥陶系总剥蚀量在 0～600m，剥蚀最大区域在现今塔河油田主体部位，平面上主要在 T607-S9-LN21-YQ1 一线以南靠近 T_7^0 尖灭线附近，并沿 NE-SW 方向延伸，到西部转为沿 T607-S94-S4 一线呈 NW-SE 方向延伸。海西早期不仅是断裂和裂缝的重要发育期，也是奥陶系碳酸盐岩岩溶发育的主要时期，构造运动所形成的古地貌高差大，强烈剥蚀造成下奥陶统及部分中奥陶统碳酸盐岩长时间暴露，受间歇性大气降水作用而喀斯特化，主要沿着一系列 NE 向的纵向断裂和裂缝形成岩溶高地、斜坡、谷地与众多溶蚀残丘古地貌景观和地下溶蚀缝洞系统。

海西早期运动后，塔里木盆地形成了东高西低的古地貌格局，受其控制，海水自西向东大规模海侵，致使上泥盆统东河砂岩及石炭系由西、南、东三面依次不整合超覆在鼻凸高部位泥盆系、志留系、奥陶系之上，形成区域性角度不整合接触关系，T_6^0 反射界面存在明显的下削上超现象。D_3^d 分布仅限于本区东北侧和西侧，鼻凸轴部缺失；C_1 分布较广，但在阿克库木、阿克库勒断裂构造带高部位及鼻凸东北端缺失，主要为一套海陆交互相为主体的半闭塞台地-潮滩及河流三角洲相的大套粗、细相间的碎屑岩地层，局部为冲积-扇三角洲相沉积，发育了有利的砂岩储集体。该区域性不整合面上下储盖叠置关系，及其与构造的复合关系丰富多样，有利于形成各种各样的大型复合圈闭。

5. 海西晚期隆升剥蚀断褶阶段

海西晚期运动是断裂活动的主要时期之一。塔北隆起区以冲断和褶皱变形为主要特征，但不同构造部位，变形特征存在差异。阿克库勒凸起乃至整个沙雅隆起再次强烈抬升隆起，总体上表现为：北高南低、倾向南南西、倾角较为平缓、局部发育古构造高点及平台的单斜构造，古构造等值线总体呈北西西-南东东向延伸，东北部最高，东南部最低。在单斜背景上，分别在 S99 井、Ln27 井、S9 井、Ln20 井、YQ2 井附近，发育一些面积不大、构造幅度不等的局部古构造高。在南北向挤压作用下研究区断裂活动强烈，叠加变形区裂缝发育程度增高。

海西晚期运动古隆起再次抬升，遭受风化剥蚀，剥蚀量在 250～850m 不等，缺失二叠系大部，石炭系遭到不同程度的剥蚀，大部分地区仅保留石炭系下统，三叠系底面与下二叠统及以下地层呈区域高角度不整合接触，并使海西早期运动形成的区域性不整合面进一步南倾（石炭系具有北薄南厚的特征），这种构造面貌一直持续演化至印支—燕山期。沙 9 井区及阿克敦中北部奥陶系碳酸盐岩暴露（雅克拉-轮台断凸中东部整个古生界被剥蚀殆尽，元古界变质基底暴露，并且持续到印支—燕山早期）。大气水渗滤作用对古油气藏具有严重的破坏作用，造成了油气的严重散失。阿克库勒凸起北部的破坏程度高于南部，沙 9 井区重建的封闭体系被严重破坏，南部的塔河油田破坏程度不大。处于暴露状态或浅埋藏状态的北部奥陶系碳酸盐岩再一次接受大气降水作用，是古岩溶作用的又一重要时期。同时发育的强烈断块活动以及 T_5^0 之下的一系列挤压断背斜构造，如沙西 1、2 号构造，为晚期成藏提供了构造圈闭条件。海西末期构造变形与海西早期变形叠加作用使早期形成的圈闭形态或几何要素发生变化，圈闭幅度进一步加强，同时形成大量新的构造或复合型圈闭（图 2-64）。

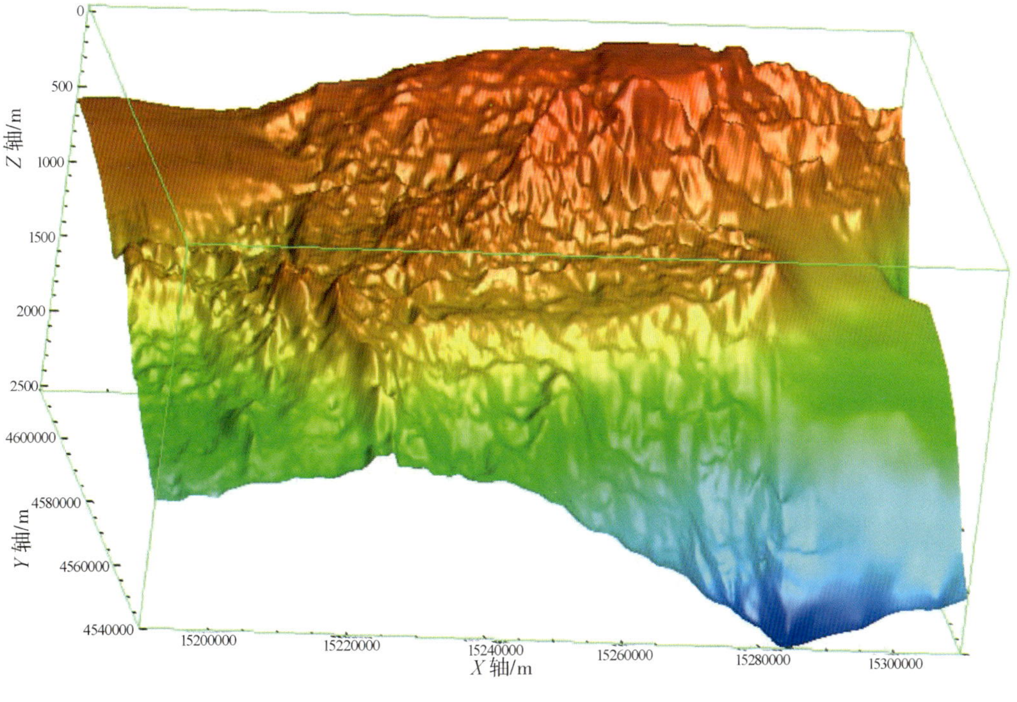

图 2-64　海西晚期 T_7^4 古侵蚀面构造图

海西晚期，阿克库勒凸起的火山活动主要以侵入岩体的发育和层状分布的火山岩发育为特征，作为岩浆通道的张性断裂在整个塔里木盆地范围都不明显，属于裂而未陷（发育晚古生代火山岩，但无明显张性正断层活动）的构造背景。

6. 印支—燕山拉张翘倾阶段

印支期，塔里木盆地进入一个新的构造演化阶段。南天山陆内造山带褶皱-冲断作用形成巨型构造负载，使塔里木北部岩石圈发生扰曲沉降，形成库车前陆盆地，沙雅前缘隆起及阿-满克拉通内挤压坳陷。阿克库勒凸起受到北东-南西向挤压应力场作用，宏观上主要呈现了一组“X”型共轭剪切断裂带及北西向、北北西向低幅度挤压背斜。阿克库勒凸起西部的右行雁行断裂带及中部左行雁行断裂带发育正断层，同时该构造运动造成了侏罗系与三叠系及更老地层呈超覆不整合接触。

燕山期，特提斯构造域继续表现为聚敛环境，随着盆地南部昆仑造山带的挤压作用的递进发展，整体南升北降的翘倾作用开始，在塔北也是出现由北高南低的原始地貌状态开始向北低南高的背景转化，阿克库勒凸起则主要表现为夷平作用，在 SW-NE 挤压应力作用下，形成南部 NE 向张扭性断裂，断裂短、断距不大，但多成对、成群出现，构造挤压造成下侏罗统沉降、沉积中心较三叠系向北东迁移，缺失上侏罗统。

燕山晚期，阿克库勒地区继承性发展，总体北高南低，发育一个轴向北北东，向南西倾覆、形态不规则的大型鼻状构造；在此鼻状构造背景上，在 S99 井、LG15 井、S9 井、S47 井、LG3 井分别发育一些闭合面积不大，闭合幅度较低的次级古构造高点，使鼻状构造形态复杂化，构造形态变化不大。

7. 喜马拉雅定型阶段

阿克库勒凸起白垩系至古近系略呈北厚南薄特征，整体上变化幅度不大，反映燕山晚期至喜马拉雅早期，研究区早期北高南低的构造面貌已开始发生根本改变（图 2-65）。喜马拉雅晚期，特提斯域最为强烈的一次挤压作用，导致昆仑、天山两个造山带强烈褶皱-冲断，大规模崛起，塔里木盆地被动沉降，原来相互分隔的几个边缘前陆盆地也联合成一个统一的陆内坳陷。在塔北库车前陆盆地，沉降中心向塔里木盆地腹地迁移（新近系北厚南薄），前陆坳陷急剧沉降以及轮台断裂持续活动，早期北高南低的构造面貌已开始发生根本改变，阿克库勒凸起转变为南高北低的北倾单斜构造格局，寒武—奥陶系为复背斜构造形态，阿克库木断裂以北 T_7^0 面由原总体南倾变为向北东下倾，奥陶系顶面（T_7^0）古鼻凸成为主轴向 NE、SW 倾没的大型凸起（图 2-66）。凸起上的白垩系至古近系略呈北厚南薄特征（但整体上变化幅度不大）。地层未卷入显著变形，奥陶系埋深及围压大幅度增加。喜马拉雅运动是一次大的构造调整期，也是油气藏调整、分异、重新聚集成藏的一个重要时期，受构造总体产状发生反转影响，原来已成藏的油气随着圈闭条件的改变沿运移通道、输导层运移调整，重新成藏。

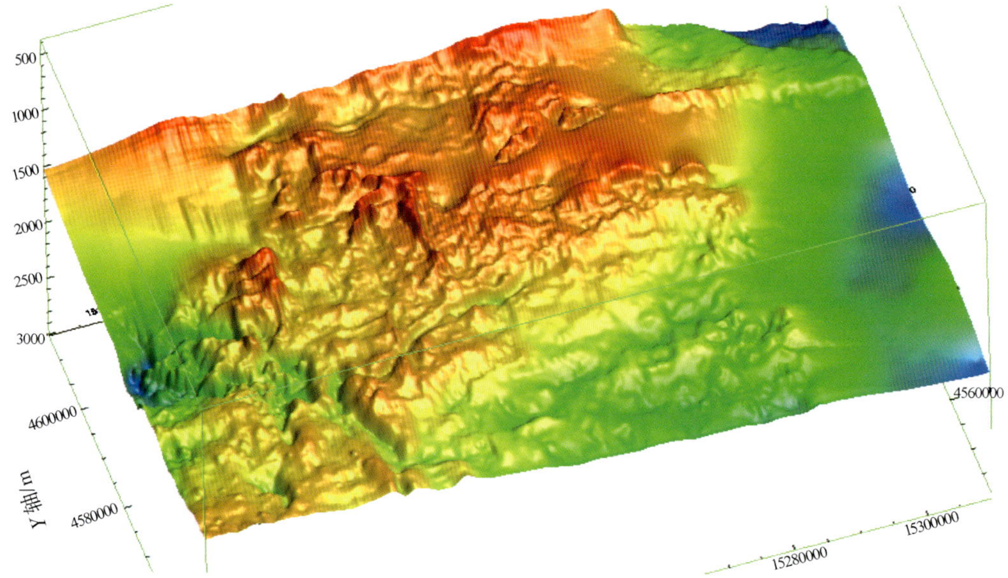

图 2-65　喜山早期 T_7^0 古侵蚀面构造图

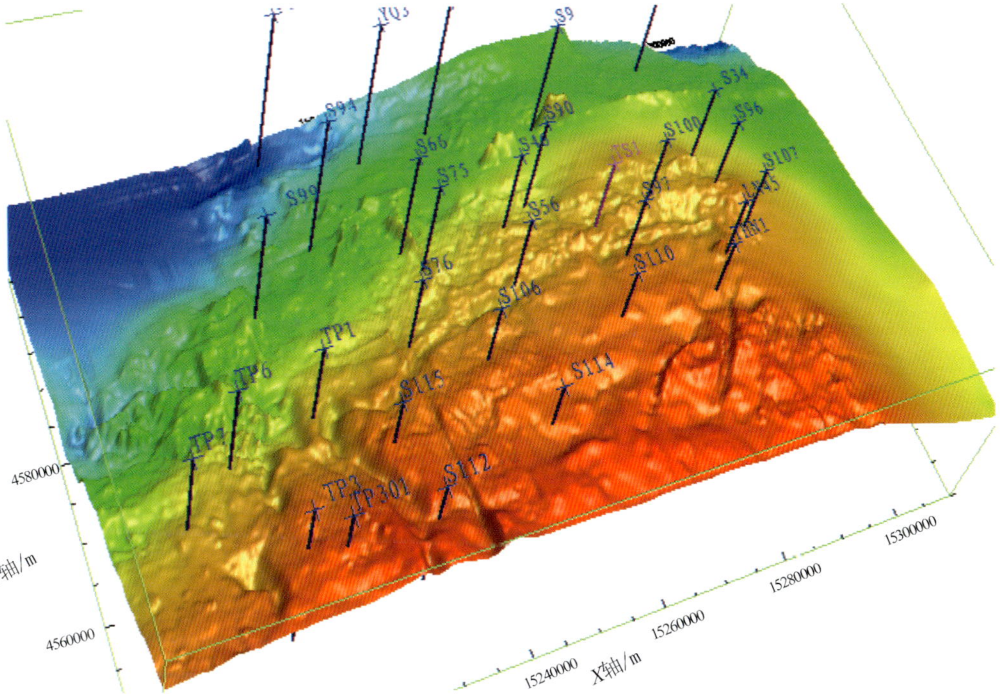

图 2-66 喜山晚期 T_7^0 古侵蚀面构造图

综上所述，阿克库勒凸起的构造发展和沉积发育特点如下：

(1) 在加里东中晚期—海西早期以区域抬升为主的构造运动形成了本区早古生界的隆起，造成沉积间断和剥蚀，缺失志留系、泥盆系，外围低部位保留了部分上奥陶统，中、下奥陶统遭到不同程度的剥蚀。海西早期是本区主要的断裂及裂缝发育形成期，并且此阶段碳酸盐岩岩溶作用十分普遍，对下古生界碳酸盐岩成藏起到十分重要的作用。

(2) 石炭纪时期，出现自西向东较大规模的海侵，本区以一套砂泥岩为主夹灰岩的海陆交互相沉积披覆在下古生界之上，其下部的厚层泥质岩为奥陶系良好的区域性盖层。

(3) 海西早期区域主压应力为 NW-SE 向，形成了向南西倾伏的 NE-SW 走向的阿克库勒大型鼻凸；海西晚期区域主应力为 N-S 向挤压作用，在大型构造鼻凸上叠加形成了一系列近 E-W 走向的逆冲断层和局部褶曲，如阿克库木、阿克库勒近东西向断垒构造带；断层断开层位主要为奥陶系，向上断层基本消失于石炭系，只有个别大断层延伸到中生界（发育在北侧两断垒区）。由此可见，奥陶系碳酸盐岩潜山海西晚期以后基本上处于稳定埋藏状态，对阿克库勒凸起南部地区奥陶系的构造特征及变形起主要控制作用的为海西早、晚期运动。尤以海西早期的古构造面貌对后期构造变形的控制作用最为明显。

(4) 海西晚期以区域挤压和褶皱为主的构造运动，使本区再次遭到沉积间断和剥蚀，缺失二叠系大部，石炭系遭到不同程度的剥蚀。凸起主体及南部斜坡构造变形严重，区内较发育的近 E-W 向断裂、裂缝多属该期产物。

(5) 燕山晚期南升北降的翘倾作用对油气调整起了重要作用。

正是由于这种长期多次的构造变形叠加造成现今阿克库勒凸起复杂的构造特征。北部地区从上古生界至中新生界表现为宏观北倾，整体上表现为东高西低的特征；中部以南地区下古生界虽经多期改造但仍保存着北高南低的构造格局，尤其以海西早期形成的古构造轴部南倾特征明显，是其东南缘满加尔坳陷及过渡斜坡的寒武—奥陶系烃源岩在不同演化阶段生成的油气长期持续运移的指向区与聚集的有利区域，上古生界至中新生界基本已改变为宏观北倾特征。由此可见，海西早、晚期运动对阿克库勒凸起南部地区奥陶系的构造特征及变形起主要控制作用，而燕山—喜山晚期的翘倾作用对现今油气藏的调整起了重要作用。

2.4.2　塔中隆起构造演化

从围绕塔里木板块造山带分析可知，塔里木板块的演化受南部古特斯洋与北部的古亚洲洋两大体制的控制。古生代塔里木盆地完成了从南方大陆分离，到并入北方大陆的过程。其中，昆仑山经历了晚元古代—早古生代的古特提斯洋演化过程，主体于加里东期中晚期闭合。晚古生代再次拉张，形成洋盆，至晚海西—印支期闭合。中生代局部拉张，喜马拉雅期强烈隆升，并向盆地仰冲，形成塔西南前陆盆地。

天山造山带是古亚洲洋闭合褶皱的产物，其闭合时期主要为海西晚期。侏罗纪造山带与盆地过渡带有规模不大的伸展，喜马拉雅期与昆仑山一样，也表现为强烈隆升，并向盆地挤压，形成库车前陆盆地。

从变形分析，塔东隆起与塔中隆起主要与塔东南及阿尔金断裂的演化有关，形成了阿尔金断裂控制的变形体系。巴楚隆起的变形一方面与南天山、昆仑山的南北挤压有关，另一方面与柯坪隆起的向东逆冲挤压有关。

据区域与盆内变形分析，影响塔中、塔东变形的塔东南地区——昆仑山构造域，主要经历了加里东期中期Ⅰ、Ⅱ幕（中奥陶世末和奥陶纪末）和晚加里东期（志留纪—中泥盆世末）。

中奥陶世末是塔里木早古生代盆地的重大转折时期，是周缘南压北张环境的开始，南部的挤压是昆仑山海槽局部关闭的过程。它导致了塔西克拉通内坳陷海水退出，地层褶皱变形，其东部呈现三凹两凸格局，即塘古孜巴斯向斜、塔中复背斜、顺托果勒向斜、塔北（沙雅）背斜和库车向斜（已被后期改造）；西部为和田古隆起（背斜）和麦盖提-巴楚-阿瓦提斜坡。卡塔克、和田和沙雅古隆起萌生。

塔中复背斜实际上是一被背冲断裂控制的断隆，即北缘塔中Ⅰ号断裂带、南缘塔中5井和塔中22井南断裂-挠曲带控制的背型隆起。中央断裂带和北坡的塔中10井断裂带使背斜复杂化，呈西高东低、南翼缓、北翼陡的面貌。隆起上中奥陶统一间房组和鹰山组上部灰岩剥蚀殆尽，高部位下奥陶统下部亦遭剥蚀。

和田古隆起位于塔西克拉通内坳陷西段的南缘，现叶城-和田一带，是一呈NWW向展布（当时为东西向）的大型背斜，南翼接塔西南克拉通边缘坳陷，北翼为麦盖提-巴楚-阿瓦提斜坡，尚未发现强烈的断裂活动。其上的中下奥陶统遭不同程度的剥蚀，中奥陶统仅残留于巴楚隆起北部巴楚县城以东，上奥陶统超覆其上。因此，现今的巴楚隆起当时是和田古隆起北斜坡的一部分。

奥陶纪末由于中昆仑岛弧与塔里木板块碰撞昆仑洋消减结束，发生了加里东Ⅱ幕运动。主要表现在塔东南的挤压和阿尔金的右旋扭动，从而造成塔中Ⅱ号带与南侧北东向断裂-褶皱带形成的帚状扭构造带。同时，该次运动使晚奥陶世的海水全部退出塔里木盆地，并使地层褶皱变形。盆地东部的被动克拉通边缘坳陷褶皱为两隆一坳，即孔雀河背斜和古城墟背斜，其间为满加尔向斜，中上奥陶统却尔却克组在隆起上遭严重剥蚀。此时古城墟隆起雏形形成，塔中隆起前期断裂再次强烈活动，隆起上上奥陶统受剥蚀；西部的和田古隆起再一次褶皱抬升，上奥陶统遭剥蚀。卡塔克、塔北与和田古隆起已具雏形。

奥陶纪之后，由于昆仑山与塔里木板块的挤压作用加强，塔里木盆地东南部（北到巴楚中部-塔中隆起-塔东隆起）整体隆起，它与北部的沙雅-库尔勒隆起遥相呼应，所夹持的北部坳陷，形成了克拉通内坳陷，充填了一套海相为主的碎屑岩体系。中央隆起此时断裂、大型褶皱及区域性不整合面显露清楚。具体表现在塔中-古城墟隆起不仅遭受强烈剥蚀、斜坡形成多个区域不整合面叠置；而且近东西向的塔中Ⅱ-塔中48断裂带走滑及其南侧似帚状构造进一步加剧。

中泥盆世末的海西早期运动是昆仑山造山带与塔里木盆地焊接为整体的开始。它结束了盆地演化史的第一伸展聚敛旋回，使盆地全面抬升，海水全部退出，地层褶皱变形并遭剥蚀。车尔臣断裂强烈向盆内冲断，中央隆起带塔中东部、古城墟隆起在背斜的基础上再次褶皱隆升。古城墟隆起由于车尔臣断裂强烈的北冲，南翼大部被破坏，隆起上的志留系—中泥盆统仅残存于北翼，轴部则荡然无存，且上奥陶统继续受剥蚀，东段的厚度仅存千余米。其西段在车尔臣断裂前发生了三排冲断带，前冲带NNW倾，西起卡塔克隆起的东端向NEE延伸；古城1、2井井区分别为第二、三排，断面SSE倾，为后冲带，NEE向延伸。该期运动使该古隆起定型为残余古隆起。整个隆起基本定型，东高西低、东西分段、南北分带、南坡高北坡低的构造格局形成。

与此同时，塘古孜巴斯坳陷在车尔臣断裂向NW强烈冲断活动的影响下，巴东南-塘北前冲带、塘古1井北前冲带和塘古1井-亚通古斯北后冲带加剧，形成了塘古孜巴斯三角带，前冲带、后冲带中志留统—中泥盆统遭不同程度的剥蚀，三个背冲断裂带内的上奥陶统和志留系—中泥盆统剥蚀殆尽。

西部的和田古隆起在该期也进一步隆起定型。海西早期运动使和田古隆起第三次褶皱隆升，巴楚隆起东部为和田古隆起的北倾斜坡区。

在盆地大测线的构造演化剖面（图2-67，图2-68）和卡塔克隆起2条区域测线演化基础上，研究认为塔中地区在寒武纪—中奥陶世为克拉通内坳陷东部，中奥陶世末塔中隆起萌生，加里东中期Ⅱ幕形成雏形，海西早期定型，海西晚期进一步强化，印支、燕山运动影响不大，喜山晚期运动亦未受显著改造，是一个稳定的古隆起。

1）加里东早期伸展沉降阶段

寒武纪—中奥陶世，塔中地区处于塔西克拉通内坳陷的东部，伸展背景下，该区拉张沉降，沉积了厚度超过3000m的台地碳酸盐岩建造，北侧产生倾向NE的同生正断层，顺南一带的寒武系—中奥陶统厚度大于下盘的厚度。

2）加里东中期运动Ⅰ幕塔中隆起萌生

中奥陶世末，盆地处于南北挤压环境，卡塔克地区在挤压背景下，因地层变形而隆升。塔中Ⅰ号、塔中Ⅱ号和塔中5井断裂开始活动，全区中奥陶统一间房组剥蚀殆尽，鹰山组遭不同程度剥蚀，塔中隆起萌生。

数口井钻探成果证实中下奥陶统遭剥蚀，地震剖面解释亦可证实T_7^4-T_8^1层序所代表的上寒武—中奥陶统在隆起的顶部明显比南北斜坡的厚度薄，更不及塘古孜巴斯凹陷和满加尔坳陷的厚度。

3）加里东中期运动Ⅱ幕形成塔中隆起雏形

在区内上奥陶统良里塔格组和桑塔木组超覆沉积在东低西高、中部隆起两侧低凹的古地形上。晚奥陶世晚期，在较强的南北挤压背景下，区内寒武—奥陶系在中奥陶世萌生的低隆起基础上进一部褶皱隆升，塔中Ⅰ号、Ⅱ号、塔中5井断裂重新活动，塔中10、塔中8-1井、塔中3井和塔中22井等断裂开始活动，亦产生了一批小断裂，进而形成各断裂带及其间的局部构造，塔中隆起雏形已就，并遭剥蚀，桑塔木组仅存于中央断裂构造带南北两侧的低部位，残厚20～600m不等；良里塔格组亦仅残存于中央断裂构造两侧。

4）海西早期运动塔中隆起定型

志留系—中泥盆统超覆沉积于东低西高、隆起轴部高、南翼稍高、北翼低的地形上。中泥盆统沉积后，强烈的南北向挤压使寒武系—中泥盆统在雏形隆起上进一步褶皱隆升，中央断裂构造带和南北两侧的各断裂构造带进一步活动加剧，其间次级逆冲断裂亦已形成，前期形成的局部构造得以强化和改造的同时，又产生一批新局部构造，隆起定型。定型后的隆起仍呈南翼稍高于北翼之势，但东端隆起的幅度远大于西部，呈现了东高西低向西倾没的鼻状隆起。隆起西段北翼的中1井附近的断裂组合，下断入基底，上切T_7^0进入志留系。隆起的形成使寒武系—中泥盆统遭受剥蚀，中央断裂构造带内志留系—中泥盆统荡然无存，并向下剥蚀残留的下奥陶统。志留系—中泥盆统东部剥蚀强度大，隆起两翼渐弱，显示了西部厚、东部薄的趋势。

5）中二叠世中基性岩浆活动强烈

在东高西低、南高北低的隆起上披覆了上泥盆统—中二叠统，东河塘组的沉积未越过中央断裂构造带，东未达高陡带。

中二叠世，中基性岩浆活动强烈，区内多处沿断裂侵位并喷溢地表，使区内分布大面积的中基性火山岩，顺层侵位呈岩盘、岩床的辉绿岩分布于寒武—志留系，沿断裂侵入的辉绿岩岩脉有多口钻井钻遇。

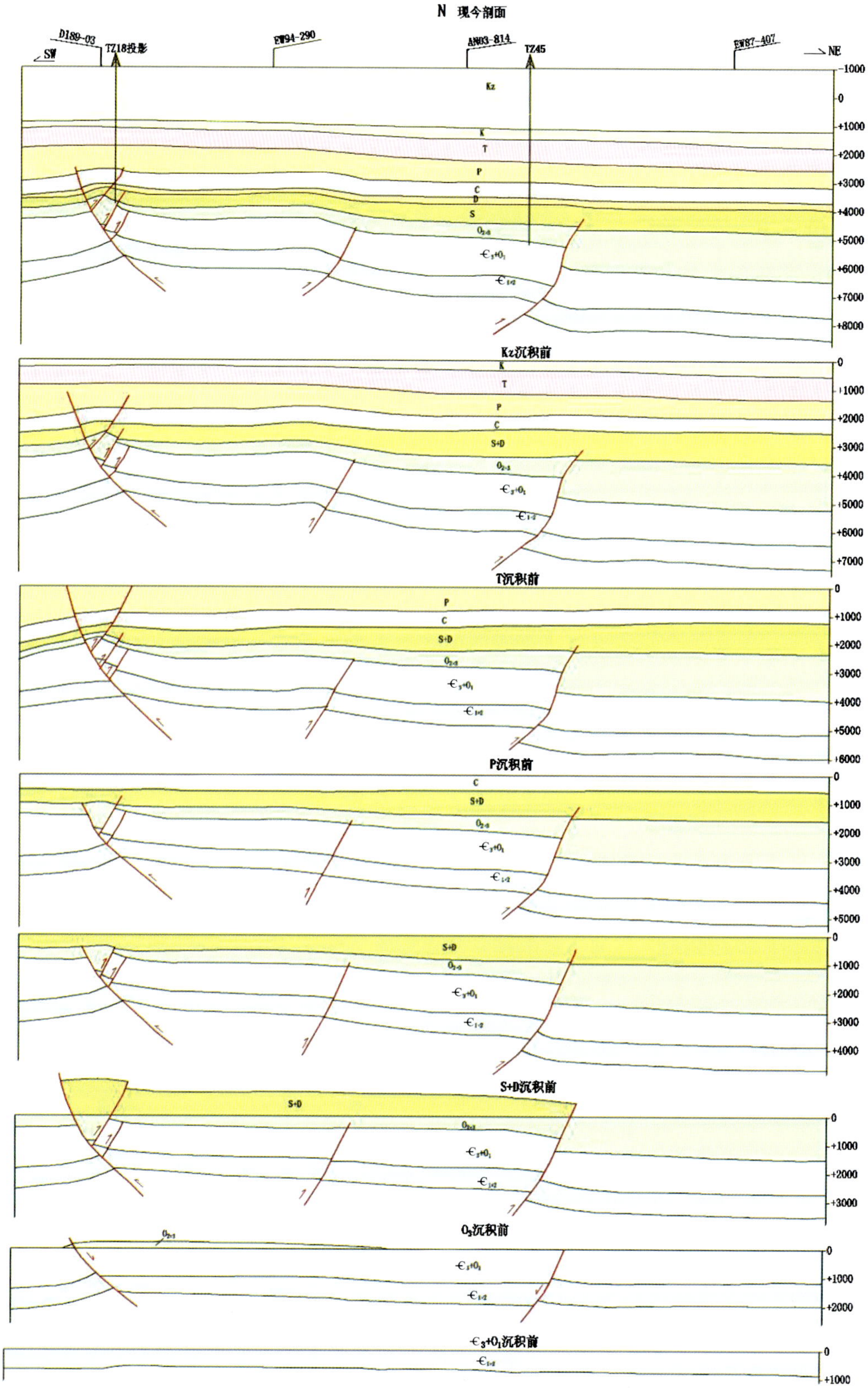

图 2-67　塔中隆起 D94-417＋AN94-306 线构造演化剖面图

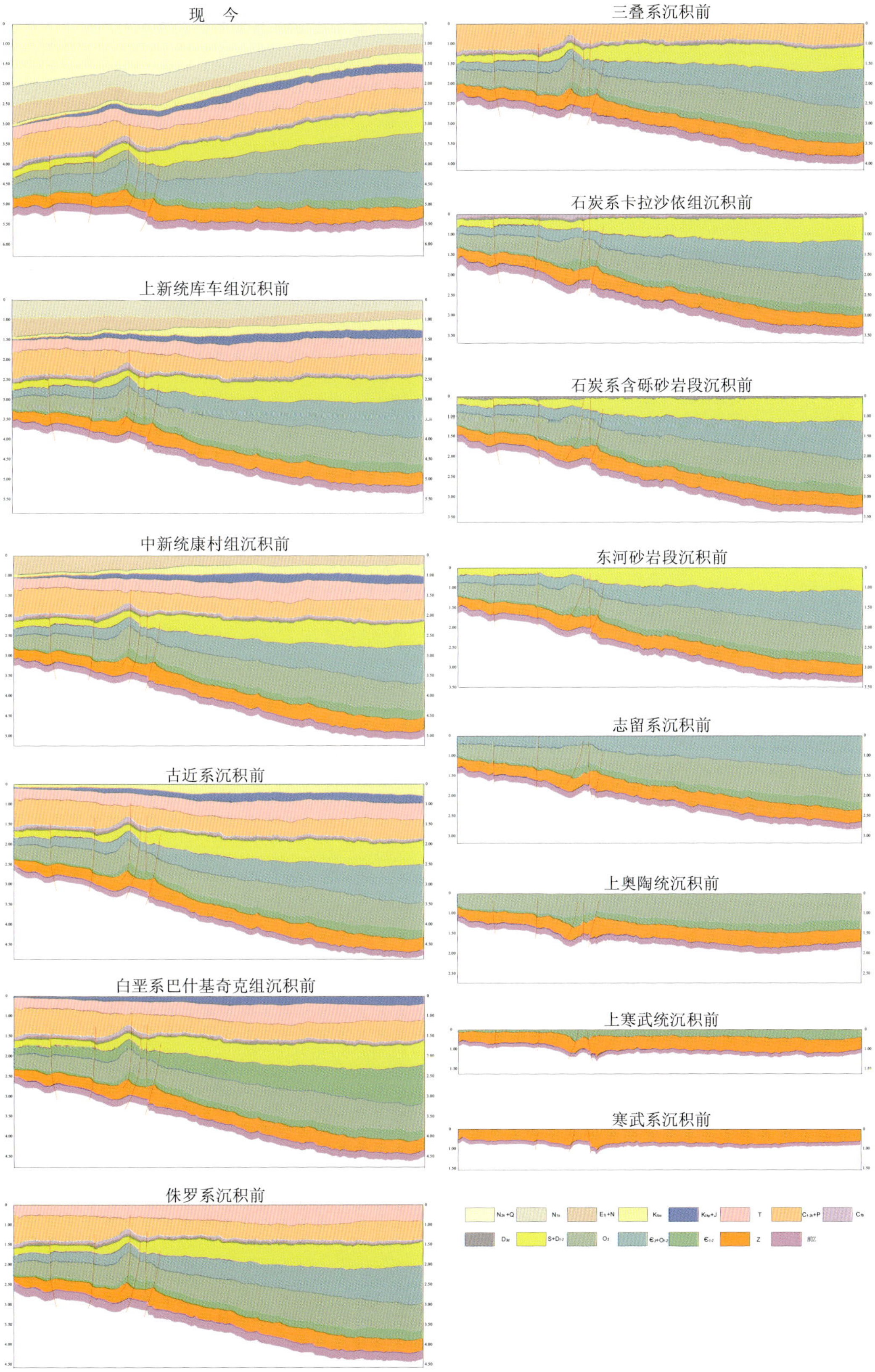

图 2-68　塔中隆起 AB03-428EW＋TZ01-428NW 构造演化剖面图

6）海西晚期运动强化了塔中隆起

中二叠世末，随塔里木板块与欧亚大陆从东向西剪刀式碰撞完成，塔里木盆地全面抬升，结束了海相克拉通。近南北向的挤压，使塔中隆起的古生界轻微变形；沿中央构造带隆升显著，除塔中Ⅰ号断裂外，其他断裂带及次级断裂再次活动，多数仅断穿 T_6^0，少数断穿 T_5^4 进入二叠系，Ⅱ号断裂的西端可见断至 T_5^0。各断裂带内与断裂有关的局部构造最终形成，塔中隆起得以强化。

7）印支—早喜马拉雅期运动对塔中隆起影响较小

晚二叠世—早三叠纪陆内坳陷和印支运动：该期塔北为前陆坳陷，新和隆起为其前缘隆起，中东部为陆内坳陷湖盆，塔中隆起位于其南部，沉积了河湖相砂、泥岩。因羌塘地体与欧亚大陆拼贴导致的印支运动使盆地抬升，但地层未褶皱变形，断裂未活动，仅南北向翘倾，三叠系遭剥蚀，一直延续至侏罗纪末。

白垩纪的陆内坳陷和燕山晚期运动：白垩纪塔中隆起区位于陆内坳陷的西南部，沉积了河流三角洲相红色碎屑岩建造；燕山晚期，受来自南方的挤压，盆地抬升，白垩系受剥蚀，地层未变形，断裂未活动。

古近纪坳陷盆地和喜山中期运动：古近纪，塔里木盆地仍为伸展环境，本区位于该期坳陷盆地的中南部，接受了小于 500m 的棕红色碎屑岩沉积。渐新世末，随全盆的抬升而抬升，地层未变形，无断裂活动。

8）喜山晚期运动塔中隆起未受改造

喜山中期随着塔西南和库车前陆盆地的形成和发展，全盆内统一的陆内坳陷盆地形成，本区成为其一部分。在中新世、上新世、早更新世三期盆地沉降和中新世末、上新世末、早更新世末三期边缘造山、盆内抬升过程中，塔中隆起始终随盆地的沉降而沉降，随其抬升而抬升，地层未变形亦无明显断裂活动。

总之，晚二叠世以来，塔中隆起处于稳定的沉降和抬升过程，未受明显的改造。

2.4.3　巴楚隆起构造演化

根据区域构造事件，结合巴楚-麦盖提地区主要构造层的厚度变化特征、主要断裂构造带的断裂特征、构造样式的分析研究认为，巴楚地区的构造演变格局可以划分为五个阶段：加里东早中期、加里东晚期—海西早期、海西晚期、印支—燕山期和喜马拉雅期。

1）早中加里东阶段

震旦纪，塔里木地块处于岩石圈伸展构造状态，强烈的伸展作用一直持续到早古生代早期。研究区在基底隆起的构造背景下，震旦系表现为一平缓的低隆起。震旦纪末受构造运动影响，呈现一个平缓的低凸起，剖面上可见寒武系与震旦系之间的不整合关系。古隆起南翼可见早寒武世地层由南向北在震旦纪古隆起上超覆沉积，沉积体系由深水浊积岩系逐渐演变为浅水陆相-滨岸沉积体系和浅水台地碳酸盐岩沉积体系，同时局部发生玄武岩岩浆活动。该时期麦盖提斜坡-巴楚隆起地区位于该裂谷带的北部，虽然也处于基底伸展状态，但构造断陷作用相对较弱，仅在局部发现小型张性断裂，且平面延伸性较差。

早—中寒武世处于区域伸展背景，是裂谷、坳拉槽、被动大陆边缘和碳酸盐岩台地发育时期，在巴楚隆起东部的小海子和和田河区块中下寒武统地层中发育一系列 NW 走向的小型张性断裂，未切穿 T_8^1，部分呈现同沉积特征，表明中寒武世末发生了一次弱的挤压运动。此时期受塔西南南缘地区震旦—寒武纪裂解作用的影响，莎车-和田一带发生均衡肩部翘升，麦盖提斜坡部位发育塔西南古隆起（和田古隆起），呈现 NWW 向条带状展布。此时巴楚地区位于古隆起西北高隆的东北翼的平缓斜坡低部位，基底表现为向北的倾伏，地层沉积向塔西南古隆起方向减薄（图 2-69），而麦盖提地区位于东南端的低隆斜坡区，明显高于巴楚地区（图 2-70）。晚寒武—早奥陶世为区域弱伸展背景，是形成被动大陆边缘的浅海碳酸盐岩台地和斜坡时期；基本延续了早—中寒武世古构造格局。

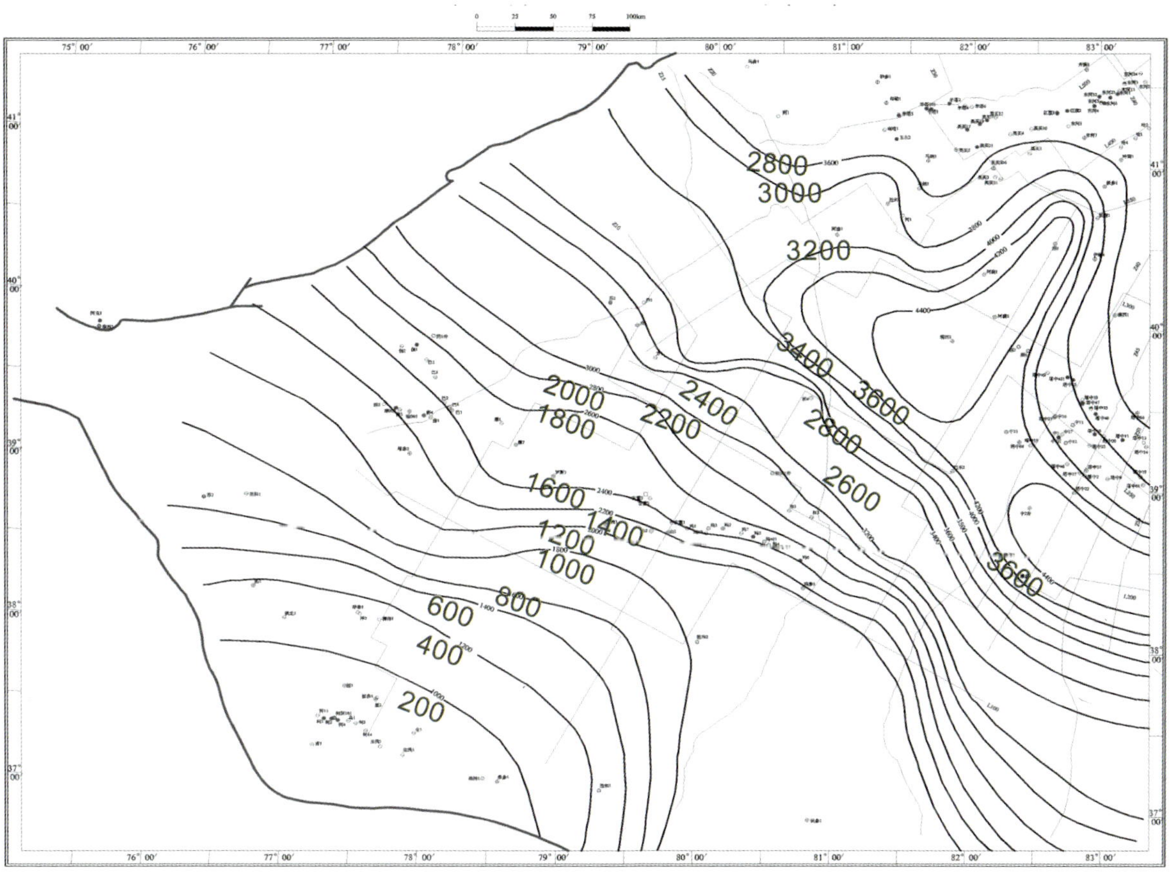

图 2-69　巴楚地区寒武系—下奥陶统残留厚度图（陈强路，2007）

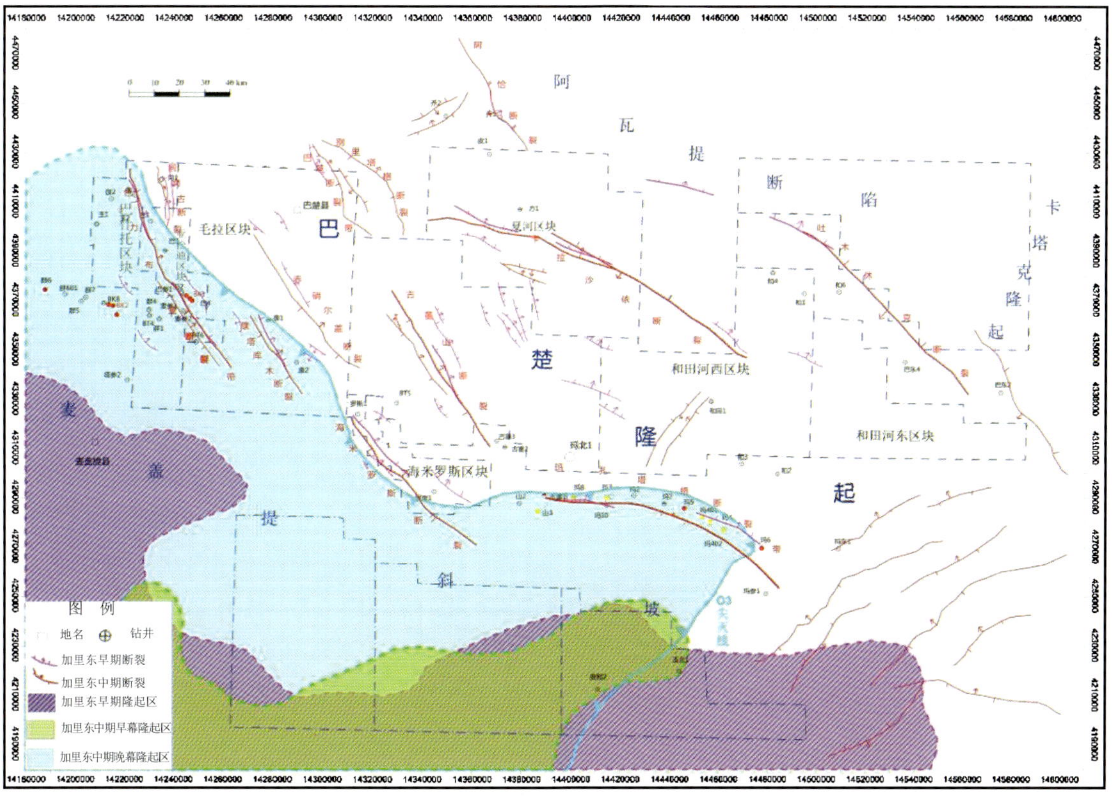

图 2-70　巴楚地区加里东早中期古隆起区叠置平面图

中奥陶世末期，塔里木地块由被动大陆边缘向主动大陆边缘转变，构造作用从拉张环境向挤压环境转变，该构造事件导致研究区掀斜，西南部抬升幅度大，NWW 向展布的塔西南古隆起（和田古隆起）继承隆升，整体呈现西南高北东低的格局（图 2-70），麦盖提北部及现今巴楚隆起区是当时隆起的北倾斜坡，麦盖提及其以南地区中下奥陶统遭受不同程度的剥蚀，研究区广泛发育第一期岩溶，色力布亚-玛扎塔格一带一间房组剥蚀殆尽。

晚奥陶世末期，巴楚地区在加里东中期晚幕开始遭受强烈挤压，寒武系—中下奥陶统发生褶皱变形，早期张性断裂选择性反转冲断，例如南缘带附近的色力布亚、海米罗斯 1 号、玛扎塔格南断裂、古董山断裂等，同时吐木休克断裂、巴东、卡拉沙依等断裂在该构造事件中开始发育，北西向斜列断裂带初具规模。巴楚-麦盖提地区东南的塘北断裂带形成了一系列北东向展布的叠瓦状的逆冲推覆带，导致麦盖提斜坡东部褶皱隆升。在强烈挤压环境作用下，本区再次掀斜，西南部的上奥陶统大面积遭受剥蚀，中下奥陶统再次暴露剥蚀，研究区西南部发育第二期岩溶，形成倾向北东的剥蚀斜坡。

2）晚加里东—早海西阶段

此阶段最重要的构造事件发生在中泥盆世末，强烈的北西-南东向挤压应力作用下，导致区域性隆升剥蚀，志留—泥盆系遭受不同程度的剥蚀，形成 T_6^0 不整合面。在山 1 井-玛参 1 井以南地区全部剥蚀殆尽，并在麦盖提地区发育第三期岩溶（图 2-71）。巴楚地区西部的海米罗斯断裂、色力布亚断裂等 NW 向断裂表现为继承性弱挤压，西北部抬升，而玛扎塔格断裂、鸟山断裂、吐木休克断裂等 NWW 向断裂进一步挤压逆冲，玛南断裂也开始活动，致使隆起东部构造活动强烈，并且根据现今 S-D 的剥蚀尖灭线可以推断和田古隆起降升幅度范围进一步扩大，整体呈现北倾构造斜坡，构造高点位于东南部，麦盖提地区成为低隆区，而巴楚地区成为和田古隆起的西北翼斜坡（图 2-72）。

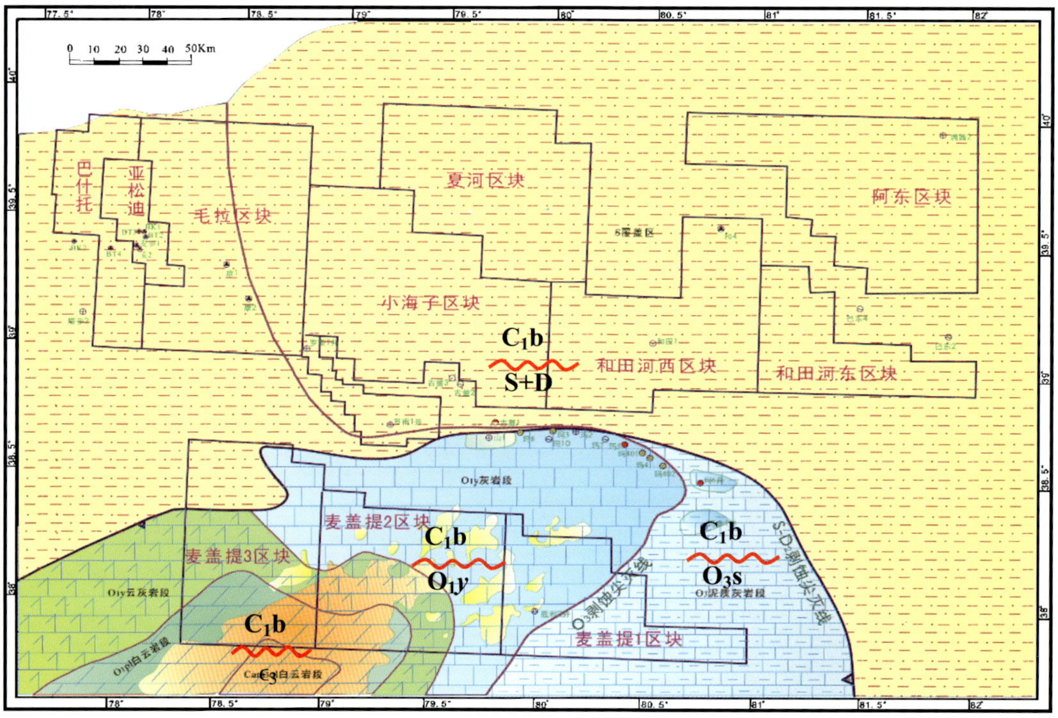

图 2-71　巴楚-麦盖提地区石炭系沉积前不整合面平面分布图（中石化西北分公司，2010）

3）晚海西阶段

石炭纪，塔西南地区整体沉降，接受沉积。石炭纪早期，巴楚地区为水下隆起，并以稳定沉降及碎屑岩与碳酸盐岩混合沉积为特征；早石炭世中期的巴楚运动使研究区西北部抬升，卡拉沙依组遭受不同程度的剥蚀，导致本区由北倾斜坡转为向东南倾的鼻状隆起雏形（图 2-73），构造形态开始反转。而巴楚隆起东部地区保持南高北低的格局，下石炭统地层超覆并披覆在早期的古隆起之上。早石炭世中后期，海平面短暂下降；小海子期，随着海平面上升，自西向东有较大规模的海侵。

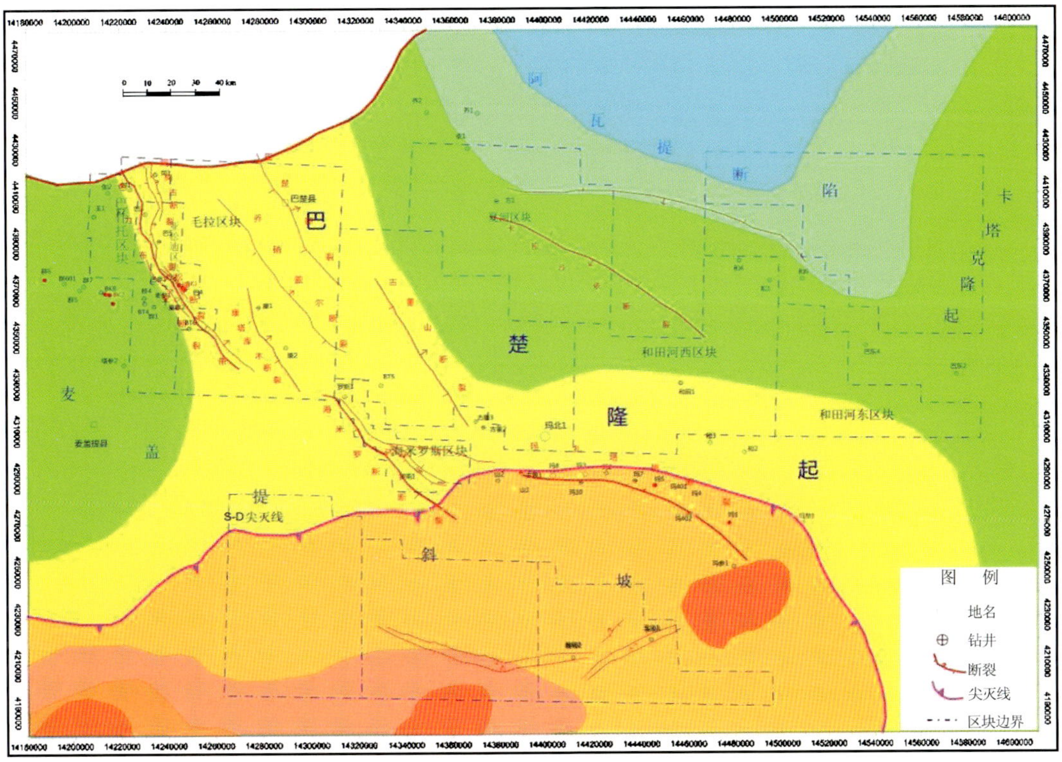

图 2-72　巴楚地区海西早期古构造格局图

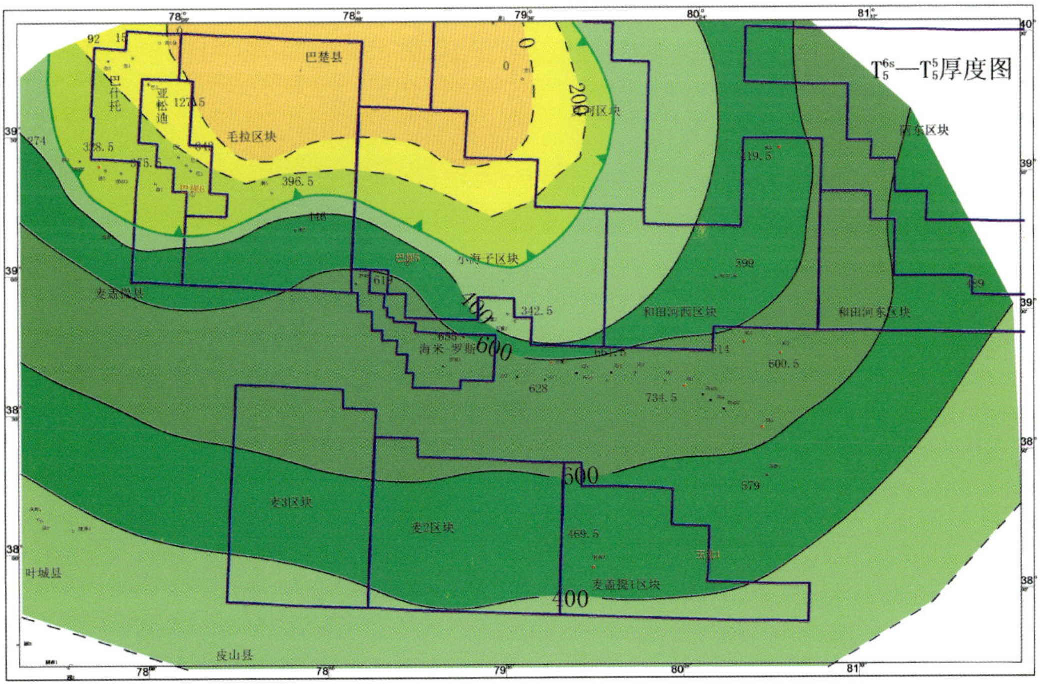

图 2-73　巴楚地区海西中期 I 幕巴楚运动古构造格局图（中石化西北分公司，2009）

早二叠世末，塔西南主体为伸展构造环境，巴楚地区爆发了大规模的火山喷发和岩浆侵入，小海子水库东部麻扎塔格、南部瓦吉里塔格都有基性、超基性岩体，或呈岩墙、岩脉。色力布亚断裂、玛扎塔格断裂、吐木休克断裂、卡拉沙依断裂、古董山断裂等早期发育 NW 向断裂张性开启，断裂带成为岩浆活动的通道，因此研究区基性侵入岩和喷发岩的分布多呈北西向展布，而和田 1 井以东到塘北断裂带发育的基性侵入岩和基性喷发岩呈北东向串珠状展布，反应了巴楚隆起东西两区构造格局的差异。

中二叠世末，海西晚期运动构造应力场再次发生正反转，再次从伸展转变为挤压，使塔里木盆地的面貌发生了巨大变革，海水全部退出盆地。研究区在南北向挤压背景下，不仅使古生界东西向拱起变形，先存于基底的断裂开始活动，南北两侧的色力布亚-玛扎塔格断裂和阿恰-吐木休克断裂等大型先存断裂开始重新活动，逆冲隆升，形成大型背冲型低隆（图 2-74）。在西北部，西北高东南低的巴楚隆起开始形成，并且在南缘断裂的控制下巴楚隆起与麦盖提斜坡带逐渐分割开来。同时控制二级构造带的康塔库木断裂，古董山断裂、卡拉沙依断裂等又同期活动，促使本区形成隆坳相间的构造格局。另外在巴楚隆起南缘和麦盖提斜坡上形成一批近 EW 向构造，如巴什托-先巴扎断裂、玛南断裂、玉代里克断裂、海米东断裂等发育，并伴随断层产生了断层传播褶皱变形。对巴楚隆起之后的发育和巴楚-麦盖提地区西部上古生界成藏条件的形成具有重要意义。随后整体隆升遭受剥蚀，形成 $T_5{}^0$ 不整合面，二叠系自南向北剥蚀减薄，甚至在同 1 井处剥蚀殆尽。

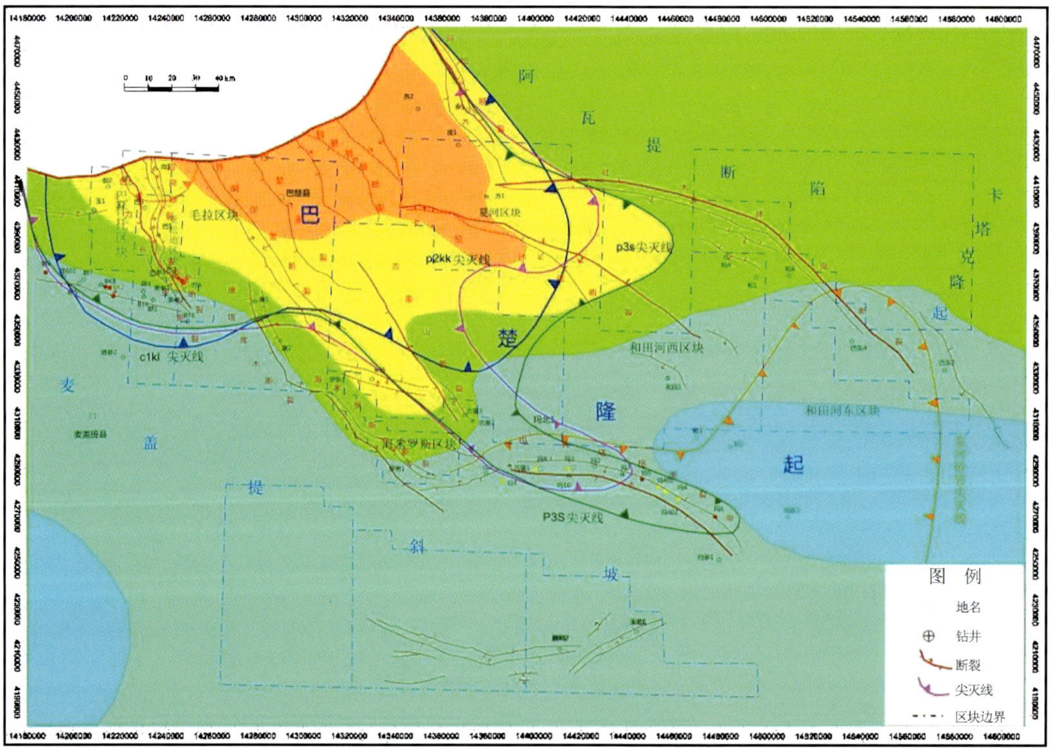

图 2-74　巴楚-麦盖提地区海西晚期古构造格局图

4）印支—燕山阶段

三叠纪末期的印支运动表现为较强烈的差异升降活动，在继承前期西北高东南低的基础上进一步抬升，巴楚地区与麦盖提地区构成整体南倾的剥蚀斜坡，研究区西北部遭到强烈的挤压变形和剥蚀，只在巴楚隆起东段残存部分三叠系，而且地震剖面上呈现向西北方面减薄，主要沿吐木休克断裂带两侧分布，断裂下盘三叠系保存较厚，而上盘剥蚀殆尽，可见吐木休克断裂对三叠系的保存具有控制作用。侏罗纪—白垩纪，研究区继承早期构造格局，形成大面积的隆起区，白垩系主要分布在阿恰-吐木休克断裂带以东的阿瓦提断陷和塔中地区；构造格局一直延续至中生代末，甚至古近纪末。

5）喜山阶段

渐新世开始，随着欧亚-印度板块的持续碰撞，塔西南山前逆冲推覆带逐步形成、推覆带向盆地内部迁移，前陆隆起逐步迁移至现今的巴楚隆起。研究区逆冲断裂活动强烈，全面褶皱、抬升，并遭受剥蚀；和田古隆起遭受破坏，成为现今的南倾斜坡。

中新世晚期，塔里木盆地南北两侧的昆仑造山带和南天山造山带发生强烈冲断和推覆，地层遭受强烈变形。巴楚隆起南北两侧原海西期形成的断层也不同程度地重新活动，色力布亚-玛扎塔格断裂带和阿恰-吐木休克断裂带分别向南、北方向发生强烈的背冲运动，以基底卷入挤压型断裂为主，主干断裂上盘一般都发育有反冲断裂，形成断垒背斜构造，断裂带内的地层发生强烈的褶皱变形，并遭受剥蚀夷平，上新统超覆其上，在全区形成极为重要的 T_2^0 不整合面。巴楚-麦盖提地区的构造形态基本定型，形成了现今麦盖提斜坡和巴楚断隆的构造格局。

上新世末至早更新世，巴楚隆起开始处于强烈的挤压和扭动环境，使巴楚隆起西段右旋 50°左右，隆起西段以走滑压扭变形和继承性隆升为特征，乔硝尔盖断裂带、巴楚断裂、别里塔格断裂带等以高角度走滑为特征，隆起边缘的色力布亚断裂带、海米罗斯断裂带和吐木休克断裂继承性基底卷入式冲断抬升，形成现今隆起西高东低、向东南倾伏的格局；东段以边缘大型断裂及其褶皱活动为特征，同时沿色力布亚断裂南段-玛扎塔格断裂系前缘形成了巴楚南缘构造带浅层的逆冲推覆构造以及西北缘的柯坪推覆体，进而对隆起西段的构造带叠加改造，并使巴楚地区最终定型，形成了现今西北高、东南低，两侧由逆冲断裂和逆冲走滑断裂所围限的大型背冲型断隆构造格局（图 2-75，图2-76）。

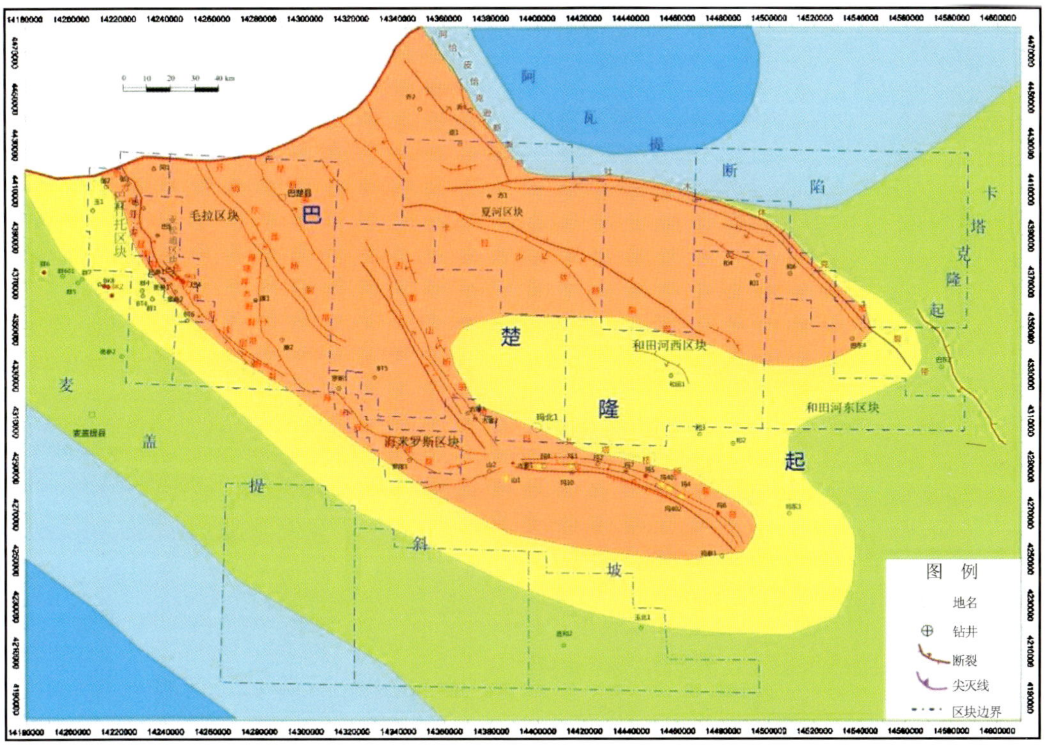

图 2-75　巴楚-麦盖提地区喜山晚期古构造格局图

综上所述，巴楚隆起是在加里东中晚期和田古隆起的隆后斜坡的基础上，在大型 NW 向古断裂继承性活动控制之下（巴楚西部地区晚泥盆世开始隆起），东部地区从晚三叠世开始隆起，最终在喜山中晚期强烈挤压和走滑双重作用发育起来的一个继承性古隆起。多期次的构造活动逐步改变早期的构造格局，晚海西运动和喜山中期运动是主要构造变革期，而奥陶纪末、早石炭世末和中新世末是构造格局转变的三个关键时刻。

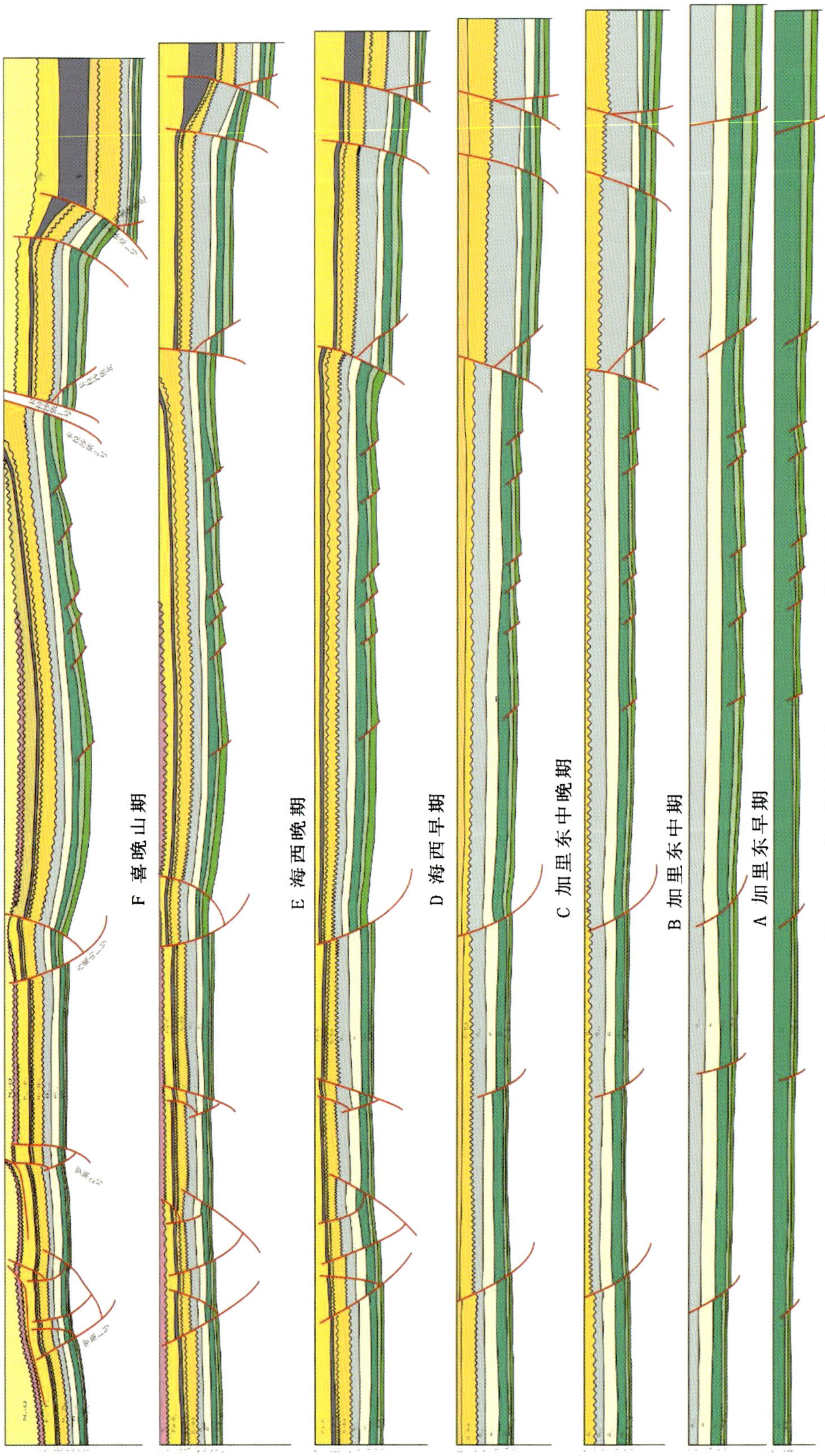

图2-76　巴楚-麦盖提隆起BC-04-204SN测线演化图

2.4.4 塔东残余古隆起构造演化

塔东残余古隆起是叠置在震旦纪—早古生代库满坳拉槽之上，又为侏罗纪及其以后中、新生代盆地所覆盖的前侏罗纪大型隆起构造，经历了极其复杂的构造发展历史，大致可划分为三个次级构造带，即北部的孔雀河构造带、南部的塔东 2 号构造带以及西部的塔东西部斜坡带等，大致可划分为以下 5 个构造演化阶段（图 2-77，图 2-78）。

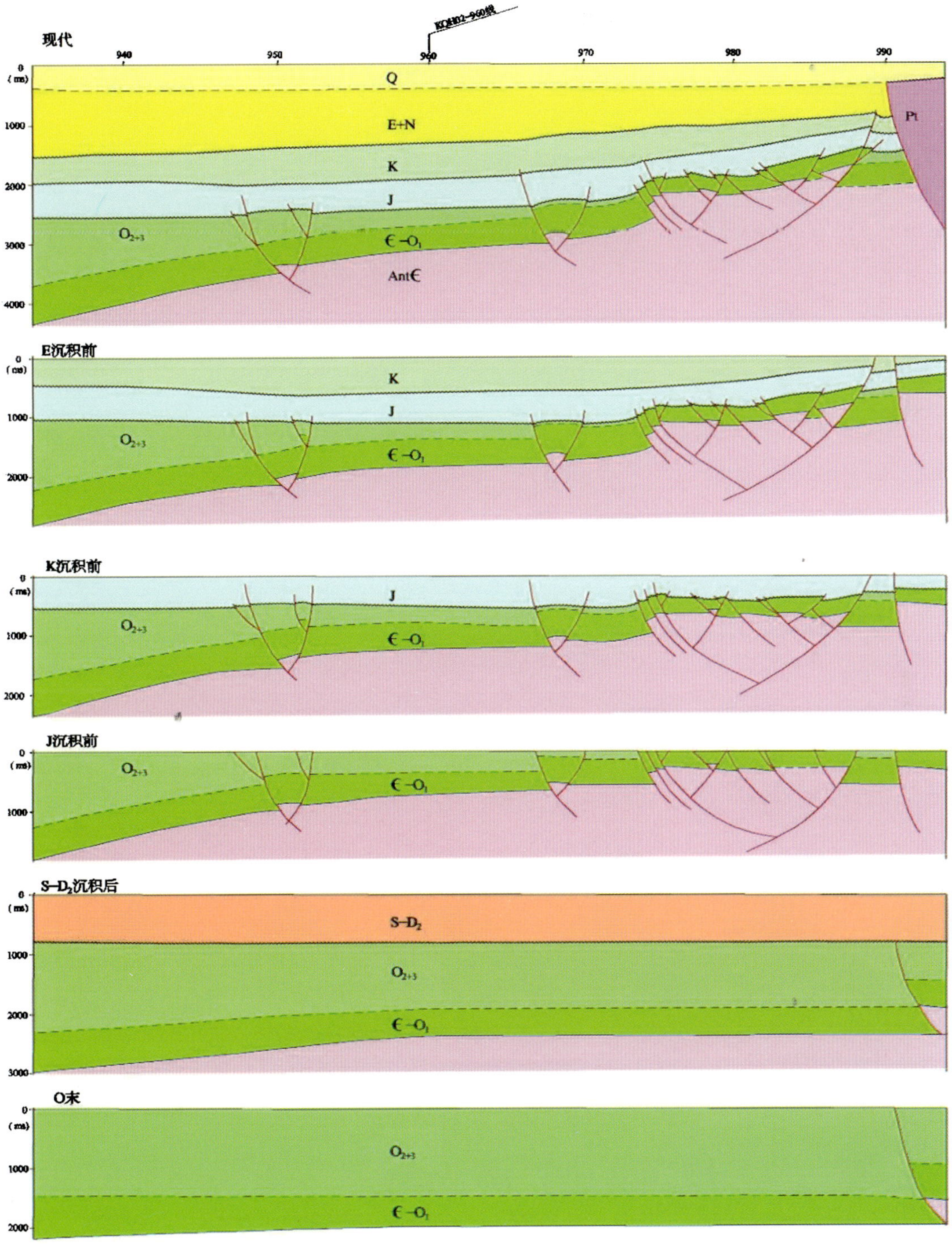

图 2-77　孔雀河地区尉犁构造带 KQH02-204SN 测线构造发育史剖面

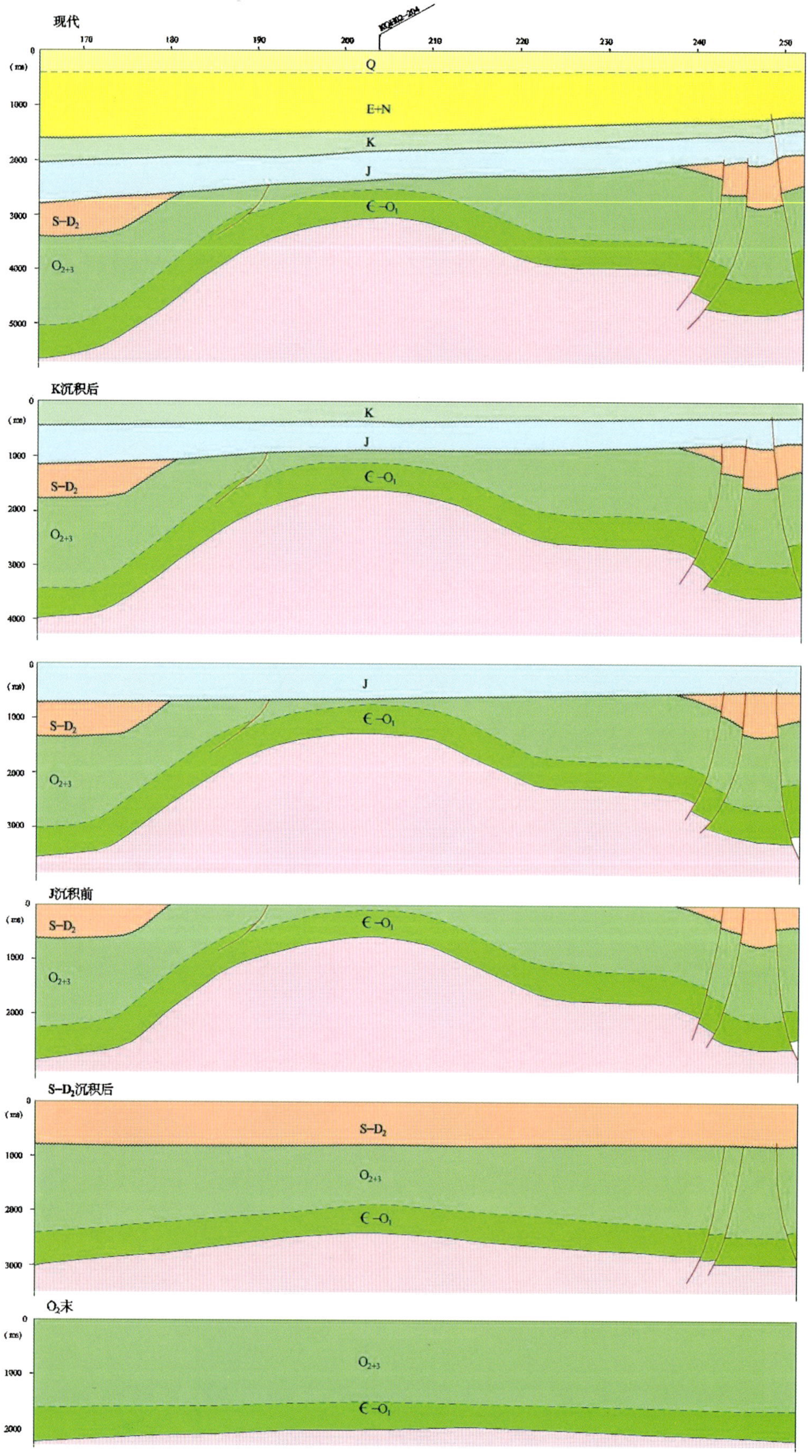

图 2-78　孔雀河地区尉犁构造带 KQH02-960EW 测线构造发育史剖面

1）震旦—奥陶纪库满坳拉槽演化阶段

震旦—奥陶纪，在区域伸展构造作用下，塔里木板块处于伸展裂陷状态，其东部形成库鲁克塔格-满加尔坳拉槽。当时，塔东残余古隆起地区即处于库满坳拉槽内，并构成库满坳拉槽的主体，接受了巨厚的深海盆地相或斜坡相沉积，并为塔东 1、维马 1 和群克 1 井的钻探所证实。因此，该时期塔东残余古隆起地区处于相对低的构造位置，是当时塔里木盆地的沉积与沉降中心。

2）志留—泥盆纪构造雏形形成阶段

志留—泥盆纪，特别是泥盆纪末，南北缘发生强烈的板块俯冲活动，区域应力状态已由震旦—奥陶纪的伸展拉张转变为挤压收缩，在区域挤压应力场作用下，一方面引起板块内部东西向台背斜、台向斜形成，另一方面造成塔里木板块东部整体抬升，西部相对下沉，发生沉积中心、沉降中心的西移。由于盆地东部地区是在东西向台背斜和台向斜基础上的整体抬升，形成了南北高、中间低的古地理面貌，此即塔东残余古隆起的雏形，其上志留—泥盆系遭受一定程度的剥蚀。

3）石炭—二叠纪构造发展阶段

石炭—二叠纪基本是在泥盆纪末构造背景上沉积、发展的。随着石炭—二叠纪，特别是早二叠世末盆地北缘天山造山带的形成和盆地南缘古特提斯洋对塔里木大陆板块的 B 型俯冲事件的发生，塔里木板块内部形成强大的挤压应力环境，使盆地北缘发生强烈逆冲-褶皱构造变形的同时，盆地东北部整体抬升，全面隆起，古生界遭受强烈剥蚀。另外，还造成上二叠统在该区没有接受沉积以及群克 1-维 1 井一带断裂构造和块断隆起的发育，塔东残余古隆起得到进一步发展。

4）三叠纪构造发展、定型阶段

三叠纪，受塔里木板块南缘与羌塘地块碰撞事件的影响，塔东残余古隆起地区进一步抬升，并于三叠纪末急剧抬升，在隆起顶部古生界和三叠系遭受严重剥蚀的同时，形成塔东残余古隆起西部南北向的上古生界地层剥蚀尖灭线和区域西倾的单斜构造。研究表明，三叠纪末塔东残余古隆起顶部古生界地层剥蚀严重，剥蚀厚度巨大，一般为 1000～4000m，并具南北两翼地层剥蚀量大、中部剥蚀量小的特点。以上事实充分说明，三叠纪末塔东残余古隆构造得到空间发展，是塔东残余古隆起的定型期。

5）侏罗纪—现今稳定沉降阶段

侏罗—早第三纪、晚第三纪—第四纪分别是塔里木盆地的陆内断陷-坳陷盆地和复合前陆盆地演化发展阶段。在侏罗—早第三纪的断陷-坳陷和晚第三纪—第四纪盆地东部与走滑活动有关的拉分沉降构造作用下，自侏罗纪开始，塔东残余古隆起地区发生沉降，并由三叠纪末的统一隆起演变为中、新生界的沉积、沉降中心，塔东残余古隆起成为埋藏在中、新生代盆地之下的潜伏古隆起。

2.5 本章小结

（1）塔里木盆地的形成演化经历了 5 大构造旋回，即加里东构造旋回、海西构造旋回、印支构造旋回、燕山构造旋回、喜山构造旋回；经历了 10 次重要的区域拉伸、挤压、剪切构造变革期。不同演化阶段盆地构造性质和变形强度在时空上的差异和原型盆地复杂的叠合结构，与地球动力学背景演化、周边构造作用以及基底分块差异有关，并决定着盆地成藏组合和油气聚集的基本特征。

（2）由于受板块运动性质的影响，塔里木盆地在不同时期具有不同的盆地类型：震旦纪—早古生代稳定克拉通与被动大陆边缘盆地原型发育阶段；早古生代晚期塔西南前陆盆地-中部克拉通边缘坳陷盆地原型发育阶段；古特提斯旋回开合交替背景下的克拉通周缘裂陷（坳陷）-内部坳陷阶段；三叠纪前陆盆地原型发育阶段；新特提斯开合交替背景下断陷-坳陷盆地原型发育阶段和新近纪以来复合前陆盆地原型发育阶段。

（3）通过对比分析各种剥蚀量恢复方法，认为趋势厚度法最适合塔里木盆地剥蚀地层的恢复，并首次以中石化地震资料为主，联合中石化地震解释成果，用此方法恢复了 O_3、$S\text{-}D_2$、C、P、T、K 地层的剥蚀量。采用标志层-厚度分析法对盆地 O 底、O_{1+2} 顶、O_3 顶、S-D_2 顶、C 底、P 底、T 底六个层位在加里东中期—燕山期的古构造形态进行了恢复。在各地质时期中存在着多个古隆起、古高点和古鼻突。其中较为重要的古隆起有四个：塔北古隆起、塔中（卡塔克）古隆起、塔西南（和田）古隆起和巴楚古隆起。其古构造演化总体特征为：塔北、塔中古隆起早期（加里东期）形成并继承性发展；塔西南（和田）古隆起加里东期形成，海西晚期规模逐渐减小至消失；而巴楚古隆起在海西早期有雏形，海西晚期发育成形，后期发育扩大。

第3章　盆地内不整合及断裂特征

多期构造运动产生了多种构造特征，发育了大量的不整合面并产生了很多断裂。塔里木盆地的多期叠置性，形成了很多复合不整合面，同时在不同时期发育的断裂在平面和剖面上表现的特征也不一样。

3.1　“0”字号地震反射波名称、含义描述及不整合识别分析

3.1.1　巨层序顶底界面和“0”字号地震反射波名称、含义描述

塔里木盆地发育多期叠加不整合面，这些多期不整合面往往是巨层序的顶底界面，在生产上常用“0”字号地震反射波来进行描述和对应。多年的勘探证实，“0”字号地震反射波形成的相关图件在使用上存在一定的混乱，所以有必要对巨层序顶底界面和“0”字号地震反射波的名称、含义进行准确的描述。

考虑不整合面主要反映关键时期构造运动强度及影响程度，建议对典型不整合面描述时，主要强调其构造运动期，而不以某地层顶面或底面进行描述（当全盆地某不整合面与某地层顶面完全对应时，可以两者同时命名）。同时，由于构造运动的叠加性和改造性，早期的不整合面会受后期构造运动的影响，进一步接受改造而发生“旧颜换新貌”的情况，此时，早期的不整合面在分布范围上会比实际发生剥蚀的范围小，从这个角度看，该不整合面并不能真正反应当时不整合的分布，但由于其存在的（残余）部分可能对油气的形成有影响，所以有必要进行进一步的分析，为此，给予“＊＊期残余不整合面”的命名，以期强调现在保存的不整合面形成的时期。按以上命名原则，将塔里木“0”字号地震反射波的名称描述如下（图 3-1）：

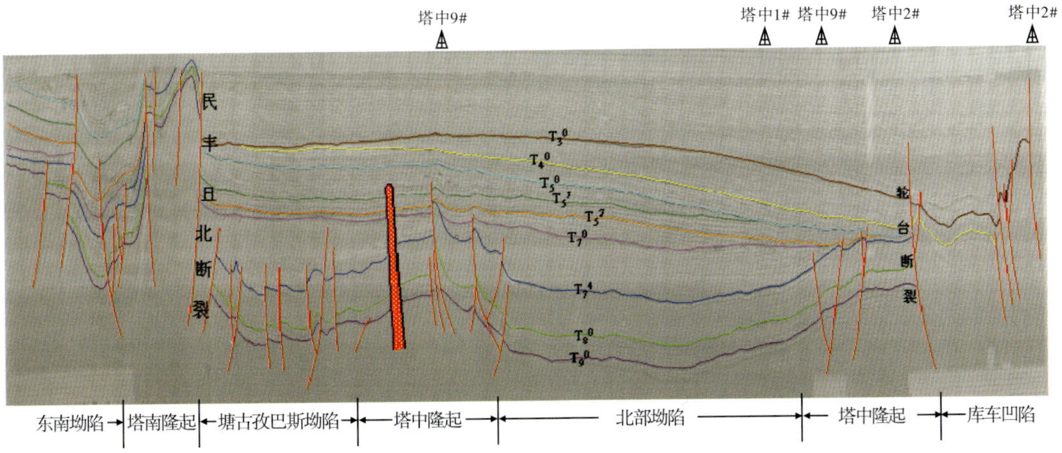

图 3-1　塔里木盆地主要不整合面剖面图

（1）塔里木期（前震旦系顶）残余不整合面（T_D）；

（2）加里东早期（寒武系底）残余不整合面（T_9^0）；

（3）加里东中期Ⅰ幕（下奥陶统顶部）残余不整合面（T_7^4）；

（4）加里东中期Ⅲ幕（奥陶系顶）残余不整合面（T_7^0）；

（5）海西早期（上泥盆统底）残余不整合面（T_6^0）；

（6）海西晚期（三叠系底）残余不整合面（T_5^0）；

（7）印支期（侏罗系底）残余不整合面（T_4^6）；

（8）燕山中期（白垩系底）残余不整合面（T_4^0）；

（9）燕山晚期（古近系底）残余不整合面（T_3^0）；

（10）喜山早期（新近系底）残余不整合面（T_2^2）。

3.1.2　不整合面的分类及特点

识别不整合面可以分析盆地及区带构造演化情况。勘探证实，塔里木盆地的大中型油气藏基本上都与不整合的形成有很大的关系，所以利用钻测井资料、地震资料，识别塔里木盆地的不整合面对盆地演化分析和油气勘探有着重要的意义。本次研究在前人不整合分类的基础上，通过地震资料的追踪以及前述有关巨层序顶底界面和“0”字号地震反射波名称、含义描述的基础上识别了10期不整合面。

1. 不整合面的分类

当两套地层在形成时间上不连续，其间出现地层缺失，则称其为具有不整合接触关系。这两套地层间的接触面称为不整合面。不整合研究对于地层划分对比、构造发育史研究、沉积背景研究和地层岩性圈闭形成条件分析都具有极其重要的意义。

不整合的合理分类是正确研究不整合的基础，不同的不整合类型代表着构造运动的不同作用方式、强度、时间长短等地质参数。对于不整合可以从不同角度进行分类，主要考虑以下因素：角度不一致性、沉积间断、接触性质、间断的空间范围、剥蚀的时间及时间等因素。Sloss（1988）将这些因素分为地理变量、几何变量（如构造不一致性、地貌、垂向幅度等）、时间变量（地层缺失、沉积间断、剥蚀时空值）等。不同的学者按照不同的主要参考因素对不整合面进行了各自的分类及总结（表3-1）。

表3-1　不同学者的不整合分类表

学者	分类依据	不整合类型				
Billings（1954）	地层产状	角度不整合	局部不整合	假整合		非整合
Xanh	构造运动作用	原生构造不整合				次生构造不整合
Dunbar & Rodgers（1957）	地层产状	非整合	不整合	假整合		准整合
Brown & Fisher（1977）	地震反射	侵蚀型不整合				沉积型不整合
尹赞勋（1978）	地层产状	角度不整合	平行不整合	嵌入不整合		异岩不整合
陆克政（1980）	地层产状	角度不整合	平行不整合		非整合	
艾华国（1996）	地震反射	断褶不整合	削截不整合	超覆不整合		平行不整合
周瑶琪（1997）	沉积间断	侵蚀面	高频间断面	水下硬底面		风化暴露面
吴亚军（1998）	成因机制	构造不整合	沉积不整合		复合不整合	
邱以钢（2002）	成因机制	基底不整合	破裂不整合	裂陷幕不整合	局部构造不整合	局部冲刷不整合

经典分类中把不整合根据上、下地层产状分为假整合（平行不整合）和角度不整合，而对于更小一级不整合的分类则标准不一。主要分类依据有分布范围（分为区际、区域和局部不整合）、不整合面起伏（平整和嵌入不整合）、地理位置（边缘和盆内不整合）等。

近几年出于生产需要，对不整合的研究有了较大进展，其中艾华国（1996）的分类体系使用较广。它是根据不整合在油气运聚中的作用，以不整合的成因机制，不整合上、下界面地震反射终止方式、不整合的发育部位和剖面形态以及地层的尖灭线等特征为标准进行分类，分为褶皱不整合、断褶不整合、超覆不整合和削截不整合等类型。这种分类在生产中使用较多，但仍存在一定的缺陷，一是类型重复，譬如把褶皱不整合和断褶不整合分为两大类，把削截不整合和多期削截不整合并列，但二者成因机制相似，而且前者范围明显大于后者；二是前人对不整合的研究重点在西部盆地，使分类不全面，很多客观存在的不整合不能归入其中任何一种类型，如由于底辟作用或震积作用形成的不整合等。吴亚军在1998年将不整合划分为构造不整合、沉积不整合和复合不整合三种类型，具有一定意义，但并没有具体阐述三种成因机制在不整合形成中的作用和意义。亚类型的划分不全，不利于实际生产应用，因而不整合类型亟待重新划分。

2. 不整合类型及形态特点

受地质条件和上覆沉积的影响，不整合形态不一，类型多种多样。不整合根据上、下地层产状分为假整合（平行不整合）和角度不整合。石油地质界对不整合次一级分类一直存在着争议。以下在前人研究的基础上总结了不整合的各种成因和形态，其中大部分仍然沿用了前人对不整合分类所使用的名称。

1）削截形态不整合

削截形态是不整合的最常见类型之一，它的形成是由于早期地层在抬升过程中形成单斜形态，风化作用使翘起端遭受剥蚀，削蚀面呈水平形态或较低倾向，后期再次接受沉积而形成的一类不整合（陈中红等，2003）。削截形态不整合上覆地层一般和不整合面走向一致，下伏地层呈较大角度与不整合面斜交。

2）褶皱形态不整合

褶皱形态不整合是指早期沉积的地层，在构造抬升过程中发生褶皱变形，并隆起遭受剥蚀后，再接受沉积而形成的一类不整合。特征为不整合界面之下为褶皱形态或潜山构造，不整合上覆地层覆盖在褶皱之上，褶皱两翼对称，地层与不整合面斜交。在东部一些盆地，褶皱为隆起性成因，在剖面上起伏较小，但仍可识别背斜形态。典型的褶皱形态不整合油田为俄罗斯尤罗布欣油田。

3）断褶形态不整合

断褶形态不整合是因断层上盘逆冲或旋转而造成地层弯曲隆升或掀斜，致使地层剥蚀再接受沉积而形成的。因为它的成因背景为构造挤压，所以在拉张型盆地内少见。特征为不整合面之下为较大规模逆断层形成的褶皱，剥蚀主要发生在断层上盘，褶皱两翼不具对称性。

4）底辟形态不整合

底辟形态不整合是由底部的岩体向上隆升并发生剥蚀而形成的，而两侧地层可形成削截、超覆等构造。它主要发育于隆起区，可形成地层削截、超覆不整合圈闭，如利比亚奥季拉油田。

5）震积不整合

震积不整合是由于地震作用形成的一类不整合。震积岩是由强烈地震产生的，一般由原地相的地震扰动层与上覆的滑来震积层组成，是“灾变事件岩”的典型代表。

震积岩一般由两个不同特征的岩层组成，一是地震扰动层，一是滑来震积层。地震扰动层与上覆的滑来震积层之间的一规模不等的滑来面，即突发性、瞬时形成于水下的震积不整合面（梁定益，1994）。只要发生地震并且地震对已经形成的沉积层进行了扰动和改造，就存在震积不整合。

6）岩溶不整合

岩溶不整合是碳酸盐岩地区特有的不整合类型，是由于地壳构造运动形成的不整合。在沉积间断期间，经岩溶作用改造后以明显的岩溶面标志出来，其内涵应包括岩溶面的形态和下伏碳酸盐岩的岩溶地貌形态以及岩溶面上的岩溶沉积、堆积改造的形态特征等（邓自强，1994）。古岩溶不整合面凹凸不平，在台地边缘区较为发育，许多地方古剥蚀面的溶蚀高差较大，形成了明显的古岩溶地貌；在台地内部上、下地层多为似整合接触，虽然起伏高差明显、具典型古岩溶特征的观察点不多，但界面凹凸不平常呈微波状起伏。

局部可以在小尺度观察到参差不平、两侧地层犬牙交错状相接触的古岩溶不整合分界面特征，或上覆地层呈不规则脉状、楔状插入下伏地层的溶沟或缝隙之中。一些观察点在插入的上覆地层中仍可观察到很好的层理，此乃沉积接触现象，已确证非相变关系，亦非断裂构造、层间滑脱所能形成；而一些观察点分界面与两侧的岩石又固结形成一体，可以排除是后期地表水或地下水沿构造面或岩性分界面侵蚀所形成的凹凸不平的岩溶侵蚀面的可能性（陆刚，2002）。

7）假整合

假整合（平行不整合）是指因地壳垂直上升引起的海退使下伏地层遭受剥蚀，再因地壳下降接受新的沉积而形成的。地震剖面上的特征为界面反射能量较弱，界面上、下反射波与界面反射波平行，不整合面上、下地层产状相同。

8）超覆不整合

超覆不整合是指因海平面上升，后期地层沿古斜坡上超沉积而形成的。其特征为：界面反射波与下伏地层反射近于平行，界面之上的反射逐层向斜坡上端超覆尖灭。超覆不整合与削截不整合的区别在于前者的界面反射波与下伏地层反射近于平行，而不是呈角度相交。如委内瑞拉吉尔吉列（Guere）油田，美国东德克萨斯（east Texas）油田。

9）渐进不整合

渐进不整合是由于前陆隆起多次旋转隆升并不断向前迁移的结果（吴亚军，1998）。典型的为塔里木盆地巴楚隆起东翼的同构造渐进不整合，它主要分布于巴楚隆起及沙雅隆起两翼，反映出这两个前陆隆起都曾有向前陆前方迁移活动的历史。沙雅隆起自海西至印支期一直处于隆起状态，白垩纪开始下沉成为库车坳陷的前陆隆起，之后则演化为一前陆斜坡，而隆起则南移，最终与巴楚-塔中连为一体，形成统一的前陆隆起带（艾华国，1996）。渐进不整合有力地说明了不整合类型的迁移性。

3.1.3　塔里木盆地不整合面识别及分类

1. 塔里木盆地不整合识别

1）塔里木期（前震旦系顶）残余不整合面

该界面为盆地的基底顶面（Z/AnZ），对应于 T_D 界面，相当于前震旦系与震旦系之间的反射，为塔里木运动形成的区域不整合，震旦系的尖灭线是该不整合面的残余分布范围，该不整合面标志着塔里木盆地陆壳基底的形成。在地震剖面上，T_D 波特征不稳定，随着震旦系地层存在与否而变化，一般没有特征稳定的同相轴可连续追踪对比，而是以下伏变质岩空白反射的顶部包络线作为界面。

根据露头资料，在盆地东北部库鲁克塔格地区，震旦系与下伏新元古界帕尔冈塔群为角度不整合接触；在盆地西部柯坪地区，下震旦统尤尔美那克组不整合在元古界之上。

从地震剖面上看，塔北中西部地区，前震旦系顶面侵蚀作用强烈，发育较大规模的下切谷。盆地东部满加尔地区，在 T_D界面上发育巨厚的低位体系域沉积，向塔北和塔中地区超覆，表现为规模大、特征明显的侵蚀-超覆型不整合面。

2）加里东早期（寒武系底）残余不整合面

寒武系与下伏前寒武系之间存在明显的角度不整合关系，寒武系的尖灭线是该不整合面的残余分布范围，塔东地区最为明显。地震剖面上寒武系为一套连续强振幅反射波组，全区分布稳定可连续追踪对比；下伏震旦系地震层序、地震反射特征变化较大，西部地震反射弱连续，对比较困难，而东部地区则表现为强振幅反射特征，角度关系明显；塔中地区和塔北地区角度变得平缓，呈低角度不整合。在柯坪地区下寒武统的玉尔吐斯组与下伏震旦系为平行不整合接触。

在钻井中，现有方 1、和 4、塔参 1、塔东 1、塔东 2 等少数几口井钻穿寒武系，揭示了 T_9^0 界面上、下地层岩性组合特征。其中，和 4 井寒武系底部为滨海相的砂砾岩，覆盖在震旦系火成岩之上；方 1 井寒武系底部为厚层灰质白云岩，含凝灰岩，其下伏的震旦系为火成岩，夹有一层 4m 厚的泥质灰岩；塔东 2 井寒武系底部的灰质泥岩与震旦系顶部陆棚相的泥质灰岩组合在一起；塔东 1 井寒武系底部为深水陆棚相的硅质白云岩，覆盖在震旦系褐灰色的亮晶白云岩之上。这些东西向分布的钻井揭示了由东向西 T_9^0 界面性质的改变，即塔东地区 T_9^0 上、下地层为连续沉积，形成于混积-深水陆棚环境，向着塔中和巴楚地区随着古地形逐步抬高，地层由东向西超覆，构成超覆不整合接触。

3）加里东中期Ⅰ幕（下奥陶统顶部）残余不整合面（图 3-2）

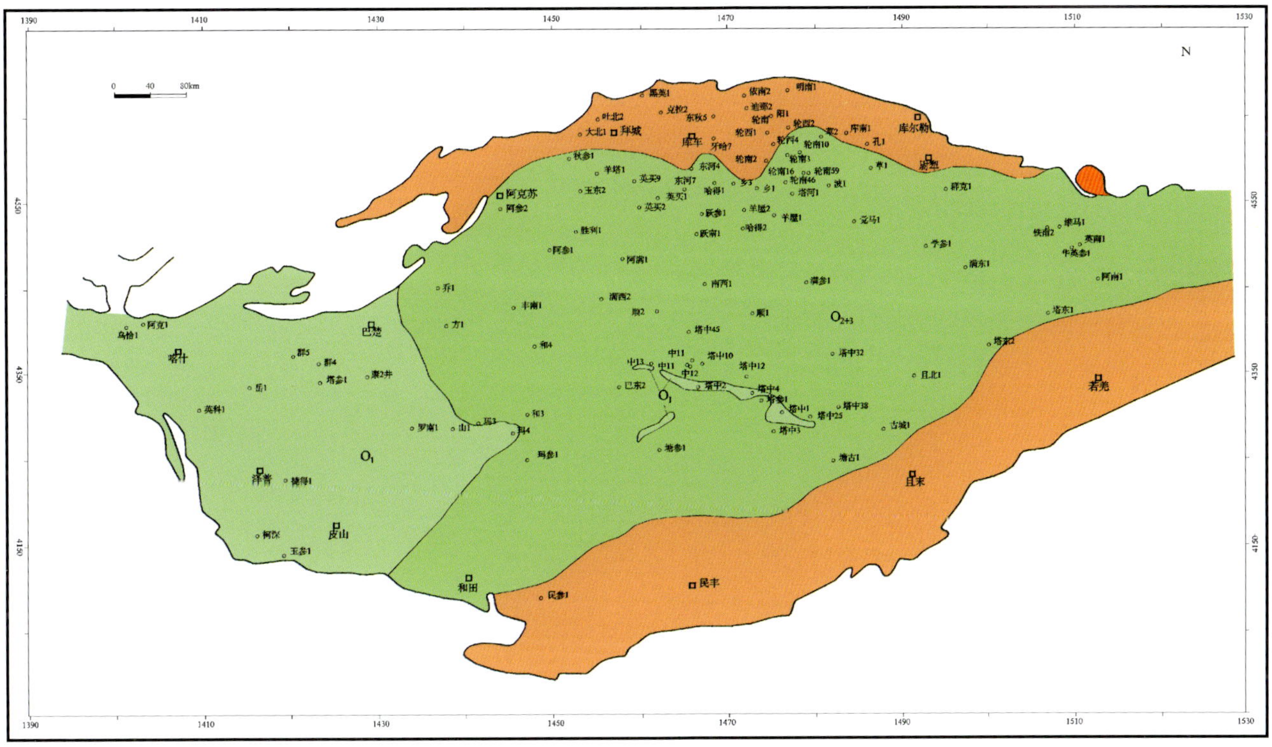

图 3-2　塔里木盆地加里东中期不整合

该界面在塔里木盆地广泛发育，分隔了下奥陶统与中上奥陶统之间的地层，是典型的沉积不整合面，中上奥陶统的尖灭线是该不整合面的残余分布范围。在塔中、塔北地区的钻井中，不同构造部位下奥陶统与中上奥陶统之间地层岩性变化很大。在塔中隆起区 T_7^4 界面上下均为碳酸盐岩，沉积环境变化不明显；而周缘斜坡带则是碳酸盐岩与碎屑岩地层相接触。根据钻井地层对比，在塔中地区的大多数钻井中，中奥陶统缺失或发育不全，表明 T_7^4 界面为一个特征明显的侵蚀-超覆不整合面。

在地震剖面上，T_7^4 是全区最稳定和易于追踪的界面，界面上、下地震反射面貌有着明显的区别，且上覆的中上奥陶统大规模超覆于界面之上。

在柯坪的大湾沟、四石厂剖面和库鲁克塔格的却尔却克剖面中，由于处于深水陆棚-盆地相区，下奥陶统与中上奥陶统间为连续沉积。

4）加里东中期Ⅲ幕（奥陶系顶）残余不整合面

志留系与下伏地层（盆地内大部分地区为奥陶系）之间为一个大的不整合面，志留系的尖灭线是该不整合面的残余分布范围，但这一界面在盆地不同地区表现特征差别较大。在盆地北部，奥陶系与志留系之间为角度不整合，向盆地内部逐渐变为微角度不整合或假整合，在满加尔坳陷为整合接触。因而，该界面由盆地边缘向盆地中心表现出削截-沉积间断（顶超、上超）-连续的演变特征。

在盆地西缘露头区和塔北地区钻井中，T_7^0 不整合面大规模地削截了下伏的中上奥陶统，直至下奥陶统。在乌什县城之南的喀拉铁克山北侧，志留系砂砾岩与下伏的下奥陶统丘里塔格组白云岩呈微角度不整合接触，其间缺失了中上奥陶统；在西柯坪塔格山的皮羌断裂南端，志留系底砾岩覆盖在下奥陶统丘里塔格组灰岩的剥蚀面上，其间缺失了中上奥陶统及下奥陶统顶部地层，推断其剥蚀厚度达 600m。

在塔中地区，加里东晚期构造运动造成奥陶系及其以下地层强烈挤压褶皱以及大规模的逆冲滑脱断裂，形成复杂的地质构造，由多个背斜、向斜构造带组成了复式背斜，并使地层遭受强烈的侵蚀、削截，后期的志留系超覆其上，成为塔里木盆地十分重要的不整合面之一。

在地震剖面上，志留系与奥陶系之间地层上超特征清晰，志留系呈楔状向上倾方向变薄尖灭，致使塔中、巴楚、塔北等地区中上奥陶统直接与石炭系相接触。在志留纪地层发育时，志留纪早期滨海相的浅灰色厚层含砾砂岩直接覆盖在晚奥陶世陆棚相的巨厚层深灰色泥岩之上，构成沉积间断型不整合面；在缺失志留系时，中上奥陶统，甚至是下奥陶统与上覆石炭系直接接触，其间存在大规模的侵蚀不整合面。

5）海西早期（上泥盆统底）残余不整合面（图 3-3）

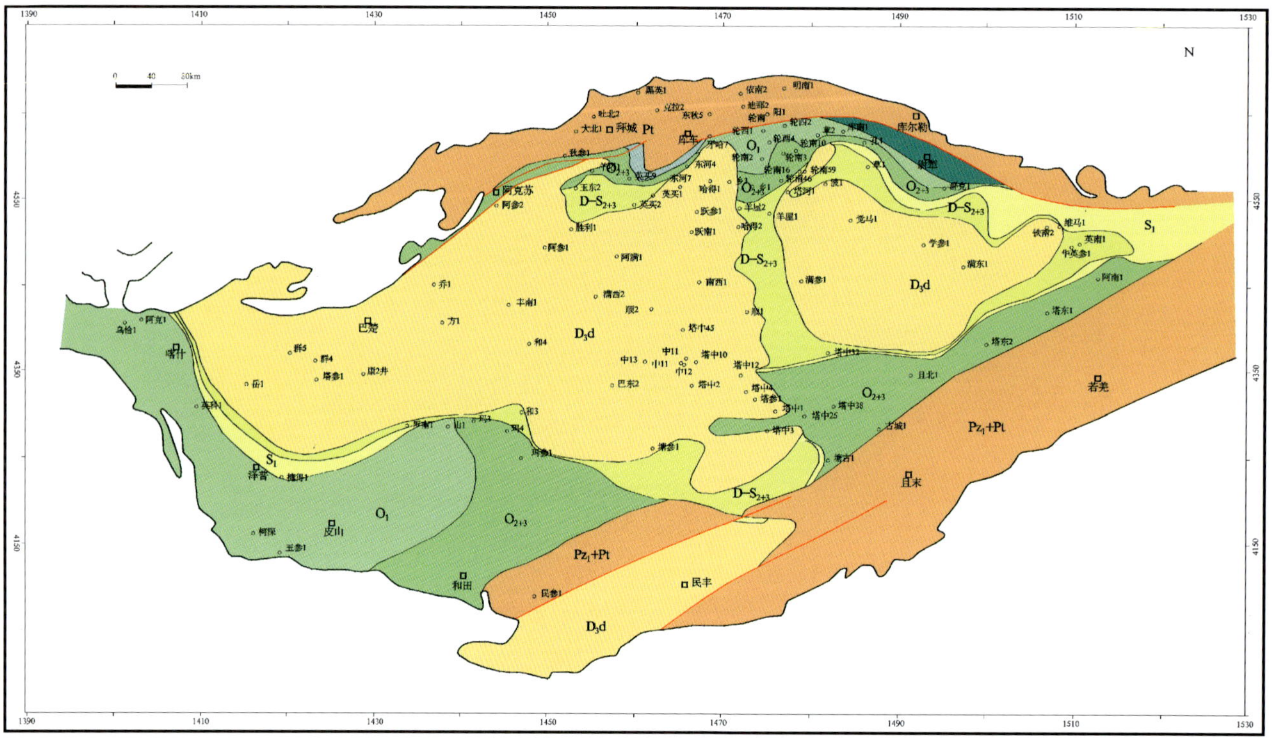

图 3-3　塔里木盆地海西早期不整合

地震和钻井资料表明泥盆系东河塘组和石炭系巴楚组与下伏地层之间存在不整合面，该不整合界面是塔里木盆地内分布十分广泛的区域性不整合面之一，主要分布于塔北南坡、满加尔坳陷东部、塔中、巴楚断隆等区内，广泛发育在塔中隆起及其以东和以南地区、塔北隆起等地，在巴楚地区及塔西南为平行不整合-不整合。在塔中地区钻井中上泥盆统—石炭系覆盖于志留系或奥陶系不同层位上，塔北亦然；在巴楚地区西北部井下东河砂岩覆于克孜塔格组之上，在和 2、和 3、古董 3 井则覆于志留系不同层位上，而在玛扎塔格断裂构造带则直覆于下奥陶统不同层位上。柯坪地区四石厂剖面康克林组不整合于依木干他乌组泥岩段之上。塔西南坳陷与昆仑山前可见上泥盆统奇自拉夫组地层，广泛不整合于前泥盆系之上。由于沉积环境的变迁，巴楚组沉积分布的范围比泥盆系东河塘组沉积的范围大，所以巴楚组的尖灭线或分布范围为该期不整合面的分布范围。此不整合面的形成与海平面下降、大规模海退有关（何登发，1996），也与中昆仑岛弧与塔里木板块的弧-陆碰撞与挤压变形有关。该期不整合是海西早期运动所致。

6）海西晚期（三叠系底）残余不整合面（图 3-4）

钻井及地震剖面揭示三叠系与前三叠系之间存在广泛的不整合，结合区域运动分析认为该期不整合面代表了海西晚期运动形成的、受后期构造改造的海西晚期残余不整合面，其分布范围为三叠系的尖灭线。三叠系主要分布于库车坳陷、北部坳陷中部、沙雅隆起的轮台断隆以南和东南隆起区以北的地区，在沙雅隆起南坡和东南隆起北坡的三叠系分别由北向南和由南向北与奥陶系、志留系、泥盆系、石炭系及二叠系呈角度不整合接触；在地震剖面上及井下反映为三叠系与下二叠统及下伏地层广泛不整合接触，在满加尔及塔中地区，与下伏上二叠统地层呈低角度不整合-侵蚀不整合接触；其他地区与上二叠统呈平行不整合和整合接触。在塔北隆起上普遍揭示为三叠系不整合于石炭—奥陶系不同层位上。

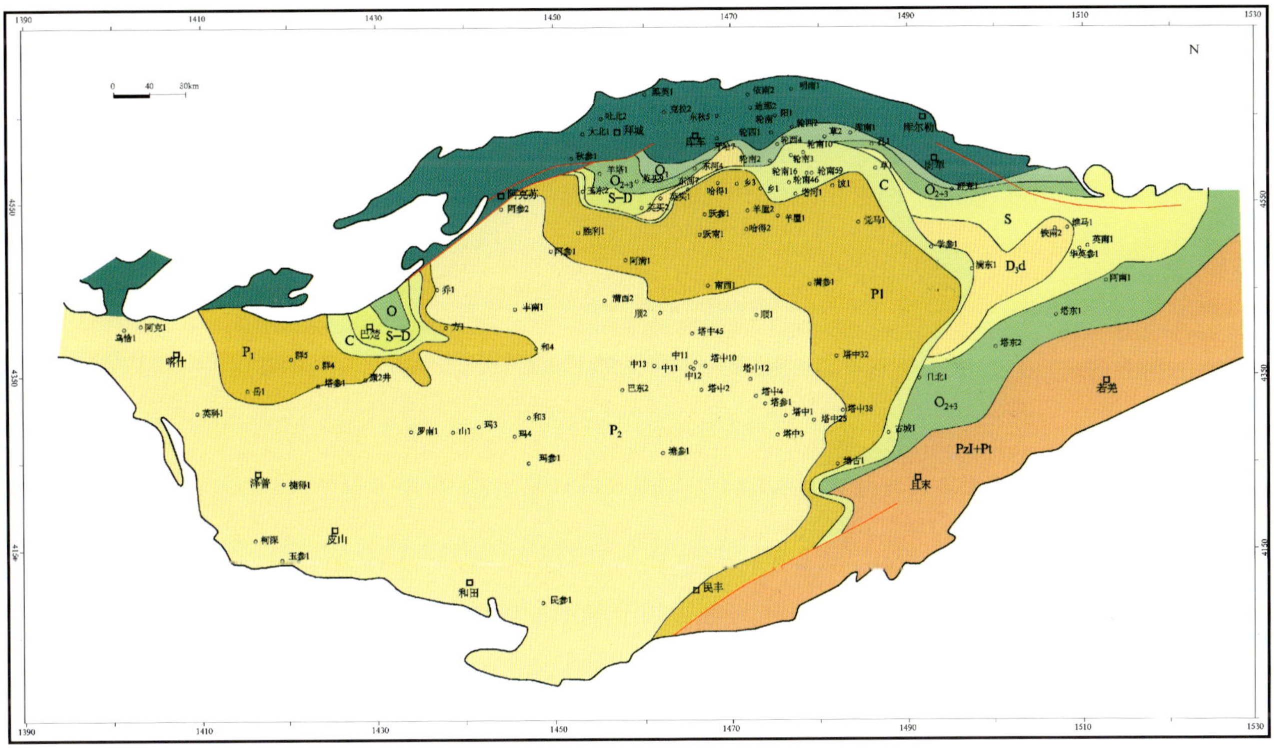

图 3-4　塔里木盆地海西晚期不整合

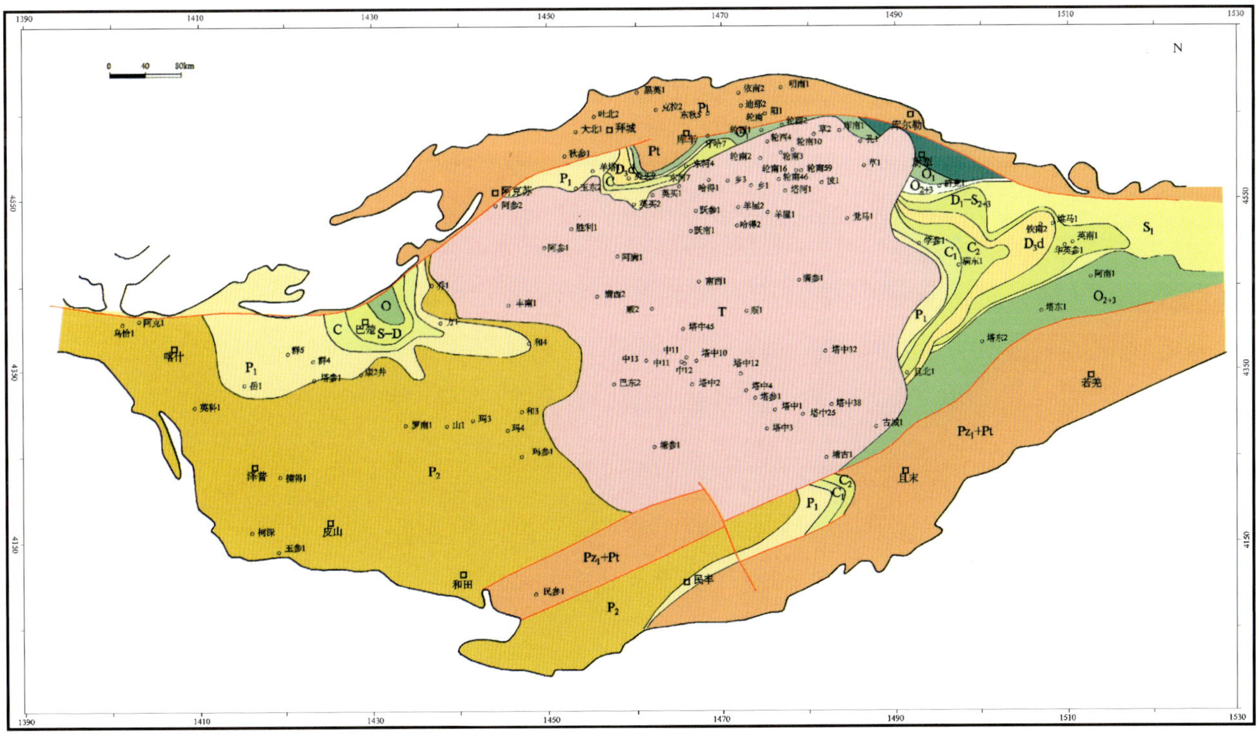

图 3-5　塔里木盆地印支期不整合

7）印支期（侏罗系底）残余不整合面（图 3-5）

侏罗系与下伏地层间的不整合面（J/AnJ）代表印支运动的结果，该不整合面为印支期残余不整合面，其范围以侏罗系尖灭线为界。在盆地东部和塔北广泛存在，该不整合面在地震剖面上总体表现为上覆侏罗系地震层序以弱连续低振幅反射削截下伏三叠—奥陶系地震反射，而下伏地震反射同相轴产状以向西南或向北、北西倾为特征。主要分布于盆地东部地区的学参 1 井-且北 1 井以东，对下伏三叠系及古生界剥蚀厚度最大。在塔北的南斜坡-孔雀河斜坡一线，下伏地震反射波组由南向北被 T_4^6 剥蚀。在南部的塔东1井一带则自北而南被剥蚀。它的形成主要与三叠纪末甜水海-羌塘地体与塔里木板块的碰撞拼贴有关。塔北隆起轮台断裂上盘沙参2井侏罗系覆于下奥陶统之上，东河1井覆于石炭系之上；盆地东部侏罗系覆盖于石炭系—奥陶系不同层位上，如孔雀河地区孔雀1井，英南2井覆于志留—泥盆系之上，群克1井盖在上奥陶统之上，塔东1、2井则覆于下奥陶统之上；在塔东地震剖面上，代表侏罗系底界的 T_4^6 反射波削截不同地层的多套波组。印支运动造成了该期不整合面。

8）燕山中期（白垩系底）残余不整合面

白垩系与下伏地层主要为角度不整合，分布于盆地的库车、塔西南和北部坳陷的东部。该不整合面代表燕山中期运动形成的、受后期构造运动影响后残余的不整合面，是燕山中期运动的局部反应。在盆地中部 T_4^0 反射层对下伏地层具明显削蚀现象。在孔雀河斜坡区由南向北白垩系角度不整合于侏罗系及基岩之上。塔北白垩系广泛发育底砾岩，向西南越过沙雅隆起超覆于三叠系之上。

9）燕山晚期（古近系底）残余不整合面

古近系与下伏地层间的不整合是燕山晚期构造运动的局部反应，由于白垩纪末期塔里木盆地及周缘发生剧烈的燕山晚期构造运动，广泛发育了该期不整合，主要分布于盆地西南部位，造成古近系向东北超覆于白垩系、侏罗系、三叠系和古生界之上。在地震剖面上 T_3^0 反射层序与下伏反射层位之间呈明显的角度不整合关系，具明显的下削上超反射特征，使古近系直接覆盖在下伏中生界及石炭系、二叠系之上。

10）喜山早期（新近系底）残余不整合面（图3-6）

新近系与下伏地层之间的不整合是喜马拉雅早期构造运动的产物，由于该期构造运动是有沉积纪录以来的最晚一期，所以受后期构造运动的影响和改造较小。在盆地内除巴楚断隆等部分地区缺失外，盆地大部都分布有新近系，其反射层序为一多相位组成的高频、连续-弱连续、中强振幅的反射波组，一般为上超下剥关系。其中以库车坳陷、麦盖提斜坡、巴楚断隆及塔东等地区较为明显。

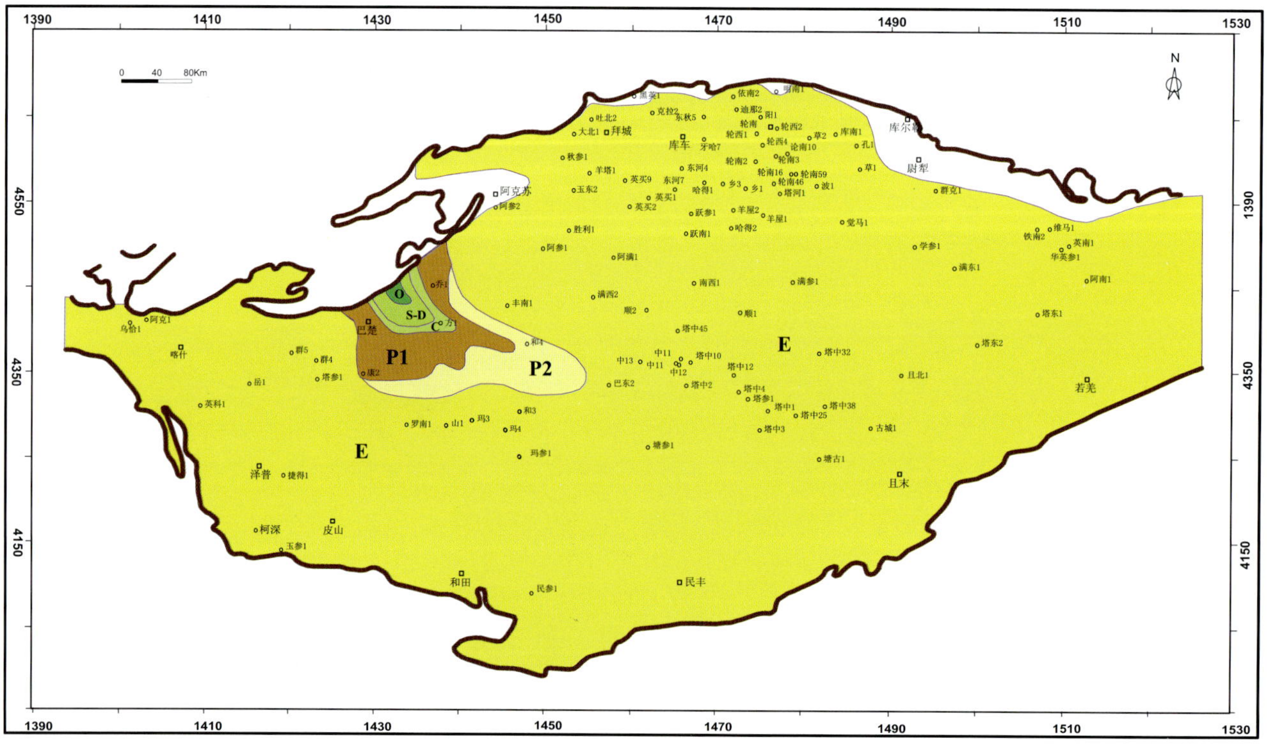

图3-6　塔里木盆地喜马拉雅期不整合

2. 塔里木盆地不整合分类

不整合是沉积间断-剥蚀-再沉积的集合体，沉积作用控制了不整合上覆地层的形态，构造作用控制了不整合下伏地层的特征。任何不整合都受到沉积和构造作用的双重控制，都是复合成因的。因而新的分类没有单独分出复合型不整合。根据不整合的成因机制和不整合形态的主控因素，将塔里木盆地的不整合主要划分为构造机制作用下的构造不整合和沉积机制作用下的沉积不整合两大类型。

1）构造不整合

构造不整合的基本类型包括有削截不整合和褶曲不整合两个基本类型：其中削截不整合又可进一步划分为单斜不整合和多期削截不整合；褶曲不整合也可分为挤压褶曲不整合、逆牵引褶曲不整合、断褶不整合和拱升不整合等四个亚类。

A. 削截不整合

削截不整合是地质上最为常见的一类不整合，形态表现为上部地层水平或近似水平，下伏地层以一定角度倾斜或为若干期次的倾斜岩层。其中单斜不整合特征是上覆地层近似水平，下伏地层与不整合面斜交。它是由于早期沉积的地层大范围发生掀斜，呈单倾形态，风化作用使翘起端遭受剥蚀，后期再次接受沉积而形成的。多期削截不整合是在单斜不整合的基础上形成的，在多次构造作用影响下，经过多期剥蚀，再接受沉积的削截不整合。多期削截不整合代表了较长时间的沉积间断和多期次的构造上升。该不整合类型通常发育在相对高隆起区，或构造隆升相对强烈的地区。地震剖面反射特征为：反射能量强，反射连续性好，下伏地层通常被削蚀减薄。如图 3-7 中 Z70 剖面所示，该不整合面在地震剖面上总体表现为上覆侏罗系地震层序以弱连续低振幅反射削截下伏三叠—奥陶系地震反射。

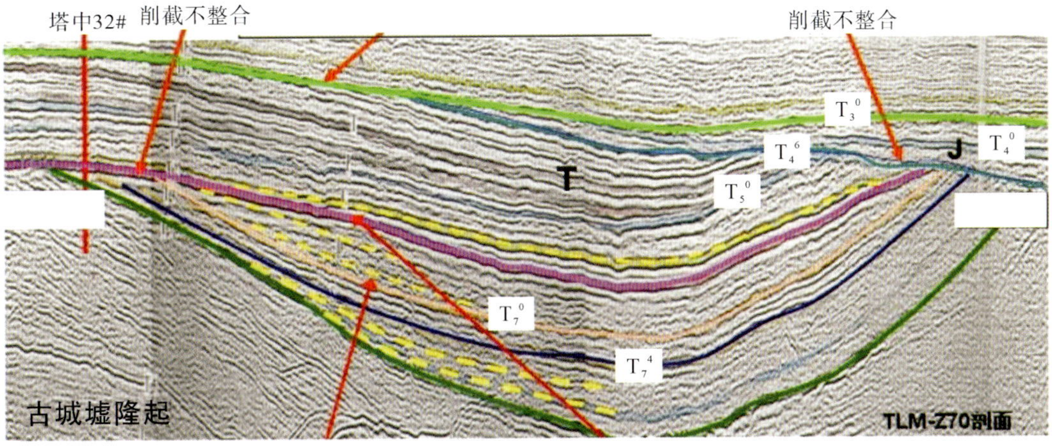

图 3-7　塔里木盆地 TLM-Z70 剖面不整合类型示意图

B. 褶曲不整合

褶曲不整合不整合面之下为完整的褶曲形态或经过改造后的褶曲形态，根据褶曲成因和形态特点，将褶曲不整合划分为以下几个亚类。

挤压褶曲不整合是由于地层褶皱的侧向挤压力和由两侧相向正断层下掉造成的侧向挤压，形成了挤压背斜，后剥蚀形成挤压褶曲不整合。前者是主要成因，大多发育在西部相对活动的“褶皱区”，是该种不整合的主要类型；后者主要发育在东部断块区。

逆牵引褶曲不整合指断层上盘滑落时，上盘断块的旋转导致背斜的形成，后期剥蚀再沉积形成的一类不整合，体现了张性应力背景。不整合面之下，断层上盘为半背斜形态，剥蚀程度弱，下盘为单斜形态，剥蚀程度强。

断褶不整合是由于断层的冲断或断层旋转作用，致使上盘地层弯曲隆升或掀斜，出露地表遭受剥蚀，下盘地层或接受沉积或遭受相对上盘而言的轻度剥蚀。断褶不整合仅发育在西部挤压型盆地。断褶不整合是断层和褶曲不整合的集合体，其中的断层发育在不整合形成之前，若为挤压褶曲不整合形成之后再次形成断层，这不能称为断褶不整合。断褶不整合与逆牵引褶曲不整合在形态上具有一定的相似性，但是成因机理和构造特征相差很大。

拱升不整合是塑性地层拱升可形成幅度不大的背斜，在背斜顶部常形成裂隙和小型正断层，因而顶部更易于被风化剥蚀，在东部盆地较为发育。

就整个塔里木盆地大地质背景而言，整体上盆地属于挤压性盆地，主要发育以上四个亚类中的挤压褶曲不整合和断褶不整合。如图 3-8 所示在塔里木盆地的东北部的草湖凹陷中。在地震剖面上 T_4^6h 反射能量强，反射连续性好，在东部的边界地区受构造挤压应力的作用发育了一小的褶皱隆起并遭受剥蚀，与后期的 T_4^6 界面在空间上形成了一挤压褶曲不整合。

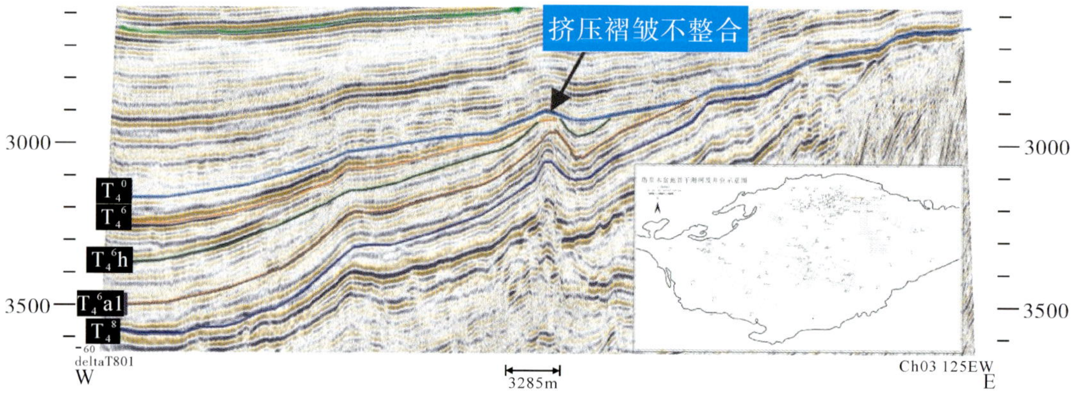

图 3-8　草湖凹陷挤压褶曲不整合示意图

2）沉积不整合

在沉积机制作用下的不整合面的基本类型主要包括有超覆不整合、下超不整合和假整合三大类，其中超覆不整合又可分为边缘超覆不整合和披覆不整合。

A. 超覆不整合

超覆不整合是指因海（湖）平面上升，后期地层沿古斜坡或古隆起上超沉积而形成的。又分为：边缘超覆不整合在盆地边缘的不整合面之上，地层沿古斜坡上超形成的不整合。上覆地层与不整合面斜交，在不整合面上尖灭。披覆不整合定义在古隆起处，海（湖）平面上升，在其上超覆形成的不整合。披覆不整合形态受下伏构造形态控制，一般为环状或楔形，成藏条件极为有利。边缘超覆不整合在地震层序上由次一级的不整合面上超于主不整合面之上形成的不整合。如图 3-9 所示，在孔雀河斜坡即沉积盆地边缘，T_4^5 的不整合面层序上超于 T_4^6 侧层序界面形成了边缘超覆不整合。

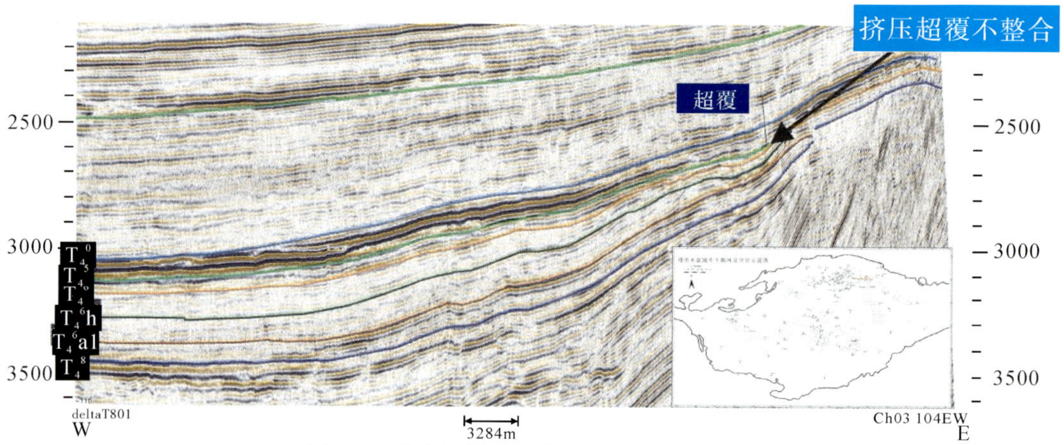

图 3-9　孔雀河斜坡边缘超覆不整合示意图

B. 下超不整合

下超不整合是上覆地层下超于下伏沉积地层而形成的不整合接触关系，是顺向水流的前积现象，在地震剖面上表现为一套地层沿原始界面向下超覆。塔里木盆地的顺托果勒地区位于台盆区腹部，层序发育相对完整，通过地震剖面 TZ02-424EW（图 3-10）可以明显看出顺 1 井附近低位楔表现为同相轴在缓坡带下部下超于层序底部界面之上，呈现出下超不整合接触关系。

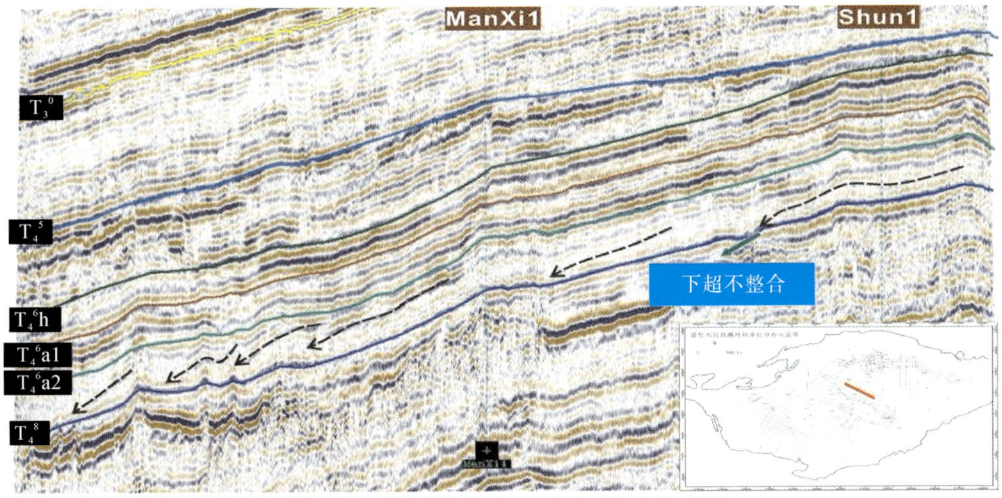

图 3-10　顺托果勒地区下超不整合示意图

C. 假整合

假整合指因地壳垂直上升引起的海退使下伏地层遭受剥蚀，再因地壳下降接受新的沉积而形成的，上、下地层产状一致。从边缘超覆不整合向凹陷区，不整合面过渡为平行不整合带以至整合带。这个带的古斜坡小，是从隆起斜坡区向凹陷区过渡的地带。主要表现为地层或层序界面间为平行不整合或整合接触。其地震剖面反射特征为：不整合界面反射能量弱，界面上、下反射波组与不整合界面平行，不整合界面上下地层产状基本相同。通常发育于构造相对平缓区。

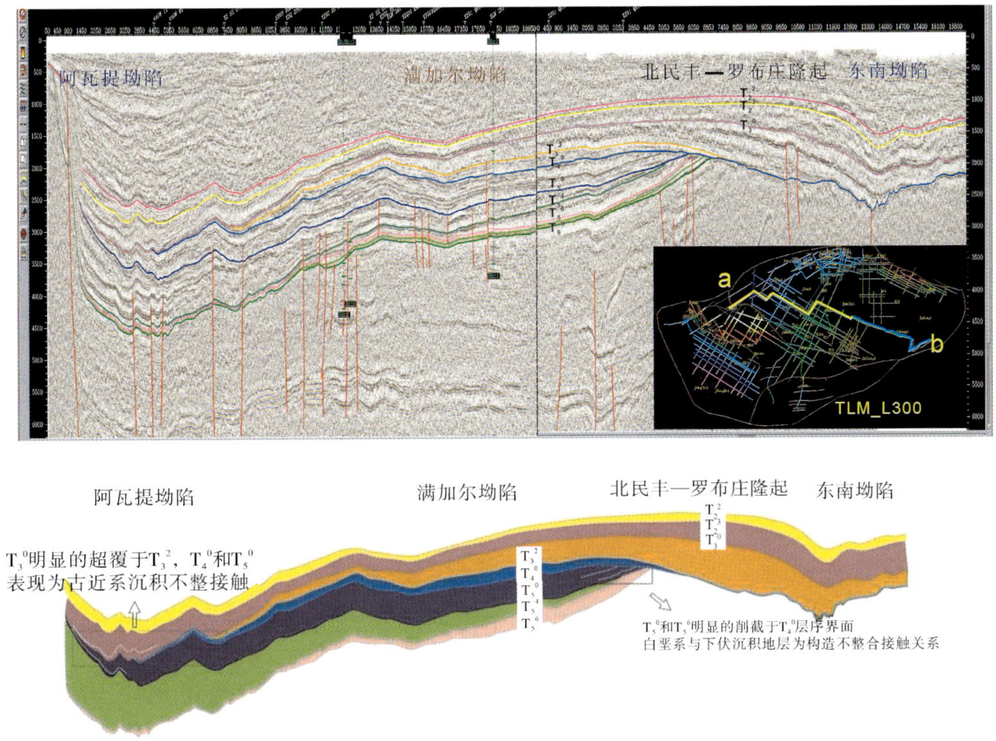

图 3-11　TLM-L300 地震解释剖面内主要不整合面地震反射特征及不整合类型解释

塔里木盆地的不整合一直受到人们的高度重视，前人已开展过大量研究。本次研究通过横跨盆地的网络状主干剖面和重点区大量地震剖面的追踪对比，结合钻井资料分析，在考虑不整合面的接触关系、展布特征以及界面上、下盆地性质和变形程度等诸多因素的基础上，认为盆内中新生界研究目的层按构造运动的期次划分主要发育 5 个区域不整合面（表 3-2），即古生界顶面、三叠系顶面、侏罗系顶面、白垩系顶面及古近系顶面等重要不整合面（图 3-11），这些不整合面在盆地不同构造单元的发育程度、展布样式存在着显著的差异。

塔里木盆地是一个长期发育的、多类原型盆地复合叠加形成的大型盆地。盆地内部构造单元之间地层赋存差异较大（表 3-2）。在对全盆地地震剖面、钻井、地面露头资料综合分析的基础上，针对不同的构造期次将不整合界面进行详细讨论。

表 3-2　塔里木盆地不整合分布类型表

地质年代	反射界面	剖面特征	界面类型					
			英买力凸起	轮南凸起	孔雀河斜坡	巴楚隆起	塔东隆起	塔中隆起
新近纪	T_2^2	角度不整合接触、高频、连续、中强振幅、上超下剥明显	Ⅰ	Ⅰ	Ⅰ	Ⅰ	Ⅰ	Ⅰ
古近系	T_3^1	低角度-平行不整合接触，可见下剥上超	Ⅱ	Ⅱ	Ⅲ	Ⅰ	Ⅱ	Ⅰ
白垩系	T_4^0	低角度-平行不整合接触，局部削蚀明显	Ⅱ	Ⅱ	Ⅲ		Ⅲ	Ⅰ
侏罗系	T_4^6	低角度不整合接触，弱连续低振幅反射	Ⅰ	Ⅰ	Ⅰ		Ⅰ	
三叠系	T_5^0	区域角度不整合接触，上超-削截	Ⅰ	Ⅰ		Ⅰ		Ⅰ
二叠系	T_5^4	角度不整合接触，超覆特征明显	Ⅱ			Ⅱ		Ⅱ
石炭系	T_5^7	低角度不整合接触，不超特征	Ⅱ	Ⅱ	Ⅱ	Ⅱ	Ⅱ	Ⅱ
东河塘组	T_6^0	区域角度不整合接触，上超下削特征明显	Ⅰ	Ⅰ	Ⅰ	Ⅰ	Ⅰ	Ⅰ
泥盆系	T_6^1	低角度不整合接触，可见超覆特征	Ⅱ	Ⅱ			Ⅱ	Ⅱ
志留系	T_7^0	低角度-平行不整合接触，局部上超、剥蚀现象	Ⅰ	Ⅰ	Ⅰ	Ⅱ	Ⅰ	Ⅰ
中—上奥陶统	T_7^4	平行不整合接触，上超-削截	Ⅱ	Ⅱ	Ⅱ	Ⅱ	Ⅱ	Ⅱ
下奥陶—上寒武	T_8^0	平行不整合接触，削蚀和上超现象不发育	Ⅰ	Ⅰ	Ⅱ	Ⅱ	Ⅰ	Ⅰ
早—中寒武统	T_9^0	低角度-平行不整合接触，连续强振幅	Ⅰ	Ⅰ	Ⅱ	Ⅱ	Ⅰ	Ⅰ
震旦系	T_D^0	低角度-平行不整合接触，见超覆现象	Ⅱ	Ⅱ	Ⅱ	Ⅰ	Ⅱ	Ⅱ

注：Ⅰ. 角度不整合；Ⅱ. 平行不整合。

3.2　断裂发育及演化特征

塔里木盆地在地史上经历了多次构造运动的改造，发育了数百条不同期次、不同性质、不同规模和级次的断裂，它们在空间的分布构成了一幅甚为清晰的应变图像，是塔里木盆地最重要的构造活动形式之一，它在控制盆地沉降沉积、隆起剥蚀、局部构造形成以及油气运移聚集方面起着重要作用，是盆地中的主要构造形迹。

3.2.1　盆地断裂系统

塔里木盆地断裂构造较为发育，主干断裂达 63 条，既发育周边断裂，又发育盆内断裂，既发育隐伏基底断裂、基底断裂，又发育盖层断裂（表 3-3）。断裂规模较大，延伸长度一般为 100～700km，其中以周边断裂、隐伏基底断裂延伸长度长、规模大。

塔里木盆地主要发育东西向、北西向和北东向三组断裂构造。东西向断裂主要位于盆地内部，大多为隐伏基底断裂，如塔中北缘断裂、塘古孜巴斯北缘断裂、于田-且末北断裂等。北西向断裂比较复杂，包括隐伏基底断裂，基底断裂以及盆地西南缘、东北缘的周边断裂。北东向断裂主要位于盆地西北缘、北缘和东南缘、阿尔金山等地区。其中北西向和北东向两组周边断裂共同构成了塔里木盆地最具特色的菱形块体地质地貌特征。

塔里木盆地断裂构造一般具有走滑性质，有些断裂走滑作用十分明显。阿尔金大断裂是公认的左行走滑断裂，断裂两侧水平位移达 500km 以上；兴地断裂在遥感卫星照片上左行走滑明显，北盘相对南盘向西错断 50km 以上；塔北地区表现为右行雁列式断裂系统；盆地西南缘、西北缘以及巴楚断隆地区断裂构造均已发现走滑作用的证据。盆地内沉积盖层中以塔北隆起、中央隆起和库车坳陷、西南坳陷断裂构造最为发育。塔北隆起发育海西晚期—印支期的右列式走滑断裂系为显著特征，中央隆起的塔中低隆发育海西早期右列式走滑断裂系为显著特征。库车坳陷、西南坳陷则以喜马拉雅期沿滑脱层滑脱的铲式冲断层系为显著特征。塔里木盆地断裂构造主要形成于加里东期、海西期以及喜马拉雅期。

表 3-3　塔里木盆地主干断裂要素表

序号	断裂名称	构造位置	断裂级别	断面产状	延伸长度/km	切割层位	性质	主要活动时期
1	南天山山前深断裂带	塔里木地块北界	Ⅰ	N∠50°～80°	950	Mz，AnZ	逆	多期活动
2	库姆格列木-吐格尔明断陷	库车坳陷北侧	Ⅲ	N∠45°～90°	235	Kz，Mz	逆	喜马拉雅期
3	吐孜玛札-吐孜洛克断陷	库车坳陷中侧	Ⅲ	N∠60°	300	Kz	逆	喜马拉雅期
4	塔克拉克-秋里塔克断陷	库车坳陷中部	Ⅲ	N∠60°～80°	300	Kz，Mz	逆	喜马拉雅期
5	亚肯顶底板断裂带	亚肯构造北侧	Ⅲ	N∠10°～45°	80～130	Mz-AnZ	逆	燕山期—喜山期
6	亚南大断裂带	沙雅隆起北界	Ⅱ	S∠25°～80°	380	Mz-AnZ	上正 下逆	加里东早期正断 后多期活动
7	英买力断裂带	沙西-拱塔克断褶带	Ⅲ	SE∠10°～87°	75	Mz-AnZ	逆	海西期
8	沙雅—轮台大断裂带	新和-轮台断隆带南侧	Ⅱ	N∠35°～85°	320	Kz-AnZ	上正 下逆	加里东早期正断 后多期活动
9	巴里英断裂带	库尔勒鼻凸中南部	Ⅲ	NNE	110		逆	
10	普惠断裂带	库尔勒鼻凸南翼	Ⅲ	N	75		逆	海西期
11	铁门关断层	铁门关断块隆起南侧	Ⅲ	SSW∠30°～48°	105	N_1-AnZ	逆	海西期
12	辛格尔深断裂带	库鲁克塔格隆起北界	Ⅰ	S∠60°～80°	300	Kz-AnZ	逆	多期活动
13	莫合山断裂带	西大山段凹与兴地凸起的分界	Ⅱ	S∠40°～70°	120	O-AnZ	逆	加里东晚期
14	兴地大断裂带	库鲁克塔格隆起中南部	Ⅱ	S∠60°～70°	500	Q-AnZ	逆	阜平期
15	雅尔当山断层	库鲁克塔格隆起南部	Ⅲ	N∠80°	90	C-AnZ	逆	海西晚期
16	阔古苏断层	兴地塔格凸起上	Ⅱ		180	AnZ	逆	加里东晚期
17	罗布泊北缘断裂带	孔雀河斜坡中南部	Ⅲ	N	50		逆	
18	库鲁木都克断层	迈单他复变向斜北侧	Ⅱ	NW∠60°～80°	180	C	逆	海西期
19	卡拉铁克断层	柯坪隆起的北界	Ⅰ	NNW∠70°～85°	240	C-P	逆	海西期
20	奥依布拉克断层	柯坪隆起的北西部	Ⅲ	NNW∠60°～75°	120	Mz-Pz	逆	海西期
21	卡拉干塔什南断层	柯坪隆起中西部	Ⅱ	NNW∠40°～50°	200	N-Q	逆	海西期
22	奥兹格尔北断层	柯坪隆起中部	Ⅱ	N∠40°～60°	70	Q-Pz	逆	海西期
23	托什罕河断层	柯坪隆起与乌什断陷的分界	Ⅱ	S∠60°	200	C　O	逆	海西期
24	速格当他乌断层	木兹杜克过渡带的南界	Ⅲ	SSE∠50°～80°	280	Pz_1	逆	海西早期
25	苏巴什北断层	柯坪隆起东段	Ⅱ	NW∠60°～80°	145	Pz	逆	海西期 喜马拉雅期

（续表）

序号	断裂名称	构造位置	断裂级别	断面产状	延伸长度/km	切割层位	性质	主要活动时期
26	萨尔干断裂带	柯坪隆起中部	Ⅱ	NW∠80°	190	Q　€	逆	海西期 喜马拉雅期
27	库鲁克乌居木断层	阿克苏穹隆的西南边界	Ⅲ	S∠60°	90	Q-Pz	逆	喜马拉雅期
28	塔什皮萨克北断层	柯坪隆起中西部南缘	Ⅲ	N∠35°～55°	115	N-Pz	逆	海西期
29	柯坪塔格断层	柯坪隆起与巴楚隆起的交界	Ⅰ	NNE∠30°～80°	270	Mz-Pz	逆	海西期 喜马拉雅期
30	沙井子断裂带	柯坪隆起与阿瓦提断陷的交界	Ⅰ	NW∠30°～75°	120	Q-AnZ	逆	海西期 喜马拉雅期
31	柯吐尔断层	阿瓦提断陷东缘	Ⅱ	SW∠54°～74°	50	Q-Pz	逆	海西期
32	玛扎塔格断层	巴楚隆起与西南坳陷的分界	Ⅱ	NNE∠30°～70°	335	N_1-Pz	逆	早加里东期正断 后多期活动
33	吐木休克断裂	巴楚隆起与阿瓦提交界部位	Ⅱ	SSW∠60°～80°	230	Q-AnZ	逆	早加里东期正断 后多期活动
34	卡拉沙依断裂	巴楚隆起东部	Ⅲ	NWW	80	Q-AnZ	逆	喜山期
35	塔中 1 号构造 F1 大断裂	塔中 1 号构造北侧	Ⅱ	SW∠70°	＞150	Z-Pz_1	逆	加里东早期正断 海西早期再次活动
36	塔中 1 号构造第一排断裂带	塔中 1 号构造北翼	Ⅲ	NE∠70°～80°	80	D-€	逆	海西早期
37	塔中 1 号构造第二排断裂带	塔中隆起轴部	Ⅲ	SSE∠70°～80°	160	D-Z	逆	海西早期
38	塔中 1 号构造第三排断裂带	塔中隆起顶部偏南	Ⅲ	NE∠70°～80°	140	Pz_1-AnZ	逆	海西早期
39	塔中 1 号构造第四排断裂带	塔中隆起靠近顶部南翼	Ⅲ	S∠75°～80°	50	C-AnZ	逆	加里东晚期 海西早期
40	塔中隆起南缘断裂带	塔中隆起南缘	Ⅱ	N∠80°	120	Pz-AnZ	逆	海西期
41	巴楚东南断裂带	巴楚隆起东南边缘	Ⅱ	N∠65°～70°	200	Pz_1-AnZ	逆	加里东晚期
42	塔中 2 号北缘断层	塔中 2 号背斜北缘	Ⅱ	S∠80°	100	Pz_1-AnZ	逆	加里东中晚期 —海西早期
43	满西 1 井断裂	满加尔坳陷西缘	Ⅲ	NNW	180	O_1-AnZ	正	加里东早期
44	哈拉斯坦断裂	铁克里克隆起与 西昆仑活动陆缘分界	Ⅱ	SW∠30°～60°	130	C-AnZ	逆	海西期 喜马拉雅期
45	和田断裂带	西南坳陷山前部位	Ⅲ	S∠15°～60°	350	Kz-Pz_2	逆	海西期、喜山期
46	康开断层	桑株背斜北侧	Ⅲ	S°	100	N_1-Pt	逆	喜马拉雅晚期

（续表）

序号	断裂名称	构造位置	断裂级别	断面产状	延伸长度/km	切割层位	性质	主要活动时期
47	铁克里克北侧断层	铁克里克隆起与塔南坳陷的分界	Ⅱ	S∠70°～80°	350	N-Pt	逆	多期运动
48	铁克里克断层	铁克里克隆起南界	Ⅱ	N∠70°～80°	300	C-Pt	逆	海西期
49	普鲁西弧形断层	塔盆南缘与东昆仑褶皱带的分界	Ⅰ	S∠60°～70°	240	Kz-P_1	逆	多期运动
50	库尔勒断层	库鲁克塔格隆起与沙雅隆起的分界	Ⅲ	NE∠80°～85°	70	Kz-Anz	逆	多期活动
51	孔雀河大断裂带	库鲁克塔格隆起与孔雀河斜坡的分界	Ⅱ	NE	200	Pz	逆	加里东早期正断裂后多期活动
52	普昌-色力布亚断裂带	北段横切柯坪隆起中部，南段为巴楚隆起与麦盖提斜坡分界	Ⅱ	NE∠60°～80°	150	Kz-Z	逆	加里东早期正断裂后海西晚期活动
53	喀拉玉尔滚断层	北喀拉玉尔滚背斜西段	Ⅲ		＞100	Q-E	逆	喜马拉雅期
54	阿布干那隐伏断层	满加尔坳陷中部	Ⅲ		290		逆	普宁期
55	三岔口断层	柯坪隆起中东部	Ⅲ		90	€	逆	海西期 喜马拉雅期
56	阿恰断裂带	阿瓦提断陷的西南界	Ⅱ		90～120	N_1-AnZ	逆	海西晚期
57	康苏-米亚断裂带	乌恰断陷带西缘	Ⅱ	SWW∠60°～90°	320	Kz-AnZ	逆	喜马拉雅期
58	库兹贡苏-克孜勒陶断裂带	塔里木盆地西缘边界	Ⅱ	SWW∠55°～90°	420	Kz-Pz_2	逆	燕山期 喜马拉雅期
59	策勒断层	塔西南坳陷区与罗布庄断隆分界	Ⅱ	SE∠10°～85°	280	N_1-Pt	逆	海西早期
60	北民丰断层	北民丰-罗布庄断隆南缘	Ⅱ	NW∠60°～70°	250	N—Pt	逆	印支期
61	车尔臣河断层	北民丰-罗布庄断隆带中、东段之北界	Ⅱ	SSE∠50°～80°	500	N-AnZ	逆	海西早期 喜马拉雅早期
62	且末南断层	北民丰-罗布庄断隆带与若羌断陷分界部位	Ⅱ	NW∠70°	500	N_1-AnZ	逆	印支期
63	阿尔金走滑大断层	若羌断陷与阿尔金隆起的分界	Ⅰ	NNE∠70°～80°	640	N_1-Pt	逆	加里东早期正断裂后多期活动

1. 断裂类型划分

结合塔里木盆地具体情况，根据断裂发育的空间位置和切穿地层层序分类。

区域断裂的分类，一般根据断裂底端断达的深度划分为地壳断裂和岩石圈（超壳）断裂。油气盆地断裂的研究，既重视断裂底端切割的层位，亦重视顶端断达的层位，即整个断裂发育的层位，以便研究其成生和发育史，这对油气勘探有重要的意义。

为此，可将塔里木盆地断裂系统划分为：盆地周缘断裂系统、盆地基底断裂系统和盆地盖层断裂系统。

1）盆地周缘断裂系统

（1）辛格尔断裂系统。位于盆地东北缘，由库尔勒西，向东至罗布泊东北，被民丰北—且末断裂系所截，长达600km左右。该系统活动始于中泥盆世末，古生代末为右旋走滑性质，新近纪末强烈逆冲右行走滑，晚更新世晚期尚在活动。该断裂系由辛格尔断裂、兴地断裂组成，为岩石圈断裂系统。

（2）阿合奇断裂系统。位于盆地的西北缘，西过乌恰县的阿合奇向东经黑英山、野云沟至库尔勒北，与辛格尔断裂相接，由阿合奇断裂、黑英山断裂组成，为一左旋走滑断裂系，断面北倾，长约1000km。与阿尔金左旋走滑断裂系使盆地处于转换挤压环境中。主要活动期为晚喜马拉雅期，为一超壳断裂系。

（3）昆仑山-帕米尔断裂系统。为盆地的西南界，北起帕米尔北缘，向南东延伸，在苏盖提、康西瓦一带转为近东西向展布，向东被阿尔金断裂所截。该断裂系统由康西瓦断裂、公格尔断裂组成，开始活动于早古生代晚期和海西晚期，主要为逆冲性质；新近纪晚期强烈逆冲-右旋走滑，是一超壳断裂系。

（4）阿尔金山断裂系统。构成盆地东南边界，呈NE70°方向延伸，经阿尔金山，东至阿恰提山。其活动始于加里东中晚期，上新世末至更新世大规模左旋走滑，位移量超过400km，为一岩石圈断裂系，由阿尔金山断裂和阿尔金山前断裂组成。

2）盆地基底断裂系统

该系统发育在基底和盖层中，活动于震旦纪以后的不同时期，有塔北断裂构造系、中央断裂构造系和塔南断裂构造系。

（1）塔北断裂构造系。该断裂构造系包括50余条断裂，中西部组成亚南-轮台南断裂系，东部组成孔雀河和群克-龙口断裂系。前者以亚南和轮台断裂为主干，近东西向展布，两端散开；其两端呈NEE走向并向西南散开，向NEE收敛于亚南、轮台断裂，呈扇形展布；东端以NWW走向断裂为主并向东南散开，向西北收敛于亚南、轮台断裂。这些断裂多具走滑-逆冲性质，是海西晚期塔里木板块与欧亚板块斜向碰撞的产物，印支—燕山期再次活动。后者总体呈NWW向展布，群克-龙口断裂带西端向孔雀河断裂汇聚，向东略散开，其间的达格勒克、老开屏断裂近东西走向，东端交汇于孔雀河断裂；东端的阿拉干断裂NE走向，亦汇向孔雀河断裂。其活动始于海西早期，海西晚期和印支、燕山期继续活动，均为逆冲断裂，并有派生断裂，呈“Y”形组合样式。

（2）中央断裂构造系。该系统发育于盆地中部，呈东西向展布，中部向南突出，可分为塔中、巴楚和塔东三段断裂构造系。

①塔中断裂构造系。位于塔中隆起地区，由20余条断裂组成，呈向北西散开的帚形。其骨干断裂是塔中1号、2号、3号、4号和塘北断裂带。塔中1号断裂带近NW走向，为主干断裂，其他断裂带向南依次渐变为NWW，南侧的塘北断裂带为东西向。成生于加里东中晚期，海西早期强烈活动，海西晚期再次活动，印支期以后无明显活动；均具右旋走滑-逆冲性质。②巴楚断裂构造系。分布于巴楚隆起地区，有11条左旋走滑-逆冲断裂带。其中色力布亚、康塔库木、托合塔格、海米罗斯塔格和玛扎塔格断裂带组成色力布亚-玛扎塔格断裂，构成巴楚隆起的西南界，倾向东、北东和北；吐木休克1号、2号和阿恰断裂带构成隆起的北东界，倾向南、西；三岔口-古董山两断裂带位于隆起西段中部，呈NNW向展布。边界断裂海西晚期开始活动，喜山晚期强烈活动，隆内走滑逆冲断裂形成于上新世末，更新世末仍然活动。

发育一系列背冲型逆冲断裂，形成于上新世末—更新世，别里塔格-达坂塔格、勒牙依里塔格山系即更新世冲上地表。③塔东断裂构造系。位于古城墟隆起地区，区内断裂不发育。位于中部的古城断裂近北西、东西走向，发育在寒武—志留系，规模较小。

(3) 塔南断裂构造系。位于盆地东南部的塔南断隆地区，呈近北东向延伸。主要由车尔臣北断裂和于田断裂组成，前者是东南断隆区与塘古孜巴斯坳陷和古城墟隆起的边界断裂，断面近直稍南倾，系由基底断裂发育而来，海西早期强烈活动，上新世末—更新世强烈左行走滑。

3) 盆地盖层断裂系统

塔里木盆地盖层断裂系统主要包括前陆盆地冲断推覆断裂构造系、柯坪推覆断裂构造系、巴东南-塘北逆冲推覆断裂构造系和色力布亚-玛扎塔格断裂带前缘逆冲推覆断裂构造系。

库车前陆盆地冲断推覆构造系以中生界底面、三叠系泥岩、侏罗系煤层和古近系膏泥岩为滑脱层，以北深南浅向南抬升的台阶状逆断层和浅层褶皱为特征。塔西南前陆盆地冲断推覆构造系主要由三条向底部收敛于上古生界底面或内部主滑动面的逆冲推覆断层组成，向前陆方向断裂活动强度变弱，与断层相关的褶皱向前陆方向变新，依次形成于古近纪末、中新世晚期、上新世晚期和早更新世。

柯坪推覆断裂构造系形成于上新世末，以基底面为主滑脱面向巴楚隆起逆冲推覆，呈六个岩席片冲向地表以上。

巴东南-塘北逆冲推覆断裂构造系亦以基底面为主滑脱面，由北向南逆冲。断裂发生在寒武系—中泥盆世，形成于泥盆系。

色力布亚-玛扎塔格断裂带前缘逆冲推覆构造系以古近系底面膏泥岩为滑脱层分别由南向北、由西向东逆冲推覆于码扎塔格断裂带和色力布亚-海米罗斯塔格斯断裂带之上，形成于更新世。

巴楚隆起内发育两个逆冲推覆断裂，将古生界推向地表，主滑脱面为寒武系盐膏层。它们是穹塔格和卡拉沙依断裂，活动期为更新世。

按性质又可分为：逆断层或逆冲断层、推覆断层、正断层、走滑断层。

2. 断裂的级别划分

盆地中发育不同尺度、不同性质的各种断裂构造，按其规模大小及在盆地中的作用分为四个级别（表3-3）。

(1) 一级断层，亦称控盆断裂。其标志有：长期发育，往往贯穿数个构造旋回；规模大，延伸数百至上千公里，断带宽度可达数公里，并控制两侧沉积岩相与厚度，且地貌上两侧比高有明显的差异；两侧地层具动力变质带，为地球物理场的分区界线；沿此带有大规模的中、酸性岩浆活动，两侧构造线方向及变形截然不同；断层向下切穿基底，垂直断距达数百至数千米，上升盘地层往往剥蚀严重。此类断层主要发育于盆地北部和南部，构成盆地南、北两侧的边界，约有7条。

(2) 二级断层：控制盆内构造带形成的主干断裂。其主要标志有：长期发育，贯穿数个构造旋回或占一个旋回的很大部分；延伸上百公里，断距数百至上千米，向下切入基底，断层影响宽度数百米；常构成盆地内隆坳（二级构造单元）的分界；沿此带常表现为重力梯度带或磁异常带，常伴有岩浆活动；控制两侧构造格局和沉积厚度的差异，造成厚度突变。研究区内二级断层发育有30条。

(3) 三级断层：指规模中等的断裂构造，主要切穿盖层，部分可断入基底。这类规模的断层约有26条。其主要标志有：延伸数十公里至上百公里，常位于二级断层的两侧并与之平行展布；往往控制局部构造带的形成和分布；两侧沉积厚度差异不大，以岩层、岩体等被错开为标志，垂直断距数十至数百米；重、磁异常特征不太明显。

(4) 四级断层：指控制单个局部构造形成的断裂构造，主要发育在盆腹以及南、北山前地区。其主要标志有：仅发育在沉积盖层中，不断入基底；垂直断距较小，一般在百米左右；不控制两侧沉积，无厚度变化。

塔里木盆地在地史上经历了多次构造运动的改造，发育了数百条不同期次、不同性质、不同规模和级次的断裂，它们在空间的分布构成了一幅甚为清晰的应变图像，是塔里木盆地最重要的构造活动形式之一，它在控制盆地沉积沉降、隆起剥蚀、局部构造形成以及油气运移聚集方面起着重要作用，是盆地演化发展中的主要构造形迹。

塔里木盆地断裂构造较为发育，既发育周边断裂，又发育盆内断裂；既发育隐伏基底断裂、基底断裂，又发育盖层断裂。断裂规模较大，延伸长度一般为100～700km，其中以周边断裂、隐伏基底断裂延伸长度长、规模大。

通过大量的地震剖面及野外观察发现，塔里木盆地主要发育东西向、北西向和北东向三组断裂构造。东西向断裂主要位于盆地内部，大多为隐伏基底断裂，如塔中北缘断裂、塘古孜巴斯北缘断裂、于田-且末北断裂等；北西向断裂比较复杂，包括隐伏基底断裂，基底断裂以及盆地西南缘、东北缘的周边断裂；北东向断裂主要位于盆地西北缘、北缘和东南缘、阿尔金山等地区。其中北西向和北东向两组周边断裂共同构成了塔里木盆地具特色的菱形块体地质地貌特征。

塔里木盆地断裂构造一般具有走滑性质，有些断裂走滑作用十分明显。阿尔金大断裂是公认的左行走滑断裂，断裂两侧水平位移达500km以上；兴地断裂在遥感卫星照片上左行走滑明显，北盘相对南盘向西错断50km以上；塔北地区表现为右行雁列式断裂系统；盆地西南缘、西北缘以及巴楚断隆地区断裂构造均已发现走滑作用的证据。盆地内沉积盖层中以塔北隆起、中央隆起和库车坳陷、西南坳陷断裂构造最为发育。塔北隆起发育海西晚期—印支期的右列式走滑断裂系为显著特征，中央隆起的塔中低隆发育海西早期右列式走滑断裂系为显著特征。库车坳陷、西南坳陷则以喜马拉雅期沿滑脱层滑脱的铲式冲断层系为显著特征。塔里木盆地断裂构造主要形成于加里东期、海西期以及喜马拉雅期。

本次研究分别对现今不同地层的断裂进行组合并完成了相关的图件，此外，以断裂的演化为基础，完成了不同时期的断裂发育平面图。

3.2.2　塔里木盆地主要层位断裂发育特征

1. 基底断裂发育分布特征

塔里木盆地周缘尤其是阿尔金构造带的构造事件控制了深源断裂的生成与演化及其从属性的次级断裂的形成。

深大断裂在重磁异常图上具有明显特征，例如出现异常梯度带、线性的或剧烈变化的线性异常带、串珠状分布的异常带等。

塔中地区为一纬向的高值正磁异常区，可能由早元古代基性-超基性岩墙带构成主体。磁性高异常带总体呈近东西或北西西向展布，从巴楚延伸至塔中1井地区呈近东西向，从塔中1井以东为北东向延至阿拉干附近。高异常点成串珠状展布，具有北东向的特点。塔中南侧为一负的磁异常带，与塔西南的北东向磁异常区分隔，后者延伸均不越过中央高磁异常带（图3-12）。

综合资料认为，中央正磁异常带的磁性明显超过强磁性基底，与镁铁、超镁铁磁性相当。推测为超基性岩、花岗闪长岩、花岗岩，是中—新元古代地幔及地壳深处融熔岩浆侵入的产物，可能系晚太古代陆核北部边缘，于早元古代形成了纬向深断裂系（由塔中纬向磁力高带的北部和南部边缘的磁场梯度带制约的两条大断裂组成的深断裂系），镁铁、超镁铁岩浆沿深断裂向上大量侵位，也正在此时期内，北塔里木地块向南运移，熔融的岩浆将南、北塔里木地块焊接在一起（贾承造，1997）。震旦纪—早古生代、晚古生代（石炭纪—二叠纪）沿该带可能再次发生深部岩浆侵入喷溢活动。

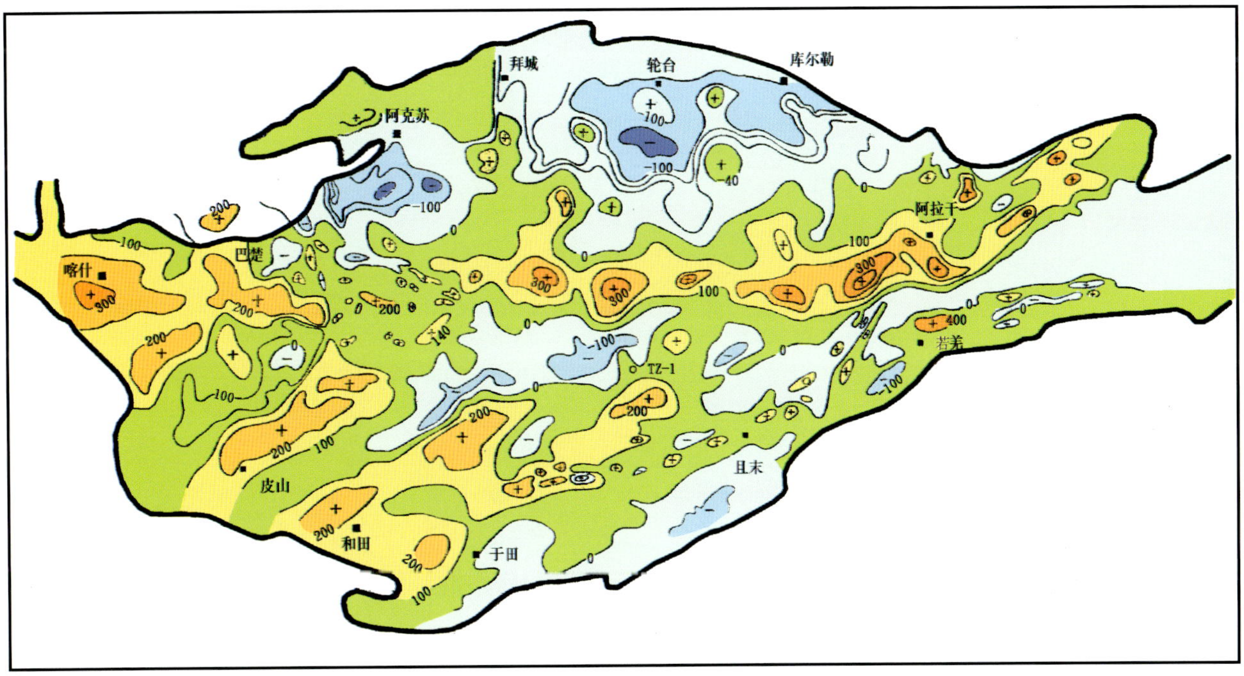

图 3-12　塔里木盆地磁异常图

在塔里木盆地布格重力异常图上，塔中地区为一相对升高的重力高异常带，范围长达 800 余千米，宽 400～500km，走向北东东向。布格重力高带主要反映的是岩石圈内发育着较高密度组分，岩石圈密度偏高主要是由于莫霍面隆升，上地幔橄榄岩相物质较多地富集于岩石圈下部所引起。重力高和磁力高相应意味着在花岗岩、片麻岩中，有基性火成岩侵入体或者由强磁性和密度大的岩体发生垂向运动，可能已进入岩石圈上部，冷却并充填于地壳不同构造层中，出现巨大隆起带（图 3-13）。

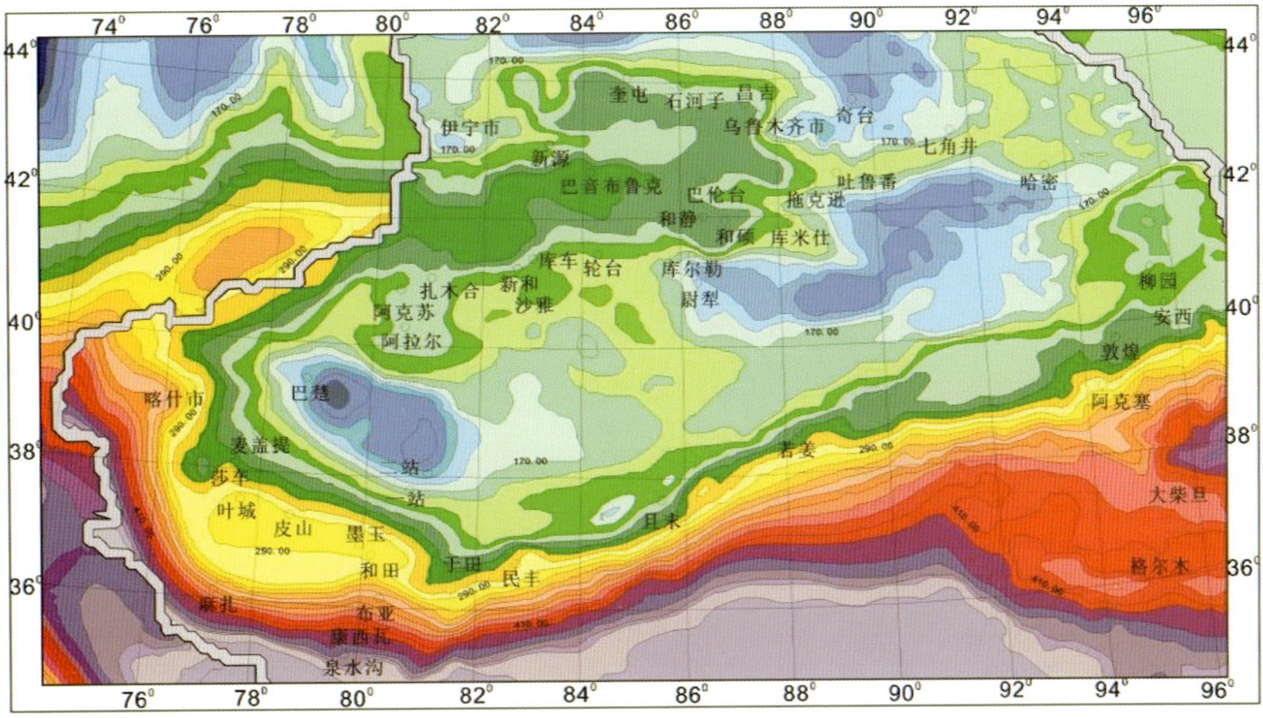

图 3-13　塔里木盆地重力异常图

结合重磁场资料研究认为：卡塔克隆起及邻区发育一系列基底隐伏大断裂。塔中地区基底断裂主要呈 NE、NWW 向两组方向，并且基本上与盖层深大断裂呈一定的继承性（图 3-14）。这些断裂规模很大，控制了盆地的演化和发展。可以认为，塔里木刚性块体在南北挤压作用下，边缘出现强烈活动的断裂构造，而刚性块体内部则以挠曲变形为主，表现为区域性的低凸起，深断裂具有高角度冲断特征。根据王宜昌等（2003）的工作认为，这些隐伏断裂呈菱形断块，这与塔中地区目前的构造格局十分相似。

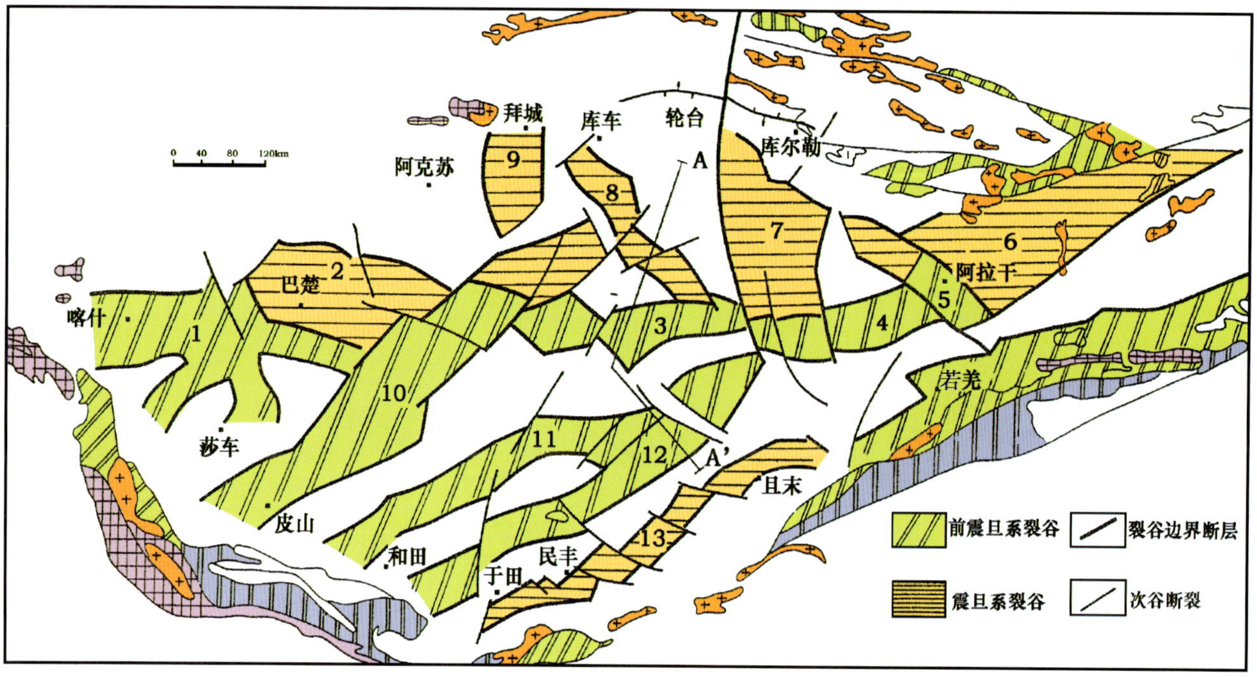

图 3-14　塔里木盆地基底断裂分布图

2. 寒武—奥陶系断裂发育分布特征

寒武—奥陶系断裂主要分布在中央隆起带、柯坪隆起、塘古孜巴斯凹陷、阿瓦提断陷、孔雀河斜坡、顺托果勒隆起和沙雅隆起南部（图 3-15）。巴楚隆起和塔中隆起的 NW 向断裂以及柯坪隆起 NE 向的弧形断裂带断裂规模最大，如塔中Ⅰ号断裂带、塔中Ⅱ号断裂带、吐木休克断裂带、玛扎塔格断裂带、色力布亚断裂、海米罗斯断裂带等，最大规模达 300km；其次是孔雀河斜坡，发育 NE、NW 和近 SN 向三组断裂，且 NE 向断裂发育较密。其他地区如阿瓦提断陷、顺托果勒隆起、沙雅隆起南部断裂规模较小。阿瓦提断陷内断裂规模较小，规模最小 5km，最大达 46.9km，断裂走向各异，主要为 NW、NNW、NEE 走向。顺托果勒隆起主要发育 NE、NW 及近 SN 向断裂，平面分布主要集中在中部，断层常与局部构造相伴生，成带状雁行式排列，断裂具不均一性，规模上相差极大，延伸长度小到几千米。沙雅隆起南部发育近 SN 走向的断裂，断裂数量较少，且规模较小。

3. 志留系—中泥盆统断裂发育分布特征

志留系—中泥盆统断裂主要分布在塔西南、巴楚隆起、柯坪隆起、阿瓦提断陷、顺托果勒隆起和沙雅隆起南部（图 3-16）。巴楚隆起发育 NW 向的阿恰-吐木休克断裂带、卡拉沙依断裂带、玛扎塔格断裂带、海米罗斯断裂带、色力布亚断裂带等。柯坪隆起发育一系列 NE 走向、向盆地内逆冲的弧形断裂带。塔中隆起发育 NW 向的塔中Ⅱ号断裂带，以及一些 NE 向的次级断裂，这些次级断裂在剖面上表现为走滑-逆冲断层。阿瓦提断陷内发育 NW、NNW、NEE 走向的断裂，断裂规模较小。顺托果勒隆起发育 NE、NW 和近 SN 向断裂，平面分布主要集中在中部。沙雅隆起南部发育近 SN 走向的断裂，断裂数量较少，且规模较小。满加尔坳陷东部及孔雀河斜坡发育数组 NW 向走向，呈雁列式展布的逆断层。

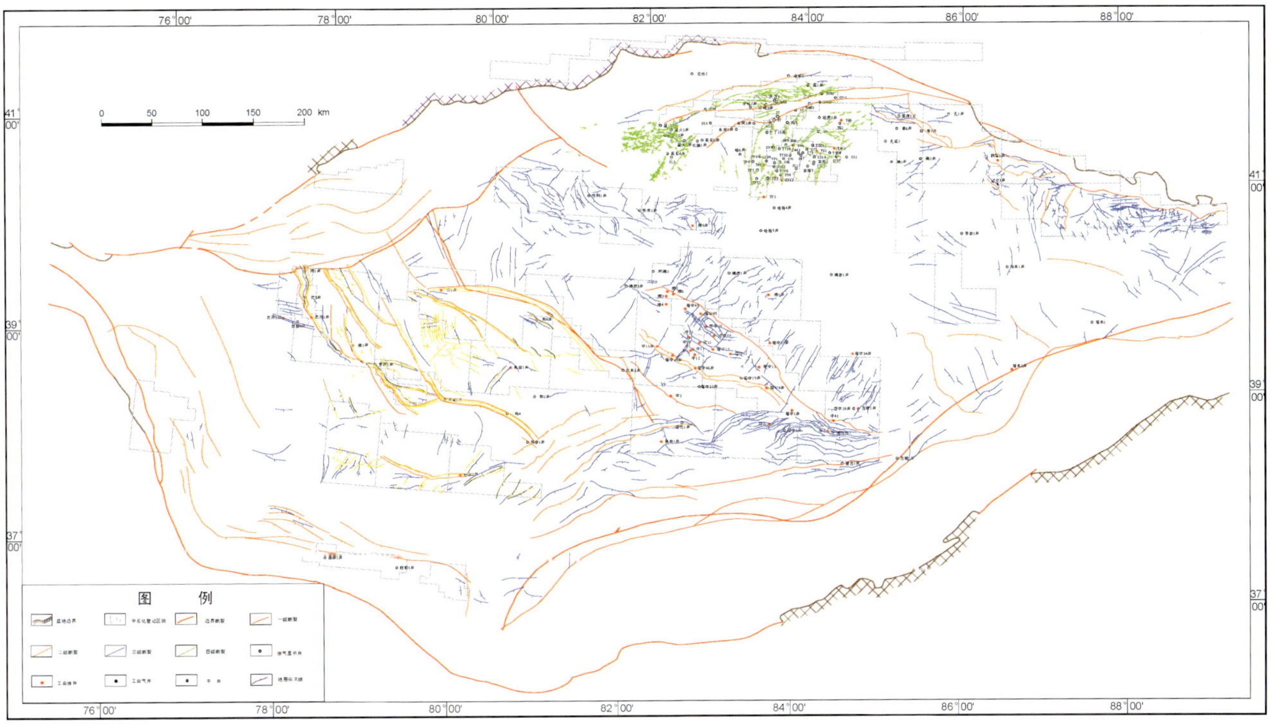

图 3-15　塔里木盆地寒武—奥陶系断裂发育图

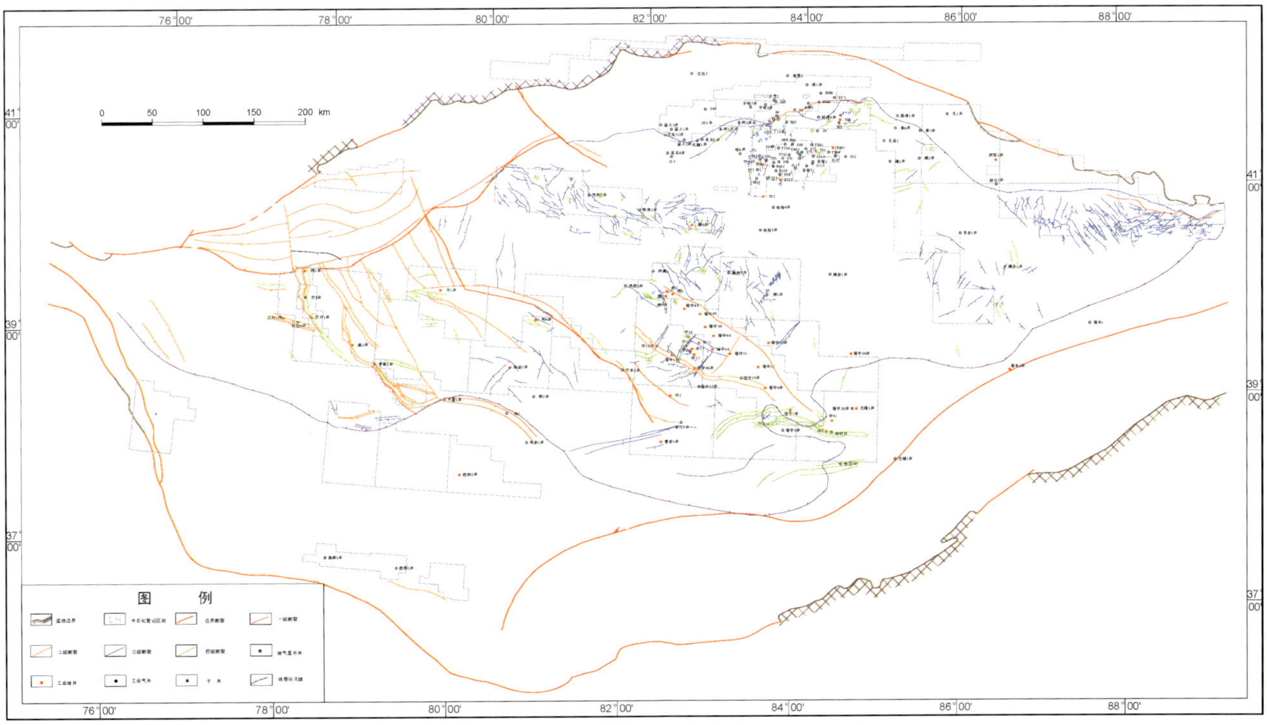

图 3-16　塔里木盆地志留系—中泥盆统断裂发育图

4. 石炭—二叠系断裂发育分布特征

石炭—二叠系断裂主要分布在塔西南、麦盖提斜坡、巴楚隆起、柯坪隆起、阿瓦提断陷、顺托果勒隆起和沙雅隆起南部，塔中隆起仅有少量断距较小的断层发育（图 3-17）。塔西南山前带断裂平行于造山带展布，并向盆地内逆冲推覆。

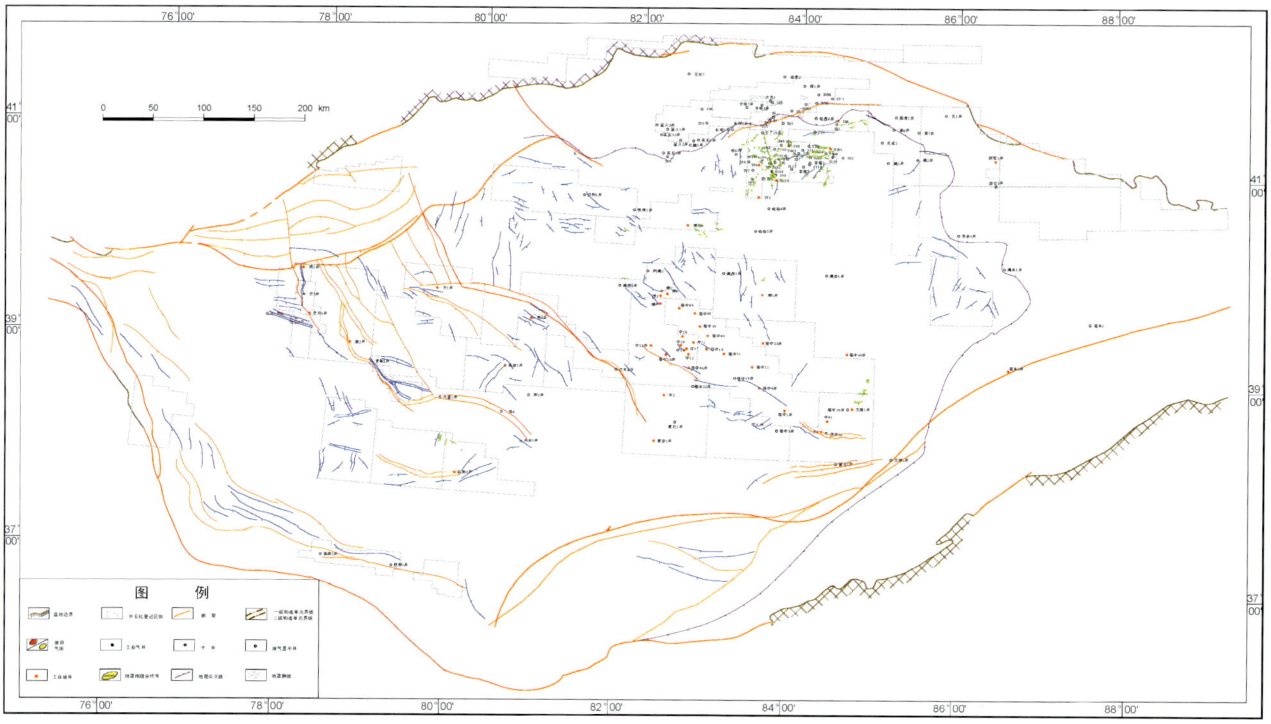

图 3-17　塔里木盆地石炭—二叠系断裂发育图

麦盖提斜坡发育 NW 和 NEE 向展布的逆断裂，如巴什托断裂带和玛南断裂带等。巴楚隆起发育 NW 向展布的阿恰-吐木休克断裂带、卡拉沙依断裂带、玛扎塔格断裂带、海米罗斯断裂带、色力布亚断裂带等，巴楚隆起东部发育玛东断裂，阿瓦提断陷在该层位的断裂与志留—泥盆系的相比少了东北部的一些 NW 向断裂，顺托果勒隆起的断裂也相应减少，沙雅隆起南部发育近 SN 走向和近 EW 走向的两组断裂。

5. 三叠—侏罗系断裂发育分布特征

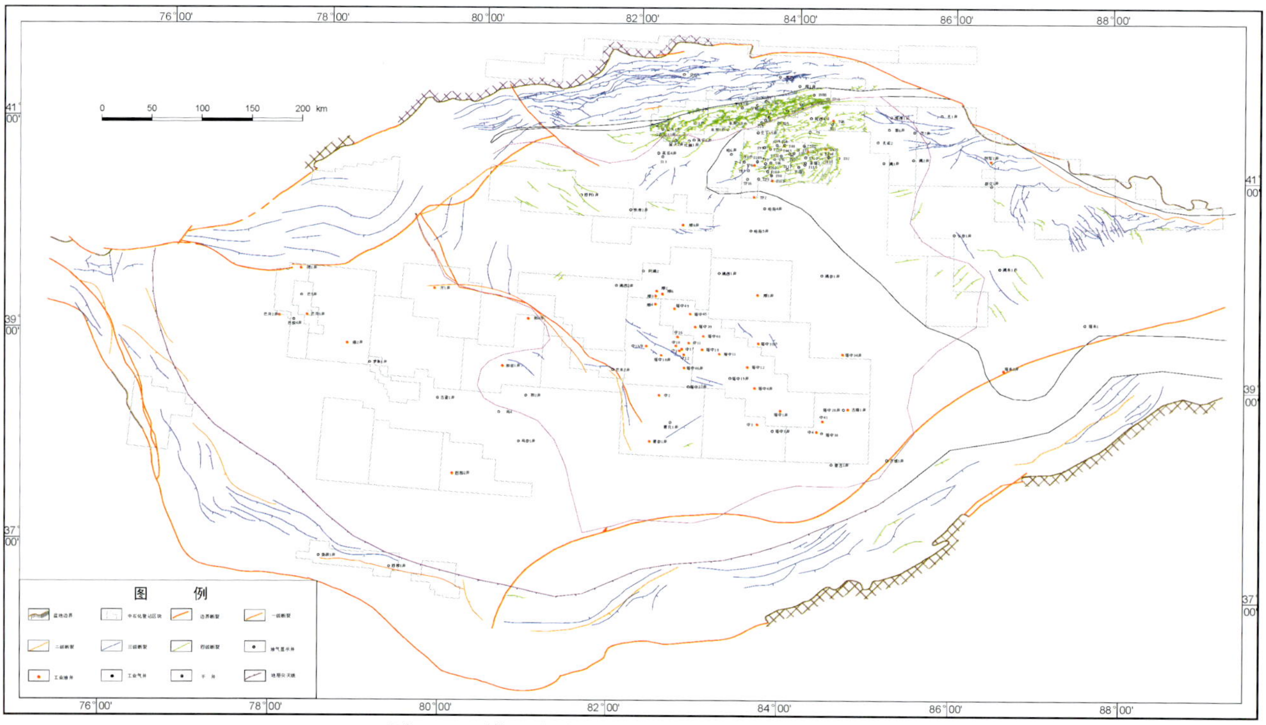

图 3-18　塔里木盆地三叠—侏罗系断裂发育图

三叠—侏罗系断裂主要分布在塔西南山前带、塔东南、古城墟隆起、沙雅隆起、阿瓦提断陷和库车坳陷（图 3-18）。塔西南地区断裂沿 NW 向展布，自山前带向盆地内逆冲。塔东南地区发育一系列 NE 走向断层，阿瓦提断陷零星发育几条 NW 和 NE 走向的断层。沙雅隆起除了轮台断裂和亚南断裂外，还发育一系列平行分布的 NE 走向断裂，这些断裂呈雁列式展布，受基底断裂控制作用明显，此外还发育一些零星分布的近 SN 向断裂，沙雅隆起上发育的断裂在该层位为正断层。库车坳陷发育 NEE 走向的、向盆地内逆冲的大断裂，塔西南地区发育向盆地内逆冲的断裂。

6. 白垩系断裂发育分布特征

白垩系断裂主要分布于库车坳陷、沙雅隆起、孔雀河及塔东南地区（图 3-19）。库车坳陷发育沿 NEE 向展布向盆地内逆冲的大断裂，沙雅隆起发育大量 NEE 向正断层。孔雀河发育一系列向盆地内逆冲的断层，走向为 NW、NWW 向。塔东南地区发育大量 NE 向的逆冲断层，或向盆地内逆冲，或作为逆冲断层的反向调节断层发育。阿瓦提断陷、顺托果勒及满加尔凹陷零星展布有少量小规模的断层。

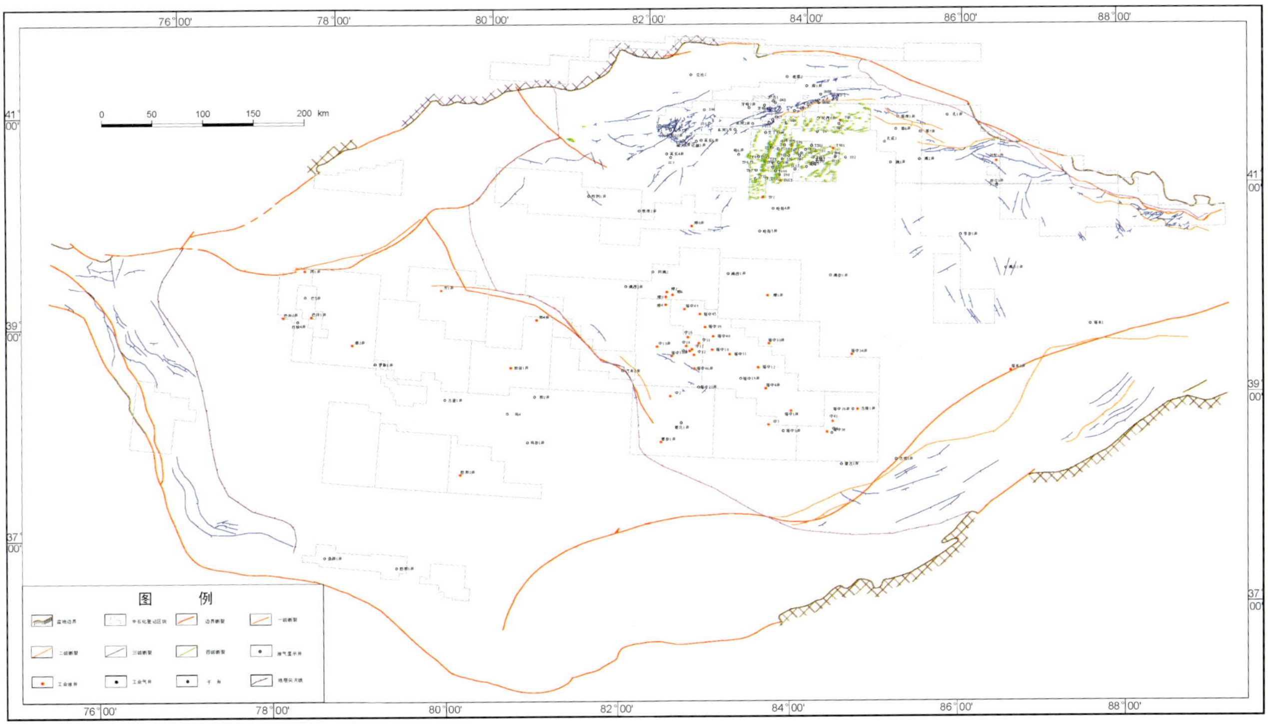

图 3-19　塔里木盆地白垩系断裂发育图

7. 新生界断裂发育分布特征

新生界断裂除了满加尔坳陷、塔中隆起、古城墟隆起和孔雀河斜坡不发育外，其余地区均较发育（图 3-20）。塔西南发育一系列 NW 和 NNW 走向平行于造山带的逆冲断裂带，巴楚隆起大部分 NW 向断裂继续发育，柯坪隆起发育 NE 走向的弧形断裂带，塔东南发育 NE 走向的逆冲断裂，车尔臣断裂西段发育，东段不发育，库车坳陷新生了一批 NEE 走向的逆冲断裂，均由南天山向盆地挤压形成。

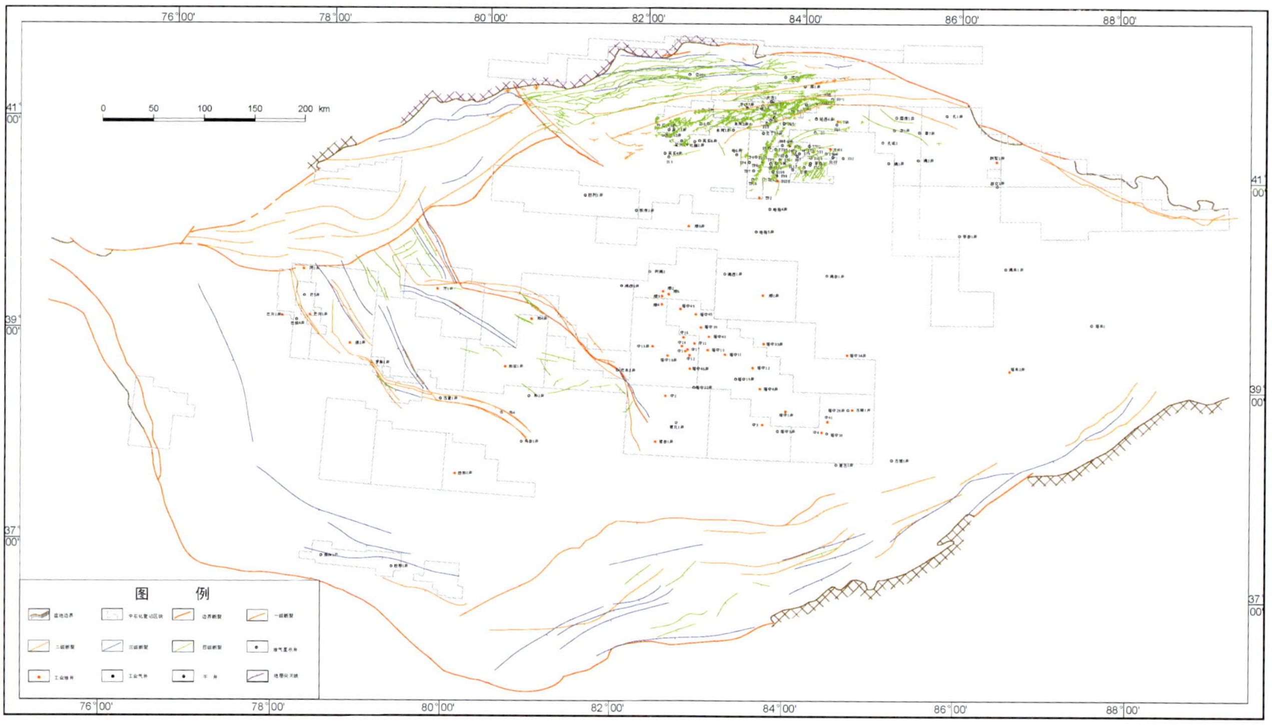

图 3-20　塔里木盆地新生界断裂发育图

3.2.3　塔里木盆地关键构造期断裂发育特征

因各断裂带在其形成之前所处的构造位置、受到的构造作用的方向、大小等方面的不同，不同断裂带或同一断裂带的不同地段，断裂的形成时间、活动期次和强度存在有较大差异。因断裂的活动既有继承性，又有新生性，从而使断裂活动的期次划分和演化史的分析变得更加困难。

断裂活动期次是断裂活动发展的历史和顺序，主要依据断裂活动的时期，包括如下一些地质纪录和方法判定断层形成及活动时期：

（1）依据地震剖面或构造剖面上断层断开地层段（层位）判断断裂活动时限，断层断开的最新层位指示了断层活动的最晚时间。

（2）根据断层断距大小，判定断层活动的主要时期。断距下大上小为长期继承发育的断裂。断距在垂向上的极性转换，反映了断裂构造反转活动，可以确定断裂的反转活动时期，计算断裂的反转率（强度）。

（3）依据同沉积断层上、下盘同一套地层的沉积厚度的差异，计算断裂生长指数和古落差变化，分析断裂活动历史，包括断裂活动（主要）时期和强度。

（4）断裂在平面上的交切关系，往往是后期新发育的断层切割早期老的断层。剖面上表现为老断裂被新断裂所改造。

（5）通过制作平衡构造平面、构造演化剖面的方法，确定断裂构造形成演化及主要发育时期。

塔里木盆地经历了漫长的地质演化史，发生过多期次的、强烈的构造变形作用，形成了多套、多方向叠加切割的复杂断裂体系。

结合前人研究成果和前文所述，将塔里木盆地活动和演化从宏观上大体划分出五个阶段，即加里东早期、加里东中晚期、海西期、印支—燕山期和喜马拉雅期，它们对应断裂形成及活动的五个期次。各期次的断层组合及活动方式特点如下。

1. 加里东中期断裂发育分布特征

中奥陶世北部古大洋板块开始向其南部的中天山地块俯冲，昆仑洋向其南部的中昆仑地块俯冲，库地-苏巴什蛇绿岩带开始形成。晚奥陶世末塔里木南北缘俯冲活动剧烈，中天山出现微陆块边缘为主的岛弧火山活动，岛弧系隆起发展；塔里木南缘发育祁漫塔格增生俯冲杂岩。晚奥陶世塔里木南北缘上述构造活动，为坳拉槽提供了充足的物源，坳拉槽消亡。塔里木古板块的演化进入了一个新的阶段，即晚寒武世—奥陶纪时深水槽盆与碳酸盐台地的分异不复存在，早志留世开始塔里木古板块的演化以一个统一的克拉通内挠曲坳陷为特征（贾进华等，2006）。

该期盆缘断裂发育特征为康西瓦断裂在加里东中期运动Ⅱ幕（晚奥陶世）发生右行韧性走滑作用（445～428Ma）（许志琴等，2007）。兴地断裂由加里东早期的伸展断层反转成逆冲断层（孙晓猛等，2006）。塔西南古阿尔金断裂左行走滑，并控制了车尔臣断裂的形成。

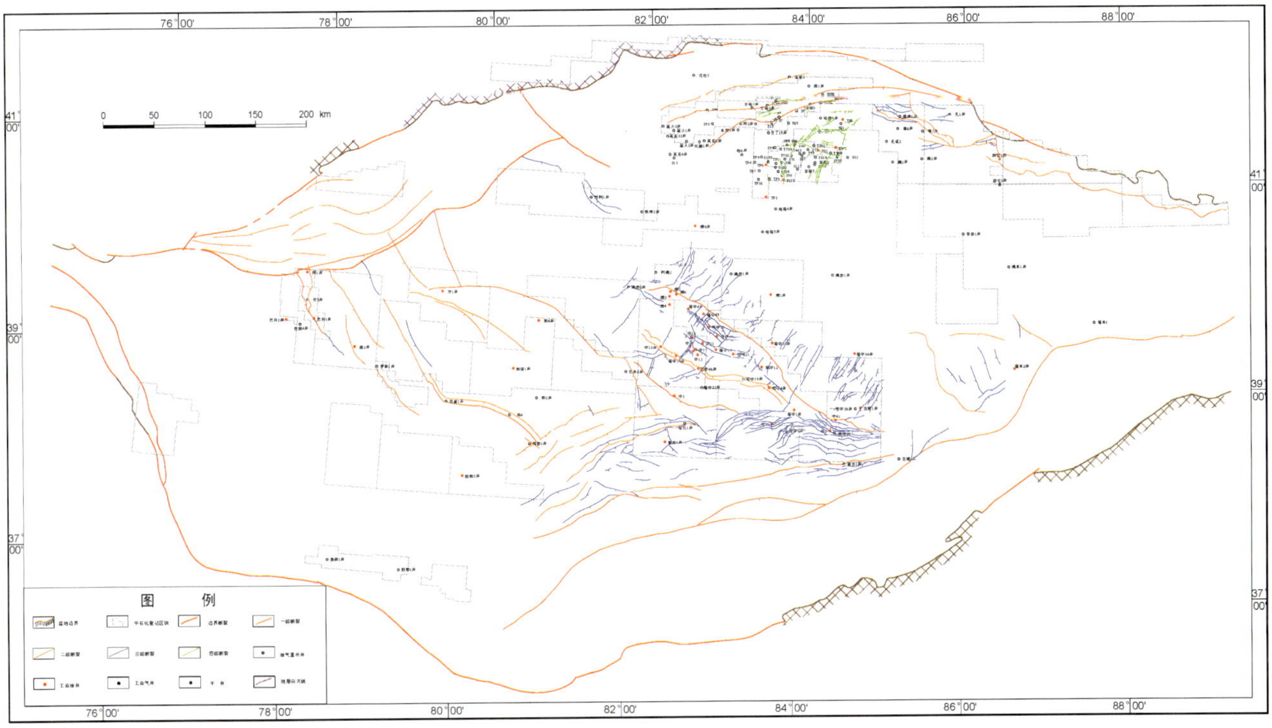

图 3-21 塔里木盆地加里东中期断裂发育图

盆内断裂主要发育在塔中隆起、古城墟隆起、塘古孜巴斯凹陷和塔北地区内（图3-21）。塔中隆起西部发育 NW 走向的逆断层，包括塔中Ⅰ号断裂带、塔中Ⅱ号断裂带和卡塔克南缘断裂，东部发育近 EW 走向的塔中 5 号断裂带和一系列的 NE 走向的断裂带，从 NW 走向和 NE 走向断层之间的切割关系可以看出，NW 向断层形成早于 NE 向断层。塔中Ⅰ号断裂带延伸长达 300km，断面南倾，断层西段走向 NW，东段断层发生拐弯，走向近 EW。塔中Ⅱ号断裂带和塔中 10 号断裂带为两组相向倾斜的断裂带，塔中Ⅱ号断裂带断裂长度分别为 170km 和 150km；塔中 10 号断裂带断裂长度分别为 162km 和 143km。卡塔克南缘断裂，长 120km，走向 NW，倾向 N，断裂在东段呈 S 形拐弯，并终止于 NE 走向的塔中 8 号断裂带。向东发育 NE 走向的塔中 8 号断裂带和中 3 井断裂带，塔中 8 号断裂带长 95km，倾向 NW；中 3 井断裂带长 60km，倾向 SE。塔中隆起东缘发育近 EW 走向的塔中 5 号断裂带，断裂带长约 72km，平行排列。

巴楚隆起仅发育了吐木休克断裂、玛北断裂和色力布亚断裂西段，吐木休克断裂和玛北断裂均为 NW 走向，呈向北凸出的弧形，倾向 SW，吐木休克断裂长约 205km，玛北断裂长约 115km，色力布亚断裂西段长约 27km，倾向 NE。

古城墟隆起发育EW走向的古城断裂带和米兰南断裂，以及NE走向的塔东断裂。塔东断裂长184km，倾向SE，为控制古城墟隆起形成的边界断裂。古城断裂带长约83km，倾向S；米兰南断裂长约117km，呈S型展布，倾向S。古城断裂带和米兰南断裂沿着车尔臣断裂分布，可能是车尔臣断裂走滑派生作用形成的。

塘古孜巴斯凹陷及周边主要发育NE走向的玛东断裂带、NEE走向的塘南断裂带，以及规模较大的牙通古斯断裂，NW向断裂较少发育。玛东断裂带主要由一系列NE走向的逆断层和几条NW向断层组成，5条主要NE-NEE走向断裂倾向NW，断裂最大规模达151km。塘南断裂带由几条NEE走向的断裂组成，断裂最大规模达119km，呈反S型展布，断面均倾向NW。牙通古斯断裂为塘南凸起与塘北次凹之间的分界断裂，规模较大，长达403km，断面南倾，断裂弯弯曲曲，两头向北凸，中间向南凸。

塔北发育轮台断裂和亚南断裂，以及哈拉哈塘凹陷之上密集发育的逆断裂。亚南断裂走向近EW，呈三段式分布，三段从西向东长度分别为158km、9km和162km，断面倾向南。沙雅-轮台断裂呈两段式分布，西段沙雅断裂长86km，东段轮台断裂长172km，断面倾向北。哈拉哈塘凹陷发育NNW走向的断裂，断裂最长为37km，最短为4km。此外库尔勒鼻凸之上的巴里英断裂发生逆冲反转。

阿瓦提断陷的西边界沙井子断裂形成，断裂长169km，走向NE，倾向NW，控制阿瓦提断陷的形成。满加尔坳陷西缘和顺托果勒隆起均发育一条断裂。

2. 海西早期断裂发育分布特征

晚志留世中昆仑岛弧与塔里木大陆发生弧陆碰撞，该期构造事件不仅使古昆仑洋消亡，中昆仑岛弧与塔里木大陆板块拼贴在一起，而且引起塔里木盆地南部（中央隆起及其以南地区）强烈逆冲褶皱变形和泥盆系与志留系、奥陶系间的广泛不整合。该期构造运动使得西昆仑-阿尔金陆间造山带形成、并逐渐向北扩展，在西昆仑的山前和塔东南部形成前陆盆地系统，车尔臣断裂为前陆褶皱冲断带的前缘断裂，塔东低凸起属前隆带及隆后坳陷盆地的组成部分（吴国干等，2003）。

加里东晚期—海西早期断裂主要发育在塔中隆起、塘古孜巴斯凹陷、阿瓦提断陷、塔北隆起，其次发育在巴楚隆起、古城墟隆起和孔雀河斜坡（图3-22）。

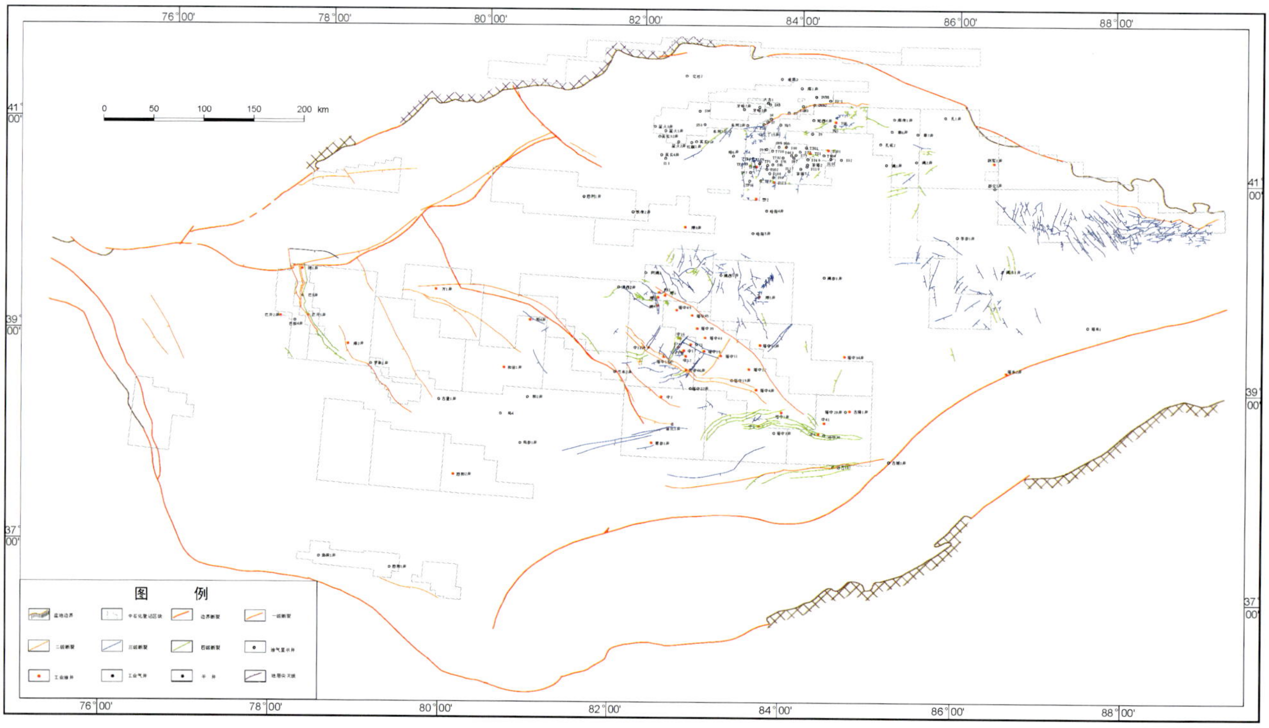

图3-22　塔里木盆地海西早期断裂发育图

塔中隆起 NW 向的塔中Ⅰ号断裂带、塔中Ⅱ号断裂带、塔中 10 号断裂带和卡塔克南缘断裂持续活动，除了卡塔克南缘断裂，其余断裂均被 NE 向的走滑断裂切割呈若干小段，使得断裂发生错动。该期新生了一系列 NE 走向的走滑断裂，最大规模达 100km，最小规模达 13km，共有 7 条规模较大的走滑断裂，主要为左行走滑断裂，局部有右行走滑，走滑断裂将原来 NW 向的大断裂切割破碎，使得塔中隆起断裂更加复杂。

塘古孜巴斯凹陷断裂继承加里东中期的构造格局，在原来的基础上继承性活动。

阿瓦提断陷内，除了西边界沙井子断裂继续活动外，内部新生了大量的断裂，主要分布在断陷 NE 轴向上，断裂走向各异，主要为 NW、SN、NEE 走向，断裂规模不等，规模最小 5km，最大达 46.9km。靠近吐木休克断裂的区域内，西侧断裂为 SN 走向，倾向 E，长约 40km；东侧断裂为 NNE 和 NE 走向，倾向 NW，长约 16km。中部主要为 NW 走向的弧形断裂，最长达 47km，最小 3km。断陷的北边缘断裂主要为 NEE 走向，最长 25km。沙井子断裂东侧形成几条 NE 走向的断裂沿着沙井子断裂展布，规模十几米到二十几千米不等。

塔北隆起在该期断裂活动较强烈，除了沙雅-轮台断裂、亚南断裂继续活动外，隆起西侧和轮南低凸起上发育了大量的逆断裂。隆起西侧断裂以 NE 走向为主，少量 NNE 走向，断裂规模不等，长度范围在 6～42km。哈拉哈塘凹陷新发育了 NNE 走向的断裂，与 NNW 向断裂交叉分布。轮南低凸起之上发育近 EW 走向的逆断层，断层倾向 N。草湖凹陷发育 4 条近 EW 走向的南倾逆断层，最大规模 20km 左右。库尔勒凸起发育了 NW 走向的巴里英断裂和库南断裂，断面北倾。

巴楚隆起吐木休克断裂和色力布亚断裂进一步发育，卡拉沙依断裂南侧又形成一条与之平行且倾向相同的断裂，长 141km，两条断裂中间还形成一条北倾逆断层，长 42km，该断裂为卡拉沙依断裂带北侧断裂的反冲断裂。巴楚隆起西侧又新生了 NNW 向三岔口逆断裂和乔硝尔盖走滑断裂，断面均北倾，三岔口逆断裂长 68km，乔硝尔盖走滑断裂长 94km。色力布亚断裂南侧的巴什托断裂在该期形成，长 60km，走向 NWW，倾向 NNE。

古城墟隆起断裂继承加里东中期构造格局继续活动，并在西侧新生了几条平行排列的逆断层，走向 NE，倾向 SE，最大规模 30km，最小规模 17km。

塔东南地区受古阿尔金断裂早期逆冲和晚期强烈左行走滑（覃小锋等，2006）的影响，派生一系列 NE 走向逆冲断裂。车尔臣断裂在阿尔金断裂的控制下，也发生左行走滑活动。

受南天山挤压的影响，孔雀河地区形成一系列 NW 向逆冲断裂，断裂主要倾向 NE，包括孔雀河断裂、龙口断裂、群克断裂、尉犁断裂，以及 NE 走向的普惠断裂，孔雀河断裂规模最大，达 480km，其余断裂规模为 100km 左右。

顺托果勒隆起发育一系列近 SN 走向的逆断裂，主要倾向 E，断裂规模大小不一，以小规模断裂居多，断裂最大规模达 42km，最小规模达 3km，断裂主要发育在隆起的中部。

3. 海西晚期断裂发育分布特征

古特提斯洋自早—中二叠世开始向北向中昆仑地体下的俯冲在晚二叠世—三叠纪达到高潮，最终导致南侧的甜水海地体（羌塘板块）与塔里木板块发生碰撞，海水自东向西退出塔里木盆地，进入陆相盆地发展阶段。在塔西南地区的表现是晚二叠世杜瓦组上千米厚的陆相磨拉石建造的出现，表明晚二叠世在塔西南形成弧后前陆盆地，二叠世晚期前陆盆地逐渐向盆地中部迁移，在今巴楚地区形成古隆起，形成盆地广泛的三叠系与上二叠统地层的不整合。盆地北缘进一步的挤压应力加速了古天山山脉的进一步隆升，西天山及邻区广泛接受陆表海稳定型碎屑岩、碳酸盐岩沉积。

海西晚期断裂活动主要分布在麦盖提斜坡、巴楚隆起、阿瓦提断陷、顺托果勒隆起、塔北隆起和孔雀河地区（图 3-23）。

麦盖提斜坡发育一系列 NW 向、NNW 向、NE 向和近 EW 向逆断裂。最西侧的巴什托断裂继承性活动，中部发育 3 条 NNW 向逆断裂，断裂长 36～46km，倾向 SW。再往东发育两条 NE 向的弧形断裂和几条近 EW 向的断裂，NE 向的弧形断裂长约 40km，近 EW 向断裂长 9～28km。麦盖提斜坡东部发育近东西向的玛南断裂带，该断裂带呈弧形展布，长约 100km，在其东侧发育 NE 向断裂带，长约 43km。

巴楚隆起除了吐木休克断裂、色力布亚断裂、卡拉沙依断裂、三岔口断裂和乔硝尔盖断裂继承性发育外，还在其西段新生了一系列 NW 向断裂，这些断裂特征如下。海米罗斯断裂断面倾向 NE，长 78km，在其西侧发生弧形弯转与康塔库木断裂相连。康塔库木断裂长 69km，倾向 NE，断裂东段走向 NW，中间发生拐弯，西段走向近 SN。一间房断裂带，平面上呈反 S 型展布，倾向 NE，断裂长 111km。小海子北断裂平面上也呈反 S 型展布，断裂倾向 SW，长 39km。夏河断裂长 35km，倾向 NE。皮恰克逊断裂长 78km，倾向 NE。阿恰断裂向西延伸进入柯坪隆起，长 78km，倾向 SW。

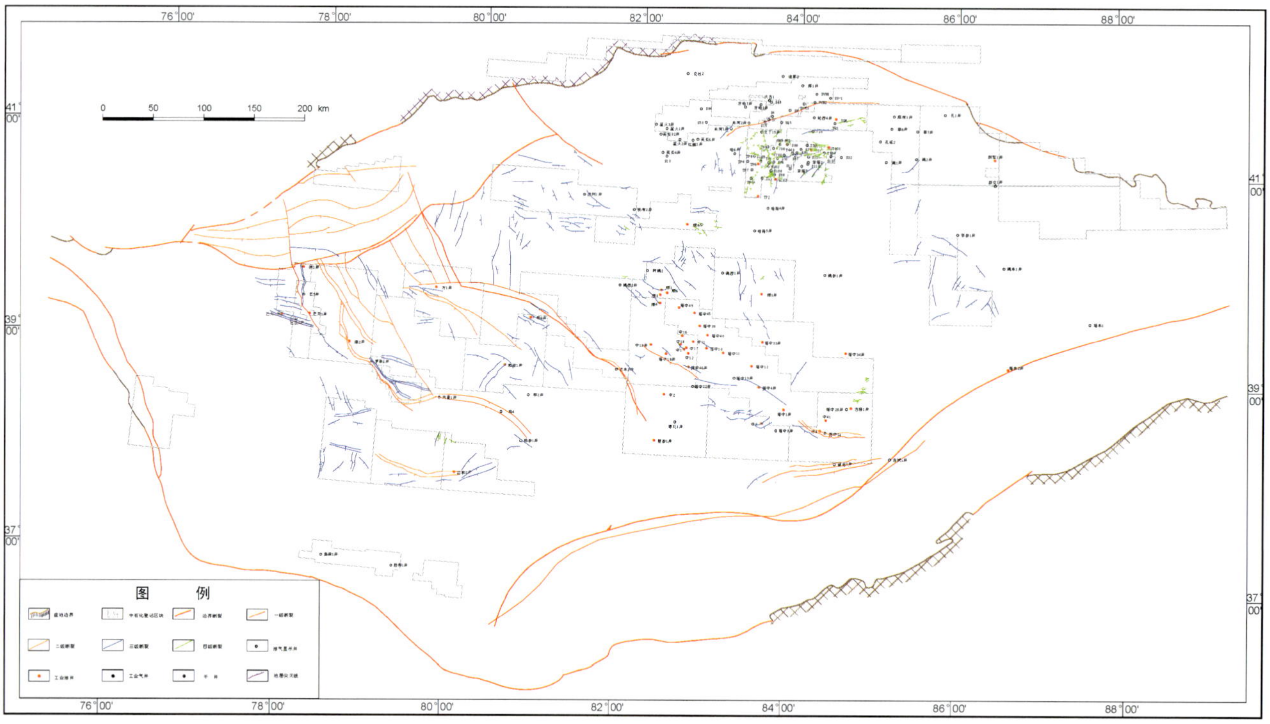

图 3-23　塔里木盆地海西晚期断裂发育图

阿瓦提断陷和顺托果勒隆起上的断裂继承加里东晚期—海西早期的活动特征，并在此基础上继续活动。

塔北轮台断裂和亚南断裂进一步发育，塔北隆起西部、哈拉哈塘凹陷、轮南低凸起上的断裂继承加里东晚期—海西早期的活动特征，进一步发育。库尔勒凸起上又新生了一批 NW 走向的逆断层，最小 6km，最长 68km。

孔雀河地区在该期断裂活动强烈，NW 向断裂持续逆冲活动，新发育了 NW 向的维马克断裂带，由 8 条断裂组成，带内断裂平行展布，最长 46km，最短 9km。龙口断裂南侧也形成 NW 向的断裂带，由 5 条断裂组成，最长 42km，最短 13km。群克断裂北侧新生两条小断裂，走向 NW；一条长 38km，倾向 SW；一条长 11km，倾向 NE。

古城墟隆起上塔东断裂继承性发育，车尔臣断裂及北侧近 EW 向古城断裂带继续活动。

4. 印支期断裂发育分布特征

三叠纪末印支运动，羌塘地块与塔里木陆块的陆陆碰撞，造成盆地内部，特别是东部地区大面积强烈隆起剥蚀和局部块断活动，形成侏罗系与三叠系及下伏地层广泛的区域不整合。印支运动引起了塔北等地区的局部块断活动，造山带的隆升和山前带的逆冲断裂作用，形成了库车前陆盆地。该期断裂主要以压扭形成的走滑-逆冲断层为主，阿尔金断裂带在印支期发生了强烈的走滑运动（李海兵等，2001），康西瓦断裂在该期也发生了强烈的左行走滑运动（许志琴等，2007），这使得塔西南、巴楚-麦盖提地区和东南地区断裂发生强烈压扭活动。该期断裂活动主要集中在盆地周边塔西南、塔东南及南天山的山前地区，以及塔东孔雀河地区（图 3-24）。

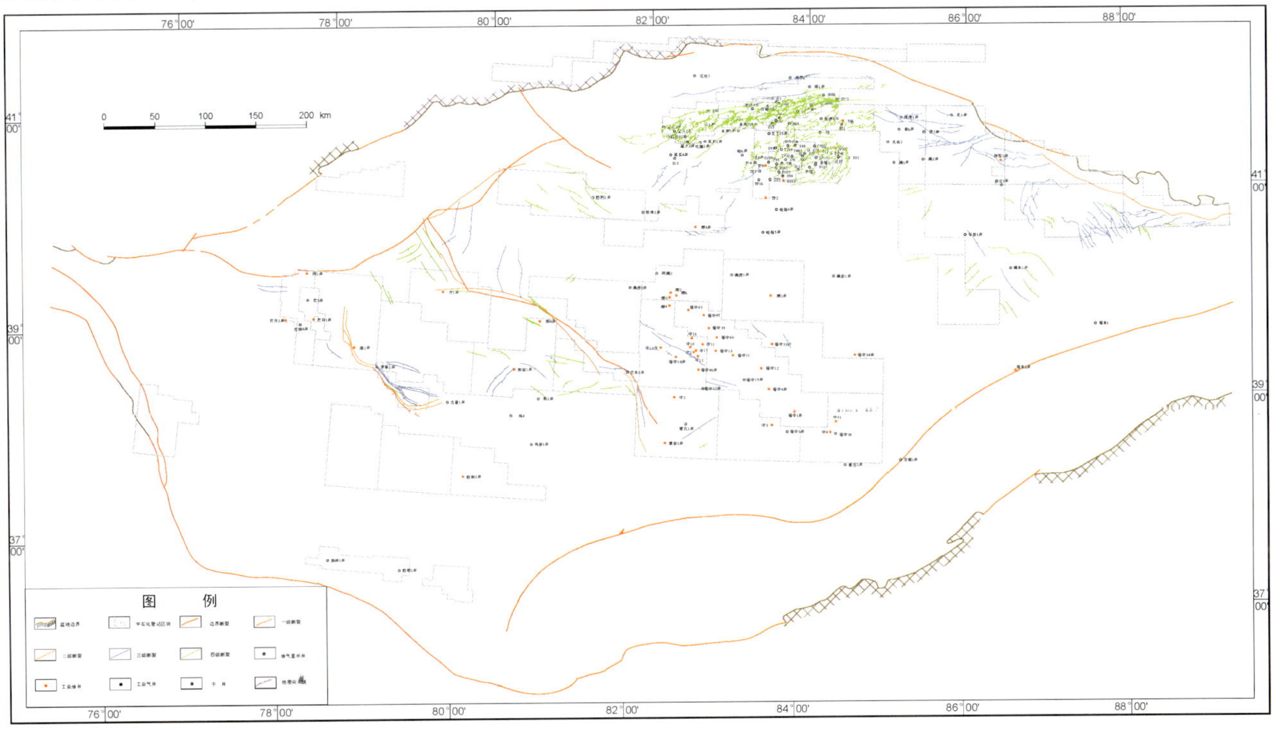

图 3-24　塔里木盆地印支期断裂发育图

麦盖提斜坡上玛南断裂带继续活动，玛南断裂东侧的 NE 向断裂以及西侧的 NE 向和近 EW 向断裂也持续活动。

巴楚隆起 NNW 向的色力布亚断裂带、康塔库木断裂、海米罗斯断裂、古董山断裂、乔硝尔盖断裂、阿恰断裂带和 NW 向的吐木休克断裂带、卡拉沙依断裂带继续活动。

塔东南地区 NE 向断裂继续活动。并新发育了阿羌南断裂、且末断裂、若羌断裂等。这些断裂规模较大，最大的若羌断裂达 222km，断裂主要倾向 SE，为阿尔金断裂强烈走滑挤压形成。车尔臣断裂和尼雅南断裂表现为左行压扭特征。

塔北隆起轮台断裂和亚南断裂继续发育，库尔勒凸起 NW 向断裂强烈冲断，轮南低凸起受到 NE-SW 向持续性的稳定挤压，区域挤压导致局部张扭与压扭作用以及南部下石炭统盐丘的盐拱作用，在三叠系中形成 NE 向向右扭动的正断裂组合。

5. 燕山期断裂发育分布特征

早侏罗世的拉张作用相当强烈，阿尔金山南北发育右旋走滑作用下的扭张断裂；晚三叠世的塔西南前陆盆地转换为塔西南断陷盆地，库车前陆盆地转换为库车断陷盆地；晚侏罗世挤压作用加强，断陷作用停止；阿尔金断裂发生左旋走滑，产生压扭作用。白垩纪末燕山晚期构造运动不但使盆地侏罗纪以来的张性构造环境一度转为挤压构造环境，而且造成盆地内西南部地区的平缓抬升和隆起剥蚀，形成古近系与白垩系及下伏地层的较广泛不整合。

燕山晚期运动在巴楚隆起、塔北隆起、塔东南、孔雀河斜坡东部和库车坳陷构造活动强烈（图3-25）。

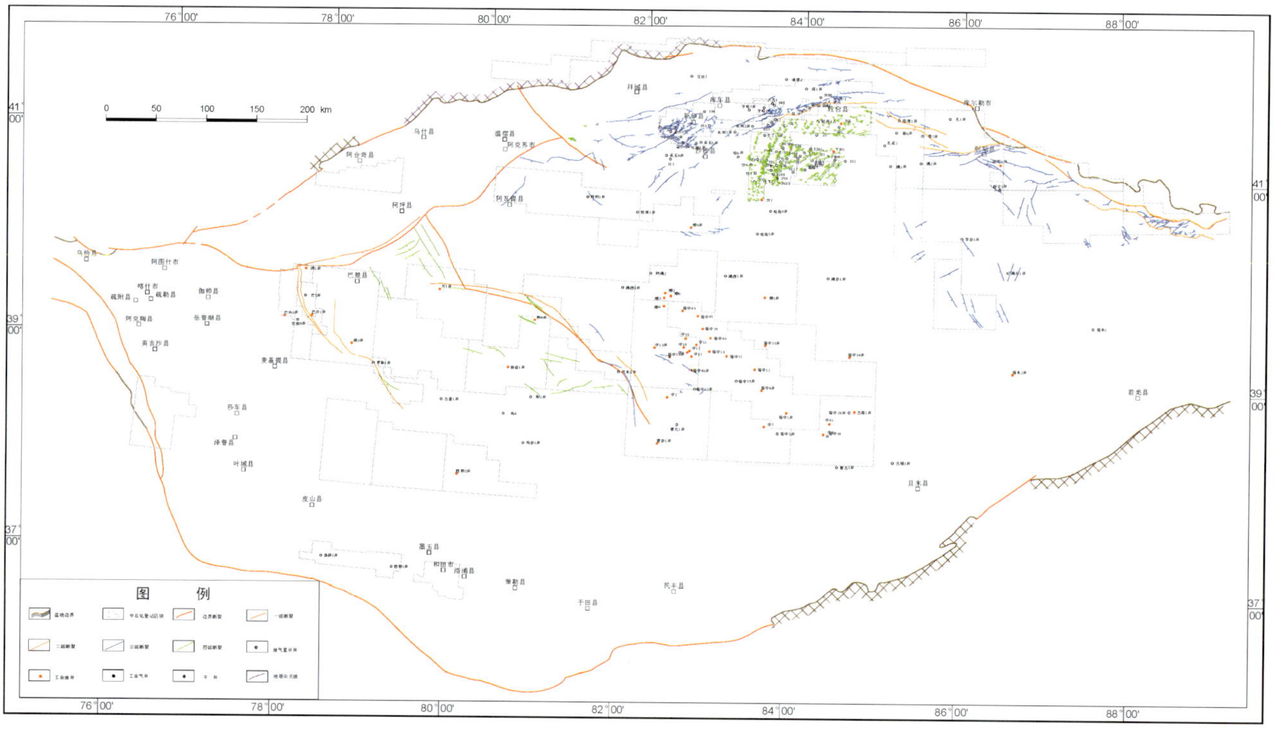

图 3-25　塔里木盆地燕山期断裂发育图

巴楚隆起NNW向的色力布亚断裂带、康塔库木断裂、海米罗斯断裂、古董山断裂、乔硝尔盖断裂、阿恰断裂带和NW向的吐木休克断裂带、卡拉沙依断裂带、玛北断裂等持续逆冲活动。

塔东南地区侏罗纪断陷活动形成的张性正断层发生正反转，包括北西倾的民丰断裂、尼雅南断裂、阿羌断裂及其北侧的正断裂，以及南东倾的阿羌南断裂、牙尔通断裂和尼雅南断裂上盘的断裂组等。且末断裂和若羌断裂持续逆冲活动。该系统由阿羌南断裂、民丰断裂、尼雅南断裂、牙尔通断裂等组成，断裂走向NE和EW，NW向安迪尔断裂将该系统与且末亚断裂系统分隔开，车尔臣断裂在该系统表现为两条分支，向北呈弧形凸出。阿羌南断裂南倾，为山前逆冲断层；侏罗纪为正断层，后期发生正反转。

塔北隆起上轮台和亚南断裂均发生了负反转，同时还形成了一系列正断层。轮南低凸起受到NE-SW向持续的稳定挤压，区域挤压导致局部张扭与压扭作用以及南部下石炭统盐丘的盐拱作用，在三叠系中形成NE向向右扭动的正断裂组合。隆起西部新和地区发育了大量的正断层，这些正断层在平面上延伸较短，但正断层并非是孤立发育，而是成组出现，在平面上呈雁行式展布，组成的线性断裂带延伸较长。库尔勒凸起上NW向断裂强烈冲断，

库车地区NEE向逆冲断裂带发育，乌什凹陷南缘断裂由南向北冲断，走向NE，长162km，断裂平面上弯弯曲曲，控制乌什凹陷中生界的沉积。乌什断裂长139km，走向NE，倾向NW，与乌什凹陷南缘断裂一起控制温宿凸起的形成。

6. 喜马拉雅期断裂发育分布特征

喜马拉雅运动是塔里木盆地一次强烈的构造变形活动，不整合面广泛发育。喜马拉雅运动可分为早、中、晚三期，分别发生在渐新世末、中新世末和上新世—早更新世。印支板块向欧亚大陆碰撞，对西北地区产生了强大的远源碰撞效应，导致西昆仑和天山复活并大幅度崛起。几乎整个盆地周边发育一系列镶边构造，并对前期盆地进行强烈改造和叠加干扰。

喜马拉雅期断裂主要以强烈的逆冲推覆构造为主，如在库车褶皱冲断带、柯坪隆起、塔西南和塔东南地区发育大量的逆断层及逆冲断层。在沙雅隆起，产生一系列北倾正断层，形成弱改造区（图3-26）。

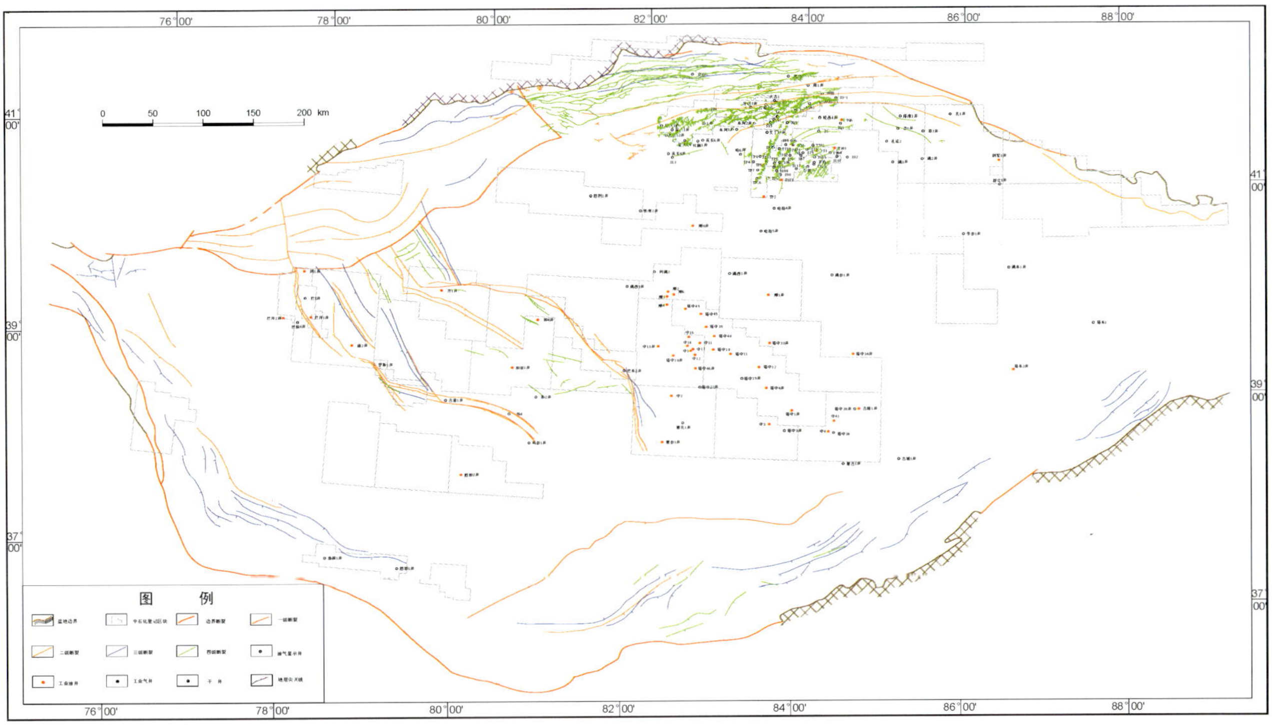

图 3-26　塔里木盆地喜马拉雅期断裂发育图

中央大部地区、东部地区及麦盖提斜坡中部地区基本为未改造区，但是巴楚隆起除外，巴楚隆起受到了来自南西方向较强的挤压作用，北西西向的压扭断裂体系持续活动，并发育在古近系底部阿尔塔什组膏泥岩内滑脱的逆冲推覆构造。玛扎塔格断裂、色力布亚断裂、阿恰断裂、吐木休克断裂及巴楚隆起上发育的次级断裂均在喜马拉雅期强烈活动。除塔西南山前带、柯坪隆起、塔东南隆起、库车坳陷、孔雀河斜坡及巴楚隆起以外的盆地其他区域断裂不发育，仅有少量断距小、延伸距离短的小断层分布。

3.2.4　塔里木盆地古隆起区主要断裂及演化特征

1. 巴楚隆起区

巴楚隆起经历多期次构造运动、多种性质构造应力作用，区内断裂发育，主要有 NW 向、近 EW 向和 NE 向三组断裂体系，以压扭性断裂构造为主；构造变形样式以基底卷入型花状构造、“Y”字型构造为主。西部断隆主要发育 NNW 向断裂，主要有色力布亚、康塔库木、乔硝尔盖、古董山、阿恰等断裂；东部隆起主要发育 NW-NWW 向断裂，主要有玛扎塔格、卡拉沙依和吐木休克断裂等（图 3-27）。

1）断裂带特征

西部断隆

西部断隆自西向东发育有巴什托、色力布亚、康塔库木、海米罗斯、乔硝尔盖、三岔口、古董山和阿恰等断裂带。

A. 色力布亚断裂带

色力布亚断裂作为塔西南坳陷与巴楚隆起两大构造单元的分界线，由一系列走向 NNW 的东倾断层组成，断裂系由北向南可分为三段特征（图 3-28）。

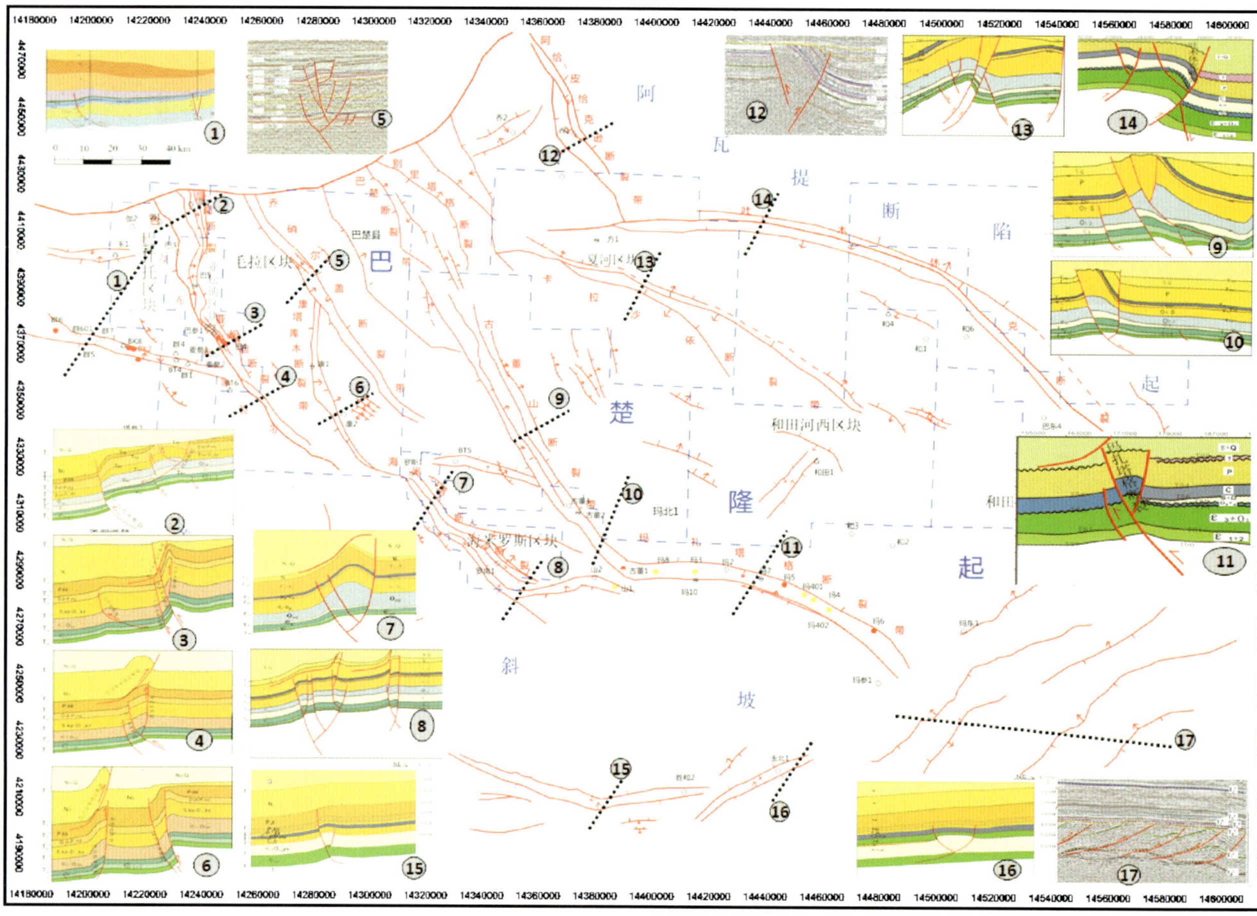

图 3-27　巴楚-麦盖提地区断裂构造样式平面分布图

（1）北段：断层倾角近直立，所卷入的地层从前震旦系基底一直到古近系，上盘逆冲形成了断层传播褶皱。色力布亚断裂主断层面倾向 NE（倾向巴楚隆起），向下断达基底，向上断至上新统，主断层面上盘被抬升剥蚀（图 3-29），古近系和新近系几乎全部缺失，第四系直接不整合覆盖在古生代地层之上。色力布亚断裂主断层上盘（东盘）伴生沿中寒武统膏盐层滑脱的同岗断层，断面倾向 SW，为上陡下缓的铲式逆断层，断层根部断面平行于地层，沿中寒武统膏盐层由西向东滑脱 4000m 后，开始向上冲断，切穿中—上寒武统及其以上地层，断至 T_1^0 反射层。另外此断层还伴生一规模更小的逆冲断层，构成同岗“Y”形构造带。

（2）中段：色力布亚和反冲同岗断层发育，主断裂倾向北东，断面成犁式，上陡下缓，上盘发育一伴生的次级逆冲断层，与主断层形成反“Y”形样式。在色力布亚主断层的上盘还发育有断层传播褶皱，由于断层的牵引作用形成宽缓的同岗南背斜，轴面近直立，南西翼陡北东翼缓（图 3-29）。

（3）南段：色力布亚断裂上盘伴生的同岗断裂构造带逐渐消失，呈一条单一的基底卷入型构造样式（图 3-28），断面呈犁式，上盘由于断层牵引发育断层传播褶皱。

另外，色力布亚断裂为一条多期活动断裂，早加里东期、海西早期为张性正断层，其后逆反、走滑，如图 3-30 所示。色力布亚断裂上盘震旦—寒武系以及二叠系厚度明显大于下盘，结合区域构造背景分析，分别对应加里东早期区域张性应力场和海西晚期短暂拉张背景，可见此断裂多期活动，早期为基底正断裂，加里东早期持续裂陷，加里东中晚期构造应力反转，早期断面成为应力释放区，后期断裂在此反向逆冲；海西晚期（早—中阶段）再次表现为张性断层，断层上盘上二叠统沉积加厚（图 3-30），后期又逐渐趋于稳定；至喜山中晚期断裂再次大规模冲断，呈现现今大型逆冲断裂特征。

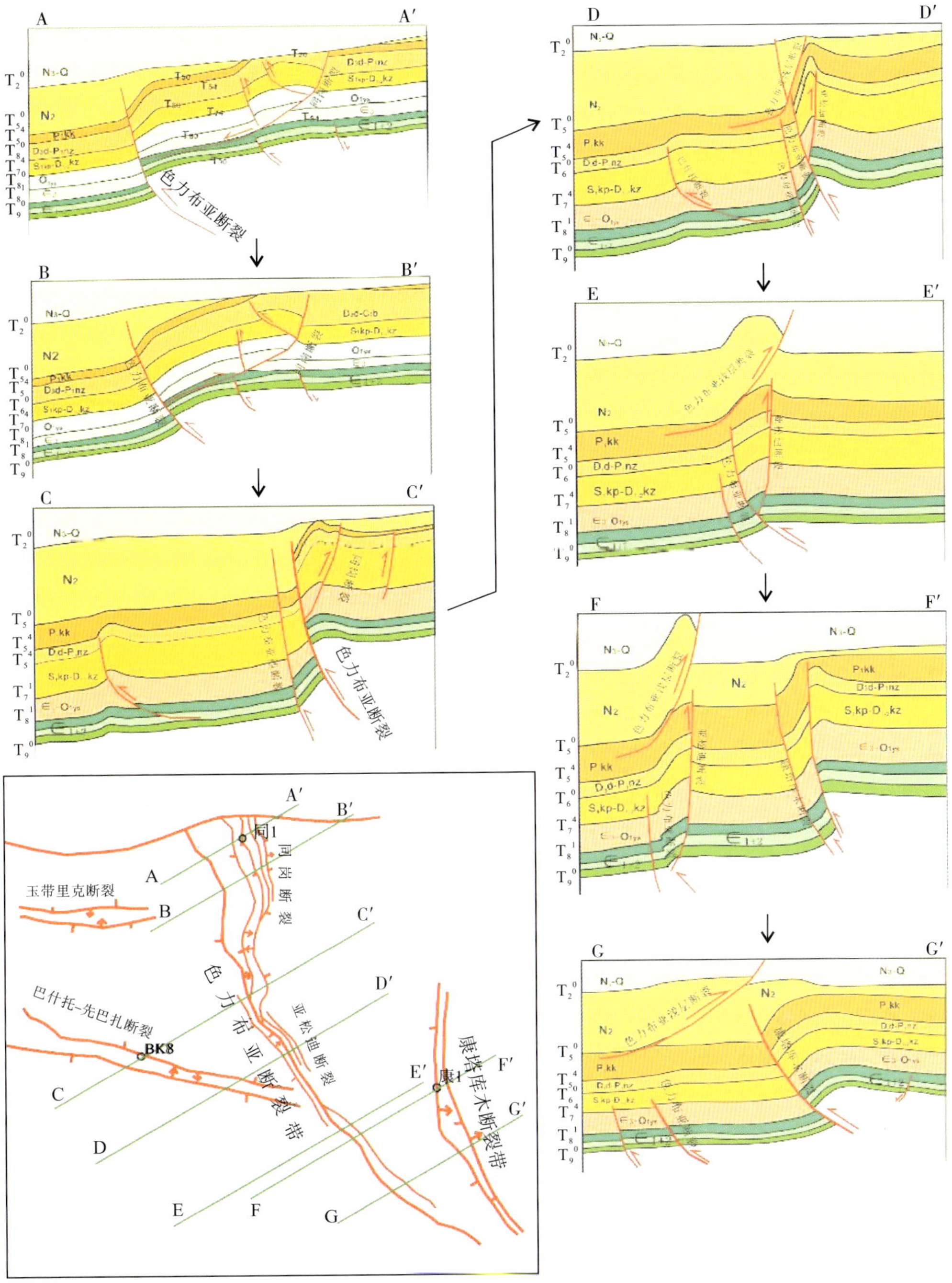

图 3-28　色力布亚断裂联合剖面（中石化西北分公司，2007）

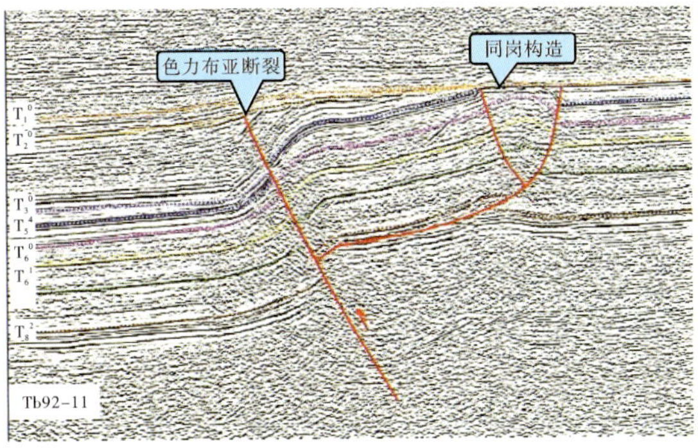

图 3-29　巴楚地区 TB92-11 测线地震剖面

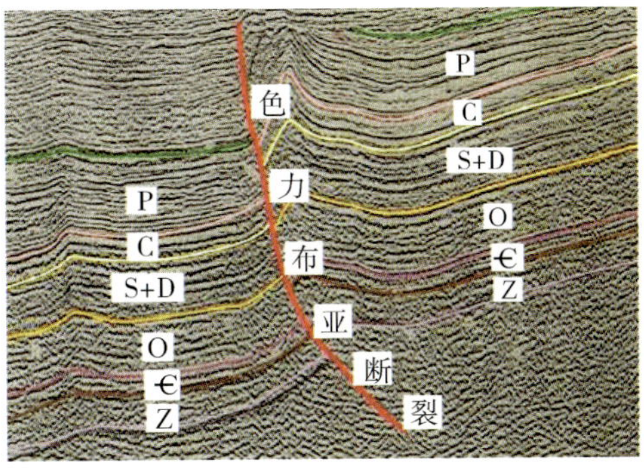

图 3-30　TLM-L400 线色力布亚断裂解释剖面

B. 康塔库木断裂带

康塔库木断裂位于巴楚隆起西南部，整体向西呈弧形展布（图 3-27），断层北段走向 NNW，倾向 NEE，向南断层走向转为 NW 向，倾向 NE，主断裂在南段与色力布亚南段合并。断层北段倾角大，产状陡，断距 50～150m，自 NE 向 SW 方向逆冲。上盘发育断层传播褶皱，背斜基本对称，轴面直立，两翼的倾角近于相等，具有走滑逆冲的性质；断层南段断面呈犁式，倾角上大下缓，上盘发育断层传播褶皱，但变形比北段要明显减弱。该断裂在加里东中期在低幅隆起的背景上开始形成，其后在加里东晚期、海西期继承性活动，局部在喜山早中期继续活动，致使上下断距不均一（震旦系断距 1200m，而中新统断距 100m）。

C. 乔硝尔盖断裂

乔硝尔盖断层位于巴楚隆起西部，为一走向 NNW 的走滑断层，断层倾角多变（10°～50°），与乔硝尔盖东断裂共同构成背冲式断隆，控制局部构造的形成。沿断层走向构造样式亦发生变化：北段该断裂系在剖面上表现为正花状构造（图 3-27）；南段则形成反“Y”字型，主滑断层倾向 NEE。

D. 古董山断裂带

古董山断裂位于巴楚隆起中南部，走向 NW，倾向 NEE，向东南延伸，与玛扎塔格断裂构造带西端交汇。同样具有明显的分段性：西北段以盖层滑脱冲断构造为特征，自北东向南西方向逆冲，逆冲时间主要为喜山中期和喜山晚期（图 3-31～图 3-33）；东南段则主要表现为基底卷入型，两条背冲断层构成反“Y”字组合样式。

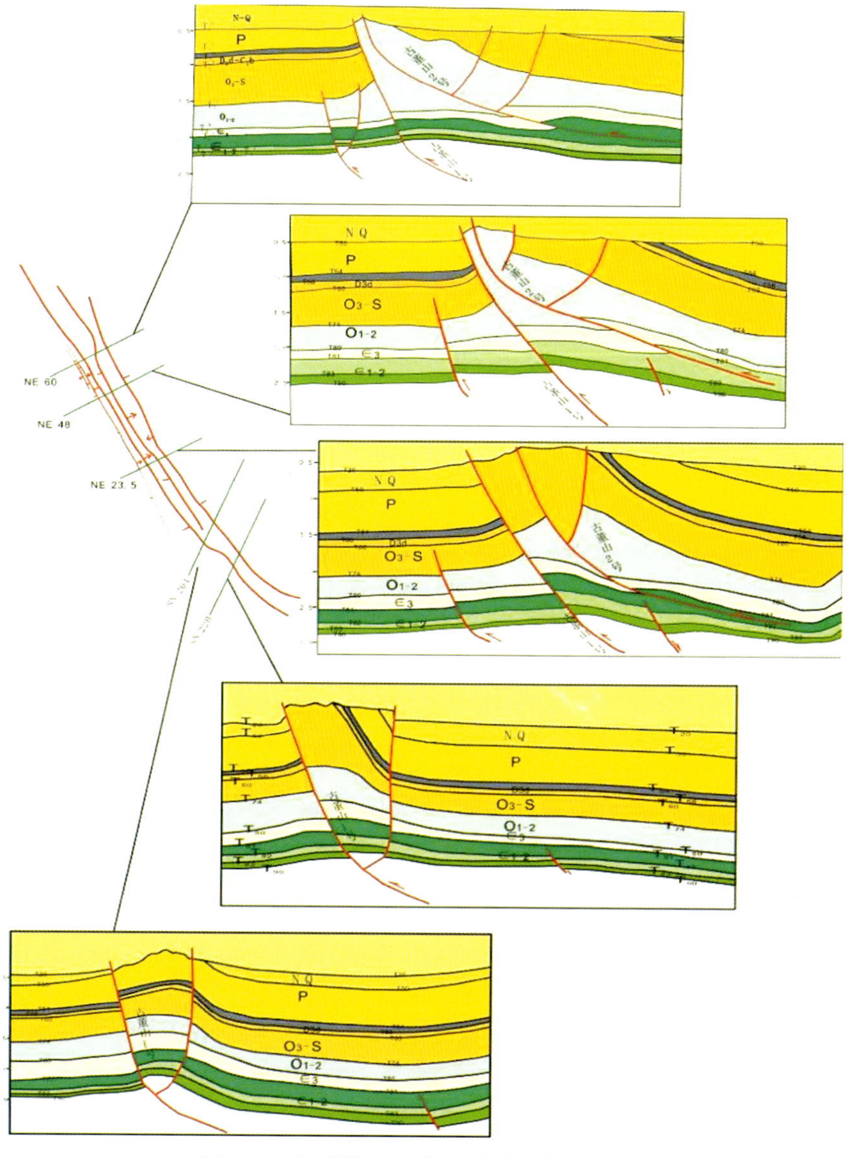

图 3-31　巴楚隆起古董山断裂联合剖面图

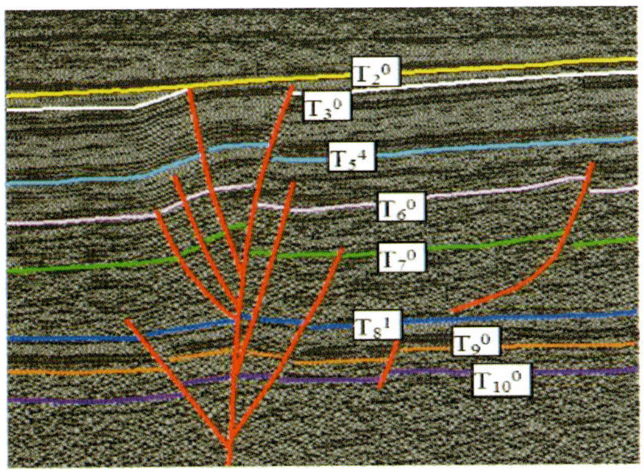

图 3-32　巴什托-毛拉区块 L1 测线地震剖面

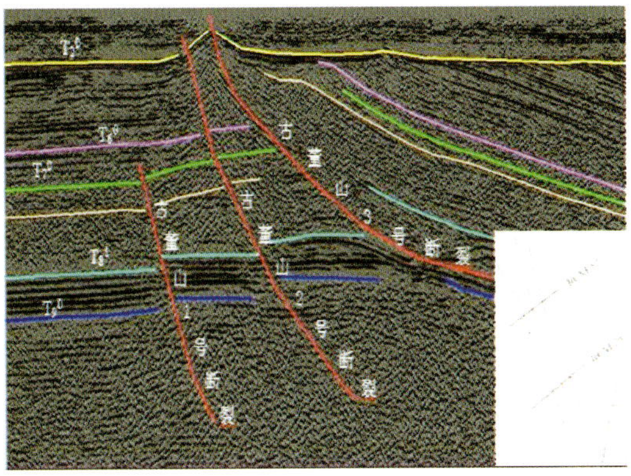
图 3-33　巴楚隆起 BC-04-NE52 测线解释剖面

E. 阿恰断裂带

该断裂呈 NNW 向展布，构成巴楚隆起西段的东北界，南端消失于吐木休克断裂附近（图 3-27）。阿恰断裂走向 NNW，倾向 SW-SWW，中段向西突出，倾角较陡（60°～90°），与其派生的皮恰克逊断裂组成背冲断隆。该断裂为压性逆冲断裂，兼具左行走滑性质，且断层南段两盘 $T_8{}^1$～$T_7{}^0$ 之间的地层厚度不一致（图 3-34），断层下盘的厚度明显小于断层上盘的厚度，可以推断阿恰断裂在加里东早期为张性正断裂，加里东中晚期反转逆冲。

东部隆起

东部断隆主要有吐木休克、卡拉沙依、玛扎塔格与玛东等断裂带。

A. 吐木休克断裂带

吐木休克断裂位于巴楚隆起东北部，为巴楚隆起与阿瓦提断陷的分界断裂，走向由东段的 NW 向，转变为中段的近 EW 向，最终至西段转变为 NEE 向，倾向也由 NNE 向转为 NE 向，呈现出向北东凸出的弧形。吐木休克断裂下部分叉为向北东倾的分支，由两盘震旦系地层厚度差异，可以推断是震旦纪的张性同沉积正断层（图 3-35），即加里东中期构造运动开始形成的压扭性逆断层，加里东中晚期向上反转逆冲，海西期继续活动，喜山晚期最终定型。吐木休克断裂带由吐木休克 1、2 号断裂组成，具有分带的特征，相应的可以分为西、中、东三段。

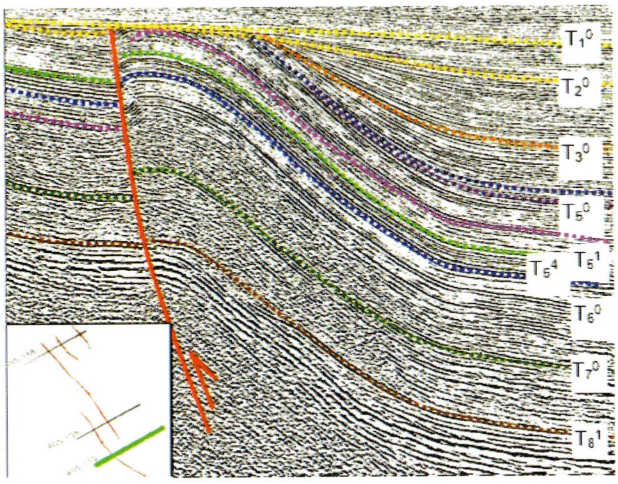

图 3-34　巴楚隆起阿恰断裂南段剖面特征

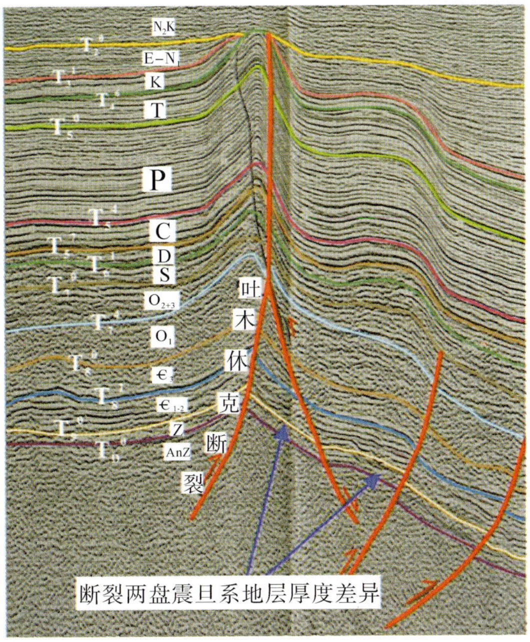

图 3-35　吐木休克断裂解释剖面

（1）西段：走向近 EW，倾向南，长约 82km，最大断距约 4000m，主要活动于印支—燕山期和喜山早、中、晚期。吐木休克 1、2 号断裂西段都具有“Y”字型断裂的特征，由于断层逆冲，在断层上盘发育断层传播褶皱，两翼不对称，走向近 EW，与断层的走向一致，靠近断层的一侧倾角较陡（图 3-36），主要是喜山中期变形。

（2）中段：走向 NW，倾向 SW，长约 80km，最大断距约 5000m，主要活动于海西晚期、印支—燕山期和喜山早、中、晚期。由于断层逆冲，在断层上盘发育断层传播褶皱，两翼不对称，靠近断层的一翼倾角较陡，走向 NWW，与断层的走向一致，主要与吐木休克 2 号断裂相关（图 3-37）。

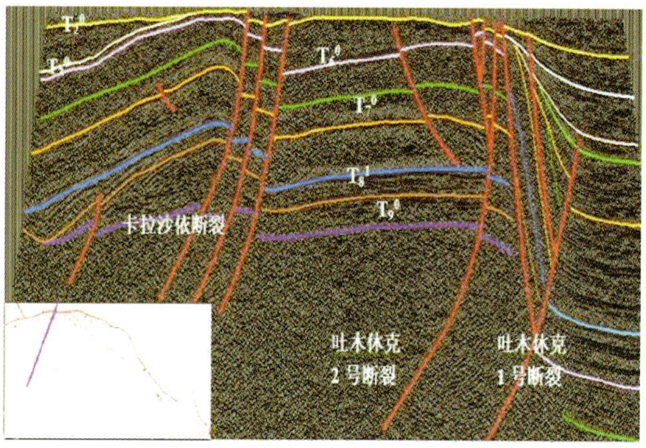

图 3-36 Z30 地震解释剖面吐木休克断裂

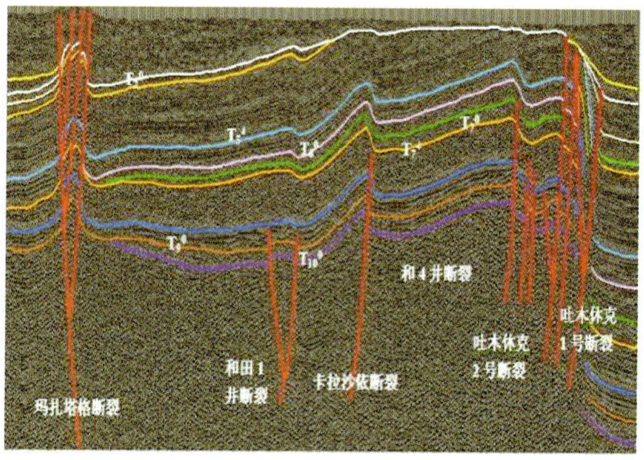

图 3-37 TZ01-BC-NE192 测线断裂解释剖面

（3）东段：走向 NNW，倾向 SWW，是沿着稍早形成的断层传播褶皱，在褶皱前翼突破形成的下部断距大、上部断距小的突破断层。两断层在剖面上组成“Y”字形样式，夹持在两断裂之间的背斜走向 NNW，与断层的走向一致。断裂西段受到大面积的剥蚀改造，而东段则几乎完整地保留了下来，可见具有“西强东弱”的特征。

B. 卡拉沙依断裂

卡拉沙依 1、2 号断裂走向 NW，倾向 SW，断面产状较陡，自南向北东逆冲（图 3-27）。从地震剖面可以看出，上新统也参与了变形，说明该断层主要活动于喜山中期和喜山晚期。由于断层的逆冲，在断层上盘发育断层传播褶皱，断鼻和“Y”字形断块，平面上具有右列式排列的特征，表明其具有走滑活动的特点。

C. 玛扎塔格断裂带

玛扎塔格断裂西起海米-罗斯塔格断裂带南段东侧，向东经古董山沿玛扎塔格呈 SEE 向延伸，呈现略向北突出的弧形，构成隆起南界的东段，倾向 NNE。我们认为玛扎塔格西南断裂是早加里东期张性断裂，可从其两盘震旦系寒武系厚度差异得到证实，而且断裂东北盘保留部分中奥陶统和志留系，而南西盘缺失（图 3-38），另外从二叠系厚度差异看，张性断裂状态一直保持到海西晚期，其后，在挤压背景下产生玛扎塔格断层，喜马拉雅晚期强烈活动，中新世末强烈逆冲，上新世末逆冲走滑。玛扎塔格断裂主要由玛南和玛北两条近于平行的基底卷入型断层组成，其中，玛南断层为主干断层，玛北断层为其派生背冲断层，平行于主控断裂，倾向 SSW，断开古生界止于主控断裂，组成“Y”字形背冲样式，形成于上新世末并强烈活动，早更新世末再次活动。同时玛扎塔格断裂之上发育一条第四纪形成的低角度前缘逆冲断裂，沿玛山断裂延伸方向展布，倾向 SSW，沿古近系底部膏岩塑性层由麦盖提斜坡向巴楚隆起方向逆冲（图 3-39）。

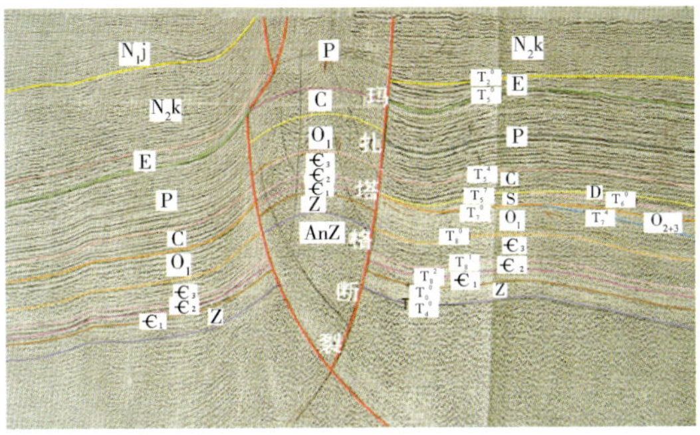

图 3-38　TLM-Z15 测线玛扎塔格断裂解释剖面

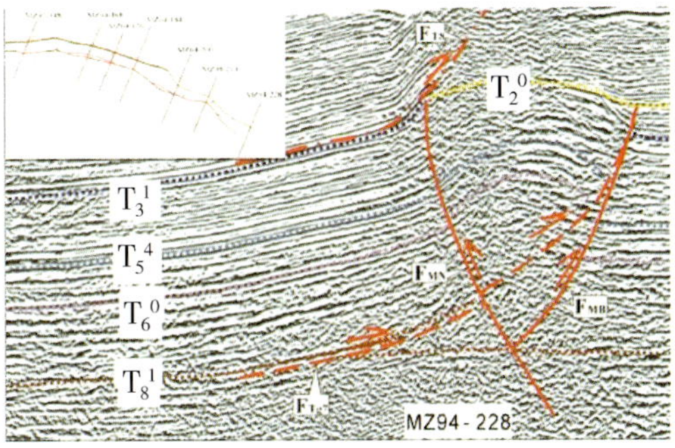

图 3-39　MZ94-228 测线地震解释剖面

D. 柯坪断裂系

柯坪塔格断裂是柯坪褶皱-冲断系的前锋断裂，构成了巴楚隆起的西北界。它东接沙井子断裂，西延约 260km 至八盘水磨一带与阿图什推覆体交汇，呈向南凸出的弧形展布。柯坪褶皱-冲断系由多个冲断片组成，总体叠瓦状冲断，暴露式前锋，主滑脱面为基底不整合面。该冲断系形成演化过程为前展式，柯坪塔格断裂是该褶皱冲断带最新形成的前缘断裂，形成于早更新世晚期（图 3-40）。

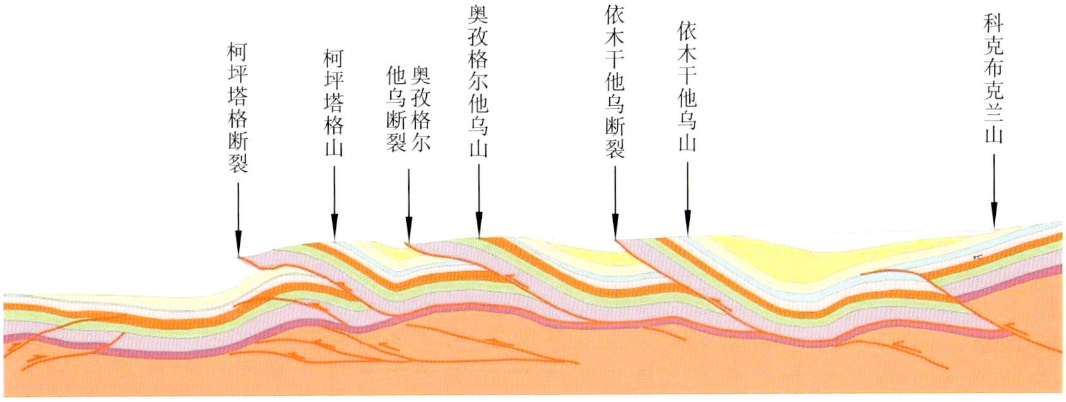

图 3-40　柯坪冲褶皱断带（Kp99-725 剖面）

2）断裂演化

巴楚地区经历了多期、强烈构造运动，形成了多方向叠加的复杂断裂体系，通过构造格局及断裂分布规律分析发现，隆起东部主要发育 NE 向断裂，隆起西部则存在 NE 向隐伏断裂，其叠加在 NW、NWW 向断裂体系之上，并切割了 NW 向断裂体系，其形成时期要晚于 NW 向断裂体系。从区域构造运动的演化分析，本区断裂的形成时期大致可以分为三期，早期断裂在后期的构造运动中继承性的活动或有反转活动（表 3-4）。

A. 加里东期断裂体系

早加里东期盆地受裂解、裂陷伸展构造作用，产生了 NWW 向、近 EW 向及 NEE 向的张性断裂体系。吐木休克断裂是这一时期开始发育的近 NWW 向展布的张性断裂，而 NE 向展布的塘北断裂带也可能发育张性断裂。加里东中期的 NNE 向和 NW 向的挤压构造应力，使早期 NWW、近 EW 及 NE 向断裂部分反转为 NW、NWW 向的压性或压扭断裂体系，并在东南缘形成以 NE 向雁行状或弧形的压扭性断裂带（图 3-41）。

表 3-4　巴楚隆起主干断裂要素表

编号	断裂名称	级别	性质	走向	倾向	长度/km	断距/m	断开层位	主要活动时期
1	柯坪塔格	Ⅰ	逆掩断裂	NEE	NNW	204	2000	$T_9{}^0$-$T_2{}^0$	海西晚期、喜马拉雅期
2	色力布亚	Ⅰ	正反转逆断裂	NNW-NW	NNE-NE	120	2600	$T_9{}^0$-$T_2{}^0$	加里东早期、加里东中期—海西早期、海西晚期、喜马拉雅期
3	色力布亚西断裂	Ⅲ	基底卷入逆断裂	NW	NE	65	600	$T_9{}^0$-$T_5{}^0$	加里东中期晚幕、海西晚期
4	色力布亚浅层	Ⅲ	浅层推覆逆断裂	NW	SW	75	800	$T_2{}^0$	喜山晚期
5	同岗 3 号	Ⅱ	盖层反冲逆断裂	NNW	SE	24	400	$T_8{}^1$-$T_5{}^0$	海西晚期、喜山晚期
6	同岗 2 号	Ⅲ	盖层反冲逆断裂	NNW	NE	29	200	$T_7{}^0$-$T_5{}^0$	海西晚期
7	同岗 1 号	Ⅲ	盖层反冲逆断裂	NNW	NE	43	200	$T_8{}^0$-$T_5{}^0$	海西晚期
8	古同岗 1 号	Ⅲ	正反转逆断裂	NNW	NE	30	200	$T_9{}^0$-$T_8{}^1$	加里东早期、加里东中期晚幕
9	同岗深部断裂	Ⅲ	基底正断裂	NNW	NEE	8	120	$T_9{}^0$-$T_8{}^1$	加里东早期
10	亚松迪	Ⅱ	基底卷入逆断裂	NNW	SWW	23	300	$T_9{}^0$-$T_2{}^0$	海西晚期、喜山晚期
11	巴什托	Ⅱ	基底卷入逆断裂	NWW	NNE	31	380	$T_9{}^0$-$T_5{}^6$	海西晚期
12	玉代力克	Ⅲ	基底卷入逆断裂	NNW	NEE	22	210	$T_9{}^0$-$T_5{}^0$	海西晚期
13	康塔库木 1 号	Ⅰ	正反转逆断裂	NNW-NW	NEE	80	1200	$T_9{}^0$-$T_2{}^0$	加里东早期、加里东中期—海西早期、海西晚期、喜马拉雅期
14	康塔库木 2 号	Ⅲ	基底卷入逆断裂	NNW	NEE	42	200	$T_9{}^0$-$T_3{}^1$	海西晚期、喜马拉雅期
15	罗斯塔格 1 号	Ⅰ	正反转逆断裂	NW	NE	80	850	$T_9{}^0$-$T_5{}^0$	加里东早期、加里东中期晚幕、海西晚期
16	罗斯塔格 2 号	Ⅲ	基底卷入逆断裂	EW	SW	40	550	$T_9{}^0$-$T_2{}^0$	海西晚期、喜马拉雅期
17	罗斯塔格 3 号	Ⅱ	基底卷入逆断裂	NWW	NE	30	450	$T_9{}^0$-$T_5{}^0$	海西早期、海西晚期
18	海米罗斯北深层	Ⅲ	基底正断裂	NWW	SW	10	150	$T_9{}^0$-$T_8{}^0$	加里东早期
19	鸟山断裂	Ⅱ	基底卷入逆断裂	NWW	NE	56	400	$T_9{}^0$-$T_5{}^4$	海西早期、海西晚期
20	玛扎塔格南	Ⅰ	正反转逆断裂	NW-NWW	NE-NNE	210	2300	$T_9{}^0$-$T_2{}^0$	加里东早期、加里东中期—海西早期、海西晚期、喜马拉雅期
21	玛扎塔格北	Ⅱ	基底卷入逆断裂	NW	sw	153	1500	$T_9{}^0$-$T_2{}^0$	海西晚期、喜马拉雅期
22	玛东	Ⅱ	深层推覆逆断裂	NE	NW	63	950	$T_8{}^1$-$T_7{}^0$	加里东中期晚幕
23	玛南 1 号	Ⅱ	正反转逆断裂	NWW-EW	NE-N	80	240	$T_9{}^0$-$T_5{}^0$	加里东早期、海西早期、海西晚期
24	玛南 2 号	Ⅲ	深层反冲逆断裂	NWW-EW	SW-S	70	120	$T_9{}^0$-$T_5{}^0$	海西早期、海西晚期
25	玉北 1 井 1 号	Ⅱ	深层推覆逆断裂	NEE	NWW	45	180	$T_8{}^1$-$T_5{}^0$	加里东中期晚幕、海西早期、海西晚期

（续表）

编号	断裂名称	级别	性质	走向	倾向	长度/km	断距/m	断开层位	主要活动时期
26	玉北 1 井 2 号	Ⅲ	深层反冲逆断裂	NEE	SSE	40	120	T_8^1-T_5^3	海西早期、海西晚期
27	乔硝尔盖	Ⅱ	正反转-压扭断裂	NW	NE	100	130	T_9^0-T_2^0	加里东早期、加里东中期—海西早期、海西晚期、喜马拉雅期
28	乔硝尔盖东	Ⅲ	基底卷入逆断裂	NW	SE	100	120	T_9^0-T_5^4	海西晚期
29	巴楚	Ⅱ	正反转-压扭断裂	NNW	NNE	77	500	T_9^0-T_2^0	加里东早期、加里东中期—淘西早期、海西晚期、喜马拉雅期
30	别里塔格	Ⅱ	走滑压扭断裂	NW	NE	78	500	T_9^0-T_2^0	喜山晚期
31	皮恰克逊	Ⅱ	基底卷入逆断裂	NW	NE	75	1100	T_9^0-T_2^0	海西晚期、喜马拉雅期
32	阿恰	I	正反转逆断裂	NNW	SW	84	2100	T_9^0-T_2^0	加里东早期、加里东中期晚幕、海西晚期、喜马拉雅期
33	古董山 1 号	Ⅱ	正反转逆断裂	NW-NNW	NE-NNE	220	1000	T_9^0-T_2^0	加里东早期、加里东中期—海西早期、海西晚期、喜马拉雅期
34	古董山 2 号	Ⅱ	盖层反冲逆断裂	NW-NWW	SW-S	288	400	T_8^1-T_2^0	喜山晚期
35	古董山 3 号	Ⅲ	深层推覆逆断裂	NW	NE	63	1200	T_8^0-T_2^0	喜山晚期
36	古董山深层	Ⅲ	基底正断裂	NW	NE	35	200	T_9^0-T_8^2	加里东早期
37	古董山南	Ⅲ	正反转逆断裂	NW	NE	23	350	T_9^0-T_7^4	加里东早期、加里东中期晚幕
38	卡拉沙依 1 号	Ⅱ	基底卷入逆断裂	NWW-NW	S-SW	120	2300	T_9^0-T_2^0	加里东中期晚幕、海西早期、海西晚期、喜马拉雅期
39	卡拉沙依 2 号	Ⅲ	基底卷入逆断裂	NWW-NW	S-SW	96	1600	T_9^0-T_2^0	海西晚期、喜马拉雅期
40	卡拉沙依北	Ⅲ	基底正断裂	NWW	NNE	68	230	T_9^0-T_8^0	加里东早期
41	卡拉沙依南	Ⅲ	基底正断裂	NWW	NNE	19	200	T_9^0-T_8^2	加里东早期
42	吐木休克 1 号	I	基底卷入逆断裂	EW-NW	S-SW	166	2640	T_9^0-T_2^0	加里东中期晚幕、海西早期、海西晚期、喜马拉雅期
43	吐木休克 2 号	Ⅱ	基底卷入逆断裂	NW	SW	100	2600	T_9^0-T_2^0	海西晚期、喜山中晚期
44	吐木休克北	Ⅲ	基底正断裂	NWW	NNE	86	280	T_9^0-T_8^0	加里东早期
45	巴东	I	基底卷入逆断裂	NNE	SW	100	2400	T_9^0-T_2^0	加里东中期晚幕、海西晚期、喜马拉雅期

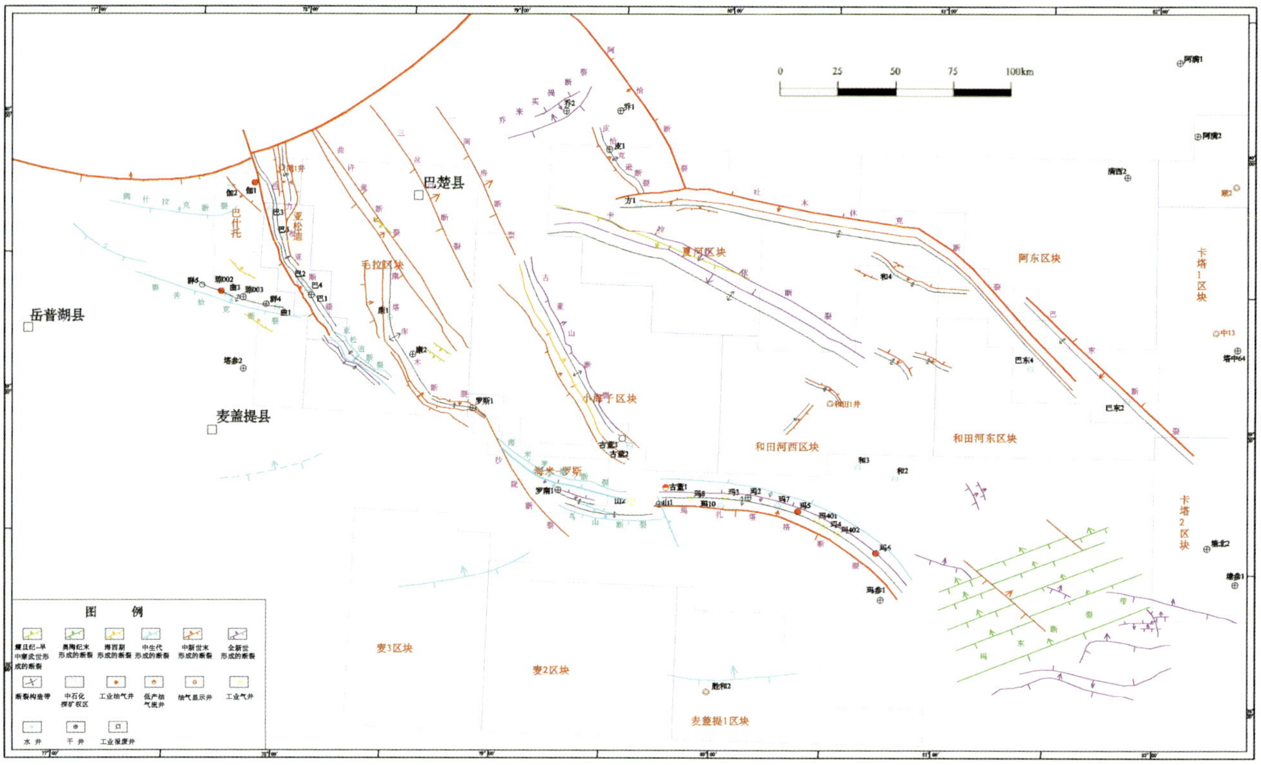

图 3-41　巴楚隆起不同时期断裂展布图（中石化西北分公司，2007）

B. 海西期断裂体系

加里东期形成的 NW、NWW 向断裂继承性发育，新形成了少量 NW 向、近 EW、NE 向压扭性断裂系（巴什托-先巴扎断裂、巴楚断裂、小海子断裂等）。

C. 燕山—喜马拉雅期断裂体系

盆地西北缘和西南缘大规模的逆冲断裂和逆掩构造体系主要是在燕山晚期和喜马拉雅期形成的。来自南西方向较强的挤压主要对 NW 向断裂强化或形成 NW 向断裂的派生断层，并发育有滑脱式构造，与塔西南大规模的逆掩构造相互呼应（图 3-41）。

3）断裂成因机制

A. 早期逆冲断裂的形成

色力布亚、玛扎塔格和鸟山断裂有确凿的证据表明其形成于海西晚期运动，系塔里木板块与欧亚板块碰撞拼贴形成的南北向挤压力逆冲而成。

B. 中新世晚期隆起西侧逆冲断裂的形成

渐新世—中新世以来，塔里木盆地周缘的构造环境形成了塔西南和阿瓦提-库车前陆坳陷，中新世末挤压加剧，在巴楚地区沿南北两侧地壳软弱带和古断裂产生一组背冲断裂，即近东西向的色力布亚-玛扎塔格断裂系和阿恰-吐木休克断裂系，将巴楚断隆高高抬起。

C. 上新世末—早更新世初压扭环境的断裂活动

上新世开始塔里木盆地西部处于强烈的压扭环境，使隆起右旋，上新世末右旋加剧，隆起边界断裂再次活动。西段以走滑为主，中段以逆冲为主，同时在隆起西段产生一批以逆冲为主的背冲断裂组合。中、西段产生一走滑断裂系，中段在压扭应力场环境中产生了一对背向逆冲推覆断裂，后者比走滑断裂略晚，其中西侧的推覆断裂改造了走滑断裂的派生断裂；小海子、瓦吉里塔格两侧的断裂活动，将两岩浆岩体及围岩冲露地表。在隆起西段，吐木休克与皮恰克逊断裂前缘三角地区，形成一批小型逆冲滑脱断层，上断穿 T_8^1 进入 T_8^1-T_7^4 层序，下消失与 T_8^1-T_9^1 层序中。

D. 更新世晚期压扭环境的断裂活动

更新世晚期，盆地西部持续的压扭环境加剧，巴楚隆起右旋 50°左右，隆起边界断裂再次走滑逆冲，色力布亚断裂北段前缘产生 1～3 条前缘断裂，近主控断裂的色力布亚断裂上端产生西倾的派生断裂，改造了主控断裂上端（图 3-42）。色力布亚南倾至玛扎塔格断裂之上的逆冲断裂形成；隆起内中西段的断裂再次逆冲走滑，巴楚断裂带形成。同时，柯坪断裂系开始活动，柯坪断块逆冲推覆至麦盖提斜坡、巴楚隆起和阿瓦提坳陷的西北端。

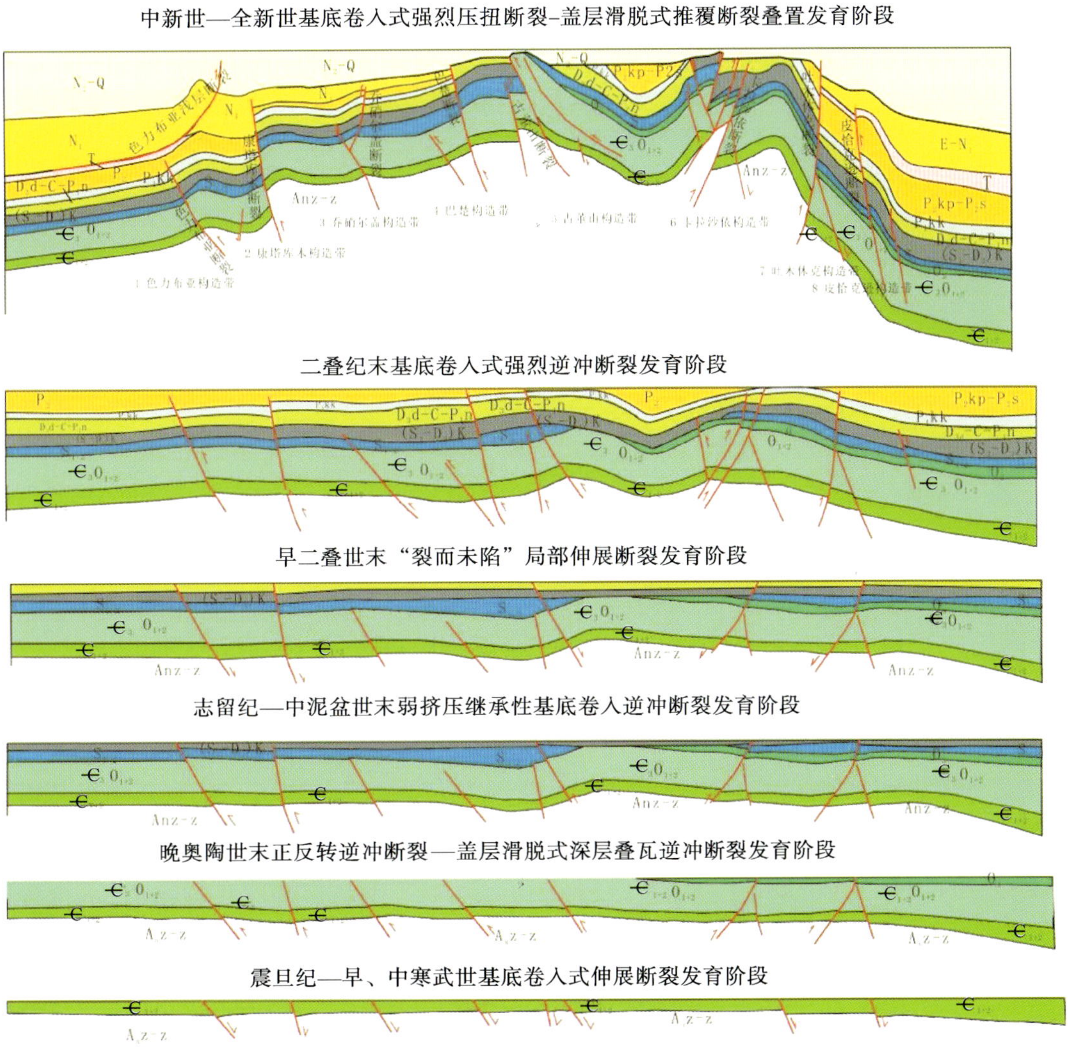

图 3-42　巴楚地区断裂演化模式图

4）断裂演化模式

A. 震旦纪—早奥陶世基底卷入式伸展断裂发育阶段

晚震旦世，区域南北伸展背景下发育吐木休克北、卡拉沙依北、玛扎塔格南断裂等倾向 NE 的基底强伸展断裂；早—中寒武世，在 NE-SW 弱伸展背景下，发育色力布亚、海米罗斯 1 号、古董山 1 号断裂等一系列 NNW 向的基底卷入式正断裂（图 3-42），西部张性断裂发育密集，倾向以 NE 为主，平面呈斜列展布，局部为倾向 SW 的小型正断裂；中部下寒武统也发生一系列 NW 向展布的小型正断层，但倾向以 NE 为主；而东部多为走向 NWW 向的基底断裂的持续张裂。这些早期正断层为后期构造格局的演化奠定了基础。

B. 晚奥陶世末正反转逆冲断裂-盖层滑脱式深层叠瓦逆冲断裂发育阶段

晚奥陶世末，巴楚地区由伸展变为挤压背景，主要发育 NW 向正反转逆冲断裂，西南部为色力布亚、康塔库木等倾向 NE 的早期正断裂反转逆冲，中北部为新产生的吐木休克 1 号、卡拉沙依 1 号断裂等一系列倾向 SW 的逆冲主断裂，东南部发育玛东断裂等沿中寒武统深层叠瓦逆冲断裂系。

C. 中泥盆世末弱挤压继承性基底卷入逆冲断裂发育阶段

中泥盆世末，由北向南弱挤压作用下，巴楚地区仅以西南部古董山、古西断裂等 NW 向断裂逆冲活动为主，但断裂发育规模较小。

D. 早二叠世末“裂而未陷”局部伸展断裂发育阶段

早二叠世末，塔里木盆地处于区域性伸展的裂谷环境，巴楚地区火山活动广泛，但未形成强烈断陷，仅在巴 4 井东发育小型正断层，同时瓦吉里塔格、古董山 1 号等断层开启，成为二叠纪玄武岩的喷发通道。

E. 二叠纪末基底卷入式强烈逆冲断裂发育阶段

二叠纪末，巴楚地区形成以 NW 和近 EW 向为主的基底卷入式的逆冲断层，既有加里东中期晚幕 NW、NNW 向逆冲断裂的继承性活动，又有近 EW 向的早期基底正断裂的反转逆冲，还有 NWW 向新形成的“Y”字形背冲断裂，巴楚隆起的继承性断隆性质进一步确定。

F. 中新世—全新世基底卷入式强烈压扭断裂-盖层滑脱式推覆断裂叠置发育阶段

喜山中期，巴楚隆起边界断裂再次活动，以基底卷入型挤压走滑为主；内部断裂发育以 T_8^1 为主滑脱面的盖层滑脱冲断构造。喜山晚期，早期断裂的继续活动，西段走滑，中段逆冲，巴楚南缘发育以 T_3^1 为主滑脱面的盖层滑脱冲断构造，形成深浅双重构造体系，造就巴楚断隆现今构造格局。

2. 沙雅隆起区

沙雅隆起经历了多期构造运动，主要发育 NEE-近 EW 向与 NW 向两组断裂体系（图 3-43）。NEE 向断裂主要发育在隆起北部以及东部地区，包括沙雅-轮台断裂带、亚南断裂带；NW 向断裂主要发育在隆起西部、东北部地区，包括喀拉玉尔滚-柯吐尔断裂、巴里英断裂等。三条主干断裂带（亚南断裂带、沙雅-轮台断裂带和喀拉玉尔滚-柯吐尔断裂带）控制了沙雅隆起的发育，具有北强南弱的特点。

1）断裂带展布特征

亚南断裂带：亚南断裂的规模、性质、产状以及断层两侧地层年代曾存在广泛争议，杨克明（1996）提出亚南断裂带不是狭义的一条断层，而是广义的泛指由一系列首尾相接、横贯整个沙雅隆起的大断裂带（图 3-43），总体近 EW 向延伸，是雅克拉断凸与库车凹陷的分界断裂，断面南倾，下缓上陡（图 3-44），倾角 25°～80°，全长 380km。杨克明发现正断层发育于中、新生界地层，而逆冲断层仅发育在 T_5^0 面以下，表现为上正下逆（负反转）的特点，正断层具有明显的新生、改造特征。负反转作用仅发生在亚南断裂的中部（NW407～NW466），而东部和西部未见明显的负反转作用，正断距由东往西有逐渐变小的趋势。亚南断裂具有东强西弱的特征，由东往西，断层切割层位逐渐减少，断距亦相应缩小（表 3-5）。亚南断裂与相伴生的北倾亚 1、2 号断裂共同控制着“地堑式”断块的发育。

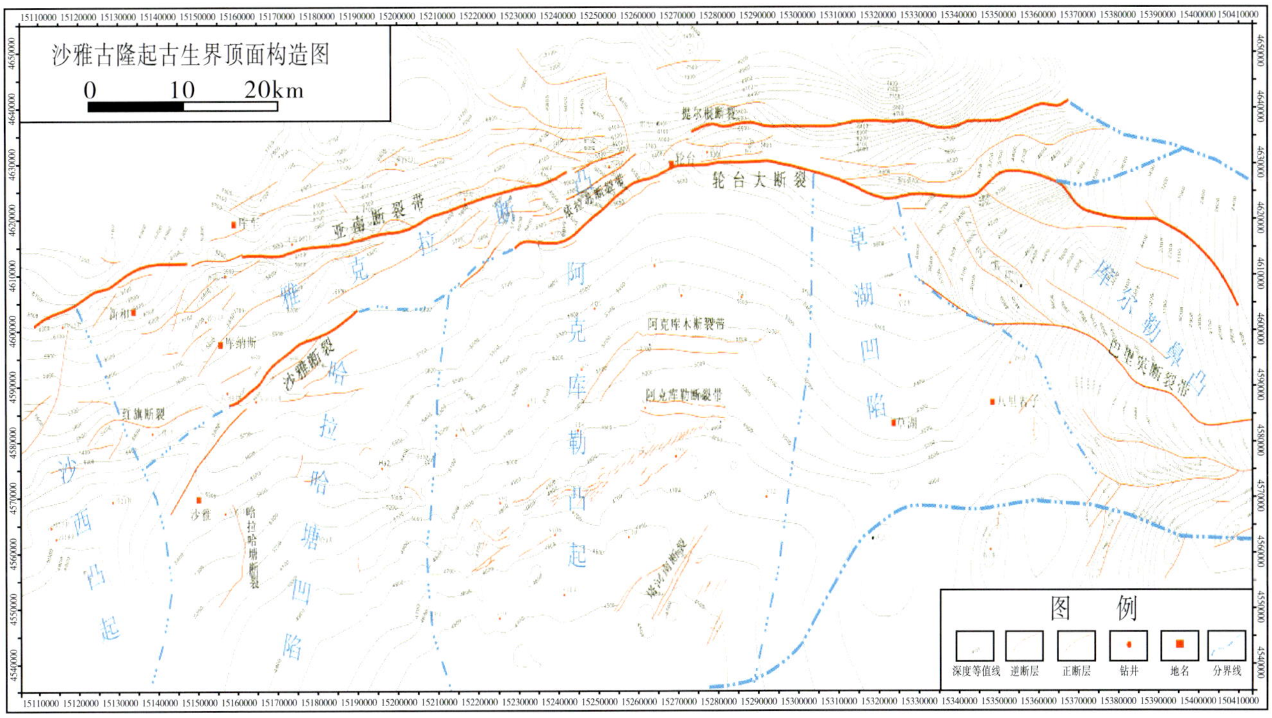

图 3-43　塔里木盆地沙雅隆起断裂展布图（等值线为 $T_5{}^0$ 反射层）

表 3-5　亚南断裂不同部位断距、切割层位及断层性质变化简表

地层代号	NW458		NW444		NW436		NW422		NW413		NW407	
	垂直断距	性质	垂直断距	性质	垂直断距	性质	垂直断距	性质	垂直断距	性质	垂直断距	性质
N_2k-Q	60	正										
N_1k	129	正	151	正	110	正	66	正				
N_1j	231	正	162	正	192	正	257	正	107	正	44	正
N_1s	234	正	188	正	188	正	274	正	128	正	51	正
K_2-E	359	正	290	正	155	正	353	正	133	正	88	正
K_1	246	正	372	正	92	正	448	正	136	正	89	正
T-J												
C-P												
S-D												
Є-O												
Z	680	逆	425	逆	792	逆	310	逆	710	逆	620	逆

沙雅-轮台断裂带：沙雅-轮台断裂带是雅克拉断凸的南边界，不仅控制了雅克拉断凸的形成，也控制了阿克库勒凸起的发育。该断裂带由沙雅断层和轮台断层组成，总体走向 NE-EW，断裂以东走向平直，上盘次级断层发育；断裂以西舒缓波状，压性为主兼扭性；在剖面上，具北倾的犁式形态（图 3-45），自东向西有变缓的趋势。

A. 轮台断裂

轮台断层平面呈舒缓波状，总体 EW 向延伸；剖面上断层面北倾，倾角 70°～30°，呈上陡下缓的犁式形态（图 3-45b）。断层北盘强烈逆冲推覆，最大推覆距离达 3500m 以上，在中部、东部不仅具有反转断裂的特点（上正、下逆），而且具有东强西弱的发育特点；纵向上断距从深部向浅部变小，至表层消失（表 3-6）。轮台断层以二八台为界，东西两段活动存在明显差异（两端显著）：轮台以西，走向 NEE 向，呈舒缓波状；轮台以东平直，走向为近 EW 向。赵锡奎（1998）利用平衡剖面恢复了该断层，早古生代表现为一条向北倾的张性正断层（图 3-45b），断裂上盘震旦系厚度明显大于下盘厚度，加里东晚期逆反转成为逆冲断层，并且断裂从东向西逐渐发育，由基底断裂向浅层发展，断穿的层位自东向西减少，与断距的变化呈正相关。

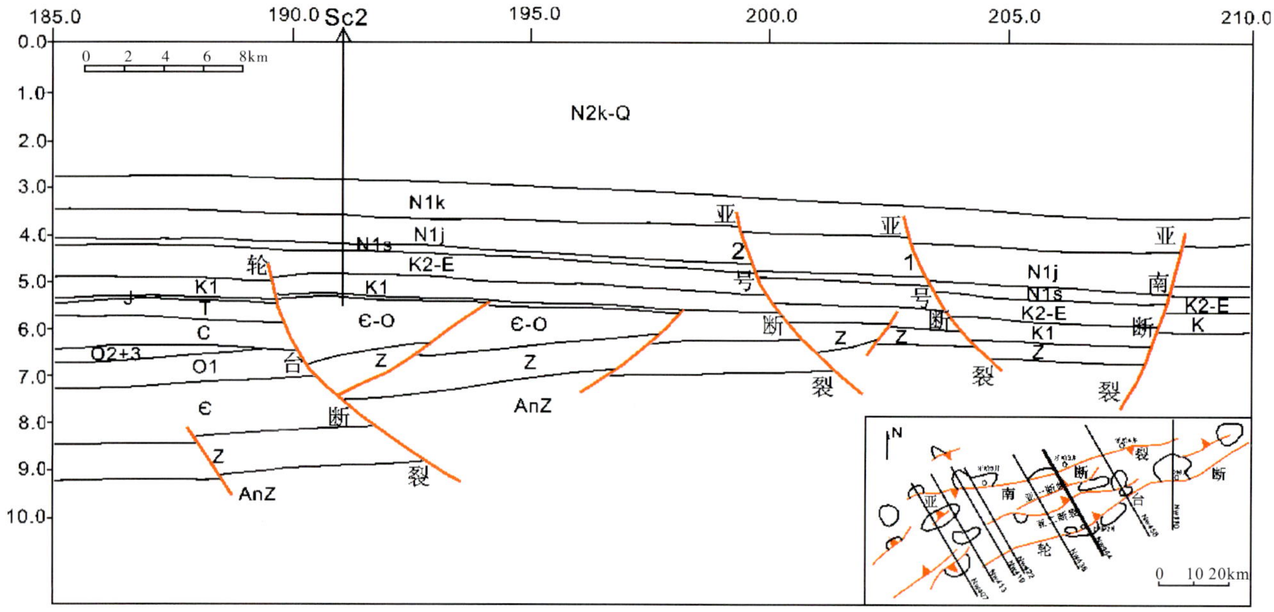

图 3-44　沙雅隆起断裂剖面特征（TBA-86-NW444 地震测线地质剖面）

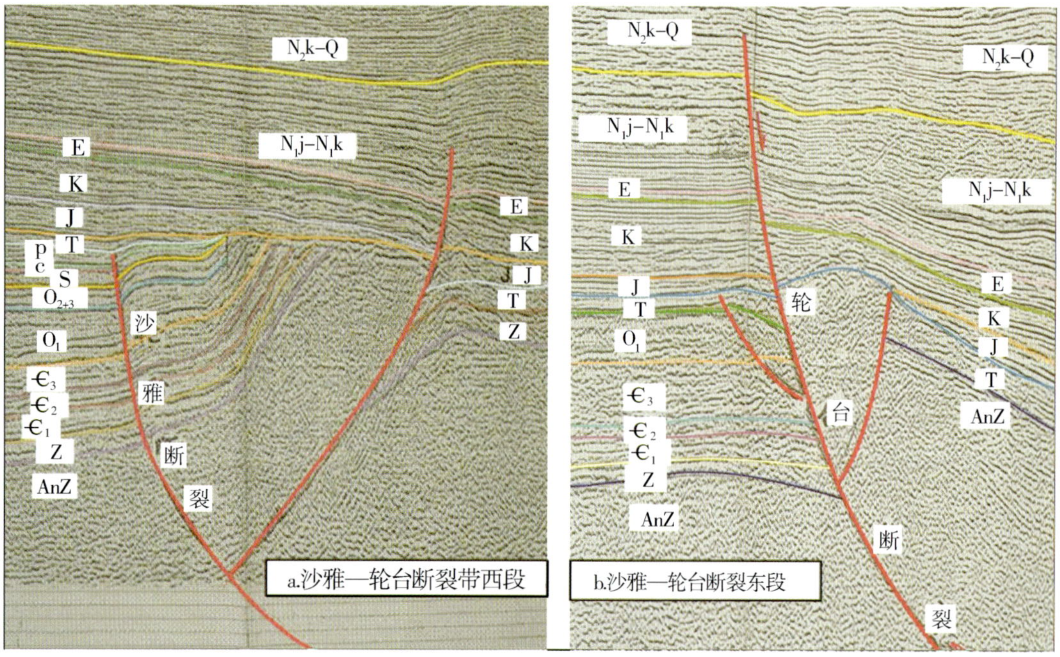

图 3-45　沙雅—轮台断裂东西段差异

表 3-6　轮台断裂不同部位断距、切割层位及断层性质变化简表（杨克明，1996）

地层代号	地震代号	波斯坦附近			雅克拉附近			轮台附近		
		垂直断距/m	水平断距/m	断层性质	垂直断距/m	水平断距/m	断层性质	垂直断距/m	水平断距/m	断层性质
N+Q	T_2^0									
K_2+E								343	100	正
K_1	T_3^0									
J	T_4^0							302	100	正
T					198	86	正	169	70	正
C+P	T_4^6				353	125	正	51	30	正

（续表）

<table>
<tr><th rowspan="2">地层代号</th><th rowspan="2">地震代号</th><th colspan="3">波斯坦附近</th><th colspan="3">雅克拉附近</th><th colspan="3">轮台附近</th></tr>
<tr><th>垂直断距/m</th><th>水平断距/m</th><th>断层性质</th><th>垂直断距/m</th><th>水平断距/m</th><th>断层性质</th><th>垂直断距/m</th><th>水平断距/m</th><th>断层性质</th></tr>
<tr><td>S+D</td><td></td><td></td><td></td><td></td><td></td><td></td><td></td><td></td><td></td><td></td></tr>
<tr><td>Є+O</td><td>T_5^0</td><td></td><td></td><td></td><td>272</td><td>60</td><td>逆</td><td>544</td><td>125</td><td>逆</td></tr>
<tr><td>Z</td><td>T_6^0</td><td></td><td></td><td></td><td>767</td><td>280</td><td>逆</td><td>234</td><td>150</td><td>逆</td></tr>
<tr><td rowspan="3">AnZ</td><td>T_7^0</td><td>171</td><td>80</td><td>逆</td><td>2411</td><td>1850</td><td>逆</td><td>3207</td><td>2000</td><td>逆</td></tr>
<tr><td>T_9^0</td><td>175</td><td>400</td><td>逆</td><td>3205</td><td>3500</td><td>逆</td><td>4178</td><td>3500</td><td>逆</td></tr>
<tr><td>T_D^0</td><td></td><td></td><td></td><td></td><td></td><td></td><td></td><td></td><td></td></tr>
</table>

B. 沙雅断裂

沙雅断裂在平面上与轮台断裂首尾错开，走向近 NE，呈雁行排列，延伸长度 40km，断面北倾，呈上陡下缓铲状形态，断面倾角 85°～35°。沙雅断裂与轮台断裂具有相似性，在中新世也发生了正断层活动，垂向上也表现为“下逆上正”的特点（图 3-45），只是正断层的活动强度和规模要小。

C. 喀拉玉尔滚-柯吐尔断裂带

喀拉玉尔滚-柯吐尔断裂带是沙西凸起与阿瓦提断陷的分界线，该断裂带走向 NW，断裂带内普遍存在海西晚期的岩浆运动，具有应变不均一性的特点。其中喀拉玉尔滚断裂位于沙西凸起西部，是一条早期扭性后期压性断裂，走向 NW，断面东倾，上盘平行于断层走向发育拱踏克大型背斜构造；柯吐尔断裂与其斜列，但倾向相反，主要断开古生界，向上断至中生界，断裂上盘发育柯吐尔大型不对称背斜构造。

2）断裂演化特征

沙雅隆起经历了多期构造运动的改造，发育五期重要的构造变形作用。

A. 加里东期

加里东早期，沙雅隆起处于拉张背景，部分断裂表现为早期张性正断层（图 3-46a 轮台断裂），现今地震剖面可以清晰发现断裂上盘震旦—寒武系地层厚度较大（图 3-45），通过剖面演化可以推断其加里东早期为基底正断裂，这与赵锡奎（1998）“八五”期间通过草湖地区断裂演化，提出轮台断裂为早期拉张性正断层的观点相吻合。加里东中、晚期，盆地北部应力转变为近 NS 向挤压应力，沙雅隆起北部出现明显的逆断裂活动，部分主干断裂表现出压扭性质，东北部的轮台、亚南东部等大型断裂开始逆冲（图 3-46b），使上下两盘奥陶系厚度差异明显，并且下盘派生出一系列具有右行压扭性质的雁行状逆断层。

B. 海西期

海西早期在 NS 向挤压应力的作用下，北部的亚南断裂再次冲断活动，派生出亚 1、亚 2 号等断裂（图 3-46c）。阿克库勒凸起冲断作用表现最为明显，在轮台断裂的影响下，主要受到 NW-SE 向挤压应力产生了一系列以 NE、NW、NNE 向为主的逆断裂，部分断裂向下断入基底（阿克库木断裂）；而东部库尔勒地区受到边界断裂控制，巴里英断裂继续逆冲，并受到 NNE 向的挤压作用，局部发育 NNW 向派生断裂。

海西晚期是沙雅隆起区最大规模的一次构造运动，断裂活动达到了极致。北部亚南、轮台、沙雅等断裂强烈发育，不仅使得雅克拉断凸遭到剥蚀，还产生了一系列逆冲断裂。轮台断裂在该时期由早期的右行压扭，变为左行压扭的运动方式，其上盘也形成了一系列雁行状逆断层（图 3-46d），阿克库勒凸起在 NS 向挤压的应力作用下，形成了一系列 EW 向断垒构造带及背斜构造带，并导致南部石炭系膏盐体发生第一次塑性上拱，形成盐边正断层；东部库尔勒地区，由于巴里英断裂、普惠断裂持续逆冲而抬升。

C. 印支期—燕山期

印支期—燕山期，沙雅隆起逆冲断裂活动呈现衰退特征，主要集中在沙雅隆起北部雅克拉断凸以及东北部库尔勒鼻凸等地，轮台断裂、巴里英、普惠断裂的逆冲导致局部三叠系的缺失（图 3-46d）。燕山末期，由于库车坳陷巨厚沉积，造成了雅克拉断凸局部应力松弛，亚南断裂中部开始了负反转，并逐渐向西扩散，同时阿克库勒南部膏盐体再次塑性流动，形成 NW 向以及 NNW 向小规模盐边、盐丘正断裂（塔河南断裂）。

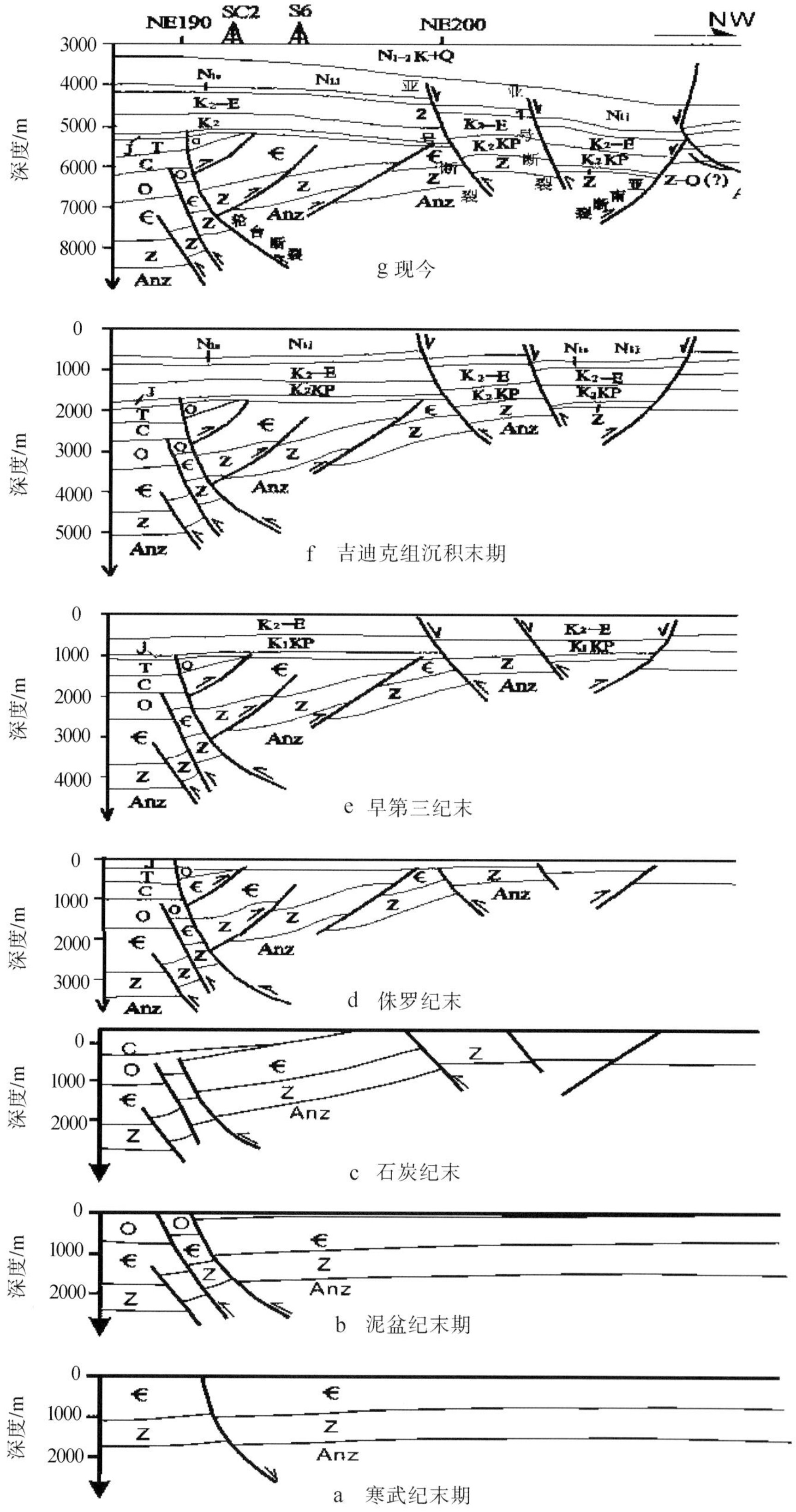

图 3-46　沙雅隆起中段断裂演化图

D. 喜马拉雅期

喜马拉雅期，沙雅隆起构造活动基本定型，以整体稳定沉降为主，断裂活动集中在雅克拉断凸。喜马拉雅早期轮台断裂局部发生幅度较小的逆冲，导致了上盘地层的部分剥蚀，而亚南断裂中部开始了正断层活动；喜马拉雅中期雅克拉断凸中西部的沙雅、亚南、亚 1、亚 2 号等断裂活动微弱（图 3-46e），而东部的轮台断裂开始正断层活动，且明显控制了苏维依组的厚度；吉迪克组沉积末，受库车前陆盆地快速沉降影响，沙雅隆起普遍开始正断层活动，而且具有东强西弱的特点，亚 1、亚 2 号断裂也发生明显的正断层活动（负反转），与亚南断裂构成地堑式断裂组合样式（图 3-46f）；喜马拉雅晚期，在库车前陆盆地的逆冲作用下，亚南断裂北缘发生明显逆冲褶皱变形（图 3-46g），使得亚南断裂在浅部向南断错，并使先期牵引褶皱得到加强定型，至此沙雅隆起的断裂体系基本定型。

纵上所述，沙雅隆起断裂发育演化具有以下几个特征。

（1）大断裂活动具分区性：断裂受构造应力背景控制，断裂发育具有北强南弱、东强西弱的分区特征。南缘断裂（阿克库勒）发育规模远小于其北部的轮台断裂，并且同一条断裂发育也不均一，如亚南断裂从东至西切割层位和断距都逐渐减小。

（2）断裂活动具有多期性和继承性：轮台断裂、亚南断裂形成于早期拉张背景下，属于先存基底断裂，在后期构造活动中，沿原有断面继承性活动。

（3）断裂性质多期反转：对应周缘背景，继承性活动的断裂在不同时期具有不同的性质，例如轮台断裂在加里东早期为张性正断层，至加里东中晚期反转逆冲，海西期大规模冲断，喜山早期由于应力松弛，断裂性质又由逆断层反转为正断层。

3. 塔中隆起区

塔中隆起断裂目前大部分观点认为是加里东中晚期—海西早期形成。塔中 1 号断裂附近存在一条近东西向或北西西向的磁异常带，结合钻井资料、地震勘探资料等，认定为中—新元古代的地壳深处岩浆侵入后形成的基性-超基性岩，推测此处为太古代陆核北部边缘。结合切穿层位看，我们认为此断层为加里东早期形成，加里东中晚期反转并产生其他新断裂（图 3-47），走向以北西西和近东西向的断裂为主。北西西-近东西向断裂发育较早，部分主要断裂从震旦纪到早寒武世开始发育，以张性或张扭性北倾断裂为主。可能受到早古生代满加尔裂陷-阿尔金古洋的离散扩张的制约。加里东中晚期北昆仑洋的闭合，中昆仑地块与塔里木盆地挤压碰撞，导致了塔中隆起带断裂体系的挤压反转，并随着阿尔金洋的关闭和早海西的碰撞挤压，阿尔金走滑带的形成叠加了北东向的压扭性断裂。结合地震剖面分析，盆地的反转是从早奥陶世末（T_7^4）构造变革期开始，以北西西向的断裂为主体，形成以北倾“Y”字形背冲、基底卷入式反转断裂为主的断隆构造带（图 3-48）。东段北东向断裂系为南倾的挤压、压扭基底卷入式冲断或背冲断隆、断褶带，在 T_7^0 期强烈挤压和压扭。两组断裂在东端叠加收敛。

1）断裂带展布特征

（1）除北侧发育于寒武系的正断层外，均为基底逆冲断裂（壳断裂）；

（2）各断裂构造带呈 NWW-NW 向展布，平面展开成“帚”状，并呈右行雁列式排列，显现了扭动形特征；

（3）东段受控于塔中Ⅰ号及塔中 5 井断裂，断裂活动强，皱紧，形成高陡带；

（4）隆起的中西段背冲型复背斜形态受控于塔中Ⅰ号和塔中 22 井南断裂，隆起顶部及北翼发育次一级背冲背斜带；

（5）形成早中泥盆世末的早海西运动，其他断裂多数断至 T_5^4 反射界面（二叠系底），Ⅱ号断裂（中央断裂）可断入二叠系；

（6）正断层形成于寒武纪初，晚期结束，逆断层形成于奥陶纪晚期—海西期，Ⅰ号断构造带各主要逆断裂均发育派生断裂，呈背冲样式，发育次级派生断裂者，呈似花状样式，单个断裂呈逆冲样式，因此，走滑逆冲及其断裂组合是隆起上断裂构造的重要特征。

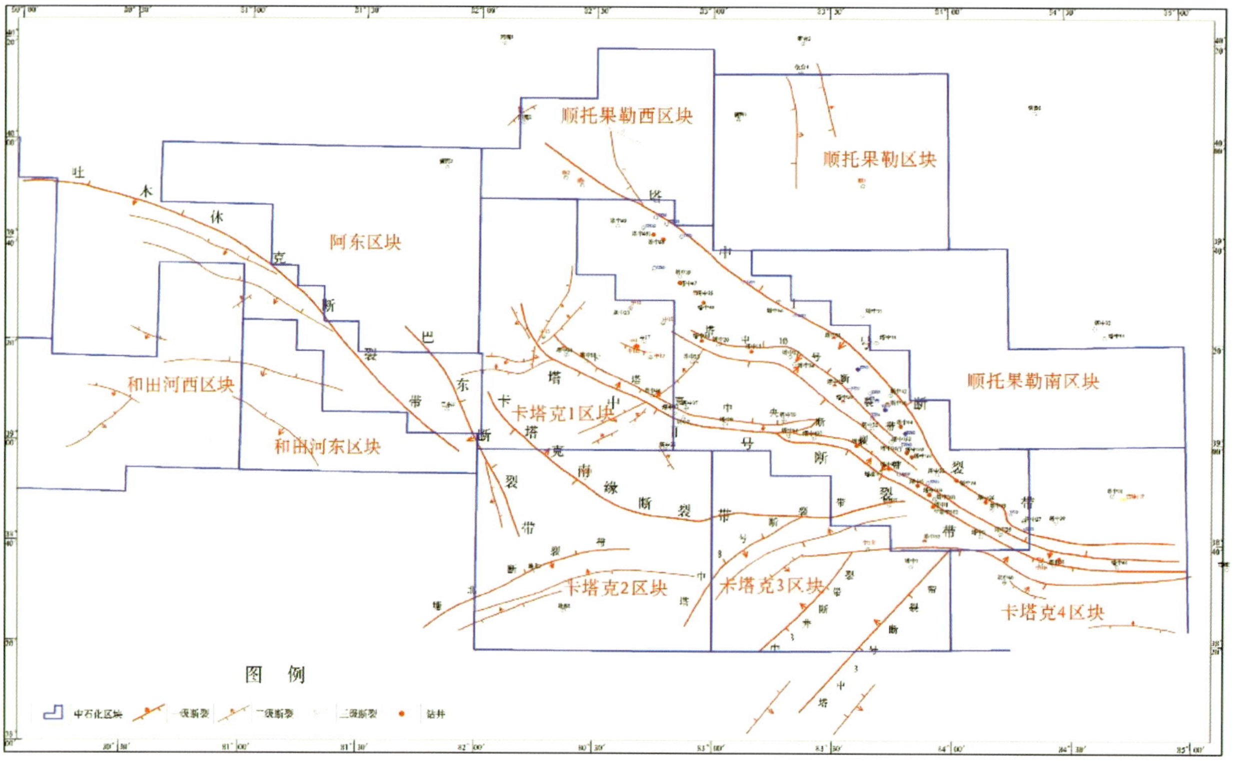

图 3-47　塔中隆起断裂及断裂带展布图（中石化西北分公司，2007）

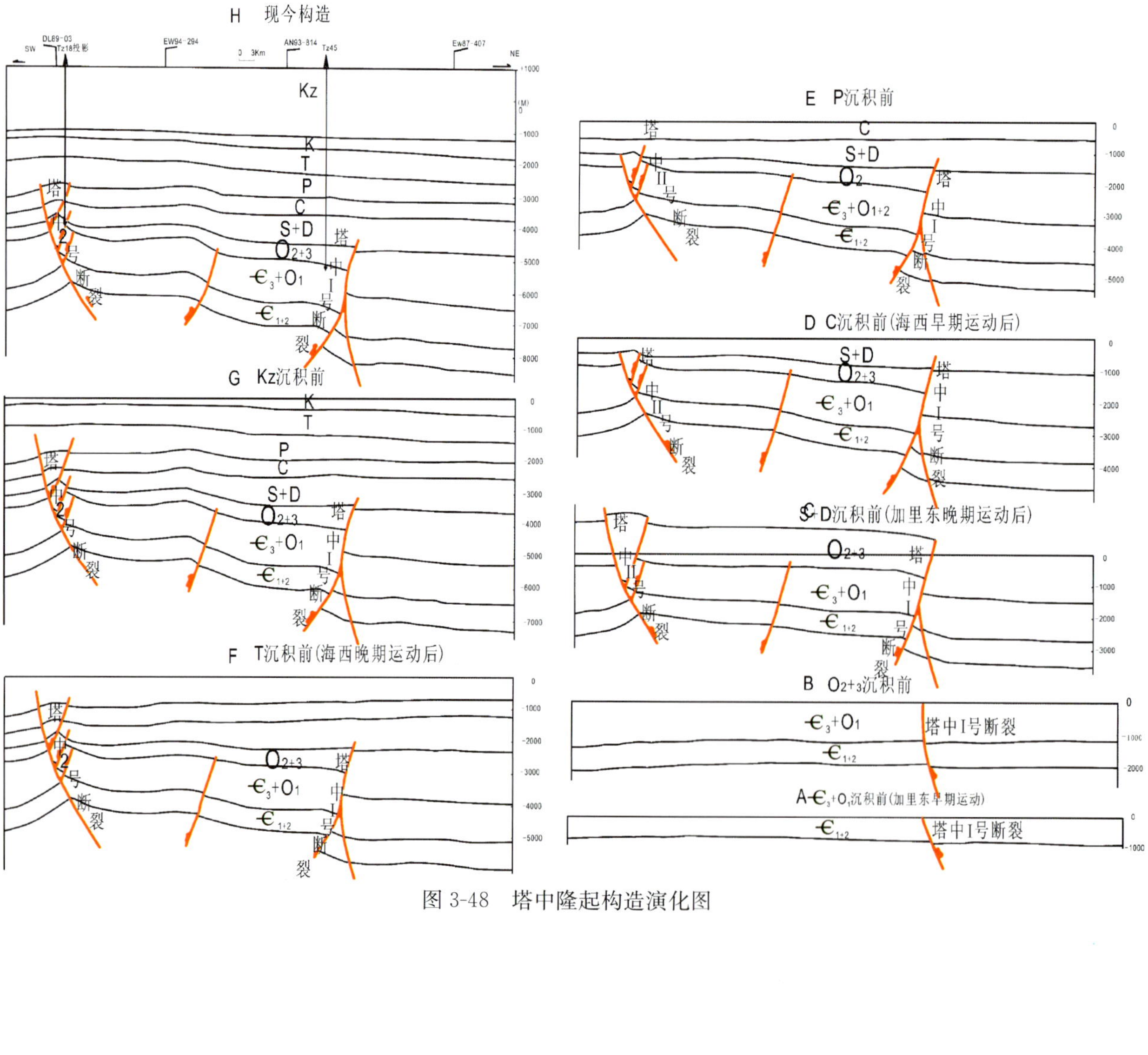

图 3-48　塔中隆起构造演化图

A. Ⅰ号断裂构造带特征

塔中Ⅰ号断裂近 NWW 向展布，略呈波状弯曲，全长 240km，系多条同向断裂组成，是隆起的主要断裂，并构成其北界。断面南倾，下切入基底，中东部上切断 T_7^4，消失于上奥陶统，西部可切断 T_7^0 进入志留系。其形成可能与地壳和岩石圈的结构及其中的断裂有关，奥陶纪晚期为主始活动期，海西早期（中泥盆世末）再次活动，而后停止活动。其东部活动强度大，向西渐弱（图 3-47）。

从断裂的断面形态和断距大小，可将其分为三段：TZ44 井以东约 110km 长为东段，断面较陡，断距较大，一般 1000～2000m，最大可达 2200m，发育两条派生断裂，与主控断裂组成窄的断裂带，其间发育窄的背斜或断背斜（图 3-49）；Z44-TZ54 井为中段，断面较缓，断距较小，一般 300～1000m；西段断面较陡，断距较大，一般 500～1300m，向西断距渐变小。中、西段亦发育派生断裂，与主控断裂间距较大，其间的背斜宽缓。因此，西段上盘保存有上奥陶统，而东段上盘为下奥陶统下部（图 3-50）。

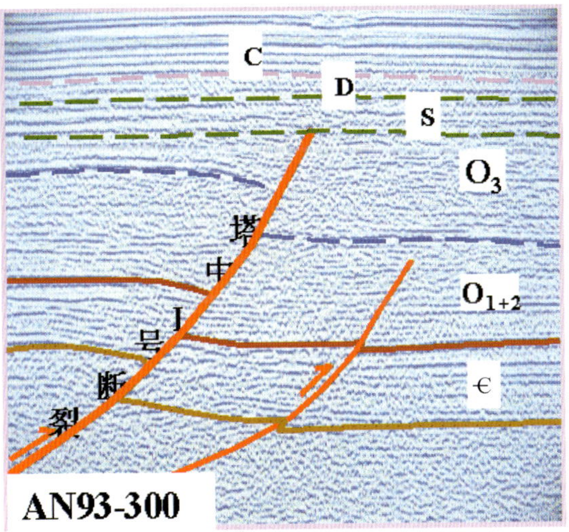

图 3-49 塔中 D98-495.5 测线地震解释剖面

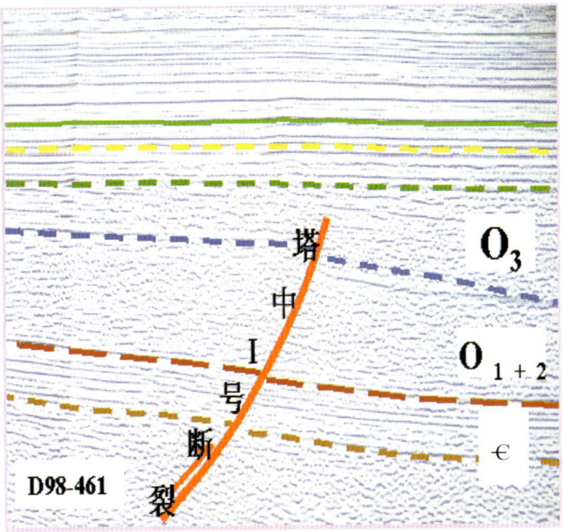

图 3-50 塔中 D98-378 测线地震解释剖面

（1）东段：塔中 44 井以东，走向由 NW 向东转为近 EW 向，倾向南，倾角 60°左右，长约 150km。明显表现为基底卷入型。断层上盘地层缺失严重（中 4 井）。T_7^4 界面断距可达 2000m。在断层附近可能有滑塌沉积。伴生构造为背斜、断背斜，构造幅度大，成排成带分布，走滑特征明显（图 3-51）。其中位于塔中 36 井-塔中 29 井之间的断裂呈“Z”形，T_7^4 界面断距大，断面倾角大，向下切入基底，派生构造不发育。这是转换带的一种类型。

（2）中段：位于塔中 44、45 井之间，该段下切入基底，向上断开 T_7^0，但断距很小，断裂活动明显减弱。T_7^4 界面最大断距在 200m～300m。很多情况下断距消失，派生构造不明显（图 3-47）。

（3）西段：位于塔中 45 井以西，错断了基底，上至 T_7^0，断距明显加大，塔中 45 井附近 T_7^4 垂直断距达 1300m，该带的水平缩短量为 500m 左右。向西断距渐小，T_7^4 垂直断距小于 500m，倾向、倾角变缓（图 3-47）。

近年来研究认为，该断裂控制了上奥陶统的沉积相和沉积厚度，下盘厚度明显地大于上盘厚度；中西段与碳酸盐台地边缘展布一致，该段上盘局部发育了礁滩沉积，已为 TZ44、45 井钻探成果证实；下盘为混积陆棚相沉积，却尔却克组厚度逾千米。

B. Ⅱ号断裂构造带的特征

塔中Ⅱ号断裂是隆起的另一条重要断裂，东起于 TZ6 井附近，向西经 TZ4、19 至 9 井为东段，塔中 2 井至塔 64 井西延为西段，长 120km，呈 NWW 向展布。其断距由西向东逐渐增大，最大达 900m。断开层位下入基底，向上断开 T_6^0 进入石炭系，有时断开 T_5^4 进入下二叠统。其形成与地壳和岩石圈的断层有关，开始活动于奥陶纪晚期，主要活动期是海西早期，晚海西期再次活动。

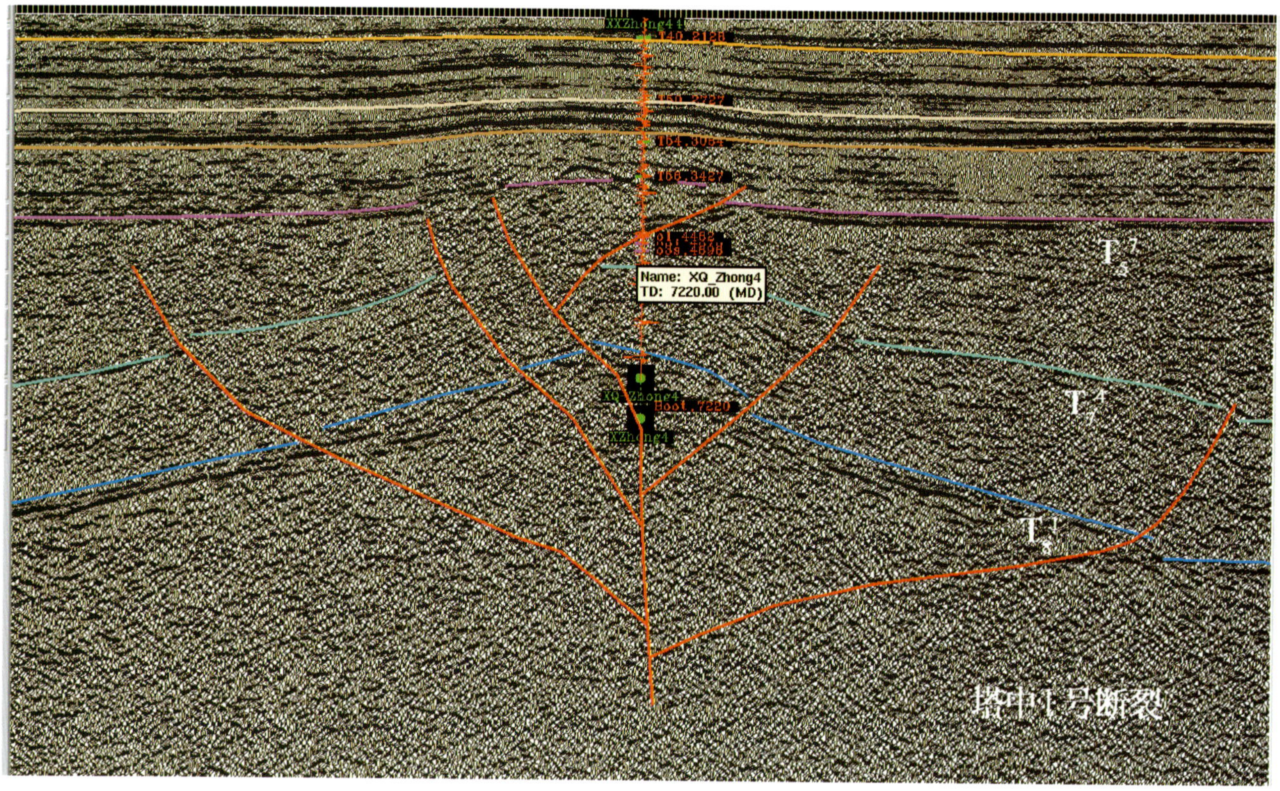

图 3-51　塔中 601SN 测线地震解释剖面

该断裂位于隆起的轴部，断面北倾，与塔中Ⅰ号呈背冲样式，其派生断裂由东至西始终相伴，组成背冲型断裂构造带，构成隆起的轴部，将隆起分为南北两翼，故将其称为中央断裂构造带（图 3-52）。断裂带内多处发育似正花状构造，表明其走滑逆冲的性质。带内地层剥蚀严重，中东段下奥陶统上部—中泥盆统被全部剥蚀，构成窄的碳酸盐岩潜山带。带内亦发育了一批背斜、潜山背斜、断背斜等复合构造。

该断裂带西段，两侧发育两组 NNE 向的次级断裂，可能形成于海西早期，经历了早期西高东低转变为东高西低的转化过程。

Ⅱ号断裂构造带从构造样式上看，也具有明显的分段性，自东而西大致分为三段：

（1）东段为 TZ4 井以东的部分。该段断裂主断层向北逆冲，并形成次级北倾的反冲断层，两者构成“Y”字形组合，有的甚至形成背冲的构造样式。断层切割了基底到石炭系的地层，断面陡倾。根据断距“下大上小”的明显变化，推断至少有两期活动历史。一期在中晚奥陶世末，一期在二叠纪末。

（2）中段为从 TZ4 井西到塔中 2 井东的部分。该段断裂主断层向南高角度逆冲，并形成断展褶皱的构造样式。断层切割了基底到石炭系的地层，下古生界顶面的断点落差明显大于上面地层的断点落差。二叠系及其以上的地层也明显受到断层的影响而褶皱变形。据此推断，断裂活动至少有两期活动，一期在加里东晚期，一期在海西期末。

（3）西段为从 TZ2 井以西的Ⅱ号部分。该段断层也是向南逆冲，并有反冲断层相伴生。但是断层构造样式在不同构造层具有不同的表现。在寒武系—奥陶系，断层多为中角度的北倾断层，向南逆冲，具有断弯褶皱的构造样式；而在其上面的上古生界—中生界构造层，断层多表现为高陡的逆冲-走滑断层；局部还见有因走滑作用在顶部形成的小型扭张正断层。断层活动具有 3 期，分别为加里东中晚期、海西期末和喜马拉雅期，但以前两期为主，喜马拉雅期较弱。此外，该段断层多见断层与火山岩相伴生，火山岩往往沿断层带侵入分布，使得断裂构造带的变形更趋复杂化。

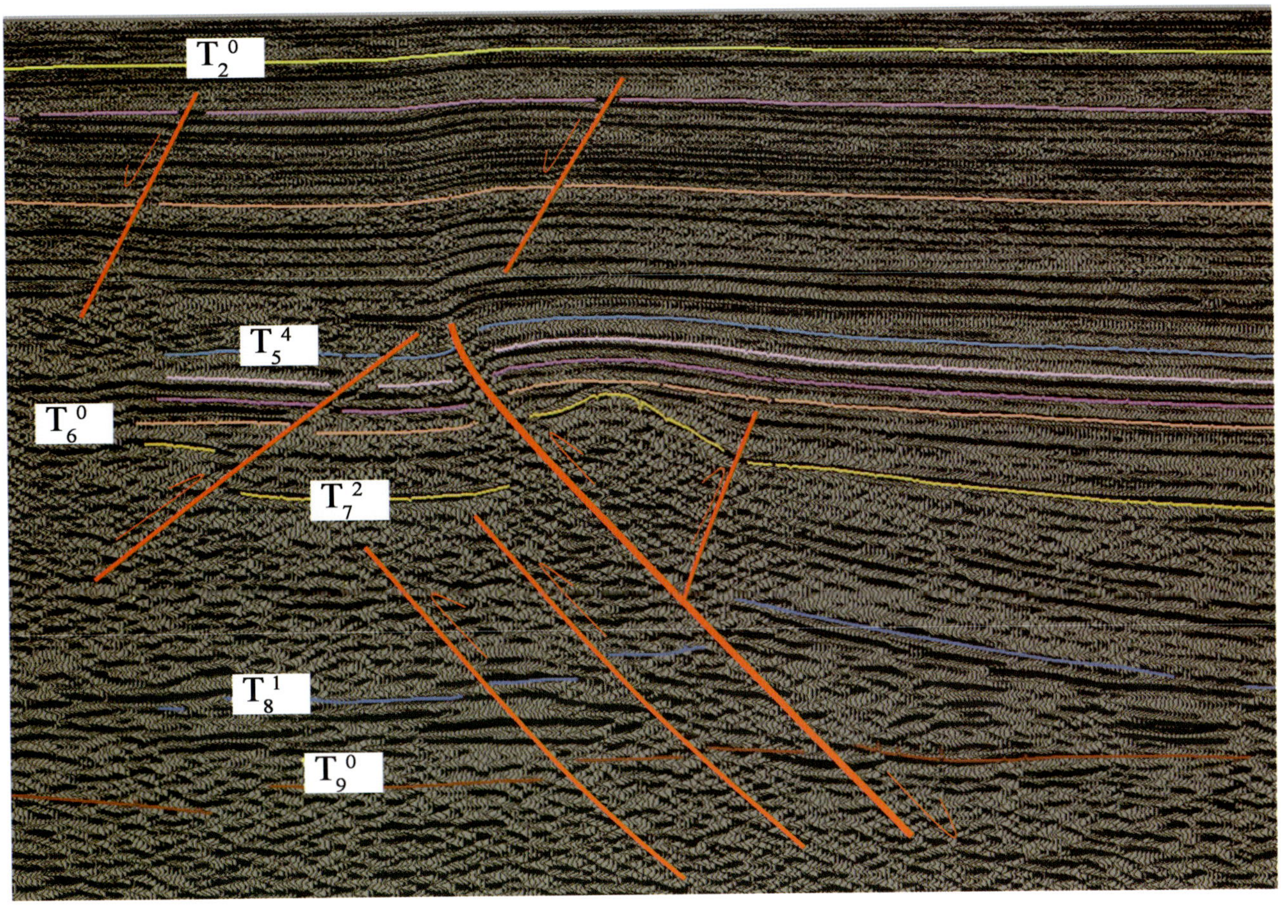

图 3-52　塔中隆起Ⅱ号断裂 1632 线地震剖面特征

C. 塔中 5 井断裂构造带的特征

塔中 5 井断裂是隆起的南侧边界断裂，近东西向展开，略呈波状，东起 TZ48 井以东，向西经 TZ38、中 1、TZ25 井，过 TZ3 井北侧向西延伸，长约 100km，断距东部大，约 2600m，向西渐小；下断入基底，上切入 T_6^0 进入石炭系。断面倾向北，在东端与塔中Ⅰ号断裂靠近，组成背冲样式，其间发育潜山背斜；向西渐期开，并发育派生断裂构成断裂带，其间 O_2-D_2 剥蚀殆尽，发育潜山背斜。形成于奥陶纪晚期，海西早期为主要活动期，海西晚期再次活动。

D. 塔中 10 号断裂构造带特征

塔中 10 井断裂位于塔中Ⅰ号和Ⅱ号断裂之间，呈 NWW 向展布，东起 TZ161 井东，向西经 TZ50、12、11、20 井，断续延至 TZ21 井以西，长约 90km，其断距较小，东段大于 100m，向西渐小。断面北倾，下切入基底，止于 1 号断裂，与其构成背冲样式，东段上断 T_7^0 进入志留系，向西最高切断 T_6^0 进入石炭系。其北侧断续发育派生断裂，组成断裂构造带，是一低幅度构造带。

E. 塔中南缘断裂构造带

南缘断裂带位于塔中低凸起与塘古孜巴斯凹陷之间，是塔中低凸起的南缘边界。它东自塔中 60 井区，西至巴东 2 井东，大致呈 EW 向走向，东西延伸约 200km。其中包括塔中 22 井南断裂、塔中 1-8 井断裂、塔中 3 井断裂、中 3 井断裂和南部的巴东南-塘北断裂。根据断裂构造样式和地质结构特征，南缘断裂带自东向西可分为明显的三段。

东段：包括塔中 60 井区至塔中 3 井区东的部分。断层活动时间主要在晚奥陶世—泥盆纪。断裂由北向南逆冲，在上奥陶统地层内形成断阶状地形，石炭系覆盖其上。向北为塔中隆起轴部向东的延伸部分，是多个北冲南倾逆冲断层组成的高陡潜山。

中段为 2-3 支北倾高角度逆冲断裂控制的断褶带，从上奥陶统地层厚度变化来看，应该在晚奥陶世到志留纪有一次强烈活动，在石炭系覆盖之后，断层再次活动。

西段包括北部的22井南断裂和南部的巴东南-塘北断裂。塔中22井南断裂处实际上具有与塔中Ⅰ号断裂中段相似的特征，也表现为基底挠曲形成的坡折带，而且在挠曲处上奥陶统下部层序有明显上超并加厚的现象。局部显示基底小幅度断开并形成北倾逆冲断层。巴东南-塘北断裂表现为多个北倾的逆冲断层和其相关褶皱形成的高陡潜山带，石炭系地层直接覆盖其上。早期在晚奥陶世—志留纪强烈活动，石炭纪之后活动微弱。

F. NNE向断裂构造

位于塔中Ⅱ号断裂南北下降盘，呈NNE向延伸，各由两条背冲式断层组成，断层断穿T_7^0以上进入志留系，其上发育断背斜构造，是海西早期车尔臣断裂冲断引起的塔中隆起由西高东低反转为东高西低过程中形成（图3-53）。

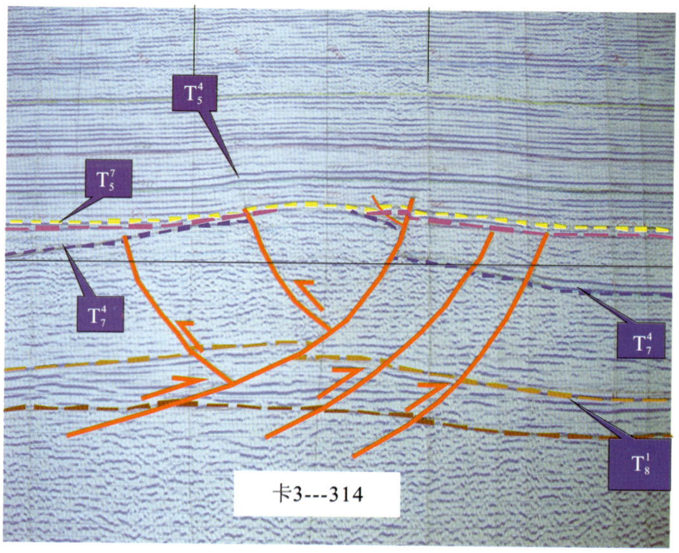

图3-53　塔中隆起NNE向断剖面特征

G. 卡1区块NE向断裂构造

卡塔克隆起西端发育NE、NNE、NEE向中小型断裂，分布于塔中Ⅱ号断裂西段的两侧；南侧有三条断裂分别位于中13井南、塔中18井南和塔中46井南；北侧有两条，分别位于中13井西、塔中46井北（图3-47）。

（1）中13井南断裂（3号构造）：北段近NE向延伸，中止于塔中Ⅱ号断裂，倾向NW；南段NEE向，倾向NNW，断距大于100m，下切入基底，上断至T_6^0，各自发育反倾向的派生断裂，组成背冲样式。在断层上盘发育断层传播褶皱，从图可以看出上奥陶统桑塔木组明显的上超现象，说明该断裂形成于加里东中期（图3-47）。

（2）塔中18井南断裂（17号构造）：NEE向延伸，中止于塔中Ⅱ号断裂，倾向NWW，断距小，约数十米，下切入基底，上断至T_6^0（图3-47）。

（3）塔中46井南断裂：NE向延伸，止于塔中Ⅱ号断裂，断距大于100m，下切入基底，上断至T_6^0，发育反倾向的派生断裂，组成背冲样式（图3-47）。

（4）中13井西断裂：呈NNE向延伸，南止于塔中Ⅱ号断裂带，向北延伸至塔中21井，倾向NWW，断距小，约数十米（图3-47）。

（5）塔中46井北断裂：NNE向延伸，南止于塔中Ⅱ号断裂带，向北至塔中23井附近，断面倾向NWW，仅断穿T_7^0和T_7^4，而后顺层消失于T_8^1之下，断距小于50m。

2）断裂演化特征

卡塔克地区的断裂发育演化与隆起的形成演化密切相关，断层一般多期活动，具有明显的继承性和反转性。

通过对塔中隆起内主干断层的精细解释和剖面演化，发现卡塔克地区断裂形成时期较早，活动时期主要集中在加里东中晚期—海西早期。加里东期的断裂主要是在早期的拉张断裂挤压反转而形成的，走向以 NWW 和近 EW 向的断裂为主，部分主干断裂从震旦纪到早寒武世开始发育，以张性同沉积断裂（塔中Ⅰ号断裂）或张扭性北倾断裂为主，可能是早古生代满加尔裂陷离散扩张的远程响应。早奥陶世末伴随着北昆仑洋的闭合、中昆仑地块与塔里木盆地的挤压碰撞，塔中隆起带断裂体系局部开始挤压反转形成逆冲断层，至加里东晚期强烈挤压和压扭，形成 NWW 向的断裂为主体，以北倾“Y”字形背冲、基底卷入式反转断裂为主的断隆构造带。东段 NE 向断裂系为南倾的挤压、压扭基底卷入式冲断或背冲断隆、断褶带，两组断裂叠加收敛，强烈断隆和剥蚀。海西期活动的断裂多数利用了老断层（塔中Ⅱ号断裂海西期继承性活动强烈），而海西晚期新形成的断裂规模较小。

另外，断裂活动在时空上具有迁移的特点，早奥陶世末断裂活动集中在中央主垒带-塔中 5 井构造带上；奥陶纪末断裂活动扩展到整个卡塔克地区，总体断裂体系形成（图 3-47）；晚加里东—早海西期，断裂活动主要发生在东南段，卡塔克地区强烈抬升，并遭受大规模剥蚀，形成东高西低的低山丘陵地貌；海西期后卡塔克地区断裂活动趋于平息，巴楚地区断层开始强烈活动。

4. 塔东残余古隆起孔雀河地区

孔雀河地区主要发育有孔雀河断裂，龙口 1、2、3 号断裂，维马克 1 号断裂，开屏 1 号断裂，普惠及巴里英断裂（图 3-54）。断裂体系呈北西西向、近东西向和北东-北北东向展布。三组断裂平面上具分区发育的特点：北西西向断裂主要分布于维马克、龙口及库尔勒鼻凸上，具有平面延伸距离远、北西部断距大、向东南断距变小的特点；近东西向断裂主要分布于普惠-达格勒克一带，具断面北倾、断距较小的特点；北东-北北东向断裂主要分布于开屏地区，具平面延伸距离较短、垂直断距较小的特点。

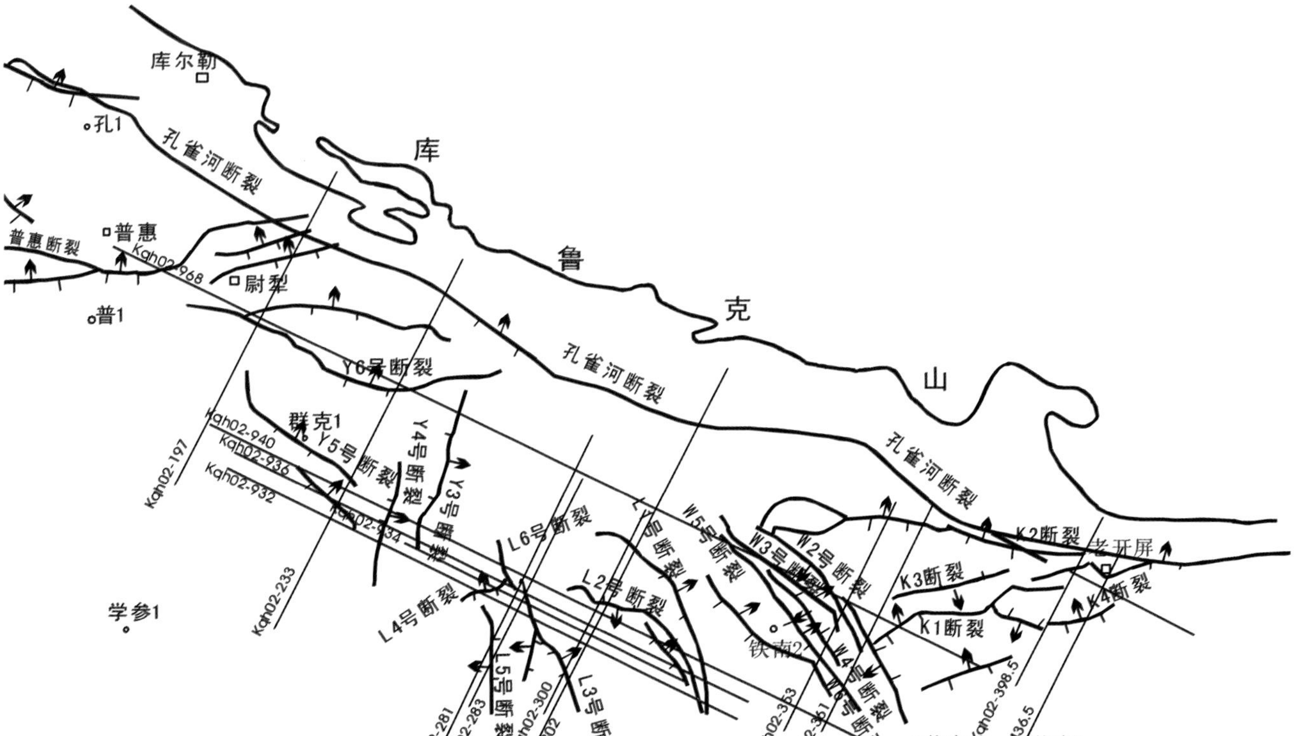

图 3-54　孔雀河地区断裂分布图

三组断裂的活动具有明显的多期性和继承性。如巴里英断裂在加里东早期可能已形成张性断裂，加里东晚期，发生逆冲，在海西期和印支期，逆冲得到进一步加强，成为控制上古生界沉积的边界大断裂；龙口 2 号断裂，在加里东晚期已形成，在燕山早期运动中可能发生再次逆冲，并最终稳定下来。

区内发育北西向的孔雀河断裂、塔里木河断裂和维马克断裂等 3 条大断裂，非常利于油气的垂向运移聚集。孔雀河地区主要断裂的特征如下（表 3-7）。

表 3-7　孔雀河区块主要断裂要素表

断裂编号	断裂名称	断裂性质	断裂规模（Mz 底）		断裂规模（Mz 底）		主要活动时期	断裂级别
			走向	倾向	长度/km	最大垂直断距/m		
1	孔雀河断裂	逆断层	NW	NE	238	200	加里东末期—喜马拉雅期	Ⅰ
2	塔里木河断裂	逆断层	NW	NE	182	300	加里东末期—喜马拉雅期	Ⅰ
3	维马克 1 号断裂	逆断层	NW	NE	42	400	加里东末（海西早期）—燕山期	Ⅱ
4	维马克 2 号断裂	逆断层	Nw	SW	38	400	加里东末（海西早期）—燕山期	Ⅱ
5	维马克 3 号断裂	逆断层	NW	NE	47	800	加里东末（海西早期）—燕山期	Ⅱ
6	维马克 4 号断裂	逆断层	NW	SW	33	260	加里东末（海西早期）—燕山期	Ⅱ
7	维马克 5 号断裂	逆断层	NW	NE	55	600	加里东末（海西早期）—燕山期	Ⅱ
8	维马克 6 号断裂	逆断层	NW	NE	43	550	加里东末（海西早期）—燕山期	Ⅱ
9	龙口 1 号断裂	逆断层	NNW	NEE	60	300	加里东末（海西早期）—燕山期	Ⅱ
10	龙口 2 号断裂	逆断层	NW	SW	50	700	加里东末（海西早期）—燕山期	Ⅱ
11	龙口 3 号断裂	逆断层	NW	SW	47	600	加里东末（海西早期）—燕山期	Ⅱ
12	龙口 4 号断裂	逆断层	NE	NW	15	200	海西早期—燕山期	Ⅱ
13	龙口 5 号断裂	逆断层	NW	NE	13	200	海西早期—燕山期	Ⅱ
14	尉犁 1 号断裂	逆断层	NNE	SEE	25	100	加里东末（海西早期）—燕山期	Ⅱ
15	尉犁 2 号断裂	逆断层	NNE	NWW	13	100	加里东末（海西早期）—燕山期	Ⅱ
16	尉犁 3 号断裂	逆断层	NNE	SEE	35	300	加里东末（海西早期）—燕山期	Ⅱ
17	尉犁 4 号断裂	逆断层	NNE	SEE	32	700	加里东末（海西早期）—燕山期	Ⅱ
18	尉犁 5 号断裂	逆断层	NW	NE	39	400	加里东末（海西早期）—燕山期	Ⅱ
19	尉犁 6 号断裂	逆断层	NWW	NNE	60	700	加里东末（海西早期）—燕山期	Ⅱ
20	尉犁 7 号断裂	逆断层	EW	NNE	57	600	加里东末（海西早期）—印支期	Ⅱ
21	尉犁 8 号断裂	逆断层	EW	NNW	35	300	加里东末（海西早期）—印支期	Ⅱ
22	开屏 1 号断裂	逆断层	NEE	SSE	62	300	加里东末（海西早）—燕山早期	Ⅱ
23	开屏 2 号断裂	逆断层	NEE	NNW	41	300	加里东末（海西早）—燕山早期	Ⅱ
24	开屏 3 号断裂	逆断层	NEE	SSE	17	100	加里东末（海西早）—燕山早期	Ⅱ
25	开屏 4 号断裂	逆断层	NEE	NNW	24	200	加里东末（海西早）—燕山早期	Ⅱ
26	巴里英断裂	逆断层	NW	NE	110	550	加里东末—燕山期	Ⅰ
27	普惠断裂	逆断层	EW	NNW	72	1200	加里东末—燕山期	Ⅰ
28	穹阿断裂	逆断层	NW	NNW	36	400	加里东末（海西早期）—印支期	Ⅱ
29	库南 1 号断裂	逆断层	NW	SW	25	100	加里东末（海西早期）—印支期	Ⅱ
30	库南 2 号断裂	逆断层	NW	NE	23	100	加里东末（海西早期）—印支期	Ⅱ

1）孔雀河断裂

孔雀河断裂位于孔雀河斜坡，走向北西西，在开屏转为东西向，倾向北东东。该断裂在区内长约 238km。在地震剖面上反映同沉积断层的特点，并控制古生代、侏罗纪地层的分布，根据地震资料分析，该断裂具多期活动的特点，早、中侏罗世是其主要的发育期，白垩纪活动较弱，白垩纪末期整体以抬升为主，致使白垩系在山前削蚀殆尽，其后新生界覆盖其上，新生代晚期，该断裂再次活动。

2）巴里英断裂

该断裂为库尔勒鼻凸与草湖凹陷的分界断裂，走向北西，倾向北东，长约 110km。加里东末期为张性断裂，海西期开始逆冲，并经过多期活动，至燕山期活动停止。其活动强度为东段强、西段弱的特征。地震剖面呈上陡下缓的铲形。

3）普惠断裂

该断裂位于库尔勒鼻凸的东南部、孔雀河斜坡西北部，为北倾的逆冲断裂，是分割库尔勒鼻凸与孔雀河斜坡的边界断裂。该断裂向下断开基底，向上断过前中生界侵蚀面，断裂西端平行于穹阿断裂东段，平面上呈北西西-东西向展布，西端消失在TBB90N175线附近，东端延伸出工区，区块内延伸长度88km。该断裂经历了海西—燕山期多期活动，其中海西期活动最为强烈，对石炭系和中生界的沉积厚度和分布范围起着明显的控制作用。最大垂直断距约1250m，最大水平断距700m。

4）开屏1号断裂

该断裂位于维马克-开屏背斜构造带南翼，走向北东东向，倾向北北西，平面延伸长度约62km，为海西期或更早时期形成的断裂，早期活动强烈，至燕山期再次活动并最终稳定。

5）维马克1号断裂

位于维马克附近，横切维马克2号背斜，走向北西，倾向北东，向东南延伸出工区，区内长约42km，为海西期或更早时期形成的断裂，历经海西期、印支期、燕山期等多次逆冲，中生界底最大垂直断距达700km，深部断距更大，并表现为东段活动强，西段活动弱的特征。

6）龙口2号断裂

位于龙口背斜构造带，走向北西，倾向南西，向南延伸至英东次凹，区内长约50km。该断裂形成于加里东末期，为多期活动断裂，从目前保存下来的地层推测，至少燕山期早期运动中断裂再次逆冲，并最终稳定下来。

7）龙口3号断裂

位于龙口背斜构造带，走向北西，倾向南西，向南延伸至英南构造带，区内长约47km。该断裂形成于加里东末期，地震剖面上表现为生长断裂，至燕山晚期停止活动。

8）尉犁1号断裂

位于尉犁断鼻构造带，控制尉犁断鼻圈闭，该断裂为北西向展布，北东倾，侏罗系和中奥陶统的断面倾角分别为50°和40°，垂向断距在从中侏罗统上煤层—中侏罗统—中奥陶统分别为95m、340m、450m，亦具有多期继承性活动的特点，且在侏罗系末期仍在活动。

3.2.5 主干断裂成因及形成时期分析

总结塔里木盆地主干断裂发育史，主要有三种形式的断裂生成发育模式。

1）一次性形成、后期运动未活动再改造的断裂型（断层）

该类型的断裂在塔里木盆地可以分为四个亚类。

（1）加里东早期张性正断裂（断层），在地震剖面上，下断开T_D^0，断入前震旦纪，上断开T_8^0，断入早奥陶统地层。盆地内阿瓦提坳陷、满加尔坳陷边缘等断裂，是这种一次性形成的早期断裂及次生断层。

（2）加里东中晚期逆断裂（断层），在地震剖面上，下切T_D^0，上断开T_7^4。盆地内色力布亚断裂南段、塔中隆起大部分断裂是这种一次形成的早期断裂（图3-55a），塔中Ⅰ号断裂派生断裂。

（3）海西期形成的一次性逆断裂（断层），这种断裂在地震剖面上，下切T_D^0，上断开T_5^0（晚期），断距上层大于老地层。倾角一般为60°～85°，倾角较大。如色力布亚、亚松迪次生断裂、巴什托-先巴扎断裂；塔北阿克库勒等地区大量断裂。

（4）喜马拉雅期一次性形成的断裂（断层），大多在浅层（图3-55b），如色力布亚浅层断裂、盆地西南缘断裂。这类断裂所受作用力不同，断开层位各异，如穹塔克-古董山断裂，其下在T_8^1之下膏岩层中滑脱消失，其上推出地表，水平推距达6km以上。而色力布亚浅层断裂，其下在T_5^0上古近系底部膏盐岩层滑脱消失，上至地表，推覆几公里以上。这类断层一般倾角为5°～25°，倾角较小，水平推移较长。

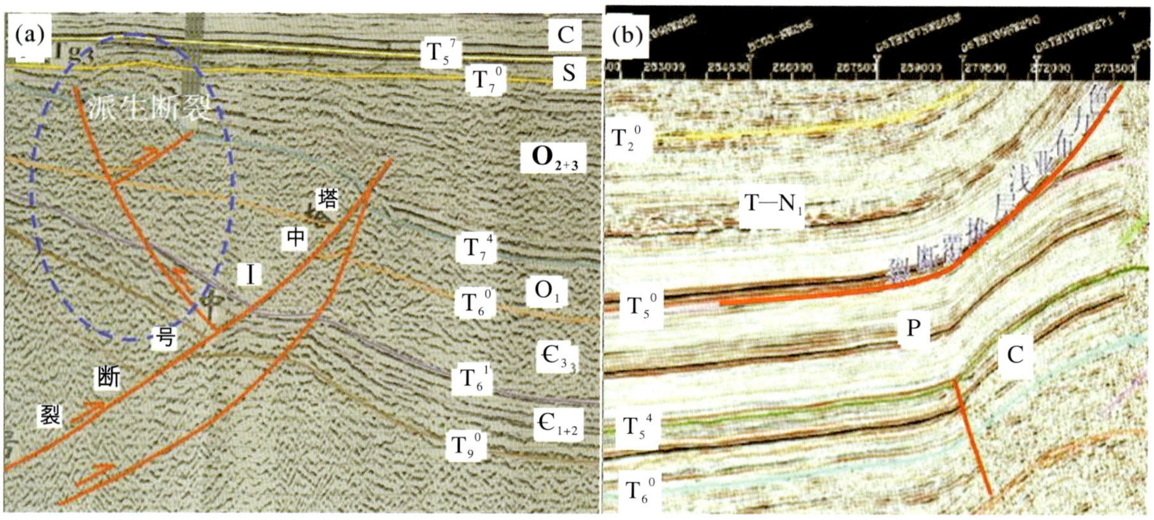

图 3-55　塔里木盆地一次形成断裂

2）早期形成，后期单次继承改造型

加里东早期形成正断裂，加里东中晚期发生反转改造，后期不活动。满加尔坳陷边缘存在这种断裂（图 3-56a）；加里东中晚期形成断层，海西期继续活动向上延伸，如康塔库木断裂（图 3-56b）、阿克库木断裂。断裂倾角视原断层而定，一般断开地层断距大于新断开层位，即下大上小。还有一种情况是海西期形成，喜马拉雅期再次复活，如乔硝尔盖东、卡拉沙依断裂及其派生断层、盆地边缘断层等。

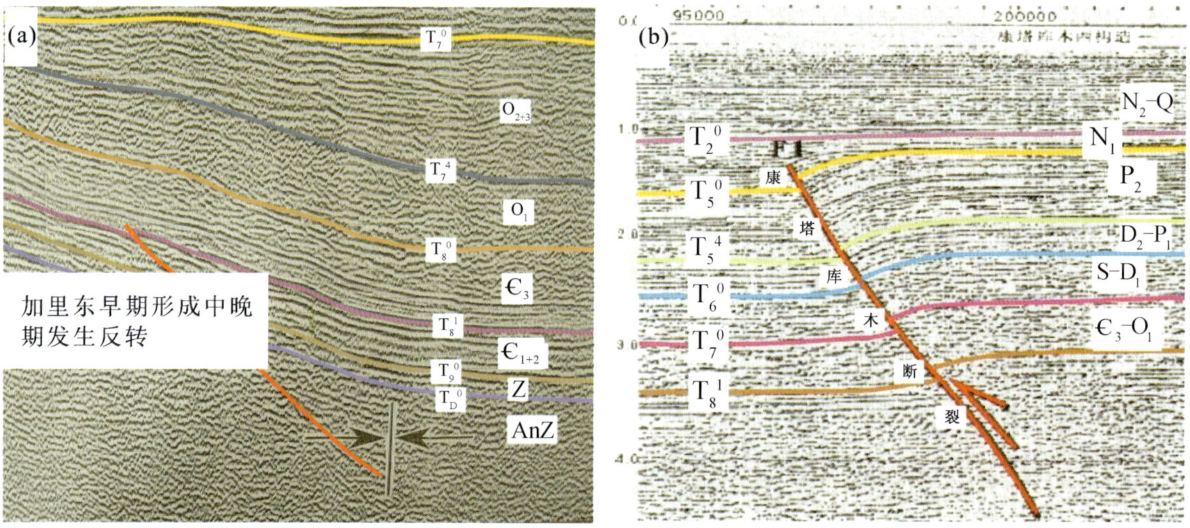

图 3-56　塔里木盆地早期形成后期经历单次继承改造断裂

3）早期形成，后期多次活动多期改造型

这类继承性活动断裂，最典型的包括吐木休克断裂、玛扎塔格断裂、轮台断裂东段、亚南断裂、塔中Ⅰ号断裂等。这类断裂形成时期较早（早加里东期形成），早期为正断层后期发生反转，海西期在原断裂基础上复活正断裂，海西晚期正反转，到喜马拉雅期再次活动断通至地表。这类形式的断裂最大特点，表现在各层断距上，断距上小下大，断距相差很大，如吐木休克断裂，其上部中新统顶（T_2^0）断距约100m，而其下老地层震旦系顶（T_9^0）断距 1000～2000m。然后是断层性质或断裂两盘地层厚度差异上，如轮台断裂 T_4^0 以上为正断层性质，T_4^0 以下为逆断层，且下部地层（T_9^0）断距远大于上部地层（T_4^6）断距。由于塔里木盆地内断裂发育期次多，延伸长、各断裂形成期次组合各不相同，差异很大。同条断裂带不同地段有的段一次形成，有的段多次演化最终定型，如轮台断裂、色力布亚断裂等。

3.2.6　主干断裂（带）构造特征

按照断裂的几何形态及特征、断裂的相对位移变化及变形量、形成断裂的地球动力学背景或动力来源，将塔里木盆地断裂划分为三大系统，即逆冲断层系统、走滑断层系统和正断层系统。这三大断裂系统分别对应于压、张、扭三种不同的应力作用，三大断裂系统分别反映了断裂形成的几何学、运动学和动力学特征。尽管塔里木盆地断裂在地史上经历了多次力学性质的交替，但总体以某一种力学性质占主导地位。

1．逆冲断层系统

（1）南天山山前断裂（带）：南天山山前断裂带是塔里木盆地北部最大的一条断裂带，构成了塔里木盆地与南天山的分界线。自东而西由克孜勒阔坦断层、老虎台断层、辛格尔断层和卡拉铁克断层组成，总延伸长度约 1000km，平面上呈向北凸出的弧形展布（图 3-57），剖面上均北倾，具典型逆冲断层特征，切割深度大，上至地表，下穿基底。沿断裂带发育几十米至数公里的断层破碎带，断裂带内常见构造角砾岩、动力变质带糜棱岩及硅化、赫石化和矿化现象（杨克明，1996），反映断裂带遭受过不同层次的变形过程。沿断裂带发育大量海西期和加里东期酸性-中基性侵入岩、中基性火山岩和火山碎屑岩，断裂带北侧伴有大量同方向次级断层和鞘褶皱出现。部分断裂初始形成于早加里东期，此后经历过极为复杂的活动史。

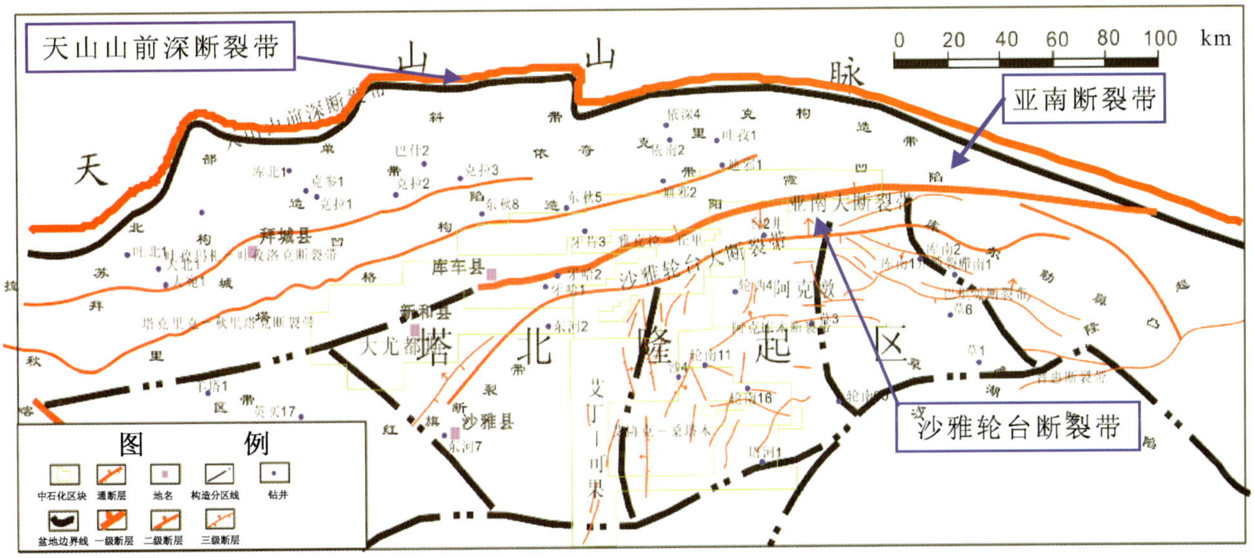

图 3-57　南天山山前断裂展布图

（2）亚南断裂（带）：早前就亚南断裂的断开规模、断层性质（为韧性剪切带特点还是脆性断层）、断层产状、断层两侧地层（北侧是否有古生界）存在争议，杨克明等经过研究发现亚南断裂带不是狭义的某一条断层（或亚肯断层、或二八台断层），而是指广义的由一系列首尾相接、横贯整个沙雅隆起的大断裂带（图 3-57）。其主要持征为：总体近 EW 向延伸，西起羊塔克库都克，向东经五一水库，抵库尔楚园艺场北后交汇于北轮台断层，全长 380km，断面南倾，下缓上陡，倾角 25°～80°。

杨克明等通过地震解释、测井数据分析，发现断层下盘尚残留有数百米至 2000 余米的寒武—奥陶纪地层，并为侏罗—白垩系不整合覆盖。可见断裂下盘（即库车坳陷）至少保存部分古生界，上盘缺失古生界，说明早期隆升遭受剥蚀，为一逆断层。喜马拉雅早期发生负反转活动，使断层北侧形成牙哈牵引构造带。

（3）沙雅-轮台断裂带（图 3-57）：该断裂带西起沙雅，经雅克拉、轮台、策大雅抵库尔勒南，全长 280km，走向 NE-EW。由沙雅断层和轮台断层组成，为钻井、地震剖面以及重、磁和大地电磁测深等资料所证实，是沙雅隆起上一条极为重要的控油断裂带。在平面展布上，断裂以东平直，上盘次级断层发育；断裂以西舒缓波状，以压性为主兼扭性。在剖面上都具北倾的犁式形态，差异是自东向西有变缓的趋势，这与东部基底浅、西部基底深有关。

沙雅断层：NE 向延伸 40km，断面北倾，北盘向南逆冲，断面倾角 35°～85°，最大逆冲断距 1600m（图 3-58）。

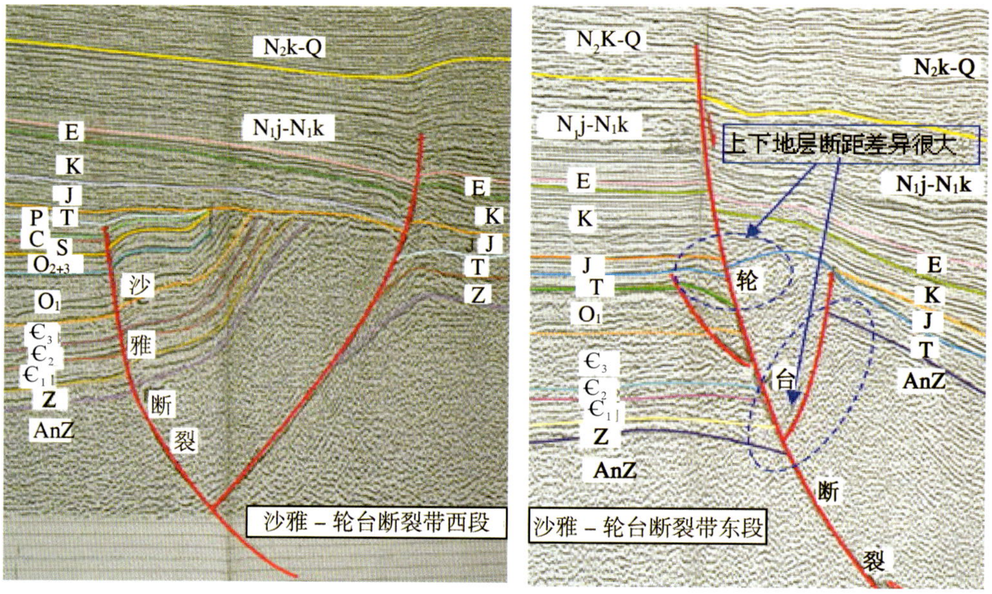

图 3-58　沙雅—轮台断裂东西段差异

轮台断层：全长 210km，剖面上断层面北倾，倾角 30°～70°，呈上陡下缓的犁式形态（图 3-58）；平面上呈舒缓波状，总体 EW 向延伸（图 3-57）。该断层表现为北盘向南强烈逆冲推覆，最大推覆距离达 3500m 以上，最大垂直断距大于 4000m。轮台断层东西（大致以二八台为界）两段活动存在明显的差异，但这种差异具渐变趋势，因而两端显著。赵锡奎（1998）根据平衡剖面研究，恢复了该断层早古生代状态，为一条向北倾的张性正断层，晚加里东期反转成为逆冲断层。

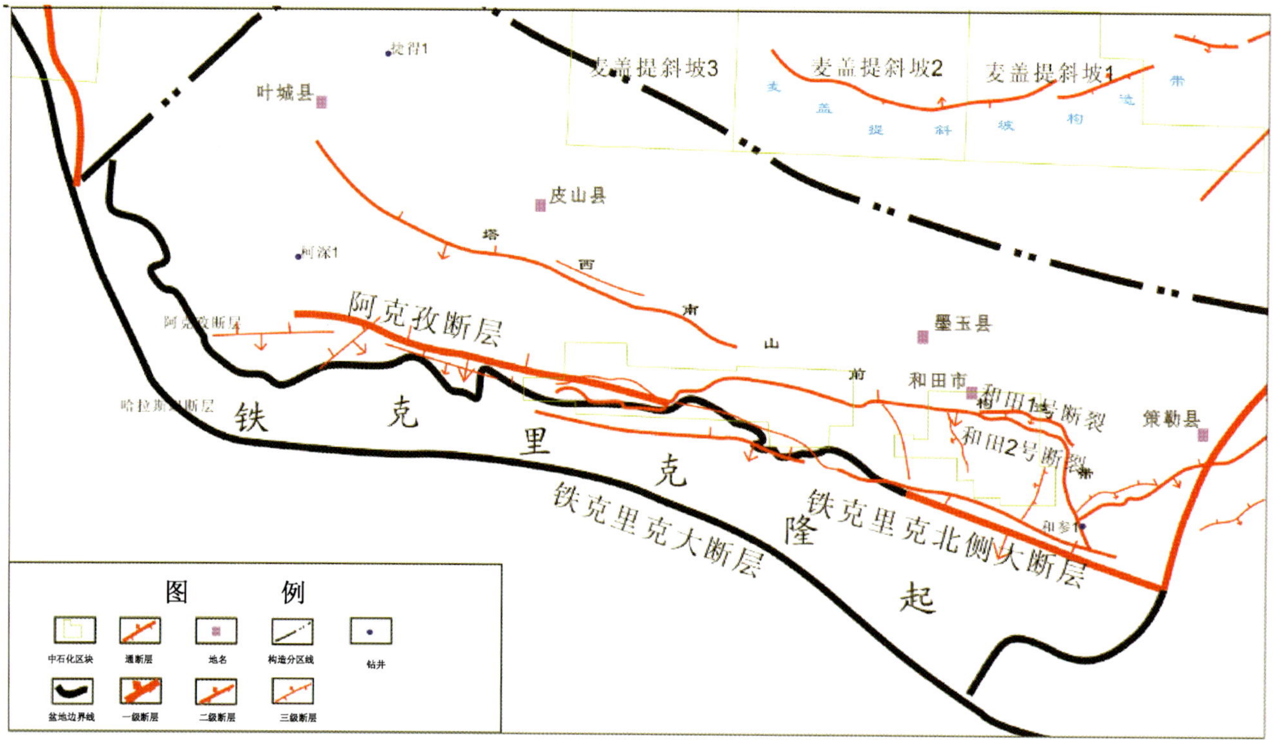

图 3-59　塔西南断裂系统图

（4）和田断裂带：该断裂在杜瓦河以东分为两支，北支为和田 1 号主断层，南支为和田 2 号断层。杜瓦河以西仅有和田 2 号断层。断裂带总体呈 NWW 向展布，总延长 350km，该断裂带向东被 NNW 向洛甫走滑断层所截，向西潜没于昆仑山下。据地震剖面揭示，东段：1、2 号断层倾角上陡下缓，呈犁式形态产出，向深部两断层合拢并入下石炭统滑脱面之上，向南合并到昆仑山前铁克里克北侧断裂面上（图 3-59）。中段：1 号断层沿桑株、玉力群构造北翼延伸，断面倾角上缓、中陡、下缓，呈躺椅式结构。在断层的巨大推覆作用下，桑株、玉力群及甫沙构造东端北翼的陆相地层叠覆在克里阳构造南翼海相地层之上，并使其成为潜伏构造。西段：1 号断层从甫沙构造北翼通过，断面上陡下缓，向南至深部汇入到铁克里克北侧大断层中（图 3-60）。

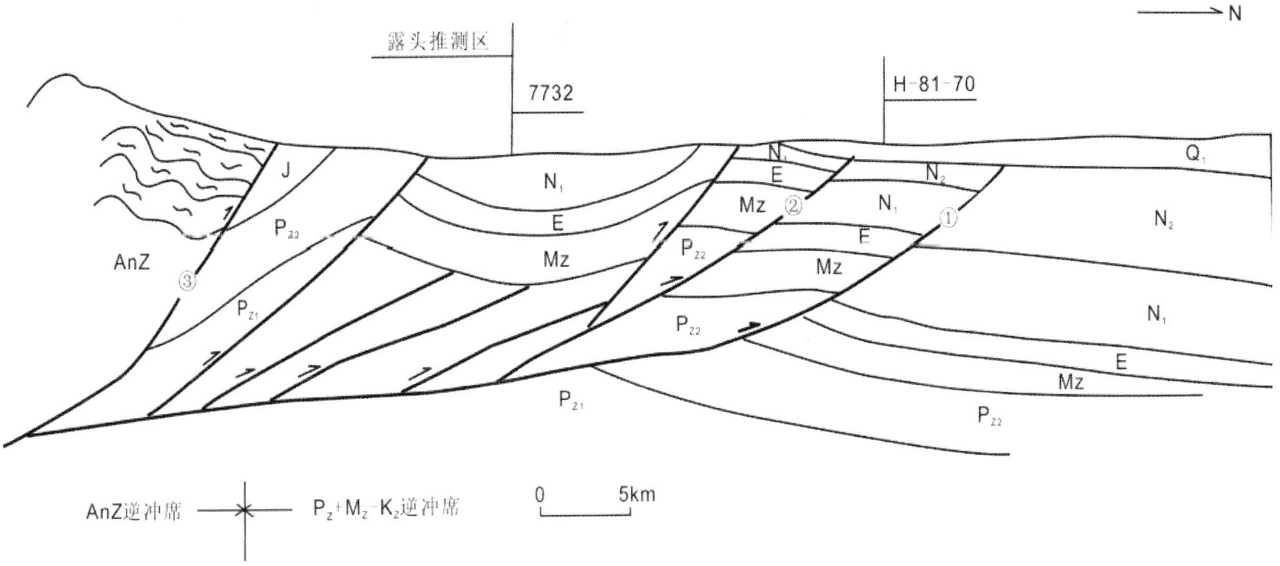

图 3-60　杜瓦河地质地震综合构造横剖面图（汤良杰，1996）

①为和田 1 号断层；②为和田 2 号断层；③为铁克里克北侧大断层

（5）铁克里克断裂：该断裂东起洛甫南，向西延伸经杜瓦、康开，最终隐没于昆仑山前第四纪冲积扇中，全长 240km，呈 NWW 向展布（图 3-60）。断裂带宽 60m 至数百米，杨克明等据杜瓦煤矿剖面揭示，此断裂带自南而北分为三个带：千糜岩糜棱岩带、糜棱岩带、碎裂带。他认为铁克里克断层经历了韧性变形、脆-韧性变形和脆性变形的三个变形阶段，在垂向上分属深、中、浅三个变形层次。现今出露于地表的断裂带特征，表明西昆仑地区曾发生过多次由南向北的逆冲，使得早期形成的深层次断层岩（如糜棱岩、初糜棱岩）逐渐达到浅部，继承性的断裂作用又形成了中浅层次的断层岩，从而使不同的断层岩系列在空间上伴生并产生水平上的分带。

（6）柯坪塔格-沙井子断裂带：该断裂带位于柯坪塔格断隆南缘，由柯坪塔格断层和沙井子断层组成，总长度大于 350km（图 3-61）。

柯坪塔格断层：全长大于 250km，呈 NEE-NE 方向舒缓波状延伸，断裂带宽达 50～150m。主断面在阿喀公路 1310km 路碑处十分清楚，倾角 18°～30°。该断层的主要活动时期是海西期和喜马拉雅期。该断层向下延入寒武系底部泥质岩、含膏泥岩滑脱层系之中，并构成了柯坪断隆和巴楚隆起的分界线。

沙井子断层：西起阿恰东南，经沙井子抵阿克苏东南腊巴附近（也可能延伸至喀拉玉尔滚断层），总体呈 NE 向展布，全长大于 120km。地震剖面资料表明，该断层在阿音柯尔以西较单一，仅沙井子主干断层（1 号）。以东分为阿克苏（2 号）、沙井子（1 号）、黑兹尔（4 号）、巧库鲁（3 号）、红星（5 号）和阿音柯尔（6 号）等断层（何登发，1996）。由西至东由沙井子断裂纵贯整个阿瓦提北界，构成主干断层，倾角 60°～70°。据 A-82-206 测线资料，T_6^0 垂直断距 7016m，最小水平断距 5700m（汤良杰，1996）。从横穿断层的剖面（90-NW-146、90-NW-160、90-NW-169 等测线）看，断层对南侧石炭系—二叠系有一定控制作用。喜马拉雅期是该断层主要活动时期，中新世断层生长指数达 2.00，并控制了阿瓦提坳陷第三系沉积厚度及分布（汤良杰，1996）。据断裂的平面组合特征分析，该断层具明显的反时针扭动特征，正是由于此间的强烈活动，造成断裂带的前缘发育阿南、英雄、羊瓦力、七郎滩等局部构造，为油气的富集成藏提供了良好的圈闭条件。

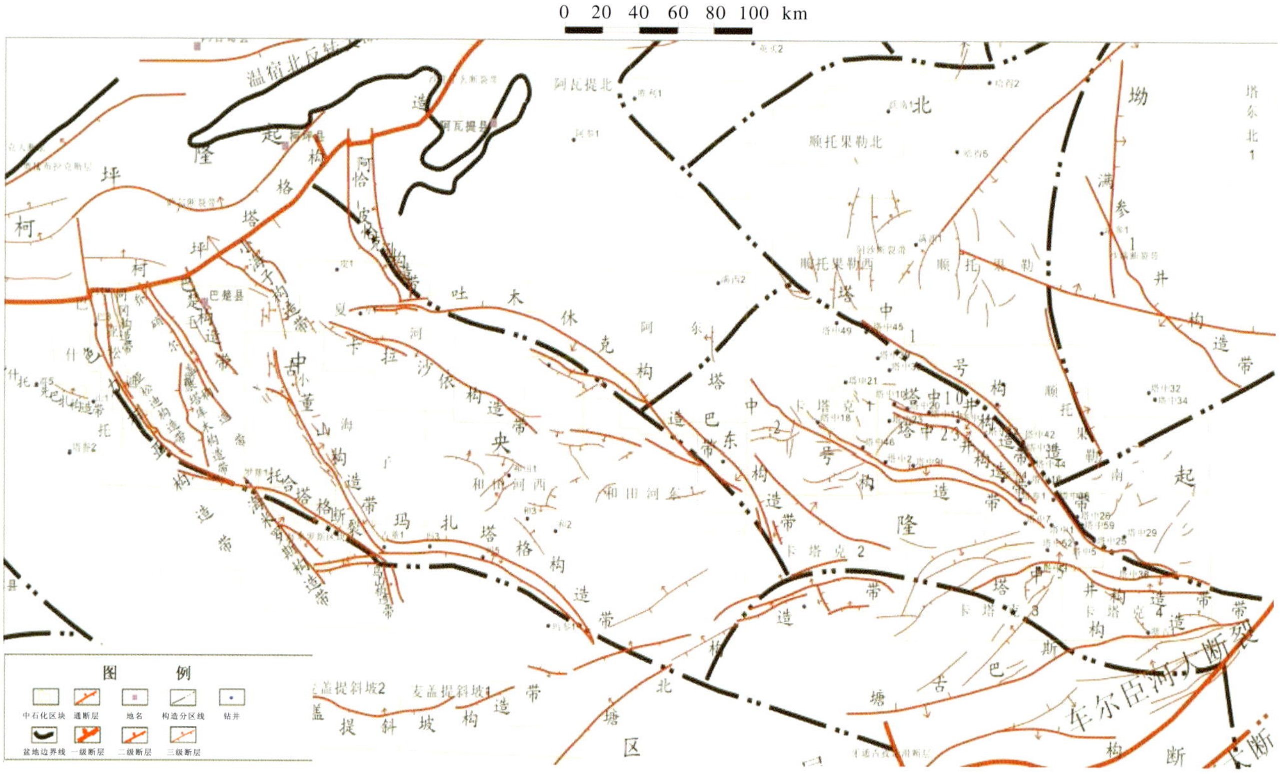

图 3-61　巴楚塔中隆起断裂展布图

（7）吐木休克断裂（带）：吐木休克断裂带是巴楚隆起的东北边界，走向由东段的 NW 向—中段近 EW 向—西段 NEE 向，呈向北东凸出的弧形展布，长约 166km（图 3-61）。向巴楚隆起方向陡倾。向上断至 T_2^0，向下断达基底（图 3-62）。吐木休克断裂下部分叉为向北东倾的分支，实际上是震旦纪的张性正断层（震旦系厚度差异），加里东期向上反转逆冲（断距上大下小）。海西晚期才发育了现今的吐木休克断裂。

（8）色力布亚断裂（带）：为巴楚隆起南界的北段，其南部呈 NW 向展布，向北转为 NNW 向，北端与柯坪隆起上的普昌断裂相接，并将柯坪断裂左行错开约 5km（图 3-62）；断裂延伸约 120km，倾向 NE-NEE，上断至 T_2^0 界面，向下断开 T_9^0 界面后进入基底；其最大断距 1600m，位于亚松迪附近，向两端渐弱；南端消失于康塔库木西南。该断裂为一条多期活动断裂，早加里东期、海西早期为张性正断层，其后逆反和走滑。

（9）玛扎塔格断裂（带）：由玛扎塔格断裂和派生断裂组成，西起海米-罗斯塔格断裂带南段东侧，向东经古董山沿玛扎塔格呈 SEE 向延伸，长约 145km，呈略向北突出的弧形（图 3-63）。玛扎塔格主控断裂构成隆起南界的东段，倾向 NNE，下部断入基底；本次解释修改了前人认识，我们认为玛扎塔格西南断裂是早加里东期张性断裂，可从其两盘震旦系—寒武系厚度差异得到证实，而且断裂东北盘保留部分中奥陶统和志留系，而南西盘缺失。从二叠系厚度差异看，张性断裂状态一直保持到海西晚期，其后，在挤压背景下产生玛扎塔格断层，喜马拉雅晚期强烈活动，中新世末强烈逆冲，上新世末逆冲走滑。玛北断裂为派生断裂，平行于主控断裂，相距 4～5km，倾向 SSW，上部陡，断开 T_2^0 界面进入第四系下部，下部缓，断开古生界止于主控断裂，组成“Y”字形背冲样式（图 3-63），形成于上新世末并强烈活动，早更新世末再次活动。在该断裂带之上发育一条早更新世形成的逆冲断裂，沿断裂带延伸方向展布，倾向 SSW，沿 T_3^0-T_5^0 界面间由麦盖提斜坡北侧顺古近系下部向断裂带上方逆冲，将古近系冲露地表。

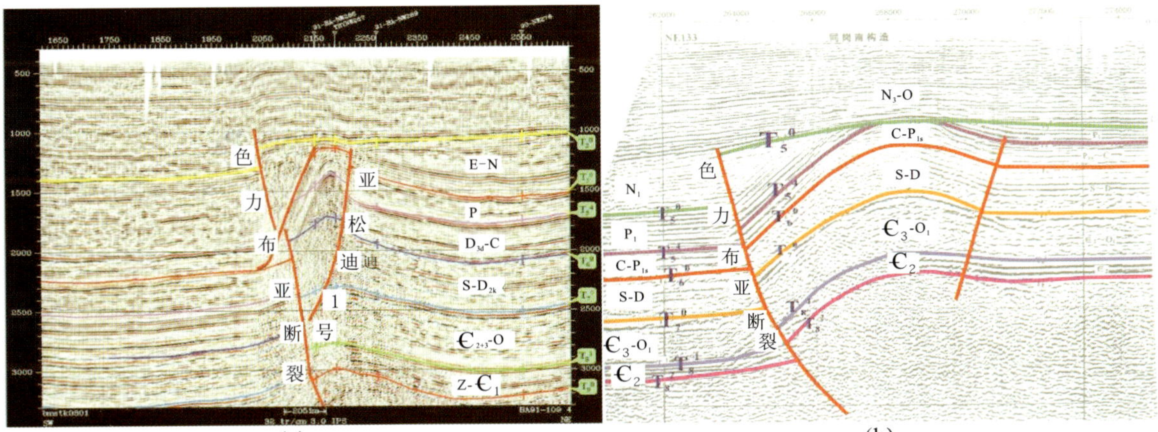

图 3-62　BA91-NENE109.4 线（a）和 NE133 线（b）亚松迪段地震地质剖面图面

（10）塔中Ⅰ号断裂（带）：塔中Ⅰ号构造上自北而南发育 15 条断层，其中 F1、F16 分别为塔中Ⅰ号北缘和塔中隆起南断层，两断层在剖面上形成一巨型背冲构造，南北宽 20～80km，东西长 240km，在其上部又发育了四排背冲式断层组合，形成了“大背冲套小背冲”的格局（图 3-64）。著名的塔中 1 井就位于第二排背冲断层带上，其断层特征见表 3-8。

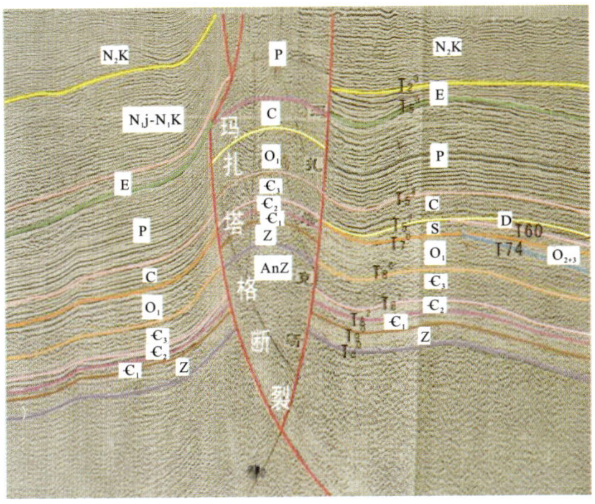

图 3-63　TLM-Z15 地震解释剖面

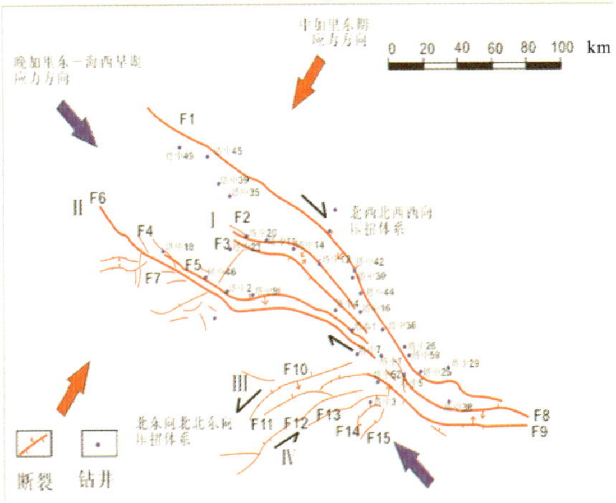

图 3-64　塔中Ⅰ号构造主干断裂分布图

从平面看，主要发育三组不同方向、不同级别的断裂体系，即分别为北西-北西西向、北东-北东东向、近东西向等三组断裂体系（图 3-64）。由于受隆起北缘塔中Ⅰ号边界断裂压扭性活动的影响，各断裂体系在平面上向东收敛于塔中Ⅰ号断裂和塔中 9 号裂之间，向北西西向撒开，呈“帚状”分布，具有右行雁行排列特征，表现出右旋走滑扭动构造变形特点。其中，北西-北西西向、近东西向断裂体系主要分布在隆起中北部的塔中Ⅰ号边界断裂附近区域内，而北东-北东东向断裂体系主要分布在隆起的南部边界区。

塔中Ⅰ号断层早古生代为北东倾向的张性正断层，有的剖面上现今还保留正断层状态，晚加里东期后发生逆反作用。

2. 走滑断层系统

该断层系统主要分布在塔里木盆地东南和西南地区。

（1）策勒-车尔臣河断裂带：该断裂带西起洛甫，向东经青格里河，沿车尔臣河北侧呈 NE 向延伸、直至伸出盆外、全长约 800km。断裂以牙通古孜转换断层为界，分为两条大断层，西为策勒大断层，东为车尔臣河大断层。断裂带倾向南，中东段倾角达 80°～85°，西段为 30°～85°。平面上东西两段向北弧形凸起，中段由于塔中隆起的阻挡，反向南微弧形凸出，使整个断裂带呈波形。该断裂带规模巨大，呈 NE

向延伸数百至上千公里。断裂（层）带均以陡倾角切入基底，断裂两盘地层存在厚度差异，具走滑特征，是典型的基底卷入型断裂组合。

表 3-8　塔中Ⅰ号构造主干断裂要素表

排数	断裂名称	性　质	走向	倾向	断开层位	最大垂直断距			延伸长度/km
						C_1 底	O_1 顶	Є底	
Ⅰ	F1	先正后逆	NW	SW	Z-O_1		4100	4000	>150
	F2	逆兼走滑	NW	SW	Є$_1$-O_3				80
	F3	逆兼走滑	NW	NE	Є$_1$-S+D	1200	1900	2000	90
Ⅱ	F4	逆兼走滑	NW	SW	Z-C	670	490	430	20
	F5	逆兼走滑	NW	SW	Z-C 底	180	300	340	>100
	F6	逆兼走滑	NW	NE	Z-C	100	1000	270	130
	F7	逆兼走滑	NWW	SW	Z-O_1		330	900	70
Ⅲ	F8	逆兼走滑	NW	SW	Z-C_1底	300	630	520	100
	F9	逆兼走滑	NW	NE	Z-C		3600	3500	140
	F10	逆兼走滑	NEE	SE	Z-O_3				60
	F11	逆兼走滑	NEE	NW	Z-C_1		840	1240	40
Ⅳ	F12	逆兼走滑	NE	NW	Z-C_1底				60
	F13	逆兼走滑	NEE	N	Z-C_1底				40
	F14	逆兼走滑	NE	SE	Z-C_1底		610	570	20
	F15	逆兼走滑	NE	NW	Z-C_1底				20

（2）库孜贡苏-克孜勒陶断裂带：该断裂带由康苏-米亚和库孜贡苏-克孜勒陶等断层（带）组成。在区域上相当于著名的塔纳斯-费尔干纳走滑断层系南段。

康苏-米亚走滑断层（带）：北段称康苏走滑断层，南段称米亚断层。两者在乌恰谷地被白垩系至新生界掩盖，全长 260km，断面西倾，倾角 50°，据其控制的断陷盆地两侧地层分析，燕山早期可能为东倾正断层。

库孜贡苏-克孜勒陶断层（带）：北段称库孜贡苏断层，南段称克孜勒陶断层。总体呈 NNW 向展布，长度大于 300km，倾向西。与康苏-米亚断裂带一起在燕山早期控制了乌恰-克孜勒陶侏罗系断陷盆地的发育，具右旋走滑性质。

（3）普昌断裂带：该断裂带北起奥依布拉克山，经皮羌村，向南抵色力布亚东北，呈 NNW 向展布，全长 130km。断裂带剖面上具典型的正花状形态，平面上具同方向的伴生及派生构造。

普昌断层：主断裂带宽 8～60m，何登发等通过观测发现断层泥及张性、压（扭）性两种断层角砾岩共存，反映该断层曾有过挤压、拉张活动，主断面较陡，近于直立。杨克明等认为该断层至少具有两次走滑活动，一次为右旋走滑，另一次为左旋走滑。

（4）阿恰—皮恰克逊断裂带：该断裂呈 NNW 向展布，长约 90km，巴楚隆起西段的东北界，北端进入柯坪隆起东部，将柯坪-沙井子断裂左行错开 7km，南端消失于吐木休克断裂附近，为巴楚隆起与阿瓦提断陷的分界。阿恰断裂走向 NNW，倾向 SWW，倾向 SW-SWW，中段向西突出。倾角较陡，为 60°～90°，下部 45°～60°。断开层位最新为中新统，下部切穿古生界。该断裂为压性逆冲断裂，兼具左行走滑性质。该带与其派生的皮恰克逊断裂组成背冲断隆。

皮恰克逊断裂为派生断裂，与主控断裂近于平行，相距 5～10km，两端窄中部宽，断面倾向 NEE，上部陡，断至 T_2^0 界面，下部缓，断开古生界终止于主控断裂，组成“Y”字形背冲样式。阿恰西断裂为次级派生断裂，与皮恰克逊断裂近平行展布，倾向 SWW，上断至 T_2^0 界面，下断开 T_7^0 界面止于皮恰克逊断裂，与主控断裂和皮恰克逊断裂组成正花状样式。皮恰克逊断裂形成于海西晚期，喜马拉雅期强烈活动，产生众多表层派生断层。

3. 正断层系统

本次研究通过对全盆 23 条区域骨架剖面和重点地区 100 余条二维剖面综合解释，对塔北、塔中、巴楚以及满加尔凹陷等构造单元的深大断裂以及隐伏基底断裂进行了精细解释，盆地早期主要发育了一系列北西向、北北西向及近南北向基底正断裂（表 3-9）。结合区域构造应力场，按照基底正断裂的现今性质和发展演化特征，将其分为三类。

1）现今基底正断裂

此类断裂主要特征为规模不大，断距较小，走向北西，主要断开震旦—寒武系地层（T_8^1-T_D^0）（图 3-65），一般发育在深大断裂附近。分析其原因，加里东早期天山构造域、昆仑山-阿尔金山构造域为拉张构造背景，塔里木盆地受 NE-SW 方向张应力作用，主要发育北西向的张性断裂；但后期构造应力反转为挤压背景，由于附近大型断裂强烈挤压变形，应力大规模释放，例如图 3-65b 和图 3-65c 由于加里东晚期吐木休克断裂以及塔中Ⅰ号断裂的反转逆冲，基底的小型早期正断裂得以保存，即此类型正断裂为加里东早期一期发育，后期没有受到挤压改造，至今仍保持正断裂形态。

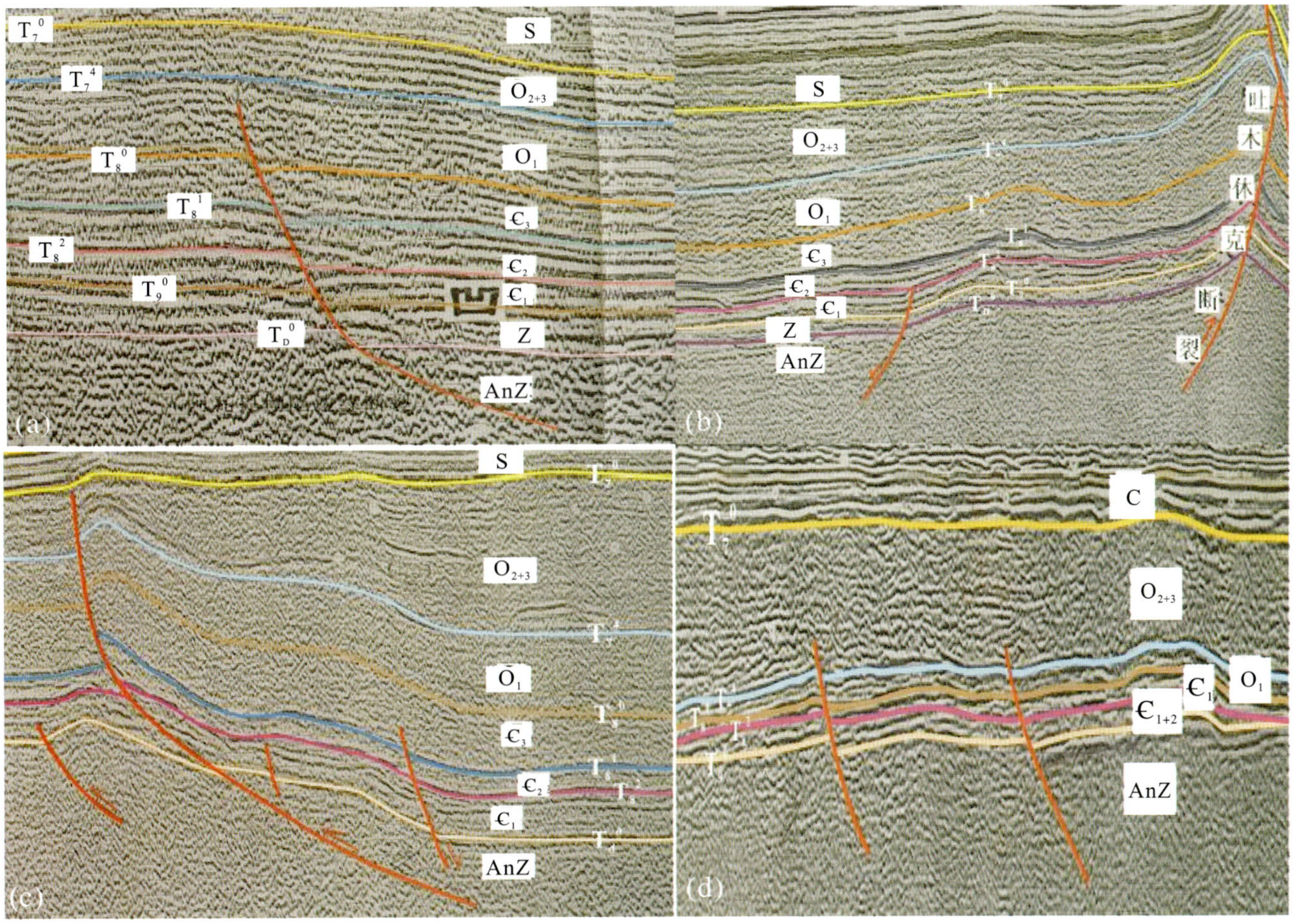

图 3-65　塔里木盆地现今基底正断裂剖面特征

（a）TLM-Z15 测线阿瓦提坳陷边缘断裂；（b）TLM-Z30 测线吐木休克南部正断裂；
（c）TLM-Z50 测线塔中 1 号北侧基底正断裂；（d）TLM-L250 测线塔东基底正断裂

表 3-9　塔里木盆地早期张性正断裂要素表

序号	断裂名称	构造位置	切割层位	性质	视产状	活动时期
1	和田河东南断裂	和田河东南部	AnZ，Z，Є_1，Є_2，Є_3，O_1，O_{2+3}	逆	NW∠30°～45°	AnZ，Z，Є_1，Є_2，Є_3，O_1早期正断层；O_{2+3}时反转
2	塔东 1 井西南深部断裂 1	塔东 1 井附近	AnZ，Z，Є_{1+2}，Є_3，O_1，O_2	正	NE∠60°	AnZ，Є_{1+2}，Є_3，O_1.O_2早期正断层，现今仍为正断层
3	塔东 1 井西南深部断裂 2	塔东 1 井附近	AnZ，Z，Є_{1+2}，Є_3，O_1，O_2	正	NE∠60°	AnZ，Z，Є_{1+2}，Є_3，O_1，O_2早期正断层，现今仍为正断层
4	顺托果勒东南深部断裂	顺托果勒东南部	AnZ，Z，Є_1	正	SE∠70°	AnZ，Z，Є_1早期正断层，现今仍为正断层
5	顺托果勒东南断裂	顺托果勒东南部	AnZ，Z，Є_1，Є_2，Є_3，O_1，O_{2+3}	上逆下正	NW∠45°～60°	AnZ，Z，Є_1，Є_2，Є_3，O_1早期正断层；O_{2+3}时反转
6	满参 1 井北断裂	满参 1 井北部	AnZ，Z，Є_1，	正	SE∠80°	AnZ，Z，Є_1，早期正断层，现今仍为正断层
7	孔雀河斜坡南缘断裂	孔雀河斜坡南缘部	AnZ，Z，Є_1，Є_3，O_{2+3}，S，D，T，J	逆	SEE∠70°～80°	AnZ，Z，Є_1为早期正断层，Є_3时期断层未活动；O_{2+3}反转
8	阿南 1 井东断裂	阿南 1 井东部	AnZ，Z，Є	逆	SEE∠80°～85°	AnZ，Z，Є，早期正断层；O_{2+3}时反转
9	色力布亚断裂	巴楚隆起与麦盖提斜坡分界	Z，Є，O，S，D，C，P，E	逆	NE∠70°～80°	Z，Є，O 为早期正断层，一直到 P 为正断层状态，直到 P 末期反转
10	捷得 1 井深部断裂	捷得 1 井下部	AnZ，Z，Є_{1+2}，Є_3，O_1，D，C，P，E	上逆下正	SW∠70°～80°	AnZ，Z，Є_{1+2}，Є_3，O_1为早期正断层，O_{2+3}时反转，O_1以下仍为正断层，以上为逆断层，断入地层 D，C，P，E
11	古董山深部断裂	古董山断裂带	AnZ，Z，Є_{1+2}，Є_3	正	NE∠70°	AnZ，Z，Є_{1+2}，Є_3早期正断层，现今仍为正断层
12	皮山西断裂	皮山西部	AnZ，Z，Є_{1+2}，Є_3-O_1，D，C，P，E	逆	NE∠70°～80°	AnZ，Z，Є_{1+2}早期正断裂，O_{2+3}时反转
13	康塔库木断裂	康塔库木西构造	AnZ，Z，Є_{1+2}，Є_3-O_1，S-D_1，D_3-P_1	逆	NE∠60°～70°	AnZ，Z，Є_{1+2}.Є_3-O_1早期正断裂，S-D_1沉积前反转，海西晚期继续逆冲断入 P
14	捷得 1 井东南断裂	捷得 1 井东南部	AnZ，Z，Є_{1+2}，Є_3，O_1，D，C，P	上逆下正	SW∠70°～80°	AnZ，Z，Є_{1+2}早期正断裂（现仍为正），O_{2+3}时反转，海西晚期继续活动断入 P
15	麦盖提斜坡 2 断裂	麦盖提斜坡构造带	AnZ，Z，Є_1，Є_2，Є_3，O，C，P	上逆下正	NE∠30°～50°	AnZ，Z，Є_1，Є_2早期为正，Є_3早期下部为正，上部为逆，O 时开始反转
16	玛扎塔格断裂	巴楚隆起与西南坳陷的分界	AnZ，Z，Є_1，Є_2，Є_3，O，C，P，E，N	逆	NE∠75°～85°	AnZ，Z，Є_1，Є_2，Є_3，O_1早期正断层，状态持续至 P 时期，并断入 P，P 末反转，断入 N
17	阿瓦提断裂 1	阿瓦提凹陷中部	AnZ，Z，Є_1，Є_2，Є_3，O_1，O_{2+3}，S，D，C，P	逆	SE∠60°～85°	AnZ，Z，Є 1，Є 2 早期正断层，喜山期反转，向上断至 P
18	阿瓦提深部正断裂	阿瓦提凹陷中部	AnZ，Z，Є_1，Є_2，Є_3，O_1	正	NW∠45°～60°	AnZ，Z，Є_1，Є_2，Є_3，O_1早期正断层，现今仍为正断层
19	温宿北反转大断层南部断裂	温宿北反转大断层南部	AnZ，Z，P_Z	逆	NNW∠40°～60°	AnZ，Z，早期正断层，P_Z时反转
20	和田河西深部断裂	和田河西深部	AnZ，Z，Є_1，Є_2	逆	S∠70°～85°	AnZ，Z，早期正断裂，O_{2+3}时反转，断入Є_1，Є_2
21	卡塔克西北深部断裂	卡塔克西北部	AnZ，Z，Є_1，Є_2，Є_3，	逆	NE∠65°	AnZ，Z，Є_1早期正断裂，O_{2+3}时反转，断入Є_3

（续表）

序号	断裂名称	构造位置	切割层位	性质	视产状	活动时期
22	顺托果勒西部断裂	顺托果勒西部	AnZ，Z，Є$_{1}$，Є$_{2}$，Є$_{3}$，O$_{1}$，O$_{2+3}$，S，	逆	SW∠70°～80°	AnZ，Z，早期正断裂，O$_{2+3}$时反转，持续至志留纪
23	麦盖提斜坡东南断裂	麦盖提斜坡东南部	AnZ，Z，Є$_{1+2}$，Є$_{3}$，O$_{1}$，D，C，P，E，N	逆	S∠45°～80°	AnZ，Є$_{1+2}$，Є$_{3}$，O$_{1}$早期正断层；O$_{2+3}$反转，加里东中期，海西早期，喜山中期活动，断入新近系
24	卡塔克南深部断裂	卡塔克南部	AnZ，Z，Є$_{1}$，Є$_{2}$，Є$_{3}$，O$_{1}$	逆	NE∠45°～80°	AnZ，Є$_{1+2}$，Є$_{3}$，O$_{1}$早期正断层；O$_{2+3}$时反转
25	卡塔克北深部断裂	卡塔克北部	AnZ，Z，Є$_{1+2}$，Є$_{3}$	逆	NE∠55°	AnZ，Z，Є$_{1+2}$为早期正断层；早Є$_{3}$时反转
26	顺托果勒东部深部断裂	顺托果勒东部	AnZ，Z，Є$_{1}$，Є$_{2}$，Є$_{3}$	正	NE∠80°～90°	AnZ，Z 为早期正断层；Є$_{3}$时反转
27	阿克库木深部断裂	阿克库木断裂带	AnZ，Z，Є$_{1+2}$，Є$_{3}$	逆	S∠80°	AnZ，Z 为早期正断层；Є$_{3}$时反转向上断入Є$_{3}$
28	塔中 10 号深部断裂 1	塔中 10 号构造	AnZ，Є$_{1}$，Є$_{2}$，Є$_{3}$	正	NNE∠70°	AnZ，Є$_{1}$，Є$_{2}$，Є$_{3}$早期正断层，现今仍为正
29	塔中 10 号深部断裂 2	塔中 10 号构造	AnZ，Є$_{1}$，Є$_{2}$	逆	NNE∠70°	AnZ，Є$_{1}$，早期正断层；O$_{2+3}$时反转向上断入Є$_{3}$
30	塔中Ⅰ号深部断裂	塔中Ⅰ号构造带	AnZ，Є$_{1}$，Є$_{2}$，Є$_{3}$	正	NNE∠80°	AnZ，Є$_{1}$，Є$_{2}$，Є$_{3}$早期正断层，现今仍为正
31	满加尔凹陷西南深部断裂	满加尔凹陷西南部	AnZ，Є$_{1}$，Є$_{2}$	正	NE∠60°～80°	AnZ，Є$_{1}$，Є$_{2}$早期正断层，现今仍为正
32	满加尔凹陷南深部断裂	满加尔凹陷南部	AnZ，Z，Є$_{1+2}$，Є$_{3}$-O$_{1}$	正	NNE∠45°～70°	AnZ，Z，Є$_{1+2}$，Є$_{3}$-O$_{1}$早期正断层，现今仍为正
33	满加尔凹陷东断裂	满加尔凹陷东部	AnZ，Z，Є$_{1+2}$，Є$_{3}$-O$_{1}$，O$_{2+3}$，S，D，C，P，J，K	逆	NW∠45°～60°	AnZ，Z 早期正断层，加里东晚期至河西早期逆冲
34	阿南 1 井断裂	阿南 1 井附近	AnZ，Z，Є-O$_{1}$，O$_{2+3}$	正	NE∠60°	AnZ，Z，Є-O$_{1}$，O$_{2+3}$早期正断层，现今仍为正
35	罗布泊北断裂	罗布泊北缘断裂带	AnZ，Z，Є-O$_{1}$，O$_{2+3}$	正	NE∠80°	AnZ，Z，Є-O$_{1}$，O$_{2+3}$早期正断层，现今仍为正
36	古董山深部断裂	古董山构造带	AnZ，Z，Є$_{1+2}$	上逆下正	NE∠70°	AnZ，Z 为早期正断层，晚寒武世早期反转，O$_{2+3}$时再次逆冲
37	古董山东北深部断裂	古董山构造带	AnZ，Z，Є$_{1+2}$，Є$_{3}$+O$_{1}$，S+D$_{2}$	逆	SW∠45°	AnZ，Z 为早期正断层，O$_{2+3}$时反转，向上断入Є$_{1}$
38	托合塔格山北断裂	托合塔格山北部	AnZ，Z	正	NE∠45°	AnZ，Z 为早期正断层，现仍为正
39	巴楚盐场南断裂	巴楚盐场南部	AnZ，Z，Є$_{1+2}$，Є$_{3}$+O$_{1}$	逆	NE∠60°～80°	AnZ，Z，Є$_{1+2}$，Є$_{3}$-O$_{1}$为早期正断层，O$_{2+3}$时反转，海西早期断入 S-D$_{2}$
40	罗斯塔格北断裂	罗斯塔格北部	AnZ，Z，Є$_{1+2}$，Є$_{3}$+O，S+D$_{2}$，D$_{3}$d-C，P，T	逆	NE∠70°～80°	AnZ，Z，Є$_{1+2}$，Є$_{3}$+O，S+D$_{2}$为早期正断层，海西早期后期反转
41	卡拉沙依附属深部断裂	卡拉沙依断裂带	AnZ，Z，Є$_{1}$，Є$_{2+3}$-O$_{1}$，O$_{2+3}$，S$_{1}$，S$_{2+3}$D，Dns，C，P	上逆下正	SW∠45°～65°	AnZ，Z，Є$_{1}$早期正断层，P 末（海西晚期）反转
42	吐木休克深部北东分支断裂	吐木休克断裂	AnZ，Z，Є$_{1+2}$，Є$_{3}$，O$_{1}$	逆	NW∠70°～80°	AnZ，Z，Є$_{1+2}$，早期正断层，加里东中晚期向上反转逆冲
43	轮台断裂	轮台断隆带	AnZ，K-E，N，Q	上正下逆	N∠35°～35°	AnZ，Z，Є，O$_{1+2}$早期正断层，O$_{3}$沉积后反转，加里东晚期，海西期逆冲，喜马拉雅期，发生逆反转，K-E，N，Q 表现为正断层性质

2）现今上逆下正断裂

此类断裂规模相对较大，上下两端地层断距大，中间相对较小，倾向较缓，主要断开震旦—志留系地层（T_6^0-T_D^0），如图 3-66a 中北北西向乔硝尔盖断裂下部震旦系—下奥陶统为正断层，而上部中上奥陶统—志留系为逆断层，而且下奥陶统顶面（T_7^4）和奥陶系顶面（T_7^0）断距一致，结合区域应力场演变分析，认为此断裂为奥陶系沉积前（加里东早期）形成的张性正断层，且早期断距较大，海西早期受北西南东向挤压，断裂反转逆冲，但由于断裂倾向较缓，冲断规模相对较小，向上错断奥陶—志留系地层，而底部仅仅是有限改变断距，正断裂的形态没有发生根本性变化，仍可从剖面直接识别。图 3-66b 为 Z30 剖面上的塔中基底张性正断层特征。

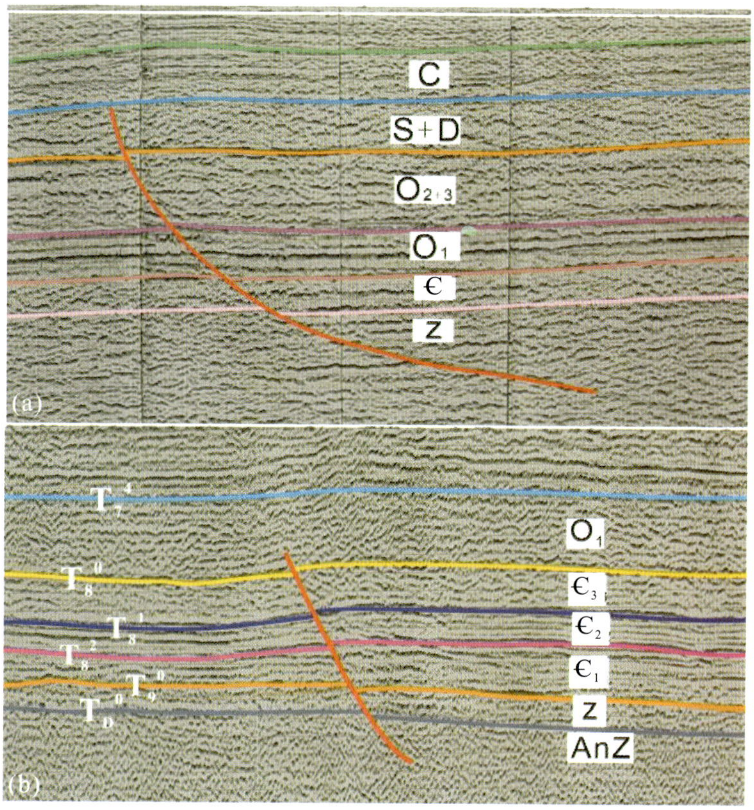

图 3-66　塔里木盆地现今上逆下正断裂剖面特征

（a）B97-83 测线乔硝尔盖断裂；（b）TLM-Z30 测线塔中基底张性正断层

3）早期正断裂后期反转的断裂

此类断裂规模巨大，且经历多期构造活动，主逆冲断裂多为北倾的同沉积张性断裂经反转而形成的深大逆断裂，断陷期主要是早古生代早期，倾向较陡，地层断距大，后期逆冲剥蚀严重。图 3-67a 剖面中可见阿克苏鼻隆区三条北倾断裂，虽然总体呈现逆断层，且上部地层剥蚀严重，但是左侧两断裂上盘震旦系厚度明显大于下盘，可见震旦沉积期为基底正断裂，地层向北依次断陷增厚，后期受构造运动影响，反转逆冲抬升，且抬升幅度向南依次减弱。图 3-67b 剖面中色力布亚断裂上盘震旦—寒武系以及二叠系厚度明显大于下盘，结合区域构造背景分析，分别对应加里东早期区域张性应力场和海西晚期短暂拉张背景，可见此断裂多期活动，早期为基底正断裂，加里东早期持续裂陷，加里东中晚期构造应力反转，断裂点成为应力释放区而反向逆冲，海西晚期早—中阶段再次表现为张性断层，晚二叠世沉积加厚，其后趋于稳定，但在喜山中晚期再次大规模冲断，现今呈现大型逆冲断裂特征。图 3-67c 剖面中塘北早期断层明显地表现为中下寒武统地层下盘厚度大于上盘，可见早期均为基底正断裂，后期剧烈反转逆冲，断裂性质改变。图 3-67d 剖面中孔雀河北断裂和兴地断裂上盘震旦系厚度明显大于下盘，可见早期均为基底正断裂，后期剧烈反转逆冲，断裂性质改变。

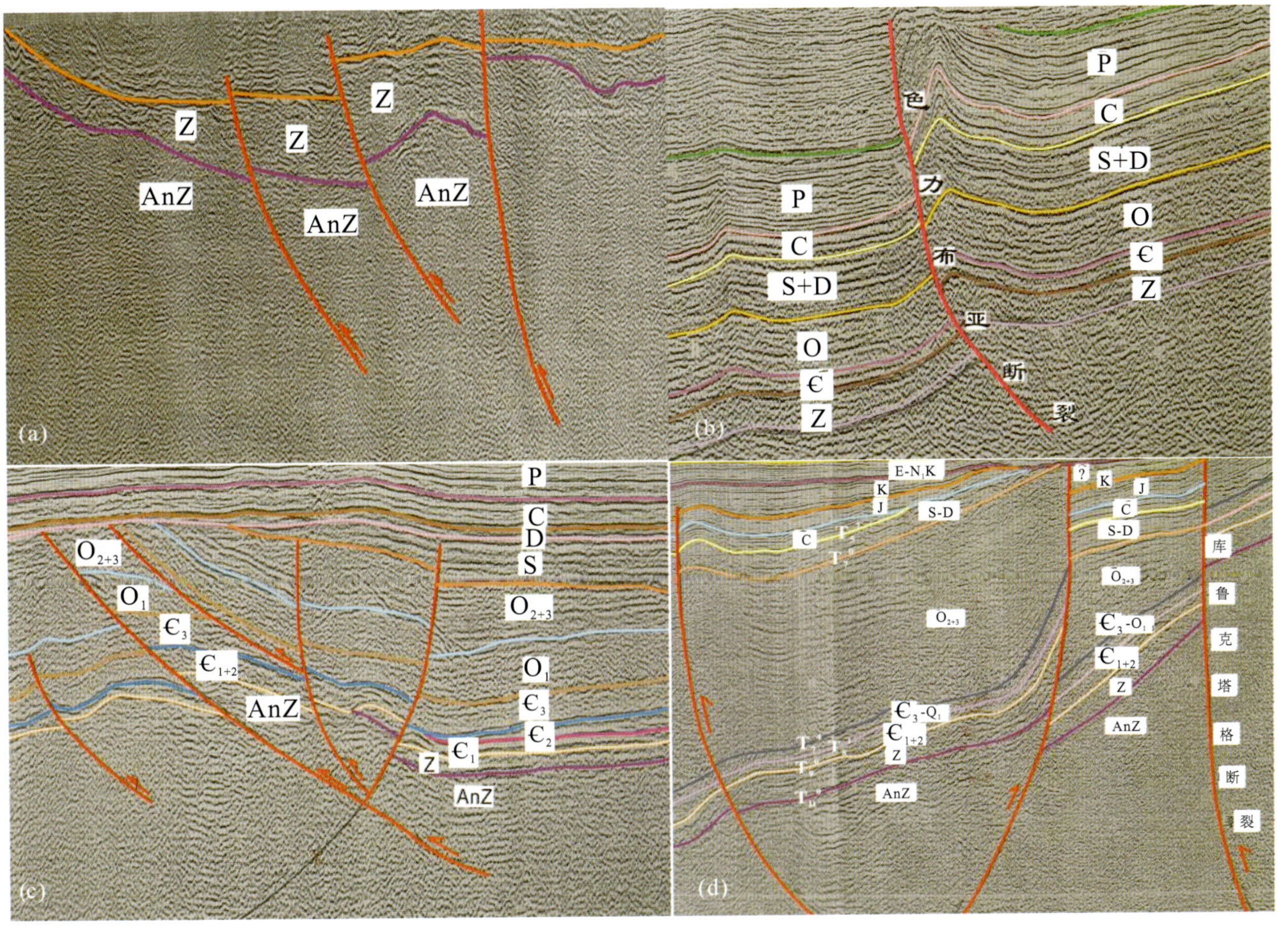

图 3-67　塔里木盆地早期正断裂后期正反转剖面特征

(a) TLM-Z15 测线阿克苏鼻隆早期张性正断层；(b) TLM-L400 测线色力布亚断裂；
(c) TLM-Z40 测线塘北早期张性正断层；(d) TLM-Z80 测线孔雀河北断裂和兴地断裂

另外，根据图 3-35 吐木休克北倾断裂两盘震旦系地层厚度的明显差异，可推断此断裂为基底隐伏正断层，震旦系裂陷，后期断裂反转并大规模发育，早期断裂形态被彻底改造。而图 3-37 玛扎塔格北倾主断裂两盘寒武系—下奥陶统地层厚度明显差异，结合塔里木盆地的演化背景，可见此断裂为加里东早期正断裂，加里东中晚期反转为压扭性逆断层，并在喜山晚期大规模逆冲。可见此类断裂有些为基底正断裂，有些为加里东早期张性断裂，但都经历了加里东中晚期的构造反转，并在海西期复活，后期持续活动，大规模逆冲，将早期正断裂面貌改造得“面目全非”，因此造成现今早期正断裂难易识别。

4) 盐体相关正断层

后期局部地区由于盐体活动产生少量正断层，规模不大，如阿克库勒盐上正断裂（塔河南断裂）。盐的塑性流动不仅影响局部构造的形成、分布，和部分断层的形成发育也具密切的关系。阿克库勒凸起南部大面积发育石炭系的膏泥盐层，局部最厚可达 200m，据有关资料，只要盐层之上的地层厚度达到 1800～2000m，便极易产生塑性流动，产生局部加厚，在盐层外流的区域、地层产生下陷并形成小型张性正断裂；盐层局部加厚富集区则产生底辟作用，顶部产生张性正断层。例如阿克库勒地区牧场—桑塔木盐边和塔河南 NE 向正断裂发育带，就是在张扭应力场以及盐活动二者的共同作用下产生的。

由于本次研究主要依据全盆 23 条骨架剖面和塔中、塔北、巴楚等地区 100 余条二维地质剖面及部分三维地震资料，故发现的正断裂主要集中在塔北、满加尔凹陷边缘、塔中和巴楚地区。塔里木盆地早期主要发育走向北西-南东向早期正断裂和局部北东向和近南北、东西向正断裂（表 3-9）。部分断裂仅断穿震旦系、寒武系或下奥陶统，后期改造作用不明显，仍保持正断裂形态；多数断裂向上断穿奥陶系，由于加里东晚期—海西期构造运动的强烈挤压，正断层系统被反转或被改造而导致正断性质被掩盖。通过早期正断裂平面展布规律，我们认为塔里木盆地早加里东期存在一个北东-南西向的水平拉张应力。

在此基础上，本次研究一个重大突破就是首次精确确定了库满坳拉槽边界断裂位置。贾承造（1996）就曾提出震旦纪—早奥陶世塔里木盆地周缘均为被动大陆边缘，这期间发生的重要地质事件包括从早震旦世开始，塔里木盆地东北缘发育三叉裂谷系，以库鲁克塔格地区震旦纪—早寒武世发育酸性和基性两种模式的大陆裂谷火山岩系为特征，其中东西两支在后来发展为古南天山洋，一支伸入塔里木盆地东北部，形成坳拉槽，并称为“库满坳拉槽”，但他们仅以一条剖面为依据，且槽南断层南倾显然不足以证明为坳拉槽控槽边界断层。林畅松等解释出多条早期正断层，但并未勾绘出平面展布状态。

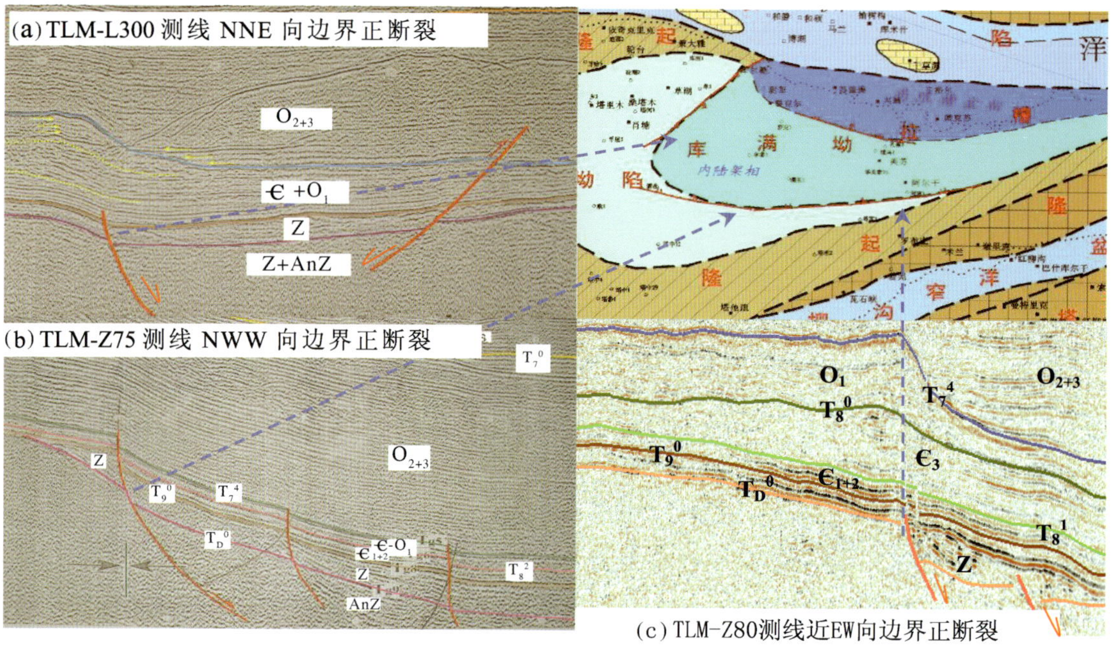

图 3-68 塔里木盆地早震旦世库满坳拉槽及边界断裂特征

本次工作证明库满坳拉槽位于盆地东部，为一向西呈弧形凸出、向东开口的 U 形拗槽，是由北东向和近东西向两组早期基底正断层控制的裂陷形成的，其中西北缘北东向边界断裂南东倾，南缘包括北西西向和东西向两条正断裂，整体近东西向，向北倾。这两组断裂直接控制了震旦—寒武纪坳拉槽的发育（图 3-68）。北东向断裂（图 3-68a）主要断开震旦—寒武系。虽然断距不大，但是它们的发育对奥陶纪沉积基底的局部的陡变、挠曲以及平缓斜坡发育提供基础，并且此处寒武纪—早奥陶世一直处于台地-陆棚相的斜坡沉积环境，为中上奥陶统台缘建隆、礁滩等有利的沉积相带的发育提供基础（边界正断裂附近大都发育礁滩等特殊地震相，如图 3-69 礁滩体的形成与基底隆起和张性断层有关）。近东西向边界断裂整体北倾，主要包括北西西向和东西向两条正断裂。北西西向断裂（图 3-68b）为基底正断裂，控制了震旦系的沉积，并且在加里东早期持续活动，部分断裂在加里东中期反转为逆断层，但一般不会断穿奥陶系顶面（T_7^0）；近东西向断裂（图 3-68c）主要断开震旦系，为基底正断裂，后期没有继承性活动，对震旦系沉积的控制作用不明显。库满坳拉槽边界正断裂的确定为盆地原型的研究和早期沉积构造的分析奠定了基础。

早期张性正断裂对于同期及后期沉积的发育具控制作用，在塔中（图 3-69）和巴楚地区表现的非常明显，图 3-70 为巴楚隆起西段早期正断裂控制奥陶纪沉积相图，由图 3-47ab 可知早期古董山正断裂和巴楚盐场南正断裂对早中奥陶世鹰山-一间房期沉积相及中晚奥陶世沉积相具明显的控制作用。

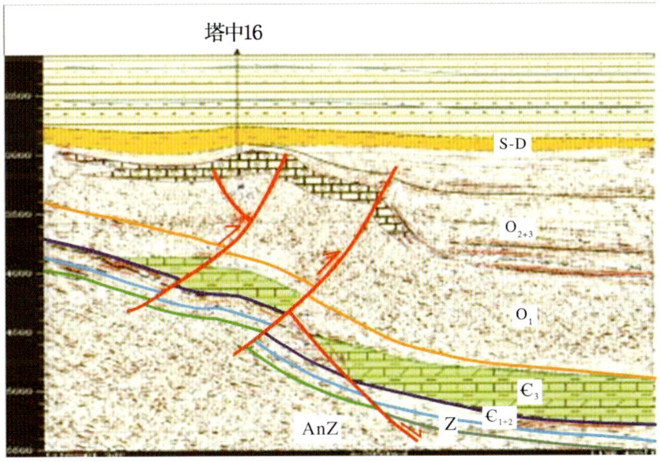

图 3-69　塔中 16 井地震剖面

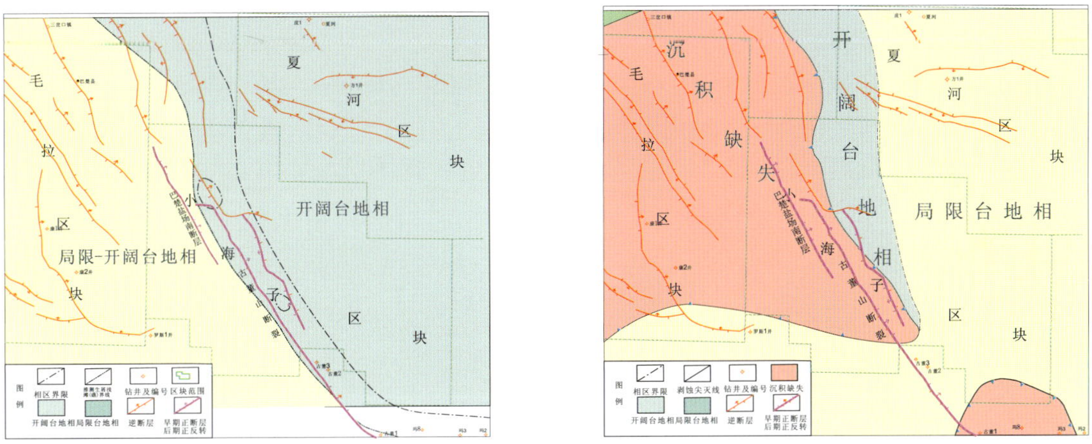

（a）早期正断裂控制早中奥陶世鹰山—一间房期沉积相图　　（b）早期正断裂控制中晚奥陶世沉积相图

图 3-70　巴楚隆起西段早期正断裂控制奥陶纪沉积相

3.3　本章小结

1. 依据盆地伸展-聚敛旋回演化过程，在塔里木盆地内识别出 10 个重要不整合面，并依据不整合的叠合过程，重新对不整合面的命名、含义进行了描述。完成了加里东中期、海西早期、海西晚期和印支期的不整合面展布图。

（1）考虑不整合面主要反映关键时期构造运动强度及影响程度，同时，由于构造运动的叠加性和改造性，早期的不整合面会受后期构造运动的影响，进一步接受改造而发生“旧颜换新貌”的情况。此时，早期的不整合面在分布范围上会比实际发生剥蚀的范围小，该不整合面并不能真正反映当时不整合的分布，研究认为不整合面采用“时期＋残余不整合面”的命名比较科学合理。

（2）将塔里木盆地的不整合主要划分为构造机制作用下的构造不整合和沉积机制作用下的沉积不整合两大类型。构造不整合包括削截不整合和褶曲不整合，沉积不整合包括超覆不整合、下超不整合和假整合。

2. 在系统整理塔里木盆地资料的基础上，对盆地断裂进行了系统识别和解释，依据断裂的规模及在盆地中的作用将盆地内的断裂分为四级，分别按层位和时期完成了 12 张断裂展布图，并对不同层位和不同时期的断裂展布特征进行了描述分析。

（1）寒武—奥陶系断裂主要分布在中央隆起带、柯坪隆起、塘古孜巴斯凹陷、阿瓦提断陷、孔雀河斜坡、顺托果勒隆起和沙雅隆起南部。志留系—中泥盆统断裂主要分布在塔西南、巴楚隆起、柯坪隆起、阿瓦提断陷、顺托果勒隆起和沙雅隆起南部。石炭—二叠系断裂主要分布在塔西南、麦盖提斜坡、巴楚隆起、柯坪隆起、阿瓦提断陷、顺托果勒隆起和沙雅隆起南部，塔中隆起仅有少量断距较小的断层发育。三叠—侏罗系断裂主要分布在塔西南山前带、塔东南、古城墟隆起、沙雅隆起、阿瓦提断陷和库车坳陷。新生界断裂除了满加尔坳陷、塔中隆起、古城墟隆起和孔雀河斜坡不发育外，其余地区均较发育。

(2) 加里东中期盆内断裂主要发育在塔中隆起、古城墟隆起、塘古孜巴斯凹陷和塔北地区内。加里东晚期—海西早期断裂主要发育在塔中隆起、塘古孜巴斯凹陷、阿瓦提断陷、塔北隆起，其次是巴楚隆起、古城墟隆起和孔雀河斜坡。海西晚期断裂活动主要分布在麦盖提斜坡、巴楚隆起、阿瓦提断陷、顺托果勒隆起、塔北隆起和孔雀河地区。印支期断裂活动主要集中在盆地周边塔西南、塔东南及南天山的山前地区，以及塔东孔雀河地区。燕山晚期运动在巴楚隆起、塔北隆起、塔东南、孔雀河斜坡东部和库车坳陷构造活动强烈。喜马拉雅期断裂主要以强烈的逆冲推覆构造为主，如在库车褶皱冲断带、柯坪隆起、塔西南和塔东南地区发育大量的逆断层及逆冲断层。

3. 通过对隆起典型断裂的演化分析，总结了塔里木盆地主干断裂的成因并分析了形成时期和主干断裂构造特征。

(1) 巴楚隆起区内断裂主要发育有 NW 向、近 EW 向和 NE 向三组断裂体系，以压扭性断裂构造为主；构造变形样式以基底卷入型花状构造、“Y”字形构造为主。西部断隆主要发育 NNW 向断裂。

(2) 沙雅隆起主要发育 NEE-近 EW 向与 NW 向两组断裂体系。NEE 断裂主要发育在隆起北部以及东部地区，包括沙雅-轮台断裂带、亚南断裂带；NW 向断裂主要发育在隆起西部、东北部地区，包括喀拉玉尔滚-柯吐尔断裂、巴里英断裂等。三条主干断裂带（亚南断裂带、沙雅-轮台断裂带和喀拉玉尔滚-柯吐尔断裂带）控制了沙雅隆起的发育，具有北强南弱的特点。

(3) 塔中隆起加里东早期形成最早断裂，加里东中晚期反转并产生其他新断裂，走向以北西西和近东西向的断裂为主。北西西-近东西向断裂发育较早，部分主要断裂从震旦纪到早寒武世开始发育，以张性或张扭性北倾断裂为主。加里东中晚期塔中隆起带断裂体系挤压反转，形成叠加了北东向的压扭性断裂。反转是从早奥陶世末（T_7^4）构造变革期开始，以北西西向的断裂为主体，形成以北倾“Y”字形背冲、基底卷入式反转断裂为主的断隆构造带。东段北东向断裂系为南倾的挤压、压扭基底卷入式冲断或背冲断隆、断褶带，在 T_7^0 期强烈挤压和压扭。两组断裂在东端叠加收敛。

(4) 孔雀河地区主要发育有孔雀河断裂，龙口 1、2、3 号断裂，维马克 1 号断裂，开屏 1 号断裂、普惠及巴里英断裂。断裂体系呈北西西向、近东西向和北东-北北东向展布。北西西向断裂主要分布于维马克、龙口及库尔勒鼻凸上，具有平面延伸距离远、北西部断距大、向东南断距变小的特点；近东西向断裂主要分布于普惠-达格勒克一带，具断面北倾、断距较小的特点；北东-北北东向断裂主要分布于开屏地区，具平面延伸距离较短、垂直断距较小的特点。

(5) 塔里木盆地主干断裂发育史，主要有三种型式的断裂生成发育模式：①一次性形成、后期运动未活动再改造的断裂（断层）型；②早期形成，后期单次继承改造型和；③早期形成，后期多次活动多期改造型。

(6) 按照断裂的几何形态及特征、断裂的相对位移变化及变形量、形成断裂的地球动力学背景或动力来源，将塔里木盆地断裂划分为三大系统，即逆冲断层系统、走滑断层系统和正断层系统。逆冲断层系统主要发育在山前带和巴楚隆起等变形强烈区。走滑断层系统分布在塔里木盆地东南和西南地区，阿克库勒凸起晚期也有走滑断裂。正断层系统分布较广。

第4章　塔里木盆地构造单元划分

4.1　塔里木盆地构造单元划分存在的问题及划分的必要性

构造单元划分在含油气盆地分析中具有重要的地质意义和油气勘探价值，是进行盆地构造特征及沉积演化分析、油气成藏规律研究、有利区带预测以及油气勘探部署等工作的基础和前提。同一构造单元通常具有相同或相似构造应力场与演化条件，基底特征、地层系统、沉积体系和构造演化等具有内在联系。对大地构造单元进行划分时，主要有三种不同的尺度：岩石圈尺度（邱瑞照等，2006；李廷栋，2006）；板块尺度（许志琴等，1999；李德威，2003）和盆地尺度（黄太岭，2000；吴智平等，2007）。油气勘探的对象通常是盆地或盆地与造山带的接合部位，因此在对盆地油气勘探过程中都要开展构造单元划分方面的研究，合理的构造单元划分有利于明确勘探方向、开展勘探部署。

构造单元划分是在对盆地基本地质条件认识的基础上进行的。在一张构造区划图上，我们可以一目了然地了解地质历史时期的生油沉积中心和聚油隆起带所处的部位。可见，对含油气盆地进行构造单元划分具有重要的意义。如前所述，塔里木盆地是由不同时期、不同类型单元盆地叠置形成的复合盆地。不同时期隆起和坳陷的位置往往发生迁移甚至反转。多期构造运动造成的多个不整合反映了多期剥蚀和改造作用，使得盆地整体构造格局变得十分复杂，从而出现了多种构造单元划分方案（康玉柱，1981；张用夏，1982；田在艺等，1985；王汉生，1986；柴桂林，1989）。

塔里木盆地在其漫长的地史演化过程中，较早发育的盆地在经历多期叠加与改造后盆地面貌和结构发生了很大变化，盆地的地质结构相当复杂，不同时代的隆坳单元既有继承，又有分化反转。因此，盆地构造单元划分是个比较复杂的系统工程。塔里木盆地的构造区划（构造单元边界划分）自20世纪80年代提出到现在其变化很小，而且存在中石油和中石化两套划分方案。同时，随着油气勘探程度的不断提高，石油勘探工作者发现原方案在一定程度上影响了塔里木盆地有利区域的整体地质认识和勘探方向的选择。同时，由于早期油气勘探重点为古生界，因此，在盆地构造单元划分方面主要根据古生界构造格局进行划分。许多学者对塔里木盆地构造区划进行过深入分析，提出了多种构造区划方案，如“两隆两坳”、“三隆四坳”、“三隆五坳”、“五隆四坳”等，促进了塔里木盆地构造区划的研究，揭示了塔里木盆地现存构造形态、基底起伏特征、不同时代地层展布及发育状况、断裂构造特征和构造变形样式等。但因塔里木盆地是一个由古生界克拉通盆地和中、新生界前陆盆地组成的大型叠加、复合盆地，具有古老陆壳基底和多次沉降隆升的复杂构造演化历史，其复杂的构造、地层决定了构造单元、界线等的多种多样。所以上述任何一种方案都没有得到广泛的认同，处于较大的争议之中，部分构造单元的归属具有“多解性”。

塔里木盆地经过约20年大规模的油气勘探开发，已积累了大量的地震、钻井以及测井资料，开展了大量的各区块有关构造、地层、沉积和成藏方面的基础研究。特别是中、新生界油气勘探的不断突破，作为盆地构造单元的综合划分方案，已不能客观反映塔里木叠合盆地不同时期的构造区划特征，因为宏观上不同构造层的地层展布特征以及沉积充填、构造形态等具有显著差异，因此油气成藏条件和成藏规律也就必然也不同。

为了适应油气勘探新进展，需要借助于新的油气勘探资料，开展分期构造单元划分，即对各关键构造期次形成的特征迥异的宏观构造层分别进行构造单元划分，并给予科学的理论依据。在综合考虑盆地原型及构造演化的基础上，依据前人对塔里木盆地构造单元划分的经验和结果，总结塔里木盆地构造单元划分沿革以及构造单元划分的依据和原则，本着“尊重历史、体现进步、反映演化、服务选区”的思路，分加里东中期、海西早期、海西晚期、喜马拉雅期和现今进行构造单元的划分。以下分别进行深入探讨。

4.2　塔里木盆地构造单元划分沿革

4.2.1　盆地构造单元划分沿革

关于塔里木盆地构造单元的划分，前人已进行了多次研究（康玉柱，1981，张用夏，1982；田在艺等，1985；王汉生，1986；柴桂林，1989；张俏，1990；张恺，1990；贾承造，1997；何登发，1996；）。整体上有中石化和中石油两套不同划分方案，其中中石化目前在用的是将盆地划分为“两大坳陷区、三大隆起区”（图 4-1，表 4-1），即①东北部坳陷区，包括库车坳陷、沙雅隆起、阿瓦提断陷、顺托果勒低隆、满加尔坳陷与孔雀河斜坡；②中央隆起区，包括巴楚隆起、卡塔克隆起与古城墟隆起、塘古孜巴斯坳陷；③西南坳陷区，包括喀什坳陷、叶城坳陷与莎车隆起；④东南断隆区，包括北民丰-罗布庄断隆和于田-若羌坳陷；⑤边缘隆起区，柯坪隆起、铁克里克隆起、库鲁克塔格隆起和阿尔金隆起。

中石油早期根据盆地基底顶面起伏特征将盆地划分为“三隆四坳”7 个一级构造单元（库车坳陷、塔北隆起、北部坳陷、中央隆起、西南坳陷、东南隆起、塔南隆起），并在勘探生产中沿用较久。但在后来的研究中发现，原“塘古孜巴斯凹陷”应从西南坳陷中划出，升为一级构造单元，盆地周边的 4 个边缘隆起也划归盆地一级构造单元。这样，塔里木盆地按构造性质可划分为隆起构造、坳陷构造、边缘断隆 3 类共 12 个一级构造单元。包括 7 个隆起、5 个坳陷，简称“七隆五坳”（库车坳陷、塔北隆起、北部坳陷、中央隆起、西南坳陷、东南隆起、塔南隆起、塘古孜巴斯坳陷、库鲁克塔格断隆、柯坪断隆、铁克里克断隆、阿尔金断隆）；盆地内部则为“三隆五坳”（库车坳陷、塔北隆起、北部坳陷、中央隆起、西南坳陷、东南隆起、塔南隆起、塘古孜巴斯坳陷）（图 4-2）。

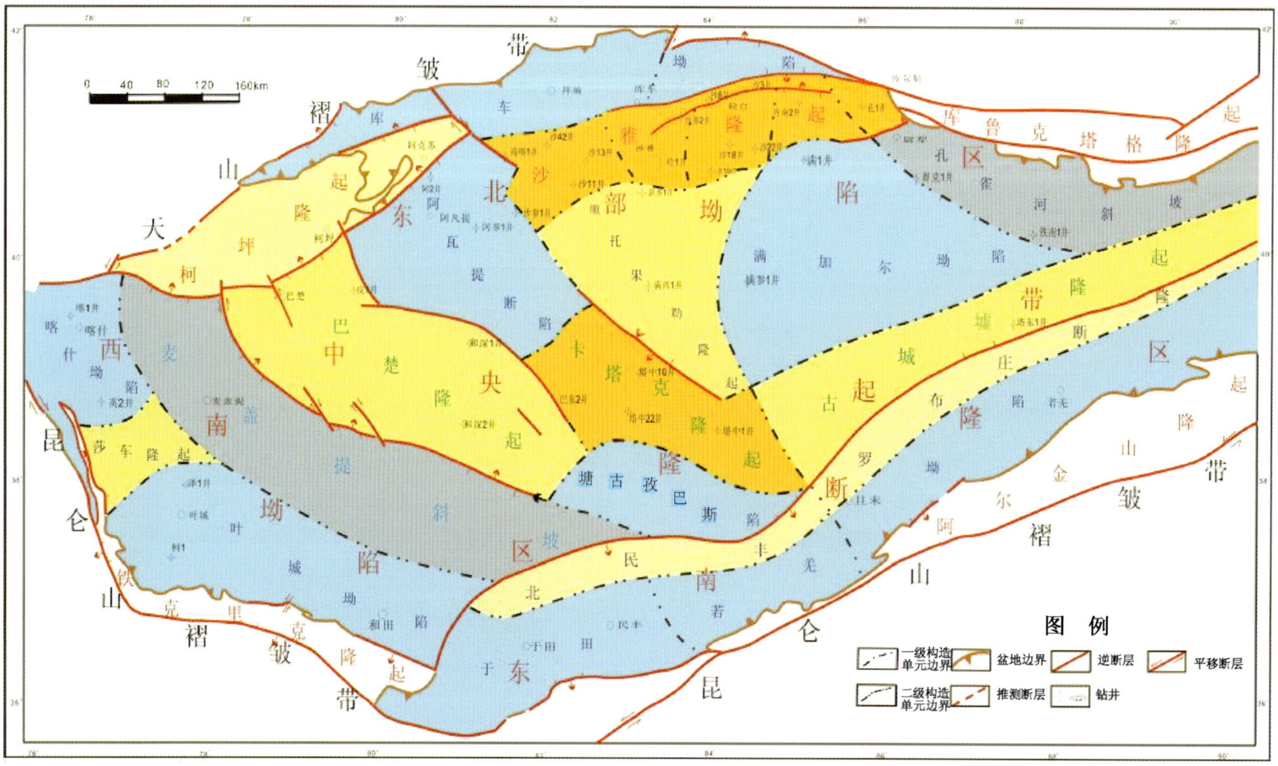

图 4-1　新疆塔里木盆地构造单元区划图（中石化方案）

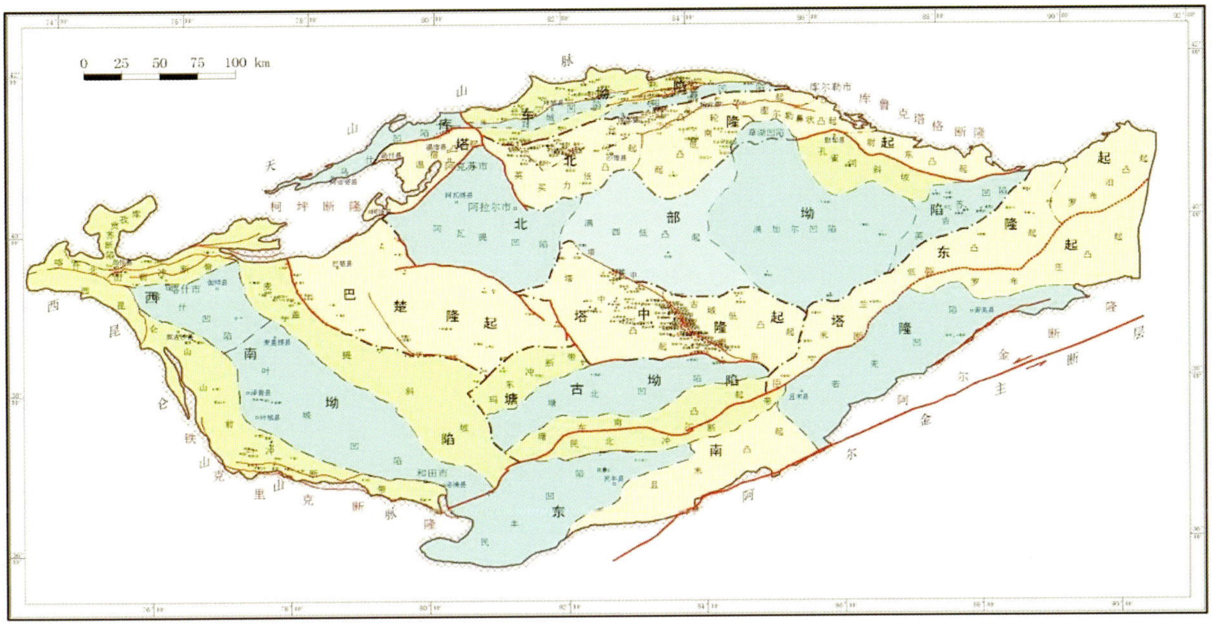

图 4-2　新疆塔里木盆地构造单元区划图（中石油方案）

王汉生等（1986）将塔里木盆地划分为库车坳陷、塔北隆起、塔中隆起、巴楚-中央隆起、塘古孜巴斯阶地、西南斜坡、西南坳陷、车尔臣隆起、民丰-若羌坳陷 9 个二级构造单元。

张恺（1990）将塔里木盆地划分为塔中部弧后裂谷沉降区、塔西北缘被动陆缘-碰撞前陆沉降区、塔北缘北东陆缘-碰撞前陆-碰撞山前-碰撞复活山前沉降区、塔东北缘被动陆缘-碰撞前陆沉降区、塔西南缘弧后前陆-碰撞山前-碰撞复活山前沉降区、塔东南缘弧后前陆-碰撞山前-碰撞复活山前沉降区、塔西端碰撞坳陷区、塔东端碰撞坳陷区共 8 个一级构造沉降区。

4.2.2　塔东南构造单元划分沿革

许怀智（2009）和潘正中（2007）认为塔东南隆起呈两凹两凸的构造格局，由西至东依次为民丰凹陷、且末凸起、瓦石峡凹陷和罗布庄凸起，各二级构造单元的西北界为车尔臣（且末）断裂，东南界为阿尔金断裂（图 4-3，图 4-4，表 4-1）。

位于最西南边的民丰凹陷，东以石炭系残余地层尖灭线为边界，由民丰凹陷和玉田凹陷组成，面积约 $3\times10^4km^2$。

瓦石峡凹陷（断陷）以侏罗系向东和向西的尖灭线为东、西边界，面积约 $3\times10^4km^2$。这是一个中生代断陷盆地，早侏罗世沉积主要受 NNE 和 N-S 向的半地堑和半地垒伸展构造样式所控制。

蒲仁海（1995）根据基底起伏、盖层厚度、深断裂的分隔、生油层系发育与展布，将塔东南分为东南隆起和东南坳陷 2 个一级构造单元、8 个二级构造单元，东南隆起包括策勒凸起、休堂凸起、罗布庄凸起；东南坳陷包括墨玉凹陷、民丰凹陷、西且末凹陷、江格沙依凹陷和罗布泊凹陷。

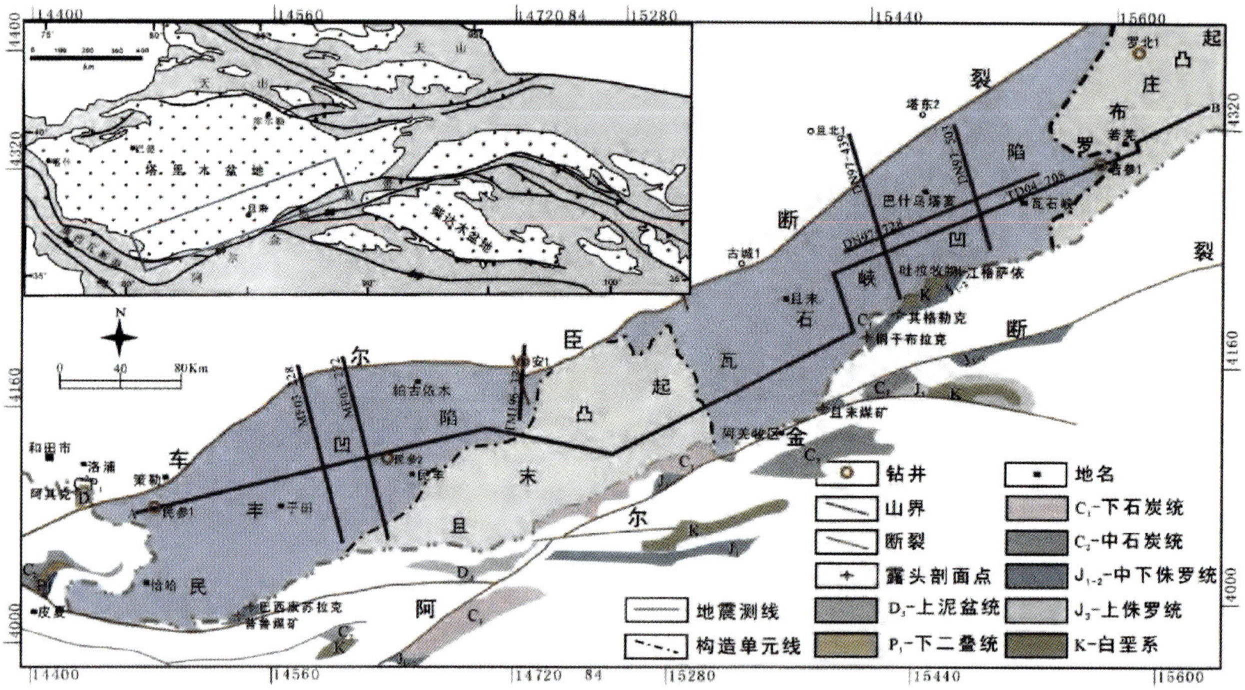

图 4-3　塔东南隆起区域构造单元划分图（徐怀智，2009）

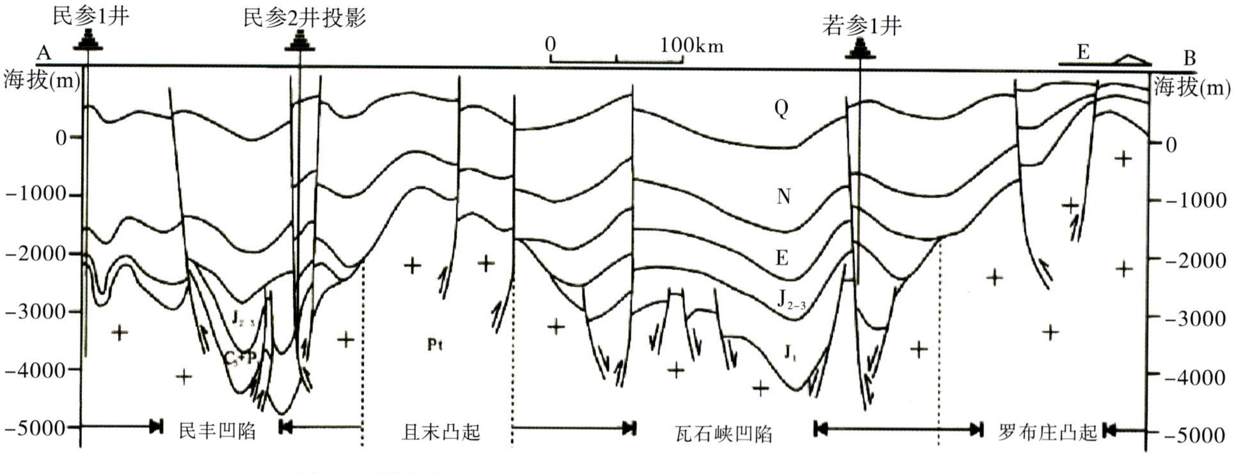

图 4-4　塔东南隆起北东-南西向构造剖面图（徐怀智，2009）

表 4-1　塔东南隆起构造单元划分

一级构造单元	二级构造单元	边界	面积	沉积地层	剖面结构
塔东南隆起	民丰凹陷	东以石炭系削蚀尖灭线为界，南起西昆仑山前，北至车尔臣断裂	$5.2\times10^4 km^2$	C、P、J、E、N	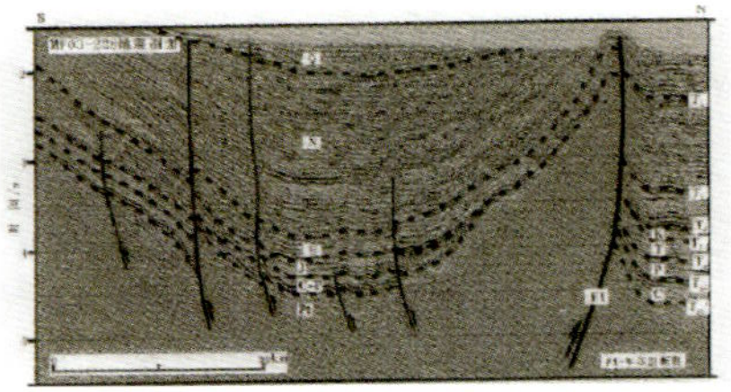
	且末凸起	西界为民丰凹陷石炭—二叠系削蚀尖灭线，东界为瓦石峡凹陷侏罗系的尖灭线，北为车尔臣断裂带，南至阿尔金山前。	$2\times10^4 km^2$	E、N	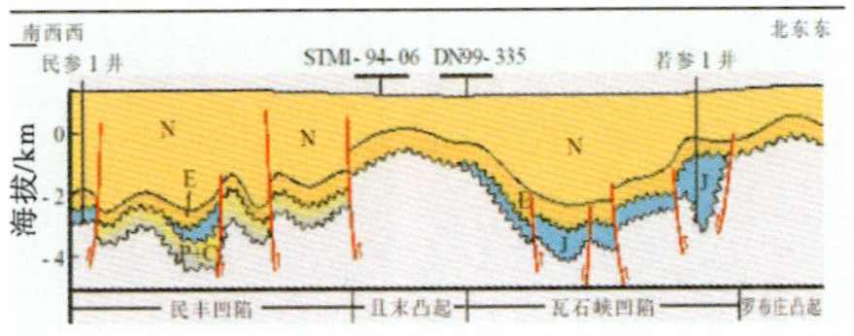
	瓦石峡凹陷	东界、西界分别为侏罗系向东、向西的尖灭线，北为车尔臣断裂带，南至阿尔金山前。	$2.8\times10^4 km^2$	J、E、N	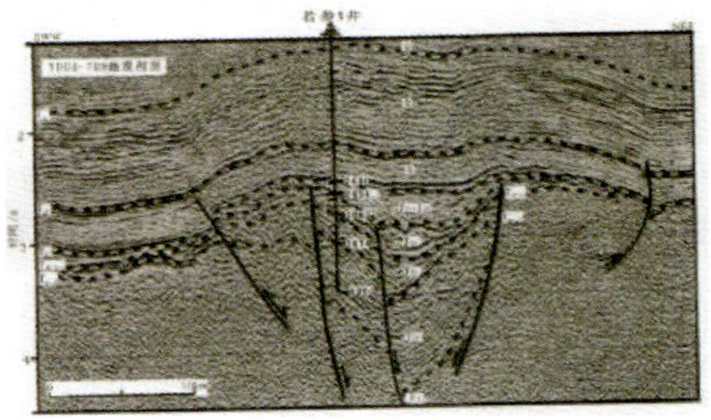
	罗布庄凸起	东界为侏罗系向东的尖灭线，北为车尔臣断裂带，南至阿尔金山前。	$2\times10^4 km^2$	E、N	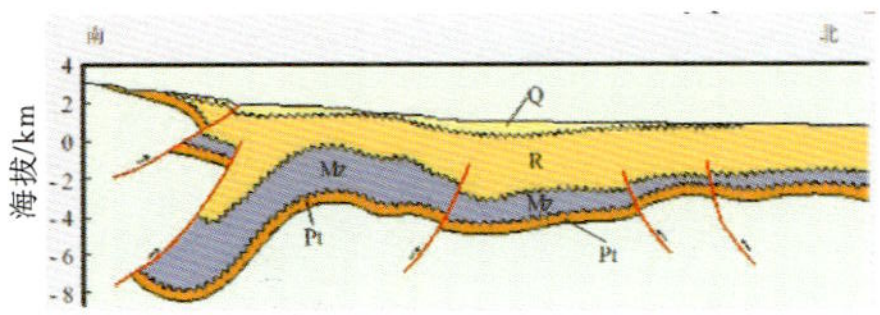

4.2.3 塔北构造单元划分沿革

安海亭等（2009）根据古生界构造特征认为塔北隆起构造单元由西向东划分为英买力低凸起、轮台低凸起、哈拉哈塘凹陷、轮南低凸起、草湖凹陷以及库尔勒鼻隆，总体以“四凸两凹”的形态分布（图 4-5）。

1）轮台低凸起

轮台低凸起（也称轮台断凸、雅克拉断凸）位于塔北北部，呈东西走向，受轮台断裂与牙哈断裂控制，东高西低、东窄西宽，向西倾没，其核心部分出露前震旦纪变质基底，南北两侧及西段保存寒武纪至二叠纪地层。轮台断隆南侧为塔北隆起的南斜坡，在英买力低凸起、轮南低凸起出露大面积的下古生界碳酸盐岩地层，英买力低凸起分布大量二叠纪岩浆岩。在轮台断隆南北两侧，三叠系和下侏罗统向断隆顶部超覆尖灭或剥蚀，中侏罗统及其以上地层在整个隆起顶部都有分布，呈向北倾斜的单斜构造。

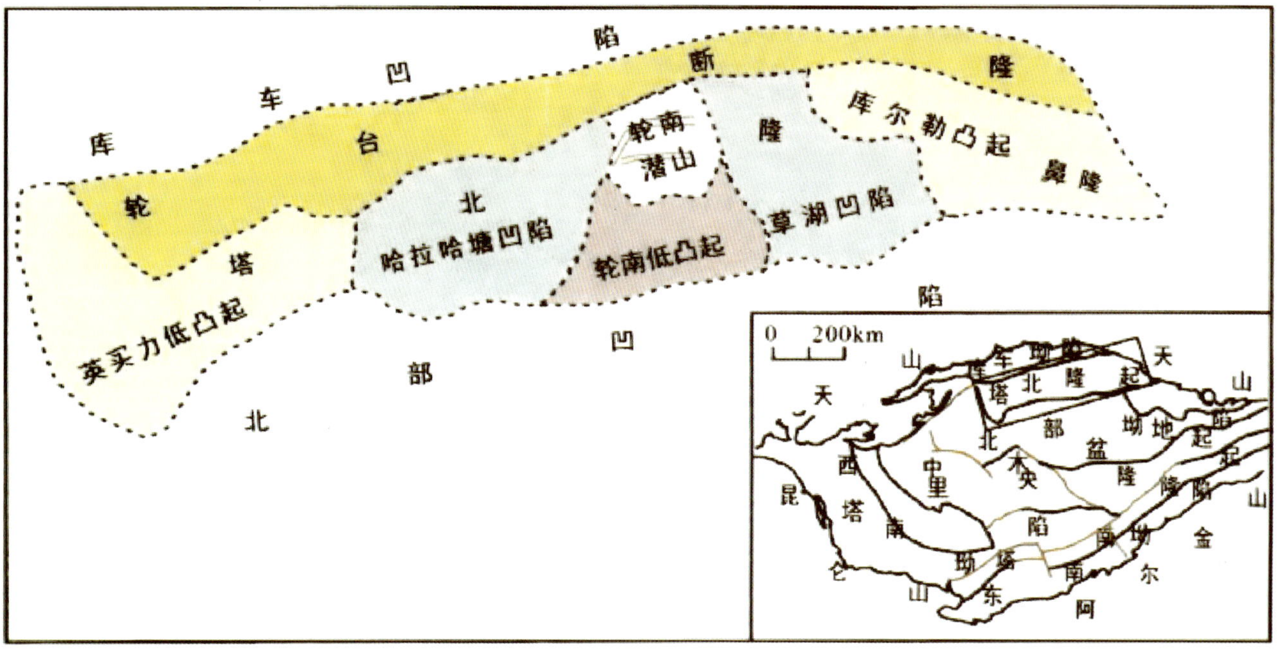

图 4-5　塔北隆起构造单元划分图（安海亭，2009）

2）英买力低凸起

英买力低凸起（也称沙西凸起）位于塔北隆起的西部、轮台低凸起的南部，为海西时期形成的古隆起，其上由西向东主要发育南东走向的三排构造带：玉东-英买 2 、英买 7-4、英买 32-英买 10 构造带。玉东-英买 2 构造带是以碳酸盐岩内幕（局部为潜山）背斜为主的构造带，其上发育玉东 2-南喀内幕背斜（潜山）、英买 2 内幕背斜。该构造带上英买 2 井区有多口井在灰岩中获高产工业油气流，玉东 2 井也在灰岩中获得低产稠油。英买 7-英买 4 构造带是围绕轮台断隆形成的第二排以碳酸盐岩内幕或潜山背斜为主要特征的构造带。由于剥蚀程度不同，其上发育英买 7 潜山、英买 4 潜山、英买 1 内幕背斜。该构造带上英买 7 井在白云岩中获高产工业油气流，英买 1 井在奥陶系灰岩中获高产工业油气流，而英买 4 潜山主要由于盖层为侏罗系砂岩，油气无法聚集造成原有失利。英买 32-英买 10 构造带是围绕轮台断隆形成的第一排碳酸盐岩残山构造带，轮台断隆核部出露变质岩，向周围依次出露震旦系、寒武系白云岩、中下奥陶统白云岩和灰岩，由于剥蚀程度不同或受后期构造运动影响，其上发育英买 32 潜山、英买 10 潜山，英买 32 井区已经获得了高产工业油流。

3）轮南低凸起

轮南低凸起（也称阿克库勒凸起）位于塔北隆起的中部，整体构造表现为北东-南西走向的大型背斜，其上发育受东西走向、倾向相反、下逆上正的反转断层夹持的两排断垒带，即轮南断垒带和桑塔木断垒带。此构造格局在晚加里东—早海西期形成后，经晚海西、印支、燕山、喜山运动改造，但没有发生较大变化。在其背景上沉积的上古生代地层呈北薄南厚的地层特征，总体形态表现为北高南低，中生界、新生界由于燕山—喜马拉雅期的反转运动，地层厚度沉积南薄北厚，形态表现为北低南高。

4）库尔勒鼻隆

库尔勒鼻隆（凸）位于塔北隆起的东边，受库南断裂的控制，目前在该区发现了赛克石炭系东河砂岩地层圈闭，是下一步勘探的新领域。

5）哈拉哈塘凹陷

哈拉哈塘凹陷和草湖凹陷为英买力低凸起、轮南低凸起、库尔勒鼻隆的夹持区块，为塔北地区有利的生油凹陷。

6）草湖凹陷

哈拉哈塘凹陷和草湖凹陷为英买力低凸起、轮南低凸起、库尔勒鼻隆的夹持区块，为塔北地区有利的生油凹陷。

张仲培等将库车坳陷从北向南大体上划分为北部边缘冲断-隐伏构造楔、斯的克背斜带、北部线性背斜带、拜城背驮凹陷和丘里塔格前缘带。

4.3　盆地构造单元划分依据、原则及盆地边界

4.3.1　构造单元划分依据

本次划分主要遵循以下原则：①以现今目的层构造形态为主，考虑基底隆起的对应关系，一般保持两者对应；②次级构造单元演化历史、变形机制与构造样式的同一性；③考虑控制次级构造带的主干断层的性质、规模大小，以及控制的主要构造单元与油气勘探的相关性；④地层明显的变化界限；⑤主要目的层的分布边界和相带界限；⑥具有相同或相近的成藏条件与控制作用；⑦尊重以往划分方案成果、保持一定的习惯性与连续性。

构造单元划分依据主要涉及两个方面的问题：一个是边界依据；另一个是定名依据。所谓边界依据就是为什么把某一构造线定为两个构造单元的边界线，证据是什么，如为什么以色力布亚-玛扎塔格断裂作为西南坳陷与巴楚凸起的界线？所谓定名依据，就是为什么把某一个构造单元定为坳陷（隆起）而不是隆起（坳陷），确定其构造属性的依据是什么，如为什么称为库车坳陷，而不是库车隆起。

塔里木盆地是一个由古生界克拉通盆地和中、新生界前陆盆地组成的大型叠合、复合盆地，具有古老陆壳基底和多次沉降隆升的复杂构造演化历史（贾承造，1997），塔里木盆地复杂的构造地层决定了它的构造单元界线类型多种多样。王步清列出了原来“三隆四坳”划分方案的一级构造单元界线。从表中可以看出，塔南隆起与中央隆起、西南坳陷与塔南隆起的界线为车尔臣断裂，较为确定；其他构造单元之间的界线有的为河流或任意线（或沿构造方向的任意线）等，这表明当时在确定构造单元边界时，由于原始资料不足，划分依据不充分。大断裂作为构造单元的边界线，是大家所认可的，但对于以任意线作为构造单元的边界，表明两构造单元之间界限不明显或没有建立明确的标准，必须寻找依据、建立标准，重新确定界线。

根据塔里木盆地的实际情况，本次研究提出如下 6 种界线类型作为构造单元边界的划分依据：大断裂、等深线（根据实际情况微调）、地层的尖灭线、大断裂走向的趋势线、构造体系的包络线和坡折带转折端。大断裂通常长期活动，断裂两盘地层系统、沉积、构造演化具有较大的差异，作为构造单元的边界线是大家所认可的，具体规定如下：大断裂若为通天断层，则以通天断点的平面连线作为构造单元的边界，如果大断裂只断至地下某一层位，则采用垂直投影法确定断裂在地表的平面位置。塔里木盆地周缘造

山带构造变形强烈，但在台盆区特别是北部坳陷，整体构造变形微弱，地层系统较全，与其他构造单元常以斜坡过渡，根据这一实际情况，提出－6500m等深线作为塔里木盆地的另一重要界线。某一套重要的勘探目的层或烃源岩沿着某一界线尖灭，研究人员通常会把这个界线作为两个构造单元的边界（杨海波等，2004），因此，重要层序的尖灭线常常作为构造单元的边界。大断裂一般切穿基底，不可能突然消失，由于资料的缺失或认识程度的限制，有时对大断裂的延伸方向不清楚，但实际上大断裂一般会延伸较远，因而，提出大断裂的延伸线作为塔里木盆地的另一界线。西部的盆地通常经历多次不同构造应力方向的构造运动，不同方向的应力作用在塔里木盆地保留了一些具有类似构造成因的构造遗迹，有些早期的构造变形得到较好保留，而有些受后期强烈改造的构造，基本或完全被破坏。构造体系的包络线就是具有不同构造背景的构造变形之间的界线，如塔西南塘古巴斯孜凹陷主要保留奥陶纪末期的构造变形；而喀什凹陷、叶城凹陷和麦盖提斜坡主要保留新生代的构造变形，在构造单元重新划分时，就要考虑这种构造变形的差异。坡折带通常是一种沉积现象，但坡折带转折端两侧沉积相、地层系统的差异较大，常常用来作为二级构造单元的界线。

定名依据涉及两个方面的问题，一是为什么把某一个构造单元称为坳陷（隆起）而不是隆起（坳陷）；二是为什么要把某一盆地分为这样几个构造单元而不是另外几个构造单元？前一个问题如塔东南地区的塔南隆起和东南坳陷，目前很多研究者认为东南坳陷并不存在，应与塔南隆起合并，统一称为东南隆起（潘正中等，2007）。后一个问题如中央隆起，有研究者提出中央隆起的巴楚凸起、塔中低凸起和古城鼻状凸起以及塔东低凸起是不同性质的三段，应划分为三个一级构造单元。根据塔里木盆地的实际情况，分别提出了台盆区和前陆区的构造单元的划分与定名依据。该依据对台盆区和前陆区提出不同的参数，台盆区强调基底大断裂，前陆区强调勘探目的层或烃源岩；台盆区增加了构造演化作为划分依据；前陆区主要保留中、新生代的复杂构造变形，而构造演化相对简单，因而不再采用构造演化作为定名依据。

4.3.2　盆地构造单元划分原则

2009年王步清提出七点塔里木盆地构造单元划分原则：

（1）以一线生产研究人员的认识为主要依据、参考理论研究人员的研究成果；

（2）以现有地震资料为主要依据、参考非地震资料；

（3）美观、简单、方便的原则；在继承的基础上创新；

（4）尽可能反映出动力学体系，避免把不同构造体系、不是同一次构造变形的构造现象在横向上组合在一起，影响勘探思路；

（5）隆起与隆起、坳陷与坳陷尽量避免并行相接展布；在隆起与隆起之间尽量划出负向构造单元（坳陷），在坳陷与坳陷之间尽量划出正向构造单元（隆起）；

（6）加里东运动（奥陶纪末和泥盆纪末）形成的古构造，新生代前陆盆地体系是构造单元划分的重要依据；

（7）一般情况下，出露的中、新生界归入盆地内部；出露中生代以前的地层划归盆地外。

关于构造体系概念，它是由著名的地质学家李四光提出，是地质力学中的构造地质术语。指许多不同形态、不同性质、不同等级和不同序次，但都有成生联系的各项要素组成的构造带、以及它们之间所夹岩块和地块组合而成的总体。它们大体上是同一期经过一次构造运动或者按同一方式经过几次构造运动产生(李四光，1999)。通过对塔里木盆地断裂特征、构造变形、构造演化以及沉积充填等方面的研究，王步清(2009）认为塔里木盆地可划分为四个具有不同特征的构造体系：西南坳陷和巴楚凸起（玛东构造带除外）归为西昆仑中、新生代构造体系（杨海军等，2007）；喀什北缘、柯坪断隆、库车坳陷、塔北隆起、库鲁克塔格断隆和北部坳陷归为南天山中、新生代构造体系；玛东构造带、塔东南、塘古孜巴斯坳陷和塔东低凸起归为阿尔金加里东及新生代构造体系；塔中及古城低凸起受这三大构造体系的影响，称为塔中旋扭构造体系。这样一个构造体系的划分主要影响到西南坳陷构造单元的划分：一是喀什北缘，它实际上是南天山构造体系一部分，与库车坳陷的亲缘性更好；二是塘古孜巴斯凹陷和玛东构造带，它们不属于西昆仑中、新生代构造体系，是不是要独立出来。

关于第五点，对于塔东南与中央隆起的划分仍存在困惑，车尔臣断裂以南的塔东南地区无疑是一个晚古生代— 三叠纪末的长期隆起剥蚀（或沉积缺失）区，缺失整个下古生界，上古生界只在局部区域分布；中央隆起的塔东低凸起隆起程度稍弱于塔东南，古生界只在部分区域被剥蚀；但与满加尔凹陷相比，又处于构造高部位，且地层系统缺失较多。从地层系统以及沉积构造演化的角度，可把塔东低凸起归入北部坳陷，作为坳陷里面的一个凸起，可以解决两大隆起并行展布的问题。

关于第六点，塔里木盆地是在前震旦纪陆壳基底上发展起来的大型复合叠合盆地，盆地经历了前震旦纪至奥陶纪末的 Rodinia 古陆裂解-古亚洲洋拉张旋回；志留纪塔南缘聚敛旋回与塔北缘拉伸旋回；泥盆纪至三叠纪末的古特提斯洋聚敛与古特提斯洋拉张旋回；侏罗纪至古近纪末的新特提洋旋回（包括欧亚大陆南缘拉张与聚敛，晚白垩世冈底斯地体与欧亚大陆拼合）；新近纪至今的聚敛旋回，表现为山体隆升冲断走滑（何登发等，2005）。其中奥陶纪末、泥盆纪末的挤压构造变形和新近纪至今的挤压构造变形强烈、发育范围广、构造样式丰富，因而以这三期构造运动作为构造单元划分的重要依据。

关于第七点，争议的焦点主要是柯坪断隆要不要归入塔里木盆地，从地层系统上，柯坪断隆与塔中、巴楚、塔北具有很好的对比性，是塔里木盆地的一部分。新近纪—第四纪由于南天山造山带复活，柯坪地区以薄皮冲断-推覆构造样式由北边向塔里木盆地逆冲抬升，形成柯坪再生前陆冲断褶皱带。基于以上认识，很多勘探工作者认为柯坪断隆是塔里木盆地的一部分，但根据第七条原则又只能把它划归盆地外，要解决这个矛盾，只有把柯坪断隆作为一个特例来对待。

在以上总结基础上，本次研究主要考虑基底起伏形态、大型断裂带展布、不同时代地层发育和分布特征以及构造变形样式、古构造恢复结果、地层厚度恢复结果及地层剥蚀厚度等条件，从而完成塔里木盆地构造单元的最终划分。

4.3.3 盆地边界

受多期次构造运动的影响，如今的塔里木盆地经历了复杂而漫长的构造演化过程，现今的盆地边界在地质历史时期中肯定不是所谓的盆地边界，但由于原型盆地的边界恢复存在难度和准确度，另外从油气角度看，对现今油气勘探有益的不同地质历史时期盆地构造单元划分仍然主要限定在现今盆地面貌中，所以本次研究中不同时期盆地构造单元划分的盆地范围以现今范围为准。

4.4 塔里木盆地构造单元划分

4.4.1 加里东中期构造单元划分及主要构造带特征

1. 划分依据及方案

加里东中期构造单元的划分主要考虑加里东中期塔里木盆地各沉积地层的厚度及古地貌特征，加里东中期之后最早沉积地层的厚度，以及加里东中期断裂展布情况。

根据塔里木盆地加里东中期界面（T_7^0）构造形态、主干断裂特征、地层变化界限、主要目的层的分布边界以及沉积相带的展布特征等，将加里东中期塔里木盆地划分出 9 个二级构造单元，它们分别是：①库车坳陷；②塔北隆起；③柯坪-巴楚坳陷；④塔中隆起；⑤满加尔坳陷；⑥和田隆起；⑦塘古孜巴斯坳陷；⑧东南断隆；⑨东北断隆；（图 4-6）。

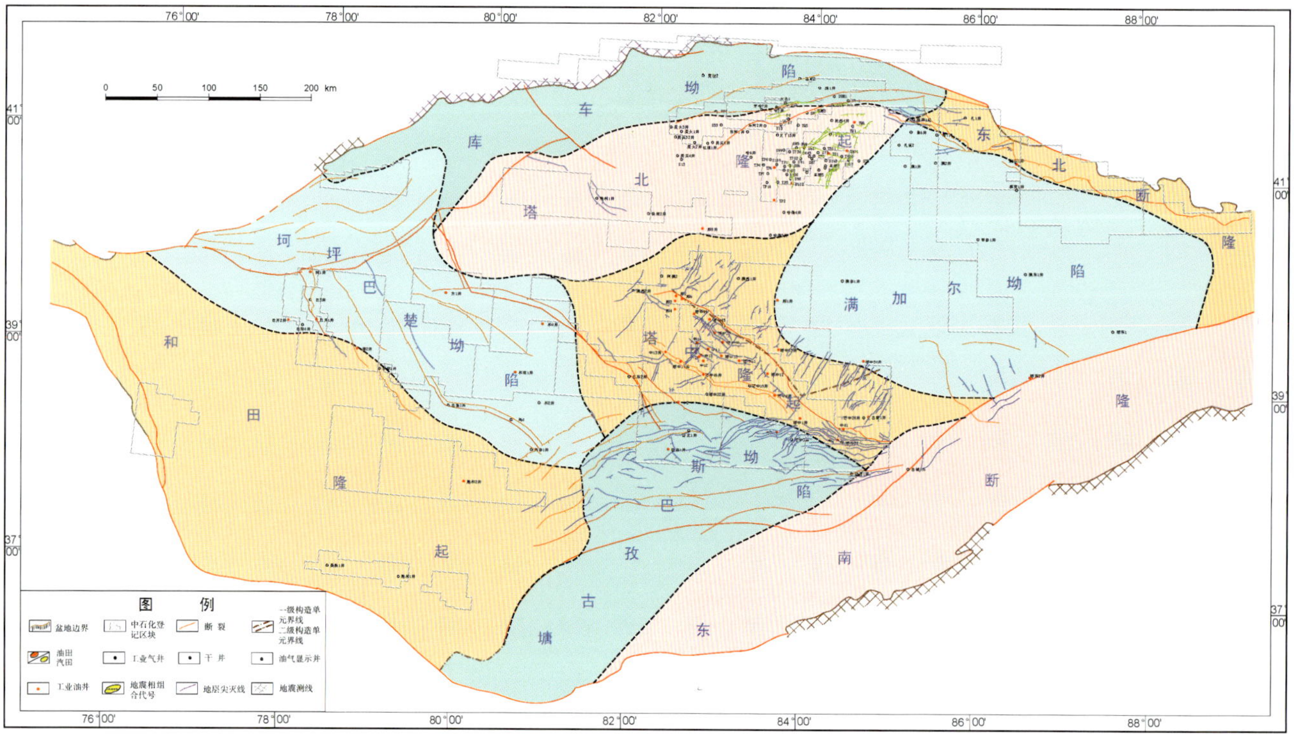

图 4-6　塔里木盆地加里东中期构造单元划分图

2. 主要构造带特征

1）库车坳陷

库车坳陷位于塔里木盆地最北部，毗邻天山褶皱系，北界以南天山山前黑英山断裂为界，南侧向沙雅隆起以平缓斜坡过渡，东起吐格尔明，西至柯坪东北缘，整体呈 NEE 向展布，包括乌什地区在内东西长达 600km，南北宽 20～70km，面积 3.67×10^4 km^2。因库车坳陷在盆地长期演化过程中相对独立，故在不同构造层构造单元划分中其构造形态与格局基本相似。从区域背景看，加里东中期及之前，该区域一直表现为坳陷状态，其北边界为现今盆地边界，而南边界为牙哈断裂。

2）塔北隆起

塔北隆起位于塔里木盆地的北部，是塔中隆起与库车坳陷之间的呈 EW 向展布的古隆起。东部与库鲁塔格断隆相过渡，西部以喀拉玉尔滚断裂、柯吐尔断裂与柯坪巴楚坳陷相隔，北以秋里塔格逆冲带为界，南呈斜坡向塔中隆起过渡，东西长 480km，南北宽 70～110km，面积 5.45×10^4 km^2。加里东中期，该区明显的表现为相对高隆状态。

3）柯坪-巴楚坳陷

位于盆地西部，为和田隆起和塔北隆起及库车坳陷所夹持地带，该构造单元在地质演化发展过程中变化很大，早期的坳陷形态保留很少，通过构造演化剖面，以及古构造图可以发现，早期的柯坪和现如今的巴楚隆起应该是统一的坳陷低洼特征，呈北西向展布，地势总体东南高西北低，面积约 6.9×10^4 km^2。

4）塔中隆起

位于塔里木盆地中部，北部与塔北隆起过渡，特征不很明显，西部、南部和东部都可以从恢复的上奥陶统图上明显地发现其差异，即表现为相对的高隆状态，面积约 4.9×10^4 km^2。东南西边的边界主要为上奥陶统厚度图的等值线，而北边的边界为一构造趋势线。

5）满加尔坳陷

位于塔里木盆地东部，北与塔北隆起相接，东南以车尔臣断裂为界，西缘以上奥陶统 2000m 地层厚度和塔中隆起为界，东北以库鲁克塔格断裂和东北断隆相邻，面积约 8.4×10^4 km^2。剖面及平面特征反映加里东中期，该区域沉积较厚的地层，总体表现为一坳陷单元，与相邻构造单元差异明显。

6）和田隆起

位于盆地西南部，西北边界为上奥陶统 1800m 等厚度线，面积约 11.74×10^4 km^2。由构造演化剖面可知，加里东中期及之前，Z-O 地层厚度在和田隆起厚度减小，基本可以推测和田隆起为一长期稳定的古隆起。

7）塘古孜巴斯坳陷

塘古孜巴斯坳陷西接和田隆起、北邻塔中隆起，东南与东南断隆相邻。坳陷呈不规则矩形，北东-南西向展布，面积 $5.5\times10^4 km^2$。在上奥陶统厚度图上，塘古孜巴斯坳陷明显表现的厚度较大，其与周边构造单元的划分主要以厚度 1800m 为界。

8）东南断隆

东南断隆位于今部分车尔臣断裂东南至阿尔金断裂之间。由剖面特征可知，在该区域，加里东中期沉积的地层不存在，从区域背景分析，阿尔金隆起长期持续演化，致使该区域加里东期地层缺失，从而表现为一持续的边缘隆起，从恢复的上奥陶统厚度图可以看出，该断隆带沿阿尔金断裂的走向展布，另外由于该区车尔臣断裂的长期发育，该高部位与相邻部位以断层相隔，所以将此构造单元命名为东南断隆。

9）东北断隆

位于满加尔坳陷东北，是库鲁克塔格断裂东北地区，从区域分析看，加里东中期的阔克苏隆起使得该区域表现为一隆起状态，另由于库鲁克塔格断裂的存在，将该区命名为东北断隆。

4.4.2　海西早期构造单元划分及主要构造带特征

1. 划分依据及方案

海西早期构造单元的划分主要考虑海西早期塔里木盆地各沉积地层的厚度及古地貌特征，海西早期之后最早沉积地层的厚度，以及海西早期断裂展布情况。

根据塔里木盆地海西早期界面构造形态、主干断裂特征、地层变化界限、主要目的层的分布边界以及沉积相带的展布特征等，将海西早期塔里木盆地划分出了 11 个二级构造单元，它们分别是：①塔北隆起；②孔雀河斜坡；③喀什坳陷；④西部坳陷；⑤顺托-沙雅低隆；⑥满加尔坳陷；⑦和田隆起；⑧塘古孜巴斯坳陷；⑨塔中隆起；⑩古城墟隆起；⑪东南断隆（图 4-7）。

2. 主要构造带特征

1）塔北隆起

塔北隆起位于塔里木盆地的北部，包括现今的柯坪隆起、库车坳陷及阿瓦提坳陷和塔北隆起的部分区域。东西长 480km，南北宽 70～110km，面积 8.7×10^4 km^2。在志留系—中下泥盆统原始厚度图上表现为地层厚度为零或者边缘相沉积环境。

2）孔雀河斜坡

孔雀河斜坡是满加尔坳陷向库鲁克塔格隆起方向抬升的斜坡部分，北东方向与库鲁克塔格隆起相邻，北西方向接塔北隆起，西南以群克断裂带与满加尔坳陷相接，东南为古城墟隆起，平行于库鲁克塔格断裂方向延伸，面积大于 2.66×10^4 km^2。

3）喀什坳陷

喀什坳陷位于西昆仑山前地带，为一挤压坳陷，面积约 1.89×10^4 km^2。其边界主要依据志留系—中下泥盆统原始厚度等值线 500m 界限。

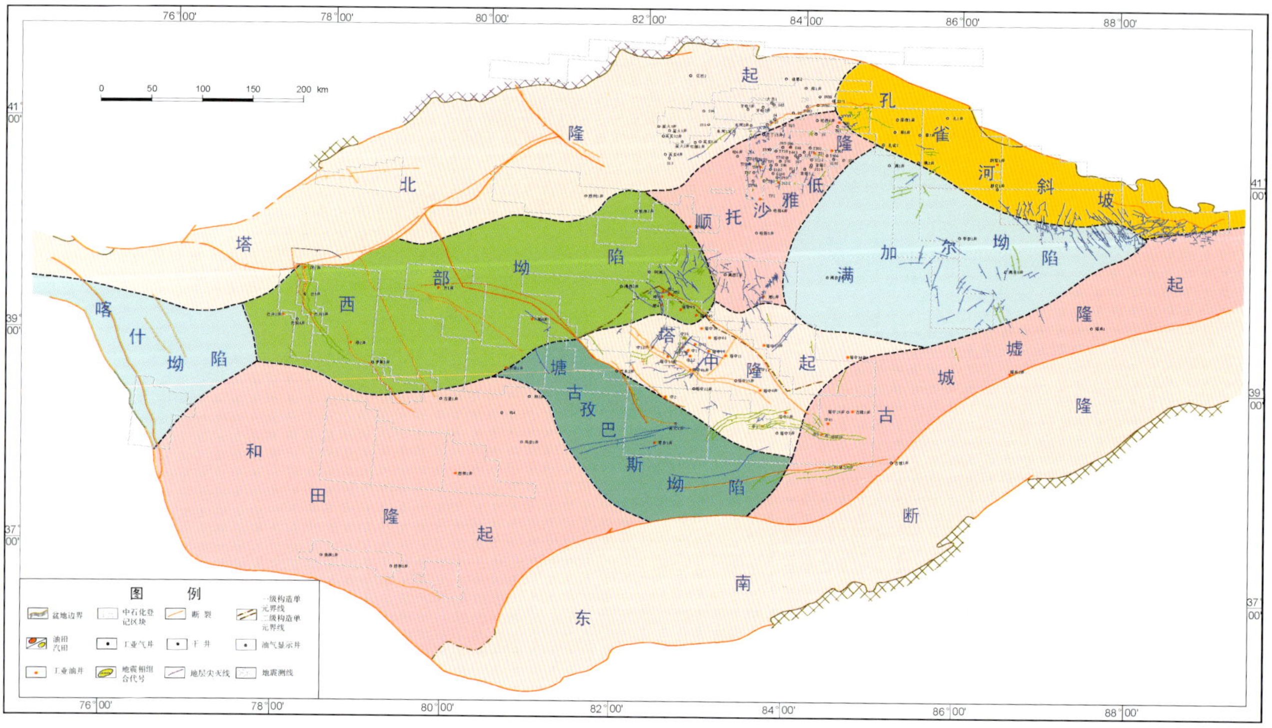

图 4-7　塔里木盆地海西早期构造单元划分图

4）西部坳陷

西部坳陷位于塔里木盆地西部，包括现今巴楚隆起部分地区和阿瓦提坳陷，面积约 6.41×10^4 km^2。从志留系—中下泥盆统原始厚度可以看出，该坳陷特征鲜明，与周缘构造单元界限明显。其东北接塔北隆起，南部为和田隆起，东南为塘古孜巴斯坳陷和塔中隆起，东部为顺托-沙雅低隆。

5）顺托-沙雅低隆

顺托-沙雅低隆位于塔里木盆地的东北部，西北为塔北隆起，西接西部坳陷，东南与满加尔坳陷为邻，东北与孔雀河过渡，南部与塔中隆起相接，面积 2.34×10^4 km^2。从志留系—中下泥盆统原始厚度可以看出，该区域表现为台阶式隆起，即低于塔北隆起，而高于西部坳陷和满加尔坳陷，其边界为志留系—中下泥盆统原始厚度 700m 线及趋势线。

6）满加尔坳陷

满加尔坳陷位于塔里木盆地东部，北与塔北隆起相接，东南以车尔臣断裂为界，西缘以志留系—中下泥盆统原始厚度 800m 线和塔中隆起为界，东北以库鲁克塔格断裂和东北断隆相邻，面积约 4.66×10^4 km^2。剖面及平面特征反映在海西早期继续继承早期特征，该区域沉积较厚的地层，总体表现为一坳陷单元，与相邻构造单元差异明显。

7）和田隆起

和田隆起位于盆地西南部，西北为喀什坳陷，西南为盆地边界，北部与西部坳陷相接，东北与塘古孜巴斯坳陷相邻，东南以车尔臣断裂为界和东南断隆相邻，面积约 9.8×10^4 km^2。构造演化剖面显示，海西早期，和田为一长期发育的古隆起，其间沉积的地层有限，甚至沉积后在该区域出现了剥蚀现象。

8）塘古孜巴斯坳陷

塘古孜巴斯坳陷位于塔中隆起与和田隆起及东南断隆之间，南部以民丰北断裂为界，西与巴楚断隆向东南的延伸相接。该坳陷外部呈不规则矩形，东西向展布，面积 2.78×10^4 km^2。从志留系—中下泥盆统原始厚度图上可以看出，塘古孜巴斯坳陷是一个相对的低洼区。

9）塔中隆起

塔中隆起位于盆地中部，北部为西部坳陷和顺托-沙雅隆起、东北部为满加尔坳陷、西南部为相对低洼的塘古孜巴斯坳陷、东南边为古城墟隆起。隆起总体呈“蝙蝠”状，面积约 2.77×10⁴ km²。

10）古城墟隆起

海西早期，北民丰-罗布庄隆起向盆地内逆冲推覆，古城墟隆起基本定型，当时表现为一隆起特征，面积约 4.48×10⁴ km²。为北东-南西向长条型构造单元，其北西向分布与塘古孜巴斯坳陷、塔中隆起、满加尔坳陷相邻，而构造单元的东南为东南断隆。它与东南断隆的边界为车尔臣断裂，与满加尔坳陷的边界为志留系—中下泥盆统原始厚度图 800m 线。

11）东南断隆

东南断隆位于车尔臣断裂东南，面积约 9.42×10⁴ km²。从区域沉积特征分析看，海西早期，该区域整体处于隆起剥蚀状态。

4.4.3 海西晚期构造单元划分及主要构造带特征

1. 划分依据及方案

由盆地中、新生界各主要界面等深度构造图可见，塔里木盆地中新生界构造层的地层主要以新生界为主，其厚度大、分布广、构造格局及形态差异大，而中生界地层发育规模及分布范围非常有限，主要分布于盆地东北侧，此外在西昆仑山和阿尔金山山前也有少量残留。因此，本次对中新生界构造单元进行了总体划分，其方案所反映的构造格局主要代表海西晚期的构造格局及成因演化，且塔里木盆地中生界是盆地的陆相碎屑岩油气勘探重点层位，故有必要对其中生界进行单独的构造单元划分。

根据塔里木盆地海西晚期界面构造形态、主干断裂特征、地层变化界限、主要目的层的分布边界以及沉积相带的展布特征等，将海西晚期塔里木盆地划分出了 12 个二级构造单元。它们分别是：①库车坳陷；②沙雅隆起；③柯坪断隆；④巴楚隆起；⑤阿瓦提坳陷；⑥满加尔坳陷；⑦孔雀河斜坡；⑧西南坳陷；⑨麦盖提斜坡；⑩塘古孜巴斯坳陷；⑪北民丰-罗布庄隆起；⑫东南坳陷（图 4-8）。

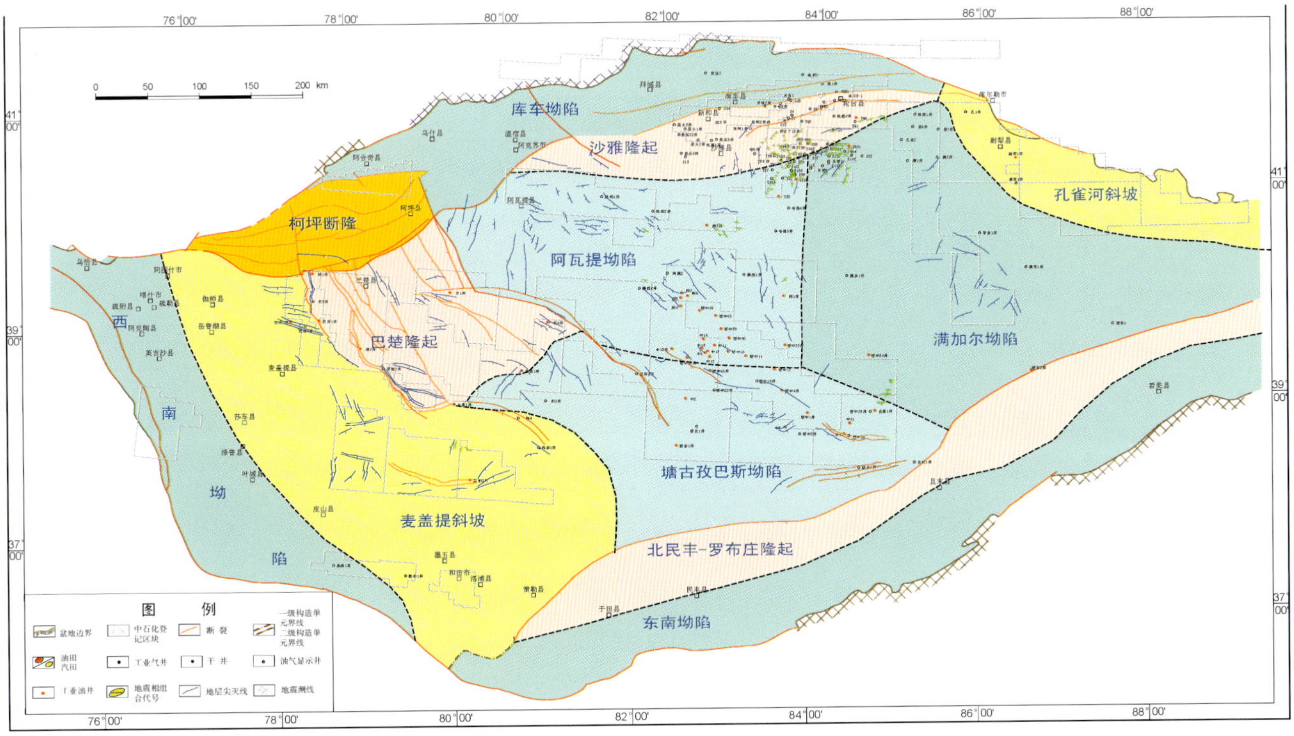

图 4-8　塔里木盆地海西晚期构造单元划分图

2. 主要构造带特征

1）库车坳陷

库车坳陷位于塔里木盆地最北部，毗邻天山褶皱系，北界以南天山山前黑英山断裂为界，南侧向沙雅隆起以平缓斜坡过渡，东起吐格尔明，西至柯坪东北缘，整体呈 NEE 向展布，包括乌什地区在内东西长达 660km，南北宽 20～70km，面积 3.8×10^4 km^2。因库车坳陷在盆地长期演化过程中相对独立，故在不同构造层构造单元划分中其构造形态与格局基本相似。坳陷内中新生界整体呈北厚南薄的楔状层系，是三叠纪塔里木地块向南天山俯冲碰撞背景下形成的前渊或山前边缘坳陷的结果，沉积中心由山前不断向盆内迁移，并逐层向南超覆。中、新生界发育典型的前陆薄皮构造样式，以成排展布的褶皱-冲断带为特征，由南向北，构造变形程度逐渐加强，内部次级构造单元可划分为天山南缘冲断带、北缘山前冲断-单斜带、中部凹陷变形带及南部斜坡-断隆带等次级构造单元。

2）沙雅隆起

沙雅隆起位于塔里木盆地的北部，是中央坳陷区与库车坳陷之间的呈 EW 向展布的古隆起。东部与库鲁克塔格断隆相过渡，西部以喀拉玉尔滚断裂、柯吐尔断裂与阿瓦提坳陷相隔，北以秋里塔格逆冲带为界，南呈斜坡向中央坳陷过渡，东西长 455km，南北宽 70～110km，面积 2×10^4 km^2。沙雅隆起形成发育时期长，隆起区地层自震旦系—新生界均有发育，由隆起的南部斜坡向轮台凸起的方向，古生界、三叠系、侏罗系由南向北逐渐减薄，在轮台凸起局部缺失，新生界北厚南薄。沙雅隆起断裂较发育，具有延伸远、断距大、多期活动的特点。沙雅隆起古生界整体基本南倾，断裂多为逆冲断裂，新生代地层普遍北倾，多发育正断裂，故沙雅隆起具双层结构的特点。

3）柯坪断隆

位于塔里木盆地的西北部，北为天山褶皱带，南部以沙井子、柯坪-乌恰断裂为界与巴楚断隆、塔西南坳陷区相邻，东部与库车坳陷相接，面积 1.62×10^4 km^2。柯坪冲断推覆隆起出露地层包括元古界阿克苏群、上震旦统及较完整的古生界。地层由北向南形成多个逆冲推覆褶皱带，并发育 NEE 或 NNW 向断裂，将逆冲推覆褶皱切割成块状，柯坪断隆是海西晚期形成的逆冲推覆体。

4）巴楚隆起

巴楚隆起位于盆地西南侧，北部边界为柯坪、阿恰、吐木休克断裂带，东南侧边界为三叠系尖灭线，西南边界为色力布亚-玛扎塔格断裂带，较中新生界构造单元划分方案相比，其东部范围变小。巴楚隆起总体呈 NW 走向，面积约 2.89×10^4 km^2，区内缺失中上奥陶统、中生界及古近系部分地层。该隆起在印支期为一个水下同沉积隆开，三叠系在现今隆起的大部分地区均有发育，印支期之后隆升，周缘断裂活动加强，早期的同沉积低隆起逐渐抬升并遭受剥蚀，喜马拉雅期强烈隆升并形成一个大型区域性不整合面，古生界和三叠系遭受强烈剥蚀。

5）阿瓦提坳陷

中央坳陷区位于塔里木盆地中部，北与沙雅隆起相接，南以策勒-车尔臣断裂为界，西北缘以阿恰-皮恰克逊断裂和吐木休克断裂为界，西南边界以主要目的层三叠系尖灭线为界，东部边界综合了三叠系、侏罗系的地层分布边界和白垩系相带界限，东北部与孔雀河边界基本参考古生界二者界线，面积约 6.06×10^4 km^2。

6）满加尔坳陷

中央坳陷区整体呈 NEE 向展布，包括阿瓦提坳陷、满加尔坳陷和塘古孜巴斯坳陷三个次级构造单元，面积约 8.85×10^4 km^2。中央坳陷区具有分布面积大、发育时间长、沉积沉降中心多期调整迁移等特征，坳陷区内中新生界地层较稳定，断裂不太发育。

7）孔雀河斜坡

位于盆地最东部，为库鲁克塔格隆起和满加尔坳陷所夹持地带，该构造单元与中新生界所划分的构造单元基本一致，呈北西向展布，地势总体东北高西南低，面积约 2.12×10⁴ km²。

8）西南坳陷

西南坳陷位于西昆仑山前地带，为一挤压坳陷，其展布范围等同于现今白垩系分布范围，呈北西向展布，面积约 4.11×10^4 km²。和中新生界划分的构造单元相比，其面积有所减小。西南坳陷广泛分布有寒武系、奥陶系、石炭系、二叠系及新生界，而中生界只在昆仑山前残留少量的侏罗系和白垩系。西南坳陷的东端在中生代可能与东南坳陷相连通，形成沿昆仑山山前发育的条带状统一坳陷，坳陷宽度比现今大，后因区域挤压、抬升而遭受剥蚀和变形，形成现今面貌。

9）麦盖提斜坡

麦盖提斜坡位于盆地西南侧，总体呈 NW 走向，面积约 9.16×10^4 km²，现今地势西高东低、北高南低，在震旦纪—二叠纪为克拉通内坳陷的北倾斜坡，三叠纪也可能继承北倾斜坡特征或为一宽缓低隆区，印支期之后麦盖提斜坡缓慢隆升，喜马拉雅期受西昆仑强烈造山挤压作用，塔西南前陆坳陷开始发育，麦盖提斜坡逐渐发生翻转，发展为向西南倾斜的前陆斜坡。

10）塘古孜巴斯坳陷

塘古孜巴斯坳陷位于卡塔克隆起与北民丰-罗布庄隆起之间，南部以民丰北断裂为界，西与巴楚断隆向东南的延伸相接。该坳陷外部呈不规则矩形，东西向展布，面积 5.94×10^4 km²。坳陷具明显的双层结构，下古生界构造变形强烈，断裂及局部构造发育，并呈 NE 向带状展布。断裂既存在基底卷入构造样式，也发育盖层滑脱构造样式，其滑脱面为中下寒武统的膏盐岩层，并在局部形成盐底辟。局部构造样式多为断层转折褶皱和断层传播褶皱，或两者叠加的混合型。在南部沿民丰断裂发育一系列南倾的规模较小的叠瓦冲断层，是伴随民丰北断裂形成的。在上古生界以上构造层系内，地层变形程度弱，断裂和局部构造不发育，与下古生界层序构成明显的差异。

11）北民丰-罗布庄隆起

北民丰-罗布庄隆起位于盆地东南部，西北边界为策勒-车尔臣断裂，东南边界为山前侏罗系尖灭线，面积约 3.96×10^4 km²。北民丰-罗布庄隆起是奥陶纪末期开始发育、志留—泥盆纪基本定型的古隆起。

12）东南坳陷

东南坳陷位于北民丰-罗布庄隆起和东昆仑、阿尔金山之间，为一挤压坳陷，其展布范围等同于现今侏罗系分布范围，呈 NE 向展布，面积约 5.19×10^4 km²。坳陷内在浅变质岩之上发育有石炭—二叠系、侏罗系、白垩系和第三系。侏罗系和白垩系沿山前分布，呈东南厚西北薄的特征。

4.4.4　喜山早期构造单元划分及主要构造带特征

1. 划分依据及方案

由塔里木盆地喜山早期界面等深度构造图可见，盆地中、新生界也可划分出两套特征明显不同的构造层，即中生界构造层和新生界构造层，二者在地层厚度、分布范围、变形特征、沉积环境、盆地原形等方面具有显著差异。中生界构造层主要为坳陷盆地且不同时期盆地沉积沉降中心多次迁移，盆地多次遭受挤压抬升和剥蚀；新生界构造层则主要为前陆盆地。上述盆地发育背景决定了盆地喜山早期构造地层的显著差异，因此有必要对其构造单元进行划分。

在上节构造区带划分原则指导下，结合塔里木盆地基底形态、断裂分布特征、沉积构造特征、盆地构造演化历史、盆地油气勘探现状等，以新生界底界面等深度图为基础，将塔里木盆地喜山早期构造单元划分为 12 个二级构造单元，包括①库车坳陷；②柯坪隆起；③阿瓦提坳陷；④塔北斜坡；⑤孔雀河斜坡；⑥喀什坳陷；⑦叶城坳陷；⑧麦盖提斜坡；⑨巴楚隆起；⑩塔中隆起；⑪英吉苏坳陷；⑫东南坳陷（图 4-9）。

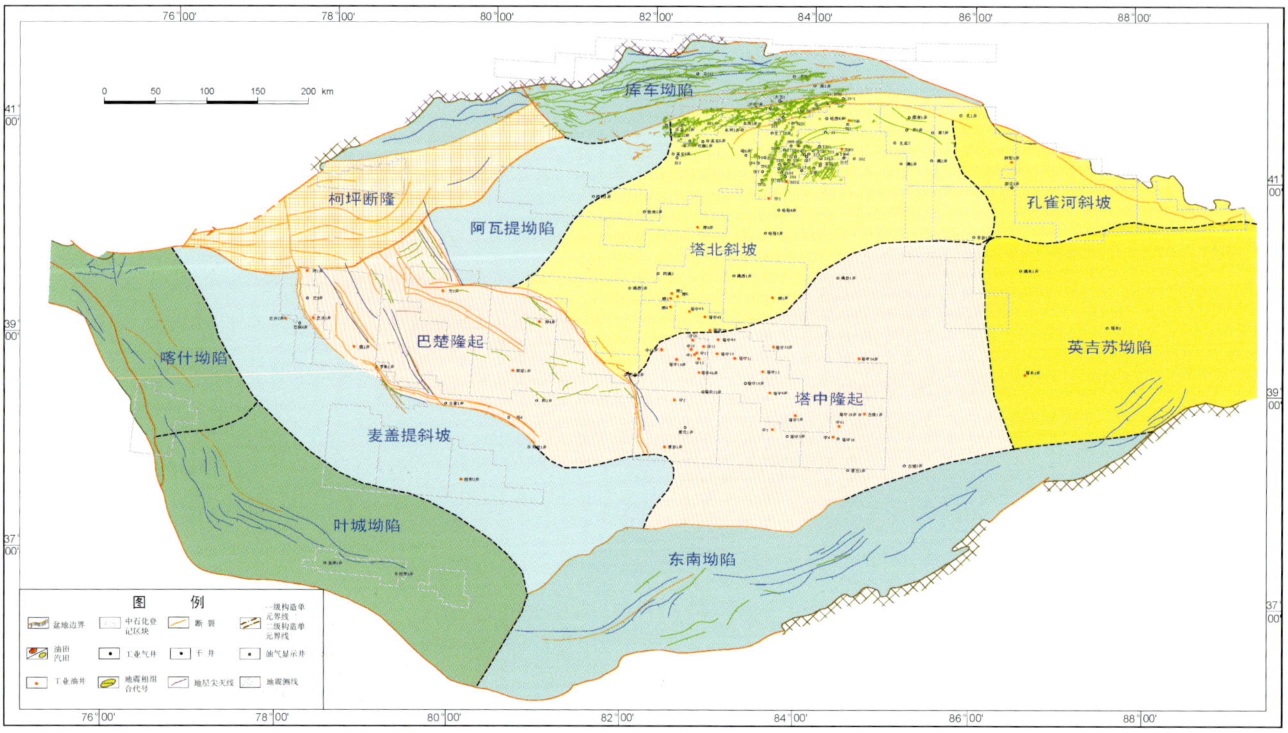

图 4-9　塔里木盆地喜马拉雅早期构造单元划分图

2. 主要构造带特征

1）库车坳陷

库车坳陷位于塔里木盆地最北部，毗邻天山褶皱系，北界以南天山山前黑英山断裂为界，南侧向沙雅隆起以平缓斜坡过渡，东起吐格尔明，西至柯坪东北缘，整体呈 NEE 向展布，包括乌什地区在内东西长达 680km，南北宽 20～80km，面积 3×10^4 km^2。地形南北高，中部低，构成两山夹-凹的地理特征，海拔 1500～3000m，呈北高南低之趋势，高差可达 1500～2000m。库车坳陷出露地层主要为中新生界及古生界石炭系、二叠系，覆盖区由地震、钻井资料揭示的中新生界厚度可达 8000m，拜城凹陷达到 10000m。中新生界之下为古生界，其中东部及坳陷北部保留有部分石炭—二叠系（依南 2 井三叠系下部见石炭系灰岩），西部主要为下古生界，并向东可延伸到东秋 8 井一带。古生界之下为结晶变质岩系。坳陷内中新生界整体呈北厚南薄的楔状层系，是三叠纪塔里木地块向南天山俯冲碰撞背景下形成的前渊或山前边缘坳陷的结果，沉积中心由山前不断向盆内迁移，并逐层向南超覆。中、新生界发育典型的前陆薄皮构造样式，以成排展布的褶皱-冲断带为特征，由南向北，构造变形程度逐渐加强，内部次级构造单元可划分为天山南缘冲断带、北缘山前冲断-单斜带、中部凹陷变形带及南部斜坡-断隆带等次级构造单元。

2）柯坪断隆

位于塔里木盆地的西北部，北为天山褶皱带，南部以沙井子、柯坪-乌恰断裂为界与巴楚断隆、塔西南坳陷区、东部与库车坳陷相接，面积 2.46×10^4km^2。柯坪冲断推覆隆起出露地层包括元古界阿克苏群、上震旦统及较完整的古生界。地层由北向南形成多个逆冲推覆褶皱带，并发育 NEE 或 NNW 向断裂，将逆冲推覆褶皱切割成块状，柯坪断隆是海西晚期形成的逆冲推覆体。

3）阿瓦提坳陷

阿瓦提坳陷位于北部坳陷区的西段，西南以阿恰-吐木休克断裂与巴楚断隆为邻，北部以沙井子断裂与库车坳陷相望，东部呈低缓斜坡向中央斜坡带过渡。中、新生界坳陷面积 1.96×10^4km^2。依据地震和钻井资料，坳陷内地层除缺失侏罗系及部分白垩系外，其他地层均有发育。其中，二叠系及新近系的中新统和上新统地层较厚。坳陷受逆断层及走滑断层控制，呈南、北、西陡而向东平缓开口的箕状形态，坳陷内部中新生界断裂不发育，但火山活动较强烈，局部地区还发育盐丘构造和背冲构造。沙井子断裂新生代具明显冲断特征，因此阿瓦提坳陷具前陆坳陷的特征。

4）塔北斜坡

塔北斜坡位于塔里木盆地的中北部、北部坳陷区的东南部，为一大型宽缓构造带，倾向北西向，面积达 $7.96\times10^4 km^2$，北部以亚南断裂为界与库车坳陷为邻，西部为缓坡方式过渡到阿瓦提坳陷，东部与孔雀河斜坡相接，二者以构造等值线走向变化带为界，南部同样以构造等值线走向变化带为界与古城墟隆起相邻。中央斜坡带统一了早期的沙雅隆起、卡塔克隆起东北部以及满加尔坳陷西北部等广大地区，中、新生界地层整体呈 NE 向展布，地层普遍倾向北西，除塔河地区外，其他广大地区断裂构造不太发育。

5）孔雀河斜坡

孔雀河地区位于塔里木盆地的东北部，面积约 $1.93\times10^4 km^2$，是古生代克拉通边缘盆地和中、新生代克拉通内坳陷盆地的叠加区。由于受库鲁克塔格断隆与多期构造运动的影响，长期为倾向西南的斜坡带，本区主要存在古生界和中、新生界两套构造层。孔雀河斜坡由下而上发育震旦系底部不整合面、寒武系底部不整合面、志留系底部不整合面、侏罗系底部不整合面、白垩系底部不整合面、第三系底部不整合面等 6 个不整合面。孔雀河斜坡断裂构造十分发育，形成 NWW-近 EW 向、NNE-近 SN 向、NNW 向和 NEE 向几组断裂体系，以逆断层和走滑断层为主，同时断裂活动表现出多期性和继承性的特点，平面上具有右行雁列分布特点，剖面上具有“Y”字形、花状构造、逆冲滑脱构造等样式，其构造圈闭主要为断背斜。

6）喀什坳陷

喀什坳陷位于塔西南坳陷区的最西端，坳陷南界为乌泊尔逆冲断裂，北界为沙井子-柯坪-乌恰断裂带。喀什坳陷的西部呈 NWW 向，向南转入 NW 向，向东以上倾斜坡向麦盖提斜坡过渡，面积约 $1.6\times10^4 km^2$。喀什坳陷是一个中新生代沉积坳陷，坳陷中心位于南天山西南端和西昆仑山西北端的中间位置，它的形成演化是天山褶皱带与昆仑山褶皱带对冲作用的结果，中新生界厚度达 10000m。喀什坳陷南北两侧分别发育有西昆仑山、南天山山前两个大型逆冲推覆构造带。

7）叶城坳陷

位于塔西南坳陷区南侧的铁克里克隆起前沿，沿昆仑山前展布，西侧沿莎车构造脊过渡到喀什坳陷，东侧为策勒大断裂的西南端，向北以南倾单斜向麦盖提斜坡过渡，坳陷面积约 $3.7\times10^4 km^2$。叶城坳陷与西北缘的喀什坳陷一样均为中新生界沉积坳陷，中新生界厚度达 10000m。在坳陷南侧发育有西昆仑山山前大型逆冲推覆构造带，坳陷中心的南侧地层因造山挤压而倾角较陡且地层褶皱变形强烈，而坳陷中心北侧的南倾地层褶皱变形较弱并平缓过渡到麦盖提斜坡，呈现出典型的前陆坳陷形态特征。

8）麦盖提斜坡

位于塔里木盆地西南坳陷区的东北坡，总体呈北西向带状展布且倾向西南。其东北界以色力布亚-玛扎塔格断裂与巴楚断隆相邻，西南侧以缓坡形式过渡到喀什坳陷和叶城坳陷，其分界线为 T_5^0 反射层构造图中等值线走向变化区带，西北缘以柯坪断裂为界与柯坪隆起相邻，东南缘以策勒大断裂为界与东南坳陷区相邻，面积约 $5.56\times10^4 km^2$。麦盖提斜坡为巴楚断隆西南方的一个斜坡，震旦—泥盆纪该区与巴楚断隆可能是一个统一的平缓隆起，到石炭—二叠纪才呈现出斜坡特征。印支运动使该区上升成为剥蚀隆起区，并一直持续到早白垩世末。燕山晚期运动之后，斜坡特征清楚地显现出来，喜马拉雅期由于西昆仑山强烈隆升，塔西南进入造山后前陆盆地发育阶段，喜山运动使麦盖提斜坡迅速变陡，麦盖提斜坡进一步南倾并逐渐定型。古生界之上覆盖了巨厚的新生界沉积。

麦盖提斜坡现今构造格局为西高东低、北高南低的特征，西段变形强于东段。在加里东中晚期—海西早期，麦盖提斜坡为一大型的北倾斜坡，到海西晚期仍基本保持北倾的构造面貌，印支—燕山期本区构造应力场发生调整，印支运动使该区上升成为剥蚀隆起区，并一直持续到早白垩世末。喜马拉雅期由于印度板块与欧亚板块碰撞，天山、昆仑山迅速隆升，中新世末帕米尔构造带强烈楔入，使得塔西南地区强烈沉降，进入前陆盆地发育阶段，麦盖提斜坡也随之发生跷跷板运动反转为南倾。喜马拉雅期强烈挤压使得构造稳定平缓的斜坡发育了一定程度的挤压褶皱及断裂构造，成为本区重要的构造样式并形成相关构造圈闭。

麦盖提斜坡的断裂构造主要分布在玉代力克、巴什托、玛南、玉北、玛东等地区的古生界，中新生界局部有挤压褶皱和少量断裂发育，断层及其相关褶皱共同组成构造圈闭，由于麦盖提地区烃源岩发育，尤其是寒武系—奥陶系烃源岩厚达数百米，为中等-好生油岩，寒武—奥陶系和石炭—二叠系发育多套储盖组合，多期不整合面及发育的断裂系统为油气运聚提供了良好的通道，具备了油气聚集成藏的良好条件。最新的油气资源评价表明，本区具备丰富的油气资源和勘探潜力，现今已发现的该区及周边的和田河、巴什托、亚松迪、鸟山、玉北等油气田（藏）也证实麦盖提斜坡具有良好的油气勘探前景。

9）巴楚隆起

巴楚隆起位于中央隆起带的西段，主要由阿恰-吐木休克断裂、色力布亚-玛扎塔格断裂及沙井子-柯坪断裂围限，呈 NW 走向，总体呈西高东低、北高南低的面貌，隆起面积约 4.58×10^4 km^2。巴楚隆起的沉积地层有震旦—第三系，但区域分布不均衡，局部缺失中上奥陶统、中生界及古近系部分地层。在近东西向剖面上呈由东向西抬升的单斜；在南北向地质剖面上，西部则基本呈断隆状，东部具南北高、中间低形似新月状的构造特征，向斜位于玛扎塔格北侧附近。巴楚断隆在震旦纪—二叠纪为克拉通内坳陷的北倾斜坡，喜马拉雅期塔西南前陆坳陷开始发育，隆升反转为前缘隆起。巴楚隆起具有典型的断隆特征，断裂构造具有明显的分区性和差异性，东部主要发育南北边界大断裂，即南缘的玛扎塔格断裂和北缘的吐木休克断裂，二者平行分布并呈弧形展布，其间地层发生大型褶皱变形，但断裂构造较少，主要发育有卡拉沙依断裂；而巴楚隆起西北部则明显不同，断裂十分发育且地层破碎，发育了数组平行分布的北西走向断裂；位于上述两者之间的构造转换带（海米罗斯地区）断裂发育且走向杂乱、倾向不一。据此可将巴楚隆起划分为西部断隆带、东部断隆带和中部构造调节带三个次级构造单元。

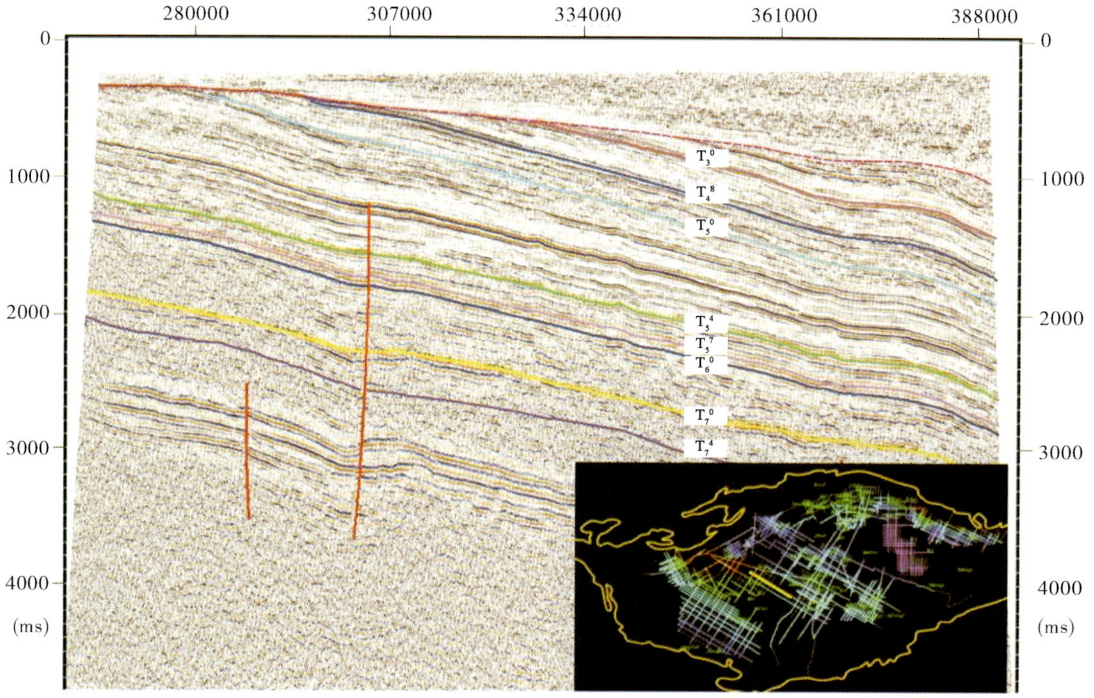

图 4-10　塔里木盆地巴楚隆起东南部残余地层特征图（TZ02-258.2EW 测线）

由 T_4^8、T_4^6、T_4^0构造图可见，巴楚隆起缺失侏罗系和白垩系，三叠系也大面积缺失，只在隆起东南部的倾没端有残留（图 4-10），根据三叠系残留地层的特征可以推断，三叠系原始沉积时期的展布范围比较大，至少在巴楚隆起东部的大部分地区均有发育，此后巴楚隆起因喜山运动强烈抬升而使得三叠系遭受大面积剥蚀。因此印支期巴楚隆起为一个同沉积低隆起，此时其北部的阿恰-吐木休克断裂对沉积基本不具有控制作用，印支期巴楚隆起之后逐渐出露水面，处于长期隆升状态并遭受剥蚀，喜马拉雅期巴楚隆起周缘断裂强烈活动，使得巴楚隆起相应发生强烈隆升并定型。

10）塔中隆起

塔中隆起整体呈 NE 向展布，东南侧以策勒断裂为界与东南坳陷相邻，西侧以巴东二号断裂为界与巴楚隆起相接，北侧以 T_5^0 等值线走向变化带为界与中央缓坡带相连，东侧也以 T_5^0 等值线走向变化带为界与孔雀河斜坡及英吉苏坳陷相邻，总体呈东南部较高的类似断背斜形态，面积约 8×10^4 km^2。奥陶纪末期，北民丰-罗布庄隆起首次逆冲活动，古城墟隆起初具雏形，为卡塔克隆起东侧的一个低凸起。志留纪—早中泥盆世，北民丰-罗布庄隆起向盆地内逆冲推覆，古城墟隆起基本定型。海西—印支期挤压走滑，造成古生界剥蚀强烈。侏罗—白垩纪，古城墟隆起区沉积有较薄的侏罗—白垩系地层。新生代的构造运动在古城墟隆起作用不明显，断裂和褶皱构造相对不发育。

塔中隆起的形成明显受北民丰-罗布庄隆起的制约，阿尔金向北逆冲推覆对此盆地形成南北向挤压作用，古城墟隆起区地层发生褶皱，民丰北断裂下盘的坳陷一侧构成叠瓦状断裂系，故塔东地区具有单冲构造特征。在 T_5^0 反射层构造图上，古城墟隆起内部具有隆坳构造格局，即在塘古孜巴斯地区依然表现为坳陷形态，而在 T_3^0 反射层构造图上该坳陷基本消失，古城墟隆起的形态趋于统一，演变为一个宽缓隆起。

11）英吉苏坳陷

英吉苏坳陷位于塔里木盆地最东部，夹持于库鲁克塔格断隆与阿尔金断裂带之间，面积约 5.72×10^4 km^2，其成因主要为喜马拉雅期库鲁克塔格断隆与阿尔金山向盆内挤压而发生的坳陷作用，由于本区资料所限，其具体形态有待落实。

12）东南坳陷

东南坳陷位于北民丰-罗布庄隆起和东昆仑、阿尔金山之间，为一挤压坳陷，其展布范围等同于现今侏罗系分布范围，呈 NE 向展布，面积约 6.45×10^4 km^2。坳陷内在浅变质岩之上发育有石炭—二叠系、侏罗系、白垩系和第三系。侏罗系和白垩系沿山前分布，呈东南厚西北薄的特征。

4.4.5　现今构造单元划分及主要构造带特征

1. 划分依据及方案

综合加里东中期、海西早期、海西晚期和喜山早期塔里木盆地构造单元的划分结果，以及断裂展布特征、原始地层厚度、残留地层厚度、地层分布、原型盆地沉积环境分析等综合资料，在前期构造单元划分的基础上，主要对顺托果勒和沙雅，塔中与巴楚的关系方面进行构造单元的厘定，而对盆地目前研究争议较小的其他地区暂不作调整，形成了新的现今塔里木盆地构造单元划分图（图 4-11）。

依据上述资料将盆地内划分为“两大坳陷区、三大隆起区”，即①库车坳陷；②沙雅隆起；包括沙西凸起、雅克拉断凸、阿克库勒凸起、草湖凹陷、库尔勒鼻凸；③东北坳陷；包括阿瓦提凹陷、顺托果勒低凸起、满加尔凹陷与孔雀河斜坡；④中央隆起，包括巴楚凸起、塔中凸起与古城墟凸起；⑤西南坳陷区，包括塘古孜巴斯凹陷、喀什凹陷、叶城凹陷与莎车凸起；⑥东南断陷，包括北民丰-罗布庄断隆、于田-若羌凹陷；⑦柯坪断隆。

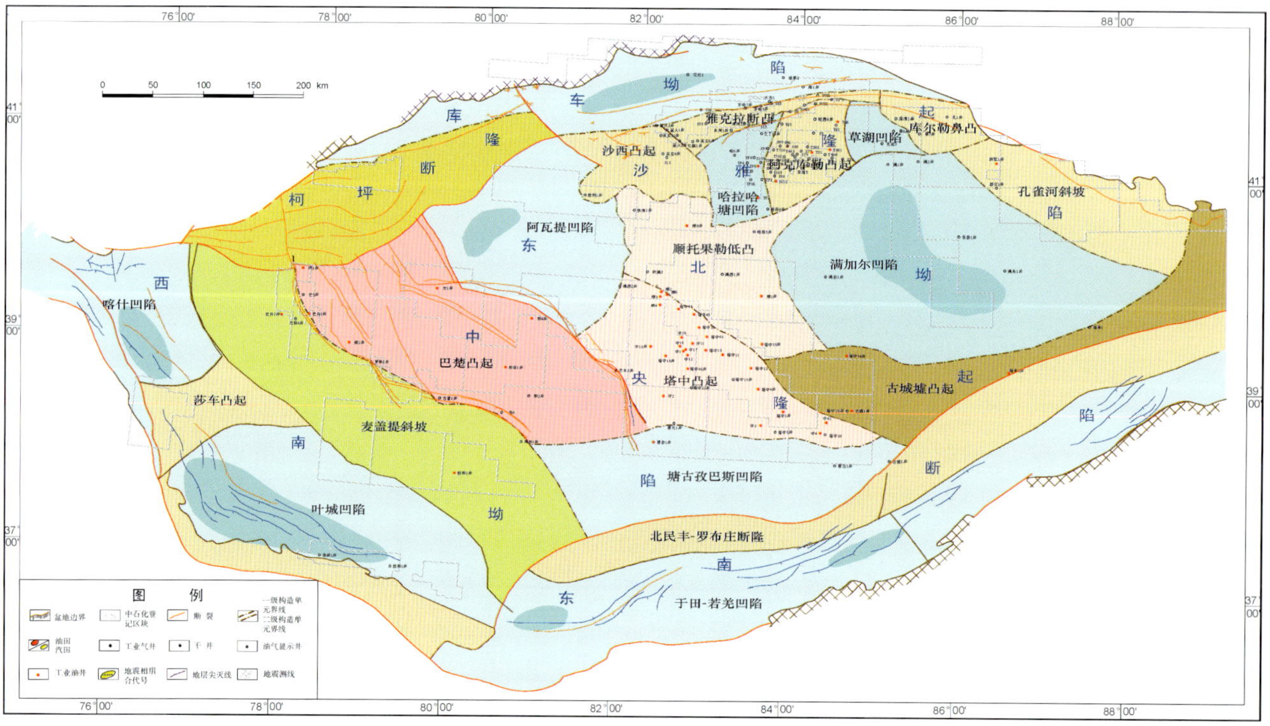

图 4-11　塔里木盆地现今构造单元划分图

2. 主要构造带特征

1）库车坳陷

库车坳陷位于塔里木盆地最北部，北以南天山山前断裂带为界，南以索格当他乌-温宿北-亚南断裂带为界，东起库尔勒，西至阿合奇，呈近东西向延伸 600km 以上，宽 10～70km，面积约 $3.12\times10^4\,km^2$。它是在三叠纪塔里木地块向天山俯冲碰撞的背景下形成的前渊或山前边缘坳陷。中、新生界总厚度达 9000m 以上，沉积中心由山前不断向盆内迁移，并逐层向南超覆。中、新生界发育典型的前陆薄皮构造样式，以成排展布的褶皱-冲断带为特征。从北向南，变形程度逐渐变强，大体划分为天山南缘冲断带、北缘山前冲断-单斜带、中部凹陷变形带及南部斜坡-前隆带等次级构造单元。

2）塔北隆起

塔北隆起位于塔里木盆地的北部，是北部坳陷与库车坳陷之间的呈 EW 向展布的古隆起。东部与库鲁克塔格断隆相过渡，西部以喀拉玉尔滚断裂、柯吐尔断裂与阿瓦提坳陷相隔，北以秋里塔格逆冲带为界，南呈斜坡向北部坳陷过渡，东西长 480km，南北宽 70～110km，面积 $3.66\times10^4\,km^2$。沙雅隆起形成发育时期长，隆起区自震旦系—新生界均有发育，由隆起的南部斜坡向轮台凸起方向，古生界、三叠系、侏罗系由南向北减薄，在轮台凸起局部缺失，新生界北厚南薄。沙雅隆起古生界整体基本南倾，断裂多为逆冲断裂；新生代地层普遍北倾，多正断层，故沙雅隆起具双层结构的特点。沙雅隆起断裂较发育，具有延伸远、断距大、多期活动的特点。主要有轮台断裂、二八台断裂，在剖面上两者构成“Y”字形，新生代反转为正断裂。

3）东北坳陷

A. 阿瓦提凹陷

阿瓦提凹陷现今基底埋深达 15000m，其震旦系、寒武系和下奥陶统沉积厚度明显大于周围地区，表明该断陷最初形成于塔里木运动，为震旦纪—早奥陶世的沉积中心。中、晚奥陶世—泥盆纪坳陷状态不明显，这一阶段不存在明显的沉积中心。海西早期运动使周边断裂强烈活动，又一次使该断陷下沉，坳陷中心石炭系厚 1000m，下二叠统厚达 3000m，表明石炭纪—早二叠世这是一个强烈沉陷的地带。晚二叠世不存在坳陷状态。三叠纪又一次发生沉降，沉积中心三叠系厚达 900m。强烈的印支运动使该区抬升遭受剥蚀，缺失侏罗系。下白垩统厚度及展布范围也较小，晚白垩世—早第三纪坳陷也极为有限。中新世以来，受喜玛拉雅运动影响，周边断裂再次复活，阿瓦提凹陷强烈沉降，中新统—第四系厚达 6000m 以上。综合上述，阿瓦提断陷是震旦纪—早奥陶世、石炭纪—早二叠世、三叠纪和晚第三纪—第四纪多期沉积中心相叠合的结果。

B. 顺托果勒低凸起

顺托果勒低凸起南、北夹持在卡塔克隆起和沙雅隆起之间，东、西分别为满加尔坳陷和阿瓦提断陷，平面上呈不规则三角形，三度空间上呈“马鞍”形，处于隆起和坳陷之间的枢纽部位，面积约 28800km^2。

应该指出的是，顺托果勒隆起由于特殊的构造部位，相对于东西两侧的满加尔坳陷和阿瓦提断陷来说，隆起形态是十分清楚的，它处于两个坳陷之间过渡转折的“平台”部位，构造极为平缓。

从沉积厚度分析，顺托果勒隆起调节了阿瓦提断陷和满加尔坳陷在不同构造阶段的沉降和沉积中心的迁移。寒武—奥陶纪主要沉积中心位于满加尔凹陷，沉积总厚度达 5500m，顺托果勒隆起寒武—奥陶系厚度为 3500m 左右，厚度变化很小。志留—泥盆纪沉积中心仍位于满加尔坳陷，沉积总厚达 3600m，而顺托果勒隆起厚 800m 左右，厚度变化不大，石炭—二叠纪沉积中心往西迁移，阿瓦提沉积总厚达 4000m，顺托果勒隆起厚度 1000m 左右，厚度变化较小。

综上所述，顺托果勒隆起在古生代始终作为一个“平台”存在，古生界各层系的埋深及厚度变化很小。

C. 满加尔坳陷

北与沙雅隆起的草湖凹陷过渡，东以群克断裂带与孔雀河斜坡相接，西为顺托果勒隆起，东南为古城墟隆起，面积为 49900 km^2。

满加尔坳陷基底埋深达 16000m，从主要层系地层厚度展布及埋深特征来看，该坳陷轴部总体走向呈近东西向，并有一个分支插入沙雅隆起草湖凹陷。坳陷内震旦系厚度达 900m，明显比相邻地区厚。震旦纪—石炭纪该坳陷继承性发展，其中以寒武—奥陶纪和志留—泥盆纪沉陷最深，沉积厚度巨大，寒武—奥陶系厚达 5500m，志留—泥盆系厚达 3600m，石炭系厚 1000m。二叠纪坳陷已往西迁移至阿瓦提和西南地区。三叠纪满加尔坳陷再度出现，坳陷中三叠世厚 900m 左右。侏罗纪沉积中心往东偏移，侏罗系厚 800m。早白垩世沉积中心偏移到群克 1 井附近，下白垩统厚 700m。晚白垩世—早第三纪该坳陷依然存在，沉积中心上白垩统—下第三系厚达 900m。中新世以来满加尔坳陷转化为向北下倾的斜坡。

综上所述，满加尔坳陷除二叠纪和晚第三纪—第四纪外，均表现为沉陷状态，是一个长期继承性发育的沉降和沉积中心，其中寒武—泥盆纪沉降最为强烈。

D. 孔雀河斜坡

孔雀河斜坡是满加尔坳陷向库鲁克塔格隆起方向抬升的斜坡部分，北东方向与库鲁克塔格隆起相邻，北西方向接沙雅隆起库尔勒鼻凸，西南以群克断裂带与满加尔坳陷相接，东南为古城墟隆起，平行于库鲁克塔格隆起方向延伸，面积大于 25300 km^2。

该区工作程度较低，资料相对较少，构造面貌尚不清楚。从现有资料分析，孔雀河斜坡寒武—泥盆系厚度很大，海西早期运动随着库鲁克塔格的隆起而成为构造斜坡。此外，侏罗系在该区也有一定的厚度。沙漠 500、695、755 和 815 线地震资料揭示基底及古生界向北东方向上倾，群克断裂带、孔雀河断裂带和库鲁克塔格山前断裂带将该斜坡切割成一个断阶带。

4）中央隆起

中央隆起区横贯塔里木盆地中部，呈北西-北东走向，面积约 13.08×10^{4}km^2，其上由西向东可划分为巴楚断隆、卡塔克隆起和古城墟隆起三个正向二级构造单元及塘古孜巴斯坳陷一个负向二级构造单元。

A. 巴楚断隆

巴楚断隆位于中央隆起带的西段，为夹持于柯坪、阿恰、吐木休克、色力布亚、玛扎塔格断裂之间的大型断隆。呈 NW 走向，面积约 $4.30\times10^4km^2$。区内地层由震旦—第三系块状发育，但区域分布不均衡，局部缺失中上奥陶统、中生界及古近系部分地层。巴楚断隆在现今南北向地质剖面上，为南、北部高隆、中部低洼的复式隆起带。在平面图上，巴楚断隆周缘被断裂围隔，具典型的断隆特征。巴楚断隆在震旦纪—二叠纪为克拉通内坳陷的北倾斜坡，喜马拉雅期塔西南前陆坳陷开始发育，隆升反转为前缘隆起。

B. 塔中隆起

塔中隆起位于中央隆起带的中部，北界为塔中Ⅰ号断裂，南部呈斜坡向塘古孜巴斯坳陷过渡，面积约 $2.75\times10^4km^2$。塔中隆起区的寒武—奥陶系为南北两翼厚，中部薄；志留—泥盆系在东部缺失；石炭—二叠系呈南西厚，东部薄的特点；三叠系与新生界呈南厚北薄的趋势；白垩系则北厚南薄；区内缺失侏罗系。塔中隆起断裂和局部构造呈 NW-NE 向展布，断裂对局部构造具控制作用。

C. 古城墟隆起

古城墟隆起的形成明显受北民丰-罗布庄隆起的制约。震旦—奥陶纪为深海盆地相；奥陶纪末期，北民丰-罗布庄隆起首次逆冲活动，古城墟隆起具雏形。志留纪—早中泥盆世，北民丰-罗布庄隆起向盆地内逆冲推覆，古城墟隆起基本定型。海西—印支期挤压走滑，造成古生界剥蚀强烈。侏罗—白垩纪，古城墟隆起区沉积有较薄的侏罗—白垩系。第三纪的构造运动在古城墟隆起表现不明显。古城墟隆起整体呈 NE 向展布，局部构造和断裂相对不发育，整体呈西高东低长条状的凸起带，其上可划分为古城鼻凸、塔东 1 号背斜、塔东 2 号背斜等构造。

5）西南坳陷

塔西南坳陷位于塔里木盆地的西南部、西昆仑的北缘，向南经齐姆根-棋北-叶城，呈 NW 向，经叶城至和田转为 NE 走向。坳陷的西南部边界以昆仑山山前断裂为界，即由乌泊尔-英吉沙-铁克里克北缘断裂，向东经阿其克-民丰北断裂构成；北以 NE 向的柯坪断隆前缘沙井子-柯坪断裂-色力布亚-玛扎塔格断裂构成坳陷的北部边界，面积约 $12.3\times10^4km^2$。区内广泛分布有寒武系、奥陶系、石炭系、二叠系及新生界；中上奥陶统仅分布在东北端；中生界只分布于沿昆仑山展布的山前坳陷内。

塔西南坳陷为新生代的前陆盆地，其地质结构也是喜马拉雅期昆仑山向盆地内强烈逆冲推覆作用下形成的，因而在平面上由后陆向前陆发育有呈带状展布的构造带，即山前褶皱冲断带、中部坳陷带、前缘斜坡带和前缘隆起带（巴楚断隆）。依据新生代构造变形程度、区域构造特征可划分为四个构造单元，即喀什坳陷、莎车隆起、叶城-和田坳陷和麦盖提斜坡。

A. 喀什凹陷

喀什凹陷的形成演化是天山、昆仑山褶皱带对冲作用的结果。喀什坳陷南界为乌泊尔逆冲断裂，北界为沙井子-柯坪-乌恰断裂。坳陷的西部呈 NWW 向，过乌恰县东转入 NW 向，南部为莎车隆起，向东以上倾斜坡向麦盖提斜坡过渡，面积约 $1.3\times10^4km^2$。喀什坳陷是一个中新生代沉积坳陷，其中新生界厚度可达 10000m。在喀什坳陷的南北，发育有昆仑山、南天山山前两个大型逆冲推覆带。

B. 叶城凹陷

叶城凹陷沿昆仑山前展布，向北以南倾单斜向麦盖提斜坡过渡，面积约 $3.38\times10^4km^2$。为中新生界沉积凹陷，中新生界厚度达 10000m。

C. 麦盖提斜坡

麦盖提斜坡位于塔西南坳陷的北部，其北界隔色力布亚-玛扎塔格断裂与巴楚断隆相邻，面积约 $5.45\times10^4km^2$。为巴楚断隆西南方的一个斜坡，震旦—泥盆纪该区与巴楚断隆可能是一个统一的平缓隆起，到石炭—二叠纪才呈现出斜坡特征。印支运动使该区上升成为剥蚀隆起区，并一直持续到早白垩世末。燕山晚期运动之后，斜坡特征清楚地显现出来。

D. 莎车凸起

莎车凸起隆起西以断裂为界与西昆仑褶皱带相邻，东南、西北为叶城、喀什坳陷，东隔一低洼向麦盖提斜坡过渡。莎车隆起于喜马拉雅晚期发育，在古生界之上，沉积有侏罗系、白垩系和第三系地层。

E. 塘古孜巴斯凹陷

塘古孜巴斯坳陷位于卡塔克隆起与北民丰-罗布庄隆起之间，南部以民丰北断裂为界，西与巴楚断隆向东南的延伸相接。该坳陷外部呈不规则矩形，东西向展布，面积 $2\times10^4km^2$。坳陷具明显的双层结构，下古生界构造变形强烈，断裂及局部构造发育，并呈 NE 向带状展布。断裂既存在基底卷入构造样式，也发育盖层滑脱构造样式，其滑脱面为中下寒武统的膏盐岩层，并在局部形成盐底辟。局部构造样式多为断层转折褶皱和断层传播褶皱，或两者叠加的混合型。在南部沿民丰断裂发育一系列南倾的规模较小的叠瓦冲断层，是伴随民丰北断裂形成的。在上古生界以上构造层系内，地层变形程度弱，断裂和局部构造不发育，与下古生界层序构成明显的差异。

6）东南断陷

A. 北民丰-罗布庄断隆

北民丰-罗布庄断隆是奥陶纪末期开始发育，志留—泥盆纪基本定型的古隆起。经历过三次伸展和三次挤压隆升，隆起区古生界被剥蚀强烈，局部缺失（罗北1井白垩系直接覆盖在基岩大理岩之上），且有多次构造叠加的特征。喜马拉雅期断裂活动由东向西增强，使西部隆起明显，东部隐伏于白垩—第三系地层之下。

在平面上，隆起呈 NE 向展布的狭长型隆起，以且末西部低洼为界可以分为西部的北民丰凸起和东部的且末-罗布庄凸起，具有东西分块的特征，并且剖面上具有双层结构的特征。

B. 于田-若羌凹陷

于田-若羌凹陷位于塔里木盆地东南部，是一个夹持于阿尔金山与北民丰-罗布庄隆起之间的狭长负向构造，呈 NE 向展布，面积约 $7.23\times10^4km^2$。在坳陷东西部形成两个坳陷，即西部的于田坳陷和东部的若羌凹陷。坳陷内在浅变质岩之上发育有石炭—二叠系、侏罗系、白垩系和第三系。其中石炭—二叠系主要分布在坳陷西部的于田凹陷内，西厚东薄，厚度约几百米。侏罗系和白垩系沿山前分布，为河湖相沉积，侏罗系见煤层，南厚北薄；第三系西南部厚，向北部隆起方向减薄，厚度约 3000m。

7）边缘隆起区

在盆地周边发育有四个边缘隆起构造，即柯坪与铁克里克推覆体，库鲁克塔格和阿尔金断隆。

A. 柯坪冲断推覆隆起

位于塔里木盆地的西北部，北为天山褶皱带，南部以沙井子、柯坪-乌恰断裂为界与巴楚断隆、塔西南坳陷区、东部与库车坳陷相接，面积 $1.94\times10^4km^2$。柯坪冲断推覆隆起出露地层包括元古界阿克苏群、上震旦统及较完整的古生界。地层由北向南形成多个逆冲推覆褶皱带，并发育 NEE 或 NNW 向断裂，将逆冲推覆褶皱切割成块状，柯坪断隆是海西晚期形成的逆冲推覆体。

B. 铁克里克冲断推覆隆起

位于塔西南坳陷区的和田冲断带的南部，其南隔铁克里克南缘断裂与昆仑山相接，其北缘断裂与和田冲断带为邻，呈 NW 走向，面积 $1.83\times10^4km^2$。铁克里克冲断推覆隆起出露地层为元古界和上古生界，断裂活动强烈，局部发育晚古生代花岗岩。近年来的地球物理资料证实其为大型推覆体。

C. 库鲁克塔格断隆

位于盆地的东北部，整体呈 NW 向，面积 $22.2\times10^4km^2$，出露地层为太古界、下元古界、中—上元古界、震旦系、寒武系、奥陶系及少量志留系、石炭系，其中以前震旦系最发育。断隆区构造变形强烈，断裂发育并伴有晚古生代侵入岩。

D. 阿尔金断隆

阿尔金断隆包括整个阿尔金地区，面积约 $3\times10^4km^2$，出露地层有元古界、奥陶系、石炭系，广泛分布有晚古生代花岗岩，断裂发育，地层变形强烈。阿尔金断隆前缘的阿尔金走滑断裂对塔东南地区构造发育和演化起一定的制约作用。

总之，这四个边缘断隆构造出露地层都是盆地基底前震旦系和古生界，是在古生代末最后隆起并受到天山和昆仑山褶皱的造山活动影响和改造。它们的岩石建造和沉积体系代表了塔里木盆地古生代历史，它们的后期改造则反映了盆地边缘与相邻褶皱带的相互作用。

4.5　本章小结

依据“尊重历史、体现进步、反映演化、服务选区”的原则思路，综合参照断裂、地层、古构造等资料的基础上，完成了加里东中期、海西早期、海西晚期、喜马拉雅期和现今构造单元的划分。

（1）加里东中期塔里木盆地划分出 9 个二级构造单元，它们分别是：①库车坳陷；②塔北隆起；③柯坪-巴楚坳陷；④塔中隆起；⑤满加尔坳陷；⑥和田隆起；⑦塘古孜巴斯坳陷；⑧东南断隆；⑨东北断隆。

（2）海西早期塔里木盆地划分出了 11 个二级构造单元，它们分别是：①塔北隆起；②孔雀河斜坡；③喀什坳陷；④西部坳陷；⑤顺托-沙雅低隆；⑥满加尔坳陷；⑦和田隆起；⑧塘古孜巴斯坳陷；⑨塔中隆起；⑩古城墟隆起；⑪东南断隆。

（3）海西晚期塔里木盆地划分出了 12 个二级构造单元它们分别是：①库车坳陷；②沙雅隆起；③柯坪断隆；④巴楚隆起；⑤阿瓦提坳陷；⑥满加尔坳陷；⑦孔雀河斜坡；⑧西南坳陷；⑨麦盖提斜坡；⑩塘古孜巴斯坳陷；⑪北民丰-罗布庄隆起；⑫东南坳陷。

（4）喜山早期构造单元划分为 12 个二级构造单元，包括①库车坳陷；②柯坪隆起；③阿瓦提坳陷；④塔北斜坡；⑤孔雀河斜坡；⑥喀什坳陷；⑦叶城坳陷；⑧麦盖提斜坡；⑨巴楚隆起；⑩塔中隆起；⑪英吉苏坳陷；⑫东南坳陷。

（5）现今塔里木盆地构造单元划分为“两大坳陷区、三大隆起区”，即：①库车坳陷；②沙雅隆起；包括沙西凸起、雅克拉断凸、阿克库勒凸起、草湖凹陷、库尔勒鼻凸；③东北坳陷；包括阿瓦提凹陷、顺托果勒低凸、满加尔凹陷与孔雀河斜坡；④中央隆起，包括巴楚凸起、塔中凸起与古城墟凸起；⑤西南坳陷区，包括塘古孜巴斯凹陷、喀什凹陷、叶城凹陷与莎车凸起；⑥东南断陷，包括北民丰-罗布庄断隆、于田-若羌凹陷；⑦柯坪断隆。

第 5 章　不同构造演化阶段沉积体系特征及沉积模式

5.1　不同构造演化阶段发育的沉积体系类型及特征

塔里木盆地经历了多旋回构造演化，在不同构造演化阶段分别发育了不同类型的原型盆地，相应的不同时期、不同类型的沉积盆地充填不一样的沉积体系（图 5-1）。本章在对塔里木盆地周缘野外剖面详细观测、钻井岩心观察基础上，结合钻井、地震资料，对塔里木盆地不同构造演化阶段沉积体系类型及特征进行了详细研究。其中，在塔里木盆地震旦纪—奥陶纪克拉通与被动大陆边缘盆地阶段主要以碳酸盐台地-台地边缘-盆地沉积充填为特征；志留纪—中泥盆世为克拉通内坳陷阶段，主体以海相碎屑岩沉积为特征，主要发育有障壁海岸-陆棚和无障壁海岸-陆棚沉积体系；晚泥盆世—二叠纪的克拉通周缘坳陷、内裂陷阶段以无障壁海岸-陆棚、碳酸盐台地-台缘-斜坡、河流-三角洲-潟湖沉积为特征；三叠纪沉积期为前陆盆地沉积阶段，主体发育河流、三角洲和湖泊沉积；侏罗纪—古近纪为断陷-坳陷盆地阶段，以发育冲积扇、扇三角洲、河流、三角洲和湖泊等陆相沉积为特征；新近纪为复合前陆盆地阶段，主要发育河流、三角洲、扇三角洲和湖泊沉积。

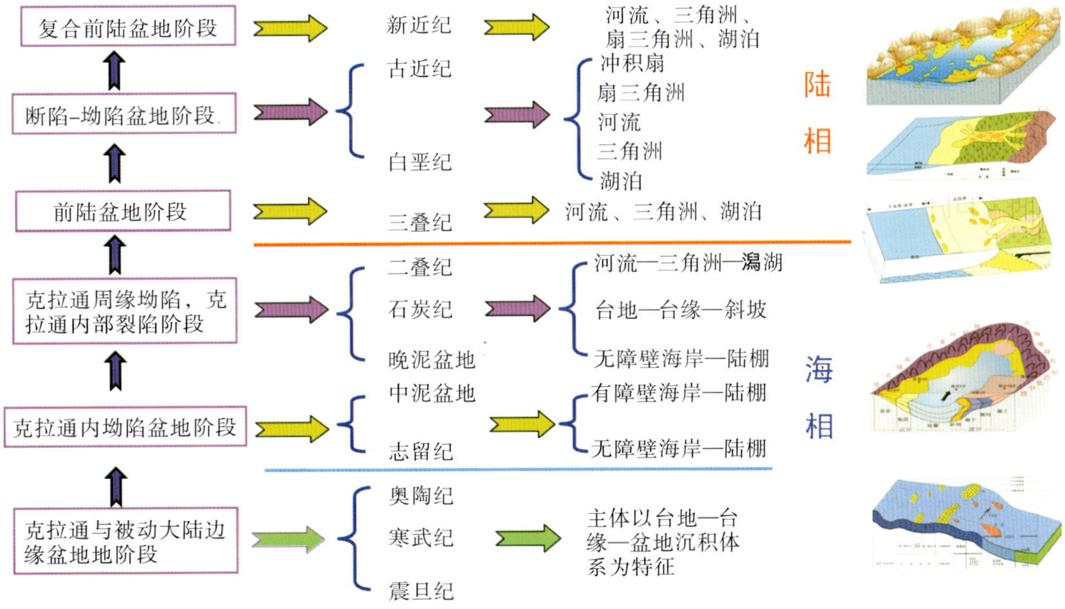

图 5-1　塔里木盆地震旦纪—新近纪不同构造演化阶段沉积体系划分

5.1.1　克拉通与被动大陆边缘沉积阶段（Z-O）沉积体系类型及特征

该构造演化阶段包括了震旦纪—奥陶纪沉积演化过程。震旦纪表现为南、北分带、盆缘裂陷、盆内坳陷，西浅东深的沉积特征。寒武纪处于伸展阶段，东、西分异强烈，塔西南发育成被动大陆边缘塔东克拉通边缘坳陷盆地，形成半深海-深海盆地，塔西克拉通内坳陷盆地发育浅水台地相。进入早—中奥陶世盆地南、北同时形成被动大陆边缘，盆内西浅东深。晚奥陶世南侧挤压阶段，盆内东、西分异强烈。根据区域沉积格局和沉积作用特点，在前人研究成果的基础上，通过野外露头剖面、岩心及钻井的沉积相综合分析，在塔里木盆地克拉通与被动大陆边缘沉积阶段共识别出无障壁海岸、有障壁海岸、碳酸盐台地、台地边缘、陆棚和盆地6类沉积体系，下面就各类沉积体系特征分述如下。

1. 无障壁海岸

无障壁海岸相的沉积环境是无障壁岛遮挡、海水循环良好的开阔海岸带，海岸直接接受波浪作用的影响。无障壁海岸主要以滨岸亚相沉积为主，根据海岸地貌形态和特征可划分为后滨、前滨、近滨（临滨）等几个沉积微相。该类沉积相带主要发育在塔里木盆地震旦纪沉积演化期，如塔西南铁克里克地区和塔东地区，在叶城县柯克亚乡恰克马克力克里西沟震旦系剖面（图5-2）、尉犁1井中均有发育，主要发育了前滨及近滨两个微相。

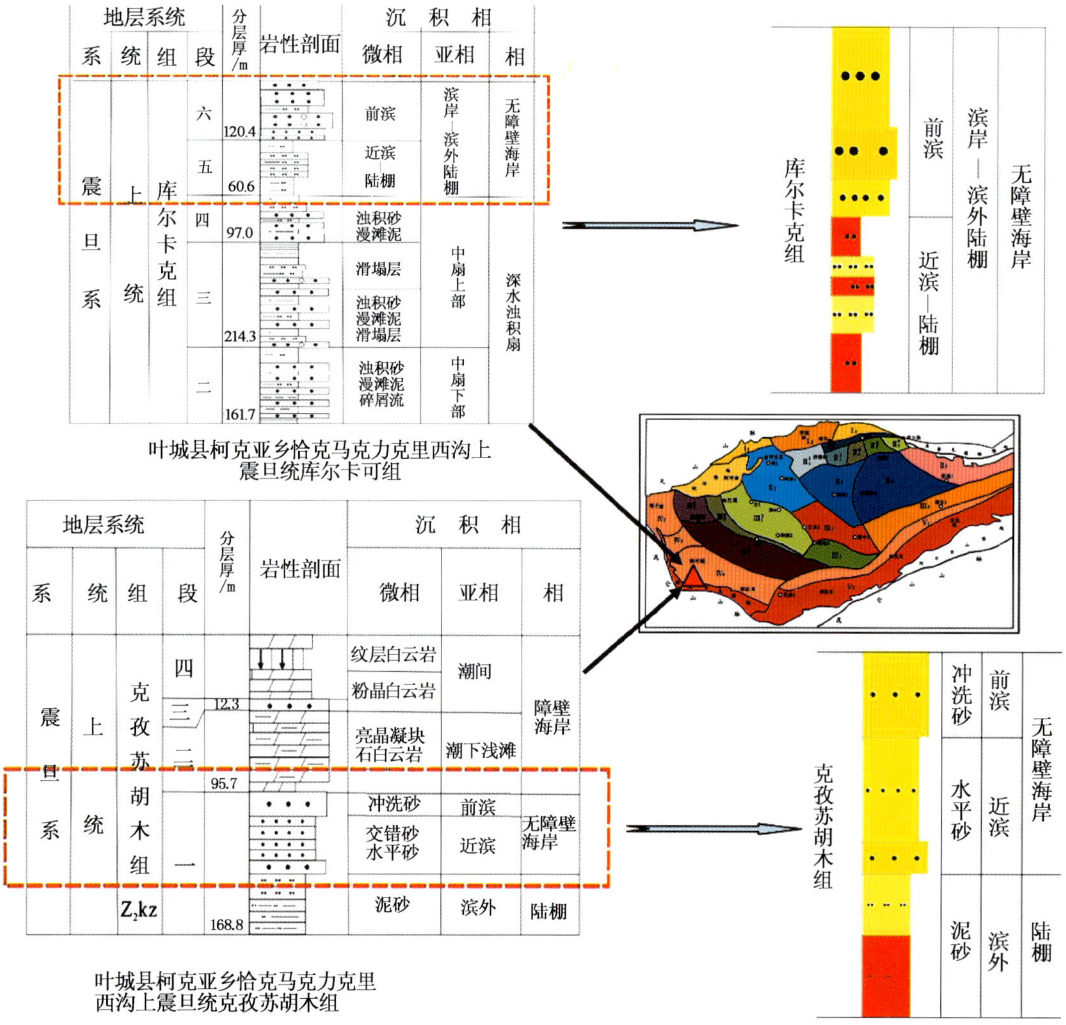

图5-2　塔里木盆地克拉通与被动大陆边缘沉积阶段无障壁海岸沉积特征

1）前滨

前滨亚相位于平均高潮线与平均低潮线之间的潮间带，地形平坦，起伏较小，并逐渐向海倾斜。前滨亚相的沉积以中砂岩为主，分选较好，典型的构造是冲洗交错层理。该亚相在铁克里克地区克孜苏胡木组一段上部和三段较为典型。岩性为灰白色、浅灰色中粒中-厚层石英岩，含少量海绿石；发育大型槽状、板状交错层理，亦见低角度交错层理和冲洗层理；结构、成分成熟度高，分选及磨圆度好（图5-2）。

2）近滨

该微相在塔里木盆地铁克里克地区克孜苏胡木组一段中部发育较为典型。近滨微相的沉积可进一步划分上部、中部及下部。其下部为黄褐色薄层钙质铁白石质石英粗粉砂岩和粉砂岩，夹紫红色页岩、黄褐色中-薄层（少量厚层）细粒石英砂岩；小型交错层理和水平层理发育，细粒砂岩中可见中-大型交错层理，交错细层多向倾向，对称、非对称波痕也格外发育，可见干涉波痕。其上部为浅灰色、灰白色夹玫瑰色厚层状中-细粒沉积石英岩夹褐色、玫瑰色厚层钙质细粒石英砂岩（图 5-2）；沉积石英岩成分单一，粒度概率累计图出现两个次跳跃总图，反映了波浪、沿岸流及向海的回流、裂流作用；与之相应的平行层理，大型槽状、板状交错层理极为发育。

2. 有障壁海岸

有障壁海岸是受障壁的遮挡作用在海岸带发育起来的，该沉积相主要发育于塔里木盆地震旦系，以发育潮坪和潮道沉积为主，主要分布于柯坪-阿克苏地区。

1）潮坪

潮坪沉积发育在具明显潮汐周期而无强烈风浪作用的平缓倾斜的海岸地区，水动力则以潮汐流占主导地位，主要是由于潮汐水位的升降而形成潮汐流。依据潮位可进一步区分出潮上、潮间和潮下三个亚相带（图 5-3）。潮上亚相处在平均高潮面之上，在阿克苏肖尔布拉克剖面下震旦统苏盖特布拉克组发育泥坪沉积，一般为薄-厚层泥岩，偶夹薄层粉砂或泥质粉砂。泥岩一般为紫红色，偶夹薄层灰绿或深灰色泥岩。泥岩中具有水平纹层，粉砂岩中具生物扰动构造、生物潜穴以及变形层理，在局部地区尚可见到泥裂（图 5-3）。

潮间亚相在平均高潮面与平均低潮面之间，砂泥坪岩性为不等厚互层的紫红色粉、细砂岩与紫红色、褐色泥岩以及粉砂质泥岩的薄互层。沉积物中发育波状层理、韵律层理、透镜状层理及小型交错层理等（图 5-3）。砂坪沉积位于平均低潮线以下，长期受海洋潮汐等水动力作用。砂坪沉积主要岩性为紫红色中-厚层状中-细粒砂岩夹薄层状泥岩。泥岩厚度较薄，一般小于 1m，砂岩厚度较大，可达 10m。由于受双向水动力控制，砂岩具有较好的成分和结构成熟度。砂岩颗粒较好，分选中等至好。砂坪中常发育羽状交错层理、板状交错层理、块状层理、层面的浪成波痕沉积构造以及生物扰动和潜穴（图 5-3）。

2）潮道

研究区潮道沉积主要发育于阿克苏肖尔布拉克剖面下震旦统苏盖特布拉克组底部，岩性主要以紫红、褐色中-厚层状砾状砂岩、中-粗粒砂岩为主。发育羽状交错层理、楔状交错层理以及平行层理等，顶部与紫红色泥岩接触。垂向上往往发育多个砂体的叠置，呈正粒序，具多个冲刷面；砂层集中，砂层间泥岩夹层薄而少。单层潮道砂层厚1～2m，累计厚度为 8m。

3. 碳酸盐台地

碳酸盐台地沉积体系广泛发育于塔里木盆地震旦系—奥陶系，是塔里木盆地寒武系、奥陶系的主要沉积类型，主要分布于盆地中西部地区，具有台地分布面积广、沉积厚度大等特点。通过野外剖面观测、钻井岩心观察、钻井测井资料及地震资料解释成果，并结合各沉积相标志，共识别出蒸发台地、局限台地、开阔台地等 3 个主要的沉积环境，台地主要以碳酸盐岩沉积为特征。

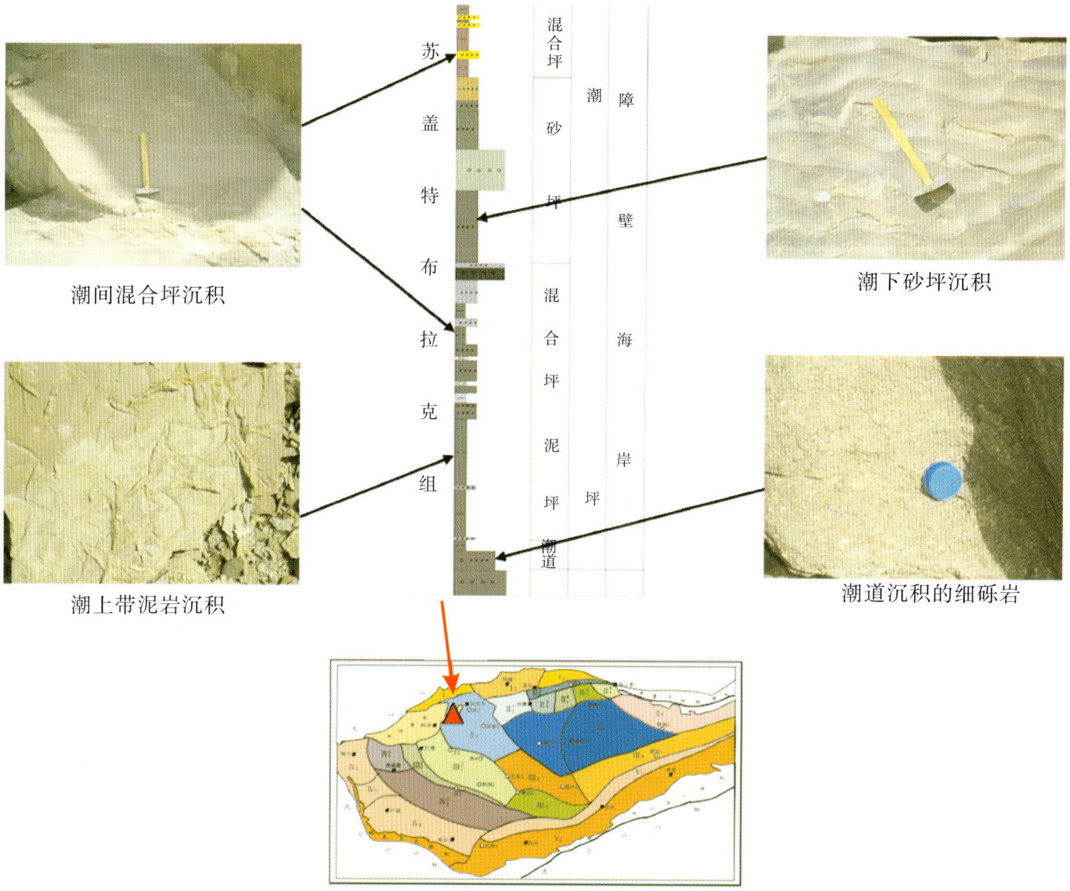

图 5-3 阿克苏肖尔布拉克剖面下震旦统潮坪沉积相特征

1）蒸发台地

蒸发台地一般指位于海平面之上，长期出露于水面，仅在特大高潮或特大风暴时才被海水淹没，其沉积物多以膏岩、盐岩、膏质白云岩、膏质泥岩、泥质白云岩、泥晶白云岩等为主。该相带主要发育于寒武系，特别以中寒武统为典型，分布于塔里木盆地中西部地区，又可进一步划分为蒸发坪和蒸发潟湖 2 个亚相（图 5-4）。蒸发潟湖沉积物主要以膏质泥岩、泥质白云岩、泥晶白云岩为主。蒸发潟湖水体能量低，沉积物以薄-中层状为主，层面平直，沉积物粒度细，发育水平层理、微波状层理。极易发生回流渗透模式白云石化，岩石类型为准同生沉积白云岩，发育有泥-微晶白云岩，并往往含有膏质。此亚相在和 4 井、和田 1 井、康 2 井中均有发育，主要发育于吾松格尔组和阿瓦塔格组。蒸发坪是蒸发潟湖的周边区域，也称蒸发潮坪或萨布哈。沉积物以盐岩和膏岩为主，白云岩化的结果使早期潮上灰质沉积物转化为泥、粉晶白云岩，因此在膏岩、盐岩中一般夹有泥晶白云岩、膏质白云岩。白云岩中发育潮汐层理、鸟眼、窗孔及帐篷等构造。此亚相在塔里木盆地中、西部地区寒武系十分常见，尤其是阿瓦塔格组和吾松格尔组及肖尔布拉克组（图 5-4），共计沉积了近千米的膏岩、盐岩地层。

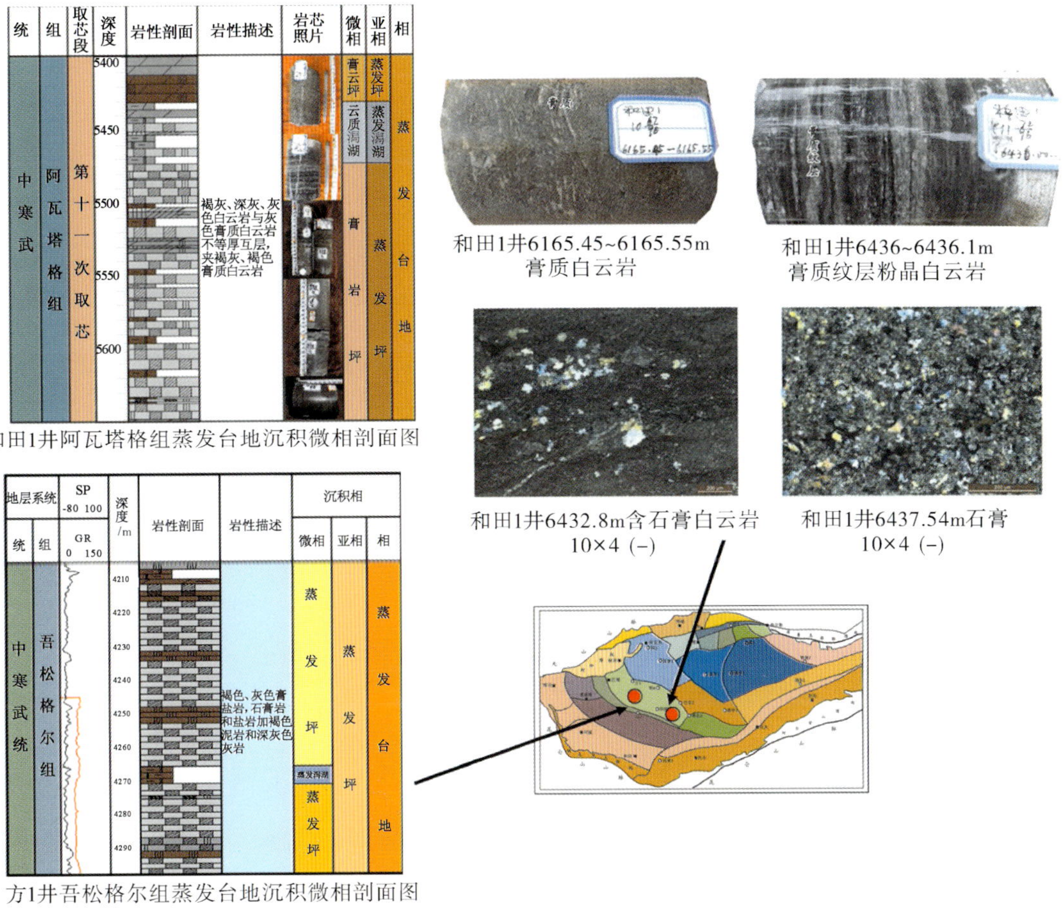

图 5-4　塔里木盆地克拉通与被动大陆边缘沉积阶段蒸发台地沉积特征

2）局限台地

局限台地沉积界面处于平均海平面与平均低潮面之间。受地势和沉积物的局部阻隔，海水循环受到一定限制，与外海交换不畅通，水体能量弱，沉积物以白云岩为主，常有泥页岩及薄层灰岩伴生。塔里木盆地寒武系—奥陶系北部、中西部地区广泛发育该沉积相带（图 5-5），如肖尔布拉克剖面下丘里塔格组、中 4 井下丘里塔格组及玛 4 井鹰山组。潮上亚相一般位于平均海平面与平均高潮面之间，其蒸发作用相对蒸发台地要弱，沉积物主要以白云岩、膏质白云岩、泥质白云岩为主，石膏含量明显比蒸发台地要低。常见干裂及雨痕等构造，多发育透镜状层理、脉状层理及波状层理。潮间亚相一般位于平均低潮面与平均海平面之间，此相带潮汐往返作用明显，常见有不规则的毫米级至厘米级的纹层，以及透镜状、波状和脉状组成的潮汐层理。沉积物主要以灰质白云岩、灰岩、藻纹层白云岩为主，叠层石构造比较常见。潮下亚相一般位于平均低潮面之下，此相带水动力能量较弱，沉积物粒度较细，多以泥岩、泥灰岩、泥质白云岩为主，由于潮下带常常与开阔台地相连，在剖面上也常发育一些滩相沉积物，如鲕粒白云岩、砂屑白云岩等，通常以薄层状夹于泥岩之间。

3）开阔台地

开阔台地是指地台中部或外侧开阔地区与外海畅通的广阔浅水区。开阔台地的沉积界面多位于低潮面与浪基面之间，盐度正常，水深一般为数米至数十米，具中等能量。岩石类型多样，包括颗粒白云岩、白云质灰岩、泥晶灰岩、颗粒灰岩等，颗粒类型以内碎屑和球粒为主。该沉积相主要发育于塔里木盆地中西部、北部以及东部区域，层位上主要发育于肖尔布拉克组、沙依里克组，阿瓦塔格组、下丘里塔格组及奥陶系的一间房组和良里塔格组，在多数钻井中均有发育，根据其沉积特征又可分为浅滩和滩间两个亚相（图 5-6）。

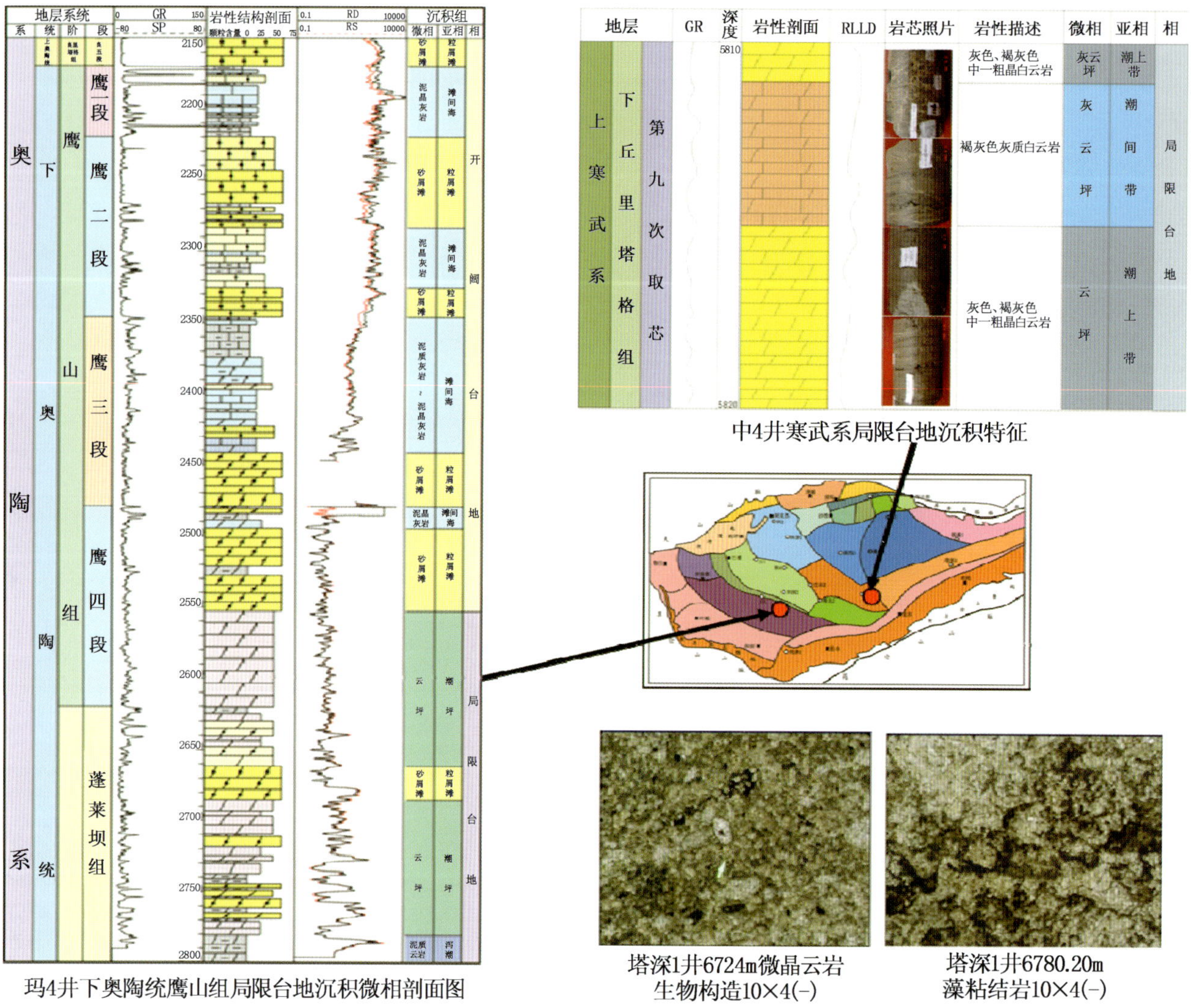

图 5-5　塔里木盆地克拉通与被动大陆边缘沉积阶段局限台地沉积特征

A. 浅滩

浅滩亚相是开阔台地中较浅水区碎屑滩沉积，沉积时水体浅，能量高，以沉积亮晶颗粒岩为特征。此相带在寒武系以发育细至中晶砂屑、藻屑白云岩为主，如罗西 1 井上寒武统突尔沙克组含藻砂屑白云岩浅滩沉积。在奥陶系钻井中该相带相对较为常见，其台内浅滩又可以分为棘屑滩、介屑滩、藻屑滩等，如塔参 1 井上奥陶统良里塔格组砂砾屑灰岩浅滩发育，中 4 井良里塔格组中砂屑灰岩浅滩发育（图 5-6）。地震相一般表现为低能量、波状-低连续。

B. 滩间

滩间亚相是开阔台地中较深水区域，其沉积水体能量低，分布较广，沉积物以泥晶灰岩、泥晶白云岩、含颗粒泥晶灰岩为特征，如罗西 1 井突尔沙克组中的泥晶灰岩、塔参 1 井、中 4 井良里塔格组中发育的泥微晶灰岩（图 5-6）。

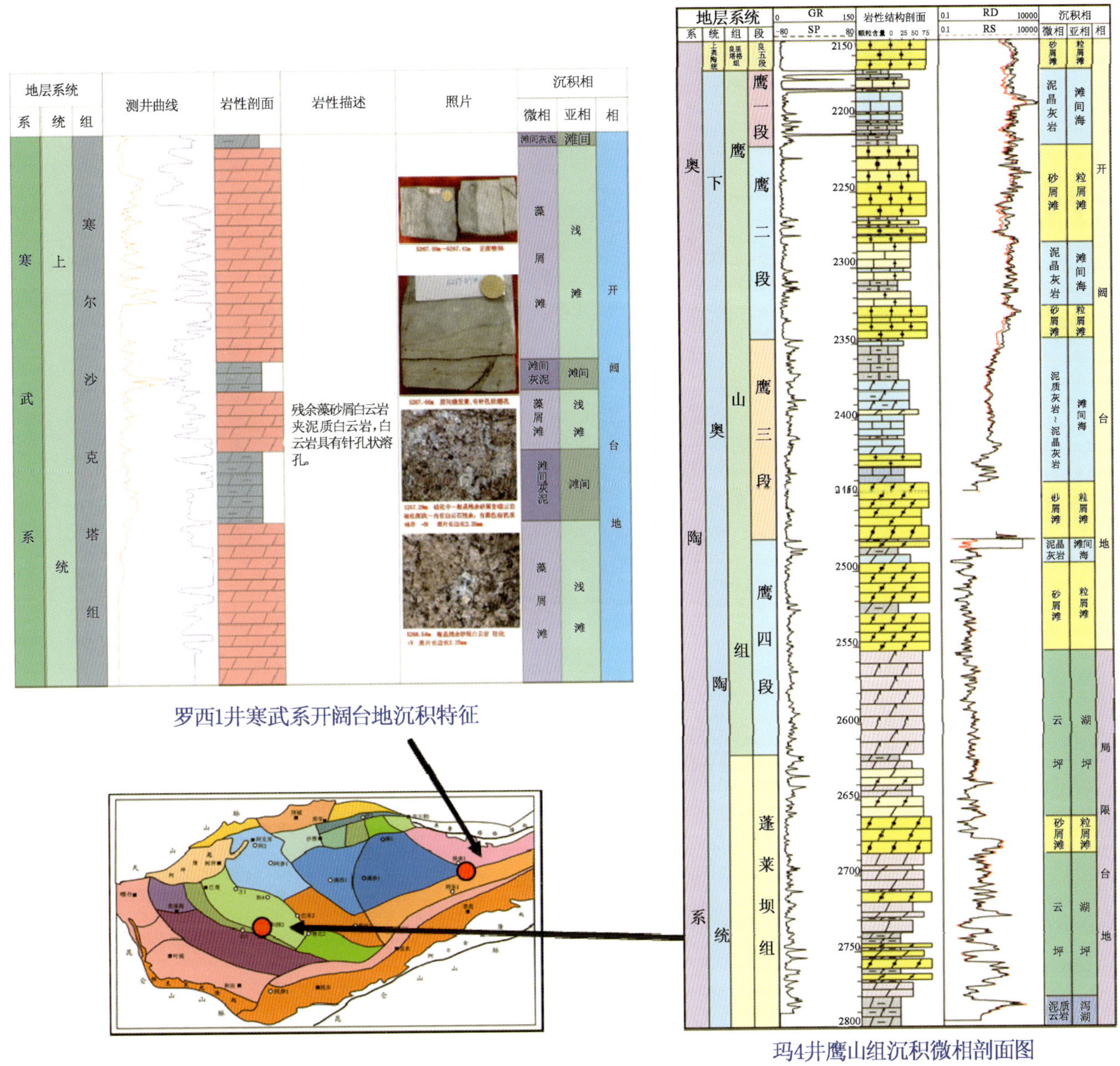

图 5-6　塔里木盆地克拉通与被动大陆边缘沉积阶段开阔台地沉积特征

4. 台地边缘

台地边缘相带为碳酸盐台地的边缘地带，是台地与陆棚-盆地之间的过渡地带，前缘面向广海，后缘为开阔台地亚相，位于平均低潮面附近，波浪和潮汐作用强烈，有利于形成潮下高能浅滩。在寒武系—奥陶系广泛发育，主要发育台地边缘浅滩（图 5-7）、台地边缘生物礁、台地边缘斜坡等沉积相类型。

1）台地边缘浅滩

台地边缘浅滩位于浅水台地与台地前缘斜坡之间转折部位，该环境由于受波浪和潮汐作用共同控制，水动力条件极强，海水循环良好，氧气充足，盐度正常。主要堆积的是以颗粒占绝对优势的滩相沉积体，灰泥组分极少。其中塔里木盆地寒武系生物化石相对欠发育，以亮晶质的砂屑白云岩、鲕粒白云岩、藻白云岩为主（图 5-7）。主要发育于塔中台地相区与东部盆地相区的过渡带，近垂直分布于塔里木盆地中部，在唐王城至一间房组剖面良里塔格组，塔深 1 井、玛 4 井、于奇 6 井、S108 等钻井中及塔北、塔中地区地震剖面上均有表现。在奥陶系该相带围绕坡折带广泛发育，岩性主要为浅灰色亮晶颗粒灰岩，颗粒包括鲕粒、藻砂屑、藻砾屑、生物骨屑（图 5-7）。伽马曲线显示低值微齿化的曲线。

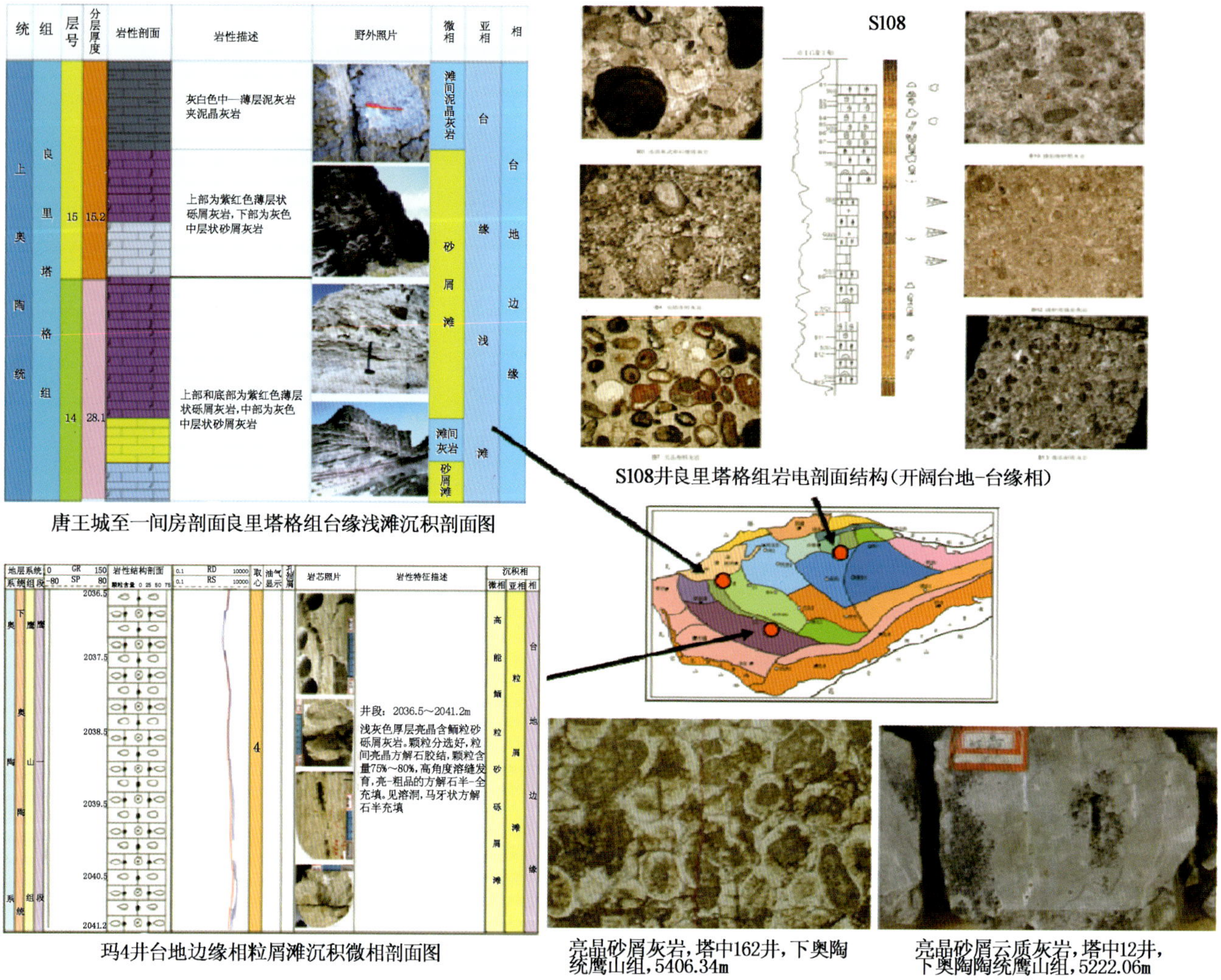

图 5-7　塔里木盆地克拉通与被动大陆边缘台地边缘浅滩沉积特征

2）台地边缘生物礁

良里塔格组沉积期北部台地规模变小，坡折带沿轮南隆起的东部-南部-西部呈裙状分布，宽度大，沉积厚度一般为 80～100 m，南部和西部都遭受了严重的削蚀，仅残留斜坡相沉积。以含泥（或富泥质条带）的碳酸盐岩沉积物发育为特征。该台地发育的台缘生物礁主要为藻礁，藻礁之上发育厚层的台缘滩的砂砾屑灰岩（如轮古 391 井、轮南 63 井和轮古 35 井）。轮古 391 井台地边缘生物礁发育于良里塔格组上部，礁的厚度大于 20 m，礁的类型为生物格架礁和生物障积礁，造礁生物主要为藻类、珊瑚、苔藓虫等；礁的上部发育台缘粒屑滩。再如 LN46 井良里塔格组 5585～5596m 井段，厚 11m，主要造礁生物为蓝绿藻，宏观上呈条带状、港湾状，微观上呈纹层状及丝状等。该台地其余地区广泛发育台缘滩，如阿克库勒凸起东部 S108 井揭示，良里塔格组主要岩性为浅灰色、灰白色鲕粒灰岩、砂屑灰岩、生屑灰岩灰、灰白色生屑灰岩、生屑鲕粒灰岩，生物组合为藻、海百合、海胆、腕足等（图 5-8～图 5-9）。阿克库勒凸起 T710 井揭示，良里塔格组厚 83.5m，主要为一套不规则条带状生物碎屑或含生物碎屑粉-微晶泥灰岩沉积。

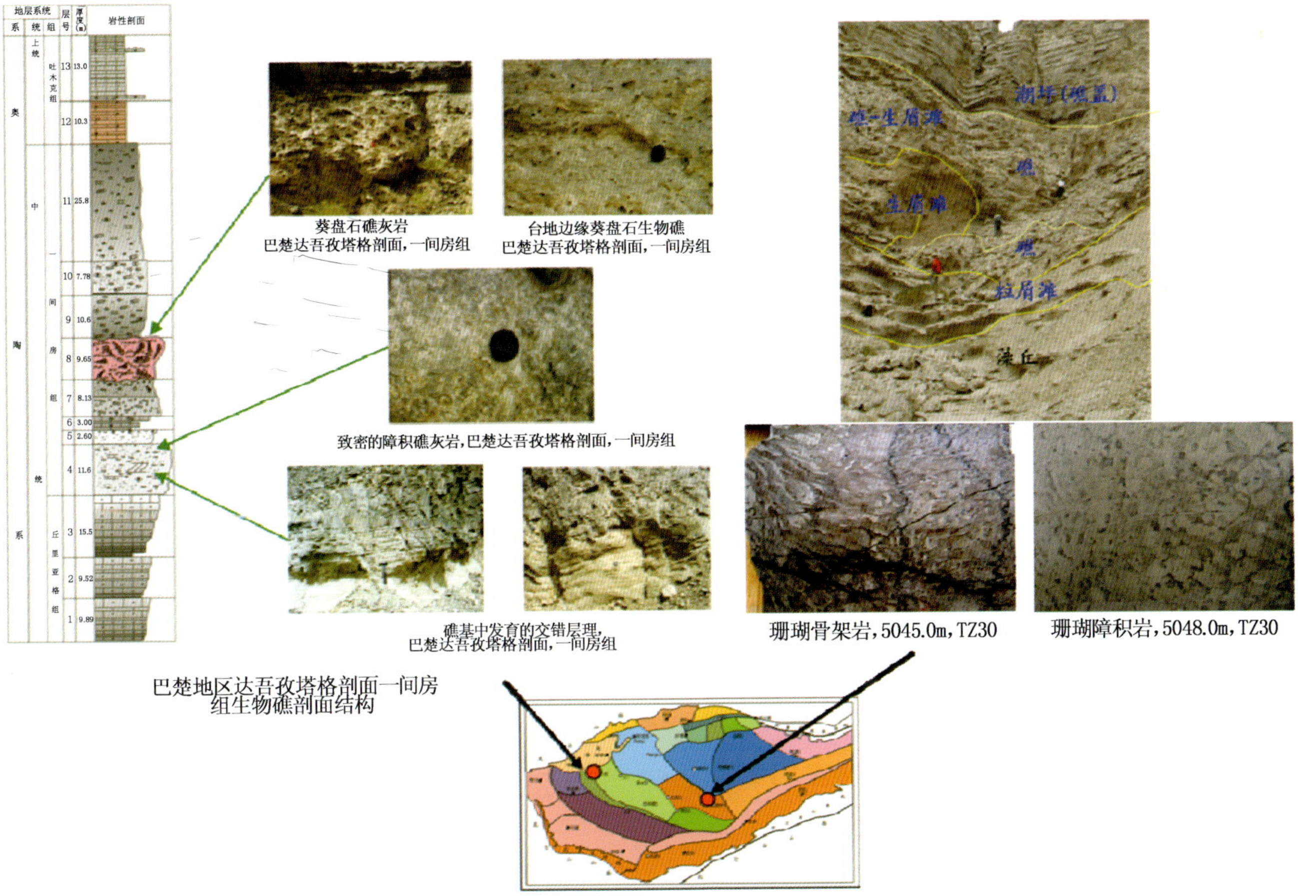

图 5-8　塔里木盆地克拉通与被动大陆边缘台地边缘生物礁沉积特征

塔中良里塔格组生物礁为塔里木盆地最为典型的生物礁发育期，台地东北缘由于塔中Ⅰ号断裂的活动而成为台地边缘高能区带，具体分布在塔中 45 井北-塔中 33 井-塔中 29 井一线与塔中 39 井-塔中 12 井-塔中 101 井-塔中 48 井一线所夹的区域，主要发育台缘滩相颗粒灰岩甚或礁灰岩沉积。如塔中 44 井位于台地边缘相带，主要由海绵礁核和灰泥含量高的礁后生屑灰岩组成。塔中 48 井-塔中 3 井-巴东 2 井-塔中 49 井-塔中 39 井-塔中 12 井-塔中 101 井-塔中 48 井所包围的台地内部为开阔台地相带展布区，以不规则条纹状微晶泥灰岩、粒屑泥灰岩和藻黏结泥灰岩、藻黏结灰岩发育为特征。再如中古 42 井-塔中 12 井-塔中 82 井-塔中 823 井一线，在钻井和地震剖面上，以台缘礁、滩组合沉积为特征，礁、滩平面上宽约 8km。

3）台地边缘斜坡

该相带位于碳酸盐台地的向海斜坡带，坡度可达到 30°，主要由各种碎屑组成。此带常位于氧化界面以上，处在波基面的上下。沉积物不稳定，其大小和形状均变化很大。陆源碎屑一般很少，大多为纯碳酸盐岩及沉积角砾，包括泥晶灰岩、砂屑灰岩、生物碎屑灰岩、黏结灰岩，但有一些黏土、粉砂、细砂，顺斜坡漂移而来，并与碳酸盐岩混合或充填洞缝（图 5-10）。大多数生物碎屑来自斜坡上部，但也有原地结壳生物群体。地震相特征为楔形、倾斜发散结构、中-强振幅、中连续-波状。

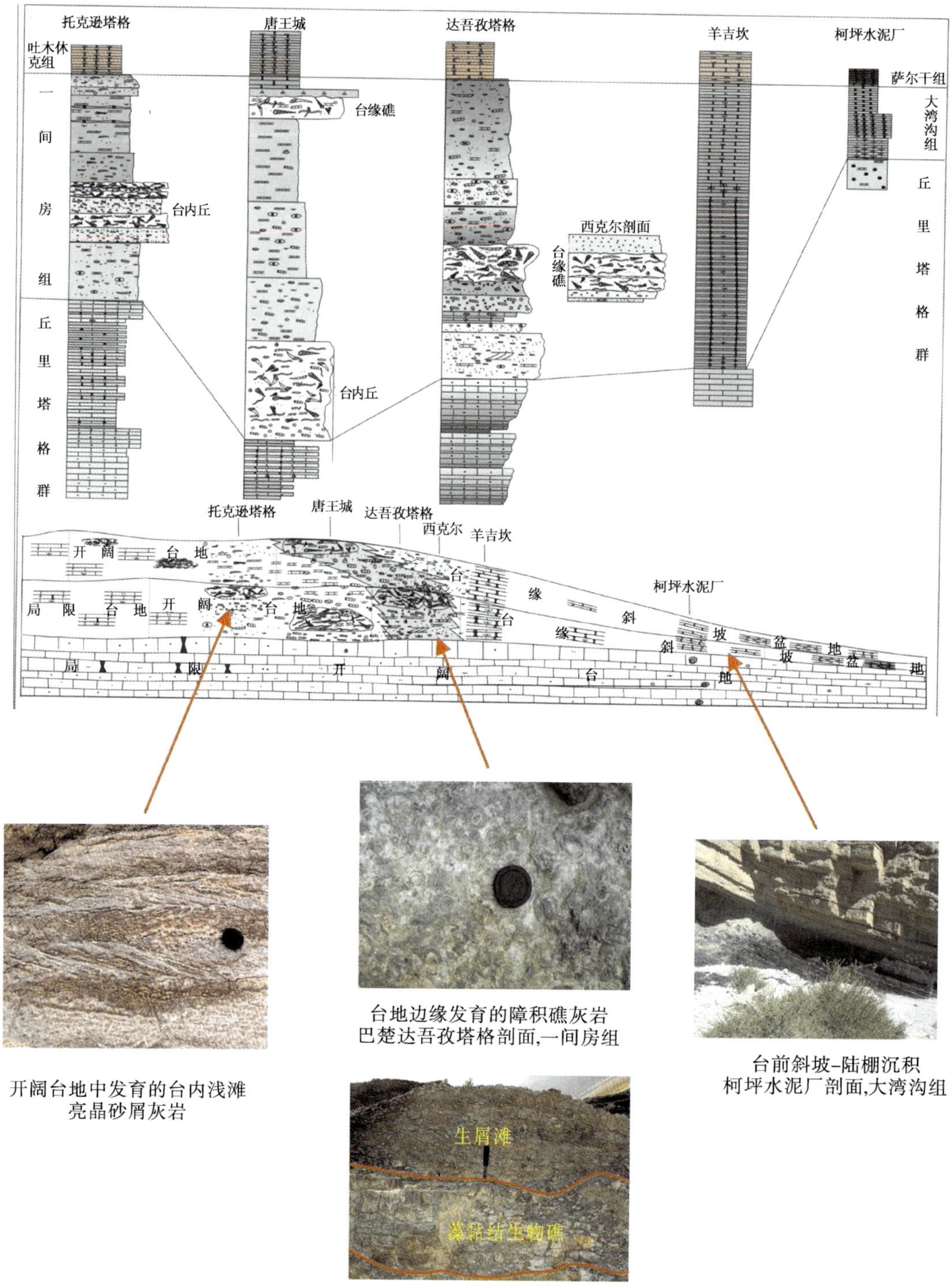

开阔台地中发育的台内浅滩
亮晶砂屑灰岩

台地边缘发育的障积礁灰岩
巴楚达吾孜塔格剖面,一间房组

台前斜坡–陆棚沉积
柯坪水泥厂剖面,大湾沟组

台地边缘藻黏结生物礁与生物屑滩组合
柯坪水泥厂剖面,一间房组

图 5-9　塔里木盆地克拉通与被动大陆边缘台地滩-台缘礁滩-盆地沉积特征

5. 陆棚

即现代所称的大陆架，是在正常浪基面以下向外海与大陆斜坡相接的广阔浅海沉积地区，位于滨岸相以外宽阔平坦地带。该类沉积体系主要发育于塔里木盆地东部和西南边缘。此相带位于开阔大陆架的外缘，通常位于碳酸盐台地边缘沉积体系之外，沉积界面处于氧化还原界面以下，海底位于正常波基面之下，但间歇风暴可影响到海底沉积物，盐度正常，循环良好，水深数十米至百余米，水体能量弱。主要发育于寒武系—奥陶系，广泛分布于塔里木盆地东部满加尔坳陷区域。此种陆棚广阔，而沉积作用十分一致，主要岩石类型为深灰色薄-中厚层状含泥质灰岩，常形成泥纹、条带泥晶灰岩、含泥质瘤状泥晶灰岩，如塔中 29 井却尔却克组、南雅尔当山莫合尔山组及米兰 1 井莫合尔山组中（图 5-11）。

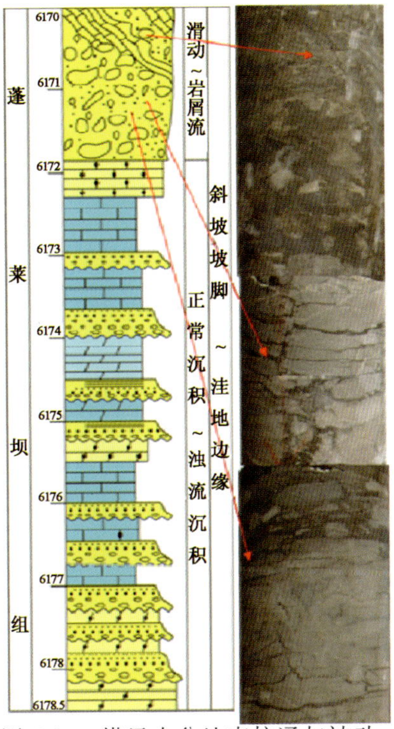

图 5-10　塔里木盆地克拉通与被动大陆边缘台缘斜坡沉积特征

6. 盆地

盆地水深通常大于 2000m。光照度极差，底栖生物无法繁殖，主要为营游泳和漂浮的生物，岩石类型主要为泥质灰岩和暗色泥页岩、放射虫硅质岩，主要发育于寒武系—奥陶系，分布于盆地东部的满加尔坳陷深海平原区。根据沉积物特征、生物组合，可进一步分为半深海盆地和

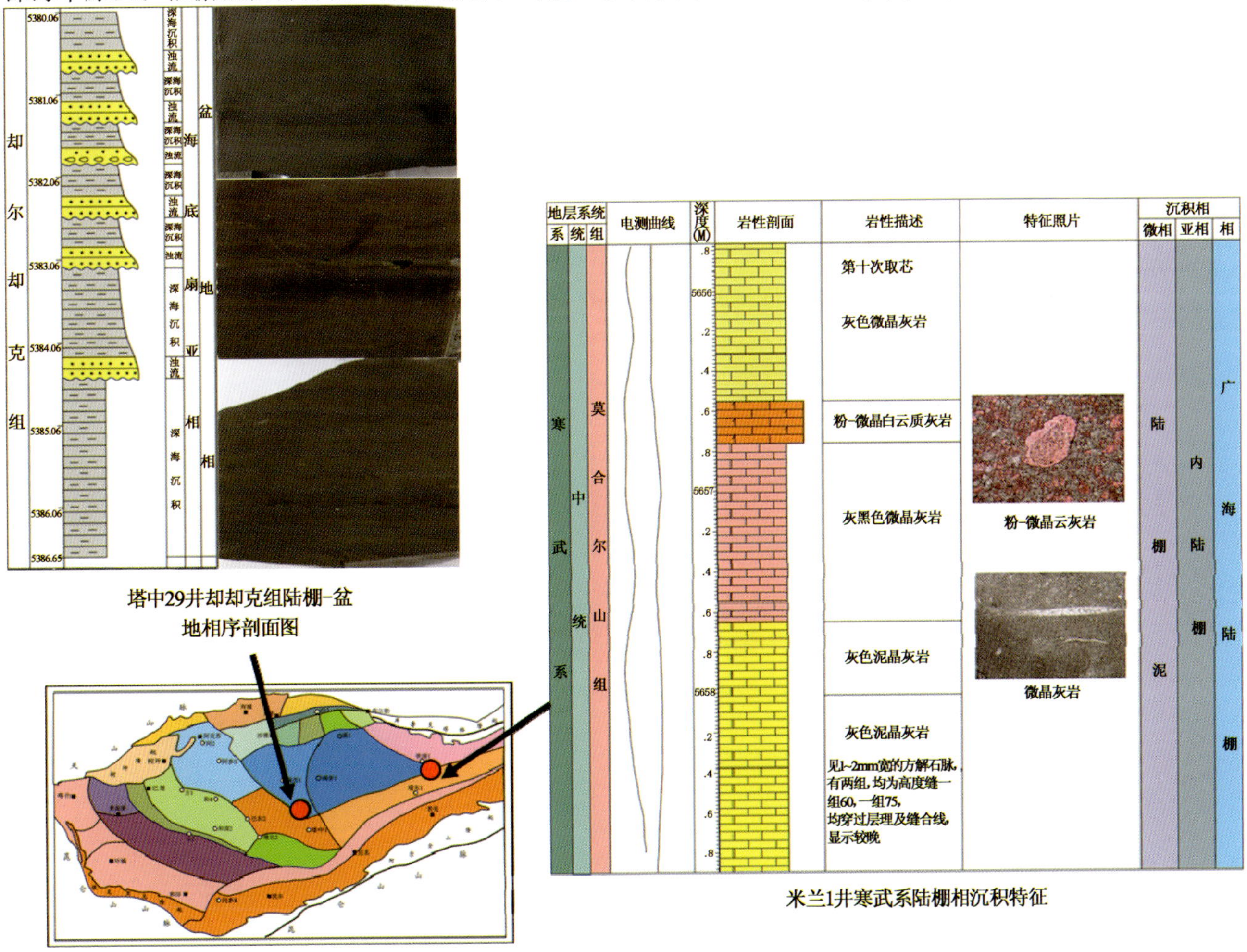

图 5-11　塔里木盆地克拉通与被动大陆边缘陆棚沉积特征

深海盆地两个亚相。

1）半深海盆地

水深一般为200～2000m，位于氧化界面以下，碳酸盐沉积补偿面之上，故有碳酸盐和泥质沉积物。岩石色深，也有深水生物，富有机质，可成生油岩。此相带可见于塔东1井、英东2井、中寒武统莫合尔山组，岩性主要为深灰色泥岩，夹灰色薄层状或条带状粉砂岩（图5-12）。

2）深海盆地

深海盆地是位于大陆坡转折点的深水环境中，水深在2000m以上，最深可达6000～10000m，故常位于CCD面以下的沉积区。本类沉积物以暗色或褐色泥岩、硅质岩、深色泥页岩为主，发育有深水放射虫硅质岩，也可有因浊流作用而形成的深海浊积岩或深海火山碎屑浊积岩。根据沉积物特征可进一步划分出深海放射虫硅质岩（塔东2井）、深海硅质泥岩（塔东1井）、碳酸盐浊积岩（塔东2）等（图5-12）。

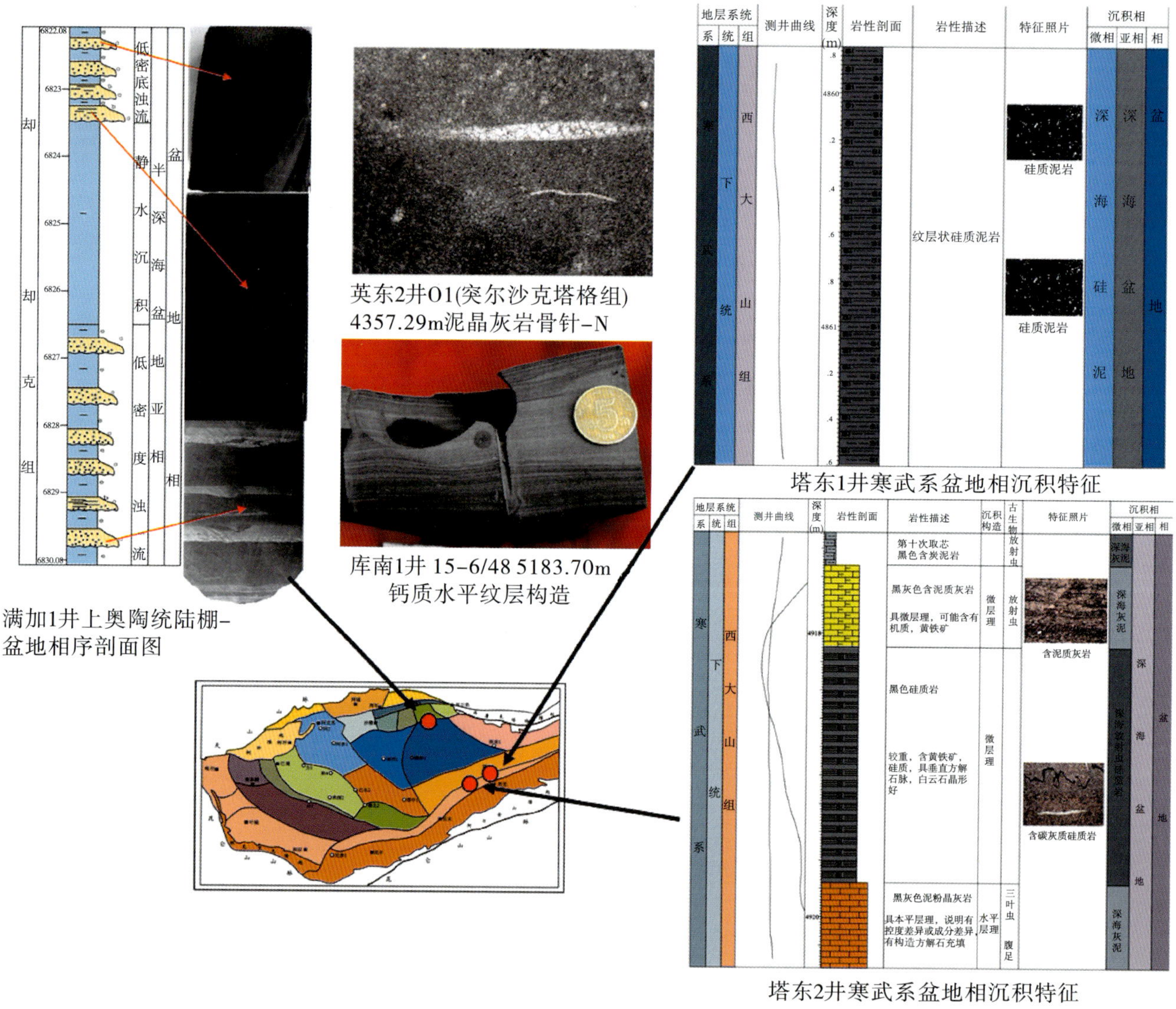

图5-12　塔里木盆地克拉通与被动大陆边缘盆地沉积特征

5.1.2　克拉通内坳陷阶段（S-D_{1+2}）沉积体系类型及特征

志留纪—中泥盆世的构造背景处于塔里木盆地南北对立阶段，盆地南压北张、南、北分异、盆地分割性强、前陆盆地体系与克拉通内坳陷体系独立发展。志留纪—中泥盆世的塔里木盆地在南北向上具有明显的三分性。由北向南，由塔北被动陆缘盆地、阿瓦提-满加尔克拉通内坳陷与塔西南前陆盆地组成，其间为塔北隆起带与塔南隆起带分隔。南、北盆地性质对立，北侧盆地强烈伸展、热沉降占主导，南侧盆地强烈挤压，具挠曲沉降成因。该构造演化阶段结束了前期的海相碳酸盐岩沉积，主体以海相碎屑岩沉积为特征，发育有障壁海岸、无障壁海岸、陆棚和三角洲沉积体系。

1. 无障壁海岸

该沉积体系为塔里木盆地志留系、中下泥盆统重要的储集岩发育沉积相带。该类沉积体系典型沉积见于印干村剖面柯坪塔格组、胜利 1 井志留系、沙 21 井志留系等野外剖面和钻井中，并可进一步划分为前滨和近滨亚相（图 5-13）。在地震剖面上，滨岸沉积响应为中振中连或强振高连平行反射（图 5-14）。

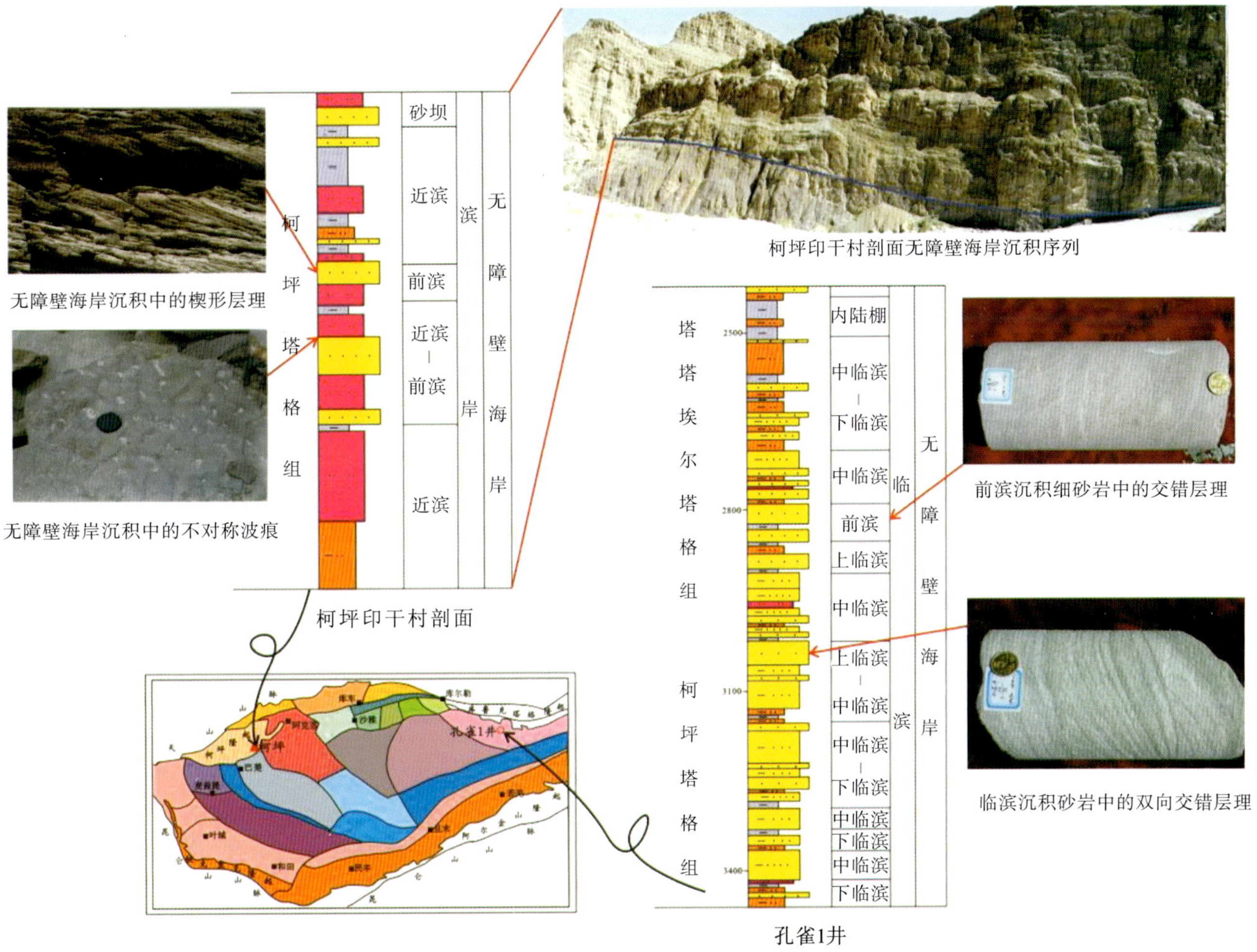

图 5-13　塔里木盆地克拉通内坳陷阶段无障壁海岸沉积特征

1）前滨

前滨沉积广泛见于研究区众多钻井中，主要由灰紫色、灰绿色细粒砂岩和砾状中细粒砂岩构成（图 5-13），砂岩单层厚度多为 0.5～0.9m。砂岩中砾石成分为石英岩、燧石和泥岩，砾石磨圆较好，粒径为 0.2～0.6cm，多顺层排列。前滨砂的粒度概率曲线均为由跳跃总体和悬浮总体构成的两段式，反映了前滨沉积环境具有中等至较强的水动力条件。前滨砂发育低角度交错层理、楔状层理、平行层理、波痕等，反映了前滨地区的波浪作用。前滨沉积多是在高水位体系域时期形成，海平面在相对稳定一段时期以后趋于下降，总体显示由多个向上变粗（含砾砂岩-砾状砂岩）的反韵律组成，韵律厚度可达 140m。自然伽马曲线为齿化箱形或齿化指形的组合。

2）临滨（近滨）

临滨沉积形成于平均低潮线与晴天浪底之间，根据此沉积特征，还可进一步将临滨沉积从上到下依次划分为上临滨、中临滨和下临滨（图 5-13）。上临滨沉积由灰色、灰绿色细粒砂岩、中粗粒砂岩和砾质中粗粒砂岩构成，砂砾层单层厚度为 0.5～7.2m，一般为 2～4m。砂岩中发育块状层理、平行层理、大型板状和楔状交错层理以及冲刷构造。中临滨沉积在众多钻井中钻遇，如吉南 1 井 5495～5501m 井段和草 1 井 5103～5106m 井段均发育中临滨沉积，岩性为灰绿色泥岩、泥质粉砂岩和浅灰色细粒砂岩。在中临滨浅灰色粉细粒砂岩中，发育中小型的楔状交错层理以及平行层理和近于垂直的生物潜穴。下临滨沉积在吉南 1 井 5506～5670m 井段、塔河 1 井 5582～5601m 井段以及维 1 井 4688～4695m 井段可见到。岩性以灰绿色、灰褐色泥岩、泥质粉砂岩和灰绿色粉细砂岩呈不等厚互层及含有少量中粗粒砂岩。

2. 有障壁海岸

该类沉积体系广泛发育于柯坪印干村剖面、柯坪铁热克阿瓦提剖面及众多钻井剖面上，主要为一套紫红色砂砾岩、砂岩、粉砂岩和泥岩组成。发育人字形交错层理、脉状潮汐层理、沙纹层理等沉积构造，根据沉积特征又可进一步划分为潮坪和潮道等亚相（图 5-14，图 5-15）。

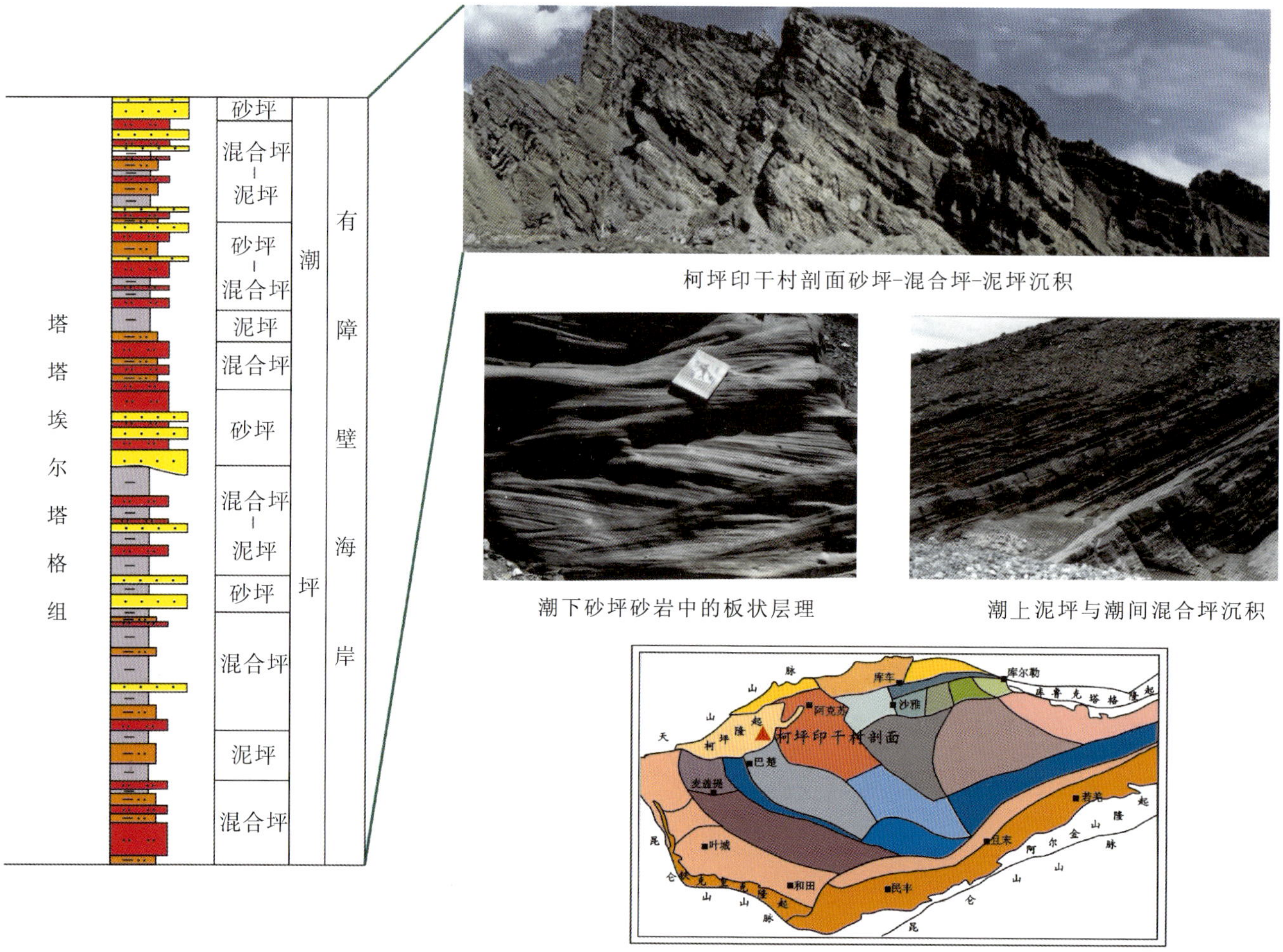

图 5-14　塔里木盆地克拉通内坳陷阶段有障壁海岸沉积特征

潮坪可进一步划分为泥坪、砂泥坪和砂坪微相。泥坪沉积位于盆地周边地区，在柯坪大湾沟剖面、柯坪铁克里克剖面及众多钻井（如在塔中 401 井 3828.4～3844.9m 和 3845.2～3863.5m 井段上部）中均钻遇了志留系泥坪沉积（图 5-14，图 5-15）。在塔中地区分布广泛，尤其是上志留统的红色泥岩段，沉积厚度大，分布相对稳定。泥坪沉积岩性为紫红色、灰绿色泥岩和泥质粉砂岩、粉砂质泥岩；泥岩中具有水平纹层，粉砂岩中具生物扰动构造、生物潜穴以及变形层理，在局部地区尚可见到泥裂。自然伽马曲线则呈高频的锯齿状，值较高。砂泥坪沉积在塔中 10 井、满参 1 井等钻井中上志留统广泛发育（图 5-14，图 5-15）。岩性为棕褐色粉砂质泥岩和浅灰色粉、细砂岩。在泥岩中可见泥裂、生物扰动以及波纹层构造；在粉、细砂岩中，可见波状层理、透镜状层理以及厚为 2～3cm 的束状浪成交错层理和板状交错层理。砂坪沉积位于平均低潮线以下，长期受海洋潮汐等水动力作用。塔里木盆地塔中 10 井 4815～4825m、满参 1 井 5415～5423m 等井段砂坪沉积广泛发育，砂坪沉积主要岩性为棕褐色或浅灰色细砂岩、沥青质细粒砂岩、棕褐色粉砂岩及浅灰绿色泥岩。常见冲洗交错层理、层面的浪成波痕沉积构造以及生物扰动和潜穴。

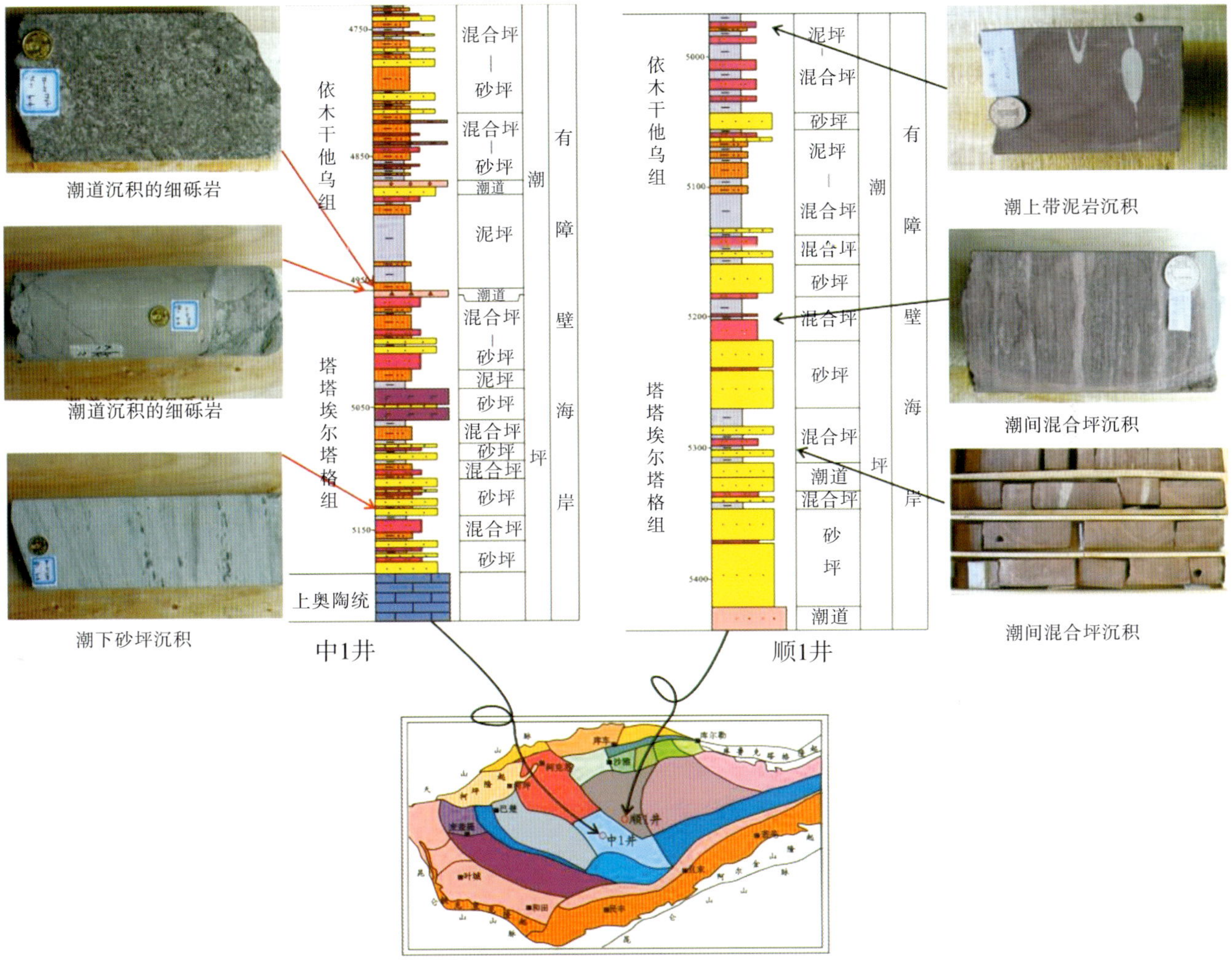

图 5-15　塔里木盆地克拉通内坳陷阶段有障壁海岸沉积特征

3．陆棚

陆棚沉积体系是指晴天浪底至陆棚边缘沉积，在研究区巴楚小海子麻扎尔塔格志留纪剖面及众多的钻井中均非常发育（图 5-16），由不等厚互层的深灰色、灰绿色厚层泥岩以及泥质粉砂岩、粉砂岩、灰白色细粒砂岩组成。泥岩具水平层理和小型波纹层，在泥岩层面上发育较多的生物扰动构造。粉砂岩中具有微细波状交错层理、透镜状层理等沉积构造。细粒砂岩中发育楔状层理、平行层理等。

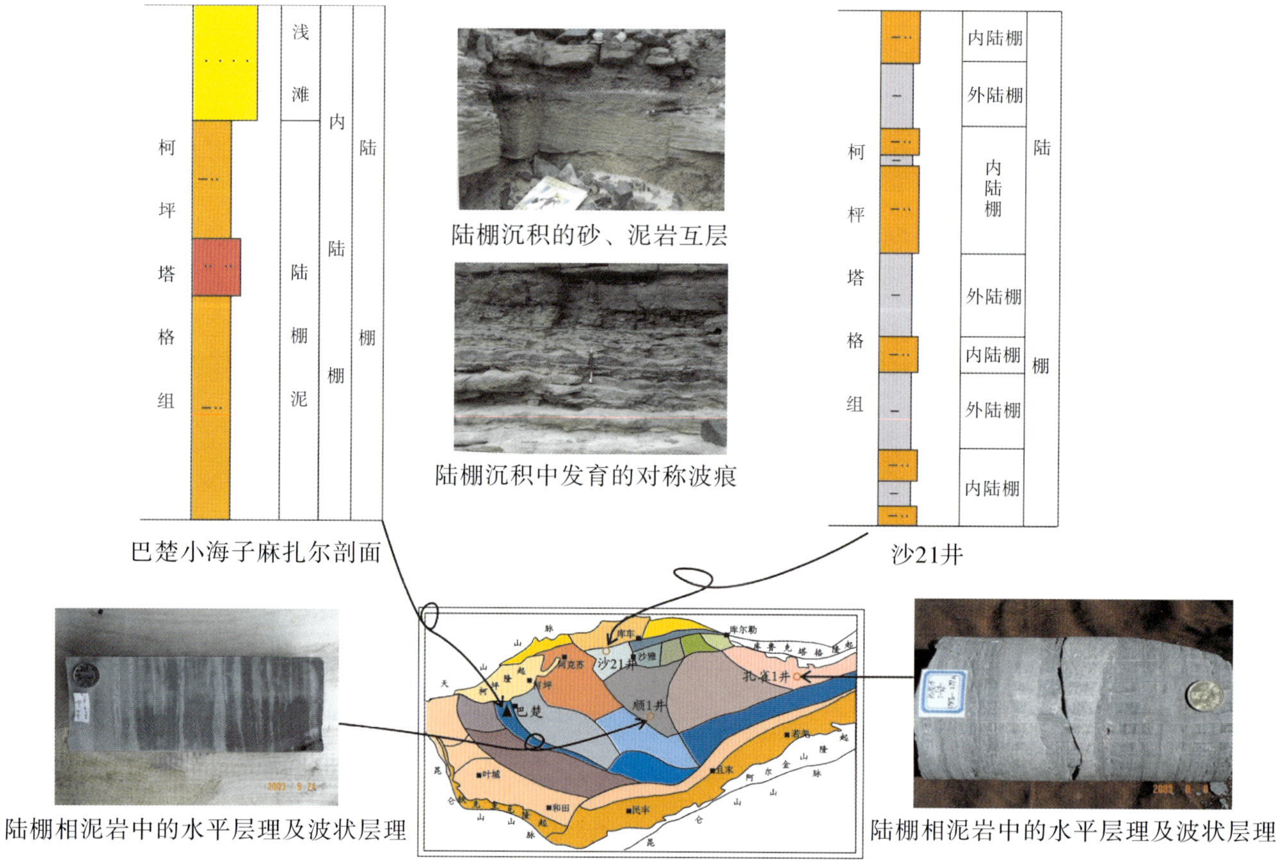

图 5-16　塔里木盆地克拉通内坳陷阶段陆棚沉积特征

4. 辫状河三角洲

由辫状河流入海形成的三角洲称之为辫状河三角洲。据沉积特征进一步又可划分为辫状河三角洲平原亚相和辫状河三角洲前缘亚相（图 5-17）。

1）辫状河三角洲平原

辫状河三角洲平原亚相为辫状河三角洲沉积的陆上部分，主要由发育良好的粗粒辫状分流河道、决口扇、分流间洼地等微相组成。以发育辫状分流河道为特征，以分选和磨圆较差的砂砾夹泥质沉积为主，岩性为灰色、浅灰色巨砾岩、中砾岩、含砾砂岩、泥质粉砂岩和灰色、紫红色泥岩等。

2）辫状河三角洲前缘

辫状河三角洲前缘亚相是辫状河三角洲沉积的主体，可分为水下分流河道、分流间湾、河口坝等微相。主要由中粒砂岩、细粒砂岩、粉砂岩等组成，发育典型的浪成波痕、楔状交错层理、逆粒序层理等。

5.1.3 克拉通周缘坳陷，克拉通内裂陷沉积阶段（D_3-P）沉积体系类型及特征

与志留纪—中泥盆世塔里木板块南压北张的构造体制截然相反，晚泥盆世—二叠纪其构造格局发生了根本的变化，出现了北压南张的构造环境。塔里木板块南缘在早二叠世时期开始向塔里木板块发生俯冲，形成了塔西南弧后盆地。早中二叠世，海水退出，陆相盆地开始发育；北天山裂陷达到最高潮，盆地内部大规模基性火山岩喷发。该构造演化阶段主体发育于晚泥盆世、石炭纪和二叠纪沉积期，以发育有障壁海岸、无障壁海岸、河流和三角洲的碎屑岩沉积为特征。

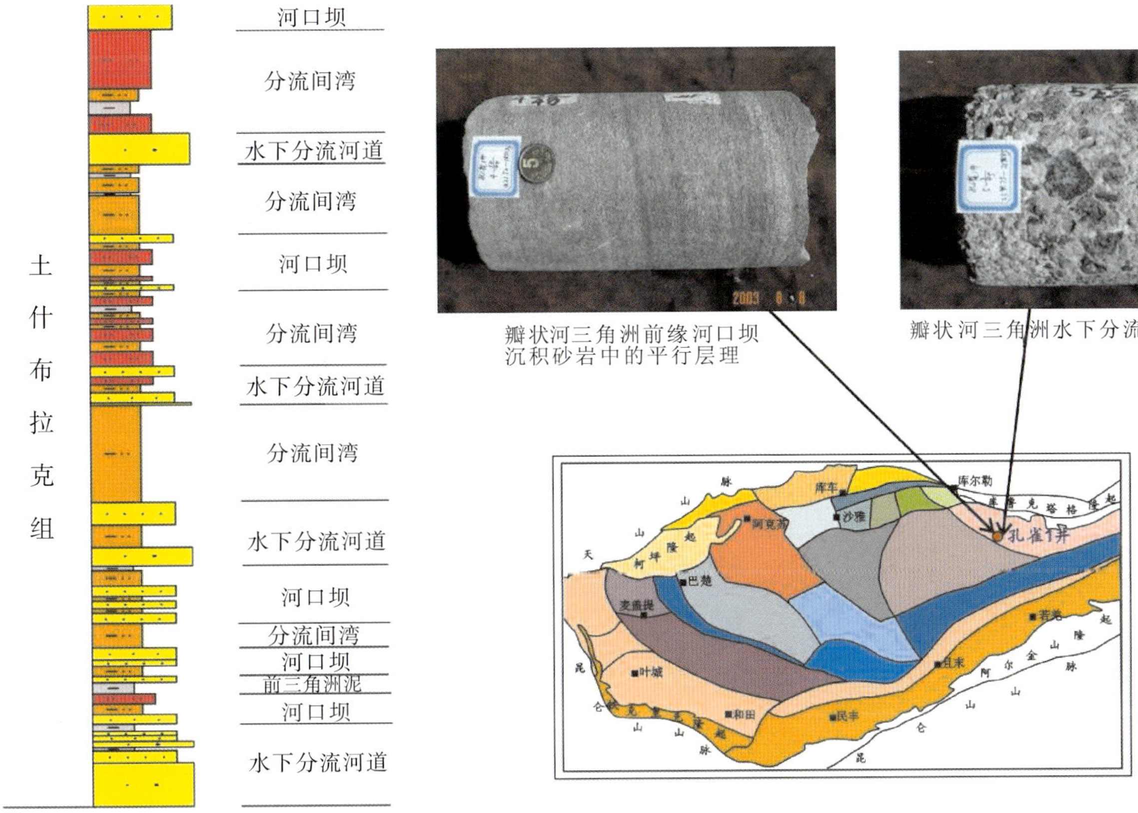

图 5-17　塔里木盆地孔雀 1 井土什布拉克组辫状河三角洲沉积剖面结构

1. 河流

研究区河流相沉积以曲流河为主，主要发育于石炭系卡拉沙依组砂泥岩段及二叠系沙井子组，如觉马 1 井-塔河 1 井区、塘古孜巴斯的塘参 1 井区以及盆地东部的满参 1 井区都有河流沉积体系的发育。典型剖面以塔中 28 井、玛 401 井、罗南 1 井及满参 1 井为代表（图 5-18）。曲流河沉积体系可划分出河道和河漫滩两个亚相。

1）河道亚相

河道亚相主要是河床中推移载荷的纵向迁移和侧向加积作用的产物，一般由河床底部滞留和边滩两微相组成。其中河床滞留微相发育于河床底部，厚度较小，呈不稳定的透镜体状，岩性以细-中砾岩、含砾粗砂岩为主，底冲刷发育（图 5-18），砾岩多由复成分砾石组成，砂岩以长石岩屑砂岩、岩屑砂岩为主，不稳定组分高，成分成熟度低。层理类型为大型槽状交错层理和板状层理。其上为边滩微相，岩石类型以细粒砂岩为主，层理类型包括平行层理、块状层理、沙纹层理等（图 5-18）。河道亚相往往为曲流河沉积体系中最重要的储集层段。

2）河漫滩亚相

河漫滩亚相以发育天然堤、决口扇、泛滥平原微相为主，其次为岸后沼泽微相。河漫滩是河水越过堤岸后，在河道两侧的泛滥平原上发生悬移载荷垂向加积作用的产物（图 5-18）。天然堤和决口扇多沿曲流河道两侧呈薄层带状或舌状分布。剖面上以粉砂岩和粉砂质泥岩、泥岩互层为主。发育沙纹层理、波状层理和水平层理。河道间沼泽是广阔泛滥平原上常年积水的低洼湿地，因有利于植物生长而容易沼泽化，形成岸后沼泽，为主要的造煤环境，也是塔里木盆地陆相地层中重要的烃源岩。洪泛平原沉积的厚度规模可达 30～50m，典型剖面可以塘古 1 井砂泥岩段沉积为代表。

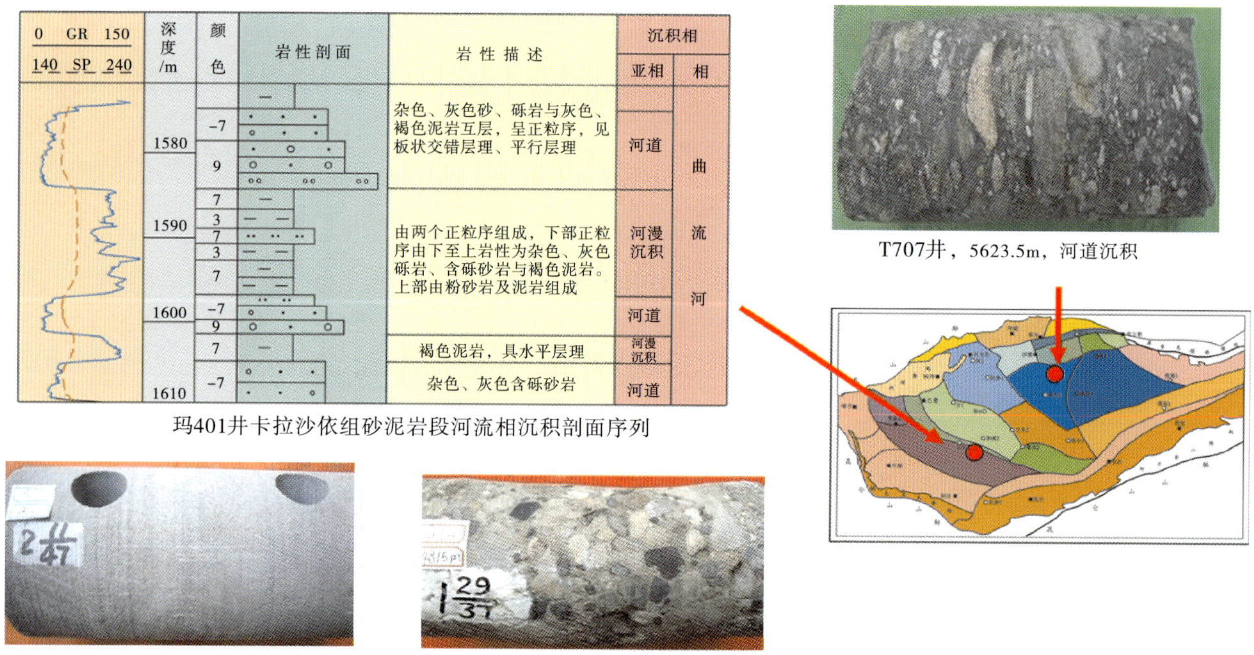

玛401井卡拉沙依组砂泥岩段河流相沉积剖面序列

T707井，5623.5m，河道沉积

平行层理，河流相，S60井，4903.5m

杂色细砾岩，河道滞留沉积，S72井，4815m

图 5-18　塔里木盆地克拉通周缘坳陷，克拉通内裂陷沉积阶段河流相沉积剖面特征

2. 三角洲

三角洲沉积体系分布于塔里木盆地东南部地区的卡拉沙依组砂泥岩段及二叠系沙井子组。主要由河流搬运的碎屑物质注入到潟湖或潮坪环境沉积形成。

1）三角洲平原亚相

主要由分流河道和分流间洼地、天然堤、决口扇等微相组成，地形较为平坦，能量较低，因而分流河道砂体的粒度也明显细于辫状河分流河道（图 5-19）。单个分流河道砂体厚度一般为 5～20m，每个旋回底部发育有冲刷面，剖面上岩性由含砾粗砂岩逐渐变化到中粒砂岩、细粒砂岩、粉砂岩，出现正韵律变化。砂体下部具槽状、楔状或板状交错层理（图 5-19），中部具块状层理、平行层理和波状层理砂岩，向上逐渐过渡为具沙纹层理的粉砂岩。

2）三角洲前缘亚相

研究区三角洲前缘的水下分流河道与河口坝都有较大的分布面积，单个砂体的厚度也较大，而且粒度较细。典型剖面以罗南 1 井、玛 401 井、塘北 2 井为代表。河口坝粒度概率曲线表现为三段式，反映了快速堆积来不及沉积分异的河口水力学特征。水下分流河道之间由水下堤泛形成的天然堤、决口扇、分流间湾组成，席状砂微相不发育。该亚相中水下分流河道及河口坝砂体均为研究区重要的储层。

水下分流河道微相岩性以中-细粒砂岩、粉砂岩为主，底部可发育含细砾的粗砂岩，分选、磨圆较好，垂向上具下粗上细的间断性正韵律，多数剖面中，分流河道砂体的厚度一般为 5～10m。发育冲刷面、板状斜层理、平行层理、砂纹层理和交错层理。河口坝微相岩性以中-厚层细粒砂岩、粉砂岩为主，砂体厚度一般 3～8m，磨圆、分选性好，可发育冲刷面、板状斜层理、平行层理、交错层理等层理类型。

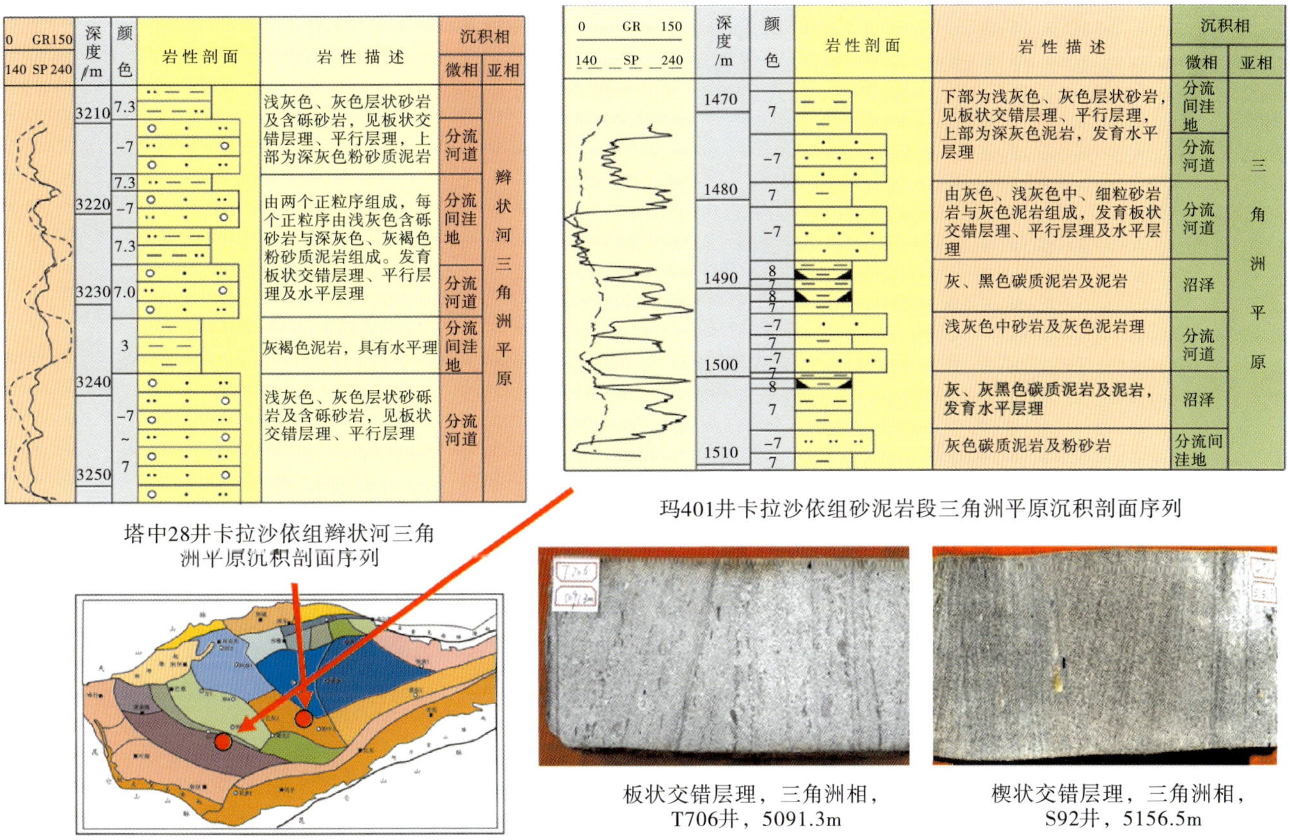

图 5-19　塔里木盆地克拉通周缘坳陷，克拉通内裂陷沉积阶段三角洲平原沉积特征

3. 无障壁海岸

无障壁海岸沉积体系以塔里木盆地东河塘组最为典型，亦发育于下石炭统卡拉沙依组、和什拉甫组及乌什组。东河砂岩整体表现为一套在海侵背景下，由西南向东北逐渐上超的滨海碎屑岩沉积。东河砂岩主要分布在麦盖提斜坡、巴楚凸起、玛东冲断带、塔中凸起、塔北隆起等地区。其中，巴楚凸起地层厚度为15～65m，以灰绿色细粒砂岩和含小砾细粒砂岩为主；麦盖提斜坡区厚度为40～121m，以灰绿色细粒砂岩和含泥砾细粒砂岩为主；玛东冲断带厚度为23～63m，以灰绿色细粒砂岩和砂质小砾岩为主；塔中凸起厚度为14～105m，以灰绿色细砂岩和砂砾岩为主；塔北隆起厚度为24～251m，以浅灰色细粒砂岩为主。又可进一步划分为后滨-前滨、前滨和近滨亚相（图 5-20）。

1）后滨-前滨

根据成分不同可分为砂质海滩和砾质海滩两类（图 5-20）。在盆地西北缘后滨与前滨过渡带沉积物以砂质为主，岩性主要为浅灰、灰色含砾粗砂岩、中粒砂岩、细粒砂岩、粉砂岩、泥质粉砂岩，其次为碳酸盐颗粒及生物碎屑。研究区砾质滨岸相对不发育，岩石类型以浅灰色砾岩、砂砾岩、角砾灰岩、含砾粗砂岩和细粒砂岩为主，砾间多为砂质和粉砂质杂基充填。块状层理为主，细粒砂岩中可见低角度冲洗层理。

2）前滨沉积

前滨沉积主要由灰紫色、灰绿色细粒砂岩和砾状中细粒砂岩构成（图 5-20）。前滨砂的粒度概率曲线均为由跳跃总体和悬浮总体构成的两段式，并以跳跃总体含量高为特征，反映了前滨沉积环境具有中等至较强的水动力条件。前滨砂发育低角度交错层理、楔状层理、平行层理、波痕等，反映了前滨地区的波浪作用。

3）临滨沉积

临滨沉积形成于平均低潮线与晴天浪底之间，根据此沉积特征，还可进一步将临滨沉积从上到下依次划分为上临滨和下临滨（图 5-20）。在阿合奇-乌什一带下石炭统较为常见，上临滨岩石类型主要为浅灰色、灰色细粒砂岩、中粗粒砂岩和含砾砂岩构成，夹颗粒灰岩。下临滨岩性以灰绿色、灰褐色泥岩、泥质粉砂岩和灰绿色粉细砂岩呈不等厚互层及含有少量中粗粒砂岩。发育较为丰富的生物扰动构造，包括斜交层面和近于垂直层面的生物潜穴。临滨砂岩成分成熟度和结构成熟度相对偏低，颗粒分选磨圆不好。

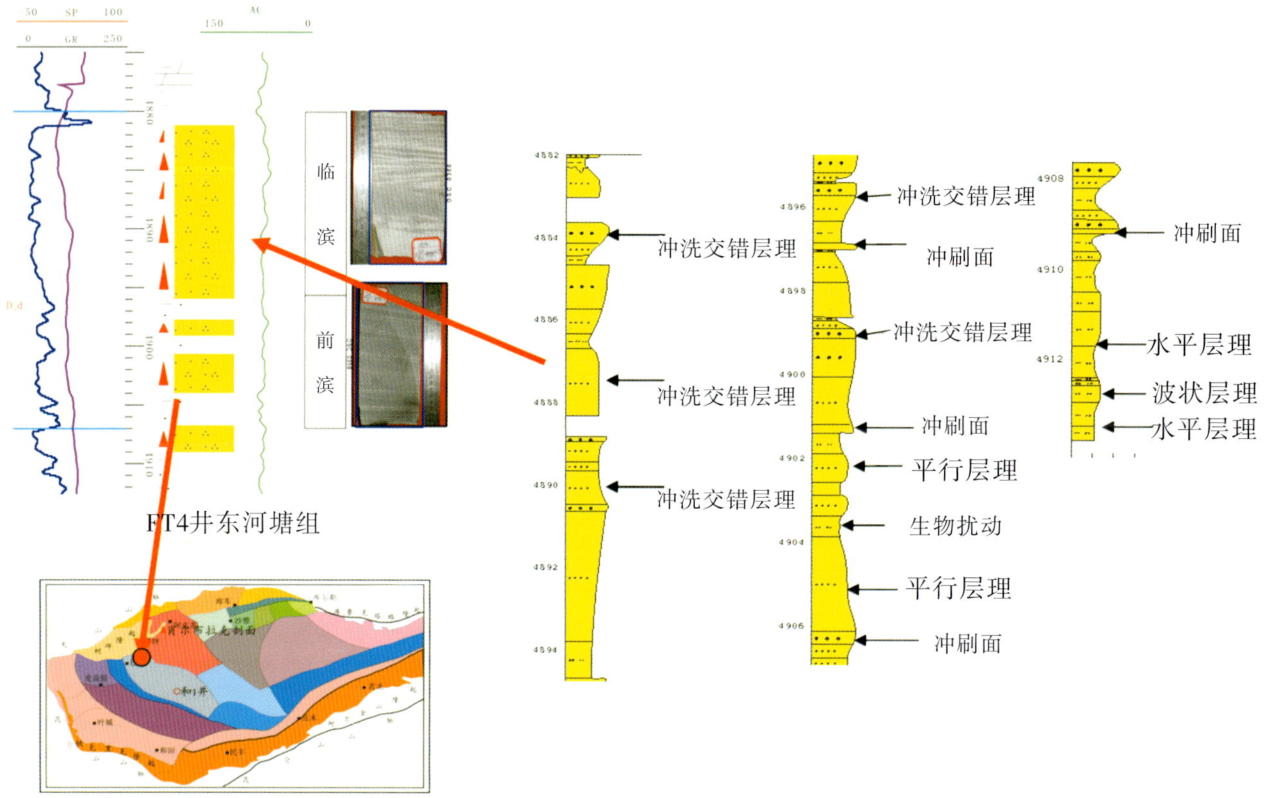

图 5-20　塔里木盆地克拉通周缘坳陷，克拉通内裂陷沉积阶段滨岸沉积特征

4. 有障壁海岸

有障壁海岸沉积体系是塔里木盆地石炭纪分布最为广泛的沉积体系，该沉积体系发育障壁岛、潮坪、潟湖及潮道等沉积亚相，研究区以潮坪和潮道亚相最为发育（图5-21）。

1）潮坪

根据沉积特征，潮坪沉积又可进一步划分为砂坪、混合坪和泥坪等微相。泥坪沉积位于盆地周边地区，一般为薄-厚层泥岩，偶夹薄层粉砂岩或泥质粉砂岩。泥岩一般呈棕色、棕褐色，偶夹薄层灰绿或深灰色泥岩。泥岩中具有水平纹层，粉砂岩中具生物扰动构造、生物潜穴以及变形层理，在局部地区尚可见到泥裂，反映了处于潮上带的泥坪沉积特征（图 5-22）。自然电位曲线起伏很小，自然伽马曲线则呈高频的锯齿状，且值较高。砂泥坪沉积位于平均高潮线与平均低潮线之间。在塔里木盆地塔中 45 井、满参 1 井等钻遇了石炭系砂泥坪沉积，为不等厚互层的浅灰色粉、细砂岩与棕褐色、褐色泥岩、粉砂质泥岩的薄互层。沉积物中发育波状层理、韵律层理、透镜状层理及小型交错层理等。电测曲线上呈锯齿状或指状。砂坪沉积位于平均低潮线以下，长期受海洋潮汐等水动力作用。在塔里木盆地塘北 2 井、满参 1 井等钻遇了砂坪沉积，主要岩性为中-薄层浅灰色细粒砂岩、棕褐色粉砂岩及薄层浅灰绿色泥岩。砂岩具有较好的成分和结构成熟度。砂坪中常发育羽状交错层理、板状交错层理、块状层理、层面的浪成波痕沉积构造以及生物扰动和潜穴。测井相上呈弱齿化漏斗形或指状。

2）潮道

研究区潮道为典型的正韵律，潮道底部为冲刷面，含灰绿色撕裂状泥砾；主要为细砾岩或含砾粗砂岩，逐渐过渡为中粒砂岩或细粒砂岩；发育羽状交错层理、楔状交错层理以及平行层理等，顶部一般与紫红色泥岩接触。垂向上往往发育多个砂体的叠置，具多个冲刷面；砂层集中，砂层间泥岩夹层薄而少。单层潮道砂层厚 1～5m，累计厚度可超过 9m（图 5-22）。研究区潮道分布较为广泛，规模有大有小，大的为潮道，小规模的为潮沟，更小的是潮渠或潮溪。测井曲线上自然电位或自然伽马表现为钟形或箱形，有时由于夹有薄层泥而呈齿化。

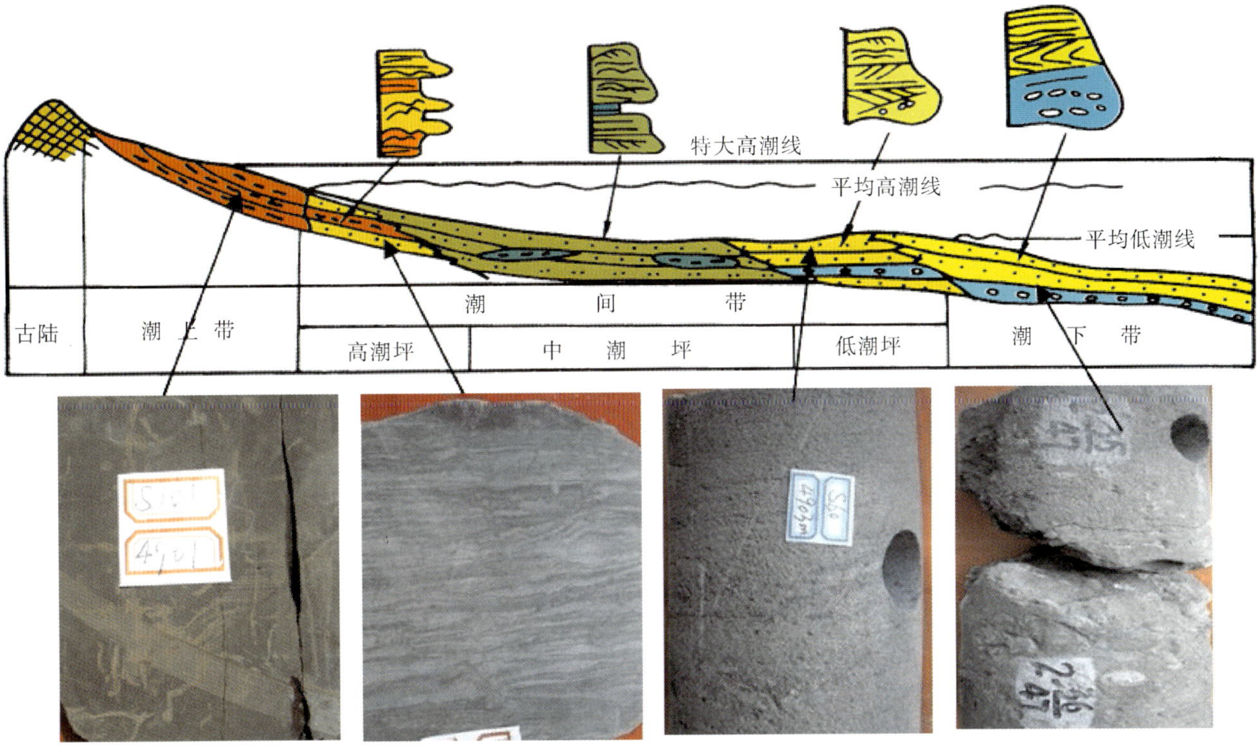

潮上泥岩，S101井，4901m　　潮间泥质砂岩，S98井，4969m　　潮间砂岩，S60井，4903m　　潮下含砾砂岩，S60井，4908m

图 5-21　塔里木盆地克拉通周缘坳陷，克拉通内裂陷沉积阶段潮坪相沉积模式示意图

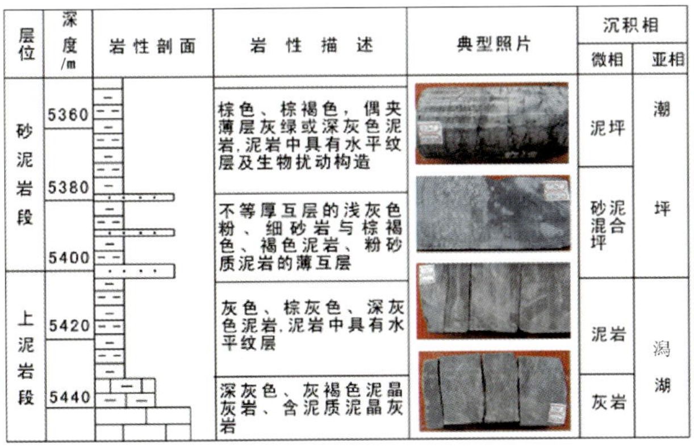

T707井石炭系卡拉沙依组潮坪沉积剖面序列

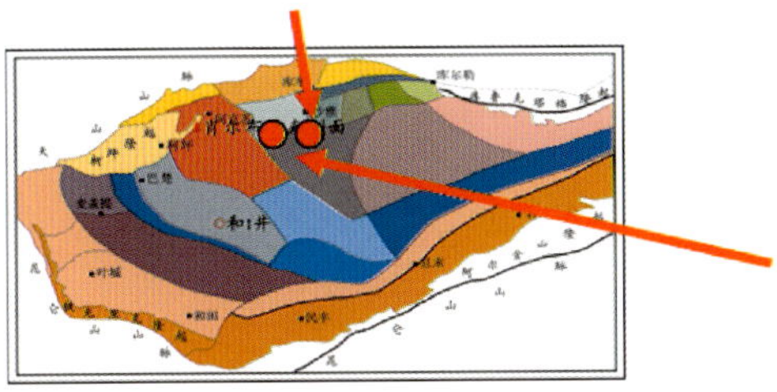

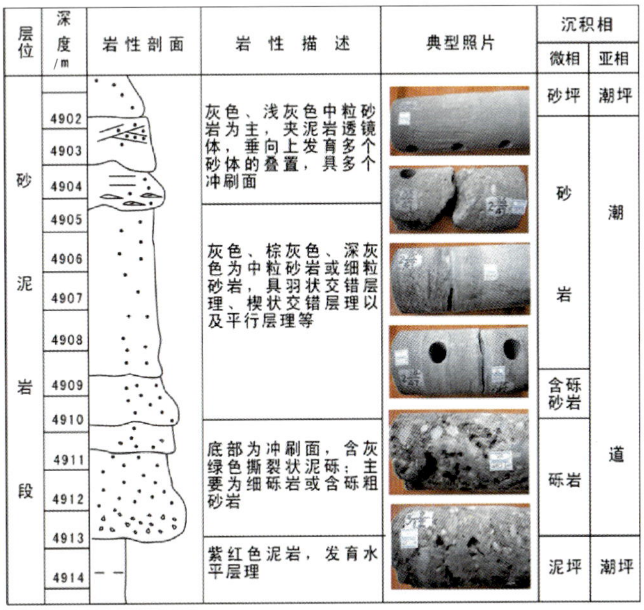

S60井石炭系卡拉沙依组潮道沉积剖面序列

图 5-22　塔里木盆地克拉通周缘坳陷，克拉通内裂陷沉积阶段潮坪及潟湖沉积特征

5. 碳酸盐台地

塔里木盆地石炭纪及早二叠世沉积演化阶段发育碳酸盐岩沉积，主要发育于巴楚组生屑灰岩段、卡拉沙依组标准灰岩段、小海子组及早二叠世康克林组沉积时期。在塔西南巴楚-麦盖提及以西地区，卡拉沙依组整体上碳酸盐台地较为发育。随着海平面的升降，台地体系垂向上可以发育从碳酸盐缓坡-开阔台地-局限台地-蒸发台地的向上变浅的序列。根据岩心、测井及区域沉积背景等资料，可将该演化阶段碳酸盐台地进一步划分为蒸发台地、局限台地及开阔台地。

1）蒸发台地

研究区蒸发台地主要发育于群苦恰克地区，岩石类型有泥晶白云岩、粉晶白云岩、藻白云岩、膏岩、褐红色白云灰质泥岩、膏质藻黏结白云灰岩和白云质膏灰岩，它们多以中-薄层状、透镜状产出，或单独组成灰云坪、云灰坪沉积。蒸发台地又可进一步划分为蒸发湖泊、蒸发坪、暴露浅滩及盐湖等亚相。

暴露浅滩亚相以塔中 4 井、塔中 103 井等剖面的生屑灰岩段为代表（图 5-23）。为蒸发盐湖、蒸发坪中规模不大的滩坝，由灰、灰白、浅灰色中-厚层状砂屑白云岩、鲕粒白云岩组成。沉积时能量高，岩石组成以颗粒为主，粒间为颗粒支撑，亮晶胶结。浅滩与蒸发盐湖或蒸发坪共生，沉积物一般容易遭受到超咸卤水影响，沉积物经常暴露，还要遭受大气淡水影响，由于超咸卤水和大气淡水双重影响，岩石容易发生混合水白云石化及溶蚀作用。与普通浅滩沉积物不同，暴露浅滩沉积物为白云岩，溶孔丰富。主要发育有砂屑白云岩及鲕粒白云岩等微相。

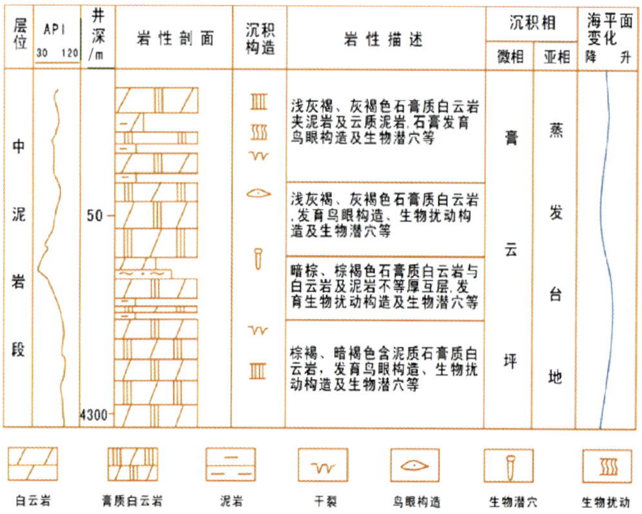

曲2井蒸发台地膏质云坪微相沉积特征剖面

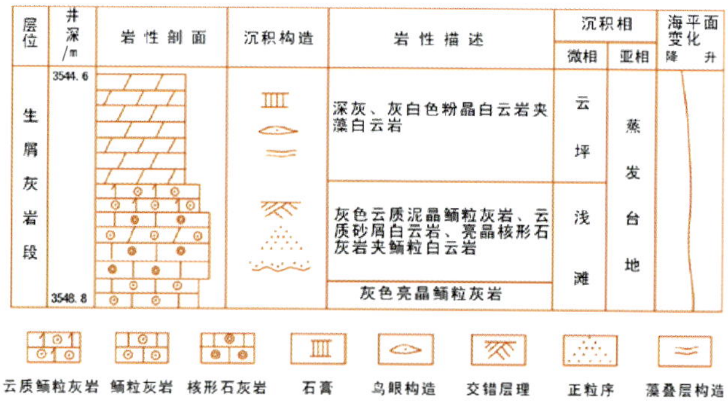

塔中4井蒸发台地浅滩微相沉积特征剖面

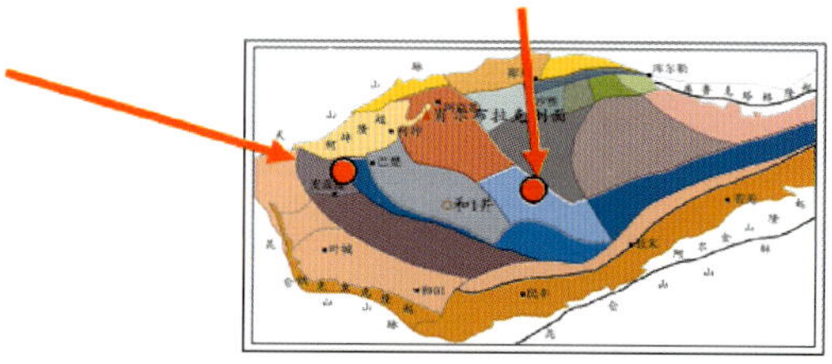

图 5-23　塔里木盆地克拉通周缘坳陷，克拉通内裂陷沉积阶段蒸发台地沉积特征

2）局限台地

该沉积体系于塔里木盆地石炭系巴楚组生屑灰岩段、卡拉沙依组标准灰岩段及小海子组广泛发育（图 5-24）。局限台地沉积界面处于平均海平面与平均低潮面之间。受地势和沉积物的局部阻隔，海水循环受到一定的限制，与外海交换不畅通，水体能量弱，盐度较高，生物种类及丰度较低，但藻类和蠕虫类生物相对发育。沉积物以中-厚层状褐灰色泥晶白云岩、灰质白云岩、泥晶灰岩、生屑泥晶灰岩和球粒泥晶灰岩为主，夹薄层状、透镜状的石膏、石膏团块粉砂质、泥质以及生屑砾屑灰岩。局限台地相主要分为潮坪、潟湖和浅滩亚相。

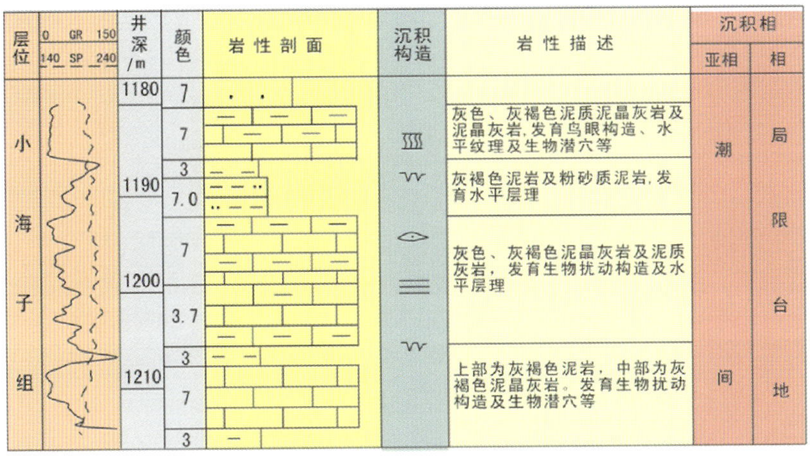

和4井局限台地潮坪亚相沉积特征剖面

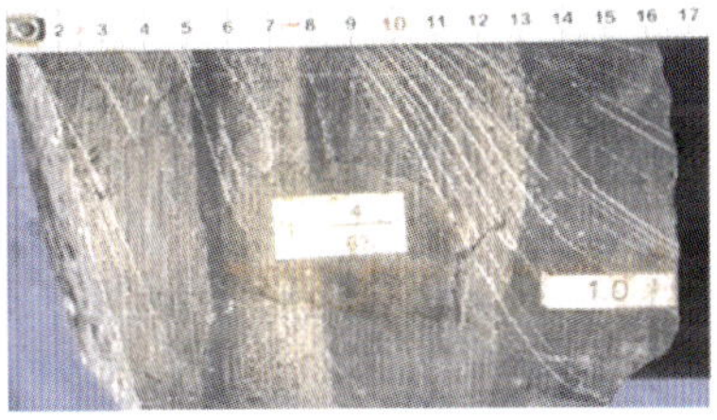

泥晶生物碎屑灰岩，潟湖亚相。
玛4井，生屑灰岩段，1882m

泥晶生物碎屑灰岩，正粒序，局限台地相。
玛4井，巴楚组生屑灰岩段，1886m

图 5-24　塔里木盆地克拉通周缘坳陷，克拉通内裂陷沉积阶段局限台地浅滩沉积特征

3）开阔台地

开阔台地是指台地中部或外侧开阔地区与外海畅通的广阔浅水区，沉积界面多位于低潮面与浪基面之间，盐度正常，水深一般为数米至数十米，具中等能量。在塔里木盆地石炭系碳酸盐岩各沉积时期中，开阔台地亚相较为发育，主要分布在塔西南群苦恰克及巴楚地区，巴楚组的生屑灰岩段及小海子组顶灰岩段，以群 4 井、曲 2 井及洛浦阿其克剖面为代表。

6. 台地边缘沉积体系

为碳酸盐台地的边缘地带，前缘面向广海，后缘为开阔台地亚相，位于平均低潮面附近，波浪和潮汐作用强烈，有利于形成潮下高能浅滩，在靠海一侧常形成抗浪的生物礁沉积体，又可分为台地边缘生物礁、台地边缘浅滩两种亚相类型。主要发育于塔里木盆地西南部下二叠统康克林组，分布在塔里木盆地西北缘阿克苏-阿图什一线到巴楚以北柯坪山区；其次为巴楚组生屑灰岩段，主要分布在喀什及皮山以西地区。

1）台地边缘浅滩

该亚相主要见于和什拉甫剖面生屑灰岩段，棋盘、和什拉甫剖面、库山河剖面、依格孜亚剖面及奥依布拉克、昆克拉契等剖面的晚石炭世—早二叠世。由于台缘高出台地背景，受海流作用强烈，以颗粒碳酸盐沉积为特征，可进一步分为鲕粒滩、生屑滩及砂屑滩等（图 5-25）。岩性主要为生屑灰岩、亮晶砂屑灰岩、鲕粒灰岩、白云岩及灰岩，具低角度楔形交错层理和逆粒序，底冲刷构造发育，显示有较强的簸选作用，浅滩颗粒灰岩结构成熟度较高。

2）台地边缘生物礁

台缘浅滩形成的时期，也是盆地最大的一次造礁时期。生物礁体一般呈灰白色-灰黑色，生物格架组分包括珊瑚、苔藓、藻类及海绵等，格架间由泥晶方解石充填，常与生物滩共生，构成礁滩复合体。该亚相主要见于阿图什乌尊布拉克石炭系剖面（图 5-24）及苏巴什剖面中康克林组（图 5-25～图 5-26），同期在奥依布拉克以及昆克拉契一带扎尔加克组-昆克拉契组以及西南缘克孜里奇曼剖面早二叠世克孜里奇曼组中也产生物礁。在柯坪苏巴什地区主要发育原生礁岩，包括珊瑚骨架礁灰岩、海绵障积-黏结礁灰岩和藻黏结礁灰岩等。

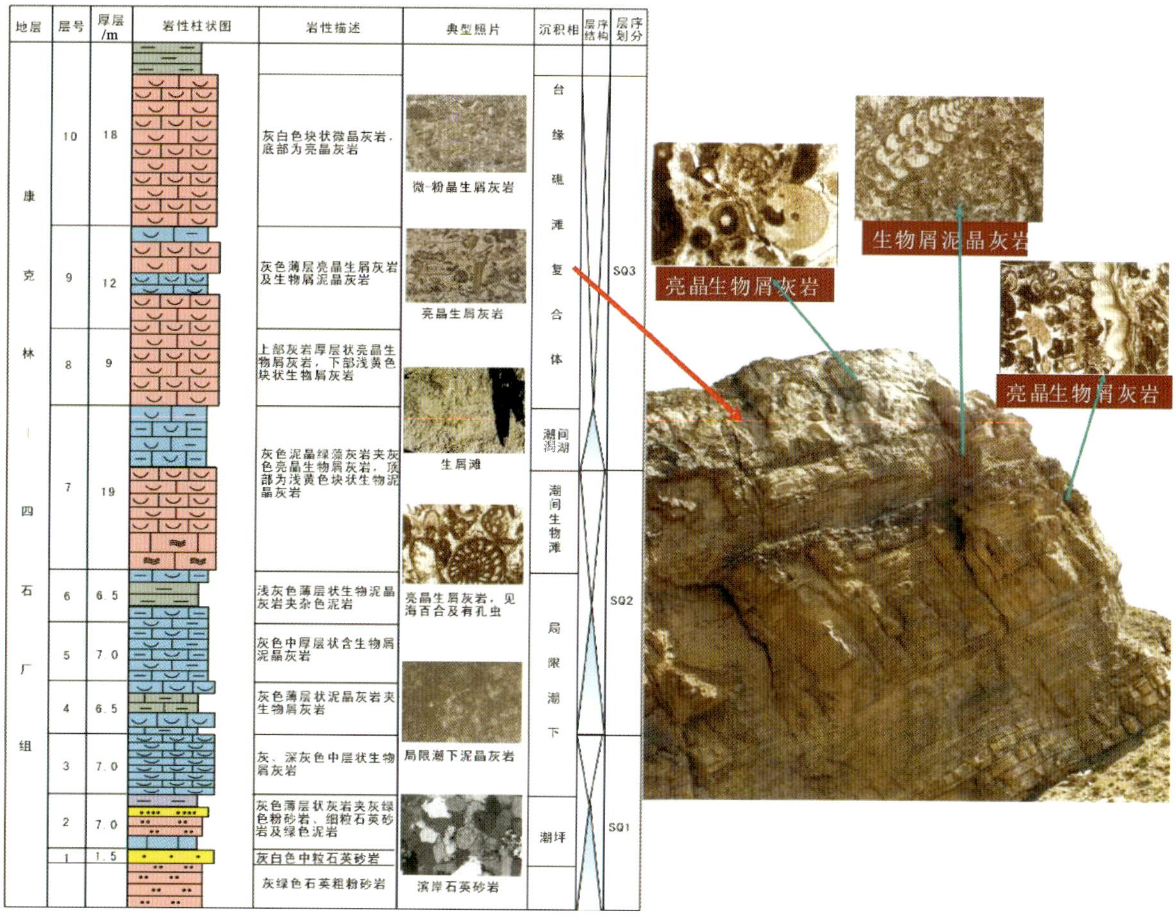

图 5-25　塔里木盆地苏巴什剖面康克林组-四石厂组礁滩相沉积特征

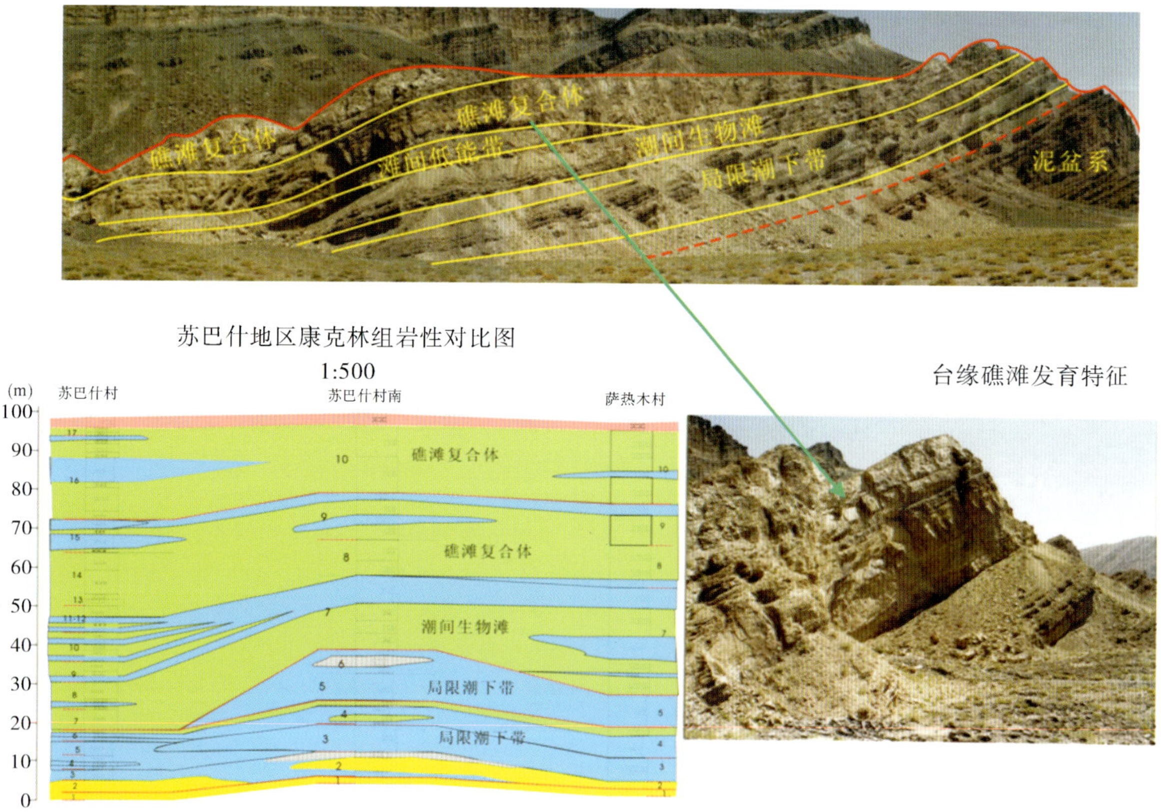

图 5-26　塔里木盆地康克林组礁滩相对比图

7. 陆棚

即现代所称的大陆架，是在正常浪基面以下向外海与大陆斜坡相接的广阔浅海沉积地区。该类沉积体系明显受古陆分布位置的控制，亦常与碎屑滨海沉积体系共生。其上限位于波基面附近，下限水深一般在200m左右。塔里木盆地石炭系的陆棚沉积体系主要分布在盆地西部阿合奇、乌什、莎车及伽师一带，其发育的典型层位为野云沟组及和什拉甫组。陆棚可进一步细分为陆源碎屑陆棚体系和混合陆棚体系，局部发育生物礁和风暴沉积（图 5-27）。

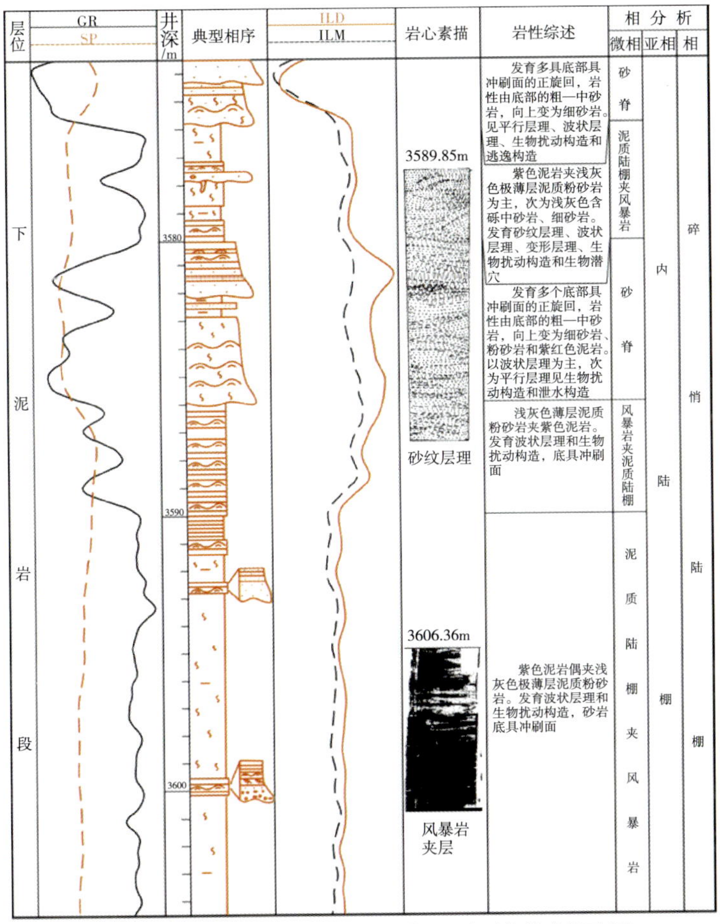

巴东2井下泥岩段碎屑陆棚沉积结构剖面图

下石炭统上部厚层碳质泥岩、页岩夹薄层灰岩（和什拉甫剖面）

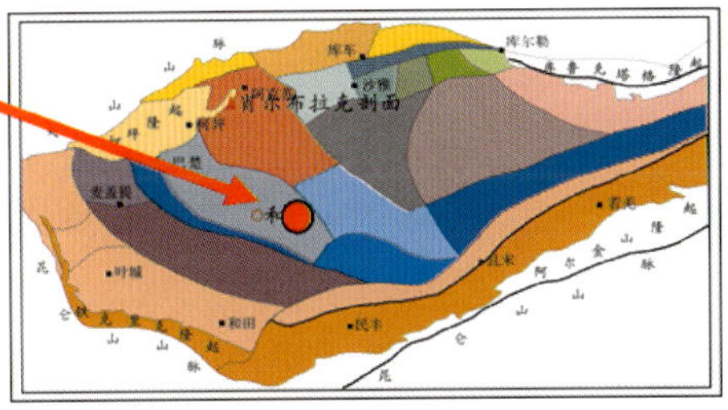

图 5-27　塔里木盆地碎屑陆棚沉积特征

5.1.4　前陆盆地沉积阶段（T）沉积体系类型及特征

结束前期海相沉积之后，塔里木盆地三叠纪进入陆内前陆盆地沉积阶段，具有东、西隆中间坳的构造格局，坳陷内南、北分带。根据塔里木盆地周缘野外剖面、盆内钻井岩心、钻井剖面和地震相分析，塔里木盆地三叠纪沉积期主要发育辫状河、辫状河三角洲、扇三角洲及湖泊等 4 类沉积体系。下面就各类沉积体系特征分述如下。

1. 辫状河

辫状河主要发育在物源供给更为充足的盆地边缘山区或高地，多受盆缘山前的线状物源控制。辫状河沉积具有不完整的二元结构，粗碎屑河道沉积明显大于垂向加积的细碎屑河漫沉积，具有典型的“砂包泥”的沉积特征。

1）辫状河河道

辫状河河道沉积中亦发育与曲流河相同的河床滞留沉积，出现在河床底部，以砂砾沉积为主。辫状河河道亚相底部常发育绿灰、浅灰色河道滞留砾岩、砂砾岩、砾质砂岩等粗粒沉积。河床滞留上部常发育心滩沉积，如草 6 井哈拉哈塘组 4373～4435m 井段岩石类型主要为细砾岩、含砾粗粒砂岩及细-粗粒砂岩，为河床滞留-心滩沉积。测井曲线由箱形逐渐过渡为钟形，齿化-微齿化（图 5-28）。

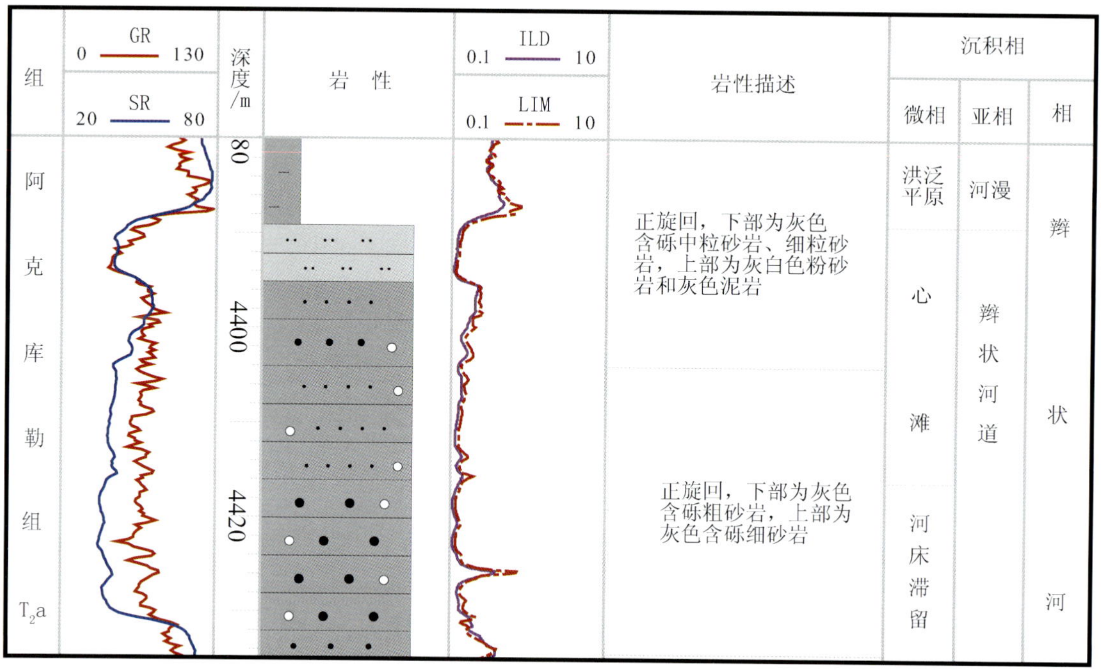

图 5-28　辫状河相测井响应特征（草 6 井，T_2a）

2）河漫

特大洪水期，辫状河河道间的低洼地区聚集形成河漫沉积，一般发育面积小，多为褐色和紫红色泥岩，少量发育灰绿色泥岩和粉砂岩。如 AT2 井 4037.46m 处的土黄色、浅灰色泥岩、粉砂质泥岩为泛滥平原沉积。此外，由于辫状河流的特性，低位期辫状河流沉积的地势坡度较大，河床常具有游荡性，河道不固定，天然堤和决口扇不发育，心滩顶部的细粒洪泛沉积多被冲蚀掉，甚至心滩也有被冲蚀，河漫沉积有时无法保存。

塔里木盆地三叠纪沉积期完整的辫状河沉积在垂向上表现为河道滞留-心滩-泛滥平原沉积组合。如在 T204 井 4451.112m 处取心段（图 5-29），底部发育河道滞留沉积，主要为含砾粗粒砂岩、砂砾岩堆积，底冲刷现象明显，砾石定向排列，次棱-次圆状，含碳化植物茎秆化石；向上渐变为心滩沉积，主要为黄灰色中粒砂岩，发育槽状交错层理、波状交错层理；之后为细粒砂岩，发育小型槽状交错层理，见变形构造；心滩顶部为泥质粉砂岩，发育小型交错层理、波纹层理；最后为泛滥平原灰色泥岩沉积，为水平层理、块状层理。之后为下一期河道的心滩沉积。

2. 辫状河三角洲

辫状河三角洲沉积体系指辫状河流直接进入湖泊蓄水体中形成的富含砂和砾石的三角洲。辫状河三角洲沉积主要分布于塔中-塔东地区中下三叠统、沙雅西部地区及满西 2 井区的中三叠统阿克库勒组，为区内湖盆周缘地带最主要的沉积相类型。辫状河三角洲进一步划分为辫状河三角洲平原、辫状河三角洲前缘和前三角洲三个亚相。

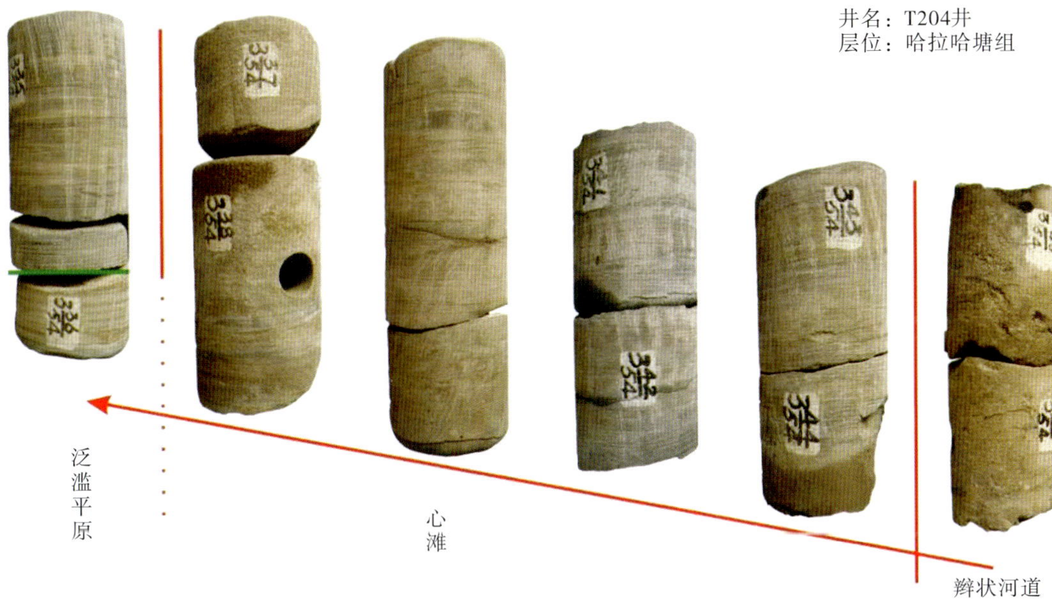

图 5-29　辫状河河道滞留-心滩-泛滥平原沉积序列

1）辫状河三角洲平原

在辫状河三角洲平原中占主导地位的是辫状分流河道沉积，沉积物具有色杂、粒粗、分选较差、不稳定矿物含量高的特征，底部砂岩中见冲刷充填构造。岩性主要由砾岩、含砾砂岩及砂岩组成，呈向上变细的砂岩透镜体，具有大型板状交错层理和槽状交错层理、平行层理。辫状分流河道沉积横向延伸数米即迅速变薄甚至尖灭；纵向上，可以是多个砂岩透镜体相互叠置成厚度巨大的砂体。如顺 8 井 3090.0～4325.6m 井段（图 5-30）总体包括 4 个大尺度的正旋回序列，构成 4 期水下分流河道沉积，单个旋回厚度 3.6～5.0m，局部见薄层细砾岩和泥砾，总体上明显由下部（含砾）粗粒砂岩段和上部中-细粒砂岩段组成，自下而上显示为砂砾岩、含砾粗粒砂岩、中粒砂岩、细粒砂岩序列。下部发育大型槽状-楔状交错层理；上部发育板状交错层理，顶部见波状交错层理。每个大旋回内部往往包含 3～5 个小的正旋回，旋回底部突变接触，但冲刷不明显，缺乏底部滞留沉积。

分流河道间包括岸后湖泊、决口扇及沼泽沉积等，岩性为灰色、灰黑色泥岩，炭质泥岩及薄煤层，偶见粉砂质泥岩，单层厚多小于 10m。堤岸主要由粉砂岩和泥岩组成，位于分流河道的两测，是由洪水期携带泥沙的洪水漫出淤积而成。

2）辫状河三角洲前缘

辫状河三角洲前缘形成于“坡浅流急”的沉积背景下，范围可达几十至数百平方千米。其沉积微相主要由水下分流河道砂坝、分流间湾、河口砂坝及远砂坝组成，其中水下分流河道为辫状河三角洲前缘的主体。

水下分流河道为平原环境中辫状河道入湖后在水下的延续部分，显示清楚的下粗上细的韵律特征。沉积物粒度较辫状河道稍细，主要为粗粒砂岩、中粒砂岩和细粒砂岩，岩石的结构成熟度较好，河道底部偶见有泥砾。在垂向上构成向上粒度变细的、沉积厚度数米到数十米的间断正旋回，砂体中常见强水流作用形成的冲刷面、大型或中型槽状交错层理、板状交错层理、平行层理等（图 5-31）。自然伽马曲线具有良好的箱形和钟形电性响应。

分流间湾为前缘水下分流河道间的细粒沉积，在研究区普遍可见。主要岩性为灰色泥岩、粉砂岩、粉砂质泥岩及泥质粉砂岩等，粉砂岩中可见波状交错层理、小型槽状交错层理，泥岩具小型沙纹层理、水平层理或块状层理。部分分流间湾沉积物往往遭到侵蚀、破坏或以大小不等的透镜状出现在河道砂体中（图 5-31），显示出水下分流河道迁移频繁的现象。

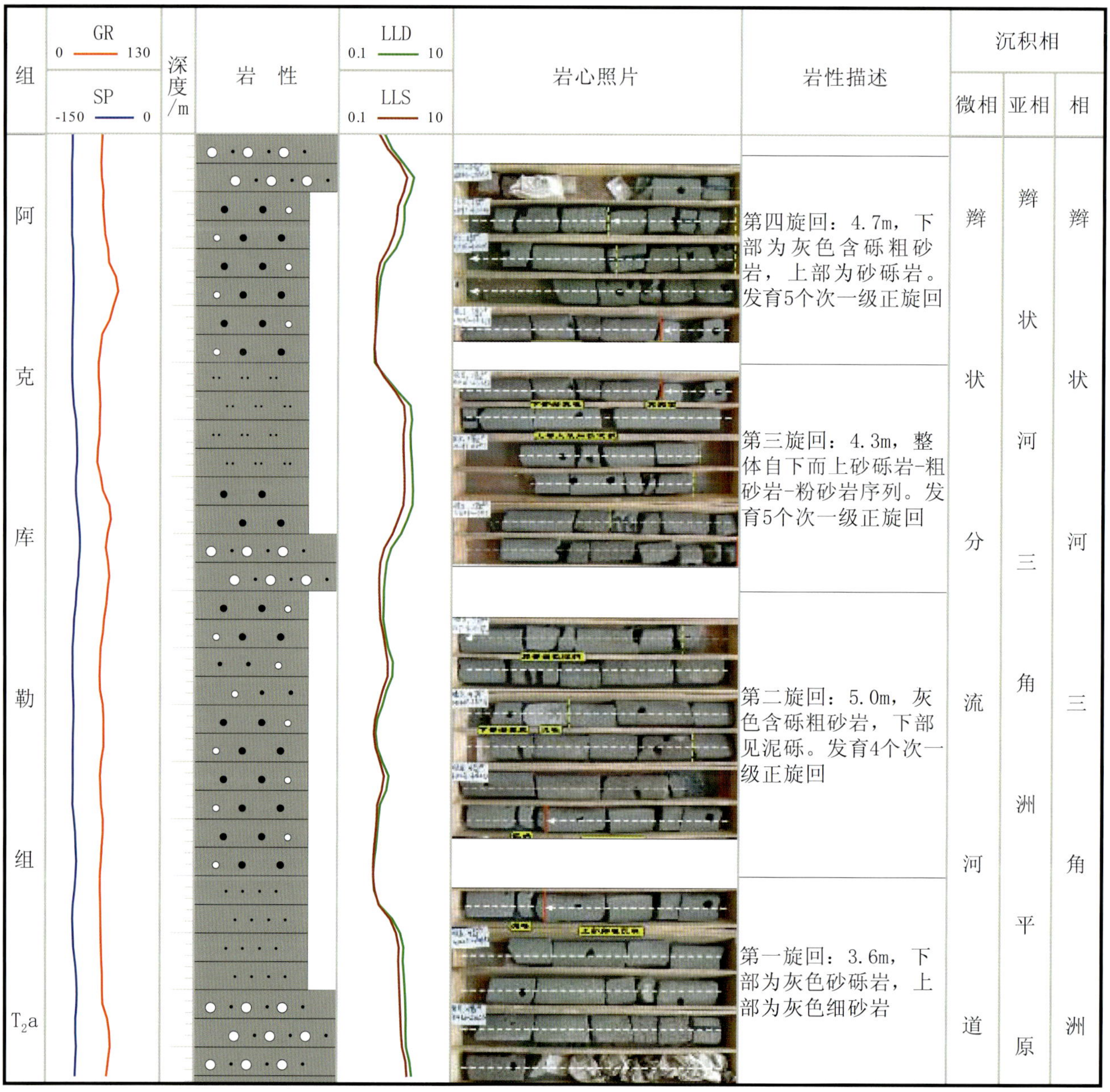

图 5-30　辫状河三角洲平原岩心特征（顺 8 井，T_2a）

河口坝位于水下分流河道的前缘及侧缘，由河流带来的砂泥物质在河口处因流速降低堆积而成。如 AT3 井 3974.34～3981.04m 和 4150.59～4159.29m 取心井段，岩性由分选好、质纯的粉砂岩、细粒砂岩及中粒砂岩组成，呈下细上粗，顶部局部含泥砾的反旋回特征，常见沙纹层理、各种交错层理及平行层理。自然电位曲线呈典型的漏斗形，反映砂体前积的特点。

远砂坝位于辫状河三角洲前缘末端，离河口坝较远的部位，如 AT3 井 4250.31～4253.51m 取心井段（图 5-32），由薄层粉砂岩、粉砂质泥岩、细粒砂岩组成，内部见浪成沙纹层理、波状层理。横向分布稳定、延伸远，纵向上相带窄、厚度薄，常和前三角洲泥沉积频繁交互出现。在剖面上发育下细上粗的垂向沉积序列。自然电位曲线呈低幅齿形特征，常和上部的河口坝组成完整的漏斗形。

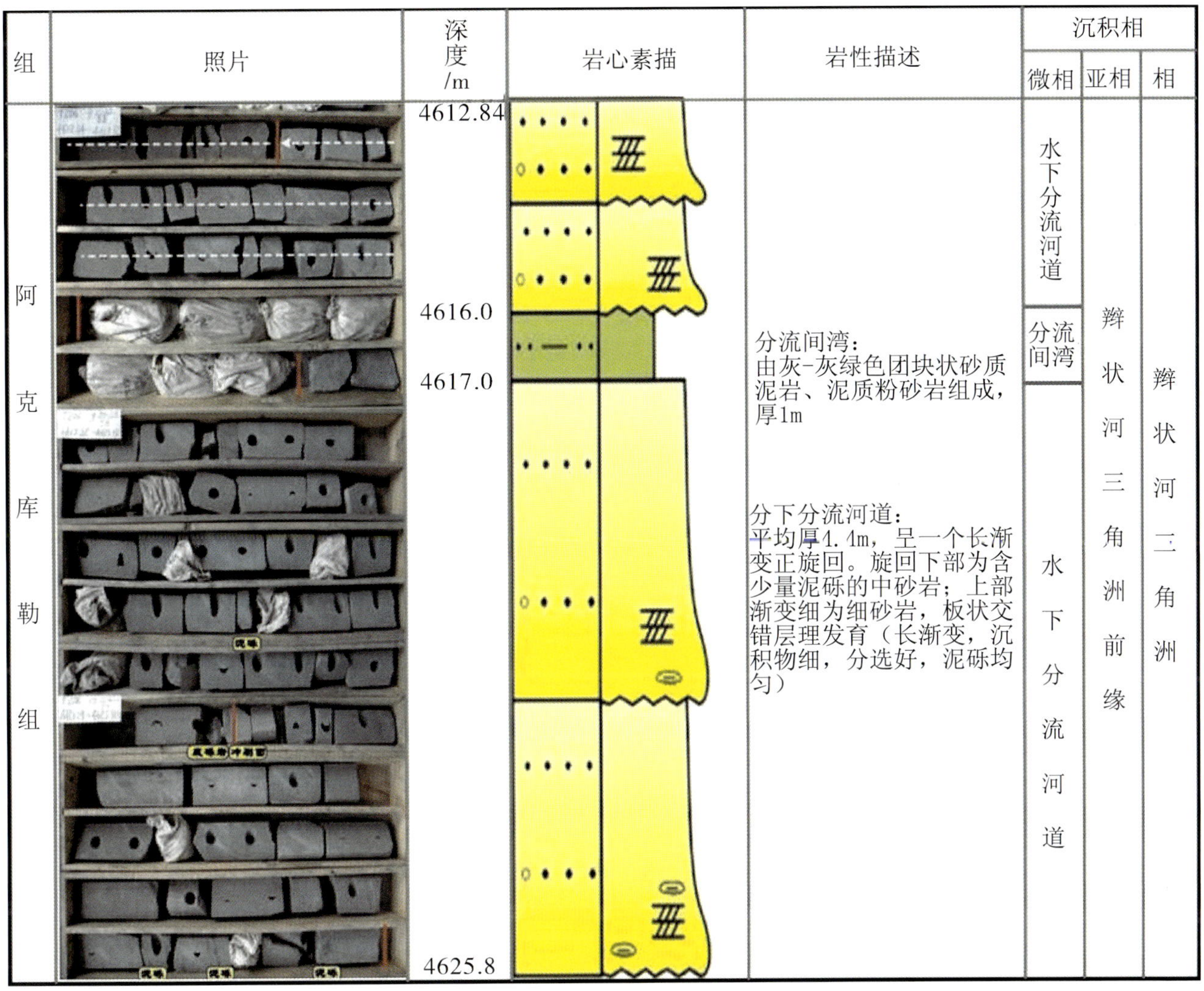

图 5-31　辫状河三角洲前缘亚相岩心特征（T206 井，T_2a）

4. 扇三角洲

该沉积体系主要在下三叠统柯吐尔组和上三叠统哈拉哈塘组广泛发育，分布于塔里木盆地北部的塔北隆起南斜坡、库车坳陷及塔西南和塔东南山前地带。进一步可划分出扇三角洲平原、扇三角洲前缘和前扇三角洲三个亚相。

1）扇三角洲平原相

扇三角洲平面相是扇三角洲的陆上沉积部分，主要发育辫状分流河道沉积。沉积物由砾岩、含砾粗粒砂岩、粗粒砂岩、细粒砂岩组成，多表现为近源的砂砾互层，砾石岩层具有不明显的平行层理或交错层理，分选差，具砂质基质，砂/砾比率向下端增加。含砾砂岩或砂岩一般发育大型交错层理、平行层理，总体反映为间歇性洪水特征。如于奇 3 井阿克库勒组 5243.02～5255.08m 取心井段，发育 6 个垂向上下粗上细叠置的辫状分流河道沉积（图 5-33），单个正旋回厚 2.5～3.5m。底部大型交错层理和冲刷面发育，上部细粒砂岩发育沙纹层理，整体向上变细构成正旋回。

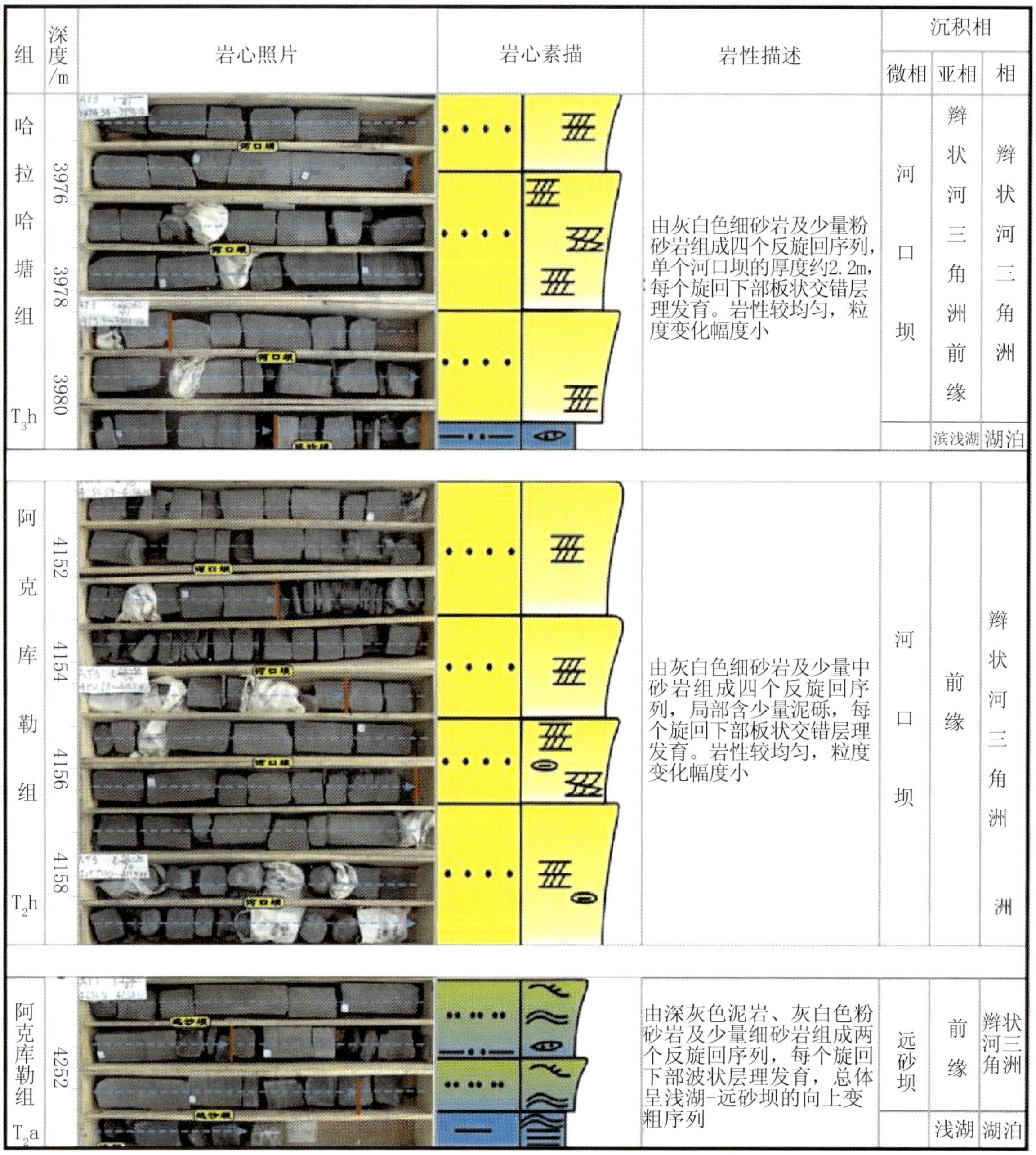

图 5-32　AT3 井辫状河三角洲前缘岩心响应特征

2）扇三角洲前缘

位于湖面以下，是扇三角洲沉积作用最活跃的主体部分，也是最有利储层发育的部位，主要发育在塔北隆起区 T_2a、T_3h，形成下、中、上三个油组。扇三角洲前缘亚相主要可以划分为水下分流河道和分流间湾等微相。

水下分流河道是扇三角洲平原辫状分流河道的水下延伸部分，为扇三角洲前缘主要沉积微相。岩性以灰色中、细粒砂岩为主，底部多为细砾岩、砾质砂岩，泥质极少，单层砂体厚 5～20m，多为叠置的砂体。在砂岩中发育沙纹层理、小型-大型交错层理、平行层理及含滞留（泥）砾的底冲刷。自然电位表现为低值箱形或齿化箱形-钟形，有的可细分为多个小的箱形或箱形-钟形，为多期水下分流河道沉积作用的叠加（图 5-34）。

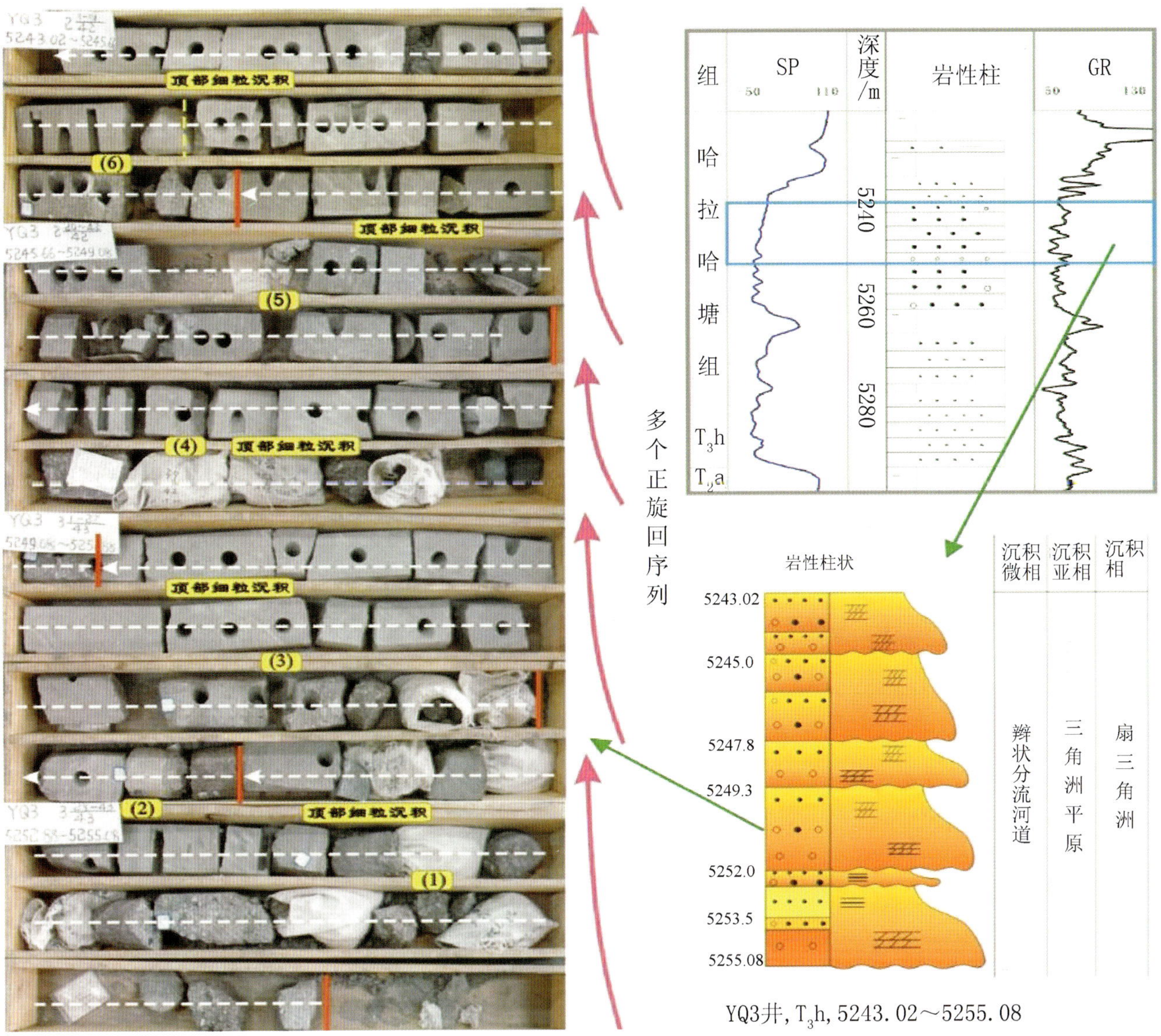

图 5-33　扇三角洲平原岩心响应特征（YQ3 井，T_3h）

水下分流河道间为水下分流河道两侧的泥质沉积，以灰、深灰色泥岩为主，夹薄层粉砂质泥岩，单套泥岩厚 3～10m，水平层理、波状层理发育。垂向上与水下分流河道砂形成不等厚互层（砂多）（图5-34）。

3）前扇三角洲

前扇三角洲位于扇三角洲前缘向湖一侧最前方浪基面以下，为扇三角洲相在湖盆中延伸最远的部分，与半深湖连成一体，向半深湖泥岩沉积过渡。可细分为前扇三角洲泥和席状砂两个微相，但前扇三角洲泥常与湖相泥岩难以区分（图 5-35）。

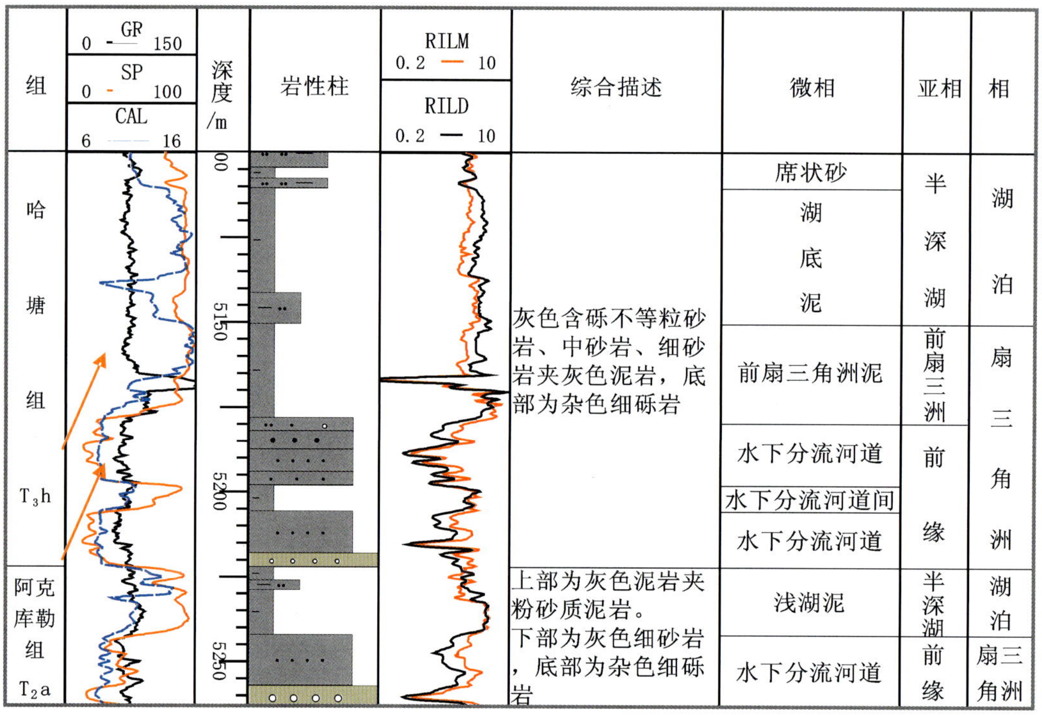

图 5-34　扇三角洲前缘多期水下分流河道沉积叠加（YQ4 井）

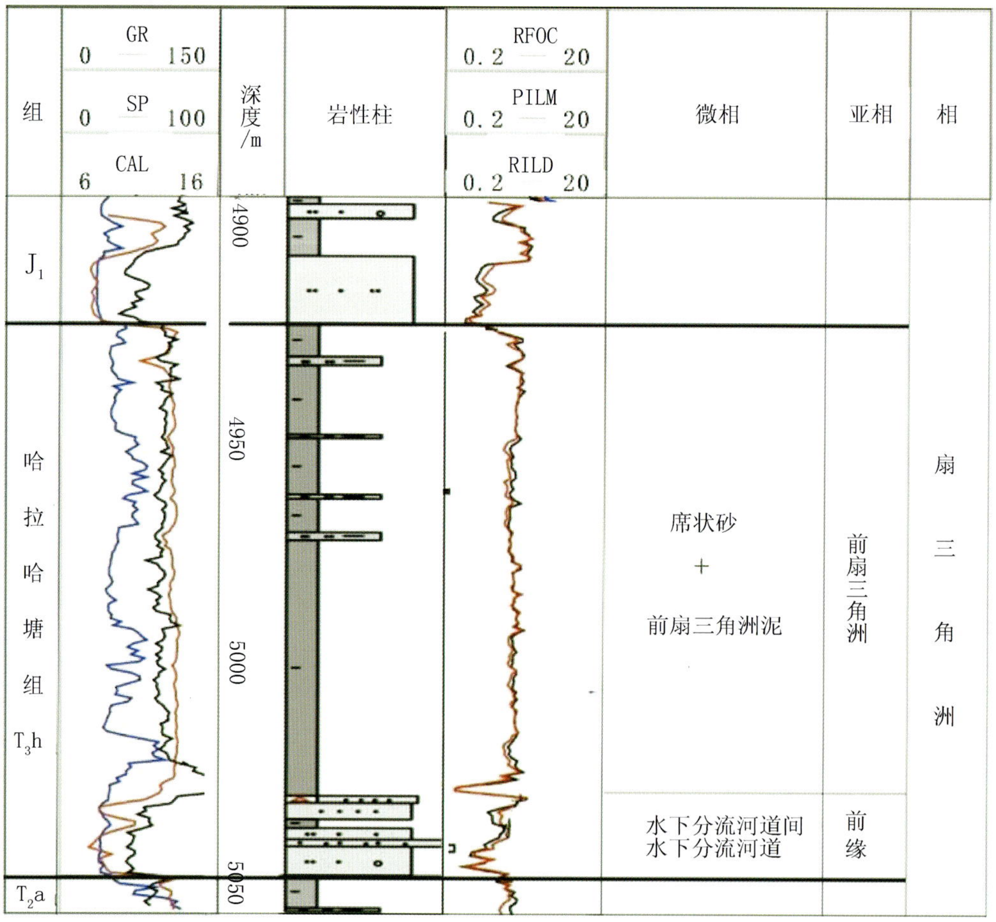

图 5-35　前扇三角洲亚相岩性、电性响应特征（轮南 20 井）

5. 湖泊

塔里木盆地三叠纪多属潮湿气候环境，湖泊作为一种重要的沉积场所，在全盆地三叠系沉积区广泛发育。岩石类型有紫红色、暗色泥岩、碳质泥岩、粉砂岩、细粒砂岩、砂质泥岩、泥质粉砂岩、砂岩及含砾不等粒砂岩。典型沉积构造有水平层理、波状层理、生物潜穴和扰动构造、沙纹层理和平行层理。按各类相标识确定的水深变化，进一步分为滨浅湖、半深湖-深湖和湖底扇亚相。

1）滨浅湖

滨浅湖地区的水动力条件比较复杂，受拍岸浪和回流的作用，湖水对沉积物的改造和冲洗都非常强烈。层理主要有水平层理、沙纹层理、波状层理及透镜状层理。滨浅湖亚相在研究区分布范围很广，进一步可识别出滨浅湖泥、砂坝和席状砂 3 个微相（图5-36）。滨浅湖砂坝沉积水动力较强，以薄-中层灰色中-细粒砂岩为主，单层厚 5～25m。岩心观察表明滨浅湖砂体的分选性和磨圆度均较辫状河道砂体的好。自然电位曲线为平直微齿化曲线中的异常指状跳跃，自然伽马曲线微齿化。滨浅湖泥沉积水动力较弱，以深灰、灰色粉砂质泥岩及杂色、黑色泥岩为主，单层厚 10～50m，夹少量薄层灰色细砂岩、粉砂岩。发育水平层理、沙纹层理。自然电位曲线呈相对高值平直-微齿化特征。

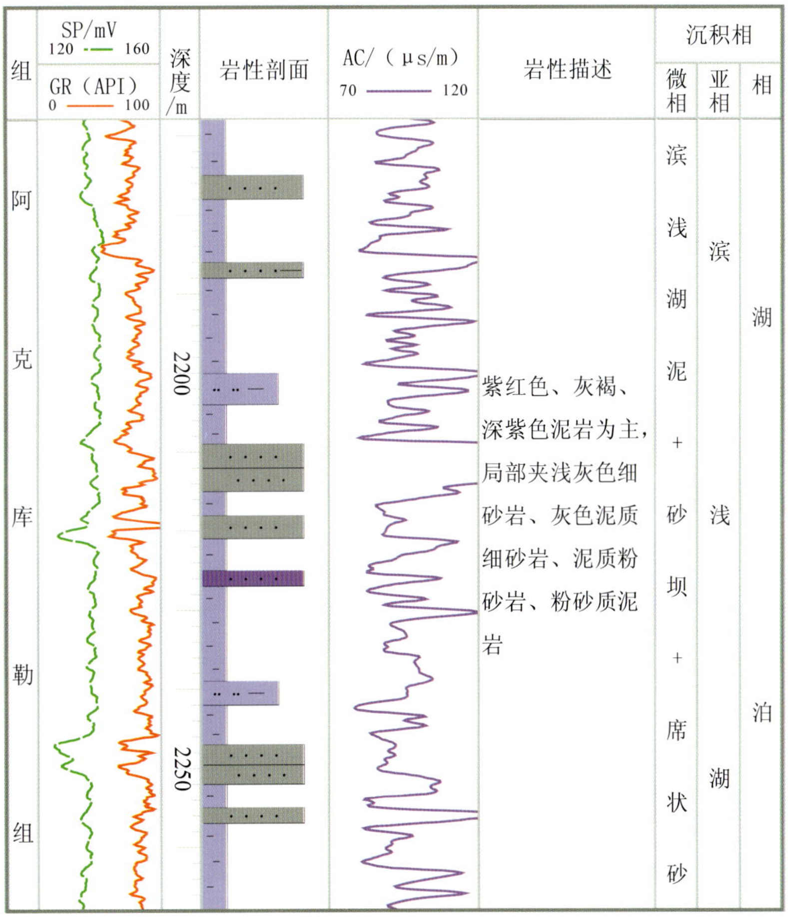

图 5-36　滨浅湖亚相测井响应特征（中 4 井）

2）半深湖-深湖

半深湖沉积位于浪基面以下，塔北-塔中地区三叠系柯吐尔组、阿克库勒组及哈拉哈塘组均有发育，可识别出湖底泥和席状砂两个微相（图 5-37）。

深湖泥沉积在静水还原环境，岩性主要由深灰色、黑灰色、灰黑色泥岩、粉砂质泥岩组成，发育水平层理或水平纹层。单层厚 10～50m。自然电位曲线呈相对高值平直-微齿形，自然伽马中-高值。

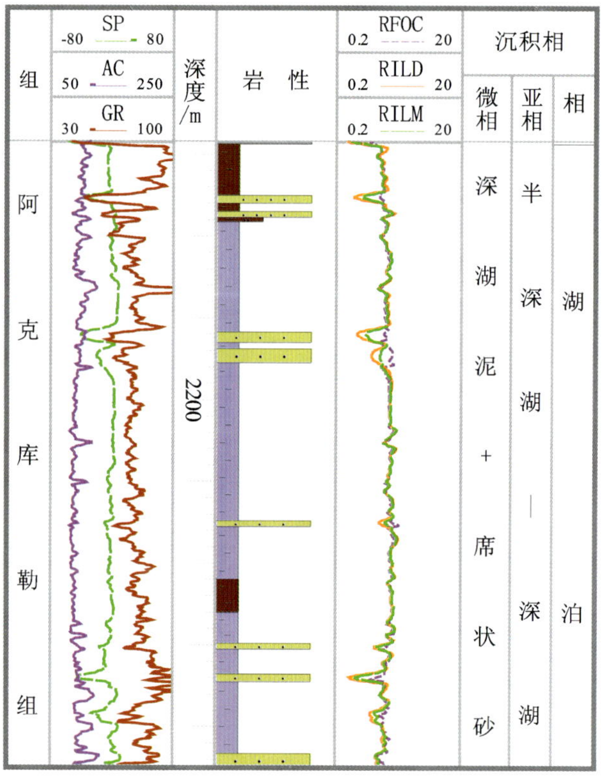

图 5-37 半深湖-深湖测井响应特征

3）湖底扇

湖底扇指湖盆中以沉积物重力流搬运方式堆积在深水区的粗碎屑扇形体，沉积物的粒径相差较大，分选差，基质支撑，反映向上变细的正粒序较普遍。湖底扇主要发育于三叠系阿克库勒组和哈拉哈塘组，区域上主要分布在 AT1、AT2、JN5 井区和 S59、S112-3、S114、S114-1 井区周围，并可识别出中扇和外扇。

中扇以辫状水道发育为特征，亦是湖底扇的主体，在平面上多呈扇形。岩心观察表明辫状水道下部岩性主要为含卵石细砾岩、含砾粗粒砂岩和中粒砂岩，细粒砂岩含量较少。如 S15 井 5355～5367m 井段岩心为典型的湖底扇辫状水道沉积（图 5-38）。岩性主要以细砾岩、砾质粗粒砂岩和含砾粗粒砂岩为主。纵向上，粗粒碎屑岩沉积夹于大套的半深湖沉积的暗色泥岩和粉砂质泥岩中，自下而上反映出沉积相的组合形式为半深湖亚相-湖底扇亚相-半深湖亚相。

外扇处于中扇辫状水道逐渐消失的扇体外侧，以发育薄层的浊积岩相为特征，粒度较中扇细，多为中粒砂岩-细粒砂岩沉积，垂向上多表现为几个向上变细正韵律的相互叠置（图 5-38）。自然电位曲线呈箱形或钟形，微齿化，自然伽马曲线呈现低值，齿化。

5.1.5 断陷-坳陷沉积阶段（J-E）沉积体系类型及特征

在侏罗纪到古近纪经历了陆内裂谷（坳陷）-挤压调整作用-晚期前陆型盆地发展旋回，侏罗纪以来的盆地发展表现为三次小的伸展聚敛旋回：早中侏罗世、早白垩世、古新世—始新世早期伸展，形成断陷或裂陷盆地；晚侏罗世、晚白垩世、始新世晚期—渐新世聚敛挤压，导致大范围的隆升剥蚀或盆地发生调整。古气候也由温暖潮湿气候演化为炎热干燥的大陆性气候。这些地球动力学事件与欧亚大陆南缘侏罗纪以来的三次地体增生拼贴有关。大的区域构造格局的变化导致了板内盆地的形成、发展与演化。整个侏罗纪至古近纪时期，发育多种沉积体系类型，具体特征如下。

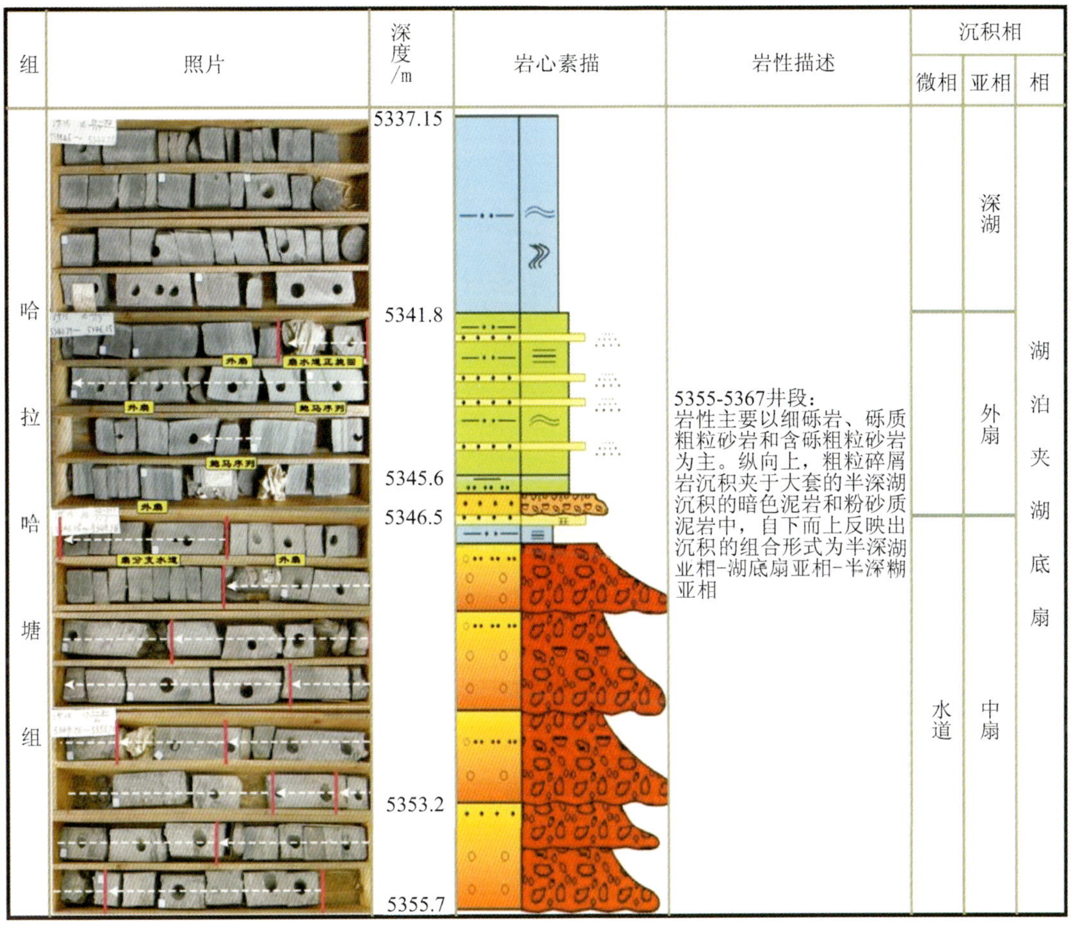

图 5-38　湖底扇岩心响应特征（S15 井，T_3h）

1. 冲积扇

该时期冲积扇沉积体系于塔里木盆地拜城地区卡普沙良剖面下白垩统亚格列木组、喀什坳陷上侏罗统库孜贡苏组及下白垩统克孜勒苏群 1～8 层、克拉苏河剖面下白垩统巴什基奇克组和巴西盖组广泛发育，钻井可见于乌参 1 井下白垩统巴西盖组。根据其主要相标志特征，可进一步划分出扇根、扇中、扇缘三个亚相（图 5-39）。

1）扇根

扇根由泥石流沉积的杂色块状砾岩、辫状河道充填相的砂砾岩、含砾中-粗粒岩屑砂岩夹杂色泥岩组成，夹有含砾石质粗粒杂砂岩及泥石流成因的砾石质泥岩，分选差，沉积构造不明显，底面常见强烈冲刷侵蚀面。由于堆积速度快，沉积物改造不充分，泥、粉砂质含量高。如和田洛甫羊达克勒克北泥盆系 9 号剖面构成砾岩的砾石大小不一，一般为 5～7cm，砾石磨圆较差，呈次棱角状。

2）扇中

扇中主要由辫状河道沉积所组成，岩性由砾质粗粒砂岩、砾质砂岩与砾岩间互组成，并见颗粒支撑的块状砾岩。常见大型槽状交错层理、板状交错层理，在相序上与扇根交替发育，构成多个向上变细的正旋回。由于该亚相发育的水动力能量极高，水流对沉积物有强烈的冲洗和分选改造作用，泥、粉砂质等细粒沉积物含量低，因此对储层发育非常有利。

3）扇端

扇端主要由间歇河道的粉砂岩、细粒砂岩和片泛沉积的泥岩、粉砂质泥岩、炭质泥岩构成。一般来说，冲积扇沉积体系因砂砾岩分选差，细碎屑部分填充在粗碎屑之间，造成原始的粒间储集空间很少，故扇缘难以成为好的储集体。

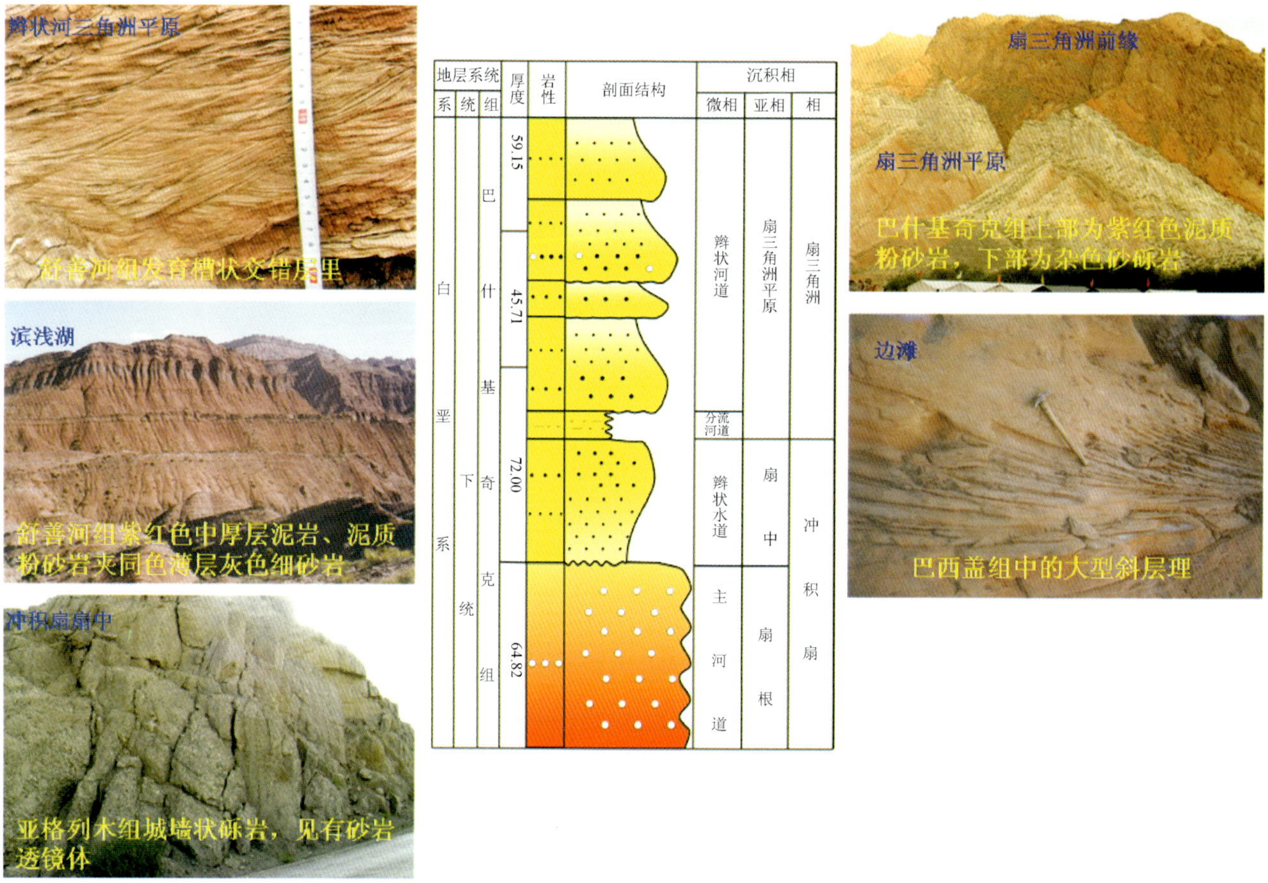

图 5-39　库车县克孜勒努尔沟剖面冲积扇沉积特征

2. 辫状河

辫状河沉积在塔里木盆地库车坳陷白垩系—古近系、塔东北地区白垩系、塔西南地区上侏罗统—下白垩统都有发育，如库车县克孜勒努尔沟剖面库车组 418～429 层、库车河下侏罗统阿合组、喀什坳陷下白垩统克孜勒苏群 29～35 层中以及华英参 1 井下白垩统巴什基奇克组广泛发育。辫状河沉积体系以紫红色砾岩、砂岩、粉砂岩等粗粒沉积物为特征。自下而上可划分为辫状河道（包括河床底部滞留和心滩沉积），漫滩沉积（图5-40）。

1）河床底部滞留

河床底部滞留发育于每一旋回底部，辫状河流在下切作用结束之后，河道处于相对稳定时期，开始以沉积作用为主。由向上变细的砂砾岩和砂岩组成，河道底部具明显冲刷，冲刷面之上为较粗的砾石和泥砾，并常夹杂碳屑木块。

2）心滩

心滩发育于辫状河道内，又称河道砂坝，是辫状河最典型的沉积类型。一般在滞留沉积之上为大型的槽状交错层理砂砾岩和砾状砂岩，槽状交错层理向上一般发育平行层理或斜层理单元，河道砂岩的顶部可以出现水流沙纹层理细粒砂岩和粉砂岩，向上逐渐变为棕色和红色泥岩，构成向上变细的河道层序。砂质沉积概率曲线主要为三段型。心滩沉积物较粗，且细粒沉积物掺杂较少，因此对储层发育非常有利。

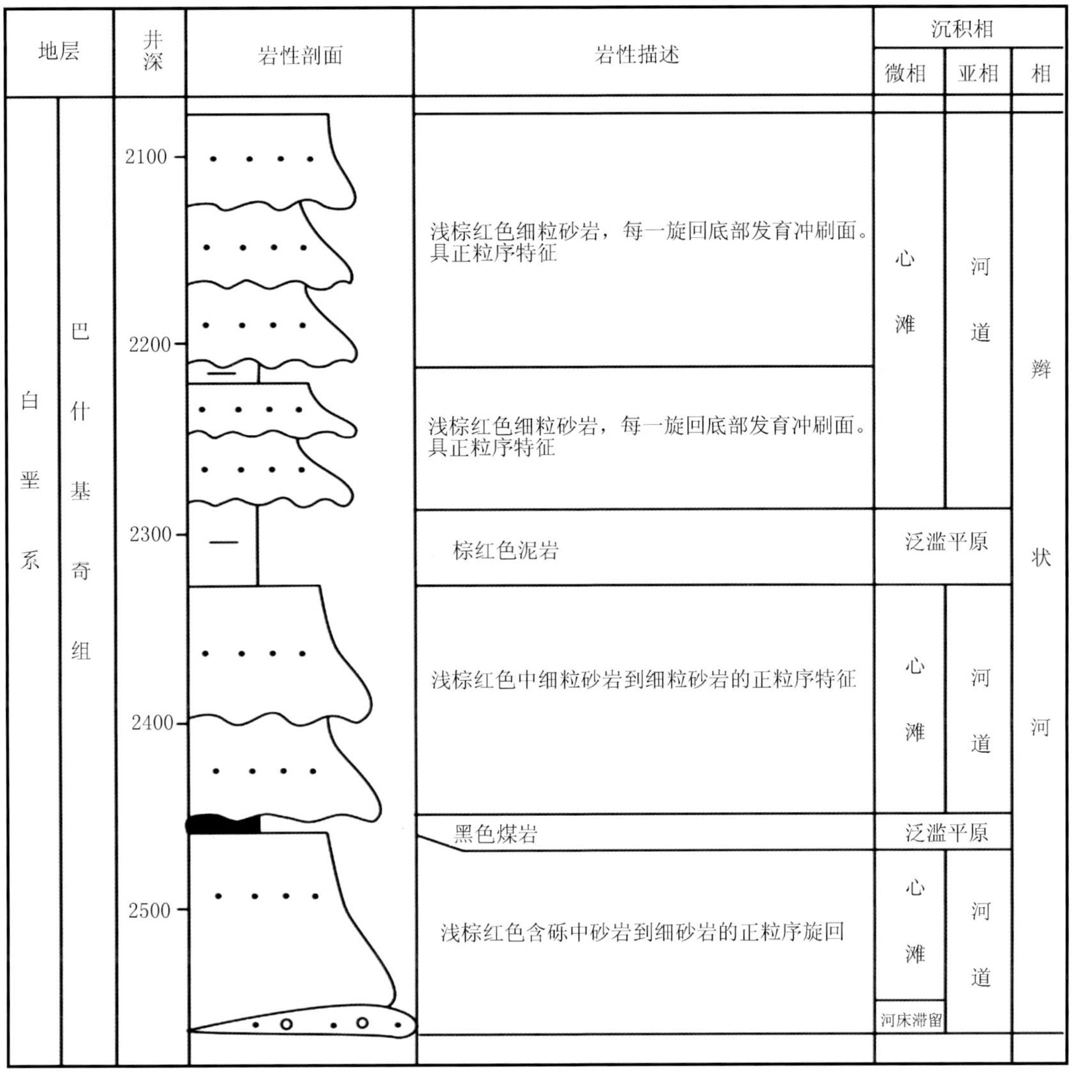

图 5-40　华英参 1 井下白垩统巴什基奇克组辫状河沉积剖面序列

3）漫滩

漫滩沉积发育在辫状河道之间的低洼地区，洪水期水从辫状河道的两岸漫出，在河道间的低洼地区聚集，此时水流携带的颗粒较细的沉积物便沉积下来形成漫滩沉积。漫滩沉积一般以泥质及粉细砂沉积为主。因此，漫滩沉积的层序主要是泥岩夹薄层粉砂岩、细粒砂岩。有时漫滩上生长一些植被，在岩心中可见到炭化的植物根系或叶片。

3. 曲流河

曲流河于塔里木盆地白垩纪、古近纪等地层中广泛发育，如库车凹陷库车河剖面中侏罗统克孜勒努尔组、下侏罗统康苏组及中新统克孜洛依组、克孜勒努尔沟剖面下白垩统巴西盖组中广泛发育；钻井可见于轮南 46 井下白垩统亚格列木组、满西 1 井下白垩统舒善河组。按沉积特征，曲流河沉积体系均可划分出河道和河漫滩两个亚相，河道亚相又可进一步划分为河床滞留和边滩两微相，显示向上变细的沉积旋回；而河漫滩亚相则可划分出天然堤、决口扇、泛滥平原、岸后沼泽等众多的微相类型（图 5-41）。

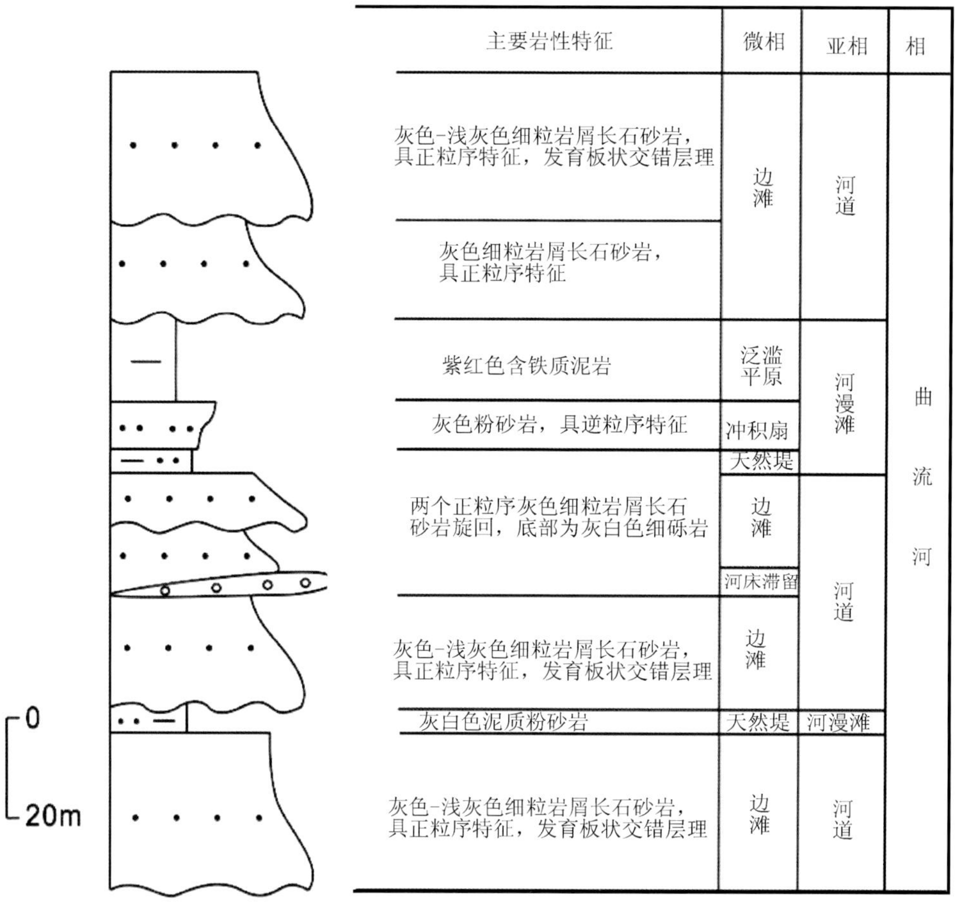

图 5-41　克孜勒努尔沟剖面下白垩统巴西盖组曲流河沉积剖面序列

1）河道

河道亚相主要是河床中推移载荷的纵向迁移和侧向加积作用的产物，一般由河床底部滞留和边滩两微相组成。其中河床滞留微相发育于河床底部，厚度较小，呈不稳定的透镜体状，岩性以细-中砾岩、含砾粗粒砂岩为主，底冲刷发育，层理类型为大型槽状交错层理。其上为边滩微相，岩石类型以细粒砂岩为主。河道亚相往往为曲流河沉积体系中最重要的储集层段，包括河床滞留和边滩微相。粒度概率曲线既有三段式也有两段式，分别代表了下部边滩和上部边滩沉积。

2）河漫滩

塔里木盆地曲流河中河漫滩亚相以发育天然堤、决口扇、泛滥平原微相为主，其次为岸后沼泽微相。河漫滩是河水越过堤岸后，在河道两侧的泛滥平原上发生悬移载荷垂向加积作用的产物。天然堤和决口扇多沿曲流河道两侧呈薄层带状或舌状分布。剖面上以粉砂岩和粉砂质泥岩、泥岩互层为主，偶尔夹有砂岩。因此该微相对储层发育不利，往往可作为重要的盖层。河漫滩发育沙纹层理、波状层理和水平层理。岸后沼泽是广阔泛滥平原上常年积水的低洼湿地，因有利于植物生长而容易沼泽化，形成岸后沼泽，为主要的造煤环境，也是塔里木盆地陆相地层中重要的烃源岩。

4. 三角洲

三角洲相在塔里木盆地库车坳陷、塔西南坳陷最为典型，广泛发育于三叠系—古近系中，主要分布在下白垩统中。主要发育扇三角洲、辫状河三角洲和曲流河三角洲三类，由于这三类三角洲的成因不同，沉积体差异明显（图 5-42～图 5-43）。

1）三角洲平原

三角洲平原往往反映了三角洲的成因类型，因此，它是区分扇三角洲、辫状河三角洲和曲流河三角洲的最重要的基础。

扇三角洲平原类似于冲积扇沉积，是以突发性、瞬时的灾变事件产生的重力流沉积与间灾变期正常沉积交替进行的，并以碎屑流沉积占绝对优势，沉积物粒度普遍很粗，以砾岩为主，缺乏大规模的床沙迁移所形成的交错层，岩相纵横方向变化大，延伸不远。主要沉积类型包括泥石流、砾质辫状河道和河道间沉积。泥石流的岩性主要为褐红色块状粗-中砾岩、细砾岩、含砾粗粒砂岩。砾岩单层厚度一般为 8～115m。砾石多以棱角状、次棱角状为主，成分复杂，大小混杂，分选极差，呈杂基支撑。局部见颗粒支撑的水道充填砾岩透镜体。常见重力流成因的粒序层理和块状层理。每一次泥石流事件沉积的底部皆发育有侵蚀面，其沉积物在单剖面上组成垂向加积式和向上变细式两种沉积序列。粒度概率曲线多呈弧形，表明水动力类型以重力流为主。砾质辫状河道岩性主要由红褐色细砾岩、砂砾岩、含砾粗粒砂岩、含砾中粒砂岩、细粒砂岩等组成。砾岩中砾石分选较差，呈次棱角状到次圆状，以颗粒支撑为主。砂砾岩底部为侵蚀冲刷面，发育正粒序层理、块状层理、平行层理、板状交错层理和槽状交错层理。垂向剖面上常表现为多期砾质河道叠置，自下而上由多个正韵律旋回组成，单个河道充填砂体厚度一般为 1～5m。河道间岩性主要为浅紫红色块状泥质粉砂岩、粉砂质泥岩，发育块状层理和沙纹层理。

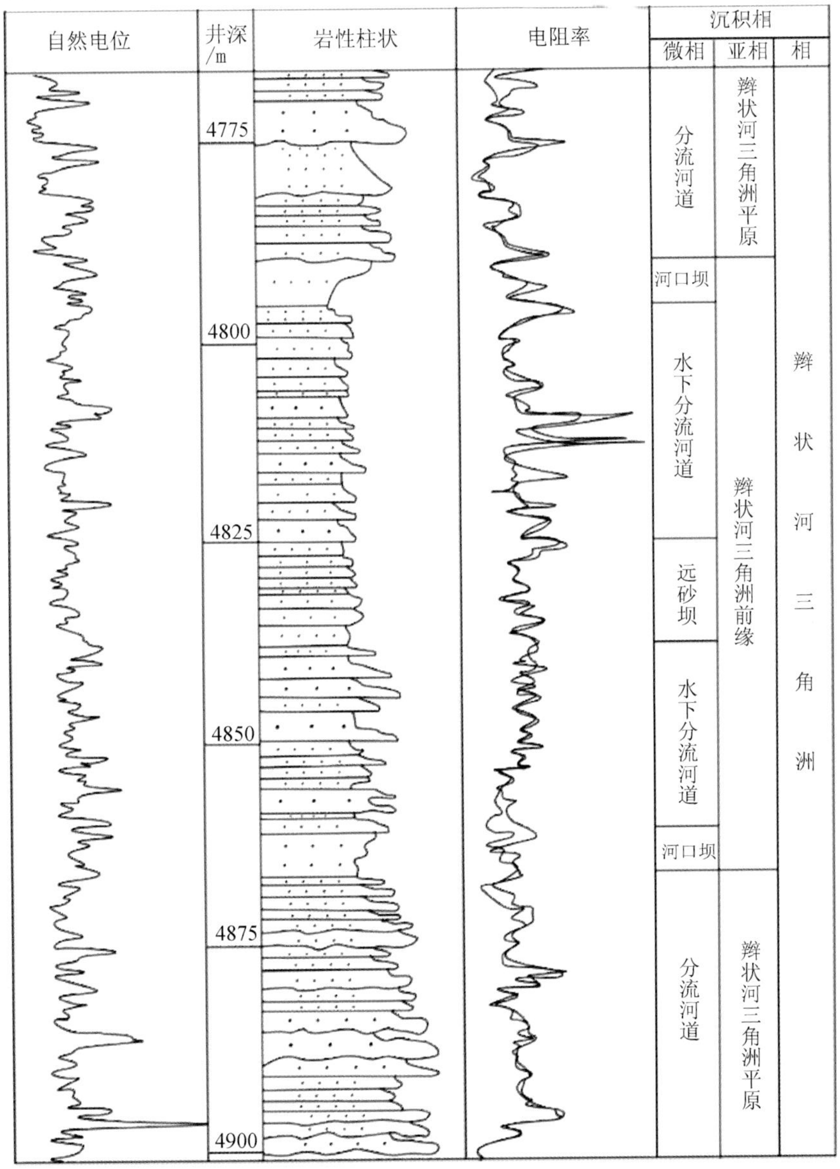

图 5-42　华英参 1 井侏罗系辫状河三角洲沉积剖面序列

辫状河三角洲平原沉积类似于辫状河沉积，通常受到湍急洪水控制，为季节性沉积作用，属牵引流成因，以辫状河道沉积为主，以河道砂体侧向迁移加积所形成的沉积物为主，亦见部分废弃河道充填沉积，岩性较粗，主要为褐色砾岩、含砾砂岩和砂岩，局部见泥岩。垂向上组成多个向上变细的层序，顶部可出现薄的泥岩层。单个层序厚度为 0.5～5.0m，底部发育冲刷面和河床滞留沉积。层内见平行层理、大中型板状交错层理和槽状交错层理。废弃河道充填沉积体多呈下凸上平的透镜状，底部见起伏不大的冲刷面，之上由河道滞留沉积的砾岩变化为砂岩、粉砂岩和泥岩，从下向上粒度明显变细，反映了河道充填沉积中水动力逐渐减弱的过程。河道间主要为洪水期的越岸细粒沉积物，岩性为褐色、深褐色粉砂岩、泥岩，常见生物潜穴及波状层理和水平层理。

曲流河三角洲平原类似于曲流河沉积，沉积物输入量为相对连续的终年河流的产物，沉积体由多个向上变细的、二元结构清楚的层序组成，单一层序横向延伸长，分布稳定，岩层中层理构造丰富，岩性较前两种三角洲平原细，以中、细砂级以下沉积物为主（图 5-43）。

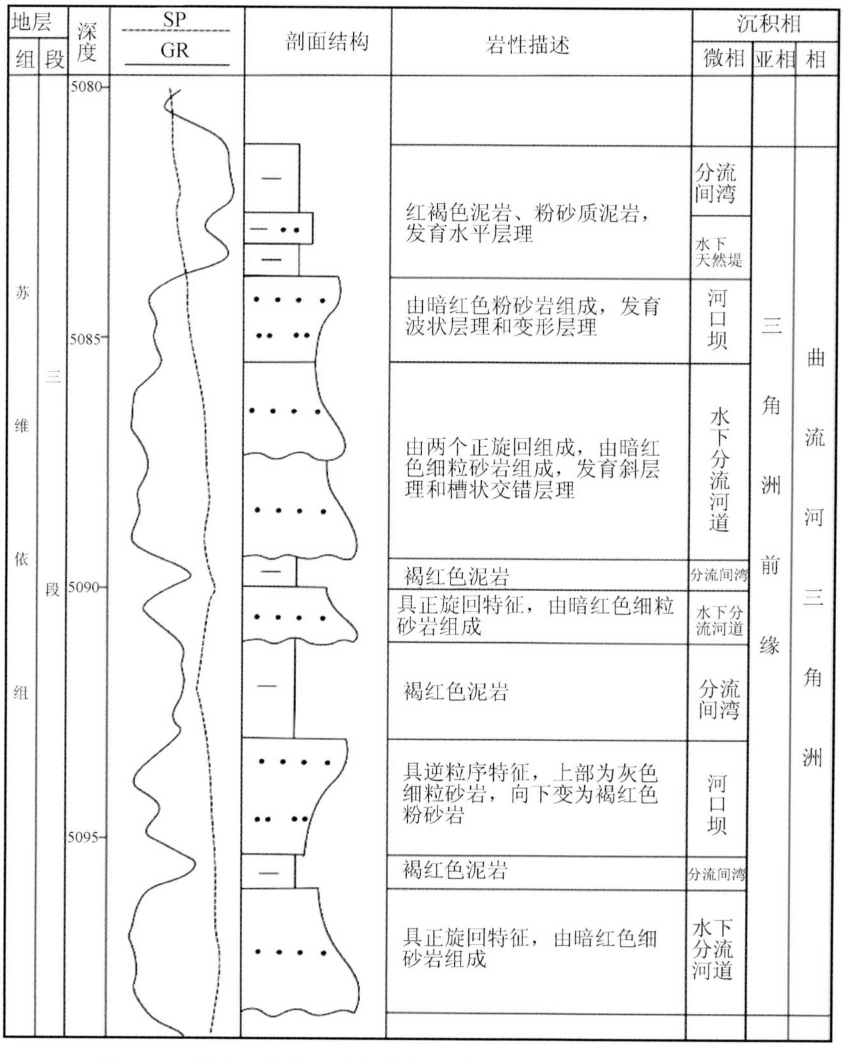

图 5-43　牙哈 3 井古近系苏维依组曲流河三角洲沉积剖面序列

2）三角洲前缘

扇三角洲前缘继承了平原的沉积特点，由灾变事件形成的碎屑流进入湖盆后继续向下运动而形成的水下重力流沉积为主，沉积微相主要为水下分流河道，其次为河口坝，席状砂不发育。水下分流河道是水上辫状河道在水下的延伸，岩性以褐色砂砾岩、粗粒砂岩为主，其次为粉砂岩、细粒砂岩、粉砂岩和泥质粉砂岩。砂体厚 0.9～6.8m，显示正粒序。常见流水成因的粒序层理、块状层理、平行层理、槽状交错层理、沙纹层理和波状层理等沉积构造。河口坝为分流河道带来的碎屑物质在河道前缘快速沉积下来所形成的向上变粗的反粒序砂体，随着沉积物的不断供给和河道的不断迁移改造，可形成大面积的厚层砂体。岩性主要为褐红色岩屑细粒砂岩。单个砂体厚度为 0.9～4.0m，顶、底界面较平，横向展布较稳定，顶部常被分流河道切割。砂体中生物扰动强烈，仅见不清晰的平行层理或槽状交错层理（图 5-44）。

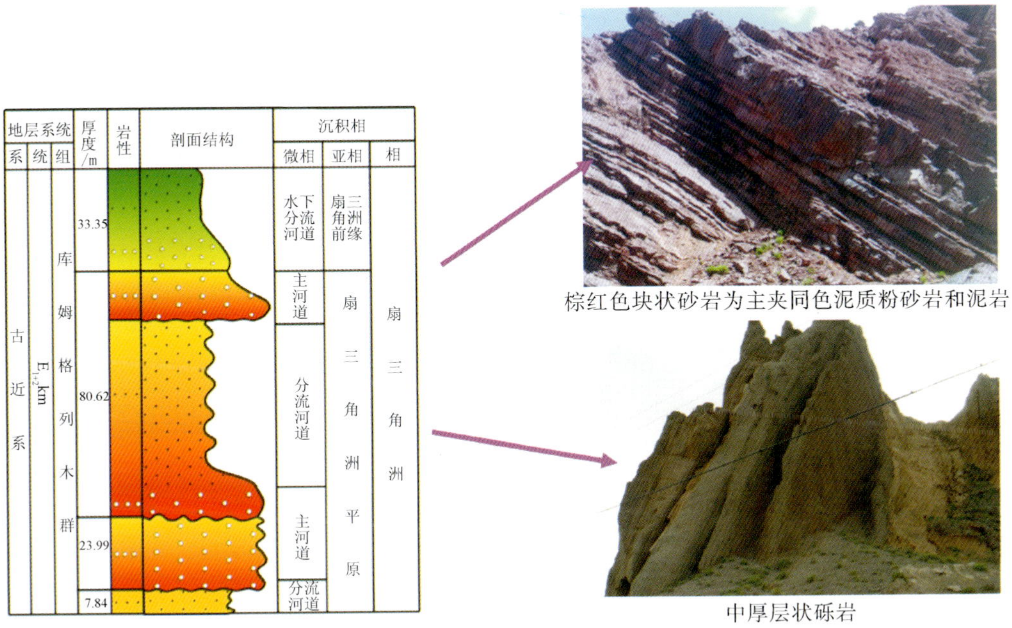

图 5-44　库车县克孜勒努尔沟剖面扇三角洲沉积特征

辫状河三角洲前缘以水下分流河道沉积为主，靠山前的野外剖面中岩石粒度较粗，为砾岩、含砾砂岩和砂岩；而远离山前的井下剖面中沉积物粒度较细，主要为暗褐色含泥砾砂岩、中-细粒砂岩和粉砂岩，粒度概率累积曲线多为二段式或三段式（图 5-45）。岩石呈颗粒支撑，杂基含量较少。垂向上组成多个向上变细的层序，单个旋回的沉积厚度为 0.5～2.0m。底部发育冲刷面及砾石滞留沉积，略具定向排列，向上可见高角度交错层理和平行层理等沉积构造。由于水下分流河道不稳定，在剖面上表现为一系列的废弃河道的叠置。分流间湾岩性主要为棕色、暗褐色泥岩和粉砂质泥岩，泥岩中生物扰动构造较强。河口坝岩性主要为中、细粒砂岩，从下向上多显示由细变粗的层序，见平行层理、板状及槽状交错层理。席状砂岩性主要为粉-细砂岩，粒度细、分选好，发育湖浪冲洗层理。厚度一般较薄，横向延伸较远，往往与前三角洲或湖相泥质沉积物呈薄互层状（图 5-45）。

曲流河三角洲前缘岩性明显细于前两类三角洲，以中、细砂级以下为主；粉、细砂岩组成的河口砂坝局部可见；水下分流河道砂体成层性好、分布稳定，层理类型亦丰富（5-43）。

3）前三角洲

研究区三类三角洲的前三角洲沉积相似，以泥质沉积物为主。然而，由于扇三角洲和辫状河三角洲前缘沉积物堆积迅速，沉积体极不稳定，很易形成重力流沿前缘斜坡运动到前三角洲泥质沉积物中堆积下来，常见的有碎屑流沉积、液化流沉积及浊流沉积。

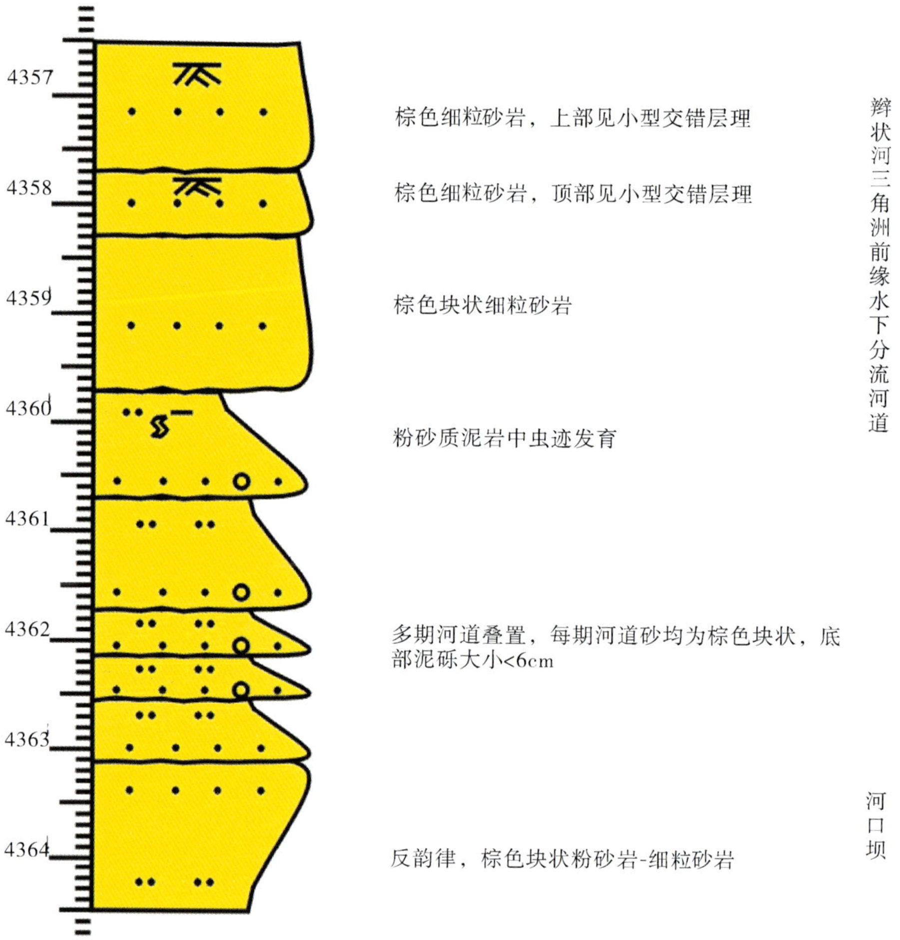

图 5-45　英买 5 井巴什基奇克组辫状三角洲前缘水下分流河道与河口坝微相

5. 湖泊

可划分出滨湖、浅湖及半深湖-深湖三个亚相（图 5-46）。

滨湖亚相中滨湖泥由灰褐色泥岩、页岩及粉砂质泥岩组成，发育沙纹层理及爬升沙纹层理，见泥裂及波痕。滨湖砂坝由分选好的细粒砂岩组成，发育平行层理及中小型交错层理。滨湖沼泽沉积由炭质页岩及煤层组成，夹粉砂岩透镜体。

浅湖亚相由浅湖泥及浅湖砂坝组成，浅湖泥由泥岩或页岩同粉砂质泥岩呈互层状产出，发育水平层理、浪成沙纹层理及波痕，如包孜东的阳霞组深灰色泥岩中含大量的双壳类化石。浅湖砂坝由中、细粒砂岩组成，含粉砂岩，发育平行层理及交错层理，部分砂坝显示下细上粗的反韵律，见垂直管状虫孔。

半深湖-深湖亚相中占主导地位的是泥质沉积。岩性为深灰色、灰黑色泥岩及页岩、夹泥灰岩透镜体或泥灰岩薄层，岩层多为薄层；半深湖-深湖亚相中还可见到厚数厘米的浊积岩，由砂岩、粉砂岩组成，通常组成不完整的鲍玛序列，浊积岩底部发育槽模、沟模等构造。

塔里木盆地白垩纪—古近纪，气候干热，发育的湖泊属氧化宽浅湖泊。宽而浅的湖泊常因强烈蒸发和浓缩作用而变成咸化湖，其沉积物以发育蒸发岩为特征（主要为膏岩和盐岩），或呈厚层状产出，或夹于细粒陆源碎屑沉积物之中。但在湖盆边缘区，由于受地表径流的影响往往淡化，少见蒸发岩，表现为膏质泥岩、膏质砂岩（图 5-47）。湖水总体显示出周期性咸化特征，自湖边向湖心，湖水盐度逐渐增大。

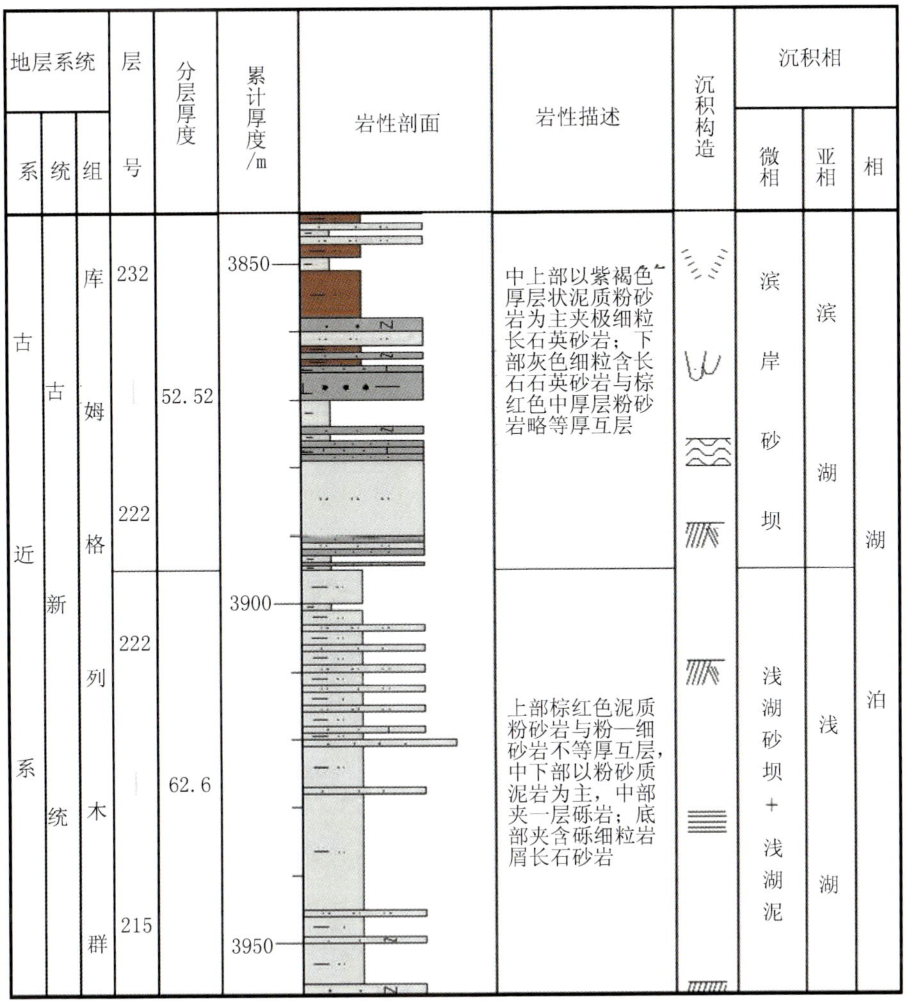

图 5-46　克孜勒努尔沟古近系湖泊沉积剖面序列

6. 潮坪-潟湖

晚白垩世—古近纪，受亚洲大陆南缘冈底斯地体拼贴作用的影响，塔里木盆地整体抬升，遭受剥蚀，结束中生代前陆盆地的沉积历史。古新世剥蚀夷平，以及来自西南新特提斯洋间歇性海侵的影响，在库车坳陷阿瓦特-羊塔克-依南-克拉苏地区沉积了厚度为零至六十多米的海相碳酸盐岩，岩性主要为灰色、浅灰色块状泥晶灰岩、角砾状泥晶灰岩、瘤状灰岩及藻黏结灰岩等，表现为潮坪-潟湖相沉积。潮坪相的潮上萨布哈环境较为发育，岩性组合为褐红色泥岩、砂质泥岩、白云岩、膏泥岩和薄层膏岩。潟湖相由褐灰色泥粉晶白云岩、砂屑白云岩、生屑白云岩以及厚层膏岩、紫红色泥岩夹薄层粉砂岩组成。

5.1.6　复合前陆沉积阶段（N）沉积体系类型及特征

新近纪是塔里木形成统一陆内盆地的时期，它继承了古近纪的干旱气候。受喜马拉雅期构造运动影响，盆地南、北缘的造山带（昆仑山、南天山）快速褶冲上升，盆地快速沉降，沉积速率明显增大，并多次受海侵影响，发育冲积扇-河流-湖泊沉积体系。

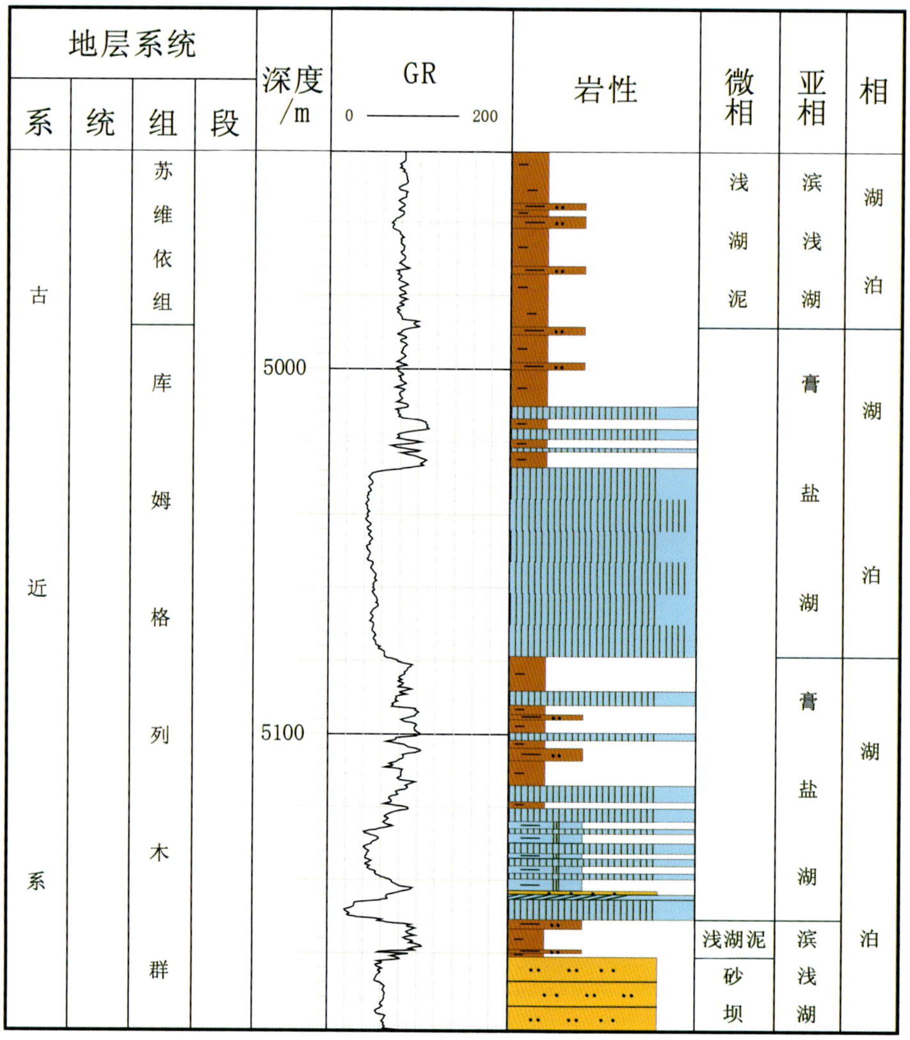

图 5-47　库车坳陷羊塔 6 井古近系膏盐湖沉积序列

1. 冲积扇-扇三角洲

该体系类型主要分布在盆地边缘地带，为一套快速堆积的粗碎屑沉积（图 5-48）。以棕红色、紫褐色、黄灰色厚层-块状砾岩、砂砾岩为主，夹砂岩、粉砂岩及泥岩。沉积类型主要由泥石流沉积、水道沉积、漫流沉积及水下重力流、浊流砂砾岩、砂岩组成，可分为陆面扇-平原亚相和前缘亚相。泥石流沉积为块状砾岩，砾石大小不等，最大砾径达数十厘米、一般砾径数厘米；砾石分选极差，呈次棱角及次圆状，砾石分布杂乱，无规律可循；砾石不显层理，填隙物为不等粒砂级颗粒及泥质，砾石既有悬浮不接触，亦见呈砾石颗粒支撑。水道沉积主要为砂岩，含砾砂岩及细砾岩（砾径多在 1cm 以下），呈透镜状产出，具有下粗上细层序；砾石多呈叠瓦状排列，见冲刷面构造、平行层理及大、中型交错层理。漫流沉积中由中-薄层状砂岩、粉砂岩组成，局部见泥岩及细砾岩，见平行层理及小型交错层理，颗粒分选差，仍然具快速沉积的特点。水下扇三角洲前缘继承了平原的沉积特点，由灾变事件形成的泥石流进入湖盆后继续向下运动而形成水下重力流沉积（主要为碎屑流），主体岩性以块状砾岩为主；水下分流河道亦常见，以细砾岩及含砾砂岩为主，且多呈透镜状分布在碎屑流沉积体中。

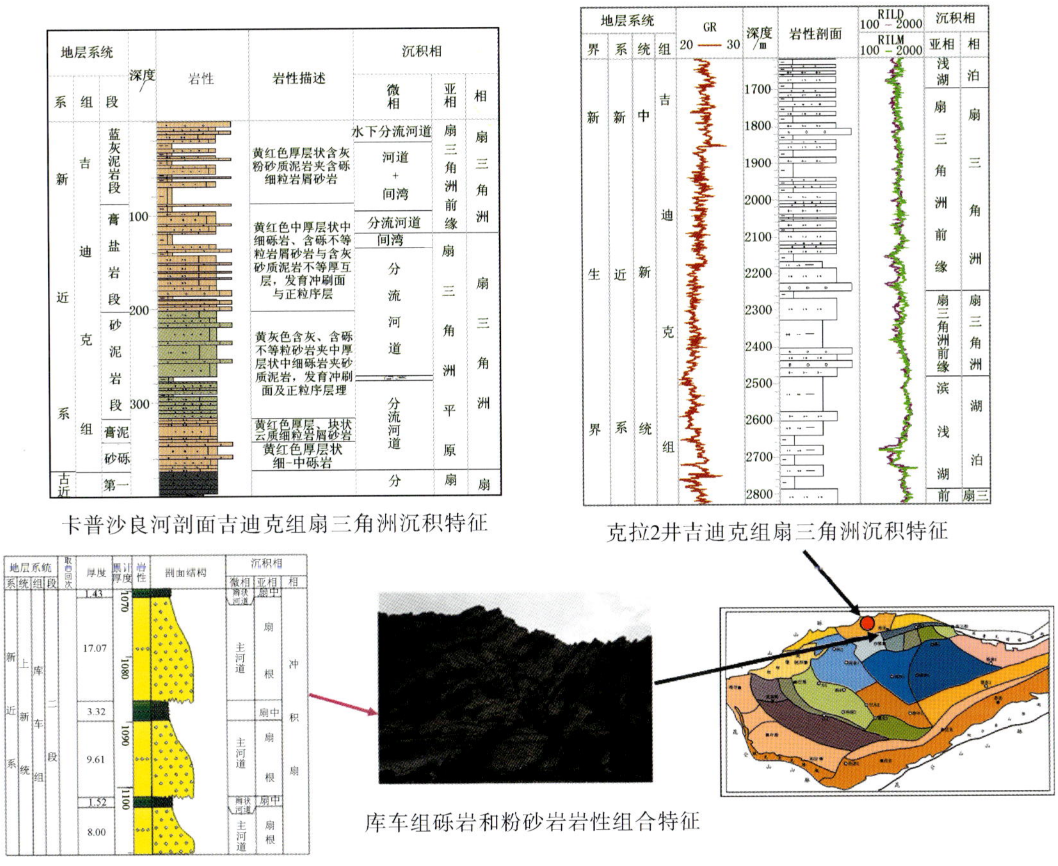

卡普沙良河剖面吉迪克组扇三角洲沉积特征

克拉2井吉迪克组扇三角洲沉积特征

库车组砾岩和粉砂岩岩性组合特征

库车河剖面新近系冲积扇沉积特征

图 5-48　塔里木盆地复合前陆盆地沉积阶段冲积扇-扇三角洲沉积特征

2. 河流-三角洲

该沉积体系在新近纪早期全区广泛发育，其中河流相由河道和河漫两个亚相组成。河道亚相主要为褐红色及灰白色的细粒砂岩、粉砂岩，普遍含泥砾，呈明显的下粗上细特征，颗粒分选中等，岩层中见不同规模的交错层理及平行层理；且层理规模由下向上变小，层面见单向水流波痕。河漫亚相主要有褐红色、褐色的泥岩和砂质泥岩夹少量膏泥岩及砂岩透镜体，含石膏团块，见小沙纹层理。

三角洲可划分出平原亚相、前缘亚相，其沉积构成与前面同类亚相相同（图5-49）。

3. 湖泊

1）陆缘咸化湖泊相

该相区相带单一，主要为咸化湖相。可分为滨-浅盐湖亚相带、（干旱-半干旱）半深-深湖亚相带。前者主要由红棕色、灰绿色粉砂岩、泥岩薄互层夹蒸发岩组成。后者主要为红棕色、灰绿色具微细水平层理的钙质泥岩和泥灰岩组成。

2）海侵陆缘湖相

该相主体为海侵陆缘湖相，局部为盆缘三角洲相。可进一步划分出砂质滨湖亚相、浅-半深湖亚相和泥质滨岸盐湖亚相。①砂质滨湖亚相主要由具水平纹理的泥岩夹薄层粉砂岩与粉砂岩、极细粒砂岩、泥岩互层构成，具向上变粗层序。发育波状层理，水流波痕交错层理。②泥质滨岸盐湖（或干盐湖）亚相由红棕色及灰绿色缟纹状钙质、膏质泥岩-泥质瘤状硬石膏夹粉砂岩组成。波痕及干裂构造发育。③浅-半深湖亚相以红棕色、灰绿色微细水平纹层状泥岩、泥灰岩为主，间夹粉砂岩。其特点是灰绿色钙质泥岩、泥灰岩层数多，厚度大。泥岩不含硬石膏（图 5-50）。

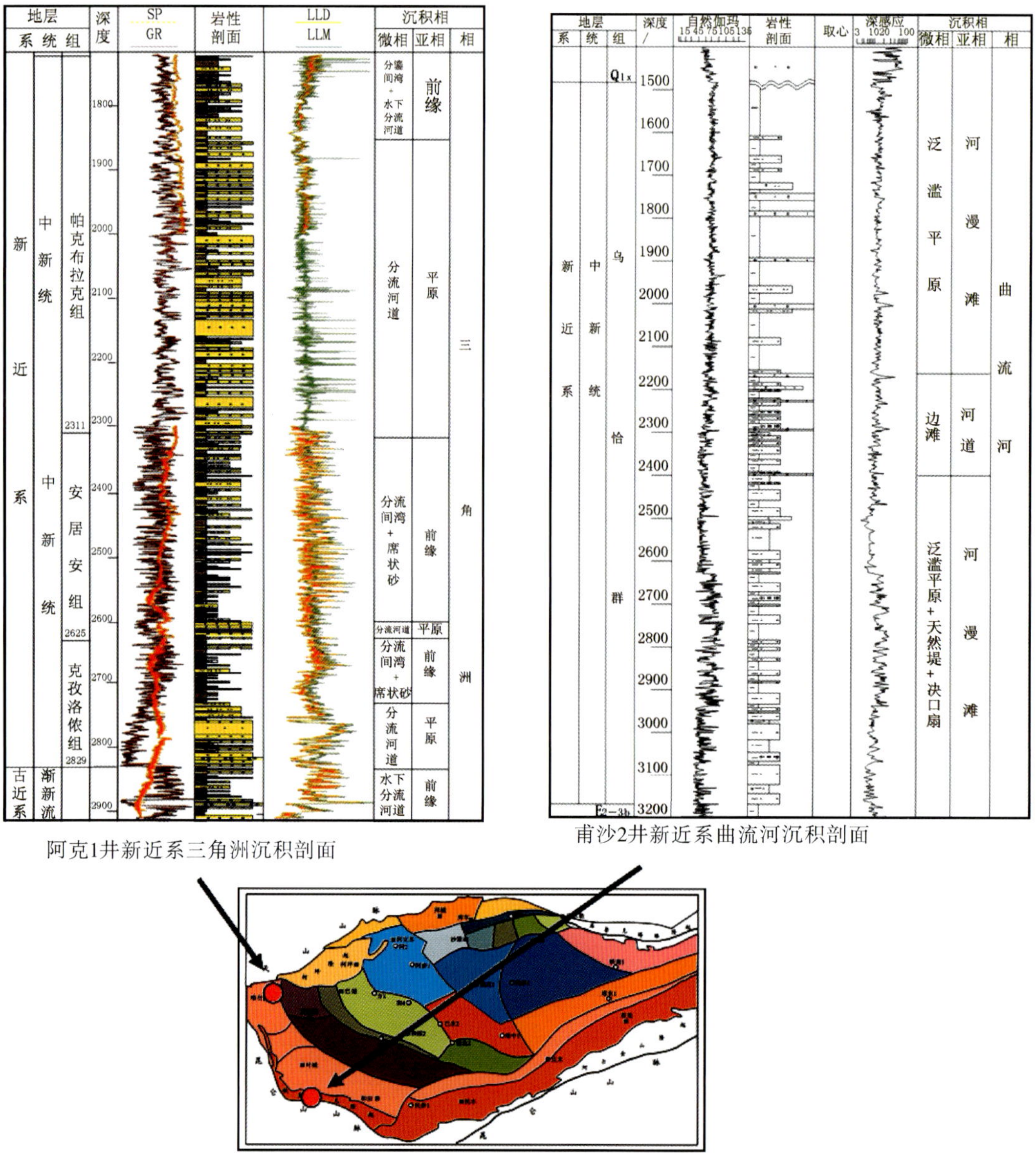

图 5-49　塔里木盆地复合前陆盆地沉积阶段河流-三角洲沉积特征

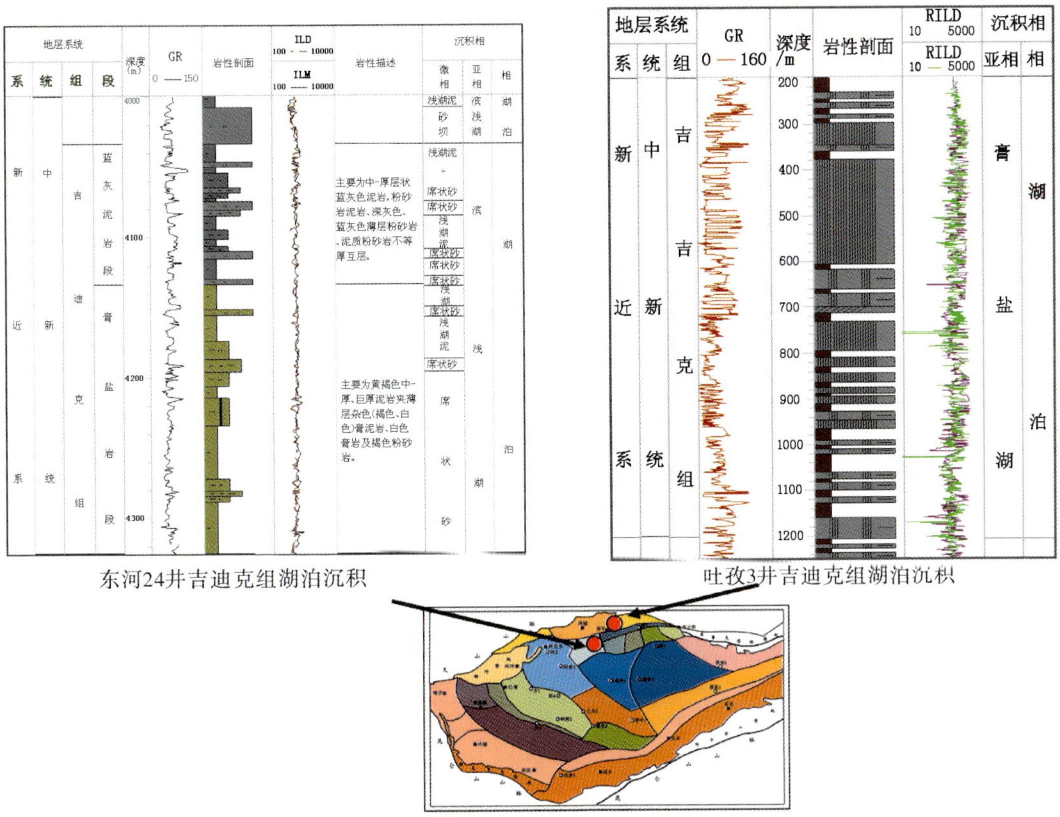

图 5-50　塔里木盆地复合前陆盆地沉积阶段湖泊沉积特征

5.2　不同构造演化阶段沉积体系对比研究

在上述野外剖面、单井及井间沉积体系研究成果基础上，利用单井在地震剖面上沉积体系标定，结合穿越盆地的地震大剖面地震相研究成果，分别对塔里木盆地震旦系—新近系沉积体系进行对比研究。下面以塔里木盆地 L200、L300、L350 东西向和 Z10、Z60、Z80 南北向 6 条剖面进行沉积体系对比研究。

5.2.1　L200 地震剖面上沉积体系对比

塔里木盆地 L200 地震剖面沉积体系对比表明（图 5-51），在寒武纪早—中期，中央隆起（巴楚隆起）和塘古孜巴斯凹陷区主要发育蒸发台地和局限台地沉积，到晚期受加里东早期运动影响加剧，地壳整体开始下降加快且塘古孜巴斯凹陷相对更快，海水逐渐上升，一直延续到奥陶纪中期，主要发育局限台地和开阔台地沉积；奥陶纪中—晚期，受加里东中期运动影响，在塘古孜巴斯凹陷地区出现西薄东厚的沉积特征，主要发育局限台地、开阔台地、台地边缘斜坡和广海陆棚沉积；志留纪早期开始，在塘古孜巴斯凹陷地区地壳下降变慢，而在中央隆起（巴楚隆起）下降开始明显加快，本区出现西厚东薄的沉积特征，主要发育内陆棚、滨岸和潮坪沉积；泥盆纪开始受海西早期运动影响，中央隆起（巴楚隆起）主要发育内陆棚、滨岸等沉积，塘古孜巴斯凹陷发育三角洲、滨岸和河口湾等沉积；石炭纪时期，受海西中期运动影响，早期本区主要发育浅海陆棚、滨岸和潮坪沉积，晚期到二叠纪早期本区主要发育局限台地、蒸发台地、潟湖和潮坪沉积；二叠纪中期开始，主要发育陆相的曲流河、辫状河和湖泊沉积；三叠纪开始一直到古近纪，主要发育曲流河、辫状河、湖泊三角洲和湖泊沉积；从新近纪开始至今，发育巨厚的陆相河流、湖泊和冲积扇沉积。

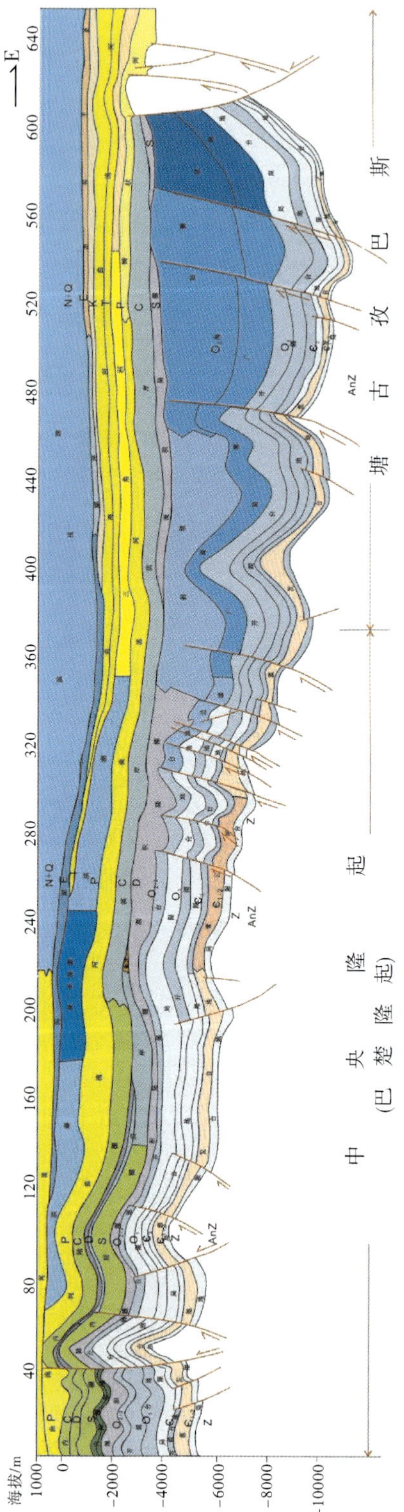

图5-51 塔里木盆地L200地震剖面沉积体系对比图

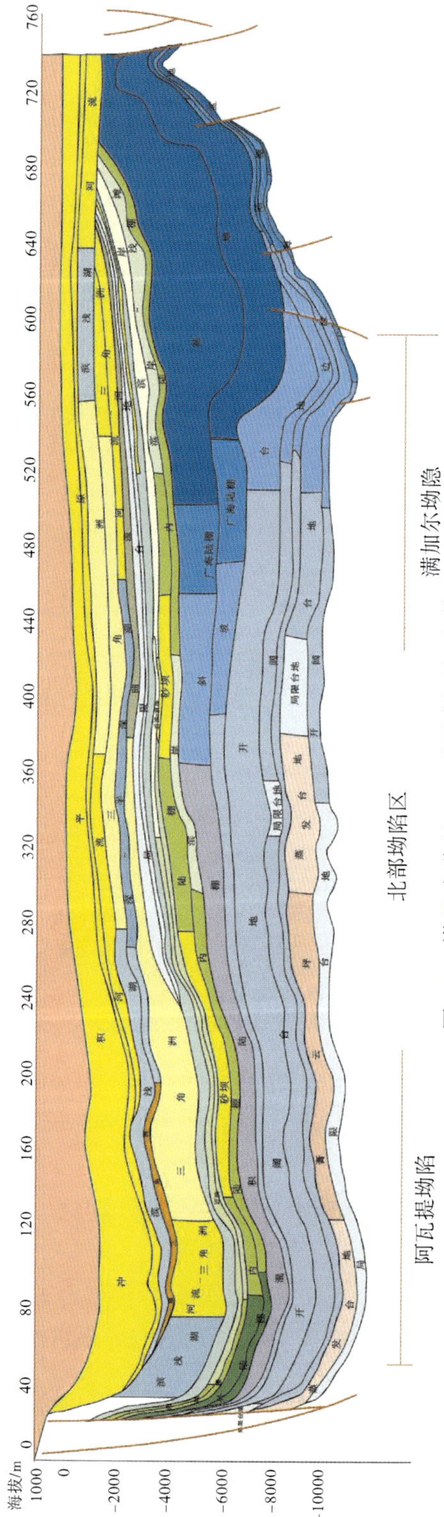

图5-52 塔里木盆地L300地震剖面沉积体系对比图

5.2.2 L300 地震剖面上沉积体系对比

塔里木盆地 L300 地震剖面沉积体系对比表明（图 5-52），阿瓦提-满加尔坳陷寒武纪—奥陶纪早期主要发育台地沉积；奥陶纪中—晚期主要发育台地、台地边缘、广海陆棚和深海盆地沉积；志留纪—泥盆纪主要发育滨海、陆棚沉积；石炭纪—二叠纪为海陆过渡期，主要发育陆棚、台地、滨岸和三角洲沉积；三叠纪及以后为陆相，主要发育有冲积扇、河流、三角洲和湖泊沉积。在寒武纪早—中期，主要发育蒸发台地和局限台地沉积，晚期主要发育局限台地和开阔台地沉积；奥陶纪中期，呈西高东低，西部阿瓦提地区主要发育混积陆棚和开阔台地，而东部主要发育台地边缘斜坡、广海陆棚和巨厚的深海盆地沉积；志留纪—泥盆纪时期，主要发育内陆棚、滨岸和障壁海岸等沉积；石炭纪早期，在阿瓦提地区主要发育开阔台地、局限台地、滨岸沉积；二叠纪时期，东部以曲流河和辫状河沉积为主，西部低洼区成为深湖，发育巨厚的三角洲和湖泊沉积；三叠纪时期，继承了二叠纪的沉积特征，主要发育辫状河、曲流河、三角洲和湖泊沉积；白垩纪开始，本区为陆相沉积区，并对下伏地层形成超覆，一直延续到古近纪，主要发育辫状河、曲流河和湖泊沉积，局部地区发育小规模三角洲沉积；新近纪开始，阿瓦提地区形成巨厚的冲积平原沉积。

5.2.3　L350 地震剖面上沉积体系对比

塔里木盆地 L350 地震剖面沉积体系对比表明（图 5-53），北部坳陷区-中央隆起区（满加尔坳陷-孔雀河斜坡-英吉苏坳陷-塔东低隆起）寒武纪—奥陶纪为海相，主要发育台地、混积陆棚、台地边缘、广海陆棚、海底扇和深海盆地沉积；志留纪—泥盆纪主要发育滨海和陆棚沉积；石炭纪—二叠纪为海陆过渡期，石炭纪主要发育潮坪和潟湖沉积，二叠纪主要发育曲流河和湖泊沉积，局部发育小规模三角洲沉积；三叠纪及以后为陆相，主要发育有河流、三角洲和湖泊沉积。

5.2.4　Z10 地震剖面上沉积体系对比

塔里木盆地 Z10 地震剖面沉积体系对比表明（图 5-54），西南坳陷区-中央隆起区-北部坳陷区-阿克苏鼻隆（叶城坳陷-麦盖提斜坡-巴楚隆起-阿瓦提坳陷）寒武纪—奥陶纪中期主要发育混积陆棚、台地和台地边缘沉积；志留纪—泥盆纪主要发育滨海和陆棚沉积；石炭纪—二叠纪为海陆过渡期，石炭纪主要发育滨岸、潮坪、陆棚和台地沉积，二叠纪主要发育河流和湖泊沉积；三叠纪—白垩纪缺失；古近纪时期以陆相为主，局部为海陆过渡相，主要发育潟湖、潮坪、扇三角洲和湖泊沉积；新近纪至今主要发育河流、盐湖和湖泊沉积。寒武纪—奥陶纪早期，受加里东早期运动的影响，主要发育蒸发台地、局限台地、开阔台地和台地边缘沉积；志留纪—泥盆纪，由于受加里东晚期运动和海西早期运动影响，盆地差异性沉降，主要发育滨岸和陆棚沉积；石炭纪沉积期主要发育滨岸-潮坪、开阔台地和混积陆棚沉积；二叠纪主要发育曲流河和湖泊沉积；古近纪时期，在喜山早期运动影响下，低洼地区主要发育扇三角洲、潮坪、潟湖和湖泊沉积；新近纪晚期开始至今，盆地在晚喜山运动影响下，形成了一套巨厚的河流和湖泊沉积。

5.2.5　Z60 地震剖面上沉积体系对比

塔里木盆地 Z60 地震剖面沉积体系对比表明（图 5-55），塘古孜巴斯坳陷-中央隆起区（塔中低凸起）-北部坳陷区（满加尔凹陷）-塔北隆起区（草湖凹陷）寒武纪—奥陶纪主要发育台地、浅滩、台地边缘、广海陆棚和深海盆地沉积；志留纪—泥盆纪主要发育滨海和陆棚沉积；石炭纪—二叠纪为海陆过渡期，石炭纪主要发育三角洲、滨海和台地沉积，二叠纪主要发育河流和三角洲沉积；三叠纪至今为陆相，主要发育河流、三角洲和湖泊沉积。其中，寒武纪早—中期，主要发育蒸发台地、局限台地、开阔台地、台地边缘、广海陆棚和深海盆地沉积；寒武纪晚期至奥陶纪早期，主要发育局限台地、开阔台地、台地边缘和广海陆棚沉积；奥陶纪中—晚期，中央隆起区（塔中低凸起）沉积稳定，而塘古孜巴斯坳陷和北部坳陷区（满加尔凹陷）-塔北隆起区（草湖凹陷）缓慢沉降，主要发育台地边缘、广海陆棚和深海盆地沉积；志留纪—泥盆纪，中央隆起区（塔中低凸起）基本稳定且局部地区开始出露地表成为剥蚀区，而北部坳陷区（满加尔凹陷）和塔北隆起区（草湖凹陷）主要发育潮坪-滨岸、内陆棚和内陆棚盆地沉积；石炭纪沉积期，主要发育局限台地和开阔台地沉积，一直延续到石炭纪晚期；二叠纪，主要发育辫状河、曲流河和三角洲沉积；三叠纪—古近纪，发育一套西薄东厚的河流、三角洲和湖泊沉积。

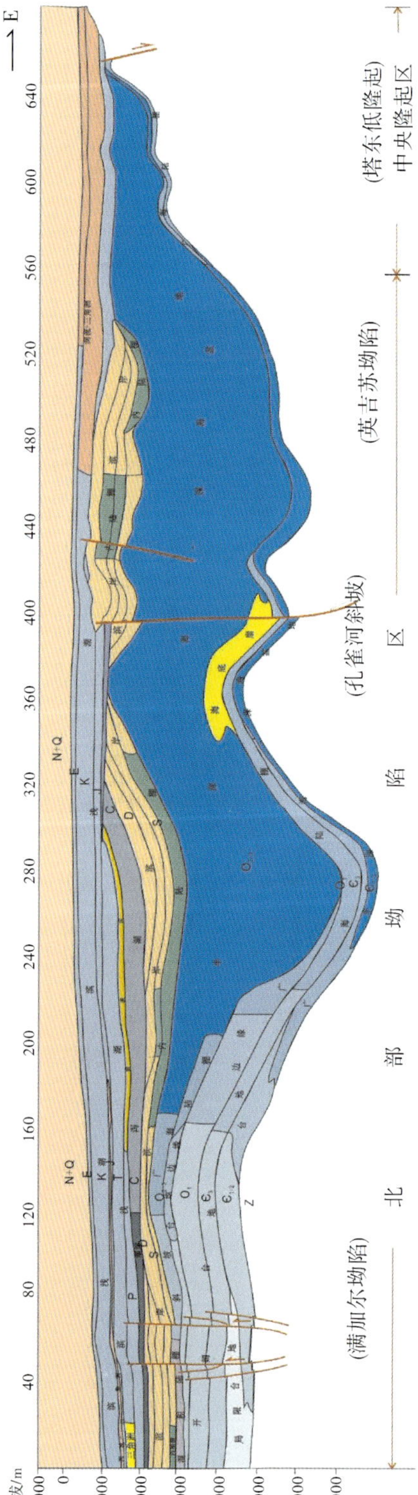

图5-53 塔里木盆地L350地震剖面沉积体系对比图

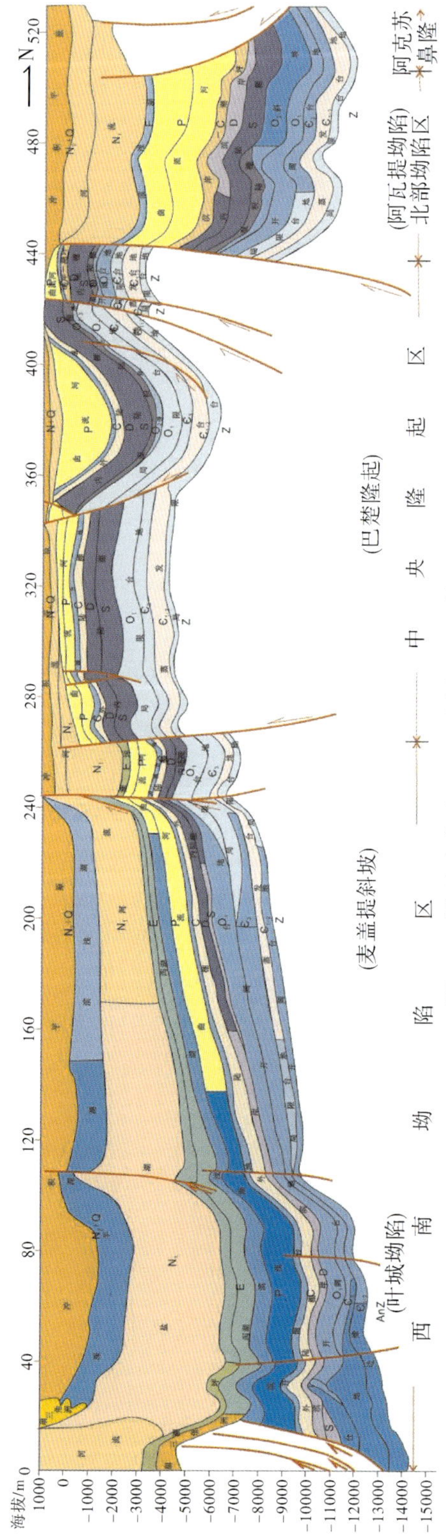

图5-54 塔里木盆地Z10地震剖面沉积体系对比图

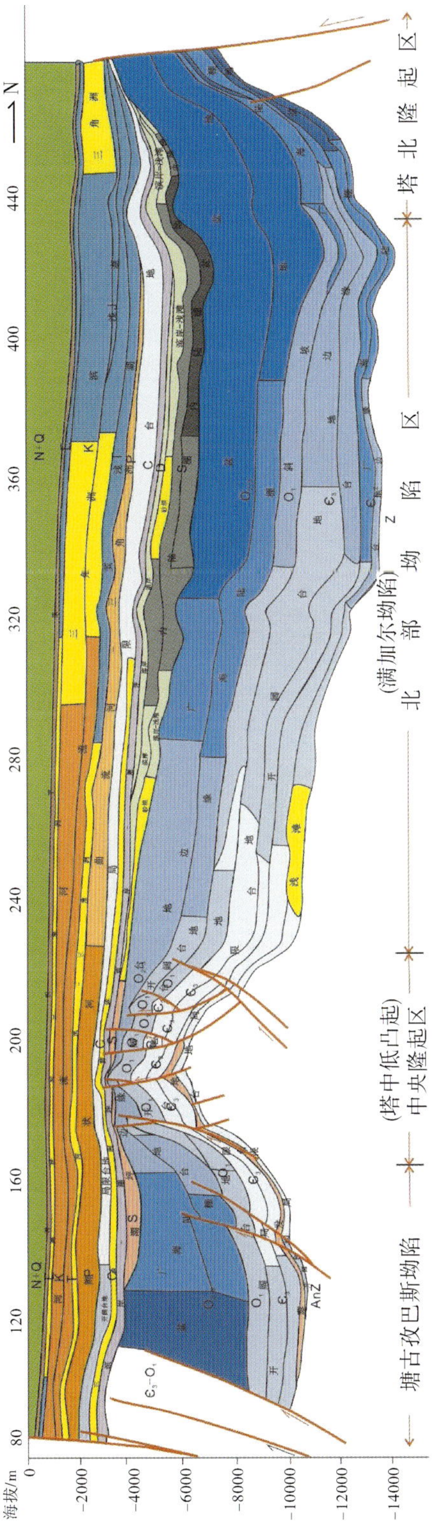

图5-55 塔里木盆地Z60地震剖面沉积体系对比图

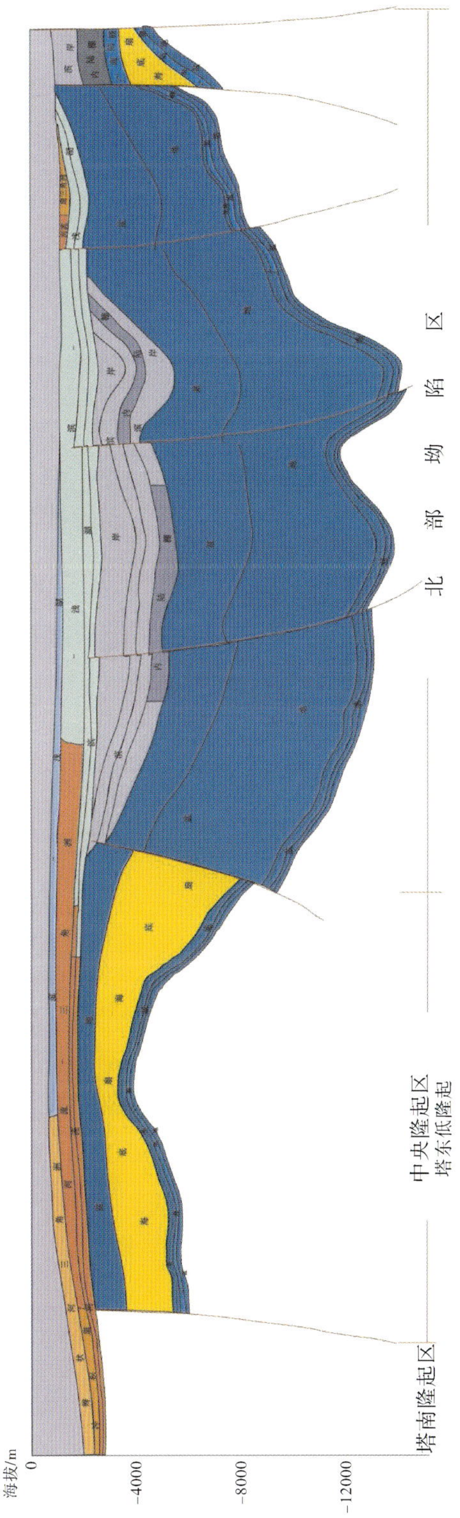

图5-56 塔里木盆地Z60地震剖面沉积体系对比图

5.2.6 Z80 地震剖面上沉积体系对比

塔里木盆地 Z80 地震剖面沉积体系对比表明（图 5-56），塔南隆起区（罗布庄隆起）-中央隆起区（塔东低隆起）-北部坳陷区，寒武纪—奥陶纪主要发育广海陆棚、海底扇和深海盆地沉积；志留纪—泥盆纪主要发育滨海和陆棚沉积；石炭纪—三叠纪沉积缺失；侏罗纪—古近纪主要发育冲积扇、河流、三角洲和湖泊沉积；新近纪至今主要发育河流沉积。其中，寒武纪至奥陶纪早期，主要发育广海陆棚和深海盆地沉积；奥陶纪中—晚期，形成一套巨厚的深海沉积，主要发育深海盆地，局部发育海底扇沉积；志留纪—泥盆纪仅北部坳陷区中部发育滨岸和内陆棚沉积；侏罗纪早期开始，主要发育冲积扇、河流、三角洲和湖泊沉积；古近纪至今，形成巨厚的冲积平原沉积。

5.3　不同构造演化阶段发育的沉积模式

5.3.1　克拉通与被动大陆边缘沉积阶段（Z-O）沉积模式

震旦纪早期，受塔里木运动的影响，在塔里木古陆块形成的克拉通上，发育了塔南、塔北两个古隆起，中部为克拉通内部坳陷；西南部发育克拉通边缘坳陷、被动克拉通边缘原型盆地，向西南为古昆仑洋盆；受北东-南西向拉张应力作用，东部发育了受张性断裂限制的库满坳拉槽原型盆地。总体地形西高东低，自中西部的浅海或潮坪沉积环境以台缘斜坡向陆架及大陆斜坡过渡。其中中部克拉通内坳陷主要表现为以潮坪-陆棚的陆源碎屑沉积，塔北隆起则表现为三角洲-陆棚的陆源碎屑沉积（图 5-57）。

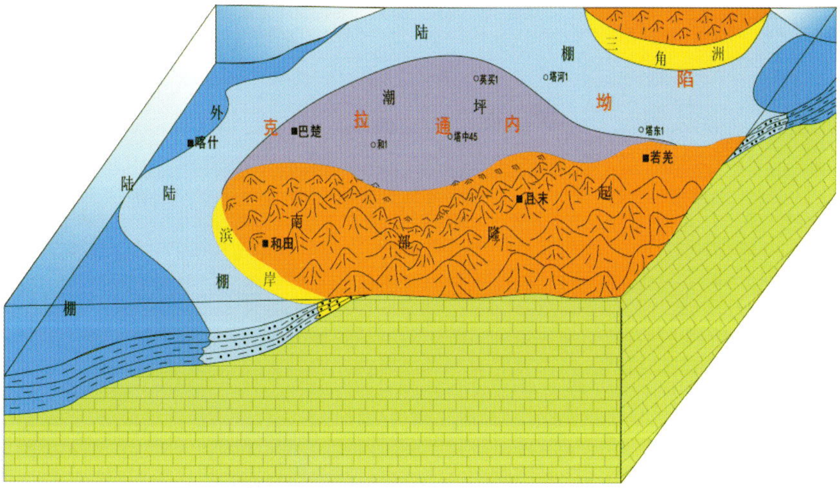

图 5-57　克拉通与被动大陆边缘沉积阶段（Z）沉积模式

早寒武世由于北天山洋、南天山洋持续稳定拉张，中部克拉通内坳陷日趋稳定，逐渐由陆源碎屑沉积转变为碳酸盐岩沉积，塔里木古克拉通东部库满坳拉槽处于深水的陆棚-盆地沉积，西南部自早古生代初期，既有沿着中昆仑向南俯冲的昆仑洋的消减，但未对塔里木克拉通构成动力机制的改变，塔里木克拉通西南部主要表现为以克拉通被动边缘所发育的斜坡-陆棚-盆地沉积。由于构造活动减弱，直至中晚奥陶世，盆地沉积格局未发生实质性的改变，只是由于库满坳拉槽的逐步充填，其斜坡相带的位置有所变化（图 5-58）。

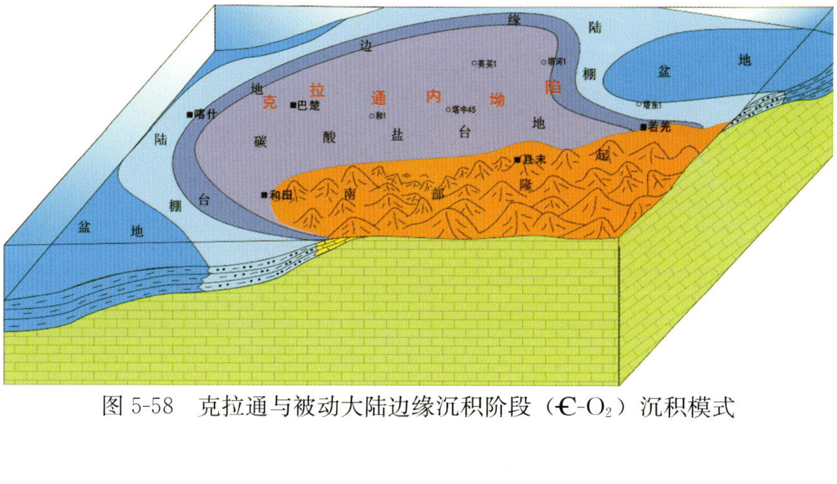

图 5-58　克拉通与被动大陆边缘沉积阶段（ϵ-O_2）沉积模式

在晚奥陶世，受早期加里东运动Ⅲ幕的影响，北天山洋开始向北俯冲，盆地断块差异活动加强，上升断块形成水下隆起，塔里木盆地原有的沉积格局有着较大的变化，原有的中西部地区为一个碳酸盐台地的沉积格局转变为塔中、塔北两个碳酸盐台地的沉积格局。其中盆地中西部地区与塔北地区分别表现为台地-台缘-陆棚的沉积格局，盆地东部和西部地区则以陆棚-盆地沉积为主，在东部库满坳拉槽发育有海底扇沉积（图5-59）。

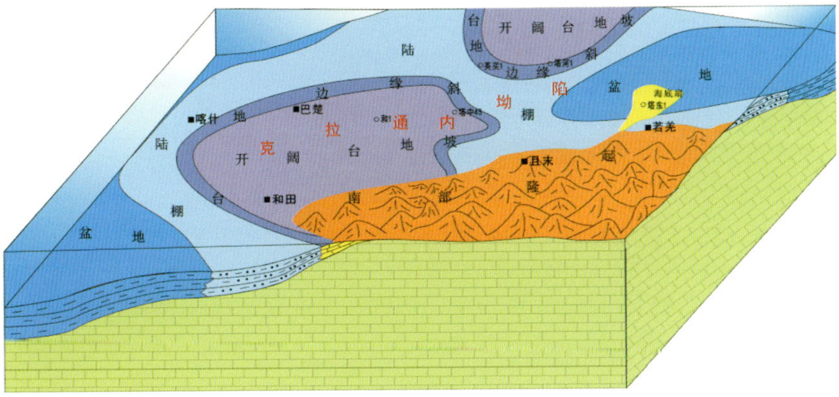

图 5-59　克拉通与被动大陆边缘沉积阶段（O_3）沉积模式

5.3.2　克拉通内坳陷阶段（S-D_{1+2}）发育的沉积模式

志留纪—中泥盆世塔里木地块处于南压北张的构造环境，盆地中心为克拉通内坳陷，盆地西南缘为前陆盆地。该时期以海相碎屑岩沉积为特征，形成东西向展布、南北对称的相带展布特征。海水由盆地东西向侵入，盆地北部和南部分别为塔北隆起和南部隆起，为该时期的物源区，靠近陆源区为滨岸和潮坪沉积，往深水区为内陆棚和外陆棚沉积（图 5-60）。

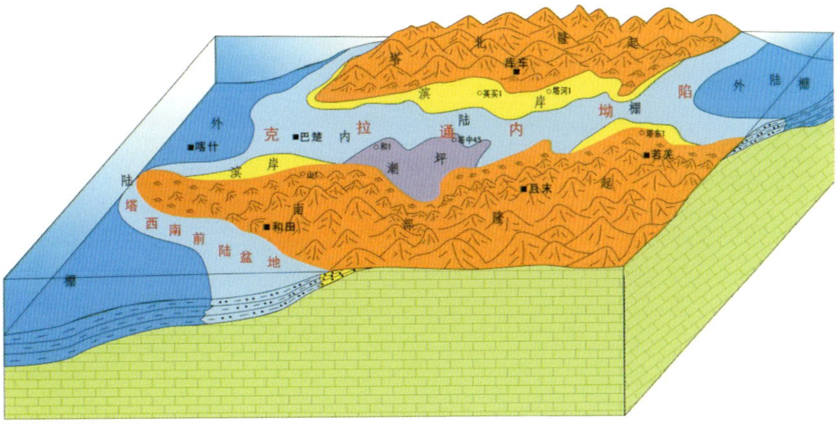

图 5-60　克拉通内坳陷阶段（S-D_{1+2}）沉积模式

5.3.3　克拉通周缘坳陷，克拉通内裂陷阶段（D_3-P）发育的沉积模式

晚泥盆世—石炭纪为北压南张的构造环境，整个塔里木板块呈隆升状态，南北缘隆升区进一步扩大，东部地区继续隆升，使得塔北隆起和南部隆起连为一片，遭受不同程度的剥蚀和夷平化作用，构成陆缘剥蚀区。

1）克拉通周缘坳陷，克拉通内裂陷沉积阶段（D_3）发育的沉积模式

该时期为一套典型的海相碎屑岩沉积，以发育无障壁的滨岸沉积为特征，海水由盆地西部或西南部侵

入，总体表现为西低东高的地貌格局，东河塘组沉积自西而东超覆。沿着物源区具有后滨-临滨-内陆棚-外陆棚的沉积相带展布特征（图 5-61）。

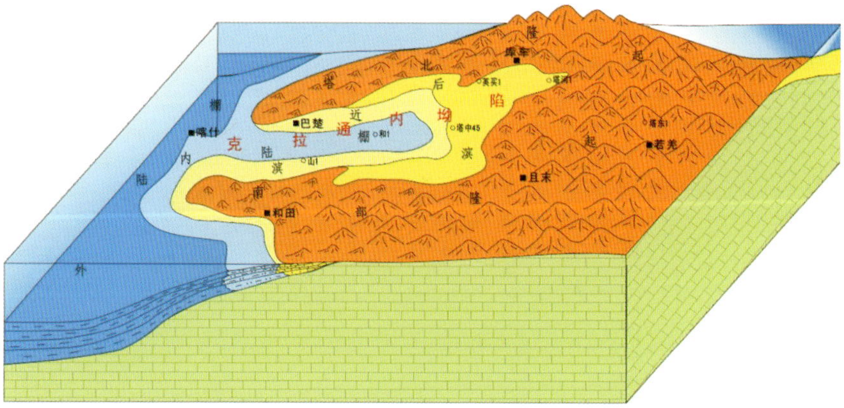

图 5-61　克拉通周缘坳陷，克拉通内裂陷沉积阶段（D_3）沉积体系类型及特征

2）克拉通周缘坳陷，克拉通内裂陷沉积阶段（C-P）发育的沉积模式

该时期海侵进一步加大，沉积范围最广，塔东-塔北地区上升为陆，使盆地成为向西南倾斜、向西南开口的海盆。盆地内沉积区为一稳定坳陷盆地。主要为一套海陆交互相的碳酸盐岩和碎屑岩沉积，沉积了巨厚的滨海相石英砂岩，东侧为草湖凹陷，以潮坪，潟湖相砂、泥岩为主。总体来看，西南部为和田河低隆，盆地中部为克拉通内伸展坳陷盆地，主要为一套台地边缘和开阔台地相沉积，沉积中心位于柯克亚-喀什一带（图5-62）。

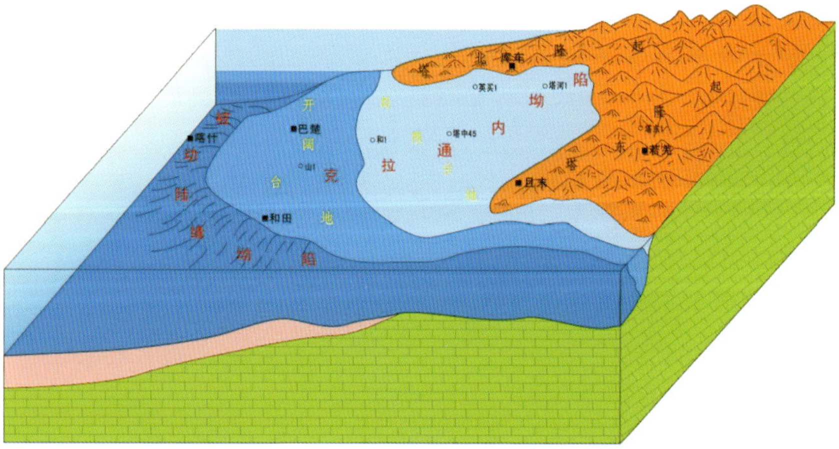

图 5-62　克拉通周缘坳陷，克拉通内裂陷沉积阶段（C-P）沉积体系类型及特征

5.3.4　前陆盆地沉积阶段（T）发育的沉积模式

中生代是塔里木进入内陆盆地的发展时期。由于海西运动的影响，南北褶皱山系崛起，山前边缘断裂迅速发展，在山前地带形成小型的断陷、坳陷盆地。

三叠纪，塔里木广大地区呈剥蚀状态，仅在库车坳陷、阿瓦提-满加尔、塔东南和塔西南山前地带发育三叠纪的沉积。受古地理条件的影响，这些沉积区的物源方向有较大差异，库车坳陷沉积物主要来自南天山蚀源区，阿瓦提-满加尔坳陷沉积物来自巴楚及库鲁克塔格隆起蚀源区，塔西南坳陷沉积物主要来自昆仑山蚀源区，塔东南坳陷沉积物主要来自阿尔金山蚀源区。沉积相展布从坳陷边缘向中心依次为：冲积扇、扇三角洲相-河流、辫状河三角洲相-滨浅湖-半深湖相（图 5-63）。

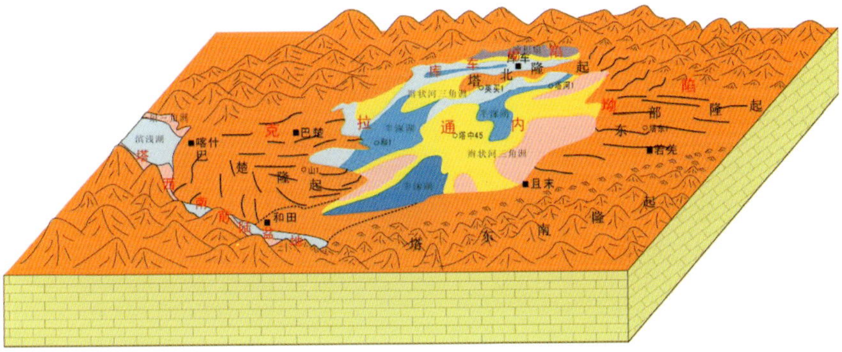

图 5-63　前陆盆地沉积阶段（T）沉积体系类型及特征

5.3.5　断陷-坳陷沉积阶段（J-E）发育的沉积模式

1）断陷-坳陷沉积阶段（J）发育的沉积模式

塔里木盆地侏罗纪沉积是在晚三叠世沉积的基础上发展起来。盆地内仍以大陆性质的各种沉积为特征，主要沉积区是在盆地边缘的断陷和坳陷区内，具有环带状分布特征（图 5-64）。

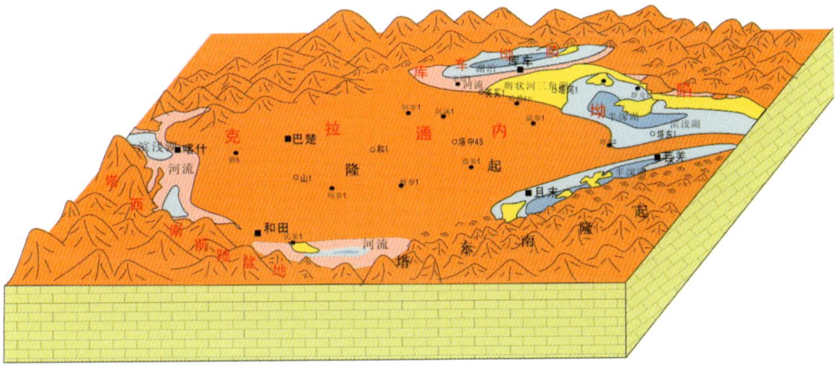

图 5-64　断陷-坳陷沉积阶段（J）发育的沉积模式

受构造抬升、沉积遭受剥蚀的影响，塔中和巴楚地区大面积缺失侏罗系沉积。

仅盆地东部广泛分布滨前湖区，并与库车坳陷湖区相连，成为侏罗纪时期沉积面积最大的沉积区。库车坳陷湖泊向东南方向发展，北缘由于河流携带大量陆源物质，形成了河湖三角洲。以拜城为中心的湖体出现半深湖区，广泛沉积了灰黑色的泥页岩，是有利的油气形成时期。塔东南和塔西南发育的淡水湖泊直到晚侏罗世而消亡。

2）断陷-坳陷沉积阶段（K_1）发育的沉积模式

早白垩世时，由于西南地区构造沉降，在盆地东西部形成两个独立的沉积环境，在盆地东部，盆地周缘包括盆地北部南天山山前的库车坳陷北缘、盆地东缘、东南缘以及本周隆起东部发育冲积扇-扇三角洲体系，向盆地内部逐渐过渡为河流沉积，当进入湖盆水体后形成湖泊三角洲沉积，中心为湖泊沉积（图 5-65）。

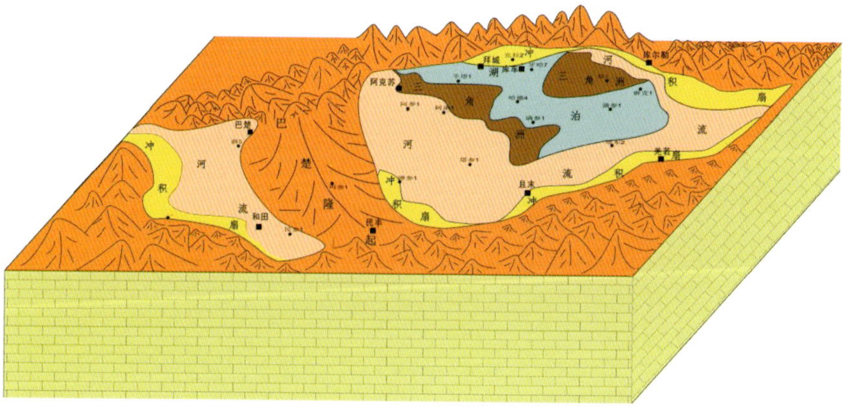

图 5-65　前陆盆地沉积阶段（K_1）沉积体系类型及特征

3）断陷-坳陷沉积阶段（K_2-E）发育的沉积模式

白垩世—古近系时期，海水从塔里木盆地西部侵入，在塔西南发育碳酸盐台地，沉积体系类型主要为潟湖-潮坪，局部发育碳酸盐碎屑滩或礁沉积。此时西南隆起面积缩小，盆地南部已经连通，塔东南边缘以及北部库车坳陷北缘有冲积扇及冲积扇-扇三角洲发育，南部向湖盆过渡为河流沉积，而在隆起边缘发育扇三角洲-河流-三角洲沉积。在库车坳陷中部前渊带发育咸化湖泊沉积（图 5-66）。

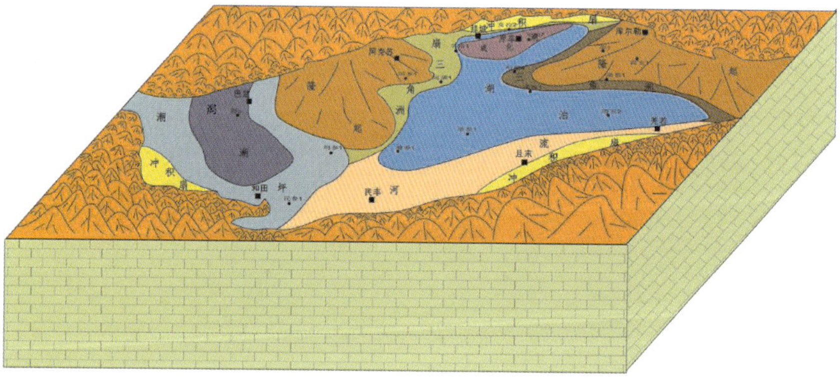

图 5-66　前陆盆地沉积阶段（K_2-E）沉积体系类型及特征

5.3.6　复合前陆沉积阶段（N）发育的沉积模式

新近纪时，塔里木盆地形成统一的大型沉积盆地，在天山和昆仑山山前地带形成冲积扇-扇三角洲沉积，向盆地内沉积环境变为河流三角洲沉积，库车坳陷仍发育咸化湖泊沉积。盆地其余部分为大面积湖泊沉积（图 5-67）。

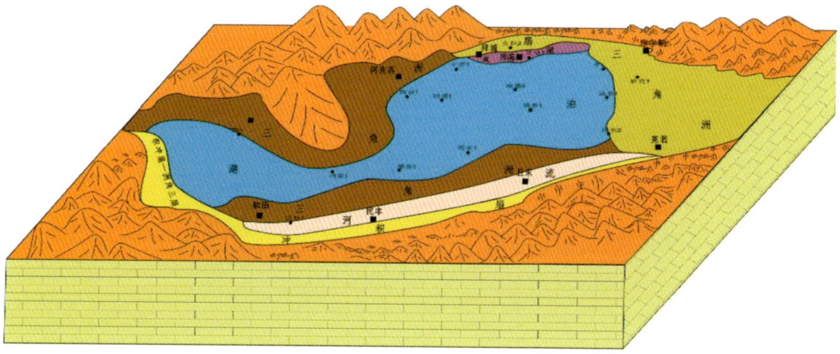

图 5-67　前陆盆地沉积阶段（N）沉积体系类型及特征

5.4　本章小结

（1）对塔里木盆地震旦纪—新近纪不同构造演化阶段沉积体系类型及特征进行了详细研究。

（2）分阶段深入分析了沉积体系演化特征。震旦纪—奥陶纪克拉通与被动大陆边缘盆地阶段主要以碳酸盐台地-台地边缘-盆地沉积充填为特征；志留纪—中泥盆世为克拉通内坳陷阶段，主体以海相碎屑岩沉积为特征，发育有障壁海岸-陆棚和无障壁海岸-陆棚沉积体系；晚泥盆世—二叠纪的克拉通周缘坳陷、内裂陷阶段以无障壁海岸-陆棚、碳酸盐台地-台缘-斜坡、河流-三角洲-泻湖沉积为特征；三叠纪沉积期为前陆盆地沉积阶段，主体发育河流、三角洲和湖泊沉积；侏罗纪—古近纪断陷-坳陷盆地阶段以发育冲积扇、扇三角洲、河流、三角洲和湖泊等陆相沉积为特征；新近纪为复合前陆盆地阶段，主要发育河流、三角洲、扇三角洲和湖泊沉积。

（3）根据不同时期发育的沉积特征，建立了塔里木盆地震旦纪—新近纪不同构造演化阶段发育的沉积模式。

第 6 章　不同构造演化阶段层序地层特征研究

6.1　关键层序界面的四位一体响应特征

塔里木盆地主要经历了塔里木、加里东、海西、印支、燕山和喜山六大构造运动，相应地引起了海平面的大规模相对升降变化，形成了一系列重大的层序界面，是研究大尺度层序划分的关键。下面就塔里木盆地震旦系—新近系发育的 13 个关键层序界面分述如下。

6.1.1　震旦系/前震旦系层序界面（T_d）的四位一体响应特征

该界面代表了塔里木运动形成的不整合面，该运动发生于前震旦纪末，为一次较强烈的造山运动，是一个Ⅰ级不整合面。界面下伏南华系尤尔美那克组红色冰川混积岩（柯坪）、特瑞爱肯组灰绿色冰碛砾岩（库鲁克塔格）或青白口系变质结晶基底（和 4 井、塔参 1 井等），其上为震旦系苏盖特布拉克组砂岩夹粉砂岩（柯坪）、扎摩克提组砂岩与粉砂岩互层（库鲁克塔格），为岩性岩相突变面（图 6-1）。在孔雀河、哈尔克山等地地层缺失，时间间断为 30～20Ma。在地震剖面上，为地震界面 T_d，表现为低频弱振幅断续特征，具有明显的上超现象，与基底呈角度不整合接触。

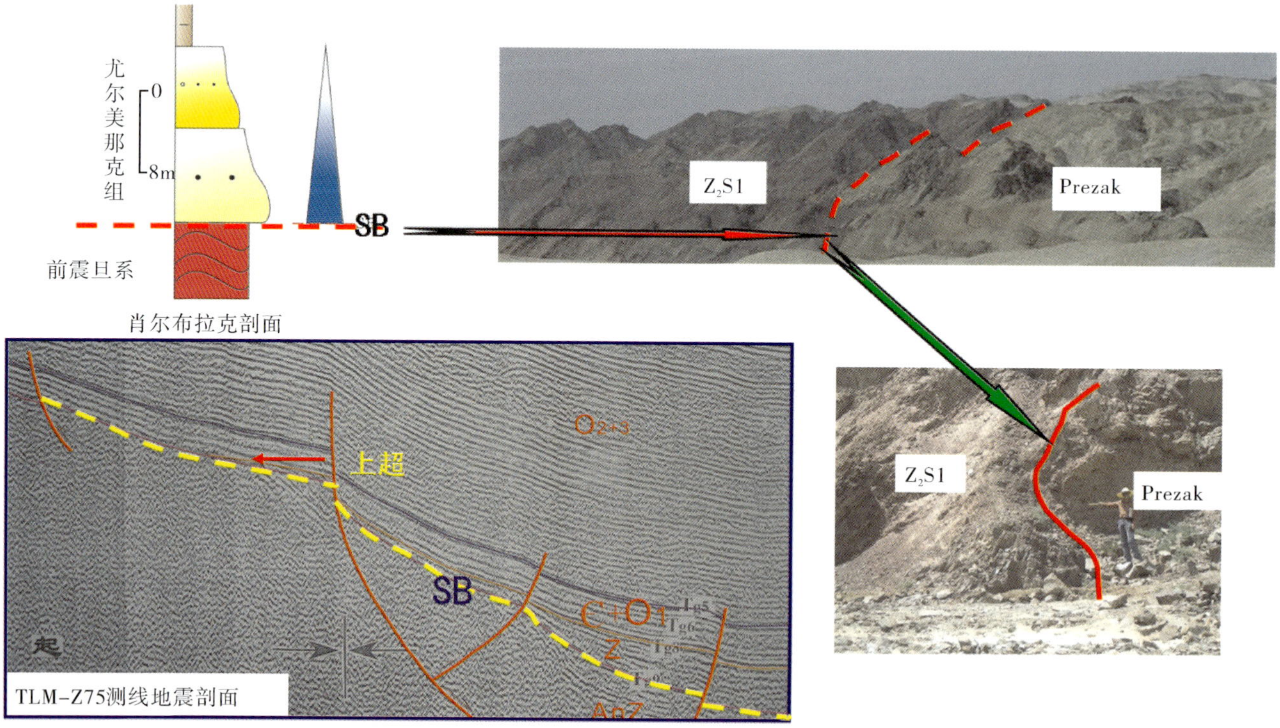

图 6-1　震旦系/前震旦系之间的层序界面四位一体响应特征

6.1.2　寒武系/震旦系层序界面（T_9^0）的四位一体响应特征

该界面下伏震旦系上统奇格布拉克组古岩溶发育厚层白云岩（柯坪）、汉格尔乔克组混积岩或巨砾冰成砾岩（库鲁克塔格），其上为寒武系下统玉尔吐斯组深灰色泥岩（柯坪）或硅藻岩（和4井）、西山布拉克组黑色硅质岩（库鲁克塔格），为岩性岩相突变面。该界面测井曲线较易识别，GR在界面之上较界面之下呈低值，且界面之下呈微齿状，界面之上呈尖齿状，电阻率在界面上下均为微齿状，界面之上较界面之下呈高值。在地震剖面上，该层序界面（T_9^0）与其下伏地震反射层在大部分地区呈角度不整合接触，局部地区可见削截、顶超特征（图6-2），界面之上可识别出上超尖灭，说明有侵蚀作用和沉积间断发育，是一个Ⅰ级不整合面。

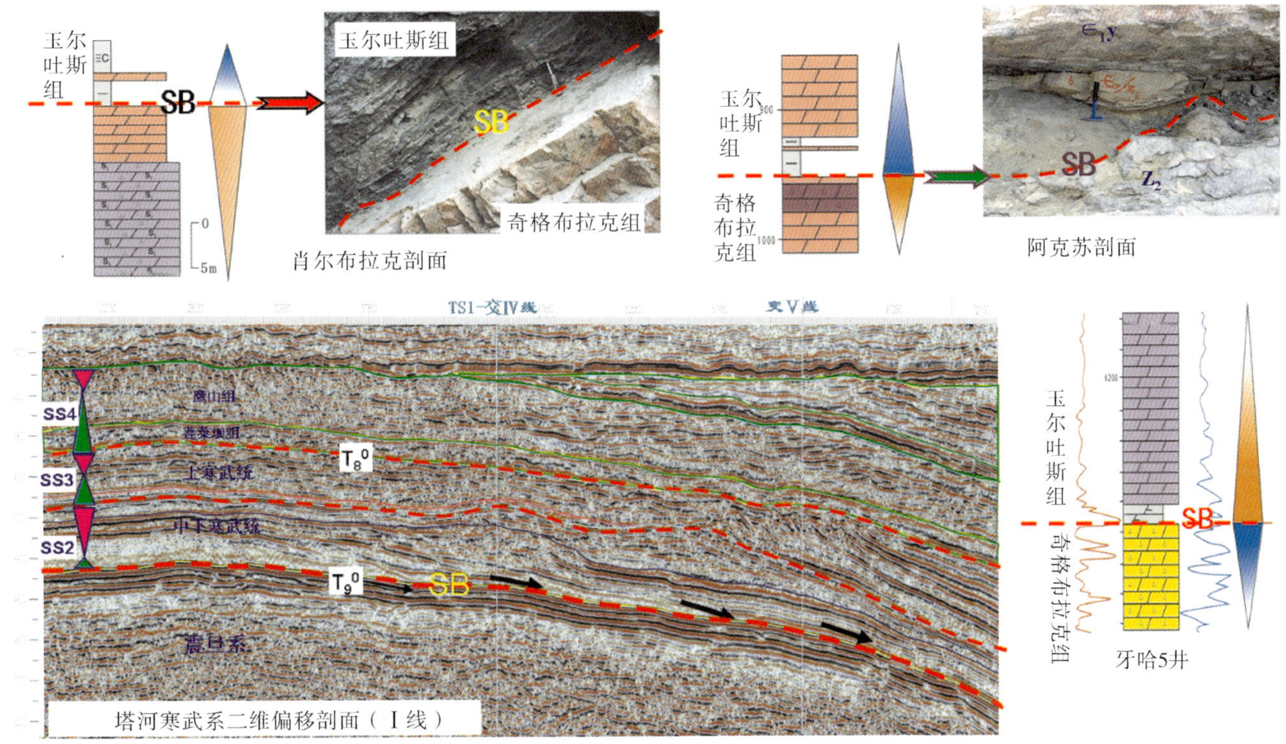

图6-2 寒武系/震旦系之间的层序界面四位一体响应特征

6.1.3 中上寒武统层序界面（T_8^1）的四位一体响应特征

该层序界面在柯坪露头区，有上寒武统下丘里塔格组灰色、深灰色含燧石团或条带粉晶白云岩、细晶白云岩，与下伏阿瓦塔格组顶部发育的微晶砂屑白云岩接触，两者之间呈整合或平行不整合接触，其间发育有受溶蚀作用的孔洞，为一古喀斯特作用面。在巴楚、塔中地区钻井中，上寒武统与中下寒武统之间为一岩性、岩相转换面，表现为中下寒武统中厚层灰色白云岩、灰色白云质膏岩和膏质白云（泥）岩，至上寒武统演化为巨厚层的浅灰、深灰、褐灰色白云岩，呈连续过渡，岩性变化表现为紫红色泥质白云岩的逐渐消失并转为大套白云岩的叠置序列，为一岩性、岩相转换界面。在地震剖面上，塔北地区可见到中寒武统顶部顶超、前积现象，代表着沉积间断面的发育（图6-3）；塔中和巴楚地区，中寒武统膏泥岩受构造挤压作用而塑性变形，形成特征明显的盐拱，其强振幅、强连续性的反射特征，明显有别于上覆的上寒武统反射，是一个Ⅱ级不整合面。

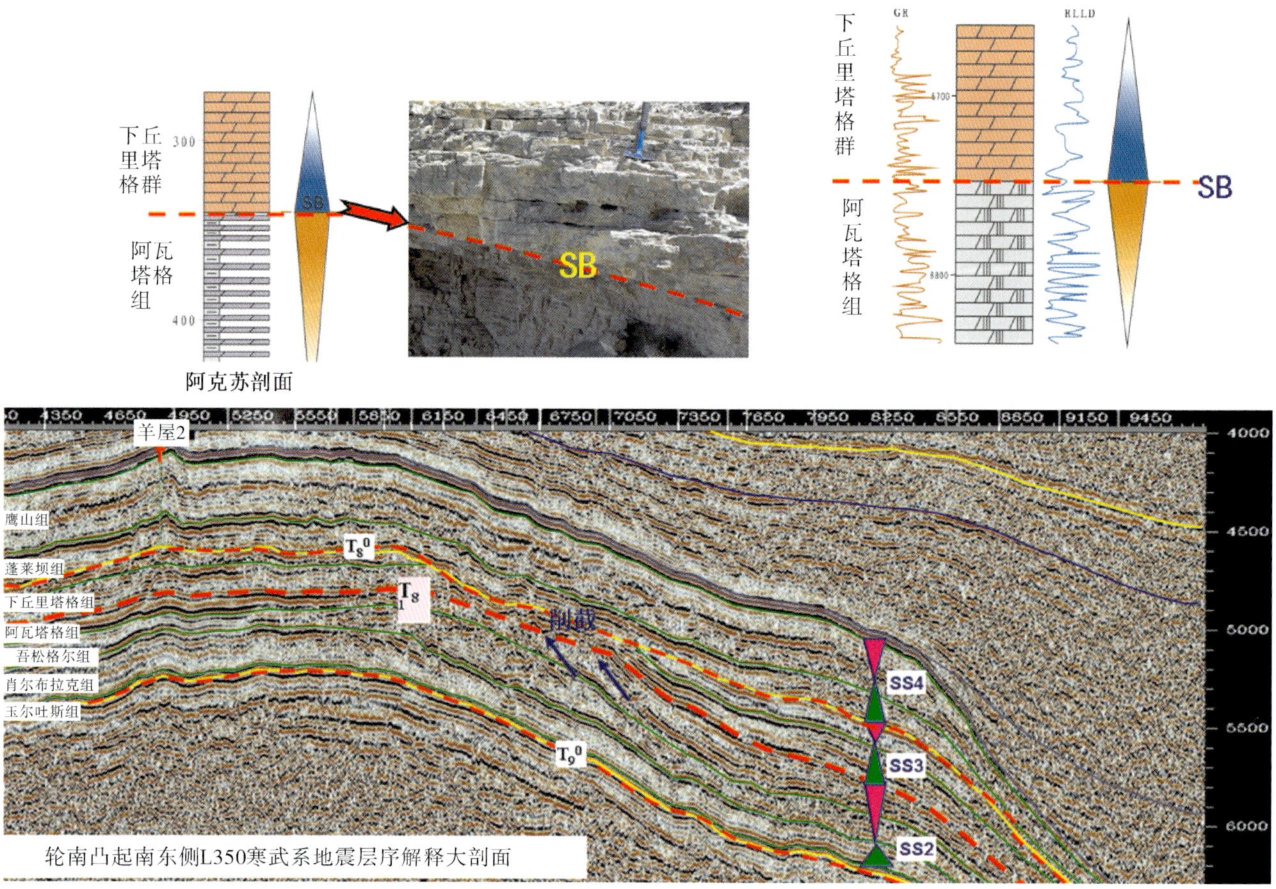

图 6-3　中、上寒武统之间的层序界面四位一体响应特征

6.1.4　寒武系/奥陶系层序界面（T_8^0）的四位一体响应特征

在野外剖面上，上寒武统下丘里塔格组与上覆下奥陶统蓬莱坝组之间为古喀斯特作用面和岩性岩相转换面，下丘里塔格组顶部见受溶蚀作用而成的粉红色方解石包壳，代表地层暴露受溶蚀而成，为一喀斯特作用面。在钻井中（中 4 井），下奥陶统与上寒武统之间的界面表现为古喀斯特作用面或岩性、岩相转换面，上下均为巨厚层的浅灰色、褐灰色白云岩，但下奥陶统白云岩中泥质和灰质成分高，且白云岩中见溶蚀孔洞。在地震剖面上，下奥陶统与上寒武统之间反射面貌差异较大，前者具较强的不稳定的反射特点，与上寒武统弱反射面貌区别开来，两者间的分界面明显，并且在全盆地范围内可追踪对比，寒武系顶部顶超、前积特征明显，代表寒武系顶部存在地层暴露、沉积间断等地质作用，是一个Ⅱ级不整合面（图6-4）。

6.1.5　中奥陶统/上奥陶统层序界面（T_7^4）的四位一体响应特征

在柯坪露头剖面中，该界面为一岩性、岩相转换面，界面之下为泥质微晶灰岩，界面之上为粉砂质泥岩。在库鲁克塔格地区露头剖面中，下奥陶统却尔却克组为一套深灰色中-厚层状含砾粗粒砂岩、粗-中粒砂岩、灰质泥岩韵律层，于下伏卷古勒塔格组深海相放射虫硅质岩及页岩之上，其间未见明显的沉积间断，为一岩性、岩相转换面。在钻井上，该界面主要表现为岩性、岩相转换面或古喀斯特作用面。如古隆1 井恰尔巴克组紫红色泥灰岩与一间房组泥晶灰岩直接接触，一间房组泥晶灰岩见溶蚀孔洞，表明其为一岩性、岩相转换面和古喀斯特作用面；在塔参 1 井则表现为良里塔格组与一间房组直接接触，其间缺失恰尔巴克组，两者之间为古喀斯特作用面。在塔中地区，表现为良里塔格组直接与鹰山组平行不整合接触，缺失恰尔巴克组，表明其受构造作用，长期隆起缺失，其间为一古喀斯特作用面。在地震剖面上，该界面表现为一个巨大的上超不整合，与下伏中下奥陶统呈不整合接触，是一个Ⅱ级不整合面（图 6-5）。

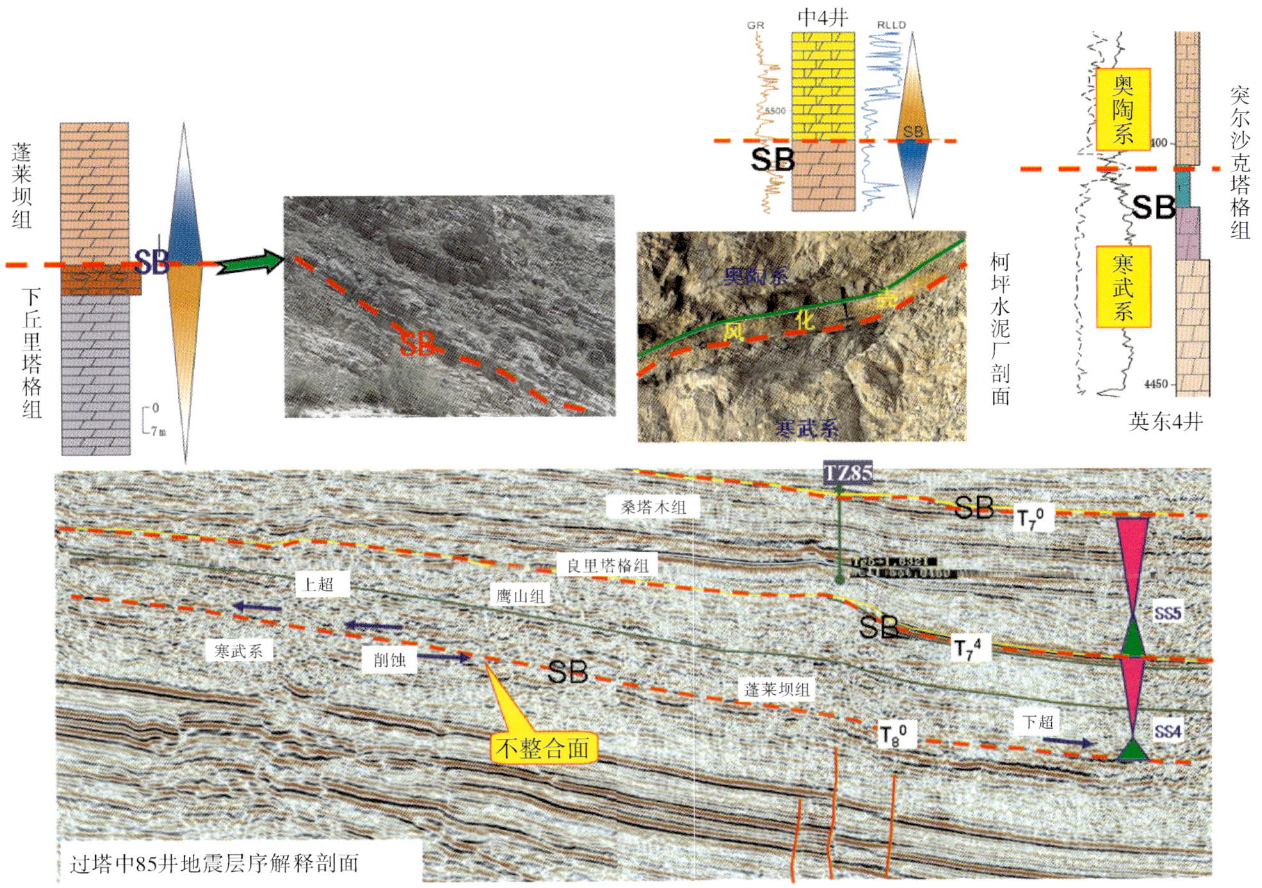

图 6-4　寒武系/奥陶系之间的层序界面四位一体响应特征

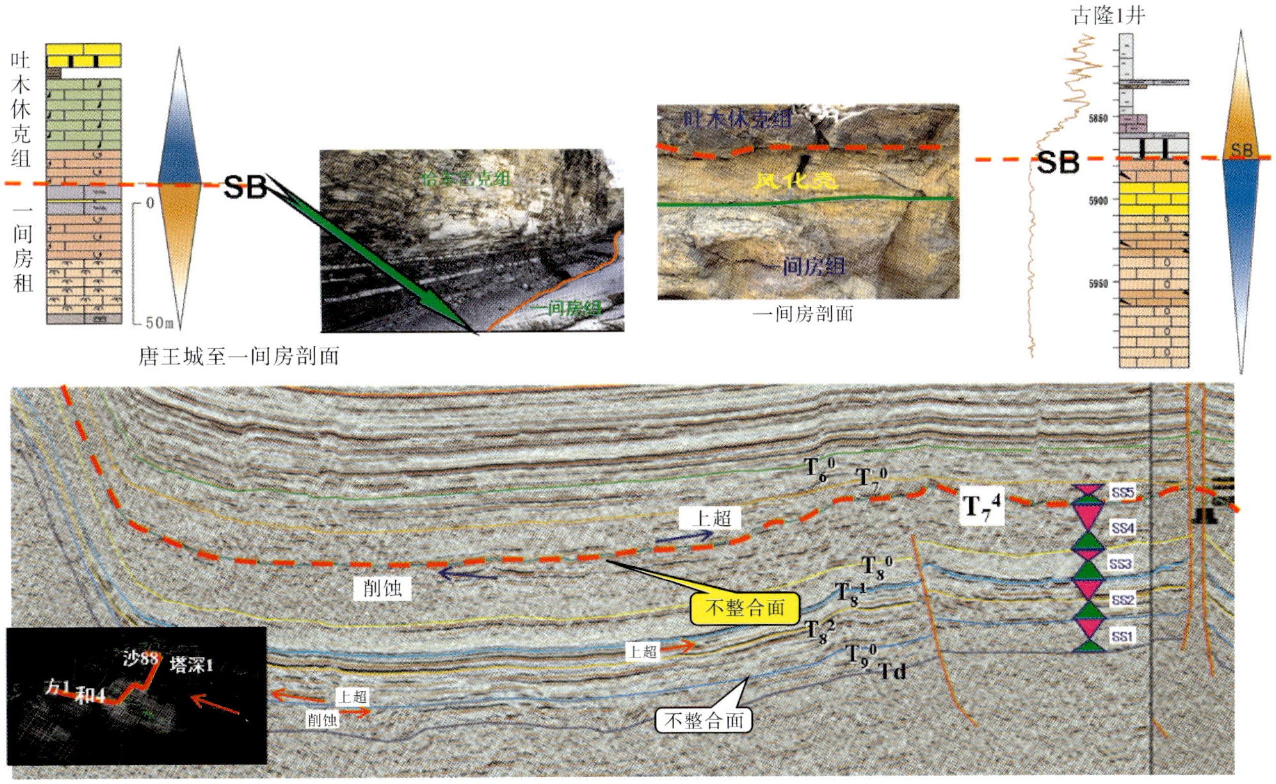

图 6-5　中下奥陶统/上奥陶统之间的层序界面四位一体响应特征

6.1.6　奥陶系/志留系层序界面（$T_7{}^0$）的四位一体响应特征

在塔北该界面表现为角度不整合，向塔里木地块内部逐步变为微角度不整合或假整合，至盆地的中心，过渡为整合接触。在唐王城—间房剖面印干组顶部见含铁铝土层，为一暴露面。在乌什县城南的喀拉铁克山北侧，表现为志留系砂砾岩直接微角度不整合于下奥陶统上丘里塔格组白云岩之上，两者之间呈微角度不整合或假整合接触，为一冲刷侵蚀面。在西柯坪塔格山的皮羌断裂南端，志留系底砾岩覆盖在下奥陶统丘里塔格组灰岩的剥蚀面上，期间缺失中上奥陶统及部分下奥陶统。在钻井上，中4井下志留统柯坪塔格组与下伏桑塔木组之间为整合接触，由膏盐层过渡为上覆的灰色泥质粉砂岩，伽马曲线亦具有明显的增大趋势，为一岩性、岩相转换面（图6-6）。

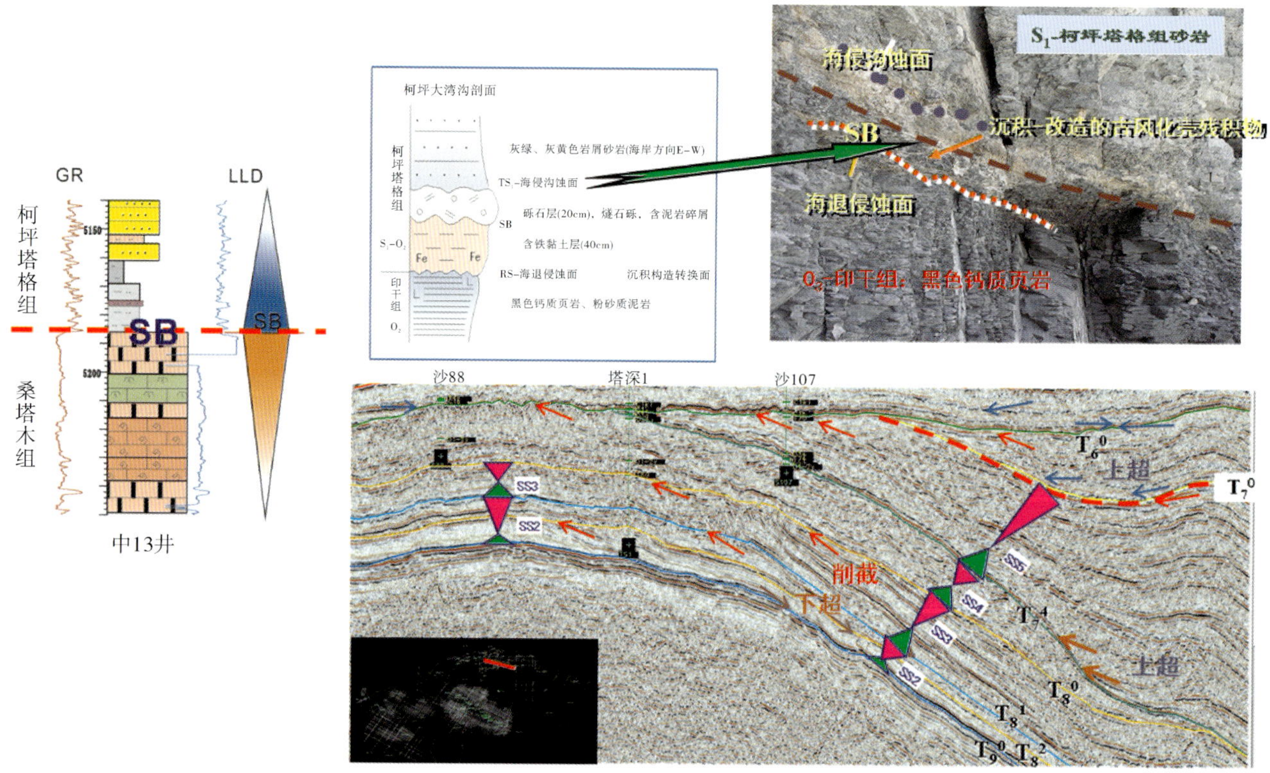

图6-6　志留系/上奥陶统之间的层序界面四位一体响应特征

6.1.7　上志留统/中志留统层序界面（$T_6{}^1$）的四位一体响应特征

在露头剖面上，该层序界面在铁热克阿瓦提剖面及巴楚小海子剖面上，均表现为紫红色含砾砂岩对下伏紫红色、棕红色粉砂岩及粉砂质泥岩和泥岩冲刷侵蚀，为一冲刷侵蚀面。在钻井上冲刷侵蚀作用明显，顺1井滨海相棕色中细粒砂岩对下伏泥岩、泥质粉砂岩冲刷侵蚀。在地震剖面上可见底部由盆地中部向南北两个方向上超减薄的趋势，在NS520剖面中，志留系顶部被削截，而泥盆系地层超覆其上（图6-7）。

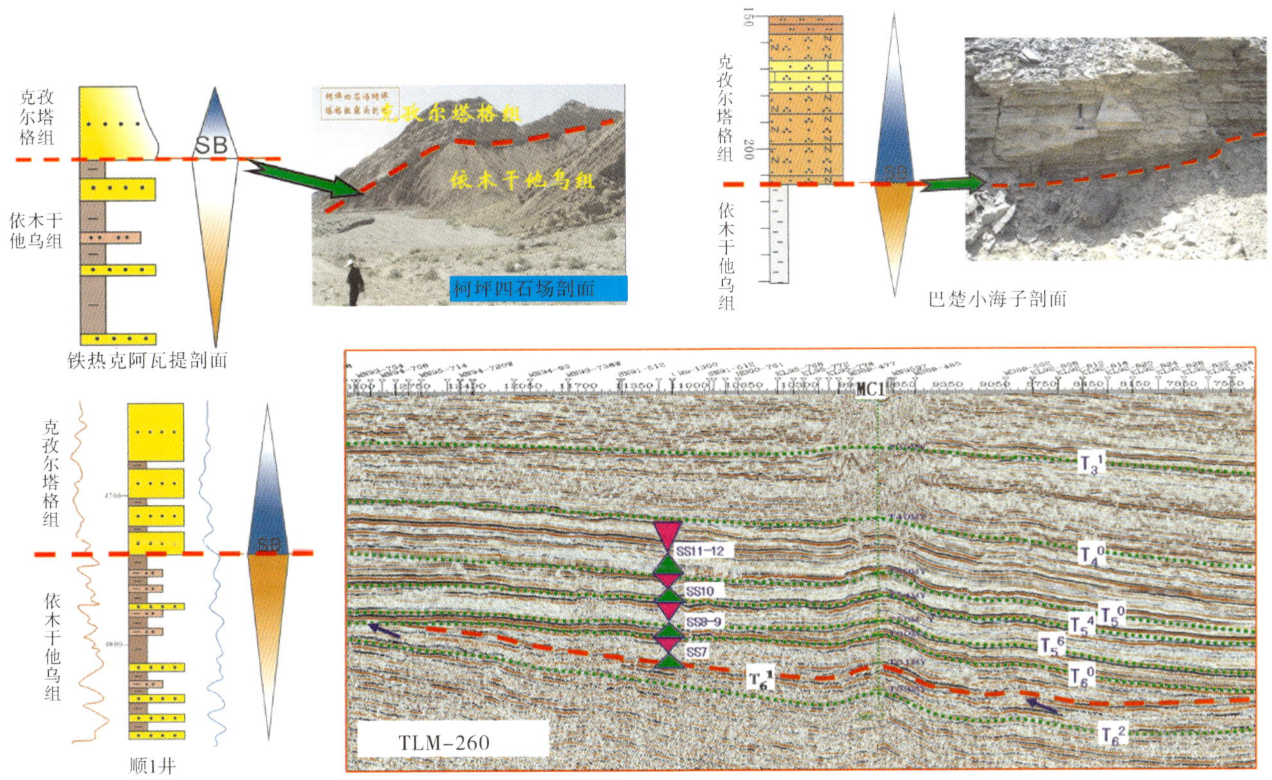

图 6-7　上、中志留统之间的层序界面四位一体响应特征

6.1.8　上泥盆统/中泥盆统层序界面（T_6^0）的四位一体响应特征

该界面在巴楚小海子剖面表现为上泥盆统东河塘组滨岸砂岩对下伏克孜尔塔格组泥质粉砂岩冲刷侵蚀，具明显的冲刷侵蚀现象。在阿克库勒凸起及其以北地区，缺失东河塘组，下石炭统巴楚组上段直接超覆在奥陶系、志留系之上。东河砂岩段与下伏不同时代的地层接触，即东河砂岩段在不同地区超覆在泥盆系克孜尔塔格组、塔塔埃尔塔格组、奥陶系良里塔格组、鹰山组等不同地层上，反映为典型的不整合接触关系。在柯坪隆起区四石厂一带，上石炭统四石厂组角度不整合于中下泥盆统依木干他乌组之上（海西运动）。在钻井上主要表现为东河塘组砂岩对下伏克孜尔塔格组棕褐色泥岩冲刷侵蚀，伽马曲线亦具有变小的趋势，并具有海侵上超特征。在地震剖面上，与下伏地层为一角度不整合，其角度不整合分布于塔北南坡、满加尔凹陷西侧、塔中，一直到西南坳陷的皮山一个马蹄形区带内。可见东河砂岩与泥盆系中下统地层之间的不整合接触，是一个重要的层序界面（图 6-8）。

6.1.9　三叠系/二叠系层序界面（T_5^0）的四位一体响应特征

该界面是海西晚期构造运动形成的 I 级层序不整合面，为中生界底界面。该界面表现为由冲积扇相的砂砾岩对下伏砂泥岩冲刷侵蚀，为一冲刷侵蚀界面。在钻井上表现为河道砂砾岩对下伏紫红色泥岩冲刷侵蚀，伽马曲线见明显的突变特征，亦为一冲刷侵蚀面（图 6-9）。在地震剖面上以微角度不整合于奥陶系、志留系、泥盆系、石炭系及二叠系不同时代地层的反射之上，表现为低角度楔状外形，具有南厚北薄的特点。反射层呈中高频连续强反射或复波，与下伏地层接触关系各地不同，在满加尔坳陷、塔北地区呈明显削截关系，塔中及北部坳陷呈低角度不整合接触。多条区域地震剖面均可见到二叠系顶部大范围的削截和区域性上超现象。T_5^0 界面地震反射表现为中-强振幅、中-弱连续反射。

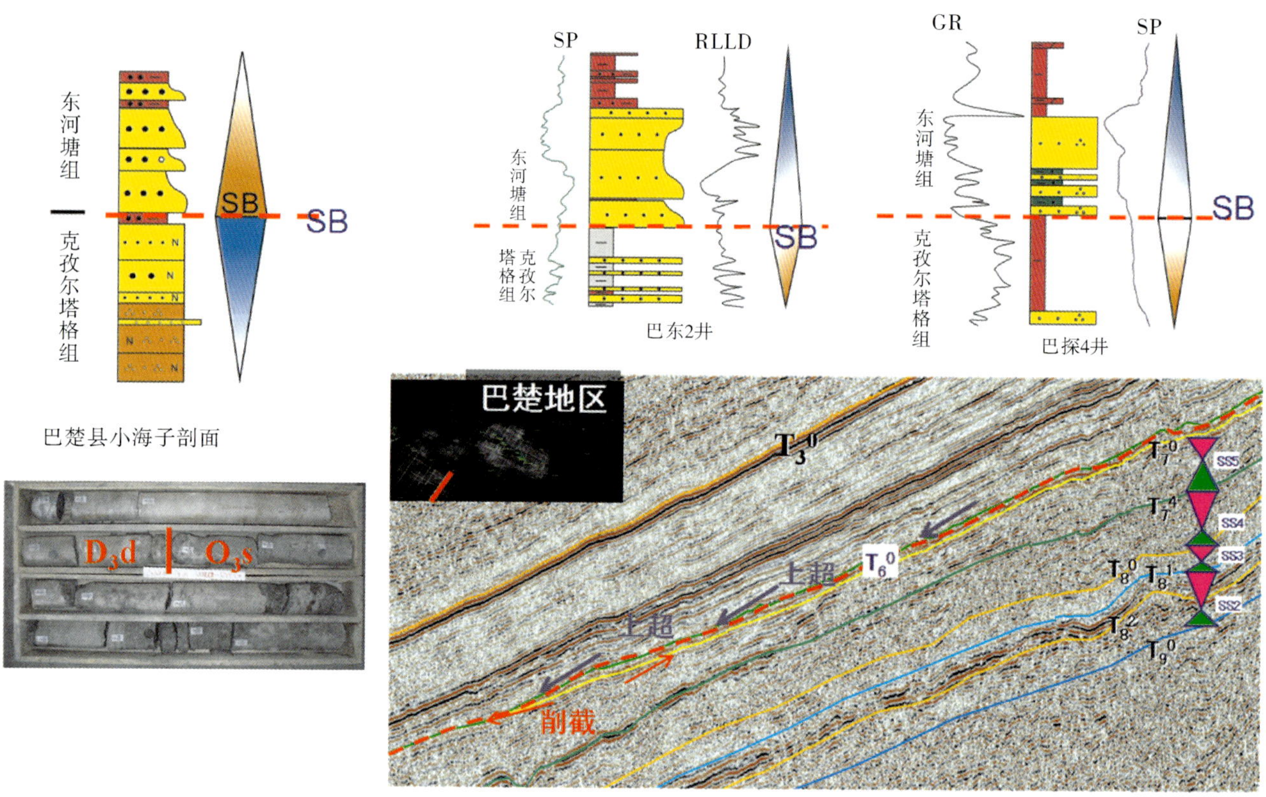

图 6-8　上、中泥盆统之间的界面四位一体响应特征

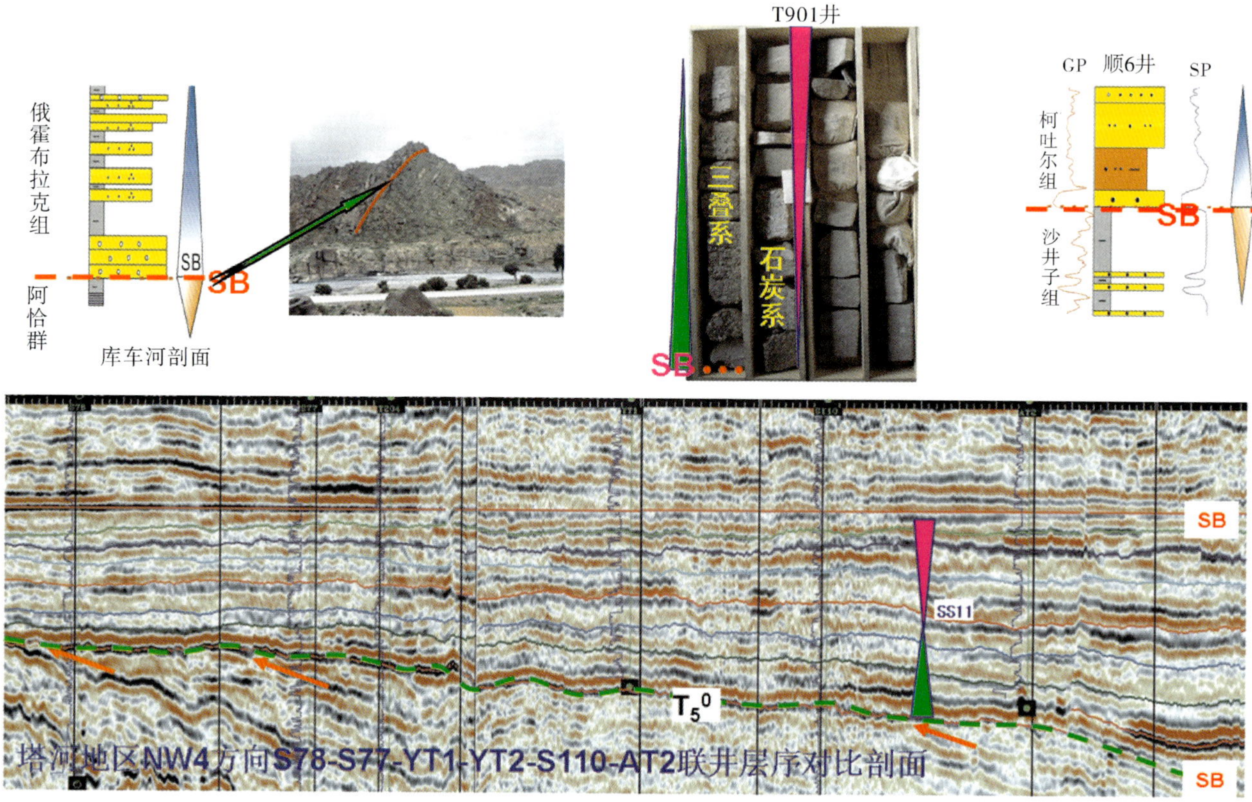

图 6-9　三叠系/二叠系之间的层序界面四位一体响应特征

6.1.10　侏罗系/三叠系层序界面（T_4^6）的四位一体响应特征

该层序界面在盆地库车河剖面上可见下侏罗统阿合组的砂砾岩覆盖在上三叠统塔里奇克组的黑色炭质页岩上，其间有明显的冲刷侵蚀现象，为一冲刷侵蚀面。在塔西坳陷乌恰县康苏镇北莎里塔什矿区，下侏罗统莎里塔什组与中泥盆统或元古界变质岩系不整合或断层接触，为一隆升侵蚀不整合面；在阿子岗沙勒剖面表现为上覆侏罗系砾岩对下伏二叠系泥岩冲刷侵蚀，呈角度不整合接触关系。在钻井上，牙哈 3 井角砾岩与寒武系白云岩呈角度不整合接触，其间为长时期的沉积间断，为一冲刷侵蚀面、古喀斯特作用面、不整合面（图 6-10）。在满加尔坳陷地震剖面上，该界面为 T_4^6 反射界面，表现出东部为上超、南部为削截特征，是一个区域性的不整合面。

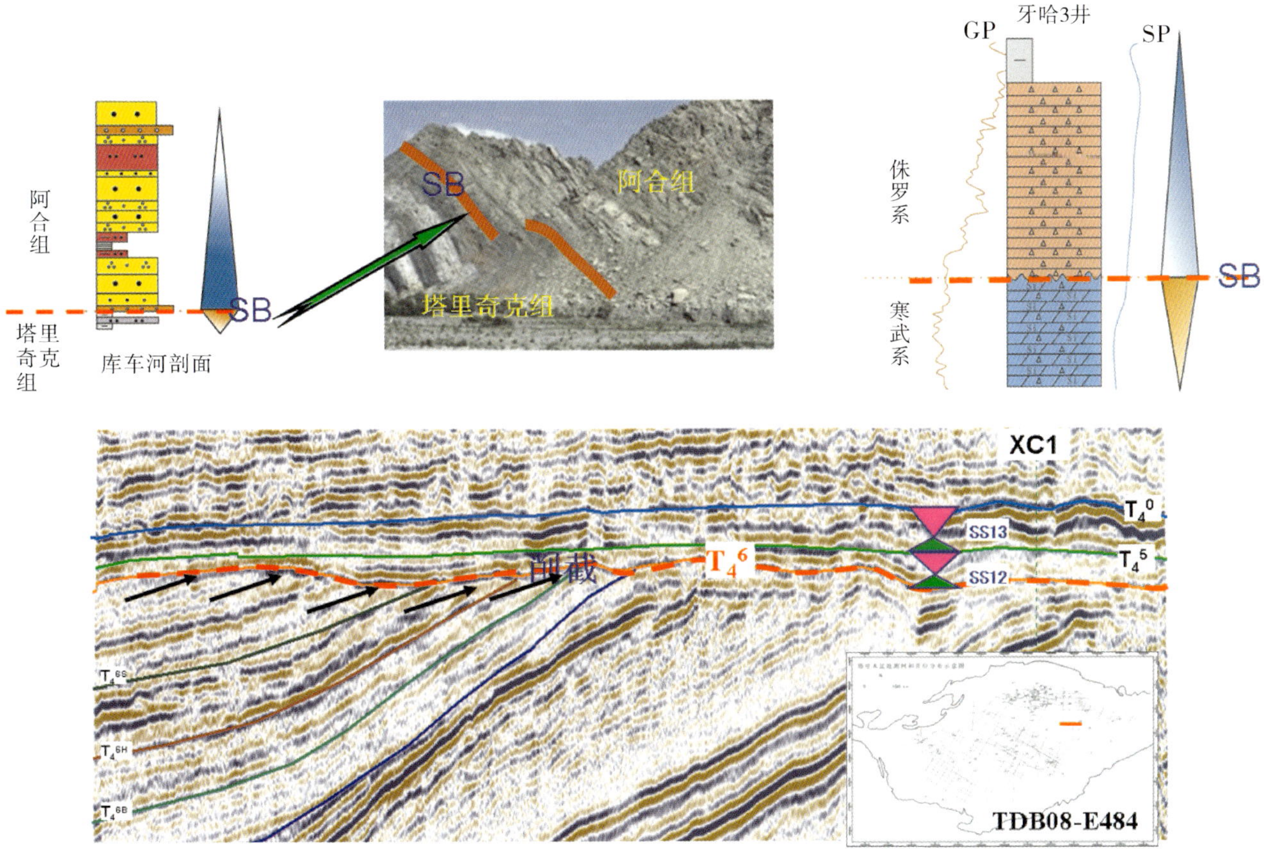

图 6-10　侏罗系/三叠系之间的层序界面四位一体响应特征

6.1.11　白垩系/侏罗系层序界面（T_4^0）的四位一体响应特征

在库车河克孜勒努尔剖面上，表现为扇根主河道厚层块状砾岩对下伏侏罗系喀拉扎组中细粒砂岩冲刷侵蚀，其间为一冲刷侵蚀界面。在钻井中，轮南 3 井白垩系与下伏侏罗系杨叶组之间为不整合面，牙哈 5 井白垩系直接不整合于寒武系之上。在地震剖面上，层序界面表现为削截反射特征，为一局部不整合面。该不整合面在大多数地区表现为平行不整合，在盆地的周边地区表现为角度不整合（图 6-11）。

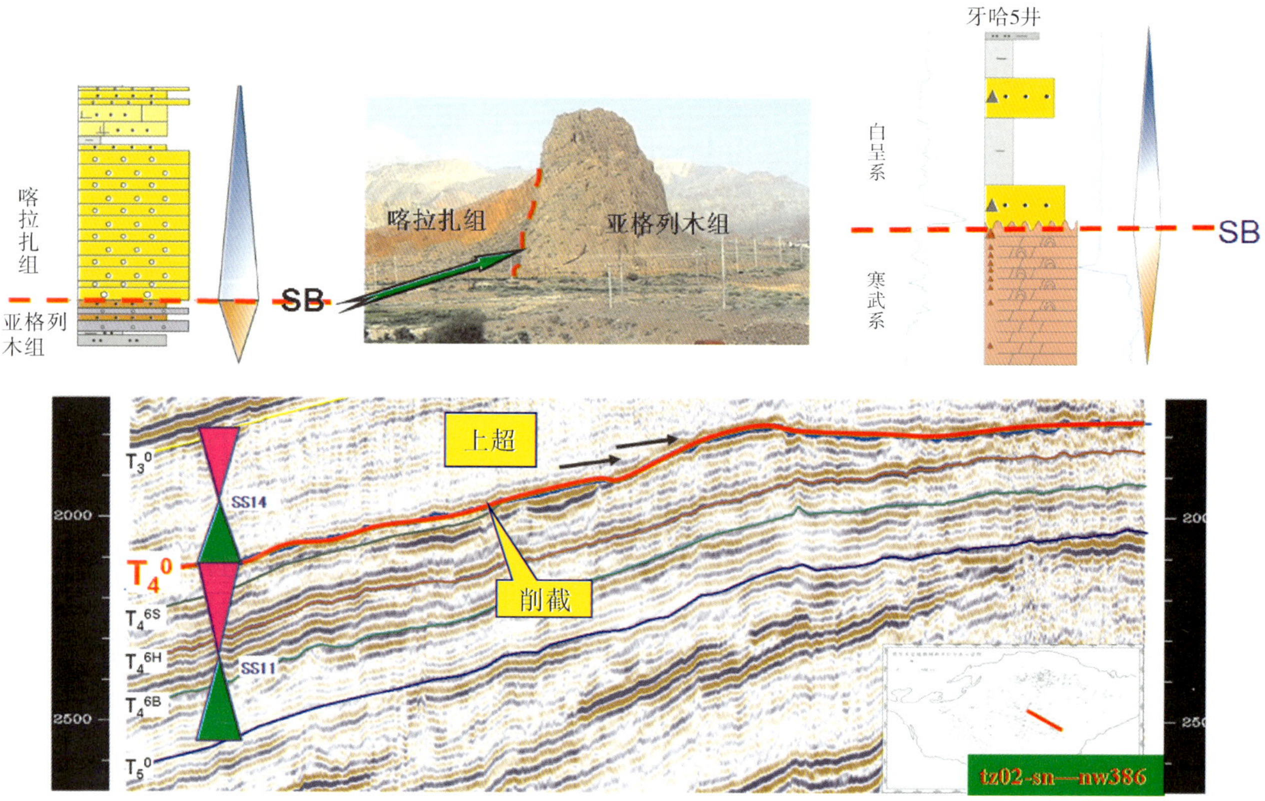

图 6-11　白垩系/侏罗系之间的层序界面四位一体响应特征

6.1.12　古近系/白垩系层序界面（T_3^0）的四位一体响应特征

该层序界面在克孜勒努尔沟剖面上表现为库姆格列木组砂砾岩对下伏巴什基奇克组泥质粉砂岩冲刷侵蚀，牙哈剖面上亦具有典型的河道冲刷现象（图 6-12）。在塔北地区以及盆地的腹部，测井曲线上 GR、SP 和电阻率曲线呈箱形；在界面之下为古城组的砂泥岩互层，SP、GR 曲线呈中-低幅齿状，AC 曲线在界面处幅值发生突变。在盆地周缘和塔中隆起部分地区，由于抬升剥蚀，界面上、下地层部分缺失，在测井曲线上也表现为基值的突变。在地震剖面上与下伏反射层位之间呈明显的角度不整合关系，具明显的下剥上超反射特征，是燕山末期构造运动的反映。

6.1.13　新近系/古近系层序界面（T_2^2）的四位一体响应特征

该界面之下为棕色厚层泥岩夹薄层粉砂岩地层，界面之上为灰绿色泥岩夹厚层砂岩，界面上下的岩性组合和泥岩颜色有明显的差异，表明沉积环境有较大的变化，故该界面为一层序界面。如在克孜勒努尔沟剖面上主要为苏维依组细砾岩对下伏库姆格列木组泥岩冲刷侵蚀。在中 4 井上表现为新近系大套的河道砂岩对下伏古近系砂岩冲刷侵蚀。在地震资料上，该界面具有明显的不整合特征，具有削截现象，而且在界面上下有明显的地震相差异，表明界面上下沉积地层具有明显的差异。在该界面之下为弱振幅、低频、较连续的反射，在该界面之上为强振幅、高频率、低连续反射，同样表明界面上下沉积地层的岩性有巨大的差异（图 6-13）。

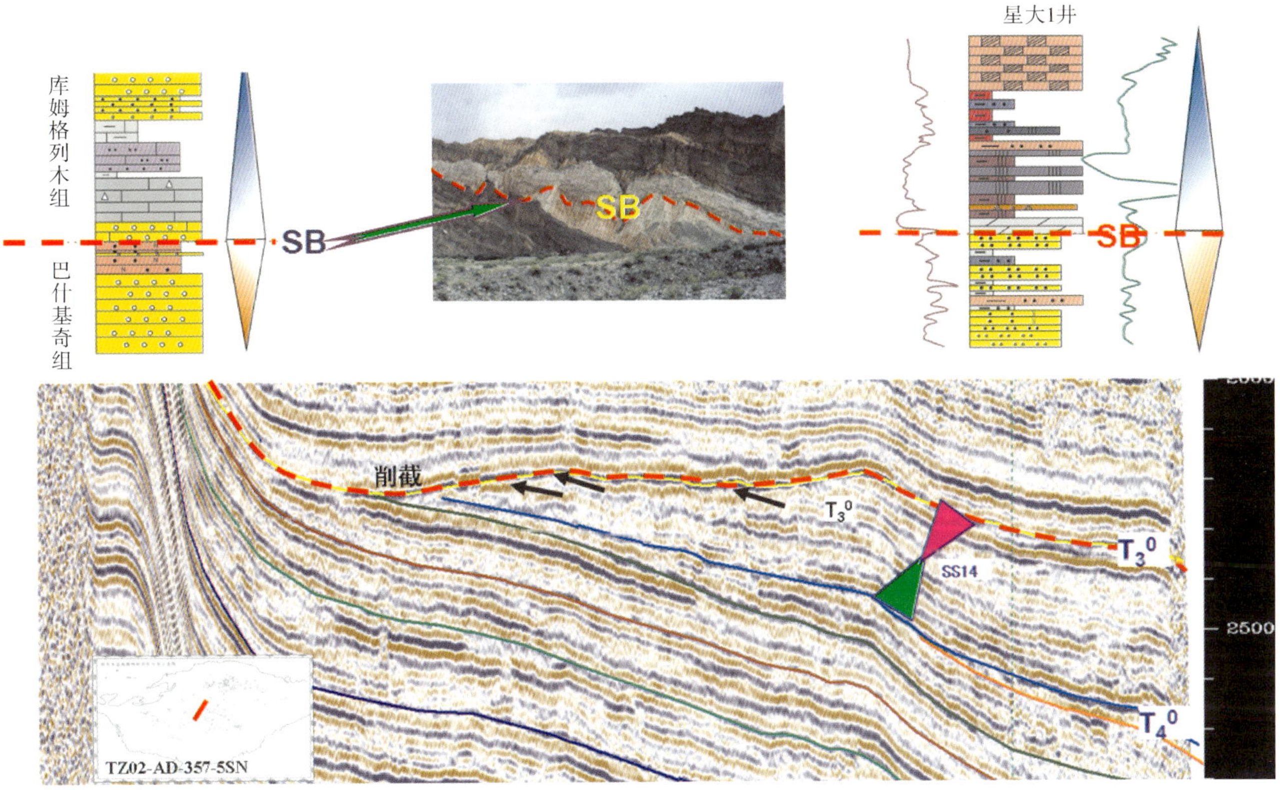

图 6-12　古近系/白垩系之间的层序界面四位一体响应特征

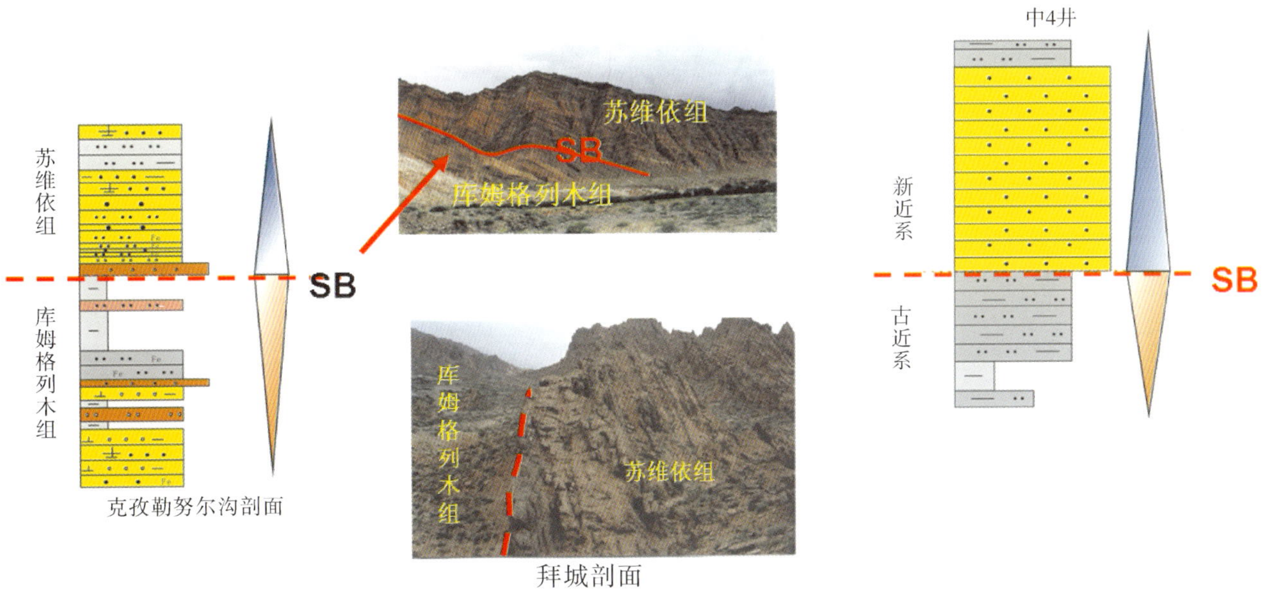

图 6-13　新近系/古近系之间的层序界面四位一体响应特征

6.2　层序界面的物质表现形式

层序地层学是以“不整合面及其与之相对应的整合面”为界来划分基本层序单元的。在上述关键层序界面四位一体特征研究基础上，通过对塔里木盆地周缘野外露头剖面和钻井岩心的详细观测和研究，总结得出塔里木盆地在震旦纪—新近纪沉积演化过程中，盆地内沉积充填层序的底界面在露头和岩心剖面上的表现形式主要有以下 7 种（表 6-1），下面就各类界面的特征进行阐述。

表 6-1 塔里木盆地震旦纪—新近纪层序界面特征

序号	层序界面表现形式	典型特征
1	不整合面（古风化壳）	地层缺失、生物化石带缺失、地球化学突变
2	古喀斯特作用面	岩溶角砾岩、溶蚀孔洞、大气淡水胶结物、铁泥质氧化壳、地球化学突变
3	渣状层	淡水淋滤、溶解形成的疏松、似炉渣的黏土层
4	侵蚀冲刷面	侵蚀冲刷谷，滞留砾岩、泥砾、岩性突变、地球化学突变
5	火山事件作用面	火山喷发产物或火山喷发产物的蚀变产物
6	岩性、岩相转换面	岩性突变、沉积环境突变、地球化学突变
7	超覆面	地层之间的超覆接触关系

6.2.1 古风化壳

古风化壳是地球历史时期地壳表层岩石经长期风化作用后所形成的分布于地壳表层的残积物，它的存在代表了地质历史时期地壳上升、海平面下降，原岩暴露于水面之上而遭受风化剥蚀，所以古风化壳面是一类典型的层序界面。该类层序界面在盆地内比较发育，如泥盆系克孜尔塔格组、东河塘组顶、底界面、二叠系顶界面等。在地表和岩心剖面上，界面上下的沉积特征、古生物化石组合、构造特征具有明显的差别。在岩性上，古风化壳多表现为厚度不等的残积角砾岩、灰白色、褐色、锈红色的铝黏土质岩、铁质岩、钙质岩等。在测井曲线上也具有明显的响应，如曲线的形态、幅度、组合类型等发生明显的变化；在地震反射剖面上，则具有上超、下超、顶超和削蚀等反射界面类型。地表露头剖面如柯坪县铁热克阿瓦提泥盆系剖面、阿克陶县阿克巴西麻扎尔下泥盆统剖面、洛浦县羊达克勒克北泥盆系剖面上都发育有古风化壳。主要表现为褐色、锈红色的黏土层，厚度在 5～43cm，黄褐色的黏土层厚约 25cm。

6.2.2 古喀斯特作用面

古喀斯特作用面是发育于碳酸盐岩地区的古风化壳，它是指地质历史时期发育的，并被后来沉积物所覆盖的（含有 CO_2的地下水和地表水对可溶性碳酸盐岩的溶解、淋滤、侵蚀和沉积等）古岩溶作用所形成的作用面。此类型界面的形成过程即是层序界面的发育过程，即原始位于水体之下沉积的碳酸盐岩在构造抬升或海平面下降条件下暴露地表、遭受风化、剥蚀，从而形成古喀斯特作用面。此类界面在盆地的震旦系—奥陶系中广泛发育。

6.2.3 渣状层

渣状层又称渣状土，是由于全球海平面下降导致前期沉积暴露，遭受风化剥蚀、淡水淋滤、溶解等地质作用所形成的异常疏松，似炉渣状的土壤，称之为渣状层或渣状土。此类层序界面在阿克陶县阿克巴西麻扎尔下泥盆统剖面和库车河三叠系剖面、塔河地区 T707 井东河砂岩段内 5596.0～5596.9m 发育，为典型的层序地层界面。与古风化壳相比，渣状层代表的暴露时间短，风化淋滤溶蚀程度弱，多为岩石向风化铝土质岩、铁质岩转化的中间过渡产物。

6.2.4 冲刷侵蚀作用面

冲刷侵蚀作用面可以分为水进的侵蚀冲刷面和河道的侵蚀冲刷面。

1）*水进侵蚀冲刷面*

分布于滨岸-浅海陆棚和潮坪沉积环境中，是由于海平面快速上升，滨岸带后退，海水对先期沉积地层的削切侵蚀。通常表现为滨岸带砂体内部发育的侵蚀冲刷、前滨砂体对近滨沉积物的冲刷、砂坪对泥坪或混合坪沉积物的冲刷、砂坪砂体内部发育的侵蚀冲刷以及潮道砂砾岩对潮坪沉积物的冲刷。界面均凹凸不平，底界面上普遍发育下伏沉积物的砾石，如泥砾等。另外潮道滞留沉积的砾岩也很发育，砾石成分以石英质为主，分选性、磨圆度均很好。横向上多呈透镜体分布。在柯坪县铁热克阿瓦提泥盆系剖面、柯坪印干村志留系剖面都非常发育这类侵蚀冲刷面。

2）河道侵蚀冲刷面

分布于陆相冲积扇和三角洲环境中，表现为河道砾岩、砂砾岩对下伏砂砾岩、砂泥质沉积物的冲刷。在阿克陶县阿克巴西麻扎尔下泥盆统剖面上的三角洲环境中，河道侵蚀冲刷面非常发育，表现为含砾的粗粒砂岩冲刷下伏中细粒砂岩，冲刷面凹凸不平，部分准层序界面也表现为这类侵蚀冲刷面，与层序界面的区别在于冲刷作用的强弱差异。在洛浦县羊达克勒克北泥盆系剖面上的冲积扇环境中，表现为内扇主河道的粗砾岩对中扇-扇缘沉积物的冲刷，以及中扇辫状河道之间、中扇辫状河道对扇缘沉积物的冲刷。一般而言，冲刷面之上砾岩的砾石粗，成分杂，杂乱堆积；而冲刷面之下的砾岩砾石偏细，多具定向排列，常夹砂岩透镜体或薄层。在库车河三叠系剖面上，下三叠统俄霍布拉克组底部砾岩段的底面明显冲刷，与下伏浅湖相上二叠统比尤勒包谷孜组灰绿色泥岩夹浅绿色砂岩呈假整合接触，为一明显的侵蚀冲刷面。在该三叠系剖面上该类侵蚀冲刷面多次出现，是良好的层序界面。

此外，在台地边缘斜坡剖面上广泛发育有斜坡重力流冲刷侵蚀面，它主要表现为一套台地边缘垮塌沉积或斜坡侵蚀作用所形成的不规则界面及其之上的低水位期的角砾状灰岩。这类界面是在海平面下降速率大于盆地沉降速率条件下所形成的典型层序界面。如南天山独库公路库车河泥盆系碳酸盐岩剖面中发育数套低水位期的角砾状灰岩，均冲刷下伏高水位期的颗粒灰岩和泥晶灰岩层，不规则的冲刷面即是层序界面；再如英吉沙泥盆系剖面的顶界面也为此类界面。

6.2.5　火山事件作用面

火山事件作用面是一套与火山事件作用有关的，可将层序划分开来的一套火山作用形成的产物。此类界面在塔里木盆地中二叠统与下二叠统之间广泛发育。

6.2.6　岩性、岩相转换面

岩性、岩相转换面是最主要的一种层序界面。它是在海平面下降速率小于盆地沉降速率条件下形成的，在陆上表现为暴露但无河流回春现象发生，前滨和海滩地带可能会经历短暂的暴露，近滨和浅水陆棚地带侵蚀作用不明显，多表现为平直界面或略具起伏的微弱侵蚀冲刷面。该类层序界面以岩性组合、沉积构造、生物化石组合在垂向上的变化来判识。一般而言，在滨岸-浅海陆棚环境中，层序界面之下是前积式或加积式准层序组，剖面上砂/泥比向上增加，砂岩层增厚增多增粗，浅水及短暂暴露沉积构造比较发育，如雨痕、泥裂、叠置波痕、冲洗交错层理、双向交错层理，垂直或高角度斜交的生物钻孔等；层序界面之上是退积式准层序组，剖面上砂/泥比向上减小，砂岩层减少减薄变细，较深水沉积构造发育，如波状层理、水平层理，以及水平和低角度斜交的生物钻孔。而在潮坪沉积环境中，以泥坪或混合坪向砂坪的转化为层序界面或准层序界面。一般而言，层序界面之下砂/泥比向上减小，砂岩层减少减薄或者为泥坪泥岩沉积，而层序界面之上砂/泥比向上增加，砂岩层增多增厚或者为砂坪砂岩沉积。

6.2.7　超覆面

该类层序界面在盆地内也普遍发育。可分为上超、顶超、下超三种超覆类型，以上超类型居多。上超面是指后期沉积层与前期沉积层之间为一上超接触关系，这是由于海平面下降后又上升这一转变过程的产物。此类型的界面盆地内较发育，柯坪印干村大湾沟志留系剖面层序底界面为此类型的界面。在巴楚小海子木库勒克村志留系剖面上、阿克陶泥盆系剖面上也发育上超层序界面。柯坪县铁热克阿瓦提泥盆系剖面层序底界面为顶超面，英吉沙县卡拉巴西塔克上泥盆统剖面上还发育下超层序界面。

除上述层序界面外，还有两种界面对于层序地层研究有着重要意义，即初始海（湖）泛面和最大海（湖）泛面，它们是划分体系域的重要界面，有时与层序界面重叠，也可作为划分层序的界面。

1）*初始海（湖）泛面*

初始海（湖）泛面构成低位体系域的顶界面和海进体系域的底界面，它是海平面快速上升，海水越过陆棚坡折在陆棚上形成的沉积薄层。在接触面的几何关系上，它以上覆相对于细粒的退积层下超于进积层，向陆方向追索则与层序界面汇合形成上超为特征。在靠陆地一侧，初始海（湖）泛面常与层序底部不整合面重合。在地震剖面上初始海泛面常表现为一阶梯状退积图形的底界面。该界面分布稳定、连续性好、向陆地超覆。在钻、测井资料中初始海（湖）泛面的确定主要利用岩性、岩相的突然变化及初始海（湖）泛面上下因准层序组的叠置样式不同，以及由此而引起测井曲线的组合形态不同来确定其位置。在盆地边缘地区初始海（湖）泛面之下通常为非海相或浅海相，穿过界面海水突然变深，界面之上常有海底侵蚀，可伴有海侵滞留沉积和生物潜穴。

2）*最大海（湖）泛面*

最大海泛面是指海水向陆方向侵入的最远、环境水深最大期形成的非沉积作用间断面，一般由最深水相所代表，通常与凝缩段相伴生，因此凝缩段和地层下超面是最大海泛面的重要识别标志。最大海（湖）泛面是一个介于高水位体系域和海进体系域之间的界面，它是地震剖面和地面露头上的下超面，高水位体系域中的地层朝盆地方向，向最大海泛面下超、变薄、尖灭。最大海（湖）泛面代表海（或湖）水的水位最高、侵入陆地最远时的一个地质等时面。这个面的上、下岩石是由富含有机质的细粒泥岩、页岩、油页岩组成的，岩石中富含生物化石及海绿石、黄铁矿、磷灰石、菱铁矿等自生矿物。这个细碎屑岩带称为凝缩段。凝缩段分布稳定，多具有区域可对比性，可作为区域对比标志层。在最大海（湖）泛面上下准层序组的叠置样式、地层岩性、物性、颜色往往也会有明显的不同。界面之下的水进体系域多以退积式为特征，岩石颜色多以还原环境下的深灰、灰绿等深色调为主，岩性也多为页岩、泥岩、粉砂质泥岩；界面之上准层序组则以进积式为主，岩石颜色也由深灰向浅灰、灰白渐变。

最大海（湖）泛面比初始海泛面容易识别，在地震剖面上主要表现为一个下超收敛面，该面上、下地层图形截然不同，之上为 S 型进积地层图形，之下为阶状退积地层图形。在地震剖面上代表该面的同相轴分布范围广、稳定且连续性好，往往成为区域追踪对比标志层，如石炭系的“双峰灰岩”。

在露头剖面上其沉积特征有：①相对“深水”环境的低速率沉积物及其共生丰富或相对发育的生物种属组合；②自生矿物如海绿石、磷酸盐、菱铁矿及有机质的富集；③生物潜穴或生物扰动构造、生物钻孔和碳酸盐岩硬底；④构造稳定、广泛的区域性发育。

在测井曲线上凝缩段的特征为：高自然伽马、低自然电位、低电阻、低密度、声波时差高值，其位置位于测井曲线总体变化趋势的拐点处。

6.3　塔里木盆地震旦系—新近系层序地层划分

在上述层序界面物质表现形式及关键层序界面的四位一体响应特征研究基础上，通过对地震剖面、野外剖面、钻井剖面及层序格架的分析研究，对塔里木盆地震旦系—新近系进行了层序划分，划分出 8 个一级层序，共识别出 23 个二级层序，表示为 SSQ1～SSQ23（表 6-2）。

表 6-2　塔里木盆地震旦系—新近系层序地层划分方案

年代地层 界	系	统	年龄/Ma	岩石地层	层序地层系统 一级巨层序	二级超层序	地震反射	构造运动
新生界	第四系		1.8	西域组	Ⅷ	SSQ23	T_1^0	喜山(Ⅰ)幕
	新近系	上新统	5.3	库车组/阿图什组				喜山(Ⅰ)幕
		中新统	23	康村组 吉迪克组			T_2^2(上超/削截)	早喜山运动
	古近系	渐新统	33.9	苏维依组/巴什布拉克组		SSQ22	T_2^4	
		始新统	55.8	库姆格列木群				
		古新统	65.5				T_3^0(上超/削截)	燕山晚期运动
中生界	白垩系	上统	96	古城组	Ⅶ	SSQ21	T_3^1(整一)	
		下统	145	卡普沙良群		SSQ20 SSQ19	T_4^0(削截)	燕山中期运动
	侏罗系	上统	161	喀拉扎组 齐古组		SSQ18		
		中统	176	恰克马克组 克孜勒努尔组		SSQ17		
		下统	200	阳霞组 阿合组			T_4^6(削截)	印支末期运动
	三叠系	上统	228	哈拉哈塘组	Ⅵ	SSQ16		
		中统	245	阿克库勒组		SSQ15		
		下统	251	柯吐尔组		SSQ14		海西晚期(Ⅱ)幕
上古生界	二叠系	上统	260	沙井子组			T_5^0(整一)	海西晚期(Ⅰ)幕
		中统		开派兹雷克组 库普库兹满组	Ⅴ	SSQ13		
		下统	299	南闸组			T_5^4(整一)	海西中期(Ⅱ)幕
	石炭系	上统	318	小海子组 卡拉沙依组		SSQ12		海西中期(Ⅰ)幕
		下统	359	巴楚组		SSQ11	T_5^7(削截/整一)	
	泥盆系	上统	385	东河塘组		SSQ10	T_6^0(上超/削截)	海西早期
		中统		克孜尔塔格组	Ⅳ	SSQ9		
		下统	416					
下古生界	志留系	上统					T_6^1	
		中统	428	依木干他乌组	Ⅲ	SSQ8		
		下统	416	塔塔埃尔塔格组 柯坪塔格组上段			T_7^0(上超/削截)	加里东(Ⅱ)幕
	奥陶系	上统	460		Ⅱ	SSQ7	T_7^4	加里东(Ⅰ)幕
		中统	472	大湾沟组　一间房组	Ⅰ	SSQ6		
		下统	488	鹰山组 蓬莱坝组			T_8^0(下超)	
	寒武系	上统	501	下丘里塔格组		SSQ5	T_8^1	
		中统	513	阿瓦塔格组 沙依里克组		SSQ4		
		下统	543	吾松格尔组 肖尔布拉克组 玉尔吐斯组		SSQ3	T_9^0(上超/削截)	
元古界	震旦系	上统		奇格布拉克组		SSQ2		
		下统	680	苏盖特布拉克组		SSQ1	T_{10}^0(上超/削截)	

6.4　不同构造演化阶段层序地层发育特征

6.4.1　克拉通与被动大陆边缘沉积阶段（Z-O）层序地层特征

塔里木陆块在震旦纪从碎屑岩过渡为碳酸盐岩沉积，开始呈现西台东盆的沉积格局，之后相对海平面整体表现为上升的趋势，西部台地（塔中-塔北）范围逐步缩小，晚奥陶世两次海侵淹没之后转化为碎屑岩沉积。东部盆地（满加尔）也主要在晚奥陶世由欠补偿盆地转为浊流盆地。寒武纪，西部台地主要发育局限台地，沉积厚度大。该局限台地南北呈现不同的沉积特征，南部（巴麦-塔中）在早—中寒武也普遍发育两套蒸发台地膏盐岩沉积，北部（塔北）则不发育。东部盆地主要为盆地欠补偿沉积，沉积厚度小。奥陶纪，西部台地由局限台地转变为开阔台地，沉积厚度大，在早奥陶世主要为局限台地，中奥陶世主要为开阔台地，晚奥陶世台地范围缩小并经两次海侵淹没后消亡，整体表现为相对海平面上升。东部盆地在早—中奥陶世主要为欠补偿沉积，到晚奥陶世盆地周缘造山使陆源碎屑物源变得充分，此前的欠补偿沉积变为过补偿沉积，发育巨厚（约 1700m）的碎屑岩浊积。

1）SSQ1 二级层序发育特征

SSQ1 超层序大致相当于传统地层系统的下震旦统。底界 SSB1 为 T_d，震旦系以明显的角度不整合覆盖于前震旦系变质及结晶基底之上，界面可见削截（民丰-且末一代尤为明显），受距今 800Ma 塔里木运动的构造响应，为一级层序界面。层序主要由陆源碎屑所沉积的砾岩、砂岩、泥质粉砂岩、粉砂质泥岩和泥岩为主。其中盆地南部大部分区域为隆起区，在塔里盆地西南缘以滨岸-陆棚-盆地沉积为主，其中在隆起区东部边缘地带主要以无障壁海岸沉积的滨岸为主，在隆起区北部大面积地区以潮坪沉积为主，在塔里木盆地西南地区发育了半深海-深海沉积，塔里木盆地东部以陆棚沉积为主，塔里木盆地中部大部分地区为隆起的剥蚀区。

由于钻井资料有限、盆地内部埋藏深、地震反射品质差，震旦系研究局限于盆地周缘柯坪、库鲁克塔格等露头区。盆内仅方 1 井、和 4 井、沙 4 井、塔东 1 井、尉犁 1 井、星火 1 井等钻井钻遇，塔参 1 井钻遇前震旦系花岗岩（缺失震旦系）。其中尉犁 1 井（图 6-14）钻穿了震旦系，对于整个盆地震旦系的研究工作有着较好的指导意义。在早震旦世末期，受库鲁克塔格运动的影响，塔里木盆地发生了较大变化，沉积环境有着较大的改变，在此基础上形成了 SS2 二级层序。

2）SSQ2 二级层序发育特征

SSQ2 二级层序大致相当于传统地层系统的上震旦统。其顶界面为顶界 SSB3 为 T_9^0，是震旦系与上覆寒武系的平行不整合面，为盆地区域性不整合面的界面，是加里东早期Ⅰ幕（柯坪运动）的构造响应，为二级层序不整合面。因上震旦统碳酸盐台地顶部有古岩溶暴露，该界面还表现为陆上暴露不整合与海侵上超（上覆寒武系黑色岩系）复合界面，其间存在沉积间断，界面之上可识别出上超尖灭。SSQ2 相对于 SSQ1 来说，在岩性组合上有着较大的变化，既有碳酸盐岩沉积也有陆源碎屑沉积。在沉积环境方面，塔里木盆地西南缘以滨岸到陆棚沉积为主，在特征上大致与下震旦统一致，与下震旦统所不同的是上震旦统并不发育半深海—深海沉积以及浊流沉积，以大面积陆棚沉积为主。塔里木盆地西北缘，以碳酸盐台地的局限台地沉积为主，沉积物以中-厚层状灰色、灰黑色、褐灰色泥晶白云岩、灰质白云岩、泥晶灰岩、生屑质泥晶灰岩、球粒泥晶灰岩、藻纹层白云岩为主，夹薄层状泥质以及生屑砾屑灰岩为主。塔里木盆地北部地区则以开阔台地沉积为主，岩性为深灰色泥质泥晶白云岩、粉-细晶白云岩、含白云质泥晶灰岩，局部夹灰黑、深灰色白云质泥岩；在较浅水区域以浅滩沉积为主，岩性主要表现为上部为灰色（含）藻葡萄泥晶白云岩、砾状白云岩、中-细晶白云岩、藻黏结白云岩。在塔里木盆地中南部地区为隆起剥蚀区。

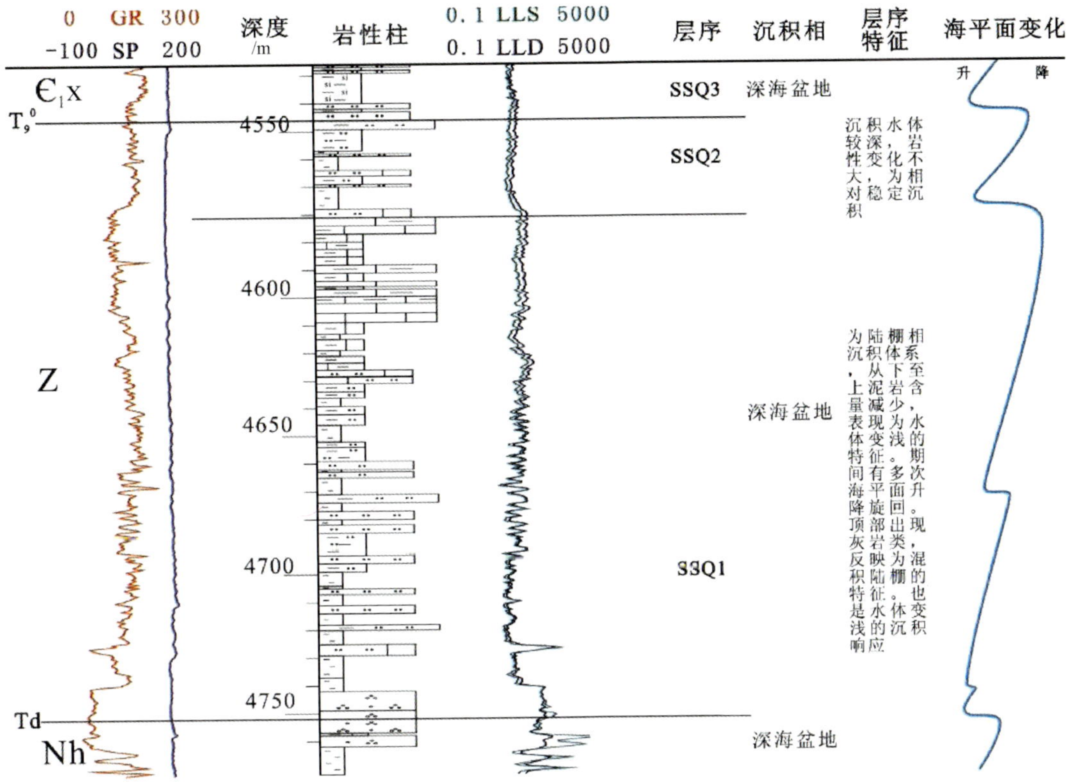

图 6-14　尉犁 1 井 SSQ1～SSQ2 层序特征

3）SSQ3 二级层序发育特征

SSQ3 二级层序大致相当于传统地层系统的下寒武统。其底界 SSB3 为 T_9^0，顶界 SSB4 为 T_8^2，在西部台地相区该界面为下统吾松格尔组与中统沙依里克组界面，反射界面清楚，为密集强连续强反射波组的底界，横向上分布稳定，全盆可以很好地追踪对比，性质同样表现为短期暴露和海侵上超的复合。在野外剖面上，柯坪磷矿沟寒武系剖面上具有明显的上超特征，表现为寒武系底部玉尔吐斯组黑色页岩逐层上超于下伏上震旦统奇格布拉克组碳酸盐岩的界面之上；在塔里木盆地肖尔布拉克剖面寒武系与前震旦系之间发育一套异常疏松、似炉渣状的土壤，代表受全球海平面下降影响，导致前期沉积暴露，遭受风化剥蚀、淡水淋滤、溶解等地质作用所形成（图 6-15）；在肖尔布拉克剖面中震旦系顶部发育有大量溶蚀孔洞，也反映了碳酸盐岩是在海平面下降条件下暴露地表而形成的（图 6-16），层序主要以一系列碳酸盐岩沉积组成，包括灰岩、白云岩、膏岩、盐岩等岩石类型。在沉积环境方面，塔里木盆地中西部地区以碳酸盐台地沉积为主，东部以陆棚-盆地沉积为主（图 6-17）。

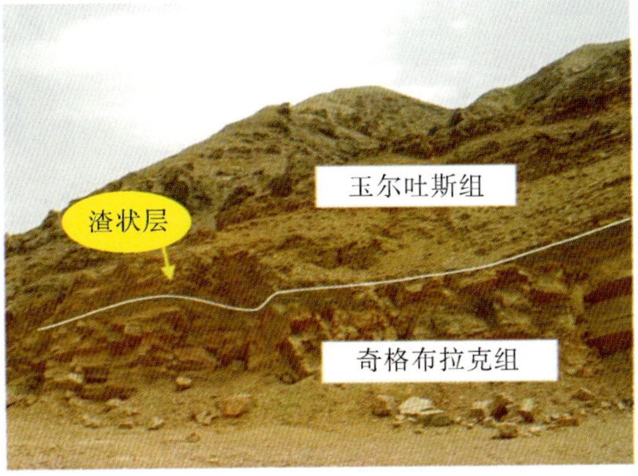

图 6-15　肖尔布拉克剖面玉尔吐斯组/奇格布拉克组渣状层特征

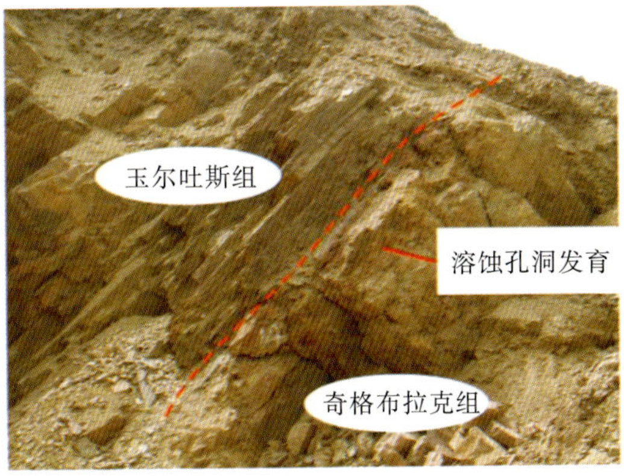

图 6-16　肖尔布拉克剖面上震旦统奇格布拉克组顶部古喀斯特作用所形成的溶蚀孔洞

在台地相区以和 4 井为例，主要包括玉尔吐斯组、肖尔布拉克组、吾松格尔组。岩性由肖尔布拉克组局限台地沉积的灰色、浅灰色白云岩变为吾松格尔组蒸发台地沉积的褐色、紫红色、灰色膏岩和盐岩夹膏质白云岩、膏质泥岩，顶部存在短暂的暴露剥蚀，厚 338～587m（图 6-18）。自然伽马曲线由低值的箱形夹指状高值向上变成中-高值、起伏剧烈的不规则锯齿状，偶出现尖峰状。电阻率曲线由中-低值，起伏明显的齿状向上变为中-高值，起伏剧烈的齿状及尖峰状。

在地震剖面上为 $T_8^{\ 2}$-$T_9^{\ 0}$之间的同相轴。底界 $T_9^{\ 0}$主要为平行-亚平行、强振幅、高频、高连续反射，该相带的反射特征与下伏基底的中弱振幅、杂乱反射截然不同，局部在 $T_9^{\ 0}$之下仍可见明显的同相轴（可能发育震旦系）。$T_9^{\ 0}$局部以上覆层上超、下伏层被削截为特征。SSQ3 由 2～5 个强振幅、强连续、中高频、平行反射的同相轴组成（图 6-19a、b、c）。

在盆地相区，包括西山布拉克组、西大山组。岩性主要为灰、深灰色、灰黑色泥岩和泥质灰岩、硅质灰岩、碳质泥岩、碳质灰岩、硅质泥岩、碳质灰岩及微晶灰岩，硅质粉晶白云岩等，厚 68～220m。塔东及库鲁克塔格盆地相区因处于较深水位置，海平面下降影响不到此区域，主要为盆地欠补偿沉积，为陆棚-盆地沉积，厚度与台地相比明显减小，地层厚度很薄，看不到明显的暴露现象（图 6-19d）。但是在钻井资料上发育有侵蚀冲刷面，如英东 2 井寒武系底部有所发育，主要表现为寒武系底部为一套约 1m 厚的含泥砾及花岗岩砾石的砂砾岩，其上部为泥晶白云岩夹黑色泥岩，其下部为前震旦系的花岗岩地层（图 6-20）。

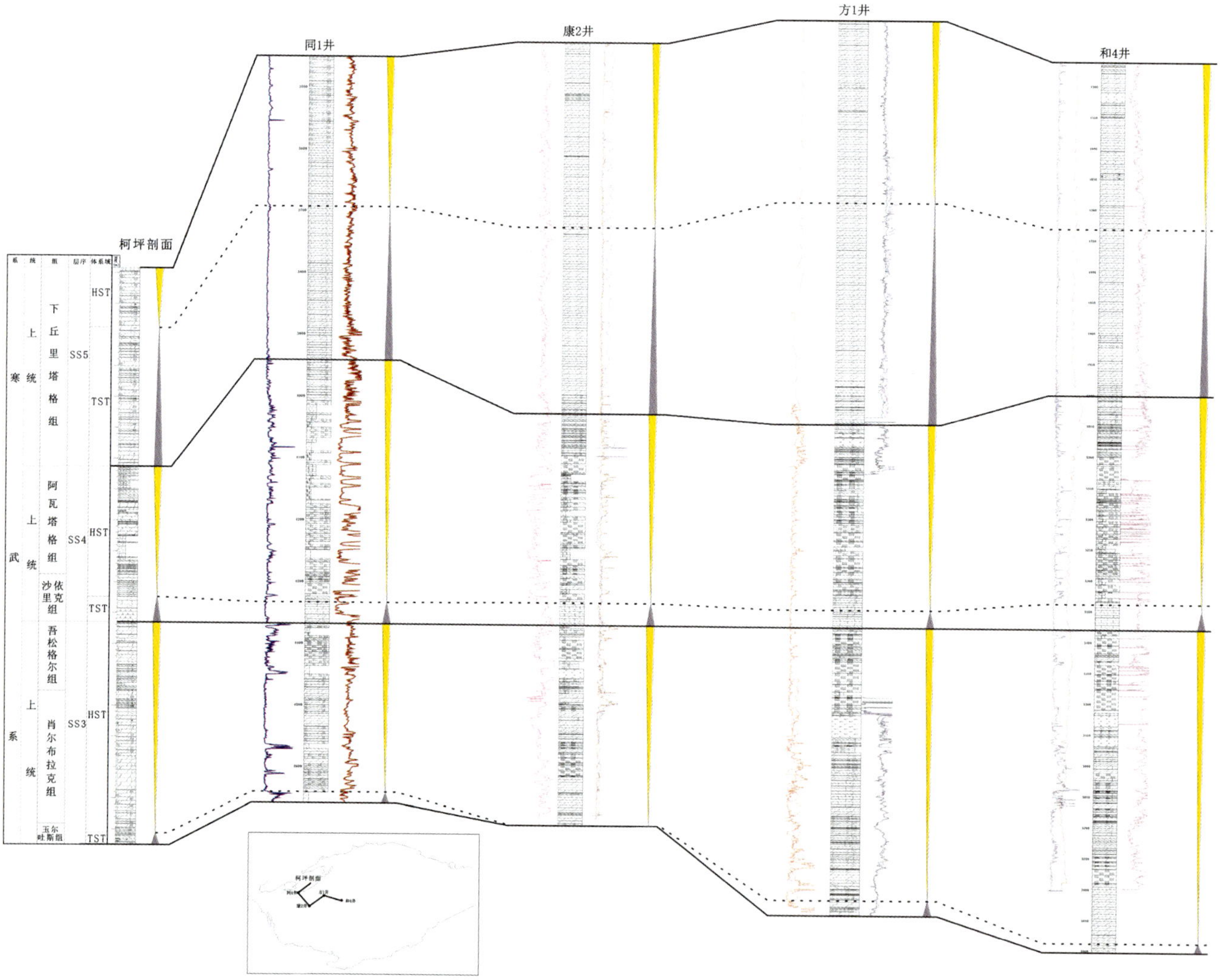

图 6-17　塔里木盆地柯坪剖面-和 4 井台地区寒武系构造层序地层格架剖面

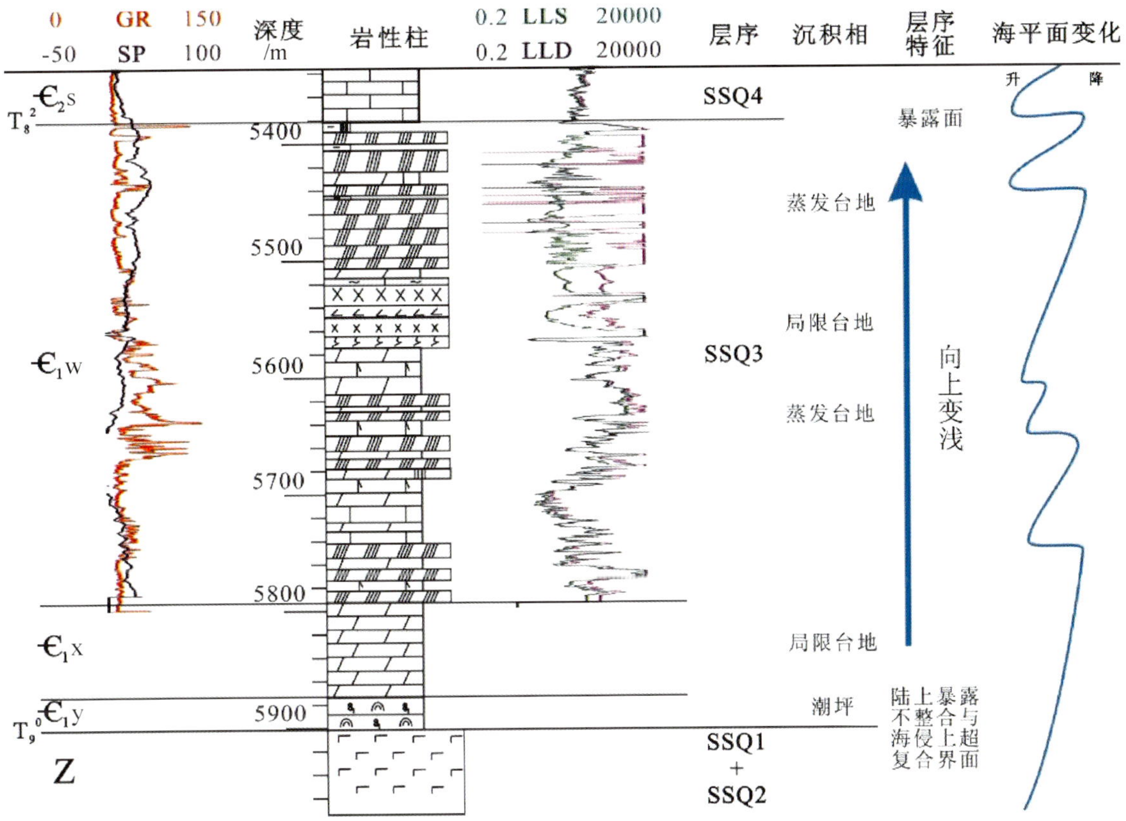

图 6-18　和 4 井 SSQ3 层序特征

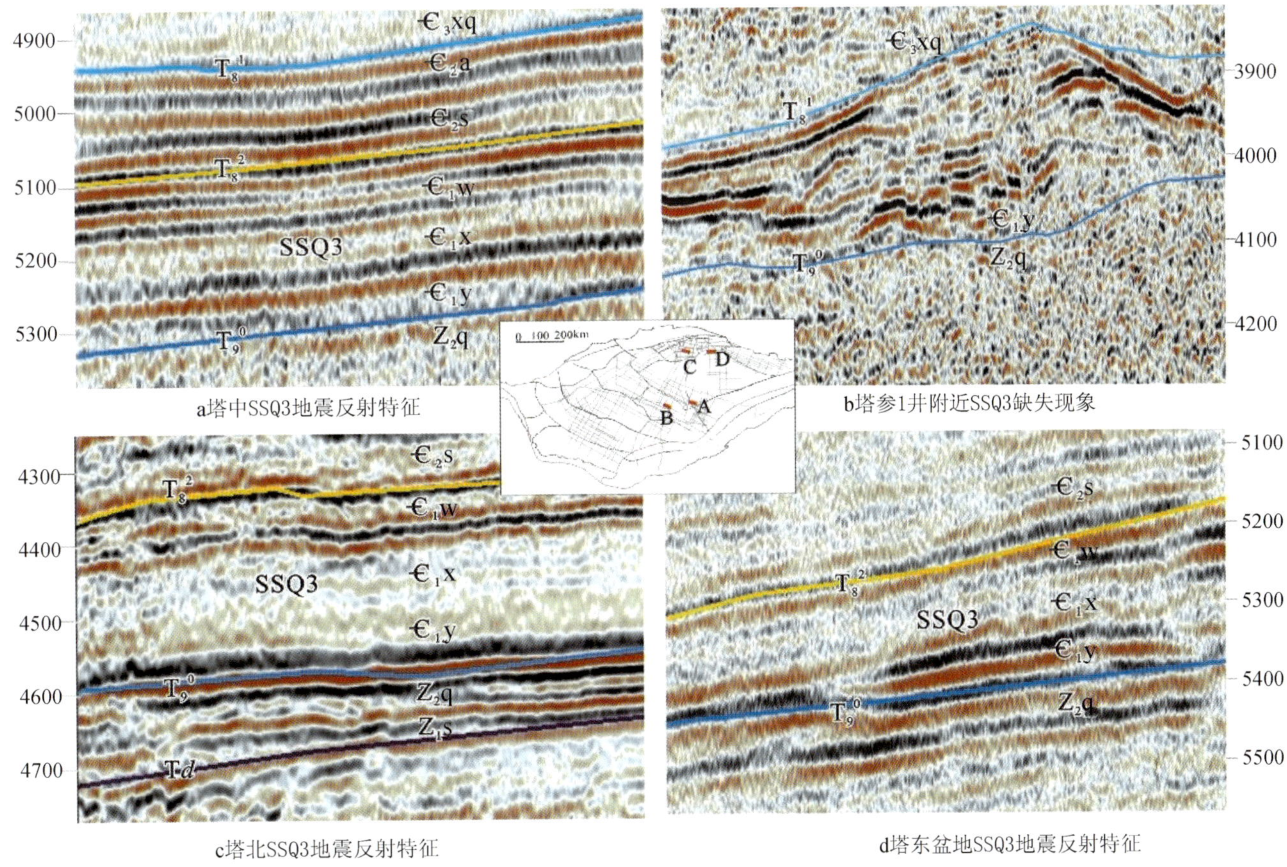

图 6-19　SSQ3 层序地震响应特征

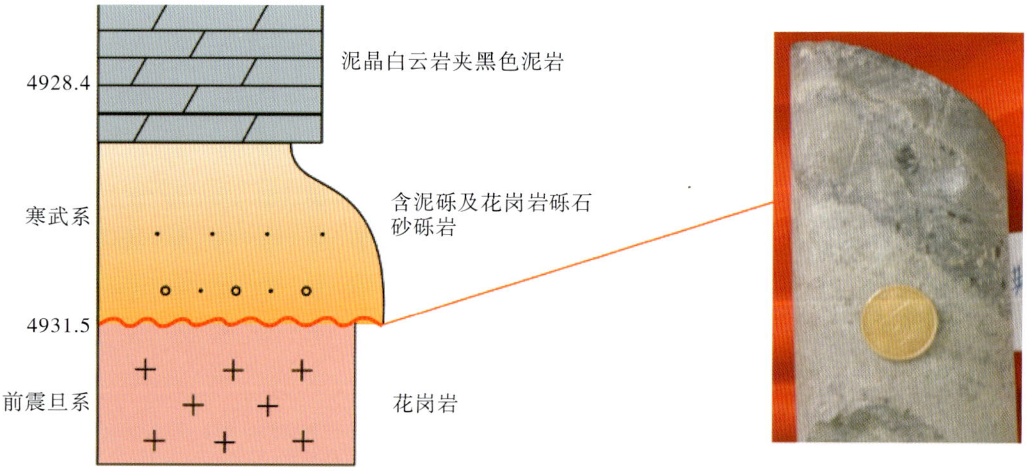

图 6-20　塔里木盆地英东 2 井寒武系底部冲刷面

4）SSQ4 二级层序发育特征

SSQ4 二级层序大致相当于传统地层系统的中寒武统。底界 SSB4 为 T_8^2。顶界 SSB5 为 T_8^1。在西部台地相区为中统阿瓦塔格组与上统下丘里塔格群界面，界面上下岩性岩相变化大，反射界面清楚，为密集强连续强反射波组的底界，横向上分布稳定，全盆可追踪对比（图 6-21）。在 T_8^1 与 T_8^2-T_9^0 之间存在角度不整合现象，说明上膏盐层沉积之后，发生早期加里东挤压褶皱运动，形成起伏不平的侵蚀面和古构造，局部形成小规模的伴生断层，断层断开 T_9^0-T_8^2 层位，未断开 T_8^1 层位，说明在中寒武世末发生了一次小规模的构造运动。在塔北地区可见到中寒武统顶部削截、前积现象，反映存在沉积间断面。其沉积格局继承了 SSQ3 的沉积格局，主要表现为盆地中西部地区以碳酸盐台地沉积为主，盆地东部地区以陆棚-盆地沉积为主。

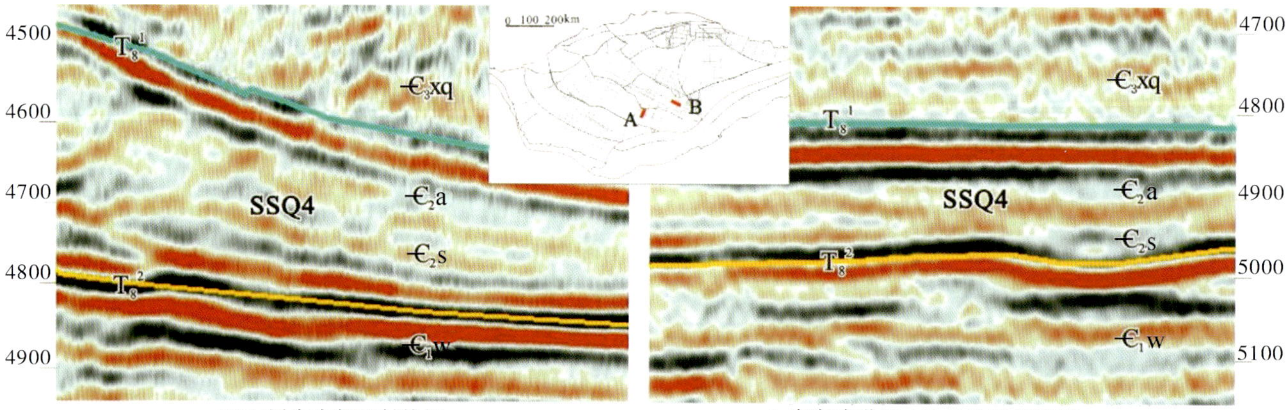

a SSQ4层序内部反射特征　　b 中寒武世(Є$_2$a)盐丘地震相特征

图 6-21　塔里木盆地北部地区寒武系地层地震反射特征

台地相区包括沙依里克组、阿瓦塔格组。南部（巴麦-塔中）发育一套蒸发台地膏盐岩沉积，北部（塔北）则不发育。以同 1 井为例，SSQ4 表现为向上变浅的碳酸盐台地生长序列，岩性由沙依里克组灰色、浅灰色灰岩和白云质灰岩转变为吾松格尔组褐色灰色膏岩、盐岩夹白云岩、膏质泥岩等，厚 214～437m。表明由早期开放的开阔台地演变为半封闭的局限台地-蒸发台地，反映海平面由深变浅，可能存在短暂的暴露剥蚀（图 6-22）。在巴楚-塔中地区地震反射特征上，SSQ4 为 T_8^1-T_8^2 之间的同相轴，底界 T_8^2 在巴麦-塔中地区主要为平行-亚平行、强振幅、高频、高连续反射，SSQ2 由 2～3 个强振幅、高连续、中高频、平行反射的同相轴组成（图 6-23a），在全区可以追踪，分布稳定。T_8^1-T_8^2 之间仍可见明显的盐丘反射，顶底反射明显，内部杂乱-空白（图 6-23b）。

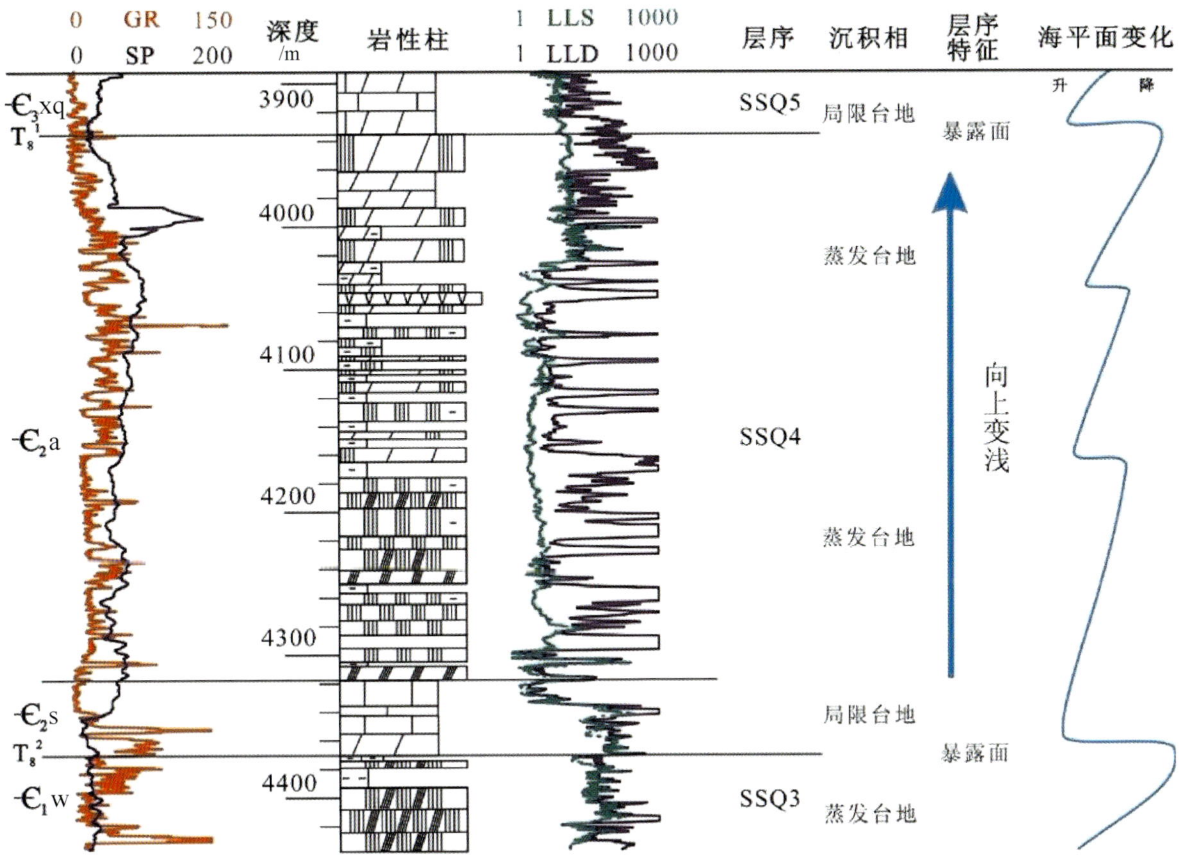

图 6-22　同 1 井 SSQ4 层序特征

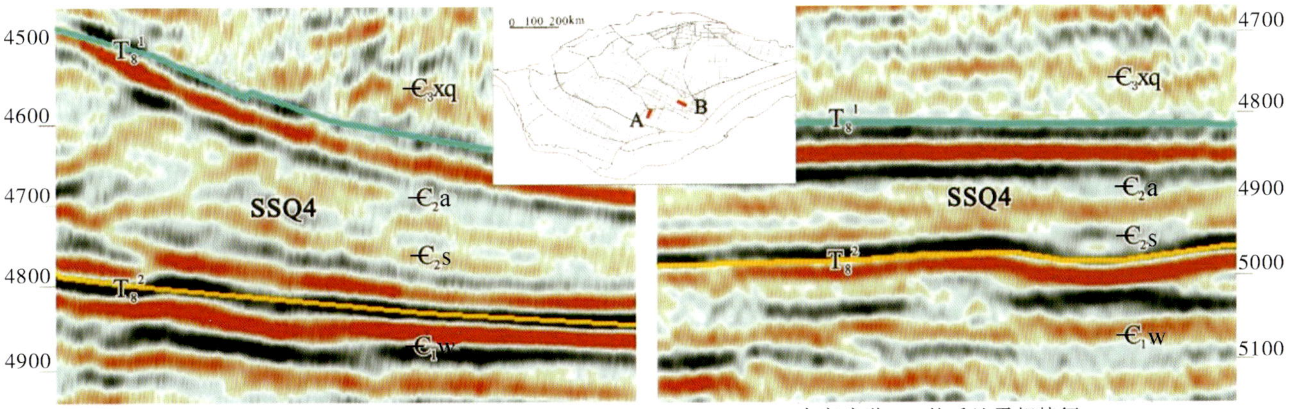

a SSQ4层序内部反射特征　　b 中寒武世(∈₂a)盐丘地震相特征

图 6-23　塔中地区 SSQ4 层序地震响应特征

在盆地相区，SSQ4 为莫合尔山组。岩性主要为灰黑色、灰紫色薄层状灰岩夹少量棕褐色钙质页岩及中厚层灰岩及砂、泥质灰岩等，厚 80～300m。与 SSQ3 相似，处于较深水位置，海平面下降影响不到此区域，沉积相变化不大，为陆棚-盆地沉积，厚度与台地相比明显减小，地层厚度很薄，顶部没有暴露。

5) SSQ5 二级层序发育特征

SSQ5 二级层序大致相当于传统地层系统的上寒武统。底界 SSB5 为 T_8^1，顶界 SSB6 为 T_8^0。界面下伏寒武系下丘里塔格群白云岩（台地）、突尔沙克塔格组下部灰岩（盆地），其上为奥陶系蓬莱坝组灰岩（台地）、突尔沙克塔格组上部灰岩（盆地）。该界面岩性岩相变化小，钻井识别较为困难，台地相区一般认为位于大套白云岩结束而灰岩开始的位置附近。T_8^0 在巴麦-塔中地区主要为亚平行、强振幅、中频、高连续反射。在肖尔布拉克野外剖面上，上寒武统下丘里塔格组与奥陶系之间发育有古喀斯特作用面，岩性上表现为褐色、褐黄色的铝黏土质岩、钙质岩（图 6-24），表明了在晚寒武世末期，曾遭受过风化剥蚀。在沉积格局上 SSQ5 与 SSQ3、SSQ4 一致，均表现为盆地中西部地区为碳酸盐岩台地沉积，东部地区为陆棚-盆地相区。

在台地相区为下丘里塔格组，在巴麦-塔中为向上变浅的局限台地生长序列，为大套白云岩的叠置序列，下奥陶统砂屑灰岩与薄层白云岩超覆在上寒武统的暴露面上，上寒武统顶部为暴露岩溶面（图 6-25）。塔北与巴麦-塔中的岩性差异消失，同样为局限台地，岩性为灰色、浅灰色白云岩和晶粒白云岩等，厚 553～1254m。在地震剖面上，以变振幅、低连续杂乱-空白反射为特征（图 6-26）。

图 6-24　肖尔布拉克剖面寒武系顶部所发育的古风化壳

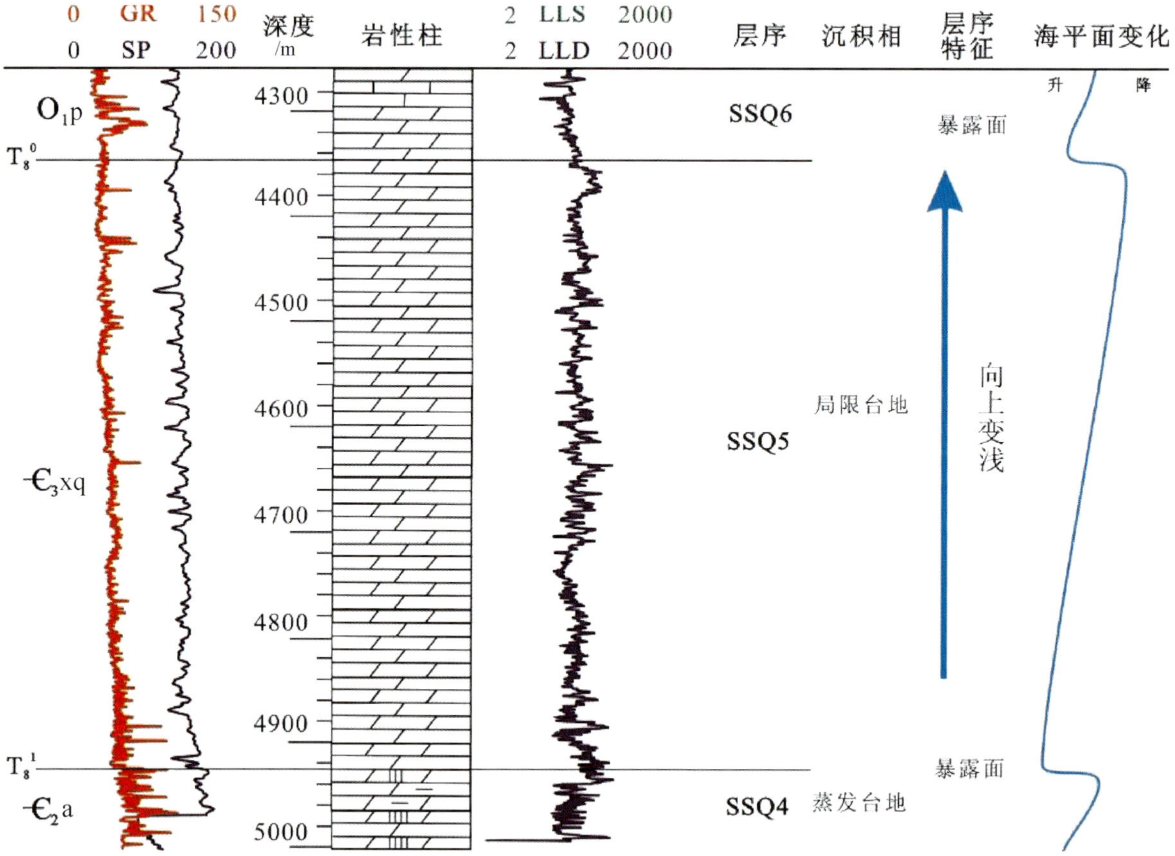

图 6-25　康 2 井 SSQ5 层序特征

在盆地相区，SSQ5 为突尔沙克塔格组下部，岩性主要为浅灰色、深灰色厚层块状夹薄层状灰岩及钙质页岩等，厚 98～660m。与 SSQ3、SSQ4 相似，处于较深水位置，海平面下降影响不到此区域，为一套陆棚—盆地沉积，厚度与台地相比明显减小，地层厚度很薄，没有暴露。

6）SSQ6 二级层序发育特征

SSQ6 超层序大致相当于传统地层系统的中、下奥陶统。底界 SSB6 为 T_8^0，顶界 SSB7 为 T_7^4，是奥陶系下统、中统与上统之间的不整合。在盆地中西部地区表现明显，在塔北、巴麦-塔中均存在程度不同的地层缺失，时间间断最多在 10Ma 以上，界面之下发育加里东中期岩溶（图 6-27）。由于岩性岩相变化大，测井极易识别。地震界面为连续的强反射，区域上极易对比追踪。其沉积格局大致继承了整个寒武系的沉积格局，总体表现为中西部地区为碳酸盐台地相区，东部地区为陆棚-盆地相区（图 6-28）。

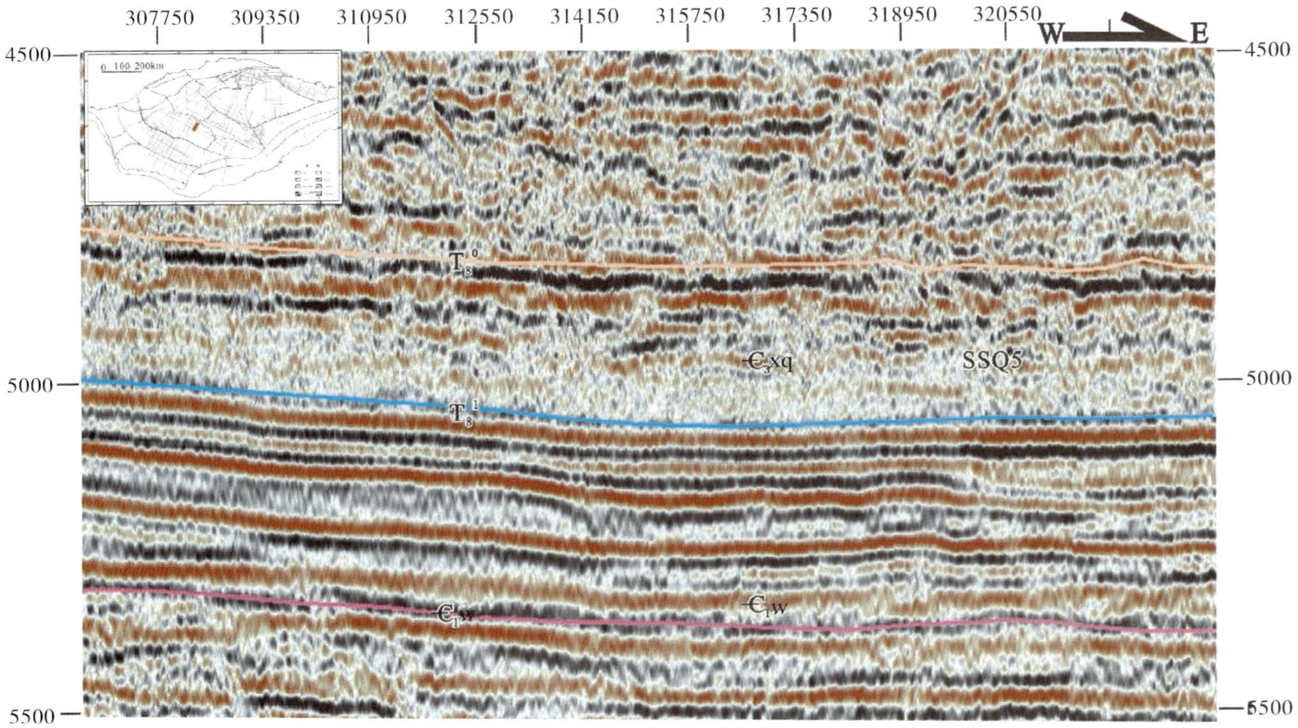

图 6-26　巴麦-塔中地区 SSQ5 地震反射特征

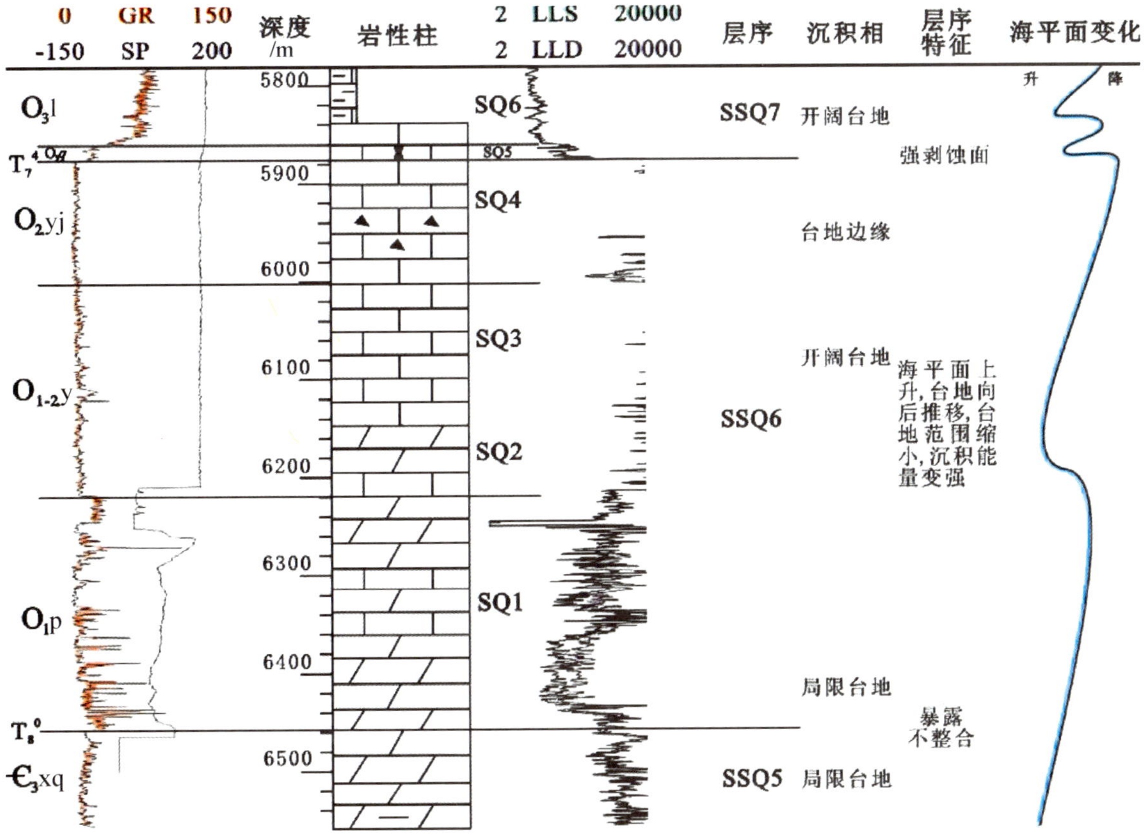

图 6-27　古隆 1 井 SSQ6 层序特征

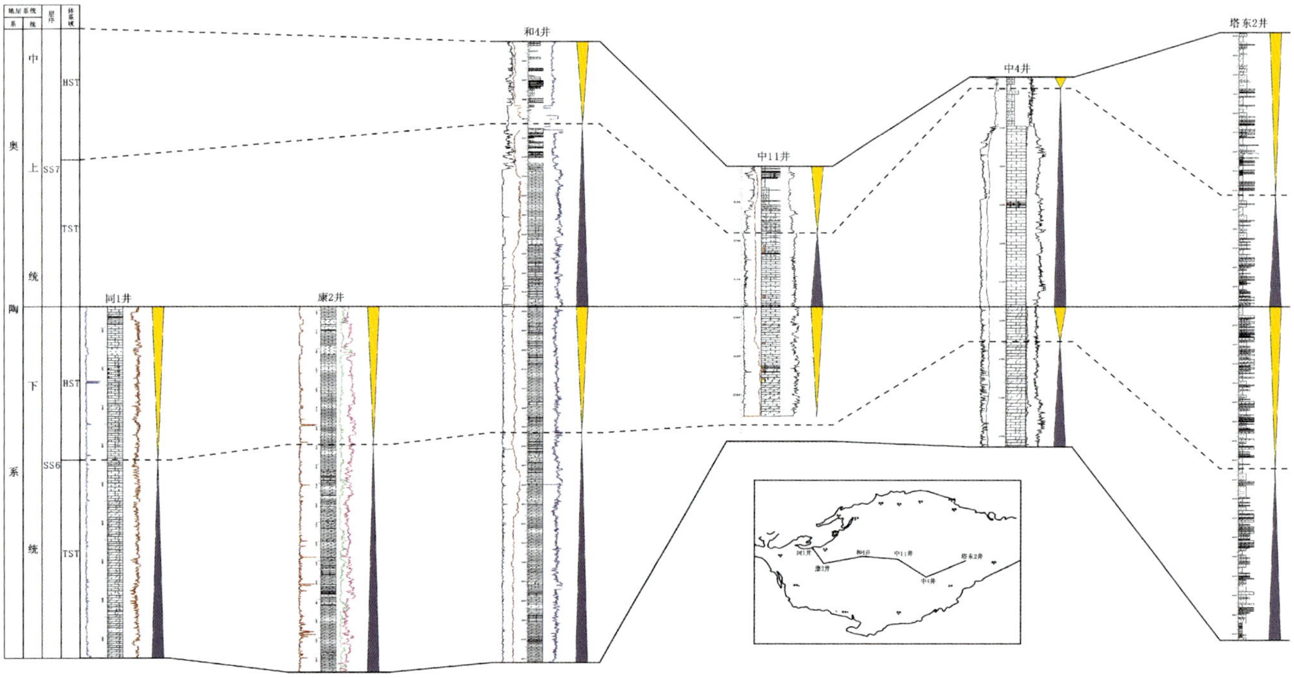

图 6-28 塔里木盆地同 1 井-塔东 2 井奥陶系构造层序地层格架剖面

在台地相区，SSQ6 包括蓬莱坝组、鹰山组及一间房组。在巴楚、塔中地区钻至寒武系的井（方 1、和 4、塔中 1 井等）中，下奥陶统与上寒武统均为巨厚层的浅灰色、褐灰色白云岩。但相对而言，下奥陶统白云岩中含有更多的泥质和灰质成分，而下寒武统白云岩则较纯，两者之间存在着沉积旋回的转换面。在古隆 1 井测井中，总体上表现为自然伽马为锯齿状低值，电阻率变化较大，偶尔出现锯齿状，电阻率曲线为高值的特征（图 6-29）。在地震剖面上，SSQ6 为 T_8^0-T_7^4之间的同相轴，由 3～5 个强振幅、高连续、中高频的同相轴组成（图 6-30）。

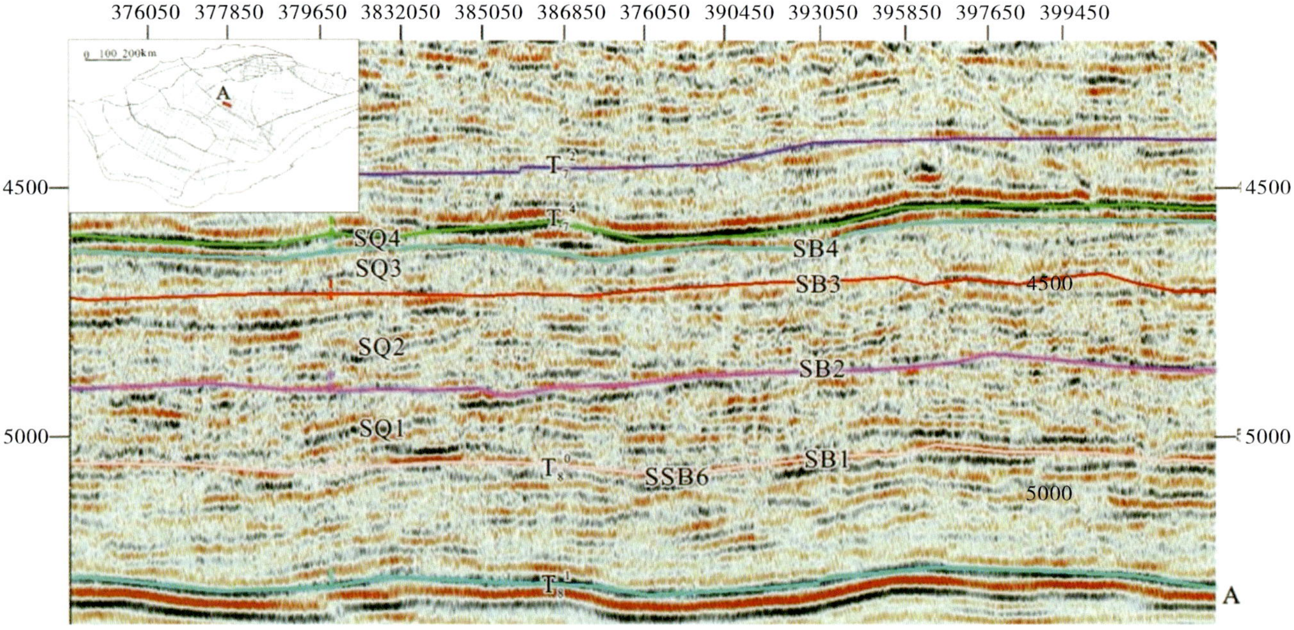

图 6-29 SSQ6 地震反射特征

在塔北地区钻井岩心上，SSQ6 底部（蓬莱坝组）白云岩，厚 313～599m，与巴麦-塔中可以很好对比。鹰山组下部为较纯的灰岩，厚 300～400m。鹰山组上部为黄灰色微晶灰岩与藻砂（砾）屑灰岩组成的沉积序列，下部为潮下潮道沉积的砂（砾）屑灰岩、藻砂屑灰岩，上部为潮间微晶灰岩，白云化微晶灰岩，厚 454～647m。一间房组主要为砂（砾）屑灰岩和台地边缘浅滩的鲕粒灰岩、生屑灰岩、藻黏结灰岩等，可见建礁演化过程，厚 90～140m。一间房组顶部可见溶蚀孔洞等暴露特征，裂缝发育，为加里东中期岩溶。SSQ6 产三叶虫和介形虫类，可与巴麦-塔中对比。在塔北地区地震剖面上，SSQ6 由 4～5 个强反射组成，地震反射轴总体表现为亚平行、中振幅、中频、中连续反射，向南有加厚的趋势。顶界有明显的削截现象，这与巴麦-塔中地区有明显区别。底界也可见到削截现象。

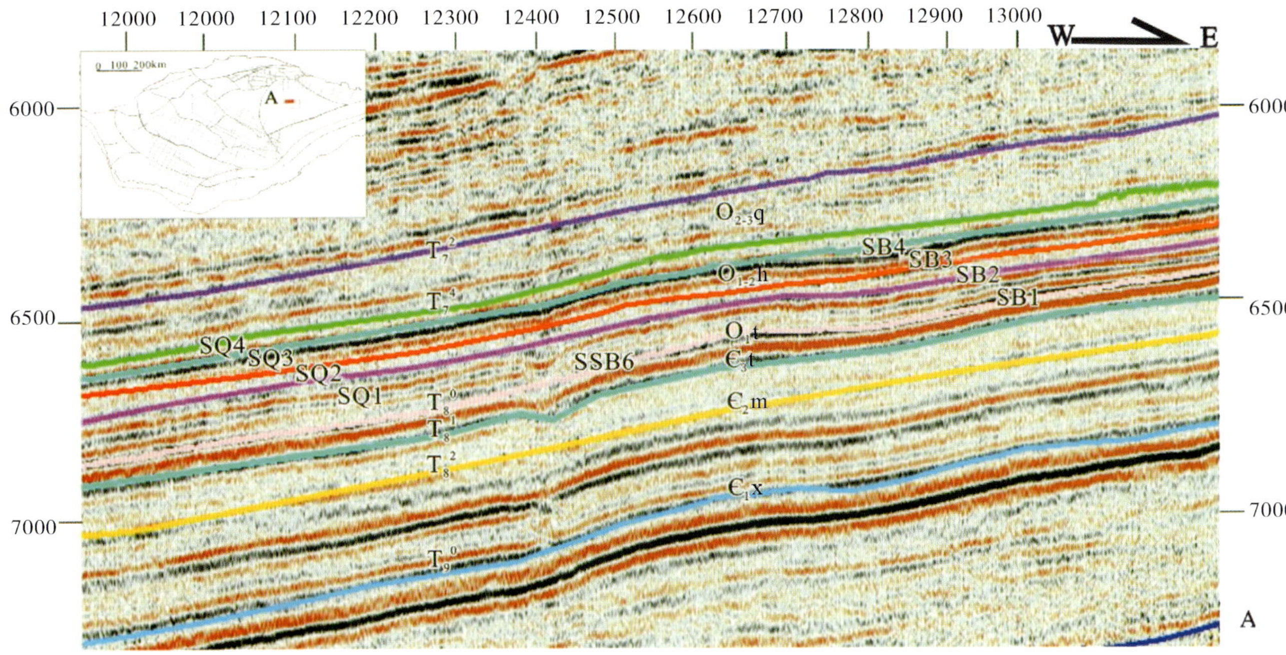

图 6-30　满加尔 SSQ6 层序地震特征

在盆地相区，SSQ6 在盆地包括突尔沙克塔格组上段、黑土凹组以及却尔却克组下段。其岩性主要为灰色灰质泥岩夹薄层灰色泥质粉砂岩、灰色泥灰岩、黑色硅质岩、硅质泥岩、黑色页岩和凝灰质页岩，厚 769～2413m。整体上看，在 SSQ6 期间，该区域仍处于较深水位置，海平面下降影响不到此区域，没有暴露现象，界面不易识别。

7）SSQ7 二级层序发育特征

SSQ7 二级层序大致相当于传统地层系统的上奥陶统。底界 SSB7 为 T_7^4，顶界 SSB8 为 T_7^0，在塔北-巴麦-塔中均存在程度不同的地层缺失，在柯坪见褐铁矿化风化壳，为连续的强反射，区域上易对比追踪。在沉积格局上，由于受早加里东运动 III 幕的影响，在 SS7 中晚期，塔里木盆地逐渐演变为塔中、塔北两个碳酸盐台地，盆地中北部、塔东地区为陆棚-盆地的沉积格局。

在塔中台地相区，SSQ6 包括恰尔巴克组、良里塔格组及桑塔木组。在钻井中 11 井测井中，SSQ7 自然伽马呈高-低-高变化，电阻率曲线起伏较小，局部呈箱形的特征（图 6-31）。SSQ7 为 T_7^4-T_7^0之间的同相轴，主要反映厚度较大的桑塔木组，在巴麦-塔中由 4～6 个强振幅、高连续同相轴组成，为亚平行-平行、中频反射（图 6-32）。

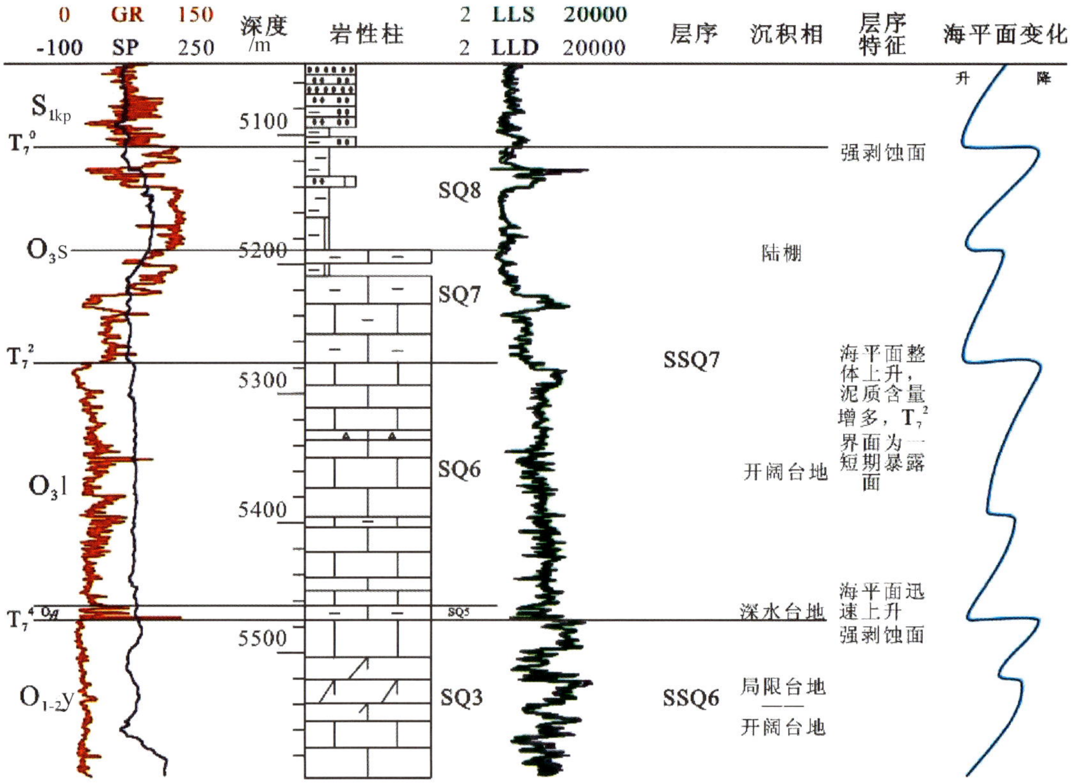

图 6-31 中 11 井 SSQ7 层序特征

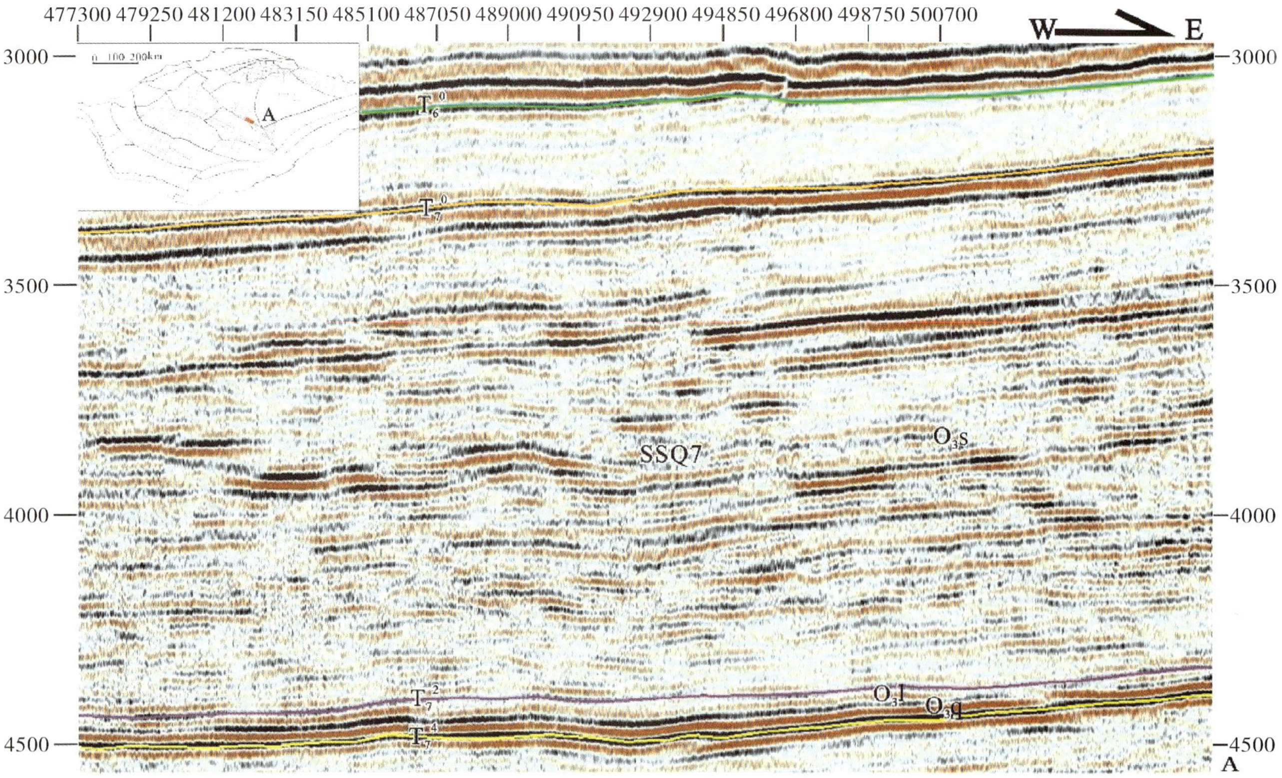

图 6-32 巴麦-塔中地区 SSQ7 层序地震响应特征

在塔北台地相区，SSQ7 底部恰尔巴克组主要发育深水的瘤状灰岩、含薄壳介形虫的微晶灰岩，厚度较稳定，厚 8～25m。其底界 SB5（SSB6、T_7^4）为前期暴露的基础上海侵上超不整合，迅速的海侵导致极低的沉积速率，表现为底部出现含丰富的海绿石、黄铁矿散布在含薄壳介形虫的微晶灰岩，生物类型主要为小型薄壳介形虫，呈毫米级的单壳且多杂乱无方向性。在地震剖面上，SSQ7 在塔北地区由 3～4 个强振幅、高连续的同相轴组成，层序内部反射为亚平行（图 6-33）。

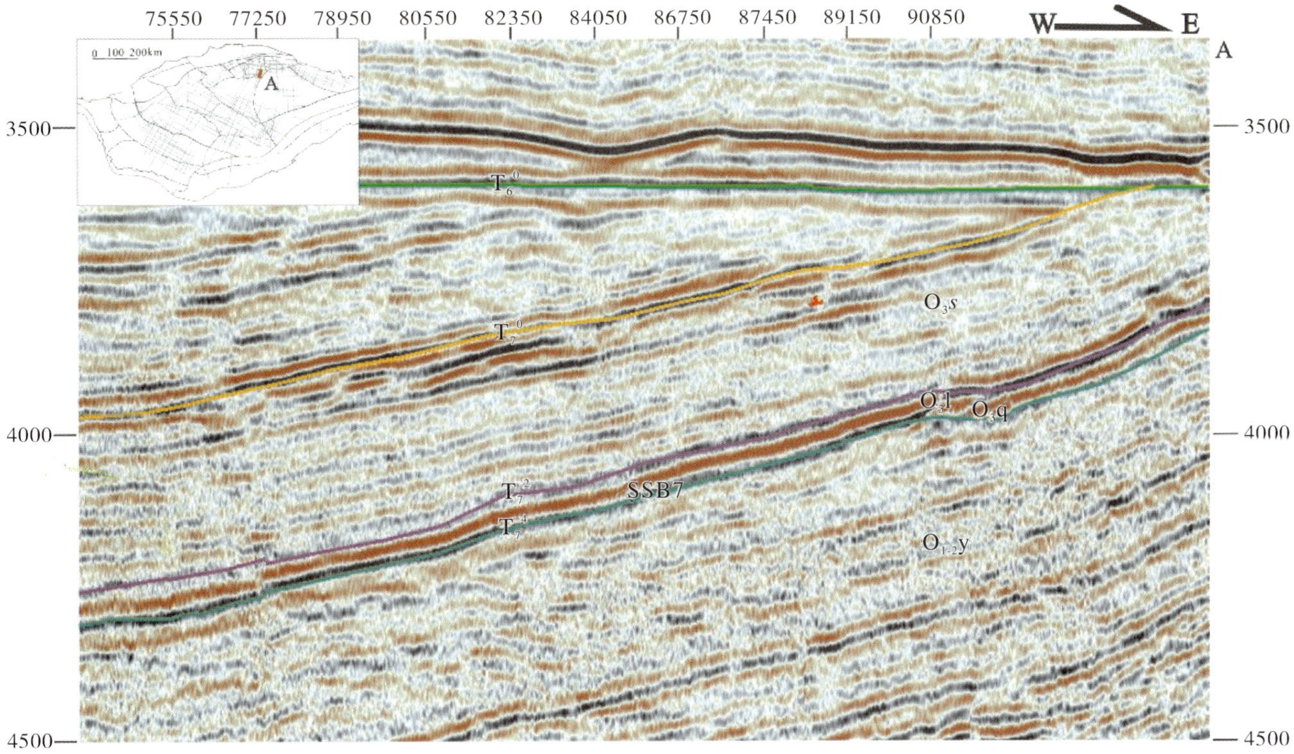

图 6-33　塔北地区 SSQ7 层序地震特征

在盆地相区 SSQ7 为却尔却克组中-上段，主要为一套陆棚-盆地相的陆源碎屑沉积，相对于 SSQ6 来说，SSQ7 在砂质含量上要明显的高于前者，岩性以粉砂岩、泥岩为主，其沉积水体相对 SSQ6 较浅。这可能是由于受早期加里东运动 III 幕的影响，导致整个盆地相对被抬升，尤其在盆地周缘大面积地区被抬升遭受风化剥蚀，提供了大量的陆源碎屑物质，使得在 SSQ7 末期塔里木盆地绝大多数区域表现为以陆源碎屑沉积为主。在 SSQ7 中晚期，随着陆源碎屑的注入，在原有的碳酸盐岩沉积的基础上，盆地内部广泛发育了碳酸盐岩与陆源碎屑的混合沉积，混合沉积在碳酸盐岩台地，台地边缘以及陆棚都有发育。

6.4.2　克拉通内坳陷沉积阶段（S-D_{1+2}）层序地层特征

该构造演化阶段主要包括 SSQ8 和 SSQ9 两个二级层序（图 6-34）。

1）SSQ8 二级层序发育特征

大致相当于传统地层系统中的中下志留统。层序主要由各种类型的细-中粒砂岩、粉砂岩、泥质粉砂岩、粉砂质泥岩和泥岩组成。

SSQ7/SSQ8 界面对应于距今约 440Ma 的一次较大规模的海平面下降事件，相当于传统地层系统中奥陶系与志留系之间的分界面，为一个在塔里木盆地广为分布的不整合界面。在塔北，该不整合面在塔里木北部边缘为角度不整合，向塔里木地块内部逐步变为微角度不整合或假整合，向塔里木盆地的中心，甚至为整合接触。在塔里木地块北部边缘协合拉之北，可以清楚地看到上泥盆统不整合在中寒武统、震旦系或前震旦系之上。在乌什县城南的喀拉铁克山北侧，见志留系砂砾岩直接微角度不整合于下奥陶统丘里塔格组白云岩之上。据附近奥陶系厚度推算，期间剥蚀地层厚度大于 800m，且接触面上下地层产状也略有差异，说明两者之间为微角度不整合或假整合接触。在西柯坪塔格山的皮羌断裂南端，发现志留系底砾岩覆盖在下奥陶统丘里塔格组灰岩的剥蚀面上，期间缺失中上奥陶统及部分下奥陶统。据柯坪剖面推算，其剥蚀厚度达 600m。剥蚀面凹凸不平，上下地层产状无明显差异，为假整合接触。覆盖区沙 11 井和沙 21 井揭示，志留系分别盖在中奥陶统和下奥陶统之上，说明志留系与奥陶系之间有一间断面。上述特征说明，该界面不仅分布范围广，而且明显地具有受构造运动影响的证据，因此，它的形成是构造抬升和海平面下降综合作用的结果。

SSQ8 二级层序中各层序普遍缺少 LST 的沉积，其体系域的发育以 TST-HST 为主，层序对称性好。

在地震剖面上，SSQ8 二级层序由 3～12 个相位组成，通常称为 T_7^0-T_6^1 波组。该波组以低频中弱振幅平行—亚平行反射为特征，在不同地区又有所差异。在满加尔地区由 3～12 个相位组成，主要为中振幅反射；在塔北地区由 1～5 个相位组成，振幅从弱到强分布不稳定，变化较大，整个波组被上覆的不同时代地层的波组所削截；在巴楚和阿瓦提地区由 2～7 个相位组成，主要为弱振幅、连续性较差；在塔中地区由 1～4 个相位组成，信噪比稍高，分布较有规律，总的表现为：南部地区的波组由 1～3 个相位组成，为弱振幅反射；中部地区的波组由 3～4 个相位组成，为中振幅反射；北部地区的波组由 4 个相位组成，为强振幅反射。

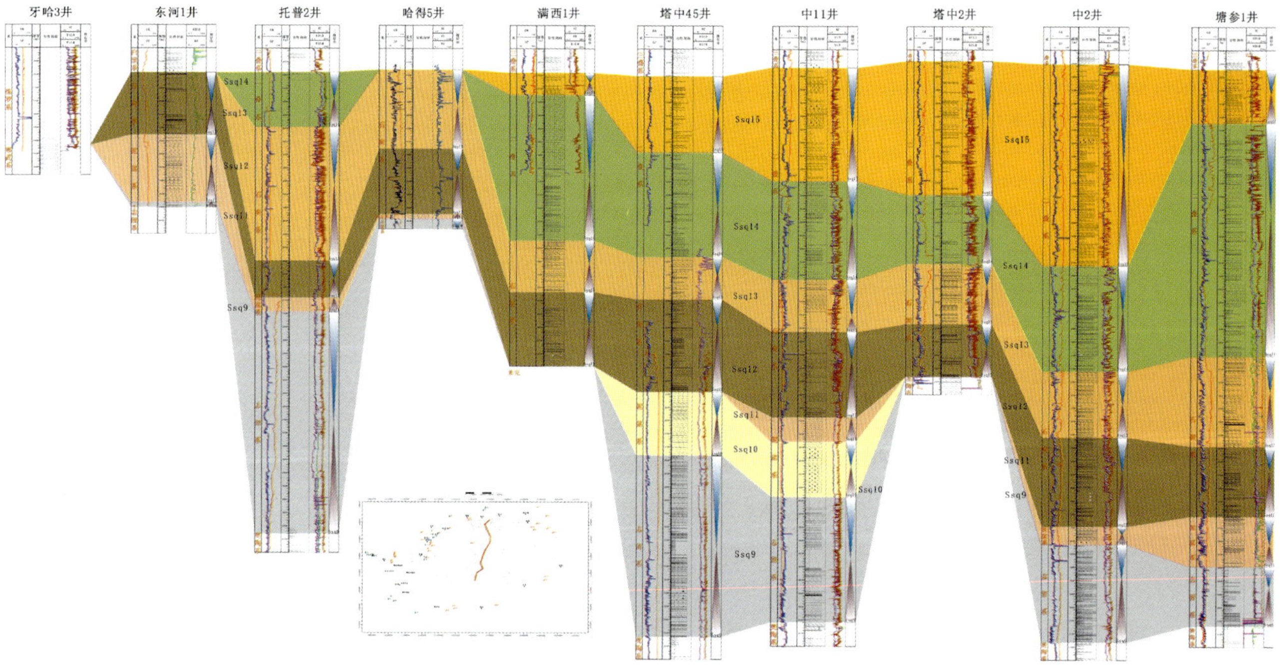

图 6-34　塔里木盆地牙哈 3 井-塘参 1 井志留系—二叠系构造层序地层格架剖面

2）SSQ9 二级层序发育特征

大致相当于传统地层系统的上志留统—中下泥盆统，即克兹尔塔格组，主要由浅绿、红、紫褐等色的细-粗粒砂岩、砾岩夹泥岩、白云质细粒砂岩-砾岩等组成，夹少许菱铁矿。具大型交错层理、韵律层理及冲刷构造，为滨浅海相-陆相沉积。在平面上岩相变化不大，由于其上部遭受不同程度剥蚀作用，岩层变化较大。在平面上，该超层序在盆地覆盖区仅分布于中央隆起和满加尔凹陷、塔西南坳陷等地；而在塔东南、库鲁克塔格-塔东北，塔北-库车地层分区及塔中地层分区的塔东、塘古孜巴斯地层小区，该层序缺失；在盆地周缘的南天山、柯坪、铁克力克等地层分区则有相应的地层分布，而阿尔金地层区则缺失。

在露头剖面上，该超层序以柯坪县铁热克阿瓦提剖面出露连续完整。它们由砂、泥岩构成的韵律性十分明显和频繁，且这种韵律的厚度在剖面上有规律的变化，构成十分典型的对称性旋回。层序中体系域的发育以 TST-HST 为特征，缺少 LST。克兹尔塔格组下段广泛分布于柯坪-巴楚地区，以柯坪铁热克阿瓦提和巴楚小海子出露较完整，由紫红色、棕红色滨海相粉砂岩为主夹含砾砂岩组成 TST 的加积-退积式层序组；克兹尔塔格组上段为滨海潮坪-三角洲红色陆源碎屑沉积，岩性通常为紫红色、棕红色粗粒砂岩及粉砂岩和粉砂质泥岩夹含砾砂岩或砾岩组成，岩性相对下段为粗，多组成进积式层序组的高水位体系域。

钻井揭示该超层序主要为一套滨海相-陆相的棕色陆源碎屑岩沉积，下部为粉砂岩为主组成 TST，上部以中细粒砂岩为主组成 HST，其顶底均为不整合接触。

SSQ9 二级层序在地震剖面上与 T_6^0-T_6^1 反射波组相对应，由 2～8 个相位组成，可见底部由盆地中部向南北两个方向上超减薄的趋势。

6.4.3　克拉通周缘坳陷，克拉通内裂陷沉积阶段（D_3-P）层序地层特征

该构造演化阶段主要包括 SSQ10、SSQ11、SSQ12、SSQ13 四个二级层序（图 6-34）。

1）SSQ10 二级层序发育特征

相当于上泥盆统东河塘组。SSQ10 与 SSQ9 之间的界面对应距今 368Ma 的一次较大规模海平面快速下降事件，大致相当于中泥盆统与上泥盆统东河塘组之间的一条分界线，东河砂岩对下覆古侵蚀面具有填平补齐的沉积特征。该界面在塔北反映明显，且对油气的运移和储集起着重要的控制作用。在阿克库勒凸起及其以北地区，缺失东河塘组，直接超覆在奥陶系、志留系之上。这个缺失区大体沿沙 4 井、沙 30 井与乡 1 井之间、羊屋 1 井-塔河 1 井之南，过轮南 60 井后向北延伸。在哈拉哈塘凹陷的东河塘组所反映的地震波组空白反射区之下，多出一个地震相位，代表了 50m 厚左右的砂岩层，这套砂岩层沿 T_6^0 呈上超尖灭。在柯坪隆起区，四石厂一带上石炭统四石厂组角度不整合于中下泥盆统依木干他乌组之上。据地震剖面分析，与此界面相应的反射界面存在明显的上超或削截现象。根据前人研究成果，与此界面形成相对应的时间内，塔北发生了一次重要的构造运动，即海西运动。它在天山造山带中的突出表现是萨阿尔明海槽关闭、褶皱。在塔北地区表现为明显的平缓褶皱运动。因此，该界面是受构造抬升运动和海平面下降综合作用的结果，且构造运动的影响可能更大。

东河塘砂岩主要为陆棚沉积，是对下覆古侵蚀面的填平补齐，由浅灰、灰色砾岩和含砾砂岩、砂岩、泥质粉砂岩、泥岩等组成。在塔中隆起北坡、东河塘及哈拉哈塘沉积最厚，一般在 100m 以上，最厚达 364m，显示这些地区东河塘砂岩沉积前有较深的河谷存在。而在西部的巴楚地区、和田河以及东河砂岩尖灭线附近厚度普遍减薄，一般在 50m 以内。巴楚组以发育陆棚、滨岸和潮坪为特征，岩性以灰、褐灰色、深灰砂岩和粉砂质泥岩、泥晶灰岩及泥岩为主。总体上自西向东厚度逐渐减薄，从 150～15m，显示由西向东的海侵方向。

2）SSQ11 二级层序发育特征

该二级层序主要由下石炭统，包括巴楚组和卡拉沙依组的上泥岩段，以发育碳酸盐台地、潮坪、潟湖和三角洲沉积体系为特征。在盆地内岩性东西向变化较大，在巴楚地区主要是一套膏泥岩夹薄层灰岩及白云岩，为局限-蒸发台地沉积，向东到巴东、塔中和满加尔地区石膏沉积物减少，变为以砂泥岩沉积为主，夹薄层灰岩，主要属于潮坪、潟湖及三角洲沉积体系。厚度总体上西厚东薄，一般为 150～800m，其中生屑灰岩段和标准灰岩段在盆地内分布较为稳定，是重要的对比标志层。

3）SSQ12 二级层序发育特征

主要由上石炭统组成，包括卡拉沙依组砂泥岩段、含灰岩段、灰岩段以及小海子组组成，以广泛发育碳酸盐台地为特征。地层厚度变化较大，从 20 多米到 200 多米不等，总体上呈现出北薄南厚的变化趋势。在地震剖面上，SS8 超层序以 T_5^5 为底界面、T_5^1 为顶部界面，该界面顶部出现亮晶生屑灰岩，与库普库兹满组的灰绿色泥岩相接，之上为浅红色凝灰质砂岩，岩相及沉积环境皆有明显变化，可能为一个沉积间断面。

4）SSQ13 二级层序发育特征

主要由中下二叠统组成。下二叠统的南闸组、库普库兹满组、开派兹雷克组组成，由碳酸盐台地和潮坪环境的泥晶灰岩、颗粒灰岩、砂岩和泥岩组成。主要分布在柯坪和南天山地区，厚度一般在 150～

600m，由北向南厚度逐渐减薄，灰岩组分减少，逐步以碎屑岩取代。

下碎屑岩段，为砂泥岩互层。主要为褐色、灰、紫红厚层-巨厚层泥岩、粉砂质泥岩与泥质粉砂岩、粉砂岩、细-中粒砂岩、含砾不等粒砂岩细砾岩不等厚互层，少数钻井夹少量钙质泥岩、灰色泥灰岩、灰白色石灰岩。以发育曲流河和滨浅湖沉积为特征。在塔中地区分布广泛，厚度一般为100～250m，在塔中10井厚可达364.5m；巴楚地区西部较薄，向东增厚，在曲2井厚650m；塔北地区大部分缺失下碎屑岩段。HST包括火山岩段和上碎屑岩段。以发育河流、三角洲和湖泊沉积体系为特征。火山岩段厚度相差较大，为0～362.5m，火山岩以基性玄武岩、辉绿岩，中酸性的安山岩、凝灰岩和火山碎屑岩为主，满西1井区以中酸性火山岩为主，其余区块以基性火山岩为主，玄武岩几乎遍布全区。上碎屑岩段为砂泥岩互层，厚度相差大，为64～993m。主要为灰、褐色中厚-巨厚层状泥岩，粉砂质泥岩夹中厚层细砾岩、砾状砂岩、含砾不等粒砂岩、砂岩、粉砂岩，不同井、不同区块碎屑岩与泥岩的含量比变化较大。

在地震剖面上，SSQ13二级层序为$T_5{}^1$至$T_5{}^0$反射波组，在阿瓦提凹陷，以较大型的由东往西的前积反射为特征。

6.4.4　前陆盆地沉积阶段（T）层序地层特征

在该构造演化阶段可进一步划分为3个二级层序（SSQ14、SSQ15和SSQ16），分别对应下三叠统柯吐尔组、中三叠统阿克库尔勒组和晚三叠统（包括哈拉哈塘组）。

1）SSQ14二级层序发育特征

SSQ14二级层序是指距今251～245Ma间形成的，约相当于传统地层系统中的下三叠统，底部为$T_4{}^8$地震反射界面。该界面为一系列不同类型的不整合，如削截（超覆）不整合、断块旋转削截超覆不整合、超覆不整合和平行不整合等。其中，褶皱削截（超覆）和断块旋转削截超覆不整合分布于巴楚、塔北、塔东、塔中等地，超覆不整合发育于麦盖提斜坡，平行不整合分布于塔西南-阿满坳陷。

自二叠纪至三叠纪，沉降中心不断自西向东迁移，继承这一趋势，表现为当时盆地的东部和北部边缘地带，下三叠统超覆在石炭系或更老地层之上，呈假整合或不整合接触关系；但在盆地内部，二叠系与三叠系之间未见重大沉积间断，它们之间缺乏清晰的岩性界面，因此，在实际工作中难以具体确定$T_4{}^8$反射界面的位置。

库车盆地为前陆盆地，呈近北东向展布，总体呈北厚南薄的趋势（图6-35～图6-37）。塔北-塔中地区沉积厚度差异较明显，总体呈南厚北薄、西厚东薄的特点。在塔中49-阿满2-顺8井区，沉积厚度最大（平均260m），以粗碎屑沉积为主，砂地比大于50%，为物源影响最强、沉积速率最大的部位，即沉降中心。

2）SSQ15二级层序发育特征

SSQ15是指距今245～228Ma间形成的一个二级层序，约相当于传统地层系统的中三叠统，其底界面为$T_4{}^7$地震反射界面。中三叠统地层主要见于北部的库车坳陷和塔北-塔中地区，在盆地的东西两端及南部昆仑山前地区均缺失中三叠统。

库车坳陷是三叠系的主要出露区，克拉玛依组对应阿克库勒组，主要岩性为灰绿色粉砂岩、细-中粒砂岩、灰黄色砾岩，夹少量灰黑色页岩、炭质页岩等，纵向上构成向上变细的正旋回。含介形类、双壳类、叶肢介化石和其他一些植物化石，时代均属中三叠世早期。沉积相以辫状河三角洲相为主，扇三角洲相和滨浅湖相次之，坳陷中部发育少量半深湖相泥岩沉积。扇三角洲局限于山前，规模较下三叠统明显减小。辫状河三角洲在坳陷南北两侧均有发育，以北部为主。岩石组成为中-粗粒砂岩、粉砂岩、泥岩等，发育块状层理、交错层理等。在拜城一带为一套砂砾岩，在库车河一带为一套灰绿色砂岩、砂砾岩、粉砂岩夹泥岩互层；在阿瓦特河一带为砂岩、砂质泥岩夹黑色炭质泥岩。最大厚度在库车河一带，接近1000m；在轮南地区厚度最小，223m。本组与上、下层位整合接触。

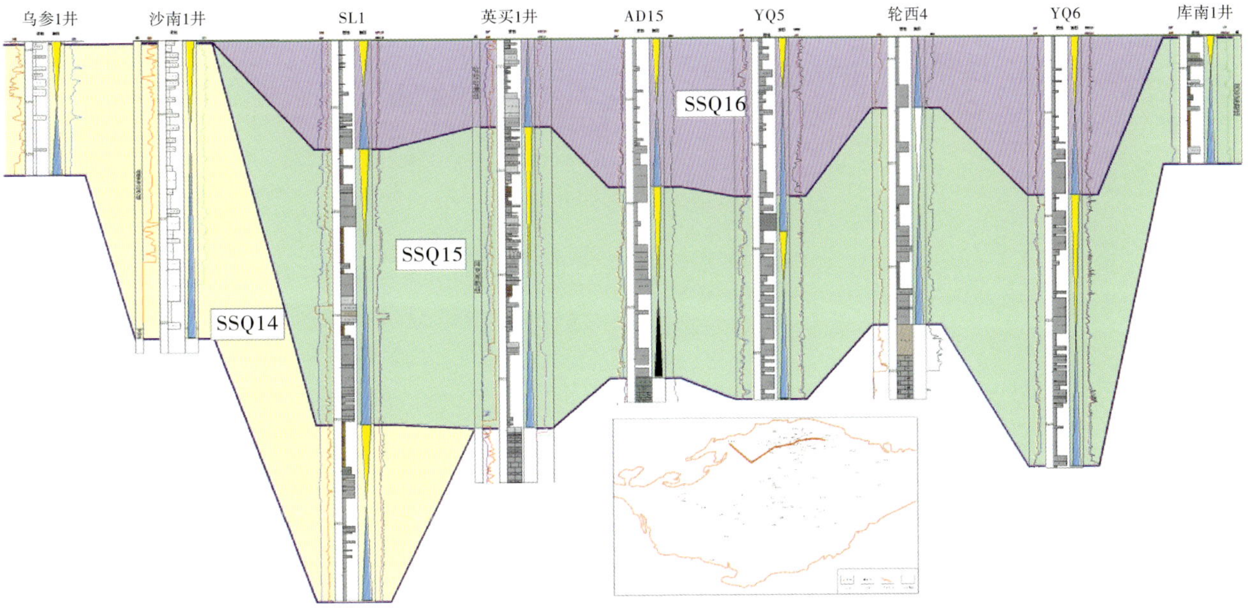

图 6-35　乌参 1-库南 1 井三叠系构造层序地层格架剖面

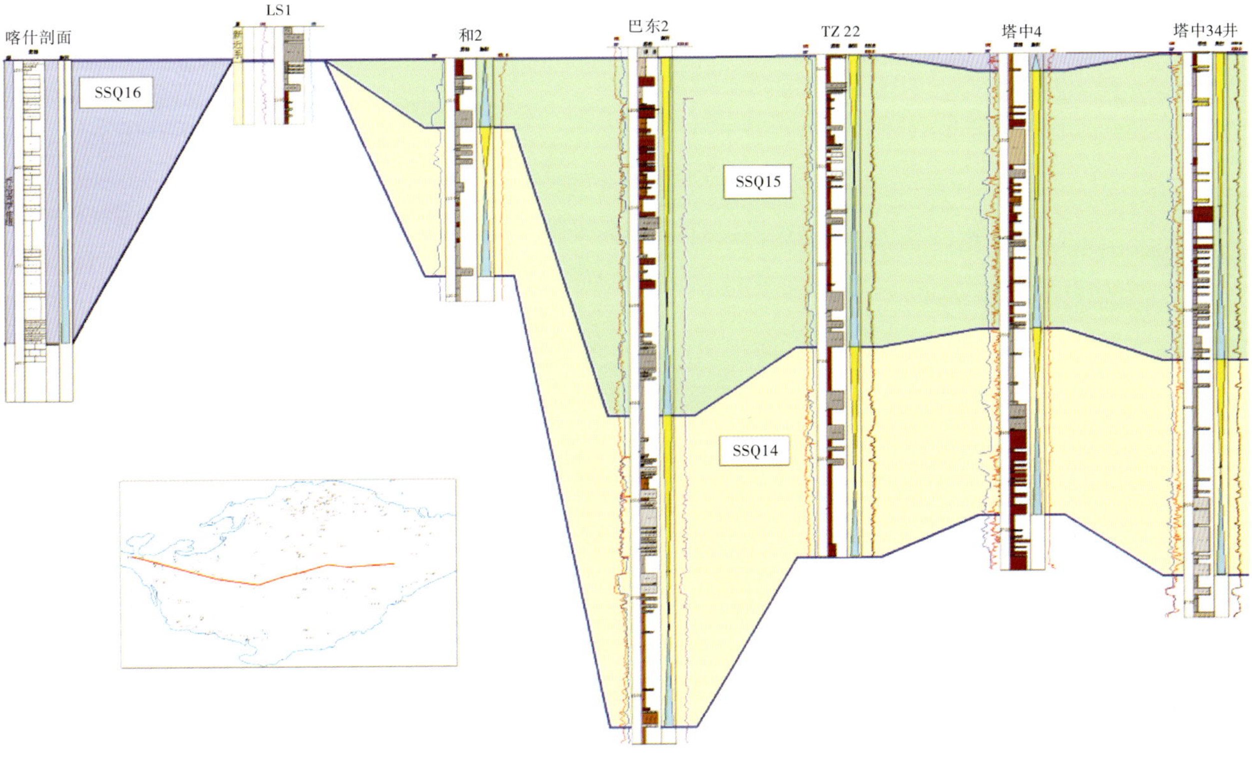

图 6-36　喀什剖面-塔中 34 井三叠系构造层序地层格架剖面

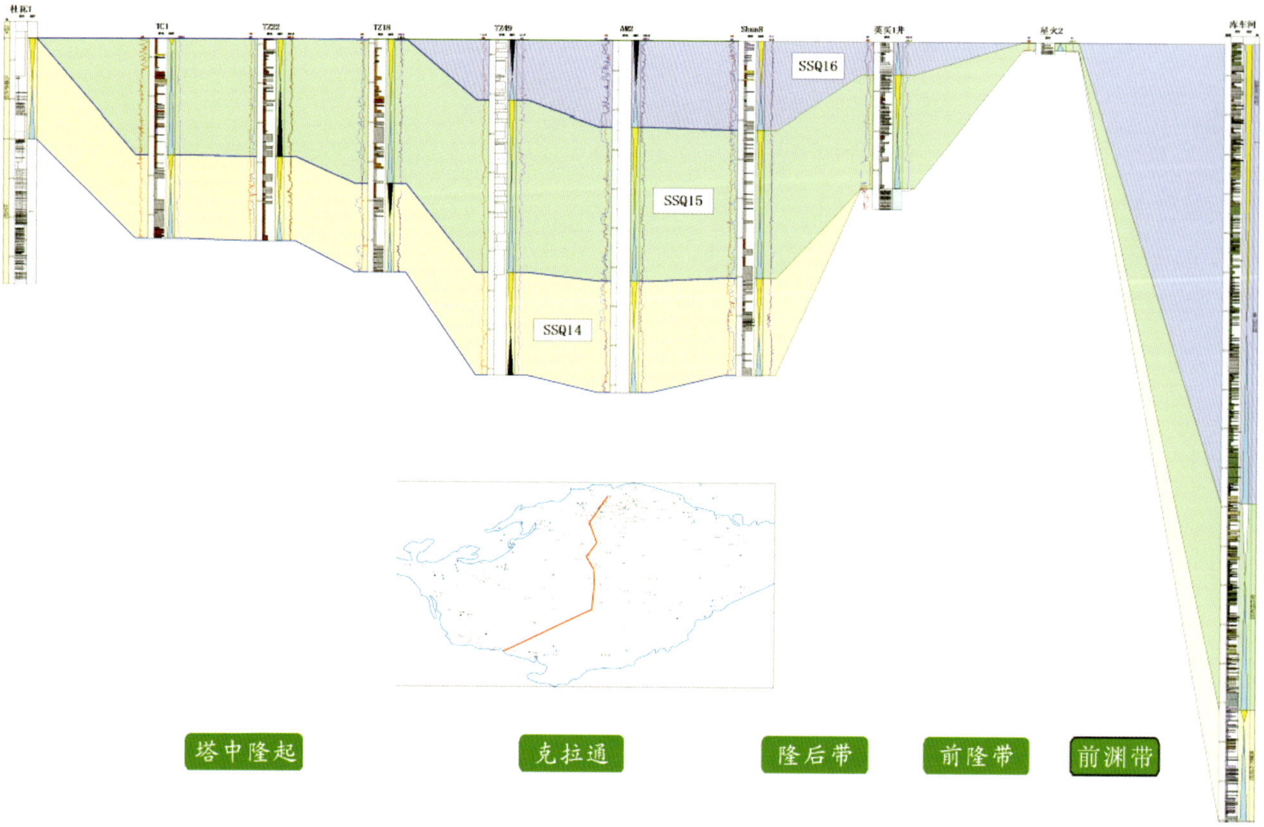

图 6-37　杜瓦剖面-库车河剖面三叠系构造层序地层格架剖面

塔北-塔中地区，在地震剖面上 SSQ15 层序具填平补齐特征，低洼地区较厚，具有自盆内向盆地西、北和东 3 个方向高部位超覆、减薄、粒度加粗和局部地区尖灭的变化特点。据钻井资料，SSQ15 层序在塔中地区由褐色细粒砂岩与棕色泥质粉砂岩、泥岩组成二元结构，属曲流河沉积，难以划分体系域，在塔北隆起由低位体系域和水侵体系域构成，低位体系域发育辫状河三角洲相沉积，水侵体系域为半深湖-深湖相沉积。

3）SSQ16 二级层序发育特征

SSQ16 是指距今 228～199.6Ma 形成的一个二级层序，约相当于传统地层系统中的上三叠统，其底界面为 T_4^6（T8-3）地震反射界面。SSQ16 二级层序底界面在塔北-塔中地区为一振幅较弱、连续性中等的波峰反射相位。地震剖面上，南部地区由河道下切作用造成的冲刷充填反射特征明显；塔北隆起地区界面以上表现为下超接触关系，界面以下呈整一接触关系。超层序 SSQ16 内部波组振幅较强、连续性较好，呈斜交前积内部结构。由于后期的掀斜剥蚀作用，南部塔中地区遭受抬升剥蚀强烈，厚度向南逐渐变小，直到完全缺失，呈现出南部地层顶部被 T_4^6 界面削截特征。

SSQ16 二级层序顶界面反映了三叠纪末的印支运动，表现为一大型侵蚀-上超型不整合面。这是盆地演化过程中的一次重要事件，使盆地大部隆起遭受剥蚀，并出现了准平原化的构造面貌。同时结束了造山后调整时期的内陆坳陷演化阶段，转化为塔里木板块南缘各地块或地体的碰撞，导致盆地内陆造山带隆起、拱张和走滑等引起的多期断陷盆地类型。这期构造运动主要与三叠纪末期发生的羌塘地块同塔里木板块的碰撞作用有关。

SSQ16 在库车坳陷发育扇三角洲、辫状河三角洲、曲流河三角洲、滨浅湖、半深湖等沉积相。扇三角洲和辫状河三角洲比较局限，仅见于坳陷北部边缘。上三叠统岩性较细，以大面积分布的三角洲为特征，在坳陷南、北两侧成条带状延伸。主要由粉砂岩、泥岩和若干煤层等构成，含大量植物和双壳类化石，发育水平层理、交错层理和冲刷面构造。在该曲流河三角洲内部可识别出河道、漫滩和堤岸亚相，以前两者为主。河道亚相中能观测到由砾岩等组成的河床滞留沉积和砂质边滩沉积。漫滩沉积主要为洪泛平原、河漫沼泽等，含多层煤线。上三叠统顶部粒度变粗，含有砾岩、粗粒砂岩等，其中灰白色砾岩的最大厚度达到 400m，分布位置在坳陷北部山前一带，属扇三角洲、辫状河三角洲相。

在塔北-塔中地区，无论是南北向，还是东西向，对比剖面中均表现出该时期的地层沉积厚度中部最厚，向盆地边缘减薄，北部厚度大于南部厚度的特征。在南北剖面上，表现为滨浅湖-辫状河三角洲-半深湖-扇三角洲的沉积格局。沉积中心位于顺 8 井区，为半深湖-深湖相泥岩沉积，平均厚度为 225m。

6.4.5　断陷-坳陷沉积阶段（J-E）层序地层特征

断陷-坳陷沉积阶段跨越侏罗纪、白垩纪和古近纪，由 6 个二级层序（SSQ17、SSQ18、SSQ19、SSQ20、SSQ21 和 SSQ22）组成，其层序分布与下伏一级层序内部结构有较大差异，表现为其层序分布范围分割性较强，主要分布于塔东、库车坳陷、东南和西南坳陷山前地带，其沉积中心多靠近山前地带。

1）SSQ17 二级层序发育特征

SSQ17 是指距今 199.6～161.2Ma 形成的一个二级层序，约相当于传统地层系统中的下侏罗统—中侏罗统，其底界面为 T_4^6（T8-3）地震反射界面。

在库车坳陷侏罗纪沉积序列中划分出 2 个二级层序（SSQ17 和 SSQ18）。SSQ17 包括阿合组、阳霞组、克孜勒努尔组和恰克马克组，以曲流河-滨浅湖层序类型为主。低位体系域为由扇-辫状河、曲流河沉积等组成的退积序列；湖侵体系域由曲流河、三角洲、滨浅湖沉积的灰白色砂砾岩、灰绿色粉砂岩、泥岩、灰黑色炭质泥岩、泥岩韵律互层的退积型基本层序构成。最大湖泛面位于克孜勒努尔组下部，盆地边缘伴随沉积一套泥岩、炭质泥岩、煤层夹少量粉砂岩、砂岩的沉积，具典型的河流泛滥平原特征；湖泊中心由深湖-半深湖相炭质泥岩组成，形成稳定分布的黑色页岩层。高水位体系域由浅湖相、滨浅湖相的鲜绿色砂岩、粉砂岩、泥岩、灰白色泥灰岩的进积型基本层序构成。

塔北隆起在英买力低凸起及其以东的轮南、东河塘地区以及塔东地区普遍存在侏罗系，但发育不全。塔北隆起多缺失下侏罗统下部阿合组、中侏罗统上部恰克马克组和上侏罗统齐古组、喀拉扎组。存在地层多为阳霞组-克孜勒努尔组，厚度几十米至百余米，草湖凹陷厚度较大，达 294m，主要为一套含煤岩系，顶部具黑色炭质泥岩标志层。塔东地区侏罗系主要由中下侏罗统组成，包括下统的阿合组、阳霞组和中统的克孜勒努尔组，其下与志留系呈角度不整合接触，其上与白垩系呈角度不整合接触。英买 4、马纳 3、东河 7、8 及红旗 2 等井砂岩都以灰白色为主，泥岩都以灰色、深灰色为主。英买 4、6、10 井夹有薄煤层，马纳 3、东河 8 等井砾岩上部还见有炭质泥岩，反映了当时温暖潮湿的还原沉积环境，这些都与白垩纪地层以红色基调为主的氧化环境具有明显差异。SSQ17 二级层序水进体系域由大套滨浅湖亚相中细粒砂岩为特征，伴有湖岸泛滥平原亚相粉砂岩、泥质粉砂岩组成；高水位体系域主体由三角洲平原分流河道含砾砂岩和三角洲平原沼泽泥质沉积组成，含煤层。最大湖泛面位于克孜勒努尔组下煤层段，岩性以厚层灰色、深灰色泥岩、粉砂质泥岩为主，夹有深灰色、黑色炭质泥岩、煤层，为一种森林沼泽为主的环境。

SSQ17 二级层序在塔里木盆地南缘沿昆仑山北麓山前断续出露，主要分布于喀什凹陷、叶城凹陷、且末-民丰凹陷以及若羌凹陷地区，属于塔里木盆地沉积体系。在乌恰康苏剖面、其格勒克剖面、且干布拉克剖面、江尕萨依剖面、若参 1 井、甫参 1 井、甫沙 2 井、玉参 1 井等资料点均见有中—下侏罗统地层。由下自上依次发育：莎里塔什组、康苏组、杨叶组、塔尔尕组。下部为暗色含煤地层，上部为暗红色与灰绿色间互的杂色条带地层。早期主要发育冲积扇、扇三角洲、辫状河和三角洲沉积体系，晚期发育辫状河、河流三角洲、浅湖-半深湖等沉积相，反映了从形成到沉陷，并最后淤浅的全部过程。

2）SSQ18 二级层序发育特征

SSQ18 是指距今 161.2～145.5Ma 形成的一个二级层序，约相当于传统地层系统中的上侏罗统（图 6-38～图 6-40）。

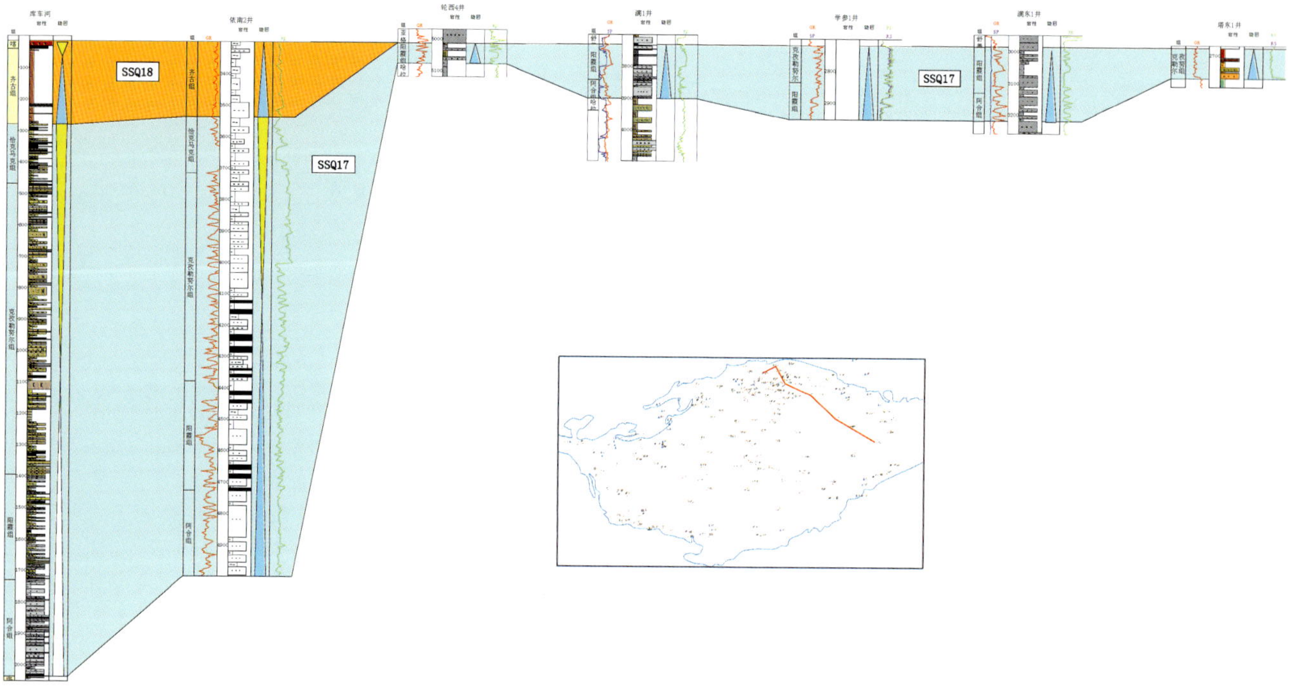

图 6-38　库车河剖面-塔东 1 井侏罗系构造层序地层格架剖面

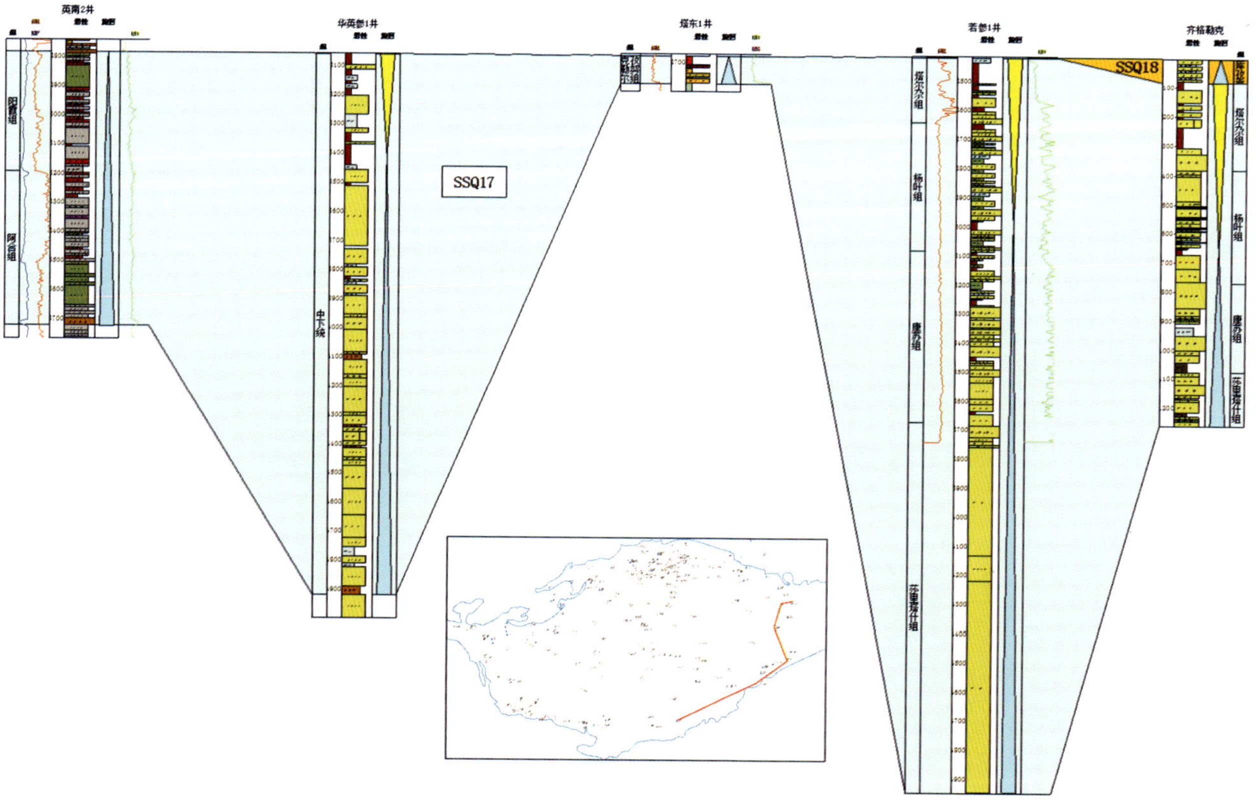

图 6-39　英南 2-齐格勒克剖面侏罗系构造层序地层格架剖面

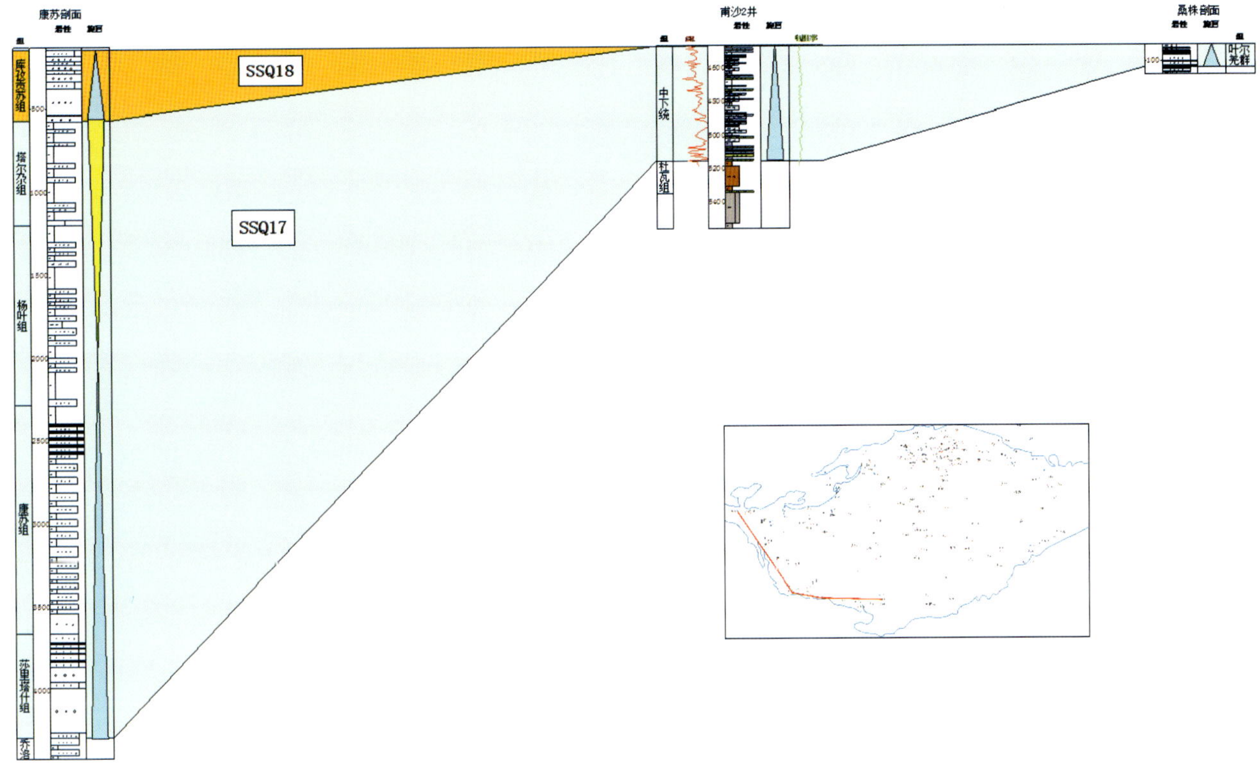

图 6-40　康苏剖面-甫沙 2-桑株剖面侏罗系构造层序地层格架剖面

库车坳陷地区，SSQ18 二级层序包括了齐古组和喀拉扎组，属炎热气候条件下的宽浅湖泊层序类型。SSQ18 二级层序水进体系域为一套棕红色泥岩、粉砂质泥岩、泥质粉砂岩、粉砂岩、少量砂岩组成的湖泊沉积；高水位体系域一般缺失，仅在库车河剖面识别出，主要为一套红褐、红灰色块状砂泥质细砾岩的扇三角洲平原辫状河道沉积。从 TST 至 HST 反映了一个水体由浅至深再变浅的完整的湖平面变化旋回。

在晚侏罗世，塔东南地区处于半干旱、干旱的氧化环境，植物群随之衰落，在露头和钻井岩心上从上侏罗统库孜贡苏组开始出现大量红色碎屑岩（主要为河流冲积相沉积，部分为滨浅湖相沉积）。阿尔金断裂在晚侏罗世具有压扭性质，造成侏罗纪晚期沉积范围减小，使部分地区上侏罗统缺失，库孜贡苏组仅在盆地南缘江尕萨依剖面出露厚度达 60m，标志着瓦石峡凹陷侏罗纪构造演化进入萎缩、衰亡阶段。

塔西南库孜贡苏组砾岩，含泥砾岩和砂岩互层，砾岩分选差，颗粒支撑，砂质充填，砾石呈次圆状，硅质成分为主，砾岩中夹有具水流波痕砂体。砾岩向上变薄，砂层变厚。砂层呈板状或席状，低角度至槽状交错层理。向上砂泥互层增多，砂层中具反粒序层理或低角度交错层理。库孜贡苏组为洪积扇沉积，属退积层序。

3）SSQ19 二级层序发育特征

该层序属早白垩世早中期沉积，相当于下白垩统克孜勒苏群下亚旋回或卡普沙良群。在西南坳陷区和东北坳陷区均有分布，以陆相粗碎屑岩沉积为主，仅在西南坳陷区的喀什以北见有海相沉积，是晚期前陆盆地演化阶段的第 1 个超层序。该层序厚度巨大，最厚达 1000m 以上，可划分为低水位体系域、水进体系域和高水位体系域，凝缩段不发育。在西南坳陷区低水位体系域包括克孜勒苏群下部，是在快速的沉积基准面上升和大量陆源碎屑物质快速补偿下形成的，以洪积扇和河流相砂砾岩为特征，为退积层序组。水进体系域包括克孜勒苏群中部，随着沉积基准面-海平面的抬升，开始出现海侵，形成滨岸、海滩沉积夹层，主要由碎屑岩及砂质白云岩构成，其中含有大量海相生物遗迹，底部具初始海泛面和深切谷沉积特征，由退积-加积层序组构成。高水位体系域由克孜勒苏群上部细碎屑岩及少量白云岩形成的碎屑潮坪及河口砂坝交替沉积为主，反映海侵加大，沉积环境已趋于稳定，由进积层序组组成。这套地层形成本区白垩纪—新近纪盆地发展初期碳酸盐台地的碎屑岩垫板沉积，此后进入碳酸盐台地的发展阶段。在东北坳陷区的库车河卡普沙良群下部亚格列木组及舒善河组下部代表低水位体系域，为退积层序组；舒善河组中上部代表水进体系域，为退积-加积层序组；巴西盖组代表高水位体系域，为进积层序组。

4）SSQ20 二级层序发育特征

该层序为早白垩世晚期沉积，相当于克孜勒苏群上亚旋回或巴什基奇克组，可进一步划分为两个三级层序。其低水位体系域沉积在西南坳陷和东北坳陷都以冲积扇-扇三角洲沉积为主，由退积准层序组构成；水进体系域以浅湖相砂岩及泥岩为特征，局部为泥质蒸发岩，由退积-加积准层序构成；高水位体系域在西南坳陷主要由辫状河三角洲前缘粗-细碎屑岩构成，在东北坳陷由辫状河三角洲平原和三角洲前缘组成，为进积层序组。

5）SSQ21 二级层序发育特征

该层序为晚白垩世沉积。在盆地内分布较局限，以局限台地相碳酸盐岩、蒸发岩及细碎屑岩为主，厚度相对较薄，只包含一个三级层序。在西南坳陷区其低水位体系域沉积以滨岸碎屑岩及潮坪沉积为主，局部地段有低成熟度的砾岩沉积，相当于库克拜组下部，由退积-加积准层序组构成；水进体系域以碳酸盐台地生物碎屑灰岩、砂屑灰岩等为特征，凝缩段在本区较发育，为潮下暗色泥岩沉积，反映海平面快速上升、沉积速率较低，代表本区最大海泛期沉积，仅在库孜贡苏等个别地区形成所谓“中白垩世缺氧事件”层沉积，向东尚未发现，即库克拜组中上部沉积，包括部分乌依塔克组下部；高水位体系域则主要由一套砂屑灰岩、白云岩、蒸发岩（盐岩、石膏、膏泥岩）及细碎屑岩构成，即乌依塔克组上部和依格孜牙组，为进积层序组。在东北坳陷区，该二级层序相当于古城组，低水位体系域由河流-滨浅湖相的巨厚层状棕黄色细粒砂岩沉积为主，由退积-加积准层序组构成；水进体系域为滨浅湖相的巨厚层状棕黄色粉砂岩，由加积准层序构成；高水位体系域为河流相的巨厚层状棕黄色细粒砂岩和粉砂岩夹棕红色泥岩及泥质粉砂岩，由进积准层序构成。

6）SSQ22 二级层序发育特征

SSQ22 二级层序形成于古近纪时期。在西南坳陷区相当于喀什群，低水位体系域为一套薄层蒸发岩、粉砂质泥岩及白云岩，为蒸发泥坪沉积，如吐依洛克组由退积准层序组构成。水进体系域全区均可见阿尔塔什组台地蒸发岩沉积-厚层石膏与白云岩互层，系海水反复蒸发-补给作用形成，反映多次小规模海侵-海退旋回沉积，为一退积-加积沉积层序。此后海侵加大形成凝缩段沉积，如齐姆根组，为一加积层序，主要由生物灰岩、暗色泥岩组成，化石极为丰富，如双壳类、苔藓及鲨鱼牙等，代表开阔台地-台地边缘沉积环境，为本区最大海侵沉积（mfs）。而高水位体系域主要由卡拉塔尔组-巴什布拉克组蒸发岩、砂质灰岩、介壳灰岩、鲕粒灰岩及细碎屑岩构成，以局限台地-潮坪-河流相沉积为主，为进积层序组。

在东北坳陷区，二级层序 SSQ22 相当于古近系库姆格列木群，其中低水位体系域不发育；水进体系域也较薄，以塔拉克组藻屑灰岩、泥晶灰岩为主，系退积层序组；高水位体系域较厚，由小库孜拜组及阿瓦特组（小库孜拜剖面）细碎屑岩、蒸发岩构成，为加积-进积层序组。

6.4.6　复合前陆沉积阶段（N）层序地层特征

该二级层序为中新世沉积，在西南坳陷区相当于乌恰群。全区在中新世大规模海退以后，进入陆内统一坳陷盆地发展阶段，南北差别缩小，所发育的三级层序也趋于相似。中新世早期，西南坳陷区局部仍有少量残留海水，以砂、泥岩及少量石膏沉积为主，即克孜洛依组，代表低水位体系域沉积，为退积层序组；而东北坳陷区为苏维依组河湖相砂砾岩、泥岩沉积，局部也有残留海水被闭塞于原地，形成残留潟湖相砂泥岩、石膏，随着蒸发作用加剧，局部地段出现盐湖，形成盐丘，如小库孜拜、西盐水沟等地区，为退积层序组。中新世中期，随着新的海水小规模侵入，使原来的残留水域扩大，并带来了大量适于海水生存的生物，形成了含有丰富有孔虫 *Ammonia* 的泥岩、石膏、膏泥岩及砂质泥岩等较深水残留潟湖相沉积，代表水进体系域，即东北坳陷区的吉迪克组和西南坳陷区的安居安组，为退积-加积层序组。中新世晚期，高水位体系域以河湖相砂岩、泥岩为主构成，夹有少量石膏或膏泥岩，厚度较大，为进积层序组合，即西南坳陷区的帕卡布拉克组和东北坳陷区的康村组。

6.5　不同构造演化阶段盆地内充填的层序地层格架

6.5.1　克拉通与被动大陆边缘沉积阶段（Z-O）层序地层格架

在野外剖面及钻井的层序地层特征及层序地层对比研究的基础上，建立了塔里木盆地震旦系—奥陶系的层序地层格架。由于钻井资料有限、盆地内部埋藏深、地震反射品质差，钻遇或钻穿寒武系的钻井较少，在盆地内部对于震旦系和寒武系的研究相对较薄弱，研究程度不高。目前仅尉犁 1 井完整揭示了震旦系地层，完整揭示寒武系钻井相对较多，如同 1 井、方 1 井、和 4 井、塔参 1 井、塔东 2 井、塔东 1 井、英东 2 井等。在此基础上根据钻井的分布特征，分别建立了塔中地区及塔北地区东西向震旦系—奥陶系的层序地层格架，充分反映了塔里木盆地震旦系—奥陶系沉积演化过程中的层序充填及其演化特征。

塔北地区，东西向剖面为柯坪野外剖面-星火 1 井-牙哈 5 井-塔深 1 井-于奇 6 井-库南 1 井-尉犁 1 井（图 6-41），除柯坪野外剖面和尉犁 1 井外，其他钻井均有不同程度的层序缺失，其中星火 1 井和牙哈 5 井均表现为白垩系地层覆盖于中、下寒武统地层之上，中间缺失了 SSQ4-SSQ7 及其上覆的大量地层，而塔深 1 井、于奇 6 井、库南 1 井 SSQ7 也有不同程度的缺失，这可能为晚加里东运动的隆升侵蚀所致。塔中地区东西向剖面为柯坪野外剖面-同 1 井-方 1 井-和 4 井-和田 1 井-塔参 1 井-塔东 2 井-塔东 1 井-英东 2 井-尉犁 1 井（图 6-42），总体上来看，除盆地最东端英东 2 井缺失 SSQ1 和 SSQ2，盆地其他地区层序发育完整，没有因构造抬升而导致的侵蚀缺失。

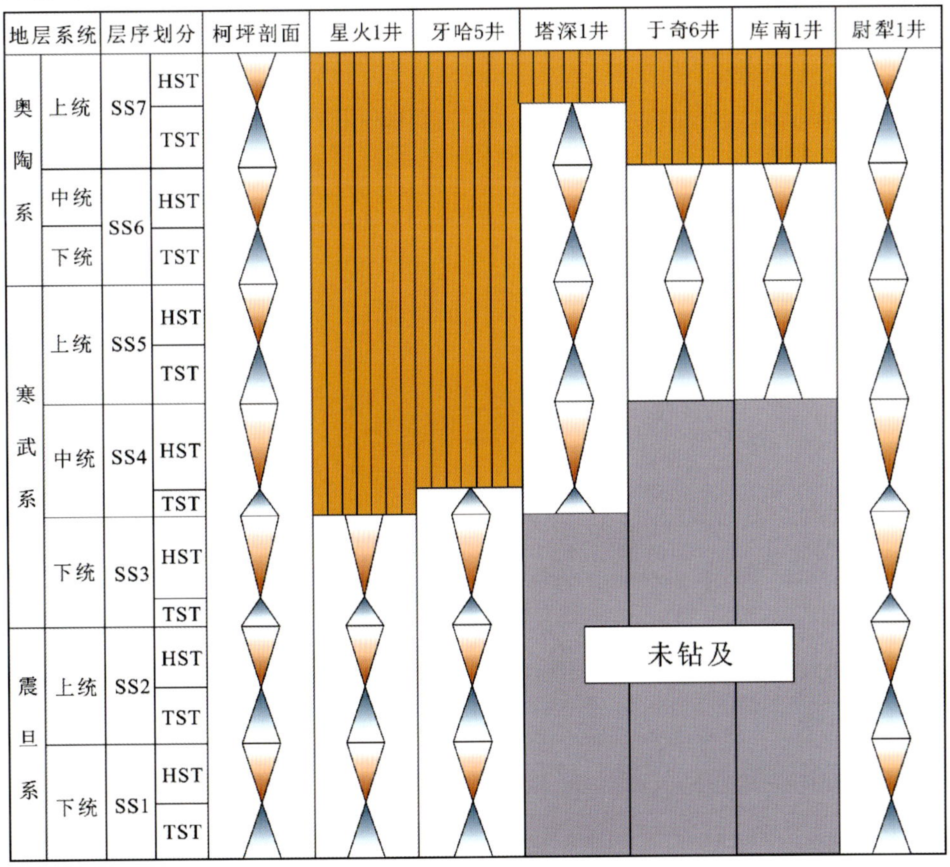

图 6-41　塔里木盆地震旦系—奥陶系层序地层格架

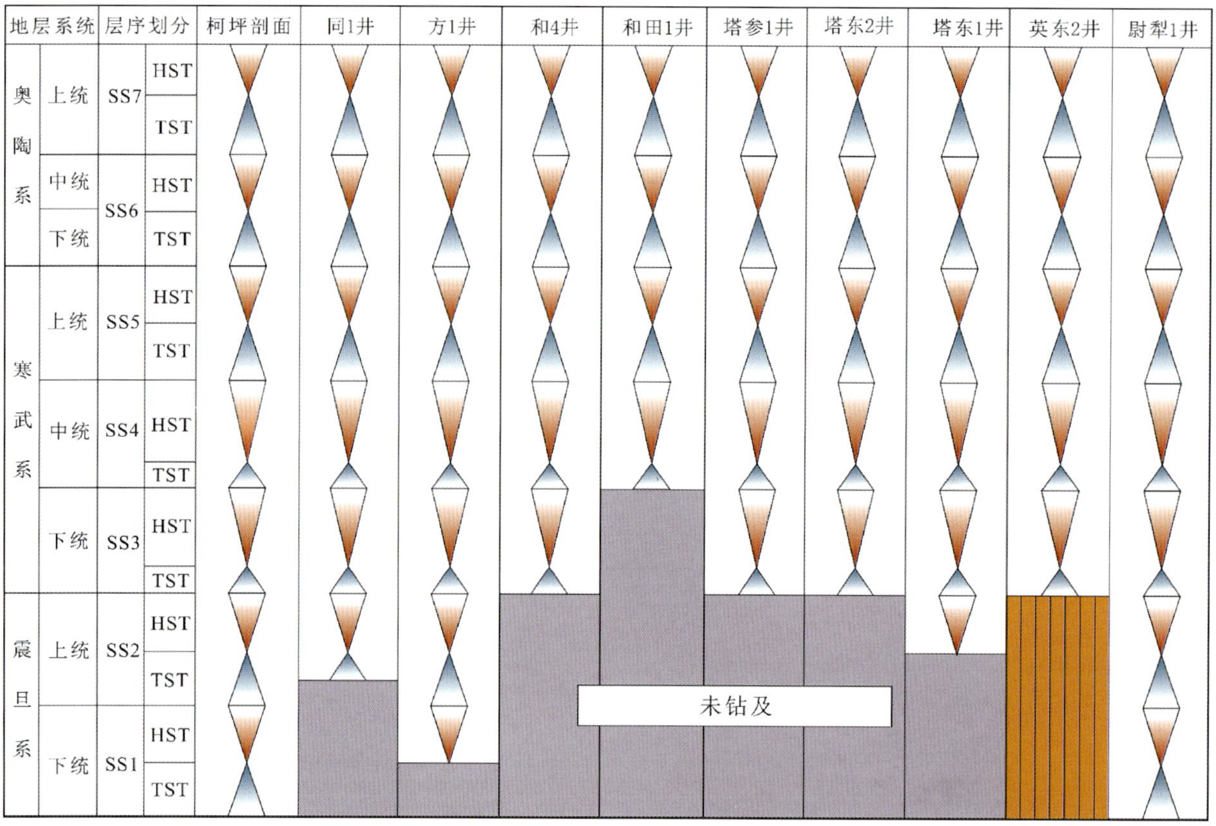

图 6-42　塔里木盆地震旦系—奥陶系层序地层格架

6.5.2　克拉通内坳陷沉积阶段（S-D_{1+2}）层序地层格架

在层序地层特征及层序地层对比研究基础上，建立了塔里木盆地志留系-二叠系 BK2-康 2-罗斯 1-古董 1-和田 1-巴东 2-中 11-顺 1-满参 1-学参 1-孔雀 1 井东西向（图 6-43）和牙哈 3-东河 1-托普 2-哈得 5-满西 1-塔中 45-中 11-塔中 2-中 2-塘参 1 井南北向（图 6-44）层序地层格架。充分反映了塔里木盆地志留纪—二叠纪沉积演化过程中层序的充填及演化特征。志留纪沉积早期塔里木盆地隆起区普遍存在海侵早期缺失，如 BK2、康 2、罗斯 1 井、巴东 2 井等缺失 SSQ8TST 早期沉积，在更高的隆起区缺失整个层序甚至更多的层序，如古董 1 井、牙哈 3 井、塔中 2 井均缺失 SSQ8～SSQ10 层序。其他地区处于盆地坳陷区，层序发育完整。

6.5.3　克拉通周缘坳陷，克拉通内裂陷沉积阶段（D_3-P）层序地层格架

在中泥盆统沉积之后，上泥盆统东河塘组沉积对下伏沉积冲刷侵蚀，造成下伏层序发育不完整，如满参 1 井、中 2 井均缺失整个 SSQ9 层序，罗斯 1 井、塘参 1 井缺失 SSQ9 层序和 SSQ8 层序高位沉积，且在盆地东部地区存在隆升缺失，孔雀 1 井缺失 SSQ10 层序。在石炭—二叠纪沉积中均发育完整，仅存在每一层序的高位期受后期冲刷侵蚀，如满参 1 井 SSQ11 层序缺失 HST 沉积，中 2 井缺失 HST 沉积。盆地北部的上部层序均存在缺失，直接与侏罗系或白垩系地层接触，代表塔里木盆地北部地区受后期构造隆升，造成的侵蚀缺失，如牙哈 3 井、东河 1 井普遍缺失 SSQ12、SSQ13 层序。而盆地东部的孔雀河地区在中志留统沉积之后，一直处于隆升剥蚀状态，为无沉积缺失，如孔雀 1 井缺失 SSQ12、SSQ13 层序。

6.5.4　前陆盆地沉积阶段（T）层序地层格架

在继承前期剥蚀作用区的基础上，三叠纪沉积时期，塔东部、塔西部和塔北隆起地区完全缺失

SSQ14、SSQ15及SSQ16层序，如BK2、康2、罗斯1、古董1、学参1、孔雀1、牙哈3及东河1井。三叠纪后期，受南部抬升北部下降的影响，盆地内部二级层序发育存在较大的差异，如和田1井仅发育SSQ14-TST；巴东2、塔中46、中2及塘参1井地区缺失SSQ16；中11井完全缺失SSQ16-HST和顺1井部分缺失SSQ16-HST；阿满地区层序发育较完整（图6-45～图6-46）。

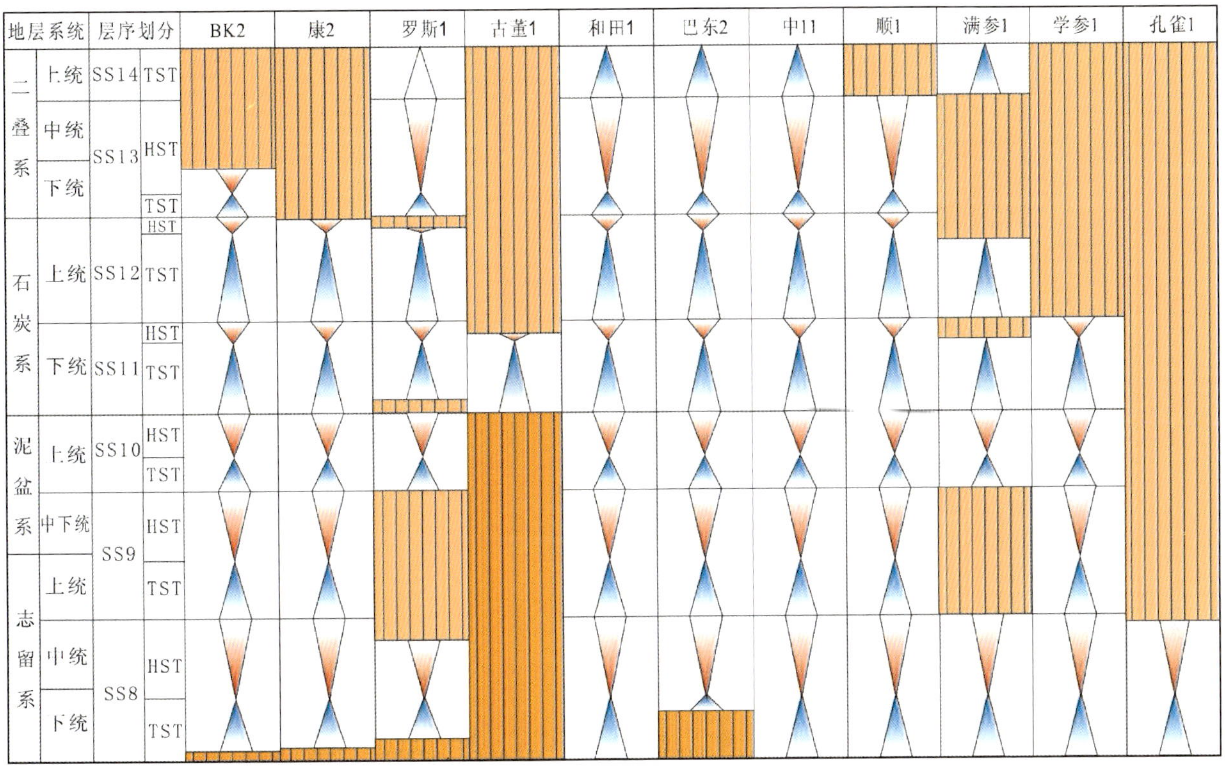

图6-43　塔里木盆地志留系—二叠系东西向层序地层格架图

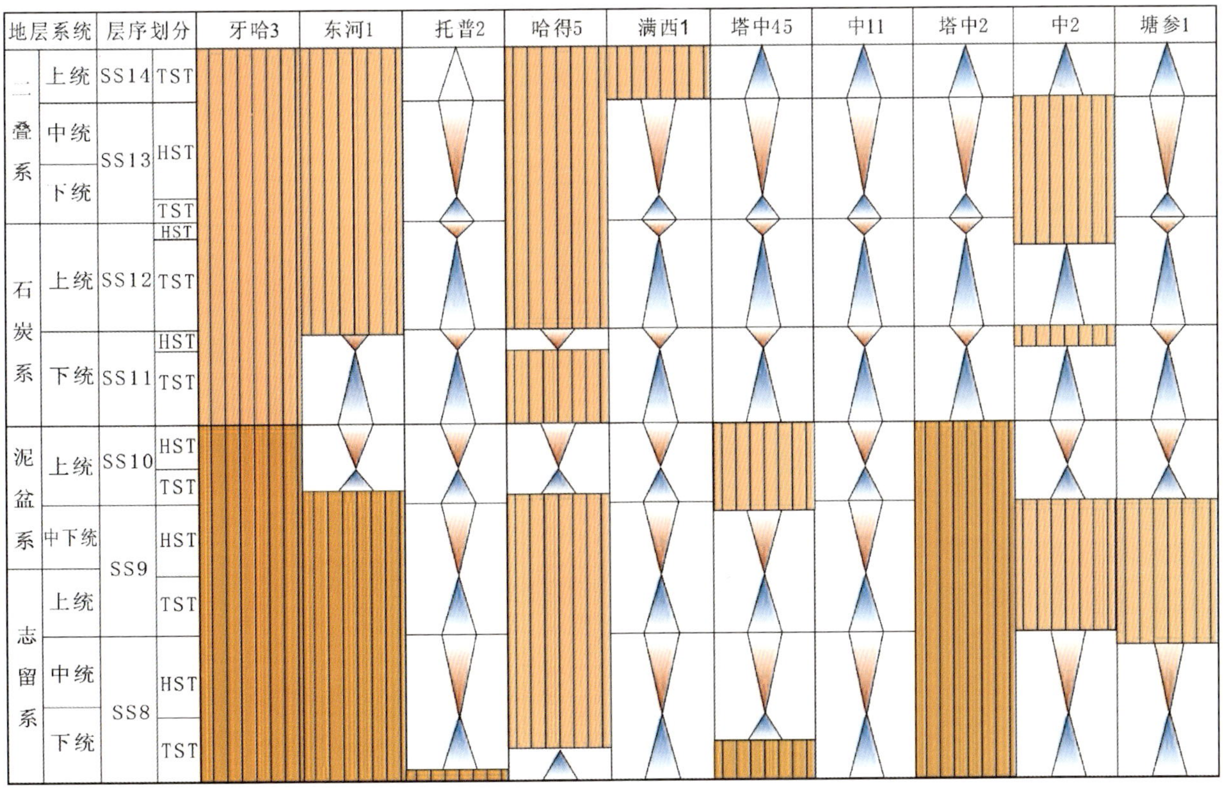

图6-44　塔里木盆地志留系—二叠系南北向层序地层格架图

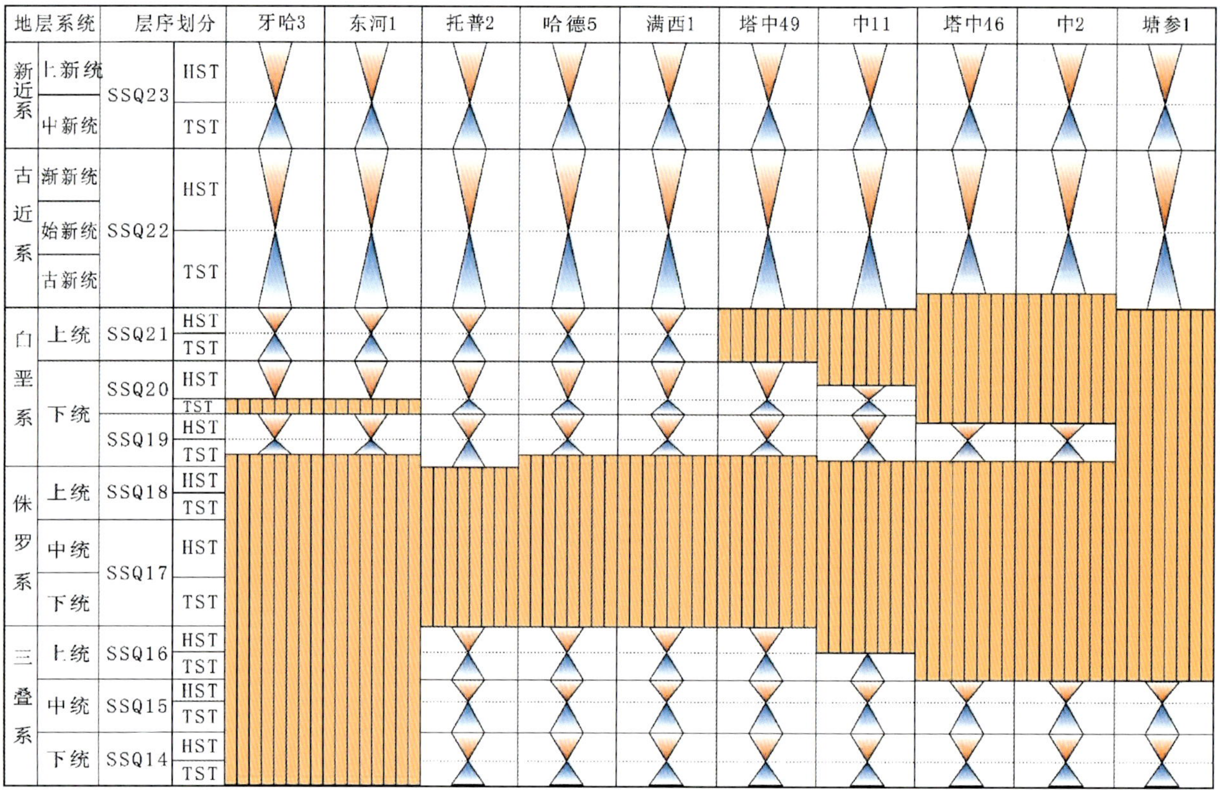

图 6-45　塔里木盆地三叠系—新近系南北向层序地层格架图

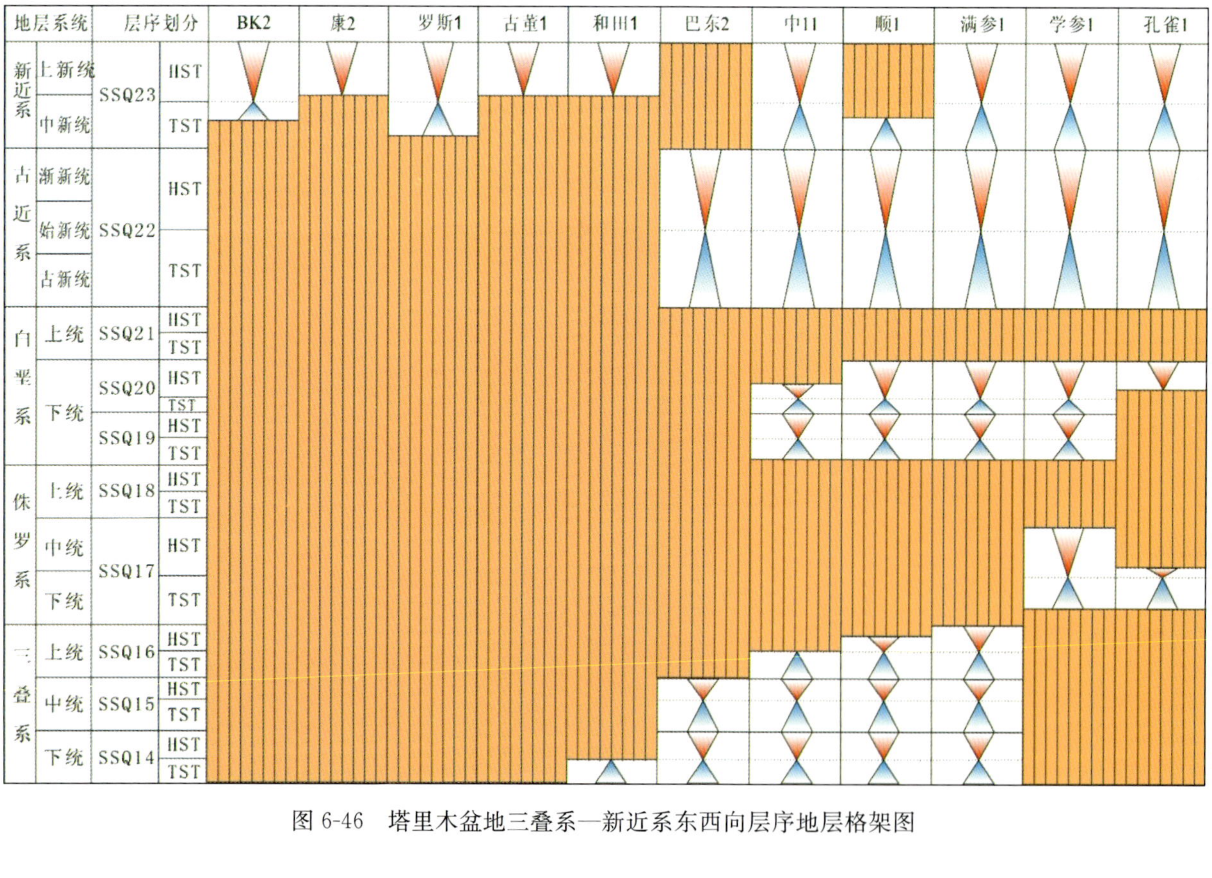

图 6-46　塔里木盆地三叠系—新近系东西向层序地层格架图

6.5.5 断陷-坳陷沉积阶段（J-E）层序地层格架

通过对该构造演化阶段的层序对比研究，表明进入侏罗纪时期，古气候由早期的湿热转化为干热型气候，该时期塔里木盆地大部分地区为过路沉积或暴露剥蚀环境，侏罗系沉积仅在周缘山前坳陷发育。东部连成大面积的沉积区，后期盆地全面抬升遭受剥蚀，钻井中难见到完整的侏罗纪沉积，如学参 1 井发育 SSQ17，孔雀 1 井部分缺失 SSQ17-HST。

侏罗纪末的燕山早期运动使盆地抬升、遭受侵蚀，白垩系与侏罗系地层间形成不整合或假整合。早白垩世塔里木盆地处于全面沉降时期，形成西南坳陷区和东部坳陷区。除柯坪、巴楚、和 2 井-且末县一带缺失白垩系沉积，在其他不同的地理位置，层序发育有所差异，如托甫 2、哈德 5 和满西 1 井发育完整的 SSQ19、SSQ20 和 SSQ21；顺 1、满参 1、学参 1 和塔中 49 缺失 SSQ21；塔中 46 和中 2 井仅发育 SSQ19。

古近纪时期，柯坪和巴楚广大地区，如 BK2、康 2、罗斯 1、古董 1 及和田 1 井区，库鲁克塔格和塔东的广大地区都是剥蚀区，其他地区发育完整的 SSQ22。

6.5.6 复合前陆沉积阶段（N）层序地层格架

层序对比研究表明，该时期沉积区域较大，是塔里木盆地结束分割局面，形成统一盆地的时期。由于喜马拉雅运动的影响，盆地四周山系剧烈隆升，盆地相对沉降，造成明显的地势差异，因此在广阔的盆地，普遍发育 SSQ23 层序。

6.6 不同构造演化阶段层序格架内沉积体系充填特征

6.6.1 L200 剖面东西向层序格架内沉积体系充填特征

SSQ3 二级层序塔里木盆地为稳定的克拉通盆地，该时期主要为局限台地、开阔台地和蒸发台地沉积体系的碳酸盐岩沉积。巴楚隆起主要为局限台地沉积体系；塘古孜巴斯坳陷以开阔台地沉积体系沉积为特征。SSQ4 二级层序随海平面下降，巴楚隆起和塘古孜巴斯坳陷均为蒸发台地沉积体系。SSQ5 二级层序盆地的巴楚隆起充填局限台地沉积体系；在塘古孜巴斯坳陷主要充填开阔台地和局限台地沉积体系（图 6-47）。

SSQ6 二级层序盆地继承了寒武纪沉积特征，巴楚隆起和塘古孜巴斯坳陷均充填开阔台地沉积体系。SSQ7 二级层序海侵期巴楚隆起区充填开阔台地沉积体系，往塘古孜巴斯坳陷区，依次充填斜坡、广海陆棚和盆地沉积体系。SSQ7 二级层序高位期海水加深，巴楚隆起主要充填一套泥岩、粉砂岩等碎屑岩为主的混积陆棚沉积体系，往塘古孜巴斯坳陷区依次充填斜坡、陆棚和盆地沉积体系。

SSQ8 二级层序塔里木盆地沉积体系发生重大变革。SSQ8 二级层序海侵早期在巴楚隆起区主要充填滨岸和内陆棚沉积体系。SSQ8 二级层序海侵晚期于巴楚隆起区充填滨岸和内陆棚沉积体系，在塘古孜巴斯坳陷主要充填有障壁海岸的潮坪沉积体系。SSQ8 二级层序高位期塘古孜巴斯坳陷再度隆升剥蚀，巴楚隆起区充填一套深水的内陆棚和外陆棚沉积体系。SSQ9 二级层序继承了志留纪的充填特征，于巴楚隆起区主要充填滨岸和浅滩、内陆棚沉积体系。塘古孜巴斯坳陷区与前期一致，亦为隆升剥蚀区。

SSQ10 二级层序在塘古孜巴斯坳陷区充填三角洲和滨岸沉积体系，于巴楚隆起区为内陆棚沉积体系。

SSQ11 二级层序在塘古孜巴斯坳陷和巴楚隆起区主要充填滨岸-潮坪沉积体系。SSQ12 二级层序于塘古孜巴斯坳陷和巴楚隆起区分别充填三角洲平原和三角洲前缘沉积。

SSQ13 二级层序海侵期由塘古孜巴斯坳陷到巴楚隆起区，依次充填局限台地和开阔台地沉积体系。SSQ13 二级层序高位期由海相沉积体系过渡为海陆过渡沉积体系，主要充填一套河流沉积体系，在塘古孜巴斯凹陷区为辫状河沉积体系，并逐渐向巴楚隆起区的曲流河沉积体系过渡。

SSQ14～SSQ16 二级层序盆地于巴楚隆起北部地区缺失，在巴楚隆起南部和塘古孜巴斯坳陷区广泛发育，主要充填河流沉积体系。

SSQ17～SSQ18 二级层序巴楚隆起和塘古孜巴斯坳陷区隆起，为剥蚀区。SSQ19～SSQ21 二级层序巴楚隆起区也为前陆隆起区，仅在塘古孜巴斯凹陷区充填曲流河沉积体系。

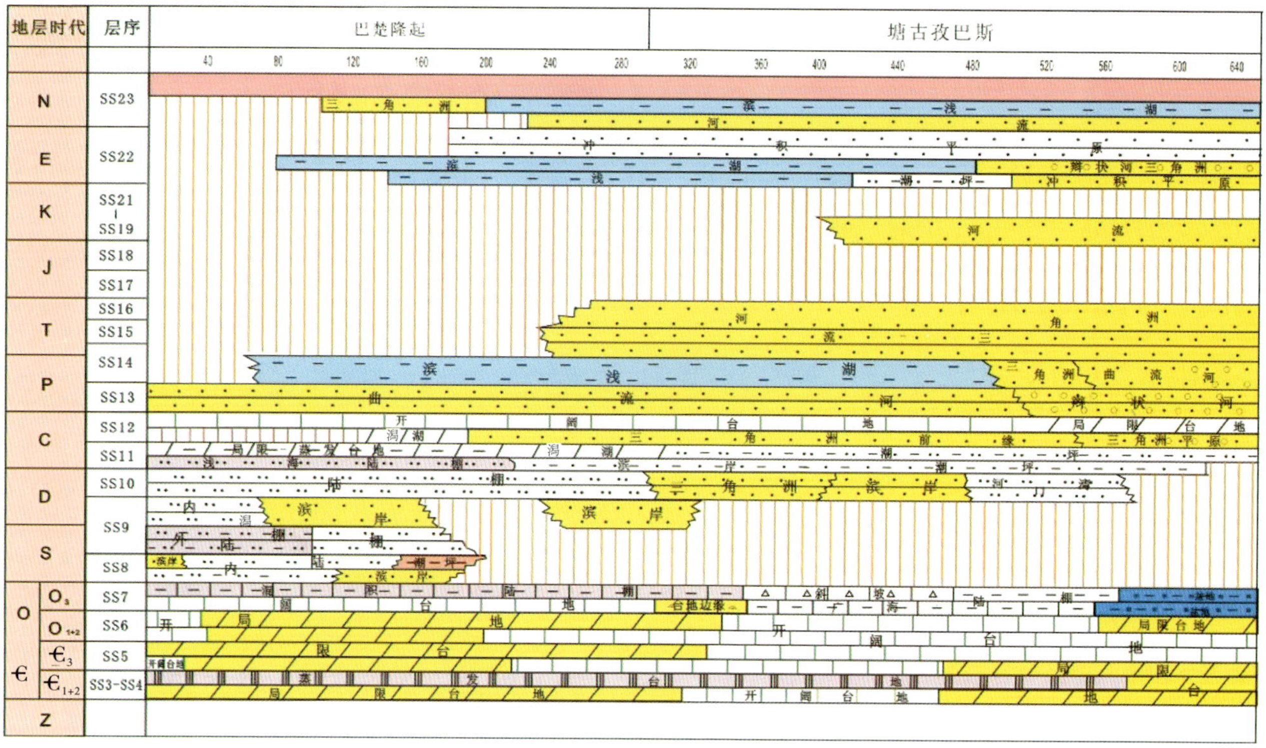

图 6-47 塔里木盆地 L200 地震剖面层序格架内沉积体系充填特征

6.6.2 L300 剖面东西向层序格架内沉积体系充填特征

该地震剖面分别穿越了盆地的巴楚隆起、阿瓦提坳陷、满加尔坳陷以及塔西南隆起区，该剖面除侏罗系于全区缺失外，其余地层均有发育。现将该区域层序格架内沉积体系充填特征分述如下（图 6-48）。

SSQ3 二级层序在阿瓦提坳陷主要充填一套白云岩为主的局限台地沉积体系，于满加尔坳陷充填一套以灰岩为主的开阔台地沉积体系。古城墟隆起区进入台地边缘和台盆区，以充填台地边缘、广海陆棚和半深海-深海盆地沉积体系为特征。SSQ4 二级层序随着海平面下降，于阿瓦提坳陷区充填蒸发台地沉积体系，满加尔坳陷具有由局限台地-开阔台地-斜坡的沉积体系分布特征，古城墟隆起区为广海陆棚沉积体系充填。SSQ5 二级层序于阿瓦提坳陷和满加尔坳陷均为开阔台地沉积体系；古城墟隆起区进入广海陆棚沉积。

SSQ6 二级层序海侵期于阿瓦提坳陷和满加尔坳陷均为开阔台地沉积体系，于满加尔坳陷的东南部充填台地边缘和台前斜坡沉积体系。SSQ7 二级层序于阿瓦提坳陷和部分满加尔坳陷充填混积陆棚沉积体系。满加尔坳陷大部分地区充填斜坡-广海陆棚-盆地沉积体系。

SSQ8～SSQ9 二级层序海侵期于阿瓦提坳陷、满加尔坳陷区及古城墟隆起区均有发育，在塔南隆起区剥蚀缺失。由阿瓦提坳陷-满加尔坳陷-塔南隆起区，盆地依次充填外陆棚-内陆棚-滨岸沉积体系。

SSQ10 二级层序于巴楚隆起区充填内陆棚沉积体系，进入阿瓦提坳陷区和满加尔坳陷区海水变浅，充填滨岸沉积体系。

SSQ11～SSQ12 二级层序于巴楚隆起、阿瓦提坳陷、满加尔坳陷区总体充填潮坪-潟湖沉积体系，于古城墟隆起充填有三角洲沉积体系。

SSQ13 二级层序在巴楚隆起区和阿瓦提坳陷区充填滨浅湖和三角洲沉积体系。于古城墟隆起区-巴楚隆起区由陆到湖盆依次充填曲流河-三角洲和滨浅湖沉积体系。

SSQ14～SSQ16 二级层序于巴楚隆起区充填扇三角洲沉积体系。进入满加尔坳陷区依次充填滨浅湖和深湖沉积体系。往古城墟隆起依次为三角洲-河流沉积体系充填。

SSQ17～SSQ18 二级层序沉积期全区剥蚀。

SSQ19～SSQ21 二级层序时期西部隆起的阿瓦提坳陷区隆升缺失，于满加尔坳陷区-古城墟隆起区依次充填河流-三角洲-滨浅湖沉积体系。

SSQ22～SSQ23 二级层序全区主体以充填冲积平原沉积体系为特征。

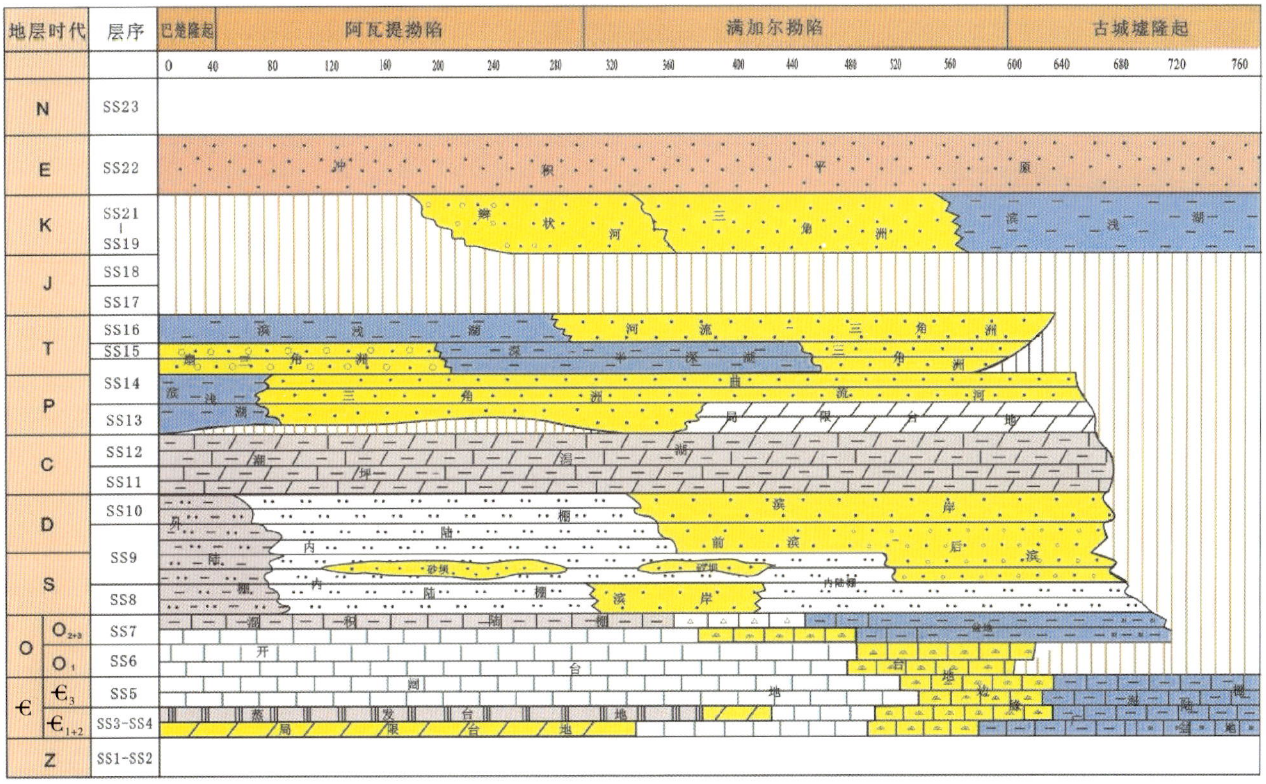

图 6-48　塔里木盆地 L300 地震剖面层序格架内沉积体系充填特征

6.6.3　L350 剖面东西向层序格架内沉积体系充填特征

该剖面由东向西分别穿越了盆地的满加尔坳陷、孔雀河斜坡、英吉苏坳陷和塔东低隆起。根据地震相解释成果，结合地震测线穿越地区所钻遇的钻井沉积体系标定，对该地震剖面层序格架内沉积体系充填特征进行了对比研究（图 6-49）。

SSQ3～SSQ4 二级层序盆地满加尔坳陷由西向东依次充填局限台地-开阔台地-台地边缘-广海陆棚沉积体系。往孔雀河斜坡-塔东低隆起区充填较深水的盆地沉积体系。SSQ5 于满加尔坳陷区充填开阔台地和台地边缘沉积体系，孔雀河斜坡区主体充填广海陆棚沉积体系，往东进入塔东低隆起区主要为盆地沉积体系充填。

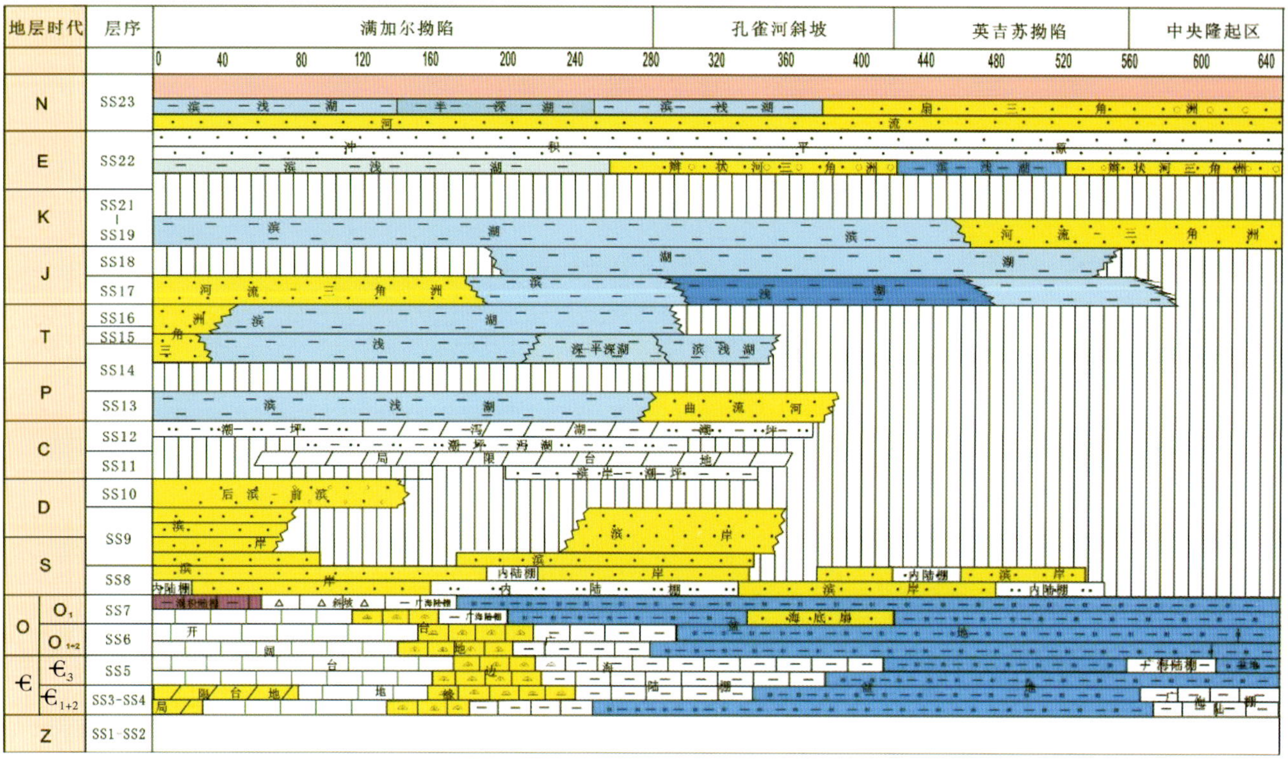

图 6-49　塔里木盆地 L350 地震剖面层序格架内沉积体系充填特征

SSQ6 二级层序于满加尔坳陷充填开阔台地、台地边缘及广海陆棚沉积体系，往东进入孔雀河斜坡-英吉苏坳陷-塔东低隆起区分别为半深海-深海盆地充填，满加尔坳陷-塔东低隆起区具有开阔台地-台地边缘-广海陆棚-盆地的沉积体系充填特征。SSQ7 二级层序以混积陆棚沉积体系为特征。孔雀河斜坡-英吉苏坳陷-塔东低隆起区，充填半深海-深海沉积体系。

SSQ8 二级层序海侵期盆地总体以海岸沉积体系充填为特征。满加尔坳陷区具有内陆棚-滨岸-内陆棚对称的沉积体系充填特征。进入孔雀河斜坡延续了满加尔坳陷的沉积特征，充填内陆棚和滨岸沉积体系。SSQ8 二级层序高位期盆地仅于满加尔坳陷和孔雀河斜坡为滨岸沉积体系充填。SSQ9 二级层序盆地仅在满加尔坳陷西部区和孔雀河斜坡大部分地区充填滨岸沉积体系。

SSQ10 二级层序仅于满加尔坳陷西部地区充填后滨-前滨沉积体系。

SSQ11～SSQ12 二级层序在满加尔坳陷和孔雀河斜坡区依次充填滨岸-潮坪-局限台地-潮坪、潟湖沉积体系。

SSQ13 二级层序在满加尔坳陷区充填滨浅湖沉积体系，孔雀河斜坡区为曲流河沉积体系。

SSQ14～SSQ16 二级层序由西向东具有三角洲-滨浅湖-深湖-滨浅湖-剥蚀区的盆地充填特征。具体表现为，在满加尔的西部区为三角洲沉积体系充填，往东到孔雀河斜坡中段盆地均由滨湖、浅湖和深-半深湖沉积体系组成。

SSQ17 二级层序于盆地满加尔坳陷中西部地区充填河流-三角洲沉积体系，往东一直到中央隆起区西段盆地充填滨湖-浅湖-滨湖沉积体系；于中央隆起区的中东段为剥蚀区。SSQ18 二级层序满加尔坳陷的东段、孔雀河斜坡及英吉苏坳陷均继承前期的湖泊沉积。

SSQ19～SSQ21 二级层序盆地依次在中央隆起区和英吉苏坳陷充填河流-三角洲沉积体系，进入孔雀河斜坡和满加尔坳陷区充填滨湖沉积体系。

SSQ22 二级层序盆地于满加尔坳陷和英吉苏坳陷主体充填滨浅湖沉积，局部为辫状河三角洲；孔雀河斜坡和中央隆起区为辫状河三角洲沉积体系。SSQ23 二级层序盆地分别被冲积平原和河流沉积体系所占据。

6.6.4　Z10 剖面东西向层序格架内沉积体系充填特征

该地震剖面由南至北分别穿越了叶城坳陷、麦盖提斜坡、中央隆起区、北部坳陷区和阿克苏鼻隆。根据地震相解释，该地震大剖面层序格架内三叠系、侏罗系和白垩系缺失，其余地层均有发育。现将该剖面盆地层序格架内沉积体系充填特征分述如下（图 6-50）。

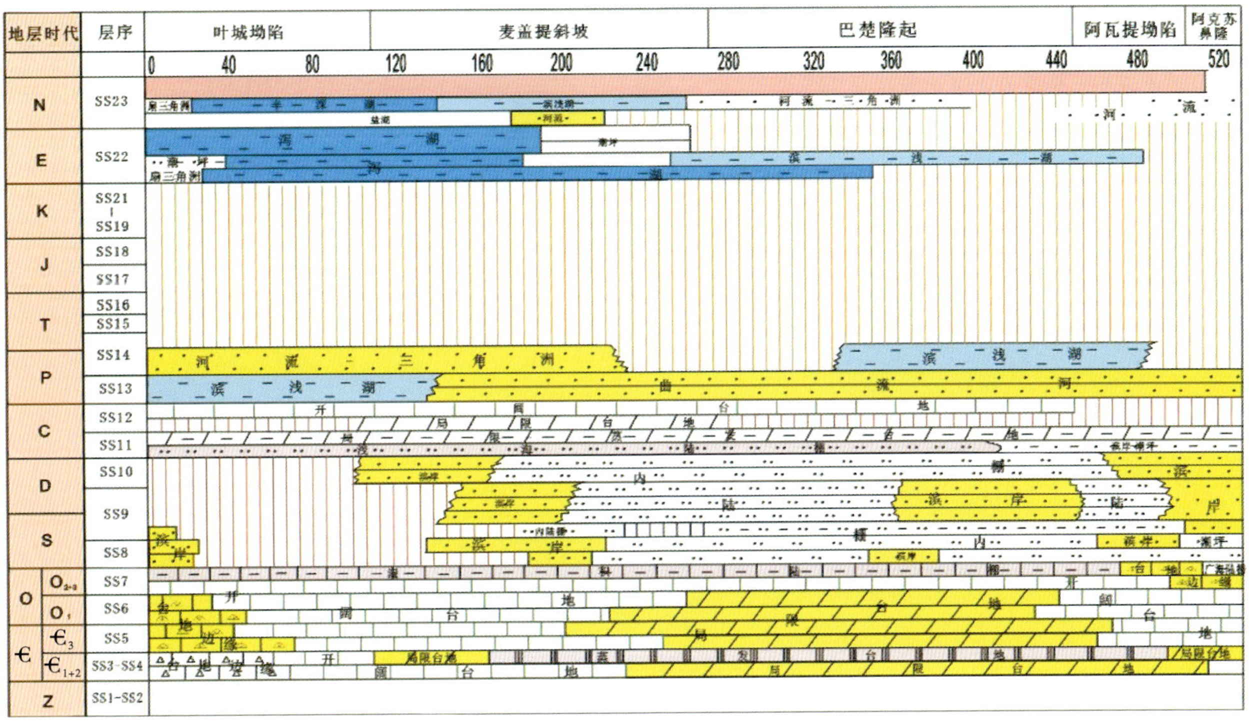

图 6-50　塔里木盆地 Z10 地震剖面层序格架内沉积体系充填特征

SSQ3 二级层序盆地于叶城坳陷-麦盖提斜坡-巴楚隆起一线分别充填台地边缘-开阔台地-局限台地沉积体系。SSQ4 二级层序盆地依次充填台地边缘-开阔台地-局限台地沉积体系。SSQ5 二级层序盆地总体沉积格局与早寒武世一致，也于叶城坳陷充填台地边缘沉积体系。往北至麦盖提斜坡充填开阔台地沉积体系；在巴楚隆起，水体局限，充填局限台地沉积体系。阿瓦提坳陷和阿克苏鼻隆，充填开阔台地沉积体系。

SSQ6 二级层序与前期的沉积体系充填特征基本一致。SSQ7 二级层序海侵期，全区均以开阔台地沉积体系发育为特征。SSQ7 二级层序高位期盆地以混积陆棚沉积体系发育。在阿瓦提坳陷和阿克苏鼻隆区分别为斜坡和广海陆棚沉积体系。

SSQ8～SSQ9 二级层序仅在其南部充填一套砂岩和粉砂岩为特征的滨岸沉积体系。往北麦盖提斜坡-巴楚隆起-阿瓦提坳陷-阿克苏鼻隆，沉积体系具有滨岸-内陆棚-滨岸的对称充填特征。SSQ10 二级层序由南向北滨岸-内陆棚-滨岸的对称充填特征更为明显。

SSQ11 二级层序盆地于叶城坳陷、麦盖提斜坡及巴楚隆起大部分地区充填浅海陆棚沉积体系，于阿瓦提坳陷和阿克苏鼻隆海水变浅充填一套滨岸-潮坪沉积体系。SSQ12 二级层序海侵期，仅在麦盖提斜坡充填局限台地沉积体系。SSQ12 二级层序高位期叶城坳陷、麦盖提斜坡和巴楚隆起均充填开阔台地沉积体系。

SSQ13 二级层序海侵期于叶城坳陷充填滨浅湖沉积体系，麦盖提斜坡-阿克苏鼻隆一线均充填曲流河-三角洲沉积体系。SSQ13 二级层序高位期于叶城坳陷和麦盖提斜坡大部分地区均以充填河流-三角洲沉积体系为特征，巴楚隆起和阿瓦提坳陷充填滨浅湖沉积体系。

SSQ15～SSQ21 二级层序均处于隆起状态。

SSQ22 二级层序湖侵期于叶城坳陷的南部充填一套扇三角洲沉积体系，往北至巴楚隆起区南部，为潟湖沉积体系充填。SSQ22 二级层序高位期由南向北依次充填潮坪-潟湖-潮坪-滨浅湖沉积体系。SSQ23 二级层序湖侵期盆地在叶城坳陷和麦盖提斜坡南部充填盐湖和河流沉积体系，阿瓦提坳陷和阿克苏鼻隆充填河流沉积体系。SSQ23 二级层序高位期于叶城坳陷充填扇三角洲沉积体系，于巴楚隆起充填河流-三角洲沉积体系，具缓坡沉积体系充填特征，其间为湖泊沉积体系充填。

6.6.5　Z60 剖面东西向层序格架内沉积体系充填特征

该地震剖面由南至北分别穿越塔南隆起区、塘古孜巴斯坳陷、中央隆起区、北部坳陷区、草湖坳陷和库尔勒鼻凸。下面将该地震剖面层序格架内沉积体系充填特征分述如下（图 6-51）。

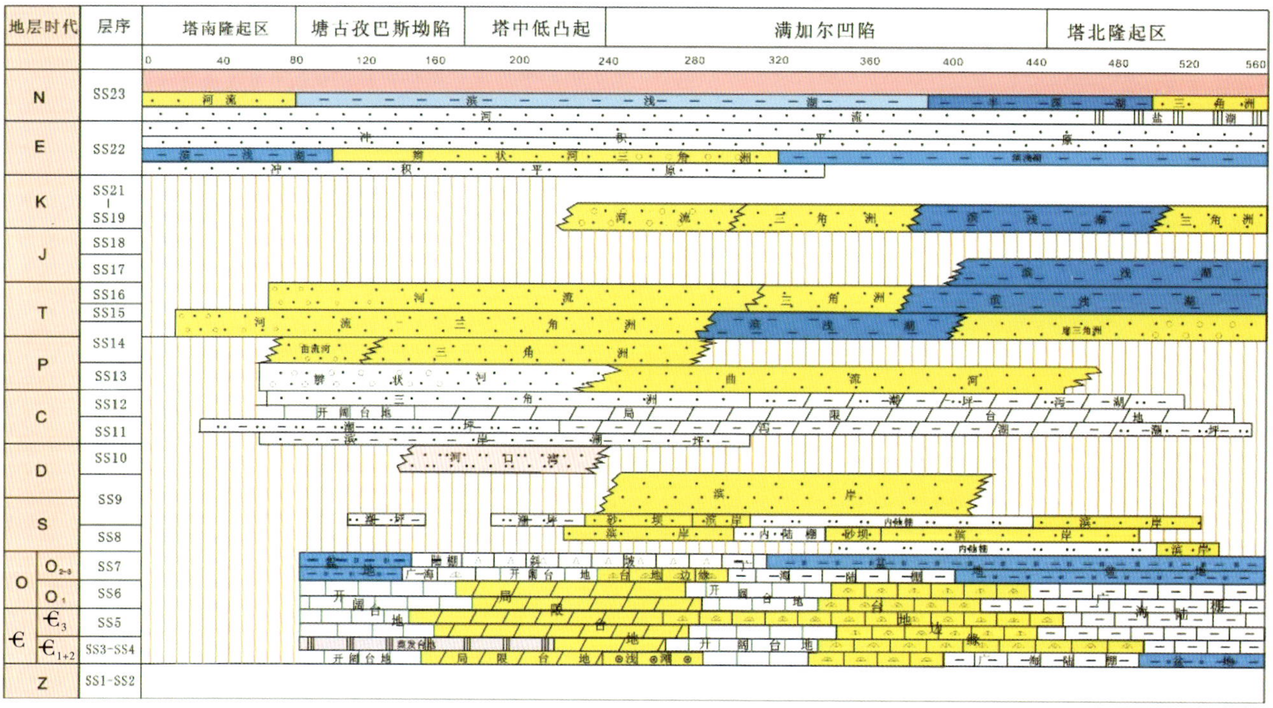

图 6-51　塔里木盆地 Z60 地震剖面层序格架内沉积体系充填特征

SSQ3 二级层序塔里木盆地由塘古孜巴斯坳陷-塔北隆起区分别充填开阔台地-局限台地-开阔台地-台地边缘-广海陆棚-盆地沉积体系。SSQ4 二级层序于塘古孜巴斯坳陷及塔中低凸起南段充填蒸发台地沉积体系，塔中低凸起北段为局限台地沉积体系充填，往北进入满加尔凹陷及塔北隆起区，分别充填开阔台地-台地边缘-广海陆棚-盆地沉积体系。SSQ5 二级层序塘古孜巴斯坳陷为开阔台地沉积体系，往北依次充填局限台地-开阔台地-台地边缘-广海陆棚-盆地沉积体系。

SSQ6 二级层序继承了前期的沉积特点，与开阔台地-局限台地-开阔台地-台地边缘-广海陆棚-盆地的充填特征基本一致。SSQ7 二级层序塘古孜巴斯坳陷为盆地和广海陆棚沉积体系充填，塔中低隆起区为台地边缘礁滩充填，满加尔坳陷为盆地沉积体系。

SSQ8～SSQ10 二级层序满加尔坳陷总体以一套滨岸-内陆棚沉积体系充填。

SSQ11 二级层序于塘古孜巴斯坳陷往北一直到塔北隆起区分别为滨岸-潮坪-潟湖-潮坪沉积体系。SSQ12 二级层序海侵期于塘古孜巴斯坳陷发育开阔台地沉积体系，塔中低凸起-满加尔凹陷-塔北隆起区均为局限台地充填。SSQ12 二级层序高位期由于海退，于塘古孜巴斯坳陷-塔中低凸起和满加尔凹陷南段为三角洲沉积充填，往北进入塔北隆起区为潮坪-潟湖沉积体系充填。

SSQ13 二级层序于塘古孜巴斯坳陷和塔中低凸起区为辫状河沉积，满加尔坳陷和塔北隆起区南段为曲流河沉积。SSQ14 二级层序塘古孜巴斯坳陷-满加尔坳陷南段为曲流河-三角洲陆相-海陆过渡相沉积体系充填。

SSQ15 二级层序塘古孜巴斯坳陷-塔中隆起区-满加尔坳陷南段为河流-三角洲沉积体系充填，满加尔坳陷的中段为滨浅湖沉积体系充填，塔北隆起区发育扇三角洲沉积体系。SSQ16 二级层序与前期充填特征相似，分别充填河流-三角洲-滨浅湖沉积，塔北隆起区则以接受滨浅湖沉积为特征。

SSQ17 二级层序于塔北隆起区充填滨浅湖沉积。SSQ18 二级层序为剥蚀区。

SSQ19 二级层序于满加尔坳陷充填河流-三角洲-滨浅湖沉积体系，塔北隆起区-满加尔坳陷充填三角洲—滨浅湖沉积体系。SSQ20～SSQ21 二级层序进入剥蚀状态。

SSQ22 二级层序湖侵期塔南隆起区-塘古孜巴斯坳陷-塔中低凸起-满加尔坳陷均为冲积平原沉积体系充填。SSQ22 二级层序高位期于塔南隆起区为滨浅湖沉积，进入塘古孜巴斯坳陷、塔中低凸起及满加尔坳陷南段为辫状河三角洲沉积体系充填，塔北隆起区充填滨浅湖沉积体系。SSQ23 二级层序湖侵期具有相似的充填特征，全区为河流和冲积平原沉积体系充填。SSQ23 二级层序高位期塔南隆起区为河流沉积体系充填，往南经塘古孜巴斯坳陷-塔中低凸起-满加尔凹陷，再到塔北隆起区南段分别充填滨浅湖和半深湖沉积体系。塔北隆起区的北段为三角洲沉积体系充填。

6.6.6 Z80 剖面东西向层序格架内沉积体系充填特征

该地震剖面由南至北分别穿越了塔南隆起区、中央隆起区、北部坳陷区和库鲁克塔格断垄。该剖面于塔南隆起区缺失寒武系—三叠系；于中央隆起区、北部坳陷区缺失志留系—三叠系（图 6-52）。

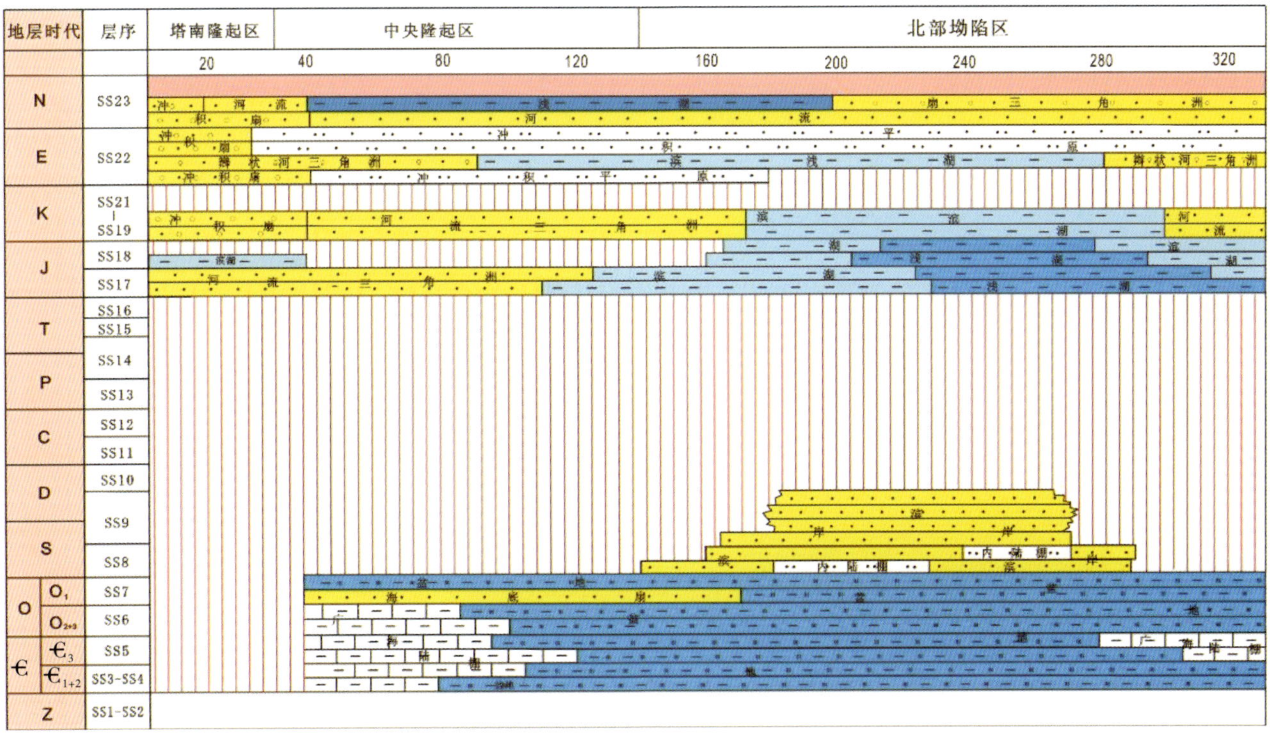

图 6-52　塔里木盆地 Z80 地震剖面层序格架内沉积体系充填特征

SSQ3～SSQ4 二级层序于中央隆起区充填广海陆棚和盆地沉积体系，SSQ5 二级层序盆地南北两侧充填广海陆棚沉积体系。

SSQ6 二级层序于中央隆起区充填广海陆棚沉积体系，向北一线均充填盆地沉积体系。中—晚奥陶世早期，于中央隆起区充填一套碎屑岩为特征的海底扇沉积，往北到北部坳陷区充填深水相的盆地沉积体系。SSQ7 二级层序全区为盆地沉积体系充填。

SSQ8～SSQ9 二级层序在北部坳陷区充填一套滨岸-内陆盆沉积体系。SSQ10 二级层序泥盆纪盆地充填滨岸沉积体系。

SSQ11～SSQ16 二级层序均处于侵蚀缺失状态。

SSQ17 二级层序于塔南隆起区和中央隆起区为河流-三角洲沉积体系充填，北部坳陷区充填滨湖和浅湖沉积体系。SSQ18 二级层序北部坳陷区为滨湖和浅湖沉积体系充填。

SSQ19～SSQ21 二级层序塔南隆起区充填冲积扇沉积体系，到中央隆起区为河流和三角洲沉积体系充填，北部坳陷区主体为滨浅湖沉积，而北部坳陷区的北部区域为河流沉积体系充填。

SSQ22 二级层序海侵期塔南隆起区和中央隆起区为冲积扇和冲积平原充填。始新世于盆地两侧分别充填辫状河三角洲沉积体系，其中心为滨浅湖沉积体系充填。SSQ22 二级层序高位期与海侵期充填特征一致，于塔南隆起区为冲积扇沉积体系充填，中央隆起区和北部坳陷区的广大地区为冲积平原充填。SSQ23 二级层序海侵期塔南隆起区-北部坳陷区为冲积扇-河流沉积体系充填。SSQ23 二级层序高位期于塔南隆起区以冲积扇和河流沉积体系充填为特征；中央隆起区为浅湖沉积体系；北部坳陷区的中北部充填扇三角洲沉积体系，往南进入湖区，为浅湖沉积体系充填。

6.7　本章小结

（1）在层序地层学理论指导下，以野外露头剖面、钻井岩心、测井和地震资料为基础，对塔里木盆地震旦系—新近系 13 个关键层序界面的四位一体响应特征进行了研究。

（2）系统总结了塔里木盆地震旦系—新近系层序界面在野外露头和钻井岩芯上的 7 种物质表现形式。

（3）在层序界面研究基础上，将塔里木盆地震旦系—新近系划分出 8 个一级层序、23 个二级层序，并系统研究了各二级层序发育特征。

（4）通过层序地层对比，建立了层序地层格架，并深入研究了层序地层格架内充填的沉积体系特征。

第 7 章　不同构造演化阶段构造-层序岩相古地理特征

7.1　克拉通与被动大陆边缘沉积阶段（Z-O）构造-层序岩相古地理特征

7.1.1　SSQ1 构造-层序（早震旦世）岩相古地理特征

在塔里盆地西南缘以滨岸-陆棚-盆地沉积为主，其中在隆起区西部边缘地带主要以无障壁海岸沉积的滨岸为主，在隆起区北部大面积地区以潮坪沉积为主，潮坪内部发育了潮道沉积，在远离滨岸带的较深水区域则以陆棚沉积为主，该类沉积体系主要发育于塔里木盆地东部和西南边缘。根据其沉积物组分特征又可以分为以陆源碎屑沉积为主的陆源碎屑陆棚沉积和以混积岩沉积为主的混积陆棚；其中碎屑陆棚为正常的陆棚沉积，岩性一般为绿灰色、灰-深灰色中薄层状泥质细-粉砂岩、钙质长石粗粉砂岩与同色和紫灰色、暗紫色粉砂质泥岩和含砂泥岩互层，发育水平层理和微波状交错层理。混积陆棚常发育于塔里木盆地东部，位于陆源碎屑滨浅海沉积相区向碳酸盐台地或滨岸过渡的位置，具有从海向陆、或自下而上，泥质递减、碳酸盐或砂质组分增加的趋势。岩性主要为暗紫色、紫红色、绿灰色泥岩和灰质泥岩、粉砂岩夹同色灰质粉砂岩、泥质灰岩、泥灰岩及泥质粉砂岩，常发育水平层理。塔里木盆地东部以陆棚沉积为主，塔里木盆地中部大部分地区为隆起的剥蚀区（图 7-1）。

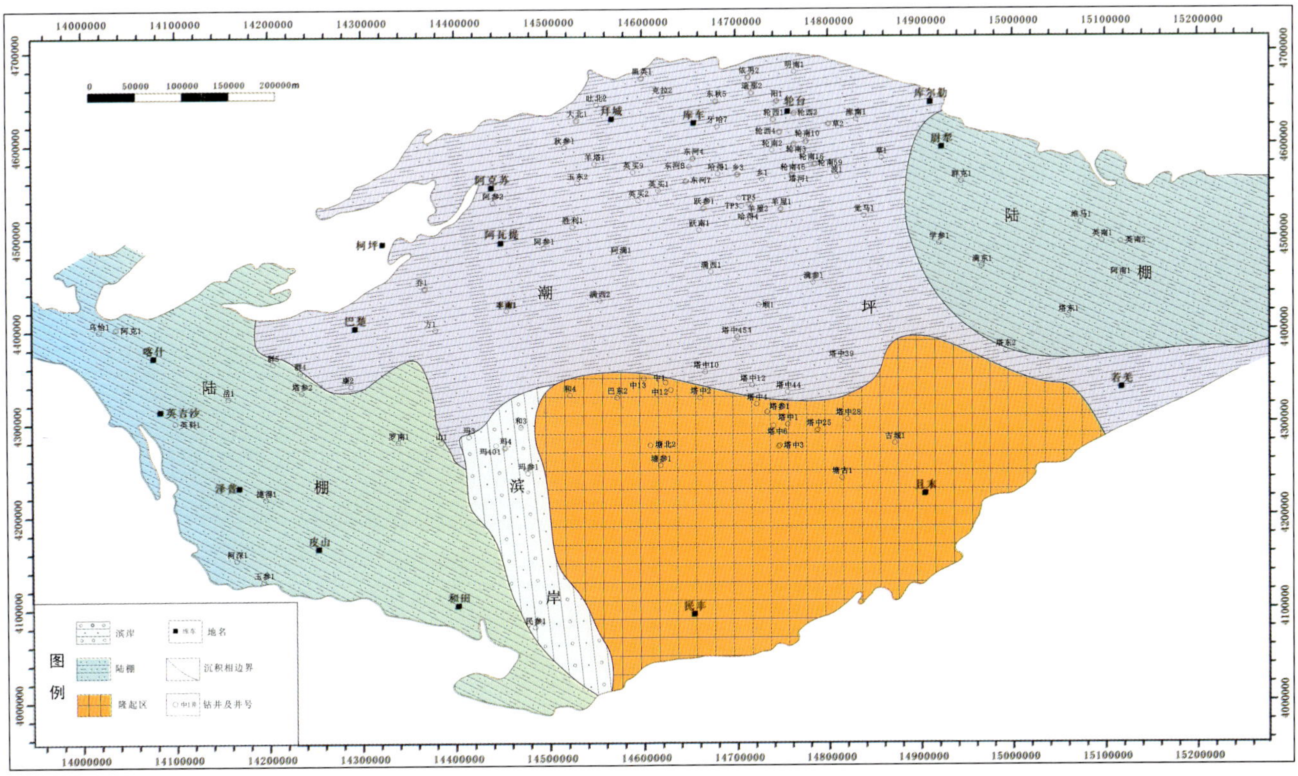

图 7-1　塔里木盆地第 1 超层序（SSQ1）构造-层序岩相古地理图

7.1.2　SSQ2 构造-层序（晚震旦世）岩相古地理特征

在 SSQ1 沉积格局的基础上，随着海平面的上升，在塔里木盆地西南缘以滨岸到陆棚沉积为主；在特征上大致与下震旦统一致，其中滨岸主要以无障壁海岸沉积为主，主要发育在靠近隆起剥蚀区的地带。与下震旦统所不同的是上震旦统并不发育半深海-深海沉积以及浊流沉积，而以大面积陆棚沉积为主。塔里木盆地西北缘、中部和东部地区由于受地势局部阻隔，海水循环受到一定的限制，与外海交换不畅，水体能量弱，盐度较高，以碳酸盐台地的局限台地沉积为主，沉积物以中-厚层状灰色、灰黑色、褐灰色泥晶白云岩和灰质白云岩、泥晶灰岩为主、生屑质泥晶灰岩、球粒泥晶灰岩、藻纹层白云岩，夹薄层状泥质以及生屑砾屑灰岩为主。塔里木盆地北部地区则以开阔台地沉积为主，沉积界面多位于低潮面与浪基面之间，盐度正常，水深一般为数米至数十米，具中等能量。其中在较深水地区以滩间沉积为主，岩性以深灰色泥晶白云岩、粉-细晶白云岩、含白云质泥晶灰岩为主，局部夹灰黑、深灰色白云质泥岩；在较浅水区域以浅滩沉积为主，岩性主要表现为上部为灰色（含）藻葡萄泥晶白云岩、砾状白云岩、中-细晶白云岩、藻黏结白云岩。常发育底冲刷面、交错层理、平行层理及波状层理。在塔里木盆地中南部地区为隆起剥蚀区（图 7-2）。

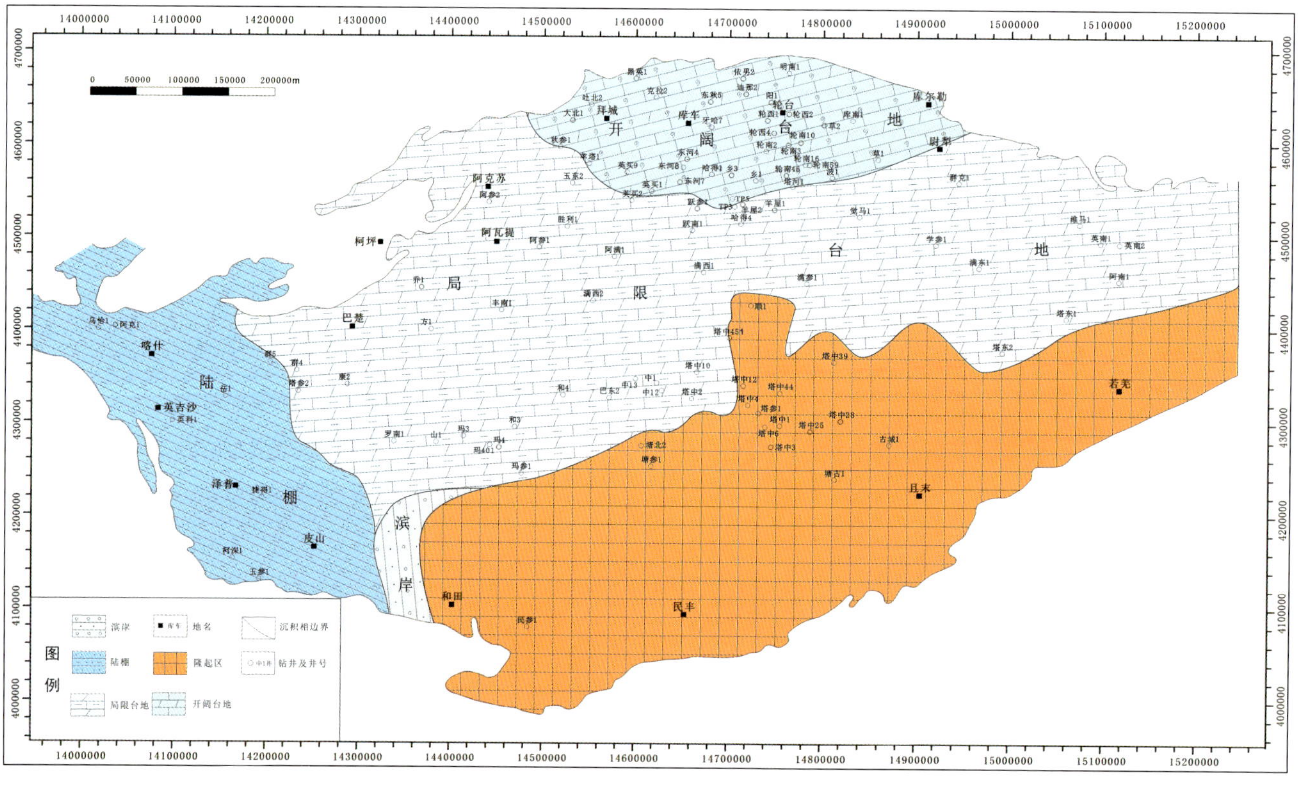

图 7-2　塔里木盆地第 2 超层序（SSQ2）构造-层序岩相古地理图

7.1.3　SSQ3 构造-层序（早寒武世）岩相古地理特征

受早加里东运动Ⅰ幕的影响，在寒武纪初期北部中天山板块与塔里木板块分离，伴随着海平面的急速上升逐渐形成了中部、西部地区为浅水台地，西部、北部、东部三面环绕较深水盆地的沉积格局。但是 SSQ3 时期的海侵时间急速而短暂，沉积厚度很薄，在多数区域沉积厚度小于 20m。在盆地西北缘，随着中天山板块与塔里木板块的逐渐分离以及海平面的上升，沉积物以硅质页岩、碳质页岩、泥岩、泥灰岩为主。根据孙省利等（2004）、于炳松等（2004），对该套地层的地球化学特征研究，认为其沉积环境为较深水陆棚。但是在短暂的急速海侵结束以后，整个盆地逐渐转变为缓慢的海退阶段，伴随着板块的进一步抬升，塔里木中部、西部大部分区域主要表现为蒸发台地和局限台地潟湖沉积，发育了一套膏岩、膏质白云岩、膏泥岩地层，厚度普遍在300～500m。同1井、康2井、和4井、方1井岩性组合特征均表现为由白云岩向膏岩、膏质白云岩、膏泥岩转变。在此时期内，海平面的下降使得沉积相带逐渐向盆地方向迁移，平面上表现为蒸发台地-局限台地-开阔台地-台地边缘-广海陆棚-盆地的展布特征。塔东地区深水盆地沉积区域相对缩小，沉积厚度相对较薄，普遍在100m以下，沉积物主要以泥页岩、泥灰岩为主。盆地西北缘的沉积环境由海侵期的陆棚逐渐转变为碳酸盐台地，沉积物主要为鲕粒白云岩、砂屑白云岩、藻白云岩沉积，在柯坪肖尔布拉克剖面一带发育较为典型（图7-3）。

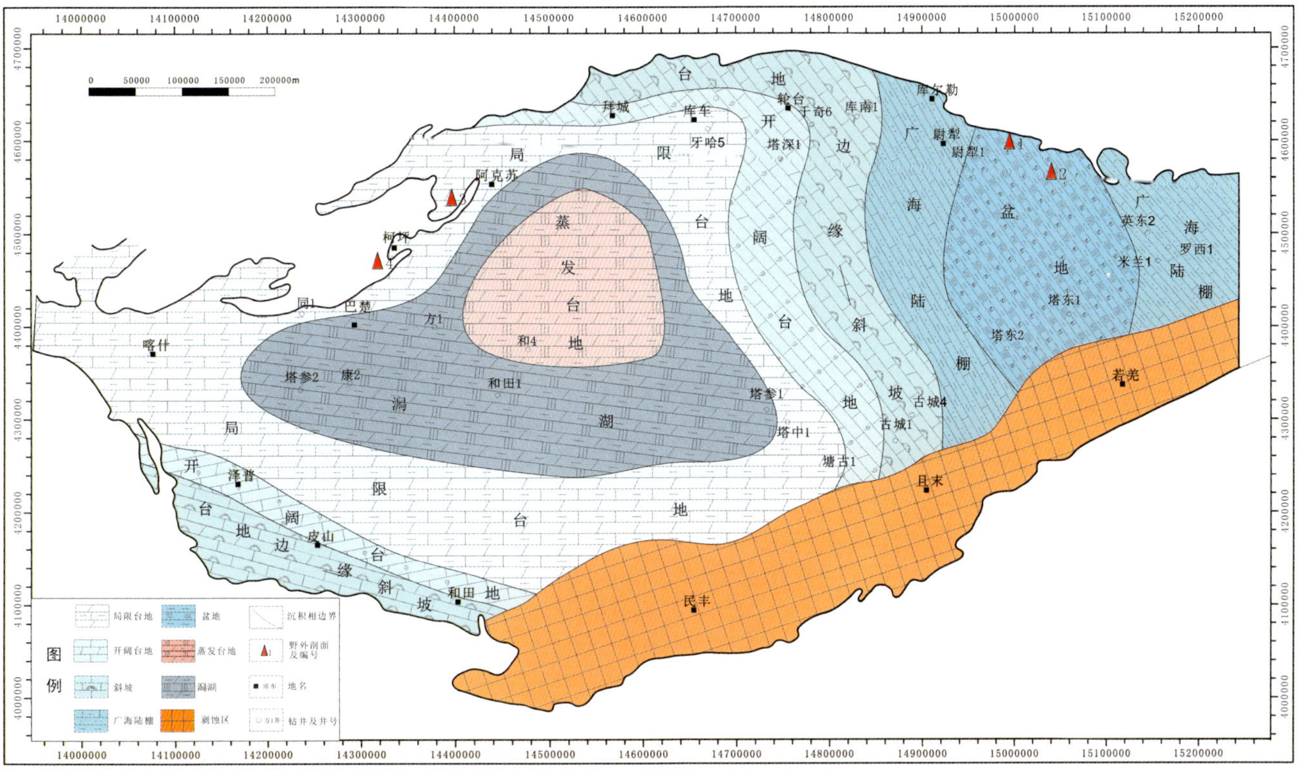

图7-3　塔里木盆地第3超层序（SSQ3）构造-层序岩相古地理图

7.1.4　SSQ4构造-层序（中寒武世）岩相古地理特征

在中寒武世早期，塔里木盆地再次遭受了短暂急速海侵，在SSQ3高位期所发育的蒸发台地转变为局限台地-开阔台地，发育了一套以白云岩、灰岩为主的沉积，厚度30～40m，分布较为稳定，同1井、康2井、和4井、方1井均有发育。在盆地西北缘则以台地边缘斜坡沉积为主，沉积物为滑塌角砾岩，角砾成分多为泥-粉晶白云岩，在柯坪肖尔布拉克剖面可见有明显的滑塌堆积现象。随着海平面的急剧上升，深水盆地面积扩大，几乎覆盖了整个塔里木盆地东部，沉积物主要以硅质页岩、泥页岩、泥灰岩为主。总体上看，SSQ4海侵期时间跨度较短，沉积厚度较薄，并未对盆地的沉积格局造成影响。在SSQ4短暂而急速的海侵期之后，塔里木盆地又一次进入了海平面缓慢下降期。SSQ4高位期基本上继承了SSQ3高位期的沉积格局，平面上表现为蒸发台地-局限台地-开阔台地-台地边缘-广海陆棚-盆地的展布特征。盆地中西部地区同1井、康2井、和4井、方1井一带以蒸发台地和局限台地潟湖沉积为主，沉积物主要以膏岩、膏质白云岩、膏泥岩为主，厚度普遍为300～400m。盆地东部塔东1井、塔东2井、英东2井、米兰

1 井、尉犁 1 井、南雅尔当山剖面一带陆棚-深水盆地沉积，沉积物主要以泥页岩、泥灰岩为主，厚度普遍小于 100m。盆地西北缘、西南缘及北部大部分区域以局限台地-开阔台地沉积为主，沉积物主要以藻白云岩、泥质白云岩、灰质白云岩、砂屑白云岩为主（图 7-4）。

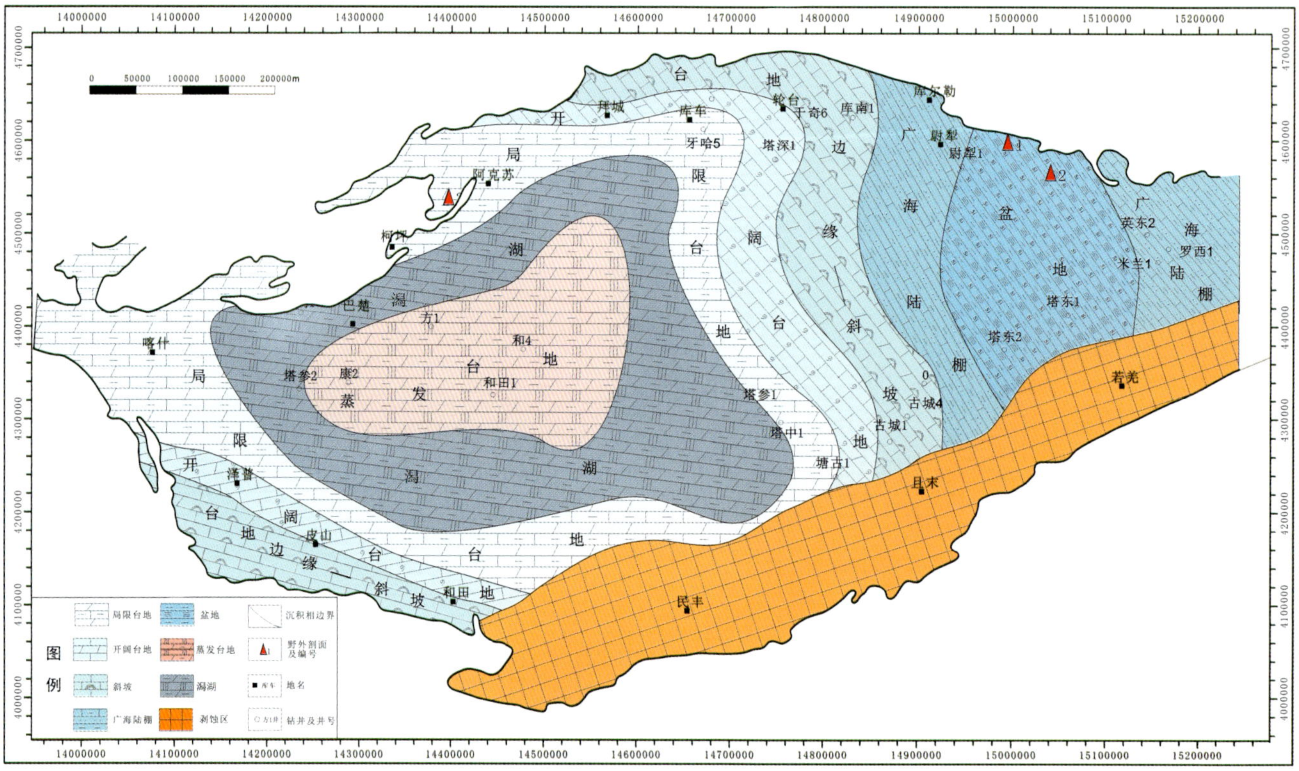

图 7-4　塔里木盆地第 4 超层序（SSQ4）构造-层序岩相古地理图

7.1.5　SSQ5 构造-层序（晚寒武世）岩相古地理特征

在经历了 SSQ4 缓慢的海退期之后，塔里木盆地又一次经历广泛的海侵，海侵速度比前两次缓慢。但是 SSQ5 的海侵和海退并未对盆地的沉积环境产生实质性的改变，沉积相带在平面上表现为局限台地-开阔台地-台地边缘-陆棚-盆地的展布特征。盆地中部、西部同 1 井、康 2 井、和 4 井、方 1 井一带原有的蒸发台地逐渐转变为局限台地-开阔台地，沉积物为藻白云岩、砂屑白云岩、泥（微）晶白云岩，局部地区发育竹叶状白云岩，厚度 400～600m。盆地东部原有的深水盆地区域随着早期沉积物的充填，逐渐转变为陆棚沉积，深水盆地区域面积逐渐减少，沉积物以泥岩、泥灰岩、泥质白云岩为主，往东岩石灰质含量逐渐增加，沉积物以泥晶白云岩、粉晶白云岩为主。在 SS5 中后期，随着海平面的下降，盆地东部深水盆地沉积区域进一步缩小，仅局限于塔东 1 井、塔东 2 井一带，沉积物以泥灰岩为主；陆棚沉积区域进一步扩大，沉积物以泥灰岩、泥晶灰岩为主；盆地中部、西部塔中 1 井、塔参 1 井、同 1 井、康 2 井、和 4 井、方 1 井仍然为局限台-开阔台地沉积，沉积物以藻白云岩、细晶-中晶白云岩、灰质白云岩为主。盆地最东端英东 2 井、米兰 1 井一带随着海平面的下降逐渐演变为开阔台地沉积，沉积物以砂（砾）屑灰岩、泥（微）晶灰岩、泥灰岩为主（图 7-5）。

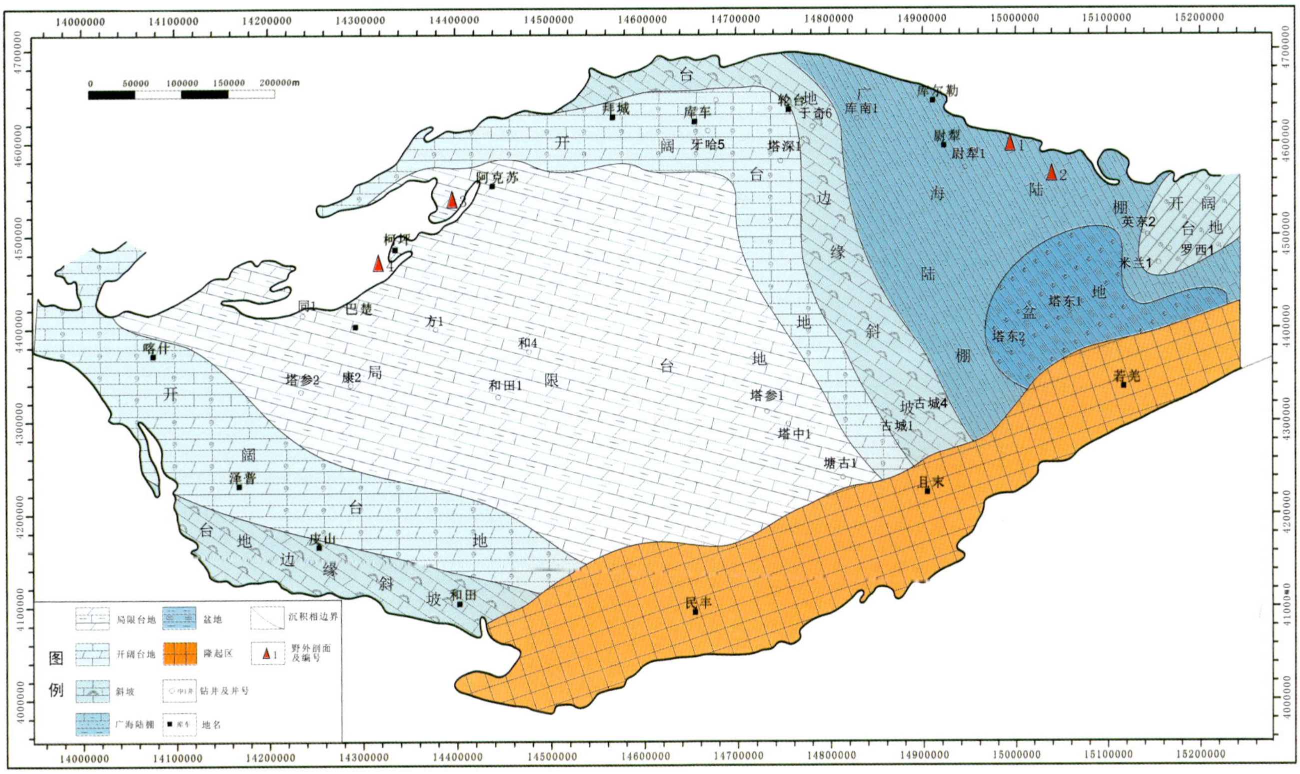

图 7-5　塔里木盆地第 5 超层序（SSQ5）构造-层序岩相古地理图

7.1.6　SSQ6 构造-层序（早奥陶世）岩相古地理特征

该时期塔里木盆地古地理格局基本继承了 SSQ5 层序的沉积特点。盆地东部为半深海-深海盆地相，库南 1 井-满参 1 井-且末连线一带是一个向西凸出的马蹄形台地边缘带，此带以西的广大地区为碳酸盐台地。在塔东地区的群克 1 井-满东 1 井-塔东 1 井一线为半深海-深海盆地，为欠补偿型深水盆地，沉积物很薄，以细粒灰色泥晶-粉晶灰岩及灰色、灰黑色瘤状泥晶-粉晶灰岩夹灰黑色钙质泥岩为特征，如塔东 1 井、塔东 2 井。库南 1 井-满参 1 井-且末连线一带是一个向西凸出的马蹄形东倾斜坡带，为广海陆棚沉积。在其西部地区为碳酸盐台地相区，沉积物厚度巨大。在群 5 井-康 2 井-和 4 井-塔中 45 井-塔中 1 井一线为局限台地沉积，沉积物以白云岩、灰质白云岩为主，在此之外的广大地区，为开阔台地沉积（图 7-6）。

7.1.7　SSQ7 构造-层序（中晚奥陶世）岩相古地理特征

中晚奥陶世，随着海平面的上升，塔里木盆地的古地理面貌有了很大的变化。盆地断块差异活动加强，上升断块形成水下隆起，而断裂下陷断块沦为半深海-深海盆地，堆积了巨厚的陆源碎屑浊积岩，揭开了奥陶纪大规模海侵的序幕。受构造运动的影响，在 SSQ7 中晚期，塔里木盆地原有的沉积格局有着较大的变化，原有的中西部地区为一个碳酸盐台地的沉积格局转变为塔中、塔北两个碳酸盐台地的沉积格局。该时期盆地相区位于尉犁-觉马 1 井-古城 1 井-塘古 1 井以东广大地区。在群克 1 井井区及塔东 2 井-塔东 1 井坳陷区，堆积了厚度巨大的海底扇的陆源碎屑浊积岩和盆地平原亚相泥页岩，海底扇物源来自于东北方向、东南方向和塔中低凸起，扇体厚度可达 2000m 以上（塔东 1 井、塔东 2 井）。该时期陆棚和台地边缘相区向西迁移，但宽度减小，同时台地边缘相带的走向在盆地南部和北部发生了明显的改变，斜坡带绕过塔中隆起，经由塘参 1 井向策勒县方向延伸。在斜坡带所围限的广大地区，继续发育台地沉积环境，以开阔台地相为主，沉积物主要为泥晶灰岩、泥晶砂屑类岩、砂屑泥晶灰岩（图 7-7）。

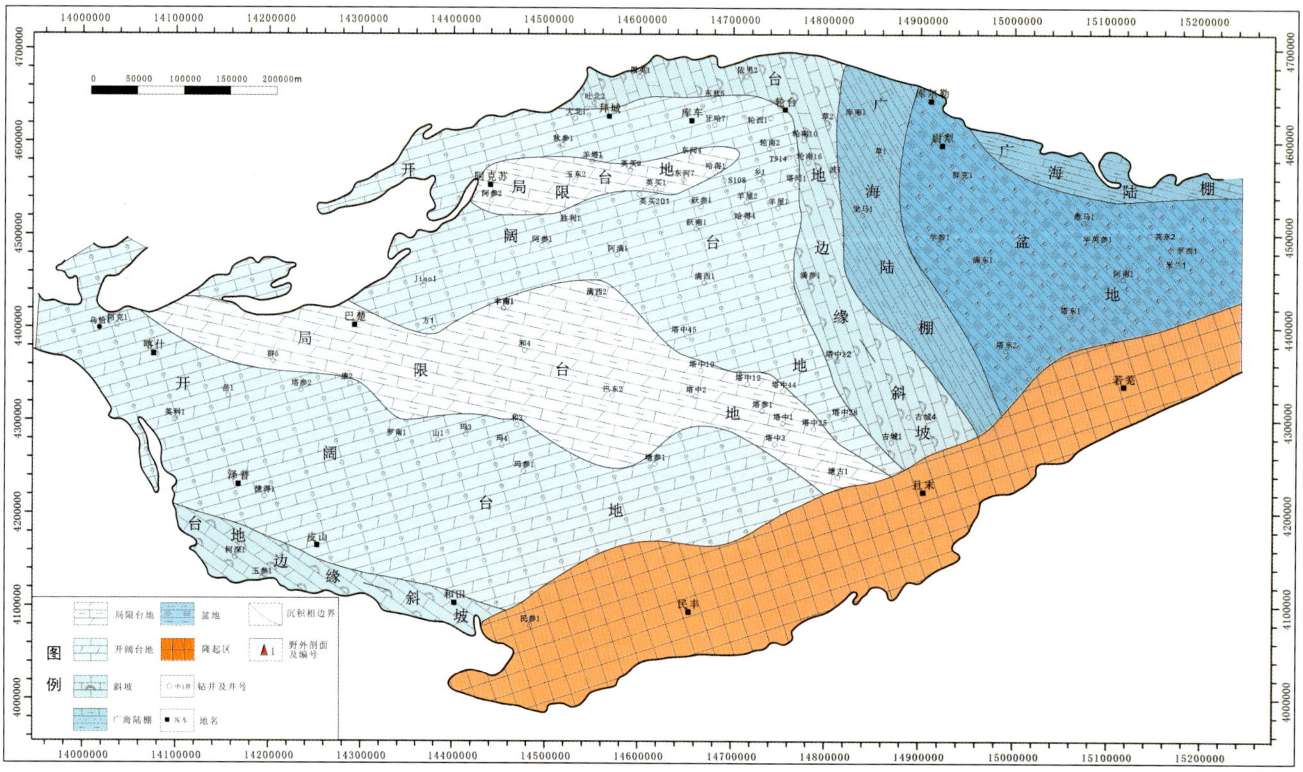

图 7-6　塔里木盆地第 6 超层序（SSQ6）构造-层序岩相古地理图

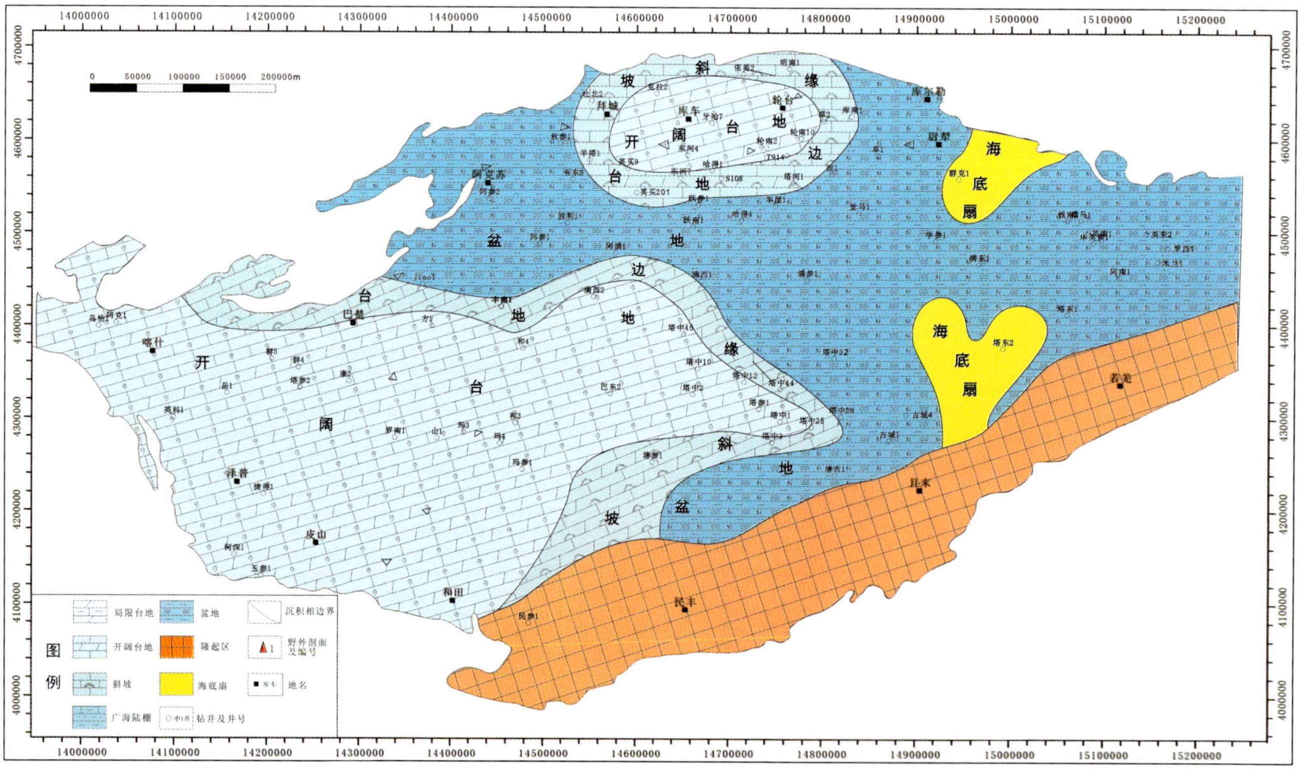

图 7-7　塔里木盆地第 7 超层序（SSQ7）构造-层序岩相古地理图

7.2　克拉通内坳陷沉积阶段（S-D$_{1+2}$）构造-层序岩相古地理特征

7.2.1　SSQ8 构造-层序（早中志留世）岩相古地理特征

盆地北部为塔北隆起，中南部为塔南-塔中隆起。在两个隆起区之间为沉积区，此区东西两侧均与南天山洋连通，海水从北西和北东两个方向侵入本区，在沉积区形成了滨岸沉积体系、潮坪沉积体系及陆棚沉积体系。沉积相带表现为南北向分带、东西向展布的格局，从南或北向盆地中心依次为古陆-滨岸-陆棚，其中滨岸沉积体系沿塔南-塔中古隆起北缘呈东西向分布于英买 12 井-英买 201 井-哈得 5 井-哈得 7 井-波 1 井-满 1 井-学参 1 井-铁南 2 井一线以北的地区、满西 1 井以南地区和古董 3 井区为滨岸沉积。潮坪沉积体系分布于柯坪-阿克苏-乌什地区，其他地区为广大的陆棚沉积体系所占据，其中可分为内陆棚和外陆棚沉积，其中在内陆棚还发育了相对深水的内陆棚盆地沉积，分别分布于康 1 井-皮 1 井-胜利 1 井-沙 1 井之间及满参 1 井井区。外陆棚在北山-阔克苏以东地区及阿合奇-乌什地区发育。塔西南地区发育滨浅海相碎屑岩沉积。此期沿塔南-塔中隆起区的西南缘即在塔西南的柯深 1 井-和田-民参 1 井地区为滨岸沉积体系所占据（图 7-8）。

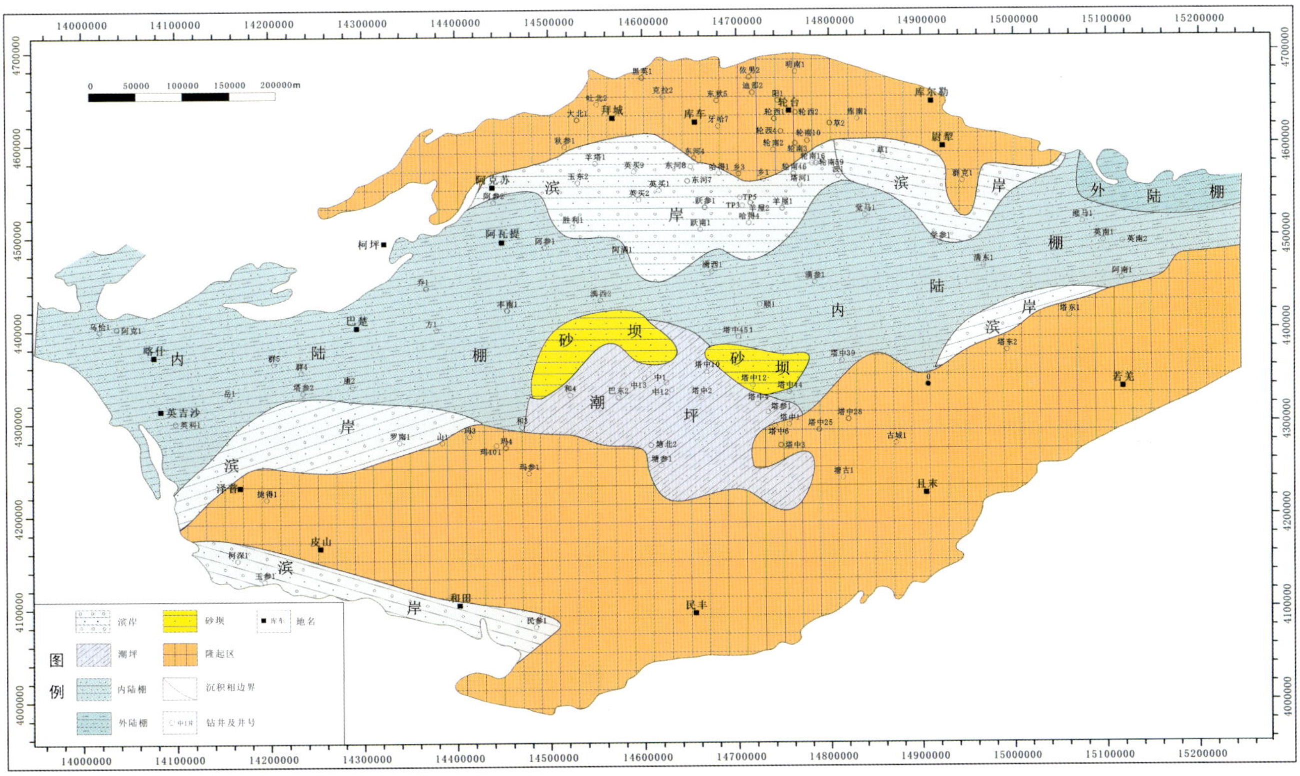

图 7-8　塔里木盆地第 8 超层序（SSQ8）构造-层序岩相古地理图

7.2.2　SSQ9 构造-层序（晚志留世—早中泥盆世）岩相古地理特征

发生于该时期的晚加里东运动，导致了塔里木盆地的一次大规模海退事件，沉积物分布范围大大缩小，与前期相比其总体为一套向上变浅的海退式沉积。塔东地区逐渐隆升，致使古隆起区（剥蚀区）分布范围更广。该时期滨岸沉积体系占据更大的范围，陆棚沉积区向西退却到皮 1 井-方 1 井以西的地区，阿图什-英科 1 井以西地区为深水陆棚沉积，其他地区均演变为滨岸沉积（图 7-9）。

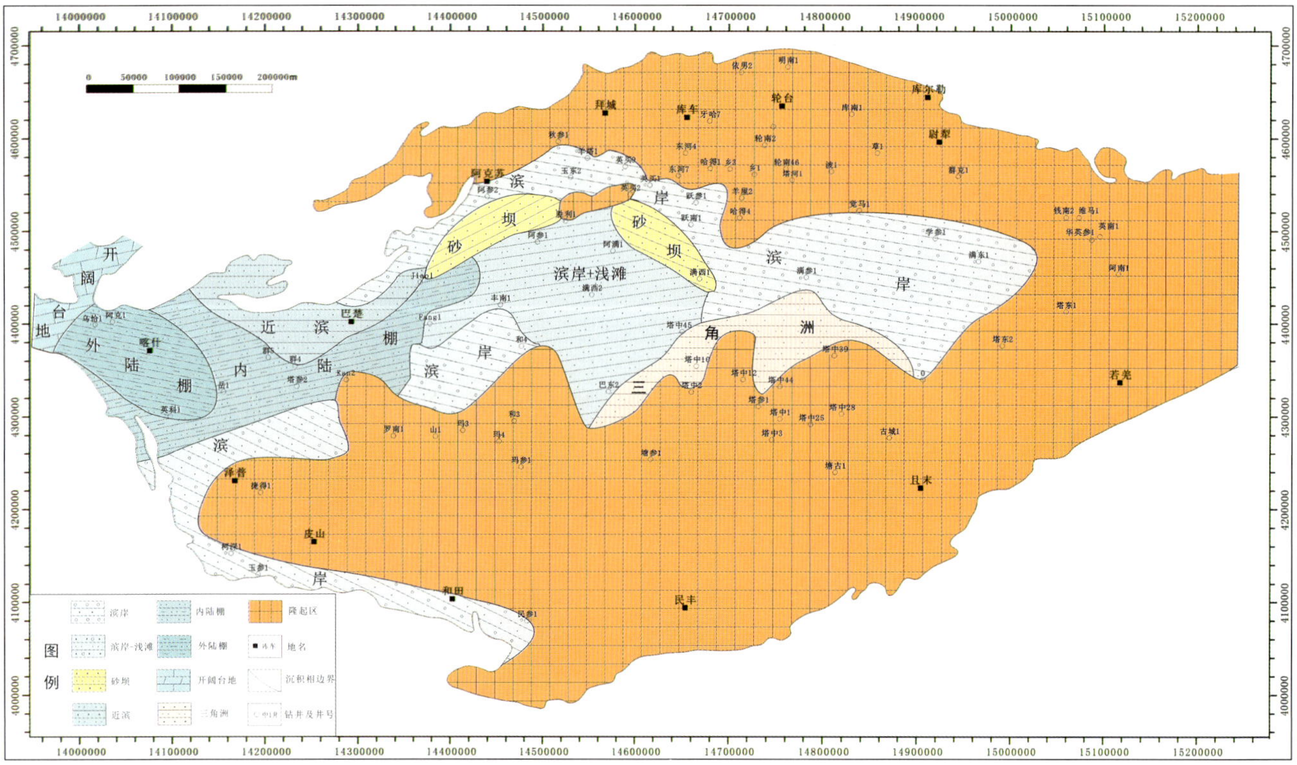

图 7-9　塔里木盆地第 9 超层序（SSQ9）构造-层序岩相古地理图

7.3　克拉通周缘坳陷，内裂陷阶段（D_3-P）构造层序岩相古地理特征

7.3.1　SSQ10 构造-层序（晚泥盆世）岩相古地理特征

该时期发生的早海西运动，导致了塔里木盆地整体隆升成陆，并遭受不同程度的剥蚀和夷平作用，形成了全盆性质的造山角度不整合。晚泥盆世法门期开始，伴随着全球性海平面的上升，塔里木地区又经历了一次大规模的海侵历史，海水自西向东推进，沉积了分布稳定、具有填平补齐特点的分布广泛的东河塘组滨海滩坝相石英砂岩。由于整个盆地此期在地形上总体表现为西低东高的地貌格局，东河塘组沉积自西而东超覆。此时塔里木盆地主体为滨岸沉积体系及陆棚沉积体系所占据，局部地区发育三角洲沉积体系、河口湾沉积体系。沉积格局从东部-西部依次为古陆-滨岸-浅水陆棚-深水陆棚沉积。其中巴 5 井-乔 1 井-胜利 1 井-阿满 1 井-塔中 64 井-塘北 2 井一线以北、以东地区为后滨-前滨沉积，局部发育滨岸砂坝，在塔参 1 井-塘北 2 井之间为三角洲沉积。满 1 井区、塔中 52 井区为河口湾沉积。上述界线与曲 5 井-方 1 井-满西 2 井-和田 2 井-罗南 1 井-萨车一线之间为近滨沉积。上述界线向西由于地势平坦，海水连通性好，依次形成了浅水陆棚-深水陆棚沉积（图 7-10）。

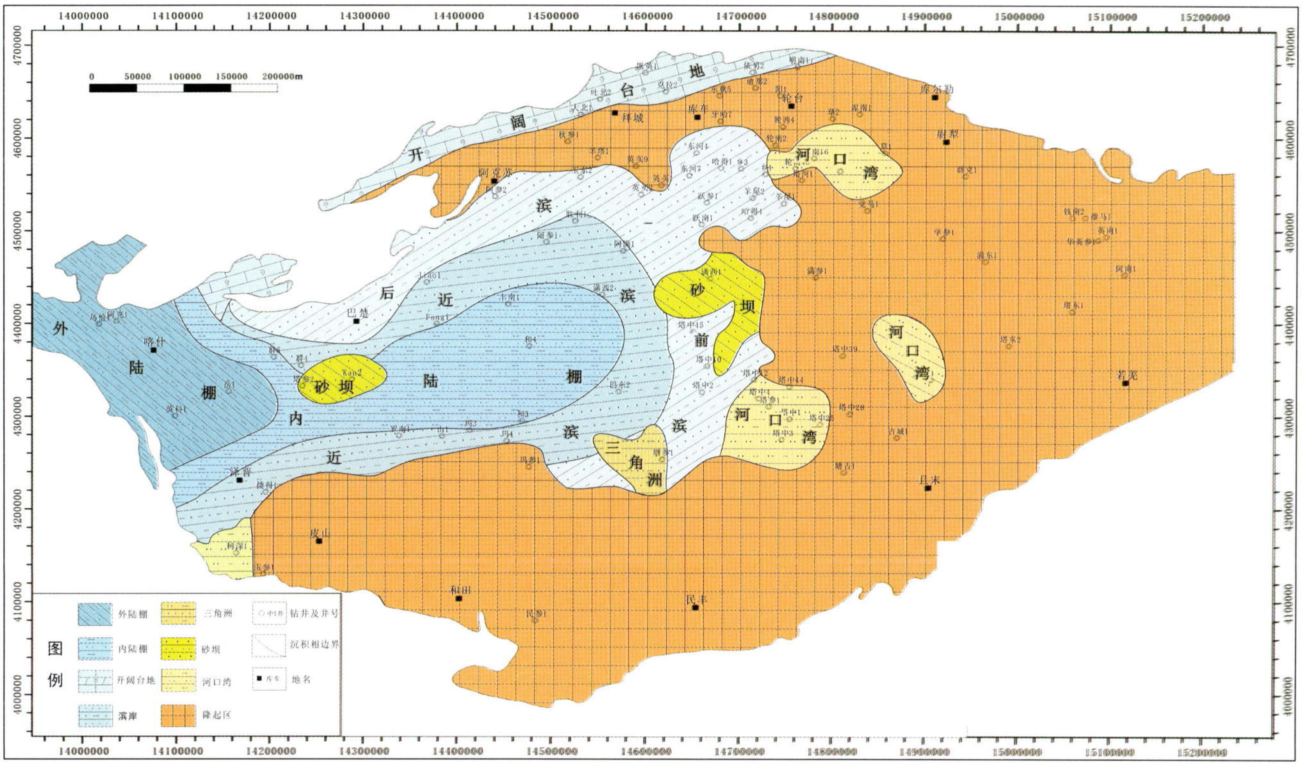

图 7-10　塔里木盆地第 10 超层序（SSQ10）构造-层序岩相古地理图

7.3.2　SSQ11 构造-层序（早石炭世）岩相古地理特征

从早石炭世开始，海水从西南方向逐渐入侵，南缘西段海水明显比其他地区深，形成近岸浅滩-浅海开阔台地-内陆棚沉积，甚至可达深水陆棚环境。东部为板块边缘的大陆斜坡沉积，西部为弧后盆地的沉积。塔里木板块南缘东段的阿尔金山北坡早石炭世为古陆隆起。地层厚度总体上表现出西厚东薄的变化趋势。西部的碳酸盐台地大体展布在方 1 井-和 3 井-玛参 1 井一线以西，主要为局限-蒸发台地沉积，厚度较大，主要由褐灰、灰褐色泥晶白云岩以及泥质白云岩、钙质泥岩、膏质白云岩、膏质泥岩和泥膏岩组成，反映能量较低、蒸发作用较强的沉积环境。曲 2 井和康 2 井可作为该沉积环境的代表性剖面。岳 1 井-柯深 1 井一线以西为开阔台地沉积，主要由褐灰色、浅灰、深灰色泥晶灰岩和泥质灰岩组成，常夹有颗粒灰岩及泥岩等。半局限潟湖亚相大致呈东西向展布于盆地中部，主要分布在满加尔地区，其西部与局限-蒸发台地相邻，向盆地边缘过渡为潮坪沉积体系，以发育水体相对较浅、能量较低的细粒碎屑沉积物为典型特征，主要为褐灰色、浅灰色、灰色泥岩和泥质粉砂岩、粉砂质泥岩，夹薄层粉砂岩、泥灰岩和钙质泥岩等。在塔中-塘北，满东-草湖-轮南-哈拉哈塘等地区主要为潮坪沉积体系。该相带总体上呈带状分布于盆地东部，向盆地边缘阿参 1 井-东河 7 井-满东 1 井-古城 1 井一线为剥蚀尖灭线，岩性主要为灰、褐灰、灰褐、棕色泥岩及粉砂质泥岩、泥质粉砂岩、钙质泥岩和粉砂岩等的不等厚互层（图 7-11）。

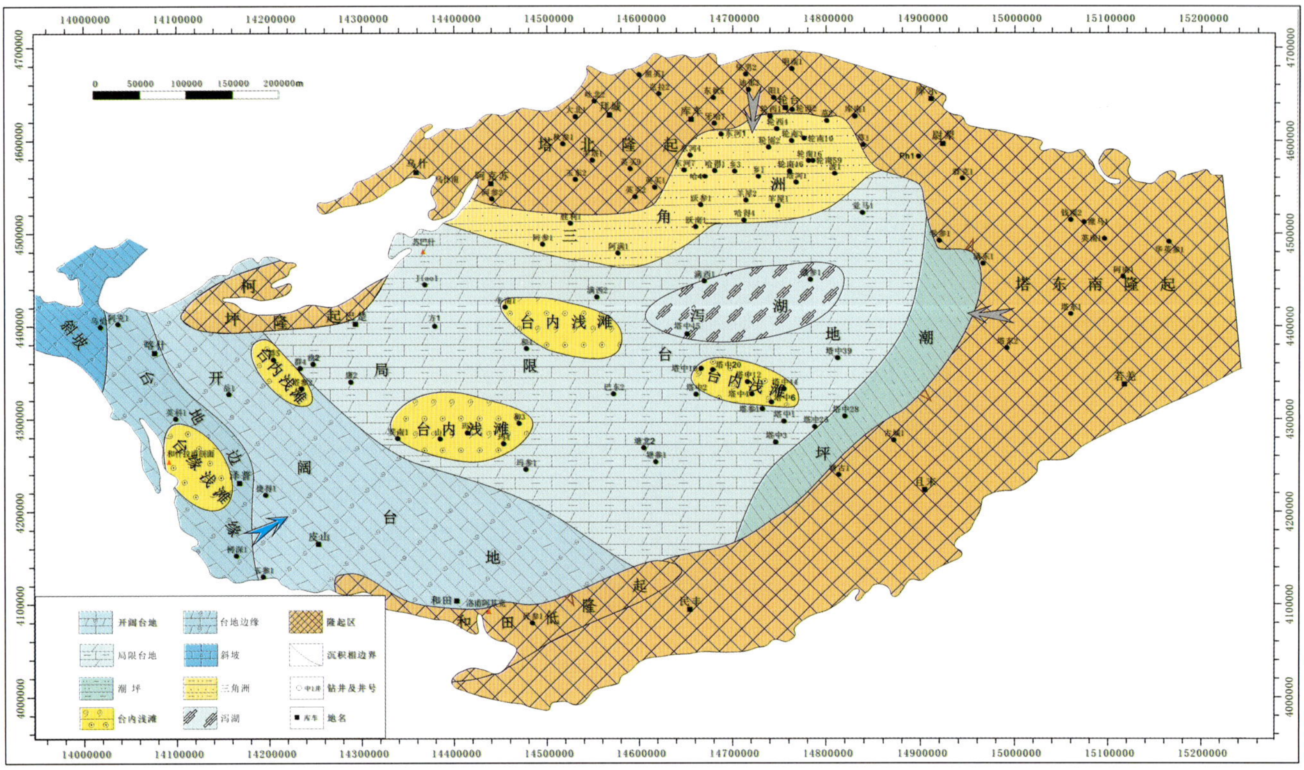

图 7-11　塔里木盆地第 11 超层序（SSQ11）构造-层序岩相古地理图

7.3.3　SSQ12 构造-层序（晚石炭世）岩相古地理特征

该时期总体发育三角洲-潮坪-潟湖-碳酸盐台地沉积体系。沉积相带整体上呈北东-南西向展布，东南部主要为三角洲沉积体系，中部为潮坪-潟湖相带，西北部为局限台地沉积。这一时期的三角洲相带非常发育，大致展布于满参 1 井-塔中 11 井-巴东 2 井-古董 2 井一线以南。推测东南部的三角洲属于粗粒辫状河三角洲，可以塔中 28 井为代表；而西南部的三角洲可能是正常三角洲，可以玛 401 井为代表。它们主要包括三角洲平原和三角洲前缘两个亚相，物源主要来自南方和东南方向，砂岩累计厚度从南向北依次变小，大约从 100m 减小到 40m 左右。三角洲前缘亚相在垂向剖面上以发育向上变粗的沉积序列为典型特征，主要包括河口坝、远砂坝、席状砂、水下分流河道和分流间湾等微相，岩性以灰色、浅灰色含砾砂岩和砂岩、粉砂岩与暗色泥岩的不等厚互层为特征，主要包括由细砾岩、含砾砂岩、砂岩和粉砂岩组成的分流河道微相以及以暗色泥岩（局部夹灰黑色碳质泥岩）为主的分流洼地、沼泽等微相。潮坪-潟湖亚相呈东北-南西向弯曲带状分布于草湖 1 井-哈得 7 井-塔中 45 井-和 4 井-罗南 1 井一带，南接三角洲相，北邻局限台地沉积体系，水体相对较深，能量不高，环境较闭塞，主要发育灰褐、灰色泥质灰岩和泥晶灰岩，有些地方含有来源于三角洲前缘的粉、细砂质沉积物的薄夹层，局部地区夹有薄层状膏岩和白云岩。位于西北部的局限台地沉积体系范围在康 2 井-捷得 1 井一线以西地区，沉积物主要为生屑灰岩、白云质灰岩、白云岩和泥晶灰岩夹泥岩和粉砂岩（图 7-12）。

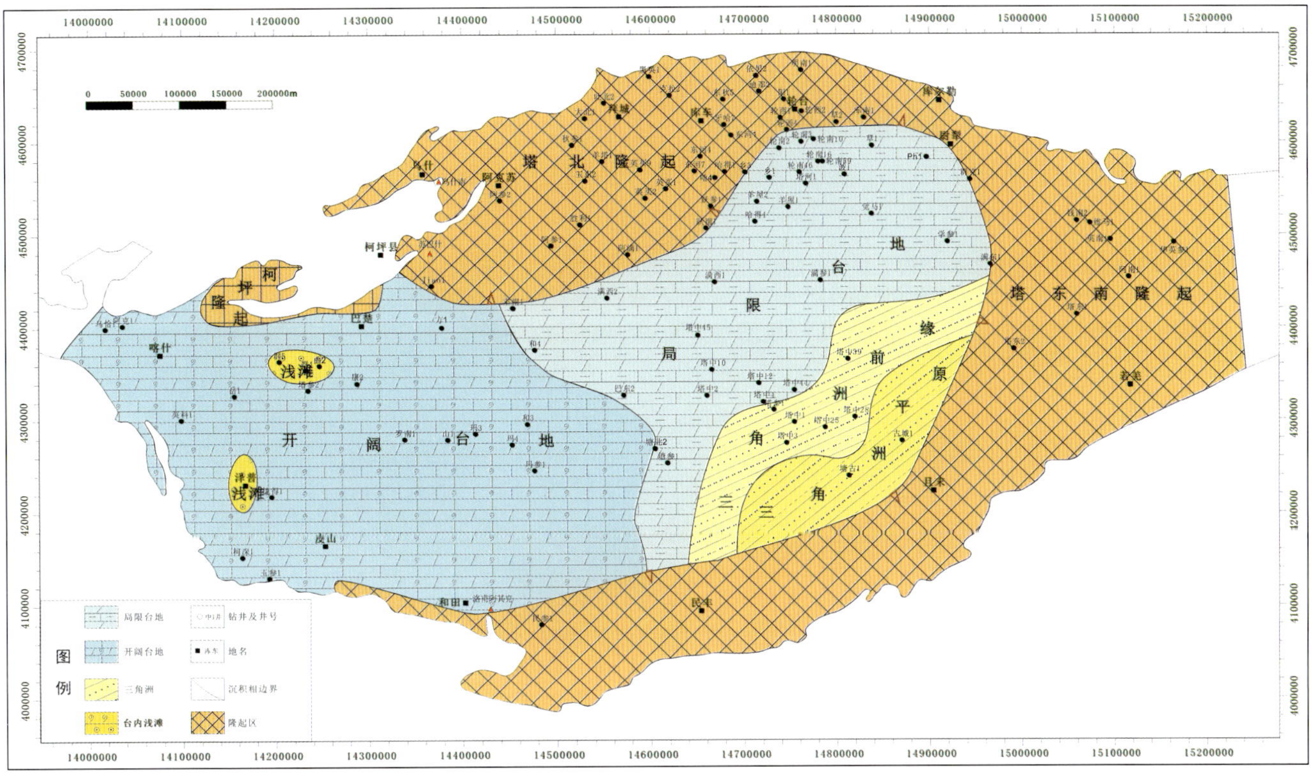

图 7-12　塔里木盆地第 12 超层序（SSQ12）构造-层序岩相古地理图

7.3.4　SSQ13 构造-层序（早中二叠世）岩相古地理特征

该时期继承了前期的沉积格局，塔里木盆地主体为板内盆地稳定型的浅海陆棚-滨岸-非海相的河湖沉积。东部主要为隆起剥蚀区及陆相沉积区，海水自西向东侵入。早期（康克林组时期），海水曾到达柯坪、音干-四石厂、巴楚小海子等地；而在南侧的昆仑山前，海水也到达了和田以东的阿其克，不同剖面的沉积类型反映出海水西深东浅的特点。特别是在西北边缘的卡拉铁克一带已出现半深水—深水的大陆斜坡上的海底扇浊积岩，反映出继承石炭纪被动大陆边缘的构造-沉积格局。但该时期海水向东到达盆地内的范围尚缺少直接的依据。晚期（库普库兹满组及开派兹雷克组时期），塔里木总体处于一个海退的时期，海水逐渐向西退出，从巴楚、柯坪、音干-四石厂及南侧的阿其克、杜瓦等剖面来看，近岸平原河湖相、沼泽相-泛滥平原河湖相沉积逐渐取代早期的海相沉积。仅西部昆克拉契一带，相应的地层萨热哲依组还分布一些灰岩和角砾灰岩、产蜓类化石（图 7-13）。

塔里木北缘南天山石炭纪时的海盆，到二叠纪时，开始萎缩，东部已逐渐隆起，同时受北侧北天山洋盆俯冲的影响，出现大规模中酸性的火山活动。二叠纪早期形成一套中酸性-中基性火山岩夹海相的灰岩和碎屑岩，向上亦为近岸河湖-沼泽相的碎屑含煤岩系所代替。

中二叠世塔里木西部普遍出现火山活动。在柯坪-巴楚等地均已见到有厚度、层数不等的玄武岩夹在上述陆相地层之中。

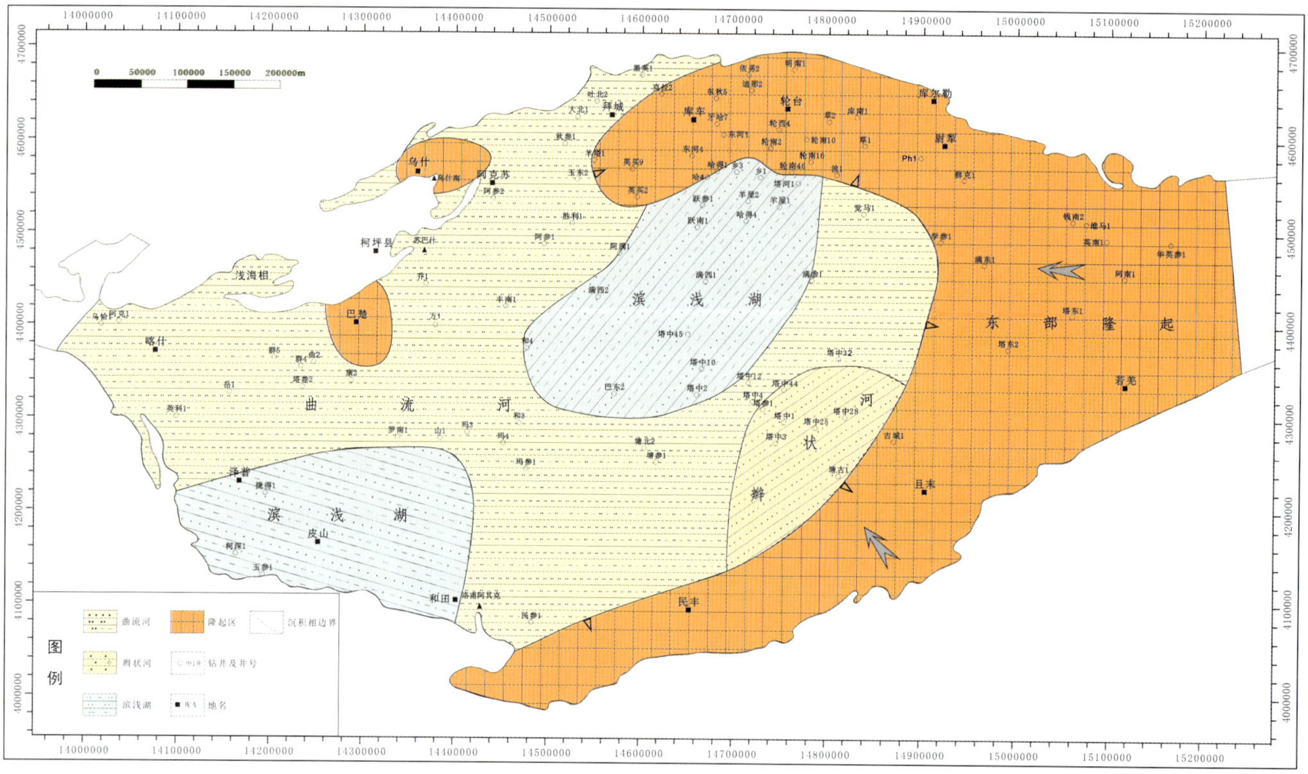

图 7-13　塔里木盆地第 13 超层序（SSQ13）构造-层序岩相古地理图

7.4　前陆盆地沉积阶段（T）构造-层序岩相古地理特征

晚二叠世末构造发展对塔里木盆地产生了深刻的影响，海水自东向西退出塔里木盆地，逐渐结束海相沉积历史，进入内陆盆地沉积演化阶段。除早三叠世存在短暂的海泛以外，其余大部分时间是典型的内陆湖盆。由于塔中隆起和塔北隆起的隔挡，此时的塔里木盆地已不是一个完整的盆地，实际上存在 4 个互不连通或短暂连通的盆地。

7.4.1　SSQ14 构造-层序（早三叠世）岩相古地理特征

层序 SSQ14 沉积时期的古气候为半干旱的热带、亚热带型气候。该时期以前陆盆地为特征，发育有塔西南前陆盆地、库车前陆盆地、塔北-塔中克拉通坳陷盆地。西部和东及东南部发育大型隆起，在中部坳陷和库车前陆盆地之间发育小的隆起，可以看成库车前陆盆地的前缘隆起（图 7-14）。

库车坳陷具前陆盆地特征，以扇三角洲-辫状河三角洲-湖泊相带展布为特征，各相带大致呈 E-W 向展布，与坳陷延伸方向一致。沉积环境以湖泊为主导，但湖泊较浅，以滨浅湖亚相粉砂岩、泥岩等沉积为主。拜城及以西地区发育半深湖-深湖亚相沉积。沉积中心靠近北部，厚度变化较大，为 100～800m。靠近北部山麓一带物源丰富，沉积物直接入湖形成与滨湖相暗色泥岩相互交互的大套扇三角洲沉积，呈裙带状展布特征。前缘隆起亦为重要的物源区，沿隆起区北坡向湖泊中心亦展布小规模的辫状河三角洲沉积。

盆地腹地主要的沉积环境为辫状河-辫状河三角洲-湖泊相和扇三角洲-湖泊相。在这一时期湖泊为主要的沉积环境，湖水由南部侵入，侵入范围较大，在北部坳陷区和卡塔克隆起区广泛发育湖泊相沉积。沉积中心位于和 2 井-满西 2 井-顺 8 井一带，呈 NE-SW 方向条带状展布，发育半深湖亚相沉积，厚度一般为 100～300m，沉积物以暗色泥岩为主。沿前缘隆起南坡至阿瓦提断陷西北部呈带状发育扇三角洲沉积，方向大致与沉积中心一致，物源主要来自前缘隆起区。伴随着南部抬升运动，塔东地区隆升幅度和剥蚀量最大，丰富的物源向湖盆汇入，湖盆东部发育 SE-NW 方向展布的粗粒辫状河-辫状河三角洲沉积体系。该体系具体分布在塘古孜巴斯凹陷区至满加尔坳陷区一带，个别地方深入湖泊内部形成凸起，如塔中 49 井区和满参 1 井区，反映了地形相对低平状态下的沉积态势。

此外，晚二叠世受海西运动的影响，海水全部退出，塔西南地区在挤压背景下“基底”下陷，形成前陆盆地。早三叠世沉积仅见于杜瓦 47 煤矿，为下三叠统乌尊萨依组，厚 122m，与下伏二叠系整合接触，为一套三角洲相-浅湖相的碎屑岩建造。因此，塔西南前陆盆地可能仅经历了晚二叠世-中三叠世早期的演化，随后的构造阶段中受挤压隆起成陆。

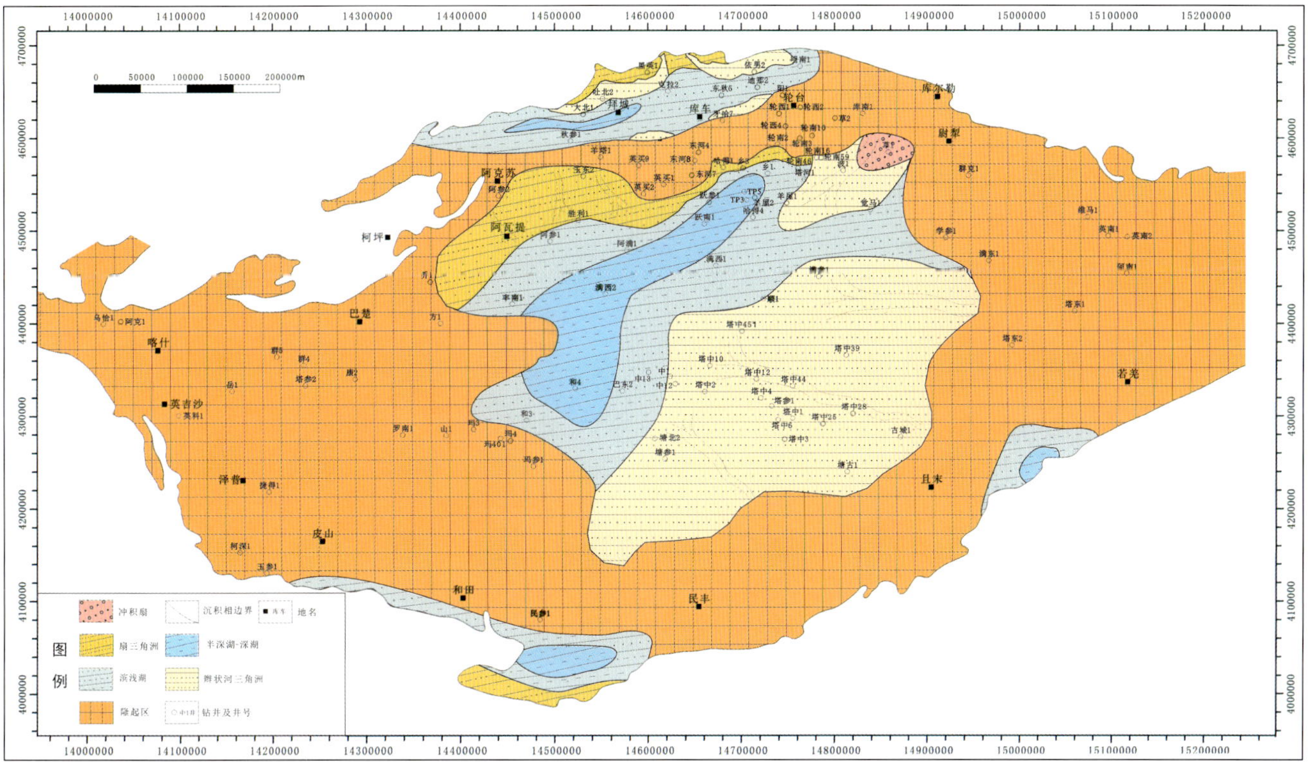

图 7-14　塔里木盆地第 14 超层序（SSQ14）构造-层序岩相古地理图

7.4.2　SSQ15 构造-层序（中三叠世）岩相古地理特征

层序 SSQ15 形成时期基本承袭了早三叠世的构造动力背景，天山构造域持续隆升并遭受挤压，库车前陆盆地发育，之南发育新和前缘隆起。古气候已由半干旱气候转化为半潮湿、潮湿型气候。早期为半潮湿型气候，并出现短暂的半干旱气候，晚期为半潮湿、潮湿型气候（图 7-15）。

库车坳陷湖盆南部边界和沉积中心相对于南天山逆冲带则逐渐远离。北部近山前地带发育冲积扇-扇三角洲沉积，远离山前地带发育辫状河-辫状河三角洲-曲流河三角洲（局部）-湖泊相沉积，半深湖亚相暗色泥岩沉积自东向西呈窄条带发育，推测半深湖亚相延伸至坳陷西部阿克苏以北地带。纵向上看，随着时间推移，中三叠世扇三角洲沉积停止，开始发育辫状河三角洲沉积，并逐渐向湖泊相转变，说明坳陷地形逐渐变缓，控制沉积作用的断层活动逐步减弱，坳陷不断加深，湖泊面积逐渐扩大。早、中三叠世物源有南北两个方向：拜城北边的卡普沙良及克拉苏等地，古流向为南东向，物源来自古天山；库车河地区则为北北西向，表明此时南方存在一物源区。受湖平面上升达到最大值后的持续扩张影响，湖盆相带面积扩大，表现为库车坳陷湖泊在阿克苏地区向盆地腹地敞开。

该时期，塔北地区由于新和隆起的隆升挤压而沉降，塔北隆起和北部坳陷发育湖相沉积，紧邻轮台断隆物源区的部位发育辫状河三角洲相沉积，沉积厚度较大，以含砾砂岩、中-粗粒砂岩、泥岩等为主。受塔东南地区持续抬升的影响，辫状河-辫状河三角洲相由南向北扩大，范围限于轮南1井-哈德4井-塔中34井一线以东地区。与此同时，塔西南造山带频繁活动，剥蚀量较前期加大，满西2井-塔中49井-塘参1井以西接受辫状河-辫状河三角洲相沉积。

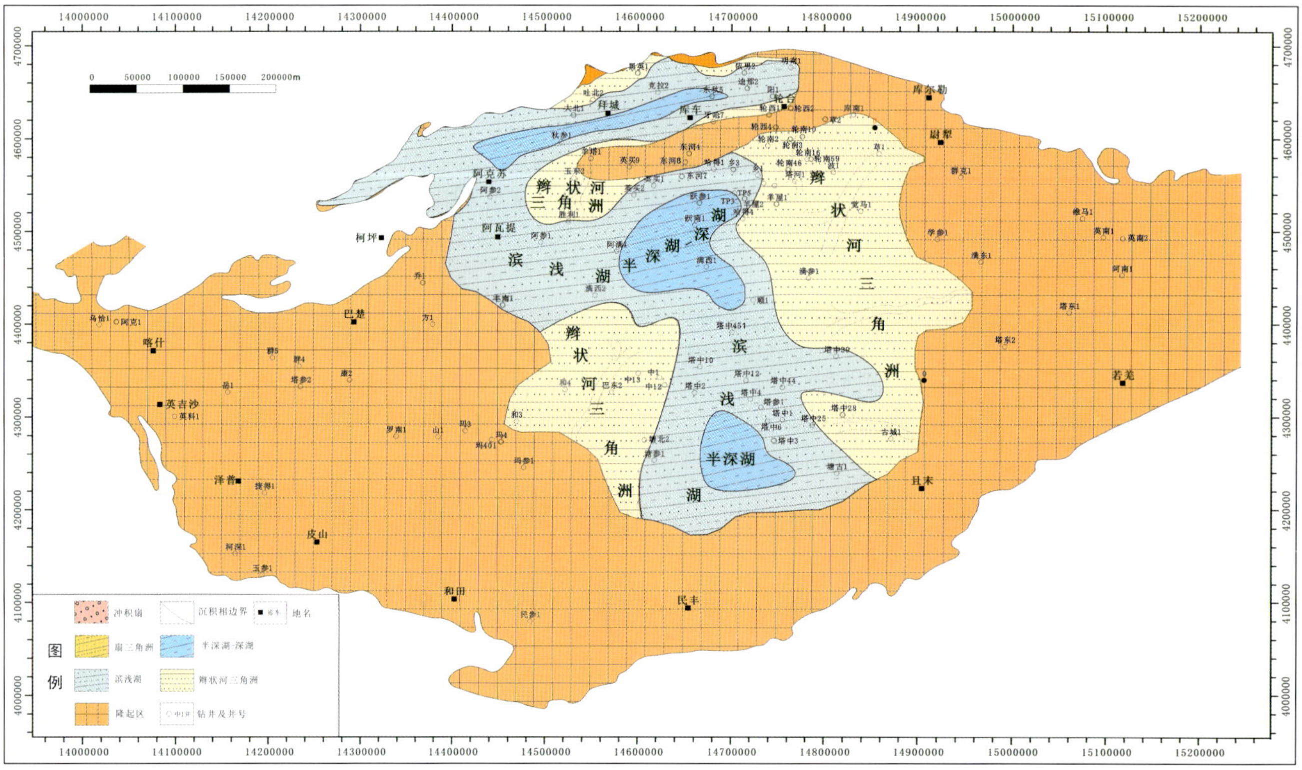

图7-15　塔里木盆地第15超层序（SSQ15）构造-层序岩相古地理图

7.4.3　SSQ16构造-层序（晚三叠世）岩相古地理特征

层序SSQ16沉积时期的气候较为湿润，为温暖潮湿的热带、亚热带型气候。原先统一内陆湖盆的沉积面貌再一次被分为两个不连通湖盆，分别集中于塔北-塔中地区和库车坳陷一带（图7-16）。

晚三叠世，在库车坳陷，湖盆面积进一步扩大，半深湖相沉积范围进一步加大，东缘到达轮台西北地区，沉积中心位于拜城-库车一线。前缘隆起南迁至塔里木河以北和沙雅以南地区，其北缘在库车南约20km处。连通天山和前缘隆起的剥蚀高地西迁至轮台，邻近高地发育规模不大的辫状河三角洲沉积。在盆地东部，有少量源于东部隆起区的E-W向河流注入盆地。辫状三角洲在坳陷北部库车河、克拉苏河和卡普沙良河一带也有分布，规模都不大。在上述地区也有少量扇三角洲沉积。

该时期塔北-塔中湖盆北移至哈拉哈塘南部-轮南凸起-草湖凹陷一带，主要为滨浅湖亚相沉积环境，沉积物以泥岩、泥质粉砂质及砂岩、含砾不等粒砂岩为主，半深湖亚相沉积仅分布于顺8井附近。围绕塔北隆起剥蚀区，北部斜坡断续发育辫状河三角洲沉积；南坡自西向东至轮南地区发育扇三角洲沉积，呈不规则条带状东西向展布。毗邻湖泊相带东部地区继承性发育辫状河-辫状河三角洲沉积，塔中49井区深入湖泊内部形成凸起，亦反映了地形相对低平状态下的沉积态势。

此外，在塔西南发育晚三叠世地层乔洛克萨依组，呈条带状沿昆仑山山麓展布。主要发育了厚层砾岩，夹于泥岩、碳质泥岩中。厚层砾岩中砾石分选差、次圆-棱角状、颗粒支撑、砂基充填、铁质胶结，属远端扇沉积，泥岩和碳质泥岩属冲积平原沉积，乔洛克萨依组代表盆地沉降初期湖沼及盆缘扇体沉积。

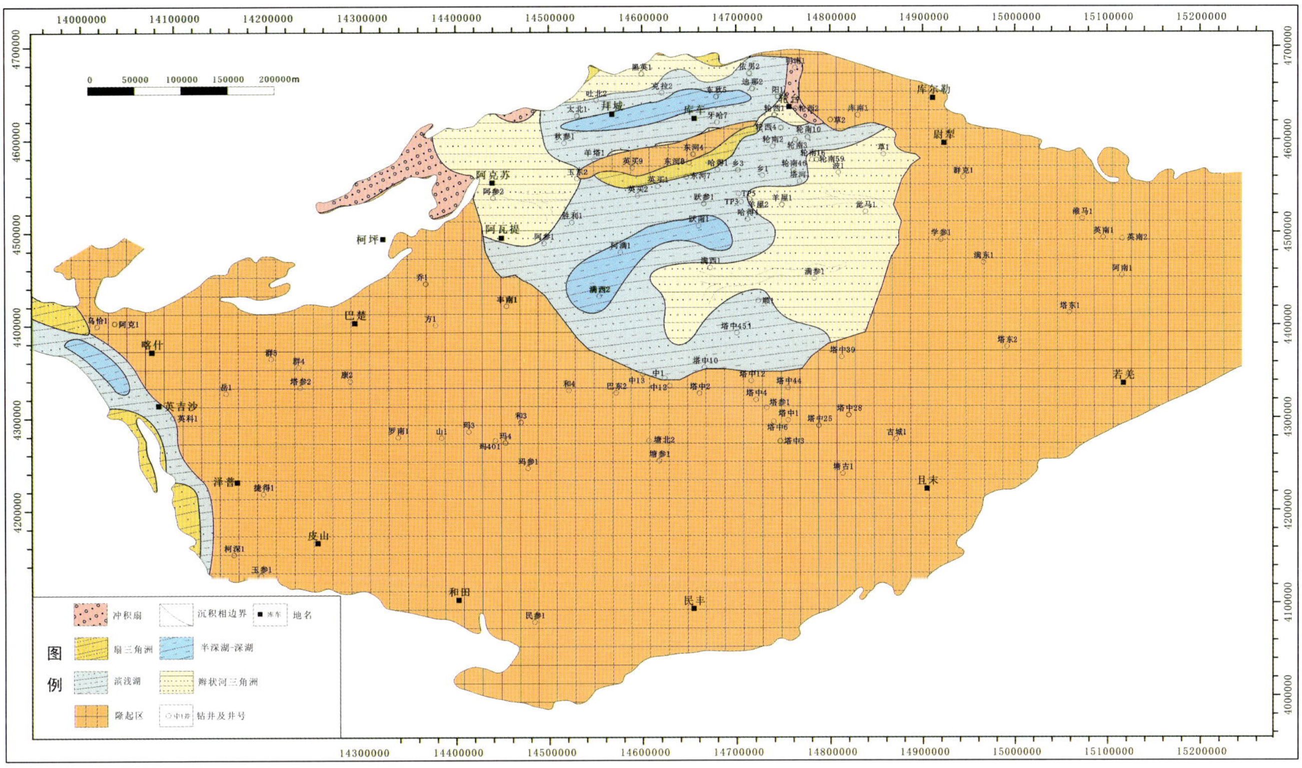

图 7-16　塔里木盆地第 16 超层序（SSQ16）构造-层序岩相古地理图

7.5　断陷-坳陷沉积阶段（J-E）构造-层序岩相古地理特征

7.5.1　SSQ17 构造-层序（早中侏罗世）岩相古地理特征

层序 SSQ17 形成时期古气候由早期温暖潮湿的亚热带-暖温带型气候向后期亚热带半干旱-半潮湿型气候转化。该时期昆仑构造域在喀喇昆仑一带发生的俯冲作用，引起弧后拉张和断陷作用进一步加强。塔里木克拉通由北向南依次发育库车断陷、塔东北坳陷、塔西南断陷、塔东南断陷等原型盆地，以及新和隆起、西部隆起和东部隆起（图 7-17）。

该期库车坳陷地区构造运动相对平缓，南天山褶皱隆起带开始遭受强烈剥蚀，在造山期后的热沉降和应力松弛以及重力均衡作用控制下，致使盆地基底反弹，湖盆变浅变宽，南部的隆起带也逐渐被湖水淹没，并使库车盆地北缘大部分地区出现了准平原化的构造面貌，从以挤压体制下的盆地转化为伸展体制下的盆地；前陆隆起带以河流的冲积平原沉积为主。

塔西南地区从早侏罗世开始全面进入陆盆相沉积时期，沉积多分布于昆仑山前的分割性断陷和凹陷中，分布面积较小。早、中侏罗世为陆相含煤碎屑岩沉积、滨浅湖相沉积，各类沉积多沿昆仑山山前呈条带状分布，这与沉积盆地的形态有关。在独自的沉积区域内则呈环状分布，在中心部分为滨浅湖相，向外为河流和冲积扇相。

塔东地区，受南北高、中部高低相间的地形特征控制，本期湖盆的碎屑物质主要来自南北两侧的塔东古隆起和库鲁克塔格断隆区，以三角洲相为主，其次为湖泊、湖沼相的岩相古地理环境。

塔东南地区沉积沿阿尔金山山前分布，主要为河流-三角洲-滨浅湖-半深湖相。分别在阿尔金山前的且末县其格勒克一带和昆仑山前的于田普鲁-巴什康苏拉克一带存在两个沉积中心。此时湖水由西向东可能连通了古昆仑山前的塔里木西南缘、塔东南、柴达木盆地西部，形成一个统一的、缓慢沉降的沉积坳陷。

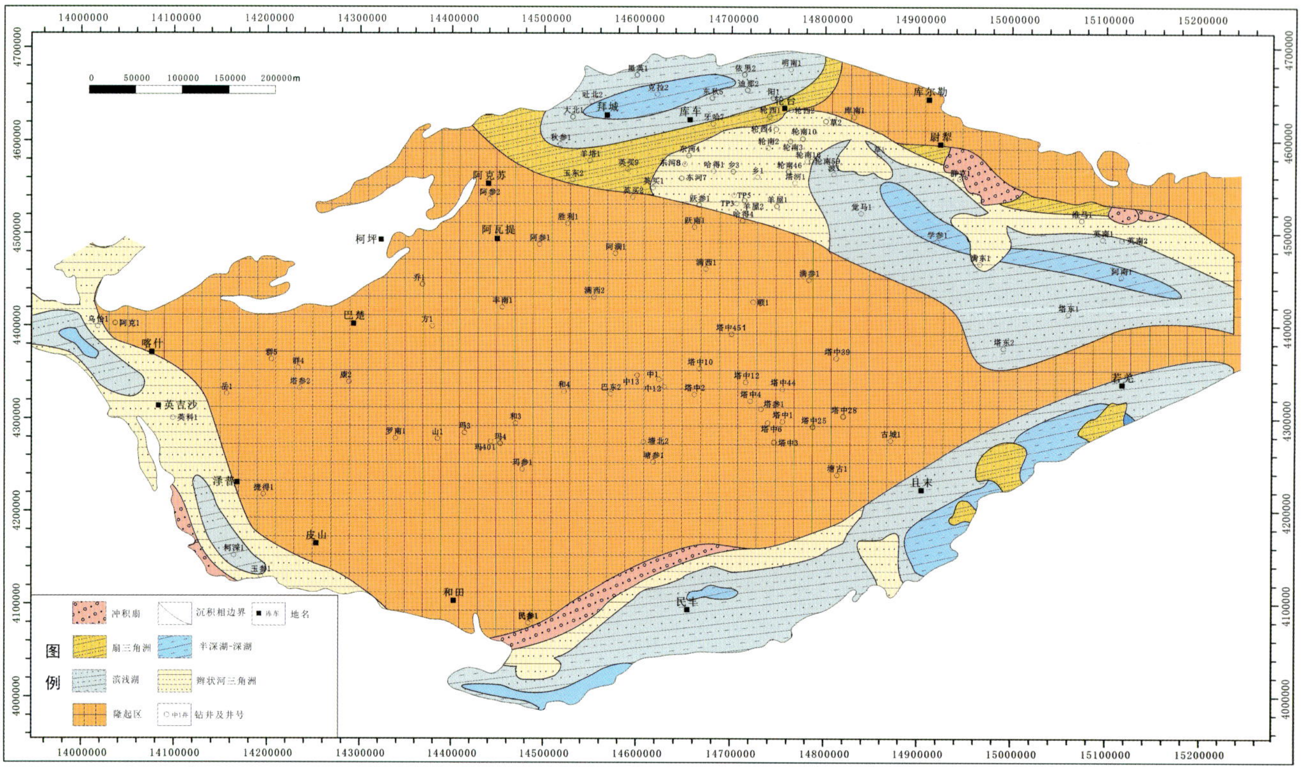

图 7-17　塔里木盆地第 17 超层序（SSQ17）构造-层序岩相古地理图

7.5.2　SSQ18 构造-层序（晚侏罗世）岩相古地理特征

层序 SSQ18 时期羌塘地体已经靠近喀喇昆仑山，新特提斯洋的北支已经转化为残留洋，挤压作用加强，塔里木克拉通盆地的基本格局没有大的改变，主要发育有：库车坳陷、塔东北坳陷、塔西南坳陷、塔东南坳陷等原型盆地；西部隆起、东部隆起连片为南部隆起，新和隆起与天山隆起也相互连接（图 7-18）。

库车坳陷在该时期地形分化明显，南部隆起带完全消失，库车坳陷同塔里木盆地连为一体，而坳陷北部地形差异仍然较大，仍有巨厚粗粒沉积物堆积。湖泊面积继续扩大，而水体变浅，形成氧化宽浅湖。此期气候干旱，湖泊沉积物具有各种红色色调。除北部边缘部分地区沉积了一套扇三角洲及辫状河三角洲沉积物，偶见曲流河三角洲沉积外，其余皆为滨浅湖沉积物的频繁交替，没有出现深水湖泊沉积物。

塔东南构造发展亦进入了一个新的阶段。露头和地震剖面反映出盆地边缘普遍存在中、上侏罗统之间明显的角度不整合，并向盆地过渡为平行不整合，表明在中、晚侏罗世该区曾发生过一次强烈的构造运动。另外，通过对该区的古气候环境分析看出，在早—中侏罗世，该区处于温暖潮湿的还原环境，古植物非常发育；在晚侏罗世，该区处于半干旱、干旱的氧化环境，植物群随之衰落，在露头和钻井岩心上从上侏罗统库孜贡苏组开始出现大量红色碎屑岩（主要为河流冲积相沉积，部分为滨浅湖相沉积）。区域地质分析揭示，在晚侏罗世—早白垩世，拉萨地体与羌塘板块碰撞，导致班公湖—怒江洋盆闭合，在这种区域构造背景下，阿尔金断裂在晚侏罗世具有压扭性质，造成侏罗纪晚期沉积范围减小，使部分地区上侏罗统缺失，标志着瓦石峡凹陷侏罗纪构造演化进入萎缩、衰亡阶段。

塔西南地区上侏罗统库孜贡苏组砾岩，含泥砾岩和砂岩互层，砾岩分选差，颗粒支撑，砂质充填，砾石呈次圆状，硅质成分为主，砾岩中夹有具水流波痕砂体。砾岩向上变薄，砂层变厚。砂层呈板状或席状，低角度至槽状交错层理。向上砂泥互层增多，砂层中具反粒序层理或低角度交错层理。库孜贡苏组属冲积扇沉积，为退积层序。其他区域上侏罗统普遍未发育或被剥蚀。

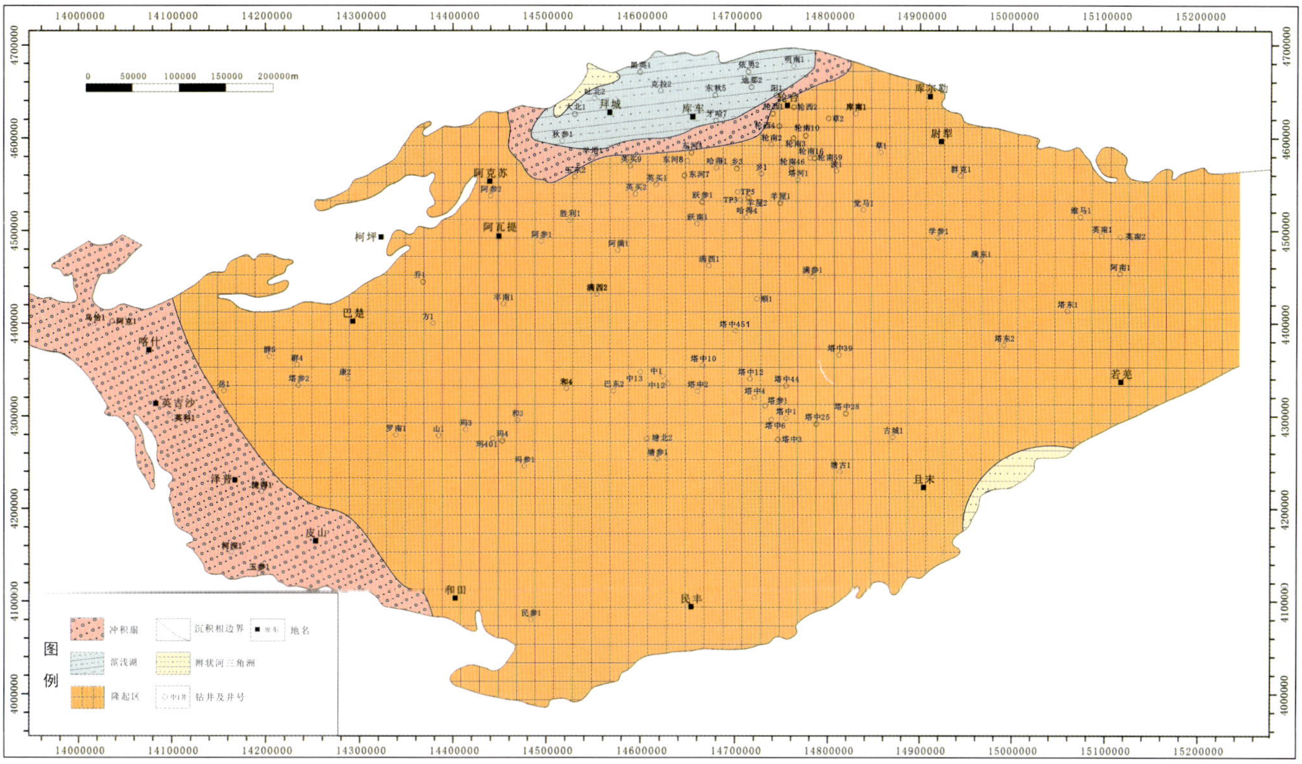

图 7-18　塔里木盆地第 18 超层序（SSQ18）构造-层序岩相古地理图

7.5.3　SSQ19 构造-层序（早白垩世早期）岩相古地理特征

盆地内白垩系总体为红色碎屑岩系，常见硬石膏胶结物，表明当时为炎热半干旱的古气候特点。受多物源的影响，盆地腹部早白垩世表现为多物源的氧化宽浅湖环境，主要分布在盆地的北部和中部地区（图 7-19）。

在塔东北沉积大区，卡普沙良群主要包括冲积扇、辫状河、辫状河三角洲、滨浅湖等沉积（亚）相。古地势总体呈“南高北低、东高西低”。物源主要来自南部的东昆仑-阿尔金隆起，它可能控制了盆地的主体沉积格局，向北依次为冲积扇、辫状河、辫状河三角洲平原、辫状河三角洲前缘-滨浅湖亚相。另一支物源来自古天山隆起中部，形成了以扇三角洲前缘亚相为主的沉积。在相当于克孜勒苏群 1～2 段沉积时期，塔西南沉积大区古地势总体也是“东高西低”，沉积厚度自西向东减薄，沉积物分布主要受北部喀什北山前和西昆仑隆起 2 个物源区的控制，沿山前普遍发育冲积扇-扇三角洲相粗碎屑岩。北部喀什北山前以库孜贡苏剖面和阿克 1 井为代表，在西部沿古昆仑山山前表现为一系列的冲积扇群。该套沉积物遭受到后期构造运动的强烈挤压，现今表现为狭长的条带状。

7.5.4　SSQ20 构造-层序（早白垩统晚期）岩相古地理特征

早白垩世巴什基奇克组沉积时期，塔里木盆地周缘又进入一个新的构造活动期。随着周缘构造活动的增强，地势相对高差增大，盆地的分割性增强，导致氧化宽浅湖盆不断萎缩直至消亡，从而形成广泛的粗粒冲积扇-辫状河三角洲沉积体系。由于受多物源的控制，在不同地区沉积相发育的差异性较大。塔里木盆地巴什基奇克组沉积时期的古气候更加干旱炎热，沉积组合仍以红层为主（图 7-20）。

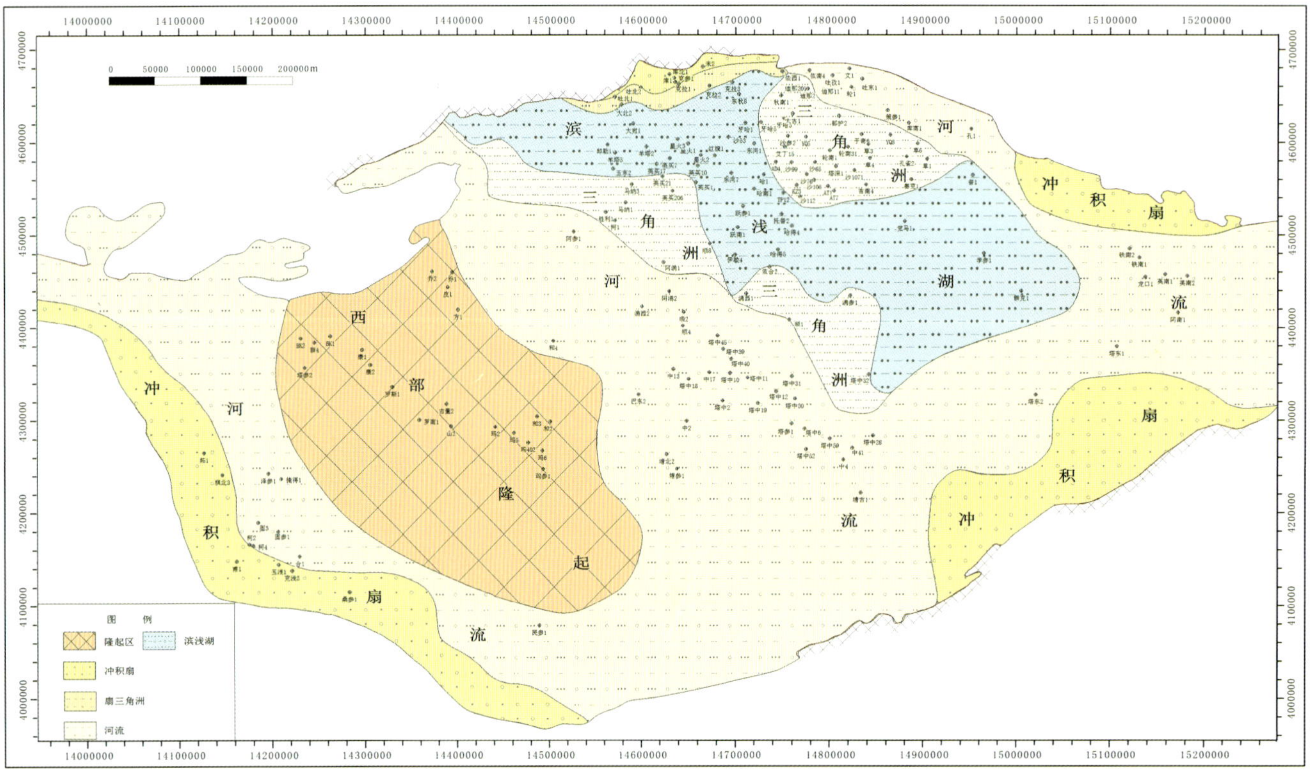

图 7-19　塔里木盆地第 19 超层序（SSQ19）构造-层序岩相古地理图

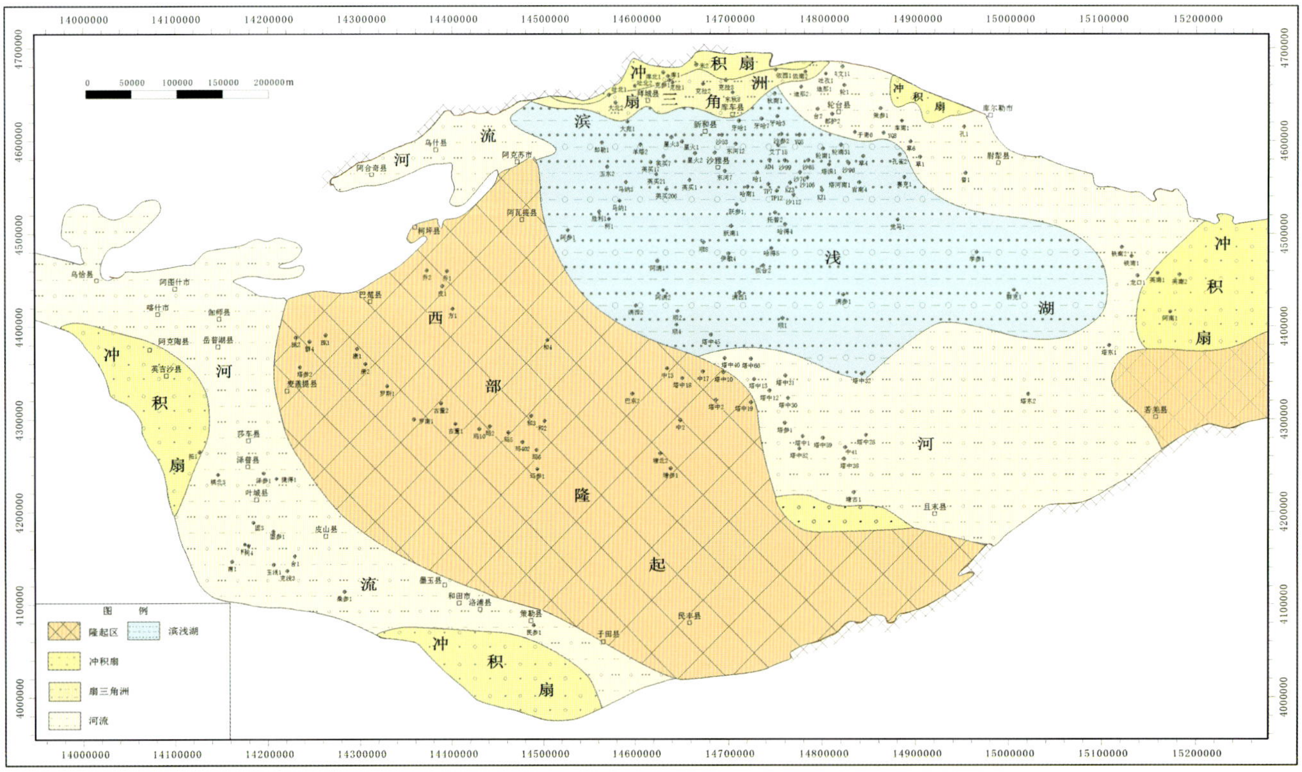

图 7-20　塔里木盆地第 20 超层序（SSQ20）构造-层序岩相古地理图

在塔东北沉积大区，盆地普遍以粗碎屑沉积物为主，主要包括冲积扇、辫状河三角洲平原、辫状河三角洲前缘和滨浅湖等沉积（亚）相。古地势仍呈“南高北低、东高西低”。盆地周缘存在 4 个主要物源区：最大的物源区位于库南 1 井-草 2 井区东北；第 2 个大的物源区是位于塔东地区的英南 2 井-华英参 1 井区西南，它们共同控制了盆地内广泛的辫状河三角洲沉积体系的分布；第 3 个物源区位于北部库车山前地区，物源来自古天山隆起，形成一套辫状河三角洲平原和辫状河三角洲前缘亚相沉积。第 4 个物源区是库车西部地区的乌参 1 井区西南，形成以冲积扇-扇三角洲沉积体系为主的沉积。受以上多个物源区的控制，在盆地内部普遍发育辫状河三角洲前缘亚相的中细粒砂岩。在西部的阿瓦提地区和满西 2 井以南地区，发育有分割性的小型滨浅湖盆，沉积了细粒粉砂岩和泥岩。

在相当于克孜勒苏群 3～5 段沉积时期，塔西南沉积区继承了早期的沉积特征，仍发育粗碎屑的冲积扇-河流相沉积。沉积物分布受西部古昆仑山物源区的控制，山前普遍以各种规模的冲积扇相粗碎屑岩沉积为主，向盆地内相变为河流相，呈狭长的条带状分布，沉积厚度自西向东减薄。

7.5.5 SSQ21 构造-层序（晚白垩世）岩相古地理特征

该时期，塔西南喀什坳陷-玉浅 1 井山前地带保留有潮坪沉积，其余地区均为剥蚀区。主要的沉积区位于塔里木东部地区，发育有冲积扇、三角洲和湖泊沉积。冲积扇位于塔中 28 井-且末、英南 2-塔东 1 井和库南 1-赛克 1 井区；湖泊相区位于马纳 3-顺 8-顺 1-塔中 32 井区；其余广大地方为三角洲沉积（图 7-21）。

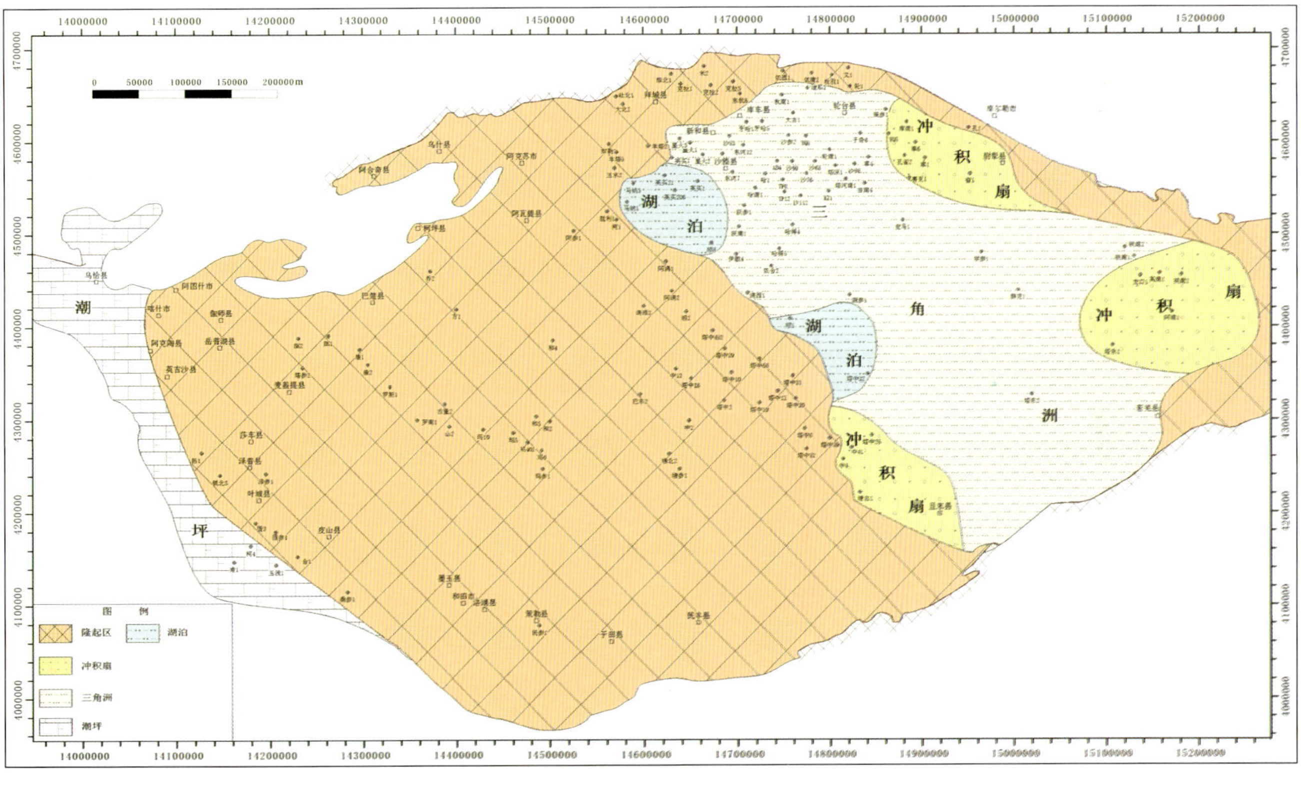

图 7-21 塔里木盆地第 21 超层序（SSQ21）构造-层序岩相古地理图

7.5.6 SSQ22 构造-层序（古近纪）岩相古地理特征

SSQ22 沉积时期，塔里木盆地西部主要为海湾沉积环境的潟湖相，隆起区局限于巴楚隆起区和塔东北隆起区，环绕隆起区发育三角洲沉积（图 7-22）。

塔西南地区，由于缓慢隆升，水体变浅，水域面积扩大，加上当时区域气候仍为干旱炎热，水体蒸发作用更趋加剧，在群 4-巴东 2-塘参 1 以东，和田-皮山-英科以北的广大地区沉积了含膏泥岩及灰岩、白云岩等。在该线以西的环绕边带，发育潮坪相的沉积。扇三角洲沉积区位于柯深 1 井-玉参 1 井一线。再向西的广大地区，则发育陆相的冲积平原，且末前陆盆地只要为冲积扇相，岩性为红色砾岩夹砂岩、粉砂岩。在塔北地区，由于塔北隆起的抬升作用，库车坳陷的南部发育扇三角洲，在前缘由于水深增加，发育潟湖相沉积，主要为薄至厚层灰质砾岩、薄层透镜状泥-微晶白云岩。在塔东南的且末-若羌一线为冲积扇沉积，其余的广阔沉积区均为冲积平原发育区。

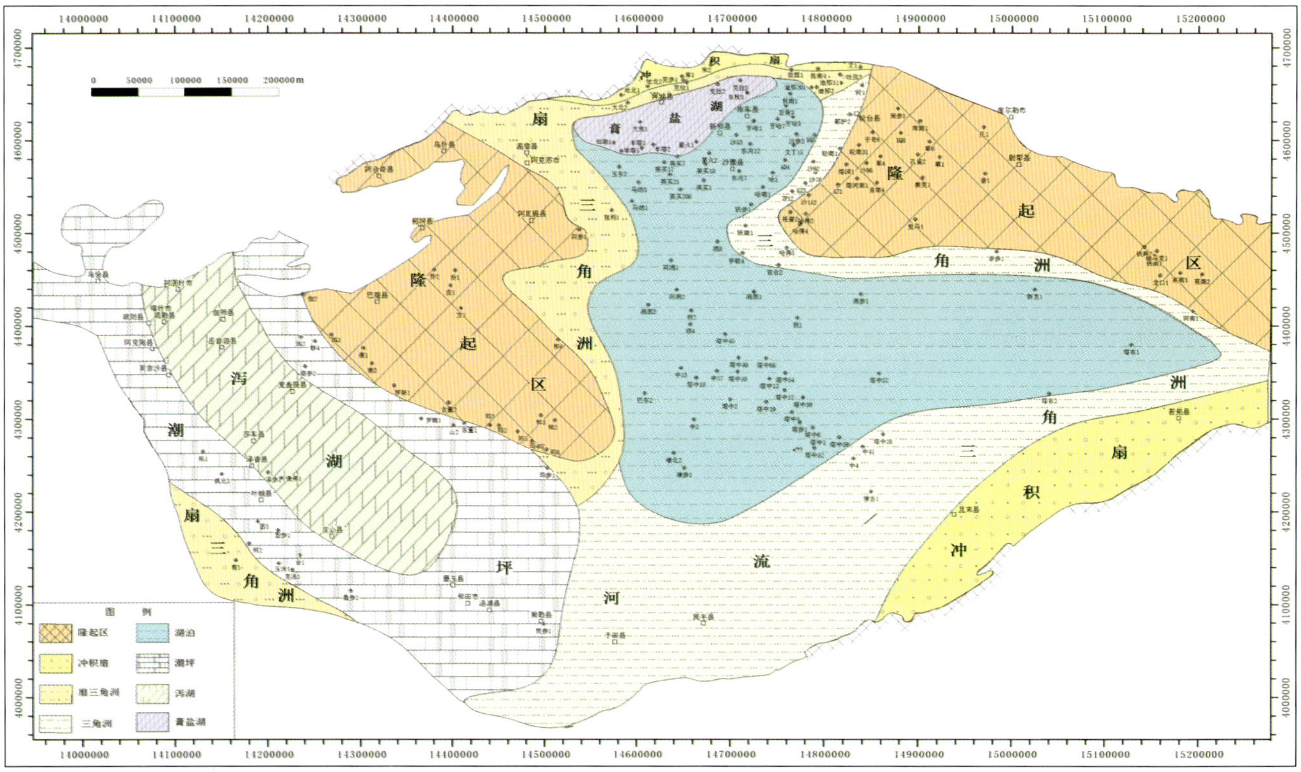

图 7-22　塔里木盆地第 22 超层序（SSQ22）构造-层序岩相古地理图

7.6　复合前陆沉积阶段（N）构造-层序岩相古地理特征

该阶段形成 SSQ23 构造层序。新近纪是塔里木盆地形成统一大型沉积盆地时期。受喜马拉雅运动影响，天山和昆仑山剧烈隆升，盆地相对沉降，沿山前地带形成洪积扇群，向盆地地势变缓，沉积环境变为河流发育的地带，发育扇三角洲-三角洲以及河流沉积。中新统时仍保持北高南低的古地理格局，盆地气候趋于炎热，大量物源不断向盆地内堆积，因而在山前沉积了冲积扇及扇三角洲相，厚度巨大（大于 3000 m），并向北急剧减薄，砂岩含量也是南高北低，南缘大于 70%，中部 70%～40%，北部小于 40%。沉积相由北而南依次为：三角洲-湖泊相-河流相-冲积扇相。上新统阿图什组沉积时，周边山系急剧隆升，盆地与周边山系的高差悬殊，使大量的粗碎屑注入盆地，由于此时气候干旱、风化增强，开始出现沙漠沉积。上新世末的喜山运动使周边山系继续隆升，形成广泛分布的山麓冲积扇、冲积平原（图 7-23）。

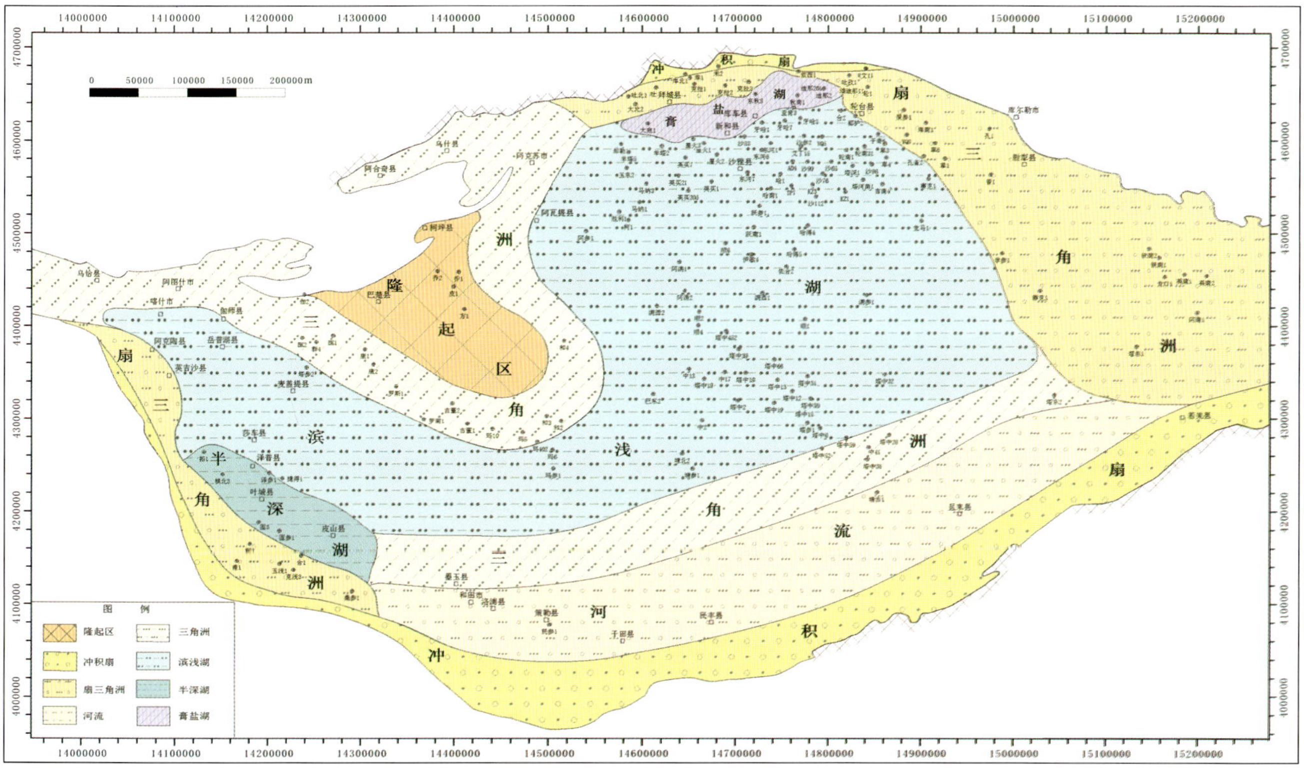

图 7-23　塔里木盆地第 23 超层序（SSQ23）构造-层序岩相古地理图

7.7　本章小结

（1）在层序地层研究的基础上，以露头层序地层学理论为指导，以典型的主干剖面为基础，结合地震相特征，以二级层序为编图单元，系统编制了塔里木盆地震旦系—新近系层序-岩相古地理图。

（2）编制的塔里木盆地震旦纪—新近纪构造-层序岩相古地理图，能详细描述不同体系域的构造、沉积盆地和岩相古地理特征及其演化；较好地揭示板块构造格局、沉积盆地类型及分布，有利于更客观的认识塔里木盆地的沉积作用，构造作用及成烃、成藏作用，揭示出诸如古陆相湖盆大小及演化，海陆分布及其演化过程等；更好地揭示烃源岩、储层和盖层的平面分布及时空演化规律。

参考文献

艾华国，兰林英，张克银，等. 1996. 塔里木盆地前石炭系顶面不整合面特征及其控油作用. 石油实验地质，18（1）：1～13

安海亭，李海银，王建忠，等. 2009. 塔北地区构造和演化特征及其对油气成藏的控制. 大地构造与成矿学，33（1）：142～147

柏道远，陈必河，孟德保，等. 2006. 中昆仑笸石山地区晚古生代花岗岩地球化学特征、成岩作用与构造环境研究. 中国地质，33（6）：1236～1245

蔡希源. 2005. 塔里木盆地台盆区油气成藏条件与勘探方向. 石油与天然气地质，26（5）：590～597

曹强，叶加仁，王巍. 2007. 沉积盆地地层剥蚀厚度恢复方法及进展. 中国石油勘探，12（6）：41～46

曹清古，于炳松，刘宗保，等. 2006. 塔里木盆地东部地区侏罗系层序地层学研究. 中国西部油气地质，2（1）：45～49

柴桂林. 1989. 塔里木盆地的油气勘探现状、经验和对策. 石油地球物理勘探，（5）：603～618

车自成，刘洪福，刘良，等. 1994. 中天山造山带的形成与演化. 北京：地质出版社

陈楚铭，卢华复，贾东，等. 1998. 塔里木盆地晚第三纪—第四纪沉积特征、构造变形与石油地质意义. 沉积学报，16（2）：113～123

陈辉. 2009. 塔里木盆地石炭系沉积、层序及层序地层格架内生储盖组合研究. 成都：成都理工大学

陈开远，沈林克. 1993. 塔里木盆地北部地震地层解释与油气检测. 武汉：中国地质大学出版社

陈能松，何蕾. 2002. 东昆仑造山带早古生代变质峰期和逆冲构造变形年代的精确限定. 科学通报，47（8）：628～631

陈强路，蒋顺金. 2005. 塔中志留系油藏成藏期分析——以塔中S井为例. 中国西部油气地质，1（1）：62～65

陈强路，钱一雄，马红强，等. 2003. 塔里木盆地塔河油田奥陶系碳酸盐岩成岩作用与孔隙演化. 石油实验地质，25（6）：729～734

陈强路，王恕一，钱一雄，等. 2002. 塔里木盆地阿克库勒地区下奥陶统古岩溶及油气分布. 20（4）：633～63

陈荣林，马红强，贾存善. 2002. 塔里木盆地沙雅隆起油气圈闭特征及成藏规律. 石油实验地质，24（1）：31～35

陈宣华，尹安，王小凤，等. 2002. 青藏高原北缘中生代伸展构造$^{40}Ar/^{39}Ar$测年和MDD模拟. 地球学报，23（4）：305～310

陈宣华，Gehrels G，王小凤，等. 2003. 阿尔金山北缘花岗岩的形成时代及其构造环境探讨. 矿物岩石地球化学通报，22（4）：305～310

陈宣华，王小凤，杨风，等. 2001. 阿尔金山北缘早古生代岩浆活动的构造环境. 地质力学学报，7（3）：193～200

陈义才，沈忠民，李延军，等. 2002. 高过成熟碳酸盐烃源岩有机质含量下限值探讨. 石油实验地质，24（5）：427～430

陈元壮，刘洛夫，陈利新，等. 2004. 塔里木盆地塔中、塔北地区志留系古油藏的油气运移. 地球科学：中国地质大学学报，29（4）：473～482

陈跃. 1995. 塔里木盆地下白垩统沉积相特征及储集条件. 石油实验地质，17（3）：220～228

陈中红，查明，朱筱敏. 2003. 准噶尔盆地陆梁隆起不整合面与油气运聚关系. 古地理学报，5（1）：120～126

崔建堂，王炬川，边小卫，等. 2006. 西昆仑康西瓦一带早古生代石英闪长岩的地质特征及其锆石SHRIMP U-Pb测年. 地质通报，25（12）：1450～1457

崔可锐，施央申. 1996. 中天山北缘早古生代构造混杂岩带的研究. 南京大学学报（自然科学报），32（1）：127～135

代寒松，赵锡奎，邓广君，等. 2006. 塔里木孔雀河斜坡构造演化与油气成藏的关系. 新疆地质，24（3）：288～291

代宗仰，周翼，陈景山，等. 2001. 塔中中上奥陶统礁、滩相储层的特征及评价. 西南石油学院学报，23（4）：1～4

邓广君，赵锡奎，张小兵. 2005. 塔里木盆地孔雀河地区断层研究及其控油意义. 地质找矿论丛，20（1）：47～52

邓万明. 1989. 喀喇昆仑-西昆仑地区基性-超基性岩初步考察. 自然资源学报，4（3）：204～211

邓万明. 1995. 喀喇昆仑-西昆仑地区蛇绿岩地质特征及其大地构造意义. 岩石学报，11（增刊）：98～111

邓自强，林玉石，张美良，等. 1994. 略论古岩溶不整合——以广西阳朔白沙堡晚白垩世岩溶为例. 广西地质，（2）：61～70

蒂索B P，威尔特D H. 1984. 石油形成与分布. 北京：石油工业出版社

丁道桂，汤良杰. 1996. 塔里木盆地形成与演化. 南京：河海大学出版社

丁孝忠，郭宪璞，彭阳，等. 2001. 新疆塔里木盆地白垩—第三纪沉积相及储集体分析. 岩石矿物学杂志，20（2）：146～10

丁孝忠，郭宪璞，彭阳，等. 2002. 新疆塔里木盆地白垩纪—第三纪层序地层学研究. 地球学报，23（3）：243～248

丁勇，王允诚，黄继文. 2008. 塔里木盆地塔河地区三叠系油气勘探现状与对策. 石油实验地质，30（6）：552～556

丁勇，云露，王允诚，等. 2005. 新疆塔里木盆地于奇地区奥陶系油气成藏条件及勘探潜力. 中国西部油气地质，1（2）：164～169

丁勇，云露，王允诚. 2006. 塔河油田寒武系台缘大型建隆地质属性. 新疆石油地质，27（1）：35～37

董云鹏，周鼎武，张国伟，等. 2006. 中天山北缘干沟蛇绿混杂岩带的地质地球化学. 岩石学报，22（1）：49～56

樊太亮，徐怀大，刘金辉. 1998. 塔里木盆地北部显生宙基准面升降运动规律与沉积演化. 地球科学，23（6）：573～578

方爱民，李继亮，刘小汉，等. 2003. 新疆西昆仑库地混杂带中基性火山岩构造环境分析. 岩石学报，19（3）：409～417

付建奎，张光亚，马郡，等. 1999. 塔里木盆地巴楚地区构造样式与演化. 石油勘探与开发，26（5）：10～11
傅恒，刘雁婷，黄诚，等. 2010. 于奇地区三叠系—白垩系沉积相研究. 乌鲁木齐：中石化西北分公司勘探开发研究院
傅家谟，贾蓉芬. 1981. 碳酸盐岩石油地球化学与生烃潜力. 地质地球化学，9（7）：59～60
傅家谟，刘德汉. 1982. 碳酸盐岩有机质演化特征与油气评价. 石油学报，3（1）：1～9
傅家谟，贾蓉芬，刘德汉，等. 1989. 碳酸盐岩有机地球化学. 北京：科学出版社
高俊，肖序常. 1994. 新疆西南天山蓝片岩的变质作用 pTDt 轨迹及构造演化. 地质论评，40（8）：544～553
高锐，黄东定，卢德源，等. 2000. 横过西昆仑—塔里木接触带的深地震反射剖面. 科学通报，4（17）：1874～1879
高岩，赵秀岐，张玮，等. 2003. 塔里木盆层序地层特征与非构造圈闭勘探. 北京：石油工业出版社
高志前，樊太亮，李岩，等. 2006. 塔里木盆地寒武系—奥陶系烃源岩发育模式及分布规律. 现代地质，20（1）：69～76
葛肖虹，刘俊来. 1999. 北祁连造山带的形成与背景. 地学前缘，6（4）：223～230
顾家裕，周兴熙，刘雯林，等. 2001. 塔里木盆地轮南潜山古岩溶作用及油气分布. 北京：石油工业出版社
顾家裕，朱筱敏，贾进华，等. 2003. 塔里木盆地沉积与储层. 北京：石油工业出版社
顾忆. 2000. 塔里木盆地北部塔河油田油气藏成藏机制. 石油实验地质，22（4）：307～312
郭坤一，张传林，王爱国，等. 2003. 西昆仑首次发现石榴二辉麻粒岩. 资源调查与环境，24（2）：79～81
郭召杰，张志诚. 1993. 中关山早古生代岛弧构造带研究. 河北地质学院学报，16（2）：24～33
郭召杰，韩宝福，张志诚，等. 2007. 中天山东段古生代淡色花岗岩的发现及其构造意义. 岩石学报，23（8）. 1841～1846
韩宝福，何国琦，吴泰然，等. 2004. 天山早古生代花岗岩锆石 U-Pb 定年、岩石地球化学特征及其大地构造意义. 新疆地质，22（1）：4～11
韩芳林，崔建堂，计文化，等. 2004. 于田县幅、伯力克幅地质调查新成果及主要进展. 地质通报，23（5～6）：555～559
郝杰，刘小汉. 1993. 南天山蛇绿混杂岩形成时代及大地构造意义. 地质科学，28（1）：93～95
郝杰，王二七，刘小汉，等. 2006. 阿尔金山脉中金雁山早古生代碰撞造山带：弧岩浆岩的确定与岩体锆石 U-Pb 和蛇绿混杂岩 $^{40}Ar/^{39}Ar$ 年代学研究的证据. 岩石学报，22（11）：2743～2752
郝石生. 1984. 对碳酸盐生油岩有机质丰度及其演化特征的讨论. 石油实验地质，6（1）：17～24
郝石生. 1987. 碳酸盐岩生油岩热演化模拟实验. 石油学报，8（4）：26～35
郝石生，高岗，王飞宇，等. 1996. 高过成熟海相烃源岩. 北京：石油工业出版社
郝石生，贺志勇，高耀斌，等. 1988. 恢复地层剥蚀厚度的最优化方法. 沉积学报，6（4）：93～98
郝石生，张有成，刚文哲，等. 1993. 碳酸盐岩油气生成. 北京：石油工业出版社
何登发. 1995. 塔里木盆地的地层不整合面与油气聚集. 石油学报，16（3）：14～21
何登发，李德生. 1996. 塔里木盆地构造演化与油气聚集. 北京：地质出版社
何登发，贾承造，李德生. 2005. 塔里木多旋回叠合盆地的形成与演化. 石油与天然气地质，226（1）：64～76
何登发，贾承造，柳少波，等. 2002. 塔里木盆地轮南低凸起油气多期成藏动力学. 科学通报，47（增刊）：122～130
何发岐. 2002. 碳酸盐岩地层中不整合-岩溶风化壳油气田——以塔里木盆地塔河油田为例. 地质论评，48（4）：391～397
何国琦，李茂松，韩宝福. 2001. 中国西南天山及邻区大地构造研究. 新疆地质，19（1）：7～11
何治亮，毛洪斌，周晓芬，等. 2000. 塔里木多旋回盆地与复式油气系统. 石油与天然气地质，21（3）：207～213
何治亮，徐洪节，段铁军. 2005. 塔里木多旋回盆地复合构造样式初步分析. 地质科学，40（2）：153～166
胡霭琴，韦刚健，张积斌，等. 2007. 天山东段天湖东片麻状花岗岩的锆石 SHRIMP U-Pb 年龄和构造演化意义. 岩石学报，23（8）：1795～1802
胡军. 1987. 阿尔垒新疆带及其区域意义. 内陆地震，1（1）：1～9
黄汲青，任纪舜，等. 1980. 中国大地构造及算麓化. 北京：科学出版杜
黄太岭. 2000. 胶莱盆地区域地球物理场特征及构造单元划分. 山东地质，16（3）：4l～47
黄兴文，于兴河，郑秀娟，等. 2006. 草湖凹陷东部 T-J 层序地层与沉积体系. 天然气工业，26（3）：23～25
黄泽光，吕俊祥，翟常博，等. 2003. 塔里木盆地和田古隆起油气远景探讨. 石油实验地质，25（增刊）：543～547
计文化，韩芳林，王炬川，等. 2001. 西昆仑于田南部苏巴什蛇绿混杂岩的组成、地球化学特征及地质意义. 地质通报，23（12）：1196～1201
计文化，周辉，李亚民. 2005. 西昆仑新藏公路 118～323 km 段基性、酸性岩脉 K-Ar 年龄. 地质通报，24（3）：243～245
贾进华，顾家裕，郭庆银，等. 2001. 塔里木盆地克拉 2 气田白垩系储层沉积相. 古地理学报，3（3）：67～76
贾进华，张宝民，朱世海，等. 2006. 塔里木盆地志留纪地层、沉积特征与岩相古地理. 古地理学报，8（3）：339～352
贾进华. 2009. 陆相前陆盆地沉积充填与层序地层模式探讨——以库车前陆盆地为例. 现代地质，23（4）：739～745
贾承造，魏国齐，王良书，等. 1998. 塔里木盆地构造特征与油气聚集. 廊坊：石油勘探开发科学研究院廊坊分院
贾承造. 1997. 中国塔里木盆地构造特征与油气. 北京：石油工业出版社

贾承造．2009．环青藏高原巨型盆山体系构造与塔里木盆地油气分布规律．大地构造与成矿学，33（1）：1～9
贾润胥．1991．中国塔里木盆地北部油气地质研究（第二辑构造与油气）．北京：中国地质大学出版社
姜常义，程松林，叶书锋，等．2006．新疆北山地区中坡山北镁铁质岩体岩石地球化学与岩石成因．岩石学报，22（1）：115～126
姜耀辉，芮行健，郭坤一，等．2000．西昆仑造山带花岗岩研究新进展．火山地质与矿产，21（1）：61～62
蒋炳南，康玉柱．2001．新疆塔里木盆地油气分布规律及勘探靶区评价研究．乌鲁木齐：新疆科技卫生出版社
焦淑沛．1984．塔里木和柴达木低洼区的地史演化特征及其归属问题．北京：地质出版社
解晨，王保才，尚雅珍，等．2003．塔里木盆地塔中低隆起构造演化对油气藏的控制．大庆石油地质与开发，22（2）：4～6
金文正，汤良杰，王清华，等．2007．库车前陆盆地东秋里塔格构造带构造分段特征．大地构造与成矿学，31（3）：300～307
金之钧，王清晨．2004．中国典型叠合盆地与油气成藏研究新进展——以塔里木盆地为例．中国科学：D辑，34（增刊1）：1～12
靳卫广，梅冥相．2005．库车盆地白垩纪层序地层格架与古地理演化．新疆石油天然气，1（1）：17～23
康玉柱．1981．塔里木盆地石油地质特征．石油与天然气地质，（4）：329～340
康玉柱．2005．中国海相油气田勘探实例之四——塔里木盆地塔河油田的发现与勘探．海相油气地质，10（4）：31～38
康志宏．1996．塔里木原型盆地分析．见：康玉柱主编．中国塔里木盆地石油地质文集．北京：地质出版社
兰朝利，李继亮，何顺利．2007．古特提斯多岛洋洋-陆俯冲：木孜塔格蛇绿岩的矿物学证据．地球科学：中国地质大学学报，32（3）：322～328
兰朝利，吴峻，李继亮，等．2001．木孜塔格蛇绿岩时代的初步确定及其与邻区古特提斯关系探讨．自然科学进展，11（3）：256～260
黎玉战，徐传会．2004．塔里木盆地塔河油田发现历程及其意义．石油实验地质，26（2）：180～186
李博秦，姚建新，计文化，等．2006．西昆仑叶城南部麻扎地区弧火成岩的特征及其锆石 SHRIMP U-Pb 测年．地质通报，25（1～2）：124～132
李春昱，王荃．1983．中国北部边陲及邻区的古板块构造与欧亚大陆的形成．见：唐克东主编．中国北方板块构造论文集（一）．北京：地质出版社
李德生，何登发．2002．中国西北地区沉积盆地石油地质．海相油气地质，7（1）：1～6
李德威．2003．青藏高原及邻区大地构造单元划分新方案．地学前缘，10（2）：291～292
李国蓉，俞仁连，陈惠超，等．2004．塔里木盆地阿克库勒凸起奥陶系碳酸盐岩岩溶作用及成藏机制．成都理工大学能源学院，中国石油化工股份有限公司西北分公司，内部报告
李海兵，杨经绥，许志琴，等．2001．阿尔金断裂带印支期走滑活动的地质及年代学证据．科学通报，16：1333～1338
李洪辉，张光亚．1998．塔里木盆地巴楚断隆油气勘探模式．石油勘探与开发，25（5）：11～13
李剑，谢增业，罗霞，等．1999．塔里木盆地主要天然气藏的气源判识．天然气工业，19（2）：38～43
李锦轶，王克卓，李亚萍，等．2006．天山山脉地貌特征、地壳组成与地质演化．地质通报，25（8）：895～909
李坤，赵锡奎，张小兵，等．2007．塔里木盆地阿克库勒凸起油气输导体系类型与演化．地质科学，42（4）：766～778
李翎，魏斌，贺铎华．2002．塔河油田奥陶系碳酸盐岩储层的测井解释．石油与天然气地质，23（1）：49～54
李明诚，李伟．1996．利用平衡浓度研究天然气的扩散——扩散量模拟的一种新方法．天然气工业，16（1）：1～4
李明杰，郑孟林，冯朝荣，等．2004．塔中低凸起的结构特征及其演化．西安石油大学学报（自然科学版），19（4）：43～46
李荣社，计文化，赵振明，等．2007．昆仑早古生代造山带研究进展．地质通报，26（4）：373～382
李曙光．1993．蛇绿岩生成构造环境的 Ba-Th-Nb-La 判别图．岩石学报，9（2）：146～157
李四光．1999．地质力学概论：地质力学的方法与实践（第一篇）．北京：地质出版社
李廷栋．2006．中国岩石圈构造单元．中国地质，33（4）：700～7 11
李维锋，王成善，卢华复，等．2002．塔里木西南坳陷上新统阿图什组扇三角洲沉积．河北建筑科技学院学报，19（3）：69～71
李维锋．2003．塔里木盆地西南坳陷上第三系沉积相特征．江汉石油学院学报，25，增刊（上）：1～3
李文明，任秉琛，杨兴科，等．2002．东天山中酸性侵入岩浆作用及其地球动力学意义．西北地质，35（4）
李文铅，王冉，王核，等．2006．"吐哈天窗"卡拉塔格岩体的地球化学和岩石成因．中国地质，33（3）：559～565
李燕平，李永安，张正坤，等．1989．中国塔里木地块的视极移曲线．地质学报，63（3）：193～203
李曰俊，买光荣，罗俊成，等．1999．塔里木盆地巴楚断隆古生代沉积构造背景和物源区性质的探讨．古地理学报，1（4）：45～52
李宗杰，王勤聪．2002．塔北超深层碳酸盐储层预测方法和技术．石油与天然气地质，23（1）：35～40
李宗杰，王胜泉．2004．地震属性参数在塔河油田储层含油气性预测中的应用．石油物探，43（5）：453～457
梁狄刚，张水昌，张宝民，等．2000．从塔里木盆地看中国海相生油问题．地学前缘，7（4）：534～547
梁定益，聂泽同，宋志敏．1994．再论震积岩及震积不整合——以川西、滇西地区为例．地球科学：中国地质大学学报，19（6）：845～850
梁生正，孔丽萍，梁永梅，等．2005．塔里木盆地东部大型碳酸岩盐油气藏勘探方向．石油实验地质，27（2）：151～157
梁云海，李文铅，李卫东．2004．新疆准噶尔造山带多旋回开合构造特征．地质通报，23（3）：279～285

林青，林壬子，王培荣，等．2001．塔中北斜坡西部原油类型及主力油源层．石油与天然气地质，22（2）：150～153
林忠民．2002．塔里木盆地塔河油田奥陶系大型油气藏形成条件．地质论评，48（4）：372～376
刘斌，钱一雄．2003．东天山三条高压变质带地质特征和流体作用．岩石学报，19（2）：283～296
刘辰生，郭建华，朱锐．2008．塔里木盆地阿克库勒地区三叠系湖底扇初探．西南石油大学学报（自然科学版），30（3）：17～19
刘高波，施泽进，佘晓宇．2004．巴楚-麦盖提的区域构造演化与油气分布规律．成都理工大学学报（自然科学版），31（2）：157～161
刘海兴，秦天西，杨志勇．2003．塔里木盆地三叠—侏罗系沉积相．沉积与特提斯地质，23（1）：37～44
刘家铎，田景春，张翔，等．2009．塔里木盆地寒武系层序界面特征及其油气地质意义．矿物岩石，29（4）：1～6
刘景彦，林畅松，喻岳钰，等．2000．利用声波测井资料计算剥蚀量的方法改进．石油实验地质，22（4）：304
刘良，车自成．1999．阿尔金高压变质岩带的特征及其构造意义．岩石学报，15（1）：57～64
刘洛夫，妥进才，陈践发．1997．烃源岩的研究现状．勘探家，2（3）：62～64
刘洛夫，赵建章，张水昌，等．2000．塔里木盆地志留系沥青砂岩的成因类型及特征．石油学报，21（6）：12～17
刘全有，金之钧，张殿伟，等．2008．塔里木盆地天然气地球化学特征与成因类型研究．天气地球科学，19（2）：234～237
刘文汇，郑建京，妥进才，等．2007．塔里木盆地深层气．北京：科学出版社
龙灵利，高俊，熊贤明，等．2006．南天山库勒湖蛇绿岩地球化学特征及其年龄．岩石学报，22（1）：65～73
陆刚，韦文林，张能，等．2002．桂西北上二叠统及下三叠统古岩溶不整合．广西地质，15（4）：5～10
陆克政．1980．关于不整合的分类及其与油气藏的关系运聚．华东石油学院学报，（3）：10～18
陆松年，于海峰，李怀坤，等．2006．“中央造山带”早古生代缝合带及构造分区概述．地质通报，25（12）：1368～1380
吕修祥，胡轩．1997．塔里木盆地塔中低凸起油气聚集与分布．石油天然气地质，18（4）：288～294
吕修祥，金之钧，皮学军，等．1999．塔里木盆地下古生界碳酸盐岩油气聚集与分布．中国科学：D辑，29（4）：358～361
吕修祥，周新源，皮学军，等．2002．塔里木盆地巴楚凸起油气聚集及分布规律．新疆石油地质，23（6）：489～492
罗发祚．1989．对中天山隆起（变质）带前寒武系的探讨．新疆地质，7（4）：24～33
罗金海，周鼎武，柳益群，等．2007．塔里木盆地西南缘浅变质岩的时代确定及其地质意义．地层学杂志，3（4）：391～394
罗志立，雍自权，刘树根，等．2006．试论“塔里木—扬子古大陆”再造．地学前缘，13（6）：131～138
马立祥，万静萍．1994．前缘盆地孔隙度预测的一种新途径——孔隙度与深度关系多数学模型选择法．石油实验地质，16（1）：70～77
马立祥，万静萍．1991．利用砂岩孔隙度演化趋势估计古地层剥蚀量的简易方法．石油实验地质，13（1）：53～56
马瑞士，王赐银，叶尚夫，等．1993．东天山构造格架及地壳演化．南京：南京大学出版社
马铁球，邓瑞林，孙海清，等．2002．阿尔金山西端似埃达克岩的地球化学特征及构造背景．华南地质与矿产，4：1～6
马中平，夏林圻，徐学义，等．2007．南天山库勒湖蛇绿岩锆石年龄及其地质意义．西北大学学报（自然科学版），37（1）：101～110
毛欠儒，蒋华山，闫文新．2002．阿克库勒凸起奥陶系控油地质特征．新疆石油地质，23（2）：102～105
孟自芳．1993．塔里木泥盆系古地磁研究．沉积学报，3：88～92
牟泽辉，熊海河，朱宏权，等．1997．塔油里木盆地阿克库勒凸起油气成藏演化．石油与天然气地质，18（3）：228～230
牟中海，唐勇，崔炳富，等．2002．塔西南地区地层剥蚀厚度恢复研究．石油学报，23（1）：41～44
帕拉卡斯 J G．1990．碳酸盐岩石油地球化学及生油潜力．周坤，赵国志，等译．北京：科学出版社
潘桂棠，肖庆辉，陆松年，等．2009．中国大地构造单元划分．中国地质，36（1）：1～28
潘裕生．1990．西昆仑山构造特征与演化．地质科学，3：224～232
潘裕生．1992．生喀喇昆仑山—昆仑山综合科学考察导论．北京：气象出版社
潘正中，郭群英，王步清，等．2007．塔东南地区构造单元划分方案．新疆石油地质，28（6）：781～783
庞雄奇．1995．排烃门限控油理论与应用．北京：石油工业出版社
蒲仁海，车自成，任战利，等．1995．塔里木盆地东南部构造特征与油气远景．石油试验地质，17（3）：249～258
蒲仁海，刘朋波，李强，等．2009．于奇-草湖地区中生界层序地层与潜力评价研究．乌鲁木齐：中石化西北分公司勘探开发研究院
钱一雄，邹远荣，陈强路，等．2005．塔里木盆地塔中西北部多期、多成因岩溶作用地质-地球化学表征——以中1井为例．沉积学报，23（4）：596～603
邱瑞照，李廷栋，邓晋福．2006．中国大地构造单元新格局从岩石圈角度的思考．中国地质，33（2）：700～711
邱以钢，程日辉，林畅松．2002．沾化凹陷下第三系不整合类型及其地质意义．吉林大学学报：地球科学版，32（2）：146～150
任留东，陈炳蔚．2003．西昆仑造山带中巴公路段石榴角闪岩形成的变质地质过程．地球学报，24（3）：219～224
邵龙义，罗文林，顾家裕，等．2007．塔里木盆地古近系层序地层研究．古地理学报，9（3）：283～292
邵学钟，张家茹．1994．塔里木深部构造探测的地震转换波探测与研究．地球物理学报，37（6）：836
史基安，陈国俊，王琪等．2001．塔里木盆地西部层序地层与沉积、成岩演化．北京：科学出版社
史仁灯，杨经绥，吴才来．2004．柴达木北缘超高压变质带中岛弧火山岩．地质学报，78（1）：52～64
舒良树，卢华复，印栋豪，等．2003．中、南天山古生代增生-碰撞事件和变形运动学．南京大学学报（自然科学），39（1）：18～30

舒良树，夏飞雅克，马瑞士．1998．中天山北缘大型右旋走滑韧剪带研究．新疆地质，16（4）：326～336
宋述光，张立飞，宋彪，等．2004．青藏高原北缘早古生代板块构造演化和大陆深俯冲．地质通报，23（9～10）：918～925
孙鸿烈，郑度．1998．青藏高原的形成演化与发展．广州：广东科技出版社
孙龙德．2004．塔里木盆地库车坳陷与塔西南坳陷早白垩世沉积相与油气勘探．古地理学报，6（2）：252～261
孙玮，刘树根，徐国强，等．2004．和田古隆起构造演化及油气分布．新疆石油地质，25（2）：147～149
孙晓猛，王璞珺，刘鹏举，等．2006．兴地断裂构造特征及其演化历史．新疆地质，24（4）：348～352
覃小锋，李江，陆济璞，等．2006．阿尔金碰撞造山带西段的构造特征．地质通报，25（1～2）：104～112
覃小锋，夏斌，李江，等．2007．阿尔金南缘构造带西段早古生代绿片岩的地球化学特征及构造环境．中国地质，34（5）：799～807
谭开俊，牟中海．2004．塔西南地区上寒武统—奥陶系剥蚀厚度恢复．河南石油，18（3）：4～6
汤良杰．1994．塔里木盆地构造演化和构造样式．地球科学：中国地质大学学报，19（6）：742～754
汤良杰．1996．塔里木盆地演化和构造样式．北京：地质出版社
唐勇．1997．塔里木盆地西南地区古生界沉积特征及沉积相展布规律．见：王宜林．第五届全国沉积学及岩相古地理学学术会议论文集．乌鲁木齐：新疆科技卫生出版社
田在艺，柴桂林，林梁．1985．塔里木盆地地质构造演化与含油气展望．石油与天然气地质，3：250～259
汪玉珍．1983．西昆仑山依莎克群的时代及其构造意义．新疆地质，1（1）：1～8
汪忠德，王新海，王锦芳，等．2008．塔里木盆地轮南油田 2、3 井区三叠系沉积微相研究．沉积与特提斯地质，28（3）：66～74
王博，舒良树，Cluzel D，等．2007．伊犁北部博罗霍努岩体年代学和地球化学研究及其大地构造意义．岩石学报，23（8）：1885～1900
王步清，黄智斌，马培领，等．2009．塔里木盆地构造单元划分标准、依据和原则的建立．大地构造与成矿学，33（1）：86～93
王超，刘良，车自成，等．2007．西南天山阔克萨彦岭巴雷公镁铁质岩石的地球化学特征、LA-ICP-MS U-Pb 年龄及其大地构造意义．地质论评，53（6）：743～754
王飞宇，边立曾，张水昌，等．2001．塔里木盆地奥陶系两类生烃母质．中国科学：D 辑，31（2）：96～102
王飞宇，张宝民，张水昌，等．2000．塔里木盆地下古生界海相烃源岩两种形成展布模式．海相油气地质，5（1～2）：28
王汉生．新疆塔里木盆地构造演化与勘探大油气田的方向．新疆地质，1986，（3）：53～64
王梅岭，赵敖山，吕媛娥．1999．新疆塔里木盆地沙雅隆起雅克拉断凸储层特征．石油实验地质．21（4）：311～315
王谦．2004．自然伽马能谱测井在塔河奥陶系地层划分中的应用．石油物探，43（5）：504～507
王勤聪，李宗杰，孙雯．2002．塔河油田碳酸盐储集层地球物理识别模式．新疆石油地质，23（5）：401～402
王润三，李惠民．1998．南天山榆树沟高压麻粒岩地体 U-Pb 法锆石定年极其地质意义．地球化学，27（6）：517～522
王式洸，韩宝福，洪大卫，等．新疆乌伦古河碱性花岗岩的地球化学及其构造意义．地质科学，29（4）：373～383
王兴志，王振宇，马青，等．2002．塔里木盆地中部生物屑灰岩段滩体特征及储集性．石油与天然气地质，23（1）：58～62
王宜昌，杨辉，郭祖军．2003．羌塘盆地重力均衡及其地质意义．新疆石油地质，24（2）：107～109
王元龙，王中刚，李向东，等．1995．西昆仑加里东期花岗岩带的地质特征．矿物学报，15（4）：457～461
王招明，肖中尧．2004．塔里木盆地海相原油的油源问题的综合评述．科学通报，49（增刊 1）：1～8
王招明，王国林，肖中尧，等．2005．库车前陆盆地天然气生烃动力学．北京：科学出版社
王中刚，王元龙，毕华，等．2002．昆仑山-阿尔金山地区的三条富碱侵入岩带．华南地质与矿产，3：2～8
吴国干，夏斌，王核，等．2003．塔东地区构造变形特征及其分区．新疆地质，21（4）：407～411
吴峻，兰朝利，李继亮，等．2002．阿尔金山红柳沟蛇绿混杂岩中 MORB 与 OIB 组合的地球化学证据．岩石矿物学杂志，21（1）：24～30
吴世敏，卢华福，马瑞士，等．1995．西天山一带大地构造相划分及其构造演化特征．中国区域地质，2：149～156
吴亚军，张守安，艾华国．1998．塔里木盆地不整合类型及其与油气藏的关系．新疆石油地质，19（2）：101～105
吴智平，侯旭波，李伟．2007．华北东部地区中生代盆地格局及演化过程探讨．大地构造与成矿学，31（4）：385～399
伍跃中．2008．阿尔金山的构造归属及其构造运动特征．地球科学与环境学报，30（2）：111～117
伍致中，刘东海．1996．塔里木盆地西南坳陷的形成演化．新疆石油地质，17（3）：211～218
西南石油学院，塔里木油田分公司．2000．塔中地区碳酸盐岩储层评价和有利储集空间预测，内容报告
肖爱芳．2005．东昆仑祁漫塔格山西段鸭子泉志留纪火山岩特征．陕西地质，23（2）：50～60
肖安成，陈毓遂，胡望水，等．1995．塔里木盆地西南坳陷的构造类型．新疆石油地质，16（2），102～108
肖建新，林畅松，刘景彦．2005．塔里木盆地北部库车坳陷白垩系沉积古地理．现代地质，19（2）：253～260
肖文交，周辉，袁超，等．2003．西昆仑造山带复式增生楔的构造特征与演化．新疆地质，21（1）：31～36
肖序常，高俊，汤耀庆，等．2003．再论西昆仑库地蛇绿岩及其构造意义．地质通报，22（10）：745～750
肖序常，汤耀庆，冯益民，等．1992．新疆北部及邻区大地构造．北京：地质出版社
肖序常，王军，苏梨，等．2005．青藏高原西北西昆仑山早期蛇绿岩及其构造演化．地质学报，79（6）：756
肖玉茹，王敦则，沈杉平．2003．新疆塔里木盆地塔河油田奥陶系古洞穴型碳酸盐岩储层特征及其受控因素．现代地质，17（1）：92～98

肖中尧，黄光辉，王培荣，等．2003．塔里木盆地哈得逊及相邻地区原油含氮化合物分布特征机及油藏充注方向探讨．地球化学，32（3）：263～270

校培喜．2003．阿尔金山中段清水泉-茫崖蛇绿构混杂岩带地质特征．西北地质，36（2）：20～29

谢鸣谦．1991．阿尔金山推覆带的发现及其意义．地质科学，3：305

修群业，于海峰，刘永顺，等．2007．阿尔金北缘枕状玄武岩的地质特征及其锆石 U-Pb 年龄．地质学报，81（6）：787～794

徐国强，李国蓉，刘树根，等．2005．塔里木盆地早海西期多期次风化壳岩溶洞穴层．地质学报，79（4）：557～568

徐国强，吴伟航，武恒志，等．2006．塔里木盆地和田河地区上奥陶统礁滩沉积体地震识别及其发育分布规律．矿物岩石，26（2）：80～86

徐国盛，匡建超，叶斌，等．2004．塔河三号油田奥陶系溶蚀缝洞储层识别与分级标准的建立．成都理工大学学报（自然科学版），31（1）：59～65

徐怀大．1996．寻找非构造油气藏的新思路．勘探家，1（1）：43～47

徐杰，李涛，陈国光，等．2002．塔里木盆地轮南潜山构造特征．石油学报，23（5）：14～18

徐新，朱永峰，陈博，2007．卡姆斯特蛇绿混杂岩的岩石学研究及其地质意义．岩石学报，23（7）：1603～1610

徐兴旺，秦克章，三金柱，等．2006．东天山四顶黑山地区 545Ma 层状镁铁质-超镁铁质岩体的发现及其大地构造学和成矿学意义．岩石学报，22（11）：2665～2676

徐旭辉．2002．塔里木古生代原型盆地分析的油气勘探意义．石油与天然气地质，23（3）：224～228

徐旭辉．2004．塔里木盆地古隆起形成和油气控制．同济大学学报（自然科学版），32（4）：461～465

徐学义，马中平，何世平，等．2003．西南天山吉根地区 P-MORB 残片的发现及其构造意义．岩石矿物学杂志，22（3）：245～253

徐学义，夏林圻，马中平，等．2006．北天山巴音沟蛇绿岩斜长花岗岩 SHRIMP 锆石 U-Pb 年龄及蛇绿岩成因研究．岩石学报，22（1）：83～94

许怀智，张岳桥，刘兴晓，等．塔东南隆起沉积-构造特征及其演化历史．中国地质，36（5）：1030～1045

许怀智，张岳桥，王贵重，等．2010．塔里木盆地瓦石峡凹陷侏罗纪构造演化与油气地质条件．石油地球物理勘探，45（1）：129～135

许荣华，Vidal P．1994．西昆仑山北部早古生代构造-岩浆带的发现．地质科学，29（4）：313～328

许荣华，张玉泉，谢应雯，等．1994．西昆仑山北部早古生代构造-岩浆带的发现．地质科学，29（4）：313～328

许志琴，李思田，张建新，等．2011．塔里木地块与古亚洲/特提斯构造体系的对接．岩石学报，27（1）：1～21

许志琴，戚学祥，刘福来，等．2004．西昆仑康西瓦加里东期孔兹岩系及地质意义．地质学报，78（6）：733～743

许志琴，戚学祥，杨经绥，等．2007．西昆仑康西瓦韧性走滑剪切带的两类剪切指向、形成时限及其构造意义．地质通报，26（10）：1252～1261

许志琴，杨经绥，李海兵，等．2006．青藏高原与大陆动力学——地体拼合、碰撞造山及高原隆升的深部驱动力．中国地质，33（2）：221～238

许志琴，杨经绥，张建新，等．1999．阿尔金断裂两侧构造单元的对比及岩石圈剪切机制．地质学报，73（3）：193～205

薛海涛，卢双舫，钟宁宁．2004．碳酸盐岩气源岩有机质丰度下限标准．中国科学：D辑，34（增刊 1）：127～133

闫建平，蔡进功，赵铭海，等．2009．测井信息用于层序地层单元划分及对比研究综述．地层学杂志，33（4）：441～451

严德天，王华，王家豪．2006．库车前陆盆地古近系露头层序地层学．地质科技情报，25（5）：21～26

阎相宾．2002a．塔河油田下奥陶统古岩溶作用及储层特征．江汉石油学院学报，24（4）：23～25

阎相宾．2002b．塔河油田奥陶系碳酸盐岩储层特征．石油与天然气地质，23（3）：262～265

阎相宾，韩振华，李永宏．2002．塔河油田奥陶系油藏的储层特征和成因机理探讨．地质论评，48（6）：619～626

阎相宾，张涛．2004．塔河油田碳酸盐岩大型隐蔽油藏成藏机理探讨．地质论评，50（4）：370～375

杨海波，陈磊，孔玉华．2004．准噶尔盆地构造单元划分新方案．新疆石油地质，25（6）：686～688

杨海军，郝芳，韩剑发，等．2007．塔里木盆地轮南低凸起断裂系统与复式油气聚集．地球科学，42（4）：795～811

杨经绥，吴才来，史仁灯．2002．阿尔金山米兰红柳沟的席状岩墙群：海底扩张的重要证据．地质通报，21（2）：69～74

杨经绥，张建新，孟繁聪，等．2003．中国西部柴北缘—阿尔金的超高压变质榴辉岩及其原岩性质探讨．地学前缘，10（3）：291～314

杨克明．1994．论西昆仑大陆边缘构造演化及塔里木西南盆地类型．地质论评，40（1）：9～18

杨克明，龚铭，段铁军，等．1996．塔里木盆地断裂的输导和封闭性．石油与天然气地质，（2）：123～127

杨克绳．2005．塔里木盆地的构造演化．海洋地质动态，21（2）：25～29

杨瑞东，张传林，罗新荣，等．2006．新疆库鲁克塔格地区早寒武世硅质岩地球化学特征及其意义．地质学报，80（4）：598～605

杨树锋，陈汉林，董传万，等．1999．西昆仑山库地蛇绿岩的特征及其构造意义．地质科学，34（3）：281～288

杨天南，李锦轶，孙桂华，等．2006．中天山早泥盆世陆弧：来自花岗质糜棱岩地球化学及 SHRIMP-U/Pb 定年的证据．岩石学报，22（1）：41～48

杨威，魏国齐，王清华，等．2004．塔里木盆地寒武系两类优质烃源岩及其形成的含油气系统．石油与天然气地质，25（3）：263～267

杨巍然，郭铁鹰，路元良，等. 1984. 中国构造演化中的“开”与“合”. 地球科学，26（3）：39～55
杨屹，陈宣华，Gehrels G，等. 2004. 阿尔金山早古生代岩浆活动与金成矿作用. 矿床地质，23（4）：464～472
姚永耘，许靖华. 1994. 昆仑山脉的成因，弧-弧，弧-陆碰撞. 国外地质科技，（3）：37～50
尹赞勋. 1978. 板块构造说的发生与发展. 地质科学，（2）：99～112
俞仁连，傅恒. 2006. 构造运动对塔河油田奥陶系碳酸盐岩的影响. 天然气勘探与开发，29（2）：1～5
袁超，周辉. 2000. 西昆仑山库地北岩体的地球化学特征及构造意义. 地球化学，29（2）：101～107
袁超，孙敏，李继亮. 2002. 西昆仑库地蛇绿岩的构造背景：来自玻安岩系岩石的新证据. 地球化学，31（1）：43～48
袁秀婷，周红涛. 2006. 用电导率识别塔河油田碳酸盐岩储集类型. 新疆石油地质，27（3）：311～312
云露，蒋华山. 2002. 塔里木盆地北部沙雅隆起含油气系统及勘探靶区选择. 石油实验地质，24（6）：506～511
云露，闫文新，赵江. 2001. 阿克库勒凸起成藏地质条件及控油规律. 新疆地质，19（4）：305～308
曾凡刚，程克明. 1998. 下古生界海相碳酸盐烃源岩地球化学的研究现状. 地质地球化学，26（3）：1～7
翟光明，何文渊. 2004. 塔里木盆地石油勘探实现突破的重要方向. 石油学报，25（1）：1～7
翟晓先，俞仁连，何发岐，等. 2002. 塔河地区奥陶系一间房组微裂隙颗粒灰岩储集体的发现与勘探意义. 石油实验地质，24（5）：387～392
张宝民，肖中尧，赵孟军，等. 1997. 塔里木盆地寒武—奥陶系烃源岩特征及其发育的控制因素初探. 见：王宜林. 第五届全国沉积学及岩相古地理学学术会议论文集. 乌鲁木齐：新疆科技卫生出版社
张宝民，赵孟军，肖中尧，等. 2000. 塔里木盆地优质气源岩特征. 新疆石油地质，21（1）：33～37
张光亚，王红军，李洪辉. 2002. 塔里木盆地克拉通区油气藏形成主控因素与油气分布. 科学通报，47（1）：24～29
张光亚，等. 2000. 塔里木古生代克拉通盆地形成演化与油气. 北京：地质出版社
张光亚，宋建国. 1998. 塔里木克拉通盆地改造对油气聚集和保存的控制. 地质论评，44（5）：511～521
张光亚. 2000. 塔里木古生代克拉通盆地形成演化与油气. 北京：地质出版社
张惠良，沈扬，张荣虎，等. 2005. 塔里木盆地西南部昆仑山前下白垩统沉积相特征及石油地质意义. 古地理学报，7（2）：157～169
张寄良，刘毅，白森舒，等. 1997. 塔里木盆地油气与资源. 北京：地质出版社
张建新，许志琴，杨经绥，等. 2001. 阿尔金西段榴辉岩岩石学、地球化学和同位素年代学研究及其构造意义. 地质学报，75（2）：186～197
张建新，杨经绥，许志琴，等. 2000. 柴北缘榴辉岩的峰期和退变质年龄：来自 U-Pb 及 Ar-Ar 同位素测定的证据. 地球化学，29（3）：217～222
张景廉，金之钧，扬雷，等. 2001. 塔里木盆地深部地质流体与油气藏的关系. 新疆石油地质，22（5）：371～375
张恺. 1990. 论塔里木盆地类型、演化特征及含油气远景评价. 石油与天然气地质，（1）：1～15
张抗. 1999. 塔河油田的发现及其地质意义. 石油与天然气地质，20（2）：120～124
张立飞，艾永亮，李强，等. 2005. 新疆西南天山超高压变质带的形成与演化. 岩石学报，21（4）：1029～1038
张鹏德，黄太柱，丁勇. 1999. 塔里木盆地沙雅隆起北部主要负反转断裂及其控油作用. 河南石油，6：7～13
张师本，倪寓南，龚福华，等. 2003. 塔里木盆地周缘地层考察指南. 北京：石油工业出版社
张水昌，等. 2000. 中上奥陶统：塔里木盆地的主要油源层. 海相油气地质，5（1～2）：16
张水昌，梁狄刚，黎茂稳，等. 2002. 分子化石与塔里木盆地油源对比. 科学通报，47（增刊 1）：16～23
张水昌，梁狄刚，张宝民，等. 2003. 塔里木盆地海相油气的生成. 北京：石油工业出版社
张水昌，张宝民，王飞宇，等. 2001. 塔里木盆地两套海相有效泾源层. 自然科学进展，11（2）：261～268
张水昌，赵文智，王飞宇，等. 2004. 塔里木盆地东部地区古生界原油裂解气成藏历史分析——以英南 2 气藏为例. 天然气地球科学，15（5）：441～450
张涛，闫相宾，邬兴威. 2006. 塔中与塔河地区油气成藏对比及大型油田勘探方向. 中国西部油气地质，2（1）：26～29
张文佑. 1985. 中国及邻近海域大地构造圈. 北京：科学出版社
张希明. 1997. 塔里木盆地北部中、新生代陆相沉积盆地层序地层特征. 石油实验地质，19（1）：6～11
张希明. 2001. 新疆塔河油田下奥陶统碳酸盐岩缝洞型油气藏特征. 石油勘探与开发，28（5）：17～22
张小兵，赵锡奎. 2004a. 塔里木盆地塔中构造演化与志留系油气关系. 天然气勘探与开发，27（2）：11～15
张小兵，赵锡奎. 2004b. 塔里木盆地塔中隆起构造演化与油气关系. 沉积与特提斯地质，24（2）：70～75
张新涛. 2008. 隆后坳陷层序地层模式及岩性地层圈闭形成条件分析. 北京：中国石油大学（北京）
张艳，王璞珺，陈文礼，等. 2006. 有效烃源岩的识别与应用——以塔里木盆地为例. 大庆石油地质与开发，25（6）：9～12
张用夏. 1982. 塔里木盆地区域构造特征. 地球物理学报，（3）：243～251
张运东，宋建国. 1999. 塔里木盆地西南坳陷第三系层序地层研究. 石油勘探与开发，26（3）：11～14
张运东，宋建国，朱如凯. 1999. 塔里木盆地西南坳陷上第三系沉积相及岩相古地理特征. 新疆石油地质，20（2）：11～15

张宗命，贾承造．1997．塔里木克拉通盆地内古隆起及其找油气方向，西安石油学院学报，12（3）：8～15
赵靖舟．2001．塔里木盆地北部寒武—奥陶系海相烃源岩重新认识．沉积学报，19（1）：117～124
赵孟军，廖志勤，黄第藩，等．1997．从原油地球化学特征浅谈奥陶系原油生成的几个问题．沉积学报，15（4）：72～77
赵孟军，张水昌．2001．塔里木盆地天然气成因类型及成藏条件．中国石油勘探，6（2）：27～31
赵靖舟，李秀荣．2002．晚期调整再成藏——塔里木盆地海相油气藏形成的一个重要特征．新疆石油地质，23（2）：89～91
赵靖舟，吴保国．2001．塔里木盆地哈得4油田成藏模式探讨．中国石油勘探，6（1）：20～23
赵靖舟，李启明，等．2003．塔里木盆地油气藏形成与分布规律．北京：石油工业出版社
赵靖舟，李启明，王清华，等．2004．塔里木盆地大中型油气田形成及分布规律．西北大学学报（自然科学版），34（2）：212～217
赵文智，何登发．1999．石油地质综合研究导论．北京：石油工业出版社
赵锡奎，李国蓉，付强，等．2001．塔里木盆地草湖凹陷油气勘探的基本条件及前景分析．矿物岩石，（4）：47～53
赵锡奎，雍自权，李国蓉，等．2007．残留被动大陆边缘盆地——一种被忽略的盆地类型．石油与天然气地质，28（1）：121～128
赵锡奎．1998．新疆塔里木盆地沙雅隆起库尔勒鼻凸-草湖凹陷油气勘探靶区研究．北京：中国新星公司西北石油局规划设计研究院
赵宇，张传林，郭坤一，等．2001．西昆仑山东段石炭纪火山岩岩石地球化学特征及其形成的构造背景．火山地质矿产，22（3）：186～197
赵振华，白正华，熊小林，等．2003．西天山北部晚古生代火山-浅侵位岩浆岩$^{40}Ar/^{39}Ar$同位素定年．地球化学，32（4）：317～327
赵治信，谭泽金，唐鹏，等．1999．塔里木盆地覆盖区奥陶纪生物地层．新疆石油地质，20（6）：493～500
赵治信，雍天寿，贾承造，等．1997．塔里木盆地地层．北京：石油工业出版社
赵宗举，范国章，吴兴宁，等．2007．中国海相碳酸盐岩的储层类型、勘探领域及勘探战略．海相油气地质，12（1）：1～11
赵宗举，李宇平，吴兴宁，等．2004．塔里木盆地塔中地区奥陶系特大型岩性油气藏成藏条件及勘探潜力．中国石油勘探，9（5）：12～20
赵宗举，潘文庆，张丽娟，等．2009．塔里木盆地奥陶系层序地层格架．大地构造与成矿学，33（1）：187～200
赵宗举，吴兴宁，潘文庆，等．2009．塔里木盆地奥陶纪层序岩相古地理．沉积学报，27（5）：939～955
赵宗举，周新源，王招明，等．2007．塔里木盆地奥陶系边缘相分布及储层主控因素．石油与天然气地质，28（6）：738～744
赵宗举，周新源，郑兴平，等．2005．塔里木盆地主力烃源岩的诸多证据．石油学报，26（3）：10～15
真柄钦次．1998．压实与流体运移．陈荷立，等译．北京：石油工业出版社
郑建康．1995．阿尔金造山带东段地质构造演化概论．青海地质，2：23～26
郑剑东．1991．阿尔金山大地构造及其演化．现代地质，5（4）：347～353
中国石油勘探开发研究院油气储层重点实验室．2000．塔里木盆地奥陶、石炭系沉积相精细研究和编图．北京：中国石油勘探开发研究院
钟大康，朱筱敏，王贵文，等．2002．塔里木盆地喀什凹陷侏罗纪古环境．古地理学报，4（4）：47～54
周辉，袁超．2003．西昆仑库地早古生代岩浆岩的物源与热源．新疆地质，21（1）：65～68
周小进，范明，邱蕴玉．1997．塔里木盆地塔中地区油气特征及成藏模式探讨．石油实验地质，19（2）：148～152
周新源，王招明，杨海军，等．2006．塔中奥陶系大型凝析气田的勘探和发现．海相油气地质，11（1）：45～52
周瑶琪，吴智平，章大港，等．1997．对地质节律与地球动力系统的思考．地学前缘，增刊2：89～98
周玉琦，黎玉战，侯鸿斌．2001．塔里木盆地塔河油田的勘探实践与认识．石油实验地质，23（4）：363～367
朱宝清，冯益民，杨军录，等．2002．新疆中天山干沟一带蛇绿混杂岩和志留纪前陆盆地的发现及其意义．新疆地质，20（4）：326～330
朱俊章，包建平．2000．塔里木盆地寒武系—奥陶系海相烃源岩地球化学特征．海相油气地质，5（3～4）：55～59
朱筱敏，顾家裕，贾进华，等．2003．塔里木盆地重点层系储盖层评价．北京：石油工业出版社
朱玉新，郭庆银，邵新军，等．2000．新疆塔里木盆地库车坳陷北缘白垩系储层沉积相研究．古地理学报，2（4）：59～66
朱志新，田文全，倪梁，等．2004．新疆东天山西段却勒塔格蛇绿岩地球化学特征．新疆地质，2：131～135
Billings M P．1954．Structural geology．London：Prentice-Hall
Brown L F，Fisher W L．1977．Seismic stratigraphic interpretation of depositional systems：example from Brazil rift and pull-apart basins，in C．E．Paayton．Sesismic stratigaphy applications to hydrocarbon exploration．AAPG Memoir，（26）：213～248
Dahlstrom C D A．1969．Balanced cross sections．Canadian Journal of Earth Sciences，6：743～757
Dow W G．1977．Kerogern studies and geological interpretations．Journal of Geochemical Exploration，7（1）：79～99
Dunbar C O，Rodegers J．1957．Principles of Stratigraphy．New York：John Wiley&Sons
Guidish T M，Kendall C G，Lerche I．et al．1985．Basin evaluation usingburial history calculation：an overview．AAPG Bulletin，69（1）：92～105
Magara K．1976．Thickness of removed sedimentary rocks，paleopore pressure，and paleotemperature，southwestern part of Western Canada Basin．AAPG Bulletin，（60）：554～565
Roeder D，Gilbert E，Witherspoon W．1978．Evolution and macroscopic structure of Valley and Ridge thrust belt，Tennessee and Virginia．Knoxville：University of Tennessee，Department of Geological Sciences

Roeder D, Witherspoon W. 1978. Palinspastic map of east Tennessee. American Journal of Science, 278: 543～550

Rowan M G, Linares R. 2000. Fold-evolution matrices and axialsurface analysis of fault-bend folds: application to the Medina anticline, eastern Cordillera, Colombia. AAPG Bulletin, 84 (6): 741～764

Schlee J S. 1984. Interregional unconformities and hydrocarbon accumulation. AAPG Memoir, 26: 70～128

Shaw J H, Suppe J. 1996. Earthquake hazards of active blind-thrust faultsunder the central Los Angeles Basin, California. Journal of Geophysical Research, 101: 8623～8642

Sloss L L. 1988. Forty years of sequence stratigraphy. Geological Society of America Bulletin, 100 (11): 1661～1665

Suppe J. 1983. Geometry and kinematics of fault-bend folding. American Journal of Science, 283: 684～721

索 引

A

阿尔金构造域 14
阿恰断裂带 151

B

巴楚隆起 106
巴里英断裂 170
剥蚀地层厚度 71
剥蚀量恢复 68
不同构造演化阶段 211
不整合 117

C

残余不整合面 117
残余特提斯洋 60
层序地层发育特征 282
层序地层格架 303
层序地层特征 282
层序格架内 307
层序界面 268
层序界面特征 278
超覆不整合 120
超覆面 279
沉积不整合 126
沉积模式 262
沉积体系 211
沉积体系充填 307
沉积体系对比 257
沉积体系类型 211
沉积体系特征 211
冲积扇 245
冲刷侵蚀作用面 278
初始海（湖）泛面 280

D

底辟形态不整合 119
断陷-坳陷沉积 244
断皱形态不整合 119

E

二级层序 280

F

复合前陆沉积 253
复合前陆盆地 65

G

构造-层序岩相古地理 315
构造不整合 125
构造单元 187
构造演化 42
古地貌 77
古董山断裂 150
古风化壳 277
古构造演化 81
古喀斯特作用面 278
古特提斯旋回 53

H

海西晚期残余不整合 122
海西晚期构造单元 199
海西早起残余不整合 122
海西早起构造单元 197
湖泊 243
火山事件作用面 279

J

加里东早起残余不整合 120
加里东中期Ⅲ幕残余不整合 121
加里东中期Ⅰ幕残余不整合 121
加里东中期构造单元 195
渐进不整合 120

K

卡拉沙依断裂 152
喀拉玉尔滚-柯吐尔断裂 161
康塔库木断裂带 150
柯坪断裂系 153
克拉通与被动大陆边缘沉积 211
克拉通内坳陷沉积 222
克拉通内裂陷沉积 226
孔雀河断裂 170

库满坳拉槽 44
昆仑构造域 11

L

陆内前陆盆地沉积 235
陆棚 221
轮台断裂 159

M

麻扎塔格断裂带 152

N

南天山洋 3
逆冲断层系统 173

P

盆地 221
盆地基地断裂系统 132
盆地原型 44
盆地周缘断裂系统 132
普惠断裂 171

Q

祁曼塔格裂陷槽 50
前陆盆地沉积 235
乔硝尔盖断裂 150
趋势厚度法 70

S

三角洲 229
色力布亚断裂带 147
沙雅断裂 161
沙雅隆起 95
上逆下正断裂 182
四位一体响应 268
四位一体响应特征 268

T

塔东残余古隆起 113
塔里木期残余不整合 120
塔中Ⅱ号断裂带 165
塔中Ⅰ号断裂带 165
塔中隆起 102
台地边缘 217
台地边缘生物礁 218
碳酸盐台地 213
天山构造域 2
土木休克断裂带 151

W

无障壁海岸 212
物质表现 277

X

喜山早期残余不整合 124
喜山早期构造单元 201
现今构造单元 205
削截形态不整合 119
新特提斯洋 60

Y

岩溶不整合 119
岩性、岩相转换面 279
盐体相关正断层 185
燕山晚期残余不整合 124
燕山中期残余不整合 124
印支期残余不整合 123
有障壁海岸 213
原始地层厚度 77

Z

渣状层 278
褶皱形态不整合 119
震积不整合 119
最大海（湖）泛面 280

新润建筑
NEW EMBELLISH BUILDING

员工手册

四川新润建筑工程有限责任公司 编

二〇一四年

电话：028-85558686
地址：成都市武侯区长益路13号